中国科学院华南植物园
广东龙门南昆山省级自然保护区

广东龙门南昆山省级自然保护区生物多样性系列丛书

南昆山植物

Plants of Nankunshan

陈红锋　崔晓东　张应扬　主编

中国林业出版社

图书在版编目（CIP）数据

南昆山植物 / 陈红锋，崔晓东，张应扬主编．-- 北京：中国林业出版社，2017.3
（广东龙门南昆山省级自然保护区生物多样性系列丛书）
ISBN 978-7-5038-7881-7

Ⅰ．①南… Ⅱ．①陈… ②崔… ③张… Ⅲ．①自然保护区—植物—广东 Ⅳ．①Q948.526.5

中国版本图书馆 CIP 数据核字 (2017) 第 030694 号

南昆山植物　　陈红锋　崔晓东　张应扬　主编

出版发行：中国林业出版社
地　　址：北京西城区德胜门内大街刘海胡同 7 号

策划编辑：王　斌
责任编辑：刘开运　李春艳　吴文静　　装帧设计：百彤文化传播公司

印　　刷：北京雅昌彩色印刷有限公司
开　　本：850 mm × 1168 mm
印　　张：40.25
字　　数：1150 千字
版　　次：2017 年 3 月第 1 版 第 1 次印刷
定　　价：598.00 元　（USD 119.99）

本书的出版承蒙以下单位与项目的大力支持

惠州市林业局
广东省自然保护区管理办公室
广东省野生动植物保护处
惠州市绿化委员会办公室
惠州市自然保护区与野生动植物保护办公室
华南农业大学
深圳大学
上海辰山植物园
广东省农业科学院
龙门南昆山中恒生态旅游开发有限公司
广东十字水投资管理有限公司
朗迪景观建造（深圳）有限公司
惠州市财政招标项目，南昆山生物多样性系列丛书编撰及出版
国家自然科学基金项目，珍稀濒危植物伯乐树系统进化与谱系地理学研究
国家自然科学基金项目，濒危植物伯乐树迁地保育适应机理研究
广东省林业厅项目，广东省濒危植物伯乐树的救护和保育项目
广东省科技攻关项目，珍稀药用植物走马胎资源调查、收集与繁育技术研究
广东省林业厅项目，广东特色林下经济植物资源发掘与种植关键技术研究

广东龙门南昆山省级自然保护区生物多样性系列丛书 编委会

主　任：周仲珩　陈红锋
副主任：崔晓东　张应扬　徐晔春
委　员：陈红锋　周仲珩　张应扬　崔晓东　吴宏道　吴章文　刘景山　曾锦东

《南昆山植物》 编委会

顾　　问：邢福武　李泽贤
主　　编：陈红锋　崔晓东　张应扬
副 主 编：严岳鸿　张荣京　王发国　乔　琦　张永夏　周劲松　胡晓敏　张　莎　朱文辉
编　　委：易绮斐　刘东明　付　琳　李许文　唐小清　负健全　魏　蓉　曾　凤　叶自慧
李秀兰　宁阳阳　钟平生　严慧玲　王　琳　叫　文　李世晋　李　琳　文香英
郭泽平　李冬琳　叶育石　董安强　王　强　王美娜　商　辉　韦宏金　朱晓风
唐春艳　崔煜文　刘景山　曾锦东　钟文超　张卓洲　杨伟文　钟奇锋　蔡　冰
张主扬　陈胜华　邓双文　李冠明　钟国方　曾　曙　段　磊　徐晔春　秦新生
吴林芳　翟俊文　童　毅　黄红星　何向阳　徐　锋　李伟权
摄　　影：陈红锋　王　斌　徐晔春　叶育石　刘东明　严岳鸿　韦宏金　钟平生　周劲松
邓双文　秦新生　董安强　张荣京　刘　演　王瑞江　陈　娟　邢福武　曾庆文

序Ⅰ

南昆山地处惠州市龙门县和广州市从化区和增城区交界处，主峰天堂顶海拔1210 m。由于山高谷深、生态环境优越，生物资源十分丰富。区中拥有一个省级自然保护区和两个森林公园，其中广东龙门南昆山省级自然保护区保存了大片较为完整的南亚热带常绿阔叶林，竹木苍翠，终年云雾缭绕、云雨变幻万千，是珍稀动植物的天堂，高等植物就有两千多种，素有“广东物种宝库”之美誉，区中的许多著名景点如川龙瀑布、仙女潭、七仙池、观音潭等远近闻名，常形成飞流直下三千尺的瀑布景观，保护区周边地区已成为生态旅游和避暑胜地；石门国家森林公园，是全国第一家国际森林浴场，区中峰山叠翠，四季景色迷人，秋天红叶如画，素有“世外桃源”“广州香山”等美称；大封门森林公园位于本区西南部，北回归线穿越其中，区中群山连绵、景色优美，奇石林立，断崖绝壁间溪流密布，溪水潺潺，白水寨瀑布被誉为“中国第一长瀑”。

南昆山由于地势险峻，河流落差大，植物的垂直分布比较明显，500 m以下地带分布有沟谷雨林，典型的热带植物如华南省藤、毛鳞省藤、鱼尾葵等热带性较强的棕榈科植物相当常见，野芭蕉有时在沟谷中成片生长，林下常见有姜科、天南星科的植物，附生蕨类种类繁多，扁担藤、白花油麻藤等藤本植物十分丰富，水东哥、水同木等茎花植物时有发现，笔管榕、细叶榕等绞杀植物在低海拔较为常见，壳斗科、杜英科等板根现象时有发现；500～1000 m海拔的山地，优势种和建群种主要以壳斗科的罗浮锥、红锥、鹿角锥、甜槠为主，林下主要分布各种山姜属、紫金牛属等耐阴植物，各种兰花、苦苣苔和秋海棠等观赏植物主要分布于这一区域；1000 m以上主要以浙江润楠、黑壳楠、鸭公树等樟科植物为主，局部地区也常见壳斗科青冈属植物占优势，小乔木层主要以密花树、广东山龙眼等较为常见，灌木主要有罗伞树、柃属植物等；山顶多以芒为主，灌木主要有华丽杜鹃、珍珠花、北江荛花等。

南昆山的气候由于受季风影响，呈现夏凉冬暖、雨量丰沛等特征，有时受低温阴雨、寒露风和霜冻等影响。因此植物的季相变化明显。春天，吊钟花、毛棉杜鹃、映山红、红花荷等竞相开放，与浙江润楠、红楠、短序润楠、五裂木等红色嫩叶相映成趣，红满山岗，极为壮观；夏天，不论是在路边还是林下都可见到各种野牡丹和山茶科植物，其姿态万千的花朵，与各种崖豆藤、油麻藤等蝶形花科的植物竞相开放，美不胜收；秋天，冬青科、卫矛科、蝶形花科、紫金牛科等植物结果累累，有时红果一片，极为罕见；冬天，山乌桕、野漆树、枫树、岭南槭等红叶争红斗艳，美艳绝伦。区内有国家一级重点保护植物伯乐树，属国家二级保护植物有黑桫椤、樟树、格木、绣球茜草等9种。

广东省龙门南昆山省级自然保护区生物资源丰富，研究和教学条件优越，是国内许多研究机构和高等院校的研究和实习基地，包括中国科学院华南植物园、中国林科院热带林业研究所、华南农业大学、华南师范大学、中山大学、广州大学等师生和研究人员，他们长期在南昆山设点研究，积累了丰富的研究资料和采集了大量动植物标本，为保护区的物种保护提供了有价值的资料。同时，他们在研究和教学过程中需要鉴定标本、认识植物，现有的资料已很难满足实际需要。此外，南昆山作为生态旅游胜地，每年游客如织，他们都盼望有一套图文并茂、简明扼要地介绍南昆山动植物的参考书。此外，南昆山作为省级保护区，又是我国自然保护区工作人员培训基地之一，迫切需要对自然保护区的动植物进行一次全面的本底调查，并出版有关专著，为保护区的物种保护和生态旅游提供技术支撑。有鉴于此，广东龙门南昆山省级自然保护区对区中的生物多样性研究十分重视，从保护区建立之初就分步进行各类生物类群的本底调查和定点监测研究，我园物种保育研究组长期受保护区之邀对南昆山的植物进行全面的标本采集，开展广东特色林下经济植物资源挖掘与种植关键技术研究，同时对珍稀濒危植物长梗木莲和伯乐树等进行了保护生物学与回归实验研究。最近陈红锋研究员受保护区委托负责“广东龙门南昆山省级自然保护区生物多样性系列丛书”的编写和出版工作，他长期在南昆山开展伯乐树种群生物学等研究，积累了丰富的植物标本和图片，同时根据所在研究组长期在南昆山野外调查所获得的科学资料，并参考前人多年来在南昆山研究所发表的文献，编辑出版了《南昆山植物》一书。该书作为广东龙门南昆山省级自然保护区生物多样性系列丛书之一，全面收载南昆山的每一种植物，内容包括科、属、种名称、特征描述、生境、分布和用途等。该书内容丰富、鉴定准确、文字简明扼要、图片清晰、装帧精美，是一部实用性很强的工具书，希望它的出版能为科研、教学单位和植物爱好者在鉴定南亚热带植物时提供参考，可为南昆山省级保护区的物种保育提供技术支撑，同时为我国自然保护区的本底调查、专著编研提供经验。是为序。

邢福武

中国科学院华南植物园

2016年10月9日

序 II

"律回岁晚冰霜少，春到人间草木知"。在《南昆山蜻蜓》《广东龙门南昆山省级自然保护区总体规划（2011－2020）》相继出版后，作为广东龙门南昆山省级自然保护区生物多样性系列丛书重中之重的《南昆山植物》即将付梓问世，喜见书稿，欣然作序。

惠州地处广东省东南部，风光旖旎，山川秀美，有着独特的地理位置和优美的自然环境，坐拥"半城山色半城湖"的美丽胜景，素有"粤东门户""岭南名郡"之誉。境内"岭南第一山"罗浮山屹立于东江之滨，与"北回归线上的绿洲"南昆山，以及群峰叠嶂的国家级自然保护区象头山遥相呼应，形成了群山环绕、绿色覆盖的城市风貌。

"绿水青山，就是金山银山"。惠州市秉承"生态建设要保持领先地位"的要求，以创建国家森林城市为载体，大力推进"森林碳汇、生态景观林带、森林进城围城、乡村绿化美化"四大林业重点生态工程建设，建成了"山环水绿，绿廊穿梭，环境优美，生态优良"完整的城市森林生态体系，并于2014年9月成功创建国家森林城市。目前，全市建立森林、湿地、野生动物类型的保护区26个（其中国家级1个，省级4个，市级7个，县级14个），总面积达132万亩（占全市国土面积的7.9%）；建立自然保护小区1211个，面积20.4万亩，初步形成保护类型齐全、布局合理、生态效益显著的自然保护区体系。自然保护区对保护野生动植物资源、维持生态系统平衡、改善自然环境等有重要作用，同时也是科学研究和公众科普的重要场所。

广东龙门南昆山省级自然保护区于1984年批准建立，是我省重要的示范保护区之一。区内的南亚热带常绿阔叶林保存完整，动植物种类繁多，被誉为"广东省物种宝库"，是理想的科研、教学基地。然而，在此之前，虽陆续有学者来区内进行科学调查，也有少量文章发表，但是尚未有全面反映南昆山植物多样性的翔实资料。因此，我们依程序公开招标，由中标单位中国科学院华南植物园委派专家，全面系统地调查、采集、鉴定了南昆山的植物种类，并参考前人的研究资料，首次编辑出版了《南昆山植物》。

该书是第一部全面介绍南昆山省级自然保护区植物多样性的权威性专著，全书共收录保护区及其周边山地的野生维管植物和少量常见栽培种1931种（含种下单位）。该书的出版不仅为南昆山的植物分类和植物区系研究提供了重要的资料，而且对保护区的植物资源有效保护与合理利用，科学普及植物学知识，提高国民对生物多样性保护的认识发挥重要的作用。

周仲珩
2016年10月20日

前　言

广东龙门南昆山省级自然保护区于1984年经广东省人民政府批准建立。该保护区位于广东省中南部，惠州市龙门县西南，地处龙门县与广州市从化区、增城区交界处。东距惠州129 km、香港300 km，南距广州市区97 km，西距从化温泉42 km、距从化县城60 km，地理坐标为北纬23°37′04″～23°40′55″，东经113°48′29″～113°51′28″；该保护区北至桂皮山，南至正在顶及佛坳北方保护区边界，东至苏茅坪北方海拔587 m的山顶，西至上盐脑顶，总面积1887 hm^2。

广东龙门南昆山省级自然保护区属九连山山脉伸入龙门县的支脉，位于龙门断陷盆地的西北边缘，大地构造属华南准地台中的桂湘粤褶皱带中褶皱束的一部分，广州—从化断裂与东江断裂分别从两侧外围穿插而过。该区为中低山地貌，主要为海拔480～1000 m（少数高达1200 m）的山地及深切峡谷，仅在保护区边缘地带分布有海拔400 m以下的丘陵，最高峰天堂顶海拔1210 m。由于山地发育过程受地质构造控制，主要构造形迹为东西走向，岭谷排列与构造线方向基本一致，形成险峻的沟谷景观，山地、沟谷坡度多在30°以上。

南昆山地处北回归线北缘，属南亚热带季风气候类型。由于受季风影响，呈现冬暖夏凉、光能充裕、雨量丰沛等特征。该区年均气温20.8 ℃，年平均降水量2163 mm。气候垂直变化明显，海拔每升高100 m，气温降低0.71～0.79 ℃。年生理辐射为1996.8 MJ/(m^2·年)，一年中生理辐射最高期是7～8月。灾害性天气频发，主要有低温阴雨、寒露风、暴雨、干旱和霜冻。

南昆山省级自然保护区独特的地质地貌构成的小气候、水热条件、土壤性质有利于物种繁衍，加之第四纪以来未受冰川影响，保护区内植物区系、森林类型、种群构成、群落结构和生境条件等，保持较为原始的状态，有着显著的原始性。保护区林木茂密，南亚热带常绿阔叶林保存完整，分布集中、原生性强、具有代表性，被许多外国专家和学者誉为“北回归带上的绿洲”，在生物进化史上具有特殊的地位和作用。区内动植物种类繁多，被誉为“广东省物种宝库”，是理想的科研、教学基地，对于保护和利用我国特有珍稀物种具有重要意义。

一、南昆山植物研究概况

南昆山虽然位于粤中地区，离珠三角发达地区较近，但是由于山高路远，交通不便，缺少全面而系统的植物调查研究。从中国科学院华南植物园的标本馆（IBSC）查阅相关标本信息发现，最早的南昆山植物采集始于曾怀德1931年采集的20多份标本。解放后有过几次小规模采集，20世纪80年代中期，华南农业大学林学院的肖绵韵老师整理了一份南昆山植物名录油印本，收录种类1300多种。后来仅有零星调查采集记录，也陆续发表了毛叶茶（张宏达，1981）、长梗木莲（Zeng & Law，2004）、南昆山莪术（叶向斌等，2008）、南昆山耳草（Deng & Wang，2012）、南昆山蜘蛛抱蛋（Lin et. al, 2013）等新种。陈策等相继对南昆山森林植被和群落类型进行了初步的研究，发现南昆山的优势树种以壳斗科、樟科、金缕梅科、木兰科和山茶科为主，优势植物群落主要有小红栲+罗浮栲+密花树群落、毛栲+黑柃+密花树群落等8种类型，并对群落的种类组成、结构和分布等做了简要介绍（陈策，1961；陈章和等，1983）。林媚珍综合历年的研究资料对南昆山的植物区系做了分析，南昆山拥有维管束植物 220科817属1925种，分布区类型以热带—亚热带为主，但是未见具体的植物名录（林媚珍和卓正大，1996；林媚珍，1997）。后来陆续有学者对南昆山丰富的观赏、材用、食用和药用植物资源进行了研究和推介（黄智明，1988，1990，1991；邹永东等，2008；陈琼等，2012），近年来，对珍稀濒危植物的研究增多，主要有伯乐树（乔琦等，2010）、厚叶木莲（杨晓丽等，2013）、观光木（许涵等，2007）的种群结构、群落特征等研究。

二、植被概况

南昆山自然保护区属南亚热带气候，同时由于受到马蹄形地形的影响，北面高山减弱了冬季寒潮危害，夏、秋季迎来了温暖湿润的海洋季风，形成了常年温暖和雨量充沛的气候。南昆山自然保护区处于亚热带常绿阔叶林区域——南亚热带季风常绿阔叶林地带——东江中游流域丘陵山地植被区。

从优势种组成看，南昆山森林植被以壳斗科、樟科、金缕梅科、木兰科和山茶科为主，尤其以壳斗科的种类为最明显的上层优势种，在局部地区毛竹林占绝对优势地位。保护区的主要自然植被类型有以下几种。

（1）南亚热带低山常绿阔叶林，主要分布在保护区东北部和中部海拔700 m以下的区域，有二色波罗蜜＋锥群落及荷木＋锥群落等。

（2）南亚热带山地常绿阔叶林，主要有米锥＋罗浮栲＋密花树群落、毛柃＋黑柃＋密花树群落、罗浮栲＋少叶黄杞群落、浙江润楠＋黄樟群落、红花荷群落、藜蒴＋红花荷群落等。该类植被类型乔木层丰富，灌木层和草本层不明显，下层主要为乔木幼苗。分布于海拔700～950 m的山坡和沟谷两侧，在保护区的横坑、鹿角窝、甘坑分布较为集中。

（3）南亚热带山地常绿阔叶矮林，主要分布在海拔950 m以上的山顶和近山顶的山脊，以天堂顶一带最为典型。有卵叶杜鹃+短序润楠+甜锥群落。

（4）亚热带常绿针叶林，主要为福建柏林群系。分布于保护区横坑顶1000 m左右的东坡地区，群落范围不大，边界清楚。在坡度较小、生境稍好的地段，群落高度7～8 m。上层除有福建柏外，尚有许多灌木状的植物，如网脉山龙眼、罗浮柿、吊钟花、密花树、鼠刺、赤楠、窄叶灰木、越南山龙眼、桃叶石楠等。在坡度更大、土层更浅薄、岩石露头较多的地段，其他植物种类很少生长，福建柏则生长较好。

（5）竹林，主要为毛竹林。多分布于保护区海拔约700 m的地区，常成片分布，较集中的面积约有50亩（3333 m^2），位于大路旁的半山坡下，坡度约30°。群落结构简单，只分乔木层及草本层。乔木层高8～11 m，主要为毛竹，毛竹数量多，生长繁殖迅速，林冠连续。草本层较简单，主要为毛竹幼苗。

（6）灌草丛，由森林植被破坏后在干旱和阳光充足的生境下形成，主要分布在保护区东部区域阳性干旱的山脊和山顶。有桃金娘+岗松+鼠刺群落及米碎花群落，芒草灌丛。

（7）人工植被，主要有柑橘园和柿园。

保护区内分布着大量由小红栲＋罗浮柿＋密花树组成的常绿阔叶林群落，由于山地陡峭，交通不便，人为干扰较少，由该群落组成的常绿阔叶林发育良好，群落分层较明显，较大的树种胸径达60～80 cm。林下灌木稀疏，真正的灌木种类很少，主要是柃属的一些种类，如岗柃、细枝拎、连蕊茶、赤楠、小叶双眼龙等。另外还有黎蒴、密花树、华润楠、硬斗柯、小红栲、罗浮栲等的幼苗，其中黎蒴、密花树的幼苗较多。草本层很稀疏，种类很少，主要有铁线蕨、江南卷柏、黑莎草等。该群落在我国南部呈星散状零星分布，而在保护区内具成片分布，体现了其保护价值和地理位置上的特殊性。

保护区西部两处海拔为700 m和1000 m的狭小区域分布的红花荷群落，横坑顶东坡分布的福建柏群落及保护区外围中坪尾分布的长叶竹柏群落是具有特色的珍稀群落。其中红花荷是良好的观赏植物，而福建柏和长叶竹柏均为受国家保护的珍稀濒危植物，在群落中成为优势种的情况十分少见，也说明其区系的古老性和珍稀性。

三、植物区系的特征

1. 植物资源丰富

南昆山地势起伏较大，地形极为复杂，虽然其面积不大，但与周围山地相互渗透，有利于植物散布和迁移，因而南昆山汇集了丰富的植物种类和复杂的区系成分。本次调查显示，南昆山自然保护区及周边山地共有野生维管束植物1890种，41栽培种，隶属于219科828属，绝大部分种类为邻近区域所共有。其中蕨类植物41科77属179种；裸子植物6科12属16种；被子植物172科739属1736种。各科、属、种总数分别占广东植物总科、属、种的69.5%、52.8%、32.5%；占全国植物总科、属、种的50.9%、25.0%、6.6%。虽然南昆山占据广东省面积比例不大，但植物科数却占广东省3/5以上，属数占1/2以上，种数远高于1/4。相对于全国而言，植物科数占了1/2以上，属类占1/4左右。这说明南昆山区系组成种类丰富，是广东省植物种类最密集、最为丰富的地区之一。

2. 区系起源古老

南昆山在地质构造上处于新丰江—花县北东—南西走向大断裂带的南缘，曾几次遭受海侵，直到燕山运动才结束，并出现花岗岩体入侵，后经几次抬升作用及流水侵蚀，形成了北、西、南三面高，东面低的马蹄形封闭式中山地形，境内重峦叠嶂，超过千米的山逾10座，最高峰天堂顶海拔1210 m。由于南昆山所处纬度较低，又靠近海洋，形成南亚热带海洋性季风气候，不仅气温较高，而且雨量丰富，年平均降水量高达2163 mm，为广东省多雨地区之一。这样优越的水热条件和多样的地貌形态，不仅对植物生长发育十分有利，而且也为古老植物提供良好的庇护所。蕨类植物中的现存的石松科、石杉科、卷柏科和木贼科的所有属均为子遗属，如马尾杉属、石杉属、石松属、卷柏属、木贼属等。其他的紫萁科、瘤足蕨科、里白科也是较为原始的科。还有出现于侏罗纪时代的乌毛蕨属植物。裸子植物最早出现于泥盆纪，现存的裸子植物多起源于白垩纪，在第三纪分化和发展。目前南昆山分布的裸子植物大多很古老，如罗汉松属及穗花杉属在白垩纪已经分化。被子植物一般认为出现于晚白垩纪至第三纪，到第三纪已经很繁盛，已经发育成世界上占优势的植物，其中在南昆山有分布的较为原始的科有木兰科、金缕梅科、五味子科及伯乐树科，它们都是含少型属或单型属。综上所述，南昆山植物区系由第三纪以前的植物和后来繁衍的植物种类繁衍而成，存在相当数量的残遗植物。

3. 南亚热带植物区系特征典型

南昆山自然保护区地处我国亚热带南缘，属于我国广大亚热带植物区系的一部分，但是由于受到南岭地形和南亚热带季风气候的影响，这里的植物区系同中亚热带所属的泛北极植物区系又有很大的差异，反映出南亚热带植物区系的特点。从上述科的区系成分分析来看，保护区内植物以泛热带分布科最多，占73科，其次是温带分布型18科，亚洲热带分布的科有13个，东亚和北美间断分布8科。从科的分布型上看，充分反映了其植物区系的南亚热带的特点。

从属的区系成分分析来看，该区以泛热带成分属分布最多，占26.96%；其次为热带亚洲分布，占14.98%；而属于亚热带性质的北温带分布、东亚和北美洲间断分布、旧世界温带分布、温带亚洲分布和东亚分布成分共占有区系成分的21.12%。可以看出热带成分仍能占有一定优势，温带成分在区系中亦占有一定的地位，更加明显的体现了区系的南亚热带性质。

四、南昆山珍稀濒危植物

该区地形复杂，环境多样，地质古老，区系具有过渡特性，因此区内拥有许多珍稀濒危野生植物。根据国务院1999年8月4日批准的《国家重点保护野生植物名录（第一批）》，本书收录保护区国家重点保护野生植物10种，其中Ⅰ级1种，即伯乐树；Ⅱ级9种，即金毛狗、刺桫椤、黑桫椤、福建柏、樟树、闽楠、土沉香、花榈木、绣球茜草。另有金线兰、竹叶兰、广东石豆兰、长距虾脊兰、乐昌虾脊兰、流苏贝母兰、建兰、墨兰、半柱毛兰、美冠兰、多叶斑叶兰、高斑叶兰、鹅毛玉凤兰、橙黄玉凤兰、镰翅羊耳蒜、见血青、白蝶兰、黄花鹤顶兰、鹤顶兰、石仙桃、小舌唇兰、绶草、带唇兰、香港带唇兰等国际禁止贸易的野生兰科植物48种。这些珍稀濒危保护植物虽然占整个区系的比例不大，但对于保存物种，深入研究该地区植物区系的起源、演化等却有着不容忽视的科学意义。南昆山保护区为这些珍稀濒危植物提供了良好的天然避难所和科学研究基地。

五、《南昆山植物》编写和出版

本书收录南昆山省级自然保护区及其周边山地的野生维管植物和少量常见栽培种共1931种（含种下单位），隶属于219科828属。栽培种后用*标示。其科的排列，蕨类植物按秦仁昌（1978）分类系统，裸子植物按郑万钧（1978）分类系统，被子植物按哈钦松分类系统排列；属种按拉丁名字母顺序排列。科名前的数字为各系统的科号，内容包括植物中文名、科名、学名、别名、主要形态特征、生境、地理分布与主要用途，并附有科、属特征简介，属、种检索表。如为单属科，则属的特征同科；单种属，则种的特征同属。全书有彩色照片1700多幅，均系作者在野外考察时所拍摄。为便于读者进一步查对，书后附有中文名和学名索引。

本书在编写和出版过程中，得到了广东省林业厅、惠州市林业局、华南农业大学、深圳大学、上海辰山植物园、广东省农业科学院等单位的支持；在此，向为本书的编撰和出版作出贡献的单位和个人表示衷心的感谢。

本书将为我国亚热带地区植物区系与植被的研究，以及生物多样性的保护与可持续利用提供基础资料，可供植物学、林学、农学、生态学工作者、大专院校师生和植物爱好者参考使用。由于水平有限、时间紧迫，疏漏甚至错误之处在所难免，恳请各位读者、专家和朋友提出宝贵意见。

编者

2016年09月

目　录

蕨类植物门 PTERIDOPHYTA

裸子植物门 GYMNOSPERMAE

被子植物门 ANGIOSPERMAE

蕨类植物门

PTERIDOPHYTA

P1. 松叶蕨科 Psilotaceae

小型土生或附生草本。根状茎横走。茎直立或下垂，绿色。叶二型，不育叶钻形，鳞片状或披针形；能育叶二叉，无叶脉。孢子囊群圆形，2～3枚生于叶腋。孢子肾形。

南昆山1属，1种。

1. 松叶蕨属 Psilotum Sw.

附生小型草本。根茎横行。地上茎二回分枝，枝有棱或压扁状。叶为小型叶，二型，不育叶鳞片状，互生，无柄；能育叶二叉，无叶脉。孢子囊群圆球形，3枚生于叶腋。

南昆山1种。

1. 松叶蕨

Psilotum nudum (L.) Beauv.

多年生小型附生草本。根茎圆柱形，褐色，二叉分枝。地上茎直立；上部多二叉分枝，枝三棱形，有白色气孔。不育叶鳞片状三角形，孢子叶二叉形。孢子囊球形，形似蒴果，从叶腋生出。

南昆山产于佛坳和下坪，生于岩壁上。分布于我国华南、华东及西南地区。全球热带及亚热带地区广布。

P2. 石杉科 Huperziaceae

草本，附生或土生。主茎短，直立或斜升。叶螺旋状排列，能育叶与不育叶同形或较小而多少呈二型，呈龙骨状。孢子囊单生于能育叶腋间，横肾形，有时呈多回二歧分枝的下垂的线形囊穗。

南昆山2属，3种。

1. 土生；植株矮小；囊穗直立……………………1. 石杉属Huperzia
1. 附生；植株高大；囊穗细长，下垂……………………………………………………2. 马尾杉属Phelgmariurus

1. 石杉属 Huperzia Bernh.

多年生草本，土生。茎直立。不育叶披针形或线形，草质或纸质，螺旋状排列；能育叶与不育叶相似。孢子囊生于枝的全长或上部，直立。孢子三棱形。

南昆山1种。

1. 长柄石杉

Huperzia javanica (Sw.) C. Y. Yang

常丛生，枝直立或基部平卧，高达20 cm，枝上部往往有芽胞。叶纸质，具短柄；不育叶披针形，排列不整齐，长10～25 cm，中部宽2～5 mm，基部楔形或呈柄状，边缘有粗尖锯齿，仅具中脉；能育叶与不育叶同形。孢子囊肾形，腋生，淡黄色。

南昆山产于上坪飞鼠岩、三坑、天堂顶，生于林下沟谷阴湿处。分布于我国东北和长江以南各地区。广布亚洲各地。全草入药，可退热、镇痛、解毒。

2. 马尾杉属 Phlegmariurus Holub

附生草本。茎短而簇生，成熟枝伸长下垂，多回二歧分枝。不育叶革质，螺旋状排列。囊穗位于上部，长线形，下垂，能育叶与不育叶不同形，较小。孢子三角形。

南昆山2种。

1. 不育叶披针形，较长……………………………1. 华南马尾杉 P. fordii
1. 不育叶椭圆状披针形，较小，强度上斜……………………………………………………………………2. 喜马拉雅马尾杉 P. hamiltonii

1. 福氏马尾杉（华南马尾杉）

Phlegmariurus fordii (Baker) Ching

附生草本，高达40 cm。成长茎逐渐伸长并下垂。茎2至多回二叉分枝。叶互生，为密集的螺旋状排列；不育叶披针形，长8～12 cm；能育叶位于茎的上部，线状披针形。孢子囊肾形，黄色，单生于叶腋。

南昆山产于上坪飞鼠岩，生于林下树干上或石壁上。分布于我国东南部和西南部。日本和中南半岛也有。全草入药，清热解毒。

2. 喜马拉雅马尾杉*

Phlegmariurus hamiltonii (Spreng. ex Grev. & Hook.) Li Bing Zhang

附生草本。茎簇生，成熟枝下垂。叶螺旋状排列；不育叶椭圆状披针形长约2 cm，强度上斜，无柄，有光泽；可育叶椭圆状披针形。孢子囊肾形，2瓣开，黄色，腋生。

南昆山栽培于上坪，附生于树干。分布于我国西部。南亚及马来西亚也有。园林观赏。

P3. 石松科 Lycopodiaceae

土生，多年生草本。主茎长而匍匐，常为二歧分枝。叶仅具中脉，二型或三形，常为线形或钻形，螺旋状排列或轮生。孢子囊穗顶生；孢子囊圆肾形，无柄，单生于叶腋。孢子近球形。

南昆山3属，3种。

1. 藤本植物；囊穗多数，成圆锥状……………………………………………………………………1. 藤石松属 Lycopodiastrum
1. 非藤本植物；囊穗单生或成总状。
   2. 地上枝单一或分枝极稀疏；不育叶披针形至钻形……………………………………………………………2. 石松属 Lycopodium
   2. 分枝细密呈树状；不育叶钻形……3. 灯笼草属 Palhinhaea

1. 藤石松属 Lycopodiastrum Holub ex R.D. Dixit

主茎藤状，侧枝多回二歧分枝。叶疏生，钻状披针形，主茎上部的叶较小。能育枝从不育枝基部下侧密被鳞片状叶的芽抽出，多回二歧分枝，末回分枝顶端各生孢子囊穗1枚。孢子囊穗圆柱形，稍下垂。

南昆山1种。

1. 藤石松（石子藤）

Lycopodiastrum casuarinoides (Spring) Holub ex R.D. Dixit

大型土生植物。地上主茎藤本状，木质，高达10 m，向上多回二歧分枝，分化为不育部分和簇生囊穗的能育部分。末回分枝常呈棕红色。主茎下部的叶疏生，钻状披针形，膜质，灰白色；主茎上部的叶较密，绿色。孢子囊圆肾形，腋生。

南昆山产于上坪、天堂顶、中坪至北坑、佛坳，攀缘于树冠上。分布于我国长江以南及西南地区。广布亚洲热带及亚热带地区。

2. 石松属Lycopodium L.

中型土生植物。主茎长而匍匐，侧枝常二至三回分枝，小枝直立。叶螺旋状排列或轮生，披针形至钻形，常全缘。孢子囊穗圆柱形，顶生；孢子叶较不育叶宽，边缘有锯齿。孢子囊圆肾形，黄色，腋生。

南昆山1种。

1. 石松(石松子)

Lycopodium japonicum Thunb. ex Murray

土生。主茎匍匐状，侧枝直立，多回二歧分枝。不育叶线状披针形，长3～4 mm，先端渐尖并有易断落的长芒；能育叶三角状卵形，长约3 mm。能育枝远较不育枝高；孢子囊穗常3～6枚生于能育枝顶端；孢子囊圆肾形，腋生。

南昆山产于天堂顶，生于山坡、灌丛、路边或岩石上。分布于我国西北、西南及长江以南地区。日本及东南亚、南亚也有。全草入药，舒筋活血，祛风散寒。

3. 灯笼草属Palhinhaea Franco et Vasc.

中型至大型土生植物。多年生匍匐陆生草本。主茎直立，侧枝平伸，基部侧生常着地产生新枝。不育叶钻形，向上弯曲，顶端芒刺状，无柄；孢子叶覆瓦状排列，卵状菱形，边缘流苏状。孢子囊穗单生枝顶，下垂。

南昆山1种。

1. 垂穗石松(铺地蜈蚣、灯笼石松)

Palhinhaea cernua (L.) Vasc. & Franco

土生植物。高达60 cm。不育枝上的叶一型，线状钻形，2～4 mm，先端长芒状，全缘，质软；能育叶阔卵形。孢子囊穗单生于小枝顶端，无柄；孢子囊圆肾形，黄色，腋生，内藏。

南昆山产于中坪尾至北坑、下坪，生于阳光充足的潮湿丘陵地酸性土壤。分布于我国长江以南地区。南北两半球热带及亚热带广布。全草入药，祛风祛湿，镇咳利尿。

P4. 卷柏科Selaginellaceae

多年生草本，土生或石生。主茎伸长，横走或直立，有时攀缘，分枝，节上常具不定根。叶常异型，单叶，细小，无柄，无侧脉；不育叶二型，少一型；二型叶常为螺旋状互生而呈4行排列；能育叶排成穗状，较小。孢子囊穗生于小枝顶端。

南昆山1属，7种。

1. 卷柏属Selaginella Beauv.

属的形态特征与科同。

南昆山7种。

1. 主茎匍匐，各节生出不定根。
  2. 叶边缘有细锯齿……………………3. 异穗卷柏S. heterostachys
  2. 叶全缘。
    3. 嫩叶翠蓝；主茎伏地蔓生，中叶基部对称……………………………………………………………………7. 翠云草S. uncinata
    3. 嫩叶草绿色；主茎多少斜升，中叶基部不对称，一侧呈耳形……………………………………………5. 耳基卷柏S. limbata
1. 主茎直立或斜升，仅基部生根或在节部生出支撑根。
  4. 主茎基部生出明显支撑根；位于直立茎下部的茎生叶两侧不对称。
    5. 中叶全缘；茎先端干后变黄棕色……………………………………………………………………1. 薄叶卷柏S. delicatula
    5. 中叶边缘有锯齿；茎先端干后禾杆色……………………………………………………………2. 深绿卷柏S. doederleinii
  4. 主茎仅基部生根，无支撑根；位于直立茎下部的茎生叶两侧对称。
    6. 位于茎中部以下的茎生叶彼此覆叠；中叶无白边……………………………………………………4. 兖州卷柏S. involvens
    6. 位于茎中部以下的茎生叶疏离；中叶有膜质白边……………………………………………………6. 江南卷柏S. moellendorffii

1. 薄叶卷柏

Selaginella delicatula (Desv. ex Poir.) Alston

土生。主茎斜升或基部横卧而上部上升，高 15～40 cm，多回分枝。茎生叶疏离，椭圆形或卵形，渐尖头，基部为偏斜的心形；小枝上的叶覆瓦状紧密排列。孢子叶穗紧密，四棱柱形，生小枝顶端。

南昆山产于石河奇观，生于林下、岩石边。分布于我国长江以南各地区。印度至马来西亚也有。观赏地被植物。

2. 深绿卷柏

Selaginella doederleinii Hieron.

土生草本。多回分枝，分枝处常有根托。叶二型，侧叶长圆形，顶端钝，在小枝上的为覆瓦状排列；中叶卵状长圆形。孢子囊穗常双生于枝顶，四棱柱形；能育叶卵状三角形，中脉隆起，边缘有细齿。

南昆山产于下坪石河奇观、中坪、上坪天堂顶，生长于林下湿润环境。分布于我国华南、华东及西南地区。日本及越南也有。全草供药用，亦是新优观赏地被植物。

3. 异穗卷柏

Selaginella heterostachys Baker

土生或石生。茎羽状分枝，圆柱状具沟槽。叶二型，草质；中叶不对称，边缘具微齿；侧叶长圆状卵圆形，单生于小枝末端。孢子叶二型，倒置，上侧的孢子叶边缘具缘毛或细齿，不呈龙骨状，下侧孢子叶龙骨状。孢子橘黄色。

南昆山产于石河奇观、七星湖，生于林下岩石上。除华北及西北地区以外我国各地都有分布。

4. 兖州卷柏（密叶卷柏）

Selaginella involvens (Sw.) Spring

高达 50 cm。主茎细长，直立，仅基部生根，下部不分枝，有贴生并指向上方的叶螺旋状密覆，不具棱。羽片密生，长三角形、卵状披针形或线形；侧叶卵状披针形，长 1.5～2.5 mm，边缘略有微齿。孢子囊穗四棱形，单生小枝顶端。

南昆山产于佛坳、上坪，生于山地疏林下石上或湿地。分布于我国华南、华东、西南地区至秦岭南坡。日本及东南亚至南亚也有。可用于园林造景。

5. 耳基卷柏

Selaginella limbata Alston

长达 30 cm。主茎匍匐，有棱，多回羽状分枝或分叉，各节下面生根，主茎上的叶疏生。侧叶近平展，椭圆形，长约 2.5 mm，基部浅心脏形；中叶长约 2 mm，基部一侧呈耳形，不对称。孢子囊穗四棱形，长不及 1 cm。

南昆山产于上坪、天堂顶，生于山地疏林下石上或湿地。分布于我国广东、香港、福建及江西。

6. 江南卷柏(异叶卷柏)

Selaginella moellendorffii Hieron.

高 15～45 cm。下部茎生叶螺旋状疏生；侧叶斜展，卵状至卵状三角形；中叶疏生，斜卵圆形，边缘有细齿和白边。能育叶卵状三角形，有龙骨状突起，边缘有细齿和膜质白边；孢子囊圆肾形。

南昆山产于下坪，生于低海拔的森林中沟边或石上。分布于我国长江以南地区。越南也有。全株入药，可清热解毒、凉血止血、通淋。

7. 翠云草

Selaginella uncinata (Desv. ex Poir.) Spring

主茎伏地蔓生，节上生不定根。其羽叶密似云纹，一般有蓝绿色荧光，且嫩叶翠蓝色，故名“翠云草”。主茎上的叶较大，卵形或卵状椭圆形；分枝上的叶二型，排成一平面。能育叶同型；孢子二型。

南昆山产于花竹，生于林下。分布于我国华南、华东及西南地区。全草药用，清热解毒、舒筋活络，也是优良观赏地被植物。

P6. 木贼科 Equisetaceae

土生或沼生草本。茎从根状茎生出，细长，有节，常中空，单出或分枝。叶退化为细小的鳞片状，在节上轮生，互相联合成筒状的叶鞘，包围节间基部，顶端裂成狭齿。能育叶背面着生5～10个孢子囊。

南昆山 1 属，1 亚种。

1. 木贼属 Equisetum L.

属的形态特征与科同。

南昆山 1 亚种。

1. 笔管草(纤弱木贼、木贼)

Equisetum ramosissimum Desf. subsp. **debile** (Roxb. ex Vaucher) Hauke

多年生草本，高达 2 m。根状茎黑色，能育茎与不育茎同形。地上茎单生或簇生，不分枝或具少数分枝；叶鞘筒绿色，鞘齿狭三角形。孢子囊穗生于枝顶，椭圆形，长 1～2.5 cm。

南昆山产于下坪、七星湖，生于溪沟边。分布于我国华南及西南地区。印度至东南亚也有。药用，煎汤内服治目赤胀痛。

P9. 瓶尔小草科 Ophioglossaceae

土生，少为附生植物。根状茎短而直立，有肉质粗根，无鳞片。成长叶具总柄，能育叶与不育叶二型；不育叶全缘，叶脉网状。孢子囊圆球形，无柄，无环带；孢子圆形。

南昆山1属，1种。

1. 瓶尔小草属 Ophioglossum L.

小型直立草本。根状茎短，直立。叶二型；不育叶常1～2枚，出自根状茎顶部，单叶，有柄，披针形或卵形，中脉不明显；能育叶有长柄，自不育叶的基部生出，叶片成线形肥厚的孢子囊穗。孢子近圆形。

南昆山1种。

1. 瓶尔小草（箭蕨、一枝箭）

Ophioglossum vulgatum L.

土生草本。根状茎短而直立。总叶柄长约12 cm，浅绿色；不育叶为单叶，卵状披针形，长5.5 cm，急尖头，基部略下延，近无柄。能育叶长约15 cm；囊穗远高于不育叶之上。

南昆山产于上坪、天堂顶，生于山地较阴湿处。分布于我国黄河以南地区。亚洲、欧洲、美洲广布。全草供药用，消肿解毒。

P11. 观音座莲科 Angiopteridaceae

根状茎短而直立，肉质，头状，或半匍匐。叶柄粗大，基部有1对肉质托叶状附属物；叶片一至二回羽状，末回小羽片披针形；叶脉分离。孢子囊船形，沿叶脉2行排列。

南昆山1属，1种。

1. 观音座莲属 Angiopteris Hoffm.

大型草本。根状茎圆球形，肉质。叶螺旋状排列，莲座状；柄粗且长；叶片一至二回羽状；叶脉分离。孢子囊群靠近叶边，2列生于叶脉上，线形或卵形；孢子圆三角形或近圆形。

南昆山1种。

1. 福建观音座莲

Angiopteris fokiensis Hieron.

高大草本植物，高1.5～3 m。根状茎直立，块状。二回羽状复叶从根状茎顶端伸出，宽卵形，大而开展，叶色浓绿，叶面光滑；小羽片互生，排列整齐，边缘有三角形锯齿。孢子囊群长圆形，熟后为棕色。

南昆山产于上坪观音潭、中坪、下坪石河奇观等地，生于沟谷林下。分布于我国华南、西南、华东、华中地区。日本也有。根状茎入药，祛风解毒、止血。

P13. 紫萁科Osmundaceae

无鳞片，具粘质腺状绒毛，老则脱落。根状茎粗壮直立，树杆状或横走。叶二型或同一叶片的羽片为二型。孢子囊大，圆球形，裸露，着生于强度收缩变质的能育叶的羽片边缘，具不发育的环带；孢子同型。

南昆山1属，3种。

1. 紫萁属Osmunda L.

中型陆生草本。根状茎直立或斜升，常具树干状的主轴。叶簇生；叶柄长而坚硬，基部膨大；不育叶一至二回羽状，羽片椭圆形。能育羽片极度退化，边缘着生孢子囊群。孢子球圆四面形。

南昆山3种。

1. 不育叶为二回羽状。
    2. 小羽片长圆形，不与羽轴合生，能育叶与不育叶分开 ……………………………………………… 1. 紫萁O. japonica
    2. 小羽片卵状长圆形，基部大都与羽轴合生，能育羽片位于不育羽片下方 ……………………… 2. 粤紫萁O. mildei
1. 不育叶为一回羽状 ……………………… 3. 华南紫萁O. vachellii

1. 紫萁

Osmunda japonica Thunb.

高50～80 cm。根状茎短树干状。叶簇生；柄长20～30 cm，禾杆色，幼时密被绒毛，后脱落；叶片三角状卵形，长30～50 cm，二回羽状；羽片3～5对，对生，长12～25 cm；能育叶与不育叶近等高，小羽片缩为线形。

南昆山产于上坪横坑，生于林下或溪边。分布于我国秦岭以南各省区。日本、朝鲜、印度也有。嫩芽可做蔬菜食用。

2. 粤紫萁

Osmunda mildei C. Chr.

根状茎短粗，直立。叶簇生，柄长25～30 cm，坚硬，叶片卵状长圆形，二回奇数羽状复叶；羽片7～11对，近对生，小羽片10～12对，密接成复瓦状，长1.5～2 cm，宽8～12 mm，卵形或长圆形，无柄，上部的小羽片基部下方合生于羽轴；顶生小羽片最长；下部几对羽片(4～7对)为能育羽片，收缩成线形，背面满布孢子囊。

南昆山产于横坑，生于林下，罕见。分布于我国广东、香港、江西。

3. 华南紫萁(假苏铁)

Osmunda vachellii Hook.

多年生大中型陆生蕨类，高可达 1 m。根状茎圆柱形，顶端有叶簇生，似苏铁，故名“假苏铁”。叶片椭圆形，全缘，长 45～90 cm，一型，一回羽状；羽片二型，15～25 对，有短柄和关节，下部 3～5 对常能育。

南昆山产于上坪高盘头，生于草坡或溪边阴处。分布于我国华南、华东及西南地区。中南半岛也有。叶形秀美，可用于园林绿化。

P14. 瘤足蕨科 Plagiogyriaceae

土生。根状茎直立，无鳞片或真正的毛。叶簇生，二型；叶柄基部膨大呈三角形托叶状，两侧各有若干个疣状突起的气囊体；不育叶一回羽状或羽裂深达叶轴；叶脉分离。能育叶柄较长，羽片强度疏缩成线形；孢子囊群近叶边生。

南昆山 1 属，1 种。

1. 瘤足蕨属 Plagiogyria Mett.

属的形态特征与科同。

南昆山 1 种。

1. 瘤足蕨(镰叶瘤足蕨)

Plagiogyria adnata (Blume) Bedd. [*P. dunnii* Copeland]

根状茎短小，直立。不育叶横切面近四方形，叶片披针形，先端短尾头，羽状；羽片互生，镰形，基部不对称；营养叶叶脉斜展，叶草质，光滑。能育叶高于不育叶，直立，线形，无柄。

南昆山产于下坪、上坪竹坑嶂，生于山地林下溪沟中。分布于我国华南、华中及华东地区。日本、印度和缅甸也有。

P15. 里白科Gleicheniaceae

土生。根状茎长而横走，被鳞片或节状毛。叶远生，一型，有长柄，一回羽状或一至多回二叉分枝；每回分枝处的腋间常有休眠芽；末回裂片线形，叶背面绿色或灰白色。孢子囊群小，生于小脉中部，无盖。

南昆山2属，6种。

1. 主轴一至多回二叉分枝；根状茎被毛……………………………………………………………………1. 芒萁属Dicranopteris
1. 主轴通直，单一，不为二叉状分枝；根状茎被鳞片……………………………………………………2. 里白属Diplopterygium

1. 芒萁属Dicranopteris Bernh.

根状茎横走，分枝，密被红棕色长节状毛。叶远生，直立或多少蔓生，主轴常为多回二歧分枝或假二歧分枝；每回主轴分叉处的基部常有1对篦齿状托叶；叶背面常灰白色。孢子囊群圆形；孢子椭圆形。

南昆山3种。

1. 裂片宽6～8 mm……………………………1. 大芒萁D. ampla
1. 裂片宽3～4 mm。
   2. 主轴为无限生长，五至八回二歧分枝，每一次分叉处无托叶状羽片……………………………2. 铁芒萁D. linearis
   2. 主轴为有限生长，一至三回二歧分枝，第一次分叉处有托叶状羽片……………………………3. 芒萁D. pedata

1. 大芒萁

Dicranopteris ampla Ching et Chiu

根状茎横走。叶远生，叶轴三至四回二叉分枝，末回羽片披针形或长圆形，篦齿状深裂几达羽轴。裂片披针形至线形，宽6～8 mm。孢子囊群圆形，沿中脉两侧为不规则的2～3裂，由7～15个孢子囊组成。

南昆山产于七星湖，下坪。生于疏林中或林缘。分布于我国华南地区及云南。越南北部也有。

2. 铁芒萁

Dicranopteris linearis (Burm.) Underw.

蔓生，高3～5 m。叶远生；柄长达2 m；叶轴五至八回二歧分叉，第一回分叉处的基部外侧无托叶状羽片；末回羽片披针形或阔披针形，长5～15 cm，先端渐尖；裂片25～40对，平展，线形，长1～2.5 cm。孢子囊群圆形。

南昆山产于上坪、天堂顶，生于山野间向阳处。分布于我国广东、香港、台湾、贵州及云南。南亚和东南亚也有。可用于边坡绿化。

3. 芒萁

Dicranopteris pedata (Houtt.) Nakaike [*D. dichotoma* Bernh.]

高45～90 cm。叶远生；柄长24～60 cm，棕禾杆色，基部以上无毛；叶轴一至三回二歧分枝，第一次分叉处有托叶状羽片；末回羽片阔披针形，长16～24 cm，尾头，裂片35～50对；每组小脉3～5条。孢子囊群在主脉两侧各排成1行。

南昆山产于上坪、佛坳，生于荒坡或林缘。分布于我国长江以南各地区。日本、越南、印度也有。水土保持及改良土壤的优良材料。

2. 里白属 Diplopterygium (Diels) Nakai

根状茎横走，密被红棕色鳞片。叶远生；主轴单一，通直；分叉点的腋间具休眠芽；顶生一对羽片长1 m以上，小羽片多，披针形，深裂达小羽轴；叶脉分离，每组有小脉2条。孢子囊群圆形，无盖。

南昆山3种。

1. 小羽片有柄……………………………………1. 阔片里白D. blotianum
1. 小羽片无柄。
   2. 羽轴、小羽轴和裂片背面密被流苏状的鳞片……………………
   ……………………………………………………2. 中华里白D. chinensis
   2. 羽轴、小羽轴和裂片背面无鳞片…………3. 里白D. glaucum

1. 阔片里白

Diplopterygium blotianum (C. Christensen) Nakai

植株高2～3 m。叶二回羽状，小羽片多数，互生，披针形或狭披针形；裂片互生，宽披针形或线状披针形，顶端圆，微凹。孢子囊圆形，棕色，一列，位于叶脉及叶缘之间。

南昆山产于七星湖，生于林下。分布于我国海南。越南、老挝和柬埔寨也有。可用于边坡绿化。

2. 中华里白

Diplopterygium chinensis (Ros.) DeVol

高约3 m。叶片大；羽片椭圆形，长约1 m，下面被毛及流苏状鳞片；小羽片多数，互生，近无柄，披针形，长14～18 cm；裂片50～60对，略斜向上，互生，披针形，长约1.3 cm，圆头，常微凹，基部汇合。

南昆山产于上坪，生于林下或山谷溪边。分布于我国西南、华南地区及福建、台湾。越南北部也有。可用于岩壁及假山绿化。

3. 里白

Diplopterygium glaucum (Thunb. ex Houtt.) Nakai

植株高约1.5 m。一回羽片对生，具短柄，长圆形，中部最宽；小羽片近对生或互生，平展，线状披针形，羽状深裂；裂片20～35对，互生，宽披针形，边缘全缘。孢子囊圆形，中生，生于小侧脉上。

南昆山产于石河奇观、七星湖，生于林下或河谷旁。分布于我国华南、华中及西南地区。日本和印度也有。

P17. 海金沙科 Lygodiaceae

根状茎长而横走，被毛。叶远生或近生，叶轴无限生长，细长，攀缘；羽片为一至二回二歧掌状或一至二回羽状，常近二型；不育羽片常生于叶轴下部；能育羽片边缘生有流苏状的孢子囊穗。

南昆山1属，2种。

1. 海金沙属 Lygodium Sw.

属的形态特征与科同。

南昆山2种。

1. 末回小羽片的基部无关节…………………1. 海金沙 L. japonicum
1. 末回小羽片的基部有膨大的关节……………………………………………………………………………2. 小叶海金沙 L. microphyllum

1. 海金沙
Lygodium japonicum (Thunb.) Sw.

高攀1～5 m。叶略呈二型；不育羽片三角形，长宽各10～12 cm；一回小羽片2～4对，卵圆形，长4～8 cm；二回小羽片2～3对，三角状卵形，掌状三裂；末回裂片短阔，有浅圆锯齿，无关节；能育羽片三角状卵形。孢子囊穗排列稀疏。

南昆山产于上坪、天堂顶，生于林缘或灌丛中。分布于我国长江以南各地区。亚洲热带、亚热带及大洋洲热带地区广布。全草入药，清热利湿，利尿通淋。

2. 小叶海金沙
Lygodium microphyllum (Cav.) R. Br.

攀缘藤本陆生蕨，高可达7 m。叶轴纤细；叶近二型；不育叶矩圆形，生叶轴下部，有柄，椭圆形，长7～8 cm，一回羽状分裂，小羽片约4对，互生；能育叶与不育叶同形，叶缘生有条形的孢子囊穗。孢子呈黑褐色，极似沙粒。

南昆山产于上坪，生于灌丛中。分布于我国华南、西南地区及福建、台湾。印度、缅甸和马来西亚也有。叶鲜嫩可爱，可做家庭吊盆。

P18. 膜蕨科 Hymenophyllaceae

附生，少为土生。叶通常细小，形状多样，由单叶至多回羽裂，膜质；叶脉分离，二歧分枝或羽状分枝，有时具假脉。囊苞(囊群盖)管状或两唇状；孢子囊着生于囊托周围；孢子近圆形或钝三角形。

南昆山3属，4种。

1. 孢子囊群的囊苞形状多样，口部浅裂为两唇瓣……………………………………………………………………1. 假脉蕨属 Crepidomanes
1. 孢子囊群的囊苞为两瓣形。
  2. 叶边有尖锯齿…………………………2. 膜蕨属 Hymenophyllum
  2. 叶边无锯齿…………………………………………3. 蕗蕨属 Mecodium

1. 假脉蕨属 Crepidomanes C. Presl

附生草本。根状茎细长，横走，被短密毛。叶细小，多回羽裂，全缘，光滑无毛。末回裂片有一条叶脉，沿叶缘有或无一条连续不断的边内假脉。叶轴全部有翅。孢子囊群生于裂片的腋间或着生于向轴的短裂片顶端；囊苞形状多样，倒圆锥形至椭圆形、钟形或漏斗形，先端圆或尖头，口部浅裂为两唇瓣，圆形或三角形，下部为漏斗形，两侧多少有翅，囊群托突出。

南昆山1种。

1. 长柄假脉蕨(翅柄假脉蕨)
Crepidomanes latealatum (Bosch) Copeland

小型草本。根状茎丝状，密被褐色的短毛。叶远生；叶柄短或几无柄，基部黑褐色并被短毛，几全部有翅；叶薄膜质，半透明，光滑无毛。叶轴有暗褐色翅状羽轴。叶片二回羽裂；羽片3～6对，互生，无柄，长斜卵形至长圆形。在叶边与叶脉间有数条断续而和叶脉斜行的假脉。孢子囊群顶生于向轴的裂片上；囊苞椭圆形；囊群托突出。

南昆山产于上坪，生于林下石上。分布于我国广东、广西和西南地区。东亚、东南亚和南亚也有。

2. 膜蕨属 Hymenophyllum J. Smith

小型附生或石生膜质草本。根状茎纤细，丝状，横走。叶羽状分裂，半透明，边缘有小锯齿或尖齿牙，叶轴上面通常有红棕色的细长毛疏生，少为无毛。囊苞深裂或几达基部为两唇瓣状；囊群托内藏或稍突出；孢子囊大，无柄。

南昆山1种。

1. 华东膜蕨
Hymenophyllum barbatum (Bosch) Baker

小型草本。根状茎丝状，暗褐色。叶薄膜质，半透明。叶轴暗褐色，全部有宽翅。叶柄丝状，暗褐色，全部或大部有狭翅；叶片卵形，先端钝圆，基部近心脏形，二回羽裂；羽片3～5对，互生，无柄。叶脉叉状分枝，暗褐色，两面明显隆起。孢子囊群生于短裂片顶部；囊苞长卵形，先端有少数小尖齿。

南昆山产于中坪至中坪尾，生山地路旁疏林石上。广泛分布于我国东部和南部。日本、朝鲜、越南、泰国及印度也有。

3. 蕗蕨属 Mecodium Presl

附生。根状茎丝状，横走。叶远生，柄纤细，叶片多回羽状，末回裂片全缘；叶脉羽状分枝。囊苞两唇瓣状，三角状卵形或圆形，深裂；囊托不伸出囊苞之外。

南昆山2种。

1. 叶柄具阔翅；囊苞扁圆形或近圆形…………1. 蕗蕨 M. badium
1. 叶柄无翅或略具狭翅；囊苞卵形……………………………………………………2. 长柄蕗蕨 M. osmundoides

1. 蕗蕨

Mecodium badium (Hook. et Grev.) Cop.

高15～25 cm。根状茎褐色。叶远生；柄长5～11 cm，无毛，两侧有平直或略呈波状的阔翅；叶片披针形至长卵形，长10～17 cm，三回羽裂；羽片8～12对；末回裂片2～6片，各有小脉1条。孢子囊群生于向轴的短裂片顶端。

南昆山产于上坪飞鼠岩、竹坑嶂，生于密林下溪边潮湿岩石上。分布于我国华东、华南及西南地区。印度及东南亚也有。药用解毒清热，生肌止血。

2. 长柄蕗蕨

Mecodium osmundoides (v. d. Bosch) Ching

高12～18 cm。根状茎褐色。叶远生；柄长4～7 cm，上部有易脱落的狭翅；叶片椭圆形或卵状披针形，长8～12 cm，长渐尖头，三回羽裂；羽片9～15对，有短柄；末回裂片2～6片；叶轴和羽轴有狭翅。囊苞长卵形，深裂几达基部。

南昆山产于上坪、天堂顶，生于溪边潮湿的岩石上。分布于我国华南及西南地区。印度至中南半岛也有。药用可治外伤出血及烫火伤。

P19. 蚌壳蕨科 Dicksoniaceae

树形蕨类。叶片大型；三至四回羽状复叶，一型或二型，革质；叶脉分离。囊群盖成内外两瓣，形如蚌壳，革质；外瓣为叶边锯齿变成，较大；内瓣自叶片下面生出。

南昆山1属，1种。

1. 金毛狗属 Cibotium Kaulf.

根状茎粗壮，木质，密被金黄色长柔毛。叶一型，有粗长的柄；叶片多回羽裂；末回裂片线形，有锯齿。孢子囊群着生于叶边，顶生小脉上；囊群盖革质；孢子钝三角形。

南昆山1种。

1. 金毛狗（黄狗头、鲸口蕨）

Cibotium barometz (L.) J. Sm.

高达3 m。根状茎肥大，密被金黄色长绒毛，酷似伏地的小狗。叶丛生于茎顶端，冠状，三回羽裂；羽片长披针形，裂片边缘有细锯齿；幼叶刚长出时呈拳状，密被金色茸毛。孢子囊群生小脉顶端，囊群盖形如蚌壳。

南昆山各地常见，生于林中或沟谷边。分布于我国华南、华东及西南地区。日本、越南、缅甸、印度以及马来西亚也有。国家二级重点保护野生植物。根状茎药用，补肝肾，强筋骨，壮腰漆，还可以祛风湿。

P20. 桫椤科 Cyatheaceae

常为树状蕨类，茎干粗壮，直立。叶大型，簇生于茎干顶端成对称的树冠；叶柄被坚厚的鳞片和毛；叶片一至四回羽状，被鳞片或毛。孢子囊群圆形；孢子三角形。

南昆山1属，4种。

1. 桫椤属 Alsophila R. Br.

乔木状或灌木状。叶大型；叶柄平滑或有刺及疣突，其基部的鳞片坚硬；叶片一回羽状至多回羽裂；叶脉分离，偶网结。孢子囊群圆形，背生于叶脉上；孢子钝三角形。

南昆山4种。

1. 小脉单一；无囊群盖。
    2. 小羽片分裂达一半以上。
        3. 叶柄基部鳞片金黄色……………1. 粗齿桫椤 A. denticulata
        3. 叶柄基部鳞片暗棕色……………2. 小黑桫椤 A. metteniana
    2. 小羽片分裂较浅，不超过一半……3. 黑桫椤 A. podophylla
1. 小脉常二叉；具囊群盖……………………4. 桫椤 A. spinulosa

1. 粗齿桫椤

Alsophila denticulata Baker

高0.5～1.5 m。茎干短而直立或横卧。叶簇生；柄长30～90 cm，基部密被线形鳞片；叶片披针形，长35～55 cm，二回深羽裂至三回羽状；羽片12～16对，椭圆形；小羽片椭圆形，长7～8 cm，深裂几达小羽轴。

南昆山产于上坪横坑桥，生于山谷疏林下。分布于我国华南、西南、华东及华中地区。日本也有。国家二级重点保护野生植物。可用于园林造景。

2. 小黑桫椤

Alsophila metteniana Hance

植株高达2 m多。根状茎短而斜升，密生黑棕色鳞片。叶柄黑色，鳞片宿存，线形；叶片三回羽裂，小羽片向顶端渐狭，深羽裂。叶脉分离，羽轴红棕色。孢子囊群生于小脉中部，囊群盖缺。

南昆山产于上坪横坑，生于山坡林下或溪沟旁边。分布于我国广东、福建、台湾、江西和西南部分地区。日本也有。国家二级重点保护野生植物。可用于园林造景。

3. 黑桫椤

Alsophila podophylla Hook.

高大树蕨，高1～3 m。叶为一至二回羽状；羽片有柄，顶端长渐尖并浅羽裂；小羽片边缘仅有疏浅锯齿；叶柄紫红色，被黑色的长鳞片；叶脉分离或联结成三角形网眼。孢子囊群着生于小脉近基部，无囊群盖。

南昆山产于七仙湖、上坪，生于山谷林下。分布于我国华南、华东及西南地区。日本和中南半岛也有。国家二级重点保护野生植物。树干含有胶质物可供食用。

4. 桫椤

Alsophila spinulosa (Wall. ex Hook.) R. Tryon

树蕨，高3～8 m。叶簇生于顶端；叶柄具刺；叶片大，长可达3 m，三回深羽裂；羽片多数，矩圆形，远看像一把大伞；裂片长圆形，边缘有齿。孢子囊群生于裂片下面小脉分叉处，囊群盖近圆球形。

南昆山产于下坪、七星湖，生于山谷常绿阔叶林下。分布于我国华南、西南地区及台湾、福建。日本、中南半岛、印度、尼泊尔也有。庭园观赏；树干内的白色髓心入药，能祛风除湿、活血去瘀，治跌打损伤及预防流行性感冒。国家二级重点保护野生植物。

P22. 碗蕨科 Dennstaedtiaceae

土生、中型草本。根状茎横走，被灰白色针状刚毛，无鳞片。叶一型；叶片一至四回羽状细裂；叶轴具纵沟，叶面多少被毛。孢子囊群小，圆形；囊群盖碗形或杯形。

南昆山2属，4种，2变种。

1. 囊群盖碗形，叶缘着生……………………1. 碗蕨属 Dennstaedtia
1. 囊群盖为半杯形或口袋形…………………2. 鳞盖蕨属 Microlepia

1. 碗蕨属 Dennstaedtia Bernh

根状茎横走，被淡灰色刚毛，无鳞片。叶远生或簇生，叶片三角形至椭圆形，多回羽状细裂，小羽片偏斜；叶脉分离。孢子囊群圆形，叶缘着生，顶生于每条小脉。囊群盖碗形。

南昆山1变种。

1. 光叶碗蕨

Dennstaedtia scabra (Wall.) Moore var. **glabrescens** (Ching) C. Christensen

根状茎长而横走，红棕色。叶片三角状披针形或长圆形，光滑无毛或略有一二疏毛，下部三至四回羽状深裂，中部以上三回羽状深裂；叶脉羽状分叉，小脉不达到叶边。孢子囊群圆形，位于裂片的小脉顶端；囊群盖碗形，灰绿色。

南昆山产于天堂顶，生于林下或溪边。分布于我国广东、广西和云南。越南也有。

2. 鳞盖蕨属 Microlepia Presl

土生、中型草本。根状茎横走。叶柄被毛；叶片椭圆形至长卵形，一至四回羽状；小羽片或裂片偏斜，常被淡灰色刚毛或柔毛。孢子囊群圆形，近边生，着生于小脉顶端。

南昆山4种，1变种。

1. 叶片三回羽状。
  2. 末回羽片渐尖头。
    3. 叶片薄草质，长圆披针形………1. 华南鳞盖蕨 M. hancei
    3. 叶片坚草质，阔卵形…2. 罗浮鳞盖蕨 M. lofoushanensis
  2. 末回羽片圆头，长圆形……5. 针毛鳞盖蕨 M. trapeziformis
1. 叶片一回羽状。
  4. 羽叶深裂，叶下面无毛………3. 边缘鳞盖蕨 M. marginata
  4. 羽叶浅裂，叶下面多毛……………………………………………………4. 毛叶边缘鳞盖蕨 M. marginata var. villosa

1. 华南鳞盖蕨（鳞盖蕨、鳞蕨）
Microlepia hancei Prantl

高达1.5 cm。根状茎横走。叶远生；柄长35～40 cm；叶片长卵形，长30～60 cm，三回羽状；羽片10～15对；小羽片深裂几达小羽轴；叶两面沿叶脉疏被灰白色刚毛；叶轴和羽轴略被细毛。孢子囊稍接近缺刻。

南昆山产于上坪至天堂顶途中，生于林下或溪边湿地。分布于我国华南及华东地区。日本、中南半岛及印度也有。可种植于林缘和溪边做观赏用。

2. 罗浮鳞盖蕨
Microlepia lofoushanensis Ching

根状茎匍匐，褐棕色，贴生深红色粗硬毛。叶近生，叶片阔卵形，三回羽状；羽片互生，柄长约1 cm，卵状披针形；一回小羽片互生，斜向上；叶脉羽状分枝，小脉达于叶边；叶轴羽轴灰褐色，密被灰棕色短毛。孢子囊群小，囊群盖肾形。

南昆山产于石河奇观，生石上。分布于我国广东。

3. 边缘鳞盖蕨
Microlepia marginata (Panz.) C. Chr.

高达1 m。根状茎横走，密被锈棕色长刚毛。叶远生；柄长达45 cm，近光滑；叶片三角状椭圆形，长达55 cm，一回羽状；羽片20～25对，披针形，长10～15 cm；裂片三角形，圆头或急尖头；叶轴、叶面被毛。

南昆山产于佛坳、上坪，生于林下溪边。分布于我国长江以南。日本、东南亚及南亚也有。

4. 毛叶边缘鳞盖蕨

Microlepia marginata (Panz.) C. Chr. var. **villosa** (C. Presl) Y. C. Wu

与原种的区别是羽片羽状浅裂，叶背面多毛。

南昆山产于石河奇观，生林下或溪边。分布于我国华南、华中及西南地区。日本、越南、印度及尼泊尔也有。

5. 针毛鳞盖蕨

Microlepia trapeziformis (Roxb.) Kuhn

根状茎横走。叶远生，叶片为阔卵状长圆形，近尾状渐尖头，三回羽状，羽片15对或更多，互生；叶脉纤细，羽状分枝，单一。孢子囊群圆形，小，生于末回羽片的上方，每片一个，少有2～3个，囊群盖小，浅杯形。

南昆山产于石河奇观、七星湖，生于林下沟中。分布于我国华南地区及台湾、云南。

P23. 鳞始蕨科 Lindsaeaceae

根状茎短而横走或蔓生，被钻形的狭鳞片。叶一型，羽状分裂；叶脉常分离。孢子囊群为叶缘生的汇生囊群，位于叶边或边内；囊群盖两层，向外开口；孢子多为三角形。

南昆山2属，5种。

1. 叶为一至二回羽状；孢子囊群线形……1. 鳞始蕨属 Lindsaea
1. 叶为三至五回羽状；孢子囊群圆形…2. 乌蕨属 Sphenomeris

1. 鳞始蕨属 Lindsaea Dry

根状茎横走，被钻形鳞片。叶近生或远生；叶片一至二回羽状；羽片或小羽片常为对开式，近圆形或扇形；小脉分离，少有网结。孢子囊群沿羽片或小羽片上缘或外缘着生；囊群盖线形或圆形，向叶边开口。

南昆山4种。

1. 羽片或小羽片不为对开式，有明显的主脉……………………………………………………2. 异叶鳞始蕨 L. heterophylla
1. 羽片或小羽片为对开式，不具主脉；叶脉分离；孢子囊群沿叶缘生，断裂。
  2. 叶片一回羽状，叶轴不分枝……………3. 鳞始蕨 L. odorata
  2. 叶片二回羽状，叶轴分枝。
    3. 叶片先端渐尖，即侧生羽片向上依次渐短……………………………………………………1. 钱氏鳞始蕨 L. chienii
    3. 叶片先端变为长尾形，即顶部羽片与其下几对侧生羽片同形或近同形……………………4. 团叶鳞齿蕨 L. orbiculata

1. 钱氏鳞始蕨

Lindsaea chienii Ching

高30～45 cm。根状茎密被红棕色小鳞片。叶近生；柄长12～28 cm，圆形；叶片三角形，长9～17 cm，顶端渐尖并为一回羽状，向下为二回羽状；小羽片近无柄，对开式，扇形或近长方形。孢子囊群线形。

南昆山产于上坪横坑、下坪石河奇观，生于林下。分布于我国广东、广西、福建、台湾。日本、泰国及越南也有。

2. 异叶鳞始蕨

Lindsaea heterophylla Dry.

高约30 cm。根状茎密被褐色鳞片。叶近生；柄长12～20 cm，四棱；叶片阔披针形，一回羽状或下部为二回羽状；羽片约11对，披针形，长3～5 cm，先端渐尖，边缘有啮蚀状锯齿。孢子囊群线形，连续不断。

南昆山产于石河奇观，生于林下较阴湿处。分布于我国华南、华东地区及云南。南亚及东南亚也有。

3. 鳞始蕨（陵齿蕨）

Lindsaea odorata Roxb.

高15～30 cm。根状茎密被栗红色鳞片。叶近生，草质；柄长4～10 cm，下面圆形；叶片线状披针形，长10～15 cm，一回羽状；羽片17～20对，有短柄，对开式，斜三角形。孢子囊群沿羽片上缘着生，断裂。

南昆山产于上坪，生于林下或路旁。分布于我国华东南部、华南及西南地区。日本、及东南亚各国也有。

4. 团叶鳞始蕨

Lindsaea orbiculata (Lam.) Mett. ex Kuhn

高约30 cm。根状茎先端被红棕色鳞片。叶近生；柄长5～10 cm，四棱；叶片线状披针形，一回羽状，下部常为二回羽状；羽片20～28对，对开式，近圆形、扇形或椭圆形，长约1 cm；不育羽片有尖齿。孢子囊群长线形，偶缺刻中断。

南昆山产于下坪，生于林下或路旁。分布于我国华南及西南地区。热带亚洲及澳大利亚广布。

南昆山产于上坪村、三坑、中坪尾至中坪，生于林下、路边和灌丛阴湿地，较常见。分布于我国长江以南各地区。日本、菲律宾至波利尼西亚及马达加斯加也有。全草可入药，清热解毒。

2. 乌蕨属 Sphenomeris Maxon

土生。根状茎横走，密被褐色钻形鳞片。叶近生，无毛，三至五回羽状；末回裂片楔形或线形；叶脉分离。孢子囊群近叶缘生，近圆形；孢子椭圆形。

南昆山1种。

1. 乌蕨

Sphenomeris chinensis (L.) Maxon

土生草本，高30～80 cm。根状茎短而横走。叶近生；叶片披针形或长圆披针形，长20～35 cm，三至四回羽状细裂；羽片15～20对，卵状披针形；末回裂片三角状披针形，顶端平截并有钝齿。孢子囊群常顶生于一小脉上。

P25. 姬蕨科 Hypolepidaceae

根状茎横走，外被多细胞的长节状毛，无鳞片。叶远生，一型，草质或纸质；叶柄粗壮，被毛，粗糙；叶片一至四回羽状细裂；各回羽片偏斜，基部不对称，两面均被灰白色刚毛；叶脉分离。孢子囊群圆形，生于小脉顶端。

南昆山1属，1种。

1. 姬蕨属 Hypolepis Bernh.

属的形态特征与科同。

南昆山1种。

1. 姬蕨

Hypolepis punctata (Thunb.) Mett.

高达1 m。根状茎长而横走，密被棕色长节状毛。叶远生；柄长25～40 cm，被灰白色节状毛；叶片三角状卵形，长30～70 cm，向下为三至四回深羽裂；羽片8～10对，互生或近互生，基部一对最大；小羽片10～20对，末回裂片长椭圆形。

南昆山产于石河奇观，生林下阴湿处。分布于我国长江以南各地区。亚洲和大洋洲的热带及亚热带地区广布。全草入药可治外伤出血。

P26. 蕨科 Pteridaceae

土生。根状茎横走，密被绒毛。叶一型；叶片粗裂或细裂，多少被柔毛。孢子囊群线形，生于叶缘的边脉上；囊群盖双层，线形，不间断。

南昆山1属，1种，1变种。

1. 蕨属 Pteridium Scopoli

陆生。根状茎粗壮，长而横走，黑褐色。叶远生，有长柄，革质或纸质；叶片常卵形或卵状三角形，三回羽状；羽片有柄；基部一对羽片较大，三角形；叶脉分离。孢子囊群沿叶边线形分布。

南昆山1种，1变种。

1. 各回羽轴上面沟内无毛……1. 蕨 P. aquilinum var. latiusculum
1. 各回羽轴上面沟内有密毛或疏毛………2. 毛轴蕨 P. revolutum

1. 蕨(蕨菜、龙菜)

Pteridium aquilinum (L.) Kuhn var. **latiusculum** (Desv.) Underw. ex Heller

高可达1 m以上。根状茎具锈黄色茸毛。叶柄光滑，上面有纵沟1条；叶片阔三角形，三回羽状；羽片4～6对；裂片10～15对，平展，长圆形；叶脉稠密，分离。孢子囊群沿边缘着生。

南昆山产于天堂顶，生于阳光充足的林缘或空旷地带。分布于全国各地。世界温带和暖温带其他地区广布。全草可入药，能驱风湿、利尿解热，可做驱虫剂；幼叶可食用，但不宜多食，因为其含有致癌物质。

2. 毛轴蕨

Pteridium revolutum (Bl.) Nakai

高达1 m以上。叶远生；柄长35～50 cm；叶片阔三角形或卵状三角形，渐尖头，长30～80 cm，三回羽状；羽片4～6对，对生；小羽片12～18对，无柄，披针形；各回羽轴上的沟内有密毛或疏毛。

南昆山产于天堂顶，生于山坡灌丛。分布于我国华南、华中、西南地区及台湾、陕西等地。亚洲热带及亚热带地区广布。幼嫩叶及根可治湿热痢疾。

P27. 凤尾蕨科 Pteridaceae

土生。根状茎短而直立或斜升，少有横走，密被鳞片。叶为单叶或一至多回羽状复叶，多为一型；叶柄光滑；叶脉分离或为网状。孢子囊群线形，沿叶缘着生，连续，有反折变质的线形假盖，无内盖。

南昆山1属，11种，1变种。

1. 凤尾蕨属 Pteris L.

陆生。叶簇生；叶柄上有纵沟；基部羽片下侧常分叉；羽轴或主脉上有纵沟，沟两边有针状刺或无刺；羽片对生或互生；叶脉分离或仅沿羽轴两侧联结成一行狭长的网眼。孢子囊群连续，仅裂片的顶端和缺刻不育。

南昆山11种，1变种。

1. 叶为一回羽状，从不篦齿状羽裂；羽轴或主脉上沿纵沟不具刺。
  2. 侧生羽片不分叉。
    3. 侧生羽片30～40对，向下渐缩短 ···· 12. 蜈蚣草 P. vittata
    3. 侧生羽片10～14对，上部不缩短 ················ 6. 全缘凤尾蕨 P. insignis
  2. 侧生羽片分叉。
    4. 侧生羽片二至三叉 ··············· 3. 剑叶凤尾蕨 P. ensiformis
    4. 仅基部一对羽片二至三叉 ··········· 9. 井栏边草 P. multifida
1. 叶为二回或三回羽状深裂；羽轴或主脉上沿纵沟具刺或呈啮蚀状。
  5. 基部一对羽片与其上的侧生羽片同形。
    6. 高大植株，植株通常高1～1.5 m；侧生羽片远较长 ················ 2. 疏羽半边旗 P. dissitifolia
    6. 矮小植株，植株通常高30～80 cm；侧生羽片基部最长。
      7. 能育叶顶生羽片的裂片长2～3 cm，彼此以阔的间隔分开，基部显著下延 ·········· 11. 半边旗 P. semipinnata
      7. 能育叶顶生羽片的裂片长1～2 cm，彼此接近，基部不显著下延 ······························ 1. 刺齿半边旗 P. dispar
  5. 基部一对羽片与其上的侧生羽片不同形。
    8. 相邻裂片基部相对的2条小脉向外伸达缺刻的底部或附近，形成1个高尖三角形，有时部分小脉在缺刻下面彼此交结成网眼 ···························· 8. 线羽凤尾蕨 P. linearis
    8. 相邻裂片基部相对的2条小脉向外伸达缺刻以上，形成1个矮钝三角形。
      9. 侧生羽片斜向上 ·········· 10. 斜羽凤尾蕨 P. oshimensis
      9. 侧生羽片平展或斜展。
        10. 侧生羽片与叶轴近垂直 ···························· 7. 平羽凤尾蕨 P. kiuschiuensis
        10. 侧生羽片常以60° 角从叶轴开展。
          11. 侧生羽片镰刀状披针形 ···························· 4. 傅氏凤尾蕨 P. fauriei
          11. 侧生羽片阔披针形 ············· 5. 百越凤尾蕨 P. fauriei var. chinensis

1. 刺齿半边旗

Pteris dispar Kze.

土生，高30～50 cm。根状茎斜伸，顶端被黑褐色鳞片。叶簇生；叶柄长10～30 cm；叶片卵状长圆形，二回羽状深裂，具分离的顶生羽片；侧生羽片5～8对，与顶生羽片同形；裂片的不育边缘有长尖刺状的锯齿。

南昆山产于上坪，生于林下，常见。分布于我国长江以南地区。东亚、菲律宾、马来西亚、越南也有。供药用，清热，常与半边旗混用。

2. 疏羽半边旗

Pteris dissitifolia Baker

植株高1～1.5 m。根状茎斜升或直立。叶簇生，二回羽状或二回半边羽状深裂；侧生羽片对生或近对生，长圆状阔披针形，先端尾尖，基部偏斜；裂片披针形，渐尖头；叶轴栗褐色；侧脉两面均明显，稀疏，斜上。

南昆山产于上坪横坑，生于林缘阴凉地。分布于我国广东、海南和云南。越南及老挝也有分布。

3. 剑叶凤尾蕨

Pteris ensiformis Burm. f.

高30～50 cm。根状茎斜升或横卧。叶簇生，二型，无毛；叶柄禾秆色；不育叶较短，下部羽状，三角形，具2～3对对生的无柄小羽片；能育叶的羽片疏离，二至三叉，中央的最长，具2～3对狭线形的小羽片；该小羽片的先端不育，具密尖齿。

南昆山产于上坪观音潭，生于林下。分布于我国华东、华南及西南地区。日本、中南半岛、马来西亚至印度也有。茎叶可入药，止血止痢。

4. 傅氏凤尾蕨(金钗凤尾蕨)

Pteris fauriei Hieron.

高可达1 m。根状茎短而斜升。叶簇生，一型；叶片卵状三角形，二回羽裂；侧生羽片近对生，披针形，顶端呈长尾状，羽轴在靠近裂片主脉处形成软刺；基部一对羽片的基部下侧有1片篦齿状深裂的小羽片；侧脉自基部以上分叉。

南昆山产于上坪横坑，生于疏林下。分布于我国华南、华中、华东及西南地区。日本和越南也有。

5. 百越凤尾蕨

Pteris fauriei Hieron. var. **chinensis** Ching & S. H. Wu

与原种相比，侧生羽片阔披针形，长16～22 cm，中部宽4～6 cm，羽片中部的裂片长2～3.5 cm，宽(5～)6～8 mm。

南昆山产于上坪横岗岐，生山谷林下。分布于我国华南地区。

6. 全缘凤尾蕨

Pteris insignis Mett. et Kuhn

高1～1.5 m。叶簇生；柄坚硬，长60～90 cm；叶片长卵形，一回羽状；羽片6～14对，线状披针形，先端渐尖，基部楔形，全缘，稍呈波状；下部的羽片不育，中部以上的能育。

南昆山产于上坪，生于林下或水沟边。分布于我国华南、华中及西南地区。越南及马来西亚。

7. 平羽凤尾蕨

Pteris kiuschiuensis Hieron.

高达80 cm。根状茎短而直立。叶簇生；柄长25～55 cm；叶片卵形，基部三回深羽裂；侧生羽片4～9对，无柄，线状披针形，长12～16 cm，篦齿状深羽裂；基部一对羽片的基部下侧有1～2对篦齿状深羽裂的小羽片。

南昆山产于天堂顶，生于山谷密林下。分布于我国广东、广西、福建、江西、湖南、贵州。日本也有。

8. 线羽凤尾蕨

Pteris linearis Poir.

高1～1.5 m。根状茎短而直立。叶簇生；叶片长圆状卵形，基部三回深羽裂；侧生羽片5～15对，对生，略斜向上，顶端长尾尖；羽轴上有纵沟，沟两旁有刺；相邻裂片基部相对的两小脉在缺刻底部开口或相交成一网眼。

南昆山产于佛坳、上坪，生于山坡疏林下，少见。分布于我国华南及台湾、贵州、云南等地。亚洲热带和马达加斯加广布。

9. 井栏边草

Pteris multifida Poir.

高20～45 cm。根状茎短而直立。叶二型，密而簇生；不育叶卵状长圆形，较宽，一回羽状；羽片常3对，对生，边缘有不整齐的尖锯齿；能育叶具较长的柄，狭线形；其上部几对的羽片基部下延，在叶轴两侧形成狭翅。

南昆山产于七星湖，生于石灰质生境。我国除东北及西北地区外，各地均有分布。日本、菲律宾和越南也有。全草入药，可清热除湿、解毒凉血、强筋活络、止血、治痢止泻。

10. 斜羽凤尾蕨

Pteris oshimensis Hieron.

高50～80 cm。根状茎短而直立。叶簇生；柄长25～50 cm；叶片椭圆形，基部三回深羽裂；侧生羽片7～9对，斜向上，无柄，披针形，下部的长11～14 cm，篦齿状深羽裂；叶脉分离。

南昆山产于七星湖，生于林下。分布于我国华南、华中、西南地区及福建。越南及日本也有。

11. 半边旗

Pteris semipinnata L.

高30～80 cm。根状茎横走。叶二型，近簇生，草质；叶柄四棱；能育叶长圆形或长圆披针形，二回半边羽状深裂；其羽片三角形或半三角形，上侧全缘，下侧羽裂几达羽轴，仅不育部分的叶缘有尖锯齿；不育叶同形，全有锯齿。

南昆山产于佛坳、九重远眺，生于疏林中。分布于我国长江以南各地区。日本、越南、马来西亚、斯里兰卡、印度也有。全草入药，可清热解毒、化湿消肿、止痢。

12. 蜈蚣草

Pteris vittata L.

中型陆生蕨，高30～100 cm。根状茎直立。叶簇生，薄革质；叶柄坚硬；叶片阔倒披针状长圆形，长20～80 cm，一回羽状；羽片无柄；小羽片条状披针形，顶端渐尖，基部两侧多少呈耳形；不育叶的边缘有细密锯齿。

南昆山各地较常见。生于墙缝、路边等石灰质环境。分布于我国秦岭以南热带亚热带地区。旧大陆热带、亚热带地区广布。全草药用，能祛风、除虫。

P30. 中国蕨科 Sinopteridaceae

中小型蕨类。根状茎直立或斜升，被披针形鳞片。叶多簇生，一型，稀二型，一至多回羽状复叶；叶背面绿色或有白色或黄色蜡质粉末；叶脉分离或偶有网状。孢子囊群小，沿叶缘着生于小脉顶端，有反折的变质叶形成的盖。

南昆山1属，1种。

1. 粉背蕨属 Aleuritopteris Fée

旱生蕨类。叶簇生，纸质或草质，二至三回羽裂，叶背面常被白色、黄色或橙色的蜡质粉末；柄栗色或乌木色；通常基部的一对羽片较大；叶脉分离，常不明显。孢子囊群圆形，沿叶边顶生脉端。

南昆山1种。

1. 粉背蕨

Aleuritopteris anceps (Blsnford) Panigrahi

根状茎短而直立，顶端密被鳞片。叶簇生，叶片三角状卵圆披针形，基部三回羽裂，中部二回羽裂，向顶部羽裂；侧生羽片对生；基部一对羽片斜三角形；叶片下面被白色粉末。孢子囊群由多个孢子囊组成，汇合成线性；囊群盖膜质，边缘撕裂成睫毛状。

南昆山产于上坪，生于林缘或岩石上。分布于我国华南、华中及西南部分地区。酸性土壤的指示植物。

P31. 铁线蕨科 Adiantaceae

土生，中小型。根状茎被鳞片。叶一型，螺旋状簇生或两行散生；叶柄紫黑色或栗褐色，光亮，细圆坚硬；叶片一至四回羽状或为一至三回二叉掌状分枝，稀单叶。孢子囊群生小脉顶端，无盖，有反折的叶缘覆盖。

南昆山1属，2种。

1. 铁线蕨属 Adiantum L.

属的特点与科同。

南昆山2种。

1. 叶片二至三回二叉分枝或中部以下二回羽状………………………………………………………………………… 1. 扇叶铁线蕨 A. flabellulatum
1. 叶片一回羽状 …………………… 2. 假鞭叶铁线蕨 A. malesianum

1. 扇叶铁线蕨
Adiantum flabellulatum L.

高20～50 cm。根状茎直立，密被亮棕色披针形鳞片。叶簇生；叶柄亮紫黑色；叶片扇形，长10～25 cm，二至三回不对称的二叉分枝；小羽片8～15对，互生；中部以下的半圆形（能育的）或斜方形（不育的），不育部分有锯齿；叶脉扇形分叉。

南昆山各地常见，生于林下、林缘及灌丛中。分布于我国华南、华东及西南地区。日本、马来西亚、越南、印度、斯里兰卡也有。全草入药，可清热解毒、舒筋活络、利尿化痰。

2. 假鞭叶铁线蕨（南洋铁线蕨）
Adiantum malesianum Ghatak

高15～40 cm。根状茎短而直立。叶簇生；叶柄栗色，有密毛；叶片一回羽状，线状披针形，向基部不变狭，最基部一对羽片团扇形；叶轴顶部常延伸成鞭状，顶端着地可成新；羽片为对开式的斜长方形，上缘深裂。

南昆山产于上坪横岗岐，生于林下。分布于我国华南、西南及湖南、台湾等地。亚洲热带及亚热带地区广布。可供花坛绿化。

P32. 水蕨科 Parkeriaceae

一年生淡水草本。根状茎短而直立，上端有一簇莲座状的叶。叶二型；不育叶为单叶或羽状复叶，末回裂片阔披针形或带状，全缘，尖头，小脉网状；能育叶分裂较深而细，末回裂片向下反卷达主脉，线形或角果形。孢子囊群沿主脉两侧生。

南昆山1属，1种。

1. 水蕨属 Ceratopteris Brongn.

属的形态特征与科同。

南昆山1种。

1. 水蕨
Ceratopteris thalictroides (L.) Brongn.

高30～100 cm，绿色多汁。根状茎短而直立。不育叶直立或幼时漂浮，狭长圆形，长10～30 cm，二至三回羽状深裂，末回裂片披针形；能育叶较大，二至三回羽状深裂，末回裂片条形，角果状。

南昆山产于石河奇观，生于阳光充足的水沟、湿地中。分布于我国长江以南各地区。广布热带及亚热带地区。全草可入药，能消积、散瘀、解毒；嫩叶可作菜肴。国家二级重点保护野生植物。

P33. 裸子蕨科 Hemionitidaceae

土生中小型蕨类。根状茎横走、斜升或直立，被鳞片或毛。叶远生、近生或簇生；叶片一至三回羽状分裂，稀单叶；叶脉分离或为网状。孢子囊群沿叶脉着生，无盖。

南昆山1属，1种。

1. 凤了蕨属 Coniogramme Fée

根状茎横走。叶远生或近生；叶片三角状卵形或长卵形，奇数一至二回羽状；叶脉分离或少数网结。孢子囊群线形或网状，沿侧脉着生，无囊群盖；孢子三角形。

南昆山1种。

1. 普通凤了蕨
Coniogramme intermedia Hieron.

高60～100 cm。根状茎横走。叶疏生；柄长25～55 cm；叶片三角状卵形或长卵形，二回羽状；侧生羽片3～6对，基部一对最大；侧生小羽片1～3对，长渐尖头，边缘具锯齿；叶脉分离，侧脉二回分叉。

南昆山产于天堂顶，生于林下。分布于我国秦岭以南。日本、韩国也有。

P35. 书带蕨科 Vittariaceae

附生蕨类。根状茎横走或近直立，被深色鳞片。叶一型，簇生或近生，单叶，常线形，全缘；叶脉分离或联结。孢子囊群汇生，沿叶下面的脉延伸，无盖。

南昆山1属，2种。

1. 书带蕨属 Haplopteris C. Presl

根状茎密集。单叶，簇生，狭线形，无毛；叶脉联结。孢子囊群沿小脉上着生，连续；孢子椭圆形。

南昆山2种。

1. 孢子囊群几为表面生，叶边缘平坦或略反卷…………………………1. 剑叶书带蕨 H. amboinensis
1. 孢子囊群深陷于叶缘与中肋之间的沟槽中，叶边缘反卷…………………………2. 书带蕨 H. flexuosa

1. 剑叶书带蕨
Haplopteris amboinensis (Fée) X. C. Zhang

根状茎横走，粗而长，常生出许多须根。叶近生，基部被鳞片，先端渐尖，边缘干后略反卷；叶纸质或革质。孢子囊群线性靠近叶缘着生；孢子长椭圆形，透明。

南昆山产于天堂顶，生于林下。分布于我国华南地区。印度、缅甸、中南半岛及印度尼西亚也有分布。

2. 书带蕨

Haplopteris flexuosa (Fée) E. H. Crane

高20～40 cm。根状茎横走，密被黑褐色鳞片。叶近无柄，狭线形，宽3～6 mm，先端渐尖，基部长下延成狭翅；中脉下面隆起。孢子囊群生于近叶缘的浅沟中，远离中脉。

南昆山产于上坪、天堂顶，生于阴湿的树干上或岩石上。分布于我国华南、西南地区及台湾。印度及东南亚也有。

P36. 蹄盖蕨科 Athyriaceae

中小型土生蕨类。根状茎细长横走或短而横卧，稍被鳞片。叶多簇生；单叶或一至四回羽裂；小羽片或末回裂片有锯齿或缺刻；各回羽轴有纵沟；叶脉分离或网状。孢子囊群圆形、线形、马蹄形或椭圆形，具盖。

南昆山6属，13种，2变种。

1. 叶无单行细胞的粗长节毛……………………5. 介蕨属 Dryoathyrium
1. 叶有单行细胞的粗长毛。
    2. 叶片奇数一回羽状，顶生羽片与侧生羽片同形……………………………………………………………4. 双盖蕨属 Diplazium
    2. 叶片一至三回羽状，如为一回羽状，则先端为羽裂渐尖。
        3. 叶片无毛或多少被单细胞的淡灰色短毛。
            4. 叶脉分离，偶为不规则的联结……………………………………………………………1. 短肠蕨属 Allantodia
            4. 裂片下面多对小脉联结成斜长方形网眼……………………………………………………3. 菜蕨属 Callipteris
        3. 叶片被多细胞的棕色节状长柔毛。
            5. 根状茎细长横走，叶远生，常二回羽裂……………………………………………………2. 假蹄盖蕨属 Athyriopsis
            5. 根状茎直立或斜升，叶簇生，一回羽状……………………………………………………6. 毛轴线盖蕨属 Monomelangium

1. 短肠蕨属 Allantodia R. Br.

中型至大型土生蕨类。根状茎粗大，直立或斜升，稍被鳞片。叶常簇生；叶片一至三回羽裂；羽片常披针形，末回小羽片椭圆形至披针形；叶脉多分离，羽状。孢子囊群线形、椭圆形或卵形，多单生于小脉上侧。

南昆山有6种，2变种。

1. 孢子囊群盖成熟时从背部破裂……………………………………………………2. 光脚短肠蕨 A. doederleinii
1. 孢子囊群盖成熟时从外侧破裂。
    2. 孢子囊群盖为粗短距圆形……………………………………………………7. 异基短肠蕨 A. virescens var. sugimotoi
    2. 孢子囊群盖线形。
        3. 叶片一回羽状。
            4. 能育叶较大，长25～40 cm……………………………………………………5. 江南短肠蕨 A. metteniana
            4. 能育叶较小，长15～20 cm……………………………………………………6. 小叶短肠蕨 A. metteniana var. fauriei
        3. 叶片二回羽状。
            5. 下部羽片的小羽片边缘仅有锯齿或波状圆齿……………………………………………………4. 阔片短肠蕨 A. matthewii
            5. 下部羽片的小羽片羽状浅裂到深裂。
                6. 下部羽片的小羽片通常为羽状浅裂……………………………………………………1. 毛柄短肠蕨 A. dilatata
                6. 下部羽片的小羽片通常为羽状深裂。
                    7. 鳞片全缘…………3. 薄盖短肠蕨 A. hachijoensis
                    7. 鳞片边缘有锯齿…8. 深绿短肠蕨 A. viridissima

1. 毛柄短肠蕨（膨大短肠蕨）

Allantodia dilatata (Bl.) Ching

高1 m左右。根状茎粗大，直立或斜升。叶簇生；叶柄粗壮；叶片近三角形，顶端羽裂渐尖，向下二回羽状；羽片互生，有柄，披针形；小羽片线状披针形，边缘浅裂。孢子囊群线形，每裂片2～4对，单生于小脉上侧，不达叶边。

南昆山产于天堂顶，生于溪边阴湿处。分布于我国华南及西南地区。东南亚至日本南部也有分布。

2. 光脚短肠蕨

Allantodia doederleinii (Luerss.) Ching

常绿中型林下植物。叶疏生或近生，能育叶基部黑褐色，有少数小肉质突起，被易脱落的小鳞片；叶片三角形，羽裂渐尖的顶部以下二回羽状；侧生羽片互生；叶脉羽状，二叉或单一。孢子囊群粗短线性或矩圆形；囊群盖膜质，浅褐色。

南昆山产于石河奇观、七星湖，生于阴湿山谷阔叶林下。分布于我国长江以南地区。日本和越南也有分布。

3. 薄盖短肠蕨

Allantodia hachijoensis (Nakai) Ching

常绿中型至大型林下植物。根状茎横走，先端密被鳞片，鳞片褐色，披针形，全缘。叶通常近生；能育叶近光滑，上面有浅纵沟；叶片三角形；侧生羽片互生，有柄；叶脉羽状；叶轴和羽轴上面有浅沟，多细小腺体。孢子囊群生于小脉中部，在基部上侧1条小脉常为双生；囊群盖浅褐色，膜质，全缘。

南昆山产于石河奇观，生于山地阔林下。分布于我国华南、华中地区。韩国和日本也有分布。

4. 阔片短肠蕨

Allantodia matthewii (Copel.) Ching

高0.5～1 m。根状茎横生。叶近生；柄长达40 cm；叶片三角形，一至二回羽状复叶；侧生羽片约8对，互生，斜展，阔披针形；叶脉羽状，不明显。孢子囊群线形，单生或双生。

南昆山产于石河奇观、七星湖，生于林下溪边，少见。分布于我国华南地区及福建。越南也有。

5. 江南短肠蕨

Allantodia metteniana (Miq.) Ching

高60～70 cm。根状茎长而横走。叶疏生或近生；叶柄长30～40 cm；叶片顶端渐尖并为羽裂，一回羽状；羽片6～10对，互生，镰刀状披针形，有短柄，长8～11 cm，边缘波状至羽裂。孢子囊群线形。

南昆山产于上坪、生于山谷林下或溪边路旁。分布于我国长江以南地区。日本、越南和泰国也有。

6. 小叶短肠蕨

Allantodia metteniana (Miq.) Ching var. **fauriei** (Christ) Ching

与原变种相比，叶较小，羽片边缘呈锯齿状或浅波状，通常有孢子囊群1条，大多单生，偶有双生。

南昆山产于石河奇观，生于林下溪边阴湿岩石上。分布于我国广东和华东地区。日本和越南北部也有分布。

7. 异基短肠蕨

Allantodia virescens var. **sugimotoi** (Kurata) W. M. Chu

形体粗壮高大。根状茎均为横卧，小羽片基部不对称，下侧的裂片显著较大，小脉在下部羽片多数小羽片中部以下的裂片上以及在中、上部羽片下部小羽片的基部裂片上大多二叉或羽状，孢子周壁表面具小片状及钝刺状纹饰。

南昆山产于石河奇观，生于阴湿山谷林下。分布于我国西南地区及广东。日本也有分布。

8. 深绿短肠蕨

Allantodia viridissima (Christ) Ching

常绿大型林下植物。根状茎斜升直立，先端密被蓬松的长鳞片。叶簇生，叶片三角形；羽片互生，多为长披针形，下部两对最大；小羽片互生或近对生。孢子囊群短线性，单生于小脉上侧；囊群盖在囊群成熟前破碎；孢子近肾形。

南昆山产于石河奇观，生于林下及林缘溪沟边。分布于我国华南、西南地区。南亚和东南亚也有分布。

2. 假蹄盖蕨属 Athyriopsis Ching

根状茎长而横走，被棕色披针形或卵形鳞片。叶远生或簇生；叶片椭圆形，二回羽状深裂；羽片披针形；叶脉分离或羽状；羽轴有纵沟，彼此不相通。孢子囊群线形或椭圆形。

南昆山 1 种。

1. 毛轴假蹄盖蕨

Athyriopsis petersenii (Kunze.) Ching

常绿植物。根状茎细长横走。叶远生至近生，能育叶形态多样；叶片多形，羽片平展或略向上斜展，基部有时向下反折；叶草质，羽片中肋及叶脉多长节毛。孢子囊群短线性或线状矩圆形；孢子赤道面观半圆形，极面观椭圆形，周壁明显而透明。

南昆山产于七星湖，生于林中溪沟边。广泛分布于我国秦岭以南各省区。韩国、日本、东南亚、南亚和大洋洲也有分布。

3. 菜蕨属Callipteris Bory

大型土生蕨类。根状茎粗短直立。叶簇生；叶片椭圆形，一至二回羽状，顶部羽裂渐尖；小羽片披针形，渐尖头，浅羽裂；叶脉明显，小脉顶端连接成斜长方形网眼。孢子囊群椭圆形至线形，几着生于全部小脉上。

南昆山1种。

1. 菜蕨

Callipteris esculenta (Retz.) J. Sm. ex Moore et Houlst.

高可达2 m。根状茎密被狭披针形鳞片。叶簇生；叶片翠绿，革质，长达1 m，顶部羽裂渐尖，向下一至二回羽状；羽片互生或近对生；末回羽片或裂片披针形，边缘有锯齿。孢子囊群线形，几着生于全部小脉上。

南昆山产于下坪、石河奇观、七星湖，生水边潮湿处。分布于我国华南、华东、西南地区。亚洲及大洋洲热带地区、波利尼西亚广布。嫩叶可作蔬菜。

4. 双盖蕨属Diplazium Sw.

陆生中、小型植物。根状茎直立或横走，密生黑色或棕色筛孔形鳞片。叶近生或簇生；叶柄长；叶片长圆形，一回羽状；羽片3～8对；顶生羽片分离，斜展；叶脉明显。孢子囊群线形，常双生于小脉上下两侧。

南昆山3种。

1. 叶为单叶或羽状分裂。
   2. 叶羽状分裂 ························ 1. 厚叶双盖蕨D. crassiusculum
   2. 叶单叶 ···································· 3. 单叶双盖蕨D. subsinuatum
1. 叶为奇数一回羽状复叶 ························ 2. 双盖蕨D. donianum

1. 厚叶双盖蕨

Diplazium crassiusculum Ching

根状茎直立或斜升，先端密被鳞片，鳞片披针形，边缘有小齿。能育叶一回羽状；侧生羽片通常2～4对，长椭圆形、长卵状披针形或线状阔披针形。孢子囊群与囊群盖长线形，单生小脉上侧。

南昆山产于天堂顶，土生或生岩石上。分布于我国华南、华东部分地区。日本南部也有。

根状茎直立或斜升。叶近生或簇生，能育叶长达80 cm，叶柄基部黑色；叶片椭圆形或卵状椭圆形，奇数一回羽状；侧生羽片近对生或向上互生，边缘全缘，干后反卷。孢子囊群及囊群盖长线形，通常离中脉向外伸展，单生于小脉内侧。

南昆山产于思茅坪，生于林下溪旁。分布于我国华南地区及云南、安徽、福建。日本、南亚和东南亚也有。

2. 双盖蕨

Diplazium donianum (Mett.)Trad. -Blot.

3. 单叶双盖蕨

Diplazium subsinuatum (Wall. ex Hook. et Grew.) Tagawa

形体小，高15～40 cm。根状茎细长横走。单叶，远生；叶柄长5～15 cm；叶片狭披针形；侧脉羽状分叉，斜展，小脉每组3～4条。孢子囊群线形，长4～8 mm；囊群盖同形。

南昆山产于下坪石河奇观、上坪高盘头，生于林下、溪边、路旁湿地。分布于我国长江以南各地区。日本、印度、尼泊尔、越南也有。全草药用，可清热凉血、利尿通淋。

5. 介蕨属 Dryoathyrium Ching

中型陆生植物。根状茎粗壮，长而横走，斜升或近直立。叶远生或近生；叶柄长，基部被鳞片；叶片长圆形或卵形或卵状长圆形，一回羽状至二回羽状，末小羽片羽状深裂；羽片或小羽片互生；叶轴、羽轴和小羽轴上有纵沟一条。孢子囊群圆形、长圆形、弯钩形或马蹄形。

南昆山1种。

1. 介蕨

Dryoathyrium boryanum (Willd.) Ching

根状茎横走，先端斜生。叶近簇生，能育叶疏被深褐色鉆状披针形鳞片，近光滑；叶片阔卵形，二回羽状；羽片互生，有柄，阔披针形；叶脉在裂片上为羽状，侧脉单一或二叉。孢子囊群小，圆形；囊群盖圆肾形，膜质，褐色，早落。

南昆山产于石河奇观，生常绿林下溪边阴湿处。分布于我国华南、华中及西南地区。东南亚和中南半岛也有。

6. 毛轴线盖蕨属 Monomelangium Hayata

中型湿生植物。根状茎短，直立或斜升。叶少数簇生；叶柄短于叶片，与叶轴密被节状柔毛；叶片狭椭圆形或椭圆形，顶部以下一回羽状；羽片无柄，镰状披针形或斜卵形。孢子囊群线形。

南昆山1种。

1. 毛轴线盖蕨（毛子蕨）
Monomelangium pullingeri (Bak.) Tagawa

高35～60 cm。叶簇生；叶柄长10～20 cm，上面具纵沟；叶片狭椭圆形或椭圆形，基部稍缩狭；侧生羽片达20对，平展，镰状披针形，长达12 cm，基部不对称；侧脉明显，多数二至三叉。孢子囊群及囊群盖大多长线形。

南昆山产于上坪，生于林下溪边。分布于我国华南、华东及西南地区。东南亚也有。

P38. 金星蕨科 Thelypteridaceae

土生中型蕨类。根状茎直立、斜升或横走，常被鳞片。叶片、叶柄、羽轴均被针状毛；叶柄基部有鳞片；叶常一型，多二回羽裂；羽轴有纵沟或圆形隆起；叶脉分离或网结。孢子囊群圆形或短线型，有盖或无盖。

南昆山9属，26种，1变种。

1. 叶脉联结。
  2. 叶脉网状；孢子囊群沿网脉着生，满布叶片背面 ………………………………………………3. 圣蕨属 Dictyocline
  2. 叶脉联结不为网状；孢子囊群圆形。
    3. 孢子囊群有盖；羽片深羽裂………2. 毛蕨属 Cyclosorus
    3. 孢子囊群无盖；羽片浅羽裂或近全缘。
      4. 羽片小，披针形，多对小脉的顶端交结 ………………………………………1. 星毛蕨属 Ampelopteris
      4. 羽片大，阔披针形，所有叶脉联结成网眼 ………………………………………8. 新月蕨属 Pronephrium
1. 叶脉分离。
  5. 囊群盖小而不易见；叶片背面密被针状毛。
    6. 叶片长圆形或阔披针形，基部一对羽片与上侧羽片同形或较小………………………………5. 凸轴蕨属 Metathelypteris
    6. 叶片三角状卵形，基部一对羽片最大 ………………………………………4. 针毛蕨属 Macrothelypteris
  5. 囊群盖明显；叶片无毛或被疏柔毛。
    7. 侧生羽片基部沿叶轴两侧合生下延 ………………………………………7. 卵果蕨属 Phegopteris
    7. 侧生羽片分离。
      8. 羽片基部下面不具气囊体；叶背面常有橙黄色的球形腺体………………………6. 金星蕨属 Parathelypteris
      8. 羽片基部下面有气囊体；叶背面无腺体 ………………………………9. 假毛蕨属 Pseudocyclosorus

1. 星毛蕨属 Ampelopteris Kunze

蔓生常绿草本。根状茎横走。叶簇生或近生；柄坚硬；叶片无限生长，一回羽状；叶轴上部常伸长成鞭状，并有细小的羽片疏生；羽片披针形，腋间具鳞芽；叶脉明显，小脉顶端联结。孢子囊群圆形或椭圆形，无盖。

单种属。南昆山1种。

1. 星毛蕨

Ampelopteris prolifera (Retz.) Cop.

种的形态特征与属同。

南昆山产于上坪横岗岐，生于林下。分布于我国华东、华南及西南地区。东半球的热带亚热带地区广布。

2. 毛蕨属 Cyclosorus Link

根状茎多横走，疏被鳞片。叶疏生或近生，稀簇生；叶片常二回羽裂，背面往往有橙黄色腺体；相邻裂片间侧脉联结成一到多个三角形网眼。孢子囊群圆形；囊群盖肾形，宿存。

南昆山6种。

1. 相邻裂片有多对侧脉的顶端彼此交接成多个网眼。
   2. 相邻裂片间缺刻下有2.5对侧脉……………………………………………… 1. 渐尖毛蕨 C. acuminatus
   2. 相邻裂片间缺刻下有4对侧脉。
      3. 羽片背面有腺体 ………………………… 2. 干旱毛蕨 C. aridus
      3. 羽片背面无腺体 ……………………… 4. 展羽毛蕨 C. evolutus
1. 相邻裂片的侧脉仅基部一对的顶端彼此交接成三角形网眼。
   4. 根状茎直立或横走，基部羽片收缩。
      5. 中部羽片上侧裂片比下侧裂片长……………………………………………… 3. 齿牙毛蕨 C. dentatus
      5. 中部羽片上下两侧裂片等长……………………………………………… 5. 细柄毛蕨 C. kuliangensis
   4. 根状茎长而横走，基部羽片不收缩 ……………………………………………… 6. 华南毛蕨 C. parasiticus

1. 渐尖毛蕨

Cyclosorus acuminatus (Houtt.) Nakai

高50～70 cm。根状茎长而横走。叶远生；叶柄长30～40 cm；叶片阔披针形，二回羽裂；羽片线状披针形，13～18对，有短柄，渐尖头；裂片约20对，基部上侧一片最长；2对半小脉连接成网眼。孢子囊群圆形。

南昆山产于中坪，生林下或路旁，较常见。分布于我国秦岭以南各省区。朝鲜、日本和越南也有。全草入药，治烧烫伤、小儿疳积、狂犬咬伤。

2. 干旱毛蕨

Cyclosorus aridus (Don) Tagawa

植株高达1.4 m。根状茎横走，连同叶柄基部疏被棕色的披针形鳞片。叶远生，叶片阔披针形，二回羽裂；羽片下部6～10对逐渐缩小成小耳片，近对生；裂片斜展，有浅的倒三角形缺刻分开。孢子囊群生侧脉中部稍上处，每裂片6～8对；囊群盖小，膜质，鳞片状，淡棕色，无毛，宿存。

生于沟边疏、杂木林下或河边湿地。分布于我国华南、华东和西南地区。东亚和东南亚也有分布。

3. 齿牙毛蕨

Cyclosorus dentatus (Forssk.) Ching

高30～80 cm。根状茎短而直立。叶簇生；叶柄长10～30 cm，密被短毛；叶片披针形，二回羽裂，基部1～4对羽片收缩；羽片10～13对，开展，披针形，渐尖头，羽裂达1/2；相邻裂片基部一对侧脉连接成一个网眼。

南昆山产于下坪，生于山谷路边，少见。分布于我国华南、华东、西南省区。热带亚洲、热带非洲、大西洋沿岸及热带美洲广布。

4. 展羽毛蕨

Cyclosorus evolutus (Bedd.) Ching

植株高60～100 cm。叶柄长灰褐色，基部被灰白色短硬毛，向上光滑；叶纸质，干后灰黄绿色。叶片长圆披针形，先端渐尖，顶部狭缩成一羽裂的大型顶生羽片，二回羽裂；羽片12～15对。叶脉两面清晰。孢子囊群生叶脉下部，靠近主脉，或生于侧脉中部，位于主脉和叶边之间；囊群盖通常无毛，宿存。

南昆山产于七星湖，生于林下阴湿处。分布于我国广东、广西、湖南、贵州、云南、重庆等地。

5. 细柄毛蕨（鼓岭渐尖毛蕨）

Cyclosorus kuliangensis (Ching) Shing

植株高40～60 cm。根状茎细长横走先端有淡棕色的披针形鳞片。叶远生，叶片先端渐尖并具羽裂长尾，基部不变狭，二回羽裂；羽片斜上，中部以下的具极短柄，近对生。叶脉两面清晰，侧脉每裂片5～8对，斜上。孢子囊群小，圆形，生于侧脉中部，每裂片4～5对，仅顶部1～3对不育；囊群盖小，膜质，淡棕色，疏生短柔毛。

南昆山产于佛坳、九重远眺，生于灌丛下湿地或路旁阴处。分布于我国广东、福建、江西、台湾。

6. 华南毛蕨

Cyclosorus parasiticus (L.) Farwell.

高30～80 cm。根状茎横走。叶近生；叶柄约40 cm长，略有柔毛；叶片两面均被毛，长圆状披针形，背面沿叶脉密生橙红色腺体，顶端渐尖并二回羽裂，基部不变狭，向下反折；羽片12～16对。

南昆山产于上坪，生林缘、沟边或路旁。分布于我国华南、华中、华东和西南。亚洲热带地区广布。根茎可入药，可解毒镇惊，治痢疾等。

3. 圣蕨属 Dictyocline Moore

根状茎直立或斜升，疏被鳞片。叶簇生；叶柄密被毛，基部疏被鳞片；叶片长圆形、三角形至截形，一回羽状或羽裂或单叶，顶端渐尖并稍羽裂，基部心形；侧脉间小脉网状。孢子囊群线形，生网脉上，无囊群盖。

南昆山3种。

1. 网状脉的网眼内无内藏小脉…………………………………………1. 闽浙圣蕨 D. mingchengensis
1. 网状脉的脉眼内有单一或分叉的内藏小脉。
    2. 单叶，全缘或波状，不分裂………2. 戟叶圣蕨 D. sagittifolia
    2. 叶羽裂达中部…………………………3. 羽裂圣蕨 D. wilfordii

1. 闽浙圣蕨

Dictyocline mingchengensis Ching

植株高约50 cm。根状茎短而斜升，密被红棕色、有刚毛的披针形鳞片和灰白色针状毛。叶簇生；叶柄基部有一或二鳞片；叶片狭长圆形，一回羽状；侧生羽片对生，几无柄，阔披针形，全缘或多少呈波状。6孢子囊沿叶脉疏生。

南昆山产于石河奇观，生于山谷阴湿处或林下。分布于我国广东、江西、福建、浙江。

2. 戟叶圣蕨

Dictyocline sagittifolia Ching

高25～40 cm。根状茎斜升，连同叶柄基部密生披针形鳞片。叶簇生；叶柄长12～25 cm，密生短刚毛；单叶，戟形，基部心形，背面沿叶脉有针状毛，叶边近全缘或波状；网脉的网眼内有单一或分叉的小脉。

南昆山产于石河奇观，生于林下或山谷。分布于我国广东、广西、湖南、江西。

3. 羽裂圣蕨

Dictyocline wilfordii (Hook.) J. Sm.

高20～50 cm。根状茎粗短而斜长，密被鳞片。叶簇生；叶柄长10～30 cm，基部被鳞片，向上密生短刚毛；叶片长圆状三角形，上面密生短刚毛基部心形，一回深羽裂几达叶轴；网眼内常有小脉。

南昆山产于上坪至天堂顶途中，生于溪边林下或路边阴湿地。分布于我国长江以南各地区。日本及越南也有。

4. 针毛蕨属 Macrothelypteris (H. Itô) Ching

根状茎短而直立，斜升或横走，被鳞片。叶簇生；叶片两面沿羽轴稍被灰白色长针状毛，三回羽状或四回深羽裂；羽片斜展或近平展；叶脉羽状，分离。孢子囊群小，着生于小脉近顶端；无囊群盖或囊群盖不发育。

南昆山2种。

1. 小羽片斜上，与羽轴以锐角相交 ………………………………………… 1. 普通针毛蕨 M. torresiana
1. 小羽片平展，与羽轴以直角相交 ………………………………………… 2. 翠绿针毛蕨 M. viridifrons

1. 普通针毛蕨

Macrothelypteris torresiana (Gaud.) Ching

高50～150 cm。根状茎顶部密被黄褐色鳞片。叶簇生；叶柄长25～70 cm；叶片三回羽状；羽片15～20对，下部的有短柄，上部的无柄；叶背面及羽轴两面疏被白色针状长毛。孢子囊群小，圆形；囊群盖不易见。

南昆山产于七星湖，生于山谷湿地或林旁沟边。分布于我国长江以南各地区。南亚、东南亚至澳大利亚及美洲热带和亚热带地区广布。

2. 翠绿针毛蕨

Macrothelypteris viridifrons (Tagawa) Ching

根状茎短而直立，先端被红棕色、具毛的披针形鳞片。叶簇生；叶片几与叶柄等长或略长，四回羽裂；羽片10～12对；叶为薄草质，干后草绿色，有光泽。孢子囊群小，圆形，每裂片1～2枚；囊群盖小，圆肾形，绿色，膜质。

南昆山产于石河奇观，生山谷林下阴湿处。分布于我国华东地区。韩国和日本也有。

5. 凸轴蕨属 Metathelypteris (H. Itô) Ching

中、小型陆生植物。叶近生或簇生。叶脉羽状，侧脉单一，或分叉，斜上，不达叶边。孢子囊群小，圆形，生于侧脉中部以上；囊群盖中等大，圆肾形，以缺刻着生，膜质，

南昆山2种。

1. 叶下部1～2对羽片多少缩短⋯ 1. 微毛凸轴蕨 M. adscendens
1. 羽片排列较稀疏 ⋯⋯⋯⋯⋯⋯⋯⋯⋯⋯⋯ 2. 疏羽凸轴蕨 M. laxa

1. 微毛凸轴蕨（光叶凸轴蕨）

Metathelypteris adscendens (Ching) Ching

植株高25～50 cm。根状茎短，横卧。叶簇生或近生；叶片先端长渐尖并羽裂，二回羽状深裂；羽片互生，无柄；裂片长圆披针形，先端圆钝，全缘或下部的裂片边缘具粗齿状缺刻。孢子囊群小，圆形；囊群盖小，圆肾形；孢子圆肾形。

南昆山产于观音潭，生山谷林下。分布于我国广东、广西、福建、台湾。

2. 疏羽凸轴蕨

Metathelypteris laxa (Franch. et Sav.) Ching

植株高30～60 cm。根状茎长，横走或斜升。叶近生；叶片二回羽状深裂；羽片近对生，线状披针形，基部截形；裂片长圆披针形，全缘或具粗圆齿状缺刻。孢子囊群小，圆形，每裂片4～6对，较近叶边；囊群盖小，圆肾形，背面疏生柔毛；孢子圆肾形。

南昆山产于上坪、横坑，生于山麓林下和山谷密林下。广布于长江流域各地。韩国和日本也有。

6. 金星蕨属 Parathelypteris (H. Itô) Ching

根状茎细长而横走或短而直立，稍被鳞片或几无鳞片。叶远生、近生或簇生；叶柄基部无毛或有灰白色的针状毛；叶片长圆状披针形，二回深羽裂；羽片多数。孢子囊群圆形；囊群盖圆肾形。

南昆山3种，1变种。

1. 孢子囊群通常侧生于侧脉的近顶端 ……………………………………………………………………………………………3. 金星蕨 P. glanduligera
1. 孢子囊群通常背生于侧脉中部。
    2. 羽片背面被紫红色的圆球状腺体 ……………………………………………………………………2. 大羽金星蕨 P. chingii var. major
    2. 羽片背面无圆球状腺体。
        3. 裂片先端具2～4个缺刻状棱角 ……………………………………………………………1. 钝角金星蕨 P. angulariloba
        3. 裂片先端无缺刻状棱角 ……………………………………………………………………4. 滇越金星蕨 P. indochinensis

1. 钝角金星蕨

Parathelypteris angulariloba (Ching) Ching

植株高30～60 cm。根状茎短，横卧或斜升，近黑色。叶近簇生；叶柄长基部近黑色，密被开展的多细胞针状毛；叶片狭长圆形，先端渐尖并羽裂；基部不变狭，二回羽状深裂；叶脉明显，侧脉斜上，单一。孢子囊群圆形，背生于侧脉中部，每裂片1～2对；囊群盖中等大，圆肾形，背面密被灰白色的短刚毛，宿存。

南昆山产于天堂顶，生于山谷林下水边或灌丛阴湿处。分布于我国广东、广西、福建、台湾。日本也有。

2. 大羽金星蕨（广东金星蕨）

Parathelypteris chingii Shing et J.F. Cheng var. **major** (Ching) Shing

植株高达75 cm。叶簇生，叶片长圆状披针形，二回羽状深裂；下部羽片具短柄，羽轴和叶脉下面疏被长针毛外，还密被短毛；叶轴上面密生刚毛，下面疏被灰白色的细长针状毛。叶脉明显，侧脉单一。孢子囊群圆形，背生于侧脉中部；囊群盖大，圆肾形。

南昆山产于上坪，生山脚林下阴湿处。南昆山特有种。

3. 金星蕨

Parathelypteris glanduligera (Kunze) Ching

高40～60 cm。根状茎长而横走，顶部疏被披针形鳞片。叶近生或远生，草质，背面被橙黄色腺体及短柔毛；叶柄长15～20 cm，基部疏被鳞片；叶片披针形，二回深羽裂；羽片10～15对，无柄。

南昆山产于上坪、中坪，生于疏林下或路边。广布我国长江以南各地区。东亚、越南、印度也有。可成片种植用于绿化。

4. 滇越金星蕨

Parathelypteris indochinensis (Christ) Ching

植株高约60 cm。根状茎短而横卧。叶近簇生；叶柄下部被较密的灰白色、多细胞的长针毛，向上为疏被柔毛；叶片长圆形，二回羽状深裂；羽片互生，无柄，基部一对不缩短；叶脉明显侧脉单一。孢子囊群圆形，背生于侧脉中部，每裂片5～6对；囊群盖较小，圆肾形，背面密被柔毛，宿存。

南昆山产于观音潭，生山谷林下阴湿处。分布于我国广东、广西和云南。越南北部也有分布。

7. 卵果蕨属 Phegopteris Fée

根状茎常细长而横走，密被鳞片和毛。叶远生或簇生，两面稍有针状毛；叶柄基部密被棕色鳞片；叶片三角状卵形，一回羽状至二回羽裂；羽片披针形，下部1～3对常缩短成耳形，基部以狭翅相连；叶脉羽状，分离。孢子囊群无盖。

南昆山1种。

1. 延羽卵果蕨

Phegopteris decursive-pinnata (van Hall) Fée

高30～60 cm。根状茎短而直，被狭披针形鳞片。叶簇生；叶柄长10～20 cm；叶片狭披针形，一回羽状至二回羽裂；羽片约30对，基部一对常缩成耳形；小脉单一，达叶边。孢子囊群近圆形。

南昆山产于上坪，生于林缘湿地或路边。分布于我国长江以南各地区。东亚、越南也有。民间药用，治水湿膨胀、疖毒溃烂等症。

8. 新月蕨属 Pronephrium Presl.

根状茎长而横走。叶远生或近生，一型，稀近二型，一回羽状，三出复叶或单叶；叶柄基部疏被鳞片；羽片近无柄或有短柄；叶脉新月型，侧脉多对。孢子囊群圆形，无囊群盖或盖小，常被毛。

南昆山6种。

1. 叶为单叶……………………………………5. 单叶新月蕨 P. simplex
1. 叶为三出或羽状。
  2. 叶常为三出 ……………………………6. 三羽新月蕨 P. triphyllum
  2. 叶为羽状，有多对侧生羽片。
    3. 最下部羽片退化 ………………3. 微红新月蕨 P. megacuspe
    3. 最下部羽片通常较大。
      4. 植物体各部具钩状毛…………4. 羽叶新月蕨 P. parishii
      4. 植物体各部不具钩状毛。
        5. 孢子囊群盖明显 …… 1. 新月蕨 P. gymnopteridifrons
        5. 孢子囊群盖极小 … 2. 红色新月蕨 P. lakhimpurense

1. 新月蕨

Pronephrium gymnopteridifrons (Hayata) Holttum

高1～1.5 m。根状茎横走。叶远生，下面密被针状毛；柄长达1 m；叶片阔卵形，奇数一回羽状；羽片7～9对，具短柄，尾尖，基部楔形；叶脉联结成网眼。孢子囊群圆形，囊群盖被刚毛。

南昆山产于上坪，生于林下。分布于我国华南地区及台湾。菲律宾也有。

2. 红色新月蕨

Pronephrium lakhimpurense (Rosenst.) Holtt.

高1～1.5 m。根状茎长而横走。叶远生；叶柄粗壮，长50～70 cm；叶片卵状披针形，一回羽状；侧生羽片8～12对，有短柄，和顶生羽片同形且同大；叶干后红色或褐红色。无囊群盖。

南昆山产于上坪，生于山谷溪旁。分布于我国华南、西南地区及福建。印度、越南、泰国也有。

3. 微红新月蕨

Pronephrium megacuspe (Bak.) Holtt.

植株高50～70 cm。根状茎横走，密被钩状毛。叶远生，基部疏被鳞片，向上疏生刚毛；叶片和叶柄近等长，奇数一回羽状；侧生羽片5～6对；叶脉清晰，小脉向上联成一列似倒"V"字形的网眼。孢子囊群着生于小脉中部以上，在侧脉间形成一行等距横列的孢子囊群，无盖。

南昆山产于上坪，生密林下。分布于我国广东、广西和江西。越南、泰国和日本也有。

4. 羽叶新月蕨

Pronephrium parishii (Bedd.) Holtt.

与三羽新月蕨相比，有2～3对或达5对的侧生羽片（能育叶有时三出）；叶片卵状三角形；顶生羽片边缘波状，基部通常有1～2片分离的小耳片；仅基部一对羽片最长，有短柄，向上的羽片与叶轴合生并下延。

南昆山产于上坪、高盘头，生林下。分布于我国广东、台湾。印度南部、斯里兰卡、缅甸、中南半岛、马来西亚和日本也有。

5. 单叶新月蕨

Pronephrium simplex (Hook.) Holtt.

根状茎长而横走。单叶，远生，二型；不育叶柄长10～15 cm，被钩状毛及针状毛，叶片椭圆状披针形，长15～20 cm，先端渐尖，基部心脏形或戟形，或偶有1对小耳片；能育叶叶柄长30 cm或更长。孢子囊群无盖。

南昆山产于天堂顶，生于溪边林下或山谷林下。分布于我国华南、西南地区及台湾。越南也有。

6. 三羽新月蕨

Pronephrium triphyllum (Sw.) Holtt.

高20～50 cm。根状茎横走。叶疏生或近生；柄长10～35 cm；叶片卵状披针形，三出，少五出；顶生羽片较大，披针形，长15～20 cm；侧生羽片1～2对。孢子囊群无盖。

南昆山产于天堂顶，生于林下。分布于我国华南、华东地区及云南。越南也有。

9. 假毛蕨属 Pseudocyclosorus Ching

中型。根状茎顶部被柔毛和鳞片。叶远生或近生；叶片二回深羽裂近羽轴；羽片近无柄，下部的常缩短成耳形，或退化成瘤状；羽轴与叶轴着生点下常有1瘤状气囊体。孢子囊群圆形。

南昆山2种。

1. 叶近生，孢子囊群生于侧脉中上部…………………………………………………………………… 1. 普通假毛蕨 P. subochthodes

1. 叶近簇生，孢子囊群生于侧脉中部……… 2. 景烈假毛蕨 P. tsoi

1. 普通假毛蕨

Pseudocyclosorus subochthodes (Ching) Ching

高90～100 cm。根状茎短而横卧。叶近生或近簇生；叶片长圆披针形，长70～85 cm，二回深羽裂；下部3～4对羽片缩成三角形耳片；中部羽片26～28对，近对生或互生，无柄，披针形，羽裂几达羽轴。孢子囊群生侧脉中上部。

南昆山产于上坪，生于林下湿地或石上。分布于我国华南、华东、华中及西南地区。日本、韩国也有。

2. 景烈假毛蕨

Pseudocyclosorus tsoi Ching

植株高75～150 cm。叶近簇生；叶片长圆披针形，二回深羽裂；下部多对羽片退化成耳状或蝶形，中部正常羽片20～25对，近平展，无柄，互生，狭披针形。叶脉两面明显，主脉隆起，侧脉斜上，每裂片9～12对，基部一对均出自主脉基部，上侧一脉伸达缺刻底部，下侧一脉伸至缺刻以上的叶边。孢子囊群圆形，着生于侧脉中部；囊群盖圆肾形，淡棕色，厚质，宿存，无毛。

南昆山产于上坪至天堂顶途中，生山谷沟边，分布于我国广东、湖南、江西、福建和浙江。

P39. 铁角蕨科 Aspleniaceae

中小型草本植物，多石生或附生。根状茎横走、斜卧或直立，被透明、具粗筛孔披针形鳞片。叶远生、近生或簇生，草质、革质或近肉质；叶形变化极大，单叶或一至四回羽状细裂，末回小羽片或裂片往往为斜方形或不等边四边形，基部不对称，边缘全缘，或有钝锯齿或为撕裂。孢子囊群线形，偶近椭圆形；囊群盖全缘。

南昆山2属，7种。

1. 小脉分离，不在叶边内彼此联结；叶不簇生成鸟巢状 ………………………………………………………… 1. 铁角蕨属 Asplenium
1. 小脉顶端有规则地在叶边内与平行于叶边的边脉联结；叶簇生成鸟巢状 …………………………………… 2. 巢蕨属 Neottopteris

1. 铁角蕨属 Asplenium L.

根状茎横走、斜生或直立，密被披针形小鳞片。叶远生、近生或簇生；单叶或一至四回羽状，各回羽轴上面有不相通的纵沟，末回小羽片或裂片基部不对称无毛；叶脉分离，斜上。孢子囊群多为线形或短圆形，沿小脉上侧着生；囊群盖同形，全缘。

南昆山6种。

1. 叶片二至三回羽状 ………………… 5. 长叶铁角蕨 A. prolongatum
1. 叶片一回羽状。
    2. 羽片主脉两侧下部有多行孢子囊群，叶脉两面常隆起呈沟脊状 ……………………………………… 3. 胎生铁角蕨 A. indicum
    2. 羽片主脉两侧各有1行孢子囊群，叶脉两面不隆起呈沟脊状。
        3. 羽片下侧强度斜切到主脉 ……… 2. 切边铁角蕨 A. excisum
        3. 羽片下侧不斜切到主脉。
            4. 叶轴中部以上两则有狭翅 ……6. 狭翅铁角蕨 A. wrightii
            4. 叶轴上面两侧无翅。
                5. 根状茎横走 …………… 1. 齿果铁角蕨 A. cheilesorum
                5. 根状茎直立或斜升 ……… 4. 倒挂铁角蕨 A. normale

1. 齿果铁角蕨

Asplenium cheilesorum Kunze ex Mett.

植株高约30 cm。根状茎长而横走，密被深棕色披针形鳞片。叶近生或疏生；柄长9～15 cm，栗褐色，基部密被与根状茎上同样的鳞片，向上光滑；叶片线状披针形，一回羽状；羽片达30对，互生，无柄，中部羽片密接，长1.5～2 cm，基部宽5～9 mm，对开式的不等边四边形，钝头，基部不对称；叶脉羽状，主脉明显。叶薄草质，干后暗绿色，无毛。孢子囊群圆形，生于小脉顶部。

南昆山产于石河奇观，生于林下阴湿处。分布于我国华南地区及贵州、云南、西藏。南亚及东南亚广布。

2. 切边铁角蕨（剪叶铁角蕨）

Asplenium excisum Presl

根状茎横走，先端密被披针形、黑褐色鳞片。叶远生；柄长15～30 cm；叶片椭圆状披针形，长20～40 cm，先端尾状，向基部稍变宽，一回羽状；羽片18～20对，密接，有短柄，下部的近对生，向上互生，下侧强度斜切到主脉，边缘有粗锯齿。孢子囊群阔线形，棕色，斜向上，生于小脉中部。

南昆山产于石河奇观，生于林下阴湿处。分布于我国华南地区及台湾、云南。印度和东南亚也有。

3. 胎生铁角蕨

Asplenium indicum Sledge

根状茎短而直立，密被披针形、棕褐色鳞片。叶簇生，叶柄长灰绿色或灰禾秆色，疏被小鳞片，老则近光秃；叶片阔披针形，长12～30 cm，宽4～7 cm，顶部渐尖，一回羽状；羽片8～20对，互生或下部的对生，近平展，有短柄，下部数对不变短或略变短。叶轴禾秆色或下面为灰栗色，在羽片的腋间往往有1枚被鳞片的芽胞。孢子囊群线形，长4～8 mm，成熟时为褐棕色，极斜向上。

南昆山产于七星湖、上坪横岗岐，生密林下潮湿岩石上或树干上。分布于我国广东、广西、浙江、江西、福建、台湾、甘肃、湖南、贵州、四川、云南、西藏。尼泊尔、印度、缅甸、泰国、越南、菲律宾及日本南部也有。

4. 倒挂铁角蕨

Asplenium normale Don

附生植物，高10～35 cm。根状茎直立或斜升，密生黑褐色、披针形鳞片。叶簇生；叶柄长5～14 cm；叶片线状披针形，长12～23 cm，中部宽2.5～3.5 cm，基部略狭，一回羽状；羽片14～32对，三角卵形或长圆形，基部偏斜，上侧呈耳状；叶轴近顶处常有芽胞，能萌发新株。孢子囊群椭圆形，生于小脉中部以上。

南昆山产于石河奇观，生于林下岩壁上。分布于我国长江以南各地区。南亚、东南亚、东非、澳大利亚及夏威夷等太平洋岛屿也有。

5. 长叶铁角蕨（长生铁角蕨）

Asplenium prolongatum Hook.

高15～40 cm。根状茎短而直立，先端密被黑褐色、披针形鳞片。叶簇生；柄长8～20 cm，绿色，上面扁平有浅沟；叶片狭椭圆形或近线形，长10～20 cm，宽2～5.5 cm，二回羽状或三回羽裂；羽片12～20对，互生或近对生；叶轴顶端常延伸，有顶生芽胞。孢子囊群线形，每裂片或末回小羽片有1枚，沿小脉着生。

南昆山产于天堂顶、观音潭，生于林中、阴湿处岩壁上及树干上。分布于我国长江以南各地区及甘肃。中南半岛、东亚、印度、斯里兰卡、斐济也有。

6. 狭翅铁角蕨（莱氏铁角蕨）

Asplenium wrightii Eaton ex Hook

高达1 m。根状茎粗短直立，密被褐棕色的披针形鳞片。叶簇生；柄长20～32 cm，淡绿色，幼时密被鳞片，老时上部的逐渐脱落而渐变光滑；叶片椭圆形，长30～50 cm，宽16～25 cm，一回羽状；羽片15～22对，斜展，有长4～8 mm的柄，披针形或镰状披针形，尾状长渐尖头，基部不对称并多少下延。叶轴中部以上两侧有狭翅。孢子囊群线形，长约1 cm，褐棕色。

南昆山产于上坪观音潭、天堂顶，生林下潮湿岩石上。分布于我国长江以南地区。越南和日本也有。株形美观，可栽培供观赏。

2. 巢蕨属 Neottopteris J. Sm

中型，附生。根状茎直立，粗短，先端被小鳞片；鳞片黑褐色或棕色，披针形至卵形。单叶簇生成为鸟巢状，披针形，全缘，纸质或革质，叶边干后经常反卷成狭圆边。主脉明显，上面有阔纵沟，侧脉密，明显，斜展，单一或二至三叉，小脉平行，分离，但顶端在叶边内彼此连结。孢子囊群长线形，通直，生于小脉的上侧，自主脉外行达叶片的中部或几达叶边，排列整齐。

南昆山1种。

1. 狭翅巢蕨

Neottopteris antrophyoides (Christ) Ching

植株高30～50 cm。根状茎直立，粗短，木质，粗约2 cm，褐色，先端密被褐棕色的披针形鳞片。叶簇生，近革质，两面无毛；叶柄极短或近无柄，上面皱缩成小纵沟，两侧有阔翅几达基部，基部密被鳞片，向上光滑；叶片倒披针形，长25～50 cm，先端急狭为短尾状，向下急剧变狭而长下延。主脉两面均平坦，稍皱缩成小纵沟；小脉两面均略可见，斜展。孢子囊群线形，长1.5～2.5 cm。

南昆山产于石河奇观，生于山沟密林中树干上。分布于我国广东、广西、湖南、云南、贵州。越南及老挝也有。可栽培供观赏。

P42. 乌毛蕨科 Blechnaceae

土生。根状茎匍匐或直立，偶有树干状的直立主轴，被红棕色鳞片。叶一型或二型，一至二回羽裂，稀单叶，厚纸质至革质，无毛或常被小鳞片，有柄；叶脉分离或网状，网状脉的网眼为多角形，无内藏小脉。孢子囊群长圆形，生小脉上，紧靠主脉；囊群盖同形，有或无。孢子椭圆形。

南昆山3属，5种。

1. 叶脉分离……………………………………………… 1. 乌毛蕨属Blechnum
1. 叶脉沿羽轴入主脉两侧各有2～4行网眼。
  2. 叶散生，侧生羽片合生……………… 2. 崇澍蕨属Chieniopteris
  2. 叶簇生，侧生羽片彼此分离 ………… 3. 狗脊属Woodwardia

1. 乌毛蕨属 Blechnum L.

根状茎常粗短直立，外被深棕色的披针形鳞片。叶簇生，一型；叶柄粗硬；叶片通常革质，无毛，一回羽状；羽片线状披针形，两边平行；叶脉分离，主脉粗壮，上面有纵沟。孢子囊群线形，连续，紧靠主脉并与之平行；囊群盖线形，开向主脉。

南昆山1种。

1. 乌毛蕨

Blechnum orientale L.

中大型陆生蕨类，高1～2 m。根状茎粗短，木质，黑褐色，先端及叶柄下部密被棕色的线状披针形鳞片。叶簇生；叶柄坚硬，上有纵沟，沟两侧具瘤状气囊体；叶片长阔披针形，长达2 m，宽达60 cm，基部变狭，一回羽状，革质；羽片多数，互生，全缘，无柄，下部的突然缩小成耳形。孢子囊群长线形。

南昆山产于佛坳、九重远眺，生于山坡灌从或疏林下阳光充足处，常见。分布于我国长江以南各地区。热带亚洲广布。根状茎可入药，能清热解毒、活血散瘀；其嫩芽可食。

2. 崇澍蕨属 Chieniopteris Ching

中小型土生植物。根状茎长而横走，褐黑色，外被棕色的披针形鳞片。叶散生，有长柄；叶片较叶柄短，单叶、三裂或常为卵状三角形而深羽裂达叶轴；羽片披针形，渐尖头，沿叶轴两侧以狭翅相连；叶脉网状。孢子囊群粗线形，不连续。

南昆山2种。

1. 侧生羽片边缘略呈波状，全缘 ……………1. 崇澍蕨C. harlandii
1. 侧生羽片呈不规则的羽裂，叶片先端羽裂………………………………
…………………………………………………………… 2. 裂羽崇澍蕨C. kempii

1. 崇澍蕨

Chieniopteris harlandii (Hook.) Ching

高达75 cm。叶散生，二形；不育叶柄长12～45 cm，基部被鳞片，不育叶为披针形单叶或三出，顶生裂片披针形；能育叶较高大，叶柄长达45 cm，叶片常为羽状深裂，侧生裂片2～4对，对生，线状披针形，长16～21 cm，先端渐尖，基部与羽轴合生，沿叶轴下延；叶脉沿羽轴或中脉两侧各形成 一行狭长网眼。

南昆山产于中坪、上坪飞鼠岩，生于山谷、路旁、疏林阴湿处。分布于我国华南、华中和华东。越南、日本也有。根状茎药用，有祛风除湿之效。

2. 裂羽崇澍蕨

Chieniopteris kempii (Cop.) Ching

植株高30～50 cm。根状茎长而横走，黑褐色，密披披针形鳞片。叶散生；柄长30～70 cm，基部黑褐色，密被鳞片；叶片二形，阔卵状三角形，长13～20 cm，宽11～16 cm，先端渐尖并为羽裂，不育叶为一回羽裂，能育叶为二回羽裂；侧生羽片（或裂片）5～7对，对生；不育叶深羽裂达叶轴两侧的阔翅，以基部一对裂片最大。叶脉不明显。孢子囊群粗线形，沿主脉及叶轴着生。

南昆山产于横岗岐，生于疏林阴湿处。分布于我国广东、香港、广西、福建及台湾。日本南部也有。

3. 狗脊属 Woodwardia Smith.

根状茎粗壮，直立或斜升，或短横卧，密被披针形大鳞片。叶簇生，有柄；叶片椭圆形，二回深羽裂；侧生羽片多对，披针形，分离，裂片边缘有锯齿。叶脉沿羽轴及主脉两侧各有2～3行风眼，其外的小脉分离。孢子囊群粗线形或长圆形，不连续；囊群盖同形。

南昆山2种。

1. 下部羽片的基部近对称，羽片上面无珠芽 ………………………………… 1. 狗脊 W. japonica
1. 下部羽片的基部不对称，羽片上面密生珠芽 ………………………………… 2. 胎生狗脊 W. prolifera

1. 狗脊（狗脊蕨、日本狗脊蕨）

Woodwardia japonica (L. f.) Sm.

土生，高50～100 cm。根状茎粗短直立，与叶柄基部密被红棕色大鳞片。叶簇生；叶柄长30～50 cm；叶片长圆形，长30～50 cm，宽 20～25 cm，二回羽裂；侧生羽片约7对；裂片14～16对，边缘有细锯齿；叶脉网状。孢子囊群陷入叶肉中；囊群盖线形，深棕色。

南昆山产于上坪焦坑、三坑，观音潭，生于疏林下或山谷溪边。分布于我国长江以南各地区。韩国和日本也有。根状茎可入药，能镇痛、利尿、强筋骨；根状茎富含淀粉，可供食用或酿酒。

2. 胎生狗脊（珠芽狗脊）

Woodwardia prolifera Hooker & Arnott

植株高70～200 cm。根状茎横卧，黑褐色，与叶柄下部密被蓬松的大鳞片；鳞片狭披针形，先端纤维状，红棕色。叶近生；柄粗壮，长30～110 cm；叶片长卵形或椭圆形，长35～120 cm，先端渐尖，二回深羽裂达羽轴两侧的狭翅；羽片约10对，有短柄，基部一对羽片略缩短。叶脉明显，沿羽轴及主脉两侧各有一行整齐的狭长网眼。叶革质，羽片上面通常产生小珠芽。

南昆山产于观音潭，生低海拔疏林下阴湿地方或溪边。广布于广东、香港、广西、湖南、江西、安徽、浙江、福建及台湾。日本南部也有。植株优美，适合园林观赏。

P45. 鳞毛蕨科 Dryopteridaceae

中小型土生蕨类。根状茎粗短，直立或斜升，少有横走，被棕褐色或黑色的披针形或卵形的鳞片。叶一型，簇生，偶有近生，叶柄基部常密被与根状茎上同样的鳞片；叶片一至多回羽状或羽裂；叶柄、叶轴及各回羽轴被鳞片，上面有纵沟；叶边常有锯齿或芒刺；叶脉分离或网结。孢子囊群圆形；囊群盖圆肾形。

南昆山4属，21种。

1. 囊群盖圆肾形，以深缺刻着生。
  2. 根状茎长而横走；小羽片上先出…………………………………………………………… 1. 复叶耳蕨属Arachniodes
  2. 根状茎短而直立；小羽片下先出……3. 鳞毛蕨属Dryopteris
1. 囊群盖圆形，盾状着生。
  3. 叶脉网状……………………………………………2. 贯众属Cyrtomium
  3. 叶脉分离……………………………………………4. 耳蕨属Polystichum

1. 复叶耳蕨属 Arachniodes Bl.

根状茎长而横走，有时斜升，密被披针形鳞片。叶远生或近生，柄长且粗，基部或全部密被鳞片；叶片三角形或五角状卵形，三至四回羽状，顶部尾状或渐尖；羽片有柄，常少数，基部一对最大，其基部下侧小羽片伸长，小心片均为上先出；末回小羽片刺尖头，具芒刺状锯齿；叶脉分离。孢子囊群生小脉上。

南昆山5种。

1. 孢子囊群背生于小脉上；小羽片或裂片边缘常有钝锯齿……………………………………………………………1. 背囊复叶耳蕨A. cavalerii
1. 孢子囊群顶生或近顶生于小脉上；小羽片边缘有尖锯齿，齿尖常有芒刺。
  2. 顶生羽片与其下侧生羽片同形或近同形……………………………………………………………………5. 斜方复叶耳蕨A. rhomboidea
  2. 叶片顶部羽裂，罕有顶生羽片。
    3. 叶为二至三回羽状。
      4. 叶为二回羽状……………………3. 粗裂复叶耳蕨A. grossa
      4. 叶为二至三回羽状………2. 中华复叶耳蕨A. chinensis
    3. 叶为四回羽状……………4. 黑鳞复叶耳蕨A. nigrospinosa

1. 背囊复叶耳蕨（大片复叶耳蕨）
Arachniodes cavalerii (Christ) Ohwi

高达45 cm。根状茎斜升。叶近生；柄长40～80 cm，基部疏被黑褐色、线形鳞片，向上光滑；叶片阔卵形，先端渐尖，基部近截形，三回羽状；羽片4～7对，有长柄，基部一对最大；小羽片边缘有粗钝齿。孢子囊群大，圆形，背生于柄脉上，每裂片基部1枚。

南昆山产于上坪横坑，生于林下。分布于我国华东、华南、华中地区及贵州。日本、越南也有。

2. 中华复叶耳蕨

Arachniodes chinensis (Ros.) Ching

高40～60 cm。根状茎长而横走，密被褐色的钻状披针形鳞片。叶近生；柄长15～25 cm，向上直达叶轴和羽轴伏生黑色或黑褐色的线形小鳞片；叶片卵状三角形，顶端长三角形，渐尖头，二至三回羽状；羽片6～8对，基部一对最大，三角状披针形；小羽片互生，镰刀状披针形。孢子囊群生中脉与叶边间；囊群盖棕色。

南昆山产于上坪、下坪，生于林下。分布于我国华南及西南地区。越南、日本也有。

3. 粗裂复叶耳蕨（粗裂芒蕨）

Arachniodes grossa (Tard.-Blot et C. Chr.) Ching

高达1 m。叶柄禾秆色，长48～55 cm，基部密被黄色、线状披针形，卷曲的鳞片，向上较疏，上部近光；叶片卵状三角形，长48～55 cm，宽24～32 cm，顶部渐尖并羽裂；羽片6～8对；小羽片镰状披针形，长8～10 cm。孢子囊群生小脉顶，每裂片或锯齿下2～3对，在中脉两侧各排成2～3行；囊群盖早落。

南昆山产于天堂顶，生于林下。分布于我国华南地区。越南北部也有。

4. 黑鳞复叶耳蕨

Arachniodes nigrospinosa (Ching) Ching

植株高80～120 cm。叶柄深禾秆色，密被黑色、阔披针形，有光泽的鳞片。四回羽状复叶，叶片长圆状卵形，顶部近渐尖；干后草质，暗绿色，光滑；叶轴和各回羽轴下面略被黑褐色、披针形小鳞片。孢子囊群每裂片基部上侧1枚；囊群盖暗棕色，纸质，脱落。

南昆山产于天堂顶，生山地密林下。分布于我国广东、广西和台湾。

5. 斜方复叶耳蕨(斜方芒蕨)

Arachniodes rhomboidea (Wall. ex Mett.) Ching

高50～80 cm。根状茎横卧，密被棕色的阔披针形鳞片。叶疏生；柄长45 cm；叶片长卵形或三角状卵形，长30～50 cm，宽约20 cm，三回羽状至四回羽裂；侧生羽片5～7对，与顶生羽片同形，互生，有柄，基部一对最大；小羽片斜方形，基部不对称，边缘有芒刺状锯齿。孢子囊群生于小脉顶端；囊群盖圆肾形。

南昆山产于石河奇观，生于林下阴处。分布于我国长江以南各地区。印度至日本也有。

2. 贯众属 Cyrtomium Presl

根状茎斜升或直立，密被鳞片。叶簇生，革质或纸质，无毛；叶柄基部被鳞片；叶片长圆形至披针形，多一回羽状，偶为单叶或具3小叶；羽片镰刀形、披针形或卵形，全缘或有锯齿；叶脉网状，主脉明显。孢子囊群圆形；囊群盖圆形，盾状着生。

南昆山1种。

1. 镰羽贯众(巴兰贯众)

Cyrtomium balansae (Christ) C. Chr.

高30～70 cm。根状茎先端密被棕色的阔披针形鳞片。叶簇生；叶柄长15～30 cm；叶片披针形，长26～40 cm，宽8～10 cm，顶部渐尖并羽裂，一回羽状；羽片10～15对，近无柄，基部上侧三角状耳形，略具细齿。囊群盖圆盾形。

南昆山产于上坪横岗岐，生于林下或溪边。分布于我国长江以南各地区。日本、越南也有。园林观赏。

3. 鳞毛蕨属 Dryopteris Adanson

根状茎短而粗壮，通常直立，有时斜升，顶端密被鳞片。叶簇生，偶有近生；叶柄至少在下部密被质薄的大型鳞片；叶片常有鳞片，形态多样，一至四回羽裂，如为多回羽状复叶，则除基部一对羽片的一回小羽片上先出外，其余均下先出；叶脉分离，羽状。囊群盖圆肾形，稀无盖。

南昆山 14种。

1. 叶片一回羽状，顶生羽片与侧生羽片相似……………………………………………………………**11. 柄叶鳞毛蕨 D. podophylla**
1. 叶片一至四回羽状或羽裂，顶部羽裂。
  2. 羽轴下面的鳞片扁平，基部不为泡囊状。
    3. 叶片一回羽状。
      4. 孢子囊群无盖，鳞片全缘……**12. 无盖鳞毛蕨 D. scottii**
      4. 孢子囊群有盖，鳞片边缘有疏缘毛……………………………………………………**2. 桫椤鳞毛蕨 D. cycadina**
    3. 叶片二回羽状至三回羽裂……**13. 稀羽鳞毛蕨 D. sparsa**
  2. 植株除具扁平鳞片外，叶柄、叶轴具泡状或基部扩大、先端毛发状鳞片。
    5. 叶片通常二回羽状；基部羽片的基部下侧小羽片不呈燕尾状伸长。
      6. 叶柄基部的鳞片披针形或阔披针形，棕色或淡棕色；叶柄至叶轴鳞片极密或较密。
        7. 叶柄和叶轴的鳞片卵状披针形，阔披针形或间有狭披针形，极密 ……**1. 阔鳞鳞毛蕨 D. championii**
        7. 叶柄和叶轴的鳞片狭披针形，较疏。
          8. 叶为一回羽状，小羽片无柄……………………………………………………**3. 迷人鳞毛蕨 D. decipiens**
          8. 叶片二回羽状，小羽片基部有短柄。
            9. 小羽片披针形，边缘羽状浅裂至深裂……………………………………**5. 红盖鳞毛蕨 D. erythrosora**
            9. 小羽片三角状卵形，边缘浅裂……………………………………………**6. 黑足鳞毛蕨 D. fuscipes**
      6. 叶柄基部的鳞片狭披针形或线状披针形，黑色或黑棕色；叶柄中部向上叶轴的鳞片稀少或近光滑。
        10. 侧生羽片无柄或几无柄；羽轴基部平展，垂直于叶轴……………………**7. 平行鳞毛蕨 D. indusiata**
        10. 侧生羽片有明显的短柄；羽轴斜展，不垂直于叶轴。
          11. 小羽片基部心形，有长3 mm的柄……………………………………**9. 羽裂鳞毛蕨 D. integriloba**
          11. 小羽片基部圆形或截形，具短柄或无柄……………………………………**8. 齿头鳞毛蕨 D. labordei**
    5. 叶片通常二至三回羽状；基部羽片的基部下侧小羽片伸长呈燕尾状。
      12. 叶片基部一对羽片的羽柄通常长达3～4 cm；孢子囊群无盖……………**4. 德化鳞毛蕨 D. dehuaensis**
      12. 叶片基部一对羽片的羽轴通常在1 cm以下；孢子囊群有盖。
        13. 根状茎顶端及叶柄基部的鳞片全部为黑色或近黑色……………………**10. 太平鳞毛蕨 D. pacifica**
        13. 根状茎顶端及叶柄基部的鳞片棕色、暗棕色或两色……………………**14. 变异鳞毛蕨 D. varia**

1. 阔鳞鳞毛蕨

Dryopteris championii (Benth.) C. Chr.

高50～80 cm。根状茎粗大，横卧或斜升，先端密被红棕色的披针形大鳞片。叶簇生；叶柄禾杆色，密被阔披针形鳞片及较小的线状披针形鳞片，无毛；叶片卵状披针形，二回羽状；羽片10～15对，卵状披针形，基部略收缩；裂片圆钝头，顶端有尖齿。孢子囊群大，中脉两侧各一行。

南昆山产于上坪横岗岐，生于山谷林下。分布于我国长江以南各地区。日本及韩国也有。根状茎苦，寒。清热解毒，止咳平喘。用于感冒、气喘、便血、痛经、钩虫病等。

2. 桫椤鳞毛蕨

Dryopteris cycadina (Fr. et Sav.) C. Chr.

高约50 cm。根状茎粗短，直立，连同叶柄基部一起密被黑褐色、边有疏缘毛的狭长披针形鳞片。叶簇生；叶柄长约15 cm，深紫褐色；叶片披针形或椭圆状披针形，长30～35 cm，中部宽约10 cm，一回羽状半裂至深裂；羽片约20对，略斜展，中部长约6 cm。孢子囊群小，圆形，着生于小脉中部。

南昆山产于上坪至天堂顶途中，生杂木林下。分布于我国广东、广西、浙江、江西、福建、台湾、湖南、湖北、四川、贵州、云南。日本也有。

3. 迷人鳞毛蕨（异盖鳞毛蕨）

Dryopteris decipiens (Hook.) O. Kuntze

高达60 cm。根状茎斜升或直立。叶簇生；叶柄长约15～30 cm，基部密被栗棕色的狭披针形鳞片，向上鳞片逐渐稀疏；叶片披针形，一回羽状，长约20～30 cm；羽片约10～15对，长约6～8 cm。孢子囊群圆形，常在中脉两侧各一行。

南昆山产于沙坑尾，上坪，生于林下或溪边。分布于我国华南、华中及西南地区。日本、越南也有。

4. 德化鳞毛蕨

Dryopteris dehuaensis Ching et Shing

植株高40～70 cm。根状茎横卧或斜升，顶端密被栗黑色的线状披针形鳞片。叶簇生；叶柄长25～35 cm，密被披针形、栗黑色鳞片；叶片卵状披针形，长约35～45 cm，三回羽状，基部下侧一对小羽片向后伸长；羽片约10～14对，互生或近对生，最基部一对小羽片最大。孢子囊群小，着生于小羽片或末回小羽片的中脉与边缘之间；无囊群盖。

南昆山产于天堂顶，生于林下。分布于我国广东、浙江、江西、福建。

5. 红盖鳞毛蕨

Dryopteris erythrosora (D. C. Eaton) Kuntze

植株高40～80 cm。根状茎横卧或斜升。叶簇生；叶柄禾秆色，基部密被栗黑色披针形鳞片；叶片长圆状披针形，二回羽状；羽片10～15对，对生或近对生，披针形；小羽片约10～15对，披针形，斜向羽片顶端，边缘具较细的圆齿或羽状浅裂；叶轴疏被狭披针形、暗棕色的小鳞片，羽轴和小羽片中脉密被棕色泡状鳞片。羽轴和小羽片中脉上面具浅沟。孢子囊群较小，在小羽片中脉两侧各一行至不规则多行，靠近中脉着生；囊群盖圆肾形，全缘，中央红色

南昆山产于佛坳、九重远眺、天堂顶，生于林下。分布于我国华东、西南地区及广东、广西。日本和韩国也有。

6. 黑足鳞毛蕨

Dryopteris fuscipes C. Chr.

植株高约50 cm。根状茎横卧或斜生，先端密被褐色鳞片。叶簇生；叶柄长20～30 cm，除最基部黑色外，其余深禾杆色；叶片卵状披针形，长约30 cm，二回羽状；羽片约12对，有短柄。孢子囊群大，在小羽片中脉两侧各一行；囊群盖圆肾形，全缘。

南昆山产于佛坳，生于林下或溪边，较常见。分布于我国长江以南地区。中南半岛、韩国和日本也有。根状茎可收敛消炎。用于疮毒溃烂久不收口。

7. 平行鳞毛蕨

Dryopteris indusiata Makino & Yamamoto

植株高40～60 cm。根状茎横卧或斜升，粗约3 cm。叶簇生；叶柄长约20～35 cm，基部密被狭披针形、黑色鳞片；叶片卵状披针形，长约25～40 cm，二回羽状；羽片约10～15对，近对生，基部几无柄，长约12～17 cm，基部略收缩；基部羽片的最基部小羽片略缩短并平行叶轴。囊群盖圆肾形，红棕色。

南昆山产于上坪，生于林下。分布于我国广东、广西、浙江、江西、福建、湖南、四川、贵州、云南。日本也有。

8. 齿头鳞毛蕨(齿果鳞毛蕨)

Dryopteris labordei (Christ) C. Chr.

植株高50～60 cm。根状茎横卧或斜升，顶端及叶柄基部密被鳞片；鳞片披针形，黑色或黑棕色。叶簇生；叶柄长约25～35 cm，深禾秆色或淡紫色；叶片卵圆形或卵状披针形，长约30 cm，二回羽状；羽片约10对，近对生；裂片顶端圆，在前方具1～2齿。囊群盖圆肾形，深棕色，全缘。

南昆山产于观音潭，横岗岐，生于林下。分布于我国广东、广西、安徽、浙江、江西、福建、台湾、湖北、湖南、四川、贵州、云南。生林下。日本也有。

9. 羽裂鳞毛蕨

Dryopteris integriloba C. Chr.

植株高50～70 cm。根状茎直立，顶端及叶柄基部密被黑褐色的线状披针形鳞片。叶簇生；叶柄长约30～35 cm；叶片卵状披针形，长约35～40 cm，二回羽状；羽片约10～12对；小羽片披针形，边缘羽状半裂或基部达深裂；裂片顶端圆头或在前方具一钝齿。囊群盖圆肾形，宿存。

南昆山产于石河奇观，生于林下。分布于我国广东、海南、广西、云南。越南也有。

10. 太平鳞毛蕨

Dryopteris pacifica (Nakai) Tagawa

植株高约60～100 cm。根状茎斜升，顶端和叶柄基部密被黑褐色的线状披针形鳞片。叶簇生；叶柄长约25～40 cm；叶片五角状卵形，长约35～40 cm，三回羽状，基部下侧小羽片向后伸长；羽片约10～15对，基部下侧最长的小羽片长约10 cm；囊群盖圆肾形，棕色，边缘啮蚀状。

南昆山产于中坪，生于林下。分布于我国广东、江苏、安徽、浙江、江西、福建、湖南。日本、朝鲜也有。

11. 柄叶鳞毛蕨

Dryopteris podophylla (Hook.) O. Ktze

高40～60 cm。根状茎短而直立，木质，与叶柄基部密被黑褐色线形鳞片。叶簇生；叶柄长15～20 cm；叶片卵形，长约25 cm，奇数一回羽状，顶端有一枚分离的羽片；侧生羽片4～8对，具短柄，边缘略呈波状。孢子囊群生小脉中部以上，羽轴两侧的不育；囊群盖肾形。

南昆山产于上坪横坑，生于林下。分布于我国华南及福建、云南。

12. 无盖鳞毛蕨

Dryopteris scottii (Bedd.) Ching

植株高50～80 cm。根状茎粗短，直立，连同叶柄下部密生褐黑色、披针形具疏齿的鳞片。叶簇生；叶柄长18～35 cm；叶片长25～45 cm，宽15～25 cm，长圆形或三角状卵形，顶端羽裂渐尖，基部不变狭或略变狭，一回羽状；羽片10～16对，长10～12 cm。孢子囊群圆形；无盖。

南昆山产于上坪，生于林下。分布于我国华南地区及江苏、安徽、浙江、江西、福建、台湾、四川、贵州、云南。印度、不丹、泰国、缅甸、越南、日本也有。

13. 稀羽鳞毛蕨

Dryopteris sparsa (D. Don) Kuntze

植株高50～70 cm。根状茎短，直立或斜升，连同叶柄基部密被棕色、全缘的披针形鳞片。叶簇生；叶柄长20～40 cm，基部以上连同叶轴、羽轴均无鳞片；叶片卵状长圆形至三角状卵形，长30～45 cm，基部不缩狭，二回羽状至三回羽裂；羽片7～9对，顶端尾状渐尖，其余向上各对羽片逐渐缩短。囊群盖圆肾形，全缘。

南昆山产于石河奇观，生于林下溪边。分布于我国秦岭以南地区。印度经中南半岛至日本也有。

14. 变异鳞毛蕨
Dryopteris varia (L.) O. Kuntze

高50～80 cm。根状茎横卧或斜生，连同叶柄基部密被褐色的线形鳞片。叶簇生；叶柄长20～45 cm，禾秆色；叶片五角卵状，三回或二回羽状；侧生羽片10～12对；小羽片镰状披针形，基部下侧一片最长，达8 cm。孢子囊群大，近小羽片或裂片边缘着生。

南昆山产于石河奇观、七星湖，生于疏林下阴湿处，较常见。分布于我国长江以南各地区。日本也有。根状茎微涩，凉。清热，止痛。用于内热腹痛。

4. 耳蕨属 Polystichum Roth

根状茎直立或斜升，密被阔披针形或阔卵形或纤维状的厚鳞片。叶簇生，有柄，被鳞片；叶片披针形或椭圆形，一回羽状至三回羽裂；羽片或末回小羽片常镰刀形，稀长圆形，常有芒刺状锯齿，基部上侧截形并常有耳状突起。孢子囊群圆形；囊群盖圆盾状着生。

南昆山1种。

1. 灰绿耳蕨
Polystichum eximium (Mett. ex Kuhn) C. Chr.

能育植株高0.7～1.5 m。根状茎直立或斜升，其顶端及叶下部密生鳞片。叶簇生；叶柄禾杆色，长20～80 cm；叶片形态多样，长圆阔披针形，长约40 cm，中部以下二回羽状；侧生小羽片达16对，对开式；近顶部的叶轴有1～2密被鳞片的芽胞。叶革质，干后灰绿色，下面沿叶脉疏被纤维状小鳞片。

南昆山产于天堂顶，生林下阴湿处。分布于我国华南、西南及华东地区。斯里兰卡、泰国、越南、日本也有。

P46. 三叉蕨科 Aspidiaceae

中型土生蕨类。根状茎短而直立或斜升，少有长而横走，被棕色披针形鳞片。叶簇生，偶近生，常一型；叶柄基部无关节，常与叶轴均被鳞片；叶片常一至数回羽裂，稀单叶；叶脉分离或联结。孢子囊群圆形，成熟时满布能育叶背面；囊群盖宿存或早落。

南昆山1属，1种。

1. 三叉蕨属 Tectaria Cav.

根状茎短而横走至直立，先端被褐棕色的披针形鳞片。叶簇生，少数近生；柄基部或有时全部被鳞片；叶片常为三角形，一回羽状至三回羽裂，稀单叶；羽片或裂片常全缘；叶脉网状。孢子囊群圆形，生网眼联结处或内藏小脉上；囊群盖盾形或圆肾形，罕无盖。

南昆山1种。

1. 下延三叉蕨

Tectaria decurrens (Presl) Cop.

高50～80 cm。根状茎直立，连同叶柄下部密被鳞片。叶簇生，二型，能育叶各部狭缩；柄长35～60 cm；叶片椭圆状卵形，全缘，长30～80 cm，奇数一回羽裂；侧生裂片3～8对，对生；叶轴两侧有阔翅；叶脉联结。孢子囊群生联结小脉上；囊群盖圆盾形。

南昆山产于石河奇观，生于山谷林下阴湿处或岩石旁。分布于我国华南地区及台湾、福建、云南。南亚、东南亚及日本也有。全草清热解毒。用于疗疮痈毒。也可作园林观赏。

P47. 实蕨科 Bolbitidaceae

中小型植物。根状茎横走，被阔披针形鳞片。叶近簇生，二型；不育叶为单叶或一回羽状，顶部常有芽胞，能着地生根；羽片长圆形至披针形；小脉分离或联结；能育叶与不育叶同形但狭缩。孢子囊群满布于能育叶背下面，无囊群盖。

南昆山2属，3种。

1. 叶脉连结……………………………………………… 1. 实蕨属 Bolbitis
1. 叶脉分离……………………………………………… 2. 刺蕨属 Egenolfia

1 实蕨属 Bolbitis Schott.

根状茎常横走，被黑色鳞片。叶常近生；叶片多为一回羽状，具钝锯齿至深裂，缺刻处偶有一小脉延伸而成的小刺；叶脉明显，常有内藏小脉；能育叶缩小并具长柄。

南昆山2种。

1. 网脉实蕨

Bolbitis × laxireticulata K. Iwatsuki

根状茎短而横走，疏生棕黑色鳞片。不育叶羽状；叶柄长14～30 cm，密被鳞片；叶轴疏生鳞片，具一狭窄翅；羽片12～20对，两面无毛；裂片细圆齿状锯齿，每个弯缺处有明显的刺；能育叶叶柄25～40 cm；叶片14～28 cm；羽片10～12对，长圆状披针形，长约2 cm×0.4 cm，全缘的或波状。孢子囊着生叶脉的连接处。

南昆山产于石河奇观，生林下溪流的岩石上，分布于我国广东、海南和台湾。琉球群岛也有。

2. 华南实蕨

Bolbitis subcordata (Cop.) Ching

高40～80 cm。根状茎粗而横走。叶近生；叶柄长30～60 cm，疏被鳞片；不育叶长20～50 cm，宽15～28 cm，一回羽状；羽片4～10对，侧生羽片阔披针形，叶缘有深波状裂片，偶顶端生芽胞；能育叶较小。孢子囊群满布能育叶下面。

南昆山产于石河奇观，生于阴湿的林下溪旁，少见。分布于我国华东、华南地区。越南、日本也有。

2. 刺蕨属 Egenolfia Schott

根状茎平卧，被暗褐色鳞片。叶近生，二型；不育叶披针形，顶部常有芽胞，一回羽状至二回羽裂，羽片多对；叶脉分离，偶连接，小脉在叶缘突出呈刺状；能育叶羽片狭缩。孢子囊群满布于能育叶羽片背面脉上，无囊群盖。

南昆山1种。

1. 刺蕨

Egenolfia appendiculata (Willd.) J. Sm.

高20～40 cm。根状茎横走。叶近生，二型；不育叶柄长5～15 cm，上部常有翅，叶片披针形，长12～25 cm，先端具芽胞，一回羽状，羽片20～30对，长2～3 cm；小脉分叉；能育叶羽片狭缩。

南昆山产于石河奇观，丹枫寨，生于山谷林下阴湿处。分布于我国华南、西南及台湾。南亚、东南亚至日本也有。

P49. 舌蕨科 Elaphoglossaceae

附生草本。根状茎近直立或横走，密被卵状披针形鳞片。单叶具柄，近生或簇生，偶远生，略二型，全缘，常被鳞片，与叶足连接处有关节；叶脉常分离；能育叶稍较狭，叶柄常较长。孢子囊群满布于能育叶背面。

南昆山1属，1种。

1. 舌蕨属 Elaphoglossum Schott

叶柄与膨大的叶足间有关节相连或不明显；单叶，硬革质，被鳞片或近光滑，全缘，偶具软骨质的边缘；能育叶常较狭，具较长的叶柄；叶脉常分叉。孢子囊群满布能育叶下面。

南昆山1种。

1. 华南舌蕨

Elaphoglossa yoshinagae (Yatabe) Makino

附生草本，高15～30 cm。根状茎短，顶部连同叶柄下部密被卵状披针形鳞片。叶近生，肥厚，两面具少量褐色的小鳞片，叶背较多，中脉明显；不育叶几无柄，披针形，长5～30 cm，基部渐狭，长下延；能育叶略小而狭，柄7～10 cm长，孢子囊沿侧脉着生，成熟时满布于能育叶背面。

南昆山产于天堂顶，生于山谷林中石上。分布于我国华南、华中、华东地区及贵州。日本也有。

P50. 肾蕨科 Nephrolepidaceae

中小型土生或附生蕨类。根状茎长而横走，或短而直立，辐射状，并发出极细瘦的匍匐枝，二者均被鳞片。叶一型；叶片长而狭，常一回羽状，偶多回羽状；羽片多数，基部不对称，无柄。孢子囊群表面生。

南昆山1属，1种。

1. 肾蕨属 Nephrolepis Schott

根状茎短而直立。匍匐枝向四面横走，并有许多须状小根和侧枝或块茎。叶有柄，一回或多回羽状；羽片披针形或镰刀形，无柄，以关节生叶轴上，干后易脱落。孢子囊圆肾形，囊群盖肾形，故名“肾蕨”。

南昆山1种。

1. 肾蕨

Nephrolepis cordifolia (L.) Presl [*N. auriculata* (L.) Trimen]

高40～70 cm。匍匐茎从叶柄基部下侧向四面横走。叶丛生，直立，光滑，仅上端略拱垂，长披针形，长30～70 cm；叶片一回羽状深裂；羽片40～80对，耳状偏斜，有锯齿。

南昆山产于高盘头、飞鼠岩，生于林下。分布于我国华东、华南及西南地区。热带及亚热带地区广布。其叶色翠碧光润，为优良观赏蕨类；块茎富含淀粉，可食。

P52. 骨碎补科 Davalliaceae

中型附生植物，稀土生。根状茎多横走，常密被鳞片。叶远生；叶柄以关节生根状茎上；叶片常三角形，二至四回羽状分裂；羽片以关节着生于叶轴；叶脉分离。孢子囊群多样，多基部着生。

南昆山1属，2种。

1. 阴石蕨属 Humata Cav.

小型附生植物。根状茎长而横走，密被鳞片。叶远生；叶片常三角形，多回羽裂；能育叶分裂较细，常二型或近二型，稀为披针形的单叶，或羽裂而较阔。孢子囊群常近叶缘，生小脉顶端。

南昆山2种。

1. 叶柄为叶片长的1.5～2倍；叶片长宽近相等 ……………………… 1. 阴石蕨 H. repens
1. 叶柄与叶片等或略短于叶片；叶片长大于宽 ……………………… 2. 圆盖阴石蕨 H. tyermanni

1. 阴石蕨

Humata repens (L.f.) Diels

高10～20 cm。根状茎粗2～3 mm。叶远生；柄长5～15 cm；叶片三角状卵形，长5～10 cm，先端渐尖，二回深羽裂；羽片6～10对，无柄，以狭翅相连，基部一对最大。孢子囊群沿叶缘着生。

南昆山产于石河奇观，生于溪边树上或石上。分布于我国华东、华南及西南地区。日本、南亚、东南亚至东非及大洋洲也有。药用。

2. 圆盖阴石蕨(白毛蛇)
Humata tyermanni Moore

高达20 cm。根状茎密被淡棕色蓬松的鳞片。叶远生；柄长6～8 cm；叶片长三角状卵形，长宽几相等，基部心形，二至四回羽状深裂；羽片约10对，有短柄。孢子囊群生小脉顶端；囊群盖近圆形，基部附着。

南昆山产于石河奇观，生于林中树干上或石上。分布于我国华东、华南及西南地区。越南及老挝也有。

P56. 水龙骨科 Polypodiaceae

中型或小型蕨类。常附生，稀土生。根状茎长而横走或偶斜升，被鳞片。叶一型或二型，单叶至一回羽状；叶柄均以关节与根状茎相连。孢子囊群常圆形、长圆形或线形，偶布满叶背；无囊群盖。

南昆山8属，16种。

1. 孢子囊群线形。
  2. 孢子囊群与主脉斜交……………………………… 1. 线蕨属Colysis
  2. 孢子囊群与主脉平行……………2. 伏石蕨属 Lemmaphyllum
1. 孢子囊群圆形或椭圆形。
  3. 叶片下面及孢子囊群通常被星状毛和明显的隔丝覆盖。
    4. 叶纸质，孢子囊群小型……………………………………………………………………4. 鳞果星蕨属Lepidomicrosorium
    4. 叶革质或肉质，孢子囊群大型。
      5. 叶一型，革质，密被鳞片…………5. 瓦韦属Lepisorus
      5. 叶二型，或近二型，肉质，几光滑……………………………………………………………… 3. 骨牌蕨属Lepidogrammitis
  3. 叶片下面及孢子囊群没有星状毛和明显的隔丝覆盖。
    6. 叶一回羽状深裂 ……………………7. 水龙骨属Polypodiodes
    6. 叶多长条状，希羽状深裂。
      7. 叶常无毛 ………………………………… 6. 星蕨属Microsorium
      7. 叶被星状毛 ……………………………………8. 石韦属Pyrrosia

1. 线蕨属 Colysis C. Presl

根状茎细长横走。叶远生，一型或近二型，单叶、指状深裂至羽状深裂，或一回羽状而羽片的基部贴着叶轴，边全缘或浅波状；柄长，常有翅；叶脉网状。孢子囊群线形，生网脉上，连续或偶中断。

南昆山4种。

1. 叶为羽状深裂或为一回羽状。
  2. 羽片长5～10 cm，宽1～1.5 cm；侧脉及小脉均不明显……………………………………………………………………1. 线蕨C. elliptica
  2. 羽片长约11 cm，宽约2 cm；侧脉及小脉均明显………………………………………………………………………4. 宽羽线蕨C. pothifolia
1. 叶为单叶。
  3. 叶片全缘或呈波状……………………2. 断线蕨C. hemionitidea
  3. 叶片戟形……………………………………3. 胄叶线蕨C. hemitoma

1. 线蕨
Colysis elliptica (Thunb.) Ching

高25～55 cm。根状茎横走。叶近二型，远生，纸质，无毛；不育叶片长圆状卵形，一回羽裂达叶轴；羽片或裂片约6对，对生或近对生，狭长披针形或线形，全缘或稍呈浅波状；能育叶同形，但柄略短，裂片较宽。

南昆山产于上坪，生于林下。分布于我国长江以南各地区。越南、日本也有。

2. 断线蕨

Colysis hemionitidea (Wall. ex Mett.) C. Presl

高40～60 cm。根状茎横走。单叶，远生；柄长1.5～2 cm，上部有狭翅；叶片阔披针形至倒披针形，基部渐狭并长下延，边全缘或波状。孢子囊群椭圆形至短线形，分离，在每对侧脉间成不整齐的一行。

南昆山产于石河奇观，生于林下溪旁石上。分布于我国华南、西南地区及台湾。印度至菲律宾也有。

3. 胄叶线蕨

Colysis hemitoma (Hance) Ching

植株高25～60 cm。根状茎长而横走，密生鳞片。叶远生；叶柄长5～30 cm，淡棕色，疏生鳞片；叶片顶端长渐尖，基部截形；侧脉明显，稍斜展，小脉网状。孢子囊群线形，着生于网状脉上。孢子极面观为椭圆形，赤道面观为肾形。单裂缝。周壁表面具球形颗粒和缺刻状刺。刺表面有颗粒状物，有时刺会脱落。

南昆山产于石河奇观，生于山谷疏林下。分布于我国华南、华东、西南等地区。日本、越南、马来西亚、印度尼西亚等地也有分布。

4. 宽羽线蕨

Colysis pothifolia (D. Don) C. Presl

高60～100 cm。根状茎横走。叶远生；柄长20～40 cm，坚硬；叶片长卵形，深羽裂达叶轴；侧生羽片4～10对，与顶生羽片同形，线状披针形，在叶轴两侧成狭翅，全缘或波状。孢子囊群线形。

南昆山产于石河奇观，生于林下溪边石上。分布于我国华南、西南及华东地区。印度至菲律宾及日本南部也有。

2. 伏石蕨属 Lemmaphyllum C. Presl

小型附生蕨类。根状茎细长横走，被卵状披针形鳞片。单叶，疏生，二型，无毛或近无毛；不育叶倒卵形或椭圆形，全缘，近肉质；可育叶线形或线状披针形；叶脉网状，主脉不明显。孢子囊群线形，与主脉平行。

南昆山1种。

1. 伏石蕨

Lemmaphyllum microphyllum C. Presl

高4～7 cm。叶远生，二型；不育叶卵圆形或近圆形，长宽各约8～15 mm，全缘；能育叶呈舌形或狭披针形，长3～6 cm，宽2～5 mm；叶脉网状。孢子囊群线形，近主脉，淡橙红色。

南昆山产于天堂顶，生于树干上或石上。分布于我国长江以南各地区。朝鲜、日本和越南也有。全草入药，可清热消炎、驱风散寒、清肺止咳及止血。

3. 骨牌蕨属 Lepidogrammitis Ching

附生。根状茎细长横走，纤细。叶远生，肉质，无毛，二型或近二型；不育叶披针形至圆形，疏被鳞片；能育叶狭披针形；叶脉网状，不明显。孢子囊群圆形，分离，在主脉两侧各成一行。

南昆山2种。

1. 叶一型或近二型 ……………………………… 1. 披针骨牌蕨 L. diversa
1. 叶近二型 ……………………………………………… 2. 骨牌蕨 L. rostrata

1. 披针骨牌蕨

Lepidogrammitis diversa (Rosenst.) Ching

植株高10 cm。根状茎细长横走，密被鳞片；鳞片棕色，钻状披针形，边缘有锯齿。叶远生，一型或近二型；叶片长约9 cm，中部宽1～2.8 cm，干后近革质，棕色，光滑。主脉两面明显隆起，小脉不显。孢子囊群圆形。

南昆山产于天堂顶，生林缘岩石上。分布于我国广东、广西、湖南、贵州及华东地区。全草药用，能清热、除湿、止血，治风湿关节痛、外伤出血等。

2. 骨牌蕨

Lepidogrammitis rostrata (Bedd.) Ching

高达10 cm。根状茎横走。叶远生，近二型，具短柄；不育叶阔披针形，长6～10 cm，中部宽2～2.5 cm，先端鸟嘴状，基部楔形并下延于叶柄，全缘；能育叶较长且狭；小脉联结。孢子囊群圆形，在主脉两侧各1行。

南昆山产于天堂顶，附生于树干上或石上。分布于我国华南地区及浙江、云南、贵州。中南半岛、缅甸及印度北部也有。

4. 鳞果星蕨属 Lepidomicrosorium Ching & K. H. Shing

中小型蕨类植物。根状茎如粗铁丝状，攀缘树干上或岩石壁上；叶疏生，一型或二型；通常有柄，罕无柄；叶片披针形，戟形，基部楔形或心形。主脉两面均隆起。孢子囊群圆形，通常较小，往往密而星散分布，稍为在主脉两侧成1～2行不规则排列。发育正常的孢子两面形，圆肾形周壁具网状纹饰。

南昆山1种。

1. 表面星蕨

Lepidomicrosorium superficiale (Blume) Li Wang

攀缘植物。根状茎略成扁平形，疏生鳞。叶远生，相距约3 cm；叶片披针形至狭长披针形，长10～35 cm，宽1.5～6.5 cm；叶厚纸质，两面光滑。孢子囊群圆形，小而密，呈不整齐的多行。孢子豆形，周壁具不规则褶皱。

南昆山产于天堂顶，生于林中树干上或附生于岩石上。分布于我国华南、华中、华东等地区。

5. 瓦韦属 Lepisorus (J. Sm.) Ching

根状茎粗短、横走，密被鳞片。叶疏生或近生，单叶，一型，无毛，多革质，下面稍被鳞片；叶片披针形或线状披针形，向两端渐狭，基部下延，全缘或波状；侧脉不明显。孢子囊群圆形或椭圆形，分离。

南昆山3种。

1. 叶片中部以下最宽。
    2. 叶远生或近生……………………………1. 星鳞瓦韦 L. asterolepis
    2. 叶远生……………………………2. 粤瓦韦 L. obscure-venulosus
1. 叶片中部最宽……………………………3. 阔片瓦韦 L. tosaensis

1. 星鳞瓦韦(黄瓦韦)

Lepisorus asterolepis (Baker) Ching ex S. X. Xu

根状茎密被披针形鳞片；鳞片基部卵状，透明，棕色，老时易脱落。叶远生或近生；叶柄约长3～7 cm，禾秆色；叶片阔披针形，长约10～25 cm，边缘通常平直，或略呈波状，革质。主脉上下均隆起。孢子囊群圆形或椭圆形，聚生在叶片的上半部，位于主脉与叶缘之间，在叶片下面隆起，在叶片背面成穴状凹陷。

南昆山产于天堂顶，附生于树干或岩石上，分布于我国广东、华东、西南等地区。尼泊尔、印度也有。

2. 粤瓦韦

Lepisorus obscure-venulosus (Hayata) Ching

高达20 cm。根状茎长而横走，密被鳞片。叶远生；柄长达5 cm；叶片披针形，先端渐尖，基部楔形并下延，长约

20 cm，中部以下最宽，约2 cm；叶脉不明显。孢子囊群圆形。

南昆山产于横岗岐，附生石上。分布于我国长江以南各地区。日本也有。

3. 阔叶瓦韦

Lepisorus tosaensis (Makino) H. Itō

植株高约15～30 cm。根状茎短促横卧，密被卵状披针形鳞片；鳞片深棕色，大部分不透明，仅边缘有1～2行淡棕色透明的细胞。叶片披针形，革质，两面光滑无毛。主脉上下均隆起，小脉不见。孢子囊群圆形，聚生于叶片上半部。

南昆山产于石河奇观，附生溪边林下树干或岩石上。分布于我国华南、华中、华东及西南地区。

6. 星蕨属 Microsorum Link

中型或大型附生蕨类。根状茎粗而横走，肉质，被鳞片。叶远生或近生，草质至革质，多为全缘的单叶或深羽裂；叶片下面无星状毛及鳞片。孢子囊群小，圆形，常不规则地分布在叶背面。

南昆山2种。

1. 叶主单叶，全缘 ………………………………… 1. 江南星蕨 M. fortunei
1. 叶为羽状深裂或三叉 …………………………… 2. 羽裂星蕨 M. insigne

1. 江南星蕨

Microsorum fortunei (T. Moore) Ching

高25～70 cm。根状茎长而横走，淡绿色，肉质，顶端有卵状披针形鳞片。叶远生，厚纸质，一型；叶片带状披针形，有软骨质的边。孢子囊群大，橘黄色，近主脉各成一行或不整齐的两行排列。

南昆山产于石河奇观，生树干上或石上。分布于我国长江以南各地区，北可达秦岭南坡。不丹、缅甸、越南、日本也有。全草可入药，可清热解毒、活血化瘀、利尿通便；园林观赏。

2. 羽裂星蕨

Microsorum insigne (Bl.) Cop.

高约50 cm。根状茎横走。叶疏生；柄长约25 cm，基部疏被鳞片，两侧有狭翅；叶片卵形，长30～40 cm，深羽裂，或为披针形的单叶；羽片线形，基部一对裂片较大，叶轴两侧有翅。孢子囊群散生。

南昆山产于石河奇观，生山谷溪边，稀有。分布于我国华南、西南地区及台湾。印度、东南亚至日本也有。

7. 水龙骨属 Polypodiodes Ching

中型附生植物。根状茎常被有白粉；鳞片披针形或卵状披针形。叶远生；叶片单叶，羽状深裂，裂片10～60对。叶脉网状，明显。叶草质，光滑无毛或被短柔毛，少数叶背具有小鳞片。孢子囊群圆形；隔丝不规则，早落；孢子椭圆形，无周壁，外壁具疣状纹饰。

南昆山1种。

1. 友水龙骨

Polypodiodes amoena (Wall. ex Mett.) Ching

附生植物。根状茎横走；鳞片披针形边缘有细齿。叶远生；叶脉极明显，网状。叶厚纸质，干后黄绿色，两面无毛。孢子囊群圆形，在裂片中脉两侧各一行，着生于内藏小脉顶端，位于中脉与边缘之间，无盖。

南昆山产于石河奇观，附生于石上或大树干基部。分布于我国华南、华中、华东、西南地区及山西。越南、老挝、泰国、缅甸、印度、尼泊尔、不丹也有。

8. 石韦属 Pyrrosia Mirbel

根状茎细长而横走，密被鳞片。单叶，一型或稍二型，散生或近生；叶片线形至披针形或长卵形，被一层或形态不同的两层星状毛。孢子囊群圆形，生内藏小脉顶端，沿中脉两侧各排成1～3行或多行，无囊群盖。

南昆山2种。

1. 叶二型……………………………………1. 贴生石韦 P. adnascens
1. 叶一型……………………………………………2. 石韦 P. lingua

1. 贴生石韦

Pyrrosia adnascens (Sw.) Ching

高5～12 cm。根状茎细长，密生鳞片。叶稍远生，二型，肉质，被星芒状毛；能育叶小，叶柄长，条形或狭披针形，长8～15 cm，全缘；不育叶小，叶柄短。孢子囊群圆形，多而密集，满布能育叶中部以上。

南昆山产于天堂顶，附生于树上或石上，常见。分布于我国华南、西南地区及台湾等。亚洲热带地区也有。其株形美观，适于布置岩石园；全草入药，能清热解毒，治腮腺炎、蛇伤等。

2. 石韦

Pyrrosia lingua (Thunb.) Farwell

高10～30 cm。根状茎长而横走。叶远生，近二型，干后厚革质，上面疏被星状毛；不育叶柄长3～18 cm，基部密被鳞片；叶片长圆状披针形，下部1/3处最宽，基部渐狭并下延。孢子囊群几满布叶片全部或上部。

南昆山产于天堂顶、观音潭，生于山地岩石上或树干上。分布于我国长江以南各地区，北达甘肃，西至西藏。越南、印度、朝鲜、日本也有。全草入药，治刀伤、烫伤。

P57. 槲蕨科Drynariaceae

大中型附生蕨类。根状茎横走，粗壮，肉质，密被深棕色至褐棕色鳞片。叶近生或疏生；叶片坚革质，光滑，二型或一型而基部膨大成阔耳形，以积蓄腐殖质，向上为正常的营养叶；叶脉为槲蕨型。孢子囊群生小脉上。

南昆山2属，2种。

1. 叶二型；不育叶覆盖于根状茎上以积聚腐殖质……………………………………………………………1. 槲蕨属Drynaria
1. 叶一型，仅叶的基部扩大以积聚腐殖质……………………………………………………………2. 崖姜蕨属Pseudodrynaria

1. 槲蕨属Drynaria (Bory) J. Sm.

叶二型；不育叶短而基生，无柄，枯棕色，浅裂至半裂，基部心形，覆盖根状茎上；能育叶绿色，有柄，深羽裂或羽状，裂片披针形；叶脉网状。孢子囊群圆形，无盖。

南昆山1种。

1. 槲蕨

Drynaria fortunei (Kunze ex Mett.) J. Sm.

高25～40 cm。根状茎横走。不育叶革质，灰棕色，卵形，长3～5 cm，边缘浅裂，网脉粗且凸起；能育叶纸质，椭圆形，长30～40 cm，下延成有翅的短柄，中部以上深羽裂。孢子囊群生内藏小脉的交叉处。

南昆山产于天堂顶，生于树干上或石上。分布于我国华南、华东及西南地区。越南、老挝也有。

2. 崖姜蕨属 Pseudodrynaria (C. Chr.) C. Chr.

根状茎短而横生，粗壮，厚肉质，密被蓬松的深褐色鳞片及须根。叶大，一型，簇生成鸟巢状，无柄；叶片下部深波状而浅裂，基部膨大成阔耳形以积蓄腐殖质，上部羽状深裂几达叶轴。孢子囊群生叶脉交叉处。

南昆山1种。

1. 崖姜(皇冠蕨)

Pseudodrynaria coronans (Wall. ex Mett.) Ching

种的形态特征与属同。

南昆山产于石河奇观，生于林下。分布于我国华南、西南地区及台湾。印度、越南、马来西亚也有。其株型高大挺拔，为极具特色的附生观赏蕨类；根状茎入药，可作骨碎补的代用品，能补肾、活血止痛。

P59. 禾叶蕨科 Grammitidaceae

附生小型草本。根状茎直立或横走，常被刚毛状鳞片。叶簇生，一型，单叶或一至三回羽状，常被红色或灰白色针状毛，不被鳞片；叶脉分离。孢子囊群圆形或椭圆形，生小脉顶端或中部，无囊群盖。

南昆山1属，1种。

1. 禾叶蕨属 Grammitis Sw.

根状茎近直立，或短而横走。叶簇生，膜质至肉质，常被红褐色长毛；单叶，披针形或线形，全缘或有圆齿或浅裂；主脉明显，小脉分离，常二叉。孢子球形或近球形。

南昆山1种。

1. 短柄禾叶蕨

Grammitis dorsipila (Christ) C. Chr. et Tardieu

根状茎短，近直立，顶部密生鳞片。叶簇生，革质；近无柄；叶片条形或条状披针形，长2～8 cm，圆钝头，全缘，基部狭楔形下延，两面连同叶柄有红棕色长硬毛；侧脉分叉，远离叶边。孢子囊群靠近主脉，不陷入叶肉。

南昆山产于天堂顶，生于林下或溪边石上。分布于我国华南、华中、华东及西南地区。日本、中南半岛也有。

P60. 剑蕨科 Loxogrammaceae

附生。根状茎横走，密被卵状披针形薄鳞片。单叶，簇生或散生，具短柄或无柄；叶片常线形或披针形，全缘，无毛，稍肉质，干后皱缩，下面黄棕色；叶脉网状。孢子囊群粗线形，略下陷，无囊群盖。

南昆山1属，2种。

1. 剑蕨属 Loxogramme (Bl.) C. Presl

属的形态特征与科同。

南昆山2种。

1. 植株小型，高3～10 cm；孢子圆球形，三裂缝……………………………………………………………………1. 中华剑蕨L. chinensis
1. 植株高20～35 cm；孢子椭圆形或肾形，单裂缝……………………………………………………………………2. 柳叶剑蕨L. salicifolia

1. 中华剑蕨

Loxogramme chinensis Ching

根状茎长而横走，密生鳞片；鳞片褐棕色，披针形，先端钻状。叶远生或近生，有短柄；叶肉质，干后厚纸质，黄绿色。孢子囊群长圆形，通常5～8对，向上，分布于叶片中部以上，下部不育，无隔丝。孢子圆球形，三裂缝。

南昆山产于石河奇观，生岩石上。分布于我国华南、华东、西南地区。尼泊尔、不丹、印度、缅甸、越南也有。

2. 柳叶剑蕨

Loxogramme salicifolia (Makino) Makino

高16～35 cm。根状茎横走，与叶柄基部均密被卵状披针形鳞片。叶肉质，远生，近无柄或有短柄；叶片披针形，中部宽1.2～2.5 cm，先端长渐尖，基部楔形并下延，全缘，干后略反卷；小脉网状。孢子囊群线形，与主脉斜交。

南昆山产于石河奇观，生于树干或岩壁上。分布华东及华南地区。越南、日本、韩国也有。

P61. 苹科 Marsileaceae

小型草本，常生水田或泥沼上。根状茎横走，被毛。叶二型，不育叶具2～4片羽片，对生于长柄顶端；能育叶为球形或椭圆形的孢子果，生叶柄上或基部，两瓣开裂。孢子异型。

南昆山1属，1种。

1. 苹属 Marsilea L.

根状茎细长横走，节上生根及叶。不育叶有长柄，羽片4片，倒三角形，"十"字形排列；叶脉从羽片基部放射分叉，顶端联结；能育叶为孢子果，生叶柄基部，被毛，两瓣开裂，内有多数孢子囊。

南昆山1种。

1. 苹

Marsilea quadrifolia L.

高5～20 cm。根状茎柔软，分枝，节间长2～8 cm。不育叶柄长5～20 cm；羽片为等边倒三角形，长宽各1～2 cm，全缘；成长叶近无毛；叶脉扇形分叉，网状，网眼狭长，无内藏小脉。孢子果斜卵形，幼时有密毛，常2～3个簇生。

南昆山产于七星湖，生于水田或池沼中。分布于我国长江以南。世界其他温、热带地区也有。

P62. 槐叶苹科 Salviniaceae

小型漂浮草本。茎横走，被毛，有由叶变成的须状假根。叶近无柄，单叶，3片轮生；上面2片漂浮水面，主脉明显；

下面1片特化细裂成须根状，悬垂水中，基部簇生孢子果。孢子异型。

南昆山1属，1种。

1. 槐叶苹属 Salvinia Adans.

属的形态特征与科同。

南昆山1种。

1. 槐叶苹

Salvinia natans (L.) All.

茎被褐色柔毛。叶3片轮生；上面2片排列于茎的两侧，椭圆形，长8～15 mm，宽5～8 mm，两端钝圆或基部心形，全缘，有短柄或近无柄，叶脉斜出，有侧脉15～20对；下面1叶裂成线状，被细毛。孢子果4～8枚生沉水叶基部。

南昆山产于下坪、七星湖，生于水田或池沼中，较少见。我国除西北外，各地区均产。广布北半球的温带地区。

P63. 满江红科 Azollaceae

通常为小型漂浮水生蕨类。根状茎呈羽状分枝，或假二歧分枝。叶无柄，覆瓦状排列；孢子果有大小两种，多为双生；大孢子位于小孢子果下面，长圆锥形；小孢子呈球形或桃状内含多数小孢子囊；大小孢子均为圆形，三裂缝。

南昆山1属，1种。

1. 满江红属 Azolla

属的形态特征同科。

南昆山1种。

1. 满江红

Azolla imbricata (Roxb.) Nakai

小型漂浮植物。根状茎侧枝腋生，假二歧分枝。叶小如芝麻，互生，无柄。孢子果双生于分枝处大孢子囊只产一个大孢子，大孢子囊有9个浮膘上部3个较大，下部6个较小；小孢子内含多数具长柄的小孢子囊，每个小孢子囊内有64个小孢子。

南昆山产于七星湖，生于水田和静水沟塘中。广布于长江流域和南北各地区。朝鲜、日本也有。本植物体和蓝藻共生，是优良的绿肥，又是很好的饲料，还可药用，能发汗，利尿，祛风湿，治顽癣。

裸子植物门

GYMNOSPERMAE

G4. 松科Pinaceae

常绿或落叶乔木。叶条形或针形，基部不下延生长；条形叶扁平，在长枝上螺旋状散生，在短枝上呈簇生状；针形叶2～5针成一束。花单性，雌雄同株；雄球花腋生或单生枝顶，或多数集生于短枝顶端；雌球花由多数螺旋状着生的珠鳞与苞鳞所组成。球果直立或下垂，当年或次年成熟，熟时张开；种子通常上端具全膜质翅。

南昆山1属，2种。

1. 松属Pinus L.

常绿乔木；枝轮生。叶有两型：鳞叶(原生叶)单生，幼苗期扁平条形，后退化成膜质苞片状；针叶(次生叶)，常2、3或5针一束，生于苞片状鳞叶的腋部，着生于短枝顶端，腹面两侧具气孔线。雄球花多数聚集成穗状花序状，生于新枝下部的苞片腋部；雌球花单生或2～4个生于新枝近顶端。球果种鳞木质，宿存，背面上方具鳞盾与鳞脐，第二年秋季成熟。

南昆山2种。

1. 针叶2～3针一束，刚硬，长18～25 cm；球果长6.5～13 cm，鳞盾近斜方形……………………………………1. 湿地松P. elliottii
1. 针叶2针一束，细柔，长12～20 cm；球果长4～7 cm，鳞盾近菱形 ……………………………………2. 马尾松P. massoniana

1. 湿地松*

Pinus elliottii Engelm

乔木，树皮灰褐色或暗红褐色，纵裂成鳞状块片剥落；小枝橙褐色，后变为灰褐色。针叶2～3针一束，刚硬，有气孔线。球果圆锥形或窄卵圆形；种鳞的鳞盾近斜方形，鳞脐瘤状，先端急尖；种子卵圆形，黑色，有灰色斑点，种翅长0.8～3.3 cm，易脱落。

南昆山产于永汉至南昆山的路上，适生于低山丘陵地带，耐水湿。分布于我国华南、华中、华东等地。生长势常比同地区的马尾松或黑松为好，很少受松毛虫危害。材用，为我国长江以南的园林和自然风景区重要树种。

2. 马尾松

Pinus massoniana Lamb.

乔木，树皮红褐色，下部灰褐色，不规则的鳞块状裂片；针叶2针一束，微扭曲，两面有气孔线，叶鞘宿存。雄球花淡红褐色，圆柱形；雌球花淡紫红色，种鳞的鳞脐背生。球果卵圆形；鳞盾菱形，鳞脐微凹；种子长卵圆形。花期4～5月；果熟期次年10～12月。

南昆山产于永汉至南昆山的路上，生于山地疏林。广布于我国长江流域以南各地区及河南、陕西。材用；树干可割取松脂，树皮可提取栲胶。

G5. 杉科 Taxodiaceae

常绿或落叶乔木，树干端直，大枝轮生或近轮生。叶螺旋状排列，散生，披针形、钻形、鳞状或条形，同一树上之叶同型或二型。球花单性，雌雄同株；雄球花单生或簇生枝顶，或排成圆锥花序状，或生叶腋；雌球花顶生或生于去年生枝近枝顶。球果当年成熟，熟时张开；种子周围或两侧有窄翅，或下部具长翅。

南昆山3属，3种。

1. 球果的种鳞(或苞鳞)扁平。
   2. 叶条状披针形，有锯齿 ……………… 1. 杉木属Cunninghamia
   2. 叶鳞形、条形或条状钻形 …………… 2. 水松属Glyptostrobus
1. 球果的种鳞盾形，木质。……………………… 3. 落羽杉属Taxodium

1. 杉木属 Cunninghamia R. Br.

常绿乔木。叶螺旋状散生，披针形或条状披针形，基部下延，边缘有细锯齿。雄球花多数簇生枝顶；雌球花单生或2～3个集生枝顶，球形或长圆球形；苞鳞边缘有不规则细锯齿。球果近球形或卵圆形；种鳞或苞鳞革质；种子扁平，两则边缘有窄翅。

南昆山1种。

1. 杉木

Cunninghamia lanceolata (Lamb.) Hook.

常绿大乔木，高达30 m；幼树树冠尖塔形，大树树冠圆锥形，树皮灰褐色，裂成长条片脱落；大枝平展，小枝近对生或轮生。叶披针形或条状披针形，叶边缘有细缺齿，先端渐尖。球果卵圆形；种鳞先端有不规则细锯齿。花期4月；球果10月下旬成熟。

南昆山各山地常见栽培，生于酸性土山地林中。分布于我国长江流域、秦岭以南地区。中南半岛北部也有。优良材用树种。

2. 水松属 Glyptostrobus Endl.

半常绿性乔木。叶螺旋状着生，基部下延，鳞形、条形或条状钻形；鳞形叶宿存。球花单生于有鳞形叶的小枝枝顶。球果直立，三角状；中部种鳞的上部边缘有6～10个三角状尖齿；种子椭圆形，微扁，具向下生长的长翅。

南昆山1种。

1. 水松*

Glyptostrobus pensilis (Staunt.)K. Koch.

乔木，高8～10 m，树干基部膨大，并且有伸出土面或水面的吸收根，树干有扭纹；树皮褐色，纵裂成不规则的长条片。叶鳞形、条形、条状钻形。球果倒卵圆形；种鳞木质，扁平，先端圆；种子椭圆形、褐色。花期1～2月；球果秋后成熟。

产南昆山脚下，生于池塘。分布于我国广东、福建等地。此外华中及华东等地区有栽培。材用；庭园观赏；也可作固堤护岸和防风之用；种鳞、树皮含单宁，可染鱼网或制皮革。

3. 落羽杉属 Taxodium Rich.

落叶或半常绿性乔木。叶螺旋状排列，基部下延，叶异型：钻形叶在主枝上斜上伸展，宿存；条形叶在侧生小枝上列成二列，冬季与枝一同脱落。球果具短梗或几无梗；种鳞木质，盾形，顶部呈不规则的四边形；种子呈不规则三角形，有明显锐利的棱脊。

南昆山1种。

1. 落羽杉*

Taxodium distichum (L.) Rich.

落叶乔木，树干基部膨大，常有屈膝状呼吸根；树皮棕色，裂成长条片脱落。叶条形，扁平，羽状，凋落前变成暗红褐色。雄球花卵圆形，有短梗。球果10月成熟，淡褐黄色，有白粉；种子不规则三角形，有锐棱，褐色。

产南昆山脚下，栽培栽培于池塘。原产北美东南部，我国华南、华中及华东部分地区有引种栽培，生长良好。材用；造林或者作庭园树。

G6. 柏科 Cupressaceae

常绿乔木或灌木。叶交叉对生或3～4片轮生，鳞形或刺形，或同一树本兼有两型叶。球花单性，单生枝顶或叶腋；雄球花具3～8对交叉对生的雄蕊；雌球花有3～16枚交叉对生或3～4片轮生的珠鳞。球果圆球形、卵圆形或圆柱形；种子周围具窄翅或无翅，或上端有一长一短之翅。

南昆山4属，4种。

1. 球果的种鳞木质或近革质，熟时张开。
  2. 种鳞盾形；球果第二年或当年成熟。
    3. 鳞叶小；种子两侧具窄翅……………1. 柏木属Cupressus
    3. 鳞叶较大；种子上部具两个大小不等的翅……………………2. 福建柏属Fokienia
  2. 种鳞扁平或鳞背隆起；球果当年成熟……………………4. 侧柏属Platycladus

1. 球果肉质，熟时不张开，或仅顶端微张开，种子无翅…………………………………………………………………3. 刺柏属Juniperus

1. 柏木属Cupressus Linn

常绿乔木；小枝斜上伸展，生鳞叶的小枝四棱形或圆柱形。叶鳞形，交叉对生，排列成四行，单型或二型，边缘具极细的齿毛。雌雄同株，球花单生枝顶；球果第二年夏初成熟，球形或近球形；种鳞熟时张开，木质，盾形；种子稍扁，有棱角，两侧具窄翅。

南昆山1种。

1. 柏木*

Cupressus funebris Endl

乔木，高达35 m；树皮淡褐灰色，裂成窄长条片；小枝细长下垂，生鳞叶的小枝扁，排成一平面。鳞叶二型，先端锐尖。球果小圆球形，熟时暗褐色；能育种鳞有5～6粒种子；种子宽倒卵状菱形或近圆形，边缘具窄翅。花期3～5月；种子翌年5～6月成熟。

南昆山产于上坪，生于村旁屋后。分布于我国四川、长江流域省份及以南地区。我国特有树种。材用；枝叶可提芳香油；作庭园树。

2. 福建柏属Fokienia Henry et Thomas

常绿乔木；生鳞形叶的小枝扁平，排成一平面。鳞叶交叉对生，小枝上下中央之叶紧贴，两侧之叶对折、瓦覆于中央之叶的边缘。雌雄同株，球花单生于小枝顶端；球果翌年成熟，近球形；种鳞熟时张开，木质；种子卵形，具明显的种脐，上部有两个大小不等的薄翅。

南昆山1种。

1. 福建柏

Fokienia hodginsii (Dunn) Henry et Thomas

乔木，高达17 m；树皮紫褐色，平滑；小枝扁平。鳞叶交叉对生，成节状，新枝上的中央之叶呈楔状倒披针形；成龄树上之叶较小，常较中央叶稍长或近于等长。球果熟时褐色；种子顶端尖，上部有两个大小不等的翅。花期3～4月；种子翌年10～11月成熟。

南昆山产于上坪至天堂顶路途，生于温暖湿润的山地森林中，数量少。分布于我国长江流域以南地区。越南亦有。材用；作造林树种；树形优美，园林绿化佳。

3. 刺柏属Juniperus Linn

常绿乔木或灌木；小枝近圆柱形或四棱形。叶刺形，基部有关节，披针形或近条形。球花单生叶腋；雄球花卵圆形或矩圆形；雌球花近圆球形；球果浆果状，二年或三年成熟；种鳞合生，肉质，成熟时不张开或仅果顶微张开；种子卵圆形，具棱脊，无翅。

南昆山1种。

1. 圆柏*

Juniperus chinensis L

乔木，高达20 m；树皮灰褐色，裂成不规则的薄片脱落。幼枝形成尖塔形树冠，老枝形成广圆形的树冠；叶二型，刺叶生于幼树之上，老龄树则全为鳞叶。雄球花黄色，椭圆形。球果近圆球形，熟时暗褐色；种子扁，顶端钝。

南昆山产于上坪，生于村旁。我国除华东三省及新疆、宁夏、重庆外，其他地区均有栽培。朝鲜、日本也有分布。材用；树根、树干及枝叶可提取柏木脑的原料及柏木油；枝叶入药，能祛风散寒、活血消肿、利尿；种子可提润滑油。

4. 侧柏属Platycladus Spach

常绿乔木；生鳞叶的小枝扁平，排成一平面。叶鳞形，交叉对生，基部下延生长，背面有腺点。雌雄同株，球花单生于小枝顶端。球果当年成熟，熟时开裂；种鳞木质，厚，近扁平，背部顶端的下方有一弯曲的钩状尖头；种子无翅或稀具窄翅。

南昆山1种。

1. 侧柏*

Platycladus orientalis (L.) Franco

乔木，高达20 m；树皮浅灰褐色，纵裂成薄条片；小枝细，向上直展或斜展，成一平面。叶鳞形。雄球花黄色，卵圆形；雌球花近球形，被白粉；球果近卵圆形，成熟前近肉质，蓝绿色，被白粉，成熟后木质，红褐色。花期3～4月；球果10月成熟。

南昆山产于七星湖附近，生于村旁。我国大部分地区均有栽培。朝鲜也有分布。材用或园林绿化用；种子与生鳞叶的小枝入药，前者为强壮滋补药，后者为健胃药，又为清凉收敛药及淋疾的利尿药。

G7. 罗汉松科Podocarpaceae

常绿乔木或灌木。叶条形、披针形、椭圆形、钻形、鳞形，或退化成叶状枝，螺旋状散生、近对生或交叉对生，叶全缘。球花单性，雌雄异株。种子核果状或坚果状，全部或部分为肉质或较薄而干的假种皮所包，或苞片与轴愈合发育成肉质种托，有柄或无。

南昆山2属，4种。

1. 叶无中脉，具多数并行的细脉，对生或近对生……………………………………………………………………1. 竹柏属Nageia
1. 叶有明显中脉，螺旋状排列……………2. 罗汉松属Podocarpus

1. 竹柏属Nageia Gaertn.

常绿乔木。叶对生，长椭圆状披针形至宽椭圆形，具多数并列细脉，无主脉。雄球花穗状，腋生，单生或分枝状，或数个簇生于总梗上；雌球花单生叶腋。种子有梗。

南昆山2种。

1. 叶厚革质，较大，长8～18 cm；种子较大 ……………………………… 1. 长叶竹柏 N. fleuryi

1. 叶革质，较小，长3.5～9 cm；种子较小 ………2. 竹柏 N. nagi

1. 长叶竹柏

Nageia fleuryi (Hickel) de Laub. [*Podocarpus fleuryi* Hickel]

乔木。叶交叉对生，宽披针形，质地厚，无中脉，有多数并列的细脉，长8～18 cm，宽2.2～5 cm，上部渐窄，先端渐尖。雄球花穗腋生，常3～6个簇生于总梗上；雌球花单生叶腋，有梗，梗上具数枚苞片；种子圆球形，熟时假种皮蓝紫色，径 1.5～1.8 cm，梗长约2 cm。

南昆山产于上坪、中坪、七星湖，常散生于常绿阔叶树林中。分布于我国广东、广西及云南。越南、柬埔寨也有。材用；种仁可榨油；园林绿化。

2. 竹柏

Nageia nagi Kuntze [*Podocarpus nagi* (Thunb.) Zoll. et Mor. ex Zoll.]

常绿乔木，高达20 m；树皮近于平滑，红褐色或暗紫红色，成小块薄片脱落。叶对生，革质，长卵形、卵状披针形或披针状椭圆形，无中脉。种子较小，成熟时假种皮暗紫色，有白粉。花期3～4月；种子10月成熟。

南昆山产于上坪，分布于我国长江流域以南地区。日本也有。材用；种仁可榨油；园林绿化。

2. 罗汉松属 Podocarpus L. Her. ex Pers.

常绿乔木或灌木。叶条形、披针形、椭圆状卵形或鳞形，螺旋状排列，近对生或交叉对生，具明显中脉。雄球花穗状，单生或簇生叶腋；雌球花常单生叶腋或苞腋。种子当年成熟，核果状，全部为肉质假种皮所包。

南昆山2种。

1. 叶条状披针形，种子熟时肉质假种皮紫黑色，有白粉 ……………………………………………… 1. 罗汉松 P. macrophyllus

1. 叶披针形，种子熟时肉质假种皮紫红色 ……………………………………………………2. 百日青 P. neriifolius

1. 罗汉松

Podocarpus macrophyllus (Thunb.)D. Don

乔木，高达20 m；树皮灰色或灰褐色，浅纵裂，成薄片状脱落；枝较密。叶螺旋状着生，条状披针形，微弯。雄球花穗状腋生，常3～5个簇生于极短的总梗上。种子熟时肉质假种皮紫黑色，有白粉。花期4～5月；种子8～9月成熟。

南昆山产于横坑，散生林中。分布于我国华南、华中、华东等地区。日本也有分布。园林观赏、材用。

2. 百日青

Podocarpus neriifolius D. Don

乔木，高达25 m；树皮灰褐色，成片状纵裂。叶螺旋状着生，披针形，革质，常微弯，先端具长尖头。雄球花穗状，单生或2～3个簇生。种子熟时肉质假种皮紫红色。花期5月；种子10～11月成熟。

产蓝汉河边，分布于我国华南、华中、西南等地区。南亚及东南亚也有。园林观赏、材用。

G8. 红豆杉科 Taxaceae

常绿乔木或灌木。叶条形或披针形，螺旋状排列或交叉对生，背面沿中脉两侧各有1条气孔带。球花单性，雌雄异株；雄球花单生叶腋或苞腋，或组成穗状花序集生于枝顶；雌球花单生或成对生于叶腋或苞片腋部；种子核果状或坚果状。

南昆山1属，1种。

1. 穗花杉属 Amentotaxus Pilger

常绿小乔木或灌木；小枝对生。叶交叉对生，排成两列，厚革质，条状披针形、披针形，上面中脉明显。雄球花多数，组成穗状花序；雌球花单生于新枝上的苞片腋部或叶腋，花梗长；种子核果状，有长柄，除顶端尖头裸露外，几全为囊状鲜红色肉质假种皮所包。

南昆山1种。

1. 穗花杉

Amentotaxus argotaenia (Hance) Pilger

灌木或小乔木，高达7 m；树皮灰褐色或淡红褐色，裂成片状脱落；小枝斜展。叶基部扭转成两列，条状披针形，下面白色气孔带与绿色边带等宽或较窄。雄球花穗多2穗。种子椭圆形，成熟时假种皮鲜红色，顶端尖头露出。花期4月；种子10月成熟。

南昆山产于天堂顶半山腰，生于阴湿溪谷两旁或林内。分布于我国华南、华中及西南地区。园林观赏；材用。

G12. 买麻藤科 Gnetaceae

常绿木质大藤本，稀灌木或乔木，茎节呈膨大关节状。单叶对生，有叶柄；叶片革质或半革质，平展具羽状脉。雌雄异株；球花伸长成细长穗状；雄球花着生在小枝上；雌球花通常侧生于老枝上；种子核果状，包于红色或桔红色肉质假种皮中。

南昆山1属，2种。

1. 买麻藤属 Gnetum L.

常绿木质大藤本，稀灌木或乔木，茎节呈膨大关节状。单叶对生，有叶柄；叶片革质或半革质，平展具羽状脉。雌雄异株；球花伸长成细长穗状；雄球花着生在小枝上；雌球花通常侧生于老枝上；种子核果状，包于红色或桔红色肉质假种皮中。

南昆山2种。

1. 叶大，长10～18 cm；种子大，矩圆状椭圆形 ………………………………………………………………… 1. 罗浮买麻藤 G. luofuense
1. 叶小，长4～10 cm；种子小，窄长椭圆形 ………………………………………………………………… 2. 小叶买麻藤 G. parvifolium

1. 罗浮买麻藤

Gnetum luofuense C. Y. Cheng

藤本；茎枝紫棕色，皮孔不显著。叶片薄或稍带革质，矩圆形或矩圆状卵形，侧脉明显，由中脉近平展伸出，小脉网状，在叶背较明显。成熟种子矩圆状椭圆形，顶端微呈急尖状，基部宽圆。花期5～7月；种子成熟期8～10月。

南昆山产于佛坳，上坪，生于山谷疏林中，缠绕于树上。分布于我国华南、华中及西南地区。庭园观赏；种子可食用和榨油。

2. 小叶买麻藤

Gnetum parvifolium (Warb.) C. Y. Cheng

缠绕藤本；茎枝土棕色或灰褐色，皮孔较明显。叶椭圆形或长倒卵形，侧脉细，叶背隆起。雄球花序不分枝或一次分枝；雌球花序一次三出分枝，雌球花穗细长。成熟种子假种皮红色，长椭圆形或窄矩圆状倒卵圆形。花期4～6月；种子成熟期7～11月。

南昆山产于永汉至南昆山路边，生于海拔较低的干燥平地或湿润谷地的森林中，缠绕在大树上。分布于我国华南、华中及西南地区。种子炒后可食，亦可榨油供食用；庭园绿化。

被子植物门

ANGIOSPERMAE

1. 木兰科Magnoliaceae

乔木或灌木。单叶互生，或集生于枝顶成假轮生，全缘，有叶柄，有环状托叶痕。花大单生，顶生或腋生，常两性；雌雄蕊分离，心皮常分离。聚合果，成熟心皮沿背缝、腹缝开裂或腹背缝同时开裂；种子1～12枚，成熟时悬垂于一延长丝状假珠柄上；外种皮红色。

南昆山4属，16种。

1. 花顶生，雌蕊群无柄。
  2. 每蓇葖具1～2种子；叶纸质至厚革质；成熟蓇葖木质，沿背缝线开裂，宿存于果轴上……………1. 木兰属Magnolia
  2. 每蓇葖具3～12种子；叶革质；成熟蓇葖薄木质，沿背缝线或同时沿腹缝线开裂……………………2. 木莲属Manglietia
1. 花腋生，雌蕊群具显著的柄。
  3. 心皮分离，疏离的聚合果……………………3. 含笑属Michelia
  3. 心皮合生或部分合生，果时完全合生……………………………………………………………………4. 观光木属Tsoongiodendron

1. 木兰属Magnolia

乔木或灌木，树皮通常灰色，光滑，或有时粗糙具深沟。叶膜质或厚纸质。花单生枝顶；雌蕊群和雄蕊群相连接，无雌蕊群柄。心皮分离。成熟蓇葖木质，互相分离，沿背缝线开裂，宿存于果轴。种子1～2枚。

南昆山3种。

1. 花白色。
  2. 叶柄托叶痕几达叶柄全长………1. 香港木兰 M. championii
  2. 叶柄无托叶痕…………………………2. 荷花玉兰 M. grandiflora
1. 花浅红色至紫红色…………………3. 二乔木兰 M. soulangeana

1. 香港木兰*

Magnolia championii Benth.

常绿灌木或小乔木。幼枝、叶柄内面、叶背基部、中脉及花梗被淡褐色平伏长毛，后脱落。叶先端渐尖或尾状渐尖；托叶痕几达叶柄全长。花直立，极芳香，花被片9，外轮3片淡绿色，中内轮6片白色，雌蕊群被白色长毛。聚合果长3～4 cm。花期5～6月；果期9～10月。

南昆山栽培于保护区管理处院内。分布于我国华南地区。材用；作庭园绿化树种。

2. 荷花玉兰*

Magnolia grandiflora L.

常绿乔木；树皮淡褐色或灰色，薄鳞片状开裂。小枝、芽、叶背、叶柄均被红褐色或灰褐色短绒毛。叶柄具深沟，无托叶痕。花大，极芳香，单生枝顶；花被片9～12，乳白色；雌蕊群、心皮密被银色绢毛。聚合果卵球形，密被黄褐色或淡褐色绢毛。花期5～6月；果期9～10月。

南昆山栽培于上坪，我国长江流域以南有栽培。原产北美洲东南部。材用；叶、幼枝和花可提取芳香油；花制浸膏用；种子榨油；作庭园绿化树种。

3. 二乔木兰*

Magnolia soulangeana Soul. –Bod.

落叶小乔木。叶纸质，倒卵形，正面基部中脉常残留有毛，叶柄被毛；托叶痕约为叶柄的1/3。先花后叶，花被片9，外面浅红色至深紫色，里面白色至粉红色。聚合果圆柱形，蓇葖具白色皮孔。花期2～3月；果期9～10月。

南昆山栽培于保护区管理处院内，本种是玉兰和紫玉兰的杂交种，世界各地均有栽培，并培育出许多新的品种。著名的园林观赏树种。

2. 木莲属Manglietia Bl.

常绿乔木。托叶基部贴生于叶柄，在叶柄上留有托叶痕。叶革质，幼叶在芽中对折。花两性，单生枝顶，花被片9～13(～18)，3片1轮，外轮革质，常带绿色或红色；雌蕊群无柄。成熟蓇葖木质，沿背缝线或同时沿腹缝线开裂，具种子1～12(～16)颗。

南昆山4种。

1. 花直立。
  2. 聚合果卵圆形，长2～5 cm ························ 1. 木莲M. fordiana
  2. 聚合果卵状椭圆体形或卵形，长5 cm以上。
    3. 花梗被毛························2. 长梗木莲M. longipedunculata
    3. 花梗无毛，被白粉 ················4. 厚叶木莲M. pachyphylla
1. 花下垂·······································3. 毛桃木莲M. kwangtungensis

1. 木莲

Manglietia fordiana Oliv.

乔木，嫩枝及芽有红褐短毛，后脱落近无毛。叶革质，叶背疏生红褐色短毛；托叶痕半椭圆形。花单生枝顶，花被片9，纯白色；总花梗被红褐色短柔毛。聚合果褐色，卵球形，蓇葖露出面有粗点状凸起。花期5月；果期10月。

南昆山产于天堂顶，生于林中。分布于我国华南、华中及西南地区。材用；果及树皮可入药；庭园观赏。

2. 长梗木莲

Manglietia longipedunculata Q. W. Zeng et Y. W. Law

常绿乔木；芽、嫩枝、花梗、果梗、叶柄、叶背尤其叶背中脉均被锈毛。叶厚革质，叶柄上托叶痕长0.6～1.2 cm。花蕾卵形，花梗直立向上，长5.2～6 cm；花芳香，花被片11，外轮3，革质，外面黄绿色，内面褐色；内轮肉质，白色。聚合果卵球形。花期5～6月；果期9月。

南昆山产于佛坳近南昆山北门处，生于常绿阔叶林中。南昆山特有种，数量非常稀少。庭园观赏树种。

3. 毛桃木莲（广东木莲）

Manglietia kwangtungensis (Merr.) Dandy [*M. moto* Dandy]

乔木；嫩枝、芽、幼叶、佛焰苞状苞片、叶背、叶柄、花梗、果梗均密被锈褐色绒毛。叶革质，托叶痕长约叶柄的1/3。花芳香，花被片9～11，外轮3，革质，黄绿色，基部被黄色绒毛；中内轮肉质，白色。聚合果卵球形，蓇葖背面有疣状凸起。花期5～6月；果期9～10月。

南昆山产于上坪、中坪至佛坳，生于林中。分布于我国广东、广西和湖南。材用；庭园观赏。

4. 厚叶木莲

Manglietia pachyphylla Hung T. Chang

乔木。顶芽被淡黄色或深褐色贴伏长柔毛，小枝粗壮，嫩枝被白粉。叶厚革质，坚硬，叶背疏被贴伏柔毛；叶柄上托叶痕长0.2～1.2 cm。花梗直立向上，粗壮，被白粉；花白色，花被片9，外轮3，矩圆形，革质，黄绿色，中内轮白色，肉质。聚合蓇葖果椭圆体形或卵形。花期5～6月；果期9～10月。

南昆山产于佛坳，生于林中。分布于我国广东。材用；作庭园绿化树种。国家二级重点保护野生植物。

3. 含笑属 **Michelia** L.

常绿乔木或灌木。叶革质。花蕾单生于叶腋；雌蕊群有柄，心皮上部分离；聚合果为离心皮果；成熟蓇葖革质或木质，宿存于果轴，成熟心皮沿背缝或腹背为二瓣开裂。种子二至数颗。聚合果穗状。

南昆山8种。

1. 托叶与叶柄连生，在叶柄上留有托叶痕。
  2. 叶柄较长，在5 mm以上；花被片外轮较大。
    3. 花黄色；托叶痕长于叶柄的一半…2. 黄兰M. champaca
    3. 花白色；托叶痕短于叶柄的一半…………1. 白兰M. alba
  2. 叶柄较短，在5 mm以下；花被片外轮较小。
    4. 雌蕊群及聚合果均无毛；花被片质厚，边缘紫色…………………………………………………………4. 含笑花M. figo

4. 雌蕊群被毛，聚合果残留有毛；花被片薄，外轮花被片背面基部被褐色毛……………………8. **野含笑 M. skinneriana**

1. 托叶与叶柄离生，在叶柄上无托叶痕。
   5. 叶背无毛。
      6. 叶背无白粉……………………………3. **乐昌含笑M. chapensis**
      6. 叶背有白粉……………………………7. **深山含笑M. maudiae**
   5. 叶背有毛。
      7. 花冠杯状，花被片倒卵形、宽倒卵形、倒卵状长圆形，淡黄绿色………………………………5. **金叶含笑M. foveolata**
      7. 花冠狭长，花被片扁平，匙状倒卵形、狭倒卵形或匙形…………………………………………6. **醉香含笑M. macclurei**

1. 白兰*

Michelia alba DC

常绿乔木；幼枝及芽密被淡黄色微柔毛。叶长椭圆形或披针状椭圆形，叶背面疏生微柔毛；托叶痕几达叶柄中部。花白色，极香；蓇葖熟时鲜红色。花期4～9月；通常不结实。

下坪有栽培，我国长江流域以南各地多有栽培。原产于印度尼西亚。现广植于东南亚。花可提取香精或供药用；鲜叶可提取香油；根皮可入药。

2. 黄兰*

Michelia champaca L

常绿乔木；芽、嫩枝、嫩叶和叶柄均密被淡黄色平伏柔毛。叶背面稍被微柔毛；托叶痕长达叶柄中部以上。花黄色，极香；花被片15～20，黄色至橙黄色；雌蕊群具毛。蓇葖倒卵状长圆形，有疣状凸起。花期6～7月；果期9～10月。

栽培于下坪。分布于我国西藏、云南。印度、缅甸、越南也有。材用；花可提取芳香油或入药；叶可制香料。

3. 乐昌含笑

Michelia chapensis Dandy

乔木；小枝无毛或嫩时节上被灰色微柔毛。叶倒卵形、狭倒卵形或长圆状倒卵形；叶柄短，无托叶痕。花芳香，单生叶腋，被平伏灰色微柔毛；花被片6，淡黄色，倒卵状椭圆形；雌蕊群柄密被银灰色平伏微柔毛。花期3～4月；果期8～9月。

南昆山产于佛坳，生于林中。分布于我国华南及华东地区。越南也有。材用；庭园观赏。

4. 含笑*

Michelia figo (Lour.) Spreng

常绿灌木；芽、嫩枝、叶柄及花梗均密被黄褐色绒毛。叶狭椭圆形或倒卵状椭圆形，叶背中脉上有褐色平伏毛，叶柄短，托叶痕长达叶柄顶端。花被片6，淡黄色，边缘有时红色或紫色；雌蕊群及聚合果无毛。花期3～5月；果期7～8月。

南昆山上坪房前屋后有栽培，原产华南南部地区。花可提取芳香油和供药用；著名的庭园观赏树种。

5. 金叶含笑(金叶白兰)

Michelia foveolata Merr. ex Dandy

乔木；芽、幼枝、叶柄、叶背及花梗密被红褐色短绒毛。叶厚革质，长圆状椭圆形、椭圆状卵形或阔披针形，通常两侧不对称；叶柄短，无托叶痕。花被片9～12，淡黄绿色，基部带紫色，花被片阔倒卵形、倒卵形；雌蕊群柄被银灰色短绒毛。花期3～5月；果期9～10月。

南昆山产于上坪，生于林中。分布于我国华南、华中及西南地区。材用，庭园观赏。

6. 醉香含笑

Michelia macclurei Dandy

乔木；芽、嫩枝、叶柄、托叶、花蕾及花梗均被红褐色短绒毛。叶倒卵形、椭圆状倒卵形，菱形或长圆状椭圆形，背面被灰色平伏短绒毛；叶柄短，无托叶痕。花极芳香，单生或形成2～3朵的聚伞花序，腋生；花被片白色；雌蕊群密被褐色短绒毛。花期3～4月；果期9～11月。

南昆山产于上坪、中坪、佛坳，生于林中。分布于我国华南地区及湖南。越南北部也有。材用；花可提取香精油，作庭园和行道树种。

7. 深山含笑（光叶白兰、莫夫人含笑花）

Michelia maudiae Dunn

乔木，各部均无毛；芽、嫩枝、叶背、苞片均被白粉。叶长圆状椭圆形；叶柄短，无托叶痕。花芳香，单生叶腋；花被片纯白色，基部呈淡红色；雌蕊群具柄。聚合果穗状，蓇葖椭圆体形、倒卵球形或卵球形。花期2～3月；果期9～10月。

南昆山产于上坪、佛坳，生于林中。分布于我国华南、华东、华中及西南地区。材用；花可提取芳香油，亦可药用；庭园观赏。

8. 野含笑

Michelia skinneriana Dunn

乔木；芽、嫩枝、叶柄、叶背中脉及花梗均密被褐色长柔毛。叶狭倒卵状椭圆形、倒披针形或狭椭圆形；叶柄短，托叶痕达叶柄顶端。花芳香，花梗细长；花被片6，淡黄色；外轮3片基部、雌蕊群柄及心皮密被褐色毛。聚合果穗状，蓇葖球形或长圆体形。花期5～6月；果期8～9月。

南昆山各地常见，生于林中。分布于我国华南及华东地区。材用，庭园观赏。

4. 观光木属 Tsoongiodendron Chun

常绿乔木。叶互生，全缘；托叶与叶柄贴生，具托叶痕。花两性，单生于叶腋；花被片9，3片1轮；雌蕊群具柄，不超出雄蕊群；心皮合生或部分合生，果时完全合生成木质的聚合果，各心皮的拱面在中部纵向分裂成两个厚木质的果瓣，果瓣近基部横裂，单独或几个聚合成厚块，自中轴脱落。

南昆山1种。

1. 观光木（香花木）

Tsoongiodendron odorum Chun

常绿乔木；小枝、芽、叶柄、叶面中脉、叶背和花梗均被黄棕色糙伏毛。叶片厚膜质，倒卵状椭圆形，托叶痕达叶柄中部。花被片9～10，象牙黄色，有红色小斑点；雌蕊群柄粗，密被糙伏毛，心皮密被银色平伏毛。聚合果长椭圆体形。花期3～4月；果期10～12月。

南昆山产于石河奇观、上坪，生于林中。分布于我国华南、华中及西南地区。越南北部也有。材用；庭园观赏。国家二级重点保护野生植物。

2A. 八角科 Illiciaceae

常绿乔木或灌木。全株无毛，有芳香气味。单叶互生，常在小枝顶端簇生，有时假轮生或近对生，全缘，有叶柄，无托叶。花两性，红色或黄色；单生，有时2～5朵簇生，腋生；花被片分离，常有腺点，覆瓦状排列。聚合果由数个蓇葖组成，单轮排列，腹缝开裂。

南昆山1属，3种。

1. 八角属 Illicium L.

属的形态特征与科同。

南昆山3种。

1. 花柱长，在花期长度超过子房长度……3. 粤中八角I. tsangii
1. 花柱较短，在花期长度比子房长度短些或相等。
    2. 叶3～8片聚生在枝顶成假轮生，叶狭披针形或狭倒披针形……1. 红花八角I. dunnianum
    2. 叶不整齐地排列在小枝上，叶狭椭圆状长圆形至倒卵状椭圆形……2. 小花八角I. micranthum

1. 红花八角（邓氏八角、野八角）

Illicium dunnianum Tutch.

灌木，通常高1～2 m。幼枝纤细。叶密集生近枝顶，3～8片簇生或假轮生，薄革质，基部下延至叶柄成明显狭翅。花单生或2～3朵簇生于叶腋，花被片12～20，粉红色到红色、紫红色。果梗纤细；果较小，有明显钻形尖头，略弯曲。花期3～7月；果期7～10月。

南昆山产于石河奇观，生于山谷溪边、山地林中。分布于我国华南、华东及西南地区。庭园观赏。

2. 小花八角

Illicium micranthum Dunn

灌木或小乔木，高可达10 m。叶不整齐地互生或近对生或3～5片簇生在梢上，中脉在叶正面凹陷，下延至叶柄成宽沟；叶柄纤细。花小，幼花绿白色，但花被片成红色、桔红色；花梗纤细，花被片14～17(～21)。蓇葖尖头短。花期4～6月；果期7～9月。

南昆山产于石河奇观，生于灌丛或混交林中或峡谷溪边。分布于我国华中、华南、西南地区。庭园观赏。

3. 粤中八角(增城八角)

Illicium tsangii A. C. Smith

灌木，高1.5～3 m。叶稀疏互生，近对生或3～4片簇生，厚革质，基部下延至叶柄成狭翅；叶背面在扩大镜下可见密布棕色细小油点；中脉在叶面显著下陷。花红色，芳香，腋生或近顶生，单生或成对；花被片14～17，上有腺点。蓇葖先端尖钩。花期4～5月；果期7～8月。

南昆山产于永汉至南昆山一带，生于干旱的树林或沼泽或路边的灌丛中。分布于我国广东。庭园观赏。

3. 五味子科 Schisandraceae

木质藤本；叶纸质，稀革质，单叶互生，常有透明腺点；叶柄细长，无托叶。花单性，雌雄异株，单生于叶腋，有时数朵聚生；花被片6～24，排成二至多轮；聚合果球状或穗状。

南昆山1属，3种。

1. 南五味子属 Kadsura Juss.

木质藤本，小枝圆柱形，干后具纵条纹。叶全缘或具锯齿。雌蕊螺旋状排列于倒卵形或椭圆体形的花托上，发育时不伸长。小浆果肉质，顶端宽厚，常形成革质的外果皮，基部插入果轴，排成密集球形或椭圆体形的聚合果。

南昆山3种。

1. 叶面无淡褐色透明腺点。
   2. 叶全缘；花被片红色……………………… 1. 黑老虎K. coccinea
   2. 叶全缘或上半部边缘有小锯齿；花被片白色或浅黄色…………………………………………… 2. 异形南五味子K. heteroclita
1. 叶面具淡褐色透明腺点……… 3. 南五味子K. longipedunculata

1. 黑老虎(臭饭团)

Kadsura coccinea (Lem.) A. C. Smith

藤本。全株无毛。叶革质，全缘，长圆形至卵状披针形。花单生于叶腋，雌雄异株；花被片红色。聚合果近球形，红色或暗紫色；小浆果倒卵形，外果皮革质。种子心形或卵状心形。花期4～7月；果期7～11月。

南昆山产于石河奇观、七星湖，生于疏林中。分布于我国华南、华东及西南地区。越南也有。根药用，可行气活血、消肿止痛；果可食用；可作垂直绿化。

2. 异形南五味子(吹风散、大钻骨散、海风藤)

Kadsura heteroclita (Roxb.) Craib

常绿木质大藤本。无毛。小枝褐色，有明显深入的纵条纹。叶卵状椭圆形至阔椭圆形，全缘或上半部边缘有疏离的小锯齿。花单生于叶腋，雌雄异株；花被片白色或浅黄色。聚合果近球形，种子长圆状肾形。花期5～8月；果期8～12月。

生南昆山产于上坪横坑，于疏林中。分布于我国华南、华中及西南地区。南亚及东南亚也有。藤药用，治风湿骨痛、跌打损伤；可作垂直绿化。

3. 南五味子

Kadsura longipedunculata Finet et Gagnep.

藤本，各部无毛。叶长圆状披针形、倒卵状披针形或卵状长圆形，边有疏齿，正面具淡褐色透明腺点。花单生于叶腋，雌雄异株；花被片白色或淡黄色。聚合果球形；小浆果倒卵圆形，外果皮薄革质。种子肾形或肾状椭圆体形。花期6～9月；果期9～12月。

南昆山产于石河奇观，生于疏林中。分布于我国华南、华中、华东及西南地区。根药用，治胃肠炎、跌打瘀痛及风湿骨痛；可作垂直绿化。

8. 番荔枝科 Annonaceae

乔木或攀缘灌木；常有香气。单叶互生，全缘；羽状脉；有叶柄；无托叶。花常两性，辐射对称，单生，或几朵组成团状花序、圆锥花序、聚伞花序。成熟心皮离生，少数合生成肉质聚合浆果，果常不开裂，有果柄。

南昆山5属，11种。

1. 叶片被星状毛；花瓣开展……………………… 5. 紫玉盘属 Uvaria
1. 叶片被柔毛、绒毛或无毛；花瓣不开展或半开展。
  2. 果细长，呈念珠状 ……………………………2. 假鹰爪属 Desmos
  2. 果较短，粗厚，不呈念珠状。
    3. 乔木或直立灌木 ………………………………4. 暗罗属 Polyalthia
    3. 攀缘灌木。
      4. 总花梗和总果梗均弯曲呈钩状……………………………………………………………………1. 鹰爪花属 Artabotrys
      4. 总花梗和总果梗均伸直 ………3. 瓜馥木属 Fissistigma

1. 鹰爪花属 Artabotrys R. Br. ex Ker

攀缘灌木，常借钩状的总花梗攀缘于它物上。叶幼时薄膜质，渐变为纸质或革质。花通常单生于木质钩状的总花梗上，芳香；花瓣6，2轮。成熟心皮浆果状，椭圆状倒卵形或圆球状，聚生于坚硬的果托上，无柄或有短柄。

南昆山2种。

1. 小枝无毛；叶纸质；花大……………… 1. 鹰爪花 A. hexapetalus
1. 小枝被黄色粗毛；叶革质；花小 ………………………………………………………………………2. 香港鹰爪花 A. hongkongensis

1. 鹰爪花

Artabotrys hexapetalus (L. f.) Bhandari

攀缘灌木，高达4 m，无毛。叶纸质，长圆形或阔披针形，叶背沿中脉上被疏柔毛或无毛。花1～2朵，淡绿色或淡黄色，芳香；萼片绿色，卵形；花瓣长圆状披针形，外面基部密被柔毛。果卵圆状，顶端尖，数个群集于果托上。花期5～8月；果期5～12月。

南昆山产于上坪、佛坳，生于山谷疏林阴湿处。分布于我国华南、华东及西南地区。南亚及东南亚也有。根药用，治疟疾；可提制香精和芳香油；园林观赏。

2. 香港鹰爪花

Artabotrys hongkongensis Hance

攀缘灌木，长达6 m；小枝被黄色粗毛。叶革质，椭圆状长圆形至长圆形；叶柄被疏柔毛。花单生，花梗稍长于钩状的总花梗，被疏柔毛；萼片三角形；花瓣卵状披针形。果椭圆状，干时黑色。花期4～7月；果期5～12月。

南昆山产于佛坳，生于山谷疏林阴湿处。分布于我国华南、华东及西南地区。越南也有。庭园观赏。

2. 假鹰爪属 Desmos Lour.

攀缘或直立灌木。叶互生，有叶柄。花单朵腋生或与叶对生，或2～4朵簇生；花萼裂片3，镊合状排列；花瓣6片，2轮；花托凸起；心皮多数，柱头卵状或圆柱状。成熟心皮念珠状，具柄；果圆球状。

南昆山1种。

1. 假鹰爪（酒饼叶）

Desmos chinensis Lour.

直立或攀缘灌木，除花外，全株无毛；枝皮粗糙，有纵条纹。叶薄纸质或膜质，长圆形或椭圆形。花黄白色，单朵与叶对生或互生；外轮花瓣比内轮花瓣大，两面被微柔毛；花托凸起；柱头向外弯，顶端2裂。果有柄，念珠状。花期夏至冬季；果期6月至翌年春季。

南昆山产于上坪，生于山地疏林、林缘灌木丛中；常见。分布于我国华南及西南地区。东南亚各国也有。根叶药用，主治风湿骨痛、产后腹痛、跌打、皮癣等；叶可制作酒饼；园林观赏。

3. 瓜馥木属 Fissistigma Griff.

攀缘灌木。单叶互生；侧脉明显，斜升至叶缘。花蕾卵圆状或长圆锥状；花单生或多朵集成密伞、团伞和圆锥花序；萼片3，基部合生，被毛；花瓣6片，2轮，镊合状排列。成熟心皮卵圆状或圆球状或长圆状，被毛，有柄。

南昆山4种。

1. 小枝无毛；叶纸质或近革质，叶背无毛，或被不明显疏短柔毛，老渐无毛。
   2. 叶背白绿色，果无毛 ………… 1. 白叶瓜馥木 F. glaucescens
   2. 叶背淡绿色，果被短柔毛 ………… 4. 香港瓜馥木 F. uonicum
1. 小枝被黄褐色柔毛；叶革质，叶背密被毛。
   3. 伞形花序1～3朵 ………… 2. 瓜馥木 F. oldhamii
   3. 伞形花序3～7朵 ………… 3. 多花瓜馥木 F. polyanthum

1. 白叶瓜馥木

Fissistigma glaucescens (Hance) Merr.

攀缘灌木，长达3 m；枝条无毛。叶近革质，长圆形或长圆状椭圆形，两面无毛，叶背白绿色。花数朵集成聚伞的总状花序，花序顶生，被黄色绒毛。果圆球状，无毛。花期1～9月；果期几乎全年。

南昆山产于中坪，生于山地林下或灌木丛中。分布于我国华南及华东地区。越南也有。根药用，治风湿和痨伤；茎皮纤维可制作绳索。

2. 瓜馥木

Fissistigma oldhamii (Hemsl.) Merr.

攀缘灌木，长约8 m；小枝被黄褐色柔毛。叶革质，倒卵状椭圆形或长圆形，叶面无毛，叶背被短柔毛；叶柄长约

1 cm，被短柔毛。花1～3朵集成密伞花序。果圆球状，密被黄棕色绒毛。花期4～9月；果期7月～翌年2月。

南昆山产于上坪、中坪、石河奇观，生于疏林或灌木丛中。分布于我国华南、华东及西南地区。越南也有。茎皮纤维可编麻绳、麻袋和造纸；花可提制花油或浸膏；种子可榨取工业用油；根药用，治跌打损伤和关节炎；果可食用。

3. 多花瓜馥木

Fissistigma polyanthum (Hook. f. et Thoms.) Merr.

攀缘灌木。根黑色，撕裂有强烈香气。枝条被短柔毛，老渐无毛。叶近革质，叶背被短柔毛；叶柄长8～15 mm，被短柔毛。花常3～7朵集成密伞花序，广布于小枝上，腋生、与叶对生或腋外生，被黄色柔毛。果圆球状，被黄色短柔毛。种子椭圆形，扁平，红褐色。花期几乎全年；果期3～10月。

南昆山产甘坑桥附近，生于山谷和路旁林下。分布于我国华南及西南地区。越南、缅甸和印度也有。茎皮用来编绳索；根和茎可药用，通经络、强筋骨，健脾，主治跌打损伤、风湿性关节炎等；叶可治哮喘等。

4. 香港瓜馥木

Fissistigma uonicum (Dunn) Merr.

攀缘灌木。除果实和叶背被稀疏柔毛外无毛。叶纸质，长圆形，叶背淡黄色，干后呈红黄色。花黄色，有香气，1～2朵聚生于叶腋。果圆球状，成熟时黑色，被短柔毛。花期3～6月；果期6～12月。

南昆山产于上坪高盘头，生于山地林下或灌木丛中。分布于我国华南及华东地区。叶可制酒饼；果可食用。

4. 暗罗属 Polyalthia

乔木或直立灌木。叶互生，有柄；羽状脉。花两性，少数单性，腋生或与叶对生，单生或数朵丛生，有时生于老干上；萼片3；花瓣6片，2轮，镊合状排列，内外轮花瓣几等大，心皮多数，柱头通常长圆形。成熟心皮浆果状，圆球状或长圆状或卵圆状，有柄。

南昆山1种。

1. 斜脉暗罗

Polyalthia plagioneura Diels

乔木，高达15 m；小枝被褐色毛，老渐无毛。叶纸质，长圆状倒披针形、长圆形至狭椭圆形。花大，黄绿色，单朵生于枝端与叶对生；花梗被锈色毛；内外轮花瓣略等大，两面均被短毡毛。果卵状椭圆形，成熟时暗红色，干后灰黑色；果柄顶端膨大。花期3～8月；果期9月至翌年春季。

南昆山产于天堂顶，生于山地林中。分布于我国广东和广西。茎皮纤维可用来编绳索等。

5. 紫玉盘属 Uvaria L.

攀缘状或蔓延状灌木；全株通常被星状毛。花单生至多朵集成密伞或短总状花序，通常与叶对生或腋生、顶生或腋外生；萼片3，基部合生；花瓣6片，2轮，覆瓦状排列；花托凹陷，被短毛。成熟心皮多数，长圆形或卵圆形或近圆球形，有长柄。

南昆山3种。

1. 叶及嫩枝无毛 ……………………………… 1. 光叶紫玉盘 U. boniana
1. 叶背及嫩枝被毛。
  2. 叶纸质或近革质；花较大，直径达9 cm ……………………………………………………………… 2. 山椒子 U. grandiflora
  2. 叶革质；花较小，直径2.5～3.5 cm……………………………………………………………… 3. 紫玉盘 U. macrophylla

1. 光叶紫玉盘
Uvaria boniana Finet et Gagnep.

攀缘灌木，除花外全株无毛。叶纸质，长圆形至长圆状卵圆形。花紫红色，1～2朵与叶对生或腋外生；花瓣革质，两面顶端被微毛；柱头顶端2裂。果球形或椭圆状卵圆形，成熟时紫红色，无毛；果柄细长，无毛。花期5～10月；果期6月～翌年4月。

南昆山产于七星湖，生于山地林中或灌木丛中湿润处。分布于我国广东、广西和江西。越南也有。

2. 山椒子
Uvaria grandiflora Roxb.

攀缘灌木；全株密被黄褐色星状毛。叶纸质或近革质，长圆状倒卵形，长7～30 cm。花单朵，与叶对生，紫红色或深红色，直径达9 cm；花瓣卵圆形或长圆状卵圆形，两面被微毛；雄蕊长圆形，无毛。果长圆柱状。花期3～11月；果期5～12月。

南昆山产于永汉至下坪的途中，生于山地疏林或灌木丛中。分布于我国华南地区。东南亚也有。庭园观赏。

3. 紫玉盘(油椎)
Uvaria macrophylla Roxb. [*U. microcarpa* Champ. ex Benth.]

直立灌木，高约2 m，枝条蔓延性；幼枝、幼叶、叶柄、花梗、苞片、萼片、花瓣、心皮和果均被黄色星状柔毛，老渐无毛。叶革质，长倒卵形或长椭圆形。花1～2朵，与叶对生，暗紫红色或淡红褐色。果卵圆形或短圆柱形，暗紫褐色，顶端有短尖头。花期3～8月；果期7月～翌年3月。

南昆山产于上坪，生于山地疏林或灌木丛中。分布于我国广东、广西及台湾。越南、老挝也有。茎皮可编织绳索或麻袋；根药用，治风湿、跌打损伤等；叶可止痛、消肿；庭园观赏。

11. 樟科 Lauraceae

常绿或落叶，乔木或灌木。叶具柄，常革质，全缘，羽状脉，三出脉，叶背粉绿色；无托叶。花序有限，或为圆锥状、总状、小头状。花小，通常芳香；花辐射对称。果为浆果或核果，外果皮肉质；果托肉质，常有圆形大疣点，果梗圆柱形或肉质且有艳色。

南昆山10属，60种，4变种。

1. 寄生缠绕藤本 ………………………………… 3. 无根藤属 Cassytha
1. 乔木或灌木。
  2. 花序成假伞形或簇状，其下承有总苞。
    3. 花2基数，即花各部为2数或为2的倍数……………………………………………………… 9. 新木姜子属 Neolitsea
    3. 花3基数，即花各部为3数或为3的倍数。
      4. 花药4室 ……………………………………7. 木姜子属 Litsea
      4. 花药2室 ……………………………………6. 山胡椒属 Lindera
  2. 花序成圆锥状，疏松，但亦有成簇状，均无明显的总苞。
    5. 果增大而为花被筒所包被……… 5. 厚壳桂属 Cryptocarya
    5. 果不为花被筒全部包被。
      6. 果着生于由花被筒发育而成的果托上。

7. 花序在开花前有大而非交互对生的迟落苞片 ……………………………………………………… 1. 黄肉楠属Actinodaphne
7. 花序在开花前有小而早落的苞片 ……………………………………………………… 4. 樟属Cinnamomum
6. 果着生于无宿存花被的果梗上
8. 果时花直立而坚硬，紧抱果上 …… 10. 楠属Phoebe
8. 果时花被脱落，若宿存则不紧抱果上
9. 花药2室 …………………… 2. 琼楠属Beilschmiedia
9. 花药4室 …………………… 8. 润楠属Machilus

1. 黄肉楠属Actinodaphne Nees

常绿乔木或灌木。叶簇生或近轮生，少数互生或对生，羽状脉，少数离基三出脉。花单性，雌雄异株，伞形花序单生或簇生，或由伞形花序组成圆锥状或总状，苞片覆瓦状排列，早落；花被裂片6。果不为花被筒所包被，着生于杯状或盘状果托内。

南昆山1种。

1. 毛黄肉楠

Actinodaphne pilosa (Lour.) Merr.

乔木或灌木，树皮灰色或灰白色。小枝幼时密被锈色绒毛。叶互生或3～5片聚生成轮生状，倒卵形或椭圆形，革质，幼时两面均密生锈色绒毛，羽状脉；叶柄有锈色绒毛。花序腋生或枝侧生，由伞形花序组成圆锥状。果球形，生于扁平盘状果托上；果梗被毛。花期8～12月；果期翌年2～3月。

南昆山产于佛坳，生于林中。分布于我国广东、广西。越南、老挝也有。园林观赏；木材可提取胶制品；树皮与叶入药，有祛风、消肿、散瘀、解毒、止咳之效，对跌打亦有效。

2. 琼楠属Beilschmiedia Nees

常绿乔木或灌木。叶对生，近对生或互生，革质、厚革质、坚纸质，极少为膜质，全缘，羽状脉。花两性；花成圆锥花序，有时为腋生或近总状花序；花被裂片6；雄蕊花药2室。果浆果状，不被花被筒全包被，着生于无宿存花被的果梗上。

南昆山3种。

1. 顶芽、幼枝密被黄褐色毛 …………………… 3. 网脉琼楠B. tsangii
1. 顶芽无毛。
2. 果小，长不及2 cm；果梗粗1～2 mm；叶正面网脉不明显。……………………………………………… 1. 广东琼楠B. fordii
2. 果大，长2.5 cm以上，果梗粗3 mm以上，叶正面网脉明显凸起 ……………………………………………… 2. 琼楠B. intermedia

1. 广东琼楠

Beilschmiedia fordii Dunn

乔木；树皮青绿色。顶芽无毛。叶对生，革质，披针形、长椭圆形、阔椭圆形，两面无毛。叶柄长1～2 cm。聚伞状圆锥花序腋生；苞片早落，内面被锈色短柔毛；花黄绿色。果椭圆形，通常具瘤状小凸点。花、果期6～12月。

南昆山产于上坪至天堂顶途中，生于林中。分布于我国华南、华东及西南地区。越南也有。材用，庭园绿化。

2. 琼楠
Beilschmiedia intermedia Allen

乔木；全株无毛。叶革质，对生或近对生，椭圆形或椭圆状披针形，长6.5～8.5 cm；侧脉每边6～8条。圆锥花序腋生或顶生；花绿白色；花被裂片椭圆形，有腺点。果黑色或黑褐色，长圆形或近橄榄形，有小瘤点。花期8～11月；果期10月至翌年5月。

南昆山产于七星湖，生于缓坡、沟边、溪旁林中或灌丛中。分布于我国广东、广西。越南也有。材用。

3. 网脉琼楠（怀德琼楠）
Beilschmiedia tsangii Merr.

乔木；树皮灰褐色或灰黑色。顶芽与幼枝密被黄褐色毛。叶互生或近对生，革质，椭圆形至长椭圆形，中脉上面下陷；叶柄密被褐色绒毛。圆锥花序腋生，微被短柔毛；花白色或黄绿色。果椭圆形，有瘤状小凸点。花期夏季；果期7～12月。

南昆山产于上坪、七星湖，生于林中。分布于我国华南、华东及西南地区。越南也有。庭园绿化。

3. 无根藤属 Cassytha L.

寄生缠绕藤本；茎具粘液，多分枝。叶退化成鳞片状。花小，两性，稀单性，雌雄异株，通常排成腋生穗状花序，稀为头状或总状聚伞花序，花基部具2枚小苞片；花被筒钟状，花被片6，排成2轮。果成熟时为增大成肉质的花被筒所包裹。

南昆山1种。

1. 无根藤（无头草）
Cassytha filiformis L.

寄生缠绕藤本，靠盘状吸根吸附寄主植物上攀生长；茎幼时被锈色短柔毛，老时无毛。叶鳞片状。穗状花序长2～5 cm，密被锈色短柔毛；花小，无梗，花被筒白色。果卵球形，包于肉质果托内，彼此分离，花被片宿存。花果期5～12月。

产南昆山北门附近的路旁，生于阳处山坡灌丛中。分布于我国华南、华东及西南地区。泛热带地区广布。全草入药，有利尿、化湿、消肿之效，治肾炎、水肿、尿路感染、结石、湿疹等。

4. 樟属 Cinnamomum Schaeffer

常绿乔木或灌木；具芳香。叶互生、近对生或对生，革质，离基三出脉或三出脉，亦有羽状脉。花黄色或白色，两性，圆锥花序腋生或顶生。花序在开花前有小而早落的苞片。果肉质，不为花被筒全包被，有杯状、钟状或圆锥状果托。

南昆山11种。

1. 果时花被片完全脱落；叶互生，羽状脉或近离基三出脉。
  2. 叶干时正面黄绿色、背面黄褐色，圆锥花序顶生或间有腋生，短促，少花，干时呈茶褐色…………8. 沉水樟 C. micranthum
  2. 叶干时正面不为黄绿色，背面不为黄褐色；圆锥花序腋生或腋生及顶生，多少伸长，多花，不呈茶褐色。
    3. 叶卵状椭圆形，背面干时常带白色，离基三出脉…………4. 樟 C. camphora
    3. 叶椭圆状卵形或长椭圆状卵形，羽状脉…………9. 黄樟 C. parthenoxylon
1. 果时花被片宿存；叶对生或近对生，三出脉或离基三出脉。
  4. 叶两面尤其是下面幼时无毛或略被毛，老时明显无毛或变无毛。
    5. 花序常为近伞形成伞房状；具3～5花，通常均短小。
      6. 花被外面全然无毛，边缘具乳突小纤毛…………5. 野黄桂 C. jensenianum
      6. 花被两面密被灰白短丝毛，边缘不具乳突小纤毛…………10. 少花桂 C. pauciflorum
    5. 花序近总状或圆锥状，多花，具分枝。
      7. 果托边缘截平，波状或不规则的齿裂。
        8. 花序圆锥状，三歧式，多分枝，与叶片等长，分枝叉开…………11. 粗脉桂 C. validinerve
        8. 花序圆锥状，但都短于叶片很多，分枝不叉开…………7. 软皮桂 C. liangii
      7. 果托具整齐6齿裂，齿端截平、圆或锐尖…………3. 阴香 C. burmannii
  4. 叶两面尤其是背面幼时明显被毛，老时全然不落或渐落。
    9. 幼枝、花序、叶背及叶柄被黑栗色或红棕色细柔毛…………6. 红辣槁树 C. kwangtungense
    9. 幼枝、花序、叶背及叶柄毛被不为黑栗色或红棕色。
      10. 植株各部毛被污黄色…………1. 毛桂 C. appelianum
      10. 植株各部毛被为灰白至银色柔毛、微柔毛…………2. 华南桂 C. austrosinense

1. 毛桂
Cinnamomum appelianum Schewe

小乔木；当年生枝密被污黄色绒毛，一年生枝渐无毛，老枝无毛。叶互生或近对生，椭圆形，幼时沿脉正背面密被污黄色疏柔毛，离基三出脉；叶柄粗壮，密被污黄色毛。圆锥花序生于当年生枝条叶腋内。花白色，密被黄褐色柔毛。果椭圆形。花期4～6月，果期6～8月。

南昆山产于石河奇观，生于山坡或灌丛和疏林中。分布于我国华南、华东及西南地区。材用并可造纸；树皮可入药。

2. 华南桂

Cinnamomum austrosinense H. T. Chang

乔木；当年生枝条压扁，具棱角及纵向条纹。当年生枝条、叶背面、叶柄、花梗及花被均被灰褐色微柔毛。叶近对生或互生，椭圆形，三出脉或近离基三出脉。圆锥花序生于当年生枝条叶腋内，花黄绿色。果椭圆形。花期6～8月；果期8～10月。

南昆山产于上坪、石河奇观，生于山坡、溪边林中或灌木丛中。分布于我国华南及华东地区。树皮药用，作肉桂代用品；果实入药；枝、叶、果可提取桂油；叶研粉，作熏香原料。

3. 阴香

Cinnamomum burmannii (C. G. et Th. Nees) Bl.

乔木；枝条具纵向细条纹，无毛。叶互生或近对生，卵圆形、长圆形至披针形，两面无毛，具离基三出脉。圆锥花序腋生或近顶生，少花，疏散，密被灰白微柔毛。花绿白色；花梗被灰白微柔毛。果卵球形。花期8～11月；果期11月至翌年2月。

南昆山产于上坪，生于疏林、密林或灌丛中。分布于我国华南、华东及西南地区。南亚及东南亚也有。药用，树皮作肉桂皮代用品，提制芳香油，材用，庭园绿化。

4. 樟（香樟）

Cinnamomum camphora (L.) Presl

常绿大乔木；有樟脑气味；树皮有不规则纵裂。叶互生，卵状椭圆形，两面无毛，具离基三出脉。圆锥花序腋生；花绿白或带黄色，无毛。果卵球形或近球形，紫黑色；果托杯状。花期4～5月；果期8～11月。

南昆山产于上坪，生于林中。分布于我国华南、华中、华东及西南地区。越南、朝鲜和日本也有。可提取樟脑和樟油；药用，有祛风、散寒、强心、镇痉和杀虫功效；庭园绿化。

5. 野黄桂

Cinnamomum jensenianum Hand. -Mazz.

小乔木；枝条曲折，二年生枝褐色，密布皮孔。芽纺锤形，芽鳞硬壳质。叶常近对生，披针形或长圆状披针形，先端尾状渐尖，基部宽楔形至近圆形，厚革质，正面绿色，光亮，无毛，离基三出脉，中脉与侧脉两面凸起。花序伞房状，具2～5花，花黄色或白色，花被裂片6，倒卵圆形，近等大。果托倒卵形。花期4～6月，果期7～8月。

南昆山产于上坪、中坪，生于山坡阔叶林或竹林中。分布于我国广东、湖南、江西、福建、湖北、四川等省。

6. 红辣槁树(红叶辣汁树)

Cinnamomum kwangtungense Merr.

乔木；小枝圆柱形，嫩枝被黑栗色短柔毛。叶硬革质，对生，椭圆形至长圆状披针形，正面苍白色，无毛，背面密被棕色短柔毛；三出脉或不明显的离基三出脉，正面凹陷，脉腋有腺窝。圆锥花序顶生，密被均匀的棕色短柔毛；能育雄蕊9，退化雄蕊3。花期5月。

南昆山产于上坪，生于阴坡疏林中。广东特有种。材用。

7. 软皮桂(向日樟)

Cinnamomum liangii Allen

乔木。小枝有棱角，无毛。叶坚纸质，椭圆状披针形，长5.5～11 cm，背面稍白色，两面无毛，离基三出脉，中脉及侧脉两面凸起。圆锥花序近总状，短于叶片；花淡黄色，花被片两面被毛；花药4室。果椭圆形；果托有不规则钝齿。花期2～3月；果期5月。

南昆山产于石河奇观，生于林中或灌木丛中。分布于我国广东、广西。越南北部也有。

8. 沉水樟

Cinnamomum micranthum (Hay.) Hay.

乔木；树皮黑褐色或红褐灰色，内皮褐色，外有不规则纵向裂缝。芽鳞外被褐色绢状短柔毛。叶互生，坚纸质或近革质，叶缘呈软骨质而内卷；叶柄无毛。圆锥花序顶生及腋生，短促，长3～5 cm。花白色或紫红色，具香气；花被内面密被柔毛。果椭圆形，无毛；果托壶形，边缘全缘或具波齿，花期7～8月；果期10月。

南昆山产于石河奇观，生于山坡或山谷密林中或河旁水边。分布于我国华南及华东地区。越南亦有。可提取精油。

9. 黄樟

Cinnamomum parthenoxylon (Jack.) Meissn

常绿乔木；树皮暗灰褐色，深纵裂，具有樟脑气味。小枝具棱角，无毛。叶互生，椭圆状卵形或长椭圆状卵形，两面无毛，羽状脉。圆锥花序于枝条上部腋生或近顶生；花小，绿带黄色；花被内面被短柔毛。果球形，黑色；果托狭长倒锥形，红色，有纵长条纹。花期3～5月；果期4～10月。

南昆山产于上坪、中坪，生于林中或灌木丛中。分布于我国华南、华东及西南地区。可提取樟脑及樟油，珍贵用材，园林绿化。

10. 少花桂

Cinnamomum pauciflorum Nees

乔木；树皮黄褐色，有香气。枝条具纵条纹，幼枝四棱形。叶互生，卵圆形或卵圆状披针形，正面无毛，背面幼时被灰白短丝毛，老时无毛，三出脉或离基三出脉。圆锥花序腋生，花黄白色；花被两面被灰白短丝毛。果椭圆形，成熟时紫黑色，具斑点；果托浅杯状。花期3～8月；果期9～10月。

南昆山产于石河奇观，生于山地或山谷林中。分布于我国华南、华中、华东及西南地区。树皮及根入药，可开胃健脾及散热，治疗肠胃病及腹痛；枝叶应用于香料工业。

11. 粗脉桂(凹脉樟)

Cinnamomum validinerve Hance

常绿乔木；小枝具棱角，无毛或枝顶被绒毛。叶硬革质，椭圆形，正面被白粉，略带红色；离基三出脉，中脉和侧脉在正面稍凹陷，背面十分凸起。圆锥花序松散，三歧分枝，与叶等长；花梗极短；花被具灰白细绢毛，裂片卵形。花期7月。

南昆山产于天堂顶，生于林中。分布于我国广东、广西。园林观赏。

5. 厚壳桂属 Cryptocarya R. Br.

常绿乔木或灌木。叶互生，通常羽状脉。花小，两性，组成圆锥花序腋生或近顶生。花被筒宿存，花后顶端收缩，花被裂片6，早落。果核果状，球形，椭圆形或长圆形，全部包藏于肉质或硬化的增大的花被筒内，顶端有一小开口。

南昆山4种。

1. 叶具离基三出脉。
    2. 果具纵棱12～15；幼枝、幼叶背面及叶柄被灰褐色微毛……………………………………………… **1. 厚壳桂 C. chinensis**
    2. 果的纵棱不明显；幼枝、幼叶背面及叶柄被锈色绒毛……………………………………………… **4. 丛花厚壳桂 C. densiflora**
1. 叶具羽状脉。
    3. 幼枝密被灰黄色柔毛；叶片基部两侧常对称，两面均被平伏黄色丝状柔毛 ……………………… **2. 硬壳桂 C. chingii**
    3. 幼枝被黄褐色绒毛；叶片基部两侧常不等，正面无毛，背面稍被柔毛……………………………… **3. 黄果厚壳桂 C. concinna**

1. 厚壳桂(香花桂)

Cryptocarya chinensis (Hance) Hemsl.

乔木；老枝具棱角，小枝具纵条纹，初时被灰棕色毛，后渐脱落。叶互生或对生，长椭圆形，两面幼时被灰棕色毛，后渐脱落，背面苍白色，具离基三出脉。圆锥花序腋生及顶生，具梗，被黄色小绒毛，花淡黄色。果球形或扁球形，熟时紫黑色，约有纵棱12～15条。花期4～5月；果期8～12月。

南昆山产于佛坳，生于林中。分布于我国华南、华东及西南地区。材用。

2. 硬壳桂（仁昌厚壳桂）

Cryptocarya chingii Cheng

小乔木。老枝具纵条纹；幼枝密被灰黄色短柔毛。叶互生，长圆形，两面有灰黄色短柔毛。圆锥花序腋生及顶生，花序密被灰黄色短柔毛；花被外面密被灰黄色丝状短柔毛，内面毛被较稀。果成熟时椭圆球形，瘀红色，有纵棱12条。花期6～10月；果期9月至翌年3月。

南昆山产于上坪至天堂顶途中，生于林中。分布于我国华南及华东地区。越南北部也有。木片可制取发胶；枝叶提取芳香油。

3. 黄果厚壳桂（生虫树）

Cryptocarya concinna Hance

乔木；枝条有棱角，具纵条纹；幼枝被黄褐色短绒毛。叶互生，椭圆状长圆形或长圆形，正面无毛，背面被短柔毛，后变无毛。圆锥花序腋生及顶生，被短柔毛。果长椭圆形，幼时深绿色，有纵棱12条，熟时蓝黑色，纵棱不明显。花期3～5月；果期6～12月。

南昆山产于中坪，生于林中。分布于我国华南及华东地区。越南北部也有。材用。

4. 丛花厚壳桂

Cryptocarya densiflora Bl.

乔木；枝条有棱角，被锈色绒毛。叶互生，长椭圆形至椭圆状卵形，具离基三出脉；叶柄被锈色绒毛或变无毛。圆锥花序腋生及顶生，花白色，被褐色短柔毛。果扁球形，顶端具明显小尖突，纵棱不明显，初时褐黄色，熟时黑色，有白粉。花期4～6月；果期7～11月。

南昆山产于横坑、天堂顶，生于林中。分布于我国华南、华东及西南地区。东南亚也有。材用。

6. 山胡椒属 Lindera Thunb.

常绿或落叶乔、灌木，具香气。叶互生，全缘或3裂。花单性，雌雄异株，黄色或绿黄色；伞形花序在叶腋单生或在腋生短枝上2至多数簇生。花被片6(7～9)，常脱落；花药2室。果圆形或椭圆形，浆果或核果，幼果绿色，熟时红色，后变紫黑色。

南昆山7种，1变种。

1. 叶具羽状脉。
    2. 伞形花序着生于顶芽或腋芽之下两侧各一。
        3. 叶被有毛……………………**5. 红果山胡椒 L. erythrocarpa**
        3. 枝叶无毛……………………**6. 黑壳楠 L. megaphylla**
    2. 伞形花序在叶腋簇生状。
        4. 伞形花序、果序具总梗；着生花序的短枝可发育成正常枝条……………………**7. 滇粤山胡椒 L. metcalfiana**
        4. 伞形花序无总梗或具短于3 mm的极短总梗；着生花序的短枝不发育。
            5. 幼枝及叶背面密被锈色长柔毛，老时叶脉、枝条有残存黑色毛……………………**8. 绒毛山胡椒 L. nacusua**
            5. 幼枝及叶背面常被黄色、白色短柔毛，老时脱落成无毛……………………**4. 香叶树 L. communis**
1. 叶具三出脉或离基三出脉。
    6. 花、果序明显具总梗……………………**3. 鼎湖钓樟 L. chunii**
    6. 花、果序无总梗或具不超过3 mm的极短总梗。
        7. 幼枝及叶背面密被黄色柔毛，老叶毛脱落成稀疏黑毛或无毛……………………**1. 乌药 L. aggregata**
        7. 幼枝及叶背面无毛或被极稀疏柔毛，不久脱落成无毛……………………**2. 小叶乌药 L. aggregata var. playfarii**

1. 乌药

Lindera aggregata (Sims) Kosterm

常绿灌木或小乔木，高可达5 m。幼枝具纵条纹，密被黄色毛，后渐脱落无毛。叶卵形，椭圆形至近圆形，革质，叶背面幼时密被棕褐色柔毛，后渐脱落或偶成斑块状黑褐色毛片。伞形花序腋生，无总梗，常6～8花序集生于短枝上。果卵形或近圆形。花期3～4月；果期5～11月。

南昆山产于天堂顶，生于向阳坡地、山谷或疏林灌丛中。分布于我国华南及华东地区。越南、菲律宾也有分布。根药用，为散寒理气健胃药；果实、根、叶均可提取芳香油制香皂；根、种子磨粉可杀虫。

2. 小叶乌药(白氏钓樟)

Lindera aggregata (Sims) Kosterm var. **playfairii** (Hemsl.) H. P. Tsui

常绿灌木或小乔木；幼枝、叶及花等被毛较稀疏，且多为灰白色毛或近无毛；叶小，狭卵形至披针形，通常具尾尖，伞形花序腋生，花较小。

南昆山产于天堂顶，生于向阳坡地或疏林灌丛中。分布于我国广东、广西。根药用，消肿止痛，可治跌打，也可代乌药，作散寒理气健脾药。

3. 鼎湖钓樟(陈氏钓樟、白胶木)

Lindera chunii Merr.

常绿灌木或小乔木，高6 m。幼枝初被毛后渐脱落。叶纸质，椭圆形至长椭圆形，幼时两面被白色或金黄色毛，老时毛仅在叶脉、脉腋处残存，三出脉。伞形花序数个生于叶腋短枝上；花被片黄或绿黄色，外面被柔毛；花、果明显具总梗。果椭圆形。花期2～3月；果期8～9月。

南昆山产于横坑，生于向阳山坡灌丛中。分布于我国广东、广西。块根入药，可代乌药浸制“台乌酒”，也可作香料淀粉原料。

4. 香叶树

Lindera communis Hemsl.

常绿灌木或小乔木；当年生枝条具纵条纹，被黄白色短柔毛。叶披针形、卵形或椭圆形，革质；背面被黄褐色柔毛，后渐脱落无毛，边缘内卷；羽状脉。伞形花序单生或两个同生于叶腋，总梗极短。果卵形，成熟时红色。花期3～4月；果期9～10月。

南昆山产于上坪、天堂顶，生于林中。分布于我国华南、华东、西南及西北地区。中南半岛也有。种仁含油供制皂、润滑油、油墨及医用栓剂原料；也可供食用，作可可豆脂代用品；油粕可作肥料。果皮可提芳香油供香料。枝叶入药，民间用于治疗跌打损伤及牛马癣疥等。

5. 红果山胡椒（红果钓樟）

Lindera erythrocarpa Makino

落叶灌木或小乔木，幼枝灰白或灰黄色，多皮孔。叶纸质，互生，倒披针形，先端渐尖，基部狭楔形，正面绿色，背面带绿苍白色，被贴服柔毛。伞形花序着生于腋芽两侧各一；总苞片4，具缘毛，内有花15～17朵。雄花花被片6，黄绿色，近相等，椭圆形，先端圆，外面被疏柔毛，内面无毛；雄蕊9，各轮近等长。雌花比雄花小，形态相似。果球形，熟时红色。花期4月，果期9～10月。

南昆山产于天堂顶，生于山谷、溪边林下，少见。分布于我国华南、华东等地区。日本也有。

6. 黑壳楠

Lindera megaphylla Hemsl.

常绿乔木。叶倒披针形至倒卵状长圆形，两面无毛，羽状脉，叶柄无毛。伞形花序多花，具总梗，密被黄褐色或近锈色微柔毛，着生于顶芽或腋芽之下，两侧各一。果椭圆形至卵形，成熟时紫黑色，果梗向上渐粗壮，粗糙；宿存果托杯状。花期2～4月；果期9～12月。

南昆山产于上坪至天堂顶途中，生于山坡、谷地湿润常绿阔叶林或灌丛中。分布于我国华南、华东、西南以及西北地区。材用；种仁可制香皂；果皮、叶含芳香油，可做调香原料。

7. 滇粤山胡椒

Lindera metcalfiana Allen

灌木或小乔木，枝条幼时具棱角，有细纵纹。叶革质，椭圆形或长椭圆形，先端渐尖或尾尖，常呈镰刀状，两面沿脉上略被黄褐色微柔毛，后渐脱落无毛，羽状脉。花黄色，雄伞形花序1～3生于叶腋短枝上。果球形，成熟时紫黑色；果梗粗壮、略被黄褐色微柔毛。花期3～5月；果期6～10月。

南昆山产于石河奇观，生于林中。分布于我国华南、华东及西南地区。材用。

8. 绒毛山胡椒（绒钓樟、华南钓樟）

Lindera nacusua (D. Don) Merr.

常绿灌木或小乔木；树皮有纵裂纹。叶革质，宽卵形、椭圆形至长圆形，正面中脉略被黄褐色柔毛；背面密被黄褐色长柔毛。伞形花序单生或2～4簇生于叶腋，具短总梗；花黄色，雄花花梗密被黄褐色柔毛。果近球形，成熟时红色。花期5～6月；果期7～10月。

南昆山产于石河奇观，生于谷地或山坡的常绿阔叶林中。分布于我国华南、华东及西南地区。

7. 木姜子属 Litsea Lam.

落叶或常绿，乔木或灌木。叶羽状脉。花单性，雌雄异株；伞形花序或为伞形花序式的聚伞花序或圆锥花序，单生或簇生于叶腋；花药4室。果着生于增大的杯状果托上，也有花被筒在结果时不增大，故无盘状或杯状果托。

南昆山11种，1变种。

1. 落叶，叶片纸质或膜质……………………2. 山苍子L.cubeba
1. 常绿，叶片革质或薄革质。
  2. 花被裂片不完全，花被筒在果时不增大，雄蕊15～20……………………………………4. 潺槁木姜子L. glutinosa
  2. 花被裂片6～8，雄蕊9～12。
    3. 花被筒在果时不增大或稍增大，果托完全不包住果实。
      4. 叶片轮生，通常3～6片一轮……………………………………12. 轮叶木姜子L. verticillata
      4. 叶片对生或互生。
        5. 叶对生或近对生…………11. 黄椿木姜子L. variabilis
        5. 叶互生。
          6. 伞形花序及果序几无梗。
            7. 叶片宽卵形至近圆形……………………………………9. 圆叶豺皮樟L. rotundifolia
            7. 叶片卵状长圆形至倒卵状长圆形……………10. 豺皮樟L. rotundifolia var. oblongifolia
          6. 伞形花序及果序有总梗，花果亦有梗……………………7. 假柿木姜子L. monopetala
    3. 花被筒在果时增大成盘状或杯状果托，多少包住果实。
      8. 嫩枝有毛；叶柄幼时也有毛。
        9. 嫩枝、叶柄的毛脱落较快，二年生枝多已秃净……………………5. 华南木姜子L. greenmeniana
        9. 嫩枝、叶柄的毛脱落较晚，二年生枝仍有较多的毛。
          10. 叶条状披针形或条状长圆形……………………8. 竹叶木姜子L. pseudoelongata
          10. 叶披针形
            11. 伞形花序数个簇生短枝上；果梗较长……………………1. 尖脉木姜子L. acutivena
            11. 伞形花序多单生；果梗较短……………………3. 黄丹木姜子L. elongata
        9. 嫩枝无毛或近无毛；叶柄幼时也常无毛……………………6. 广东木姜子L. kwangtungensis

1. 尖脉木姜子
Litsea acutivena Hay.

常绿乔木；嫩枝密被黄褐色长柔毛。叶互生或聚生枝顶，披针形，革质，羽状脉；叶柄初时密被褐色柔毛，老时脱落至近无毛。伞形花序生于当年生枝顶，簇生；总梗长约3 cm，有柔毛；花被裂片6。果椭圆形；果托杯状。花期7～8月；果期12月至翌年2月。

南昆山产于天堂顶，生于林中。分布于我国华南及华东地区。中南半岛也有。

2. 山苍子（山鸡椒）
Litsea cubeba (Lour.) Pers.

落叶灌木或小乔木；小枝无毛。叶互生，披针形或长圆形，纸质，两面均无毛，羽状脉，中脉、侧脉在两面均突起；叶柄无毛。伞形花序单生或簇生，花被裂片6，花丝中下部有毛；退化雌蕊无毛；雌花中退化雄蕊中下部具柔毛。果近球形。花期2～3月；果期7～8月。

南昆山产于上坪、中坪、石河奇观，生于向阳的山地、灌丛、疏林或林中路旁。分布于我国华南、华中、华东及西南地区。东南亚各国也有。花、叶和果皮供医药制品和配制香精等用；核仁油供工业用；根、茎、叶和果实均可入药，有祛风散寒、消肿止痛之效。

3. 黄丹木姜子

Litsea elongata (Wall. ex Nees) Benth. et Hook. f.

常绿小乔木或中乔木。小枝密被褐色毛。叶互生，长圆形、长圆状披针形至倒披针形，革质，羽状脉，背面被短柔毛，叶背面中侧脉突起；叶柄密被褐色绒毛。伞形花序单生，少簇生；总梗长2～5 mm，密被褐色绒毛；花被裂片6，外面中肋有丝状长柔毛。果长圆形；果托杯状。花期5～11月；果期2～6月。

南昆山产于石河奇观，生于山坡林中、溪边。分布于我国华南、华中、华东及西南地区。材用，种子提制工业用油。

4. 潺槁木姜子

Litsea glutinosa (Lour.) C. B. Rob.

常绿小乔木或乔木；幼枝有灰黄色毛。叶互生，倒卵形、倒卵状长圆形或椭圆状披针形，革质，幼时两面有毛，羽状脉。伞形花序单生或几个生于小枝上部叶腋，花序梗被灰黄色绒毛；花黄色，花被不完全；花丝有灰色柔毛，腺体有长柄，柄有毛；退化雄蕊有毛。果球形。花期5～6月；果期9～10月。

南昆山产于上坪、天堂顶生于山地林缘、溪旁、疏林或灌丛中。分布于我国华南、华东及西南地区。越南、菲律宾、印度东部也有。材用；种仁含油，供制皂及硬化油；根皮和叶入药，治腹泻，外敷治疮痈。

5. 华南木姜子

Litsea greenmeniana Allen

常绿小乔木；幼枝被短柔毛，后脱落无毛。叶互生，椭圆形或近倒披针形，薄革质，两面均无毛，羽状脉；叶柄初时被短柔毛，后脱落至近无毛。伞形花序1～4生于叶腋或枝侧的短枝上；花序梗被短柔毛；花被裂片6，黄色，外面有柔毛，内面无毛；花丝有长柔毛；腺体心形，无柄。果椭圆形；果托杯状。花期7～8月；果期12月至翌年3月。

南昆山产于石河奇观，生于山谷杂木林中。分布于我国广东、广西和福建。

6. 广东木姜子

Litsea kwangtungensis H. T. Chang

常绿灌木，高1.5～3 m；幼枝无毛。叶互生，长圆形或窄长圆形，革质，两面均无毛。羽状脉；叶柄无毛。伞形花序单生于叶腋，花序总梗极短，略被短柔毛。果椭圆形；果托杯状外面略被微柔毛；果梗略被微柔毛。果期11月。

南昆山产于石河奇观，生于林中。分布于我国广东。

7. 假柿木姜子

Litsea monopetala (Roxb.) Pers.

常绿乔木；小枝、叶背面、叶柄均被锈色短柔毛。叶互生，宽卵形至卵状长圆形，薄革质，幼叶正面沿中脉有锈色短毛，老时渐脱落。伞形花序簇生叶腋，总梗极短；花梗有锈色柔毛；雄花黄白色；花丝有柔毛，腺体有柄；退化雄蕊有柔毛。果长卵形；果托浅碟状。花期11月至翌年5～6月；果期6～7月。

南昆山产于佛坳至中坪，生于阳坡灌丛或疏林中。分布于我国广东、广西、贵州。东南亚及南亚也有。材用；种子可提制工业脂肪油；叶药用，外敷治关节脱臼。

8. 竹叶木姜子

Litsea pseudoelongata Liou

常绿小乔木；幼枝有灰色柔毛。顶芽鳞片外面被丝状短柔毛。叶互生，宽条形，薄革质，背面幼时有柔毛，羽状脉；叶柄初时有柔毛。伞形花序3～5个簇生枝顶叶腋短枝上；花梗短，被柔毛；花被裂片6，外面有柔毛，内面无毛；花丝有柔毛；腺体近无柄；无退化雌蕊。果长卵形，果托浅杯状，边缘有圆齿；果梗短。花期5～6月；果期10～12月。

南昆山产于佛坳、上坪，生于林中。分布于我国广东、广西。

9. 圆叶豺皮樟

Litsea rotundifolia Hemsl.

常绿灌木或小乔木；小枝无毛。顶芽鳞片外面被丝状黄色短柔毛。叶散生，宽卵圆形至近圆形，薄革质，叶两面无毛，羽状脉；叶柄初有柔毛，后脱落无毛。伞形花序常3个簇生叶腋，几无总梗；花近无梗；花被筒杯状，被柔毛；花被裂片6；花丝有稀疏柔毛，腺体小；退化雌蕊细小，无毛。果球形，几无果梗。花期8～9月；果期9～11月。

南昆山产于佛坳，生于低海拔山地下部的灌木林中或疏林中。分布于我国广东、广西。

10. 豺皮樟(豺皮木姜子、圆叶木姜子)

Litsea rotundifolia Hemsl. var. **oblongifolia** (Nees) Allen

常绿灌木；嫩枝无毛或近无毛。叶薄革质，散生，卵状长圆形，先端钝或短渐尖，基部楔形或钝，叶背面无毛。伞形花序状的聚伞花序；花无梗；花被裂片6。果球形，几无果梗。花期8～9月；果期9～11月。

南昆山产于佛坳、上坪，生于山地林中。分布于我国华南及华东地区。越南也有。种子可提制工业脂肪油；叶、果可提取芳香油；根、叶可入药。

11. 黄椿木姜子(鸡椿木姜子)

Litsea variabilis Hemsl.

常绿灌木或乔木；小枝近无毛。顶芽外面被灰色贴伏短柔毛。叶对生或近对生，也有互生，椭圆形或倒卵形，革质，无毛，羽状脉；叶柄近基部处膨大，无毛。伞形花序3～8个集生叶腋，总梗短，有短柔毛；花被裂片6，外面中肋有柔毛；花丝被疏毛。果球形，果托碟状；果梗极粗短，与果托相连无明显界线。花期5～11月；果期9～翌年5月。

南昆山产于天堂顶，生于林中。分布于我国广东、广西南部。越南、老挝也有。材用。

12. 轮叶木姜子

Litsea verticillata Hance

常绿灌木或小乔木；小枝被黄色长硬毛。顶芽鳞片外面密被黄褐色柔毛。叶4～6片轮生，披针形或倒披针状长椭圆形，薄革质，背面有黄褐色柔毛，羽状脉；叶柄被黄色长柔毛。伞形花序2～10个集生于小枝顶，花被片6。果卵形或椭圆形；果托碟状。花期4～11月；果期11月至翌年1月。

南昆山产于石河奇观，生于林中。分布于我国广东、广西、云南。越南、柬埔寨也有。材用；根、叶民间用来治跌打积淤、胸痛、风湿痺痛、妇女经痛；叶外敷治骨折、蛇伤。

8. 润楠属 Machilus ex Nees

常绿乔木或灌木。芽常具覆瓦状排列的鳞片。叶互生，羽状脉。圆锥花序顶生或近顶生，密花而近无总梗或疏松而具长总梗；花两性，花被筒短；花被裂片6，花后不脱落；雄蕊花药4室。果肉质，球形或少有椭圆形，果下有宿存反曲的花被裂片。

南昆山14种。

1. 花被片外面无毛。
   2. 叶基部钝或近圆，叶椭圆形、长椭圆形至长圆形 ………………………………………… 10. 硬叶楠 M. phoenicis
   2. 叶基部楔形，叶倒卵形或卵状披针形 ………………………………………… 13. 红楠 M. thunbergii
1. 花被片外面有绒毛或小柔毛、绢毛。
   3. 花被片裂片外面有绒毛。
      4. 叶基部楔形；花序和叶背面绒毛锈色；圆锥花序单独或2～3枚成束生小枝顶 ………………… 14. 绒毛润楠 M. velutina
      4. 叶基部圆形；花序和叶背面绒毛黄褐色；圆锥花序丛生小枝顶 ……………………………… 5. 黄绒润楠 M. grijsii

3. 花被片外面有小柔毛、绢毛。
   5. 果较大，直径在1.3 cm以上；花常大 ……………………………………………… 11. 粗壮润楠 M. robusta
   5. 果较小，直径在1.2 cm以下；花常小。
      6. 圆锥花序通常生当年生枝下端。
         7. 叶背面无毛，叶倒披针形 ……………………………………… 2. 浙江润楠 M. chekiangensis
         7. 叶背面有毛。
            8. 枝被毛。
               9. 嫩枝密被平伏黄灰色绢状毛 ……………………………………… 4. 黄心树 M. gamblei
               9. 嫩枝被锈色绒毛 ……………………………………… 6. 广东润楠 M. kwangtungensis
            8. 枝无毛。
               10. 叶干后黑色；顶芽芽鳞外面被棕色或黄棕色小柔毛 ……………………… 9. 刨花楠 M. pauhoi
               10. 叶干后不变黑色；芽鳞外面被绢毛或白色小柔毛 ……………………… 7. 薄叶润楠 M. leptophylla
      6. 圆锥花序顶生或近顶生。
         11. 老叶背面被柔毛，且脉上较密 ……………………………………… 8. 建润楠 M. oreophila
         11. 叶背面无毛。
            12. 叶较狭长，狭披针形至倒披针形，两端渐狭 ……………………………………… 12. 柳叶润楠 M. salicina
            12. 叶较宽短，不为狭披针形或倒披针形。
               13. 叶柄短；叶倒卵形至倒卵状披针形 ……………………………… 1. 短序润楠 M. breviflora
               13. 叶柄长；叶倒卵状长椭圆形至长椭圆形 ……………………………… 3. 华润楠 M. chinensis

1. 短序润楠

Machilus breviflora (Benth.) Hemsl.

乔木；芽鳞有绒毛。叶聚生于小枝先端，倒卵形至倒卵状披针形，革质，两面无毛；叶柄短。圆锥花序3～5个，顶生，无毛，有长总梗，呈复伞形花序状；花绿白色，结果时花被裂片宿存，有时脱落；退化雄蕊箭头形，有柄，柄上有小柔毛。果球形。花期7～8月；果期10～12月。

南昆山产于佛坳至上坪，生于山坡疏林中或溪边。分布于我国广东、海南、广西。树形优美，适合园林观赏。

2. 浙江润楠

Machilus chekiangensis S. K. Lee

乔木。枝散布纵裂的唇形皮孔。叶常聚生小枝枝梢，倒披针形，革质或薄革质，梢头的叶干时有时呈黄绿色，叶背面初时有贴伏小柔毛。果序生当年生枝基部，有灰白色小柔毛。嫩果球形，绿色；宿存花被片近等长，两面都有灰白色绢状柔毛。花期4月；果期6月。

南昆山产于上坪、中坪，生于山坡疏林中。分布于我国华南及华东地区。中南半岛也有。用材；枝、叶含芳香油，入药，有化痰、止咳、消肿、止痛、止血之效，治气管炎、烧烫伤及外伤止血等。

3. 华润楠

Machilus chinensis (Champ. ex Benth.) Hemsl.

乔木。叶倒卵状长椭圆形至长椭圆状倒披针形，革质，侧脉不明显；叶柄长6～14 mm。圆锥花序顶生，2～4个聚集；花白色；花被裂片外面被淡黄色微柔毛，内面有毛；第三轮雄蕊腺体几无柄，退化雄蕊有毛；花被裂片常脱落。果球形。花期11月；果期翌年2月。

南昆山产于上坪、天堂顶，生于山坡下部或沟谷中。分布于我国广东、广西。越南也有。材用；园林绿化。

4. 黄心树(芳槁润楠)

Machilus gamblei King ex Hook. f. [*M. suaveolens* S. Lee]

乔木；幼枝密被平伏黄灰色绢状毛。叶长圆形至披针形，幼时背面被细柔毛。聚伞状圆锥花序，花序轴、花梗及花被片均被灰白或黄色平伏柔毛；花白色或淡黄色；花梗纤细，花被两面密被丝状微柔毛；花丝略被小柔毛。果球形，黑色；宿存花被片略增大，外反。花期3～4月；果期5～7月。

南昆山产于上坪，生于山坡或林中。分布于我国广东、云南。印度、尼泊尔至越南北部也有。

5. 黄绒润楠

Machilus grijsii Hance

乔木。芽、小枝、叶柄、叶背面有黄褐色短绒毛。叶倒卵状长圆形，革质；叶柄长7～18 mm。花序短，丛生小枝枝梢，密被黄褐色短绒毛；花被近相等，两面均被绒毛，外轮的较狭；第三轮雄蕊腺体肾形，无柄。果球形。花期3月；果期4月。

南昆山产于佛坳、中坪，生于灌丛或林中。分布于我国华南及华东地区。

6. 广东润楠

Machilus kwangtungensis Yang

乔木。当年生枝密被锈色绒毛。叶长椭圆形或倒披针形，革质，正面无毛，背面有贴伏小柔毛，叶柄有小柔毛。圆锥花序生于新枝下端，有灰黄色小柔毛；花被片两面被短柔毛；雄蕊花丝基部有毛，雄蕊第三轮的腺体有柄；子房无毛。果近球形，熟时黑色。花期3～4月；果期5～7月。

南昆山产于佛坳、九重远眺，生于山坡或谷地疏林中。分布于我国华南、华东及西南地区。

7. 薄叶润楠(华东润楠)

Machilus leptophylla Hand. -Mazz.

高大乔木。顶芽内部鳞片密被绢毛。叶互生或在当年生枝上轮生，倒卵状长圆形，坚纸质，幼时背面贴伏银色绢毛。圆锥花序6～10个，聚生嫩枝基部；花白色，花被裂片有透明油腺。果球形，直径约1 cm。花期4～5月；果期8～9月。

南昆山产于天堂顶、七星湖，生于林中。分布于我国华南、华东及西南地区。树皮可提取树脂；种子可榨油。

8. 建润楠

Machilus oreophila Hance

灌木或乔木。嫩枝、顶芽、嫩叶背面和上面的中脉上被黄棕色绒毛。叶长披针形，薄革质。圆锥花序丛生枝梢，总轴、分枝、花梗和花被裂片两面有黄棕色小柔毛。雄蕊第三轮基部的腺体有短柄。果球形，直径约7～10 mm，熟时紫黑色。花期3～4月；果期5～8月。

南昆山产于天堂顶，生于山谷林边水旁或河边。分布于我国华南、华东及西南地区。作护岸防堤树种。

9. 刨花楠

Machilus pauhoi Kaneh.

乔木。顶芽鳞片密被黄棕色小柔毛。叶集生小枝梢端，革质，正面无毛，背面被贴伏小绢毛。聚伞状圆锥花序生当年生枝下部，花疏；花被裂片两面有小柔毛；雄蕊无毛，第三轮雄蕊的腺体有柄；子房无毛。果球形，直径约1 cm，熟时黑色。

南昆山产于上坪，生于土壤湿润肥沃的山坡灌丛或山谷疏林中。分布于我国华南及华东地区。材用，种子为制造蜡烛和肥皂的原料。

10. 硬叶楠（凤凰润楠）

Machilus phoenicis Dunn

中等乔木，全株无毛。枝干时有纵向纹。顶芽外面芽鳞无毛，内面的两面有绢毛。叶二、三年不脱落，椭圆形、长椭圆形至狭长椭圆形，厚革质。花序多数，生于枝端；花被裂片长圆形或狭长圆形，绿色。果球形，宿存的花被裂片革质。

南昆山产于天堂顶，生于混交林中。分布于我国华南及华东地区。

11. 粗壮润楠

Machilus robusta W. W. Sm.

乔木，枝条具纵纹，幼时多少压扁。芽鳞片浅棕色，外面密被微柔毛。叶狭椭圆状卵形至倒卵状椭圆形或近长圆形，厚革质，两面无毛。花序聚集生于枝顶和先端叶腋，多花。果球形，成熟时蓝黑色。花期1～4月；果期4～6月。

南昆山产于七星湖，生于常绿阔叶林或开阔灌丛中。分布于我国华南及西南地区。缅甸也有。

12. 柳叶润楠（柳叶桢楠）

Machilus salicina Hance

灌木；枝条有浅棕色纵列皮孔，无毛。叶革质，常生于枝条的梢端，线状披针形，正面无毛，背面无毛或嫩时有贴伏柔毛。聚伞状圆锥花序多数，生于新枝上端；花黄色或淡黄色；花被裂片两面被绢状柔毛；雄蕊花丝被柔毛。果球形，熟时紫黑色；果梗红色。花期2～3月；果期4～6月。

南昆山产于石河奇观，生于溪畔河边。分布于我国华南及西南地区。中南半岛也有。可护岸绿化。

13. 红楠

Machilus thunbergii Sieb. et Zucc.

中等乔木。嫩枝、花序、花梗及果梗常紫红色。叶倒卵形至倒卵状披针形，革质，背面带白粉。花序顶生或在新枝上腋生，无毛；多花，苞片有棕红色贴伏绒毛；花被裂片内面上端有小柔毛；花丝无毛，第三轮腺体有柄，退化雄蕊基部有硬毛；子房无毛。果扁球形，成熟后变黑紫色。花期2月；果期7月。

南昆山产于九重远眺，生于林中。分布于我国华南、华中及华东地区。东亚也有。材用；叶可提取芳香油；种子油可制肥皂和润滑油；树皮可入药，有舒筋活络之效。

14. 绒毛润楠

Machilus velutina Champ. ex Benth.

乔木；枝、芽、叶背面和花序均密被锈色绒毛。叶狭倒卵形、椭圆形或狭卵形，革质。花序单独顶生或数个密集在小枝顶端，近无总梗；花黄绿色，被锈色绒毛；第三轮雄蕊花丝基部有绒毛，腺体心形，有柄，退化雄蕊有绒毛。果球形，紫红色。花期10～12月；果期翌年2～3月。

南昆山产于九重远眺、佛坳，生于山坡疏林中。分布于我国华南及华东地区。中南半岛也有。用材；枝、叶含芳香油，入药，治气管炎、烧烫伤及外伤止血等。

9. 新木姜子属 Neolitsea Merr.

常绿乔木或灌木。叶互生或簇生成轮生状，离基三出脉，少数为羽状脉。花单性，雌雄异株，伞形花序单生或簇生，无梗或具短梗；苞片大，交互对生；花被裂片4。雄花：雄蕊6，花药4室；第三轮基部有腺体2。雌花：退化雄蕊6，棍棒状，第三轮基部有2腺体；子房上位。浆果状核果着生于稍扩大的盘状或内陷的果托上，果梗通常略增粗。

南昆山6种，2变种。

1. 羽状脉或间有近似远离基三出脉。
    2. 叶背有锈色绒毛……………3. 锈叶新木姜子 N. cambodiana
    2. 叶片背面无毛……………………………………………………………………4. 香港新木姜子N. cambodiana var. glabra
1. 离基三出脉或基部三出脉。
    3. 叶片背面幼时无毛……………………………………5. 鸭公树N. chuii
    3. 叶片背面有毛(至少幼时有)。
        4. 叶背面被金黄色、棕黄色、棕红色或淡黄色绢状毛。
            5. 幼枝、叶柄有毛……………………………1. 新木姜子N. aurata
            5. 幼枝、叶柄均无毛………………………………………………………………2. 云和新木姜N. aurata var. paraciculata
        4. 叶背面被柔毛或绒毛，非绢状毛。
            6. 叶大，长15～31 cm…………8. 美丽新木姜N. pulchella
            6. 叶较小，多数长在10 cm以下。
                7. 除最下一对侧脉外，其余侧脉均出自叶片中上部，在叶正面通常不明显；叶柄长0.5～0.8 cm；果托扁平浅盘状……………………6. 大叶新木姜子N. levinei
                7. 除最下一对侧脉外，其余侧脉出自叶片中部或中部以下，叶正面极明显；叶柄长1～2 cm；果托不呈浅盘状………7. 显脉新木姜子N. phanerophlebia

1. 新木姜子

Neolitsea aurata (Hayata) Koidz.

乔木；幼枝、叶柄有锈色短柔毛。叶互生或聚生枝顶呈轮生状，革质，背面密被金黄色绢毛，离基三出脉。伞形花序3～5个簇生枝顶或节间；每一花序有花5朵；花被外面中肋有锈色柔毛；能育雄蕊6，花丝基部有柔毛；退化子房无毛。果椭圆形，果托浅盘状。花期2～3月；果期9～10月。

南昆山产于石河奇观，生于山坡林缘或杂木林中。分布于我国华南、华东、华中、西南及台湾。日本也有。根可药用，可治气痛、水肿、胃脘胀痛。

2. 云和新木姜

Neolitsea aurata (Hayata) Koidz. var. **paraciculata** (Nakai) Yang et Huang

与原变种不同在于幼枝、叶柄均无毛，叶片通常略较窄，背面疏生黄色丝状毛，易脱落，近于无毛，具白粉。

南昆山产于七星湖，生于山地杂林中。分布于我国华南及华东地区。

3. 锈叶新木姜子

Neolitsea cambodiana Lec.

乔木；幼枝、叶柄、幼叶两面、花梗、花被密被锈色绒毛。叶3～5片近轮生，革质，羽状脉或近似远离基三出脉。伞形花序多个簇生叶腋或枝侧；每一花序有花4～5朵；花丝、花柱有柔毛。果球形，果托扁平盘状，边缘常残留有花被片。花期10～12月；果期翌年7～8月。

南昆山产于天堂顶，生于林中。分布于我国华南及华东地区。东埔寨、老挝也有。树皮及枝叶可制作线香粉及钻探工程的加压剂；叶片药用，治疮疥。

4. 香港新木姜子

Neolitsea cambodiana Lec. var. **glabra** Allen

本变种与原种的区别：幼枝密被贴伏黄褐色短柔毛；叶长圆状披针形至椭圆形，先端渐尖或突尖，基部狭窄或楔形，两面无毛，背面被白粉；叶柄有贴伏黄褐色短柔毛。

南昆山产于石河奇观，生于路旁、灌丛或疏林中。分布于我国广东、广西、福建。

5. 鸭公树

Neolitsea chuii Merr.

乔木；除花序外其他各部均无毛。叶互生或聚生枝顶呈轮生状，革质，离基三出脉。伞形花序腋生或侧生，多个密集；苞片外面有稀疏短柔毛；每一花序有花5～6朵；花梗被灰色柔毛；花被、雄蕊、花丝和花柱均被柔毛。果椭圆形或近球形。花期9～10月；果期12月。

南昆山产于上坪至天堂顶，生于山谷或丘陵地的疏林中。分布于我国华南、华东及西南地区。果核含油，供制肥皂和润滑。

6. 大叶新木姜子（土玉桂）

Neolitsea levinei Merr.

乔木；幼枝、叶柄、叶背面、花梗密被黄褐色柔毛。叶轮

生，4～5片一轮，革质，离基三出脉。伞形花序数个生于枝侧；每一花序有花5朵；花被外面又稀疏柔毛，花柱有柔毛。果椭圆形或球形，成熟时黑色；果梗密被柔毛。花期3～4月；果期8～10月。

南昆山产于石河奇观、七星湖，生于林中。分布于我国华南、华东及西南地区。根可入药，治妇女白带。

7. 显脉新木姜子

Neolitsea phanerophlebia Merr.

小乔木；小枝、顶芽、叶柄、花梗密被锈色短柔毛。叶轮生或散生，纸质至薄革质，背面有密的贴伏柔毛和长柔毛，离基三出脉。伞形花序2～4个丛生于叶腋，每一花序有花5～6朵；苞片外有贴伏短柔毛；花被外面、边缘及内面基部、花丝基部有柔毛。果近球形，成熟时紫黑色。花期10～11月；果期7～8月。

南昆山产于上坪、中坪，生于山谷疏林中。分布于我国华南及华东地区。园林观赏。

8. 美丽新木姜子

Neolitsea pulchella (Meissn.) Merr.

小乔木；小枝纤细，幼时被褐色短柔毛。叶革质，互生或聚生于枝端呈轮生状，幼时两面被毛，离基三出脉。伞形花序，单生或2～3个簇生；花梗密被长柔毛；花被裂片4，外面中肋、内面基部、花丝均有长柔毛。果球形；果托浅盘状。花期10～11月；果期8～9月。

南昆山产于九重远眺，生于林中。分布于我国广东、广西、福建。园林观赏。

10. 楠属 Phoebe Nees

常绿乔木或灌木。叶通常聚生枝顶，互生，羽状脉。花两性；聚伞状圆锥花序或近总状花序，生于当年生枝中、下部叶腋；花被裂片6，花后变革质或木质，直立。果卵珠形、椭圆形及球形，基部为宿存花被片所包围；宿存花被片不反卷或略反卷；果梗不增粗或明显增粗。

南昆山2种。

1. 果大，长1.1～1.5 cm，宿存花被片紧贴于果基部……………………1. 闽楠P. bournei
1. 果小，长1 cm以下，宿存花被片松散……… 2. 紫楠P. sheareri

1. 闽楠

Phoebe bournei (Hemsl.)Yang

大乔木。叶革质或厚革质，披针形或倒披针形，背面有短柔毛。花序生于新枝中、下部，被毛，通常3～4个，为紧缩不开展的圆锥花序；花被片两面被短柔毛；第一、二轮花丝疏被柔毛，第三轮密被长柔毛；退化雄蕊具柄，有长柔毛。果椭圆形或长圆形；宿存花被片被毛，紧贴。花期4月；果期10～11月。

南昆山产于佛坳，生于林中。分布于我国华南、华东、华中及西南地区。材用。

2. 紫楠*

Phoebe sheareri (Hemsl.) Gamble

大灌木至乔木；小枝、叶柄及花序密被黄褐色或灰黑色柔毛或绒毛。叶革质，背面密被黄褐色长柔毛。圆锥花序在顶端分枝；花被片两面被毛；能育雄蕊各轮花丝被毛，退化雄蕊花丝全被毛。果卵形，果梗被毛，宿存花被片松散，两面被毛。花期4～5月；果期9～10月。

南昆山栽培于九重远眺。分布于我国长江流域及以南地区。材用。

13A. 青藤科 Illigeraceae

常绿藤本。叶互生，3小叶(稀5)，具叶柄；小叶全缘。花序为腋生的聚伞花序组成的圆锥花序。花5基数，两性；萼片5，具3～5脉；花瓣5，长圆形或长椭圆形，具1～3脉，镊合状排列。坚果纺锤状，具2～4翅。

南昆山1属，2种。

1. 青藤属 Illigera Bl.

属的形态特征与科同。

南昆山2种。

1. 幼枝被微柔毛，复叶无毛………………1. 小花青藤 I. parviflora
1. 幼枝及复叶均被黄褐色绒毛…………2. 红花青藤 I. rhodantha

1. 小花青藤

Illigera parviflora Dunn

木质藤本；茎具沟棱，幼枝被微柔毛。复叶3小叶，无毛；小叶纸质，椭圆状披针形或椭圆形，先端渐尖或长渐尖，基部宽楔形，偏斜，侧脉5～6对。聚伞状圆锥花序腋生，密被灰褐色微柔毛；萼片绿色；花瓣白色；花盘腺体3裂。坚果具4翅。花期5～10月；果期11～12月。

南昆山产于上坪至天堂顶途中，生于山谷、坡地及溪边密林、疏林或灌丛中。分布于我国华南、华东及西南地区。越南、马来西亚也有。根入药，治风湿骨痛。

2. 红花青藤

Illigera rhodantha Hance

藤本。茎具沟棱，幼枝、叶柄及花序被金黄褐色绒毛，复叶3小叶，互生。小叶纸质，基部圆形或近心形。聚伞花序组成的圆锥花序腋生，萼片紫红色，长圆形；花瓣玫瑰红色；雄蕊、花柱被毛。果具4翅，翅较大的舌形或近圆形。花期(6～)9～11月；果期12月至翌年4～5月。

南昆山产于佛坳，生于山谷密林或疏林灌丛中。分布于我国华南及西南地区。东南亚也有。

15. 毛茛科Ranunculaceae

草本，少有灌木或木质藤本。叶互生或基生，通常掌状分裂，无托叶；叶脉掌状，偶尔羽状。花两性，辐射对称，单生或组成聚伞花序或总状花序。萼片4～5，呈花瓣状，有颜色。花瓣有或无；花药2室，纵裂；心皮分生，在花托上螺旋状排列或轮生。果实为蓇葖或瘦果，少为蒴果或浆果。

南昆山4属，14种。

1. 子房有数颗或多数胚珠；果实为蓇葖果……2. 黄连属Coptis
1. 子房有1颗胚珠；果实为瘦果。
  2. 叶对生……………………………………1. 铁线莲属Clematis
  2. 叶互生或基生。
    3. 有花瓣，黄色、白色、少数蓝色；萼片常比花瓣小，多为绿色……………………………………3. 毛茛属Ranunculus
    3. 无花瓣；萼片白色、黄色、蓝紫色……………………………………………………4. 唐松草属Thalictrum

1. 铁线莲属Clematis L.

多年生木质或草质藤本，或为直立灌木或草本。叶对生，或与花簇生，复叶，少数单叶。聚伞花序总状或圆锥状，有时花单生或一至数朵与叶簇生；萼片花蕾时常镊合状排列，无花瓣。瘦果，宿存花柱伸长呈羽毛状，或不伸长而呈喙状。

南昆山8种。

1. 药隔顶端突出，长1 mm以上，萼片外面密生锈色至褐色绒毛，或反卷……………………………6. 甘木通C. loureiroana
1. 药隔顶端不突出，若突出，则萼片外面不被锈色至褐色绒毛，或花后不反卷。
  2. 花单生……………………………………5. 铁线莲C. florida
  2. 常为聚伞花序或圆锥花序，三至多花，花直径常在4 cm以内；若花大，或单生，则花梗上苞片一般宽不过1 cm，花直径一般不超过7 cm。
    3. 花丝干时皱缩，花药长1～2 mm……………………………………3. 厚叶铁线莲C. crassifolia
    3. 花丝干时不皱缩，花药长2～6 mm
      4. 一至二回羽状复叶，间有三出叶。
        5. 瘦果无毛，圆柱状锥形……………………………………8. 柱果铁线莲C. uncinata
        5. 瘦果有毛，卵形至卵圆形… 2. 威灵仙C. chinensis
      4. 全为三出复叶或间有单叶。
        6. 芽鳞大，三角状卵形至长圆形；瘦果扁……………………………………1. 小木通C. armandii
        6. 芽鳞小，长三角形至三角形；瘦果较狭，镰刀状狭卵形或狭倒卵形
          7. 花单生，或聚伞花序有3～7花……………………………………4. 山木通C. finetiana
          7. 圆锥花序多花………7. 毛柱铁线莲C. meyeniana

1. 小木通

Clematis armandii Franch.

木质藤本。茎有纵条纹，小枝有棱，有白色短柔毛。三出复叶；小叶革质。聚伞花序腋生或顶生；腋生花序基部有多数宿存芽鳞，为三角状卵形、卵形至长圆形；萼片外面边缘密生短绒毛至稀疏。瘦果扁，疏生柔毛，宿存花柱有白色长柔毛。花期3～4月；果期4～7月。

南昆山产于七星湖，生于山坡、山谷、路边灌丛。分布于我国华南、华东、华中、西南及西北地区。越南也有。茎可药用。

2. 威灵仙

Clematis chinensis Osbeck

木质藤本。茎、小枝近无毛或疏生短柔毛。一回羽状复叶有5小叶；小叶片纸质。圆锥状聚伞花序，多花，腋生或顶生；萼片白色，外面边缘密生绒毛或中间有短柔毛，雄蕊无毛。瘦果扁，卵形至宽椭圆形。花期6～9月；果期8～11月。

南昆山产于石河奇观，生于山坡、溪边或灌丛中。分布于我国秦岭以南亚热带地区。越南也有。根入药，能祛风湿、利尿、通经、镇痛，治风寒湿热、偏头疼、腰膝腿脚冷痛；鲜株能治急性扁桃体炎、咽喉炎；根治丝虫病。

3. 厚叶铁线莲

Clematis crassifolia Benth.

藤本，全株除心皮及萼片外，其余无毛。茎带紫红色，有

纵条纹。三出复叶；小叶片革质。圆锥状聚伞花序腋生或顶生，多花；萼片边缘和内面有较密短柔毛；雄蕊无毛，花丝干时明显皱缩，比花药长3～5倍。瘦果镰刀状狭卵形，有柔毛。花期12月至第二年1月；果期2月。

南昆山产于石河奇观，生于山坡、溪边或林中。分布于我国华南及华东地区。日本也有。

4. 山木通

Clematis finetiana Lévl. et Vaniot.

木质藤本，无毛。茎有纵条纹，小枝有棱。三出复叶，基部有时为单叶；叶片革质。花常单生，或为聚伞花序，腋生或顶生，有1～3(～7)花；在叶腋分枝处常有长三角形至三角形宿存芽鳞。瘦果镰刀状狭卵，有柔毛；宿存花柱有黄褐色长柔毛。花期4～6月；果期7～11月。

南昆山产于中坪、佛坳，生于溪边、灌丛或林中。分布于我国华南、华东、华中及西南地区。全株清热解毒、止痛、活血、利尿、治感冒、膀胱炎、尿道炎、跌打劳伤；花可治扁桃体炎、咽喉炎；能祛风利湿、活血解毒，治风湿关节肿痛、肠胃炎等。

5. 铁线莲*

Clematis florida Thunb.

草质藤本。茎节部膨大，被稀疏短柔毛。二回三出复叶。花单生于叶腋；花梗近于无毛，在中下部生一对叶状苞片；苞片被黄色柔毛；萼片密被绒毛，边缘无毛；雄蕊无毛，子房被淡黄色柔毛。瘦果扁平，宿存花柱伸长成喙状，下部有开展的短柔毛。花期1～2月；果期3～4月。

南昆山栽培于上坪。分布于我国华南及华东地区。根和全草供药用，利尿通经；根可通经络、解毒、治痛风、虫蛇咬伤；种子供工业用油；根入药，有解毒、利尿、祛瘀之效。

6. 甘木通(丝铁线莲、菝葜叶铁线莲)

Clematis loureiroana DC. [*C. filamentosa* Dunn]

木质藤本；茎圆柱形，光滑无毛，有纵沟。单叶，无毛，基部常盾状心形。圆锥花序腋生；花梗密生锈色绒毛；萼片4～5，蓝紫色，密被柔毛。瘦果狭卵形，有黄色短柔毛，宿存花柱丝状，被长柔毛。花期11～12月；果期翌年1～2月。

南昆山产于上坪、中坪，生于林缘、溪边或灌丛中。分布于我国广东、广西、云南。越南、印度及印度尼西亚也有。

7. 毛柱铁线莲

Clematis meyeniana Walp.

木质藤本。老枝有纵条纹，小枝有棱。三出复叶，小叶片近革质，无毛。圆锥状聚伞花序多花，腋生或顶生；通常无宿存芽鳞，偶尔有；萼片顶端钝、凸尖有时微凹，边缘有绒毛。瘦果镰刀状狭卵形或狭倒卵形，有柔毛。花期6～8月；果期8～10月。

南昆山产于天堂顶，生于疏林、溪边或灌丛中。分布于我国华南、华东及西南地区。老挝、越南及日本也有。全株能破血通经、活络止痛，治风寒感冒、胃痛、闭经、跌打瘀肿、风湿麻木、腰痛；茎皮纤维供造纸、搓绳等的原料。

8. 柱果铁线莲

Clematis uncinata Champ. ex Benth.

藤本，除花柱有羽状毛及萼片外面边缘有短柔毛外，其余光滑；茎有纵条纹。一至二回羽状复叶，有5～15小叶；小叶片纸质或薄革质，宽卵形、卵形至卵状披针形，两面网脉突出。圆锥状聚伞花序腋生或顶生，多花。瘦果圆柱状钻形。花期6～7月；果期7～9月。

南昆山产于横坑、天堂顶，生于林缘、溪边或灌丛中。分布于我国华南、华东、西南及西北地区。越南也有。根可入药，能祛风除湿、舒筋活络、镇痛，治风湿性关节痛、牙痛、骨鲠喉；叶外用治外伤出血。

2. 黄连属 Coptis Salisb.

多年生草本。叶基生，有长柄，三或五全裂，有时为一至三回三出复叶。单歧、二歧或多歧聚伞花序；苞片披针形，羽状分裂。花小，辐射对称。萼片5，黄绿色或白色，花瓣状，椭圆形。花瓣比萼片短。雄蕊多数，心皮5～14，基部有明显的柄。蓇葖具柄，柄被短毛。

南昆山1种。

1. 短萼黄连

Coptis chinensis Franch. var. **brevisepala** W. T. Wang et Hsiao

根状茎黄色。叶有长柄，3全裂，中央全裂片卵状菱形，具长0.8～1.8 cm的细柄，3或5对羽状深裂，除表面沿脉被短柔毛外，其余无毛；叶柄无毛。二歧或多歧聚伞花序有3～8朵花；萼片长约6.5 mm，仅为花瓣长1/3～1/5。蓇葖与柄等长。花期2～3月；果期4～6月。

南昆山产于天堂顶，生于山地林中或山谷阴处。分布于我国华南、华东、华中、西南及西北地区。根状茎为著名中药“黄连”，可治急性结膜炎、急性细菌性痢疾、急性肠胃炎、吐血等。

3. 毛茛属 Ranunculus L.

多年生或一年生草本，陆生或水生。须根纤维状簇生，或呈纺锤形，少数有根状茎。叶大多基生并茎生，单叶或三出复叶，3浅裂至3深裂，或全缘及有齿；叶柄伸长，基部扩大成鞘状。萼片5，绿色；花瓣5，有时6至10枚，黄色。聚合果球形或长圆形；瘦果卵球形或两侧压扁。

南昆山4种。

1. 一年生草本；瘦果极多而小，有细皱纹，喙短呈点状，长约0.1 mm ······ 4. 石龙芮 R. sceleratus
1. 多年生草本；瘦果大多无皱纹，喙直伸或弯，长0.5～1.5 mm。
  2. 基生叶3深裂不达基部；花托无毛 ······ 3. 毛茛 R. japonicus
  2. 基生叶为三出复叶；花托生柔毛。
    3. 小叶倒卵形，不分裂，边缘有锯齿 ······ 1. 禺毛茛 R. cantoniensis
    3. 小叶二至三回3深裂 ······ 2. 茴茴蒜 R. chinensis

1. 禺毛茛(小茴茴蒜)

Ranunculus cantoniensis DC.

多年生草本。茎直立，与叶柄均密生开展的黄白色糙毛。三出复叶，叶片宽卵形至肾圆形；小叶卵形至宽卵形，边缘密生锯齿，侧生小叶柄生开展糙毛，基部有膜质耳状宽鞘。上部叶渐小，3全裂。花序有较多花，疏生。聚合果近球形；瘦果扁平，有棱翼。花果期4～7月。

南昆山产于永汉至下坪途中，生于溪边、田边、草坡或林缘。分布于我国华南、华中、华东及西南地区。东亚也有。有毒；全草药用，治黄疸、目疾。

2. 茴茴蒜

Ranunculus chinensis Bunge

多年生草本。茎直立中空，有纵条纹，与叶柄均密生淡黄色糙毛。三出复叶，叶片宽卵形至三角形，小叶2～3深裂，顶端尖，两面伏生糙毛。上部叶较小，叶片3全裂。花序有较多疏生的花；花瓣5，宽卵圆形，黄色或正面白色。聚合果长圆形；瘦果扁平，边缘有棱。花果期5～9月。

南昆山产于石河奇观，生于水湿草地。分布于我国各地。朝鲜、日本、印度及俄罗斯西伯利亚、远东地区也有。全草药用，外敷有消炎、退肿及杀虫之效。

3. 毛茛*

Ranunculus japonicus Thunb.

多年生草本。茎直立中空，具开展或贴伏的柔毛。基生叶多数；叶片圆心形或五角形，通常3深裂不达基部。渐向上叶片较小。聚伞花序有多数花，疏散；萼片椭圆形，生白柔毛；花瓣5，倒卵状圆形。聚合果近球形；瘦果扁平，边缘有棱。花果期4～9月。

南昆山栽培于七星湖。分布于我国除西藏外的各地区。朝鲜、日本、俄罗斯远东地区也有。全草含原白头翁素，可为发泡剂和杀菌剂，捣碎外敷，可消肿及治疮癣。

4. 石龙芮

Ranunculus sceleratus L.

一年生草本。基生叶多数，与茎下部叶肾状圆形，3深裂，裂片倒卵状楔形，再2～3浅裂，顶端有圆齿，无毛；茎上部叶小，3全裂，裂片披针形至线形，基部扩大近成鞘状，抱茎。花小，两性，在茎上排成总状花序状的聚伞花序；萼片，外被短柔毛；花瓣黄色。聚合果长圆形；瘦果小，倒卵球形，稍扁，无毛。花果期3～6月。

南昆山产于七星湖，生于溪边、湖边、田边或湿草地。我国各地均有分布。广布于亚、欧、北美洲的亚热带至温带地区。有毒；全草入药，治痈肿、疮毒和蛇毒等症。

4. 唐松草属 Thalictrum L.

多年生草本植物，有须根，常无毛；茎圆柱形或有棱。叶基生并茎生，为一至五回三出复叶；小叶常掌状浅裂。单歧聚伞花序，花数目多时呈圆锥状。萼片4～5，通常较小，黄绿色或白色，有时较大，粉红色或紫色。花瓣不存在。瘦果椭圆球形或狭卵形，常稍两侧扁，有时扁平，有纵肋。

南昆山1种。

1. 尖叶唐松草

Thalictrum acutifolium (Hand. -Mazz.) B. Boivin

多年生草本，植株全部无毛。基生叶为二回三出复叶；小叶草质，顶生小叶倒卵形或扁圆形，3浅裂；托叶不裂。圆锥花序伞房状，有多数密集的花；萼片白色或带粉红色，卵形；雄蕊多数；花柱腹面生柱头组织。瘦果倒卵形，有3条宽纵翅。花期4～7月。

生于溪边、田边、草坡或林缘。分布于我国华南、华中、华东及西南地区。全草入药，治全身黄肿、眼睛发黄等症。

19. 小檗科 Berberidaceae

常绿或落叶灌木或多年生草本。叶互生，稀对生或基生，单叶或一至三回羽状复叶；托叶存在或缺；叶脉羽状或掌状。花序顶生或腋生，花单生，簇生或组成总状、穗状、伞形、聚伞或圆锥花序；花两性，辐射对称，花被常3基数；萼片6～9，离生；花瓣6，扁平；雄蕊与花瓣同数而对生。浆果，蒴果，蓇葖果或瘦果。

南昆山3属，4种。

1. 多年生草本……………………………………………………1. 八角莲属Dysosm
1. 灌木或小乔木。
   2. 叶为二至三回羽状复叶；小叶全缘……3. 南天竹属Nandina
   2. 叶为单叶或羽状复叶；小叶通常具齿……………………………………………………………………2. 十大功劳属Mahonia

1. 八角莲属 Dysosma Woods.

多年生草本。根状茎粗短而横走。茎直立、单生、光滑、基部覆被大鳞片。叶大、盾状。花数朵簇生或组成伞形花序，两性；萼片6，膜质；花瓣6；雄蕊6，花丝扁平，花药内向开裂；雌蕊单生，花柱显著，柱头膨大。浆果红色。种子多数，无肉质假种皮。

南昆山1种。

1. 八角莲
Dysosma versipellis (Hance) M. Cheng ex Ying

多年生草本。根状茎粗壮，横生。茎生叶2枚，薄纸质，盾状，4～9掌状浅裂，背面被柔毛。花深红色，5～8朵簇生于离叶基部不远处；萼片外面被短柔毛；花瓣6，无毛；雄蕊花丝短于花药，无毛；子房无毛。浆果椭圆形。花期3～6月；果期5～9月。

南昆山产于天堂顶，生于山坡林下、灌丛中、溪旁阴湿处、竹林下。分布于我国华南、华东、华中、西南及西北地区。根状茎供药用，治跌打损伤、半身不遂、关节酸痛、毒蛇咬伤等。

2. 十大功劳属 Mahonia Nutt.

常绿灌木或小乔木。枝无刺。奇数羽状复叶，互生；小叶边缘具粗疏或细锯齿、或具牙齿。花序顶生，由簇生的总状花序或圆锥花序组成；花黄色；萼片3轮，9枚；花瓣2轮，6枚；花药瓣裂；花柱极短或无花柱，柱头盾状。浆果深蓝色至黑色。

南昆山2种。

1. 小叶边缘每边具2～9刺锯齿，具柄……………………………………………………………………1. 广东十大功劳M. fordii
1. 小叶边缘或近先端具1～3不明显锯齿，无柄……………………………………………………………………2. 沈氏十大功劳M. shenii

1. 广东十大功劳
Mahonia fordii Schneid.

灌木。叶长圆形至狭长圆形，最下一对小叶狭卵形，向上小叶狭卵形至椭圆状卵形，基部阔圆形至楔形，边缘每边具2～9刺锯齿，顶生小叶稍大，具小叶柄。总状花序5～7个簇生，花黄色；花瓣椭圆形；胚珠2枚。浆果，稍被白粉。花期

7～9月；期10～12月。

南昆山产于天堂顶，生于疏林下。分布于我国广东、四川。根茎供药用，治感冒、支气管炎、牙痛等症。

2. 沈氏十大功劳
Mahonia shenii Chun

灌木。叶卵状椭圆形，具1～6对小叶，小叶无柄，基部一对小叶较小，狭至阔椭圆形或倒卵形，全缘或近先端具1～3不明显锯齿；顶生小叶长圆状椭圆形至倒卵形，全缘或近先端具1或2不明显锯齿。总状花序6～10个簇生；花黄色。浆果球形或近球形，蓝色，被白粉，无宿存花柱。花期4～9月；果期10～12月。

南昆山产于天堂顶、石河奇观，生于林中。分布于我国华南、华东及西南地区。

3. 南天竹属 Nandina Thunb.

常绿灌木，无根状茎。叶互生，二至三回羽状复叶，叶轴具关节；小叶全缘，叶脉羽状；无托叶。大型圆锥花序顶生或腋生；花两性，3数，具小苞片；萼片多数，螺旋状排列，由外向内逐渐增大；花瓣6；雄蕊6，与花瓣对生。浆果球形，红色或橙红色，顶端宿存花柱。

南昆山1种。

1. 南天竹
Nandina domestica Thunb.

常绿小灌木。幼枝常为红色。叶互生，集生于茎上部，三回羽状复叶；二至三回羽片对生；小叶薄革质，无毛，近无柄。圆锥花序直立；花小，白色，具芳香；花瓣长圆形，先端圆钝；雄蕊6；子房1室。浆果球形，熟时鲜红色。花期3～6月；果期5～11月。

栽培于南昆山上坪村房前屋后。分布于我国华南、华东、华中及西北地区。日本也有。根、叶具有强筋活络。消炎解毒之效。果为镇咳药。

21. 木通科 Lardizabalaceae

木质藤本；茎缠绕或攀缘。叶互生，掌状或三出复叶，少为羽状复叶，无托叶；叶柄和小柄两端膨大为节状。花辐射对称，单性，常组成总状花序或伞房状的总状花序，萼片花瓣状，6片，两轮；花瓣6；柱头显著。肉质骨葖果或浆果，不开裂或沿向轴腹缝开裂；种子卵形或肾形，种皮脆壳质。

南昆山2属，7种、2亚种。

1. 小叶边缘浅波状或全缘，顶凹入、圆或钝；花丝分离，很短或近于无花丝，花药内弯 ………………………… 1. 木通属Akebia
1. 小叶全缘，顶部通常渐尖或尾尖；具花丝，花药直 ……………………………………………………………… 2. 野木瓜属Stauntonia

1. 木通属 Akebia Decne.

落叶或半常绿木质缠绕藤本。掌状复叶互生或在短枝上簇生，具长柄，通常有小叶3或5片，全缘或边缘波状。花单性，雌雄同株同序，多朵组成腋生的总状花序；雄花生于花序上部；雌花一至数朵生于花序基部；萼片3，花瓣状，紫红色，开花时向外反折；花瓣缺。雄蕊6，离生；胚珠间有毛状体。肉质蓇葖果长圆状圆柱形，成熟时沿腹缝线开裂。

南昆山2种、1亚种。

1. 叶通常有小叶5片，有时6～8片 ……………… 1. 木通A. quinata
1. 叶通常有小叶3片，偶有4或5片
   2. 小叶纸质或薄革质，边缘具波状圆齿或浅裂 ……………………………………………………… 2. 三叶木通A. trifoliata
   2. 小叶革质，边全缘 … 3. 白木通A. trifoliata subsp. australis

1. 木通

Akebia quinata (Houtt.)Decne.

落叶木质藤本。掌状复叶互生或在短枝上簇生，通常有小叶5片；小叶纸质。总状花序腋生，基部有雌花1～2朵，以上4～10朵为雄花；总花梗着生于缩短的侧枝上。果孪生或单生，长圆形或椭圆形，成熟时紫色，腹缝开裂。花期4～5月；果期6～8月。

南昆山产于上坪横坑，生于山地灌木丛、林缘和沟谷中。分布于我国长江流域各地区。日本和朝鲜也有。茎、根和果实药用，利尿、通乳、消炎，治风湿关节炎和腰痛；果味甜可食；种子榨油，可制肥皂。

2. 三叶木通

Akebia trifoliata (Thunb.) Koidz.

落叶木质藤本。掌状复叶互生或在短枝上簇生。总状花序自短枝上簇生叶中抽出，下部有1～2朵雌花，以上约有15～30朵雄花。果长圆形，直或稍弯，成熟时灰白略带淡紫色。花期4～5月；果期7～8月。

南昆山产于上坪，生于山地沟谷边疏林或丘陵灌丛中。分布于我国广东、华中、华东及西北地区。日本也有。根、茎和果均入药，利尿、通乳，有舒经活络之效，治风湿关节痛；果也可食及酿酒；种子可榨油。

3. 白木通

Akebia trifoliata (Thunb.) Koidz. subsp. **australis** (Diels) T. Shimizu

落叶木质藤本。小叶革质，卵状长圆形或卵形。总状花序腋生或生于短枝上。雄花萼片紫色，雄蕊6，离生，红色或紫红色；雌花萼片暗紫色；心皮紫色。果长圆形，熟时黄褐色。花期4～5月；果期6～9月。

南昆山产于天堂顶，生于山坡灌丛或沟谷疏林中。分布于我国长江流域各地区。果可食和药用；茎、根均入药，利尿、通乳，有舒经活络之效，治风湿关节痛。

2. 野木瓜属 Stauntonia DC.

常绿木质藤本。掌状复叶；有小叶3～9片，全缘。花单性，常数朵至十余朵组成腋生的伞房式总状花序。花瓣不存在或仅有6枚小而不显著的花瓣；花丝合生为管，有时仅下部合生；成熟心皮浆果状，卵状球形或长圆形，有时在内侧腹缝开裂。

南昆山5种，1亚种。

1. 花有蜜腺状花瓣6枚；花药顶的角状附属体与药室等长或更长。
  2. 小叶3片，羽状。
    3. 枝、叶柄和小叶柄均具狭翅；小叶背面被皮屑状或乳凸状短柔毛……………………………………2. 翅野木瓜 S. decora
    3. 枝和叶柄无翅；小叶无毛……3. 椭圆叶野木瓜 S. elliptica
  2. 小叶通常5～7片，近枝顶的有时为3～4片，指状。
    4. 小叶正面暗淡，无光泽，叶脉不显著……………………………………………………………4. 斑叶野木瓜 S. maculata
    4. 小叶正面有光泽，叶脉于两面均显著凸起……………………………………………………………1. 野木瓜 S. chinensis
1. 花无蜜腺状花瓣，花药顶端具凸头状附属体。
  5. 花药具很小的凸尖…………………5. 倒卵叶野木瓜 S. obovata
  5. 花药凸头长约1 mm……………………………………………………6. 尾叶那藤 S. obovatifoliola subsp. urophylla

1. 野木瓜（七叶莲）

Stauntonia chinensis DC.

常绿攀缘灌木。掌状复叶有小叶5～7片；小叶革质。花雌雄同株，成伞房式总状花序；萼片外面浅黄色或乳白色，内面紫红色；蜜腺状花瓣6，舌状；药隔的角状附属体与药室近等长。浆果长圆形，橙黄色。花期3～4月；果期9～10月。

南昆山产于七星湖，生于林下、山谷或溪边灌木丛中。分布于我国华南、华中、华东及西南地区。越南、老挝也有。园林观赏；全株供药用，治腋部生痈、膀胱炎、风湿骨痛、跌打损伤等。

2. 翅野木瓜（大酸藤）

Stauntonia decora (Dunn) C. Y. Wu

木质藤本，除小叶背面外全株无毛。茎与小枝具3～4条狭翅及线纹。小叶3片；叶柄具翅。花近白色，雌雄同株；花序数至多个簇生于叶腋，基部为小而显著的芽鳞片所承托，每个花序通常仅具1花，有时具2朵花。花期11～12月。

南昆山产于七星湖，生于山地。山谷溪旁林缘。分布于我国广东、广西和云南。

3. 椭圆叶野木瓜（牛藤果）

Stauntonia elliptica Hemsl.

木质藤本；全株无毛。叶具羽状3小叶；小叶纸质，椭圆形、卵状长圆形或倒卵形，长3～11 cm，基部圆，侧脉每边4～5条。总状花序数个簇生于叶腋；花雌雄同株，同序或异序；蜜腺状花瓣比花丝短；雄蕊花丝合生为管，顶部分离。果长圆形或近球形；种子三角形。花期7～10月。

南昆山产于天堂顶，生于山地林中。分布于我国华南、华东及西南地区。印度也有。

4. 斑叶野木瓜

Stauntonia maculata Merr.

木质藤本。茎皮绿带紫色。掌状复叶有小叶5～7片，近枝顶的叶有时具小叶3片。总状花序数个簇生于叶腋，少花；花丝合生为管；总花梗和花梗纤细；花雌雄同株，浅黄绿色。果椭圆状或长圆状。花期3～4月；果期8～10月。

南昆山产于佛坳，生于山地疏林中或山谷溪旁向阳处。分布于我国广东、福建。

5. 倒卵叶野木瓜

Stauntonia obovata Hemsl.

木质藤本；无毛。掌状复叶有小叶3～5(～6)片，革质。总状花序2～3个簇生于叶腋；花雌雄同株，白带淡黄色；萼片边缘稍内卷；无花瓣；药隔稍突出成小凸头。果椭圆形或卵形，密布小疣点。花期2～4月；果期9～11月。

南昆山产于天堂顶，生于山地林中。分布于我国华南、华东及西南地区。

6. 尾叶那藤

Stauntonia obovatifoliola Hayata subsp. **urophylla** (Hand. -Mazz.) H. N. Qin

木质藤本；茎、枝和叶柄具细线纹。掌状复叶有小叶5～7片，小叶近革质。总状花序3～5个簇生，雌花序常单生于叶腋；花雌雄同株，白带淡黄色；花瓣缺；花药顶端的角状附属体比药室短。果长圆形，常孪生，熟时黄色。花期4月；果期6～7月。

南昆山产于上坪横坑，生于山谷林中。分布于我国华南及华东地区。

22. 大血藤科Sargentodoxaceae

落叶藤本。叶互生，具长柄，3出复叶；无托叶。花单性，雌雄异株，排成总状花序，花序自腋芽的鳞片中抽出；萼片6，花瓣状，2轮，覆瓦状排列；花瓣6，蜜腺状，远较萼片小；雄蕊6，离生；心皮多数，离生；子房1室，胚珠1颗。浆果卵圆形，着生于球形或长圆形的花托上。

南昆山1属，1种。

1. 大血藤属Sargentodoxa Rehd. et Wils.

属的形态特征与科同。

南昆山1种。

1. 大血藤

Sargentodoxa cuneata (Oliv.) Rehd. et E. H. Wils.

木质藤本；全株无毛，切断时有红色汁液渗出。叶为3出复叶；顶生小叶菱状倒卵形，侧生小叶较大，斜卵形，两侧极不对称，近无柄。总状花序，雄花与雌花同序或异序。浆果近球形，暗蓝色，被白粉。花期4～5月；果期6～9月。

南昆山产于天堂顶、石河奇观，生于山坡和沟谷疏林下。分布于我国华南、华东、华中及西北地区。老挝及越南也有。

23. 防己科Menispermaceae

攀缘或缠绕藤本，稀灌木或小乔木。叶螺旋状排列，无托叶，常单叶，掌状脉。聚伞花序组成圆锥状或总状；苞片小。花常小，单性，雌雄异株；萼片常轮生，每轮3枚，稀螺旋状着生；花瓣常6枚，2轮，有时花瓣缺；雄蕊2至多数，常6～8；心皮常3～6枚，胚珠2。核果，种皮薄。

南昆山8属，11种。

1. 叶盾状。
   2. 雄花只有1轮萼片；雌花花瓣与萼片对生……………………………………2. 轮环藤属Cyclea
   2. 雄花通常有2轮萼片；雌花花瓣与萼片互生……………………………………7. 千金藤属Stephania
1. 叶非盾状或盾状不明显。
   3. 花瓣顶端2裂。
      4. 萼片无黑色条状斑纹；叶长度明显大于宽度……………………………………1. 木防己属Cocculus
      4. 萼片有黑色条状斑纹；叶长与宽近相等……………………………………3. 秤钩风属Diploclisia
   3. 花瓣顶端不裂。
      5. 萼片9，轮生，每轮3…………6. 细圆藤属Pericampylus
      5. 萼片非轮生。
         6. 萼片6。
            7. 叶片卵形……………………5. 粉绿藤属 Pachygone
            7. 叶片箭形或戟形………………8. 青牛胆属Tinospora
         6. 萼片7～12；叶片基部楔形至近圆形……………………………………4. 夜花藤属Hypserpa

1. 木防己属Cocculus DC.

木质藤本，稀灌木。叶全缘或分裂，掌状脉。聚伞花序或聚伞圆锥花序，腋生或顶生。雄花：萼片常6枚，2轮，内轮大且顶端凹陷；花瓣6片，顶端2裂；雌花：萼片及花瓣与雄花相似，退化雄蕊6枚或缺，心皮6或3枚。核果倒卵圆形或近球形；种子马蹄形。

南昆山1种。

1. 木防己

Cocculus orbiculatus (L.) DC.

木质藤本；嫩枝密被柔毛，或近无毛。叶纸质，形状变异大，常卵形或椭圆形，常全缘，稀3(～5)裂，两面或仅背面被疏柔毛；掌状脉；叶柄被白色柔毛。聚伞花序腋生或作聚伞圆锥花序式排列，被柔毛。核果球形。花期4～8月；果期8～10月。

南昆山产于上坪横坑，生于灌丛中、村边、林缘等处。分布几遍我国各地。广布亚洲东南部、东部及夏威夷群岛。

2. 轮环藤属 Cyclea Arn. ex Wight

藤本。叶盾状着生，掌状脉；叶柄长。聚伞圆锥花序，腋生、顶生或茎生；苞片小。雄花：萼片4～5(～6)枚，合生成杯状；花瓣4～5片，常合生，有时花瓣缺，聚药雄蕊盾状，花药4～5枚，生于盾盘边缘；雌花：萼片及花瓣均1～2枚，对生，心皮1枚。核果倒卵状球形或近球形；胚马蹄形。

南昆山2种。

1. 叶两面被糙硬毛；雄花花序为圆锥花序…………………………………………………………………… 1. 毛叶轮环藤 C. barbata
1. 叶两面无毛或仅背面被疏长白毛；雄花花序为间断的穗状花序…………………………………………2. 粉叶轮环藤 C. hypoglauca

1. 毛叶轮环藤
Cyclea barbata Miers

草质藤本；嫩枝、叶片、叶柄、萼筒、萼片及子房被糙硬毛。叶薄纸质或近膜质，三角状阔卵形，基部微凹或近截平；叶脉掌状，9～10条。花序腋生；雄花：圆锥花序，萼筒杯状，4裂；雌花：总状圆锥花序，萼片2枚，花瓣2片。核果近球形。花期5～7月；果期8～10月。

南昆山产于上坪横坑，生于疏林中。分布于我国华南、华东及西南地区。越南也有。根入药，可解毒、止痛、散瘀。

2. 粉叶轮环藤
Cyclea hypoglauca (Schauer) Diels

藤本；小枝除叶腋有簇毛外无毛。叶纸质，基部近截平或近圆形，两面无毛或仅背面被疏长白毛；叶脉掌状，5～7条。花序腋生；雄花：间断的穗状花序，萼片4或5枚，离生，无毛；雌花：总状花序，萼片2枚，花瓣2片，大小不等。核果红色，无毛。花期秋季；果期冬季。

南昆山产于天堂顶，生于灌丛中。分布于我国华南、华东及西南地区。越南也有。

3. 秤钩风属 Diploclisia Miers

木质藤本。枝下垂。叶革质，具掌状脉。聚伞花序腋生或聚伞圆锥花序枝生或茎生。雄花：萼片6枚，2轮，近等长，花瓣6枚，椭圆形，二侧基部内折包住花丝，雄蕊6枚；雌花：萼片、花瓣和雄花的相似，退化雄蕊6枚，心皮3枚。核果长圆形至倒卵形；种子有少量胚乳。

南昆山1种。

1. 苍白秤钩风

Diploclisia glaucescens Bl.

木质大藤本。叶片厚革质，背面常有白粉；叶柄自基生至明显盾状着生。圆锥花序常几个至多个簇生于老茎上；花淡黄色，微芳香；萼片2轮，有黑色网状斑纹；花瓣顶端短尖或凹入；雌花花瓣顶端明显2裂。核果长圆状狭倒卵圆形，熟时黄红色。花期4月；果期8月。

南昆山产于佛坳、九重远眺，生于林中或林缘。分布于我国华南地区及云南。广布亚洲热带地区。根药用，可治毒蛇咬伤。

4. 夜花藤属 Hypserpa Miers

木质藤本。叶片全缘，非盾状着生，掌状脉。聚伞花序或圆锥花序腋生；萼片7～12片，外面的较小，向内渐大；花瓣常4～9片，肉质，雄蕊6至多数，花药卵状或球状；雌花退化雄蕊有或无，心皮2～3枚，有时6枚。核果倒卵状。

南昆山1种。

1. 夜花藤

Hypserpa nitida Miers

木质藤本。嫩枝常被褐黄色柔毛。叶纸质至革质，基部钝或圆形，常两面无毛，很少脉上被毛；掌状脉3条；叶柄被柔毛或近无毛。雄花序聚伞状或总状，花瓣4～5枚；雌花序单花，腋生。核果近球状，熟时黄色。花果期5～8月。

南昆山产于横坑，生于林中或林缘。分布于我国华南、华东及西南地区。东南亚也有。药用，有凉血、止痛、消炎、利尿等功效。

5. 粉绿藤属 Pachygone Miers

木质藤本。掌状脉3～5条，叶柄非盾状着生。总状花序或狭窄的圆锥花序，腋生；雄花：萼片6～12，覆瓦状排列；花瓣6，基部二侧反折呈耳状，抱着花丝；雄蕊6，分离，花药横裂；雌花：萼片和花瓣与雄花的相似；退化雄蕊6；心皮3，无毛。核果倒卵圆形或近球形。

南昆山1种。

1. 粉绿藤

Pachygone sinica Diels

木质藤本；小枝被柔毛。叶薄革质，基部圆或有时近截平，两面无毛；掌状脉3～5条。总状花序或圆锥花序，花序轴被柔毛。雄花：萼片2轮，每轮3片，背面被柔毛；花瓣6，基部二侧耳状内折；雄蕊6；雌花：心皮3。核果扁球形。花期9～10月；果期2月。

南昆山产于横坑，生于林中。分布于我国广东、广西。

6. 细圆藤属 Pericampylus Miers

木质藤本。叶非盾状，掌状脉。聚伞花序腋生，单生或2～3个簇生；雄花萼片9，排成3轮，最外轮小，中内轮渐大而凹；花瓣6，顶端不裂；雌花萼片、花瓣与雄花相似；退化雄蕊6；心皮3。核果扁球形；种子弯成马蹄形。

南昆山1种。

1. 细圆藤

Pericampylus glaucus (Lam.) Merr.

木质藤本；小枝被灰黄色绒毛。叶纸质至薄革质，三角状卵形至三角状近圆形，基部近截平至心形，两面被绒毛或正面近无毛，掌状脉5条。聚伞花序伞房状，被绒毛；雄花萼片背面被柔毛；花瓣6，边内卷；雄蕊6；雌花具不育雄蕊6。核果红色或紫色。花期4～6月；果期9～10月。

南昆山产于上坪、中坪，生于林中、林缘或灌丛中。广布长江流域以南各地。广布亚洲东南部。枝条可编织藤器。

7. 千金藤属 Stephania Lour.

草质或木质藤本，具块根。叶柄长，两端肿胀，盾状着生于叶片近基部至近中部；叶三角形、三角状圆形或卵形，掌状脉自叶柄着生处放射伸出。花序腋生或枝生，少茎生，常为伞形聚伞花序或复伞形聚伞花序；雄花萼片6～8枚，2轮；花瓣3～4片，聚药雄蕊盾状；雌花萼片及花瓣常3～4枚，心皮1枚。核果近球形，红色；种子马蹄形。

南昆山3种。

1. 头状花序……………………………… 1. 金线吊乌龟S. cepharantha
1. 复伞形聚伞花序
    2. 枝、叶含红色液汁；花序无毛 ……… 2. 血散薯S. dielsiana
    2. 小枝有条纹；花序被毛………………………3. 粪箕笃S. longa

1. 金线吊乌龟(独脚乌桕)

Stephania cepharantha Hayata

落叶草质藤本；无毛；块根团块状或近圆锥状；小枝紫红色。叶纸质，三角状扁圆形至近圆形，全缘；掌状脉7～9条。头状花序，具盘状花托；雄花萼片6，花瓣3或4；雌花萼片1，偶2～3，花瓣2(～4)，肉质。核果阔卵圆形，熟时红色。花期4～5月；果期6～7月。

南昆山产于横坑，生于村边、旷野或林缘。分布于我国华南、华中、华东、西南及西北地区。块根入药，可清热解毒、消肿止痛。

2. 血散薯

Stephania dielsiana Y. C. Wu

草质落叶藤本，枝、叶含红色液汁，无毛。叶纸质，基部微圆至近截平。掌状脉8～10条，叶柄与叶片近等长或稍过之。复伞形聚伞花序；雄花序一至三回伞状分枝；雄花：萼片6；花瓣3，紫色或橙黄；雌花序近头状；雌花：萼片1，花瓣2。核果倒卵圆形，红色。花期夏初。

南昆山产于横坑，生于林中、林缘或溪边多石砾的地方。分布于我国华南、华东及西南地区。块根可入药，消肿解毒、健胃止痛。

3. 粪箕笃

Stephania longa Lour.

草质藤本；除花序外全株无毛，小枝有条纹。叶纸质，三角状卵形至披针形，顶端钝，有凸尖，基部截平或微凹；掌状脉10～11条。复伞形聚伞花序腋生；雄花：萼片8；花瓣4或3；雌花：萼片和花瓣均4。核果红色。花期4～6月；果期8～10月。

南昆山产于上坪、天堂顶，生于灌丛中或林缘。分布于我国华南、华东及西南地区。全株入药，可清热利水。

8. 青牛胆属 Tinospora Miers

藤本。叶箭形或戟形，具3～7掌状脉，基部心形。总状、聚伞或圆锥花序单生或数个簇生于叶腋或老枝上。雄花：萼片6，外轮较小；花瓣6，基部有爪，常二侧边缘内卷，抱着花丝；雄蕊6；雌花萼片与雄花相似，花瓣较小或与雄花的相似；退化雄蕊6；心皮3。核果球形或卵形；种子新月形。

南昆山1种。

1. 中华青牛胆

Tinospora sinensis (Lour.) Merr.

藤本；茎枝有显著突出的皮孔。叶纸质，圆形或阔卵状圆形，基部心形，两面被毛；叶脉掌状，5～7条。花序总状；雄花：萼片6，2轮；花瓣6；雄蕊6；雌花：萼片与花瓣均为6，心皮3。核果红色，近球形。花期4月；果期5～6月。

南昆山产于佛坳，生于林中。分布于我国广东、广西、云南。南亚及东南亚也有。茎入药，可舒筋活络、祛风止痛。

24. 马兜铃科 Aristolochiaceae

草质或木质藤本、灌木或多年生草本，稀小乔木；常具油细胞。单叶，互生，无托叶；全缘或3～5裂，基部常心形。花两性，单生或簇生，或组成总状、聚伞或伞房状花序；花色通常艳丽而有腐肉臭味；花被辐射对称或两侧对称，花瓣状，1(2)轮；胚珠多数。蒴果蓇葖状、长角果状或浆果状。

南昆山2属，6种。

1. 藤本；花被两侧对称，檐部偏斜……1. 马兜铃属Aristolochia
1. 多年生草本；花被辐射对称，裂片整齐……2. 细辛属Asarum

1. 马兜铃属Aristolochia L.

藤本或亚灌木，稀小乔木；常具块根。叶互生，全缘或3～5裂，基部常心形，无托叶，具叶柄。总状花序，稀单生；花被1轮，花被管基部常肿大，檐部展开或成各种形状，不整齐3裂或一侧形成1～2舌片，艳丽，常有腐肉味；雄蕊4～10，1轮。蒴果室间开裂或沿侧膜开裂。

南昆山3种。

1. 草质藤本。
  2. 叶片披针形至箭形，基部耳形……1. 华南马兜铃A. austrochinensis
  2. 叶卵状心形或卵状三角形，基部耳形……3. 通城虎A. fordiana
1. 木质藤本……2. 广防己A. fangchi

1. 华南马兜铃

Aristolochia austrochinensis C. Y. Cheng & J. S. Ma

草质藤本，茎圆柱状，无毛。叶柄长2～3.5 cm，叶片披针形至箭形，长宽为7～14 × 2～2.5 cm，革质，叶面光滑，叶背被微毛，基部耳形，掌状脉5～7条基生。3～4朵花组成总状花序生于叶腋或簇生；花梗斜升，小苞片卵圆形或披针形，花萼深紫色，花被管线形，檐部单侧，舌状，卵圆形至披针形，黄色，喉部暗褐色。蒴果球形，花期4～6月，果期7～10月。

南昆山产于天堂顶，生于山坡。分布于我国华南地区。

2. 广防已

Aristolochia fangchi Y. C. Wu ex L. D. Chow et S. M. Hwang

木质藤本；块根圆柱形。叶背面密被灰褐色短柔毛。花单生或3～4组成总状花序，生于老茎近基部；花梗、小苞片密被长柔毛；花被筒中部膝状弯曲，檐部盘状，暗紫色，具黄斑及网脉，外面密被褐色茸毛，边缘3浅裂，喉部半圆形，白色。蒴果圆柱形。花期3～5月；果期7～9月。

南昆山产于天堂顶，生于山坡密林或灌丛中。分布于我国华南及西南地区。块根药用，可利尿，治关节肿痛、高血压及蛇咬伤。

3. 通城虎

Aristolochia fordiana Hemsl.

草质藤本；茎无毛。叶革质或薄革质，基部心形，叶背面仅网脉上密被茸毛；基出脉5～7条，密布油点。总状花序腋

生；花被管基部膨大呈球形，向上急剧收狭成一长管，管口扩大呈漏斗状；檐部一侧极短，另一侧延伸成舌片，暗紫色，有3～5条纵脉和网脉。蒴果长圆形或倒卵形。花期3～4月；果期5～7月。

南昆山产于石河奇观，生于山谷林下灌丛和山地石隙中。分布于我国华南及华东地区。根供药用，有解毒消肿、祛风镇痛、行气止咳之效。

2. 细辛属 Asarum L.

多年生草本；茎短或无茎。叶1～2或4枚，基生、互生或对生，多心形，全缘；叶柄基部常具膜质芽苞叶。花单生叶腋；花被1轮，紫绿色或淡绿色，辐射对称，花被筒基部与子房合生，花被裂片3；雄蕊12，2轮。蒴果浆果状，不规则开裂。

南昆山3种。

1. 花被在子房以上分离，无明显的花被管……………………………………………………………………1. 尾花细辛 A. caudigerum
1. 花被在子房以上合生成各种形状的花被管。
   2. 花被管上部有一突起膨胀的圆环………2. 金耳环 A. insigne
   2. 花被管外面无外突膨大圆环……3. 五岭细辛 A. wulingense

1. 尾花细辛(圆叶细辛)

Asarum caudigerum Hance

多年生草本，全株被散生柔毛。叶片基部耳状或心形，叶面深绿色，脉两旁偶有白色云斑。花被绿色，被紫红色圆点状短毛丛；花被裂片直立，下部靠合如管，喉部稍溢缩，内壁有柔毛和纵纹。果近球状，具宿存花被。花期4～5月。

南昆山产于天堂顶，生于林下、溪边和路旁阴湿地。分布于我国华南、华东、华中及西南地区。越南也有。全草入药，多作土细辛用。

2. 金耳环

Asarum insigne Diels

多年生草本；根有浓烈的麻辣味。叶片卵形，基部耳状深裂，正面中脉两旁有白色云斑，具疏生短毛，背面具颗粒状油点，脉上和叶缘有柔毛。花紫色；花被管钟状，中部以上扩展成一环突，然后缢缩，喉孔窄三角形，无膜环；花被裂片宽卵形至肾状卵形，中部至基部有一半圆形垫状斑块，白色。花期3～4月。

南昆山产于天堂顶，生于林下湿地或山坡。分布于我国广东、广西和江西。全草为广东产的“跌打万花油”的主要原料之一。

3. 五岭细辛

Asarum wulingense C. F. Liang

多年生草本；根状茎短，根丛生。叶片长卵形或卵状椭圆形，稀三角状卵形，先端急尖至短渐尖，基部耳形或耳状心形，叶面绿色，几无毛，叶背密被棕黄色柔毛；叶柄被短柔毛。花绿紫色；花梗常向下弯垂，被黄色柔毛；花被管圆筒状，长约2.5 cm，基部常稍窄缩，外面被黄色柔毛，喉部缢缩或稍缢缩，花被裂片三角状卵形，基部有乳突皱褶区。花期12月至翌年4月。

南昆山产于天堂顶，生林下阴湿地。分布于我国广东、广西、贵州、湖南、江西。全草入药。

28. 胡椒科 Piperaceae

草本、灌木或攀缘藤本，稀为乔木，常有香气。单叶互生，少有对生或轮生，两侧常不对称；具掌状脉或羽状脉。花小，两性、单性雌雄异株或间有杂性，密集成穗状花序或由穗状花序再排成伞形花序，极稀总状花序排列，花序与叶对生或腋生，少有顶生；花被无；雄蕊1～10枚，花药2室；雌蕊由2～5心皮所组成，柱头1～5枚。浆果小。

南昆山2属，8种。

1. 矮小肉质草本；叶对生或轮生，稀互生，无托叶……………………1. 草胡椒属 Peperomia
1. 亚灌木、木质或草质藤本；叶互生，有贴生于叶柄上面早落的托叶……………………2. 胡椒属 Piper

1. 草胡椒属 Peperomia Ruiz et Pavon

一年生或多年生草本，茎通常矮小，带肉质，常附生于树上或石上。叶互生、对生或轮生，全缘，无托叶。花极小，两性，排成顶生、腋生或与叶对生的细弱穗状花序；雄蕊2枚；子房1室，具1胚珠，柱头球形。浆果小，不开裂。

南昆山2种。

1. 叶对生或3～4轮生；全株无毛……………1. 石蝉草 P. blanda
1. 叶互生；子房被短柔毛，其余无毛……2. 草胡椒 P. pellucida

1. 石蝉草

Peperomia blanda (Jacq.) Kunth [*P. dindygulensis* Miq.]

多年生肉质草本；全株被毛；茎直立或基部匍匐，分枝，常带红色。叶对生或3～4轮生，被腺点，椭圆形或倒卵形，叶脉5条，基出。穗状花序腋生及顶生，单生或2～3丛生；苞片被腺点。浆果球形或宽椭圆形。花期4～7月及10～12月。

南昆山产于石河奇观，生于山谷林中、溪边或湿润岩石上。分布于我国华南、华东及西南地区。全草药用，治跌打刀伤、烧烫伤。

2. 草胡椒

Peperomia pellucida (L.) Kunth

一年生肉质草本；茎直立或基部有时平卧，分枝，无毛。叶互生，膜质，半透明，阔卵形或卵状三角形，长和宽近相等，约1～3.5 cm，基部心形，两面均无毛。穗状花序顶生和与叶对生，与花序轴均无毛；苞片盾状。浆果球形。花期4～7月。

南昆山产于下坪、石河奇观，逸生于林中湿地、石缝中或墙脚下。分布于我国华南、华东及西南地区。原产热带美洲。现热带非洲和热带亚洲广泛归化。

2. 胡椒属 Piper L.

灌木或攀缘藤本，稀草本或小乔木；茎、枝具膨大的节。叶互生，全缘；托叶多少贴生于叶柄上。花单性，雌雄异株，或稀两性或杂性，聚集成与叶对生或稀顶生的穗状花序；苞片离生；雄蕊2～6枚，花药2室；子房离生或有时嵌生于花序轴并与其合生，具1胚珠。浆果倒卵形、卵形或球形，红色或黄色。

南昆山6种。

1. 叶片至少下面被毛或脉上被向上弯曲的粗毛。
   2. 枝被绒毛，叶背绒毛分枝……………………2. 复毛胡椒 P. bonii
   2. 枝幼时密被锈色柔毛；叶背毛不分枝
      3. 子房和果嵌生于花序轴中并与其合生……………………3. 华山蒌 P. cathayanum
      3. 子房和果在花序轴上离生…6. 小叶爬崖香 P. sintenense
1. 叶片全部无毛或仅在背面沿脉上被极细的粉状短柔毛。
   4. 叶基部渐狭或钝；苞片全缘；果离生……4. 山蒟 P. hancei
   4. 下部叶常心形，果下部与花序轴合生。
      5. 叶柄和叶背脉无毛；苞片边缘有浅齿……………………1. 华南胡椒 P. austrosinense
      5. 叶柄和叶背脉被极细的粉状短柔毛；苞片全缘……………………5. 假蒟 P. sarmentosum

1. 华南胡椒

Piper austrosinense Tseng

木质藤本；除苞片腹面中部、花序轴和柱头外无毛；枝有纵棱，节上生根。叶厚纸质，无腺点，花枝下部叶阔卵形或卵形，基部心形，两侧相等，上部叶卵形或卵状披针形，两侧不等齐。花单性，雌雄异株，聚集成与叶对生的穗状花序；花序白色。浆果球形，基部嵌生于花序轴中。花期4～6月。

南昆山产于横坑，生于林中，攀缘于石上或树上。分布于我国华南地区。

2. 复毛胡椒

Piper bonii C. DC

攀缘藤本；枝被绒毛，粗壮。叶硬纸质，有腺点，卵形或卵状披针形，背面被几乎全部分枝的绒毛；叶脉7条；叶柄被绒毛。花单性、雌雄异株，排成与叶对生的穗状花序，总花梗、花序轴均被绒毛。浆果倒卵形，无毛。花期2～4月。

南昆山产于石河奇观，生于山坡或山谷林中。分布于我国广东、云南。越南也有。

3. 华山蒌

Piper cathayanum M. G. Gilbert & N. H. Xia

攀缘藤本，幼枝被软柔毛，老时脱落。叶纸质，卵形、卵状长圆形或长圆形，顶端钝或短尖，基部深心形，两耳圆，有时重叠，几相等，叶面几无毛，叶背被短柔毛；叶脉7条，通常对生，网状脉明显；叶柄密被毛。花单性，雌雄异株，聚集成与叶对生的穗状花序。浆果球形，下部嵌生于花序轴中。花期3～6月。

南昆山产于石河奇观，生密林缘或溪涧边，攀缘树上。分布于我国广东、广西及贵州。

4. 山蒟

Piper hancei Maxim.

攀缘藤本，除花序轴和苞片柄外，其余均无毛。叶纸质或近革质，卵状披针形或椭圆形；叶脉5～7条。花单性，雌雄异株，聚集成与叶对生的穗状花序；苞片近圆形，盾状，雄蕊2枚，花丝短。浆果球形，黄色，离生。花期3～8月。

南昆山产于上坪，生于林中石上或树上。分布于我国华南、华东及西南地区。茎、叶药用，治风湿、咳嗽、感冒等。

5. 假蒟

Piper sarmentosum Roxb.

多年生匍匐、逐节生根草本；小枝近直立，无毛或幼时被粉状短柔毛。叶近膜质，具细腺点，下部的阔卵形或近圆形，上部叶小，卵形或卵状披针形。花单性，雌雄异株，聚集成与叶对生的穗状花序。浆果近球形，具4角棱，基部与花序轴合生。花期4～11月。

南昆山产于上坪，生于林中或村边湿地。分布于我国华南、华东及西南地区。南亚及东南亚也有。药用，根治风湿骨痛、跌打损伤、风寒咳嗽、妊娠和产后水肿；果序治牙痛、胃痛、腹胀、食欲不振等。

6. 小叶爬崖香

Piper sintenense Hatusima [*P. arboricola* C. DC.]

攀缘或匍匐藤本；茎节生根，幼时密被锈色柔毛。叶薄膜质，有细腺点，匍匐枝的叶卵形或卵状长圆形，长3.5～5 cm，基部心形，两面被粗毛；小枝的叶长椭圆形至卵状披针形，长7～11 cm，基部偏斜或半心形。花单性，雌雄异株，穗状花序与叶对生。浆果倒卵形，离生。花期3～7月。

南昆山产于天堂顶，生于林中，攀缘于石上或树上。分布于我国华南、华东及西南地区。全株入药，可止痛、健胃、祛痰。

29. 三白草科 Saururaceae

多年生草本；茎直立或匍匐状。单叶，互生；托叶贴生于叶柄上。花两性，聚集成穗状花序或总状花序；苞片显著；无花被；雄蕊3、6或8枚，稀更少，花药2室；胚珠6～8颗或多数，花柱离生。果为分果爿或蒴果顶端开裂。

南昆山2属，2种。

1. 花聚集成稠密的穗状花序，花序基部具4片白色花瓣状的总苞片……………………………………1. 蕺菜属Houttuynia
1. 花聚集成总状花序，花序基部无总苞片……………………………………………………2. 三白菜属Saururus

1. 蕺菜属 Houttuynia Thunb.

多年生草本。叶全缘；托叶贴生于叶柄上，膜质。花小，聚集成顶生或与叶对生的穗状花序，花序基部有4片白色花瓣状的总苞片；雄蕊3枚；雌蕊由3心皮所组成，子房上位，1室，侧膜胎座3，花柱3枚，柱头侧生。蒴果近球形，顶端开裂。

南昆山1种。

1. 蕺菜（鱼腥草、狗贴耳）

Houttuynia cordata Thunb.

多年生草本；茎、叶有腥臭味；茎常紫红色。叶薄革质，卵形或阔卵形，两面具腺点，背面紫红色；叶脉每边5～7条；托叶膜质，下部与叶柄合生成鞘。花序长约2 cm，总苞片长圆形或倒卵形。蒴果顶端有宿存花柱。花期4～7月。

南昆山产于上坪至天堂顶途中，生于潮湿沼泽地、林下、沟边。分布于我国华南、华东、华中、西南及西北地区。亚洲东部和东南部广布。全株入药，可治肠炎、痢疾、肾炎水肿及乳腺炎、中耳炎等；嫩茎可食用。

2. 三白草属 Saururus L.

多年生草本。叶全缘，具柄；托叶着生于叶柄边缘上。花小，聚集成与叶对生或兼有顶生的总状花序；无总苞片，苞片小，贴生于花梗基部；雄蕊通常6枚，有时8枚，稀退化为3枚，花丝与花药等长。果实分裂为3～4果爿。

南昆山1种。

1. 三白草（塘边藕、过塘藕）

Saururus chinensis (Lour.) Baill.

多年生湿生草本；茎粗壮，有纵长粗棱和沟槽。叶纸质，密生腺点，阔卵形至卵状披针形，长10～20 cm，两面均无毛，茎顶端的2～3片于花期常为白色，呈花瓣状；叶柄基部与托叶合生成鞘状。花序白色；苞片近匙形；雄蕊6枚。果近球形，表面疣状凸起。花期4～6月。

南昆山产于下坪、七星湖，生于沟边。分布于我国长江以南各地区。日本、菲律宾至越南也有。全株药用，内服治尿路感染、尿路结石、脚气水肿及营养性水肿；外敷治皮肤湿疹等。

30. 金粟兰科 Chloranthaceae

草本、灌木或小乔木。单叶对生，具羽状脉，边缘有锯齿；叶柄基部常合生；托叶小。花小，两性或单性，排成穗状花序、头状花序或圆锥花序；无花被或在雌花中有浅杯状3齿裂的花被（萼管）；两性花具雄蕊1枚或3枚；雌蕊1枚；单性花其雄花多数，雌花少数。核果卵形或球形；种子具胚乳，胚微小。

南昆山2属，5种。

1. 雄蕊3；多年生草本或亚灌木 ………… 1. 金粟兰属Chloranthus
1. 雄蕊1；亚灌木 ………… 2. 草珊瑚属Sarcandra

1. 金粟兰属 Chloranthus Swartz

多年生草本或亚灌木。叶对生或轮生状，具锯齿；叶柄基部常合生；托叶微小。花序穗状或圆锥状，顶生或腋生；花两性，无花被；雄蕊3，稀2或1；子房1室，胚珠1枚，常无花柱，少有具明显的花柱，柱头截平或分裂。核果球状、倒卵状或梨形。

南昆山3种。

1. 半灌木；花黄绿色 ………… 3. 金粟兰C. spicatus
1. 草本；花白色。
    2. 叶背面中脉、侧脉有鳞屑状毛 ………… 1. 宽叶金粟兰C. henryi
    2. 叶两面无毛 ………… 2. 及已C. serratus

1. 宽叶金粟兰

Chloranthus henryi Hemsl.

多年生草本。茎直立，单生或丛生，有6～7个明显的节，下部节上生一对鳞状叶。叶对生，边缘具锯齿，齿端有一腺体，背面叶脉有鳞屑状毛。托叶小，钻形。穗状花序顶生；花白色。核果球形，具短柄。花期4～6月；果期7～8月。

南昆山产于天堂顶，生于山坡林下阴湿地或路边灌丛中。分布于我国华南、华中、华东、西南及西北地区。药用，主治跌打损伤、痛经；外敷治癞痢头、疔疮、毒蛇咬伤。

2. 及已

Chloranthus serratus (Thunb.) Roem & Schult.

多年生草本；茎直立，单生或数个丛生，具节，无毛。叶对生，4～6片生于茎上部，纸质，椭圆形或卵状披针形，边缘有锐锯齿，齿尖有1腺体，两面无毛；托叶小。穗状花序单生或2～3分枝；花白色，苞片顶端有波状小齿。核果近球形或梨形。花期4～5月；果期6～8月。

南昆山产于石河奇观，生于林下阴湿处或山谷溪边草丛中。分布于我国华南、华中、华东及西南地区。日本也有。全株入药，治风湿痛、跌打损伤、骨折肿痛、毒蛇咬伤等。

3. 金粟兰 Chloranthus spicatus (Thunb.) Makino

半灌木。叶对生，厚纸质，边缘具圆齿状锯齿，齿端有一腺体。叶柄基部多少合生；托叶微小。穗状花序排列成圆锥花序状，常顶生，少腋生；苞片三角形；花小，黄绿色，极芳香；雄蕊3枚。花期4～7月；果期8～9月。

南昆山产于天堂顶，生于山坡、沟谷密林下。分布于我国华南、华东及西南地区。观赏用；花和根状茎可提取芳香油，鲜花极香，常用于熏茶叶；全株入药；治风湿疼痛、跌打损伤等。

2. 草珊瑚属 Sarcandra Gardn.

常绿亚灌木，无毛。叶对生，椭圆形至椭圆状披针形，边缘具锯齿，齿尖具1腺体；托叶小。穗状花序顶生，通常分枝；花两性，无花被和花梗；苞片一枚，三角形，宿存；雄蕊1，花药2室（稀3室）；子房卵形，具1颗下垂的直生胚珠，无花柱，柱头近头状。核果球形或卵形。

南昆山2种。

1. 叶革质，边缘具粗锯齿；果球形 ·············· 1. 草珊瑚 S. glabra
1. 叶纸质，边缘具浅钝齿；果卵形 ································· 2. 海南草珊瑚 S. hainanensis

1. 草珊瑚（鸡爪兰、九节茶）

Sarcandra glabra (Thunb.) Nakai

常绿亚灌木；茎与枝均具膨大的节。叶革质，边缘具粗锐锯齿，齿尖具1腺体，两面均无毛；托叶钻形。穗状花序顶生，通常分枝；苞片三角形，宿存；花黄绿色。核果球形，熟时亮红色。花期6月；果熟期8～10月。

南昆山各地常见，生于山坡、山谷林下。分布于我国华南、华东及西南地区。亚洲东部及东南部也有。全株入药，有清热解毒、祛风活血、消肿止痛、抗菌消炎、接骨止痛之功效；可作阴生观赏植物。

2. 海南草珊瑚

Sarcandra hainanensis (Pei) Swamy et Bail.

常绿半灌木。叶纸质，边缘除近基部外有钝锯齿，齿尖有一腺体；托叶钻形。穗状花序顶生，对生；苞片三角形或卵圆形；雄蕊1枚，花药2室，侧生；子房卵形，无花柱，柱头具小点。核果卵形，熟时橙红色。花期10月至翌年5月；果期3～8月。

南昆山产于天堂顶，生于山坡、沟谷林下阴湿处。分布于我国广东、广西和云南。全株入药，能消肿止痛、通利关节。

32. 罂粟科 Papaveraceae

草本或稀为亚灌木、小灌木或灌木，常有乳汁或有色液汁。基生叶通常莲座状，茎生叶互生，稀上部对生或近轮生状，全缘或分裂，无托叶。花单生或排列成总状花序、聚伞花序或圆锥花序。花两性，辐射对称至两侧对称；花瓣常2倍于花萼，2轮，多颜色鲜艳。蒴果、瓣裂或顶孔开裂。

南昆山1属，1种。

1. 博落回属 Macleaya R. Br.

多年生直立草本，具黄色乳状浆汁，有剧毒。茎圆柱形，中空，光滑，具白粉。叶互生，基部心形，长7或9裂，背面多白粉，基出脉常5。花多数，大型圆锥花序；花梗细长。萼片2，乳白色；花瓣无；雄蕊8～12或24～30；子房1室，心皮2，胚珠1或4～6枚；花柱极短，柱头2裂。蒴果具短柄，2瓣裂。

南昆山1种。

1. 博落回
Macleaya cordata (Willd.) R. Br

直立草本，具乳黄色浆汁。茎中空，具白粉。叶片宽卵形或近圆形，长7或9裂，边缘波状、缺刻状，背面多白粉，被易脱落的细绒毛，基出脉5，侧脉2对。大型圆锥花序多花。蒴果狭倒卵形或倒披针形，无毛。花果期6～11月。

南昆山产于大封门至佛坳途中，生于丘陵或低山林中、灌丛中或草丛间。分布于我国长江以南、南岭以北的大部分省区。日本也有。全草有大毒，不可内服，入药治跌打损伤、关节炎、汗斑、恶疮、蜂蛰伤及麻醉镇痛、消肿。

33. 紫堇科 Fumariaceae

草本或草质藤本，稀亚灌木状。基生叶少数或多数，稀1枚，茎生叶1至多数，互生，稀对生，一至多回羽状分裂、掌状分裂或三出，稀全缘。花两性；成总状花序，稀为聚伞花序；花瓣4，2轮；雄蕊4或6；子房上位。蒴果或坚果。

南昆山1属，3种。

1. 紫堇属 Corydalis DC.

草本。叶基生或茎生，一至多回三出羽状或掌状分裂或三出。总状花序顶生或与叶对生；花瓣4，上花瓣前段扩展成伸展的花瓣片、后部成圆筒形、圆锥形或短囊状的距，下花瓣大多具爪，两侧内花瓣同形，先端粘合，明显具爪；雄蕊6，合生成2束而与外轮花瓣对生；子房上位。蒴果线形、长圆形或卵形，分裂为2果瓣，稀不裂。

南昆山3种。

1. 花粉红色或淡黄色，距尖钻形 ………… 3. 尖距紫堇 C. sheareri
1. 花黄色，距囊状。
   2. 花较大，长12 mm；苞片圆状披针形或卵形；外花瓣常具浅鸡冠状突起 ………… 1. 台湾黄堇 C. balansae
   2. 花较小，长6～9 mm；苞片线状披针形；外花瓣常不具鸡冠状突起 ………… 2. 小花黄堇 C. racemosa

1. 台湾黄堇(北越紫堇)
Corydalis balansae Prain

丛生草本；茎具棱。叶阔卵形，二回羽状分裂。总状花序多花而疏离，具花序轴；花黄色至黄白色；外花瓣勺状，具龙骨状突起；上花瓣具短囊状距；下花瓣瓣片与爪的过渡部分较狭；内花瓣爪长于瓣片。蒴果线状长圆形，种子1列。花果期3～7月。

南昆山产于佛坳，生于山谷林下或沟旁，常生在石上。分布于我国华南、华东及西南地区。日本、越南及老挝也有。全草药用，有清热祛火功效。

2. 小花黄堇

Corydalis racemosa (Thunb.) Pers.

丛生草本；茎具槽棱，多分枝。茎生叶具短柄，叶片三角形，背面灰白色，二回羽状分裂，总状花序，密具多花；花黄色；外花瓣不宽展，无鸡冠状突起；距短囊状，约占花瓣全长1/5～1/6。蒴果线形，下垂。花果期3～7月。

南昆山产于横坑，生于山谷林下、沟旁或旷野。分布于我国华南、华中、华东、西南及西北地区。日本也有。全草入药，有杀虫解毒、外敷治疮疖和蛇伤的作用。

3. 尖距紫堇(地锦苗)

Corydalis sheareri S. Moore

多年生草本。块茎近球形或圆柱形。叶片二回羽状全裂。总状花序；萼片鳞片状，近圆形，具缺刻状流苏；花瓣紫红色，上花瓣舟状卵形，背部具短鸡冠状突起，边缘具不规则的齿裂；距圆锥形；下花瓣匙形；内花瓣提琴形。蒴果线形。花果期3～6月。

南昆山产于天堂顶，生于林边阴湿处。分布于我国华南、华中、华东、西南及西北地区。全草入药，治淤血。

36. 白花菜科 Capparidaceae

草本、灌木或藤本，稀为乔木。单叶或指状复叶，互生，稀对生；托叶2或缺，有时变为刺状。花排成总状或伞房状花序，顶生或腋生；花瓣4片，稀 8片或缺；雄蕊4枚至多数，花丝分离；子房上位。果为蒴果或浆果。

南昆山2属，6种。

1. 攀缘灌木或小乔木；果为浆果 ··············· 1. 槌果藤属Capparis
1. 一年生草本；果为圆柱状蒴果 ················ 2. 白花菜属Cleome

1. 槌果藤属 Capparis L.

直立或攀缘灌木。叶为单叶，螺旋状排列；托叶常成刺状。花排成总状、伞形或圆锥花序，或单生于叶腋，2至数朵在花枝上排成1纵向短行；花瓣4片，覆瓦状排列；雄蕊6枚至多数，分离；子房1室。浆果球形至卵形或长圆形，不开裂。

南昆山3种。

1. 花单生于叶腋的上方 ······················ 1. 尖叶槌果藤C. acutifolia
1. 花排成伞形、亚伞形花序，再组成圆锥花序。
   2. 萼片长4～5 mm，雌蕊柄长6～8 mm ·· 2. 广州槌果藤C. cantoniensis
   2. 萼片长0. 9～1.1 cm，雌蕊柄长3～5 cm ·· 3. 保亭槌果藤C. versicolor

1. 尖叶槌果藤

Capparis acutifolia Sweet

攀缘灌木，有刺或无刺；幼枝和叶柄初被短毛。叶长圆状披针形，长4～19 cm，顶端渐尖，基部锐尖或楔形，无毛。花白色，单生于叶腋上方，常2～4朵在花枝上排成1行。果近球形，顶端有短喙。花期3～7月；果期8至翌年2月。

南昆山产于石河奇观，生于林中。分布于我国华南及华东地区。越南也有。根供药用，性味苦寒，有毒，有消炎解毒、镇痛、疗肺止咳的功效。

2. 广州槌果藤
Capparis cantoniensis Lour.

攀缘灌木；枝有下弯小刺。叶近革质，长圆状卵形或长圆状披针形，长5～12 cm，无毛。花白色，排成伞形花序再组成顶生或腋生的圆锥花序；萼片长4～5 mm，边缘膜质；花瓣倒卵形；雄蕊20～45枚。浆果球形，无毛。花期3～11月；果期6月～翌年3月。

南昆山产于七星湖，生于山坡疏林中。分布于我国华南、华东及西南地区。南亚及东南亚也有。观赏；根和茎入药，性味苦、寒，有清热解毒、镇痛、疗肺止咳的功效。

3. 保亭槌果藤
Capparis versicolor Griff

灌木或藤本植物；新生枝被褐色短柔毛，后无毛，但在叶柄及节上残存被毛；刺粗壮，尖端黑色，有时只有乳头状突起或无刺。叶亚革质，椭圆形或长圆状椭圆形。亚伞形花序腋生或顶生，有花2～5朵；花芳香，白色或粉红色。果球形，表面粗糙。花期4～7月；果期8月至翌年2月。

南昆山产于七星湖，生于疏林或灌丛中。分布于我国广东、广西。印度、缅甸及中南半岛也有。果入药，性味甘、凉，有疗肺止咳、生津利喉、解毒清肝之效；根入药，治跌打损伤。

2. 白花菜属 Cleome L.

一年生或多年生草本，常具腺毛和难闻气味。掌状复叶互生；小叶3～9枚，全缘或有锯齿。总状或圆锥花序顶生；花两性，有时雄花与两性花同株；萼片4；花瓣4，常有爪；雄蕊6至多数；子房通常具柄，1室；胚珠多数；花柱短或缺。蒴果伸长，圆柱形，顶端常有喙，2瓣开裂。

南昆山3种。

1. 单花腋生……………………………2. 皱子白花菜 C. rutidosperma
1. 总状花序顶生。
    2. 花瓣白色……………………………………1. 白花菜 C. gynandra
    2. 花瓣黄色……………………………………3. 臭矢菜 C. viscosa

1. 白花菜
Cleome gynandra L.

一年生草本；茎、幼枝、叶柄和花序均被腺毛。掌状复叶，小叶3～7枚，倒卵状椭圆形至倒披针形，中央1枚较大。总状花序状顶生；花瓣白色，具爪；雄蕊6枚，较花瓣长；子房被腺毛。蒴果圆柱状，长4～8 cm。花果期7～10月。

南昆山产于永汉至下坪途中，生于旷野。分布于我国黄河流域及其以南各地区。世界热带及亚热带地区广布。全草入药。主治下气、煎水洗痔；捣烂敷风湿痺痛；制成混敷剂，能疗头痛、局部疼痛及预防化脓累积。

2. 皱子白花菜
Cleome rutidosperma DC.

一年生无刺草本。茎、叶柄及叶背脉上疏被无腺疏长柔毛。叶具3小叶，中央小叶最大，侧生小叶较小，两侧不对称，边缘有具纤毛的细齿。花单生于茎上部叶腋内，萼片4，绿色，分离，狭披针形，顶端尾状渐尖，背部被短柔毛，边缘有纤毛；花瓣4。果线柱形，表面平坦或微呈念珠状。花果期6～9月。

南昆山产于永汉至下坪途中，生于路旁荒地，常为田间杂草。原产热带西非洲，我国广东、云南、台湾有分布。

3. 臭矢菜
Cleome viscosa L.

一年生草本，被短柔毛，有难闻气味。掌状复叶，有小叶3～7，无柄，全缘但边缘有腺纤毛。总状花序顶生；花瓣黄色，无毛，倒卵形，基部楔形至多少有爪；雄蕊10～22(～30)枚，较花瓣短；子房被粘质腺毛，无雌蕊柄。蒴果圆柱状，被粘质腺毛。花果期几乎全年。

南昆山产于上坪、下坪，生于荒坡、路旁及旷野。分布于我国华南、华东及西南地区。广布热带各地。药用，鲜叶捣汁加水可治眼病。

39. 十字花科 Cruciferae

一年生至多年生草本。叶为单叶，全缘至羽状深裂，少数为复叶。花两性，辐射对称，排成总状花序；萼片4，离生；雄蕊6枚，4长，2短，常有腺体；子房上位，1室，常由假隔膜分成2室，胚珠1～多数。长角果或短角果，2裂或不裂。

南昆山6属，9种。

1. 果为短角果。
  2. 果倒三角形，长5～8 mm……………………2. 荠菜属Capsella
  2. 果非倒三角形，长1.5～3 mm。
    3. 花白色；果卵形、椭圆形、扁球形或球形……………………
    ……………………………………………………4. 臭荠属Coronopus
    3. 花黄色；果近圆形，有窄翅………5. 独行菜属Lepidium
1. 果为长角果。
  4. 羽状复叶……………………………………3. 碎米荠属Cardamine
  4. 单叶。
    5. 果瓣有1明显中脉……………………………1. 芸苔属Brassica
    5. 果瓣无脉或仅基部具明显的中脉………6. 蔊菜属Rorippa

1. 芸苔属 Brassica L.

草本。基生叶常成莲座状，茎生有柄或抱茎。总状花序伞房状；花黄色、少白色；萼片近相等，内轮基部囊状；侧蜜腺柱状，中蜜腺近球形、长圆形或丝状。长角果线形或长圆形，圆筒状；果瓣无毛，有1明显中脉，柱头头状，近2裂；隔膜完全，透明。种子每室1行，球形或少数卵形，棕色，网孔状。

南昆山1种。

1. 芥菜*

Brassica juncea (L.) Czern. et Coss

一年生草本。基生叶宽卵形至倒卵形，大头羽裂，边缘有缺刻或牙齿，叶柄具小裂片；茎下部叶边缘有缺刻或牙齿，不抱茎；上部叶边缘具不明显疏齿或全缘。总状花序顶生，花黄色。长角果线形。花期3～5月；果期5～6月。

南昆山各地常见栽培，我国各地均有栽培。叶盐腌供食用；种子及全草供药用，能化痰平喘、消肿止痛；种子磨粉称芥末，为调味料；榨出的油称芥子油。

2. 荠菜属 Capsella Medic.

一年生或二年生草本。茎直立。单叶，羽状分裂至全缘，有柄或无柄，无柄叶基部耳状抱茎。总状花序顶生或腋生；花疏生，白色或粉红色；萼片4，基部平坦；花瓣4，匙形；雄蕊6枚；蜜腺成对。短角果倒三角形或倒心形，扁平，二瓣开裂。

南昆山1种。

1. 荠菜(菱角菜)

Capsella bursa-pastoris (L.) Medic.

一年生或多年生草本，茎直立。基生叶莲座状，大头羽状分裂，具长柄；茎生叶窄披针形，基部耳状抱茎，边缘有缺刻或锯齿。总状花序顶生及腋生；花白色；花瓣卵形，有短爪。短角果倒三角形或倒心形，顶端微凹。花果期4～6月。

南昆山产于七星湖，生于田边、路旁及草地。分布几遍全国。广布全世界温带地区。茎叶作蔬菜；全草入药，有利尿、止血、清热、明目、消积的功效；种子可榨油。

3. 碎米荠属 Cardamine L.

一年生至多年生草本。茎直立或铺散。单叶或为各种羽裂，或为羽状复叶。总状花序呈伞房花序状，常无苞片；花白色或紫红色；萼片4，内轮的基部囊状；花瓣4，倒卵形或倒心形；雄蕊6枚，具蜜腺。长角果线形，扁平，2瓣开裂。

南昆山2种。

1. 茎、花序轴和果序均曲折……………1. 弯曲碎米荠 C. flexuosa
1. 茎直立或斜生；花序轴和果序均直立……2. 碎米荠 C. hirsuta

1. 弯曲碎米荠

Cardamine flexuosa With.

一、二年生草本。基生叶有叶柄，小叶3～7对，顶生小叶卵形至长圆形，先端3齿裂，具小叶柄；侧生小叶卵形，较顶生小叶小，1～3齿裂；茎生小叶多为长卵形，1～3裂或全缘。总状花序顶生；花白色。长角果线形，扁平。花期3～5月；果期4～6月。

南昆山产于七星湖，生于田边、路旁及草地。分布几遍全国。东亚、俄罗斯、欧洲及北美洲也有。全草入药，能清热、利湿、健脾、止泻。

2. 碎米荠
Cardamine hirsuta L.

一年或二年生草本，被疏柔毛；茎铺散。羽状复叶有小叶3～7对，小叶卵形至线形，全缘、齿裂或1～3裂；全部小叶两面稍被毛。总状花序顶生，花序轴直立；花白色，花瓣4。长角果线形；种子黄绿色，长圆形，顶端有狭翅。花期1～3月。

南昆山产于七星湖，生于田边、路旁及草地。分布几遍全国各地。朝鲜、日本、俄罗斯、欧洲、北美洲。全草可作野菜食用；也供药用，能清热去湿。

4. 臭荠属 Coronopus Zinn

一年或多年生草本；茎匍匐或近直立。基生叶有长柄，一回或二回羽状复叶；茎生叶有短柄，有锯齿或全缘。总状花序腋生；花微小，白色；萼片4；花瓣4，倒卵形或匙形，无瓣柄，早落，有时退化；雄蕊6枚，常退化成4或2枚，有蜜腺。短角果半球形，侧扁，每室有种子1颗。

南昆山1种。

1. 臭荠
Coronopus didymus (L.) J. E. Smith

一年生或二年生匍匐草本，有臭味。叶一回或二回羽状全裂，裂片3～5对，线形或狭长圆形，长4～8 mm，两面无毛。花白色，直径约1 mm；萼片具白色膜质边缘；雄蕊通常2枚。短角果扁球形，具双果瓣；种子肾形，长约1 mm。花期3月；果期4月。

南昆山产于七星湖，生于田边、路旁及草地。分布于我国华南、华中、华东及西南地区。亚洲、欧洲、北美也有。

5. 独行菜属 Lepidium L.

一年至多年生草本或半灌木，常被毛。单叶，线状钻形至宽椭圆形，全缘、锯齿缘至羽状深裂。总状花序顶生及腋生；萼片具白色或红色边缘；花瓣白色，线形至匙形；雄蕊6，常退化成2或4；子房常有2胚珠。短角果扁平，开裂；种子无翅或有翅。

南昆山1种。

1. 北美独行菜
Lepidium virginicum L.

一年或二年生草本。基生叶倒披针形，羽状分裂或大头羽裂，裂片大小不等，边缘有锯齿，两面有短毛；茎生叶倒披针形或线形，边缘有尖锯齿或全缘。总状花序顶生；花瓣白色；雄蕊2或4。短角果近圆形，有窄翅；种子边缘有窄翅。花期4～5月；果期6～7月。

南昆山产于七星湖，生于田边、路旁及草地。分布于我国华南、华中及华东地区。俄罗斯、亚洲东部及中部、喜马拉雅地区也有。作饲料；种子药用，有利水平喘功效。

6. 蔊菜属 Rorippa Scop.

一年生至多年生草本；茎直立或铺散。单叶，全缘或羽状分裂。总状花序顶生；花黄色；萼片4，开展；花瓣4，或退化，基部无爪或稀具短爪；雄蕊6枚或较少。果为圆柱状长角果或椭圆形、近球形的短角果，2或4瓣开裂。种子细小，多数，每室1行或2行。

南昆山3种。

1. 短角果球形，直径2～3 mm……………………2. 风花菜 R. globosa
1. 短角果线形或圆柱形，长1～3.5 cm。
   2. 总状花序有苞片……………………1. 广州蔊菜 R. cantoniensis
   2. 总状花序无苞片……………………3. 蔊菜 R. indica

1. 广州蔊菜
Rorippa cantoniensis (Lour.) Ohwi

一年生或二年生草本，全株无毛。基生叶具柄，羽状深裂或浅裂，侧裂片2～3对，边缘具缺刻状齿；茎生叶渐缩小，无柄，边缘常齿裂。总状花序顶生，具叶状苞片；花黄色，近无柄；花瓣基部具短爪。角果圆柱形，2瓣开裂。花期3～4月；果期4～6月。

南昆山产南昆山脚下，生于田边、山沟或路旁湿地。分布几遍全国各地。东亚、越南及俄罗斯也有。

2. 风花菜（圆果蔊菜）

Rorippa globosa (Turcz.) Hayek

一年生或二年生直立草本；被白色硬毛。基部叶莲座状，具柄，长圆形至倒披针形，长2.5～10 cm；大头羽状分裂或不裂，边缘具不规则粗齿，基部半抱茎。总状花序无苞片；花黄色，花瓣4。短角果近球形，2瓣开裂。花期4～12月。

产南昆山脚下，生于路旁、田边潮湿地。分布于我国各地。日本、朝鲜、蒙古、俄罗斯、越南也有。

3. 蔊菜（塘葛菜）

Rorippa indica (L.) Hiern

一年生或二年生直立草本。基生叶及茎下部叶具长柄，大头羽状分裂，长4～10 cm，侧裂片1～5对，边缘具齿，茎上部叶边缘具疏齿，具短柄或基部耳状抱茎。总状花序无苞片；花黄色。长角果细圆柱形，2瓣开裂。花期4～5月。

产南昆山脚下，生于路旁、田边潮湿地。分布于我国华南、华东、西南及西北地区。东亚及南亚也有。全草药用，内服有解表健脾、止咳化痰、平喘、清热解毒、散热消肿功效，外用治痈肿疮毒及烫火伤。

40. 堇菜科 Violaceae

多年生草本、小灌木或乔木。单叶互生，稀对生或轮生；具托叶；花辐射对称或两侧对称，单生或组成腋生或顶生的穗状、总状或圆锥花序；花瓣5枚，背面一枚较大，基部有距；蒴果或浆果状；种子胚乳丰富。

南昆山1属，10种。

1. 堇菜属 Viola L.

多年生或两年生草本植物，稀为半灌木。单叶，基生、互生或轮生；具托叶；花两性；花瓣5，下方花瓣常基部延伸成距；蒴果球形、长圆形或卵圆形，成熟时3瓣裂；种子倒卵状。

南昆山10种。

1. 植物具地上茎或匍匐枝。
  2. 全株被密毛。
    3. 叶丛生呈莲座状……………………………4. 蔓茎堇菜V. diffusa
    3. 叶近基生或互生于匍匐枝上………8. 柔毛堇菜V. principis
  2. 全株无毛。
    4. 花梗长于叶片。
      5. 下方花瓣先端急尖……… 1. 华南堇菜V. austrosinensis
      5. 下方花瓣先端微凹…………………10. 堇菜V. verecunda
    4. 花梗常与叶近等长…………9. 三角叶堇菜V. triangulifolia
1. 植物无地上茎。
  6. 叶两面被长柔毛……………………………6. 亮毛堇菜V. lucens
  6. 叶两面无毛 ……………………………………3. 深圆齿堇菜V. davidi
    7. 叶柄上无翅……………………………5. 长萼堇菜V. inconspicua
    7. 叶柄上具狭翅。
      8. 叶边缘具疏而浅的波状齿……………………………………………………………………………2. 戟叶堇菜V. betonicifolia
      8. 叶边缘具圆齿…………………7. 南岭堇菜V. nanlingensis

1. 华南堇菜
Viola austrosinensis Y. S. Chen et Q. E. Yang

多年生草本。根茎通常较短，匍匐茎细长；叶革质，近基生，交替在匍匐茎；托叶贴生于叶柄基部，叶柄长2～7 cm，紫红色，无毛，无翅；叶片卵形或宽卵形，正面深绿色，无毛，沿背面叶脉有紫红色斑纹，基部心形，边缘具圆齿明显，先端钝；粉红色的花白色；花梗通常超过叶，无毛，具2小苞片约中间；苞片相反，线形；萼片紫红色，披针形，先端渐尖，基部附属物短；蒴果狭圆形。花期3～4月；果期6～9月。

南昆山产于天堂顶，生于海拔500～1000 m山地林缘。分布于我国华南地区。

2. 戟叶堇菜
Viola betonicifolia Sm.

多年生草本。叶基生，狭披针形或长三角状戟形；叶柄上半部具有狭翅；托叶3/4与叶柄合生；花白色或浅紫色，距管状；蒴果椭圆形至长圆形。花期3～6月；果期夏秋。

南昆山产于下坪，生于田野、路边、山坡草地、灌丛、林缘。分布于我国长江以南各地及西北地区。东亚、南亚、东南亚、大洋洲也有分布。全草入药，外敷可治疮疖肿痛、跌打损伤等。

3. 深圆齿堇菜
Viola davidi Franch

多年生细弱无毛草本。叶基生，叶片圆形或肾形，边缘具较深圆齿；叶柄长2～5 cm；托叶褐色，离生或仅基部与叶柄合生，披针形；花白色或有时淡紫色；蒴果椭圆形，常具褐色腺点。花期3～6月；果期5～8月。

南昆山产于石河奇观，生于林下、林缘、山坡草地、溪谷或石上阴蔽处。分布于我国华南、华中、华东、西南、西北地区。

4. 蔓茎堇菜（七星莲）
Viola diffusa Ging.

一年生草本，全株被白色长柔毛；具匍匐茎。叶丛生呈莲座状，卵状长圆形；基部宽楔形或截平；叶柄具翅；托叶基部与叶柄合生。花淡紫色或浅黄色；距极短。蒴果长圆形；种子球形。花期3～5月；果期5～8月。

南昆山产于上坪至天堂顶途中，生于林缘、草坡、溪谷旁及岩石缝隙中。分布于我国长江以南及华北地区。东亚、南亚、东南亚、马来半岛也有。全草入药，主治肝炎、百日咳、目赤肿痛；外治急性乳腺炎、疔疮、痈疖、带状疱疹、毒蛇咬伤、跌打损伤等。

5. 长萼堇菜
Viola inconspicua Bl.

多年生草本。叶基生，三角形、三角状卵形，基部宽心形；边缘具圆锯齿；托叶3/4与叶柄合生；花淡紫色；距管状；蒴果长圆形；种子卵形。花果期3～11月。

南昆山产于天堂顶，生于林缘、山坡草地、田边溪旁。分布于我国长江以南及华北地区。东南亚、中南半岛、马来半岛也有。全草入药，主治急性结膜炎、咽喉炎、乳腺炎。

6. 亮毛堇菜
Viola lucens W. Beck

低矮草本，全体被白色长柔毛，无地上茎，具匍匐枝；叶基生，莲座状，叶长圆状卵形或长圆形，边缘具圆齿，两面密生白色状长柔毛；叶柄密被长柔毛；托叶褐色，披针形，边缘具流苏状齿；花淡紫色；蒴果卵圆形。

南昆山产于天堂顶，生于山坡草丛或路旁等处。分布于我国华南、华东、西南地区。

7. 南岭堇菜
Viola nanlingensis J. S. Zhou & F. W. Xing

多年生草本。具横走的匍匐枝。叶基生或轮生于匍匐枝顶端；叶片卵形或椭圆形，两面光滑或沿叶脉及叶缘被粗毛，叶柄具狭翅，托叶披针形，先端渐尖，边缘具疏流苏，基部与叶柄合生；花浅紫色，花梗长4～17 cm，中部以上具两枚线形小苞片；萼片线状披针形，顶端尖，边缘具疏流苏；上瓣及侧瓣倒卵形，基部圆钝，侧瓣基部被须毛，下瓣短，具有紫色条纹，距长2～2.5 mm；蒴果卵形。花期3～5 月；果期7～10 月。

南昆山产于天堂顶，生于海拔 400～800 m山地林缘。分布于我国华南及华中地区。

8. 柔毛堇菜

Viola principis H. de Boiss

多年生草本，全体被开展的白色柔毛。叶近基生或互生于匍匐枝上；叶片卵形或宽卵形；叶柄密被长柔毛，无翅；托叶大部分离生，褐色或带绿色，有暗色条纹，宽披针形；花白色，花瓣长圆状倒卵形；蒴果长圆形。花期3～6月；果期6～9月。

南昆山产于上坪横坑，生于山地林下、林缘、草地、溪谷、沟边及路旁等处。分布于我国华南、华中、华东、西南地区。

9. 三角叶堇菜

Viola triangulifolia W. Becker

多年生草本，具地上茎。基生叶早枯，宽卵形或卵形；茎生叶叶片卵状三角形至狭三角形；托叶离生；花白色，具紫色条纹，单生于茎生叶的叶腋；距浅囊状；椭圆形。花果期4～6月。

南昆山产于上坪横坑，生于林缘路边。分布于我国华南、华中及华东地区。

10. 堇菜

Viola verecunda A. Gray

多年生草本，具地上茎。叶片宽心形、卵状心形或肾形；茎生叶的托叶匙形。花白色或淡紫色，生于茎生叶的叶腋；距呈浅囊状；蒴果长圆形或椭圆形；种子卵球形。花果期5～10月。

南昆山产于上坪、中坪和下坪，生于山坡草地、灌丛、杂木林林缘、田野、宅旁等处。分布于我国华南、华中、华东、西南、东北及华北地区。东亚、欧洲也有。全草供药用，能清热解毒，可治节疮、肿毒等症。

42. 远志科 Polygalaceae

一年生或多年生草本，或灌木或乔木，罕为寄生小草本。单叶互生、对生或轮生；托叶有或无；花两侧对称，成总状、圆锥或穗状花序；萼片5；花瓣5；子房2室，每室具胚珠1枚。蒴果、翅果或坚果。

南昆山3属，7种。

1. 草本或灌木；蒴果。
  2. 雄蕊8枚；萼片5，不等大，内面2片较大……………………………1. 远志属 Polygala
  2. 雄蕊4～5枚；萼片5，近相等………2. 齿果草属 Salomonia
1. 攀缘灌木或乔木；核果或翅果….3. 黄叶树属 Xanthophyllum

1. 远志属 Polygala L.

一年生或多年生草本、灌木或小乔木。单叶互生、对生或轮生，纸质或近革质，全缘。总状花序顶生、腋生或腋外生；花两性，两侧对称；苞片1～3；萼片5，排2轮，花瓣状；花瓣3，侧瓣与龙骨瓣中部以下合生；子房2室，每室具胚珠1枚。蒴果具翅或无；种子2粒。

南昆山5种。

1. 花萼在结果时脱落。
  2. 草本，高50 cm以下……………………1. 小花远志 P. arvensis
  2. 灌木或亚灌木，高1 m以上。
    3. 单叶螺旋状排列于小枝顶部，近革质……………………………2. 尾叶远志 P. caudata
    3. 单叶互生，膜质……………………3. 黄花倒水莲 P. fallax
1. 花萼在结果时宿存。
  4. 叶椭圆形或线状长圆形；蒴果具缘毛……………………………4. 金不换 P. glomerata
  4. 叶披针形或卵状披针形；蒴果无毛……………………………5. 香港远志 P. hongkongensis

1. 小花远志

Polygala arvensis Willd.

一年生草本，高10～15 cm。茎多分枝，密被卷曲短柔毛；叶互生，叶片厚纸质，倒卵形；长圆形或椭圆状长圆形；总状花序腋生或腋外生，花瓣3，白色或紫色；蒴果近圆形。花果期7～10月。

南昆山产于天堂顶，生于林下。分布于我国华南、华东、西南地区。

2. 尾叶远志

Polygala caudata Rehd. et Wils.

直立灌木，高1～3 m。单叶，长圆形或倒披针形，长6～10 cm；总状花序顶生；花瓣白色、黄色或紫色，3枚；萼片5；蒴果近圆形，具狭翅。花期11月至翌年5月；果期5～12月。

南昆山产于天堂顶，生于林下岩石上或山坡草地。分布于我国华南、华中及西南等地。根入药，有止咳、平喘、清热利湿、通淋之功效。

3. 黄花倒水莲（黄花远志）

Polygala fallax Hemsl.

落叶灌木或小乔木，高1～3 m；根粗壮，多分枝，表面淡黄色；树皮灰白色；单叶互生，膜质，椭圆状披针形或椭圆形，先端渐尖，基部楔形至钝圆，全缘；总状花序顶生或腋生，花后下垂；花瓣黄色，3枚；蒴果阔倒心形至圆形，绿黄色；种子圆形，棕黑色至黑色。花期5～8月；果期8～10月。

南昆山产于上坪、石河奇观，生于灌木丛中或林缘路边。分布于我国长江以南各地区。全株入药，补益，强壮，祛湿，散瘀。治虚弱虚肿，急慢性肝炎，腰腿酸疼，跌打损伤。

4. 金不换（华南远志、鹧鸪菜）

Polygala glomerata Lour.

一年生直立草本。叶互生，纸质，椭圆形或线状长圆形至长圆状披针形，长2.5～10 cm。总状花序腋生；花少而密集，淡黄色或白带淡红色，花瓣3枚，基部合生。蒴果圆形，顶端微凹，具狭翅和缘毛。花期4～10月；果期5～11月。

南昆山产于横坑，生于山坡草地或灌木丛中。分布于我国华南及华东地区。南亚、东南亚也有。全草入药，有清热解毒，祛痰止咳，活血散淤之功效。

5. 香港远志

Polygala hongkongensis Hemsl.

直立草本至亚灌木，高15～50 cm。单叶互生，叶片纸质或膜质，披针形或卵状披针形，长1～6.5 cm，全缘；侧脉每边4～5条。总状花序顶生，花白色或紫色，花瓣3枚；蒴果近圆形，具狭翅，无毛；种子2粒，卵形，黑色，被白色细柔毛。花期5～6月；果期6～7月。

南昆山产于上坪，生于沟谷林下或灌丛中。分布于我国华南、华中、华东及西南地区。根入药，有活血、化痰，并具解毒的作用。

2. 齿果草属 **Salomonia** Lour.

一年生直立草本或寄生小草本。单叶互生，或退化为鳞片状；穗状花序顶生；花两侧对称；萼片5；花瓣3，中间1枚龙骨瓣状；雄蕊4～5；子房2室，每室具1枚倒生胚珠。蒴果肾形、阔圆形或倒心形；种子2。

1. 莎萝莽(齿果草)

Salomonia cantoniensis Lour.

一年生直立草本。芳香，单叶互生，卵状心形，长5～16 mm，基出三脉。穗状花序顶生；花极小，无梗；萼片5；花瓣3，淡红色；雄蕊4。果爿具蜂窝状网纹。花期7～8月；果期8～10月。

南昆山产于上坪，生于山坡林下、灌丛中或草地。分布于我国华南、华中、华东及西南地区。东南亚、大洋洲也有。全草入药，可解毒消炎、散瘀镇痛。

3. 黄叶树属 **Xanthophyllum** Roxb.

乔木或灌木。单叶互生，全缘；总状花序或圆锥花序，顶生或腋生；萼片5；花瓣5或4，不等大；雄蕊8；子房上位。核果球形，不开裂；种子无种阜，无胚乳。

南昆山1种。

1. 黄叶树

Xanthophyllum hainanense Hu

乔木。叶片革质，卵状椭圆形至长圆状披针形，长4～12 cm，先端长渐尖，边全缘或波状。总状花序或小型圆锥花序腋生或顶生；花小，芳香；花瓣5，黄白色。核果球形，淡黄色。花期3～5月；果期4～7月。

南昆山产于佛坳、九重远眺，生于山地林中。分布于我国华南地区。该种木材坚硬致密，可供建筑用材。

45. 景天科Crassulaceae

草本或亚灌木。叶肉质，互生、对生或有时轮生。花两性，稀单性，通常5基数，稀3～4基数，排成顶生钟状、聚伞或圆锥花序；花瓣分离，或有时基部合生；雄蕊与花瓣同数或为其2倍，1～2轮；子房上位，心皮与花瓣同数，胚珠多数；蓇葖果或蒴果。

南昆山1属，5种。

1. 景天属Sedum L.

一年生或多年生肉质草本。茎直立或披散，稀基部木质；叶多互生，少有对生或轮生；聚伞花序顶生；花通常两性，多5基数；花瓣通常分离或基部稍合生；雄蕊通常为花瓣的2倍，排成2轮。蓇葖果具种子多数。

南昆山5种。

1. 叶互生。
    2. 蓇葖斜分叉 ………………………… 1. 东南佛甲草S. alfredii
    2. 蓇葖果水平展开 ……………………3. 日本佛甲草S. japonicum
1. 叶轮生。
    3. 中下部的叶有长距 ………… 2. 禾叶景天S. grammophyllum
    3. 中下部的叶无距。
        4. 叶3枚轮生 ……………………………5. 垂盆草S. sarmentosum
        4. 叶3～4轮生，或有时在花茎上部互生 …………………………………………………………………………… 4. 佛甲草S. lineare

1. 东南佛甲草

Sedum alfredii Hance

多年生草本。茎单一或顶部分枝，斜向上；叶互生，下部叶常脱落，上部叶常聚生，线状楔形、匙形或倒卵形，先端钝，基部狭楔形，有距；聚伞花序，多花，苞片叶状，花无梗，萼片5，线状匙形，花瓣5，花瓣黄色，披针形至长椭圆形；蓇葖果斜分叉。花期4～5月，果期6～8月。

南昆山产于石河奇观，生于山坡林下阴湿岩石上。分布于我国华南、华中、华东、西南地区，东亚也有分布。屋顶绿化植物。

2. 禾叶景天

Sedum grammophyllum Frod.

草本。花茎弱，斜上，下部生根；中下部的叶有长距，轮生，线形或倒披针形，先端钝，有微乳头状突起。花序疏蝎尾状，花少数；苞片；萼片5，宽披针形；花瓣5，黄色，披针形；种子小，卵形。花期5月。

南昆山产于天堂顶，生于山坡林下阴湿岩石上。分布于我国华南地区。

3. 日本佛甲草

Sedum japonicum Sieb. ex Miq

多年生草本，匍匐生根，无毛。叶互生，圆柱形或稍扁，线状匙形，有短距，无柄；聚伞花序，三歧分枝；花梗粗短；萼片5，线状长圆形或近三角形，有短距；花瓣5，黄色，长圆状披针形；蓇葖水平展开。花期5～6月，果期7～8月。

南昆山产于天堂顶，生于海拔1000 m以下山坡阴湿处。分布于我国华南、华中及华东地区。东亚也有。

4. 佛甲草

Sedum lineare Thunb.

多年生肉质草本，全体无毛。叶3～4枚轮生，或有时在花茎上部互生，线形或线状倒披针形；聚伞花序顶生，常有2～3分枝；花瓣5，黄色；雄蕊10，排成2轮；心皮5；蓇葖果星状展开。花期4～5月；果期6～7月。

南昆山产于卜坪，生于山地向阳处。分布于我国华南、华中、华东、西南及西北地区。日本也有。全草药用，可治烫火伤、蛇咬伤、痈肿疔疖等症。屋顶绿化常用材料。

5. 垂盆草

Sedum sarmentosum Bunge

多年生草本。3叶轮生，叶倒披针形至长圆形，先端近急尖，基部急狭，有距；聚伞花序，有3～5分枝，花少；花无梗；萼片5，披针形至长圆形；花瓣5，黄色，披针形至长圆形，雄蕊10，较花瓣短；种子卵形。花期5～7月；果期8月。

南昆山产于石河奇观，生于山坡阳处或石上。分布几遍全国各地。东亚也有。全草药用，能清热解毒。

47. 虎耳草科 Saxifragaceae

草本，灌木，小乔木或藤本。单叶或复叶，互生或对生，一般无托叶。通常为聚伞状、圆锥状或总状花序，稀单花；花两性，稀单性；花被片4～5基数，稀6～10基数，覆瓦状、镊合状或旋转状排列；萼片有时花瓣状；花瓣一般离生；雄蕊(4～)5～10，或多数，花丝离生，花药2室；心皮2，稀3～5(～10)；子房上位、半下位至下位。蒴果，浆果，小蓇葖果或核果。

南昆山2属，2种。

1. 花通常组成聚伞花序或单生……………… 1. 梅花草属Parnassia
1. 花单生于茎顶 ………………………………… 2. 虎耳草属Saxifraga

1. 梅花草属 Parnassia Linn.

多年生草本；茎不分枝，常在中部具1或2至数苞叶，稀裸露。基生叶2至数片或较多呈莲座状；具长柄，有托叶，叶片全缘；茎生叶无柄，常半抱茎。花单生茎顶；萼筒离生或下半部与子房合生，裂片5，覆瓦状排列；花瓣5，覆瓦状排列，白色或淡黄色，稀淡绿色；雄蕊5，退化雄蕊5，与花瓣对生，形状多样；雌蕊1，子房3～4室；胚珠多数，具薄珠心，柱头联合；蒴果。

南昆山1种。

1. 鸡眼梅花草(鸡肫草)

Parnassia wightiana Wall. ex Wight et Arn.

多年生草本。基生叶2～4，具长柄；叶片宽心形；叶柄扁平，两侧膜质，并有褐色小条点，托叶膜质。茎生叶与基生叶同形，边缘薄而形成一圈膜质，有时结合成小片状膜，无柄半抱茎。花单生于茎顶；萼片卵状披针形或卵形，密被紫褐色小点，在其基部常有2～3条铁锈色附属物；花瓣白色，长圆形或倒卵形；蒴果倒卵球形，褐色，具有多数种子。花期7～8月；果期9月开始。

南昆山产于天堂顶，生于山谷疏林下、山坡杂草中、沟边和路边等处。分布于我国华南、华中、西南及西北地区。南亚也有。

2. 虎耳草属 Saxifraga Tourn. ex L

多年生草本，稀一年生或二年生草本。茎通常丛生，或单一。单叶全部基生或兼茎生；茎生叶通常互生，稀对生。花通常两性，有时单性，辐射对称，稀两侧对称，黄色、白色、红色或紫红色，多组成聚伞花序，有时单生，具苞片；花托杯状或扁平；萼片5；花瓣5，通常全缘，脉显著；雄蕊10，花丝棒状或钻形；心皮2；子房近上位至半下位，通常2室。通常为蒴果，稀蓇葖果。

南昆山1种。

1. 虎耳草(金线吊芙蓉)

Saxifraga stolonifera W. Curt.

多年生草本，稀一年生或二年生草本。单叶全部基生或兼茎生，有柄或无柄；茎生叶通常互生，稀对生。花通常两性，有时单性，辐射对称，稀两侧对称，黄色、白色、红色或紫红色，多组成聚伞花序，有时单生，具苞片；萼片5；花瓣5；雄蕊10，花丝棒状或钻形。通常为蒴果，稀蓇葖果；种子多数。

南昆山产于石河奇观，生于林下阴湿处。分布几遍全国。全草入药；微苦、辛，寒，有小毒；祛风清热，凉血解毒。

48. 茅膏菜科 Droseraceae

多年生或一年生草本。叶互生，呈莲座状排列，稀轮生，通常被头状粘腺毛。聚伞花序顶生或腋生，稀单生于叶腋；花辐射对称；花瓣5，具脉纹；雄蕊通常5，与花瓣互生，稀4或5基数；子房上位，有时半下位，1室，心皮2～5枚，胚珠多数。蒴果室背开裂。

南昆山1属，3种。

1. 茅膏菜属 Drosera L.

多年生或一年生陆生草本。根状茎常具有根功能的退化叶；叶互生或基生而莲座状密集，被头状粘腺毛，幼叶常拳卷；托叶常条裂。聚伞花序顶生或腋生，幼时弯卷；花萼5裂，稀4～8裂，宿存；花瓣5片，分离，宿存；雄蕊与花瓣同数，互生；子房上位，1室，胚珠多数，稀少数。蒴果，室背开裂。

南昆山3种。

1. 叶互生；无托叶……………………2. 茅膏菜 D. peltata
1. 叶基生，莲座状，密集；具托叶。
    2. 叶通常楔形；苞片戟形……………1. 锦地罗 D. burmannii
    2. 叶通常匙形；苞片线形至倒披针形……………………3. 匙叶茅膏菜 D. spathulata

1. 锦地罗

Drosera burmanni Vahl

草本，不具球茎。叶基生，绿色或紫红色，莲座状，楔形或倒卵状匙形，长6～15 mm；叶缘与叶面具头状粘腺毛；花序蝎尾状，红色或紫红色；花瓣5，白色变红色；花柱5或6；蒴果，5或6爿裂。

南昆山产于石河奇观，生于山谷、山坡阳处潮湿草地上。分布于我国华南、华东及西南地区。广布亚洲、非洲、大洋洲的热带、亚热带地区。全株药用，有清热去湿、凉血、化痰止咳的功效。

2. 茅膏菜（光萼茅膏菜）

Drosera peltata Smith ex Willd. [*D. peltata* var. *glabrata* Y. Z. Ruan]

多年生草本。直立或攀缘状；鳞茎状球茎紫色；莲座叶基生，1～8片，圆形或肾形；茎生叶稀疏，互生，盾状；叶片新月形，长2～3 mm；聚伞花序顶生；花白色；雄蕊5；花柱2～4，稀5；蒴果3～5爿裂，稀6裂。花果期3～6月。

南昆山产于石河奇观，生于山坡、山顶或溪边灌丛、草丛中和疏林下。分布于我国华南、华中及华东地区。全草作外用药，可治跌打、腰肌劳损、风湿关节痛等症。

3. 匙叶茅膏菜（宽苞茅膏菜）

Drosera spathulata Labill. [*D. spathulata* var. *loureirii* (Hook. et Arn.) Y. Z. Ruan]

草本，茎短，不具球茎。叶基生，绿色或紫红色，莲座状，匙形，长9～21 mm；叶柄扁平，自基部向上扩大，下部无毛，上部具腺毛；叶缘与叶面具头状粘腺毛。花序蝎尾状，长4～16 cm，红色或紫红色；苞片线形至倒披针形，被短腺毛；花萼钟形，5裂；花瓣5片，紫红色；花柱3或4。蒴果，3或4爿裂。

南昆山产于石河奇观、七星湖，生于山坡阳处潮湿草地上。分布于我国华南地区。

53. 石竹科 Caryophyllaceae

草本，稀亚灌木。叶对生或轮生；花两性，单生或集成聚伞花序；萼片4～5片；花瓣4～5片；雄蕊8～10枚，离生；子房上位，1室，稀2～5室，花柱2～5，分离或合生成单花柱，胚珠多数；蒴果，稀为浆果。

南昆山4属，4种，1亚种。

1. 具膜质托叶……………………2. 荷莲豆属 Drymaria

1. 无托叶。
  2. 蒴果裂齿等大……………………………………1. 卷耳属Cerastium
  2. 蒴果裂齿不等大。
    3. 花柱5；花瓣2深裂达基部…………3. 鹅肠菜属Myosoton
    3. 花柱3，稀2或4；花瓣2裂达中部或基部……………………
    ………………………………………………………4. 繁缕属Stellaria

1. 卷耳属Cerastium Linn.

一年生或多年生草本，多数被柔毛或腺毛。叶对生，叶片卵形或长椭圆形至披针形。二歧聚伞花序，顶生；萼片5，稀为4，离生；花瓣5，稀4，白色，顶端2裂，稀全缘或微凹；雄蕊10，稀5，花丝无毛或被毛；子房1室，具多数胚珠；花柱通常5，稀3，与萼片对生。蒴果圆柱形，薄壳质。

南昆山1亚种。

1. 簇生卷耳

Cerastium fontanum Baumg. subsp. **triviale** (Link) Jalas

多年生或一、二年生草本。茎近直立，被白色短柔毛和腺毛；基生叶近匙形或倒卵状披针形，两面被短柔毛；茎生叶近无柄，卵形、狭卵状长圆形或披针形，两面均被短柔毛；聚伞花序顶生；萼片5，长圆状披针形；花瓣5，白色，倒卵状长圆形，等长或微短于萼片，顶端2浅裂。蒴果圆柱形；种子褐色，具瘤状凸起。花期5～6月；果期6～7月。

南昆山产于石河奇观，生于山地林下杂草间。分布于我国华南、华中、西南及华北等地区。中亚、东亚也有。

2. 荷莲豆属Drymaria Willd. ex Roem. et Schlecht.

披散或近直立、二歧分枝草本。叶对生，扁平，近圆形；花腋生或顶生，单生或聚伞花序式排列；萼片5；花瓣5，2～6裂；雄蕊5，稀较少；子房1室，有胚珠数至多颗；花柱2～3裂，基部连合。蒴果具3果爿。

南昆山1种。

1. 荷莲豆草（水青草、青蛇子）

Drymaria cordata (L.) Willd. ex Schult. [*D. diandra* Bl.]

一年生披散草本。叶膜质，卵形或近圆形，长0.6～1.2 cm，3～5脉。花序疏散，腋生和顶生；花绿色；苞片具膜质边缘；萼片有明显的3脉；花瓣2裂至中部以下；雄蕊3～5；花柱2～3。蒴果卵圆形，3裂至基部。花期4～10月；果期6～12月。

南昆山产于上坪，生于潮湿的草丛中。分布于我国东南至西南部各地区。亚洲、美洲和热带非洲广布。全草药用，可消肿解毒、退热止痛、消食化痰。

2. 鹅肠菜属Myosoton Moench

二年生或多年生草本；茎下部匍匐。叶对生；花白色，排列成顶生二歧聚伞花序；萼片5；花瓣5，比萼片短，2深裂至基部；雄蕊10；子房1室，花柱5。蒴果卵形，比萼片稍长，5瓣裂，裂瓣顶端再2齿裂；种子肾状圆形。

南昆山1种。

1. 鹅肠菜（牛繁缕）

Myosoton aquaticum (L.) Moench

二年生或多年生草本。叶卵形或宽卵形，长2.5～5.5 cm；顶生二歧聚伞花序；苞片叶状；萼片卵状披针形，长4～5 mm；

花瓣白色，2深裂至基部，裂片线形；雄蕊10。果卵圆形。花期5～8月；果期6～9月。

南昆山产于石河奇观，生于河流旁低湿处、林缘或水沟旁。广布我国各地。北半球温带、亚热带以及北非也有。全草药用，驱风解毒，外敷治疖疮；幼苗可作饲料。

3. 繁缕属 Stellaria L.

一年生或多年生草本。茎簇生，常铺散地面；叶对生，全缘或边缘呈波状。花多数，聚伞花序，稀单生于叶腋内；萼片5，稀4；花瓣5，稀4或无花瓣，白色，2裂，稀5～10裂；雄蕊10，稀3～6枚；子房1室，稀3室，花柱3，稀2或4；蒴果球形或椭圆形，3瓣裂。

南昆山2种。

1. 植株无毛……………………………………………………1. 雀舌草 S. alsine
1. 茎被1～2列短毛……………………………………………2. 繁缕 S. media

1. 雀舌草

Stellaria alsine Grinum [*S. uliginosa* Murray]

矮小草本。茎具细棱，无毛；叶线状披针形或卵状长圆形，长0.5～1 cm。聚伞花序；苞片卵形，白色，膜质；萼片5，卵状披针形；花瓣5，白色，稀无，深2裂至基部；雄蕊10；花柱3；花期5～6月；果期7～8月。

南昆山产于石河奇观、七星湖，生于田间、溪边和潮湿草地。分布几遍全国各地。北温带广布、南达东南亚。全株药用，可强筋、治刀伤；叶可治热疮。

2. 繁缕

Stellaria media (L.) Vill.

一、二年生草本。茎常带淡紫红色；叶片阔卵形或卵形，长1.5～2.5 cm，全缘；基生叶具长柄，上部叶常无柄或具短柄；聚伞花序顶生；萼片5；花瓣5，白色，深2裂达基部；雄蕊3～5；花柱3，线形；蒴果卵形，顶端6裂。花期6～7月；果期7～8月。

南昆山产于七星湖，生于耕地、路边及空旷草坡。分布几遍全国各地。世界广布。全草药用，解毒利湿，治急性肠炎、痢疾、肝炎等。

54. 粟米草科 Molluginaceae

草本。叶对生，互生或近轮生。花两性，辐射对称，单生或簇生，排成聚伞花序或伞形花序；萼片通常5枚，宿存；花瓣小或缺；雄蕊少数或多数，花药2室；子房上位，3～5室，胚珠多数。蒴果，常为宿萼所包围。

南昆山1属，1种。

1. 粟米草属 Mollugo L.

披散、多分枝草本。单叶互生、对生、近轮生或全部基生，全缘或稍具细齿。花簇生，排成腋生或顶生聚伞花序；萼片5；花瓣缺；雄蕊3～5，稀更多；子房上位，3～5室，胚珠多数。蒴果膜质，室背开裂为3～5瓣裂；种子无种阜和假种皮。

南昆山1种。

1. 粟米草

Mollugo stricta L.

一年生披散草本，多分枝，无毛。基生叶成莲座状，长圆状披针形至匙形，长1.5～3.5 cm；茎生叶常3～5片成假轮生或对生，披针形或线状披针形，长1.5～3.5 cm；花极小，组成二歧聚伞花序或总状花序式的二歧聚伞花序，顶生或与叶对生；蒴果宽椭圆形或近球形，3瓣裂。花果期几全年。

南昆山产于下坪、七星湖，生于旷野、农田。分布于我国长江流域和黄河流域以南各地区。全球热带和亚热带地区广布。全草药用，可抗菌消炎、清热止泻。

56. 马齿苋科 Portulacaceae

草本，稀半灌木。单叶互生或对生，全缘，常肉质；托叶干膜质或刚毛状。花两性，腋生或顶生，单生或簇生，或成聚伞花序、总状花序、圆锥花序；萼片2，稀5；花瓣4～5，稀更多；雄蕊与花瓣同数，与花瓣对生或贴生；雌蕊3～5；心皮合生，子房上位或半下位，1室；蒴果近膜质，盖裂或2～3瓣裂，稀为坚果。

南昆山2属，2种。

1. 平卧或斜升草本；子房半下位 ………… 1. 马齿苋属 Portulaca
1. 直立草本或半灌木；子房上位 …………… 2. 土人参属 Talinum

1. 马齿苋属 Portulaca L.

一年生或多年生肉质草本。无毛或被疏柔毛；茎铺散，平卧或斜升；叶互生、近对生或在茎上部轮生，叶片圆柱状或扁平；托叶为膜质鳞片状或毛状的附属物、稀完全退化；花顶生，单生或簇生，常具数片叶状总苞；萼片2，筒状；花瓣4或5；雄蕊4至多数；子房半下位，1室，胚珠多数，花柱线形。蒴果盖裂。

南昆山1种。

1. 马齿苋（瓜子菜）
Portulaca oleracea L.

一年生伏地铺散草本，全株无毛。茎圆柱形，多分枝；叶互生，有时近对生，扁平，肥厚，倒卵形，全缘；叶背暗红色。花黄色；花瓣5，倒卵形；雄蕊通常8枚；柱头4～6裂，线形；蒴果卵球形，盖裂。花期5～8月；果期6～9月。

南昆山产于上坪，生于菜园、农田或路旁。分布于我国各地。广布全球温带和热带地区。全草供药用，可清热利湿、解毒消肿、消炎；嫩茎叶可作蔬菜。

2. 土人参属 Talinum Adans.

一年生或多年生草本，或半灌木；茎直立，肉质。叶对生或互生。花成顶生总状花序或圆锥花序；花瓣5片，红色；雄蕊5至多数，通常贴生花瓣基部；子房上位，1室，胚珠多数。朔果球形、卵形或椭圆形，3瓣裂。

南昆山1种。

1. 土人参
Talinum paniculatum (Jacq.) Gaertn.

一年生或多年生草本。茎直立，肉质；叶对生或互生，稍肉质，倒卵形或倒卵状长椭圆形，全缘。圆锥花序顶生或腋生；花瓣粉红色或淡紫红色；蒴果近球形，3瓣裂。花期6～8月；果期9～11月。

南昆山产于下坪，生于路旁、田边潮湿地。分布于我国华南及华中地区。原产热带美洲。根药用，为滋补强壮药，补中益气、润肺生津、消肿解毒，治疗疔疮肿痛。

57. 蓼科 Polygonaceae

草本，有时为亚灌木或稍木质藤本。单叶，互生；托叶鞘状或叶状；花辐射对称，组成穗状、总状、圆锥状或其他花序；花萼裂片3～6；无花瓣；雄蕊6～9，花药2室；子房上位，胚珠1颗；瘦果通常呈双凸镜形或三角形。

南昆山6属，22种。

1. 花萼6深裂。
   2. 花被片5，柱头头状……………………………1. 金线草属Antenoron
   2. 花被片6，柱头画笔状 ……………………………6. 酸模属Rumex
1. 花萼3～5深裂。
   3. 花单性……………………………………………5. 虎杖属Reynoutria
   3. 花两性。
      4. 茎缠绕……………………………………………3. 何首乌属 Fallopia
      4. 茎直立。
         5. 瘦果具3棱，明显比宿存花被长……………………………………………2. 荞麦属Fagopyrum
         5. 瘦果具3棱或双凸镜状，比宿存花被短……………………………………………4. 蓼属Polygonum

1. 金线草属 Antenoron Rafin

多年生草本。根状茎粗壮。茎直立，不分枝或上部分枝。叶互生，叶片椭圆形或倒卵形；托叶鞘膜质。总状花序呈穗状，顶生或腋生；花两性，花被4深裂；雄蕊5；花柱2，果时伸长，硬化，顶端呈钩状，宿存。瘦果卵形，双凸镜状。

南昆山1种。

1. 金线草

Antenoron filiforme (Thunb.)Rob. et Vant

多年生草本。根状茎，茎直立，具糙伏毛，有纵沟，节部膨大；叶椭圆形或长椭圆形，两面均具糙伏毛；托叶鞘筒状，膜质，具短缘毛；总状花序呈穗状，顶生或腋生，花序轴延伸，花排列稀疏；花被4深裂，红色，花被片卵形，果时稍增大；瘦果卵形，双凸镜状，褐色。花期7～8月；果期9～10月。

南昆山产于横坑，生于山坡林缘、山谷路旁。分布于我国华南、西南、华东、华中、西北地区。东亚、东南亚也有。

2. 荞麦属 Fagopyrum Mill

一年生或多年生草本，稀半灌木。茎直立，无毛或具短柔毛。叶三角形、心形、宽卵形、箭形或线形；托叶鞘膜质，偏斜，顶端急尖或截形。花两性，花序总状或伞房状；花被5深裂，果时不增大；雄蕊8；花柱3，柱头头状，花盘腺体状。瘦果具3棱，比宿存花被长。

南昆山1种。

1. 野荞麦

Fagopyrum dibotrys (D. Don) Hara

多年生草本。根状茎木质化，黑褐色，茎直立，分枝，具纵棱；叶三角形，两面具乳头状突起或被柔毛；叶柄长可达10 cm；托叶鞘筒状，膜质，褐色；花序伞房状，顶生或腋生；苞片卵状披针形，每苞内具2～4花；花被5深裂，白色，花被片长椭圆形；瘦果宽卵形，具3锐棱，黑褐色。花期7～9月；果期8～10月。

南昆山产于下坪，生于山谷湿地、山坡灌丛。分布于我国华南、华中、华东、西南及西北地区。南亚、东南亚、中南半岛、马来半岛也有。块根供药用，清热解毒、排脓去瘀。

3. 何首乌属 Fallopia Adans.

一年生草本或灌木。茎缠绕；单叶互生；叶片卵形或心形，全缘，具叶柄；托叶鞘筒状，顶端截形或偏斜。总状花序或圆锥花序；花两性；花萼5深裂；雄蕊8枚。瘦果椭圆形，3棱。

南昆山1种。

1. 何首乌

Fallopia multiflora (Thunb.) Harald. [*Polygonum multiflorum* Thunb.]

多年生、落叶缠绕藤本。茎中空；根茎块状；叶互生，卵状心形，长5～9 cm，全缘；托叶鞘状。总状花序排成圆锥状，顶生或腋生；苞片细小，膜质；花浅黄色或白色；花萼5深裂；雄蕊8；花柱3；瘦果椭圆形，具3棱。花期7～11月。

南昆山产于上坪，生于山地灌丛中。分布几遍全国。东亚、中南半岛也有。块根为中药“何首乌”，为滋补强壮剂，茎藤为“夜交藤”，有养血安神的作用。

4. 蓼属 Polygonum L.

直立草本或亚灌木，稀为藤本，一年生或多年生；茎常于节部膨大。叶互生；托叶鞘状或叶状。花两性，极少单性；苞片和小苞片鞘状，膜质；花萼5深裂，稀3或4裂，常呈花瓣状；雄蕊3～9；子房两侧压扁或三角形，花柱2～3。瘦果双凸镜形、三角形或近圆形。

南昆山13种。

1. 花单生或数朵成簇生于叶腋 ················ 11. 腋花蓼 P. plebeium
1. 花序总状、头状顶生。
  2. 茎、叶柄具倒生皮刺。
    3. 托叶鞘叶状或边缘具叶状翅。
      4. 叶柄盾状着生，花被果时增大，肉质 ·· 10. 杠板归 P. perfoliatum
      4. 叶柄不为盾状着生；花被果时不增大，不为肉质 ·· 13. 戟叶蓼 P. thunbergii
    3. 托叶鞘不为叶状，边缘无叶状翅。
      5. 托叶鞘顶端偏斜，具短缘毛或无毛 ··· 3. 箭叶蓼 P. hastatosagittatum
      5. 托叶鞘顶端截形，具长缘毛 ··· 8. 小蓼花 P. muricatum
  2. 茎、叶柄无倒生皮刺。
    6. 花序圆锥状。
    6. 花序不为圆锥状。
      7. 花序头状。
        8. 多年生草本 ························· 2. 火炭母 P. chinense
        8. 一年生草本 ···················· 9. 尼泊尔蓼 P. nepalense
      7. 总状花序呈穗状。
        9. 多年生草本。
          10. 茎被柔毛，叶两面被短柔毛，瘦果长1.5～2 mm ·· 1. 毛蓼 P. barbatum
          10. 茎无毛，叶两面疏被短硬伏毛，瘦果长2.5～3 mm ······························ 5. 蚕茧草 P. japonicum
        9. 一年生草本。
          11. 花序梗被腺毛或腺体 ·· 7. 酸模叶蓼 P. lapathifolium
          11. 花序梗无腺毛或腺体。
            12. 花被具腺点。
              13. 茎无毛，花被上部白色或淡红色，叶具辛辣味 ······················ 4. 水蓼 P. hydropiper
              13. 茎被短硬伏毛，花被上部红色，叶无辛辣味 ······················ 12. 伏毛蓼 P. pubescens
            12. 花被无腺点 ················ 6. 愉悦蓼 P. jucundum

1. 毛蓼(毛蓼蓼)

Polygonum barbatum L.

多年生草本。根状茎横走；茎直立，被疏毛或无毛，不分枝或上部分枝；叶披针形，长8～15 cm，两面疏被短柔毛；托叶鞘筒状，密被粗伏毛；总状花序呈穗状；花被5深裂，裂片白色或淡绿色；瘦果卵形，具3棱。花期8～9月；果期9～10月。

南昆山产于下坪、石河奇观，生于溪旁、村边、旷野等地。分布于我国华南、华东及西南地区。南亚、东南亚也有。

2. 火炭母

Polygonum chinense L.

多年生草本。茎无毛，无刺；叶卵形或卵状长圆形，长5～10 cm，边缘常有极微小的齿，常有紫蓝色的色斑；叶柄基部具耳形小裂片；托叶鞘状；总状花序排成二歧状的聚伞花序，苞片无毛；花萼5裂；雄蕊8，花柱3；瘦果三角形或圆球状。花果期6～12月。

南昆山产于上坪思茅坪、大坑尾、下坪，生于溪旁、村边、旷野等地。分布于我国华南、华中及华东地区。东亚、南亚、东南亚、马来半岛也有。全草药用，可治痢疾、胃肠炎等症。

3. 箭叶蓼

Polygonum hastatosagittatum Makino

一年生草本。茎直立或下部近平卧，沿棱具倒生短皮刺。叶披针形或椭圆形，长3～10 cm，沿脉中脉具倒生皮刺；叶柄具倒生皮刺；托叶鞘筒状，具长缘毛。总状花序呈短穗状，顶生或腋生；花萼5深裂，淡红色。瘦果卵形，具3棱，深褐色。花期3～10月；果期4～10月。

南昆山产于上坪横坑，生于疏林下和灌丛中及田边湿润草地。分布于我国各地。东亚、北亚也有。

4. 水蓼（辣蓼）

Polygonum hydropiper L.

一年生草本。茎有明显的腺点，节部膨大；叶披针形或椭圆状披针形，长4～8 cm，边缘具缘毛，具辛辣味；托叶鞘筒状；穗状花序顶生或腋生，常弯垂；花萼常5深裂，被黄色透明腺点；雄蕊6，稀8，花柱2～3；瘦果卵形，包于宿萼内。花期5～9月；果期6～10月。

南昆山产于七星湖，生于河滩、沟边或阴湿的旷地。分布于我国各地。东亚、南亚、东南、欧洲、北美也有。全草入药，消肿解毒、利尿、止痢。

5. 蚕茧草

Polygonum japonicum Meisn

多年生草本。茎直立，淡红色，节部膨大。叶披针形，顶端渐尖，基部楔形，全缘，两面疏生短硬伏毛。总状花序呈穗状，长6～12 cm，顶生，苞片漏斗状，绿色，上部淡红色，具缘毛；雌雄异株，花被5深裂，白色或淡红色，花被片长椭圆形。瘦果卵形，具3棱或双凸镜状，黑色，有光泽，包于宿存花被内。花期8～10月，果期9～11月。

南昆山产于七星湖，生于路边湿地、水边。分布于我国黄河流域以南地区。朝鲜、日本也有。全草药用，有散寒、活血、止痢之效。

6. 愉悦蓼（山蓼）

Polygonum jucundum Meisn.

一年生草本。茎直立，多分枝，无毛。叶椭圆状披针形，两面疏生硬伏毛或近无毛，顶端渐尖，基部楔形。总状花序呈穗状，顶生或腋生，苞片漏斗状，绿色，每苞内具3～5花；花被5深裂，花被片长圆形，雄蕊7～8；花柱3。瘦果卵形，具3棱，黑色，包于宿存花被内。花期8～9月，果期9～11月。

南昆山产于石河奇观，生于山坡草地、山谷路旁及沟边湿地。分布于我国长江以南地区及陕西、甘肃。

7. 酸模叶蓼（大马蓼、白辣蓼）

Polygonum lapathifolium L.

一年生草本。茎棕红色，无毛，节膨大；叶纸质，披针形或长圆状椭圆形，长7～15 cm，背面有腺点，全缘；叶柄被糙伏毛；托叶鞘状，无毛。穗状花序顶生或腋生，常直立；花萼淡绿色和粉红色，常4裂，具脉纹，无腺点；雄蕊6，花柱2。瘦果卵圆状双凸镜形，全部为宿存花萼所包围。花期5～7月。

南昆山产于下坪、七星湖，生于路边、沟边湿地上。分布几遍全国。东亚、南亚、东南亚及欧洲也有。果实为利尿药，主治水肿和疮毒；全草可制土农药。

8. 小蓼花（粗糙蓼）

Polygonum muricatum Meisn.

一年生草本。叶卵形，基部宽截形。总状花序呈穗状，极短，由数个穗状花序再组成圆锥状，花序梗密被短柔毛及稀疏的腺毛；苞片宽椭圆形或卵形，具缘毛，每苞片内具2朵花；花被5深裂，白色或淡紫红色。瘦果卵形，具3棱，黄褐色，包于宿存花被内。花期7～8月，果期9～10月。

南昆山产于上坪、中坪，生于水边、田边。分布几遍全国各地。朝鲜、日本、印度、尼泊尔、泰国也有。

9. 尼泊尔蓼

Polygonum nepalense Meisn.

一年生草本。茎匍匐至斜升。叶卵形或三角状卵形，顶端急尖，基部宽楔形，沿叶柄下延成翅，疏生黄色透明腺点。花序头状，顶生或腋生，基部常具1叶状总苞片，每苞内具1花；花被4裂，淡紫红色或白色。瘦果宽卵形，双凸镜状，黑色，密生洼点，包于宿存花被内。花期5～8月，果期7～10月。

南昆山产于上坪，生山坡草地、山谷路旁，除新疆外，全国各地均有分布。亚洲及非洲也有。

10. 杠板归

Polygonum perfoliatum L.

多年生攀缘草本。茎具倒钩刺的棱，叶薄纸质或近膜质，三角形，长2～10 cm，边缘和下面脉上常有小钩刺；叶柄盾状生，有倒钩刺；托叶叶状。花白色或青紫色，组成短总状花序，腋生；苞片膜质；花萼5裂。瘦果近球形，全部包藏于多少肉质的花萼内。花期夏秋间。

南昆山产于上坪，生于路旁、水旁潮湿荒地上。分布几遍全国。东亚、南亚、东南亚和俄罗斯也有。全草药用，有清热解毒、消肿、杀虫之效，治泻痢、痔疮、蛇伤等。

11. 腋花蓼（习见蓼、铁马鞭）

Polygonum plebeium R. Br.

一年生草本。叶线形、狭长圆形或稍匙形，长6～18 mm；叶柄极短；托叶鞘状，边缘撕裂状。花3～6朵簇生于叶腋内；花萼紫色或绿色，全缘；雄蕊5枚。瘦果三角形。花期5～8月；果期6～9月。

南昆山产于上坪，生于旷野、耕地、路旁及水旁潮湿草地。除西藏外，分布几遍全国各地。广布东半球热带和亚热带。全草药用，清热利尿、解毒驱虫，治泌尿系感染、结石等。

12. 伏毛蓼（短毛蓼）

Polygonum pubescens Bl.

一年生草本。茎直立，分枝少，有倒生钩刺；叶长圆形或长圆状披针形，长6～9 cm，两面密被腺点和平伏毛，正面中部常有黑色斑点；托叶鞘筒形，被平伏粗毛，边缘具粗缘毛；穗状花序顶生，花疏，下垂；花被5深裂，密被腺点，上部浅红色；瘦果三棱形，具条纹。花期8～9月；果期8～10月。

南昆山产于天堂顶，生于山谷溪旁及疏林下。分布于我国华南及华中地区。全球温带和亚热带地区广布。

13. 戟叶蓼

Polygonum thunbergii Sieb. et Zucc.

一年生草本。茎直立或上升，具纵棱，沿棱具倒生皮刺，节部生根；叶戟形，卵形，叶柄具倒生皮刺，通常具狭翅；托叶鞘膜质，边缘具叶状翅；花序头状，顶生或腋生，分枝，花序梗具腺毛及短柔毛；花被5深裂，淡红色或白色，花被片椭圆形；瘦果宽卵形，具3棱，黄褐色，无光泽。花期7～9月；果期8～10月。

南昆山产于天堂顶，生于山谷湿地、山坡草丛。分布几遍全国各地。分布于我国东亚、欧洲。

5. 虎杖属 Reynoutria Houtt.

多年生草本；茎直立，中空。叶互生，卵形或卵状椭圆形，全缘，具叶柄；托叶鞘偏斜，早落。花序圆锥状，腋生；花单性，雌雄异株，花萼5深裂；雄蕊6～8枚；花柱3枚。瘦果卵形，具3棱。

南昆山1种。

1. 虎杖（大叶蛇总管、酸筒梗）

Reynoutria japonica Houtt.

多年生草本或亚灌木状。茎直立，中空；叶卵形或卵状椭圆形，长6～12 cm；托叶鞘膜质；花单性，雌雄异株，组成腋生的圆锥花序；花萼5深裂，外轮3片在果时增大，背部有翅。瘦果椭圆形，有3棱，黑褐色。花期9～10月。

南昆山产于横坑，生于山坡、路旁、田边潮湿草地上。分布于我国华南、华中、华东、西南及西北地区。东亚也有。根状茎药用，可活血散瘀、祛风解毒、消炎止痛。

6. 酸模属 Rumex L.

一年生或多年生草本，稀呈亚灌木状。叶茎生或基生，具早落的膜质托叶鞘。花两性，稀单性异株，常排成圆锥花序；花萼6深裂；雄蕊6枚；子房三菱形，有基生的胚珠1颗，花柱3枚，柱头多次深裂为丝状或流苏状。瘦果包藏于增大的内轮花被内。

南昆山5种。

1. 多年生草本，花单性，雌雄异株；叶基部箭形……………………………………………… 1. 酸模 R. acetosa
1. 一年生草本，花两性；叶基部非箭形。
  2. 内花被片果时，边缘具刺状齿或针刺。
    3. 内花被片果时三角状卵形，边缘具刺状齿……………………………………… 2. 齿果酸模 R. dentatus
    3. 内花被片果时狭三角形，边缘具针刺。
      4. 每侧具2～4个针刺，长2～2.5 mm……………………………………… 3. 假波菜 R. maritimus
      4. 每侧具1个针刺，长3～4 mm… 5. 长刺酸模 R. trisetifer
  2. 内花被片果时，边缘全缘……… 4. 小果酸模 R. microcarpus

1. 酸模

Rumex acetosa L.

多年生草本。茎直立，中空，不分枝，无毛；基生叶及茎下部叶箭形，长3～12 cm；基生叶具长柄，茎上部叶较小，具短柄或近无柄；花单性，雌雄异株；花萼裂片6，红色；雄蕊6，柱头3，紫红色；瘦果椭圆形，具3锐棱。花期3～4月；果期6～8月。

南昆山产于石河奇观，生于沟边、潮湿的草地等地。我国大部分地区有分布。东亚、南亚、欧洲及美洲也有。全草供药用，有凉血、解毒之效；嫩茎、叶可作蔬菜及饲料。

一年生草本。茎直立，自基部分枝，枝具浅沟槽。叶长圆形或长椭圆形，边缘浅波状。花序总状，顶生和腋生，由数个再组成圆锥状花序；花梗中下部具关节；外花被片椭圆形；内花被片果时增大，三角状卵形，顶端急尖，基部近圆形。瘦果卵形，具3锐棱，黄褐色，有光泽。花期5～6月，果期6～7月。

南昆山产于下坪，七星湖，生沟边湿地、山坡路旁。分布几遍全国。尼泊尔、印度、阿富汗、哈萨克斯坦及欧洲东南部也有。

2. 齿果酸模

Rumex dentatus L.

3. 假波菜（刺酸模）

Rumex maritimus L.

一年生草本。茎中空；叶薄纸质，披针形至长圆形，长8～14 cm，全缘，无毛，近茎顶部的叶小，无叶柄；花两性，多朵簇生于叶腋，再组成总状花序；花萼绿色；瘦果三角形。花期5～6月；果期6～7月。

南昆山产于上坪，生于沟边、潮湿的草地。分布几遍全国各地。东亚、南亚、欧洲及北美也有。药用，可清热解毒、止血、杀虫；有微毒。

4. 小果酸模

Rumex microcarpus Campd.

一年生草本。茎直立，上部分枝，无毛，具浅沟槽。叶长椭圆形，顶端急尖或稍钝，基部楔形，边缘全缘。花序圆锥状，通常具叶；多花轮生，上部较紧密，下部稀疏，间断；花梗细长，近基部具关节；花被片6，2轮，黄绿色，外花被片披针状。瘦果卵形，具3锐棱，褐色，有光泽。花期4～6月，果期5～7月。

南昆山产于上坪，生河边、田边路旁、山谷湿地。分布于我国华南、贵州、云南、江苏、台湾、河北、辽宁等地区。孟加拉国、越南及印度也有。

5. 长刺酸模

Rumex trisetifer Stokes

一年生草本。根粗壮，红褐色；茎直立，褐色或红褐色，具沟槽，分枝开展。茎下部叶长圆形或披针状长圆形，边缘波状，茎上部的叶较小，狭披针形；花序总状，顶生和腋生，具叶，再组成大型圆锥状花序。花两性，多花轮生，上部较紧密，下部稀疏，间断；花被片6，2轮，黄绿色；瘦果椭圆形，具3锐棱，两端尖，黄褐色。花期5～6月；果期6～7月。

南昆山产于下坪、七星湖，生于田边湿地、水边、山坡草地。分布几遍全国各地。南亚、中南半岛、马来半岛也有。

59. 商陆科 Phytolaccaceae

草本或灌木，稀为乔木。直立，稀攀缘；植株通常不被毛。单叶互生，全缘，托叶无或细小。花小，两性或有时退化成单性(雌雄异株)，辐射对称，排列成总状花序或聚伞花序、圆锥花序、穗状花序，腋生或顶生；花被片4～5，叶状或花瓣状，在花蕾中覆瓦状排列，椭圆形或圆形，绿色或有时变色，宿存；雄蕊4～5或多数，花丝线形或钻状，花药背着，2室；子房上位，间或下位，心皮1至多数。果实肉质，浆果或核果，稀蒴果。

南昆山1属，2种。

1. 商陆属 Phytolacca Linn.

草本，常具肥大的肉质根，或为灌木，稀为乔木，直立，稀攀缘。茎、枝圆柱形，有沟槽或棱角，无毛或幼枝和花序被短柔毛。叶片卵形、椭圆形或披针形；无托叶。花通常两性，稀单性或雌雄异株，排成总状花序、聚伞圆锥花序或穗状花序，花序顶生或与叶对生；花被片5，辐射对称，长圆形至卵形，宿存；雄蕊6～33，花丝钻状或线形，花药长圆形或近圆形；子房近球形，上位，心皮5～16。浆果。

南昆山2种。

1. 花序直立，花多而密……………………………………1. 商陆P. acinosa
1. 花序下次，花较稀少………………………………2. 垂序商陆P. americana

1. 商陆

Phytolacca acinosa Roxb.

多年生草本。茎直立，圆柱形，有纵沟，绿色或红紫色，多分枝；叶片薄纸质，椭圆形，两面散生细小白色斑点，背面中脉凸起；总状花序顶生或与叶对生，圆柱状，直立，密生多花；花两性，花被片5，白色、黄绿色，花后常反折；果序直立；浆果扁球形，熟时黑色。花期5～8月；果期6～10月。

南昆山产于中坪，生于沟谷、山坡林下、路旁。分布于我国除东北、西北外的大部分地区。根入药，以白色肥大者为佳，红根有剧毒，仅供外用。也可作兽药及农药。

2. 垂序商陆（美洲商陆）

Phytolacca americana L.

多年生草本，茎直立，圆柱形，有时带紫红色。叶片椭圆状卵形或卵状披针形，顶端急尖，基部楔形。总状花序顶生或侧生，花白色，微带红晕，花被片5，雄蕊、心皮及花柱通常均为10，心皮合生。果序下垂；浆果扁球形，熟时紫黑色；种子肾圆形。花期6～8月，果期8～10月。

南昆山产于中坪、上坪横坑，生于路旁荒地。原产北美，引入栽培，现逸为野生，分布几遍全国各地。全草可作农药。

61. 藜科 Chenopodiaceae

一年生草本、半灌木、灌木，稀为多年生草本或小乔木。叶互生或对生，稀退化成鳞片状。花单被，罕无被；两性，稀杂性或单性；花被膜质、草质或肉质，覆瓦状排列；雄蕊着生于花被基部或花盘上；子房上位，1室，胚珠1。胞果常包藏于扩大的花被内。

南昆山1属，1种。

1. 藜属 Chenopodium L.

一年生或多年生草本。叶互生；叶片通常宽阔扁平。花两性或兼有雌性，无花梗，通常数花聚集成团伞花序，稀单生，并再排列成腋生或顶生的穗状、圆锥状或复二歧式聚伞状的花序；花被球形，绿色，5裂，稀3～4裂；雄蕊5或较少；子房球形，柱头2。胞果卵形、双凸镜形或扁球形。

南昆山1种。

1. 土荆芥（小荆芥）

Chenopodium ambrosioides L.

一年生或多年生草本。茎具棱角，揉之有强烈气味；叶长圆状披针形至披针形，边缘具稀疏大锯齿，下部的叶大，上部叶逐渐狭小而近全缘；花两性及雌性，通常3～5朵簇生于上部叶腋；花被绿色；雄蕊5，柱头3枚；胞果扁球形，完全包于花被内。花果期5～11月。

南昆山产于上坪，生于村边、路边、旷野。分布于我国华南、华中、华东及西南地区。原产热带美洲，现广布全球热带和温带地区。全草入药，治蛔虫病、钩虫病等。

63. 苋科 Amaranthaceae

一年生或多年生草本，稀攀缘藤本或灌木。叶互生或对生，全缘，少数具微齿，无托叶。花两性或单性同株或异株，或杂性，花簇生在叶腋内成穗状、头状、总状或圆锥花序；萼片3～5，干膜质或膜质；无花瓣；雄蕊与萼片同数且对生；子房上位，1室，胚珠1或多颗。胞果、小坚果，稀为浆果。

南昆山5属，9种。

1. 叶互生。
    2. 花两性；花丝基部连合成杯状 ………………… **4. 青箱属 Celosia**
    2. 花单性；花丝离生 ………………………………… **3. 苋属 Amaranthus**
1. 叶对生。
    3. 花2朵至多朵簇生胞腋，并伴有萼片变态成钩状芒刺的不育花 ………………………………………… **5. 杯苋属 Cyathula**
    3. 花单朵生于胞腋，无不育花。
        4. 茎方形；花排成穗状花序 ………… **1. 牛膝属 Achyranthes**
        4. 茎圆柱形；花排成头状花序 … **2. 莲子草属 Alternanthera**

1. 牛膝属 Achyranthes L.

草本或亚灌木。茎具膨大的节；叶对生，具柄。花两性，穗状花序顶生或腋生，花期直立，花后反折；苞片干膜质，小苞片有1长刺；花被片4～5；雄蕊5，稀4或2，花丝基部合生成浅杯状，花药2室；不育雄蕊舌状；子房1室，胚珠1颗；胞果成熟时不开裂。

南昆山3种。

1. 叶片倒卵形、椭圆形或矩圆形，退化雄蕊顶端有缘毛或细锯齿。
  2. 穗状花序顶生，长10～30 cm……………1. 土牛膝A. aspera
  2. 穗状花序顶生或腋生，长3～5 cm………2. 牛膝A. bidentata
1. 叶片披针形或宽披针形，退化雄蕊顶端有不明显齿……………………………………………………………3. 柳叶牛膝A. longifolia

1. 土牛膝

Achyranthes aspera L.

多年生草本。茎四棱形；叶宽卵状倒卵形或椭圆状长圆形，长1.5～7 cm，顶端圆钝，具凸尖，全缘或波状，两面密被柔毛。穗状花序顶生，长10～30 cm；小苞片刺状；雄蕊5，退化雄蕊顶端具流苏状长缘毛；胞果卵形，种子卵形。花期6～8月；果期约10月。

南昆山各地常见，生于村边或低地灌丛中。分布于我国华南、华中及华东地区。亚洲西南部至东南部也有。根药用，有清热解毒、活血通经、祛风止痛等功效。

2. 牛膝(白牛膝)

Achyranthes bidentata Bl.

多年生草本。茎具棱角或四方形，被白色柔毛，分枝对生；叶椭圆形或椭圆状披针形，长4.5～12 cm，顶端尾尖，两面被柔毛。穗状花序顶生或腋生，长3～5 cm；小苞片刺状，基部有膜质小裂片；退化雄蕊顶端平圆；胞果长圆形；种子长圆形。花期7～9月；果期9～10月。

南昆山产于上坪村、天堂顶，生于村旁或疏林下。除东北外，广布我国各地。亚洲东南部和非洲也有。根药用，能活血通经、舒筋活络；全草可提取脱皮激素。

3. 柳叶牛膝

Achyranthes longifolia (Makino) Makino

多年生草本。茎具棱角或四方形，被白色柔毛，分枝对生。叶片披针形或宽披针形，长10～20 cm，宽2～5 cm，顶端尾尖；小苞片针状，长3.5 mm，基部有2耳状薄片，仅有缘毛；退化雄蕊方形，顶端有不显明牙齿。花果期9～11月。

南昆山产于上坪生于村边荒地。分布于我国华中、西南地区及广东。日本也有。药效和牛膝同。

2. 莲子草属 Alternanthera Forsk.

匍匐或上升草本，茎多分枝。叶对生，全缘。花两性，白色，头状花序，具总花梗或无；苞片及小苞片干膜质，宿存；花被片5，干膜质，常不等；雄蕊2～5，花丝基部合生成管状或短杯状，花药1室；退化雄蕊全缘。胞果球形或卵形；种子双凸。

南昆山2种。

1. 茎四棱形，中空 ······················ 1. 喜旱莲子草 A. philoxeroides
1. 茎非四棱形，实心 ································· 2. 虾钳菜 A. sessilis

1. 喜旱莲子草

Alternanthera philoxeroides (Mart.) Griseb.

多年生草本。茎稍四棱形，中空，嫩茎被柔毛；叶长圆形或长倒卵形，长2.5～5 cm，两面无毛或正面被贴生毛；头状花序白色，腋生；苞片卵形，小苞片披针形；萼片长圆形；雄蕊5；胞果不能成熟。花期4～12月。

南昆山产于下坪，生于水沟边或路旁湿地上。分布于我国华南、华中、华东、华北地区，由栽培逸为野生。原产巴西。全草药用，可清热利水、凉血解毒；可作猪饲料。

2. 虾钳菜（莲子草）

Alternanthera sessilis (L.) R. Br. ex DC.

多年生草本。茎匍匐或上升；叶条状披针形至卵状长圆形，长2～8 cm，宽0.4～2 cm，全缘或有不明显锯齿；头状花序1～4个腋生，无总花梗；苞片披针形，白色；花被片白色，卵形；雄蕊3，退化雄蕊三角状钻形；胞果倒心形，翅状，包在宿存花被片内；种子卵球形。花期5～7月；果期7～9月。

南昆山产于中坪，生于沟边或湿地上。分布于我国华南至华东各地。亚洲西南至东南部也有。全草入药，可散瘀消毒、清火退热；嫩叶作为野菜食用，也可作饲料。

3. 苋属 Amaranthus L.

年生草本；茎直立或伏卧。叶互生。花单性，雌雄同株或异株，或杂性，簇生于叶腋或组成直立或下垂、稠密或疏散的圆锥花序或穗状花序；苞片1，小苞片2，干膜质；花被片5，有时1～4，薄膜质；雄蕊5，稀1～4，无退化雄蕊。胞果球形或卵形。

南昆山3种。

1. 叶腋有2刺；苞片常呈刺状 ······················ 2. 刺苋 A. spinosus
1. 叶腋无刺；苞片不呈刺状。

2. 茎通常伏卧上升，自基部分枝；果皮近平滑……………………………………………………………………………………1. 凹头苋A. blitum

2. 茎通常直立，稍分枝；果皮皱缩……………3. 野苋A. viridis

1. 凹头苋

Amaranthus blitum L. [*A. lividus* L.]

一年生草本，全体无毛。叶卵形或菱状卵形，长1.5～4.5 cm，顶端凹缺，有1芒尖。花簇生叶腋，在茎端和枝端排成直立穗状或圆锥花序；苞片和小苞片卵形；花被片淡绿色，长圆形或披针形；雄蕊比花被片稍短；胞果扁卵形，不裂；种子环形。花期7～8月；果期8～9月。

南昆山产于下坪，生于路旁、村旁附近的杂草地上。除西北部干旱地区外，全国广布。东亚、欧洲、非洲、南美洲也有。嫩茎叶可食用或作饲料；全草入药，用作止痛、利尿、解热剂。

2. 刺苋

Amaranthus spinosus L.

一年生草本。茎直立，圆柱形或钝棱形，多分枝。叶菱状卵形或卵状披针形，长3～12 cm，全缘；叶柄两侧有2刺。圆锥花序腋生及顶生；苞片在腋生花簇及顶生花穗的基部者变成尖锐直刺；花被绿色，顶端具凸尖；胞果椭圆形；种子近球形。花果期7～10月。

南昆山产于上坪、下坪，生于村边或旷野。分布于我国华南、华中、华东及西北地区。亚洲、美洲也有。嫩茎叶可食；全草药用，可清热解毒、消肿。

3. 野苋（皱果苋、绿苋）

Amaranthus viridis L.

一年生草本，全体无毛。茎直立，具不明显棱角；叶卵形、卵状长圆形或卵状椭圆形，长3～9 cm，具1芒尖，全缘或呈波状缘；圆锥花序顶生；苞片和小苞片卵状披针形；花被片长圆形或倒披针形。胞果扁球形，绿色；种子近球形。花期6～8月；果期8～10月。

南昆山产于下坪、中坪和上坪，生于旷野或村旁。分布于我国东部及南部各地区。世界温带至热带地区广布。嫩茎叶可作野菜，也可作饲料；全草入药，有清热解毒、利尿止痛的效用。

4. 青葙属 Celosia L.

一年生或多年生草本、亚灌木或灌木。叶互生，卵形至条形。花顶生或腋生、排列成密集或间断的穗状花序或圆锥花序；花被片5枚，干膜质；雄蕊5枚；子房1室，具2至多数胚珠。胞果卵形或球形；种子凸镜状肾形。

南昆山1种。

1. 青葙（野鸡冠、狗尾苋）

Celosia argentea L.

一年生草本，无毛。茎直立，有分枝；叶长圆状披针形至披针状条形，长5～8 cm；花多数，在茎端或枝端成单一、无分枝的塔状或圆柱状穗状花序；花被片初为白色，顶端红色，或全部粉红色，后成白色；胞果卵形；种子凸透镜状肾形。花果期5～10月。

南昆山产于上坪，生于旷地上。全国广布。亚洲、欧洲及非洲广布。种子药用，清热明目；花序经久不凋，可供观赏；全株可作饲料。

5. 杯苋属 Cyathula Bl.

草本或亚灌木。叶对生。花多朵簇生成丛，并排成总状花序或头状花序，每个花簇具1～3朵两性花和2至数朵不育花；两性花：萼片5；雄蕊5枚，花丝基部合生成浅杯状；不育雄蕊齿状或椭圆形；子房倒卵形；不育花萼片变态成硬钩状芒刺。胞果不开裂；种子长圆形或椭圆状。

南昆山1种。

1. 杯苋

Cyathula prostrata (L.) Bl.

多年生草本。茎基部常匍匐，节上生根；叶菱状倒卵形或椭圆形，长1.5～6 cm；总状花序顶生或腋生；位于花序下部的花簇由2～3朵两性花和数朵不育花组成；花淡绿色，无花梗；萼片长圆形；不育花的萼片均变态为钩状芒刺；胞果球形。花果期6～11月。

南昆山产于上坪，生于旷地上。分布于我国华南、华东及西南地区。亚洲、非洲和大洋洲热带地区也有。全草药用，治跌打、驳骨。

69. 酢浆草科 Oxalidaceae

草本或亚灌木，稀乔木。叶互生，掌状复叶，稀羽状复叶，有时因小叶退化成单叶，小叶在晚上常下垂。花两性，单生或组成伞形花序，稀总状花序或聚伞花序；萼片5；花瓣5；雄蕊10，有时5枚无花药，花丝基部合生；子房上位，5室。蒴果或浆果。

南昆山2属，3种。

1. 乔木 ·· 1. 阳桃属 Averrhoa
1. 一年生或多年生草本 ································· 2. 酢浆草属 Oxalis

1. 阳桃属 Averrhoa L.

乔木。叶互生或近于对生，奇数羽状复叶，小叶全缘，无托叶。花小，微香，数朵至多朵组成聚伞花序或圆锥花序，自叶腋抽出，或着生于枝干上；萼片5，覆瓦状排列，基部合生，红色；花瓣5，白色，淡红色或紫红色，螺旋排列；雄蕊10枚；子房5室，花柱5。浆果肉质，下垂，有明显的3～6棱，通常5棱，横切面呈星芒状。

南昆山1种。

1. 阳桃*
Averrhoa caramobla L.

乔木。奇数羽状复叶，互生，小叶5～13片，全缘，卵形或椭圆形，表面深绿色，背面淡绿色；花小，微香，数朵至多朵组成聚伞花序或圆锥花序，花枝和花蕾深红色；萼片5，覆瓦状排列，基部合成细杯状，花瓣略向背面弯卷，背面淡紫红色，边缘色较淡，有时为粉红色或白色；浆果肉质，下垂，有5棱，很少6或3棱，横切面呈星芒状，长5～8 cm，淡绿色或蜡黄色，有时带暗红色；种子黑褐色。花期4～12月；果期7～12月。

南昆山产于下坪，生于路旁、疏林或庭园中。原产马来西亚、印度尼西亚，现广泛种植于热带各地。广东、海南、广西、福建等有栽培。著名热带亚热带水果。

2. 酢浆草属 Oxalis L.

一年生或多年生草本，有酸味。叶基生或互生，指状复叶，通常3小叶；小叶于黄昏后或天阴时下垂闭合。花1至数朵腋生；花萼与花瓣5；雄蕊10，分离或基部合生，长短各5；子房5室，花柱5，离生，宿存。蒴果，室背开裂。

南昆山2种。

1. 花黄色；有地上茎 ································ 1. 酢浆草 O. corniculata
1. 花紫红色；无地上茎 ························· 2. 红花酢浆草 O. corymbosa

1. 酢浆草
Oxalis corniculata L.

多年生草本，全株疏被柔毛。茎匍匐或直立，多分枝；叶基生或茎上互生，掌状复叶，3小叶；小叶倒心形，无柄；花1至数朵组成腋生的伞形花序；萼片5，被柔毛；花瓣5，黄色，

比萼片长；雄蕊10，5长5短；蒴果近圆柱形，具5棱。花果期2～10月。

南昆山产于佛坳至九重远眺，生于山坡草地、路边、荒地中。全国广布。亚洲温带、亚热带地区也有。全草入药，可解热、利尿、消肿散瘀。牛羊食其过多可中毒致死。

2. 红花酢浆草
Oxalis corymbosa DC.

多年生、直立草本。无地上茎，地下有球状鳞茎；叶基生；叶柄被毛；小叶3片，阔倒心形，长1～3 cm，两面有暗红色小腺体；伞房花序有等长于叶柄的总花梗，基生，被毛；萼片5，顶端有2枚小腺体；花瓣5，淡紫红色。蒴果角果状，被毛。花果期3～12月。

南昆山产于永汉至下坪途中，生于低海拔的耕地边、路边、荒地中。分布几遍全国。原产热带美洲。全草入药，可止血，治跌打损伤、赤白痢。

71. 凤仙花科 Balsaminaceae

一年或多年生草本，稀附生或亚灌木。茎常肉质；单叶互生、对生或近轮生。花两性，单生或数朵聚生，或排成总状或伞形花序；萼片3，稀5，背面倒置的1枚较大，花瓣状；花瓣5；雄蕊5，与花瓣互生，花药2室；雌蕊由4或5心皮组成；子房上位，4或5室，胚珠多数；蒴果，4～5爿弹裂，稀为浆果状核果。

南昆山1属，3种。

1. 凤仙花属 Impatiens L.

一年或多年生草本，稀附生或亚灌木。茎常肉质；单叶互生、对生或近轮生。花两性，两侧对称，单生或数朵聚生，或排成总状或伞形花序；花瓣5，背面4枚侧生的花瓣成对合生成翼瓣；雄蕊5，花药2室；雌蕊由4或5心皮组成；子房上位，5室，胚珠多数。蒴果，4～5爿弹裂。

南昆山3种。

1. 叶对生 ……………… 1. 华凤仙 I. chinensis
1. 叶互生。
  2. 花淡红色 ……………… 2. 绿萼凤仙花 I. chlorosepala
  2. 花黄色 ……………… 3. 管花凤仙 I. tubulosa

1. 华凤仙
Impatiens chinensis L.

一年生草本。叶对生，线状长圆形，长2～10 cm，边缘疏生小齿；叶脉不明显；近无叶柄；花单生或簇生于叶腋，粉红色或白色；唇瓣舟状，基部具长距，旗瓣圆形，翼瓣无柄；蒴果椭圆形。花期5～8月；果期8～10月。

南昆山产于上坪、佛坳，生于水田、水旁或沼泽地。分布于我国华南地区。南亚、东南亚、中南半岛也有。观赏。

2. 绿萼凤仙花
Impatiens chlorosepala Hand. -Mazz.

一年生草本。茎肉质，直立，无毛；叶常密集茎上部，互生；叶片膜质，长圆状卵形或披针形，长7～11 cm；边缘具圆

齿状齿，齿间具小尖，深绿色，无毛。总花梗生于上部叶腋，长于叶柄，具1～2花；花梗长10～15 mm，中部以上有苞片；苞片披针形或线状披针形。花大，淡红色；蒴果披针形；花期10～12月。

南昆山产于中坪、上坪，生于山谷水旁阴处或疏林溪旁。分布于我国华南及西南地区。治疥疮，用茎、叶外敷或外洗。

3. 管花凤仙

Impatiens tubulosa Hemsl.

一年生草本。茎较粗壮，肉质，直立，不分枝；叶互生，下部叶在花期凋落，上部叶常密集；叶片披针形或长圆状披针形；花黄色，侧生萼片4，外面2枚斜卵形，背面中肋具狭翅，内面2枚狭披针形或线状披针形；唇瓣囊状，口部略斜上，基部渐狭成长约20 mm上弯的距；旗瓣倒卵状椭圆形，背面中肋具绿色狭龙骨状突起；翼瓣具短柄，2裂；蒴果棒状。花期8～12月。

南昆山产于上坪三坑，生于林下或沟边阴湿处。分布于我国华南、华中及华东地区。观赏。

72. 千屈菜科 Lythraceae

草本、灌木或乔木。枝通常四棱形；叶常为对生。花单生、簇生或组成顶生或腋生的各种花序；花瓣与花萼裂片同数，但有时缺；雄蕊常为花瓣的倍数，生于萼管上；蒴果2～6室，成熟时开裂；种子多数，具翅或无翅。

南昆山4属，9种。

1. 乔木或灌木……………………………………3. 紫薇属 Lagerstroemia
1. 草本，罕为亚灌木。
  2. 花常6基数，花瓣明显；蒴果包藏于萼管内……………………………………2. 萼距花属 Cuphea
  2. 花常4～5基数，花瓣不明显或缺；蒴果突出于萼管外。
    3. 柱头头状；蒴果成熟时横裂或不规则周裂……………………………………1. 水苋菜属 Ammannia
    3. 柱头盘状；蒴果成熟时室间开裂为2～5瓣……………………………………4. 节节菜属 Rotala

1. 水苋菜属 Ammannia L.

一年生草本。茎直立，常具4棱；叶对生。花4基数，常组成腋生的聚伞花序，稀单生；苞片常为2枚；萼钟状，花后变为球形，4～6裂；雄蕊2～8枚；子房包藏于萼管内，常2～4室，柱头头状；蒴果膜质，下半部为萼管所包围，成熟时横裂或不规则周裂。

南昆山2种。

1. 花瓣4……………………………………1. 耳基水苋 A. auriculata
1. 花瓣无……………………………………2. 水苋菜 A. baccifera

1. 耳基水苋

Ammannia auriculata Willd. [*A. arenaria* H. B. K.]

直立草本。茎四棱形，无毛；叶对生，膜质，狭披针形，长2～7 cm，基部近心状耳形，半抱茎。花小，排成小型聚伞花序；萼钟形，裂片4，三角形；花瓣4，红色，早落或无；雄蕊4～8枚；蒴果扁球形，熟时紫红色。花果期8～12月。

南昆山产于下坪，生于水沟边或湿地上。分布于我国华中、华东、西北地区及广东、云南。全球热带广布。

2. 水苋菜

Ammannia baccifera L.

一年生直立草本，高7～30 cm。茎四棱形，常多分枝；叶对生或稍近对生，披针形、倒披针形或狭倒卵形；聚伞花序腋生，具短梗，有密集的花；花瓣无；雄蕊4枚；蒴果球形，熟时紫红色；种子多数，细小。

南昆山产于下坪，生于水沟边或湿地上。分布于我国华南、华中及西南地区。药用，可消瘀、止血和接骨。

2. 萼距花属 Cuphea Adans ex P. Br.

草本或亚灌木。叶对生或轮生，罕互生。花对生，单生或排成总状花序；花萼延长呈花冠状，基部有距；花瓣6；雄蕊11，稀9、6或4；子房上位，基部有腺体，具不等的2室，胚珠多数，柱头头状，2浅裂。蒴果长椭圆形，包藏于萼管内，侧裂。

南昆山1种。

1. 香膏萼距花

Cuphea balsamona Cham. et Schlecht.

一年生纤细草本。幼枝多被短腺毛；叶对生，披针形或狭椭圆形，长1～5 cm，幼时被粗伏毛；花单生；花萼在纵棱上被硬毛；花瓣6，蓝紫色或紫色，大小近似；雄蕊常11枚，内藏；蒴果长圆形。花期11月至翌年4月。

南昆山产于上坪横坑，生于水沟边或湿地。华南地区有栽培，已逸为野生。原产巴西及墨西哥。

3. 紫薇属 Lagerstroemia L.

常绿或落叶灌木或乔木。叶对生或近对生或上部互生，革质。花辐射对称，排成顶生或腋生的圆锥花序；花萼半球形，平滑或具棱或翅，5～9裂；花瓣通常6或与花萼裂片同数并与其互生；雄蕊6至多数；子房3～6室，柱头头状；蒴果木质，成熟时室背开裂为3～6果瓣；种子顶端具翅。

南昆山3种。

1. 落叶大乔木，花大……………………………2. 大叶紫薇 L. speciosa
1. 落叶小乔木或灌木，花小。
   2. 叶纸质，椭圆形或倒卵形…………………………1. 紫薇 L. indica
   2. 叶膜质，矩圆形，矩圆状披针形…3. 南紫薇 L. subcostata

1. 紫薇*

Lagerstromeia indica L.

落叶灌木或小乔木。树皮平滑，灰色或灰褐色；小枝纤细，具4棱，略成翅状。叶互生或有时对生，纸质，椭圆形或倒卵形；花淡红色或紫色、白色，常组成顶生圆锥花序；中轴及花梗均被柔毛；花瓣6，皱缩具长爪；蒴果椭圆状球形或阔椭圆形。花期6～9月；果期9～12月。

南昆山栽培于保护区管理处院内，半阴生，喜生于肥沃湿润的土壤上。全国均有栽培。常见庭园观赏树；木材坚硬、耐腐，可作农具、家具、建筑等用材；树皮、叶及花为强泻剂；根和树皮煎剂可治咯血、吐血、便血。

2. 大叶紫薇*

Lagerstromeia speciosa (L.) Pers

大乔木。树皮灰色，平滑；叶革质，矩圆状椭圆形或卵状椭圆形；花淡红色或紫色，顶生圆锥花序长15～25 cm，花轴、花梗及花萼外面均被黄褐色糠粃状的密毡毛；花萼有棱12条；花瓣6，近圆形至矩圆状倒卵形，几乎不皱缩，有短爪；蒴果球形至倒卵状矩圆形，褐灰色。花期5～7月；果期10～11月。

南昆山栽培于下坪。我国华南及华中有栽培。园林观赏。木材坚硬，常用于家具、舟车、桥梁、电杆、枕木及建筑等；树皮及叶药用，可作泻药。

3. 南紫薇

Lagerstromeia subcostata Koehne

落叶乔木或灌木。叶膜质，矩圆形，矩圆状披针形，稀卵形，中脉在正面略下陷，在背面凸起；花小，白色或玫瑰色，组成顶生圆锥花序，具灰褐色微柔毛，花密生；花萼有棱10～12条，5裂；花瓣6，皱缩，有爪；雄蕊15～30，着生于萼片或花瓣上；蒴果椭圆形，3～6瓣裂。花期6～8月；果期7～10月。

南昆山产于上坪至天堂顶途中，生于林缘、溪边。分布于我国华南、华中、华东、西南及西北地区。花供药用，有去毒消瘀之效。

4. 节节菜属 Rotala L.

多为一年生草本；茎直立，矮小。叶对生或轮生。花细小，辐射对称，花单生叶腋，或穗状或总状花序，顶生或腋生；萼管钟形至球形或壶形，3～6裂；花瓣3～6，或无；雄蕊1～6；子房2～5室，柱头盘状。蒴果不完全为宿存的萼管包围，2～5瓣裂。

南昆山3种。

1. 花萼裂片间具刚毛状附属物；花单生叶腋……………………………………………………1. 密花节节菜 R. densiflora
1. 花萼裂片间无附属物；花组成穗状花序。
   2. 叶片倒卵形；花序腋生……………………2. 节节菜 R. indica
   2. 叶片近圆形；花序顶生………3. 圆叶节节菜 R. rotundifolia

1. 密花节节菜

Rotala densiflora (Roth) Koehne

一年生草本。基部常伏地；茎分枝多，上部近4棱。叶近交互对生，长圆状椭圆形或披针形，长约12 mm；无柄；花无梗，单生叶腋；小苞片毛状；萼管初钟形，果时半球形，裂片5，罕3或4，裂片间有刚毛状附属物；花瓣5；雄蕊5，罕4或3。蒴果近球形，3瓣裂。花果期11月至翌年3月。

南昆山产于下坪，生于湿地上。分布于我国华南、华东及西南地区。南亚及非洲也有。

2. 节节菜

Rotala indica (Willd.) Koehne

一年生直立或披散草本，无毛。茎具不明显的4棱，下部匍匐；叶对生，倒卵形，长4～17 mm，边缘软骨质；无柄或近无柄；花小，穗状花序腋生，稀单生；花萼钟形，半透明，裂片4，狭三角形；花瓣4，淡红色；蒴果椭圆形，具浅棱，2瓣裂。花期12月至翌年4月。

南昆山产于下坪石河奇观、七星湖，生于水田或湿地上。分布于我国华南、华中、华东及西南地区。东亚、南亚及东南亚也有。

3. 圆叶节节菜

Rotala rotundifolia (Buch. -Ham. ex Roxb.) Koehne

一年生草本。茎下部匍匐于地上，生根；叶对生，圆形至长圆形，长5～20 mm；叶柄极短或无柄；花单生于苞腋内，再排成顶生穗状花序；萼管具裂齿；花瓣4，浅紫色，长为萼齿的2倍；雄蕊4，生于萼管的基部；蒴果近卵状，成熟时3～4瓣裂。花果期12月至翌年6月。

南昆山产于沙坑尾、下坪，生于水边或潮湿地上。分布于

我国华南、华中、华东及西南地区。东亚及东南亚也有。

75. 安石榴科 Punicaceae

落叶乔木或灌木；冬芽小，有2对鳞片。单叶，通常对生或簇生，有时呈螺旋状排列，无托叶。花顶生或近顶生，单生或几朵簇生或组成聚伞花序，两性，辐射对称；萼革质，萼管与子房贴生，近钟形，裂片5～9，镊合状排列，宿存；花瓣5～9，覆瓦状排列；雄蕊多数，花丝分离，花药背部着生，2室纵裂，子房下位或半下位，心皮多数。浆果球形。

南昆山1属，1种。

1. 安石榴属 Punica Linn.

属特征与科同

南昆山1种。

1. 安石榴*

Punica granatum Linn.

落叶灌木或乔木。叶通常对生，纸质，矩圆状披针形；花大，1～5朵生枝顶；萼筒长2～3 cm，通常红色或淡黄色，裂片略外展，卵状三角形，外面近顶端有1黄绿色腺体，边缘有小乳突；花瓣通常大，红色、黄色或白色，顶端圆形；浆果近球形，通常为淡黄褐色或淡黄绿色，有时白色，稀暗紫色。

南昆山产于下坪，我国南北都有栽培。原产巴尔干半岛至伊朗及其邻近地区。常见果树。果皮入药，称石榴皮，味酸涩，性温，功能涩肠止血，治慢性下痢及肠痔出血等症，根皮可驱绦虫和蛔虫。树皮、根皮和果皮均含多量鞣质，可提制栲胶。

77. 柳叶菜科 Onagraceae

一年或多年生草本、半灌木或灌木、少数为水生草本。叶互生或对生。花单朵腋生，或组成顶生或腋生的总状、穗状或圆锥花序状的聚伞花序。蒴果、浆果或坚果；种子多数或少数。

南昆山1属，4种。

1. 丁香蓼属 Ludwigia L.

直立或匍匐草本，多为水生植物，稀为灌木或小乔木。叶互生或对生。花单生叶腋，或数朵组成顶生聚伞花序；蒴果室被或室间开裂，或不规则开裂；种子多数。

南昆山4种。

1. 浮水、上升草本；花瓣白色，萼片5…1. 水龙 L. adscendens
1. 直立地生草本；花瓣黄色，萼片4。
    2. 多年生草本……3. 毛草龙 L. octovalvis
    2. 一年生直立草本
        3. 叶披针形至线形；蒴果近圆柱状，具8棱……2. 草龙 L. hyssopifolia
        3. 叶狭椭圆形；蒴果四棱形……4. 丁香蓼 L. prostrata

1. 水龙

Ludwigia adscendens (L.) Hara

多年生浮水或上升草本。浮水茎长2～3 cm，出水茎高达30 cm；叶倒卵形至倒卵状披针形，长3～6.5 cm；花单生于叶腋；花瓣5，倒卵形，乳白色；蒴果圆柱状，具10棱，不规则开裂；种子每室内单列。花期5～8月；果期8～11月。

南昆山产于下坪、七星湖，生于池塘、沼泽或阴湿地。分布于我国华南及西南地区。东南亚及大洋洲也有。全草药用，可清热、消炎、利尿，还可治蛇咬伤。

2. 草龙

Ludwigia hyssopifolia (G. Don) Exell

一年生直立草本。分枝多，具3～4棱；叶披针形至线形，长2～10 cm。花单生于叶腋；花瓣4，倒卵形或近椭圆形，黄色；萼片4；蒴果近圆柱状，具8棱，不规则开裂；种子在室内多列。花果期几全年。

南昆山产于中坪至上坪途中，生于水沟、河滩、潮湿地的向阳处。分布于我国华南、华东及西南地区。东南亚、大洋洲、非洲也有。药用，清热、消炎。

3. 毛草龙

Ludwigia octovalvis (Jacq.) Raven

多年生直立草本或半灌木状。常具棱；叶披针形，长4～12 cm；花单生叶腋；花瓣4，倒卵状楔形，黄色；萼片4；蒴果近圆柱状，具8棱，不规则开裂；种子在室内多列。花果期7～10月；果期8～11月。

南昆山产于下坪、上坪，生于沟边、潮湿地。分布于我国华南、华东及西南地区。广布热带及亚热带地区。

4. 丁香蓼

Ludwigia prostrata Roxb

一年生直立草本。茎下部圆柱状，上部四棱形，常淡红色，多分枝，小枝近水平开展；叶狭椭圆形；叶柄长5～18 mm，稍具翅；托叶几乎全退化。萼片4，三角状卵形至披针形，花瓣黄色，匙形；蒴果四棱形，淡褐色，无毛，熟时室背开裂。花期6～7月；果期8～9月。

南昆山产于下坪，生于荒地、路边。分布于我国华南及西南地区。

78. 小二仙草科 Haloragidaceae

水生或陆生草本。叶互生，对生或轮生，水生叶常为篦齿状分裂。花小，两性或单性，腋生、单生或簇生，或成顶生的穗状、圆锥、伞房花序。萼片2～4或缺；花瓣2～4，早落或缺；雄蕊2～8，排成2轮；子房下位，2～4室。坚果或核果，有时具翅，不开裂。

南昆山2属，3种。

1. 陆生植物；果不开裂……………………1. 小二仙草属Gonocarpus
1. 水生植物；果开裂……………………2. 狐尾藻属Myriophyllum

1. 小二仙草属 Gonocarpus Thunb.

陆生纤细草本，平卧或斜升。叶小，下部和嫩枝上的叶常对生，上部叶多互生；常沿叶柄下沿成棱，革质或薄革质。花小，两性；单生或簇生；成假二歧聚伞花序，多为总状花序或圆锥花序；具小苞片2枚，萼管圆柱形，萼片三角状，花瓣具爪。坚果，不开裂，具纵条纹；种子1～4。

南昆山2种。

1. 叶条状披针形至长圆形；花黄色……………………………………1. 黄花小二仙草G. chinensis
1. 叶卵形；花淡红色……………………2. 小二仙草G. micranthus

1. 黄花小二仙草

Gonocarpus chinensis (Loureiro) Orchard [*Haloragis chinensis* (Lour.) Merr.]

多年生草本。茎四棱；近直立或披散，多分枝。叶对生，条状披针形至长圆形，长1～3 cm。总状花序和穗状花序组成的圆锥花序；花两性，极小；花瓣4，黄色；坚果极小，近球形，长约1 mm，具8纵棱。花期5～8月；果期7～9月。

南昆山产于九重远眺，生于荒山草丛中。分布于我国东部至西南部各地区。东南亚及大洋洲也有。

2. 小二仙草

Gonocarpus micranthus Thunb. [*Haloragis micrantha* (Thunb.) R. Br. ex Sieb. et Zucc.]

多年生草本，高5～45 cm；直立或下部平卧。叶对生，具短柄，卵形或卵圆形，长6～17 mm；边缘具稀疏锯齿。顶生圆锥花序；花两性，极小，直径约1 mm；萼筒4深裂，宿存，裂片三角形；花瓣4，淡红色；坚果近球形，长0. 9～1 mm，有8纵棱。花期4～8月；果期5～10月。

南昆山产于佛坳，生于荒山草丛中。分布于我国华南、华东、华中、华北等地区。东亚、东南亚、大洋洲也有。药用，可清热解毒、利水除湿、散瘀消肿，治毒蛇咬伤。

2. 狐尾藻属 Myriophyllum L.

水生草本。叶互生或轮生，线形至卵形；全缘或有锯齿，多篦齿状分裂。花极小，生水中，单生叶腋或轮生，苞片2，全缘或分裂，常为单性同株或两性。雄花具小萼筒，先端2～4裂或全缘；花瓣2～4，雌花萼筒与子房合生，花瓣小，早落。果实小，坚果状，分裂成4果瓣；种子圆柱形。

南昆山2种。

1. 花生于茎顶端或叶腋中；雌花不具花瓣 ………………………………………… 1. 穗状狐尾藻 M. spicatum
1. 花生于叶腋中，雌花有小花瓣 ……2. 狐尾藻 M. verticillatum

1. 穗状狐尾藻

Myriophyllum spicatum L.

多年生沉水草本。茎圆柱形，多分枝。叶常5片轮生，长约3.5 cm，丝状全细裂；裂片细线形，叶柄极短。穗状花序，顶生或腋生，长6～10 cm；花两性、单性或杂性，雌雄同株，单生于苞片状叶腋内。果卵状椭圆形，具4纵沟。花期春秋季；果期4～9月。

南昆山产于石河奇观，生于池塘、河沟中。分布几遍全国。世界广布。

2. 狐尾藻

Myriophyllum verticillatum L.

多年生粗壮沉水草本。茎圆柱形，多分枝。叶通常4片轮生，或3～5片轮生，水中叶丝状全裂，无叶柄；裂片8-13对，互生，水上叶互生，披针形，鲜绿色，裂片较宽。花单性，雌雄同株或杂性、单生于水上叶腋内，每轮具4朵花，花无柄，比叶片短。果实广卵形，具4条浅槽，顶端具残存的萼片及花柱。

南昆山产于石河奇观、七星湖，生池塘、河沟、沼泽中。为世界广布种。

81. 瑞香科 Thymelaeaceae

乔木或灌木，稀为草本。单叶互生或对生，全缘，无托叶。花辐射对称，两性或单性，雌雄异株，排成顶生或腋生的头状、总状、圆锥状或穗状花序；花瓣缺或退化成鳞片状。果为核果、坚果、浆果或蒴果。

南昆山3属，6种。

1. 乔木；花瓣10，退化成鳞片状；蒴果，开裂 ……………………………………………………… 1. 沉香属Aquilaria
1. 灌木或亚灌木；无花瓣；浆果或核果，不开裂。
   2. 单叶互生；浆果 ……………………………… 2. 瑞香属Daphne
   2. 单叶对生；核果 ……………………………… 3. 荛花属Wikstroemia

1. 沉香属 Aquilaria Lam.

乔木。叶互生；花两性，伞形花序顶生或腋生；花萼钟状；花瓣10，退化成鳞片状；蒴果倒卵形，室背开裂；种子卵状或椭球形，基部延伸成尾状附属物。

南昆山1种。

1. 土沉香(白木香、女儿香)

Aquilaria sinensis (Lour.) Spreng.

常绿乔木。树皮暗灰色；叶近革质，卵形至椭圆形，长6～10 cm；花黄绿色，芳香；花萼钟状；花瓣10，退化成鳞片状。蒴果木质，倒卵形，被黄褐色短柔毛，成熟时裂成2瓣；种子1或2枚。花期4月；果期7月。

南昆山产于佛坳与增城大封门林场交界处，生于林中。分布于我国华南及华东地区。国家二级保护植物。庭园观赏；药用，治胃病。

2. 瑞香属 Daphne L.

落叶或常绿灌木。叶互生，稀对生；花常两性，稀单性，整齐，通常组成顶生头状花序，稀为圆锥、总状或穗状花序；无花瓣；浆果肉质或干燥革质，红或黄色；种子1颗。

南昆山2种。

1. 小枝灰褐色或灰黑红色，具毛 ……1. 长柱瑞香 D. championii

1. 小枝紫褐色或紫红色，通常无毛 ……2. 白瑞香 D. papyracea

1. 长柱瑞香

Daphne championii Benth.

常绿直立灌木。多分枝；枝纤细，圆柱形，具灰色丝状粗毛；叶互生，近纸质或膜质，椭圆形或近卵状椭圆形；叶柄短，密被白色丝状长粗毛；花白色，通常3～7朵组成头状花序，腋生或侧生；无苞片，无花梗；花萼筒筒状，外面贴生淡黄色或淡白色丝状绒毛，裂片4，广卵形。花期2～4月。

南昆山产于上坪横岗岐、竹坑嶂、中坪，生山地林缘。分布于我国华南、华中、华东及西南地区。茎皮纤维为打字蜡纸、复写纸等高级用纸原料，又可作人造棉。

2. 白瑞香

Daphne papyracea Wall. ex Steud.

常绿灌木，高1～1.5 m。叶互生，膜质或纸质，长椭圆形或长圆状披针形，长6～16 cm；花白色，多花簇生于小枝顶端成头状花序；浆果红色，卵形或倒梨形，长0.8～1 cm；种子圆球形。花期11月至翌年1月；果期4～5月。

南昆山产于天堂顶，生于林中。分布于我国华南、华中及西南地区。南亚也有。

3. 荛花属 Wikstroemia Endl.

灌木或亚灌木。单叶对生；花两性，排成顶生或腋生的总状、圆锥、穗状或头状花序；花萼管状或漏斗状；无花瓣。核果卵状；种子椭球形。

南昆山3种。

1. 花黄带紫色或淡红色……………………2. 北江荛花W. monnula
1. 花黄绿色。
  2. 叶纸质或近革质，长椭圆形、卵形或倒卵形……………………………………………………1. 了哥王W. indica
  2. 叶膜质至纸质，卵状椭圆形至卵状披针形……………………………………………………3. 细轴荛花W. nutans

1. 了哥王

Wikstroemia indica (L.) C. A. Mey.

灌木。小枝红褐色；叶对生，纸质或近革质，长椭圆形、卵形或倒卵形，长1.5～3.5 cm；花黄绿色，组成顶生的总状花序；花萼管状；花瓣缺。核果椭圆形，长6～9 mm，成熟时黄至红色；种子近球形，白色。花果期夏秋间。

南昆山产于上坪至天堂顶，生于山坡灌丛、路旁。分布于我国华南、华中、华东及西南地区。东南亚也有。全株有毒；可药用。

2. 北江荛花（山花皮、山棉皮）

Wikstroemia monnula Hance

灌木，高0.5～0.8 m。枝暗绿色，小枝被短柔毛。叶对生或近对生，纸质，卵状椭圆形至椭圆形或椭圆状披针形，长1～3.5 cm，宽0.5～1.5 cm；花细瘦，黄带紫色或淡红色；果卵圆形，基部为宿存花萼所包被。花果期4～8月。

南昆山产于上坪竹坑嶂、天堂顶、中坪尾至沙坑，生于山坡、灌丛中。分布于我国华南、华中及西南地区。韧皮纤维可作人造棉及高级纸的原料。

3. 细轴荛花

Wikstroemia nutans Champ. ex Benth.

灌木。高1～2 m，树皮暗褐色；叶对生，膜质至纸质，卵状椭圆形至卵状披针形，长3～8.5 cm；花黄绿色，4～8朵组成顶生近头状的总状花序；果椭圆形，长约7 mm，成熟时深红色。花期春季至初夏；果期夏秋间。

南昆山产于上坪竹坑嶂、佛坳，生于林缘。分布于我国华南、华中及华东地区。越南也有。药用，可祛风、散血、镇痛。

83. 紫茉莉科 Nyctaginaceae

草本、灌木或乔木，有时攀缘状。叶互生或对生，无托叶。聚伞花序；花辐射对称，两性，具有颜色的总苞；花萼花冠状，顶部3～5裂，花蕾时镊合状或折叠状排列，宿存而将果包围；花瓣缺；雄蕊1至多枚，花蕾时内卷，药2室，纵裂；子房上位，1室，有胚珠1颗；花柱1。瘦果。

南昆山1属，1种。

1. 紫茉莉属 Mirabilis Linn.

一年生或多年生草本。根肥粗，常呈倒圆锥形。单叶对生；花两性，1至数朵簇生枝端或腋生；每花基部包以1个5深裂的萼状总苞，裂片直立，渐尖，摺扇状；花被各色，花被筒伸长，顶端5裂；雄蕊5～6；子房卵球形或椭圆体形；花柱线形，柱头头状。果球形或倒卵球形。

南昆山1种。

1. 紫茉莉（地雷花）
Mirabilis jalapa Linn.

一年生草本。根肥粗，倒圆锥形，黑褐色；茎直立，圆柱形，多分枝，节稍膨大；叶片卵形或卵状三角形；叶柄长1～4 cm，上部叶几无柄；花常数朵簇生枝端；总苞钟形，5裂，裂片三角状卵形，果时宿存；花被紫红色、黄色、白色或杂色，高脚碟状，筒部长2～6 cm，5浅裂；花午后开放，有香气，次日午前凋萎；瘦果球形，革质，黑色，表面具皱纹，形似地雷。花期6～10月；果期8～11月。

南昆山产于上坪，生于村边、林缘。原产热带美洲。分布几遍全国各地，为观赏花卉，逸为野生。

84. 山龙眼科 Proteaceae

乔木或灌木，稀为多年生草本。叶互生，稀对生或轮生，全缘或有齿缺；花两性，稀单性，辐射或两侧对称，排成总状、穗状或头状花序，腋生或顶生；花被片4枚，花蕾时花被管细长，顶部球形、卵球形或椭圆状，开花时分离或花被管一侧开裂或下半部不裂；雄蕊4枚，着生花被片上；心皮1枚，子房上位，花柱细长，不分裂，顶部增粗，柱头小，顶生或侧生。蓇葖果、核果、坚果或蒴果；种子1至多颗。

南昆山1属，3种。

1. 山龙眼属 Helicia Lour.

乔木或灌木。叶互生，稀对生或轮生；全缘或边缘具齿。花两性，排成腋生的总状花序，辐射对称；花梗通常双生，分离或下半部彼此贴生；苞片卵状披针形至钻形，宿存或早落；花被管花蕾时直立，细长，顶部棒状至近球形，开花时花被片分离，外卷；雄蕊4枚，着生于花被片檐部，花柱细长，顶部棒状。坚果不开裂或不规则的开裂；种子1～2颗，近球形或半球形。

南昆山3种。

1. 果较小，果皮厚不及0.5 mm……………………1. 越南山龙眼 H. cochinchinensis
1. 果较大，果皮厚约1 mm。
    2. 叶两面网脉不明显；果近球形……………………2. 广东山龙眼 H. kwangtungensis
    2. 叶两面网脉明显；果椭圆状……3. 网脉山龙眼 H. reticulata

1. 越南山龙眼（小果山龙眼、小叶山龙眼）
Helicia cochinchinensis Lour.

乔木或灌木。树皮暗褐色。叶薄革质或纸质，长圆形至披针形，长5～15 cm。总状花序腋生，长8～20 cm，下部嫩叶具齿，老叶全缘。总状花序腋生，花梗双生，花被管白色或浅黄色。果椭圆状，长1～1.5 cm，蓝黑色或黑色，果皮厚不及0.5 mm。花期6～10月；果期11月至翌年3月。

南昆山产于天堂顶，生于林中。分布于我国华南、华东、华中及西南地区。东亚、东南亚也有。材用。

2. 广东山龙眼(瓜络木)

Helicia kwangtungensis W. T. Wang

乔木。树皮褐色；幼枝和幼叶被锈色短毛，成年后脱落，叶坚纸质或革质，长圆形、倒卵形或椭圆形，长10～26 cm，网脉不明显。总状花序腋生，长14～20 cm，花序轴和花梗密被褐色短毛，花被管长12～14 mm，淡黄色。果近球形，直径1.5～2.5 cm，黑色，果皮厚约1 mm。花期6～7月；果期10～12月。

南昆山产于上坪至天堂顶途中，生于林中。分布于我国华南、华东及华中地区。材用。

3. 网脉山龙眼

Helicia reticulata W. T. Wang.

乔木或灌木。树皮灰色；芽被褐色或锈色短毛，成年后无毛。叶革质，长圆形至倒披针形，长5～27 cm，边缘具疏生锯齿，网脉在叶两面明显。总状花序腋生；花被管白色或浅黄色。果椭圆状，长1.5～1.8 cm，直径约1.5 cm，果皮厚约1 mm。花期5～7月；果期10～12月。

南昆山产于竹坑嶂、天堂顶，生于林中。分布于我国华南、华中、华东及西南地区。材用，蜜源植物。

85. 第伦桃科 Dilleniaceae

直立木本或木质藤本，少数为草本。叶互生，具叶柄。花多两性，放射对称，偶为两侧对称，白或黄色，单生或排成总状、圆锥或岐伞花序。浆果或蓇葖果；种子1至多个；常有假种皮。

南昆山1属，1种。

1. 锡叶藤属 Tetracera L.

常绿木质藤本。单叶，互生，粗糙或平滑，边缘锯齿明显，具羽状脉。花两性，细小，放射对称或为圆锥花序；花瓣2～5片，白色。果实卵形；种子数个或1个。

南昆山1种。

1. 锡叶藤

Tetracera sarmentosa (L.) Vahl [*T. asiatica* (Lour.) Hoogl.]

常绿木质藤本。叶革质，粗糙，长4～12 cm。花两性，为侧生或顶生的圆锥花序；花瓣常3个，白色，卵圆形；果实长约1 cm，成熟时黄红色；种子1颗，黑色，基部有流苏状假种皮。花期4～5月。

南昆山产于天堂顶，生于林中。分布于我国华南地区。南亚、东南亚也有。叶粗糙，可以清洗锡器，故名“锡叶藤”。

88. 海桐花科 Pittosporaceae

常绿乔木或灌木。叶互生或偶对生，多革质，全缘；花通常两性，辐射对称，单生或为聚伞花序、伞形花序或圆锥花序；花瓣分离或联合；蒴果或为浆果；种子常多数。

南昆山1属，2种，1变种。

1. 海桐花属 Pittosporum Banks ex Gaertn.

常绿灌木或乔木。叶互生，全缘或有波状齿缺。花为顶生的圆锥花序或伞房花序，或单生叶腋内；萼片、花瓣和雄蕊均5枚。蒴果球形，木质或革质；种子藏于胶质或油质的果肉内。

南昆山2种，1变种。

1. 叶聚生于枝顶；果片革质……………1. 光叶海桐 P. glabratum
1. 叶散布于嫩枝上。
   2. 果片革质……………2. 狭叶海桐 P. glabratum var. neriifolium
   2. 果片木质……………3. 少花海桐 P. pauciflorum

1. 光叶海桐

Pittosporum glabratum Lindl.

常绿灌木，高2～3 m。叶聚生于枝顶，薄革质，窄矩圆形或倒披针形，长5～10 cm；伞形花序1～4枝簇生于枝顶叶腋；花瓣分离，倒披针形，长8～10 mm。蒴果椭圆形，果片革质；种子大，近圆形，红色。

南昆山产于上坪横坑、沙坑尾、锅盖顶、下坪燕坑口、石河奇观，生于林中。分布于我国华南、华中及西南地区。根药用，有镇痛功效。

2. 狭叶海桐

Pittosporum glabratum Lindl. var. **neriifolium** Rehd. et Wills

常绿灌木。嫩枝无毛，叶带状或狭窄披针形，长6～18 cm，或更长，宽1～2 cm，无毛，叶柄长5～12 mm；伞形花序顶生，有花多朵，花梗长约1 cm，有微毛，萼片长2 mm，有睫毛；花瓣长8～12 mm；雄蕊比花瓣短；子房无毛；蒴果。

南昆山产于中坪，生于山地、路旁疏林，分布于我国华南、华中及西南地区。根有消炎镇痛功效，全株入药，清热除湿。

3. 少花海桐

Pittosporum pauciflorum Hook. et Arn.

常绿灌木，高2～3 m。叶散布于嫩枝上，狭长圆形或狭倒披针形，长5～8 cm，宽1.5～2.5 cm；花黄绿色，3～5朵生于枝顶叶腋，呈假伞形状；蒴果椭圆形或卵形，果片木质；种子红色，稍压扁。

南昆山产于横岗岐、天堂顶，生于林中。分布于我国华南及华中地区。

93. 大风子科 Flacourtiaceae

灌木或乔木。稀有枝刺或皮刺。单叶，互生，极少对生或轮生；有时排成二列或螺旋式，全缘或有锯齿，多数在齿间有圆腺点，有时叶基或叶柄基部有腺点；托叶小，通常早落。花小，辐射对称，单性或两性，雌雄异株或杂株；花序有总状、伞房状、圆锥状；花萼通常2～6片，花瓣存或缺。蒴果或浆果；种子有假种皮，少数有翅。

南昆山3属，4种。

1. 花两性……………………………………………2. 莿柊属Scolopia
1. 花单性。
  2. 叶大型；掌状叶脉……………………………1. 山桐子属Idesia
  2. 叶小型，羽脉；子房1室……………………3. 柞木属Xylosma

1. 山桐子属Idesia Maxim

落叶乔木。单叶，互生，叶基部通常心形，边缘有粗的齿，光滑无毛，背面有白粉，通常5基出脉；叶柄细长，基部稍膨大，有腺体。花雌雄异株或杂株；单性，有芳香，花瓣缺，排列成顶生下垂的圆锥花序。浆果成熟期紫红色；种子红棕色，圆形。

单种属，南昆山1种。

1. 山桐子

Idesia polycarpa Maxim

种特征同属。花期4～5月；果熟期10～11月。

南昆山产于横坑桥旁，生于山坡、山洼等落叶阔叶林和针阔叶混交林中。分布于我国秦岭以南地区。朝鲜、日本的南部也有。材用；庭园观赏。

2. 莿柊属Scolopia Schreb.

灌木或小乔木，树干或枝条上有刺。单叶互生，革质，全缘或有齿；有时叶柄顶端有2个腺体；托叶极小，早落。花小，两性，排成顶生或腋生的总状花序；萼片4～6；覆瓦状排列，基部稍合生；花瓣与萼片同数而相似。浆果肉质，基部有宿存萼片、花瓣和雄蕊；种子2～4粒或多数。

南昆山1种。

1. 广东莿柊

Scolopia saeva (Hance) Hance

常绿小乔木或灌木；枝干有硬刺，幼枝无毛。叶革质，卵形至椭圆状披针形，长6～8 cm，先端渐尖，基部楔形，两侧无腺体。总状花序腋生或顶生；花小，花瓣5，萼片5。浆果红色；顶端有宿存花柱，基部有宿存的花被；种子卵状长圆形，有棱角。花期夏秋；果期秋冬。

南昆山产于天堂顶，生于林中。分布于我国华东及华南地区。越南也有。材用；庭园观赏。

3. 柞木属Xylosma G. Forster

灌木或小乔木，枝干上有刺。单叶互生，卵形或长椭圆状卵形，边缘有锯齿。花小，单性，雌雄异株，成极短的总状花序。浆果核果状，黑色；种子倒卵形。

南昆山2种。

1. 叶形变异较大，长4～8 cm……………………1. 柞木X. congesta
1. 叶长圆状披针形，长8～16 cm………2. 长叶柞木X. longifolia

1. 柞木

Xylosma congesta (Lour.) Merr. [*X. racemosum* (Sieb. et Zucc.) Miq.]

常绿乔木或灌木，常有刺。叶互生，叶形变异较大，无托叶，长4～8 cm。花单性，雌雄异株，总状花序腋生，长1～2 cm。浆果黑色，球形；种子少数，倒卵形，光滑。花期春季；果期冬季。

南昆山产于天堂顶，生于林中。分布于我国长江以南各地区。朝鲜、日本也有。材用；庭园观赏。

2. 长叶柞木

Xylosma longifolia Clos

常绿小乔木或大灌木。叶革质，长圆状披针形，长8～16 cm。花小，淡绿色，多数，总状花序，长1～2 cm。浆果球形，黑色；种子2～5粒。花期4～5月；果期6～10月。

南昆山产于九重远眺、天堂顶，生于林中。分布于我国华南、华东及西南地区。老挝、越南及印度也有。材用。

94. 天料木科 Samydaceae

乔木或灌木。叶互生，单叶，常有透明的腺点或腺条（照于光下可见）；托叶小或缺。花两性，辐射对称；花瓣与萼片同数或更多或缺，雄蕊少数至多数，退化雄蕊常具存。果蒴果状或不开裂。

南昆山2属，3种。

1. 花无花瓣……………………………………1. 嘉赐树属 Casearia
1. 花有花瓣……………………………………2. 天料木属 Homalium

1. 嘉赐树属 Casearia Jacq.

灌木或小乔木。单叶互生，常有透明腺点。托叶小，早落；花小，腋生，两性稀单性，形成团伞花序；花梗短，在基部以上有关节；萼片4～5片，覆瓦状排列；花瓣缺；蒴果肉质至革质，瓣裂；种子有槽纹，为假种皮包围。

南昆山2种。

1. 叶片背面和小枝无毛……………………………1. 嘉赐树 C. glomerata
1. 叶片背面和叶柄均被黄褐色长柔毛……2. 毛嘉赐树 C. velutina

1. 嘉赐树（球花脚骨脆）

Casearia glomerata Roxb.

灌木或小乔木。幼枝有柔毛，老枝无毛。叶薄革质，排成二列，长椭圆形，长8～10 cm；先端短渐尖，基部钝圆，稍偏斜，边缘具微波状小齿。花黄绿色，10朵以上形成团伞花序，腋生；雄蕊9～10枚。果椭圆形；种子多数，近卵形。花期8～10 月。

南昆山产于甘坑河旁，生于山坡疏林、灌丛中。分布于我国广东、广西及福建。越南也有。材用。

2. 毛嘉赐树（毛叶脚骨脆）

Casearia velutina Bl. [*C. balansae* Gagnep.]

小乔木。树皮灰黄色，幼枝密被锈色柔毛，老时脱落。叶厚纸质，长椭圆形，长10～20 cm，叶背密生黄褐色长柔毛。花淡绿色或黄绿色，数朵组成团伞花序。果实长椭圆形，无毛；种子数粒，淡黄色。花期4～5月；果期6月至翌年3月。

南昆山产于上坪，生于林中。分布于我国华南、华东及西南地区。越南也有。材用。

2. 天料木属 Homalium Jacq.

乔木或灌木。单叶互生，边缘有具腺体的钝齿，很少全缘。花两性，细小，排成腋生或顶生的总状花序或圆锥花序，很少单生，有时数朵簇生；花瓣与萼片同数；雄蕊1枚或成束与每一花瓣对生。蒴果革质；种子有棱。

南昆山1种。

1. 天料木

Homalium cochinchinense (Lour.) Druce

小乔木或灌木；树皮灰褐色或紫褐色；小枝圆柱形，幼时密被黄色短柔毛，老枝无毛，有明显纵棱。叶纸质，宽椭圆状长圆形至倒卵状长圆形，长6～15 cm。花多数，单个或簇生成总状花序；萼片线形或倒披针状线形；花瓣匙形，花丝长于花瓣。蒴果倒圆锥状。花期全年；果期9～12月。

南昆山产于上坪横岗岐、横坑，生于林中。分布于我国华南、华中及华东地区。越南也有。材用。

101. 西番莲科 Passifloraceae

藤本、灌木或乔木。单叶、稀为复叶，互生或近对生，全缘或分裂，具柄，常有腺体，通常具托叶。聚伞花序腋生，有时退化仅存1～2朵花；花辐射对称，两性、单性、罕有杂性；副花冠由1至数轮丝状体或鳞片状体或杯状体组成，常位于花冠与雄蕊间，很少不存在。蒴果或浆果；种子具囊状、常呈红色的假种皮。

南昆山1属，3种。

1. 西番莲属 Passiflora L.

多年生草质藤本。具腋生卷须。单叶，少有复叶，互生，偶有近对生，全缘或分裂，叶背面和叶柄通常有腺体；托叶线状或叶状，稀无托叶。聚伞花序，腋生；花大而美丽，两性；萼片5，花瓣状；副花冠发达，常由萼管喉部生出的丝状体或杯状体组成。浆果；假种皮肉质。

南昆山3种。

1. 叶2～3裂。
    2. 叶3深裂，有腺体 ······························ 1. 鸡蛋果 P. edulis
    2. 叶3浅裂，无腺体 ······························ 2. 龙珠果 P. foetida
1. 叶全缘 ······························ 3. 广东西番莲 P. kwangtungensis

1. 鸡蛋果*

Passiflora edulis Sims

草质藤本。叶纸质，基部楔形或心形，掌状3深裂，中间裂片卵形，两侧裂片卵状长圆形，近裂片缺弯的基部有1～2个杯状小腺体，无毛。聚伞花序，花芳香；萼片5枚；花瓣5枚，与萼片等长；外副花冠裂片4～5轮，外2轮裂片丝状，约与花瓣近等长，基部淡绿色，中部紫色，顶部白色；内副花冠非褶状，顶端全缘或为不规则撕裂状。浆果卵球形，无毛，熟时紫色；种子多数，卵形。花期6月；果期11月。

栽培于上坪，原产大小安的列斯群岛，现广植于热带和亚热带地区。果味甜可食，入药具有兴奋、强壮之效。种子榨油，可供食用和制皂、制油漆等。花大而美丽可作庭园观赏植物。

2. 龙珠果

Passiflora foetida L.

草质藤本，茎具条纹并被平展柔毛。叶膜质，阔卵形至长圆状卵形，长4.5～13 cm；先端3浅裂，基部心形，边缘呈不规则的波状；两面及叶柄均被丝状长伏毛。托叶半抱茎，深裂，裂片顶端具腺毛。聚伞花序退化仅存1花；花白或淡紫色；浆果卵圆形或球形。花期7～8月；果期翌年4～5月。

南昆山产于上坪，生于荒山草坡或灌丛中。分布于我国华南及西南地区。果味甜可食，可治猪、牛肺部疾病；叶外敷痈疮。

3. 广东西番莲

Passiflora kwangtungensis Merr.

草质藤本。叶膜质，互生，基部心形，全缘；基生三出脉，侧脉内弯；叶柄上部或近中部具2个盘状小腺体。花序无梗，有1～2朵花；花小形，白色；萼片5枚，膜质；花瓣5枚，与萼片近似，等大。浆果球形，无毛；种子多数，椭圆形，淡棕黄色，扁平，顶端具小尖头。花期3～5月；果期6～7月。

南昆山产于天堂顶，生于林边灌丛中。分布于我国广东、广西、江西。全草可解毒，除湿；用于痈疮肿毒，湿疹。

103. 葫芦科Cucurbitaceae

一年生或多年生攀缘或匍匐草质或木质藤本，稀木本，常有螺旋转卷须，卷须侧生叶柄基部，单一，或二至多歧。叶互生，单叶或有时为复叶，无托叶。花单性同株或异株，稀两性；单生或组成各种花序；辐射对称，有时近两侧对称；花萼辐状、钟状或管状，5裂，裂片覆瓦状排列或开放式；花冠插生于花萼筒的檐部，基部合生成筒状或钟状，或完全分离，5裂，裂片在芽中覆瓦状排列或内卷式镊合状排列，全缘或边缘成流苏状。果实常为肉质浆果状或果皮木质；种了多数，常藏于果瓤内或纤维内。

南昆山7属，11种，1变种。

1. 雄蕊合生。
  2. 所有雄蕊基部合生。
    3. 胚珠和种子多数……………………………1. 红瓜属Coccinia
    3. 胚珠和种子少数或1枚…………3. 绞股蓝属Gynostemma
  2. 雄蕊5，两两基部靠合，1枚分离………4. 罗汉果属Siraitia
1. 雄蕊分离。
  4. 花瓣边缘流苏状…………………………6. 栝楼属Trichosanthes
  4. 花瓣全缘，不成流苏状。
    5. 花药2个2室或1室。
      6. 花药2个1室，其余2室………2. 金瓜属 Gymnopetalum
      6. 花药2个2室，1个1室……………………5. 茅瓜属 Solena
    5. 花药全部2室…………………………………7. 马瓟儿属Zehneria

1. 红瓜属Coccinia Wight et Arn.

多年生草质藤本；有卷须。叶有角或分裂。花通常单性异株，单生或组成总状花序或聚伞花序；雄花：花冠钟形，裂片分裂至中部，雄蕊3枚；雌花：花萼和花冠与雄花相似。浆果长椭圆形，熟时鲜红色。

南昆山1种。

1. 红瓜

Coccinia grandis (L.)Voigt

多年生攀缘或平卧草本。多分枝，卷须纤细。单叶互生，叶片膜质至纸质，阔心形；长4～10 cm，常呈钝五角形或五浅裂，边缘具细的小齿。花单生叶腋，雌雄异株，雌雄花均单生，白色或稍带黄色。浆果卵状长圆形，成熟时深红色。花果期几全年。

南昆山产于上坪高盘头，生于山坡或灌丛。分布于我国华南地区及福建、云南。亚洲热带地区及非洲也有。全草用药。

2. 金瓜属 Gymnopetalum Arn.

攀缘藤本；植株被微柔毛或糙硬毛。叶片卵状心形，常呈5角形或3～5裂。雌雄同株或异株。雄花：生于总状花序或单生；花萼筒伸长，管状，上部膨大，5裂，裂片近钻形；花冠辐状，白色或黄色，5深裂，裂片长圆形或倒卵形；雄蕊3，着生在花被筒的中部；退化子房直立。雌花：单生，花萼和花冠同雄花；退化雄蕊3，线形；子房卵形或长圆形，3胎座。果实卵状长圆形，两端急尖，不开裂。

南昆山1种。

1. 金瓜

Gymnopetalum chinense (Lour.) Merr.

草质藤本；茎、枝纤细。叶片膜质，卵状心形，五角形或3～5中裂。雌雄同株。雄花单生或3～8朵生于总状花序上，花萼筒管状；花冠白色，裂片长圆状卵形；雄蕊3。雌花单生，子房长圆形。果实长圆状卵形，橙红色，具10条凸起的纵肋，两端急尖。花期7～9月，果期9～12月。

南昆山产于东江纵队遗址，生于海拔路旁、疏林及灌丛中。分布于我国华南及云南。越南、印度、马来西亚也有分布。

3. 绞股蓝属Gynostemma Bl.

多年生草质藤本，卷须2裂或很少不分枝。叶互生，鸟足状，具3～7小叶，很少单叶，小叶片卵状披针形。花小，单性异株，很少同株；花梗具关节，基部具小苞片；雄花：花萼筒短，5裂，裂片狭卵形；花冠辐状，淡绿色或白色，5深裂，雄蕊5，合生成柱；雌花：花萼与花冠同雄花；具退化雄蕊；子房球形。浆果球形，不开裂；种子1～3颗。

南昆山1种。

1. 绞股蓝

Gynostemma pentaphyllum (Thunb.) Makino

攀缘藤本；茎细弱，具分枝，具纵棱及槽。叶纸质或膜质；鸟足状，有3～9小叶，卵状长圆形或披针形。花雌雄异株，白色。浆果球形，直径5～10 mm；种子有小瘤点。花期6月至翌年2月；果期9～11月。

南昆山产于上坪，生于林中或灌丛中。分布于我国陕西南部至长江以南各地。亚洲南部、东部至东南部有分布。全草有清热解毒、止咳祛痰和强壮、抗衰老、抗疲劳等作用。

4. 罗汉果属Siraitia Merr

攀缘草本；根肥大，多年生。叶边缘有稀疏小齿；卷须分2叉，或极稀不分叉，在分叉点上下同时旋卷。雌雄异株。雄蕊3，药室S形折曲或弓曲。果实球形、扁球形或长圆形；果梗较粗壮。种子多数，水平生，近圆形或卵形。

南昆山1种。

1. 罗汉果

Siraitia grosvenorii (Swingle) C. Jeffrey ex Lu et Z. Y. Zhang

攀缘草本。叶片膜质，基部心形。雌雄异株，雄花序总状。种子多数，淡黄色，扁压状，基部钝圆。花期5～7月；果期7～9月。

南昆山产于天堂顶，东江纵队遗址旁，生于山坡林下及河边湿地、灌丛；分布于我国广东、广西、贵州、湖南和江西。果实入药，味甘甜，能润解肺燥。

5. 茅瓜属Solena Lour.

草质藤本；卷须不分枝。雌雄异株；雄花：雄蕊3枚，花药2个2室，1个1室；雌花：单生或组成少花、具长花梗的总状花序。浆果大，肉质，不开裂；种子膨胀，近球形。

南昆山1种。

1. 茅瓜

Solena amplexicaulis (Lam.) Gandhi

草质藤本，具成束的纺锤形块根。叶纸质或革质；叶卵形至卵状三角形，不分裂或3～5浅裂至深裂。雌雄异株；雄花：多数，组成具短总花梗的伞房花序；花冠黄色；雌花单生。果长圆形，成熟时红色；种子多数，卵形。花果期夏至冬季。

南昆山产于七星湖、下坪，生于山地林中或灌丛。分布于我国华南及西南地区。东南亚及西亚也有。果可食用；块根或全草可消肿拔毒、除痰散结，清肝利水。

6. 栝楼属 Trichosanthes L.

草质藤本。单叶互生，少为复叶；膜质、纸质或革质；全缘或3～9裂。花雌雄异株或同株，常呈白色；花冠有长流苏状细裂。果肉质，不开裂；种子多数。

南昆山4种，1变种。

1. 叶片通常密被短而直的茸毛，种子横长圆形或倒卵状三角形。
   2. 雄花苞片及花萼裂片均为线形，全缘，反折……………………………………………………1. 王瓜 T. cucumeroides
   2. 雄花苞片披针形或倒披针形，边缘具三角状齿……………………………………………………2. 全缘栝楼 T. ovigera
1. 叶片通常无密而短的茸毛，种子椭圆形、卵状椭圆形或长圆形。
   3. 单叶或趾状复叶，叶面常具圆糙点……………………………………………………3. 趾叶栝楼 T. pedata
   3. 单叶，表面通常平滑，无糙点。
      4. 叶片薄，裂片窄，卷须2～3歧……………………………………………………4. 中华栝楼 T. rosthornii
      4. 叶片厚，裂片宽，卷须4～6歧……………………5. 多卷须栝楼 T. rosthornii var. multicirrata

1. 王瓜

Trichosanthes cucumeroides (Ser.) Maxim.

多年生攀缘藤本。叶片纸质，常3～5浅裂至深裂，卷须二歧，被短柔毛。花雌雄异株。雄花组成总状花序，花萼筒喇叭形，花冠白色，裂片长圆状卵形，具极长的丝状流苏。雌花单生，子房长圆形，均密被短柔毛。果实卵圆形，成熟时橙红色，平滑，两端圆钝，具喙。花期5～8月；果期8～11月。

南昆山产于东江纵队遗址旁，生于山坡疏林中或灌丛中。分布于我国华南、华中、华东及西南地区。分布于日本。

2. 全缘栝楼（多型栝楼）

Trichosanthes ovigera Bl.

草质藤本。单叶互生；纸质；卵形或宽卵状心形，长7～22 cm。雄总状花序长2～20 cm；花冠白色，中部以上裂成流苏状；雌花单生。果熟时橙红色；种了近二角形。花果期夏秋季。

南昆山产于中坪、上坪天堂顶，生于山谷沟旁林中。分布于我国华南、华中及华东地区。东南亚、东亚、欧洲也有。

3. 趾叶栝楼（叉指叶栝楼）

Trichosanthes pedata Merr. et Chun

草质藤本；卷须二歧分枝。复叶叉指状5小叶，稀3小叶；纸质；边缘有疏离小齿。雄总状花序长8～19 cm；花冠白色。果球形，直径5～6 cm，平滑，橙红色；种子极多，卵形或倒卵形。花6～8月；果期7～12月。

南昆山产于中坪，生于林中或灌丛中。分布于我国华南地区。越南也有。庭园观赏。

4. 中华栝楼

Trichosanthes rosthornii Harms

攀缘藤本。叶片纸质，轮廓阔卵形至近圆形，3～7深裂，裂片线状披针形，叶基心形。卷须二至三歧。花雌雄异株。雄花单生或为总状花序；花萼筒狭喇叭形，花冠白色，裂片倒卵形，顶端具丝状长流苏。雌花单生，花萼筒圆筒形，裂片和花冠同雄花；子房椭圆形。果实球形或椭圆形。花期6～8月；果期8～10月。

南昆山产于下坪，生于山坡灌丛中及草丛中。分布于我国广东、江西、贵州、湖北、云南、四川、陕西和甘肃等省区。

5. 多卷须栝楼

Trichosanthes rosthornii Harms var. **multicirrata** (C. Y. Cheng et Yueh) S. K. Chen

攀缘藤本。叶片纸质，通常5深裂，叶基心形；花雌雄异株。种子卵状椭圆形，扁平，长15～18 mm，宽8～9 mm，厚2～3 mm，褐色，距边缘稍远处具一圈明显的棱线。花期6～8月；果期8～10月。

南昆山产于观音潭，生于山谷密林、山坡灌丛及草丛中。分布于我国广东、广西、贵州和四川。药用。

7. 马瓟儿属 Zehneria Endl.

草质藤本；卷须不分枝，稀2裂。单叶。雌雄同株或异株；雄花：花药3枚，全部2室；花冠全缘，黄色或黄白色；雌花单生或少数几多呈伞房状。浆果小，球形或纺锤形；种子椭圆形。

南昆山2种。

1. 雄花数朵生于短总花梗上；果柄短 ······ 1. 钮子瓜 Z. bodinieri
1. 雄花单生或数朵聚生于叶腋内；果柄长 ···· 2. 马瓟儿 Z. indica

1. 钮子瓜

Zehneria bodinieri (H. Léveillé) W. J. de Wilde & Duyfjes

草质藤本。叶膜质或纸质。雌雄同株；雄花数朵聚生于总花梗的顶端或组成短总状花序；花冠白色。浆果近球形或卵状长圆形，果柄长0.3～1.2 cm；种子多数。花期4～8月；果期8～11月。

南昆山产于天堂顶，生于林中或灌丛。分布于我国华南地区。东南亚及东亚也有。药用。

2. 马瓟儿(老鼠拉冬瓜)

Zehneria indica (Lour.) Keraudren

柔软草质藤本；卷须不分枝。叶薄纸质或膜质；三角状卵形，长和宽均2～10 cm；不裂或3裂。雌雄同株；花白色或黄色；单生或数个聚生于一叶腋内；花梗纤细。果卵形或椭圆形；果柄丝状，长1～4 cm。种子多数。花果期几乎全年。

南昆山产于下坪、中坪，生于山地或林缘。分布于我国华南、华中及华东地区。东南亚、东亚等地也有。果可食；根、茎、叶可清热利尿、拔毒消肿。

104. 秋海棠科 Begoniaceae

肉质草本或亚灌木。叶基部常歪斜，两侧不对称；托叶2，分离，早落。花单性，雌雄同株，辐射对称或两侧对称；雄花：花被片2～10；雌花：花被片2～8。蒴果或浆果，常具不等大3翅。

南昆山1属，3种。

1. 秋海棠属 Begonia L.

多年生肉质草本或亚灌木。叶基部常歪斜，两侧不对称；叶柄基部具托叶2枚，早落。花单性，雌雄同株。蒴果或浆果；种子微小，多数。

南昆山3种。

1. 叶背面紫色；地上茎近于无……1. 紫背天葵 B. fimbristipula
1. 叶背面不呈紫色；地上茎粗壮、直立，高15 cm以上。
    2. 蒴果无翅……………………2. 粗喙秋海棠 B. longifolia
    2. 蒴果具3翅……………………3. 裂叶秋海棠 B. palmata

1. 紫背天葵

Begonia fimbristipula Hance

多年生矮小草本；具球状块茎，地上茎短或近于无。通常具1片叶，圆心形或卵状心形，长3～15 cm；背面常带紫色，沿叶脉被粗毛。花茎纤细，红色，无毛；花淡红色，微香。蒴果三角形，有3枚不等大的翅。花期5～8月。

南昆山产于石河奇观，生于山谷阴湿石缝中。分布于我国华南地区及湖南、福建、贵州、云南。叶可做饮料，亦可药用，有清热解毒、润燥止咳的功效。

2. 粗喙秋海棠

Begonia longifolia Bl. [*B. crassirostris* Irmsch.]

直立草本，茎粗壮，高90～150 cm。叶互生，无毛，斜长圆形，长11～27 cm；基部心形，极偏斜。聚伞花序腋生；花白色。蒴果近球形，长达14 mm，无翅，顶端宿存花柱呈喙状。花期4～5月；果期10月开始。

南昆山产于下坪，生于林下阴湿处或山坡潮湿岩石上。分布于我国华南、华东及西南地区。观赏。不丹、印度东北部及东南亚也有。园林观赏。

3. 裂叶秋海棠

Begonia palmata D. Don

多年生草本，具粗长平卧的根状茎。茎直立或膝曲直立，高15～60 cm，多数被毛。叶互生，基部斜心形。聚伞花序腋生或顶生；总花梗密被锈色绵毛；花淡红色或白色。蒴果，具3翅，不等大。花期夏季。

南昆山产于上坪至天堂顶的路上、下坪石河奇观，生于林下或山谷阴湿处。分布于我国华南地区。园林观赏；药用。

106. 番木瓜科 Caricaceae

小乔木，具乳汁。叶具长柄，聚生于茎顶，掌状分裂，无托叶。雄花无柄，下垂圆锥花序；雄蕊10枚；雌花单生或数朵成伞房花序；子房上位，一室或具假膜而成5室，花柱5，极短或几无花柱。两性花，花冠管极短或长；雄蕊5～10枚。果为肉质浆果，通常较大。种子卵球形至椭圆形，胚乳含有油脂。

南昆山1属，1种。

1. 番木瓜属 Carica Linn.

小乔木或灌木；叶聚生于茎顶端，近盾形，各式锐裂至浅裂或掌状深裂，稀全缘。花单性或两性；子房无柄，1室，柱头5。浆果，种子多数，具假种皮，外种皮平滑多皱或具刺，胚包藏于肉质胚乳中，扁平，子叶长椭圆形。

南昆山1种。

1. 番木瓜*

Carica papaya L.

常绿软木质小乔木。叶大，近盾形，通常5～9深裂。雄花成圆锥花序，雌花单生或由数朵排列成伞房花序，两性花雄蕊5枚。浆果肉质，味香甜；种子多数，卵球形，成熟时黑色，外种皮肉质，内种皮木质，具皱纹。花果期全年。

南昆山栽培于下坪，原产热带美洲。我国华南地区广泛栽培。世界热带和较温暖的亚热带地区广植。果食用，为著名热带水果；种子可榨油；果和叶均可药用。

108. 茶科 Theaceae

乔木或灌木。叶革质，互生，羽状脉，全缘或有锯齿。花多两性，单生或数朵花簇生；萼片5至多数，脱落或宿存；花瓣5至多片，基部多连生，白色、黄色或红色；雄蕊多数，排成多列；果为蒴果或不开裂的核果和浆果状；种子圆形、多角形或扁平，有时具翅。

南昆山9属，40种，5变种。

1. 花较大，直径2～12 cm；子房上位；蒴果或核果；种子大。
  2. 萼片常多于5，宿存或脱落；花瓣5～14；种子大，无翅。
    3. 蒴果从上部开裂，中轴脱落……………3. 山茶属 Camellia
    3. 蒴果从茎部向上开裂，中轴宿存或为不开裂的核果……………………………………6. 核果茶属 Pyrenaria
  2. 萼片5数，宿存；花瓣5；种子小，有翅或无翅。
    4. 蒴果无中轴……………………………8. 紫茎属 Stewartia
    4. 蒴果有宿存中轴……………………………7. 木荷属 Schima

1. 花较小，直径小于2 cm；子房上位或半下位；浆果或闭果；种子多而小。
 5. 花单生于叶腋，两性，子房半下位。
  6. 花杂性，花药有短芒，子房上位……2. 茶梨属Anneslea
  6. 花两性，花药有长芒，子房半下位……………………9. 厚皮香属Ternstroemia
 5. 花数朵腋生，两性或单性。
  7. 花单性……………………5. 柃木属Eurya
  7. 花两性，花柄长1～3 cm。
   8. 顶芽有毛；花丝常合生……………1. 杨桐属Adinandra
   8. 顶芽无毛；花丝离生……………4. 红淡比属Cleyera

1. 杨桐属 Adinandra Jack

常绿乔木或灌木；顶芽有毛。单叶互生，二列，革质，有时纸质，常有腺点，或有茸毛突出边缘，全缘或有锯齿。花两性，腋生；花瓣5，白色。浆果，不开裂；种子多数。

南昆山1种，1变种。

1. 叶长圆形至椭圆状卵形，长9～13 cm……………………1. 尖叶川杨桐A. bockiana var. acutifolia
1. 叶长圆状椭圆形，长5～9 cm……………2. 杨桐A. millettii

1. 尖叶川杨桐

Adinandra bockiana Pritzel. ex Diels var. **acutifolia** (Hand. -Mazz.) Kobuski

灌木或小乔木。叶互生，革质，基部楔形，边全缘，干后多少反卷，正面亮绿色，无毛，背面淡绿色。花单朵腋生；花瓣5，白色(未开)。果圆球形，熟时紫黑色，无毛；种子多数，淡红褐色，有光泽。花期6～8月；果期9～11月。

南昆山产于中坪，生于山坡路旁灌丛中以及沟谷溪河边林缘稍阴湿地。分布于我国广东、广西、湖南、江西、福建等地。庭院观赏。

2. 杨桐

Adinandra millettii (Hook. et Arn.) Benth. et Hook. f. ex Hance

灌木或小乔木；嫩枝有短毛。叶革质，长圆形，长5～9 cm，正面发亮，背面初时有伏帖柔毛，后变秃，全缘。花单生叶腋，直径小于2 cm；萼片卵状披针形或卵状三角形，长7～8 mm；花瓣5，白色。果球形。花期5～7月；果期8～10月。

南昆山产于上坪，生于林下。分布于我国华南及华中地区。庭院观赏。

2. 茶梨属 Anneslea Wall.

常绿乔木或灌木。叶革质，常聚生于枝顶，互生，全缘，稀有齿突，具柄。花两性，生于枝顶叶腋；花瓣5，覆瓦状排列，基部稍连生。果不开裂或最后成不规则浆果状，近圆球形；种子具假种皮。

南昆山1种。

1. 红楣(茶梨)

Anneslea fragrans Wall.

常绿乔木。叶革质，椭圆形至狭椭圆形，长8～13(～15) cm，边缘稍反卷，背面密被红褐色腺点；中脉在正面稍凹，背面隆起，侧脉10～12对，不明显。花数朵至10多朵聚生枝端或叶腋；苞片2；萼片5，淡红色，宿存；花瓣5，基部连合。果实浆果状，革质，圆球形，直径2～3.5 cm。花期1～3月；果期8～9月。

南昆山产于下坪石河奇观，生于山坡沟谷林中。分布于我国华南地区。庭院观赏。

3. 山茶属 Camellia L.

灌木或乔木。叶常为革质，羽状脉，有锯齿。花两性，顶生或腋生，常为单生；花瓣5～12片，白色、红色或黄色。蒴果，3～5爿从上部开裂，果爿木质；种子圆球形。

南昆山14种。

1. 苞片未分化；花无柄。

2. 花丝离生，或基部稍连生，缺花丝管。
3. 花小；蒴果小。
4. 叶长2～6 cm ························ 1. 短柱茶C. brevistyla
4. 叶长5～7 cm ························ 8. 落瓣短柱茶C. kissi
3. 花大；蒴果大。
5. 叶椭圆形，长5～7 cm，蒴果大，3室························ 10. 油茶C. oleifera
5. 叶长圆形至披针形，果皮厚2～3 mm························ 6. 糙果茶C. furfuracea
2. 花丝连成短管，花瓣基部合生。
6. 子房被茸毛························ 7. 山茶C. japonica
6. 子房无毛························ 13. 广宁油茶C. semiserrata
1. 苞及萼明显分化；有花柄。
7. 果大，果皮较厚，有中轴。
8. 嫩枝及叶背面均无毛························ 14. 茶C. sinensis
8. 嫩枝或叶背面有毛························ 11. 毛叶茶C. ptilophylla
7. 果小，果皮薄，无中轴。
9. 花丝无毛，稀有毛。
10. 萼片背面有长绒毛或短柔毛························ 4. 贵州连蕊茶C. costei
10. 萼片背面无毛或仅有睫毛························ 5. 柃叶连蕊茶C. euryoides
9. 花丝稀离生，常被毛。
11. 萼片线状披针形，长1～1.5 cm························ 12. 柳叶毛蕊茶C. salicifolia
11. 萼片圆形或卵形，长2～5 mm。
12. 叶长圆状披针形，基部圆形，背面常有柔毛。
13. 叶长3～5 cm，宽1～1.3 cm························ 9. 广东毛蕊茶C. melliana
13. 叶长4～12 cm，宽2～3 cm························ 3. 心叶毛蕊茶C. cordifolia
12. 叶长圆形或长圆状披针形，基部楔形，背面无毛························ 2. 长尾毛蕊茶C. caudata

1. 短柱茶

Camellia brevistyla (Hayata) Cohen

灌木或小乔木。叶革质，狭椭圆形，基部阔楔形，正面深绿色，稍发亮，中脉有柔毛，背面浅绿色，无毛，边缘有钝锯齿。花白色，顶生或腋生；花瓣5片，阔倒卵形。蒴果圆球形，直径1 cm，有种子1粒。花期10月。

南昆山产于天堂顶，分布于我国广东、广西、福建、浙江、安徽、江西。庭院观赏。

2. 长尾毛蕊茶

Camellia caudata Wall.

灌木至小乔木；嫩枝有灰色柔毛。叶薄革质，长圆形或披针形，稀为椭圆形，长5～9 cm，基部楔形，边缘有细齿。花白色，有毛；苞片3～5，有毛；萼片5，近圆形，有毛。蒴果球形，直径1.2～1.5 cm；种子1颗。花期10月至翌年3月。

南昆山产于上坪至天堂顶途中，生于林下。分布于我国华南地区。印度、缅甸等地有分布。庭院观赏。

3. 心叶毛蕊茶

Camellia cordifolia (Metc.) Nakai

灌木至小乔木。叶披针形，厚革质，基部宽，背面仅有稀疏长毛。苞片4～5片，圆形；花瓣5，有毛，先端圆形。蒴果近球形，长1.4 cm，宽1 cm，2～3室，每室有种子1～3粒，种子小，果爿厚2 mm。花期10～12月。

南昆山产于大坑尾、天堂顶，生于山坡疏林中，分布于我国广东、广西、江西及台湾。

4. 贵州连蕊茶

Camellia costei Lévl.

灌木或小乔木。叶革质，长4～7 cm，宽1.3～2.6 cm，正面干后深绿色，发亮，背面浅绿色，侧脉约6对。花顶生及腋生；花萼萼片短小，长不过2.5 mm。蒴果圆球形，1室，有种子1粒，果爿薄，果柄长3～5 mm，宿存萼片最长2 mm。花期1～2月。

南昆山产于中坪，生于山地疏林中，分布于我国广东、广西、湖南、湖北、贵州。庭院观赏。

5. 柃叶连蕊茶

Camellia euryoides Lindl.

灌木至小乔木。叶薄革质，正面干后深绿色，有光泽，中脉有短毛，背面有稀疏长丝毛，侧脉不明显。花顶生及腋生，白色，无毛；花萼杯状，长2～2.5 mm，萼片5片。蒴果圆形，直径8～10 mm，3室。花期1～3月。

南昆山产于天堂顶，生于林下。分布于我国广东及江西。庭院观赏。

6. 糙果茶

Camellia furfuracea (Merr.) Coh. Stuart

灌木至小乔木，高2～6 m；嫩枝无毛。叶革质，长圆形或椭圆形，长8～15 cm；正面干后发亮，无毛；边缘有细锯齿。花1～2朵顶生或腋生，无柄，白色；花瓣7～8片，长1.5～2 cm，有毛。蒴果球形。

南昆山产于天堂顶、中坪、锅盖顶、下坪蕉坑口，生于林下。分布于我国华南地区。越南、老挝也有。庭院观赏；种子可榨油。

7. 山茶*

Camellia japonica L.

灌木或小乔木。叶基部阔楔形，正面深绿色，干后发亮，无毛，背面浅绿色，无毛，侧脉7～8对，在正背两面均能见。花顶生，红色，无柄。蒴果圆球形，直径2.5～3 cm，2～3室，每室有种子1～2个，3片裂开，果片厚木质。花期1～4月。

南昆山产于下坪，我国各地区广泛栽培。庭院观赏。

8. 落瓣短柱茶

Camellia kissi Wall.

灌木至小乔木。叶革质，正面干后深绿色，略有光泽，背面浅绿色，侧脉约7对，边缘密生锐利细锯齿。花白色，顶生或腋生，几无柄。蒴果梨形或近球形，两端略尖，3片裂开，种子每室1粒，中轴细长。花期11～12月。

南昆山产于石河奇观，生于林中。分布于我国云南、广西、广东及海南。中南半岛、不丹、尼泊尔、印度也有分布。

9. 广东毛蕊茶

Camellia melliana Hand. -Mazz.

灌木；嫩枝被长茸毛。叶薄革质，长圆形，长3～5 cm，基部圆形，正面中脉有毛，背面被长毛，边缘有细锯齿；侧脉在两面均不明显。花与叶芽同时开放，苞片4，被毛；萼片5，被毛；花瓣5～6，基部连生，背面有毛；花丝管长为雄蕊的2/3，游离花丝有毛；子房有毛。蒴果近球形；种子1颗。

南昆山产于上坪、中坪，生于疏林下或灌丛中。分布于我国广东。

10. 油茶

Camellia oleifera C. Abel

灌木至小乔木；嫩枝有长毛。叶革质，椭圆形或倒卵形，长4～7 cm；叶面发亮，背面中脉常有毛。花顶生，白色；花瓣5～7，长2.5～3 cm，被绢毛。蒴果球形，果爿木质。

南昆山产于中坪，生于林下。分布于我国长江以南地区。种子可榨油。

11. 毛叶茶

Camellia ptilophylla H. T. Chang

小乔木。叶薄革质，正面深绿色，干后无光泽，稍粗糙，背面干后灰褐色，边缘有细锯齿。花单生于枝顶。蒴果圆球形，直径2 cm，被毛，1室，有种子1粒，种子圆球形，直径1.7 cm；果爿3爿，果柄长1 cm。花期7～8月。

南昆山产于中坪，生于林中。南昆山特有种。俗称“白毛茶”，不含咖啡碱，含较高的可可碱。

12. 柳叶山茶（柳叶毛蕊茶）

Camellia salicifolia Champ. ex Benth.

灌木至小乔木；嫩枝有长毛。叶薄纸质，披针形，长6～10 cm，正面沿中脉有柔毛，背面有长丝毛，基部圆形，边缘有细锯齿。花白色，有毛；花瓣长1.5～2 cm，5～6片，基部连生，背面有长毛。蒴果近球形；种子1颗。花期8～11月。

南昆山产于上坪至天堂顶，生于林中。分布于我国华南地区。庭院观赏。

13. 广宁油茶（南山茶）

Camellia semiserrata Chi

小乔木。叶片椭圆形，边缘上半部有疏而锐利的锯齿，正面深绿色，干后浅绿色，稍暗晦。花顶生，红色；花大，苞及萼11片，花瓣7片。蒴果卵球形，3～5室，每室有种子1～3粒，果皮厚木质，表面红色，平滑，种子长2.5～4 cm。

南昆山产于中坪，生于山地。分布于我国广东西江一带及广西的东南部。庭院观赏；种子榨油，含油率30%，为优良食用油或制肥皂等工业用，油麸为良好肥料。

14. 茶

Camellia sinensis (L.) Kuntze

灌木或小乔木。叶革质，长4～12 cm，宽2～5 cm，基部楔形，正面发亮，背面无毛或初时有柔毛，边缘有锯齿。花1～3朵腋生，白色。蒴果3球形或1～2球形，高1.1～1.5 cm，每球有种子1～2粒。花期10月至翌年2月。

南昆山产于上坪、中坪，生于林下。分布于我国长江以南各省的山区。叶萃取作为精油成份。

4. 红淡比属 Cleyera Thunb.

灌木或小乔木；嫩枝及顶芽无毛，常有棱。叶革质，2列，通常全缘或有时具锯齿。花两性，腋生；花瓣5，白色，覆瓦状排列，基部稍连生。果浆果状，球形或长卵形。

南昆山2种。

1. 叶片较长，6～9 cm；萼片卵圆形或圆形，顶端钝……………………………………1. 红淡比 C. japonica
1. 叶片较短，3～5.5 cm；萼片卵状三角形，顶端锐尖……………………………………2. 小叶红淡比 C. parvifolia

1. 红淡比

Cleyera japonica Thunb.

灌木或小乔木；嫩枝有棱，无毛，顶芽秃净。叶革质，长圆形，长6～9 cm，正面发亮，背面无毛，全缘。花1～2朵腋生，有时5～6朵生于叶腋短枝上；苞片2，早落；花瓣白色。浆果球形，直径6～7 mm。花期5～6月；果期10～11月

南昆山产于中坪尾至中坪，生于林中。分布于我国华南及华东地区。庭院观赏。

2. 小叶红淡比

Cleyera parvifolia (Kobuski) Hu ex L. K. Ling

灌木或小乔木，高2～5 m；全株无毛；嫩枝红褐色，具明显2棱。叶革质，椭圆形，长3～5.5 cm；全缘。花通常单朵生于叶腋；花梗长5～8 mm；苞片2，早落；花瓣5。果实圆球形；种子黑色，有光泽。花期4～5月；果期8～11月。

南昆山产于上坪、天堂顶，生于山地林中。分布于我国广东、台湾。庭院观赏。

5. 柃木属 Eurya Thunb.

灌木或小乔木。叶革质至几膜质，常排成二列，常有锯齿。花小，一至数朵腋生；单性，雌雄异株；苞片2，常贴于萼片下；萼片5，宿存；花瓣5，白色。果浆果状；种子黑褐色。

南昆山14种，3变种。

1. 花药具分格；子房被柔毛或无毛。
  2. 子房和果实均被柔毛，至少子房初时被疏柔毛。
    3. 萼片圆形，膜质或近膜质……………………………………1. 尖叶毛柃 E. acuminatissima
    3. 萼片卵形，革质。
      4. 花柱5枚……………………………………6. 华南毛柃 E. ciliata
      4. 花柱3枚。
        5. 雄蕊15～18枚……………7. 二列叶柃 E. distichophylla
        5. 雄蕊10～11枚……………………3. 耳叶柃 E. auriformis
  2. 子房和果实均无毛。
    6. 嫩枝具2～4棱，花柱长2～3 mm……………………………………

……………………………………………… 10. 凹脉柃E. impressinervis

6. 嫩枝圆柱形，稀具2棱，花柱长1～2 mm ……………………………………………………………………… 14. 格药柃E. muricata

1. 花药不具分格；子房无毛。

7. 花柱长2～4 mm。

8. 萼片革质或几革质；嫩枝圆柱形。

9. 雄蕊约20枚，花柱长2 mm …………………9. 岗柃E. groffii

9. 雄蕊10～15枚，花柱长2～3 mm ……………………………………………………………………11. 细枝柃E. loquaiana

8. 萼片膜质，干后淡绿色；嫩枝有2～4棱。

10. 果实圆球形。

11. 花柱长2 mm；嫩枝和顶芽常被短柔毛或无毛。

12. 嫩枝和顶芽被短柔毛…… 4. 米碎花E. chinensis

12. 嫩枝和顶芽均无毛 ………………………………………………………… 5. 光枝米碎花E. chinensis var. glabra

11. 花柱长2～3 mm；嫩枝和顶芽均无毛 ………………………………………………………15. 细齿叶柃E. nitida

10. 果实卵状椭圆形至长卵形 ………………………………………………………………………… 13. 从化柃E. metcalfiana

7. 花柱长0.5～1 mm。

13. 萼片膜质或近膜质，干后淡绿色或黄绿色 ……………………………………………………………………………2. 翅柃E. alata

13. 萼片坚革质，褐色或枯褐色。

14. 花柱分离 ………………………………… 12. 黑柃E. macartneyi

14. 花柱3浅裂。

15. 嫩枝和顶芽均密被披散柔毛；雄蕊10枚 ……………………… 8. 楔基腺柃E. glandulosa var. cuneiformis

15. 嫩枝和顶芽均无毛；雄蕊11～15枚。

16. 叶基部微心形 …………16. 红褐柃E. rubiginosa

16. 叶基部楔形或圆形 ……………………………………………… 17. 窄基红褐柃E. rubiginosa var. attenuata

1. 尖叶毛柃

Eurya acuminatissima Merr. et Chun

灌木或小乔木；嫩枝圆柱形，红褐色；顶芽密被短柔毛。叶缘有细锯齿，正面深绿色，有光泽，背面淡绿色，两面均无毛。花1～3朵腋生。果实椭圆状卵形或圆球形，长约5 mm，疏被柔毛。花期9～11月；果期次年7～8月。

南昆山产于上坪、中坪，生于山地、溪边沟谷密林或疏林中。分布于我国广东、广西、湖南及贵州等地区。

2. 翅柃

Eurya alata Kobuski

灌木，全株无毛；嫩枝具显著4棱。叶革质，长圆形或椭圆形，顶端窄缩呈短尖，基部楔形，边缘密生细锯齿。花1-3朵簇生于叶腋。雄花：小苞片2，卵圆形；萼片5，卵圆形，顶端钝；花瓣5，白色，倒卵状长圆形，基部合生；雄蕊约15枚。雌花的小苞片和萼片与雄花同；花瓣5，长圆形，子房圆球形，3室，无毛。果实圆球形，熟时蓝黑色。花期10～11月，果期次年6～8月。

南昆山产于石河奇观、天堂顶，生溪边密林或路旁阴湿处。分布于我国华南、华东及西南地区。

3. 耳叶柃

Eurya auriformis H. T. Chang

灌木；嫩枝圆柱形，有黄褐色毛。叶革质，卵状披针形，长1.5～2.5 cm，正面绿色，有光泽，背面有长毛，基部耳形，抱茎，全缘；几乎无柄。雌花1～2朵腋生；花瓣披针形，长2.5 mm。果球形，直径3 mm，有褐色毛。花期10～11月；果期翌年5月。

南昆山产于上坪、横岗岐，生于林下。分布于我国广东、广西等省。

4. 米碎花

Eurya chinensis R. Br.

小灌木；多分枝，嫩枝有棱，有毛。叶革质，倒卵形，长3～4.5 cm，正面发亮，边缘有细齿。雄花2～4多腋生；苞片细小；雌花1～4朵；子房无毛。果球形，直径约4 mm。花期11～12月；果期次年6～7月。

南昆山产于上坪、中坪十字水、下坪，生于向阳丘陵地。分布于我国华南地区。庭院观赏。

5. 光枝米碎花

Eurya chinensis var. **glabra** Hu et L. K. Ling

本变种与原变种的主要区别在于：嫩芽及嫩枝完全无毛。

南昆山产于上坪，生于林下或路边。分布于我国广东、广西及福建。

6. 华南毛柃

Eurya ciliata Merr.

灌木或小乔木；嫩枝圆柱形，密生黄褐色茸毛。叶坚纸质，长圆状披针形，长5～8(～11)cm；先端渐尖，基部两侧稍偏斜，正面常有金黄色腺点，背面有黄褐色茸毛；雄花1～2朵腋生，有短柄；雌花1～3朵腋生；子房有长茸毛。果球形，直径5 mm，有长丝毛。花期10～11月；果期次年4～5月。

南昆山产于上坪、中坪，生于山谷、林下。分布于我国华南地区。越南北部也有。

7. 二列叶柃

Eurya distichophylla Hemsl.

灌木；嫩枝圆柱形，被褐色茸毛。叶薄革质，披针形，长3～6 cm；先端钝或略尖，基部圆，正面发亮，背面有毛。雄花1～2朵腋生，花柄短，雄蕊15枚；雌花花柄极短。果球形，有毛。花期11～12月；果期次年6～7月。

南昆山产于上坪、高盘头、中坪尾至沙坑，生于山谷水边。分布于我国华南地区。越南也有。

8. 楔基腺柃

Eurya glandulosa Merr. var. **cuneiformis** H. T. Chang

灌木；嫩枝圆柱形，黄褐色。叶革质或近革质，顶端钝或近圆形，基部楔形，有明显的叶柄，正面干后深绿色，无毛，背面黄绿色，沿中脉被柔毛，并具黑色腺点。雌花1～2朵腋生。果实未见。花期10～11月。

南昆山产于飞鼠岩、天堂顶，生于山坡沟谷林中或林缘路旁。分布于我国广东。

9. 岗柃

Eurya groffii Merr.

灌木或小乔木，嫩枝圆柱形，有黄褐色茸毛。叶革质，披针形，长5～10 cm，正面发亮，背面有长毛，边缘有锯齿。雄花1～7朵腋生，花瓣倒卵形，长约3.5 mm；雌花1～8朵腋生，子房无毛。果球形，直径4mm。花期9～1月；果期次年4～6月。

南昆山产于上坪，生于丘陵灌丛。分布于我国华南地区。越南、新几内亚也有。

10. 凹脉柃

Eurya impressinervis Kobuski

灌木或小乔木，全株无毛；嫩枝具4棱，小枝灰褐色。叶纸质，长圆形或长圆状椭圆形，顶端渐尖，基部楔形，边缘有细锯齿，中脉在正面凹下，背面凸起，侧脉10～13对，在正面显著凹下，背面隆起。花1～4朵簇生于叶腋。雌雄异花，雄花与雌花的苞片与萼片同形，花瓣5，白色。果实卵形或卵圆形，成熟时紫黑色。花期11～12月，果期次年8～10月。

南昆山产于天堂顶，生于山坡密林下。分布于我国广东、广西、江西、湖南、贵州和云南。

11. 细枝柃

Eurya loquaiana Dunn

灌木或小乔木。叶片基部楔形至钝形，叶背面干后常呈红褐色，萼片外面被微毛、短柔毛或无毛等变化。花1～4朵簇生于叶腋。果实圆球形，成熟时黑色；种子肾形，稍扁，暗褐色，有光泽。花期10～12月；果期次年7～9月。

南昆山产于天堂顶，生于山坡沟谷、溪边林中或林缘。分布于我国华南、华中、华东、西南等地区。

12. 黑柃

Eurya macartneyi Champ.

灌木或小乔木；嫩枝粗大，圆柱形，无毛。叶革质，长圆形或椭圆形，长6～14 cm，干后变暗褐色，无毛；近全缘或上半部有细齿。雄花1～3朵腋生，无毛，萼片先端有腺状突起；雌花1～4朵腋生，子房3室，无毛。果球形，直径5 mm。花期11月至翌年1月；果期次年6～8月。

南昆山产于上坪、沙坑尾、中坪，生于林中。分布于我国华南地区。

13. 从化柃

Eurya metcalfiana Kobuski

灌木；嫩枝有明显2棱，无毛。叶革质，倒卵状窄椭圆形或倒卵状披针形至倒卵形，长2～3.5 cm，先端钝，微凹入，两面无毛，正面有光泽。雄花常单生，雄蕊15枚；雌花1～2朵腋生，子房长卵形，无毛。果长卵形。花期11～12月；果期次年7～9月。

南昆山产于上坪、竹坑，生于林中。分布于我国华南及华中地区。

14. 格药柃

Eurya muricata Dunn

灌木或小乔木，树皮黑褐色或灰褐色，平滑；嫩枝圆柱形，粗壮，黄绿色。叶革质，长圆状椭圆形或椭圆形。花1～5朵簇生叶腋，雄花：小苞片2，近圆形；萼片5，近圆形；花瓣5，白色；雄蕊15～22枚，花药具多分格。雌花的小苞片和萼片与雄花同；花瓣5，白色，卵状披针形。果实圆球形，成熟时紫黑色。花期9～11月，果期次年6～8月。

南昆山产于天堂顶，生于山坡林中。分布于我国广东、香港、华东、湖南、四川和贵州等省区。

15. 细齿叶柃（亮叶柃）

Eurya nitida Korthals

灌木或小乔木；全部无毛，嫩枝纤细，有棱。叶薄革质，长圆形或倒卵状长圆形，长4～7 cm，先端渐尖，基部楔形，正面发亮，背面浅绿色，边缘有钝齿。雄花1～3朵腋生，雄蕊14～17枚；雌花1～4朵腋生，子房无毛。果球形。花期11月至翌年1月；果期次年7～9月。

南昆山产于上坪，生于林中。分布于我国长江以南各地区。东南亚、东亚等地也有。

16. 红褐柃

Eurya rubiginosa H. T. Chang

灌木；嫩枝有棱，无毛。叶革质，卵状披针形，长8～12 cm，干后正面暗绿色，背面红褐色，无毛，边缘有细锯齿；侧脉13～15对。雄花2～4朵，雌花1～3朵，腋生；萼片近圆形，有毛；花瓣倒卵形；子房无毛。果卵形。

南昆山产于上坪、中坪竹坑峰石灰写字、中坪尾至中坪，生林中或灌丛中。分布于我国广东。

17. 窄基红褐柃

Eurya rubiginosa H. T. Chang var. **attenuata** H. T. Chang

灌木；枝具二棱；顶芽长锥形。叶片较窄，侧脉斜出，基部楔形，边缘密生细锯齿，干后稍反卷，干后正面暗绿色，背面红褐色，两面无毛。果实圆球形或近卵圆形，长约4 mm，成熟时紫黑色。花期10～11月；果期次年5～8月。

南昆山产于上坪，生于山坡林中、林缘以及山坡路旁或沟谷边灌丛中。分布于我国广东、广西、湖南、云南等省。

6. 核果茶属 Pyrenaria Bl.

常绿乔木或灌木。叶革质，羽状脉，边缘有锯齿，具柄。花两性，白色，单生于枝顶叶腋，有花梗或近无梗；苞片2，稀更多，早落或宿存；萼片5或6，革质，外面被柔毛至绒毛，早落或宿存；花瓣5，稀更多，基部稍连生或与雄蕊贴生，有毛；雄蕊多数，无毛；花药2室。果为室背开裂的蒴果或不开裂的核果；种皮骨质，光滑。

南昆山2种。

1. 叶较小，长4.5～12 cm；果较小，宽1～1.5 cm……………………………………………………………… 1. 小果核果茶P. microcarpa
1. 叶较大，长12～16 cm；果大，宽4～7 cm………………………………………………………………2. 大果核果茶P. spectabilis

1. 小果核果茶（小果石笔木）

Pyrenaria microcarpa (Dunn) H. Keng [*Tutcheria microcarpa* Dunn]

乔木，嫩枝无毛或有微毛。叶革质，椭圆形至长圆形，长4.5～12 cm；先端尖，基部楔形，无毛。花白色，小，直

径 1.5～2.5 cm；花瓣长8～12 mm。蒴果三角状球形，长1～1.8 cm。花期6～7月。

南昆山产于上坪、天堂顶，生于林下。分布于我国华南、华中及华东地区。

2. 大果核果茶(石笔木)

Pyrenaria spectabilis (Champ.) C. Y. Wu & S. X. Yang [*Tutcheria championii* Nakai]

常绿乔木，树皮灰褐色，嫩枝略有微毛。叶厚革质，椭圆形，长12～16 cm；叶背无毛，发亮；边缘有细锯齿。花单生枝顶叶腋，白色，直径6～7 cm。蒴果球形，直径4～7 cm，有灰色毛；种子长1.5～2 cm。花期6月。

南昆山产于上坪、下坪石河奇观，生于山谷、溪边和杂木林下。分布于我国广东、福建。树形优美，园林绿化。

7. 木荷属 Schima Reinw. ex Bl.

乔木；树皮有不整齐的块状裂纹。叶全缘或有锯齿。花大，单生于枝顶或叶腋，有时多朵排成总状花序，白色；苞片早落；萼片宿存。蒴果近球形，种子扁平。

南昆山1种。

1. 木荷

Schima superba Gardn. et Champ.

大乔木；嫩枝通常无毛。叶薄革质或革质；椭圆形，长7～12 cm，先端尖，有时略钝，基部楔形，边缘有钝齿；叶柄长1～2 cm。花生于枝顶，常多朵排成总状花序，直径3 cm。蒴果直径1.5～2 cm。花期6～8月。

南昆山产于上坪、沙坑尾，常见于低海拔次生林中。分布于我国华南地区。材用，防火树种。

8. 紫茎属 Stewartia Dunn

乔木或灌木。树皮灰褐色。叶常绿，互生，有锯齿。花单生，白色；花瓣5片，基部连生；子房5室，每室有胚珠5～6个，基底着生；花柱连合，先端5裂。蒴果卵状球形，木质；种子扁平。

南昆山3种，1变种。

1. 花3～5，总状花序顶生或腋生 ··················· 2. **黄毛紫茎 S. sinii**
1. 花单生。
    2. 萼片圆形或倒卵形，革质 ············ 1. **厚叶紫茎 S. crassifolia**
    2. 萼片长卵形，近膜质。
        3. 枝叶的毛披散 ································ 3. **柔毛紫茎 S. villosa**
        3. 枝叶的毛紧贴 ·· 4. **广东柔毛紫茎 S. villosa var. kwangtungensis**

1. 厚叶紫茎(圆萼折柄茶)

Stewartia crassifolia (S. Z. Yan) J. Li & T. L. Ming

乔木。叶厚革质，长卵形，先端短尖，基部微心形；叶柄有翅，幼时被毛，后脱落。花单生于叶腋；萼片5，宿存，覆瓦状排列，近圆形，顶端圆，基部连合，被细柔毛；花黄白色，花瓣外被白色绢毛；雄蕊多数；花丝下半部连合。蒴果短圆锥形，5爿裂开。花期5～6月。

南昆山产于上坪至天堂顶途中，生于密林下，分布于我国广东、湖南、江西等地。

2. 黄毛紫茎(黄毛折柄茶)

Stewartia sinii Wu

乔木。叶革质，侧脉12～18对，边缘有锯齿。总状花序顶生或腋生，被黄色绢毛；萼片基部连合，长约12～15 mm，宽约10 mm，外有黄色长茸毛；花瓣近圆形，长1.3～1.5 cm，宽约1 cm，雄蕊多数；子房卵状圆锥形。蒴果几与萼片等长。

南昆山产于天堂顶，生于林中。分布于我国广东、广西。

3. 柔毛紫茎(毛折柄茶)

Stewartia villosa Merr. [*Hartia villosa* (Merr.) Merr.]

乔木；嫩枝、叶均有披散柔毛，老叶变秃净。叶革质，长圆形，长8～13 cm，先端急尖，基部圆或钝，边缘有锯齿。花单生；苞片披针形，长8～15 mm，有长毛；萼片长1.5～1.8 cm，有毛；花瓣黄白色。蒴果长1.8 cm。花期6～7月。

南昆山产于上坪、三坑、中坪，生于林中。分布于我国广东、广西。材用，庭院观赏。

4. 广东柔毛紫茎(贴毛折柄茶)

Stewartia villosa var. **kwangtungensis** (Chun) J. Li & T. L. Ming [*Hartia villosa* (Merr.) Merr. var. *kwangtungensis* (Chun) Chang]

本变种与原变种的主要区别在于：枝、叶被紧贴的毛，锯齿不明显，萼片先端截形。

南昆山产于天堂顶，生于林下。分布于我国广东、广西。材用，庭院观赏。

9. 厚皮香属 Ternstroemia Mutis ex Linn. f.

常绿乔木或灌木，全株无毛。叶革质，常聚生于枝条近顶端，呈假轮生状，全缘或具不明显腺状齿刻；有叶柄。花通常单生于叶腋或侧生于无叶的小枝上，有花梗；花瓣5，基部合生，覆瓦状排列；雄蕊30～50枚，排成1～2轮；果多数为不开裂的浆果；种子肾形或马蹄形，稍压扁，假种皮成熟时鲜红色。

南昆山2种。

1. 叶片背面具暗红褐色腺点……………1. 厚皮香 T. gymnanthera
1. 叶片背面无暗红褐色腺点…………2. 尖萼厚皮香 T. luteoflora

1. 厚皮香

Ternstroemia gymnanthera(Wright et Arn.)Beddorne

灌木或小乔木。叶通常聚生于枝端，呈假轮生状，边全缘，齿尖具黑色小点，干后常呈淡红褐色。花通常生于小枝上或生于叶腋。果实圆球形，顶端2浅裂；种子肾形，每室1个，成熟时肉质假种皮红色。花期5～7月，果期8～10月。

南昆山产于天堂顶、中坪尾至沙坑，生于山地林中、林缘。分布于我国华南、华中、华东地区。越南、老挝、泰国、柬埔寨、尼泊尔、不丹及印度也有。材用，庭院绿化。

2. 尖萼厚皮香

Ternstroemia luteoflora L. K. Ling

小乔木；嫩枝淡褐色，小枝灰褐色。叶互生，革质，干后变为绿白色或灰绿色，两面无毛。花单性或杂性，通常单生于叶腋。果圆球形，成熟时紫红色，小苞片和萼片均宿存；种子每室1～2个，成熟时红色。花期5～6月，果期8～10月。

南昆山产于上坪、天堂顶、中坪尾至沙坑，生于沟谷疏林中、林缘路边及灌丛中。分布于我国广东、广西、江西、福建、湖南、湖北、贵州及云南等省。材用，庭院绿化。

108A. 五列木科 Pentaphylacaceae

常绿乔木或灌木；具芽鳞。单叶互生，全缘；无托叶。花小，两性，辐射对称，组成穗状花序或总状花序；苞片及花萼宿存；花瓣5，分离；雄蕊5，在花蕾时内折，花时伸直，与花瓣互生。蒴果椭圆形；种子长圆形，压扁状。

南昆山1属，1种。

1. 五列木属 Pentaphylax Gardn. et Champ.

属的形态特征与科同。

南昆山1种。

1. 五列木

Pentaphylax euryoides Gardn. et Champ.

常绿乔木或灌木，高4～15 m，无毛。单叶互生，革质，卵状长圆形或长圆状披针形，长4～9 cm。总状花序腋生或顶生；花白色。蒴果椭圆形，长6～9 mm，褐黑色；种子红棕色。花期4～6月；果期10～11月。

南昆山产于天堂顶，生于林中。分布于我国华南及西南地区。东南亚也有。材用。

112. 猕猴桃科 Actinidiaceae

攀缘灌木或藤本。单叶互生，被粗毛或星状毛；无托叶。花小，两性、杂性或单性，单性时则排成聚伞花序，稀单生。果为浆果；种子小。

南昆山1属，5种，4变种。

1. 猕猴桃属 Actinidia Lindl.

落叶、半落叶至常绿藤本。叶有锯齿，稀全缘；无托叶。花单性，雌雄异株或杂性，排成腋生的聚伞花序，稀单生；白色、红色、黄色或绿色。浆果球形、卵形或柱状长圆形；种子多数，藏于绿色果肉内。

南昆山5种，4变种。

1. 植物体完全洁净无毛或仅萼片和子房被毛。
  2. 背面脉腋无髯毛；果型短，卵球形或近圆球形，长约1.5～2 cm……………………1. 斑叶京梨 A. callosa var. discolor
  2. 背面脉腋上常有髯毛；果实乳头状圆柱形，最长可达5 cm……………………………2. 京梨猕猴桃 A. callosa var. henryi
1. 植物体毛被发达，小枝、叶片等部多数被毛。
  3. 植物体的毛为不分枝的硬毛、糙毛或刺毛……………………3. 奶果猕猴桃 A. carnosifolia var. glaucescens
  3. 植物体的毛为柔软的柔毛、绒毛或绵毛。
    4. 叶背被疏柔毛及不完全的星状毛。
      5. 叶背星状毛较长，容易观察……………………4. 中华猕猴桃 A. chinensis
      5. 叶背星状毛很短小，较难观察。
        6. 花序有花7朵以内，叶小……………………8. 小叶猕猴桃 A. lanceolata
        6. 花序有花10朵以上，叶大……………………9. 阔叶猕猴桃 A. latifolia
    4. 叶背毛被覆盖全面，星毛标准。
      7. 叶薄，腹面遍被微小短糙毛……………………5. 灰毛猕猴桃 A. cinerascens
      7. 叶厚，腹面遍被糙伏毛或刚伏毛。
        8. 叶面遍被短糙伏毛或硬伏毛……………………6. 黄毛猕猴桃 A. fulvicoma
        8. 叶面仅中脉和侧脉被长糙毛，其余无毛……………………7. 厚叶猕猴桃 A. fulvicoma var. pachyphylla

1. 斑叶京梨

Actinidia callosa Lindl. var. **discolor** C. F. Liang

小枝坚硬，干后灰黄色，洁净无毛。叶坚纸质，干后腹面褐黑色，背面灰黄色，两面洁净无毛，脉腋也无髯毛，叶脉发达，中脉和侧脉背面极度隆起，呈圆线形；叶柄长度中等，一般2～3 cm，无毛。果较小，卵珠形或近球形，长约1.5～2 cm。

南昆山产于上坪、观音潭等地，生于沟谷或山坡乔木林或灌丛林中。分布于我国华南、华中、华东地区。庭院观赏。

2. 京梨猕猴桃

Actinidia callosa Lindl. var. **henryi** Maxim.

小枝较坚硬，干后土黄色，洁净无毛；叶卵形或卵状椭圆形至倒卵形，长8～10 cm，宽4～5.5 cm，边缘锯齿细小，背面脉腋上有髯毛；果乳头状至矩圆圆柱状，长可达5 cm，是本种中果实最长最大者。

南昆山产于石河奇观，生于山谷溪涧边湿润处。分布于我国长江以南各地区。庭院观赏；果实食用。

3. 奶果猕猴桃

Actinidia carnosifolia C. Y. Wu var. **glaucescens** C. F. Liang

中型落叶藤本。叶形多样，长7～10 cm，宽3.5～4 cm；腹面多少散生一些糙伏毛；基部钝形至浅心形，边缘具硬尖小锯齿，腹面绿色，洁净无毛或被稀疏糙伏毛果卵珠状圆柱形。花期5月下旬～6月下旬；果期11月。

南昆山产于天堂顶，分布于我国广东、广西、贵州、云南。庭院观赏；果实食用。

4. 中华猕猴桃

Actinidia chinensis Planch.

大型落叶藤本。花枝一般长4～5 cm；叶倒阔卵形，长6～8 cm，宽7～8 cm，顶端大多截平形并中间凹入；叶柄被灰白色茸毛。果近球形，长4～4.5 cm，被柔软的茸毛。花期4月中旬～5月中、下旬，南部较早、北部较晚。

南昆山产于七星湖，生于低山区的山林中，多出现于高草灌丛、灌木林或次生疏林中。分布于我国华南、华中、华东等地区。庭院观赏；果实食用。

5. 灰毛猕猴桃

Actinidia cinerascens C. F. Liang

小型半常绿藤本。叶纸质，长6～10 cm，宽2.5～6 cm，顶端短渐尖，基部钝圆形至微心形，腹面绿色，背面浅绿色，覆被30%～60% 的灰白色星状绒毛。聚伞花序密被茶褐色茸毛。果卵状圆柱形，长15～20 mm，具斑点，成熟时毛被脱落，宿存片反折，种子小，纵径1 mm。花期5月中、下旬。

南昆山产于石河奇观，生于林中或林缘。分布于我国广东。庭院观赏。

6. 黄毛猕猴桃

Actinidia fulvicoma Hance

半常绿藤本；小枝密被锈色长硬毛。叶近革质，卵状长圆形或卵状披针形，长9～16 cm；正面绿色，密被短糙毛或硬伏毛，背面密被黄褐色星状茸毛。聚伞花序通常具3花，白色。浆果成熟后无毛，暗绿色。花期5～6月；果期11月。

南昆山产于中坪，生于山地疏林中或灌丛中。分布于我国华南地区。庭院观赏；果实食用。

7. 厚叶猕猴桃

Actinidia fulvicoma Hance var. **pachyphylla** (Dunn) Li

本变种与原变种的主要区别在于：叶正面仅中脉和侧脉长糙毛，其余无毛，有时老叶完全无毛，质地较厚，叶片较大，长达20 cm，宽4.5～7 cm。

生于山地林缘或灌丛中。分布于我国广东、江西及福建。庭院观赏；茎叶入药。

8. 小叶猕猴桃

Actinidia lanceolata Dunn

小型落叶藤本；着花小枝密被锈褐色短茸毛，皮孔可见。叶纸质，卵状椭圆形至椭圆披针形，顶端短尖至渐尖，基部钝形至楔尖，腹面绿色，散被粉末状微毛或完全无毛，背面粉绿色，密被短小且密致的灰白色星状茸毛。聚伞花序二回分歧，有花7朵以内，密被锈褐色茸毛；花淡绿色，萼片3～4片，卵形或长圆形；花瓣5片，条状长圆形或瓢状倒卵形。果小，绿色，卵形，秃净，有显著的浅褐色斑点，宿存萼片反折。花期5月～6月。果熟期11月。

南昆山产于上坪，生灌丛或林缘。分布于我国广东、湖南、江西、福建和浙江。

9. 阔叶猕猴桃

Actinidia latifolia (Gardn. et Champ.) Merr.

落叶藤本；小枝近无毛。叶坚纸质，阔卵形，长8～13 cm，正面无毛，背面密被灰色至黄褐色星状短茸毛。聚伞花序具花多朵，二至四回分歧；白色。浆果卵形，成熟后无毛，绿色。花期5～6月；果期9～11月。

南昆山产于中坪、上坪往天堂顶的路上，生于林缘或路旁。分布于我国长江以南地区。东南亚也有。茎叶入药，治咽喉肿痛、湿热腹泻等。

113. 水东哥科 Saurauiaceae

乔木或灌木；小枝常被爪甲状或钻状鳞片。单叶互生；无托叶。花两性，排成腋生的聚伞花序或圆锥状聚伞花序，极少单生。浆果球形或扁球形，常具棱；种子小，多数，藏于果肉内。

南昆山1属，1种。

1. 水东哥属 Saurauia Willd.

属的形态特征与科同。

南昆山1种。

1. 水东哥
Saurauia tristyla DC.

灌木或小乔木；小枝密被锈色微绒毛和贴伏的鳞片状或钻状刺毛，老后渐变近无毛。叶纸质，椭圆形或倒卵状长圆形，长10～30 cm。花粉红色或白色。浆果球形，绿色或淡黄色；种子多数。花期6～7月；果期9～11月。

南昆山产于上坪横坑、七星湖，生于山谷林下或山坡灌丛中。分布于我国华南及西南地区。东南亚地区也有。庭院观赏。

118. 桃金娘科 Myrtaceae

乔木或灌木。单叶对生或互生，具羽状脉或基出脉，全缘，常有油点；无托叶。花两性或杂性，单生或排成各式花序；萼管与子房合生；花瓣4～5片。浆果、蒴果、核果或坚果；种子1至多粒。

南昆山5属，14种。

1. 蒴果；叶线形，长不过1 cm……………………1. 岗松属 Baeckea
1. 浆果或核果。
  2. 叶为离基三出脉……………………4. 桃金娘属 Rhodomyrtus
  2. 叶为羽状脉。
    3. 萼片连合成帽状体，花开放时帽状体整块脱落……………………2. 水翁属 Cleistocalyx
    3. 萼片分离或花开前连合，开花时分裂。
      4. 果有种子多粒……………………3. 番石榴属 Psidium
      4. 果有种子1～2粒……………………5. 蒲桃属 Syzygium

1. 岗松属 Baeckea L.

小灌木或乔木。叶线形或披针形，全缘，有油腺点。花小，白色或红色，5数；单朵或数朵排成聚伞花序，腋生；花瓣5。蒴果开裂为2～3瓣；种子肾形。

南昆山1种。

1. 岗松
Baeckea frutescens L.

小灌木，有时为小乔木；嫩枝纤细。叶小，无柄或有短柄，狭带形或线形，长5～10 mm，宽约1 mm，正面有沟，背面突起，有透明油腺点。花小，白色，单生于叶腋、蒴果小；种子扁平。花期夏秋。

南昆山产于花竹、中坪、天堂顶，生于低丘及荒坡。分布于我国华南地区。东南亚也有。叶药用，可治黄疸、膀胱炎等症。

2. 水翁属 Cleistocalyx Bl.

乔木。叶对生，羽状脉较疏，腺点明显。多数聚伞花序组成圆锥花序；苞片小，早落；花瓣4～5，分离，覆瓦状排列，常附于帽状体上一并脱落。浆果；种子1粒。

南昆山1种。

1. 水翁
Cleistocalyx operculatus (Roxb.) Merr. et Perry

乔木，高15 m；树皮灰褐色，颇厚；树干多分枝，嫩枝压扁。叶薄革质，长圆形至椭圆形，长11～17 cm，两面多透明油腺点。圆锥花序生于无叶的老枝上，花2～3朵簇生。浆果阔卵形，成熟时紫黑色。花期5～6月。

南昆山产于永汉至下坪途中，生于水边。分布于我国华南地区。中南半岛至印度尼西亚和大洋洲也有。花及叶治感冒，根治黄疸性肝炎。

3. 番石榴属 Psidium L.

乔木，树皮光滑。叶对生，羽状脉，全缘。花较大，通常1～3朵腋生；花瓣4～5片。浆果肉质；种子多数。

南昆山1种。

1. 番石榴*
Psidium guajava L.

乔木，高达13 m；树皮光滑，灰色，片状剥落；嫩枝有棱。叶革质，长圆形至椭圆形，长6～12 cm。花单生或2～3朵组成聚伞花序；花瓣白色。浆果球形、卵形或梨形，顶端有宿存萼片，果肉白色及黄色；种子多数。花期与果期。

南昆山产于下坪，生于荒地或低丘陵。原产美洲，分布于我国华南，由栽培逸为野生。果可食用；叶药用，止痢、止血。

4. 桃金娘属 Rhodomyrtus (DC.) Reich.

灌木或乔木。叶对生，有离基三出脉。花较大，1～3朵腋生。浆果，卵状壶形或球形；种子多数，压扁，肾形或近球形。

南昆山1种。

1. 桃金娘（岗稔）

Rhodomyrtus tomentosa (Ait.) Hassk.

灌木，高1～2 m；嫩枝有灰色柔毛。叶革质，对生，椭圆形或倒卵形，长3～8 cm；离基三出脉直达先端汇结。花常单生，紫红色，直径2～4 cm。浆果卵状壶形，成熟时紫黑色；种子多数。花期4～5月；果期7～11月。

南昆山产于上坪至天堂顶，南昆山产于中坪、上坪，生于丘陵坡地，为酸性土指示植物。分布于我国华南地区。东南亚、东亚也有。果可食；根药用，可治风湿、肝炎。

5. 蒲桃属 Syzygium Gaertn.

常绿乔木或灌木；嫩枝通常无毛，有时有2～4棱。叶对生，少数轮生，稀互生；革质，羽状脉，有透明腺点。花3朵至多朵。浆果或核果状。

南昆山9种。

1. 侧脉疏，脉间相隔5～10 mm；花直径大于1 cm ……………………………… 6. 蒲桃S. jambos
1. 侧脉密而平行，脉间相隔1～4 mm；花直径小于1 cm。
  2. 嫩枝四棱形，偶有二棱。
    3. 萼管倒圆锥形，长2～4 mm；叶长1.5～3 cm ……………………………… 2. 黄杨叶蒲桃S. buxifolium
    3. 萼管棒形，长8～13 mm；叶长3～6 cm ……………………………… 3. 子凌蒲桃S. championii
  2. 嫩枝压扁或圆柱形。
    4. 花瓣连成帽状体。
      5. 果实球形 ……………… 7. 广东蒲桃S. kwangtungense
      5. 果实椭圆卵形 ……………… 9. 红枝蒲桃S. rehderianum
    4. 花瓣分离。
      6. 花序腋生。
        7. 花梗长1～1.5 mm … 4. 卫矛叶蒲桃S. euonymifolium
        7. 花无梗 ……………… 5. 红鳞蒲桃S. hancei
      6. 花序顶生。
        8. 聚伞花序 ……………… 1. 华南蒲桃S. austrosinense
        8. 圆锥花序 ……………… 8. 山蒲桃S. levinei

1. 华南蒲桃

Syzygium austrosinense (Merr. et Perry) H. T. Chang et R. H. Miau

灌木至小乔木。叶片革质，长4～7 cm，宽2～3 cm，先端尖锐或稍钝，基部阔楔形，正面干后绿褐色，有腺点，背面同色，腺点突起。聚伞花序顶生，或近顶生，长1.5～2.5 cm。果实球形，宽6～7 mm。花期6～8月。

南昆山产于上坪至天堂顶，生于常绿林里。分布于我国华南、华中、华东等地区。果可食；叶、花、果和种子均可入药。

2. 黄杨叶蒲桃（赤楠）

Syzygium buxifolium Hook. et Arn.

灌木或小乔木；嫩枝有棱，干后黑褐色。叶革质，阔椭圆形至椭圆形，有时为阔倒卵形，长1.5～3 cm；侧脉多而密，相隔1～1.5 mm。聚伞花序顶生，有花数朵。果球形。花期6～8月。

南昆山产于上坪、下坪石河奇观，生于疏林及灌丛。分布于我国华南及华中地区。果可食或酿酒。

3. 子凌蒲桃

Syzygium championii (Benth.) Merr. et Perry

灌木至小乔木；嫩枝有4棱，干后灰白色。叶革质，狭椭圆形至椭圆形，长3～6 cm；侧脉多而密。聚伞花序顶生，有时腋生，有花6～10朵。果长椭圆形，红色；种子1～2粒。花期8～11月。

南昆山产于上坪，生于林中。分布于我国华南地区。

4. 卫矛叶蒲桃

Syzygium euonymifolium (Metc.) Merr. et Perry

乔木；嫩枝有微毛，干后灰色，老枝灰白色。叶片薄革质，干后正面灰绿色，无光泽，背面同色，两面多细小腺点。聚伞花序腋生。果实球形，直径6～7 mm。花期5～8月。

南昆山产于上坪，生于林中。分布于我国广东、广西。

5. 红鳞蒲桃（红车、小花蒲桃）

Syzygium hancei Merr. et Perry

灌木或小乔木，高达10 m；嫩枝圆柱形，干后变黑褐色。叶革质，椭圆形至狭长圆形或倒卵形，长3～7 cm；两面有多数细小而下陷的腺点。圆锥花序腋生；花瓣4，圆形。果球形，直径5～6 mm。花期7～9月。

南昆山产于上坪竹坑、中坪、沙坑尾，生于林中。分布于我国华南地区。园林观赏。

6. 蒲桃

Syzygium jambos (L.) Alston

乔木，高达10 m。叶革质，披针形，长12～25 cm；叶面多透明细小的腺点；侧脉疏离。聚伞花序顶生；花白色，直径3～4 cm。果球形，果皮肉质，成熟时黄色；种子1～2粒。花期3～4月；果期5～6月。

南昆山产于下坪、七星湖，生于河边及河谷湿地。分布于我国华南地区。果可食用。

7. 广东蒲桃

Syzygium kwangtungense (Merr.)Merr.

小乔木；嫩枝干后暗褐色，老枝褐色。叶片革质，长5～8 cm，宽1.5～4 cm，正面干后暗褐色，无光泽，有多数细小而下陷的腺点，背面褐色或红褐色，有腺点。圆锥花序顶生或近顶生。果实球形，直径7～9 mm。花期7月；果期10月。

南昆山产于上坪，生于常绿林中。分布于我国广东、广西等省区。

8. 山蒲桃（白车）

Syzygium levinei (Merr.) Merr. et Perry

灌木或小乔木，高达14 m；嫩枝圆柱形，有鳞秕，干后灰白色。叶革质，椭圆形或卵状椭圆形，长4～8 cm；两面有小腺点。圆锥花序顶生，小枝上部腋生，多花；花瓣分离。果近球形；种子1粒。花期8～9月。

南昆山产于上坪，生于疏林中。分布于我国华南地区。越南也有。庭院观赏。

9. 红枝蒲桃

Syzygium rehderianum Merr. et Perry

灌木至小乔木。叶片革质，长4～7 cm，宽2.5～3.5 cm，先端急渐尖，正面干后灰黑色或黑褐色，不发亮，多细小腺点，背面稍浅色，多腺点；叶柄长7～9 mm。聚伞花序腋生，或生于枝顶叶腋内。果实椭圆状卵形，长1.5～2 cm，宽1 cm。花期6～8月。

南昆山产于上坪至天堂顶途中、下坪，生于疏林中。分布于我国广东、广西、福建。庭院观赏。

120. 野牡丹科 Melastomataceae

草本、灌木或小乔木，直立或攀缘。单叶，对生或轮生；通常为3～5(～7)基出脉，稀9条，极少为羽状脉；无托叶。花两性，辐射对称；花瓣通常具鲜艳的颜色。蒴果或浆果，常顶孔开裂；种子极小。

南昆山8属，19种。

1. 叶具羽状脉，侧脉通常不超过10对，有时不明显；种子1粒 ……………………………… **4. 谷木属Memecylon**
1. 叶具基出脉，侧脉多数，互相平行，与基出脉近垂直；种子多数。
    2. 叶片被毛通常较疏或无。
        3. 宿存萼通常较果长，近顶端处常缢缩 ……………………………… **1. 柏拉木属Blastus**
        3. 宿存萼近顶端不缢缩。
            4. 聚伞花序、圆锥状复聚伞花序或伞形花序。
                5. 雄蕊异形，不等长 ………… **2. 异药花属Fordiophyton**
                5. 雄蕊同形，等长或近等长。
                    6. 花药披针形，较长，花丝背着 ……………………………… **6. 锦香草属Phyllagathis**
                    6. 花药倒卵形，较短，花丝基着 ……………………………… **7. 肉穗草属Sarcopyramis**
            4. 蝎尾状聚伞花序或再组成圆锥花序 ……………………………… **8. 蜂斗草属Sonerila**
    2. 叶片通常密被紧贴的糙伏毛或刚毛。
        7. 雄蕊异形，不等长 ………………… **3. 野牡丹属Melastoma**
        7. 雄蕊同形，等长，药隔微下延成短距 ……………………………… **5. 金锦香属Osbeckia**

1. 柏拉木属 Blastus Lour.

灌木，常有分枝；茎通常圆柱形，被小腺毛，稀被毛。叶片薄，全缘或具细浅齿，3～5(～7)基出脉。花瓣通常白色，稀粉红色或浅紫色。蒴果；种子多数。

南昆山6种。

1. 伞形或伞状聚伞花序，腋生；花冠通常白色………………………………………………………………3. 柏拉木B. cochinchinensis
1. 圆锥状花序，顶生；花冠粉红色或红色。
  2. 叶背的黄色小腺点仅布于脉上……4. 金花树 B. dunnianus
  2. 叶背的黄色小腺点散布。
    3. 花萼被黄色小腺点。
      4. 花药长约8 mm基部呈羊角状叉开。
        5. 花瓣长约2.5 mm，萼片线状三角形………………………………………………1. 线萼金花树 B. apricus
        5. 花瓣长约4 m，萼片短三角形………………………………2. 长瓣金花树B. apricus var. longiflorus
      4. 花药长约3 mm，基部钝，微分开………………………………………………6. 少花柏拉木 B. pauciflorus
    3. 花萼被有柄的腺毛……………………………5. 留行草 B. ernae

1. 线萼金花树

Blastus apricus (Hand. -Mazz.) H. L. Li

灌木。叶面无毛，5基出脉；叶柄长3～20(～28) mm，密被微柔毛及小腺点。由聚伞花序组成的圆锥花序，顶生；花萼漏斗形，具四棱，长约5 mm。蒴果椭圆形，4纵裂，为宿存萼所包。花期6～7月；果期10～11月。

南昆山产于天堂顶，生于山谷、山坡疏、密林下，湿润的地方或水旁。分布于我国广东、湖南、江西、福建。全株治水肿及月经不调。

2. 长瓣金花树

Blastus apricus (Hand. -Mazz.) H. L. Li var. **longiflorus** (Hand. -Mazz.) C. Chen

本变种与原变种的主要区别是，萼片短三角形，花瓣长达4 mm。

南昆山产于天堂顶，生于山谷，密林下。分布于我国广东、广西和江西。

3. 柏拉木

Blastus cochinchinensis Lour.

灌木，高0.6～3 m；茎圆柱形。叶纸质或近坚纸质，披针形至椭圆状披针形，长6～18 cm，全缘或具极不明显的小浅波状齿；3(～5)基出脉。伞状聚伞花序腋生；花瓣白色至粉红色。蒴果椭圆形。花期6～8月；果期10～12月。

南昆山产于中坪、思茅坪，生于林中。分布于我国华南地区。印度至越南也有。全株药用，拔毒生肌，根可止血。

4. 金花树(巨萼柏拉木)

Blastus dunnianus Lévl.

灌木，高约1 m；茎圆柱形，幼时密被锈色微柔毛及黄色疏腺点。叶片纸质，长6.5～25 cm；叶背细脉网状，被黄色小腺点。聚伞花序组成圆锥花序，顶生；花瓣粉红色至玫瑰色或红色。蒴果。花期6～7月；果期9～11月。

南昆山产于上坪至天堂顶途中，生于山谷、林下或溪边。分布于我国华南地区。全株药用，治风湿及止血。

5. 留行草

Blastus ernae Hand. -Mazz.t

灌木，高0.6～2 m；茎圆柱形。叶片纸质，卵形至披针状卵形，长5.5～15.5 cm；叶背基出脉、侧脉隆起，被微柔毛及小腺点，其余密被黄色小腺点。聚伞花序组成圆锥花序，顶生；花瓣红色。蒴果椭圆形。花期6月；果期8～9月。

南昆山产于石河奇观，生于林下或水边。分布于我国华南地区。

6. 少花柏拉木

Blastus pauciflorus (Benth.) Guillaum.

小灌木；全株几被黄色小腺点。叶片纸质，卵状披针形至卵形，顶端短渐尖，基部钝至圆形，近全缘或具极细的小齿，3-5基出脉。由聚伞花序组成小圆锥花序，顶生；花萼漏斗形，具四棱，裂片短三角形；花瓣粉红色至紫红色，卵形，顶端急尖，偏斜；雄蕊4，子房半下位。蒴果椭圆形，为宿存萼所包；宿存萼漏斗形。花期7月，果期10月。

南昆山产于中坪尾至北坑、上坪、高盘头，生于低海拔山坡林下。分布于我国广东、香港和湖南。

2. 异药花属 Fordiophyton

草本或亚灌木；茎四棱形，有时呈肉质。叶片薄，膜质或纸质。单一的伞形花序或由聚伞花序组成的圆锥花序，顶生；花4基数；花瓣粉红色、红色或紫色，稀白色。蒴果倒圆锥形；种子长三棱形。

南昆山1种。

1. 异药花

Fordiophyton faberi Stapf

草本或亚灌木；茎四棱形，无毛。叶片膜质，广披针形至卵形；叶面无毛或有时于基出脉行间具极疏的细糙伏毛。聚伞花序组成圆锥花序，顶生；花瓣白色带红、淡红色、红色或紫红色。蒴果倒圆锥形。花期6～9月；果期8～11月。

南昆山产于天堂顶，生于山谷，阴湿地方或水旁。分布于我国华南及华东地区。

3. 野牡丹属 Melastoma L.

灌木；茎四棱形或近圆形，通常被毛或鳞片状糙伏毛。叶对生，被毛，全缘。花单生或组成圆锥花序顶生或生于分枝顶端，5数；花瓣淡红色至红色，或紫红色。蒴果卵形；种子小。

南昆山6种。

1. 植株矮小，匍匐生长。
    2. 叶面通常仅边缘被糙伏毛；小枝被疏糙伏毛……………………3. 地稔 M. dodecandrum
    2. 叶面、小枝密被糙伏毛………4. 细叶野牡丹 M. intermedium
1. 植株直立。
    3. 花大，花瓣长3～5 cm；果直径1.2 cm以上……………………6. 毛稔 M. sanguineum
    3. 花小，花瓣长2～2.5 cm；果直径1 cm以下。
        4. 茎被平展的长粗毛及短柔毛…5. 展毛野牡丹 M. normale
        4. 茎密被紧贴的鳞片状糙伏毛。
            5. 叶片披针形或近椭圆形，基出脉5……………………1. 多花野牡丹 M. affine
            5. 叶片卵形或广卵形，基出脉7……………………2. 野牡丹 M. candidum

1. 多花野牡丹

Melastoma affine D. Don

灌木，高约1 m；茎密被紧贴的鳞片状糙伏毛。叶片坚纸质，披针形、卵状披针形或近圆形，全缘。伞房花序生于分枝顶端，近头状，花10朵以上；花瓣粉红色至红色，稀紫红色。蒴果坛状球形。花期2～5月；果期8～12月。

南昆山产于上坪、中坪，生于林下、山坡或路边。分布于我国华南地区。中南半岛至澳大利亚、菲律宾以南也有。果可食；全草药用，可活血化瘀。

2. 野牡丹

Melastoma malabathricum Linnaeus (*M. candidum* D. Don)

灌木，高0.5～1.5 m。叶片坚纸质，卵形或广卵形，长4～10 cm，全缘；7出脉。伞房花序生于分枝顶端，近头状，有花3～5朵，稀单生；花瓣玫瑰红色或粉红色。蒴果坛状球形。花期5～7月；果期10～12月。

南昆山产于天堂顶，生于林下或灌丛中。分布于我国华南地区。印度也有。叶药用，可止血。

3. 地稔

Melastoma dodecandrum Lour.

小灌木，长10～30 cm；茎匍匐上升，逐节生根。叶片坚纸质，卵形或椭圆形，长1～4 cm；3～5基出脉。聚伞花序顶生，有花1～3朵；花瓣淡紫红色至紫红色。蒴果坛状球形。花期5～7月；果期7～9月。

南昆山产于下坪、中坪尾至北坑、上坪，生于山坡或草丛中。果可食；全株药用，可清热解毒、活血化瘀。

4. 细叶野牡丹

Melastoma intermedium Dunn

小灌木或灌木。叶片坚纸质或略厚，基出脉5(～3)。伞房花序顶生；花瓣玫瑰红色至紫色；雄蕊长者药隔基部伸长。果坛状球形，平截，顶端略缢缩成颈，肉质，不开裂，长约8 mm，直径约1 cm。花期7～9月；果期10～12月。

南昆山产于中坪至上坪，生于山坡或田边矮草丛中。分布于我国广东、广西、福建、台湾、贵州。果可食；全株药用，可止血。

5. 展毛野牡丹

Melastoma normale D. Don

灌木，高0.5～1 m；密被平展褐紫色的长粗毛及短柔毛。叶片坚纸质，卵形至椭圆形或椭圆状披针形，长4～11 cm，全缘，5基出脉。伞房花序生于分枝顶端，具花3～10朵；花瓣紫红色。蒴果坛状球形。花期3～6月；果期9～11月。

南昆山产于上坪至天堂顶途中，生于山坡或疏林下。分布于我国华南、四川及西藏地区。尼泊尔、印度、缅甸等地也有。果可食；全株药用，可治消化不良，叶止血。

6. 毛稔

Melastoma sanguineum Sims

大灌木，高1.5～3 m；被平展的长粗毛。叶片坚纸质，卵状披针形至披针形，长8～22 cm，全缘；基出脉5。伞房花序顶生，常仅有花1朵；花瓣粉红色或紫红色。果杯状球形，为密被红色长硬毛的宿存萼所包。花果期几乎全年。

南昆山产于中坪、上坪，生于山坡、路边或灌丛中。分布于我国广东、广西。印度、马来西亚至印度尼西亚也有。果可食；根、叶药用，收敛止血。

4. 谷木属 Memecylon L.

灌木或小乔木，植株通常无毛；小枝圆柱形或四棱形。叶片革质，全缘，羽状脉。聚伞花序或伞形花序，腋生或顶生；花小，4数。浆果状核果；种子1粒。

南昆山2种。

1. 叶两面粗糙……………………………………1. 谷木 M. ligustrifolium
1. 叶两面光滑……………………………………2. 黑叶谷木 M. nigrescens

1. 谷木
Memecylon ligustrifolium Champ.

大灌木或小乔木，高1.5～7 m；小枝圆柱形或不明显的四棱形。叶片革质，椭圆形至卵形或卵状披针形，长5.5～8 cm，宽2.5～3.5 cm，两面无毛，粗糙。花瓣白色或淡黄绿色，或紫色。核果浆果状，密布小瘤状突起。花期5～8月；果期12月至翌年2月。

南昆山产于佛坳，生于密林下。分布于我国广东、广西、福建、云南。活血止痛。

2. 黑叶谷木
Memecylon nigrescens Hook. et Arn.

灌木或小乔木，高2～8 m；小枝圆柱形，无毛，分枝多，树皮灰褐色。叶片坚纸质，椭圆形或稀卵状长圆形，长3～6.5 cm，宽1.5～3 cm，全缘，两面光滑无毛。花瓣蓝色或白色。浆果状核果。花期5～6月；果期12月至翌年2月。

南昆山产于中坪、上坪，生于林中或灌丛中。分布于我国广东。越南也有。药用。

5. 金锦香属 Osbeckia L.

草本、亚灌木或灌木，茎四或六棱形，通常被毛。叶对生或3枚轮生，全缘，基出脉3～7，侧脉多数，平行。头状花序或总状花序，或组成圆锥花序，顶生；花4～5数。蒴果。

南昆山2种。

1. 叶无缘毛和腺点，仅两面被糙伏毛；头状花序……………………………………………………1. 金锦香 O. chinensis
1. 叶具缘毛，两面被糙伏毛，有透明腺点；圆锥花序……………………………………………………2. 朝天罐 O. opipara

1. 金锦香
Osbeckia chinensis L.

直立草本或亚灌木，高20～60 cm；茎四棱形，具紧贴的糙伏毛。叶片坚纸质，线形或线状披针形，长2～5 cm。头状花序顶生，有花2～8朵；花瓣4，淡紫红色或粉红色。蒴果紫红色，卵状球形。花期7～9月；果期9～11月。

南昆山产于下坪、天堂顶，生于荒山草坡、路旁。分布于我国长江以南地区。从越南至澳大利亚、日本也有。全草药用，可清热解毒、收敛止血。

2. 朝天罐

Osbeckia opipara C. Y. Wu et C. Chen

灌木，高0.3～1.2 m；茎被平贴的糙伏毛或上升的糙伏毛。叶对生或有时3枚轮生，叶片坚纸质，卵形至卵状披针形，长5.5～11.5 cm。稀疏的聚伞花序组成圆锥花序，顶生；花瓣深红色至紫色。蒴果长卵形。花果期7～9月。

南昆山产于天堂顶，生于山坡、山谷或灌丛。分布于我国长江以南地区。越南至泰国也有。药用，补虚益肾，收敛止血。

6. 锦香草属 Phyllagathis Blume

草本或灌木，直立或具匍匐茎，茎通常四棱形，被毛。叶全缘或具细锯齿，基出脉5～9。伞形花序常具长总梗，或聚伞状伞形花序或聚伞花序组成圆锥花序、稀为头状花序；花4基数，具四棱，花瓣粉红色、红色或紫红色。蒴果杯形或球状坛形，4纵裂；种子小，楔形或短楔形，具棱。

南昆山2种。

1. 草本……………………………………………1. 锦香草P. cavaleriei
1. 灌木至亚灌木 ……………………………………2. 叶底红P. fordii

1. 锦香草

Phyllagathis cavaleriei (Levl. et Van.) Guillaum

草本。叶基部心形，基出脉7～9。伞形花序，顶生；苞片被粗毛，通常仅有4枚；花萼漏斗形，四棱形；雄蕊近等长；子房杯形，顶端具冠。蒴果杯形，顶端冠4裂伸出宿存萼外约2 mm，直径约6 mm。花期6～8月；果期7～9月。

南昆山产于天堂顶，生于山谷、山坡疏、密林下阴湿的地方或水沟旁。分布于我国广东、广西、湖南、云南、贵州。全株烧灰治耳朵出脓。

2. 叶底红

Phyllagathis fordii (Hance) C. Chen

小灌木、半灌木或近草本。叶片基部圆形至心形，基出脉7～9。伞形花序或聚伞花序，顶生；花萼钟状漏斗形，两面均被毛；雄蕊等长，长1.6～1.8 cm。蒴果杯形。花期6～8月；果期8～10月。

南昆山产于横坑、天堂顶，生于山间疏、密林下，溪边、水旁或路边，土层肥厚的地方。分布于我国广东、广西、江西、福建、浙江、贵州。全株供药用。

7. 肉穗草属 Sarcopyramis Wall.

草本，茎直立或匍匐状，四棱形。叶片基出脉3～5，侧脉平行，边缘通常具细锯齿；具叶柄。聚伞花序，顶生或生于分枝顶端，有花3～5朵；花萼杯状或杯状漏斗形，具四棱；花瓣4，粉红色至紫红色，常偏斜，具小尖头。蒴果杯状，具四棱；种子小，多数，倒长卵形，背部具密小乳头状突起。

南昆山1种。

1. 楮头红

Sarcopyramis nepalensis Wall.

直立草本。叶膜质，基出脉3～5；叶柄具狭翅。聚伞花序，有花1～3朵；花梗长2～6 mm，四棱形；花萼长约5 mm，四棱形；花瓣粉红色。蒴果杯形，具四棱，膜质冠伸出萼1倍；宿存萼及裂片与花时同。花期8～10月；果期9～12月。

南昆山产于中坪、上坪，生于密林下阴湿的地方或溪边。分布于我国华中、西南地区及广东、广西、福建区。全草入药，有清肝明目的作用。

8. 蜂斗草属 Sonerila Roxb.

草本至小灌木，常分枝；茎常四棱形。叶片薄，具细锯齿；羽状脉或掌状脉，基部常偏斜。花小，3数或6数；花瓣粉红色、红色或紫红色。蒴果；种子小，多数。

南昆山1种。

1. 蜂斗草

Sonerila cantonensis Stapf

草本或亚灌木，高10～50 cm；茎钝四棱形。叶片纸质或近膜质，卵形或椭圆状卵形，长3～9 cm。蝎尾状聚伞花序或二歧聚伞花序，顶生，有花3～7朵；花瓣粉红色或浅玫瑰色。蒴果倒圆锥形，略具3棱。花期7～10月；果期12月至翌年2月。

南昆山产于上坪、横岗岐，生于山谷、林下。分布于我国广东、广西、云南。越南也有。全株通经活血。

121. 使君子科 Combretaceae

乔木、灌木或木质藤本。叶、花、果常有腺体、鳞片或乳突。单叶；无托叶。花两性或杂性同株；花瓣4～5或无。果为假核果，假坚果或假蒴果；种子1粒。

南昆山1属，1种。

1. 使君子属 Quisqualis Linn.

木质藤本或蔓生灌木。叶膜质，对生或近对生，全缘，无毛或被毛。花较大，两性，组成长的顶生或腋生的穗状花序（稀分枝）。果革质；种1，具纵槽。

1. 使君子*

Quisqualis indica Linn.

落叶藤状灌木。叶对生或近对生，叶片膜质，卵形或椭圆形，长5～11 cm，两面有黄褐色短柔毛，脉上尤多。穗状花序顶生；花两性；子房下位。果卵形，成熟时外果皮脆薄，呈青黑色或栗色；种子白色，1颗。花期初夏；果期秋末。

栽培于上坪房前屋后。分布于我国华南、西南地区及福建、江西、湖南。印度、缅甸至菲律宾也有。药用，可治小儿寄生蛔虫症。

122. 红树科 Rhizophoraceae

常绿乔木或灌木。单叶，交互对生而具托叶或互生而无托叶。花两性，少单性；单生或丛生于叶腋或排成聚伞花序。核果或浆果，少为蒴果。

南昆山1属，1种。

1. 竹节树属 Carallia Roxb.

灌木或乔木；树干基部常有板状根。叶交互对生；纸质或薄革质。聚伞花序腋生；花两性；花瓣膜质，与花萼裂片同数。果肉质；种子有胚乳。

南昆山1种。

1. 竹节树

Carallia brachiata (Lour.) Merr.

乔木，高7～10 m。叶薄革质，倒卵形、椭圆形或长圆形，长5～8 cm，全缘，背面有散生、明显的紫红色小点。花白色。果近球形；种子肾形或长圆形。花期冬春季；果期夏秋季。

南昆山产于佛坳，生于灌丛或山谷杂木林中。分布于我国华南地区。东南亚、大洋洲也有。材用。

123. 金丝桃科 Hypericaceae

草本、灌木或乔木，常具腺点。单叶；无托叶。单花或聚伞花序，顶生或腋生；花两性，辐射对称。蒴果或浆果，稀为核果；种子无胚乳。

南昆山2属，5种。

1. 叶无腺点；种子有翅……………………1. 黄牛木属Cratoxylum
1. 叶有腺点；种子无翅……………………2. 金丝桃属Hypericum

1. 黄牛木属 Cratoxylum Bl.

灌木或乔木。叶对生或稀近对生；全缘。聚伞花序顶生或腋生，或单花；萼片5，宿存；花瓣5，红色或白色，具线形或点状的淡红色黑色腺体。蒴果；种子具翅。

南昆山1种。

1. 黄牛木（雀笼木）
Cratoxylum cochinchinense (Lour.) Bl.

灌木或乔木。叶纸质或革质，椭圆形、卵状长圆形。聚伞花序腋生或腋外生，有花1～5朵；花红色。蒴果椭圆形，长8～12 mm；种子长约6 mm，一侧具翅。花期4～5月；果期6月后。

南昆山产于下坪至花竹、上坪至天堂顶，生于疏林或灌丛中。分布于我国华南及西南地区。东南亚也有。材用。

2. 金丝桃属 Hypericum L.

落叶或常绿草本或灌木；常具腺点。叶对生，稀轮生；全缘。花黄色，少有粉红或淡紫色；花瓣5，常不对称。蒴果；种子小，无假种皮。

南昆山4种。

1. 灌木，花瓣及雄蕊在花后凋落 ………3. 金丝桃H. monogynum
1. 草本或半灌木，花瓣及雄蕊在果期宿存。
    2. 雄蕊不规则排列，胎座为侧膜胎座……………………………………2. 地耳草H. japonicum
    2. 雄蕊3束，胎座为中轴胎座。
        3. 茎具2或4纵棱……………………………1. 赶山鞭H. attenuatum
        3. 茎圆柱形 ……………………………………4. 元宝草H. sampsonii

1. 赶山鞭
Hypericum attenuatum Choisy

多年生草本。叶无柄；略抱茎，全缘，两面通常光滑，背面散生黑腺点。花序顶生，近伞房状或圆锥花序；淡黄色。蒴果卵珠形或长圆状卵珠形；种子圆柱形。花期7～8月，果期8～9月。

南昆山产于天堂顶，生于田野、草地、林内及林缘等。分布几遍全国地区。俄罗斯（西伯利亚东部及远东地区）、东亚也有。药用，煎服作蛇药用。

2. 地耳草（田基黄）

Hypericum japonicum Thunb. ex Murray

一年生纤细草本；茎常四棱形。叶小，无柄；卵形或卵状披针形，常2～18 mm，两面无毛，背面有疏离的黑色小斑点。聚伞花序生于小枝顶端；花黄色；萼片表面常有腺点。蒴果椭圆形；种子黄褐色。花期3～8月；果期6～10月。

南昆山产于中坪、上坪，生于旷地上。分布于我国华南、华中及华东地区。东南亚、东亚也有。全草入药，可清热解毒、止血消肿。

3. 金丝桃*

Hypericum monogynum L.

小灌木，茎红色。叶对生，叶片倒披针形，边缘平坦，坚纸质。花序多花，萼片宽或狭椭圆形；花瓣金黄色至柠檬黄色，三角状倒卵形。雄蕊5束，每束有雄蕊25～35枚，与花瓣几等长，花药黄至暗橙色。子房卵珠状圆锥形至近球形。蒴果宽卵珠形或稀为卵珠状圆锥形至近球形。花期5～8月，果期8～9月。

南昆山栽培于上坪，生于山坡、路旁或灌丛中。分布于我国黄河流域以南地区。

4. 元宝草

Hypericum sampsonii Hance

多年生草本。叶对生，无柄，其基部完全合生为一体而茎贯穿其中心，披针形至长圆形或倒披针形，全面散生透明或间有黑色腺点。花序顶生，多花，疏松伞房状至圆柱状圆锥花序。蒴果；种子黄褐色。花期5～6月；果期7～8月。

南昆山产于中坪、上坪，生于路旁、山坡、草地、灌丛、田边、沟边等处。分布于我国陕西至江南各地。

126. 藤黄科Clusiaceae

乔木或灌木；常有黄色的树脂或油。单叶对生；无托叶。花单性，雌雄异株；两性或杂性；辐射对称。浆果、核果或蒴果；种子通常具假种皮，无胚乳。

南昆山2属，3种。

1. 核果；种子无假种皮……………………1. 红厚壳属Calophyllum
1. 浆果；种子有肉瓤状的假种皮………………2. 藤黄属Garcinia

1. 红厚壳属Calophyllum L.

乔木或灌木。叶对生，光滑无毛，全缘，有多数平行纤细的侧脉且与中脉垂直。聚伞花序或总状花序；花两性或单性。核果球形、椭圆形或卵形；种子大，无假种皮。

南昆山1种。

1. 薄叶红厚壳(横经席)

Calophyllum membranaceum Gardn. et Champ.

灌木或小乔木；小枝四棱形。叶薄革质，长圆形、椭圆形或披针形；侧脉多数，纤细，在两面凸起。花两性，白色略带微红。核果椭圆形，稀卵形；种子长约15 mm。花期3～5月；果期8～12月。

南昆山产于天堂顶，生于山地林中或灌丛。分布于我国华南地区。越南也有。药用，治跌打损伤、风湿骨痛。

2. 藤黄属Garcinia L.

常绿乔木或灌木；通常有黄色的树脂液。叶对生，全缘，通常无毛，侧脉少数，稀多数。花单性、杂性或两性。浆果具革质或肉质的外果皮；种子有肉瓤状的假种皮。

南昆山2种。

1. 花瓣长12～14 mm；雄蕊合生成4束……………………………………………………1. 多花山竹子G. multiflora
1. 花瓣长7～9 mm；雄蕊合生成1束……………………………………………………2. 岭南山竹子G. oblongifolia

1. 多花山竹子(木竹子)

Garcinia multiflora Champ. ex Benth.

灌木或乔木。叶革质，倒卵形、长圆状倒卵形至披针形，长5～20 cm，全缘；侧脉在背面明显，纤细。花橙黄色；花瓣倒卵状匙形；雄蕊合生成4束，高出退化雌蕊。浆果成熟时绿黄色。花期4～6月；果期8～11月。

南昆山产于上坪飞鼠岩、上坪村附近，生于山地林中。分布于我国华南、华中及西南地区。越南也有。根、果及树皮入药，可消肿、收敛止痛。

2. 岭南山竹子(海南山竹子)

Garcinia oblongifolia Champ. ex Benth.

灌木或乔木。叶薄革质或纸质，长圆形至披针形，长4～14 cm，全缘；侧脉每边10～18条，纤细，在背面明显。花单性，橙色或淡黄色，稀白色；花瓣倒卵状长圆形；雄蕊合生成1束。浆果卵圆形。花期6～8月；果期9～11月。

南昆山产于九重远眺，生于山地林中。分布于我国华南地区。越南也有。树皮可消炎止痛。

128. 椴树科 Tiliaceae

乔木、灌木、亚灌木或草本，常被星状毛或盾状鳞片；树皮富含纤维。单叶互生，少对生；常具基出脉。花两性，少单性；萼片通常5，很少3或4；花瓣与萼片同数或缺。核果、蒴果或浆果状，通常无假种皮。

南昆山4属，7种。

1. 草本或亚灌木；蒴果。
  2. 蒴果无刺或刺毛。
    3. 蒴果角状圆筒形，3瓣开裂 ········ 1. 田麻属 Corchoropsis
    3. 蒴果球形或长筒形，室背开裂为2～5果瓣 ······················ 2. 黄麻属 Corchorus
  2. 蒴果具刺或刺毛 ······························· 4. 刺蒴麻属 Triumfetta
1. 灌木或小乔木；核果 ···························· 3. 破布叶属 Microcos

1. 田麻属 Corchoropsis Sieb. et Zucc.

一年生草本，茎被星状柔毛或平展柔毛。叶互生，基出脉3条。花单生叶腋。蒴果角状圆筒形，3瓣开裂；种子多数。

南昆山1种。

1. 田麻

Corchoropsis tomentosa (Thunb.) Makino

一年生草本，高40～60 cm。叶卵形或狭卵形，长2.5～6 cm；两面被星状短柔毛；基出脉3条。花单生于叶腋，黄色。蒴果角状圆筒形，长1.7～3 cm，被星状柔毛。花果期秋季。

南昆山产于上坪，生于山地或丘陵坡地的灌丛。分布于我国大部分地区。朝鲜、日本也有。

2. 黄麻属 Corchorus L.

草本或亚灌木。叶纸质，基出脉3条；托叶2枚，线形。花两性，黄色，单生或数朵排成腋生或腋外生的聚伞花序。蒴果球形或长筒形，有棱或短角；种子多数。

南昆山1种。

1. 甜麻

Corchorus aestuans L.

一年生草本，高约1 m。叶卵形、宽卵形或狭卵形，长2～6.5 cm，两面均有稀疏的长粗毛。花单生或数朵组成聚伞花序生于叶腋；花黄色。蒴果圆筒形，具6条纵棱；种子多数。花期5～7月；果期8～11月。

南昆山产于下坪，生于荒地、旷野。分布于我国长江以南地区。亚洲热带、中美洲及非洲也有。可作编织或造纸原料。

3. 破布叶属 Microcos L.

灌木或小乔木。叶互生，有基出脉3条。花小，两性；花序顶生或腋生。核果近球形或梨形，无沟槽。

南昆山1种。

1. 破布叶

Microcos paniculata L.

灌木或小乔木，高3～12 m。叶纸质，卵形或卵状长圆形，长8～18 cm。花序大，顶生或生于上部叶腋内；花瓣5，淡黄色。核果近球形或倒卵形，长约1 cm，黑褐色。花期4～9月；果期11～12月。

南昆山产于佛坳、中坪，生于山坡、沟谷及路边灌丛。分布于我国华南及西南地区。东南亚地区也有。叶药用，可清热解毒。

4. 刺蒴麻属 Triumfetta L.

直立或匍匐状草本或亚灌木。单叶互生。花两性，单生或组成腋生或腋外生的聚伞花序。蒴果近球形，表面具刺针；刺的先端细劲直或有弯钩。

南昆山4种。

1. 叶不分裂；蒴果裂开，针刺长5～8 mm。
   2. 叶两面被稀疏长单毛，蒴果扁球形，针刺无毛……………………………………1. 单毛刺蒴麻 T. annua
   2. 叶背面被茸毛，蒴果圆球形，针刺有平展的柔毛。
      3. 刺直，长5～7 mm……………………2. 毛刺蒴麻 T. cana
      3. 刺有弯勾，长8～10 mm……………3. 长勾刺蒴麻 T. pilosa
1. 叶3浅裂；蒴果上的针刺长2～4 mm，无毛……………………………………4. 刺蒴麻 T. rhomboidea

1. 单毛刺蒴麻
Triumfetta annua L.

草本或亚灌木；嫩枝被黄褐色茸毛。叶纸质，卵形或卵状披针形，先端尾状渐尖，基部圆形或微心形边缘有锯齿。聚伞花序腋生；苞片被长毛；萼片先端有角；花瓣倒披针形，比萼片稍短；雄蕊10枚；子房被刺毛，3～4室，柱头2～3浅裂。蒴果扁球形；刺先端弯勾。花期秋季。

南昆山产于上坪村附近，生于荒地。分布于我国广东、广西、江西、浙江、湖北、贵州、四川和云南。马来西亚、印度和非洲也有。

2. 毛刺蒴麻
Triumfetta cana Bl.

直立、分枝亚灌木，高60～150 cm；嫩枝密被黄褐色星状短茸毛。叶纸质，卵形或卵状披针形，长4～8 cm。聚伞花序小，常2～6个簇生于叶腋内；花瓣黄色。蒴果球形，刺弯曲，刺长5～8 mm，被柔毛。花果期秋冬季。

南昆山产于下坪，生于旷野、山坡。分布于我国华南及西南地区。亚洲南部至东南部也有。

3. 长勾刺蒴麻
Triumfetta pilosa Roth

亚灌木；嫩枝被黄褐色长茸毛。叶厚纸质，卵形或长卵形，正面有稀疏星状茸毛，背面密被黄褐色厚星状茸毛，边缘有不整齐锯齿。聚伞花序1至数枝腋生；苞片披针形；萼片被毛，狭披针形，先端有角；花瓣黄色，与萼片等长；雄蕊10枚；子房被毛。蒴果有被毛的钩刺。花期夏季。

南昆山产于上坪大坑尾一带，生于山谷、荒地。分布于我国广东、广西、贵州、四川和云南。热带亚洲各地及非洲也有。

4. 刺蒴麻
Triumfetta rhomboidea Jacq.

直立、分枝亚灌木，高0.5～1.5 m。叶纸质，茎下部叶先端常3浅裂，茎上部或枝条上的叶较小，长圆形至卵状披针形。聚伞花序腋生；花瓣黄色。蒴果近球形，不开裂，刺钩状，无毛；种子2～6颗。花果期夏秋季。

南昆山产于七星湖、下坪，生于荒地、旷野。分布于我国华南及西南地区。热带亚洲、热带非洲也有。

128A. 杜英科 Elaeocarpaceae

常绿或半落叶乔木。单叶，互生或对生。花两性或杂性，单生或排成总状花序，或为圆锥花序；花瓣顶端撕裂或全缘，有时无花瓣。核果或蒴果，有时果皮有刺。

南昆山2属，10种。

1. 花排成腋生的总状花序；核果…………1. 杜英属 Elaeocarpus
1. 花通常单生；蒴果外表有针刺……………2. 猴欢喜属 Sloanea

1. 杜英属 Elaeocarpus L.

乔木。叶通常互生，有锯齿或全缘，背面常有黑色腺点。总状花序腋生或生于无叶的去年生枝上；花瓣4～6，白色，分离，顶端常撕裂或全缘。核果，1～5室；种子每室1粒。

南昆山9种。

1. 核果大，直径1.5～2.5 cm。
  2. 叶革质；叶柄较短，长约1～1.5 cm；萼片两面有微毛。
    3. 叶披针形或倒披针形，宽2～3.5 cm，背面无毛……………………………………………………………2. 杜英 E. decipiens
    3. 叶椭圆形或狭椭圆形，背面有毛……………………………………………………………4. 冬桃杜英 E. duclouxii
  2. 叶薄革质；叶柄较长，1.5～2.5 cm；萼片无毛……………………………………………………………7. 剑叶杜英 E. lanceifolius
1. 核果小，直径小于1 cm。
  4. 叶背有黑腺点。
    5. 嫩枝有短柔毛；果核有2条直沟……………………………………………………………1. 华杜英 E. chinensis
    5. 嫩枝无毛；果核有3条直沟……6. 日本杜英 E. japonicus
  4. 叶背无黑腺点。
    6. 叶背有发亮的银灰色绢毛；花瓣先端不撕裂，只有浅齿……………………………………………………8. 绢毛杜英 E. nitentifolius
    6. 叶背无毛；花瓣先端撕裂。
      7. 嫩枝有毛；侧脉约10对；花有白毛……………………………………………………3. 显脉杜英 E. dubius
      7. 嫩枝无毛或仅有微毛；侧脉5～9对；花通常无毛。
        8. 枝圆形；侧脉5～6对，叶干后暗晦……………………………………………………5. 秃瓣杜英 E. glabripetalus
        8. 枝有钝棱；侧脉约8对，叶干后黄绿色……………………………………………………9. 山杜英 E. sylvestris

1. 华杜英

Elaeocarpus chinensis (Gardn. et Champ.) Hook. f. ex Benth.

常绿小乔木；嫩枝有柔毛。叶薄革质，卵状披针形或披针形，长5～8 cm，正面有光泽，背面初时有毛，后变无毛，有黑腺点。花瓣长圆形，不分裂。核果椭圆形，果核有两条直沟。花期4～5月；果期9～12月。

南昆山产于上坪、天堂顶，生于林中。分布于我国华南及华东地区。越南及老挝也有。

2. 杜英

Elaeocarpus decipiens Hemsl.

常绿小乔木；嫩枝有微毛。叶革质，披针形或倒披针形，长7～12 cm；叶柄长约1 cm。萼片两面有微毛；花白色，花瓣上半部撕裂；雄蕊25～30枚。核果椭圆形。花期4～5月；果期9～12月。

南昆山产于横岗岐，生于林中。分布于我国华南及华东地区。

3. 显脉杜英

Elaeocarpus dubius A. DC.

常绿乔木。叶薄革质，披针形或长圆形，长5～7 cm，有时长达10 cm，边缘有钝齿，无毛；侧脉8～10对，网脉干后凸起。总状花序有灰色柔毛；花瓣先端有裂片约10条。核果椭圆形。花期3～4月；果期9～11月。

生于林中。分布于我国华南地区。越南也有。

4. 冬桃杜英

Elaeocarpus duclouxii Gagnep

常绿乔木，高20 m；嫩枝被褐色茸毛。叶聚生于枝顶，革质，长圆形，正面深绿色，初时有柔毛，干后发亮，背面被褐色茸毛，侧脉8～10对。总状花序常生于无叶的去年枝条上。核果椭圆形；种子长1.4～1.8 cm。花期6～7月。

南昆山产于上坪竹坑，生长于海拔700～950 m的常绿林中。分布于我国广东、广西、湖南、江西及西南地区。

5. 秃瓣杜英

Elaeocarpus glabripetalus Merr.

乔木；嫩枝有棱，无毛。叶纸质或膜质，倒披针形，长8～13 cm，发亮，无毛，先端尖，基部窄而下延，侧脉7～8对，边缘有小钝齿。花瓣白色，先端撕裂，裂片14～18条。核果椭圆形，内果皮薄骨质。花期5～6月；果期9～11月。

南昆山产于天堂顶，生于林中。分布于我国华南及华东地区。

6. 日本杜英

Elaeocarpus japonicus Sieb. et Zucc.

乔木；嫩枝无毛，叶芽被发亮的绢毛。叶革质，通常卵形，有时为倒卵形或披针形，长6～12 cm。花瓣全缘或有数个浅齿。核果椭圆形，果核有3条直沟。花期4～5月；果期9月。

南昆山产于中坪尾至沙坑、上坪，生于林中。分布于我国长江以南地区。日本及越南也有。

7. 剑叶杜英(披针叶杜英)

Elaeocarpus lanceifolius Roxb.

乔木，高20 m；树皮灰黑色，顶芽有灰色柔毛。叶薄革质，披针形或倒披针形，长9～14 cm；叶柄长1.5～2.5 cm。总状花序长7～10 cm，生于无叶的去年老枝上；萼片两面无毛；雄蕊15枚。核果卵圆形；种子长2 cm。花期6～7月；果期9～11月。

南昆山产于锅盖顶、上坪竹坑，生于林中。分布于我国广东、云南。

8. 绢毛杜英

Elaeocarpus nitentifolius Merr. et Chun

常绿乔木；嫩枝有银灰色绢毛。叶革质，椭圆形或长圆形，长8～15 cm；初时两面被绢毛，不久正面变无毛，背面绢毛宿存。花杂性；花瓣4～5片，先端有5～6个齿，无毛。核果椭圆形。花期4～5月；果期9月。

南昆山产于横岗岐，生于林中。分布于我国广东、广西。越南也有。

9. 山杜英

Elaeocarpus sylvestris (Lour.) Poir.

小乔木；嫩枝无毛或有微毛。叶纸质，狭倒卵形，长4～8 cm。总状花序无毛；花瓣上半部撕裂，裂片约10条，略有毛。核果椭圆形，内果皮有腹缝沟3条。花期4～5月；果期9～12月。

南昆山产于沙坑尾、横坑、上坪，生于林中。分布于我国长江以南地区。越南及老挝也有。

2. 猴欢喜属 Sloanea L.

乔木。叶互生，全缘或有锯齿，羽状脉。花通常两性，单生或数朵生于枝顶叶腋；花瓣4～5片，全缘或顶端撕裂。蒴果球形或卵圆形，表面有针状刺；种子1至数颗。

南昆山1种。

1. 猴欢喜

Sloanea sinensis (Hance) Hemsl.

乔木；嫩枝无毛。叶薄革质，通常为长圆形或狭倒卵形，长6～12 cm，全缘或上半部有疏钝齿，无毛。花有长梗；萼片和花瓣被毛。蒴果3～7 爿裂开，针状刺长1～1.5 cm；种子长

1～1.3 cm。花期8～10月；果期翌年夏天。

南昆山各地常见，生于常绿林中。分布于我国华南及华东地区。越南也有。

130. 梧桐科 Sterculiaceae

乔木或灌木，很少草本或藤本；树皮常有粘液并富含纤维。叶互生，单叶，少为掌状复叶。花序腋生，很少顶生；花瓣5片，有时无花瓣。蒴果或蓇葖果，极少为浆果或核果。

南昆山7属，8种。

1. 花单性或杂性，无花瓣……6. 苹婆属Sterculia
1. 花两性，有花瓣。
    2. 子房着生于长的雌雄蕊柄的顶端，柄长达子房本身长度的两倍以上。
        3. 种子无翅，很小，长不超过4 mm……2. 山芝麻属Helicteres
        3. 种子有明显的膜质长翅，连翅长2 cm以上……5. 梭罗树属Reevesia
    2. 子房无柄或有很短的雌雄蕊柄。
        4. 花无退化雄蕊。
            5. 蒴果5室；花柱5，分离或仅于基部连合……3. 马松子属Melochia
            5. 蒴果1室；花柱1，在顶端有流苏状的柱头……7. 蛇婆子属Waltheria
        4. 花有退化雄蕊。
            6. 花有雄蕊5枚……1. 刺果藤属Byttneria
            6. 花有雄蕊15枚……4. 翅子树属Pterospermum

1. 刺果藤属 Byttneria Loefl.

藤本，少为乔木或灌木。叶多为圆形或卵形。聚伞花序顶生或腋生；花小，两性，花瓣5，具爪，花丝合生成筒状。蒴果圆球形，有刺，熟时分裂为5个果瓣。

南昆山1种。

1. 刺果藤

Byttneria aspera Colebr.

木质大藤本。叶广卵形、心形或近圆形，长7～23 cm，背面密被白色星状短柔毛。花小，淡黄白色，内面略带紫红色。蒴果圆球形或卵状圆球形，具短而粗的刺；种子长圆形。花期春夏季。

南昆山产于佛坳、九重远眺，生于林中或山谷溪旁。分布于我国华南地区。越南、印度、泰国等地也有。茎皮纤维可制绳索。

2. 山芝麻属 Helicteres L.

乔木或灌木；枝或多或少被星状柔毛。单叶。花两性，单生或排成聚伞花序，腋生，很少顶生；花瓣5；雄蕊10，花丝多少合生。蒴果。

南昆山1种。

1. 山芝麻

Helicteres angustifolia L.

小灌木，高达1 m。叶狭长圆形或条状披针形，长3.5～5 cm，背面被灰白色或淡黄色星状茸毛，间或混生刚毛。聚伞花序有花2至数朵；花瓣5，淡红色或紫红色。蒴果卵状长圆形，密被毛；种子褐色。花果期几乎全年。

南昆山产于上坪、中坪，生于草坡。分布于我国华南及华东地区。东南亚、东亚也有。茎皮纤维做混纺原料；叶捣烂外敷治疮疖。

3. 马松子属 Melochia L.

草本或亚灌木，很少为乔木，略被星状柔毛。叶卵形或广心形，有锯齿。花小，两性；花瓣5，宿存。蒴果开裂为5个果瓣；种子倒卵形。

南昆山1种。

1. 马松子

Melochia corchorifolia L.

亚灌木状草本，高不及1 m。叶薄纸质，卵形、长圆状卵形或披针形，长2.5～7 cm；基出脉5条。花密集，排成顶生或腋生的聚伞花序或团伞花序；花瓣淡红色。蒴果圆球形，有5棱；种子褐黑色。花期夏秋季。

南昆山产于天堂顶，生于草坡、丘陵地。分布于我国华南及华中地区。广泛分布全世界的热带地区。茎皮纤维可制麻袋。

4. 翅子树属 Pterospermum Schreber

乔木或灌木，被星状茸毛或鳞秕。叶革质，单叶，通常偏斜。花单生或数朵排成聚伞花序，两性；花瓣5。蒴果木质或革质，圆筒形或卵形；种子有长翅。

南昆山1种。

1. 翻白叶树（异叶翅子树、半枫荷）

Pterospermum heterophyllum Hance

乔木；小枝被红褐色或黄褐色短柔毛。叶二型，生于幼树或萌枝上的叶盾形，直径约15 cm，掌状3～5裂；生于成长的树上的叶长圆形至卵状长圆形，长7～15 cm。花单生或2～4朵组成腋生的聚伞花序；花青白色。蒴果木质，长圆状卵形。花果期秋冬季。

南昆山产于石河奇观，生于山地或丘陵。分布于我国华南地区。根治疗风湿性关节炎。

5. 梭罗树属 Reevesia Lindley

乔木或灌木。单叶，通常全缘。花两性；花瓣5。蒴果木质，成熟后分裂为5个果瓣；种子靠果柄一端具膜质翅。

南昆山1种。

1. 两广梭罗

Reevesia thyrsoidea Lindl.

常绿乔木；幼枝干时棕黑色。叶革质，长圆形、椭圆形或卵状椭圆形，长5～7 cm；两面均无毛。聚伞状伞房花序顶生，被毛，花密集；萼钟状，长约6 mm；花瓣5，白色。蒴果矩圆状梨形，有5棱；种子连翅长约2 cm。花期3～4月。

南昆山产于上坪至天堂顶、中坪，生于山谷溪边或山坡密林中。分布于我国华南地区。越南和柬埔寨也有。

6. 苹婆属 Sterculia L.

乔木或灌木。单叶，少为掌状复叶。花通常排成圆锥花序，少为总状花序，通常腋生；花两性或杂性，无花瓣。蓇葖果革质或木质，成熟时开裂，内有种子1至多个。

南昆山2种。

1. 萼片分离或仅于基部连合，萼筒不明显。……………………………………………1. 假苹婆S. lanceolata

1. 萼筒明显，萼裂片与萼筒等长或略长。………2. 苹婆S. nobilis

1. 假苹婆

Sterculia lanceolata Cav.

乔木。叶椭圆形、披针形或椭圆状披针形，长9～20 cm；侧脉弯曲，在近叶缘处连接。花淡红色；萼片5，仅基部连合。蓇葖果鲜红色，长卵形或长椭圆形，顶端有喙，密被短柔毛；种子黑褐色，椭圆状卵形。花期4～5月。

南昆山产于石河奇观，生于山谷溪边。分布于我国华南及华中地区。越南、泰国也有。枝条上的皮可做纺织麻袋的原料。园林树种。

2. 苹婆*

Sterculia nobilis Smith

乔木，树皮褐黑色，小枝幼时略有星状毛。叶薄革质，矩圆形或椭圆形。圆锥花序顶生或腋生；萼初时乳白色，后转为淡红色，钟状。蓇葖果鲜红色，厚革质，矩圆状卵形；种子椭圆形或矩圆形，黑褐色。花期4～5月，但在10～11月常可见少数植株开第二次花。

南昆山产于上坪，喜生于排水良好的肥沃的土壤，且耐荫蔽。分布于我国广东、广西、福建、云南和台湾。印度、越南、印度尼西亚也有。庭院绿化树种。

7. 蛇婆子属 Waltheria L.

草本或亚灌木，少为乔木，被星状柔毛。单叶，边缘有锯齿。花细小，两性。花瓣5，宿存；雄蕊5，在基部合生。蒴果2瓣裂。

南昆山1种。

1. 蛇婆子

Waltheria indica L.

略直立或匍匐状亚灌木，长达1 m；多分枝，小枝密被绒毛。叶卵形或长椭圆状卵形，长2.5～4.5 cm，两面密被绒毛。聚伞花序腋生，头状；花瓣淡黄色。蒴果小，倒卵形，为宿存的萼所包围。花期夏秋。

南昆山产于上坪，生于草坡。分布于我国华南及华中地区。广布全球热带。茎皮纤维可织麻袋。

132. 锦葵科 Malvaceae

草本、灌木或乔木；茎皮层纤维发达。叶互生；托叶2，早落。花两性，稀单性，辐射对称，花瓣5；雄蕊多数，合生成单体；花柱通常合生，并为雄蕊管包围。果为分果或蒴果，有时果皮木质化而不开裂；种子肾形或卵形。

南昆山6属，13种。

1. 果裂成分果。
  2. 雄蕊柱上花药着生到顶；花柱分枝与心皮同数。
    3. 胚珠在每室中有2颗或更多 ……………… 2. 苘麻属Abutilon
    3. 胚珠在每室中只有一个。
      4. 无小苞片 …………………………………… 5. 黄花稔属Sida
      4. 小苞片(副萼)3～9枚 ……………… 4. 赛葵属Malvastrum
  2. 雄蕊柱上只外部着生花药，顶部截平或5齿；花柱分枝为心皮数的2倍 …………………………………… 6. 梵天花属Urena
1. 果为蒴果。
  5. 萼佛焰苞状，花后在一边裂开而早落 …………………………………… 1. 黄葵属Abelmoschus
  5. 萼钟形或杯形，宿存 …………………………… 3. 木槿属Hibiscus

1. 黄葵属 Abelmoschus Medicus

草本或亚灌木；植株常被长硬毛。叶片通常掌状分裂或呈戟形、箭形，稀全缘。花单朵腋生或排成顶生的总状花序；花冠5，通常大而美丽。蒴果，室背开裂；种子肾形。

南昆山1种。

1. 黄葵

Abelmoschus moschatus (L.) Medicus

直立草本或小灌木；具粗的直根。叶3～7掌状深裂或浅裂，基部心形。花单生于叶腋间；花萼佛焰苞状；花黄色，内面基部暗紫色。蒴果长圆状卵形，具5棱，顶端具短喙，被黄色长硬毛；种子具纵列的乳头状突起。花期6～10月。

南昆山产于下坪，生于田边、水沟旁。分布于我国南方各地。原产亚洲热带地区，现全世界热带地区有栽培或逸为野生。茎皮纤维可作纺织原料。

2. 苘麻属 Abutilon Miller

一年生草本或多年生亚灌木、灌木。叶心形或卵形。花瓣5，通常黄色。分果近扁球形，陀螺状或磨盘状，成熟时果爿分离；分果爿顶端圆钝、渐尖或具2条芒。

南昆山1种。

1. 磨盘草

Abutilon indicum (L.) Sweet

一年生或多年生亚灌木，高0.5～2.5 m；全株有灰色柔毛。叶卵形至阔卵形，长1.5～7 cm，顶端急尖或渐尖，叶缘具粗锯齿或呈波状。花单生叶腋；花梗细长；萼盘状，5裂；花黄色，花瓣5。果扁球形，顶部截平；种子肾形。花期6～12月。

南昆山产于佛坳，生于旷野或路边。分布于我国长江以南各地。热带和亚热带地区有分布。根清热、利尿；茎皮纤维可供编织用。

3. 木槿属 Hibiscus L.

草本、亚灌木、灌木或乔木。叶互生；主脉通常具蜜腺。花单朵腋生或排成总状花序；花冠大，具各种颜色。蒴果，室背开裂；种子肾形或球形。

南昆山3种。

1. 灌木或小乔木。
  2. 小枝，叶和花梗均被绒毛或粗短毛……………………………………1. 木芙蓉 H. mutabilis
  2. 叶和花梗无毛或被短柔毛…………2. 大红花 H. rosa-sinensis
1. 直立或平卧草本……………………………………3. 野西瓜苗 H. trionum

1. 木芙蓉*

Hibiscus mutabilis L.

落叶灌木或小乔木，高达5 m；小枝、叶柄、花梗和花萼均密被星状毛与直毛相混的细绒毛。叶卵状心形，常5～7裂，裂片三角形。花单生枝端叶腋；花萼钟形；花冠初白或淡红色，后深红色，花瓣5。蒴果扁球形，被淡黄色刚毛和绵毛；种子肾形。花期8～10月。

南昆山产于上坪三坑、高盘头、下坪，房前屋后有栽培，原产湖南，现全国大部分地区有栽培。日本和东南亚地区有栽培。庭院观赏。

2. 大红花(朱槿)*

Hibiscus rosa-sinensis L.

灌木。叶宽卵形或狭卵形，两面无毛。花单生上部叶腋间，下垂，近顶端有节；萼钟形，长2 cm，有星状毛，裂片5；花冠漏斗形，直径6～10 cm，玫瑰红、淡红或淡黄等色。蒴果卵形，长2.5 cm，有喙，5瓣裂。花期全年。

南昆山栽培于下坪。分布于我国广东、广西、福建、台湾、云南、四川；中南半岛也有。茎皮纤维可代麻制绳索、织麻袋；根、叶及花入药，能利水、解毒消肿，治痈疽、腮肿。

3. 野西瓜苗

Hibiscus trionum L.

一年生直立或平卧草本，高25～70 cm；茎柔软，被白色星状粗毛。叶二型，下部叶圆形不分裂，上部叶掌状3～5裂，直径3～6 cm。花单生于叶腋，淡黄色，内面基部紫色，花瓣5。蒴果长圆状球形，被粗硬毛，果爿5；种子黑色，肾形。花期7～10月。

南昆山产于下坪。分布于我国各地。全草、果实和种子药用，治烫伤、烧伤等。

4. 赛葵属 Malvastrum A. Gray

草本或亚灌木。叶全缘或具锯齿。花单朵腋生或排成顶生总状花序；小苞片通常3枚，有时缺。分果，成熟时各个分果爿分别脱落；种子1颗，肾形。

南昆山1种。

1. 赛葵

Malvastrum coromandelianum (L.) Garcke

多年生亚灌木状草本，高0.3～0.8 m。叶卵状披针形至长圆形，长2～6 cm，叶缘具不规则的锯齿。花萼钟状，裂片三角形；花冠黄色。果扁球形；分果爿10～14个，肾形，不开裂。花果期几乎全年。

南昆山产于上坪，生于旷地上。分布于我国华南地区。广布全球热带。

5. 黄花稔属 Sida L.

一年生或多年生草本或亚灌木。叶互生；叶缘具锯齿；不具蜜腺。花梗具关节；花冠辐状，通常黄或橙黄色；雄蕊管短于花瓣。分果球形至扁球形；种子平滑，有时近种脐处具毛。

南昆山5种。

1. 分果爿5个，不开裂……………………3. 长梗黄花稔 S. cordata
1. 分果爿5～10个，顶部开裂。
  2. 托叶通常披针形，具纵脉2～3条…………1. 黄花稔 S. acuta
  2. 托叶线形或钻形。
    3. 植物体被浅黄色短星状毛，并混生长柔毛……………………………………………………4. 心叶黄花稔 S. cordifolia
    3. 植物体被灰色短星状毛，无柔毛。
      4. 小枝常呈红色，托叶线形……………………………………5. 白背黄花稔 S. rhombifolia
      4. 小枝不呈红色，托叶钻状。2. 桤叶黄花稔 S. alnifolia

1. 黄花稔

Sida acuta Burm. f.

直立亚灌木状草本，高0.3～0.8 m。叶长圆状披针形至线状披针形，长1.5～7 cm。花单朵或2(～3)朵簇生叶腋；花梗长2～6 mm；花萼钟状；花冠黄色。分果扁球形，分果爿5～9；种子卵状三角形。花期4～12月。

南昆山产于上坪，生于旷地或荒野。分布于我国华南地区。广布全球热带。

2. 桤叶黄花稔

Sida alnifolia L.

直立或披散亚灌木，高约0.5 m。叶倒卵形、近圆形或卵形，长1～4 cm，叶缘具浅锯齿。花单朵腋生或在小枝顶部2～5朵密集呈簇生状；花梗长约5 mm，花后可达2～3 cm；花冠黄色。分果爿6～8个；种子肾形。花期7～12月。

南昆山产于中坪至上坪，生于旷地或疏林下。分布于我国华南地区。广布热带、亚热带。

3. 长梗黄花稔

Sida cordata (Burm. f.) Borss.

匍匐或披散草本，高约0.3 m。叶心形，长1～5 cm，顶端短而渐尖，边缘具钝齿或锯齿。花腋生，单朵或数朵排成总状花序；花冠黄色。分果扁球形；分果爿5片，无芒，不开裂；种子卵形。花期7月至翌年2月。

南昆山产于永汉至下坪途中，生于低山草地。分布于我国华南地区。亚洲东南部地区有分布。

4. 心叶黄花稔
Sida cordifolia L.

亚灌木，高0.3～1 m；全株密被浅黄色短星状毛。叶卵形，稀近圆形，叶缘具钝齿或不规则锯齿，两面被短茸毛。花单朵腋生或在小枝顶部排成总状花序；花瓣黄色。分果爿8～10个，顶部具芒2条；种子肾形。花期几乎全年。

南昆山产于下坪，生荒地。分布于我国华南地区。广布全球热带地区。

5. 白背黄花稔
Sida rhombifolia L.

直立亚灌木，高0.5～1 m；小枝常呈红色。叶卵形至长圆状披针形或多数呈菱形，长2.5～4.5 cm，叶缘具锯齿。花单朵腋生，有时在小枝顶部2～5朵密集呈簇生状；花冠黄色。分果爿8～10个。花期5～12月。

南昆山产于上坪，生于旷野、路边。分布于我国西南各地。广布全球热带、亚热带。

6. 梵天花属 Urena L.

一年生或多年生小灌木。叶脉掌状，通常中间1～3条叶脉的近基部具蜜腺。花梗无关节；花冠通常粉红色，小，辐状；雄蕊管约与花冠等长。分果多数呈球形，分果爿5；种子卵形。

南昆山2种。

1. 副萼裂片三角形，急尖，结果时直立……1. 地桃花 U. lobata
1. 副萼裂片线形至披针形，渐尖，结果时开展……………………2. 梵天花 U. procumbens

1. 地桃花(肖梵天花)
Urena lobata L.

直立小灌木；小枝、叶柄、花梗均被星状柔毛。叶形多样，长3～8 cm，叶缘具不规则锯齿。副萼杯状，裂片三角形，急尖，结果时直立；花瓣粉红色。果扁球形；分果爿具锚状刺和星状柔毛。花期7月至翌年2月。

南昆山产于上坪，生于旷野或路边。分布于我国西南至东南部各地。广布全球热带地区。根、叶药用，祛风、清热解毒。

2. 梵天花
Urena procumbens L.

小灌木，高约0.5 m；小枝被星状绒毛。叶纸质，叶形多样，长1.5～3.5 cm，叶缘具浅锯齿。单生或簇生叶腋；副萼杯状，裂片线形至披针形，渐尖，结果时开展；花冠淡红色，花瓣5，倒卵形。果近球形；分果爿具锚状刺和星状柔毛；种子圆肾形，近无毛。花期6～11月。

南昆山产于上坪、中坪和下坪，散生于路旁、草坡。分布于我国东南部各地区。

133. 金虎尾科 Malpighiaceae

灌木、乔木或木质藤本。单叶，常对生，全缘，叶背和叶柄常有腺体。花两性，辐射对称或两侧对称；花梗有节；小苞片常2枚；萼5裂，裂片常覆瓦状排列；花瓣5片，旋转状排列，具爪，边缘撕裂或齿裂；雄蕊10枚，花丝常于基部合生；雌蕊由2～5个合生或离生的心皮组成。果为蒴果状或各种的翅果，不开裂或稀2瓣裂；种子斜向悬垂于室壁顶部，无胚乳。

南昆山1属，1种。

1. 风车藤属 Hiptage Gaertn.

木质藤本或藤状灌木；植物体有时被丁字毛。叶对生，革质，无托叶。总状花序腋生或顶生，花两性，两侧对称，常白色，芳香；萼5裂，基部有1大腺体；花瓣5片，具爪，不等大，被丝毛；雄蕊10枚，向下弯，其中1枚较大，花丝基部合生，花药2室；子房3浅裂，花柱单生，稀2枚。果有3翅；种子近球形。

南昆山1种。

1. 风车藤

Hiptage benghalensis (L.)Kurz

木质大藤本。幼枝、叶背和花序被紧贴的柔软丁字毛。叶对生，革质，椭圆状长圆形至卵状披针形，长7～15 cm，宽3～7.5 cm。总状花序腋生，长3～10 cm；花白色至粉红色；花梗粗壮，中部以上具节；萼5裂，裂片基部有1大腺体；花瓣5片，基部渐狭成爪；雄蕊10枚，花丝基部合生，花药2室；子房3浅裂。果有3不等长的翅。花期春初；果期4～5月。

南昆山产于天堂顶，生于山坡杂木林或灌木丛中。分布于我国西南部至东南部。南亚和东南亚等地也有。

135A. 粘木科Ixonanthaceae

乔木或灌木。叶互生，全缘或具齿；羽状脉。花两性，排成聚伞花序、总状花序或圆锥花序；花瓣5，分离。蒴果；种子具假种皮或翅。

南昆山1属，1种。

1. 粘木属Ixonanthes Jack.

乔木。叶互生，全缘或偶有钝锯齿。花小，排成腋生的二歧聚伞花序；萼片5，基部合生；花瓣5，旋转排列，宿存。蒴果革质或木质；种子有翅或顶端有僧帽状假种皮。

南昆山1种。

1. 粘木

Ixonanthes chinensis Champ.

常绿乔木或灌木，高4～20 m；树皮褐色。叶互生，纸质至薄革质，椭圆形或椭圆状长圆形，长6～14 cm，全缘，无毛。二歧聚伞花序生于近枝顶的叶腋内；花白色，直径约6 mm。蒴果卵状椭圆形；种子长圆形。花期5～6月；果期6～10月。

南昆山产于中坪，生于山地林中。分布于我国华南地区。珍稀濒危植物。

136. 大戟科Euphorbiaceae

乔木、灌木或草本，有的为肉质仙人掌状植物；常有乳汁。叶互生，叶顶端基部或叶片基部具2枚腺体。花单性，雌雄同株或异株，或花两性；杯状聚伞花序，萼片通常3或5，花瓣通常5或缺。蒴果；种子常有显著种阜。

南昆山19属，47种。

1. 叶为三出复叶……………………………………………5. 秋枫属Bischofia
1. 叶为单叶。
  2. 子房每室具2枚胚珠；叶柄顶部和叶片基部无腺体。
    3. 花具花瓣……………………………………………7. 土蜜树属Bridelia
    3. 花无花瓣。
      4. 雌花具花盘或腺体。
        5. 子房1～2室，稀3室；核果·3. 五月茶属Antidesma
        5. 子房3～15室；蒴果或浆果状。
          6. 雄花有不育雌蕊……………12. 白饭树属Flueggea
          6. 雄花无不育雌蕊…………16. 叶下珠属Phyllanthus
      4. 雌花无花盘和腺体。
        7. 叶在小枝上不排成2列。……………4. 银柴属Aporosa
        7. 叶在小枝上排成2列。
          8. 雄蕊(3～)4～8枚，花丝和花药均合生；子房(3～)4～15室，花柱合生，顶端具裂缝或小裂齿状…………………………………………13. 算盘子属Glochidion
          8. 雄蕊3枚，花丝合生，花药通常分离；子房3室，花柱离生或基部合生，2裂…6. 黑面神属Breynia
  2. 子房每室具1枚胚珠；叶柄顶部和叶片基部常有各式的腺体。
    9. 草本或藤本。
      10. 叶互生。
        11. 花序穗状或总状，腋生………1. 铁苋菜属Acalypha
        11. 圆锥花序顶生……………………………17. 蓖麻属Ricinus
      10. 叶对生……………………………………………11. 大戟属Euphorbia
    9. 乔木、灌木或亚灌木。
      12. 雄花与雌花具花瓣，稀雌花无花瓣。
        13. 花丝在花蕾期顶部内弯，基部被绵毛…………………………………………………………9. 巴豆属Croton
        13. 花丝在花蕾期顶部不内弯，基部无绵毛…………………………………………………………19. 油桐属Vernicia
      12. 雄花与雌花均无花瓣。
        14. 雄花簇生于苞腋，再排成穗状花序或总状花序；花蕾时雄蕊已伸出。
          15. 花雌雄同株；穗状花序顶生…………………………………………………18. 乌桕属Sapium
          15. 花雌雄异株；总状花序腋生……………………………………………8. 白桐树属Claoxylon
        14. 雄花密集成团伞花序或簇生，再排成穗状、总状或圆锥花序；花蕾时雄蕊内藏。
          16. 雄花的萼片或花萼裂片覆瓦状排列…………………………………………10. 黄桐属Endospermum
          16. 雄花的萼片或花萼裂片镊合状排列。
            17. 叶对生；花雌雄异株…… 15. 野桐属Mallotus
            17. 叶互生；花雌雄异株或同株。
              18. 叶背面的蒴果被散生或密生的颗粒状腺体……………………………14. 血桐属Macaranga
              18. 叶两面和果均无颗粒状腺体……………………………………2. 山麻杆属Alchornea

1. 铁苋菜属Acalypha L.

草本或灌木。叶互生，具基出脉3～5条或为羽状脉。花雌雄同株，穗状花序；雄花小，多朵簇生于苞腋，雌花1～3朵生于苞腋。蒴果小，通常具3个分果爿，果皮具毛或软刺；种子近球形或卵圆形。

南昆山1种。

1. 铁苋菜(海蚌含珠)

Acalypha australis L.

一年生草本；小枝细长，被贴毛柔毛，毛逐渐稀疏。叶膜质，长卵形、近菱状卵形或阔披针形，长3～9 cm；基出脉3条。雌雄花同序，花序腋生，稀顶生；雄花生于花序上部，排列呈穗状或头状。蒴果果皮具疏生毛和毛基变厚的小瘤体；种子近卵状。花果期4～12月。

南昆山产于中坪，生于山坡较湿润耕地和空旷草地。分布于我国大部分省区。东南亚各国也有。具清热解毒功效。

2. 山麻杆属 Alchornea Sw.

乔木或灌木。叶互生，具腺齿，基部具斑状腺体；羽状脉或基出脉3条。花序穗状、总状或圆锥状；雄花萼片2～5裂，镊合状排列；雌花单生，萼片4～8。蒴果具2～3个分果爿；种子扁球形。

南昆山1种。

1. 红背山麻杆（红背叶）

Alchornea trewioides (Benth.) Muell. Arg.

灌木。叶互生，纸质，阔卵形，长8～15 cm，背面浅红色，具腺齿；基出脉3条。花雌雄异株，雄花序穗状，苞片三角形；雌花序总状，苞片狭三角形。蒴果球形，具3圆棱。花期3～5月；果熟期6～8月。

南昆山产于上坪、中坪尾至北坑、下坪，生于低海拔疏林或旷野。分布于我国华南地区及福建、江西、湖南及湖北。泰国、越南及日本也有。枝、叶煎水外洗治风疹。彩叶植物。

3. 五月茶属 Antidesma L.

乔木或灌木。单叶，互生，羽状脉，托叶2。花小，单性，雌雄异株，无花瓣；雄花花萼杯状，3～5裂，裂片覆瓦状排列，花盘垫状或为腺体；雌花花萼同雄花，花盘环状。核果卵形，稍歪斜，内果皮网状小孔穴。

南昆山4种，1变种。

1. 叶基部非心形。
   2. 托叶披针形、钻形或线形……………………1. 五月茶A. Bunius
      3. 托叶披针形……………………………4. 日本五月茶A. japonicum
      3. 托叶钻形或线形……………………………………………………………………5. 小叶五月茶A. montanum var. microphyllum
   2. 托叶卵形……………………………………………2. 黄毛五月茶A. Fordii
1. 叶基部多为浅心形或圆钝……3. 方叶五月茶A. ghaesembilla

1. 五月茶

Antidesma bunius (L.) Spreng.

乔木。叶纸质，椭圆形、长圆形或倒卵形，长8～23 cm；托叶线形。雄花序穗状；雌花序总状，雌蕊稍长于萼片。核果近球形或椭圆形，熟时红色。花期3～5月；果期6～11月。

南昆山产于石河奇观，生于山地疏林中。分布于我国广东北归线以南及海南。亚洲热带地区至澳大利亚昆士兰也有。药用、材用、观赏。

2. 黄毛五月茶
Antidesma fordii Hemsl.

小乔木或灌木；小枝、叶柄、托叶、花序轴被黄色绒毛，其余均被长柔毛或柔毛。叶纸质，长圆形、椭圆形或倒卵形，长7～25 cm。雄花序穗状；花萼5裂，裂片三角形；雌花序总状。核果纺锤形。花期3～4月；果熟期7 ～12月。

南昆山产于上坪至天堂顶，生于山地密林或疏林中。分布于我国华南地区及福建、云南。越南(北部)也有。

3. 方叶五月茶(早禾树)
Antidesma ghaesembilla Gaertn.

乔木，高达10 m；除叶面外，全株各部被柔毛。叶纸质，椭圆形或卵圆形，长3～9.5 cm。雄花黄绿色，穗状花序，萼片5；雌花序总状。核果近圆球形。花期3～9月；果熟期6～12月。

南昆山产于石河奇观、七星湖，生于林中。分布于我国华南及云南。亚洲东部和东南部及澳大利亚北部也有。叶可治小儿头痛；茎有通经之效；果可通便、泻泄作用。

4. 日本五月茶(酸味子)
Antidesma japonicum Sieb. et Zucc.

灌木。叶纸质至近革质，椭圆形至长圆状披针形，长3.5～13 cm，顶端有小尖头，仅叶脉被短柔毛。总状花序顶生；雄花与雌花萼片钟状，花盘垫状。核果椭圆形。花期4～6月；果熟期7～9月。

南昆山各地常见，生于山地疏林中或山谷湿润地方。分布于我国长江以南地区。日本、老挝、泰国及马来西亚也有。药用、食用(果)、观赏。

5. 小叶五月茶
Antidesma montanum var. **microphyllum** (Hemsley) Petra Hoffmann

灌木，高2～4 m；小枝圆柱形，着叶较密集。叶片近革质，狭披针形或狭长圆状椭圆形。总状花序单个或2～3个聚生于枝顶或叶腋内。核果卵圆状，长约5 mm，直径3 mm，红色，成熟时紫黑色，顶端常宿存有花柱。花期5～6月；果期6～11月。

南昆山产于七星湖、上坪，生于山坡或谷地疏林中。分布于我国华南、西南等地区。中南半岛和非洲也有。

4. 银柴属 Aporosa Bl.

乔木或灌木。单叶互生；叶柄顶端具2小腺体；托叶常偏斜，早落。花单性，雌雄异株；无花瓣及花盘；雄花序穗状，具苞片，萼片覆瓦状排列，花梗短。蒴果核果状，成熟时不规则开裂；种子无种阜。

南昆山2种。

1. 小枝被稀疏粗毛，老渐无毛；叶片革质……1. 银柴A. dioica
1. 枝条光滑无毛；叶片膜质至薄纸质……………………………………………………1. 云南银柴A. yunnanensis

1. 银柴（大沙叶）

Aporosa dioica (Roxb.) Muell. Arg.

乔木。叶互生，革质，椭圆形、倒卵形或倒披针形，长6～12 cm；侧脉未达叶缘而弯拱联结；叶柄顶端具2小腺体。雄花序穗状，密生苞片，萼片倒卵形。蒴果椭圆形，内有种子2。花果期几乎全年。

南昆山产于佛坳，生于林中。分布于我国广东北回归线以南及海南各地。印度、缅甸、马来西亚也有。

2. 云南银柴（云南大沙叶）

Aporosa yunnanensis (Pax et Hoffm.) Metc.

小乔木。叶膜质至薄纸质，长圆形、长卵形至披针形，长6～20 cm，正面密被黑色小斑点；叶柄顶端两侧各有1腺体。雄花序穗状，萼片3～5裂，具缘毛；雌花萼片3。蒴果近圆球形。花期2～4月；果熟期5～8月。

南昆山产于七星湖，生于山地或溪畔密林中。分布于我国广西及云南。印度、缅甸、泰国及越南也有。

5. 秋枫属 Bischofia Bl.

乔木；汁液呈红色或淡红色。叶互生，三出复叶，小叶边缘具细锯齿。花单性，雌雄异株，花序通常下垂，无花瓣及花盘；雄花萼片匀状，镊合状排列；雌花覆瓦状排列。果小，浆果状，圆球形。

南昆山1种。

1. 秋枫

Bischofia javanica Bl.

乔木；树皮汁液红色。三出复叶；小叶纸质，卵形，长7～15 cm。花小，雌雄异株，腋生圆锥花序，无花瓣和花盘；雄花萼片5，匀状，雄蕊5；雌花序下垂，阔披针形。果实浆果状，圆球形。花期4～5月；果期8～10月。

南昆山产于下坪，生于山地潮湿沟谷林中。分布于我国秦岭以南。亚洲东南部也有。优质木材；果可酿酒；种子含油量丰富；根有祛风消肿作用；可作行道树。

6. 黑面神属 Breynia J. R. Forst. et G. Forst.

灌木或小乔木。单叶互生，干时常变黑色。花雌雄同株；花单生或数朵簇生于叶腋；无花瓣和托盘；雄花花萼裂片6，雄蕊3；雌花花萼裂片6。蒴果常呈浆果状；种子三棱状。

南昆山1种。

1. 黑面神（鬼画符）

Breynia fruticosa (L.) Hook. f.

灌木；枝、叶绿色。叶革质，卵形或菱状卵形，长3～7 cm。花小，2～4朵簇生；雄花位于小枝下部，花萼倒圆锥状；雌花位于小枝上部，花萼盘状。蒴果圆球形，绿色，宿萼杯状；种子具红色种皮。花期4～9月；果期5～12月。

南昆山各地常见，生于灌丛中。分布于我国华东、华南及西南地区。越南也有。种子含脂肪油；根叶供药用，可治肠胃炎、咽喉肿痛、风湿骨痛、湿疹、高血脂病等；煲水外洗可治疮疖、皮炎。

7. 土蜜树属 Bridelia Willd.

乔木或灌木。单叶互生，全缘，羽状脉，具叶柄和托叶。花小，单性同株或异株；花5基数；萼片镊合状排列；花瓣小，鳞片状。雄花：花盘杯状或盘状；雌花：花盘圆锥状或坛状。核果或为具肉质外果皮的蒴果。

南昆山2种。

1. 叶近革质；雄花花瓣匙形；核果1室 ···· 1. 禾串树B. insulana
1. 叶纸质；雄花花瓣倒卵形；核果2室 ·· 2. 土蜜树B. tomentosa

1. 禾串树（尖叶土蜜树）

Bridelia insulana Hance

乔木；树干具枝刺。叶近革质，椭圆形或长椭圆形，长5～25 cm，边缘反卷。花雌雄同株；仅萼片及花瓣被黄色柔毛；雄花花瓣匙形，花盘垫状；雌花花瓣倒卵形，花盘坛状。核果长卵形。花期6～7月；果熟期9～12月。

南昆山产于九重远眺，生于山地常绿林中。分布于我国西南及华南地区。越南、老挝及日本也有。蜜源植物；果略甜，可食；木材可供建材用。

2. 土蜜树（逼迫子）

Bridelia tomentosa Bl.

灌木或小乔木。叶纸质，长圆形、长椭圆形或倒卵状长圆形，长3～9 cm；背面有毛。花簇生于叶腋；花瓣倒卵形，雄花花瓣顶部具齿；花盘坛状。核果近圆球形；种子褐红色。花果期几乎全年。

南昆山产于佛坳，生于山地密林中或灌木林中。分布于我国华南及西南地区。亚洲东南部经印度尼西亚至澳大利亚也有。观赏；叶治外伤出血、跌打损伤；根治感冒、神经衰弱、月经不调。

8. 白桐树属 Claoxylon A. Juss.

乔木或灌木。叶互生，羽状脉。花雌雄异株，无花瓣，总状花序腋生；雄花花萼镊合状排列；花盘浅裂或为离生腺体。蒴果具2～3(～4)个分果爿；种子近球形。

南昆山1种。

1. 白桐树(丢了棒)

Claoxylon indicum (Reinw. ex Bl.) Hassk.

小乔木。叶互生，纸质，卵形或卵圆形，长10～22 cm，边缘具波状齿或锯齿；叶柄顶部具2腺体。雌雄异株，花序被毛。雄花3～7朵生于苞腋；雌花单生于苞腋。蒴果具3分果爿；种子外种皮红色。花果期5～8月。

南昆山产于佛坳，生于疏林中。分布于我国华南及云南。亚洲东南部和印度也有。根、枝治风湿痛，民间用于治孕妇头昏。

9. 巴豆属 Croton L.

乔木或灌木；通常被星状毛或鳞腺。叶互生；叶柄顶端或叶片近基部常有2枚腺体。花雌雄同株；雄花花萼与花瓣5数；雌花花瓣细小或缺。蒴果具3个分果爿；种子卵形或椭圆形。

南昆山3种。

1. 矮小灌木；苞片边缘有线状撕裂齿，齿端具细小头状腺体；花柱4裂……………… 1. 鸡骨香 C. crassifolius
1. 灌木或小乔木；苞片线形或钻状，全缘；花柱2裂。
    2. 叶柄顶端或叶片基部的腺体具柄，杯状……………… 2. 毛果巴豆 C. lachnocarpus
    2. 叶柄顶端或叶片基部的腺体无柄，盘状…3. 巴豆 C. tiglium

1. 鸡骨香(金线枫)

Croton crassifolius Geisel.

灌木。叶卵形、卵状椭圆形至长圆形，长4～10 cm；叶基部中脉两侧或叶柄顶端有2枚具柄的杯状腺体。总状花序顶生；苞片线形；雄花单生于苞腋，花瓣长圆形；雌花位于花序基部，萼片外被星状绒毛。蒴果近球形。花期11月至翌年6月；果期2～9月。

南昆山产于佛坳，生于山地较干旱山坡灌木丛中。分布于我国华南地区及福建。越南、泰国也有。根入药，有理气止痛、祛风除湿之疗效。

2. 毛果巴豆(小叶双眼龙)

Croton lachnocarpus Benth.

灌木；密被灰黄色星状毛。叶纸质，椭圆形或近卵状椭圆形，长4～10(～13)cm，齿间弯缺处常有1枚细小有柄的杯状腺体。总状花序顶生；雄花萼片卵状三角形，花瓣长圆形；雌花萼片披针形。蒴果稍扁球形。花期4～5月；果期6～9月。

南昆山各地常见，生于山地疏林或灌丛中。分布于我国华南、江西、湖南及贵州。根有散淤活血、治跌打肿痛之效；叶治带状疱疹；有毒，一般外用。

3. 巴豆(大叶双眼龙)
Croton tiglium L.

小乔木；仅嫩枝、叶背被稀疏星芒状短毛。叶纸质，卵形，长7～12 cm；基出脉3(～5)条；基部两侧叶缘上各有1枚盘状腺体。总状花序，顶生；雄花萼片卵形，花瓣长圆形；雌花萼片长圆状披针形，无花瓣。蒴果椭圆形。花期4～6月；果熟期7～12月。

南昆山产于下坪，生于村旁或山地疏林中。分布于我国长江以南地区。亚洲南部和东南部也有。种子作泻药，外用于恶疮、疥藓；根、叶入药，治风湿骨痛；叶可作杀虫剂。

10. 黄桐属 Endospermum Benth.

乔木。叶互生，叶基部与叶柄连接处有腺体。花雌雄异株，无花瓣；雄花组成圆锥花序；花萼杯状；花盘边缘浅裂；雌花总状花序。果核果状。种子无种阜。

南昆山1种。

1. 黄桐
Endospermum chinense Benth.

乔木；嫩枝、花序和果均密被灰黄色星状微柔毛。叶薄革质，椭圆形至卵圆形，长8～20 cm，基部有2枚球形腺体。花序生于枝条近顶部叶腋；苞片卵形；花萼杯状。蒴果近球形，黄绿色；种子椭圆形。花期5～8月；果期8～11月。

南昆山产于七星湖，生于山地常绿林中。分布于我国华南地区及福建、云南。印度、缅甸、泰国及越南也有。速生树种，木材可作板材；根、树皮和叶药用。

11. 大戟属 Euphorbia L.

草本、灌木或乔木。植物体具乳状液汁。叶常全缘。杯状聚伞花序，每个杯状聚伞花序由1枚位于中间的雌花和多枚位于周围的雄花同生于1个杯状总苞内而组成，为本属所特有。蒴果。

南昆山4种。

1. 茎斜依向上或近直立；花序聚生；叶较大。
   2. 蒴果具毛……1. 飞扬草 E. hirta
   2. 蒴果无毛……2. 通奶草 E. hypericifolia
1. 茎匍匐状；花序单一腋生；叶较小。
   3. 托叶长三角形……3. 匍匐大戟 E. prostrata
   3. 托叶披针形或线形……4. 千根草 E. thymifolia

1. 飞扬草
Euphorbia hirta L.

一年生草本。叶对生，披针状长圆形或卵状披针形，长1～5 cm，叶背灰绿色，有时具紫色斑。花序密生成球形；总苞钟状；腺体紫红色，边缘具白色附属物。蒴果三棱状；种子近圆状四棱。花果期6～11月。

南昆山产于上坪，生于路旁、草丛、灌丛，多见于砂质土。分布于我国湖南、华东、华南及西南地区。世界热带和亚热带广布。可治痢疾、肠炎、皮肤湿疹、皮炎、疖肿等。

2. 通奶草

Euphorbia hypericifolia L.

一年生草本。叶对生，狭长圆形或倒卵形，长1～2.5 cm，基部圆形，通常偏斜，不对称；苞叶2枚，与茎生叶同形。花序数个簇生于叶腋或枝顶；总苞陀螺状。蒴果三棱状；种子卵棱形。花果期8～12月。

南昆山产于佛坳，生于旷野荒地，路旁，灌丛及田间。分布于我国长江以南地区。亚洲南部和东南部也有。全草入药，通奶。

3. 匍匐大戟（铺地草）

Euphorbia prostrata Ait.

一年生草本；茎匍匐状，通常呈淡红色或红色。叶对生，椭圆形至倒卵形，长3～7(～8)mm，基部不对称。花序常单生于叶腋；总苞陀螺状；腺体具极窄白色附属物。蒴果三棱状；种子卵状四棱形，黄色。花果期4～10月。

南昆山产于下坪，生于路旁，屋旁和荒地灌丛。分布于我国华南地区及福建、台湾、湖北、江苏、云南。美洲热带和亚热带也有。

4. 千根草

Euphorbia thymifolia L.

一年生草本。叶对生，椭圆形、长圆形或倒卵形，长4～8 mm，基部不对称。花序单生或数个簇生于叶腋；总苞狭钟状至陀螺状。蒴果卵状三棱形；种子长卵状四棱形，暗红色。花果期6～11月。

南昆山产于下坪，生于路旁、屋旁、草丛、稀疏灌丛，多见于砂质土。分布于我国华南、湖南、华东及云南。世界热带和亚热带也有。清热利湿、收敛止痒，主治菌痢、肠炎等。

12. 白饭树属 Flueggea Comm. ex Juss.

小乔木或直立灌木。单叶，互生，常2列。花小，雌雄异株；无花瓣；雄花萼片覆瓦状排列；雌花花盘碟状或盘状。蒴果圆球状或三棱形，果皮3片裂或不裂，呈浆果状；种子三棱形。

南昆山1种。

1. 白饭树

Flueggea virosa (Willd.) Baill.

落叶灌木。叶互生，纸质，椭圆形、倒卵形或近圆形，长2～5 cm。花小，雌雄异株，多朵簇生于叶腋；萼片5，淡黄色；花盘腺体5或花盘杯状。蒴果浆果状，近圆球形。花期3～8月；果熟期7～12月。

南昆山产于下坪、七星湖，生于山地灌木丛中。分布于我国秦岭以南。非洲、大洋州和东南亚也有。全株清热解毒，外用治湿疹、烫伤、疮疖。

13. 算盘子属 Glochidion J. R. et G. Forst.

乔木或灌木。单叶互生，二列，全缘。花单性，雌雄同株，聚伞花序或簇生成花束；雌花束常位于雄花束上部或雌雄花束分生于不同的小枝叶腋内；无花瓣；通常无花盘。蒴果圆球形或扁球形。

南昆山7种。

1. 雄蕊4～8。
  2. 小枝、叶片背面均被短柔毛或短绒毛……………………2. 厚叶算盘子G. hirsutum
  2. 小枝、叶片均无毛。
    3. 叶片基部急尖或宽楔形；花在叶腋内簇生；雄花萼片倒卵形或长圆状倒卵形；子房密被短柔毛……………………3. 艾胶算盘子G. lanceolarium
    3. 叶片基部浅心形、截形或圆；花组成腋上生聚伞花序；雄花萼片卵形或阔卵形；子房无毛……………………7. 香港算盘子G. zeylanicum
1. 雄蕊3。
  4. 叶片光滑无毛……………………6. 白背算盘子G. wrightii
  4. 叶片或叶脉被毛。
    5. 叶片基部两侧不相等…………5. 里白算盘子G. triandrum
    5. 叶片基部两侧相等。
      6. 叶片和蒴果均被扩展的长柔毛；叶片基部钝、截形或圆；花柱比子房长3倍…1. 毛果算盘子G. eriocarpum
      6. 叶片和蒴果均被短柔毛或短绒毛；叶片基部楔形、急尖或钝；花柱比子房短或等长……………………4. 算盘子G. puberum

1. 毛果算盘子(漆大姑)

Glochidion eriocarpum Champ. ex Benth.

灌木；小枝密被淡黄色、扩展的长柔毛。叶纸质，卵形、狭卵形或宽卵形，长4～8 cm。花单生或2～4朵簇生于叶腋内；雌花生于小枝上部，雄花则下部。蒴果扁球状。花果期几乎全年。

南昆山产于佛坳，生于山坡、山谷灌木丛中或林缘。分布于我国华南、华中及西南地区。越南、泰国也有。全株供药用，解漆毒、收敛止泻、祛湿止痒。

2. 厚叶算盘子

Glochidion hirsutum (Roxb.) Voigt

灌木或小乔木。叶革质，卵形、长卵形或长圆形，长7～15 cm。聚伞花序通常腋生；雄花萼片6，长圆形或倒卵形；雌花萼片6，卵形或阔卵形。蒴果扁球状。花果期几乎全年。

南昆山产于石河奇观，生于山地林下或河边、沼地灌木丛中。分布于我国华南、华东及西南地区。印度也有。根叶有收敛固脱、祛风消肿功效。

3. 艾胶算盘子(泡果算盘子)

Glochidion lanceolarium (Roxb.) Voigt.

常绿灌木或乔木。叶革质，椭圆形、长圆形或长圆状披针形，长6～16 cm。花簇生于叶腋内，雌雄花分别生于不同的小枝或雌花1～3朵生于雄花束内；雄花萼片黄色。蒴果近球状。花果期几乎全年。

南昆山产于七星湖，生于山地疏林中或溪旁灌木丛中。分布于我国华南地区。越南、泰国、喜马拉雅山东部至西北部也有。观赏、药用。

4. 算盘子

Glochidion puberum (L.) Hutch.

直立灌木。叶纸质或近革质，长圆形、长卵形或倒卵状长圆形，长3～8 cm；网脉明显。花小，雌雄同株或异株，簇生叶腋内，雄花生于小枝下部，雌花则上部。蒴果扁球状，成熟时带红色；种子近肾形。花果期5～11月。

南昆山产于中坪、上坪，生于路旁、屋旁和荒地灌丛。分布于我国长江以南地区。越南也有。种子可榨油；根茎叶可活血散淤、消肿解毒。为酸性土壤指示植物。

5. 里白算盘子

Glochidion triandrum (Blanco) C. B. Rob.

灌木或小乔木；小枝具棱，被褐色柔毛。叶纸质或膜质，长椭圆形或披针形，长4～13 cm，基部两侧不对称。花5～6朵簇生叶腋内；雄花小苞片卵状三角形；雌花萼片内凹。蒴果扁球状；种子三角形。花期4～7月；果熟期8～12月。

南昆山产于中坪尾至沙坑，生于山地疏林或山谷、溪旁灌木丛中。分布于我国华南、华东及西南地区。日本也有。

6. 白背算盘子

Glochidion wrightii Benth.

灌木或乔木。叶纸质，长圆形或长圆状披针形，常呈镰刀状弯斜，长2.5～5.5 cm，两侧不对称。雌花或雌雄花同簇生于叶腋内；雄花萼片黄色。蒴果扁球状，红色。花期5～9月；果熟期7～11月。

南昆山产于七星湖，生于山地疏林或灌木丛中。分布于我国华南、福建、贵州及云南。越南也有。

7. 香港算盘子

Glochidion zeylanicum (Gaertn.) A. Juss.

灌木或小乔木。叶革质，长圆形、卵状长圆形或卵形，长6～18 mm，两侧稍偏斜。花簇生呈花束或聚伞花序；雄花与雌花均萼片6，卵形或阔卵形。蒴果扁球状。花期3～8月；果熟期7～11月。

南昆山产于七星湖，生于灌丛中。分布于我国华南、华东及西南地区。越南、泰国也有。根皮可治咳嗽、肝炎；茎叶治腹痛、跌打扭伤。

14. 血桐属 Macaranga Thou.

乔木或灌木。叶互生，背面具有颗粒状腺体。雌雄异株，花序总状或圆锥状，无花瓣；雄花花萼球形或近棒状；雌花花萼杯状或酒瓶状。蒴果；种子近球形。

南昆山1种。

1. 鼎湖血桐

Macaranga sampsonii Hance

灌木或小乔木；嫩枝、叶和花序均被黄褐色绒毛，小枝无毛，有时被白霜。叶薄革质，三角卵形或卵圆形，长12～17 cm。苞片卵状披针形；雄花萼片3；雌花萼片4(～3)枚，卵形。蒴果双球形，具颗粒状腺体。花期5～6月；果熟期7～8月。

南昆山产于七星湖，生于山地或山谷常绿阔叶林中。分布于我国华南地区及福建。越南北部也有。

15. 野桐属 Mallotus Lour.

灌木或乔木。通常被星状毛。叶背面常有颗粒状腺体。花雌雄同株或异株，无花瓣及花盘；雄花和雌花在每一苞片内各有多朵和1朵。蒴果具(2～)3(～4)个分果爿，常具软刺或颗粒状腺体；种子卵形或近球形。

南昆山6种。

1. 叶脉为羽状脉……………………………2. 粗毛野桐M. hookerianus
1. 叶具掌状脉或基出脉3～7条。
  2. 蒴果具软刺。
    3. 叶基部非盾状着生……………………………1. 白背叶M. apelta
    3. 叶基部盾状或稍盾状着生。
      4. 蒴果密被线形皮刺，皮刺长6 mm以上……………………………………………………………3. 东南野桐M. lianus
      4. 蒴果疏被钻形、粗短皮刺，皮刺长3～5 mm………………………………………………………………4. 白楸M. paniculatus
  2. 蒴果无软刺。
    5. 蒴果密被红色或橙黄色颗粒状腺体和粉末状毛……………………………………………………………5. 粗糠柴M. philippensis
    5. 蒴果密被黄褐色或橙黄色毛和颗粒状腺体……………………………………………………………6. 石岩枫M. repandus

1. 白背叶

Mallotus apelta (Lour.) Muell. Arg.

灌木或小乔木；小枝、叶柄和花序均密被淡黄色星状柔毛和散生橙黄色颗粒状腺体。叶互生，卵形或阔卵形，长和宽均6～16(～25)cm。花雌雄异株；雄花花萼卵形或近三角形。蒴果、种子近球形。花期6～9月；果期8～11月。

南昆山各地常见，生于山坡或山谷灌丛中。分布于我国华南地区及湖南、江西、福建、云南。越南也有。先锋树种；茎皮可供编织；种子可制油漆、杀菌剂、润滑剂、香料等。

2. 粗毛野桐

Mallotus hookerianus (Seen.) Muell. Arg.

灌木或小乔木，高 1.5～6 m。叶对生，同对的叶异形，小型叶退化成托叶状，钻形，大型叶近革质，长圆状披针形。花雌雄异株；雄花序总状；雌花单生。蒴果三棱状球形，密生软刺；种子球形褐色。花期3～5月；果期8～10月。

南昆山产于天堂顶，生于山地林中。分布于我国华南地区。越南也有。

3. 东南野桐

Mallotus lianus Croiz.

小乔木或灌木；小枝圆柱形，有棱，被红棕色星状短绒毛。叶互生，纸质，卵形或心形，有时阔卵形。花雌雄异株，总状花序或圆锥花序；雄花序长 10～18 cm；雌花序长 10～25 cm。蒴果球形；种子球形，黑色或深褐色。花期8～9月；果期 11～12月。

南昆山产于中坪、天堂顶，生于海拔200～1100 m阴湿林中或林缘。分布于我国华东地区及广东、广西、西南、湖南。

4. 白楸

Mallotus paniculatus (Lam.) Muell. Arg.

乔木或灌木；小枝被褐色星状绒毛。叶互生，卵形、卵状三角形或菱形，长5～15 cm。花雌雄异株；雄花序苞片卵状披针形；雌花序苞片卵形。蒴果扁球形，具3个分果爿；种子近球形。花期7～10月；果熟期11～12月。

南昆山各地常见，生于林缘或灌丛中。分布于我国华南地区及云南、贵州、福建、台湾。东南亚也有。木材质地轻软；种子油可作工业用油。

5. 粗糠柴（菲岛桐、红果果）

Mallotus philippensis (Lam.) Muell. Arg.

小乔木或灌木；小枝、嫩叶和花序均密被黄褐色短星状柔毛。叶近革质，卵形、长圆形或卵状披针形，长5～18(～22) cm。花雌雄异株，花序总状。蒴果扁球形；种子卵形或球形。花期4～5月；果期5～8月。

南昆山产于横岗岐，生于山地林中或林缘。分布于我国长江以南地区。南亚和东南亚、大洋洲热带也有。

6. 石岩枫（糠木麻、黄蜂叶）

Mallotus repandus (Rottl.) Muell. Arg.

攀缘状灌木；嫩枝和花序均被淡黄色星状微绒毛。叶互生，纸质或膜质，卵形或椭圆状卵形，长3.5～8 cm。花雌雄异株；雄花花序苞片钻状；雌花花序苞片长三角形。蒴果具

2(～3)个分果爿；种子卵形。花期3～4月；果熟期8～9月。

南昆山产于石河奇观、七星湖，生于山地林中或林缘。分布于我国大部份省区。东南亚和南亚也有。茎皮纤维可编绳用。

16. 叶下珠属 Phyllanthus L.

灌木或草本。单叶，互生，通常在侧枝上排成二列，呈羽状复叶状，全缘。花通常小，单性；无花瓣；雌花与雄花萼片均(2～)3～6。蒴果，通常基顶压扁呈扁球形；种子三棱形。

南昆山5种。

1. 灌木或乔木。
  2. 果为蒴果……………………1. 越南叶下珠 P. cochinchinensis
  2. 果为浆果或核果，果皮多少肉质。
    3. 果为核果……………………2. 余甘子 P. emblica
    3. 果为浆果……………………3. 小果叶下珠 P. reticulatus
1. 草本，有时主茎基部多少木质化。
  4. 雌花梗和果梗长不及2 mm……………………4. 叶下珠 P. urinaria
  4. 雌花梗和果梗长2～10 mm……………………5. 黄珠子草 P. virgatus

1. 越南叶下珠(乌蝇翼)

Phyllanthus cochinchinensis Spreng.

灌木；小枝具棱。叶革质，倒卵形、长倒卵形或匙形，长1～2 cm。花雌雄异株；苞片干膜质，黄褐色，边缘撕裂状；雄花萼片倒卵形或匙形。蒴果圆球形；种子橙红色。花果期6～12月。

南昆山产于佛坳、上坪，生于灌丛或疏林中。分布于我国华南、华东及西南地区。南亚也有。观赏；药用。

2. 余甘子(油甘树)

Phyllanthus emblica L.

乔木。叶纸质至革质，二列，线状长圆形，长8～20 mm。多朵雄花和1朵雌花或全为雄花组成腋生的聚伞花序；雄花萼片膜质，黄色。蒴果呈核果状，圆球形；种子略带红色。花期4～6月；果熟期7～9月。

南昆山产于七星湖，生于山地疏林向阳处。分布于我国华南、华东及西南地区。南亚、东南亚及南美也有。先锋树种；庭院观赏；果实可食用；根叶可入药，治喉痛、咳嗽等。

3. 小果叶下珠(龙眼睛、烂头钵)

Phyllanthus reticulatus Poir.

灌木。叶膜质至纸质，椭圆形、卵形至圆形，长1～5 cm。通常2～10朵雄花和1朵雌花簇生于叶腋；雄花萼片2轮，卵形或倒卵形。蒴果呈浆果状，球形或近球形；种子三棱形。花期3～6月；果熟期6～10月。

南昆山产于天堂顶，生于山地林下或灌木丛中。分布于我国南部热带、亚热带地区。全世界热带地区广布。根叶供药用，可治驳骨、跌打、风湿。

4. 叶下珠

Phyllanthus urinaria L.

一年生草本；枝具翅状纵棱。叶纸质，因叶柄扭转而呈羽状排列，长圆形或倒卵形，长4～10 mm。花雌雄同株；雄花通常仅正面1朵开花；雌花萼片黄白色。蒴果圆球状，红色；种子橙黄色。花期4～6月；果熟期7～11月。

南昆山产于下坪，生于旷野平地、旱田、山地路旁或林缘。分布于我国秦岭以南地区。东南亚、南亚及南美也有。药用，全草有解毒、消炎、清热止泄、利尿之效。

5. 黄珠子草

Phyllanthus virgatus Forst. f.

一年生草本；茎基部具窄棱，或有时主茎不明显。叶片近革质，线状披针形、长圆形或狭椭圆形；几无叶柄。通常2～4朵雄花和1朵雌花同簇生于叶腋；雄花：直径约1 mm；雌花：长约1 mm。蒴果扁球形，紫红色；种子小，长0.5 mm，具细疣点。花期4～5月；果期6～11月。

南昆山产于上坪，生于山地草坡、沟边草丛或路旁灌丛中。分布几遍全国地区。印度、东南亚到昆士兰和太平洋沿岸也有。

17. 蓖麻属 Ricinus L.

一年生草本或草质藤本；茎常被白霜。叶互生，纸质，掌状分裂，叶缘具锯齿；叶柄基部和顶端具腺体。花雌雄同株，无花瓣，花盘缺；圆锥花序顶生，后与叶对生。蒴果具3分果爿；种子椭圆状，具斑纹。

南昆山1种。

1. 蓖麻(唐本草)

Ricinus communis L.

一年生粗壮草本或草质藤本，高达5 m。叶近圆形，掌状7～11裂；叶脉掌状，网脉明显；叶柄粗壮中空，顶端具2盘状腺体；托叶长三角形。总状花序或圆锥花序；苞片阔三角形。蒴果卵球形；种子椭圆形。花果期几全年。

南昆山产于下坪，生于村旁疏林或河流两岸冲积地。分布于我国华南及西南地区。原产非洲东北部，现世界热带地区广布。种子可榨工业用油，也可作缓泻剂。

18. 乌桕属 Sapium P. Br.

乔木或灌木，具白色乳汁。单叶互生，全缘，羽状脉；叶柄顶端具2腺体。花单性同序，组成顶生复总状花序；雄花3朵生于花序上部；雌花1至数朵生于下部。蒴果，3裂；种子常有蜡质的假种皮。

南昆山3种。

1. 叶柄顶端无腺体；种子无蜡质层，有斑纹……………………………………………………1. 斑子乌桕S. atrobadiomaculatum
1. 叶柄顶端具2腺体；种子被蜡质层，无斑纹。
    2. 叶卵形、长卵形或椭圆形，长为宽2倍以上……………………………………………………2. 山乌桕S. discolor
    2. 叶菱形、阔卵形或近圆形，长和宽相等……………………………………………………3. 乌桕S. sebiferum

1. 斑子乌桕

Sapium atrobadiomaculatum Metcalf.

灌木；各部均无毛。叶互生，纸质，叶片狭椭圆形或披针形，长3～7 cm。花单性，雌雄同株，聚集成顶生，长2～4 cm的总状花序，雌花序1～2朵生于花序轴基部，雄花多数生于花序轴上部，有时整个花序全为雄花。蒴果三棱状球形；种子球形。花期3～5月。

南昆山产于上坪、中坪，生于路旁、山坡疏林或山顶灌丛中。分布于我国广东、福建、江西和湖南。

2. 山乌桕(膜叶乌桕)

Sapium discolor (Champ. ex Benth.) Muell. Arg.

乔木。叶互生，纸质，椭圆形或长卵形，长4～10 cm。花单性，雌雄同株，顶生总状花序；雄花花萼杯状；雌花花萼3深裂几达基部，裂片三角形。蒴果黑色，球形；种子近球形。花期4～6月；果期7～10月。

南昆山产于中坪，生于山谷或山坡混交林中。分布于我国长江以南地区。东南亚也有。根叶治跌打扭伤、毒蛇咬伤等；种子油可制肥皂。

3. 乌桕

Sapium sebiferum (L.) Roxb.

乔木，各部均无毛而具乳状汁液。叶互生，纸质，菱形、菱状卵形，长3～8 cm。花单性，雌雄同株；雄花基部两侧各具一近肾形的腺体。蒴果梨状球形，黑色，外被白色、蜡质的假种皮。花期4～8月；果期8～11月。

南昆山产于下坪，生于旷野、塘边或疏林中。分布于我国秦岭以南。日本、越南、印度、欧洲及美洲也有。材用；油料；根皮治毒蛇咬伤；假种皮制肥皂。

19. 油桐属 Vernicia Lour.

落叶乔木。单叶互生；叶柄长，顶端近叶基处有具柄或无柄的腺体2枚。花大，圆锥花序，花瓣5，白色或基部略带红色。蒴果近球形或卵形；种子具厚壳状种皮。

南昆山2种。

1. 叶全缘，稀1～3浅裂；果无棱，平滑 ………… 1. 油桐V. fordii
1. 叶全缘或2～5浅裂；果具三棱，果皮有皱纹 ……………………………… 2. 木油桐V. montana

1. 油桐(三年桐)

Vernicia fordii (Hemsl.) Airy Shaw

落叶乔木。叶卵形或阔卵形，基部截形或心形，长7～18 cm；叶柄顶端有2扁平、无柄的红色腺体。花雌雄同株，花瓣白色，基部有淡红色斑纹。核果球形或扁球形；种子3～5。花期3～4月；果期8～9月。

南昆山产于七星湖，生于丘陵山地。分布于我国秦岭淮河流域以南地区。越南也有。种子可提取工业油料。

2. 木油桐(千年桐)

Vernicia montana Lour.

落叶乔木。叶阔卵形，长8～20 cm。叶柄顶端具2枚杯状腺体。花雌雄异株；花瓣白色或基部紫红色且有紫红色脉纹。核果卵球状，果皮有纵棱和网状皱纹；种子3，扁球状。花期4～6月；果熟期7～10月。

南昆山产于上坪、竹坑嶂，生于疏林中。分布于我国西南至东南地区。东南亚也有。种子可提取工业油料。

136A. 交让木科 Daphniphyllaceae

乔木或灌木。单叶互生，全缘。花序总状，腋生，单生，基部具苞片；花单性异株；无花瓣。核果卵形或椭圆形，具种子1，外果皮肉质，内果皮坚硬；种皮膜质。

南昆山1属4种。

1. 交让木属 Daphniphyllum Bl.

属的形态特征与科同。

南昆山4种。

1. 花无花萼……………………………………2. 交让木D. macropodium
1. 花有花萼。
  2. 果基部无宿存花萼裂片……………………3. 虎皮楠D. oldhamii
  2. 果基部有宿存花萼裂片。
    3. 叶背和果实表面常具白粉，叶顶端急尖或近圆形…………………………………………………………1. 牛耳枫D. calycinum
    3. 叶背和果实表面无白粉，叶顶端短渐尖至镰状渐尖…………………………………………4. 假轮叶虎皮楠D. subverticillatum

1. 牛耳枫

Daphniphyllum calycinum Benth.

灌木；小枝灰褐色，径3～5 mm，具稀疏皮孔。叶纸质，椭圆形、倒卵状椭圆形或阔椭圆形，长10～20 cm。总状花序腋生，长2～3 cm；雄花苞片椭圆形，花萼盘状；雌花苞片卵形。果卵圆形。花期4～6月；果熟期8～9月。

南昆山产于佛坳、九重远眺、上坪，生于疏林或灌丛。分布于我国长江以南地区。越南北部和日本也有。根、叶可入药，有清热解毒、活血散瘀之效。

2. 交让木

Daphniphyllum macropodum Miq

灌木或小乔木；小枝粗壮，暗褐色，具圆形大叶痕。叶革质，长圆形至倒披针形，长14～25 cm；叶柄紫红色。花萼不育；雄蕊8～10。果椭圆形，暗褐色，具疣状皱褶。花期3～5月；果熟期8～10月。

南昆山产于佛坳，生于阔叶林中。分布于我国长江以南地区。日本及朝鲜也有。叶和种子供药用，治疮疖肿痛。

3. 虎皮楠

Daphniphyllum oldhamii (Hemsl.) Rosenth.

乔木或小乔木。叶纸质，披针形或倒卵状披针形，长9～14 cm，最宽处常在叶的上部。雄花花萼小，三角状卵形；雌花萼片披针形，具齿。果椭圆或倒卵圆形。花期3～5月；果熟期8～11月。

南昆山产于上坪，生于阔叶林中。分布于我国长江以南地区。日本及朝鲜也有。

4. 假轮叶虎皮楠

Daphniphyllum subverticillatum Merr.

灌木；小枝暗褐色。叶轮生，厚革质，长圆形或长圆状披针形，长6～9 cm；叶柄较短，长5～7 mm，正面具槽。果较小，卵圆形，基部具宿萼，萼片钝三角形，果皮暗褐色，具皱纹。果期11月。

南昆山各地常见，生于林中。分布于我国广东。

136B. 小盘木科 Pandaceae

乔木或灌木。单叶互生，边缘有细锯齿或全缘，羽状脉。花小，单性，雌雄异株，单生、簇生、组成聚伞花序或总状圆锥花序。核果或蒴果；种子无种阜，子叶2，宽而扁，胚乳丰富。

南昆山1属1种。

1. 小盘木属 Microdesmis Hook. f.

灌木或小乔木。单叶互生，羽状脉，具短叶柄；托叶小。花单性，雌雄异株，常多朵簇生于叶腋，雌花的簇生花较少或有时单生。核果，种子具肉质胚乳，种皮膜质。

南昆山1种。

1. 小盘木

Microdesmis caseariifolia Planch.

乔木或灌木。叶片纸质至薄革质，披针形、长圆状披针形至长圆形，长6～16 cm。花小，黄色，簇生于叶腋；雄花：花瓣椭圆形，长约1.5 mm；雌花：花瓣椭圆形或卵状椭圆形，长约3 mm。核果圆球状，成熟时红色，干后呈黑色；种子2。花期3～9月；果期7～11月。

南昆山产于佛坳，生于山谷、山坡密林下或灌木丛中。分布于我国华南及云南等。中南半岛、马来半岛、菲律宾至印度尼西亚也有。

139. 鼠刺科Escalloniaceae

小乔木或灌木。单叶互生，叶缘常有腺齿；托叶线形。总状花序，花两性，稀单性，辐射对称；花萼5，基部合生；花瓣5，雄蕊4～5枚。蒴果或浆果。

南昆山1属2种。

1. 鼠刺属Itea L.

灌木至小乔木，单叶互生；总状花序或圆锥花序腋生或顶生，花白色，两性；萼片5，宿存，花瓣5。蒴果狭长形；种子多数。

南昆山2种。

1. 叶薄革质或纸质 ······ 1. 鼠刺I. chinensis
1. 叶厚革质 ······ 2. 厚叶鼠刺I. coriacea

1. 鼠刺

Itea chinensis Hook. et Arn.

灌木或小乔木。叶倒卵状长圆形，全缘或上部有锯齿，叶脉两面明显。总状花序腋生，花萼三角状披针形，花瓣白色，披针形；雄蕊5枚。蒴果狭长圆形，顶端尖。花期3～5月；果期5～12月。

南昆山产于上坪横坑、中坪至中坪尾，生于山地、山谷、疏林、路边及溪边。分布于我国广东、广西、福建、湖南、云南西北部及西藏东南部。东南亚和印度也有。可作荒山绿化先锋树种。

2. 厚叶鼠刺

Itea coriacea Y. C. Wu

灌木或稀小乔木。叶厚革质，椭圆形或倒卵状长圆形，长6～13 cm。总状花序腋生，或稀兼顶生，单生，长达15 cm，具多数花；花序轴及花梗被短柔毛；花瓣白色，直立，顶端渐尖，边缘及内面被疏微柔毛。蒴果锥形，长7 mm，被疏柔毛。

南昆山产于上坪天堂顶，生于疏或密林中、山地灌丛。分布于我国广东、广西、江西、湖南及贵州。

142. 绣球科Hydrangeaceae

灌木或草本。单叶对生，稀互生。花两性或兼具不孕花，伞房花序或圆锥花序再组成聚伞花序；花萼与花瓣均4～10裂；雄蕊5～多数。蒴果，顶部开裂。

南昆山3属4种。

1. 花序全为孕性花，花萼裂片不增大呈花瓣状。
  2. 直立落叶灌木，花瓣5～6枚 ······ 1. 常山属Dichroa
  2. 攀缘状常绿灌木，花瓣4～5枚 ······ 3. 冠盖藤属Pileostegia
1. 花序具不育花和孕性花；不育花的花萼裂片增大呈花瓣状枚 ······ 2. 绣球属Hydrangea

1. 常山属Dichroa Lour.

落叶灌木。叶对生。花两性，伞房状聚伞花序或圆锥花序，萼5～6裂，花瓣5～6，雄蕊为花瓣数的2倍，子房半下位，胚珠多数。浆果。

南昆山1种。

1. 常山

Dichroa febrifuga Lour.

灌木，高1～2 m；小枝常紫红色。叶椭圆形至披针形。伞房状圆锥花序，花序轴与花梗均有毛；花蓝色或白色，花蕾球形。浆果蓝色，具宿存萼齿和花柱。花期2～4月；果期5～8月。

南昆山产于上坪、竹坑嶂、横坑、中坪，生于山地林下。分布于我国华中、华南及西南地区。南亚至东南亚也有分布。叶、根入药，治疟疾等。

2. 绣球属 Hydrangea L.

常绿或落叶亚灌木、灌木或小乔木。叶常2片对生，边缘有小齿或全缘；托叶缺。聚伞花序排成伞形状、伞房状或圆锥状，顶生；苞片早落；花多二型，不育花存在或缺，具长柄，生于花序外侧，花瓣和雄蕊缺或极退化，萼片大，花瓣状；孕性花较小，具短柄，生于花序内侧，花萼筒状；雄蕊通常10枚，花丝线形，花药长圆形或近圆形；子房3～4室，花柱2～4，柱头宿存。蒴果2～5室。

南昆山1种。

1. 酥醪绣球

Hydrangea coenobialis Chun

小灌木；小枝紫红色或暗紫红色，光滑无毛。叶纸质至厚纸质，卵状披针形、披针形或椭圆形，正面深绿色，光滑无毛，背面浅绿色，疏被紧贴微柔毛。伞房状聚伞花序顶生，较大；不育花缺；孕性花淡黄色，萼筒漏斗状；花瓣倒披针形花后立即脱落；雄蕊8枚，近等长。蒴果香炉形，顶端突出部分非圆锥形，约与萼筒等长，棱脊明显凸起。花期5月，果期9月。

南昆山产于七星湖，生于山谷溪边疏林中。分布于我国广东、广西。

3. 冠盖藤属 Pileostegia Hook. f. et Thoms.

常绿攀缘状灌木，有气生根。叶对生，全缘或有短齿。圆锥花序顶生，小花白色，萼4～5裂，花瓣4～5，雄蕊8～10枚。蒴果陀螺形，具宿存花柱。

南昆山2种。

1. 小枝、花序和叶背面密被锈色星状绒毛 …………………………………… 1. 星毛冠盖藤 P. tomentella
1. 小枝、花和花序无毛或仅有极少数微小的星状毛或柔毛 …………………………………… 2. 冠盖藤 P. viburnoides

1. 星毛冠盖藤

Pileostegia tomentella Hand. -Mazz.

常绿攀缘灌木。叶革质，长圆形或倒卵状长圆形，稀倒披针形，长5～10(～18) cm；嫩叶正面疏被星状毛，以后脱落，干时灰绿色或黄绿色，背面密被毛。伞房状圆锥花序顶生，长和宽均10～25 cm；花白色；萼筒杯状。蒴果陀螺状，暗褐色；种子细小，棕色。花期3～8月；果期9～12月。

南昆山产于中坪，生于海拔300～700 m林中。分布于我国广东、广西、湖南、江西和福建。

2. 冠盖藤

Pileostegia viburnoides Hook. f. et Thoms.

灌木，高达15 m。叶薄革质，椭圆形，长10～18 cm，宽3～7 cm；叶脉在叶面凹入，叶背凸起。花序长7～20 cm，宽5～25 cm；花瓣上部联合成冠盖状。蒴果圆锥形，种子有膜质翅。花期7～8月；果期9～12月。

南昆山产于天堂顶，生于山谷林中。分布于我国华南、华中、西南等地。印度、越南和日本也有。适宜石壁绿化。

143. 蔷薇科 Rosaceae

草本，灌木或乔木。叶常互生。花两性，稀单性；辐射对称，稀左右对称；萼片和花瓣同数，4～5。果为蓇葖果、梨果、浆果、核果、朔果或瘦果。

南昆山15属，43种，7变种，1变型。

1. 蓇葖果，开裂 …………………………………… 15. 绣线菊属 Spiraea
1. 非蓇葖果，不开裂或稀开裂。
  2. 子房下位或半下位；梨果，稀浆果状或小核果状。
    3. 托叶大；花组成常被茸毛的圆锥花序 …………………………………… 6. 枇杷属 Eriobotrya
    3. 托叶小，常早落；花组成伞形、伞房、圆锥、总状、聚伞等花序。
      4. 花组成伞形、伞房、圆锥等多种花序；梨果较小，直径3～15 mm。
        5. 果有宿存萼裂片 …………………………… 8. 石楠属 Photinia
        5. 果无宿存萼裂片 ……………… 12. 石斑木属 Rhaphiolepis
      4. 花组成伞房总状花序；梨果较大，直径1～8 cm …………………………………… 11. 梨属 Pyrus
  2. 子房上位；核果、小核果或瘦果。
    6. 小核果或瘦果；心皮常多数或1～8枚。
      7. 每心皮2颗胚珠；聚合果 ……………… 14. 悬钩子属 Rubus
      7. 每心皮1颗胚珠；瘦果。
        8. 心皮多数。
          9. 枝常有刺或刺毛；多数瘦果着生在肉质萼筒内 …………………………………… 13. 蔷薇属 Rosa
          9. 枝无刺或刺毛；瘦果非着生在肉质萼筒内 …………………………………… 5. 蛇莓属 Duchesnea
        8. 心皮1～8枚 …………………………… 1. 龙芽草属 Agrimonia
    6. 核果；心皮1枚。
      10. 花瓣和萼片均大形，各5。
        11. 幼叶多为席卷式，少数为对折式；果实有沟，外面被毛或被蜡粉。
          12. 侧芽3，两侧为花芽。核常有孔穴，极稀光滑 …………………………………… 2. 桃属 Amygdalus
          12. 侧芽单生，顶芽缺。核常光滑或有不明显孔穴。

13. 子房和果实常被短柔毛；花常无柄或有短柄，花先叶开……………… 3. 杏属Armeniaca

13. 子房和果实均光滑无毛，常被蜡粉；花常有柄，花叶同开……………………9. 李属Prunus

11. 幼叶常为对折式，果实无沟，不被蜡粉，枝有顶芽。

14. 花单生或数朵着生在短总状或伞房状花序，基部常有明显苞片…………………… 4. 樱属Cerasus

14. 花小形，10朵至多朵着生在总状花序上，苞片小形……………………7. 桂樱属Laurocerasus

10. 花瓣和萼片多细小，通常不易分清，10～12(～15) ……………………………………………… 10. 臀果木属 Pygeum

1. 龙芽草属Agrimonia L.

多年生草本。奇数羽状复叶。花小，两性；顶生总状花序；花瓣5，黄色。瘦果1～2，外有10条肋；种子1枚。

南昆山1种，1变种。

1. 小叶片背面脉上被疏长硬毛……………………………………………………………1. 小花龙芽草A. nipponica var. occidentalis

1. 小叶片背面脉上被疏柔毛………………………2. 龙芽草A. pilosa

1. 小花龙芽草

Agrimonia nipponica Koidzumi var. **occidentalis** Skalický ex J. E. Vidal

多年生草本，高30～90 cm；主根块状。叶为间断奇数羽状复叶；小叶椭圆形，长1.5 cm，小叶片背面脉被疏长硬毛。总状花序顶生；通常分枝，纤细；花小，黄色。果小，被疏柔毛，顶端具钩刺。花果期7～11月。

南昆山产于下坪，生于山谷溪边林中、丘陵灌丛或旷野草丛。分布于我国华南、华中、华东及西南地区。老挝也有。

2. 龙芽草(救荒本草、仙鹤草)

Agrimonia pilosa Ledeb.

多年生直立草本，高30～90 cm。根常呈块茎状。奇数羽状复叶；小叶倒卵形，长12～17 mm，两面被毛且有腺点。总状花序顶生；花黄色。果圆锥形，被疏毛，顶端具钩刺。花果期5～12月。

南昆山产于中坪，生于山谷林中或溪边、丘陵灌丛、旷野。分布于我国各地。欧洲中部及俄罗斯、蒙古、朝鲜、日本、越南也有。根茎药用，可作止血剂兼有强心作用。

2. 桃属Amygdalus L.

落叶乔木或灌木。幼叶在芽中呈对折状，后于花开放，稀与花同时开放。花单生，稀2朵生于1芽内。果实为核果；种皮厚，种仁味苦或甜。

南昆山1种。

1. 桃*

Amygdalus persica L.

乔木；树皮暗红褐色，老时粗糙呈鳞片状。叶片长圆披针形、椭圆披针形或倒卵状披针形，长7～15 cm；叶柄粗壮，常具1至数枚腺体，有时无腺体。花单生，先于叶开放，直径2.5～3.5 cm；花瓣长圆状椭圆形至宽倒卵形，粉红色，罕为白色。果实形状和大小均有变异。花期3～4月；果熟期因品种而异，通常为8～9月。

南昆山产于上坪，栽培于房前屋后，各地区广泛栽培。世界各地均有栽植。著名食用兼观赏植物。

3. 杏属Armeniaca Mill.

落叶乔木，极稀灌木。叶芽和花芽并生，2～3个簇生于叶腋。花常单生，稀2朵，先于叶开放，近无梗或有短梗。核果。

南昆山1种。

1. 梅*

Armeniaca mume Sieb. et Zucc.

小乔木，稀灌木。叶片卵形或椭圆形，长4～8 cm，叶边常具小锐锯齿；叶柄长1～2 cm，常有腺体。花单生或有时2朵同生于1芽内，直径2～2.5 cm，香味浓，先于叶开放；花瓣倒卵形，白色至粉红色。果实近球形；果肉与核粘贴；核椭圆形。花期冬春季；果期5～6月。

南昆山产于上坪，栽培于房前屋后，我国各地均有栽培，但以长江流域以南各地最多。日本和朝鲜也有。中国传统十大名花之一。

4. 樱属 Cerasus Miller

落叶乔木或灌木。单叶互生或簇生，边缘有单锯齿或双锯齿，稀细锯齿；叶柄或叶片的基部常有小腺体。花两性，单生、成对或组成聚伞花序，腋生；萼裂片5；花瓣5枚，白色或粉红色。核果。

南昆山1种。

1. 钟花樱花（钟花樱桃）

Cerasus campanulata (Maxim.) A. N. Vassiljeva

乔木或灌木，高达8 m；树皮黑褐色，小枝灰褐或紫褐色，嫩枝绿色。叶片卵形或椭圆形，薄革质。伞形花序，花2～4朵；花瓣倒卵圆形，粉红色。核果卵球形，顶端尖，表面有棱纹。花期2～3月；果期4～5月。

南昆山产于上坪至天堂顶途中，生于山谷林中及林缘。分布于我国广东、广西及华东地区。日本、越南也有。新优庭院观赏树种。

5. 蛇莓属 Duchesnea J. E. Smith

多年生草本，具短根茎。茎生叶互生，皆为三出复叶。花常单生叶腋；花基数为5；花瓣黄色。瘦果微小，扁平；种子1颗，肾形。

南昆山1种。

1. 蛇莓

Duchesnea indica (Andr.) Focke

多年生草本，被毛；匍匐茎纤细。小叶倒卵形或棱状长圆形，长1.5～5 cm，边缘有钝锯齿。花黄色，腋生；花瓣倒卵形；花托膨大，肉质，红色。瘦果多数，卵形。花期4～8月；果期8～10月。

南昆山各地常见，生于山坡、田野或草地。分布于我国辽宁以南各地区。南亚至日本、欧洲及美洲广布。全草药用，清热解毒；茎叶捣烂外敷可治疔疮；果煎服，能治支气管炎。

6. 枇杷属 Eriobotrya Lindl.

常绿乔木或灌木。单叶，叶缘有锯齿或缺刻；托叶大。圆锥花序顶生；花两性；花瓣5，倒卵形或圆形。梨果，内有1

或数颗大种子；种皮硬，革质。

南昆山3种。

1. 幼叶背面有疏柔毛或绒毛，老时仍不脱落。
    2. 小枝幼时被毛，叶边缘全部有锯齿……………………………………1. 大花枇杷 E. cavaleriei
    2. 小枝无毛，叶边缘仅在中部以上有疏锯齿……………………………………2. 香花枇杷 E. fragrans
1. 幼叶背面有棕色或棕黄色绒毛，老时脱落近无毛……………………………………3. 枇杷 E. japonica

1. 大花枇杷（野枇杷）

Eriobotrya cavaleriei (Lévl.) Rehd.

常绿乔木，高4～10 m；小枝粗壮，无毛。叶集生枝顶，长圆形，长7～18 cm，边缘具锯齿。圆锥花序顶生；花白色；花瓣倒卵形。果椭圆球形或近球形，橘红色。花期4～5月；果期5～11月。

南昆山产于中坪尾至沙坑，上坪至天堂顶，生于山谷林中。分布于我国华南、华中、华东及西南地区。果可生吃，亦可酿酒。

2. 香花枇杷

Eriobotrya fragrans Champ. ex Benth.

常绿小乔木或灌木，高达10 m。叶片革质，长圆形，长7～15 cm；边缘在中部以上具疏锯齿。圆锥花序顶生；花白色。果球形，被茸毛。花期4～5月；果期7～11月。

南昆山产于上坪横坑，生于山地林中。分布于我国华南、华中及华东地区。果实味酸甜，可食，也可酿酒。

3. 枇杷*

Eriobotrya japonica (Thunb.) Lindl.

常绿小乔木，高可达10 m。叶片革质，披针形、倒披针形、倒卵形或椭圆长圆形，长12～30 cm。圆锥花序顶生，长10～19 cm，具多花；花直径12～20 mm；萼筒浅杯状，长4～5 mm，萼片三角卵形。果实球形或长圆形，黄色或桔黄色；种子1～5，球形或扁球形，褐色。花期10～12月；果期5～6月。

南昆山产于上坪，栽培于村边，全国广为栽培。日本、印度、越南、缅甸、泰国、印度尼西亚也有。庭院观赏，食用及药用。果味甘酸，供生食、蜜饯和酿酒用；叶晒干去毛，可供药用，有化痰止咳，和胃降气之效。木材红棕色，可作木梳、手杖、农具柄等用。

7. 桂樱属 Laurocerasus Tourn. ex Duh.

乔木或灌木，常绿，稀落叶。单叶互生，叶片背面基部或沿叶缘有2至多个腺体，全缘或有锯齿。花两性，白或红色，总状花序，具花10朵以上；萼筒杯状或钟状；萼裂片5；花瓣5枚，白色。核果。

南昆山5种，1变型。

1. 叶片背面散生黑色小腺点。
  2. 叶全缘……2. 腺叶桂樱L. phaeosticta
  2. 叶缘具针状尖锐锯齿……3. 锐齿桂樱L. phaeosticta f. ciliospinosa
1. 叶片背面无腺点。
  3. 花序无毛……5. 尖叶桂樱L. undulata
  3. 花序具柔毛。
    4. 果实椭圆形、卵状椭圆形、卵圆形至近球形，长8～14 mm。
      5. 叶片网脉不明显，叶全缘或有少数粗锯齿……1. 全缘桂樱L. marginata
      5. 叶片网脉较明显，叶边具锯齿……4. 刺叶桂樱L. spinulosa
    4. 果实长圆形或卵状长圆形，长18～24 mm……6. 大叶桂樱L. zippeliana

1. 全缘桂樱

Laurocerasus marginata (Dunn) Yü et Lu

常绿小乔木或灌木，高4～6 m。叶厚革质，长圆形，长5～9 m，全缘且具坚硬厚边。总状花序短小，单生于叶腋；花白色；花瓣近圆形或倒卵形。果卵球形，暗褐色至黑褐色。花期春夏；果期秋冬。

南昆山产于上坪，生于山坡阳处或山顶林中沟旁或路边。分布于我国广东。

2. 腺叶桂樱（腺叶野樱）

Laurocerasus phaeosticta (Hance) S. K. Schneid.

常绿灌木或小乔木，高4～12 m；小枝具疏皮空。叶近革质，长圆形或椭圆形，长6～12 cm，全缘，背面散生黑色小腺点。总状花序单生叶腋；花白色。果近球形或横椭圆形，紫黑色。花期4～5月；果期6～12月。

南昆山产于上坪至天堂顶、中坪十字水，生于山地林中。分布于我国长江以南各地区。东南亚、南亚也有。

3. 锐齿桂樱

Laurocerasus phaeosticta (Hance) S. K. Schneid. f. **ciliospinosa** Chun ex Yü et Lu

本变型与原变型区别在于叶边几乎全部具针状尖锐锯齿。

南昆山产于天堂顶，生于山谷或溪岸边疏密林下或山坡路边。分布于我国广东、广西、湖南。

4. 刺叶桂樱

Laurocerasus spinulosa (Sieb. et Zucc.) Schneid.

常绿乔木。叶片草质至薄革质，长圆形或倒卵状长圆形，长5～10 cm，一侧常偏斜，边缘不平而常呈波状。总状花序生于叶腋，单生，具花10朵以上至20余朵，长5～10 cm。果实椭圆形，长8～11 mm，褐色至黑褐色。花期9～10月；果期11～3月。

南昆山产于天堂顶，生于山坡阳处疏密杂木林中或山谷。分布于我国广东、广西、湖北、湖南、华东、四川、贵州等省。日本和菲律宾也有。

5. 尖叶桂樱

Laurocerasus undulata (Buchanan-Hamilton ex D. Don) M. Roemer

常绿灌木或小乔木。叶片草质或薄革质，椭圆形至长圆状披针形，叶边具稀疏浅钝锯齿，基部近圆形。总状花序单生或2～4个簇生于叶腋，无毛。果实卵球形或椭圆形。花期8～10月；果期冬季至翌年春季。

南昆山产于天堂顶，生于山地、山谷林中或河岸。分布于我国广东、广西、江西、湖南及西南地区。

6. 大叶桂樱（大叶野樱）

Laurocerasus zippeliana (Miq.) Yü et Lu

常绿乔木，高达10～25 m；小枝灰褐色至黑褐色，具明显皮孔。叶片革质，宽卵形至椭圆状长圆形，边缘有粗锯齿；叶柄顶端有2个扁平腺体。总状花序单生或2～4个簇生于叶腋；花瓣白色，圆形。果顶端急尖并具短尖头，黑褐色。花期7～10月；果期冬季。

南昆山产于上坪横岗岐，生于林中。分布于我国华南、福建、华中、华东、西南及华北地区。日本和越南也有。

8. 石楠属 Photinia Lindl.

落叶或常绿乔木或灌木。单叶互生，常有锯齿。花两性，花序顶生；花瓣5；雄蕊20枚。小梨果，具1～2粒种子；种子直立。

南昆山5种，1变种。

1. 花组成复伞房花序。
  2. 叶边全部或一部分有锯齿。
    3. 叶柄有腺体和锯齿；总花梗、花梗及萼筒外面微被长柔毛……………………3. 桃叶石楠 P. prunifolia
    3. 叶柄无腺体和锯齿；总花梗、花梗及萼筒外面均密被白色绒毛……………………4. 饶平石楠 P. raupingensis
  2. 叶边全缘。
    4. 总花梗及花梗均轮生……………1. 闽粤石楠 P. benthamiana
    4. 总花梗及花梗均互生……………5. 绒毛石楠 P. schneideriana
1. 花组成伞形花序或伞房花序。
  5. 叶脉6～9对，在叶片正面深陷……………………………………2. 陷脉石楠 P. impressivena
  5. 叶脉5～7对，在叶片正面微陷……………………………………6. 小毛叶石楠 P. villosa var. parvifolia

1. 闽粤石楠

Photinia benthamiana Hance

灌木或小乔木，高约7 m；小枝紫褐色或灰褐色，具梭形皮孔。叶片长圆形，长6～11 cm。复伞房花序顶生；花白色。果卵形，红色，有小疣点和宿存萼裂片；种子2～3颗，卵形，黑褐色。花期4～5月；果期6～11月。

南昆山产于九重远眺，生于山地林中。分布于我国华南、华中、华东及西南地区。

2. 陷脉石楠

Photinia impressivena Hayata

灌木或小乔木。叶片薄革质，长圆倒卵形或长圆倒披针形，长5～10 cm；叶脉在叶片正面显著深陷，在背面隆起，达边缘前即网结，细脉不显。伞房花序顶生，直径3～4 cm，具少数花；花瓣白色，卵形。果实卵状椭圆形，先端有宿存萼片如坛子状，红色，无毛，有少数斑点。花期4月；果期10月。

南昆山产于上坪、中坪尾至沙坑、下坪，生于杂木林中。分布于我国广东、广西、福建。

3. 桃叶石楠

Photinia prunifolia (Hook. et Arn.) Lindl.

常绿乔木，高7～20 m；小枝灰黑色。叶片革质，长圆形，长6～13 cm，背面具黑色腺点。复伞房花序顶生；花白色；萼管杯状，内外被毛；花瓣倒卵形。果椭圆形，熟时橙红色，种子2～3颗。花期3～4月；果期5～12月。

南昆山产于上坪锅盖顶、天堂顶、中坪、高盘头，生于山地林中。分布于我国华南、华中、华东及西南地区。日本、越南也有。材用。

4. 饶平石楠

Photinia raupingensis Kuan.

乔木，高4～5 m；嫩枝密被毛，老时无毛。叶片革质，长圆形或倒卵形，长4～8 cm，叶背面具黑色腺点。复伞房花序顶生；花白色；花瓣倒卵形。果卵形，红色；种子2颗，卵形。花期4月；果期10～11月。

南昆山产于上坪横岗岐，生于山坡杂木林中。分布于我国华南地区。材用。

5. 绒毛石楠

Photinia schneideriana Rehd. et Wils.

灌木或小乔木；一年生枝紫褐色，老时带灰褐色。叶片长圆披针形或长椭圆形，长6～11 cm。花多数，成顶生复伞房花序，直径5～7 cm；花瓣白色，近圆形，直径约4 mm，先端钝，基部有短爪。果实卵形，长10 mm，带红色，无毛，有小疣点；种子2～3，卵形，黑褐色。花期5月；果期10月。

南昆山产于上坪横坑，生于山坡疏林中。分布于我国华东地区及广东、湖南、湖北、四川、贵州。

6. 小毛叶石楠

Photinia villosa (Thunb.) DC. var. **parvifolia** (Pritz.) P. S. Hsu et L. C. Li

落叶灌木或小乔木，高2～5 m；小枝灰褐色，具皮孔。叶片革质，椭圆形或卵形。伞形花序有花2～9朵；花白色；花瓣近圆形。果椭圆球形或卵形，红色或黄色。花期4～5月；果期5～11月。

南昆山产于天堂顶，生于山地林中或灌丛。分布于我国华南、华中、华东及西南地区。药用，止血止痛。

9. 李属 Prunus L.

落叶小乔木或灌木。单叶互生，幼叶在芽中为席卷状或对折状。花单生或2～3朵簇生，具短梗，先叶开放或与叶同时开放。核果。

南昆山1种。

1. 李*

Prunus salicina Lindl.

落叶乔木。叶矩圆状倒卵形或椭圆状倒卵形，长5～10 cm，两面无毛或背面脉腋间有毛。花先叶放，直径1.5～2 cm，通常3朵簇生。核果卵球形，直径4～7 cm，绿色、黄色或浅红色，有光泽，外有蜡粉；核有皱纹。花期4～5月；果期7～8月。

南昆山栽培于上坪房前屋后，全国大部分地区有栽培。果味甜酸，可生食或供酿果酒。核仁入药亦可榨油。

10. 臀果木属 Pygeum Gaertn.

常绿乔木或灌木。叶全缘，叶片背面基部常具1对腺体。总状花序腋生；花两性或单性，花瓣小或缺，不易与萼片区分。核果；种子1颗。

南昆山1种。

1. 臀果木

Pygeum topengii Merr.

乔木，高达25 m；小枝具皮孔。叶革质，椭圆形，长6～12 cm，叶下近基部常有2枚黑色腺体。总状花序；花被 5数，花瓣稍长于萼裂片。果肾形，深褐色；种子外被短柔毛。花期6～9月；果期冬季。

南昆山产于上坪，生于山地林中。分布于我国华南及西南地区。种子可榨油。树形优美，可供绿化。

11. 梨属 Pyrus L.

落叶乔木或灌木。单叶，有锯齿或全缘。花先叶开放或与叶同时开放。伞形总状花序；花白色，稀粉红色。梨果；种子黑色或黑褐色。

南昆山3种，1变种。

1. 果实上有萼片宿存；花柱3～5 ………………… 4. 麻梨 P. serrulata
1. 果实上萼片多数脱落或少数部分宿存；花柱2～5。
  2. 叶边有不带刺芒的尖锐锯齿或圆钝锯齿。
    3. 叶宽卵形至卵形，基部圆形至宽楔形 ………………………………………………………………… 1. 豆梨 P. calleryana
    3. 叶卵形或菱状卵形，基部宽楔形 ………………………………………… 2. 楔叶豆梨 P. calleryana var. koehnei
  2. 叶边具有带刺芒的尖锐锯齿 ………………… 3. 沙梨 P. pyrifolia

1. 豆梨

Pyrus calleryana Decne.

乔木，高5～8 m；小枝幼时被茸毛。叶卵形，长4.8 cm，边缘有钝锯齿，两面无毛。伞形总状花序；花白色；萼裂片披针形；花瓣卵形。果球形，黑褐色，有斑点。花期2～4月；果期5～12月。

南昆山产于上坪，生于山地林中。分布于我国华南、华中及华东地区。越南也有。木材致密可作器具；根叶及果可作药用，能健胃消食、止痢、止咳。

2. 楔叶豆梨

Pyrus calleryana Decne var. **koehnei** (Schneid.) Y. Y. Yü

本变种与模式变种的区别：叶多卵形或菱状卵形，先端急尖或渐尖，基部宽楔形；子房3～4室。

南昆山产于上坪、花竹，生于山地林中。分布于我国广东、广西、福建、浙江。

3. 沙梨

Pyrus pyrifolia (Burm. f.) Nakai

乔木，高达7～15 m。叶片卵状椭圆形或卵形，长7～12 cm。伞形总状花序，具花6～9朵，直径5～7 cm；总花梗和花梗幼时微具柔毛；花瓣卵形，长15～17 mm，先端啮齿状，基部具短爪，白色。果实近球形，浅褐色，有浅色斑点；种子卵形，微扁，长8～10 mm，深褐色。花期4月；果期8月。

南昆山产于上坪，生林缘。分布于我国广东、广西、华东、湖北、湖南、西南等地区。

4. 麻梨

Pyrus serrulata Rehd.

乔木，高达8～10 m；小枝圆柱形，微带稜角，在幼嫩时具褐色绒毛，以后脱落无毛。叶片卵形至长卵形，长5～11 cm，基部宽楔形或圆形，边缘有细锐锯齿。伞形总状花序，有花6～11朵；花直径2～3 cm。果实近球形或倒卵形。花期4月；果期6～8月。

南昆山产于上坪，生灌木丛中或林边。分布于我国广东、广西、湖南、江西、湖北、浙江、四川等省。

12. 石斑木属 Rhaphiolepis Lindl.

常绿灌木或小乔木。单叶，革质。花组成总状花序或圆锥花序等；花被5数。梨果核果状，近球形；种子1～2颗，近球形。

南昆山2种，1变种。

1. 叶片背面、叶柄及花梗密生锈色绒毛。
   2. 叶片全缘……………………………………1. 锈毛石斑木 R. ferruginea
   2. 叶片边缘中部以上有显明的锯齿……………………………………………………………………2. 齿叶石斑木 R. ferruginea var. serrata
1. 叶片无毛或仅在背面微具绒毛或柔毛；花序无毛或有毛……………………………………………………………………3. 石斑木 R. indica

1. 锈毛石斑木

Rhaphiolepis ferruginea Metcalf

常绿乔木或灌木；小枝圆柱形，密被锈色绒毛。叶片椭圆形或宽披针形，长6～15 cm。圆锥状花序顶生，长3～5.5 cm，直径约5.5 cm；花瓣白色，卵状长圆形，长约4 mm。果实球形，直径5～8 mm，黑色，幼时被黄色绒毛，成熟后近于无毛或仅在顶端散生少数锈色绒毛。花期4～6月；果期10月。

南昆山产于天堂顶，生于山坡、山谷或路旁疏林中。分布于我国广东、广西、福建。

2. 齿叶石斑木

Rhaphiolepis ferruginea Metcalf var. **serrata** Metcalf

与前者的主要区别，在其叶片边缘中部以上有显明的锯齿，叶片背面除中脉外，被稀疏锈色短柔毛。

南昆山产于石河奇观，生于水旁或山坡疏林中。分布于我国广东、福建、广西。

3. 石斑木(车轮梅)

Rhaphiolepis indica (L.) Lindl.

灌木，高1～4 m。叶聚生枝顶，革质，卵形，长2～8 cm。圆锥或总状花序顶生；总花梗和花梗被锈色茸毛；花白色或粉红色；雄蕊雄蕊15枚，长于花瓣或等长。果球形，紫黑色。花期2～4月；果期7～8月。

南昆山产于下坪、十字水、上坪，生于山地和丘陵灌丛或林下。分布于我国华南、华东至西南地区。中南半岛也有。观赏或蜜源植物；木材可作器具；果可食；根入药，可治跌打损伤。

13. 蔷薇属 Rosa L.

灌木，具刺。叶互生，常奇数羽状复叶。花单生或排成伞房花序；花白色、黄色、粉红色至红色。瘦果木质，多数；种子下垂。

南昆山3种。

1. 托叶与叶柄分离或基部与叶柄贴生，脱落。
  2. 花小，常组成复伞房花序……………1. 小果蔷薇R. cymosa
  2. 花大，单生于叶腋…………………………3. 金樱子R. laevigata
1. 托叶大部分贴生在叶柄上，宿存……2. 软条七蔷薇R. henryi

1. 小果蔷薇
Rosa cymosa Tratt. [*R. microcarpa* Lindl.]

攀缘灌木，高2～5 m；小枝圆柱形，有钩刺。小叶常3～5片，卵状披针形或椭圆形，长2.5～6 cm，两面无毛。复伞房花序；花白色；花瓣倒卵形。果球形，红色至黑褐色。花期4～6月；果期6～12月。

南昆山产于上坪竹坑嶂、中坪、下坪，生于山地、丘陵的林中或灌丛。分布于我国华南、华中、华东及西南地区。

2. 软条七蔷薇（华中蔷薇）
Rosa henryi Bouleng

灌木，高3～5 m；小枝有短扁、弯曲皮刺或无刺。小叶通常5，近花序小叶片常为3，连叶柄长9～14 cm；小叶柄和叶轴无毛，有散生小皮刺；托叶大部贴生于叶柄。花5～15朵，成伞形伞房状花序；花直径3～4 cm，白色。果近球形，直径8～10 mm。

南昆山产于上坪思茅坪、中坪至上坪三公里处、大坑尾一带，生山谷、林边、田边或灌丛中。分布于我国广东、广西、华中、华东及西南等地。

3. 金樱子
Rosa laevigata Michx.

攀缘灌木，高达5 m；小枝粗壮，有疏钩刺。小叶革质，常3片，卵形，长2～7 cm。花大，白色，单生于叶腋。果梨形、倒卵形，稀近球形，紫褐色，外密被刺毛。花期4～6月；果期7～11月。

南昆山产于中坪，生于山地、丘陵、平地的林中或灌丛。分布于我国华南、华中、华东、西南地区及陕西。果可熬糖及酿酒；根有活血散瘀、祛风除湿、解毒、收敛及杀虫之功效；叶外用治疮疖、烧烫伤。

14. 悬钩子属 Rubus L.

落叶灌木或草本；茎多具刺、刺毛及腺毛。单叶或复叶，叶缘常具锯齿或分裂。花两性，白色或红色；花基数5。聚合果红色、黄色或黑色。

南昆山14种，3变种。

1. 叶为羽状或掌状复叶或有时具单小叶。
  2. 叶两面无毛 ………………………… 7. 白花悬钩子 R. leucanthus
  2. 叶两面被毛或近背面被毛。
    3. 花红色，子房被毛 ……………………… 8. 茅莓 R. parvifolius
    3. 花白色，子房无毛。
      4. 枝、叶两面有黄色腺点 …… 13. 空心泡 R. rosaefolius
      4. 枝、叶两面无黄色腺点。
        5. 枝，叶柄，叶轴和花序无腺毛；花组成伞房花序，有时单生 ……………………………… 3. 柔毛小柱悬钩子 R. columellaris var. villosus
        5. 叶柄，叶轴和花序均被红色腺毛；花单生或组成短总状花序。
          6. 小叶5～7枚，果实长圆形 ……………………… 14. 红腺悬钩子 R. sumatranus
          6. 小叶3～9枚，果实球形 ……………………… 16. 光滑悬钩子 R. tsangii
1. 单叶。
  7. 直立灌木。
    8. 托叶与叶柄合生；子房有毛 …… 4. 山莓 R. corchorifolius
    8. 托叶与叶柄离生；子房无毛。
      9. 叶卵形，宽卵形或近圆形，3～9裂 ……………………… 2. 寒莓 R. buergeri
      9. 叶宽卵形或长圆状披针形，不裂 ……………………… 15. 木莓 R. swinhoei
  7. 攀缘或藤状灌木。
    10. 叶两面无毛 ……………… 5. 蒲桃叶悬钩子 R. jambosoides
    10. 叶两面被毛或仅背面被毛。
      11. 花常组成大型圆锥花序。
        12. 叶不裂；枝被粗伏毛 ……………………… 9. 梨叶悬钩子 R. pirifolius
        12. 叶浅裂或3～7波状浅裂；枝不被粗伏毛。
          13. 藤状灌木；叶3～7波状浅裂 ……………………… 6. 高粱泡 R. lambertianus
          13. 攀缘灌木；叶浅裂 ……………………… 17. 黄脉莓 R. xanthoneurus
      11. 花组成总状圆锥伞房等花序或簇生，稀单生。
        14. 叶有不规则的浅裂或锯齿 ……………………… 1. 粗叶悬钩子 R. alceaefolius
        14. 叶有不整齐的粗锯齿或重锯齿。
          15. 叶片心状长卵形，边缘3～5裂，顶生裂片长侧生裂片长很多 ………… 10. 锈毛莓 R. reflexus
          15. 叶片心状宽卵形或近圆形，边缘3～7裂，顶生裂片比侧生裂片稍长或几等长。
            16. 叶片边缘3～5浅裂 ……………… 11. 浅裂锈毛莓 R. reflexus var. hui
            16. 叶片边缘5～7深裂 ……… 12. 深裂锈毛莓 R. reflexus var. lanceolobus

1. 粗叶悬钩子

Rubus alceaefolius Poir.

攀缘灌木，高达5 m。单叶，心状卵形或心状圆形，长6～16 cm，边缘有浅裂和锯齿。狭圆锥或总状花序；花白色，花瓣卵形或近圆形，与萼片近等长。果近球形，红色。花期3～10月；果期6～12月。

南昆山产于下坪，生于山地、丘陵、平地的林中或灌丛。分布于我国华南、华中、华东及西南地区。日本及东南亚也有。根和叶入药，有活血去瘀、清热止血之效。

2. 寒莓

Rubus buergeri Miq.

直立或匍匐小灌木；无刺或具稀疏小皮刺。单叶，卵形至近圆形，直径5～11 cm。花成短总状花序，顶生或腋生，或花数朵簇生于叶腋、总花梗和花梗密被绒毛状长柔毛，无刺或疏生针刺。果实近球形。花期7～8月；果期9～10月。

南昆山产于上坪、中坪，生中低海拔的阔叶林下或山地疏密杂木林内。分布于我国华东地区及广东、广西、湖南、湖北、四川及贵州。

3. 柔毛小柱悬钩子

Rubus columellaris Tutcher var. **villosus** Yu et Lu

攀缘灌木；小枝、叶柄、叶片两面、花梗和花萼均被较密长柔毛，疏生钩状皮刺。小叶3枚，有时生于枝顶端花序下部的叶为单叶，近革质，椭圆形或长卵状披针形，长3～10(16) cm。花3～7朵成伞房状花序，着生于侧枝顶端或腋生，花序基部叶腋间常有单花。果实近球形或稍呈长圆形。花期4～5月；果期 6月。

南昆山产于中坪，生中低海拔的山坡、山谷、水边、路旁或疏林中。分布于我国广东。

4. 山莓

Rubus corchorifolius L. f.

直立灌木，高1～3 m；枝有皮刺。单叶，卵形至卵状披针形，顶端渐尖，基部微心形。花单生，花瓣长圆形或椭圆形，白色。果近球形或卵球形，红色，密被细柔毛。花期2～3月；果期4～6月。

南昆山产于九重远眺，生于向阳山坡、溪边、山谷、荒地和疏密灌丛中潮湿处。分布于我国除东北、甘肃、青海、新疆、西藏以外的各地区。朝鲜、日本、缅甸、越南也有。

5. 蒲桃叶悬钩子

Rubus jambosoides Hance

攀缘灌木，枝具钩状皮刺。单叶，革质，披针形，长8～12 cm，背面沿中脉疏生小钩刺，边缘近全缘或疏生小齿。花白色，单生叶腋。果卵形，红色，密被灰白色细柔毛。花期2～3月；果期4～5月。

南昆山产于下坪蕉坑口、中坪，上坪横坑，生于林中或灌丛中。分布于我国广东、湖南及福建。

6. 高粱泡

Rubus lambertianus Ser.

藤状灌木，高达3 m；小枝具小钩齿。单叶，卵形，长5～12 cm，边缘具细锯齿，常3～7波状浅裂。圆锥花序顶生；花白色；花瓣倒卵形。果近球形，熟时红色。花期7～10月；果期9～11月。

南昆山产于大坑尾、下坪，生于山地、丘陵林中或灌丛。分布于我国华南、华中、华东及西南地区。日本也有。果可食及酿酒；根叶供药用，有清热散瘀、止血之效。

7. 白花悬钩子

Rubus leucanthus Hance

攀缘灌木，高1～3 m；茎和枝具疏钩齿。羽状复叶；3小叶，卵形或椭圆形，长4～8 cm，边缘具锯齿，两面无毛。花白色，伞房花序；花瓣长卵形或近圆形。果近球形，红色。花期4～5月；果期6～7月。

南昆山产于石河奇观、中坪，生于山地、丘陵林中或灌丛。分布于我国华南、华中、华东及西南地区。东南亚也有。果可食；根治腹泻、赤痢。

8. 茅莓(牙鹰簕)

Rubus parvifolius L.

攀缘灌木；枝被柔毛和小钩齿。复叶，常3小叶，叶卵形，边缘有粗锯齿和浅裂，两面被毛。花粉红色；圆锥花序；萼裂片披针形；花瓣倒卵形。果球形，红色。花期4～6月；果期6～8月。

南昆山产于石河奇观，七星湖，生于山地、丘陵林中或灌丛中。分布于我国各地。日本、朝鲜、越南也有。果成熟时酸甜可食；根入药，浸酒可养筋活血、消退红肿。

9. 梨叶悬钩子

Rubus pirifolius Smith

攀缘灌木；枝被粗伏毛和扁平钩齿。单叶，卵形或长圆形，长6～11 cm，边缘具钝锯齿。圆锥花序；花白色；花瓣小，长圆形或披针形。果红色；小核果有皱纹。花期4～9月；果期8～12月。

南昆山产于上坪横岗岐，生于山地、丘陵林中或灌丛中。分布于我国华南及西南地区。东南亚也有。全株入药，有强筋骨、去寒湿之效。

10. 锈毛莓

Rubus reflexus Ker Gawl.

攀缘灌木，高达2 m；枝被锈色茸毛，疏生小刺。单叶，心状长卵形，长7～14 cm，边缘3～5裂，具不整齐的粗锯齿或重锯齿。总状花序；花白色。果近球形，深红色。花期6～7月；果期8～9月。

南昆山产于上坪，生于山地、丘陵林中或灌丛。分布于我国华南、华中及华东地区。果可食用；根入药，有祛风湿、强筋骨之效；根皮含鞣质，可提取栲胶。

11. 浅裂锈毛莓（浅裂叶悬钩子）

Rubus reflexus Ker Gawl. var. **hui** (Diels apud Hu)Metc.

本变种与原变种区别在于叶片心状宽卵形或近圆形，长8～13 cm，宽7～12 cm，边缘较浅裂，裂片急尖，顶生裂片比侧生者仅稍长或近等长。

南昆山产于中坪、生于山坡灌丛、疏林湿润处或山谷溪流旁。分布于我国华东地区及广东、广西、湖南、贵州、云南。

12. 深裂锈毛莓（深裂悬钩子）

Rubus reflexus Ker Gawl. var. **lanceolobus** Metc.

本变种与原变种的主要区别在于：叶片心状宽卵形或近圆形，边缘5～7深裂，裂片披针形或长圆状披针形，顶生裂片仅较侧生裂片稍长或几等长。花期3～6月。

南昆山产于沙坑尾、十字水，生于林中或灌丛中。分布于我国广东、广西、湖南、福建及贵州。

13. 空心泡

Rubus rosaefolius Smith

直立或攀缘灌木，高2～3 m；枝、叶常有黄色腺点。羽状复叶；小叶5～7枚，披针形，长2.5～7 cm，两面被毛。花白色，总状花序；花瓣长圆形，具爪。果球形或卵形，红色。花期3～5月；果期6～7月。

南昆山产于中坪尾至北坑，生于丘陵、山地林中或灌丛。分布于我国华南、华中、华东及西南地区。日本、亚洲南部至东南部、大洋洲、非洲也有。根、嫩枝及叶入药，有清热止痰、止血、祛风湿之效。

14. 红腺悬钩子

Rubus sumatranus Miq.

直立或攀缘灌木；枝、叶柄、叶轴和花序均被红色腺毛和刺。羽状复叶；小叶多5～7片，披针形，长2.5～8 cm，两面被毛。花白色，总状花序；花瓣匙状长圆形。果长卵形，橙红色。花期4～6月；果期7～8月。

南昆山产于花竹，横坑，生于山地、丘陵林下或灌丛中。分布于我国华南、华中、华东及西南地区。东亚及东南亚也有。根入药，有清热解毒利尿的功效。

15. 木莓

Rubus swinhoei Hance

直立灌木，高1～4 m；茎细圆，暗紫红色。单叶，宽卵形或长圆状披针形，长5～11 cm。总状花序；花白色；萼裂片卵形；花瓣宽卵形或近圆形。果球形，熟时黑紫色。花期5～6月；果期7～8月。

南昆山产于上坪，生于山地、丘陵林中或灌丛中。除东北以外，分布几遍全国各地。果可食；根皮可提取栲胶。

16. 光滑悬钩子

Rubus tsangii Merrill

攀缘灌木；枝具腺毛和疏生皮刺。小叶通常7～9枚，披针形，顶端渐尖，基部圆形，边缘有不整齐细锐锯齿或重锯齿，托叶披针形，无毛。花3～5朵成顶生伞房状花序；苞片披针形，无毛；花直径3～4 mm；萼片长圆状披针形顶端长尾尖，内萼片边缘具绒毛，在花时直立开展，果时反折；花瓣白色，长倒卵形或长圆形，基部具爪；雄蕊和雌蕊均多数。果实近球形，红色，无毛。花期4～5月，果期6～7月。

南昆山产于上坪横岗岐，生山坡、河边或山谷密林中，分布于我国广东、广西、福建、浙江、四川、贵州、云南。

17. 黄脉莓

Rubus xanthoneurus Focke

攀缘灌木，高达3 m；小枝具疏小齿。单叶，长卵形，长7～12 cm，边缘常浅裂。圆锥花序；花白色；萼裂片卵形；花瓣倒卵形，比萼片短。果近球形，暗红色。花期6～7月；果期8～9月。

南昆山产于上坪横坑，生于山谷林中。分布于我国华南、华中、西南及西北地区。

15. 绣线菊属 Spiraea L.

落叶灌木。单叶，边缘常有锯齿或缺刻。花序腋生或顶生；花瓣5。蓇葖果5，常沿腹缝线开裂；种子线形或椭圆形。

南昆山1种。

1. 中华绣线菊

Spiraea chinensis Maxim.

灌木，高1.5～3 m；小枝幼时被黄色茸毛或无毛。叶片棱状卵形或倒卵性，长2.5～6 cm，两面被毛。伞形花序；花白色；雄蕊20～25枚。蓇葖果开展，被短柔毛，宿存萼裂片常直立。花期3～6月；果期6～10月。

南昆山产于天堂顶，生于山地、丘陵的林中或灌丛中。除东北以外，分布几遍全国。

146. 含羞草科 Mimosaceae

乔木或灌木。二回稀一回羽状复叶，或为叶状柄或鳞片状；叶轴或叶柄上常具腺体。花两性，辐射对称，头状、穗状或总状；花瓣与萼齿同数，镊合状排列。荚果；种子扁平，常具马蹄形痕。

南昆山6属，11种，1变种。

1. 雄蕊10枚或较少。
  2. 药隔顶端有脱落性腺体……………2. 海红豆属Adenanthera
  2. 药隔顶端无腺体。
    3. 荚果成熟时横裂为数节而残留缝线于果柄上，每节含1种子……………6. 含羞草属Mimosa
    3. 荚果成熟时沿缝线纵裂……………5. 银合欢属Leucaena
1. 雄蕊多数，通常在10枚以上。
  4. 花丝分离(稀仅基部连合)……………1. 金合欢属Acacia

4. 花丝连合呈管状。
    5. 荚果开裂为2瓣 ……………………… 4. 猴耳环属 Archidendron
    5. 荚果不开裂或迟裂 ………………………………… 3. 合欢属 Albizia

1. 金合欢属 Acacia Mill.

乔木、灌木或藤本。二回羽状复叶，或小叶退化，叶柄叶状。花黄色稀白色，头状或穗状花序；萼钟状或漏斗状，齿裂；花冠显著。果卵形、长圆形或条形。

南昆山2种。

1. 网脉在叶背面突起；小叶15～25对 ……………………………………………………………………………… 1. 藤金合欢 A. concinna
1. 网脉在叶背面不突起；小叶30～54对 ……………………………………………………………………………… 2. 羽叶金合欢 A. pennata

1. 藤金合欢

Acacia concinna (Willdenow) Candolle (*A. sinuata* (Lour.) Merr.)

攀缘藤本；小枝、叶轴被灰色短茸毛，具散生倒刺。二回羽状复叶；叶柄有1腺体；小叶15～25对，线状长圆形，长8～12 mm。头状花序球形；花白色或淡黄，芳香。荚果带形。花期4～6月；果熟期7～12月。

南昆山产于上坪竹坑嶂、中坪、石河奇观，生于疏林或灌丛中。分布于我国华南、江西、湖南及西南地区。树皮含单宁，入药有解热、散血之效。

2. 羽叶金合欢

Acacia pennata (L.) Willd.

攀缘、多刺藤本；小枝和叶轴均被锈色短柔毛。总叶柄基部及叶轴上部有凸起的腺体各1枚；小叶30～54对，线形，长5～10 mm。头状花序圆球形，被暗褐色柔毛。果带状。花期3～10月；果熟期7月至翌年4月。

南昆山产于石河奇观，生于疏林中，常攀附于灌木或小乔木的顶部。分布于我国广东、云南、福建。

2. 海红豆属 Adenanthera L.

无刺乔木。二回羽状复叶，小叶多对，互生。花小，具短梗，5基数。花萼钟状，具5短齿；花瓣5片。荚果带状；种子鲜红色或二色。

南昆山1种。

1. 海红豆（相思格）

Adenanthera microsperma Teijsmann & Binnendijk [*A. pavonina* L. var. *microsperma* (Teijsm. et Binnend.) Nielsen]

落叶乔木。二回羽状复叶。小叶4～7对，互生，长圆形或卵形，长2.5～3.5 cm。花白色或黄色，有香味，具短梗；花瓣披针形。荚果狭长圆形；种子鲜红色，有光泽。花期4～7月；果熟期7～10月。

南昆山产于佛坳，生于山沟、溪边、林中。分布于我国华南、华东及西南地区。热带亚洲广布。材用；种子美丽，可作装饰品。

3. 合欢属 Albizia Durazz.

乔木或灌木；多落叶。二回羽状复叶，叶总柄具腺体，羽片和小叶对生。花两型，两性，5基数；头状或圆锥状穗状花序。果扁平，带状；种皮具马蹄形痕。

南昆山2种。

1\. 乔木；小叶的中脉居中或偏于上边缘……1. 楹树A. chinensis
1\. 灌木或藤本；小叶的中脉居中或偏于下边缘……2. 天香藤A. corniculata

1. 楹树

Albizia chinensis (Osbeck) Merr.

落叶乔木。小枝被黄色柔毛。二回羽状复叶；总叶柄基部和叶轴上有腺体；小叶20～35(～40)对，长圆形，长6～10 mm。花绿白色或淡黄色，密被黄褐色茸毛。荚果扁平。花期3～5月；果熟期6～12月。

南昆山产于佛坳，生于林中。分布于我国华南、西南地区及福建、湖南。南亚至东南亚也有。作行道树及荫蔽树；材用；树皮可提取单宁。

2. 天香藤

Albizia corniculata (Lour.) Druce

攀缘灌木或藤本。叶柄下常有1枚下弯的粗短刺。二回羽状复叶；总叶柄近基部有压扁的腺体1枚；小叶4～10对，长圆形或倒卵形，长12～25 mm。花冠白色。荚果带状。花期4～7月；果熟期8～11月。

南昆山产于大坑尾一带，生于旷野或山地疏林中，常攀附于树上。分布于我国广东、广西、福建。东南亚也有。

4. 猴耳环属 Archidendron F. Muell.

乔木或灌木。二回偶数羽状复叶。头状花序或穗状花序排成圆锥状；萼钟状或漏斗状。果带状，镰形或旋卷；种子悬垂种柄或珠柄膨大为假种皮。

南昆山3种。

1\. 羽叶1～2对；小叶互生……2. 亮叶猴耳环A. lucidum
1\. 羽叶2～8对；小叶对生。
  2\. 花有梗；羽片两面被短柔毛……1. 猴耳环A. clypearia
  2\. 花无梗；羽片仅背面被短柔毛……3. 薄叶猴耳环A. utile

1. 猴耳环

Archidendron clypearia (Jack.) Nielsen [*Pithecellobium clypearia* (Jack.) Benth.]

乔木。二回羽状复叶；总叶柄具四棱，密被黄褐色柔毛，叶轴上及叶柄近基部有腺体；小叶革质，斜菱形，长1～7 cm。花冠白色或淡黄色，裂片披针形。荚果旋卷；种子黑色。花期2～6月；果熟期4～8月。

南昆山产于七星湖，生于林中。分布于我国华南、华东地区及云南。热带亚洲广布。树皮含单宁，可提制栲胶。

2. 亮叶猴耳环

Archidendron lucidum (Benth.) Nielsen [*Pithecellobium lucidum* Benth.]

乔木。总叶柄近基部、每对羽片下和小叶片下的叶轴上均有圆形而凹陷的腺体；小叶斜卵形或长圆形，长5～9(～11) cm，基部略偏斜。花瓣白色。荚果旋卷成环状。花期4～6月；果熟期7～12月。

南昆山产于上坪、七星湖，生于林中或林缘灌木丛中。分布于我国华南、华东及西南地区。印度和越南也有。用作行道树、园林绿化。

3. 薄叶猴耳环

Archidendron utile (Chun et How) Nielsen [*Pithecellobium utile* Chun et How]

灌木。总叶柄端和顶端1～2对小叶着生处稍下的叶轴上有腺体；小叶膜质，对生，长方棱形，长2～9 cm。花白色，芳香。荚果红褐色，弯卷或镰刀状，种子黑色，光亮。花期3～8月；果熟期4～12月。

南昆山产于七星湖，生于密林中。分布于我国广东、广西、福建。越南北部也有。

5. 银合欢属 Leucaena Benth.

常绿、无刺灌木或乔木。二回羽状复叶；小叶偏斜；总叶柄常具腺体。花白色，常两性，5基数，无梗；苞片2枚；萼管钟状；花瓣分离。荚果熟后2瓣裂。

南昆山1种。

1. 银合欢

Leucaena leucocephala (Lam.) de Wit

灌木或小乔木。托叶三角形。在最下一对羽片着生处有黑色腺体1枚；小叶5～15对，线状长圆形，长7～13 mm。头状花序；花白色；花瓣狭倒披针形。荚果带状。花期4～7月；果熟期8～10月。

南昆山产于下坪，生于荒地或疏林中。分布于我国华南、华东地区及云南。现广布热带地区。植作绿篱。

6. 含羞草属 Mimosa L.

多年生、有刺草本或灌木。托叶小，钻状；二回羽状复叶，触之即闭合下垂。花常4～5基数。荚果长椭圆形或线形，有荚节3～6，荚节脱落后具长刺毛的荚缘宿存在果柄上。

南昆山2种。

1. 雄蕊8枚；羽片6～8对 ··········· 1. 光荚含羞草M. bimucronata
1. 雄蕊4枚；羽片通常2对 ··························· 2. 含羞草M. pudica

1. 光荚含羞草（簕仔树）

Mimosa bimucronata (DC.) Kuntze

落叶灌木，小枝密被黄色茸毛。二回羽状复叶，小叶12～16对，线形，长5～7 mm，革质。头状花序球形；花白色。荚果带状，常有5～7个荚节，熟时荚节脱落只留荚缘。花期3～9月；果期10～11月。

南昆山产于下坪，逸生于灌丛草坡或疏林下。分布于我国广东。原产热带美洲。用作绿篱。

2. 含羞草（怕丑草）

Mimosa pudica L.

披散、亚灌木状草本。茎有散生、下弯的钩刺及倒生刺毛。羽片和小叶触之即闭合下垂；小叶10～20对，线状长圆形，长8～13 mm。头状花序圆球形；花淡红色。荚果长圆形，荚缘波状，具刺毛。花期3～10月；果熟期5～11月。

南昆山产于佛坳、下坪，生于旷野荒地、灌木丛中。分布于我国华南、华东地区及云南。现广布世界热带地区。全草供药用，有安神镇静的功能，鲜叶捣烂外敷治带状泡疹。

147. 苏木科Caesalpiniaceae

乔木、灌木或藤本，稀草本。一回或二回羽状复叶，互生。花两性，通常两侧对称。萼片5或4(上方2片连合)，覆瓦状排列；花瓣5或更少。荚果呈核果状或翅果状。

南昆山4属，14种。

1. 复叶仅由2片小叶组成 ··························· 1. 羊蹄甲属Bauhinia
1. 羽状复叶由2片以上的小叶组成。
  2. 一回羽状复叶 ··· 3. 决明属Cassia
  2. 二回偶数羽状复叶。
    3. 花杂性或单性异株；小叶边缘通常有齿··4. 皂荚属Gleditsia
    3. 花两性；小叶全缘。·························· 2. 云实属Caesalpinia

1. 羊蹄甲属Bauhinia L.

乔木、灌木或藤本；有时具卷须。单叶，先端凹缺或裂为2小叶。伞房总状或圆锥花序；萼佛焰苞状，匙形或2～5齿裂；花瓣3，常具爪。果长圆形、条形或带状，扁平。

南昆山4种。

1. 总状花序。
  2. 叶背面密被锈色毛；总状花序短··1. 阔裂叶羊蹄甲B. apertilobata
  2. 叶背面无毛；总状花序狭长 ··········2. 龙须藤B. championii
1. 伞房式总状花序。
  3. 基出脉7条··· 3. 首冠藤B. corymbosa
  3. 基出脉9～11条································ 4. 粉叶羊蹄甲B. glauca

1. 阔裂叶羊蹄甲

Bauhinia apertilobata Merr. et Metc.

藤本，具卷须；嫩枝、叶柄及花序各部分均被短柔毛。叶纸质，卵形、阔椭圆形或近圆形，长5～10 cm。伞房式总状花序腋生或1～2个顶生，长4～8 cm；花瓣白色或淡绿白色，具瓣柄。荚果倒披针形或长圆形；种子2～3颗，近圆形。花期5～7月；果期8～11月。

南昆山产于花竹，生于林中或灌丛中。分布于我国广东、广西、福建、江西。

2. 龙须藤

Bauhinia championii (Benth.) Benth.

攀缘灌木，有卷须。叶卵形或心形，长5.5～13(～17)cm，先端微缺或二裂至1/3，基部平截。花序与叶对生；萼钟形，裂片披针形；花瓣匙形，具爪，白色。果无毛，密被皱纹。花期6～10月；果熟期7～12月。

南昆山产于上坪丝茅坪、中坪花竹、下坪石河奇观，生于丘陵、灌丛或山地林中。分布于我国长江以南地区。印度、越南、印度尼西亚也有。根及老藤入药，可散淤活血，止痛、驱风湿。

3. 首冠藤*

Bauhinia corymbosa Roxb. ex DC.

木质藤本；卷须单生或成对。叶纸质，近圆形。伞房花序式的总状花序顶生于侧枝上，长约5 cm，多花，具短的总花梗。荚果带状长圆形，褐色。花期4～6月；果期9～12月。

上坪有栽培，分布于我国广东、海南。世界热带、亚热带地区有栽培供观赏。

4. 粉叶羊蹄甲（拟粉叶羊蹄甲）

Bauhinia glauca (Wall. ex Benth.) Benth.

木质藤本，全株几无毛。叶纸质，近圆形，长5～7(～9) cm，2裂达中部或更深裂；基出脉9～11条。伞房花序式的总状花序顶生或与叶对生，花密集；花瓣白色，倒卵形，各瓣近相等，具长柄，边缘皱波状；能育雄蕊3枚；退化雄蕊5～7枚；子房具柄，柱头盘状。荚果带状。花期4～6月；果期7～9月。

南昆山产于佛坳，生于林中。分布于我国华南、华东及西南等地区。东南亚也有。花多而美丽，是非常良好的垂直绿化材料。

2. 云实属 Caesalpinia L.

乔木、灌木或藤本，通常有刺。二回羽状复叶。花两性，总状或圆锥花序；花黄色或橙黄色；花托凹陷；萼片覆瓦状排列。荚果卵形、长圆形或披针形。

南昆山4种。

1. 小叶2～3对……………………………………1. 华南云实 C. crista
1. 小叶6～12对。
  2. 荚果表面有刺……………………………3. 喙荚云实 C. minax
  2. 荚果表面无刺。
    3. 小叶正面无毛，背面疏被锈色茸毛……………………………………2. 云实C. decapetala
    3. 小叶两面被短茸毛…………………………4. 春云实C. vernalis

1. 华南云实（假老虎簕）

Caesalpinia crista L. [*C. nuga* Ait.]

木质藤本。二回羽状复叶；叶轴上有黑色倒钩刺；羽片2～3对，小叶2～6对，革质，卵形或椭圆形，长3～6 cm。大型圆锥花序顶生；花芳香，花瓣4或5片，黄色，正面1片具红色斑纹。荚果斜阔卵形，革质。花期4～7月；果熟期7～12月。

南昆山产于下坪，生于山地林中。分布于我国长江以南地区。印度、斯里兰卡、东南亚和波利尼西亚群岛以及日本(琉球)也有。庭园观赏。

2. 云实

Caesalpinia decapetala (Roth)Alston

藤本。二回羽状复叶，羽片3～10对，基部有刺1对；小叶8～12对，膜质，长圆形，长10～25 mm，宽6～12 mm；托叶斜卵形。总状花序顶生；萼片5；花瓣黄色。荚果长圆状舌形，脆革质，栗褐色，先端具尖喙。花果期4～10月。

南昆山产于佛坳，生于山坡、灌丛或河边。分布于我国华南、华中及华东地区。亚洲热带和温带有分布。根、茎及果药用，有治筋骨疼痛、跌打损伤之效；果皮及树皮可制肥皂及润滑油；也可庭园观赏。

3. 喙荚云实

Caesalpinia minax Hance.

有刺藤本。二回羽状复叶；托叶锥状而硬；羽片5～8对；小叶6～12对，椭圆或长圆形。总状或圆锥花序顶生；萼片5，密生黄绒毛；花瓣5，白色有紫斑点。荚果长圆形，先端圆钝而有喙。花期4～5月；果期7月。

南昆山产于佛坳、七星湖，生于山沟、溪旁或灌丛中。分布于我国西南地区及广东、广西。种子可入药，可开胃进食、除湿去热。

4. 春云实

Caesalpinia vernalis Champ.

有刺藤本，各部被锈色绒毛。二回羽状复叶；羽片8～16对；小叶6～10对，对生，革质，卵状披针形，长6～12 mm。圆锥花序，花瓣黄色，正面一片较小，有红色斑纹。荚果斜长圆形，先端具喙。花期4月；果熟期12月。

南昆山产于上坪村、中坪尾至北坑，生于山沟湿润的沙土上或岩石旁。分布于我国广东、福建南部和浙江南部。

3. 决明属 Cassia L.

乔木、灌木、亚灌木或草本。叶丛生，一回偶数羽状复叶；叶柄和叶轴上常有腺体；小叶对生。花近辐射对称，黄色；花瓣5。荚果圆柱形或扁平。

南昆山4种。

1. 小叶超过10对，长通常不超过1.3 cm，线性或线状镰刀形。
   2. 小叶14～25对，长3～4 mm …… 1. 短叶决明C. leschenaultiana
   2. 小叶20～50对，长8～13 mm …… 2. 含羞草决明C. mimosoides
1. 小叶不超过10对，长2 cm以上，非线形。
   3. 腺体1枚，位于叶柄基部上方 …… 3. 望江南C. occidentalis
   3. 腺体3枚；位于小叶间的叶轴 …… 4. 决明C. tora

1. 短叶决明（大叶山扁豆）

Cassia leschenaultiana DC.

一年生或多年生亚灌木状草本。叶长3～8 cm，叶柄上端有圆盘状腺体1枚；小叶14～25对，线状镰形，两侧不对称。花序腋生，萼片5；花冠橙黄色。荚果扁平。花期6～8月；果熟期9～11月。

南昆山产于上坪，生于山地路旁的灌木丛或草丛中。分布于我国华南、华东及西南地区。越南、缅甸、印度也有。

2. 含羞草决明（山扁豆）

Cassia mimosoides L.

一年生或多年生亚灌木状草本。叶长4～8 cm，叶柄上端、最下一对小叶的下方有圆盘状腺体1枚；小叶20～50对。花序腋生；花瓣黄色，不等大。荚果镰形，扁平。花果期通常8～10月。

南昆山产于上坪，生坡地或空旷地的灌木丛或草丛中。分布于我国华南、华东及西南地区。现广布全世界热带和亚热带地区。

3. 望江南（野扁豆）

Cassia occidentalis L.

直立、少分枝的亚灌木或灌木；枝带草质，有棱。叶长约20 cm；叶柄近基部有腺体1枚；小叶4～5对，小叶柄揉之有腐败气味。伞房状总状花序；花瓣黄色。荚果带状镰形。花期4～8月；果熟期6～10月。

南昆山产于石河奇观，生于河边滩地、旷野或丘陵的灌木林或树林中。分布于我国华南、华东及西南地区。现广布于全世界热带和亚热带地区。种子炒后治疟疾；根有利尿功效；鲜叶捣碎治毒蛇毒虫咬伤。有微毒，牲畜误食过量可以致死。

4. 决明（假花生、假绿豆）

Cassia tora L.

直立、粗壮、一年生亚灌木状草本。叶长4～8 cm；叶轴上每对小叶间有棒状的腺体1枚；小叶3对。花腋生；花瓣黄色，背面2片略长。荚果纤细，近四棱形。花果期8～11月。

南昆山产于下坪，生山坡、旷野及河滩沙地上。分布于我国长江以南地区。现广布于全世界热带和亚热带地区。种子为中药“决明子”，有清肝明目、利水通便之功效。

4. 皂荚属 Gleditsia L.

落叶乔木，具分枝粗刺。无顶芽，侧芽叠生。一回或二回羽状复叶，小叶具锯齿。花杂性或单性异株，总状或穗状花序，腋生；萼钟状；花瓣3～5。果带状。

南昆山2种。

1. 荚果长6～12 cm，在种子部位明显膨起 ……………………………… 1. 小果皂荚G. australis
1. 荚果长13.5～26 cm，在种子的部位不膨起 ……………………………… 2. 华南皂荚G. fera

1. 小果皂荚

Gleditsia australis Hemsl.

小乔木至乔木；枝具圆锥状粗刺。叶为一回或二回羽状复叶；小叶5～9对，斜椭圆形至菱状长圆形，长2.5～4(～5)cm。花浅绿色或绿白色；萼片5；花瓣5～6。荚果带状长圆形。花期6～10月；果熟期11月至翌年4月。

南昆山产于七星湖，生于缓坡、山谷林中或路旁水边阳处。分布于我国广东和广西。越南也有。木材坚硬，常用作制作器具；荚果煎汁可代皂供洗涤用。

2. 华南皂荚

Gleditsia fera (Lour.) Merr.

小乔木至乔木；刺粗状，具分枝，基部圆柱形。叶为一回羽状复叶；叶轴具槽；小叶5～9对。花杂性，绿白色，聚伞花序组成总状花序；萼片5；花瓣5。荚果扁平。花期4～5月；果熟期6～12月。

南昆山产于下坪，生于山地缓坡、山谷林中或村旁路边阳处。分布于我国华南、华东地区及湖南。越南也有。荚果含皂素，煎出的汁可代肥皂用以洗涤。果又可作杀虫药。

148. 蝶形花科 Papilionaceae

乔木、灌木、藤本或草本，有时常具刺。叶常互生，为羽状或掌状3小叶；常有托叶。花两性，单生或组成总状或圆锥状花序；花瓣5，两侧对称；雄蕊10枚或部分退化。荚果。种子1至多数。

南昆山30属，63种，2变种。

1. 花丝全部分离或仅基部合生。
  2. 叶为单小叶；木质藤本 ……………………… 4. 藤槐属Bowringia
  2. 叶为羽状复叶；乔木、灌木或亚灌木 ……………………………… 21. 红豆属Ormosia
1. 花丝全部或大部合生成管。
  3. 植株被“丁”字毛 ……………………… 16. 木蓝属Indigofera
  3. 植株不被“丁”字毛。
    4. 叶轴顶端具卷须或小尖头 ……………… 1. 相思子属Abrus
    4. 叶轴顶端无卷须或小尖头。
      5. 荚果有横向断裂的荚节。
        6. 小托叶常存在。
          7. 花萼颖状，裂片干硬而具条纹 ……………………………… 3. 链荚豆属Alysicarpus
          7. 花萼不呈颖状，裂片干膜质，不具条纹。
            8. 伞形花序或短总状花序，腋生 ……………………………… 22. 排钱树属Phyllodium
            8. 总状花序或圆锥花序，顶生或腋生。
              9. 具细长或稍短的子房柄；雄蕊单体 ……………… 15. 长柄山蚂蟥属 Hylodesmum
              9. 无细长的子房柄；雄蕊二体，少单体。
                10. 荚果的荚节反复折叠 ……………………………… 29. 狸尾豆属Uraria
                10. 荚果的荚节不反复折叠。
                  11. 叶柄具翅；单小叶 ……………………………… 28. 葫芦茶属Tadehagi
                  11. 叶柄无翅，如有狭翅，则为3出羽状复叶 ……………… 9. 山蚂蝗属Desmodium
        6. 小托叶常无。
          12. 叶为奇数羽状复叶 …… 2. 合萌属Aeschynomene
          12. 叶为偶数羽状复叶或指状复叶。
            13. 雄蕊二体；荚果叠藏于萼内 ……………………………… 27. 坡油甘属Smithia
            13. 雄蕊单体；荚果不叠藏于萼内 ……………………………… 30. 丁癸草属Zornia
      5. 荚果无横向断裂的荚节。
        14. 单叶。
          15. 雄蕊单体，花药二型 …… 6. 猪屎豆属Crotalaria
          15. 雄蕊二体，花药同型 …… 12 鸡头薯属Eriosema
        14. 复叶。
          16. 叶为三出复叶。
            17. 叶为掌状三出复叶。

18. 草本；小苞片4枚……………………………………17. 鸡眼草属Kummerowia
18. 灌木或亚灌木；小苞片无……………………………………14. 千斤拔属Flemingia
17. 叶为羽状三出复叶。
19. 荚果仅具1颗种子……………………………………18. 胡枝子属Lespedeza
19. 荚果常具2至多颗种子。
20. 叶和花萼通常有腺点。
21. 荚果常具2颗种子……………………………………25. 鹿藿属Rhynchosia
21. 荚果有种子3～11颗。
22. 荚果于种子间凹陷……………………………………5. 木豆属Cajanus
22. 荚果于种子间不凹陷……………………………………11. 野扁豆属Dunbaria
20. 叶和花萼无腺点。
23. 花瓣不等长。
24. 旗瓣最长……………………………………13. 刺桐属 Erythrina
24. 龙骨瓣最长……………………………………20. 黧豆属Mucuna
23. 花瓣近等长。
25. 花序轴通常具结节……………………………………24. 密子豆属Pycnospora
25. 花序轴无结节或几无结节。
26. 翼瓣和龙骨瓣的瓣柄比瓣片长……………………………………10. 山黑豆属Dumasia
26. 翼瓣和龙骨瓣的瓣柄比瓣片短………23. 葛属Pueraria
16. 叶为具3枚以上小叶的羽状复叶。
27. 荚果扁而薄，不开裂……7. 黄檀属Dalbergia
27. 荚果较厚，开裂。
28. 偶数羽状复叶………26. 田菁属Sesbania
28. 奇数羽状复叶。
29. 无托叶……………………8. 鱼藤属Derris
29. 托叶早落或宿存……………………………………19. 崖豆藤属Millettia

1. 相思子属 Abrus Adans.

藤本。偶数羽状复叶；叶轴顶端具短尖；小叶多对，全缘。总状花序腋生或与叶对生；花萼钟状；花冠远大于花萼。荚果长圆形，扁平，开裂。

南昆山2种。

1. 全株被开展柔毛……………………………………1 毛相思子A. mollis
1. 全株被稀疏糙伏毛……………………………………2. 相思子A. precatorius

1. 毛相思子

Abrus mollis Hance

藤本。羽状复叶；叶柄、叶轴被黄色长柔毛；托叶钻形；小叶10～16对，膜质，长圆形，长1～2.5 cm。总状花序腋生；花长3～9 mm；花冠粉红色或淡紫色，荚果长圆形。花期8月；果期9月。

南昆山产于石河奇观，生于山谷、路旁疏林、灌丛中。分布于我国华南及华东地区。中南半岛也有。种子有剧毒。

2. 相思子

Abrus precatorius L.

藤本，茎细弱，被锈疏白色糙伏毛。羽状复叶，小叶8～13对，膜质，对生，近长圆形。总状花序腋生；花序轴粗短；花萼钟状，4浅裂；花冠紫色。荚果长圆形，果瓣革质；种子椭圆形。花期3～6月；果期9～10月。

南昆山产于七星湖，生于山地疏林中。分布于我国广东、广西、台湾、云南。热带地区广布。种子可作装饰品，但有剧毒，外用治皮肤病；根、藤入药，可清热解毒和利尿。

2. 合萌属 Aeschynomene L.

草本或小灌木。茎枝端向上。奇数羽状复叶。花小，腋生的总状花序；苞片托叶状，宿存；花萼膜质，常二唇形；花旗瓣大，圆形，翼瓣无耳。荚果扁平。

南昆山1种。

1. 合萌(田皂角)

Aeschynomene indica L.

一年生草本或亚灌木状。奇数羽状复叶具20～30对小叶；小叶薄纸质，线状长圆形，长5～10 mm，正面密布腺点，背面稍带白粉，基部歪斜。总状花序腋生；花冠淡黄色。荚果。花期8～10月；果期10～12月。

南昆山产于七星湖，生于林下及林缘。分布几遍全国各地。非洲、大洋洲及亚洲热带地区及东亚广布。绿肥植物；全草入药，能利尿解毒，但种子有毒。

3. 链荚豆属 Alysicarpus Neck. ex Desv.

多年生草本；茎直立或披散，具分枝。单小叶，偶羽状三出复叶，具托叶和小托叶。花小，常成对排列于总状花序的节上；花萼深裂。荚果近圆柱形。

南昆山1种。

1. 链荚豆

Alysicarpus vaginalis (L.) DC.

多年生草本，簇生或基部多分枝；茎平卧或上部直立。单小叶。总状花序顶生或腋生，花6～12朵，成对排列于节上；花冠紫蓝色。荚果扁圆柱形，被短柔毛。花期5～11月。

南昆山产于下坪，生于旷地、田边、路旁。分布于我国华南、西南等地区。广布东半球热带地区。作绿肥；全草入药，治刀伤、骨折。

4. 藤槐属 Bowringia Champ. ex Benth.

攀缘灌木。单叶，较大。总状花序腋生；花萼膜质，先端截形；花冠白色。荚果卵形或球形，成熟时沿缝线开裂；种子1～2。

南昆山1种。

1. 藤槐

Bowringia callicarpa Champ. ex Benth.

攀缘灌木。单叶，近革质，长卵形至长圆形，长6～13 cm。总状花序或伞房状花序；花冠白色；雄蕊10枚，分离。荚果卵形或近球形，先端具喙；种子褐黑色。花期4～6月；果期7～11月。

南昆山产于花坪，生于林缘或河溪旁、攀缘于树上。分布于我国华南、华东地区。越南也有。

5. 木豆属 Cajanus DC.

直立灌木、亚灌木或藤本。羽状或指状3小叶，叶背有腺点。总状花序腋生或顶生；花萼钟状；花冠旗瓣基部两侧、翼瓣具耳。荚果线状长圆形，压扁；种子肾形至近圆形。

南昆山1种。

1. 蔓草虫豆

Cajanus scarabaeoides (L.) Thou.

蔓生或草质藤本。茎纤弱，具细纵棱。羽状3小叶，叶背有腺点。总状花序腋生；花萼钟状；花冠黄色；雄蕊二体。荚果长圆形，密被长毛；种子椭圆形。花期9～10月；果期11～12月。

南昆山产于天堂顶，生于旷野、山坡草丛。分布于我国华南、西南、华东地区。亚洲、大洋洲、非洲广布。药用，有健胃，利尿作用。

6. 猪屎豆属 Crotalaria L.

草本，亚灌木或灌木；茎枝圆或四棱形。单叶或三出复叶。总状花序顶生、腋生；花萼二唇形或近钟形；花冠黄色或深紫蓝色。荚果长圆形、圆柱形或卵球形，稀四棱形，膨胀；种子2至多颗。

南昆山5种。

1. 叶为单叶。
   2. 托叶针形，刚毛状或不存在，花冠较小，荚果圆柱形或卵球形。
      3. 荚果圆柱形 ······ 1. 响铃豆 C. albida
      3. 荚果卵状球形 ······ 4. 线叶猪屎豆 C. linifolia
   2. 托叶叶状、卵状三角形、线形或不存在，花冠较大，荚果长圆形。
      4. 托叶较小，长1～3 mm ······ 2. 大猪屎豆 C. assamica
      4. 托叶较大，长4～8 mm ······ 3. 假地蓝 C. ferruginea
1. 叶为三出掌状复叶 ······ 5. 猪屎豆 C. pallida

1. 响铃豆

Crotalaria albida Heyne ex Roth

多年生直立草本。托叶刚毛状；单叶，叶片倒卵形、长圆状椭圆形或倒披针形，长1～2.5 cm。总状花序顶生或腋生，有花20～30朵，花序长达20 cm；花萼二唇形；花冠淡黄色。荚果短圆柱形。花果期5～12月。

南昆山产于下坪，生于荒地路旁及山坡疏林下。分布于我国华南、华东、西南各地区。中南半岛、南亚及太平洋诸岛也有。药用，清热解毒、消肿止痛、抗癌。

2. 大猪屎豆

Crotalaria assamica Benth.

直立高大草本，高达1.5 m。托叶细小，线形，贴伏于叶柄旁；单叶，倒披针形或长椭圆形，长5～15 cm。总状花序顶生或腋生，有花20～30朵；花萼二唇形；花冠黄色。荚果长圆形。花果期5～12月。

南昆山产于下坪，生山坡路边及山谷草丛。分布于我国华南、西南及华东地区。中南半岛、南亚等地区也有。药用，可祛风除湿、消肿止痛、抗癌。

3. 假地蓝

Crotalaria ferruginea Grah. ex Benth.

草本，基部常木质，高60～120 cm。单叶，叶片椭圆形，长2～6 cm。总状花序顶生或腋生，有花2～6朵；花萼二唇形，长10～12 mm，密被粗糙的长柔毛，深裂，几达基部，萼齿披针形；花冠黄色，龙骨瓣与翼瓣等长。荚果长圆形；种子20～30颗。花果期6～12月。

南昆山产于佛坳，生于山坡疏林及荒山草地。分布于我国华东、西南地区及广东、广西、湖南、湖北。南亚、中南半岛、马来西亚等地区也有。全草药用，可补肾、消炎、平喘、止咳，鲜叶捣烂可外敷治疗疮、痛肿。

4. 线叶猪屎豆

Crotalaria linifolia L. f.

多年生草本；茎圆柱形，密被丝质短柔毛。单叶，倒披针形或长圆形，先端渐尖或钝尖，具细小的短尖头，两面被丝质柔毛。总状花序顶生或腋生，苞片披针形；花萼二唇形，密被锈色柔毛；花冠黄色，旗瓣圆形或长圆形，先端圆或凹，基部边缘被毛，翼瓣长圆形，近直生，具长喙。荚果四角菱形，无毛，。花期5～10月；果期8～12月。

南昆山产于佛坳，生山坡路旁。分布于我国华南及西南地区。印度、马来群岛及大洋洲南部也有。

5. 猪屎豆

Crotalaria pallida Ait.

多年生草本，或灌木状；茎枝圆柱形，密被紧贴的短柔毛。三出掌状复叶；小叶长圆形或椭圆形，长3～6 cm。总状花序顶生，具花10～40朵；花萼近钟形；花冠黄色。荚果长圆状。花果期9～12月。

南昆山产于佛坳，生荒山草地上。分布于我国华南、西南、华东、华中等地区。广布美洲、非洲、亚洲热带、亚热带地区。药用，有清湿热作用。

7. 黄檀属 Dalbergia L. f.

乔木、灌木或木质藤本。奇数羽状复叶，稀为单叶；小叶互生。圆锥花序顶生或腋生；花萼钟形，裂齿5，下方1枚最长；花冠白色、淡绿色或紫色。荚果长圆形或条形，翅果状；种子肾形，扁平。

南昆山5种。

1. 乔木；雄蕊10枚，成5与5的二体雄蕊。
  2. 小叶6～7对，较狭，宽约2 cm……1. 南岭黄檀 D. assamica
  2. 小叶3～5对，较阔，宽2.5～4 cm………4. 黄檀 D. hupeana
1. 藤本或灌木状；雄蕊9或10枚，单体。
  3. 奇数羽状复叶具小叶5～7枚……2. 两粤黄檀 D. benthamii
  3. 奇数羽状复叶具小叶7枚以上。
    4. 嫩枝略被柔毛；小叶7～13枚…………3. 藤黄檀 D. hancei
    4. 嫩枝无毛；小叶25～35枚……5. 香港黄檀 D. millettii

1. 南岭黄檀（水相思、秧青）

Dalbergia assamica Benth. (*D. balansae* Prain)

乔木，高6～15 m；树皮灰黑色，有纵裂纹。奇数羽状复叶；托叶披针形；小叶27～31，长圆形或倒卵状长圆形，长2～3 cm。圆锥花序腋生，花萼钟状；花冠白色。荚果舌状或长圆形，两端渐狭。花期6月。

南昆山产于横岗岐，生于山地杂木林中或灌丛。分布于我国华南、华东及西南地区。越南北部也有。作行道树；放养紫胶虫。

2. 两粤黄檀（粤桂黄檀）

Dalbergia benthamii Prain

木质藤本，有时灌木状；枝条干时黑色。奇数羽状复叶，有小叶5～7；小叶近革质，卵状披针形。圆锥花序腋生；花冠白色。荚果舌状长圆形，薄革质；种子1～2颗，狭长，扁平。花期2～3月；果期4～5月。

南昆山产于上坪横坑，生于疏林中，常攀缘于其他树上。分布于我国华南地区。越南也有。庭园观赏。

3. 藤黄檀

Dalbergia hancei Benth.

藤本。奇数羽状复叶，小叶7～13；小叶长圆形或倒卵状长圆形。圆锥花序腋生；花萼阔钟状；花冠绿白色，芳香。荚果扁平，长圆形或带状，种子肾形，极扁平。花期4～5月；果期7～8月。

南昆山产于佛坳、上坪，生于山坡灌丛或山谷溪旁。分布于我国长江以南各地区。根茎药用，能舒筋活络。

4. 黄檀

Dalbergia hupeana Hance

乔木，高10～20 m。羽状复叶长15～25 cm；小叶3～5对，近革质，椭圆形至长圆状椭圆形，长3.5～6 cm。圆锥花序顶生或生于最上部的叶腋间，连总花梗长15～20 cm，疏被锈色短柔毛。荚果长圆形或阔舌状；种子肾形。花期5～7月。

南昆山产于上坪至天堂顶途中，生于山地林中或灌丛中，山沟溪旁。分布于我国华东、西南地区及广东、广西、湖南、湖北。材用；根药用，可治疗疮。

5. 香港黄檀

Dalbergia millettii Benth.

藤本。奇数羽状复叶长4～5 cm；小叶25～35，线形或狭长圆形。圆锥花序腋生；花冠白色，旗瓣圆形，翼瓣卵状长圆形，龙骨瓣长圆形。荚果长圆形至带状，扁平，果瓣革质，有网纹。花期5～6月。

南昆山产于上坪横坑桥，生于山谷疏林或密林中。分布于我国华南、浙江。

8. 鱼藤属 Derris Lour.

木质藤本，稀直立灌木或乔木。奇数羽状复叶；叶对生，全缘；无小托叶。总状花序或圆锥花序腋生或顶生；花萼钟状或杯状；花冠白色、紫红色或粉红色。荚果薄而硬，扁平，不开裂，有狭翅；种子肾形，扁平。

南昆山2种。

1. 小叶1～2对；荚果长2～5 cm ·········· 1. 白花鱼藤D. alborubra
1. 小叶2～3对；荚果长4～10 cm ················ 2. 中南鱼藤D. fordii

1. 白花鱼藤

Derris alborubra Hemsl.

常绿木质藤，长6～7 m。羽状复叶；小叶革质，椭圆形、长圆形或倒卵状长圆形，长5～8 cm。圆锥花序顶生或腋生；花萼斜钟状；花冠白色；雄蕊单体。荚果革质，斜卵形。花期4～6月；果期7～10月。

南昆山产于上坪，生于山地疏林或灌木丛中。分布于我国广东、广西。越南也有。庭园观赏；杀虫剂。

2. 中南鱼藤

Derris fordii Oliv.

攀缘状灌木。羽状复叶长15～28 cm；小叶2～3对，厚纸质或薄革质，卵状椭圆形至椭圆形，长4～13 cm，两面无毛，侧脉6～7对，两面均凸起。圆锥花序腋生；花萼钟状；花冠白色；子房无柄，被白色长柔毛。荚果薄革质，长圆形至舌状长椭圆形。花期4～5月；果期10～11月。

南昆山产于下坪石河奇观，生于山地路旁或山谷的灌丛或疏林中。分布于我国广东、广西、湖南、湖北、华东、贵州及云南等省区。

9. 山蚂蝗属 Desmodium Desv.

草本、亚灌木或灌木。叶为羽状三出复叶或退化为单小叶。总状花序或圆锥花序腋生或顶生，少单生或成对生于叶腋；萼钟状，4～5裂；花冠白色、绿白色、黄白色、粉红色、紫色等。荚果扁平，不开裂。

南昆山9种。

1. 叶为单小叶，稀三小叶。
    2. 叶圆形或近圆形，长和宽2～4.5 cm·· 7. 广东金钱草D. styracifolium
    2. 叶非圆形或近圆形，长超过宽。
        3. 花疏生于花序总轴上，小叶正面除中脉外无毛，背面具灰色柔毛 ····························· 2. 大叶山蚂蟥D. gangeticum
        3. 花密集于花序总轴上，小叶两面被黄褐色绒毛··· 9. 绒毛山绿豆D. velutinum
1. 叶为羽状三复叶，稀单小叶。

4. 叶柄两端具窄翅 ………………………………… 1. 小槐花 D. caudatum
4. 叶柄两端不具窄翅。
 5. 叶全为3小叶的羽状复叶…… 5. 大叶拿身草 D. laxiflorum
 5. 叶为单小叶或近基部处有时为3小叶。
  6. 多年生平卧草本；顶生小叶长3 cm以下。
   7. 顶生小叶宽椭圆形 ……………………………………………… 4. 异叶山蚂蝗 D. heterophyllum
   7. 顶生小叶倒心形或倒卵形…… 8. 三点金 D. triflorum
  6. 直立灌木或亚灌木；顶生小叶长3 cm以上。
   8. 总状花序较长，长10～45 cm ……………………………………… 6. 显脉山绿豆 D. reticulatum
   8. 总状花序较短，长2.5～7 cm ……………………………………… 3. 假地豆 D. heterocarpon

1. 小槐花

Desmodium caudatum (Thunb.) DC.

直立灌木或亚灌木，高1～2 m。羽状三出复叶；小叶3；近革质或纸质。总状花序顶生或腋生；花萼窄钟状；花冠绿白色或黄白色，具明显脉纹。荚果线形，扁平。花期7～9月；果期9～11月。

南昆山产于下坪、上坪天堂顶，生于山坡、路旁草地、沟边、林缘或林下。分布于我国长江以南各地，西至喜马拉雅山，东至台湾。南亚及东亚也有。根叶药用，能祛风活血、利尿、杀虫、牧草。

2. 大叶山蚂蝗

Desmodium gangeticum (L.) DC.

直立或近直立亚灌木，高可达1 m。单小叶；纸质，长椭圆状卵形，有时为卵形或披针形，长3～13 cm。总状花序顶生和腋生，有时为圆锥花序；花萼宽钟状；花冠绿白色。荚果密集，略弯曲。花期4～8月；果期8～9月。

南昆山产于下坪，生于荒地草丛中或次生林中。分布于我国华南地区及云南、台湾。亚洲热带、非洲和大洋洲也有。地被植物。

3. 假地豆

Desmodium heterocarpon (L.) DC.

小灌木或亚灌木。羽状三出复叶，小叶3；纸质，椭圆形，长椭圆形或宽倒卵形。总状花序顶生或腋生，花轴密被淡黄色钩状毛；花萼钟形；花冠紫红色，紫色或白色。荚果密集，狭长圆形。花期7～10月；果期10～11月。

南昆山产于佛坳，生于山坡草地、灌丛或林中。分布于我国长江以南各地区。印度、斯里兰卡、东南亚、日本、太平洋群岛及大洋洲也有。全株药用，清热，治跌打损伤。

4. 异叶山蚂蝗

Desmodium heterophyllum (Willd.) DC.

平卧或上升草本，高10～70 cm。羽状三出复叶，小叶3，茎下部有时为单小叶；小叶纸质。花单生或成对生于腋内；花萼宽钟形，被长柔毛和小钩状毛；花冠紫红色至白色。荚果窄长圆形。花果期7～10月。

南昆山产于下坪，生于河边、田边、路旁、草地。分布于我国华南及华东地区。南亚、东南亚、太平洋群岛和大洋洲也有。山坡绿化。

5. 大叶拿身草

Desmodium laxiflorum DC.

直立或平卧灌木或亚灌木，高30～120 cm。叶为羽状三出复叶，小叶3；叶狭三角形，长7～10 mm。总状花序腋生或顶生，顶生者具少数分枝呈圆锥状，长达28 cm。荚果线形。花期8～10月；果期10～11月。

南昆山产于天堂顶，生于次生林林缘、灌丛或草坡上。分布于我国广东、广西、江西、湖南、湖北、西南、台湾等省。印度、中南半岛、马来西亚、菲律宾等国也有。

6. 显脉山绿豆

Desmodium reticulatum Champ. ex Benth.

直立亚灌木。羽状三出复叶，有时下部只有单小叶。总状花序顶生，总花梗密被钩状毛；花每2朵生于节上；花萼钟形；花冠初时粉红色，后变蓝色。荚果。花期6～8月；果期9～10月。

南昆山产于下坪，生于山地灌丛或草坡上。分布于我国华南及云南。东南亚也有。山坡绿化。

7. 广东金钱草

Desmodium styracifolium (Osbeck) Merr.

直立亚灌木状草本。单小叶；托叶披针形，密丝状毛，小叶革质或近革质，圆形或近圆形至宽卵形。总状花序顶生或腋生，花每2朵生于节上；花冠紫红色。荚果有3～6荚节。花果期6～9月。

南昆山产于上坪，生于山坡地草丛或灌丛中。分布于我国广东、广西、云南。印度、斯里兰卡和东南亚国家也有。全株供药用，治肾炎浮肿、胆结石等。

8. 三点金

Desmodium triflorum (L.) DC.

多年生平卧草本。羽状三出复叶；小叶3，纸质；顶生小叶倒心形，倒三角形或倒卵形。花单生或2～3朵簇生叶腋；花萼密被白色长柔毛；花冠紫红色。荚果狭长圆形，被钩状短毛，具网脉。花果期6～10月。

南昆山产于上坪，生于旷野草地。分布于我国长江以南各地区。广布亚洲热带地区、大洋洲、美洲。全草药用，有解表、消食之效。

9. 绒毛山绿豆

Desmodium velutinum (Willd.) DC.

小灌木。茎被短柔毛；嫩枝密被黄褐色绒毛。单小叶薄纸质至厚纸质，三角状卵形或宽卵形。总状花序腋生和顶生；花小，每2～5朵生于节上密集；花萼宽钟形，4裂，裂片三角形；花冠紫色或粉红色。荚果狭长圆形，有荚节5～7密被黄色直毛和混有钩状毛。花、果期9～11月。

南昆山产于石河奇观，生于溪边灌丛中。分布于我国华南及云南、贵州及台湾。热带非洲至印度及东南亚一带也有。

10. 山黑豆属 Dumasia DC.

缠绕草本或攀缘状亚灌木。叶具羽状3小叶，具托叶和小托叶。总状花序腋生。荚果线形，扁平或近念珠状；种子多为黑色或蓝色。

南昆山1种。

1. 山黑豆

Dumasia truncata Sieb. et Zucc

攀缘状缠绕草本。叶具羽状3小叶；托叶小，线状披针形，具3脉，长2～4 mm。总状花序腋生，纤细，长1～4 cm，通常无毛；花冠黄色或淡黄色，旗瓣椭圆形至微倒卵形，具瓣柄和耳。荚果倒披针形至披针状椭圆形；种子通常3～5颗，扁球形，黑褐色。花期8～9月；果期10～11月。

南昆山产于石河奇观，生于山地路旁潮湿地。分布于我国华东地区及广东。日本也有。

11. 野扁豆属 Dunbaria Wight et Arn.

平卧或缠绕状草质或木质藤本。羽状3小叶；小叶背面有明显腺点。花单生叶腋或组成总状花序；花萼钟状；花冠伸出萼外。荚果线形或线状长圆形。

南昆山1种。

1. 圆叶野扁豆

Dunbaria rotundifolia (Lour.) Merr.

多年生缠绕藤本。羽状3小叶；小叶纸质，顶生小叶圆菱形，长1.5～2.7 cm。花1～2朵腋生；花萼钟状；花冠黄色。荚果线状长椭圆形，扁平，无果颈。花果期9～10月。

南昆山产于七星湖，生于山坡灌丛中和旷野草地上。分布于我国华南、华东及西南地区。印度、印尼、菲律宾也有。根及叶药用，能解毒消肿。

12. 鸡头薯属 Eriosema (DC.) G. Don

直立或近直立草本或亚灌木，常有块根。小叶1～3片。花1～2朵簇生于叶腋或排成总状花序；花萼钟状。荚果菱状椭圆或长圆形，膨胀；种子1～2颗。

南昆山1种。

1. 鸡头薯

Eriosema chinense Vog.

多年生直立草本；茎密被棕色长柔毛和短柔毛。叶仅具单小叶，披针形。总状花序腋生，极短，常具花1～2朵；花萼钟状；花冠淡黄色。荚果菱状椭圆形，被褐色长硬毛；种子2颗，肾形。花期5～6月；果期7～10月。

南昆山产于七星湖，生于山野间土壤贫瘠的草坡上。分布于我国华南、华东及西南地区。印度、东南亚也有。块根可供食用和提取淀粉，入药有滋阴、清热解毒、祛痰、消肿的功效。

13. 刺桐属 Erythrina Linn.

乔木或灌木；小枝常有皮刺。羽状复叶具3小叶，有时被星状毛。总状花序腋生或顶生；花红色。荚果具果颈；种子卵球形。

南昆山1种。

1. 鸡冠刺桐*

Erythrina crista-galli L.

落叶灌木或小乔木；茎和叶柄稍具皮刺。羽状复叶具3小叶；小叶长卵形或披针状长椭圆形，长7～10 cm。花与叶同出，总状花序顶生，每节有花1～3朵；花深红色，长3～5 cm，稍下垂或与花序轴成直角。荚果长约15 cm，褐色，种子间缢缩；种子大，亮褐色。

栽培于保护区管理处院内，原产巴西。我国广东、台湾、云南有栽培，可供庭园观赏。

14. 千斤拔属 Flemingia Roxb. ex W. T. Ait.

灌木或亚灌木，稀为草本。茎直立或蔓生。叶为指状3小叶或单叶，背面常有腺点。花序腋生或顶生，为总状或复总状花序；花萼4裂；花冠伸出萼外或内藏。荚果椭圆形，膨胀；种子1～2颗。

南昆山1种。

1. 大叶千斤拔

Flemingia macrophylla (Willd.) Prain

直立灌木；幼枝有明显纵棱。指状3小叶；托叶大，披针形，长可达2 cm；小叶纸质或薄革质，顶生小叶宽披针形至椭圆形，长8～15 cm。总状花序聚生叶腋；花萼钟状；花冠紫红色。荚果椭圆形。花期6～9月；果期10～12月。

南昆山产于上坪，常生于旷野草地或灌丛中。分布于我国华南、华东及西南地区。菲律宾及东亚也有。根药用，能祛风活血，强腰壮骨。

15. 长柄山蚂蝗属 Hylodesmum H. Ohashi & R. R. Mill

多年生草本或亚灌木状。羽状复叶；小叶3～7，全缘或浅波状。花序顶生或腋生，多总状花序；花萼宽钟状。荚果具细长或稍短的果颈，有荚节2～5。

南昆山1种。

1. 疏花长柄山蚂蝗

Hylodesmum laxum DC.

直立草本。羽状三出复叶，小叶3；托叶钻形；小叶纸质。总状花序或圆锥花序，顶生或腋生；总花梗被柔毛和钩状毛；花萼钟形；花冠紫红色。荚果，果颈长5～10 mm。花果期8～9月。

南昆山产于上坪，生于山坡路旁、草坡、次生阔叶林下。分布于我国大部分地区。印度、朝鲜和日本也有。药用，能清热解毒。

16. 木蓝属 Indigofera L.

灌木或草本，稀小乔木；被贴伏“丁”字毛。奇数羽状复叶，偶为掌状复叶、三小叶或单叶；总状花序多腋生；花萼钟状或斜杯状；花冠多紫红色或淡红色，。荚果线形或圆柱形，或具4棱；种子肾形、长圆形或近方形。

南昆山2种。

1. 花较大，长达18 mm …………………………………… 1. 庭藤 I. decora
1. 花小，长在5 mm以下 …………………………… 2. 野青树 I. suffruticosa

1. 庭藤

Indigofera decora Lindl.

灌木。茎圆柱形或有棱。羽状复叶；小叶3～7对，对生或近对生。总状花序直立；花序轴具棱；花萼杯状；花冠淡紫色或粉红色，稀白色。荚果圆柱形。花期4～6月；果期6～10月。

南昆山产于石河奇观，生于溪边、沟谷旁及杂木林和灌丛。分布于我国华东、华南地区。日本也有。庭园观赏。

2. 野青树（假蓝靛）

Indigofera suffruticosa Mill.

直立灌木或亚灌木。茎灰绿色，有棱，被平贴丁字毛。羽状复叶；小叶5～7对，对生，长椭圆形或倒披针形，长1～4 cm。总状花序呈穗状；花萼钟状；花冠红色。荚果镰状弯曲，下垂，被毛。花期3～5月；果期6～10月。

南昆山产于上坪、佛坳，生于山地路旁、山谷疏林、空旷地、田野沟边。分布于我国华南、华东地区及云南。原产热带美洲，现广布于世界热带地区。叶可提取靛蓝；全草药用，治喉炎。

17. 鸡眼草属 Kummerowia Schindl.

一年生草本，常多分枝。羽状三出复叶；托叶膜质，大。花多1～2朵簇生叶腋。荚果扁平，具1节，1种子。

南昆山1种。

1. 鸡眼草

Kummerowia striata (Thunb.) Schindl.

一年生草本。羽状三出复叶；托叶大，膜质，卵状长圆形；小叶纸质，倒卵形、长倒卵形或长圆形，长6～22 mm。花单生或2～3朵簇生于叶腋；花冠粉红色或紫色。荚果圆形或倒卵形。花期7～9月；果期8～10月。

南昆山产于上坪，生于路旁、田边、溪旁、沙质地。分布于我国华南、华中、华东、华北、东北及西南等地区。朝鲜、日本、俄罗斯、西伯利亚也有。全草药用，清肝热、消积滞。

18. 胡枝子属 Lespedeza Michx.

多年生草本、亚灌木或灌木。羽状复叶具3小叶。花2至多数组成腋生总状花序或花束；花常二型；花萼钟形。荚果卵形、倒卵形或椭圆形，双凸镜状，常有网纹。

南昆山3种。

1. 花冠白色或黄色，有闭锁花
   2. 植株全株被白色伏毛；叶柄长约1 cm ……………………………… 1. 中华胡枝子L. chinensis
   2. 植株仅分枝上部被茸毛或短柔毛；叶密集，柄短 ……………………………… 2. 截叶铁扫帚L. cunneata
1. 花冠红紫色，无闭锁花 ………………… 3. 美丽胡枝子 L. formosa

1. 中华胡枝子

Lespedeza chinensis G. Don

小灌木，全株被白色伏毛。羽状复叶具3小叶；托叶钻状；小叶倒卵状长圆形、长圆形或卵形。总状花序腋生，少花；花冠白色或黄色。荚果卵圆形，先端具喙，表面有网纹，密被白色伏毛。花期8～9月；果期10～11月。

南昆山产于七星湖，生于草丛或灌丛、山坡、路旁及林缘。分布于我国华中、华东地区及广东、四川等。药用，可清热止痢，祛风。

2. 截叶铁扫帚

Lespedeza cuneata (Dum. -Cours.) G. Gon

直立小灌木；植株上部被毛。叶密集，柄短，小叶楔形或线状楔形，长1～3 cm，先端截形，具小尖头，背面密被伏毛。总状花序腋生，少花；花萼狭钟形，密被伏毛；花冠淡黄色或白色，闭锁花簇生于叶腋。荚果卵形至宽卵形，被伏毛。花期8～9月；果期9～10月。

南昆山产于七星湖，生于山坡路旁。分布于我国华南、华中、华东、西南及西北等地区。东亚、南亚及澳大利亚也有。药用，可清热利湿，消食除胀。

3. 美丽胡枝子

Lespedeza formosa (Vog.) Koehne

直立灌木。小叶多椭圆形、长圆状椭圆形或卵形，长2.5～6 cm。总状花序腋生，或圆锥花序顶生；花冠红紫色。荚果倒卵形或倒卵状长圆形，表面具网纹且被疏柔毛。花期7～9月；果期9～10月。

南昆山产于下坪，生于山坡、路旁及林缘。分布于我国大部分省区。东亚、印度也有。药用，清热、利尿。

19. 崖豆藤属 Millettia Wight et Arn.

藤本、攀缘或直立灌木或乔木。叶互生，奇数羽状复叶；小叶2至多对常对生，全缘。圆锥花序顶生或腋生；花萼钟状；花冠紫红色、粉红色、白色或堇青色。荚果线形或圆柱形，开裂。

南昆山6种。

1. 圆锥花序顶生，分枝长，花单生，或兼有腋生的总状花序。
  2. 旗瓣背面密被绢毛。
    3. 花序伸长，分枝细；花松散着生……………………1. 香花崖豆藤 M. dielsiana
    3. 花序劲直、紧密，花紧接着生……2. 亮叶崖豆藤 M. nitida
  2. 花瓣无毛，叶轴有小托叶。
    4. 花萼被稀疏细毛，子房无毛……………………5. 网络崖豆藤 M. reticulata
    4. 花萼密被绒毛，子房密被绢毛……………………6. 美丽崖豆藤 M. speciosa
1. 圆锥花序呈总状，分枝缩短成圆柱体或节，花簇生其上。
  5. 藤本，花瓣无毛，叶轴无小托叶……………………3. 厚果崖豆藤 M. pachycarpa
  5. 灌木，花瓣被毛……………4. 印度崖豆藤 M. pulchra

1. 香花崖豆藤（山鸡血藤）
Millettia dielsiana Harms

攀缘灌木，长2～5 m。茎皮灰褐色，剥裂。羽状复叶；小叶2对，纸质，披针形，长圆形至狭长圆形，长5～15 cm。圆锥花序顶生；花单生；花冠紫红色。荚果线形至长圆形；种子长圆状凸镜形。花期5～9月；果期6～11月。

南昆山产于中坪、上坪天堂顶，生于山坡杂木林、溪沟、灌丛、路旁。分布于我国华南、华东、西南及西北地区。越南、老挝也有。庭园观赏。

2. 亮叶崖豆藤（亮叶鸡血藤）
Mellettia nitida Benth.

攀缘灌木；茎皮锈褐色，粗糙。羽状复叶；小叶2对，硬纸质；卵状披针形或长圆形，长5～9 cm。圆锥花序顶生；花单生；花萼钟状，密被绒毛；花冠青紫色。荚果线状长圆形，顶端具尖喙。花期5～9月；果期7～11月。

南昆山产于上坪，生于海岸灌丛或山地疏林。分布于我国华南、华东及贵州东部。庭园观赏。

3. 厚果崖豆藤
Millettia pachycarpa Benth.

木质大藤本，茎中空。羽状复叶，托叶阔卵形，黑褐色；小叶6～8对，草质，长圆状椭圆形至长圆状披针形，中脉在背面隆起。总状圆锥花序2～6枝生于新枝下部；花冠淡紫色。荚果深褐黄色，肿状长圆形，密布浅黄色疣状斑点。花期4～6月；果期6～11月。

南昆山产于七星湖，生于山坡常绿阔叶林或疏林中。分布于我国广东各地。中南半岛也有。种子和根可做杀虫剂；茎皮纤维可供利用。

4. 印度崖豆藤

Millettia pulchra (Benth.) Kurz

灌木或小乔木。羽状复叶，小叶6～9对，叶轴上面具沟；托叶披针形，密被黄色柔毛；纸质，披针形或披针状椭圆形，先端急尖，基部渐狭或钝，叶面具稀疏细毛，叶背被平伏柔毛。总状圆锥花序腋生，短于复叶，密被灰黄色柔毛；花冠淡红色至紫红色，旗瓣被线状细柔毛。荚果线形，初被灰黄色柔毛，后渐脱落。花期4～8月，果期6～10月。

南昆山产于七星湖，生于山地或杂木林缘。分布于我国华南地区及贵州、云南。印度、缅甸、老挝也有。

5. 网络崖豆藤（昆明鸡血藤）

Millettia reticulata Benth.

藤本。羽状复叶；小叶3～4对，硬纸质，卵状长椭圆形或长圆形，长5～6 cm。圆锥花序顶生或着生枝梢叶腋；花密集，单生于分枝上；花冠红紫色。荚果线形。花果期5～11月。

南昆山产于七星湖，生于山地灌丛及沟谷。分布于我国华南、华东及西南地区。越南北部也有。庭园观赏。

6. 美丽崖豆藤（牛大力藤）

Millettia speciosa Champ. ex Benth.

藤本，树皮褐色。羽状复叶；小叶常6对，硬纸质，长圆状披针形或椭圆状披针形，长4～8 cm。圆锥花序腋生，长达30 cm；花冠白色、米黄色至淡红色。荚果扁平，顶端具缘，密被褐色茸毛。花期7～10月；果期翌年2月。

南昆山产于中坪，生于旷野、灌丛或疏林。分布于我国华南、华东及西南地区。越南也有。可酿酒；药用，有通经活络、健脾的作用。

20. 黧豆属 Mucuna Adans.

多年或一年生木质或草质藤本。羽状复叶，具3小叶。花序腋生或生于老茎上，近聚伞状，或为圆锥花序；花萼钟状，二唇形；花冠深紫色、红色、浅绿色或近白色。荚果，边缘常具翅；种子肾形、圆形或椭圆形。

南昆山1种。

1. 禾雀花（白花油麻藤）

Mucuna birdwoodiana Tutch.

常绿、大型木质藤本。羽状复叶具3小叶；近革质，顶生小叶椭圆形，卵形或略呈倒卵形。总状花序有花20～30朵，常呈束状；花冠白色或带绿白色。果木质，带形，长30～45 cm；种子5～13颗，深紫黑色。花期4～6月；果期6～11月。

南昆山产于下坪，生于山地阳处，路旁，溪边。分布于我国华南、华东及西南地区。药用，通经络，强筋骨，但种子有毒。

21. 红豆属 Ormosia Jacks.

乔木。奇数羽状复叶，稀单叶或3小叶；小叶对生，常革质。顶生或腋生总状或圆锥花序；花萼钟形；花冠白色或紫色。荚果木质或革质，基部有宿存花萼。

南昆山9种。

1. 果瓣内壁无横隔膜。
   2. 荚果密被毛 ……………………………… 6. 云开红豆 O. merrilliana
   2. 荚果无毛或被疏毛或仅边缘有疏毛。
      3. 小叶膜质或纸质；种脐扁平，不明显 ……………………………… 2. 肥荚红豆 O. fordiana
      3. 小叶革质；种脐明显，微凹 ……………………………… 8. 软荚红豆 O. semicastrata
1. 果瓣内壁有横隔膜。
   4. 成熟荚果密被短茸毛或钢毛状短硬毛 ……………………………… 9. 木荚红豆 O. xylocarpa
   4. 成熟荚果光滑无毛或近无毛。
      5. 小叶3～9片。
         6. 子房无毛或仅沿缝隙被毛。
            7. 小叶先端钝圆而凹缺 …… 1 凹叶红豆 O. emarginata
            7. 小叶先端渐尖，急尖或钝，不凹缺。
               8. 小叶两面无毛 ………… 3. 光叶红豆 O. glaberrima
               8. 小叶正面无毛，背面密被黄褐色短茸毛 ……………………………… 4. 花榈木 O. henryi
         6. 子房密被毛 …………………… 5. 韧荚红豆 O. indurata
      5. 小叶11～19片 ………………… 7. 紫花红豆 O. purpureiflora

1. 凹叶红豆

Ormosia emarginata (Hook. et Arn.) Benth.

常绿小乔木或灌木。奇数羽状复叶，幼时叶柄、叶轴及叶背面中脉疏被黄褐色柔毛；小叶(1～)2～3对，厚革质。圆锥花序顶生，有香气；花萼5裂达中部；花冠白或粉色。荚果扁平，黑褐色或黑色，菱或长圆形。花期5～6月。

南昆山产于佛坳，生于山坡、山谷混交林。分布于我国华南地区。越南也有。材用。

2. 肥荚红豆

Ormosia fordiana Oliv.

乔木，高达17 m；树皮深灰色，浅裂。奇数羽状复叶，长19～40 cm；叶柄长3.5～7 cm，叶轴长5.5～15.5 cm，叶轴在最上部一对小叶处延长3～15 mm生顶小叶。圆锥花序生于新枝梢，长15～26 cm。荚果先端有斜歪的喙；种子大，长椭圆形，种皮鲜红色。花期6～7月；果期11月。

南昆山产于佛坳，生于山谷、山坡路旁、溪边杂木林中。分布于我国华南地区及云南。中南半岛、孟加拉国也有。材用。

3. 光叶红豆

Ormosia glaberrima Y. C. Wu

常绿乔木，高可达15(～21) m。奇数羽状复叶，长12～20 cm；叶轴在最上部一对小叶处延长生顶小叶，无沟槽，幼时有黄褐色绢毛，后脱落。圆锥花序顶生或腋生，长约9～12 cm，总花梗及花梗密被锈色贴伏毛，后脱落无毛。荚果扁平，椭圆形或长椭圆形；种子扁圆形或长圆形。花期6月；果期10月。

南昆山产于上坪，生于山地、沟谷疏林中。分布于我国华南地区及湖南、江西。材用。

4. 花榈木

Ormosia henryi Prain

常绿乔木，高达16 m。奇数羽状复叶；小叶2～3对，革质，椭圆或长圆状椭圆形，长4.3～13.5 cm。圆锥花序顶生，或总状花序腋生；花长2 cm；花冠绿带淡紫。荚果扁平，长椭圆形，顶端有喙。花期7～8月；果期10～11月。

南昆山产于上坪横坑，生于山坡、溪谷两旁杂木林内。分布于我国华南、华东及西南地区。园林绿化；材用；根叶还可入药，能祛风散结。国家二级重点保护野生植物。

5. 韧荚红豆

Ormosia indurata L. Chen

常绿乔木，高5～9 m。奇数羽状复叶，长8～15.5 cm；叶轴在最上部一对小叶处延长生顶小叶，叶柄、叶轴无毛。圆锥花序顶生，花序及花蕾贴生锈色绢状短毛；花瓣白色。荚果木质；种子椭圆形，种皮坚硬，红褐色。花期4～5月，果期6～8月。

南昆山产于佛坳，上坪，生于杂木林内。分布于我国广东、福建。

6. 云开红豆(两广红豆)

Ormosia merrilliana L. Chen

常绿乔木，高达20 m。奇数羽状复叶，长20～25 cm；小叶2～3对，革质，椭圆状倒披针形至倒披针形，长5～12 cm。圆锥花序顶生，长17～30 cm，略开展，密被柔毛。荚果阔卵形或倒卵形；种子近圆形或阔倒卵形，暗栗色或黑色。花期6月；果期10月。

南昆山产于下坪，生于山坡、山谷疏林中或林缘。分布于我国广东、广西、云南。越南也有。材用。

7. 紫花红豆

Ormosia purpureiflora L. Chen.

灌木或小乔木，高约3 m。奇数羽状复叶，长21～31 cm；小叶5～6对，革质，卵状椭圆形或长椭圆状披针形，长6～12 cm。圆锥花序，长12～20 cm，被紧贴灰色短柔毛；花冠紫色。荚果椭圆形或长圆形，黑色；种子椭圆形，种皮红色。花期6月。

南昆山产于竹坑嶂，生于密林中。我国广东特有种。

8. 软荚红豆
Ormosia semicastrata Hance

常绿乔木，高达12 m；树皮褐色，皮孔突起有裂纹。奇数羽状复叶；小叶1～2对；革质，椭圆或卵状长椭圆形，长4～14.2 cm。圆锥花序顶生；花冠白色。荚果小，近圆形，先端具短喙。花期3～5月；果期5～12月。

南昆山产于横岗岐、上坪、中坪沙坑、车坪尾，生于杂木林中。分布于我国华南及华东地区。韧皮纤维可作人造棉和编绳原料。

9. 木荚红豆
Ormosia xylocarpa Chun ex Merr. et L. Chen

乔木，高12～20 m，树皮灰色至棕褐色，平滑。奇数羽状复叶；小叶2～3对，革质至厚革质，椭圆形或长椭圆状披针形。圆锥花序顶生；花芳香；花冠白或粉红色，近等长。荚果厚木质，倒卵形至长椭圆形或菱形，压扁。花期5～7月；果期9～11月。

南昆山产于上坪至天堂顶一带，生于山坡、山谷密林或山顶疏林中。分布于我国广东、广西、湖南、江西、福建、贵州。材用，可用于雕刻及加工高级家具。

22. 排钱树属 Phyllodium Desv.

灌木或亚灌木。羽状三出复叶；小叶全缘或边缘浅波状，侧生小叶基部常偏斜。花4～15朵组成伞形花序，形如一长串钱牌；花萼钟状；花冠白色至淡黄色或偶为紫色。荚果具2～7荚节；种子具明显带边假种皮。

南昆山2种。

1. 叶正面密被绒毛；荚果通常有3～4荚节，密被银灰色绒毛……………………1. 毛排钱树P. elegans
1. 叶正面近无毛；荚果通常有2荚节，无毛或略被短柔毛……………………2. 排钱树P. pulchellum

1. 毛排钱树
Phyllodium elegans (Lour.) Desv.

灌木。茎、枝和叶柄均被黄色绒毛。托叶宽三角形；小叶革质，顶生小叶卵形、椭圆形至倒卵形，长7～10 cm。花常4～9朵成伞形花序。花冠白色或淡绿色。荚果，密被银灰色绒毛。花期7～8月；果期10～11月。

南昆山产于佛坳至增城大封门一带，生于丘陵荒地或山坡草地、灌丛中。分布于我国华南地区及福建、云南。东南亚也有。药用，可消炎解毒、活血利尿。

2. 排钱树

Phyllodium pulchellum (L.) Desv.

灌木；小枝被白色或灰色短柔毛。托叶三角形；小叶革质，顶生小叶卵形，椭圆形或倒卵形，长6～10 cm。伞形花序有花5～6朵；花冠白色或淡黄色。荚果，常具2荚节。花期7～9月；果期10～11月。

南昆山产于上坪，生于荒地。分布于我国华南、华东地区及云南。亚洲热带地区及澳大利亚北部也有。药用，可解表清热、活血散淤。

23. 葛属 Pueraria DC.

缠绕藤本；茎草质或基部木质。羽状复叶具3小叶圆锥花序腋生或数个总状花序簇生于枝顶；花萼钟状；花冠天蓝色或紫色。荚果线形，2瓣裂；种子扁，近圆形或长圆形。

南昆山2种，2变种。

1. 托叶背着。
   2. 苞片不比小苞片长；花萼长7～8 mm 2. 葛麻姆P. montana var. lobata
   2. 苞片比小苞片长；花萼长8～20 mm。
      3. 旗瓣倒卵形；荚果长5～9 cm……………… 1. 葛P. montana
      3. 旗瓣近圆形；荚果长10～14 cm…………………………………………………………… 3. 粉葛P. montana var. thomsonii
1. 托叶基着………………………………4. 三裂叶野葛P. phaseoloides

1. 葛

Pueraria montana (Lour.) Merr.

粗壮藤本，长达8 m，全体被黄色长硬毛。羽状复叶具3小叶，顶生小叶宽卵形或斜卵形，长7～15 cm。总状花序；花冠紫红色；旗瓣倒卵形。荚果扁平。花期9～10月；果期11～12月。

南昆山产于花竹、下坪，生于山地疏林中。分布于我国南北各地。东南亚至澳大利亚也有。根供药用，有解表退热、生津止渴的作用。

2. 葛麻姆

Pueraria montana var. **lobata** (Willd.) Maesen & S. M. Almeida ex Sanjappa & Predeep

本变种与原变种区别在于：顶生小叶宽卵形，长大于宽；旗瓣圆形；荚果宽6～8 mm。花期7～9月；果期10～12月。

南昆山产于上坪村附近，生于旷野、灌丛或山地疏林。分布于我国西南部至东南部地区。东南亚、日本也有。

3. 粉葛

Pueraria montana var. **thomsonii** (Benth.) M. R. Almeida

本变种与原变种区别在于：顶生小叶菱状卵形或宽卵形，先端急尖或具长小尖头，两面均被黄色粗伏毛；旗瓣近圆形；荚果长10～14 cm。花期9月；果期11月。

南昆山产于上坪，生于山野灌丛或疏林中。分布于我国华南及西南地区。不丹、印度、东南亚也有。块根含淀粉，可食用。

4. 三裂叶野葛

Pueraria phaseoloides (Roxb.) Benth.

草质藤本，被褐黄色、开展长硬毛。羽状复叶具3小叶；小叶宽卵形、菱形或卵状菱形。总状花序单生；花萼钟状，被紧贴长硬毛；花冠浅蓝色或淡紫色。荚果近圆柱形。花期8～9月；果期10～11月。

南昆山产于上坪，生于山地、丘陵的灌丛中。分布于我国华南地区及浙江、云南。印度、中南半岛、马来半岛也有。可作绿肥。

24. 密子豆属 Pycnospora R. Br. ex Wight et Arn.

亚灌木状草本。叶片羽状三出复叶或单小叶。花小，组成顶生的总状花序；花冠伸出萼外很多，旗瓣近圆形；雄蕊二体。荚果长椭圆形，有横脉纹；具种子8～10颗。

南昆山1种。

1. 密子豆

Pycnospora lutescens (Poir.) Schindl.

亚灌木状草本。托叶狭三角形；小叶近革质，倒卵形或倒卵形长圆形；小托叶针状。总状花序每2朵排列于节上；花萼深裂，窄三角形；花冠淡蓝紫色。荚果长圆形，有横脉纹，熟时黑色。花果期8～9月。

南昆山产于石河奇观，生于荒野山坡。分布于我国华南地区及江西、台湾、贵州、云南。印度、东南亚、新几内亚、澳大利亚东部也有。为保土和绿肥植物。

25. 鹿藿属 Rhynchosia Lour.

攀缘、匍匐或缠绕藤本，稀直立灌木或亚灌木。羽状3小叶；小叶背面通常有腺点；多腋生的总状花序或复总状花序；花萼钟状。荚果，先端常有小喙；种子2，稀1，近圆形或肾形。

南昆山1种。

1. 鹿藿

Rhynchosia volubilis Lour.

缠绕草质藤本。羽状或有时近指状3小叶；小叶纸质，顶生小叶菱形或倒卵状菱形，长3～8 cm。总状花序腋生；花冠黄色。荚果红紫色。花期5～8月；果期9～12月。

南昆山产于上坪村附近，生于山坡路旁草丛。分布于我国江南各地。朝鲜、日本、越南也有。药用，祛风和血、镇咳祛痰。

26. 田菁属 Sesbania Scop.

草本或灌木，稀乔木。偶数羽状复叶；叶柄和叶轴有凹槽；小叶全缘。总状花序腋生；花萼阔钟状；花冠多为黄色或具斑点。荚果常为细长圆柱形，先端具喙。

南昆山1种。

1. 田菁

Sesbania cannabina (Retz.) Poir.

一年生草本。偶数羽状复叶，小叶20～30(～40)对，两面被紫色小腺点。总状花序具花2～6朵；花萼斜钟状；花冠黄色。荚果细长圆柱形，外被黑褐色斑纹，喙长5～7(～10)mm；种子20～35颗，种脐圆形。花果期7～12月。

南昆山产于七星湖，生于水田、水沟等。分布于我国华南、华东地区及云南。广布东半球热带。作绿肥。

27. 坡油甘属 Smithia Ait.

平卧或披散草本或矮小灌木。偶数羽状复叶具小叶5～9对；托叶基部下延成披针形的长耳。花小，单朵至多朵排成腋生的总状花序或花束，或多少蝎尾状。荚果具数个扁平或膨胀的荚节，褶叠包藏于萼内。

南昆山1种。

1. 密节坡油甘

Smithia conferta Sm.

一年生草本，高15～90 cm。叶具小叶3～6对；小叶近无柄，薄纸质，长圆形，长6～12 mm，正面无毛，背面薄被淡黄色贴伏的长硬毛。总状花序腋生，总花梗长约10 mm；花冠黄色。荚果具4～6荚节。花、果期7～10月。

南昆山产于下坪至七星湖，生于海拔200～400 m的山地、山谷和路旁的沙土地。分布于我国广东。印度、斯里兰卡、马来西亚、印度尼西亚(爪哇)、澳大利亚也有。

28. 葫芦茶属 Tadehagi Ohashi

灌木或亚灌木。单小叶，叶柄有宽翅。总状花序顶生或腋生；花萼钟状；花瓣具脉。荚果常具5～8个荚节，种脐周围具带边假种皮。

南昆山1种。

1. 葫芦茶

Tadehagi triquetrum (L.) Ohashi

灌木或亚灌木；幼枝三棱形。单小叶，托叶披针形，有条纹；叶柄两侧具宽翅；小叶纸质，狭披针形至卵状披针形，长5.8～13 cm。总状花序顶生和腋生；花冠淡紫色或蓝紫色。荚果，密被糙状毛。花期6～10月；果期10～12月。

南昆山产于佛坳、天堂顶，生于荒地或山地林缘、路旁。分布于我国华南、华东及西南地区。广布亚洲热带地区及澳大利亚。全株药用，清热解毒、健脾消食。

29. 狸尾豆属 Uraria Desv.

多年生草本、亚灌木或灌木。叶为单小叶、三出或奇数羽状复叶；小叶1～9片，顶生、腋生总状花序或再组成圆锥花序；花细小，密集。荚果内有2～8个荚节，每节具种子1颗。

南昆山1种。

1. 狸尾豆

Uraria lagopodioides (L.) DC.

平卧或开展草本，通常高可达60 cm。叶多为3小叶，稀兼有单小叶；托叶三角形，长3 mm。总状花序顶生，长3～6 cm，花排列紧密，密被灰色毛和缘毛。荚果小，黑褐色。花、果期8～10月。

南昆山产于七星湖，生于海拔1000 m以下旷野坡地灌丛中。分布于我国华南、华东地区及湖南、贵州、云南。印度、东南亚、马来西亚及澳大利亚也有。全草供药用，有消肿、驱虫之效。

30. 丁癸草属Zornia J. F. Gmel.

一年或多年生纤弱草本。指状复叶，常具透明腺点；托叶近叶状，基部下延成盾状。花小，组成穗状花序；萼片二唇形；花冠常黄色。荚果扁。

南昆山1种。

1. 丁癸草

Zornia gibbosa Span.

多年生纤弱多分枝草本。托叶披针形，有明显的脉纹，基部具长耳；小叶2枚，卵状长圆形、倒卵形至披针形，背面有褐色或黑色腺点。总状花序腋生；花冠黄色。荚果有荚节2～6。花期4～7月；果期7～9月。

南昆山产于七星湖，生于田边、村边稍干旱的旷野草地上。分布于我国江南各地。日本、缅甸、南亚也有。作牧草；药用，治疗疾、蛇伤。

151. 金缕梅科Hamamelidaceae

乔木或灌木。叶互生；有明显叶柄。花常两性，或单性而雌雄同株；放射对称，或缺花瓣，少数无花被；萼裂片与花瓣同数。蒴果。

南昆山8属，9种。

1. 种子多个，花序呈头状或肉质穗状。
    2. 花两性，有花瓣，托叶无或早落。
        3. 叶具掌状脉，托叶大，革质；花瓣线形，白色，或不存在……3. 马蹄荷属Exbucklandia
        3. 叶具羽状脉，无托叶；花瓣匙形，红色……6. 红花荷属Rhodoleia
    2. 花单性，无花瓣，托叶线形。
        4. 叶有裂片，至少具离基三出脉。
            5. 叶掌状3～5裂……4. 枫香树属Liquidambar
            5. 叶异型，掌状3裂或单侧裂……7. 半枫荷属 Semiliquidambar
        4. 叶不分裂，羽状脉，无离基三出脉……1. 蕈树属Altingia
1. 种子1个，具总状或穗状花序。
    6. 花有花瓣……5. 檵木属 Loropetalum
    6. 花无花瓣。
        7. 下位花，蒴果无宿存萼筒包被……2. 蚊母树属 Distylium
        7. 周位花，宿存萼筒包被蒴果……8. 水丝梨属Sycopsis

1. 蕈树属Altingia Noronha

常绿乔木。叶革质，卵形至披针形。花单性，雌雄同株，无花瓣。头状果序近球形；蒴果木质；种子多角或略有翅。

南昆山1种。

1. 蕈树(阿丁枫)

Altingia chinensis (Champ. ex Benth.) Oliv. ex Hance

常绿乔木。叶革质或厚革质，倒卵状矩圆形，长7～13 cm，边缘有钝锯齿；叶柄长约1 cm；托叶细小，早落。雄花短穗状，花序长约1 cm；雌花序头状。头状果序近球形；种子褐色有光泽。花期3～6；果期7～9。

南昆山石河奇观、上坪至天堂顶的路上，生于林中。分布于我国华南、华东及西南地区。越南也有。庭园观赏、材用、药用及香料用。

2. 蚊母树属 Distylium Sieb. et Zucc.

常绿灌木或小乔木。叶革质，互生，全缘。花单性或杂性，排成腋生穗状花序；萼筒极短。蒴果木质，卵圆形；种子1个，长卵形。

南昆山2种。

1. 叶矩圆形或披针形，长为宽的3～4倍 …………………………………… 1. 杨梅叶蚊母树D. myricoides
1. 叶椭圆形，长为宽的2倍 …………… 2. 蚊母树D. racemosmum

1. 杨梅叶蚊母树
Distylium myricoides Hemsley

常绿灌木，嫩枝有鳞垢。叶革质，矩圆形或披针形，叶柄有鳞垢。总状花序腋生，雄花与两性花同在1个花序上，两性花位于花序顶端，花序轴有鳞垢，苞片披针形；雄蕊3～8个，花药红色。蒴果卵圆形，有黄褐色星毛，先端尖，4裂，基部无宿存萼筒。种子褐色。花果期4～8月。

南昆山产于北面山、十字水，生于山地疏林。分布于我国长江以南省区。

2. 蚊母树
Distylium racemosum Sieb. et Zucc.

常绿灌木或中乔木。叶革质，椭圆形或倒卵状椭圆形，长3～7 cm，边缘无锯齿。总状花序长约2 cm；花雌雄同在一个花序上，雌花位于花序的顶端。蒴果卵圆形，长1～1.3 cm；种子卵圆形，深褐色。花期4～6月；果期6～8月。

南昆山产于佛坳、九重远眺，生于林中。分布于我国华南及华东地区。朝鲜、琉球半岛也有。庭园观赏。

3. 马蹄荷属 Exbucklandia R. W. Brown

常绿乔木。叶互生，全缘或掌状浅裂，具掌状脉。花两性或杂性同株，花瓣线形。蒴果木质；种子6，具翅。

南昆山1种。

1. 大果马蹄荷
Exbucklandia tonkinensis (Lec.) Steenis

常绿乔木，高达30 m；节膨大，有环状托叶痕。叶革质，阔卵形，长8～13 cm，先端渐尖，基部阔楔形，全缘或幼叶为掌状3浅裂，掌状脉3～5条。头状花序单生，或数个排成总状花序，有花7～9朵，花序柄长1～1.5 cm，被褐色绒色；花两性。蒴果卵圆形，表面有小瘤状突起；种子6个，下部2个有翅。花期5～7月；果期8～9月。

南昆山产于佛坳，生于山地常绿林中。分布于我国南部及西南地区。越南也有。

4. 枫香树属 Liquidambar L.

落叶乔木。叶互生，有长柄，掌状分裂，边缘有锯齿。花单性，雌雄同株，无花瓣。蒴果多数，木质；种子多数，有窄翅，种皮坚硬。

南昆山1种。

1. 枫香树
Liquidambar formosana Hance [*L. formosana* Hance var. *monticola* Rehd. et Wils.]

落叶乔木。叶薄革质阔卵形，掌状3裂，边缘有锯齿，掌状脉3～5条；叶柄长达11 cm，有短柔毛；托叶线形。雄性短穗状花序常多个排成总状；雌性花序头状。果序头状，木质；种子褐色。花期3～6月；果期7～8月。

南昆山产于下坪、七星湖，生于低山次生林中。分布于我国华南、华中、华东及西南地区。东亚。庭园观赏；材用；药用，止血生肌、祛风除湿、通络活血。

5. 檵木属 Loropetalum R. Br.

常绿或半落叶灌木至小乔木。叶互生，革质，全缘。花两性，4数，白色；萼筒倒锥形。蒴果木质，卵圆形；种子1个，长卵形。

南昆山1种。

1. 檵木

Loropetalum chinense (R. Br.) Oliv.

灌木，有时为小乔木。叶革质，卵形，长2～5 cm，全缘；叶柄长2～5 mm；托叶膜质，三角状披针形。花3～8朵簇生，白色，花瓣4片，带状，长1～2 cm；萼筒杯状。蒴果卵圆形；种子圆卵形，黑色。花期3～4月。

南昆山产于下坪，生于向阳的丘陵及山地。分布于我国中部、南部、西南各地。日本、印度也有。庭园观赏；药用止血、去瘀生新。

6. 红花荷属 Rhodoleia Champ. ex Hook.

常绿乔木或灌木。叶互生，革质，全缘；无托叶。花序头状，腋生；花两性，萼筒极短；花瓣2～5片，红色。蒴果，果皮薄；种子扁平。花期3～5月。

南昆山1种。

1. 红花荷

Rhodoleia championii Hook. f.

常绿乔木，无毛。叶厚革质，卵形，长7～13 cm。头状花序长3～4 cm，常弯垂；花序柄长2～3 cm；花瓣匙形，长2.5～3.5 cm，红色；雄蕊与花瓣等长。蒴果卵圆形；种子扁平，黄褐色。花期2～4月；果期5～8月。

南昆山各地常见，生于林中。分布于我国广东。庭园观赏。

7. 半枫荷属 Semiliquidambar H. T. Chang

常绿或半落叶乔木。叶革质，具柄，互生，叶片异型，具掌状脉。花单性，雌雄同株，聚成头状花序或短穗状花序。蒴果木质；种子多数，有棱。

南昆山1种。

1. 半枫荷

Semiliquidambar cathayensis H. T. Chang

常绿乔木，高约17 m。叶簇生于枝顶，革质，异型，不分裂的叶片卵状椭圆形，长8～13 cm。雄花的短穗状花序常数个排成总状，长6 cm，花被全缺；雌花的头状花序单生。头状果序直径2.5 cm，有蒴果22～28个，宿存萼齿比花柱短。花期3～6月；果期7～9月。

南昆山产于石河奇观，生山地林中，罕见。分布于我国华南地区及江西、贵州。根供药用，治风湿跌打，瘀积肿痛，产后风瘫等。

8. 水丝梨属 Sycopsis Oliver

常绿灌木或小乔木。叶革质，互生，具柄，全缘或有小锯齿。花杂性，雄花和两性花同株，排成穗状或总状花序。两性花萼筒壶形，有鳞垢或星毛；花瓣不存在；雄蕊4～10个，部分发育不全或畸形变异，周位着生于萼筒边缘；子房上位，与萼筒分离，2室。雄花萼筒极短，无花瓣，雄蕊7～11个，插生于萼筒边缘，花丝等长或不等长，退化子房存在或缺。蒴果木质，有绒毛。

南昆山1种。

1. 水丝梨
Sycopsis sinensis Oliver

常绿乔木；嫩枝被鳞垢；老枝无毛。叶革质，长卵形或披针形，叶面亮绿无毛，叶背榄绿，略有稀疏星状柔毛，叶柄被鳞垢。雄花穗状花序密集，近似头状，苞片红褐色，有星毛；雄蕊10～11个，花丝纤细。两性花6～14朵排成短穗状花序，萼筒壶形，有丝毛，子房上位，有毛。蒴果有长丝毛，宿存萼筒被鳞垢，不规则裂开，宿存花柱短。花期4～6月；果期7～9月。

南昆山产于佛坳，生于山地常绿林及灌丛。少见。分布于我国长江以南地区。

154. 黄杨科 Buxaceae

常绿灌木、小乔木或草本。单叶，无托叶。花小，整齐，无花瓣；花序总状或密集的穗状，有苞片；雄花萼片4，雌花萼片6。蒴果或肉质的核果状果；种子黑色，光亮。

南昆山1属，3种。

1. 黄杨属 Buxus L.

常绿灌木或小乔木。叶对生，全缘。花单性，雌雄同株；花序腋生或顶生，总状、穗状或密集的头状。蒴果，球形或卵形；种子长圆形。

南昆山3种。

1. 叶薄革质，匙形，花序腋生兼顶生 ··· 1. 匙叶黄杨B. harlandii
1. 叶革质，卵形至阔椭圆形，花序腋生。
   2. 侧脉两面明显 ························ 2. 大叶黄杨B.megistophylla
   2. 侧脉无 ································· 3. 黄杨B. sinica

1. 匙叶黄杨(锦熟黄杨、黄木)
Buxus harlandii Hance

小灌木。叶薄革质，匙形，长2～3.5 cm；无明显叶柄。花序腋生兼顶生，头状，花密集。蒴果近球形，长7 mm。花期5月；果期10月。

南昆山产于七星湖，生于溪旁或疏林中。分布于我国广东。庭园观赏。

2. 大叶黄杨
Buxus megistophylla Levl.

灌木；小枝四棱形。叶革质，卵形或椭圆状披针形，先端渐尖，边缘下曲，叶面光亮，中脉在两面均凸出，侧脉多条，两面明显。花序腋生，苞片阔卵形，边缘狭干膜质；雄花8～10朵，外萼片阔卵形，内萼片圆形；雌花萼片卵状椭圆形。蒴果近球形，宿存花柱斜向挺出。花期3～4月，果期6～7月。

南昆山产于七星湖，生于山地林下。分布于我国广东、广西、湖南、江西和贵州。

3. 黄杨

Buxus sinica (Rehd. et Wils.) M. Cheng

灌木或小乔木。叶革质，阔椭圆形、阔倒卵形、卵状椭圆形、长圆形，长1.5～3.5 cm。花序腋生，头状，花密集。蒴果近球形，长6～8 mm。花期3月；果期5～6月。

南昆山产于下坪，生于山谷、溪边、林下。分布于我国西北、华中、华东、华南及西南地区。庭园观赏。

156. 杨柳科 Salicaceae

落叶乔木或直立、垫状和匍匐灌木。单叶互生，稀对生，不分裂或浅裂，全缘。花单性，雌雄异株，罕有杂性。蒴果2～4(～5)瓣裂；种子微小。

南昆山1属，1种。

1. 柳属 Salix L.

乔木或匍匐状、垫状、直立灌木。叶互生，稀对生，通常狭而长，多为披针形，羽状脉，有锯齿或全缘。柔荑花序直立或斜展。蒴果2瓣裂；种子小。

南昆山1种。

1. 垂柳*

Salix babylonica L.

乔木，高达12～18 m；树冠开展而疏散。芽线形，先端急尖。叶狭披针形或线状披针形，长9～16 cm。花序先叶开放，或与叶同时开放。蒴果长3～4 mm，带绿黄褐色。花期3～4月；果期4～5月。

南昆山栽培于保护区管理处院内，分布于我国长江流域与黄河流域，其他各地均有栽培。庭院绿化；木材可供制家具；枝条可编筐；树皮含鞣质，可提制栲胶。

159. 杨梅科 Myricaceae

常绿或落叶乔木或灌木，具芳香的树脂质腺体。单叶互生，具叶柄。花常单性，无花被，无梗，生于穗状花序上。核果小坚果状；种子直立，具膜质种皮。

南昆山1属，1种。

1. 杨梅属 Myrica L.

常绿或落叶乔木或灌木。单叶，常密集于小枝上端，无托叶。穗状花序单一或分枝。核果小坚果状或为较大的核果。

南昆山1种。

1. 杨梅

Myrica rubra (Lour.) Sieb. et Zucc.

常绿乔木。叶革质，无毛，常密集于小枝上端部分；边缘中部以上具稀疏的锐锯齿。花雌雄异株；雄花序单独或数条丛生于叶腋；雌花序常单生于叶腋。核果球状。花期4月；果期6~7月。

南昆山产于佛坳、上坪，生于山坡或山谷林中。分布于我国华南、华中、华东及西南地区。东亚也有。果可食用；药用，作收敛剂。

163. 壳斗科 Fagaceae

常绿或落叶乔木。单叶，互生；托叶早落。花单性同株或同序。雄花序下垂或直立；雌花序直立。由总苞发育而成的壳斗脆壳质、木质、角质、木栓质，包着坚果底部至全包坚果。坚果有棱角或浑圆。

南昆山4属，35种，1变种。

1. 雄花序下垂，雄花无退化雌蕊；雌花的颜色与花柱不同…………………………………………3. 青冈属Cyclobalanopsis
1. 雄花序直立，雄花有退化雌蕊；雌花的颜色几与花柱相同。
  2. 冬季落叶，无顶芽……………………………1. 栗属Castanea
  2. 常绿，有顶芽。
    3. 叶通常二列；壳斗常有刺，大部分全包坚果………………………………………………2. 锥属Castanopsis
    3. 叶非二列；壳斗无刺，通常杯状……4. 柯属Lithocarpus

1. 栗属 Castanea Mill.

落叶乔木。叶互生，叶缘有锐裂齿。花单性同株或为混合花序。壳斗4瓣裂，有栗褐色坚果1~3个；每果有1种子。

南昆山2种。

1. 叶顶部长渐尖至尾状渐尖，嫩叶有黄色腺鳞……………………………………………………1. 锥栗C. henryi
1. 叶顶部短至渐尖，叶背无鳞腺………………2. 栗C. mollissima

1. 锥栗

Castanea henryi (Skan) Rehd. et E. H. Wils.

落叶大乔木。叶长圆形或披针形，长10~23 cm；叶缘有裂齿。雄花序长5~16 cm；每壳斗有雌花1朵。成熟壳斗近圆球形，连刺径2.5~4.5 cm；坚果长15~20 mm，宽10~15 mm。花期5~7月；果期9~10月。

南昆山产于上坪，生于丘陵、山地林中。分布于我国华南、华中、华东及西北地区。材用。

2. 栗*(板栗)

Castanea mollissima Bl.

乔木。叶椭圆至长圆形，长11～17 cm，基部常一侧偏斜而不对称。雄花序长10～20 cm；雌花1～3朵发育结实。壳斗连刺径4.5～6.5 cm；坚果高1.5～3 cm，宽1.8～3.5 cm。花期4～6月；果期8～10月。

南昆山栽培于上坪。种子为优良干果；材用

2. 锥属 Castanopsis (D. Don) Spach

常绿乔木。叶二列，互生或螺旋状排列。花序直立，穗状或圆锥状花序。壳斗全包或包着坚果的一部分，有坚果1～3个。

南昆山14种。

1. 每壳斗有雌花1，稀偶有2或3，即成熟壳斗有坚果1个，稀偶有2或3个。
  2. 坚果当年(稀次年)成熟；叶于枝上螺旋排列。
    3. 嫩叶背面有红褐色可抹落的粉末状蜡鳞层，二年生叶的叶背棕灰或黄灰色……6. 黧蒴C. fissa
    3. 叶背有近似蜡质的紧实蜡鳞层或无蜡鳞层……13. 苦槠C. sclerophylla
  2. 果次年成熟；叶常二列。
    4. 壳斗辐射对称，整齐的4瓣开裂，且叶背有带苍灰色蜡鳞层。
      5. 叶缘至少在近顶端有锯齿状锐齿，侧脉直达齿端……14. 钩锥C. tibetana
      5. 叶全缘，很少兼有在叶缘顶部有少数浅裂齿的叶。
        6. 枝、叶无毛；树皮长条状脱落……10. 吊皮锥C. kawakamii
        6. 枝、叶被毛(至少在当年生的枝及叶背面沿中脉两侧)，或叶背有蜡鳞层；树皮片状脱落，很少不开裂。
          7. 叶片基部非耳垂状；叶柄很少长达1 cm，无毛……8. 红锥C. hystrix
          7. 叶片基部浅垂状或圆；叶柄很少长于6 mm，叶背及叶柄密被略粗糙的长毛……7. 毛锥C. fordii
    4. 壳斗两侧对称，稀辐射对称。
      8. 成熟坚果被伏毛……12. 黑叶锥C. nigrescens
      8. 成熟坚果无毛或仅在坚果顶部四周有稀疏伏毛。
        9. 壳斗连刺径10～20 mm，刺疣状或甚短的钻尖状，壳斗外壁明显可见……1. 米槠C. carlesii
        9. 壳斗连刺径20～40 mm，密生，几将壳斗外壁完全遮蔽。
          10. 一年生叶的叶背有红棕色或淡黄色蜡鳞层，二年生叶背面带灰白色。
            11. 叶片最宽处在中段以下或在中段……5. 栲C. fargesii
            11. 叶片最宽处在中段，通常兼有最宽处在中段以上的叶……9. 秀丽锥C. jucunda
          10. 一年生叶两面同色，或叶面深绿，叶背淡绿。
            12. 雌花序轴被微柔毛；全熟壳斗的外壁及刺几无毛……2. 锥C. chinensis
            12. 雌花序无毛；全熟壳斗的外壁及刺密被灰白色微柔毛……3. 甜槠C. eyrei
1. 每壳斗有雌花3，很少在同一花序上同时兼有单花，成熟壳斗有坚果1～3个。
  13. 坚果无毛，或幼嫩时在顶部柱座四周有稀疏短伏毛……4. 罗浮锥C. fabri
  13. 坚果被伏毛……11. 鹿角锥C. lamontii

1. 米槠(白橼)

Castanopsis carlesii (Hemsl.) Hayata

乔木。叶披针形、卵形，长6～12 cm，全缘。雄圆锥花序近顶生，花序轴无毛或近无毛。壳斗近圆球形或阔卵形，长10～15 mm，外壁有疣状体或甚短的钻尖状；坚果近圆球形或阔圆锥形。花期3～6月；果次年9～11月成熟。

南昆山产于上坪至天堂顶途中，生于常绿或落叶阔叶混交林。分布于我国长江以南各地。材用。

2. 锥(桂林锥、栲栗、锥栗)

Castanopsis chinensis (Spr.) Hance

乔木。叶厚革质或近革质，披针形，长7～18 cm，叶腋至少在中部以上有锐裂齿。雄花序穗状或圆锥状，雌花序生于当年生枝的顶部。壳斗圆球形，连刺径25～35 mm；坚果圆锥形，高12～16 mm。花期5～7月；果次年9～11月成熟。

南昆山产于上坪，生于杂木林中。分布于我国华南及西南地区。材用。

3. 甜槠(甜锥)

Castanopsis eyrei (Champ. ex Benth.) Tutch.

乔木。叶革质，卵形、披针形、长椭圆形，长5～13 cm，基部一侧稍短或甚偏斜，全缘或在顶部有少数浅裂齿。雄花序穗状或圆锥状。壳斗有1坚果，阔卵形，2～4瓣开裂；坚果阔圆锥形，宽10～14 mm。花期4～6月；果次年9～11月成熟。

南昆山产于上坪，生于丘陵或山地。分布于我国长江以南各地。材用。

4. 罗浮锥（罗浮栲、狗牙锥）

Castanopsis fabri Hance

乔木。叶革质，卵形、狭长椭圆形或披针形，长8～18 cm，叶基一侧略偏斜，叶缘有裂齿。雄花序单穗腋生或多穗排成圆锥花序；每壳斗有雌花3或2朵。壳斗有坚果2个；坚果圆锥形，横径8～12 mm。花期4～5月；果次年9～11月成熟。

南昆山产于上坪、中坪和下坪，生于林中。分布于我国长江以南地区。材用。

5. 栲（川鄂栲）

Castanopsis fargesii Franch.

乔木。叶长椭圆形或披针形，长7～15 cm，叶背的蜡鳞层颇厚且呈粉末状。雄花穗状或圆锥花序；雌花序无毛、无蜡鳞。壳斗圆球形或宽卵形，每壳斗有1坚果；坚果圆锥形，高1～1.5 cm。花期4～6月或8～10月开花；果期次年同期成熟。

南昆山产于上坪，生于杂木林中。分布于我国长江以南地区。材用。

6. 黧蒴

Castanopsis fissa (Champ. ex Benth.) Rehd. et E. H. Wils.

乔木。叶厚纸质，长椭圆形或倒卵状椭圆形，长15～25 cm。雄花多为圆锥花序。壳斗被暗红褐色粉末状蜡鳞，通常全包坚果；坚果圆球形或椭圆形，高13～18 mm。花期4～6月；果当年10～12月成熟。

南昆山阔叶林常见。分布于我国华南、华中、华东及西南地区。越南也有。材用。

7. 毛锥(南岭栲)

Castanopsis fordii Hance

乔木。叶革质，长9～18 cm，宽3～6 cm，全缘。雄穗状花序常多穗排成圆锥花序。每壳斗有坚果1个，连刺径50～60 mm，4瓣开裂；坚果扁圆椎形，高12～15 mm。花期3～4月；果次年9～10月成熟。

南昆山产于石河奇观，生于林中。分布于我国华南及华东地区。材用。

8. 红锥

Castanopsis hystrix Hook. f. et Thoms. ex A. de Candolle

乔木。叶纸质或薄革质，披针形，长4～9 cm，基部稍偏斜，全缘或有少数浅裂齿。雄花序圆锥状或穗状；雌花序穗状。壳斗有坚果1个；坚果宽圆锥形，高10～15 mm。花期4～6月；果翌年8～11月成熟。

南昆山产于上坪，生于山地缓坡林中。分布于我国华南、华中、华东及西南地区。东南亚也有。材用。

9. 秀丽锥

Castanopsis jucunda Hance

乔木，高达26米。叶纸质或近革质，卵形，卵状椭圆形或长椭圆形，常兼有倒卵形或倒卵状椭圆形，长10～18 cm。雄花序穗状或圆锥花序，花序轴无毛，花被裂片内面被短卷毛；雌花序单穗腋生，各花部无毛。坚果阔圆锥形。花期4～5月；果次年9～10月成熟。

南昆山产于上坪，生于海拔1000 m以下山坡疏或密林中。分布于我国长江以南多数省区。材用。

10. 吊皮锥

Castanopsis kawakamii Hayata

乔木，高15～28 m；树皮纵向带浅裂，老树皮脱落前为长条(长达20 cm)如蓑衣状吊在树干上。嫩叶与新生小枝近于同色，成长叶革质，卵形或披针形，长6-12 cm。雄花序多为圆锥花序，花序轴被疏短毛；雌花序无毛。坚果扁圆形。花期3～4月；果次年8～10月成熟。

南昆山产于上坪横坑，生于海拔约1000 m以下山地疏或密林中。分布于我国华东地区及广东、广西。材用。

11. 鹿角锥

Castanopsis lamontii Hance

乔木。叶厚纸质或近革质，椭圆形、卵形、长圆形，长12～30 cm。雄穗状花序生当年生枝的顶部叶腋间；雌花序通常位于雄花序之上的叶腋间抽出。壳斗有坚果2～3个；坚果阔圆锥形，高15～25 mm。花期3～5月；果次年9～11月成熟。

南昆山产于上坪，生于山地林中。分布于我国华南、华中、华东及西南地区。越南也有。材用。

12. 黑叶锥

Castanopsis nigrescens Chun et Huang

乔木，通常高8～15 m。叶革质，卵形、卵状椭圆形，稀披针形，长8～15 cm。雄花序穗状或圆锥花序，雌、雄花序轴均被灰白色微柔毛，果序轴变无毛。壳斗近圆球形，连刺径40～45 mm，刺颇密生。坚果宽卵形。花期5～6月；果次年9～10月成熟。

南昆山产于九重远眺，生于山地山谷或山坡杂木林中。分布于我国广东、广西、江西、福建。材用。

13. 苦槠

Castanopsis sclerophylla (Lindley et Paxton) Schottky

乔木。叶二列，革质，长7～15 cm，宽3～6 cm，叶缘在中部以上有锯齿状锐齿。花序轴无毛，雄穗状花序通常单穗腋生。壳斗有坚果1个；坚果近圆球形，径10～14 mm。花期4～5月；果当年10～11月成熟。

南昆山产于佛坳，生于丘陵或山坡林中。分布于我国华南、华中、华东及西南地区。种子食用；材用。

14. 钩锥

Castanopsis tibetana Hance

乔木。叶革质，椭圆形或卵形，长15～30 cm；叶缘至少在近顶端有锯齿状锐齿，侧脉直达齿端。雄穗状花序或圆锥花序，花被裂片内被短毛；雌花序长5～25 cm。壳斗具坚果1个，圆球形；坚果扁圆锥形，被毛。花期4～5月；果期8～10月。

南昆山产于横坑，生于山地杂木林中或平地路旁。分布于我国华南、华中、华东及西南地区。材用。

3. 青冈属 Cyclobalanopsis Oerst.

常绿乔木。叶螺旋状互生。花单性，雌雄同株；雄花序为下垂柔荑花序，雌花单生或排成穗状。壳斗包着坚果一部分至大部分，稀全包；每壳斗常有1坚果，近球形至椭圆形。

南昆山8种。

1. 叶片全缘，叶缘波浪状或近顶端有1～4个浅齿稀较多。
  2. 叶片长在14 cm以上，宽3.5 cm稀3 cm……………………………………4. 饭甑青冈 C. fleuryi
  2. 叶片长14 cm以下，宽1～3.5 cm，稀达4 cm。
    3. 叶背有白粉和稀疏毛………………8. 竹叶青冈 C. neglecta
    3. 叶背褐色，被绒毛，至少幼叶被绒毛。
      4. 成长叶片毛不脱落，叶片倒卵形或椭圆形，边缘反曲……………………………3. 岭南青冈 C. championii

4. 成长叶片无毛，或存留有未脱净的毛，叶片长椭圆形或倒披针形……………………………………6. 雷公青冈 C. hui

1. 叶缘有尖锐锯齿，至少叶片近顶端有锯齿。

5. 叶片长为宽的2倍以下，至多不超过2.5倍………………………………………………………………5. 青冈 C. glauca

5. 叶片长约为宽的3倍以上。

6. 叶背有白粉，侧脉不明显……7. 小叶青冈 C. myrsinifolia

6. 叶背无白粉，侧脉明显。

7. 中脉在叶面平坦；坚果扁球形……1. 槟榔青冈 C. bella

7. 中脉在叶面突起；坚果椭圆形或卵形………………………………………………………………2. 栎子树 C. blakei

1. 槟榔青冈

Cyclobalanopsis bella (Chun et Tsiang) Chun

常绿乔木，高达30 m；小枝有细棱。叶片薄革质，长椭圆状披针形，长8～15 cm。雌花序长1～2 cm，通常有花2～3朵。壳斗盘形，包着坚果基部，直径2.5～3 cm，高约5 mm，外壁被灰黄色微柔毛，后渐脱落。坚果扁球形。花期2～4月；果期10～12月。

南昆山产于上坪横岗岐，生于海拔200～700 m的山地和丘陵，喜湿润环境。分布于我国华南地区。木材供器具、家具用材；树干可培养香菇。

2. 栎子树

Cyclobalanopsis blakei Chun & Tsiang

常绿乔木，高达35 m；小枝无毛，二年生枝密生皮孔。叶片薄革质，长倒卵状椭圆形或长倒卵状披针形。雄花序长约7 mm，花序轴被疏毛；雌花序长1～2 cm。坚果椭圆形或卵形。花期3月；果期10～12月。

南昆山产于上坪，生于山谷密林中。分布于我国华南地区及贵州等地。老挝也有。

3. 岭南青冈（岭南椆）

Cyclobalanopsis championii (Benth.) Oerst.

常绿乔木。叶片厚革质，聚生于近枝顶端，倒卵形，长3.5～10 cm，全缘。雄花序长4～8 cm，雌花序长4 cm，均被褐色绒毛。壳斗碗形；坚果宽卵形或扁球形，直径1～1.5 cm。花期12月至翌年3月；果期11～12月。

南昆山产于石河奇观，生于森林中。分布于我国华南、华东及西南地区。材用。

4. 饭甑青冈

Cyclobalanopsis fleuryi (Hick. et A. Camus) Chun et Q. F. Zheng

常绿乔木。叶片革质，长椭圆形或卵状长椭圆形，长14～27 cm，全缘或顶端有波状锯齿。雄花序长10～15 cm，全体被褐色绒毛；雌花序长2.5～3.5 cm。生于小枝上部叶腋，花序轴密被黄色绒毛。壳斗钟形或近圆筒形；坚果柱状长椭圆形，直径2～3 cm。花期3～4月；果期10～12月。

南昆山产于上坪横坑，生于山地密林。分布于我国华南、华东及西南地区。越南也有。材用。

5. 青冈（青冈栎）

Cyclobalanopsis glauca (Thunb.) Oerst.

常绿乔木。叶片革质，倒卵状椭圆形或长椭圆形，长6～13 cm，叶缘中部以上有疏锯齿。雄花序长5～6 cm，花序轴被苍白色绒毛。壳斗碗形；坚果卵形、长卵形、椭圆形，直径0.9～1.4 cm。花期4～5月；果期10月。

南昆山产于观音潭，生于山坡或沟谷。分布于我国华南、华东、华中、西南及西北地区。材用。

6. 雷公青冈（雷公椆）

Cyclobalanopsis hui (Chun) Chun ex Y. C. Hsu et H. W. Jen

常绿乔木。叶片薄革质，长7～13 cm，宽1.5～3 cm，全缘或顶端有数对不明显浅锯齿，叶缘反曲。雄花序2～4个簇生，全体被黄棕色绒毛；雌花序聚生于花序轴顶端。壳斗浅碗形至深盘形；坚果扁球形，直径1.5～2.5 cm。花期4～5月；果期10～12月。

南昆山产于石河奇观，生于杂木林或密林中。分布于我国华南及华中地区。材用。

7. 小叶青冈（杨梅叶青冈）

Cyclobalanopsis myrsinifolia (Bl.) Oerst.

常绿乔木。叶卵状披针形或椭圆状披针形，长6～11 cm，叶缘中部以上有锯齿。雄花序长4～6 cm；雌花序长1.5～3 cm。壳斗杯形；坚果卵形或椭圆形，直径1～1.5 cm，无毛。花期6月；果期10月。

南昆山产于佛坳，生于杂木林。分布于我国华南、华中、西南及西北地区。东亚也有。材用。

8. 竹叶青冈

Cyclobalanopsis neglecta Schoyy. [*C. bambusaefolia* (Hance) Y. C. Hsu et H. W. Jen]

常绿乔木，树皮灰褐色，平滑。叶片薄革质，披针形，长

3～11 cm；叶被带粉白色。雄花序长1.5～5 cm；雌花序短，幼时花序轴被黄色绒毛。坚果1个，倒卵形或椭圆形，壳斗盘形或杯形。花期2～3月；果期翌年8～11月。

南昆山产于横岗岐，生于山地密林中。分布于我国华南地区。越南也有。材用。

4. 柯属 Lithocarpus Bl.

常绿乔木。叶常有秕鳞或鳞腺。穗状花序直立，单穗腋生，常雌雄同序，雄花位于花序轴上段。每壳斗有坚果1个，全包或包着坚果一部分。

南昆山11种，1变种。

1. 果脐凸起。
   2. 叶全缘，稀边缘波浪状，成长叶两面略不同色，叶背面有紧实的蜡鳞层，或松散、粉末状鳞秕……………………………………………………9. 大叶苦柯L. paihengii
   2. 叶缘有锯齿，若全缘，则叶背被长毛或星状毛，两面同色，或(及)叶背有仅在高倍放大镜下可见的水滴状鳞腺。
      3. 叶背被毛。
         4. 叶顶端圆或钝或短突尖，有时短尾状，背面密被长柔毛，侧脉每边25～35条，壳斗顶部宽35～50 mm……………………………………………11. 紫玉盘柯L. uvariifolius
         4. 叶顶部长渐尖，背面被疏柔毛，侧脉每边14～20条，壳斗宽稀稍超过35 mm……………………………12. 卵叶玉盘柯L. uvariifolius var. ellipticus
      3. 叶背无毛，或仅沿中脉有疏短毛，或在中脉与侧脉交接处的脉腋上有短的丛毛…………………2. 烟斗柯L. corneus
1. 果脐凹陷，至少果脐的四周边缘明显凹陷。
   5. 壳斗全包坚果，或至少包着坚果一半上，壳壁脆壳质，易折碎。
      6. 壳斗全包坚果，或有时有个别包着坚果的绝大部分……………………………………………8. 龙眼椆L. longanoides
      6. 卷斗包着坚果大部分，但不全包坚果，很少包着坚果约一半……………………………………10. 南川柯L. rosthornii
   5. 壳斗包着坚果的底部，或有甚少数包着坚果将近一半，但壳壁增厚，木质不易折碎。
      7. 小苞片鳞片状，三角形，覆瓦状排列。
         8. 叶片长为其宽度的5～10倍，宽不超过3 cm，叶柄长不超过5 mm，或叶片基部延长，沿叶柄下延至略增粗呈枕状的叶柄。
            9. 坚果高与宽约相等，或宽稍过于高，叶纸质，边缘平展，基部渐楔尖，沿叶柄下延。……………………………………5. 硬壳柯L. hancei
            9. 坚果高过于宽，叶硬革质，边缘背卷，叶片基部圆或耳垂状……………………6. 挺叶柯L. ithyphyllus
         8. 叶片长稀到其宽度的5倍，若长为其宽度的5倍甚或稍多，则其叶柄长15 mm以上。
            10. 叶背有红褐色(嫩叶)或棕黄色(成长叶)粉末状可抹落的鳞秕………………1. 美叶椆L. calophyllus
            10. 叶背无粉末状可抹落的鳞秕，但有紧实的蜡鳞层，或小滴状甚细小的鳞腺。
               11. 坚果为长过于宽的椭圆形或卵形…3. 柯L. glaber
               11. 坚果扁圆形，长稍过于宽…………7. 木姜叶柯L. litseifolius
      7. 小苞片线状，通常向下弯垂，壳斗为平展的碟状……………………………………………4. 菴耳柯L. haipinii

1. 美叶椆

Lithocarpus calophyllus Chun

乔木，高达28 m。叶硬革质，宽椭圆形，卵形或长椭圆形，长8～15 cm。雄花序由多个长不超过3 cm的穗状花序组成圆锥花序；雌花每3～5朵一簇，稀兼有单朵散生于花序轴的下部。坚果高15～20 mm，常有淡薄的灰白色粉霜。花期6～7月；果次年8～9月成熟。

南昆山产于上坪，生于海拔500～1 200 m山地常绿阔叶林中。分布于我国广东、广西、江西、福建、湖南及贵州。材用。

2. 烟斗柯

Lithocarpus corneus (Lour.) Rehd.

乔木。叶常聚生于枝顶部，纸质或革质，长4～20 cm。雌花常着生于雄花序轴的下端，若全为雌花则花序长不过10 cm。壳斗碗状或半圆形；坚果半圆形或宽陀螺形。花期几乎全年，盛花期5～7月；果次年约同期成熟。

南昆山产于上坪，生于阳坡林中。分布于我国华南、华中、华东及西南地区。越南也有。材用。

3. 柯

Lithocarpus glaber (Thunb.) Nakai

乔木。叶革质或厚纸质，长6～14 cm，宽2.5～5.5 cm，上部叶缘有1～4个浅裂齿或全缘，叶背有较厚的蜡鳞层。雄穗状花序多排成圆锥花序或单穗腋生；雌花序常着生少数雄花。壳斗碟状或浅碗状；坚果椭圆形、长卵形，高12～25 mm。花期7～11月；果次年同期成熟。

南昆山产于上坪，生于坡地杂木林。分布于我国华南、华中、华东及西南地区。材用。

4. 菴耳柯（泡叶椆）

Lithocarpus haipinii Chun

乔木，高达30 m。叶厚硬且质脆，宽椭圆形，卵形，倒卵形或倒卵状椭圆形，长8～15 cm。雄穗状花序多穗排成圆锥花序；雌花序较短，通常生于枝顶部，长6～14 cm。坚果近圆球形而略扁。花期7～8月；果次年同期成熟。

南昆山产于横岗岐，生于海拔约1000 m以下的山地杂木林中。较干燥的缓坡较常见。分布于我国华南地区及湖南、贵州南部。

5. 硬壳柯

Lithocarpus hancei (Benth.) Rehd.

乔木。叶薄纸质至硬革质，长、宽变异很大。雄穗状花序常多穗排成圆锥花序；雌花序2至多穗聚生于枝顶部。壳斗浅碗状至近于平展的浅碟状；坚果高8～20 mm，宽6～25 mm。花期4～6月；果次年9～12月成熟。

南昆山产于七星湖，生于林中。分布于我国秦岭南坡以南。材用。

6. 挺叶柯

Lithocarpus ithyphyllus Chun ex H. T. Chang

乔木，高达15 m。叶硬革质，狭长椭圆形，两侧边缘近于平行，长为其宽度的5～10倍，宽1～2 cm。有时雌雄同序，花序长稀达10 cm，花序轴密被微柔毛，雄花序常多穗集生于枝顶部；雌花每3朵一簇。坚果长椭圆形或高略过于宽的圆锥形。花期5～6月；果次年8～9月成熟。

南昆山产于石河奇观，生于海拔400～900 m山地常绿阔叶林中，次生林较常见。分布于我国广东。

7. 木姜叶柯（胖椆）

Lithocarpus litseifolius (Hance) Chun

乔木。叶纸质至近革质，长8～18 cm，宽3～8 cm，全缘，有紧实鳞秕层。雄穗状花序多穗排成圆锥花序；雌花序长35 cm。壳斗浅碟状或短漏斗状；坚果宽圆锥形或近球形，高8～15 mm。花期5～9月；果次年6～10月成熟。

南昆山产于上坪，生于山地常绿阔叶林中。分布于我国秦岭以南地区。东南亚也有。材用；种子可食用。

8. 龙眼椆

Lithocarpus longanoides Huang et Chang

乔木，高8～18 m。叶略硬纸质，卵形或披针形，长4～10 cm，顶部长渐尖或尾状突尖，基部楔尖，沿叶柄下延，全缘，或有少数叶的顶部边缘浅波浪状。穗状花序长8～15 cm，多穗排成圆锥花序，花序轴密被棕黄色微柔毛。坚果扁圆形或近圆球形。花期7～10月；果次年同期成熟。

南昆山产于上坪，生于海拔500～1200 m山坡或山谷常阔叶林中。分布于我国广东、广西及云南东南部。

9. 大叶苦柯（大叶苦锥）

Lithocarpus paihengii Chun et Tsiang

乔木。叶厚革质，卵状椭圆形或长椭圆形，长15～25 cm，全缘。雄穗状花序单穗腋生或多穗排成圆锥花序，长达20 cm；雌花序长7～13 cm。壳斗圆或扁圆形；坚果扁圆形或宽圆锥形，高12～20 mm。花期5～6月；果次年10～11月成熟。

南昆山产于上坪，生于山地杂木林。分布于我国华南及华中地区。

10. 南川柯

Lithocarpus rosthornii (Schott.)Barn

乔木，高10～15 m。叶片略厚的脆纸质，倒卵状椭圆形或倒披针形，常兼有椭圆形的叶，长12～30 cm。雄花序呈圆锥状，稀单穗腋生，长达15 cm；雌花序的顶部常着生少数雄花。坚果扁圆锥形。花期8～10月；果次年同期成熟。

南昆山产于上坪，生于海拔300～900 m中。分布于我国广东、广西、四川及贵州。

11. 紫玉盘柯(马驿树、大果石柯)

Lithocarpus uvariifolius (Hance) Rehd.

乔木。叶革质或厚纸质，倒卵形、倒卵状椭圆形，长9～22 cm，叶缘近顶部有少数浅裂齿或波浪状，很少全缘。雄花序穗状；雌花常生于雄花序轴的基部。壳斗深碗状或半圆形；坚果半圆形。花期5～7月；果次年10～12月成熟。

南昆山产于上坪，生于山地常绿阔叶林中。分布于我国广东、广西及福建。种子可食用；材用。

12. 卵叶玉盘柯

Lithocarpus uvariifolius (Hance) Rehd. var. **ellipticus** (Metc.) Huang et Y. T. Chang

乔木，高10～15 m。叶卵形，长4～10 cm，宽2～4.5 cm，顶端渐尖，全缘，叶背被较短的柔毛及星状毛；叶柄较细长；壳斗通常比紫玉盘柯小，宽很少超过35 mm。

南昆山产于上坪，生于丘陵坡地，较干燥地方。分布于我国广东及福建。

165. 榆科 Ulmaceae

乔木或灌木。单叶，互生，常二列，羽状脉或基部3出脉；托叶常呈膜质。单被花两性，稀单性或杂性，雌雄异株或同株，排成疏或密的聚伞花序，或簇生状，或单生；花被裂片常4～8，覆瓦状排列。果为翅果、核果、小坚果或有时具翅或具附属物。

南昆山4属，8种。

1. 叶具羽状脉……………………………………3. 白颜树属 Gironniera
1. 叶基部3出脉，稀基部5出脉、掌状3出脉或羽状脉。
    2. 叶的侧脉直，先端伸入锯齿………1. 糙叶树属 Aphananthe
    2. 叶的侧脉先端在未达叶缘前弧曲，不伸入锯齿。
        3. 花杂性，具长梗，果较大……………………………2. 朴属 Celtis
        3. 花单性或杂性，具短梗，果较小…………4. 山黄麻属 Trema

1. 糙叶树属 Aphananthe Planchon

落叶或半常绿乔木。叶互生，纸质或革质；托叶侧生，分离，早落。花叶同放，单性，雌雄同株，雄花排成密集的聚伞花序，腋生，雌花单生于叶腋；雄花的花被5～4深裂，雄蕊与花被裂片同数；雌花的花被4～5深裂，裂片较窄，覆瓦状排列。核果卵状或近球状。

南昆山1种。

1. 糙叶树

Aphananthe aspera (Thunberg) Planchon

落叶大乔木；树皮带褐色，纵裂。叶纸质，卵形或卵状椭圆形，先端渐尖或长渐尖，基部宽楔形或浅心形，基出脉3条，叶面粗糙，被刚伏毛。雄花成聚伞花序生于新枝的下部叶腋，雄花被裂片倒卵状圆形；雌花单生于新枝的上部叶腋，花被裂片条状披针形。核果近球形、椭圆形或卵状球形，被细伏毛，具宿存的花被和柱头。花期3～5月，果期8～10月。

南昆山产于中坪，生于山谷溪边林中。分布于我国华南、华中及西南地区。朝鲜、日本和越南也有。

2. 朴属 Celtis L.

常绿或落叶乔木。叶互生，常绿或落叶，有锯齿或全缘，具3出脉或3～5对羽状脉；托叶膜质或厚纸质。花小，两性或单性，有柄，集成小聚伞花序或圆锥花序；花被片4～5，仅基部稍合生，脱落；雄蕊与花被片同数。核果。

南昆山2种。

1. 落叶乔木。成熟果的顶端无宿存的花柱基……………………………………1. 朴树 C. sinensis
1. 常绿乔木。成熟果的顶端有宿存的花柱基……………………………………2. 假玉桂 C. timorensis

1. 朴树

Celtis sinensis Pers.

落叶乔木。叶纸质，卵形或卵状椭圆形，不带菱形，长5～13 cm，基部几乎不偏斜或仅稍偏斜，先端尖至渐尖，但不为尾状渐尖。果梗常2～3枚生于叶腋；果5～7 mm，成熟时黄色或橙黄色，近球形。花期3～4月；果期9～10月。

南昆山产于下坪，生于路旁、山坡、林缘。分布于我国华南、华中、华东及西南地区。园林观赏。

2. 假玉桂（樟叶朴、香粉木）

Celtis timorensis Span.

常绿乔木。叶革质，卵状椭圆形或卵状长圆形，长5～13 cm，基部一对侧脉延伸达3/4，其他侧脉不明显，似具三条主脉。小聚伞圆锥花序具10朵花左右，小枝下部的花序全生雄花，上部的花序为杂性。果宽卵状，成熟时黄色至红色。

南昆山产于下坪、七星湖，生于路旁、山坡、灌丛、林中。分布于我国华南、华东、西南及西北地区。东南亚也有。

3. 白颜树属 Gironniera Gaud.

常绿乔木或灌木。叶互生，全缘或具稀疏的浅锯齿，羽状脉。花单性，雌雄异株稀同株，为腋生的聚伞花序，或雌花单生于叶腋；雄花的花被5深裂，覆瓦状排列，雄蕊5，退化子房呈簇曲柔毛状；雌花被片5，子房无柄。核果卵状或近球状。

南昆山1种。

1. 白颜树

Gironniera subaequalis Planch.

乔木。叶革质，椭圆形或椭圆状矩形，长7～25 cm。雌雄异株，聚伞花序成对腋生，雄花直径约2 mm，花被片5，宽椭圆形，中央部分增厚，边缘膜质。核果阔卵形或阔椭圆形，直径4～5 mm，两侧具二钝棱，熟时桔红色。花期2～4月；果期7～11月。

南昆山产于七星湖，生于山谷、溪边的湿润林中。分布于我国华南及西南地区。东南亚也有。材用，工业用，叶药用治寒湿。

4. 山黄麻属 Trema Lour.

小乔木或大灌木。叶互生，卵形至狭披针形，边缘有细锯齿，基部3出脉，稀5出脉或羽状脉。花密集成聚伞花序而成对生于叶腋；雄花花被片5，镊合状排列或稍覆瓦状排列；雌花花被片5，子房无柄，基部常有一环细曲柔毛。核果小，卵圆形或近球形。

南昆山4种。

1. 叶纸质或革质，背面被绒毛（毡毛）或短绒毛（茸毛）。
    2. 叶长3～5 cm，叶背脉上及雄花被片外面有锈色腺毛；叶柄长2～5 mm……………………1. 狭叶山黄麻 T. angustifolia
    2. 叶长7～22 cm，叶背脉上及雄花被片外面无锈色腺毛；叶柄长 10～20 mm。

3. 叶干时两面异色，叶正面绿色或淡绿色，近光滑或稍粗糙，叶背灰白色或绿灰色……3. 异色山黄麻T. orientalis

3. 叶干时两面同色，褐色或灰褐色，叶面粗糙……………………………………………………4. 山黄麻T. tomentosa

1. 叶薄纸质或近膜质，背面光滑或被柔毛……………………………………………………2. 光叶山黄麻T. cannabina

1. 狭叶山黄麻

Trema angustifolia (Planch.) Bl.

灌木或小乔木。叶卵状披针形，长3～5 cm，边缘有锯齿，基出脉三条。花单性，雌雄异株或同株，由数朵花组成小聚伞花序。核果宽卵状或近球形，微压扁，直径2～2.5 mm，熟时桔红色，有宿存的花被。花期4～6月；果期8～11月。

南昆山产于七星湖，生于灌丛或疏林。分布于我国华南及西南地区。东南亚也有。工业用，可造纸和纺织用。

2. 光叶山黄麻(野山麻、果连丹)

Trema cannabina Lour.

灌木或小乔木。叶近膜质，常卵形或卵状矩圆形，长4～9 cm。花单性，雌雄同株，雌花序多生于花枝上部叶腋，雄花序多生于花枝下部叶腋，或雌雄同序，聚伞花序短于叶柄。核果近球形或阔卵圆形，桔红色，有宿存花被。花期3～6月；果期9～10月。

南昆山产于石河奇观、七星湖，生于河边、旷野或山坡疏林，灌丛或向阳湿润土地。分布于我国华南、华东、华中及西南地区。东南亚、南亚、日本及大洋洲。韧皮纤维供制麻绳、纺织及造纸用，种子油供制皂和润滑油。

3. 异色山黄麻

Trema orientalis (L.) Bl.

乔木。叶革质，坚硬易脆，卵状矩圆形或卵形，长10～18 cm，边缘有细锯齿，基出脉3。雄花序长1.8～2.5 cm，花被片5，卵状矩圆形；雌花序长1～2.5 cm，雌花具梗，花被片5。核果卵状球形或近球形，稍压扁，直径2.5～3.5 mm，黑色；种子阔卵珠状，直径2～3 mm。花期3～5月；果期6～11月。

南昆山产于上坪、下坪，生于湿润林或山坡灌丛。分布于我国华南及西南地区。热带非洲、东南亚也有。

4. 山黄麻(麻桐树、麻络木)

Trema tomentosa (Roxb.) H. Hara

小乔木或灌木。叶纸质或薄革质，常宽卵形或卵状矩圆形，长7～15 cm；叶面粗糙，被直立硬毛，叶背被绒毛。雄花几乎无梗；雌花序具短梗。核果宽卵珠状，压扁，褐褐色或紫褐色；种子宽卵球状，压扁，两边有棱。花期3～6月；果期9～11月。

南昆山产于上坪，生于河谷和山坡混交林中，或空旷山坡。分布于我国华东、华南及西南地区。非洲东部、南亚、东南亚、日本及南太平洋诸岛。韧皮纤维可作人造棉、麻绳和造纸原料；树皮可烤胶；木材供建筑；叶表皮可作砂纸用。

167. 桑科 Moraceae

乔木、灌木、藤本，稀草本，常具乳液。叶互生稀对生；托叶2枚，常早落。花小，单性，无花瓣；花序腋生，典型成对；雄花花被片2～4枚，雌花花被片常4枚。果为瘦果或核果状、聚花果、隐花果；种子包于内果皮中。

南昆山5属，26种，1亚种，6变种。

1. 具乳液；雄蕊在花芽时内折，花药向外。
  2. 雌雄花序均为假穗状或柔荑花序 ………………… 5. 桑属 Morus
  2. 雄花序假穗状或总状花序，雌花序为球形头状花序 ……………………………………………………………… 2. 构属 Broussonetia
1. 有或无乳液；雄蕊在芽时常直立，花药常内向。
  3. 花序托盘状或圆柱状或头状。
    4. 花雌雄同株 ………………………………… 1. 桂木属 Artocarpus
    4. 花雌雄异株 ……………………………………… 4. 柘属 Maclura
  3. 花生于壶形花序托内壁 ………………………………… 3. 榕属 Ficus

1. 桂木属 Artocarpus J. R. Forst. et G. Forst.

乔木，有乳液。单叶互生，螺旋状排列或2列，革质，叶脉羽状，稀基生三出脉。花雌雄同株，密集于球形或椭圆形的花序轴上，头状花序腋生或生于老茎发出的短枝上。聚花果由小核果组成。小核果的外果皮膜质至薄革质；种子无胚乳。

南昆山3种，1亚种。

1. 叶背面无毛 ……………… 2. 桂木 A. nitidus subsp. lingnanensis
1. 叶背面有毛。
  2. 叶较小，最长不超过13 cm，宽不超过4 cm，顶端长渐尖，渐尖部分长可达2 cm ………… 3. 二色波罗蜜 A. styracifolius
  2. 叶较大，长可达27 cm，宽可达11 cm，顶端渐尖或短渐尖。
    3. 叶背面有开展的疏柔毛 ……………… 4. 胭脂 A. tonkinensis
    3. 叶背面密被灰色短绒毛 ………… 1. 白桂木 A. hypargyreus

1. 白桂木（将军树）

Artocarpus hypargyreus Hance

大乔木。叶互生，革质，椭圆形或倒卵形，长8～15 cm，全缘，侧脉每边6～7条，弯拱向上，在表面平，在背面明显突起，网脉很明显。花序单生叶腋；雄花序椭圆形至倒卵圆形，长1.5～2 cm。聚花果近球形，直径3～4 cm，浅黄色至橙黄色。花期春夏。

南昆山产于中坪，生于常绿阔叶林中。分布于我国华南、华中、华东及西南地区。工业用；材用。

2. 桂木（红桂木、狗果）

Artocarpus nitidus subsp. **lingnanensis** (Merr.) F. M. Jarr.

乔木。叶互生，革质，长圆状椭圆形至倒卵椭圆形，长7～15 cm，先端短尖或具短尾，全缘或具不规则浅疏锯齿，侧脉6～10对。雄花序头状，倒卵形至长圆形，长2.5～12 mm；雌花序近头状。聚花果近球形，成熟红色，肉质，小核果10～15颗。花期4～5月。

南昆山产于石河奇观，生于湿润杂木林中。分布于我国华南地区。东南亚也有。材用；果可食用；药用，可活血通络、清热开胃、收敛止血。

3. 二色波罗蜜

Artocarpus styracifolius Pierre

乔木。叶互生排为2列，皮纸质，长圆形或倒卵状披针形，长4～8 cm，全缘。花雌雄同株，花序单生叶腋；雄花序椭圆形，长6～12 mm；雌花花被片外面被柔毛。聚花果球形，直径约4 cm，黄色；核果球形。花期初秋；果期秋末冬初。

南昆山产于中坪、上坪至天堂顶途中，生于林中。分布于我国华南及西南地区。中南半岛也有。材用；果可食用。

乔木。叶革质，椭圆形、倒卵形、长圆形，长8～20 cm或更长，全缘。花序单生叶腋，雄花序倒卵圆形或椭圆形，长1～1.5 cm；雌花序球形。聚花果近球形，直径达6.5 cm，成熟时黄色；核果椭圆形，长12～15 mm。花期夏秋；果秋冬季。

南昆山产于石河奇观，生于低海拔山坡阳处林中。分布于我国华南及西南地区。中南半岛也有。材用；果可食。

4. 胭脂（东京桂木）
Artocarpus tonkinensis A. Chevalier ex Gagnepain

2. 构属 **Broussonetia** L'Hert. ex Vent.

乔木、灌木、攀缘藤状灌木；有乳液。叶互生，边缘具锯齿，基生叶脉三出；托叶侧生，分离。花雌雄异株或同株；雄花为下垂柔荑花序或球形头状花序，花被片4或3裂，雄蕊与花被裂片同数而对生；雌花密集成球形头状花序，苞片棍棒状，宿存。聚花果球形。

南昆山2种，1变种。

1. 乔木 …………………………………… 3. 构树 B. papyrifera
1. 灌木。
   2. 蔓生灌木 ……………… 1. 藤构B. kaemferi var. australis
   2. 直立灌木 …………………………………… 2. 楮B. kazinoki

1. 藤构（葡蟠）
Broussonetia kaempferi Sieb. var. **australis** Suzuki

蔓生藤状灌木。叶互生，螺旋状排列，近对称的卵状椭圆形，长3.5～8 cm，边缘锯齿细，齿尖具腺体，不裂，稀为2～3裂。花雌雄异株；雄花序短穗状，雄花花被片4～3，裂片外面被毛；雌花集生为球形头状花序。聚花果直径1 cm。花期4～6月；果期5～7月。

南昆山产于七星湖，生于山谷灌丛或沟边山坡路旁。分布于我国华南、华中、华东及西南地区。工业用。

2. 楮

Broussonetia kazinoki Sieb.

直立灌木。叶卵形至斜卵形，长3～7 cm，边缘具三角形锯齿不裂或3裂，表面粗糙，背面近无毛。花雌雄同株；雄花序球形头状，直径8～10 mm；雌花序球形，被柔毛。聚花果球形，直径8～10 mm；瘦果扁球形。花期4～5月；果期5～6月。

南昆山产于高盘头、横坑顶，生于山坡林缘、沟边林中。分布于我国华南、华东及西南地区。日本、朝鲜也有。工业用。

3. 构树

Broussonetia papyrifera (L.) L'Hert. ex Vent.

乔木。叶螺旋状排列，广卵形至长椭圆状卵形，长6～18 cm，边缘具粗锯齿，不分裂或3～5裂，基生叶脉三出，侧脉6～7对。花雌雄异株；雄花序为柔荑花序，长3～8 cm；雌花序球形头状；聚花果直径1.5～3 cm，成熟时橙红色。花期4～5月；果期6～7月。

南昆山产于下坪，分布于我国南北各地。工业用，药用。

3. 榕属 Ficus L.

乔木或灌木，有时为攀缘状，或为附生，具乳液。叶互生，稀对生。花雌雄同株或异株，生于肉质壶形花序托内壁，雌雄同株的花序托内有雄花、瘿花和雌花；雌雄异株的雄花、瘿花同生于一花序托内，而雌花或不育花则生于另一植株花序托内壁。榕果腋生或生于老茎。

南昆山17种，5变种。

1. 花序簇生于无叶的短枝或树干上。
  2. 叶对生……………………………… **10. 对叶榕 F. hispida**
  2. 叶互生。
    3. 叶阔卵形或长圆状卵形……………… **21. 青果榕 F. variegata**
    3. 叶长圆形、倒卵状长圆形或长圆状倒披针形…………………………………………… **4. 水同木 F. fistulosa**
1. 花序1至多个生于小枝叶腋或已落叶的叶腋或无叶的小枝上。
  4. 灌木或乔木。
    5. 花序基部不收狭成柄。
      6. 花序有毛；叶缘有锯齿。
        7. 叶广卵形或近圆形…………… **3. 黄毛榕 F. esquiroliana**
        7. 叶多型，常为长圆状披针形或卵状椭圆形…………………………………………… **9. 粗叶榕 F. hirta**
      6. 花序无毛；叶全缘。
        8. 叶基部狭或楔形。
          9. 侧脉5～6对……………… **12. 榕树 F. microcarpa**
          9. 侧脉8～10对……………… **22. 变叶榕 F. variolosa**
        8. 叶基部通常钝或圆形…………………………………………… **20. 笔管榕 F. subpisocarpa**
    5. 花序基部骤然收狭成柄。
      10. 花序梨形或近梨形。
        11. 叶无毛，顶端渐尖或骤尖…………………………………………… **15. 舶梨榕 F. pyriformis**
        11. 叶有毛，顶端短尖或短渐尖……… **1. 石榕树 F. abelii**
      10. 花序球形或近球形。
        12. 叶倒卵形至披针形、提琴形等多形。
          13. 榕果无总梗，叶倒卵状、提琴形…………………………………………… **8. 异叶榕 F. heteromorpha**
          13. 榕果总梗长4～5 mm，叶小提琴形…………………………………………… **13. 琴叶榕 F. pandurata**
        12. 叶非上述形状。
          14. 叶较狭，狭长圆状披针形、线状披针形或阔线形。
            15. 叶膜质，全缘或呈浅波状……………… **6. 细叶台湾榕 F. formosana var. shimadai**
            15. 叶纸质，全缘。
              16. 叶表面粗糙，披针形……………… **7. 长叶冠毛榕 F. gasparriniana var. esquirolii**
              16. 叶表面光滑，线状披针形……………… **19. 竹叶榕 F. stenophylla**
          14. 叶较阔，非上述形状。
            17. 叶为羽状脉……………… **5. 台湾榕 F. formosana**
            17. 叶基三出脉。
              18. 幼枝、叶、叶柄及榕果被毛……………… **2. 天仙果 F. erecta**
              18. 幼枝、叶、叶柄及榕果无毛，或幼时被毛，老时脱落……………… **11. 青藤公榕 F. langkokensis**
  4. 攀缘灌木或藤本。
    19. 叶多型，心状；榕果大型……………… **14. 薜荔 F. pumila**
    19. 叶同型，椭圆状披针形；榕果小，直径一般不超过2.5 cm。
      20. 顶生苞片直立，基生苞片较长，榕果圆锥形……………… **16. 亨氏匍茎榕F. sarmentosa var. henryi**
      20. 顶生苞片不突起，基生苞片短，榕果近球形。
        21. 榕果大，背面网脉明显突起或略明显……………… **18. 长柄爬藤榕F. sarmentosa var. luducca**
        21. 榕果较小，球形；叶背面绿白色，有或无毛……………… **17. 纽榕F. sarmentosa var. impressa**

1. 石榕树

Ficus abelii Miq.

灌木。叶纸质，窄椭圆形至倒披针形，长4～9 cm，全缘。榕果单生叶腋，近梨形，直径1.5～2 cm，成熟时紫黑色或褐红色。雄花、瘿花同生于一榕果内；雄花花被片3；瘿花花被合生；雌花无花被。瘦果肾形。花期5～7月。

南昆山产于上坪观音潭、下坪石河奇观，生于山坡林下或溪边。分布于我国华南、华东、华中及西南地区。东南亚也有。

2. 天仙果

Ficus erecta Thunberg [*F. erecta* Thunb. var. *beecheyana* (Hook. et Arn.) King]

落叶小乔木或灌木。叶厚纸质，倒卵状椭圆形，长7～20 cm，全缘或上部偶有疏齿，表面较粗糙。榕果单生叶腋，球形或梨形，直径1.2～2 cm，顶生苞片脐状，基生苞片3，卵状三角形。雄花和瘿花生于同一榕果内壁；雌花生于另一植株的榕果中。花果期5～6月。

南昆山产于沙坑尾、上坪，生于山坡林下或溪边。分布于我国华南、华中及华东地区。日本、越南也有。工业用。

3. 黄毛榕

Ficus esquiroliana H. Lévl.

小乔木或灌木。叶互生，纸质，广卵形，长17～27 cm，边缘有细锯齿，基部浅心形，表面疏生糙伏状长毛，背面被长约3 mm褐黄色波状长毛。榕果腋生，圆锥状椭圆形，直径20～25 mm。雄花生榕果内壁口部；雄花、瘿花、雌花，花被片均4。瘦果斜卵圆形。花期5～7月；果期7月。

南昆山产于天堂顶，生于山坡林下或溪边。分布于我国华南、华东及西南地区。东南亚也有。

4. 水同木

Ficus fistulosa Reinw ex Bl.

常绿小乔木。叶互生，纸质，倒卵形至长圆形，长10～20 cm，表面无毛，背面微被柔毛或黄色小突体；基生侧脉短，侧脉6～9对。榕果簇生于老干发出的瘤状枝上，近球形，直径1.5～2 cm。雄花和瘿花生于同一榕果内壁；瘿花生于另一植株榕果内。瘦果近斜方形。花期5～7月。

南昆山产于石河奇观，生于溪边岩石上或森林中。分布于我国华南及西南地区。

5. 台湾榕

Ficus formosana Maxim.

灌木。叶膜质，倒披针形，长4～11 cm，全缘或在中部以上有疏钝齿裂，顶部渐尖，中部以下渐窄，至基部成狭楔形，中脉不明显。榕果单生叶腋，卵状球形，直径6～9 mm；瘦果球形，光滑。雄花散生榕果内壁，花被片3～4；瘿花花被片4～5；雌花花被片4。花期4～7月。

南昆山产于中坪尾至中坪、上坪，生于溪沟旁湿润处。分布于我国华南、华东、华中及西南地区。越南也有。

6. 细叶台湾榕（窄叶台湾榕）

Ficus formosana Maxim. var. **shimadai** (Hayata) W. C. Chen

本变种与原种的区别：叶膜质，线状披针形，侧脉多对，平行展出，小脉不明显。

南昆山产于横坑，生于溪沟旁湿润处。分布于我国华南、华中、华东及西南地区。越南也有。

7. 长叶冠毛榕

Ficus gasparriniana var. **esquirolii** (H. Léveillé & Vaniot) Corner

灌木，小枝幼嫩部分被糙毛。叶纸质，叶披针形，背面微被柔毛，侧脉8～18对；全缘，表面粗糙；托叶披针形。榕果成对腋生或单生叶腋，球形至椭圆状球形，具柄，有白斑，熟时紫红色，顶生苞片脐状凸起，红色，基生苞片3，宽卵形。花果期5～7月。

南昆山产于上坪，生于山地、山谷林中。分布于我国广东、广西、江西、湖南、四川、云南、贵州。

8. 异叶榕

Ficus heteromorpha Hemsley

落叶灌木或小乔木；小枝红褐色，节短。叶多形，琴形、椭圆形、椭圆状披针形，先端渐尖或为尾状，基部圆形或浅心形，表面略粗糙，全缘或微波状，基生侧脉红色；叶柄红色；托叶披针形。榕果成对生短枝叶腋，稀单生，无总梗，球形或圆锥状球形，光滑，成熟时紫黑色，顶生苞片脐状。花期4～5月，果期5～7月。

南昆山产于上坪，生于水边。分布于我国华南地区及长江流域中下游，北至陕西、湖北、河南。

9. 粗叶榕（五指毛桃）

Ficus hirta Vahl.

灌木或小乔木。叶互生，纸质，多型，长椭圆状披针形或广卵形，长10～25 cm，边缘有细锯齿。榕果成对腋生或生于已落叶枝上，球形或椭圆球形，直径10～15 mm。雄花生榕果内壁近口部；雄花、雌花、瘿花，花被片均为4。瘦果椭圆球形。

南昆山各地常见，生于山坡林边。分布于我国华南、华中、华东及西南地区。东南亚也有。药用，治风湿、去红肿。

10. 对叶榕

Ficus hispida L. f.

灌木或小乔木。叶常对生，厚纸质，长10～25 cm，宽5～10 cm，表面粗糙。榕果腋生或生于落叶枝上，或老茎发出的下垂枝上，陀螺形，成熟黄色，直径1.5～2.5 cm。雄花生于榕果内壁口部，花被片3；瘿花、雌花无花被。花果期6～7月。

南昆山产于石河奇观，生于沟谷潮湿地带。分布于我国华南及西南地区。东南亚也有。

11. 青藤公榕

Ficus langkokensis Drake

乔木。叶互生，纸质，椭圆状披针形至椭圆形，长7～19 cm，顶端尾状渐尖，基部阔楔形，全缘，三出脉，基出侧脉达叶的1/3～1/2，侧脉2～4对，背面凸起，网脉在叶背稍明显。雄花具柄，被片3～4枚，卵形，雄蕊1～2个，花丝短；雌花花被片4枚，倒卵形，暗红色，花柱侧生。

南昆山产于石河奇观，生于山谷林中或沟边。分布于我国华南、华东及西南地区。印度、老挝、越南也有。

12. 榕树（细叶榕）

Ficus microcarpa L. f.

大乔木。叶薄革质，狭椭圆形，长4～8 cm，基部楔形，无毛。榕果成对腋生或生于已落叶枝叶腋，直径6～8 mm，无总梗，基生苞片3，宿存；雄花、雌花、瘿花同生于一榕果内，花被片3。瘦果卵圆形。花期5～6月。

南昆山产于下坪，分布于我国华南及东南地区。东南亚及南亚也有。岭南地区常见园林绿化树种。

13. 琴叶榕

Ficus pandurata Hance

小灌木。叶纸质，提琴形或倒卵形，长4～8 cm，背面叶脉有疏毛和小瘤点，基生侧脉2，侧脉3-5对。榕果单生叶腋，鲜红色，椭圆形或球形，直径6～10 mm。雄花生榕果内壁口部，花被片4；瘿花和雌花花被片均为3～4。花期6～8月。

南昆山产于中坪，生于山地、旷野、灌丛林下。分布于我国华南、华东及华中地区。越南也有。

14. 薜荔（凉粉果）

Ficus pumila L.

攀缘或匍匐灌木。叶两型，不结果枝节上生不定根，叶卵状心型，长约2.5 cm，薄革质；结果枝上无不定根，革质，卵状椭圆形，长5～10 cm。榕果单生叶腋，瘿花果梨形，雌花果近球形。雄花生榕果内壁口部，花被片2～3；瘿花花被片3～4；雌花花被4～5。瘦果近球形。花果期5～8月。

南昆山产于上坪，生于旷野、岩石或树上。分布于我国华南、华东、西南及西北地区。日本、越南也有。果可作凉粉食用；药用。

15. 舶梨榕（梨状牛奶子、梨果榕）

Ficus pyriformis Hook. et Arn.

灌木。叶纸质，倒披针形至倒卵状披针形，长4～11 cm，全缘稍背卷。榕果单生叶腋，梨形，直径2～3 cm。雄花花被片3～4；瘿花花被片4；雌花生于另一植株榕果内壁，花被片3～4。瘦果表面有瘤体。花期12月至翌年6月。

南昆山产于上坪、竹坑嶂，下坪，生于溪边林下潮湿地带。分布于我国广东、福建。越南也有。

16. 亨氏匍茎榕(珍珠莲)

Ficus sarmentosa Buch. -Ham. ex J. E. Sm. var. **henryi** (King ex Dobiver.)Corner

木质攀缘匍匐藤状灌木。叶革质，卵状椭圆形，长8～10 cm先端渐尖，基部圆形至楔形，表面无毛，背面密被褐色柔毛或长柔毛，基生侧脉延长，侧脉5～7对。榕果成对腋生，圆锥形，直径1～1.5 cm，表面密被褐色长柔毛。榕果无总梗或具短梗。

南昆山产于中坪尾至沙坑，生于阔叶林下或灌木丛中。我国广布。瘦果水洗可制作冰凉粉。

17. 纽榕(爬藤榕)

Ficus sarmentosa Buch. -Ham. ex J. E. Sm. var. **impressa** (Champ.) Corner

藤状匍匐灌木。叶革质，披针形，长4～7 cm，先端渐尖，基部钝，背面白色至浅灰褐色，侧脉6～8对，网脉明显；叶柄长5～10 mm。榕果成对腋生或生于落叶枝叶腋，球形，直径7～10 mm，幼时被柔毛。花期4～5月；果期6～7月。

南昆山产于中坪，常攀缘在岩石斜坡树上或墙壁上。分布于我国华南、华东、华中、西南及西北地区。印度东北部、越南也有。

18. 长柄爬藤榕

Ficus sarmentosa var. **luducca** (Roxburgh) Corner

藤状匍匐灌木，幼枝近无毛，小枝有明显皮孔。叶革质，长椭圆状披针形，先端渐尖为尾状，基部楔形，背面黄褐色，基生叶脉短，侧脉10～12对，网脉蜂窝状；粗壮。榕果腋生，球形，表面疏生瘤状体，成熟紫黑色。花期5～7月。

南昆山产于中坪至上坪途中，生于山地、山谷林中。分布于我国广东、广西、贵州、云南、西藏、湖北，喜马拉雅山区也有。

19. 竹叶榕(竹叶牛奶子)

Ficus stenophylla Hemsl.

小灌木，节间短。叶纸质，线状披针形，长5～13 cm，全缘背卷。榕果椭圆状球形，直径7～8 mm，成熟时深红色。雄花和瘿花同生于雄株榕果中；雄花花被片3～4；瘿花花被片3～4；雌花生于另一植株榕果中，花被片4。花果期5～7月。

南昆山产于上坪横岗岐，生于沟旁堤岸。分布于我国华南、华中、华东及西南地区。越南、泰国也有。药用清热利尿、止痛。

20. 笔管榕

Ficus subpisocarpa Gagnepain

落叶乔木。叶互生或簇生，近纸质，椭圆形或长圆形，长10～15 cm。榕果单生或成对或簇生于叶腋或生无叶枝上，扁球形，直径5～8 mm，成熟时紫黑色。雄花、瘿花、雌花生于同一榕果内；雄花很少，花被片3；雌花花被片3；瘿花多数，与雌花相似。花期4～6月。

南昆山产于石河奇观，生于沟谷林中。分布于我国华南、华东及西南地区。东南亚也有。材用、园林观赏。

21. 青果榕(杂色榕)

Ficus variegata Bl. [*F. variegata* Bl. var. *chlorocarpa* (Benth) King]

大树，高达15 m，树皮灰色。叶全缘；叶柄长5～6.8 cm，榕果基部收缩成短柄，长于枝干，圆形，直径3～5 cm，成熟时绿色至黄色。花被合生。花果期春季至秋季。

南昆山产于佛坳，生于低海拔沟谷林中。分布于我国华南及西南地区。越南、泰国也有。可食用。

22. 变叶榕

Ficus variolosa Lindl. ex Benth.

灌木或小乔木。叶薄革质，狭椭圆形至椭圆状披针形，长5～12 cm，全缘，侧脉7～15对，与中脉略成直角展出。榕果成对或单生叶腋，球形，直径10～12 mm；瘿花子房球形；雌花生另一植株榕果内壁。瘦果表面有瘤体。花期12月至翌年6月。

南昆山产于上坪、下坪，常见，生于溪边林下潮湿处。分布于我国华南、华东、华中及西南地区。越南、老挝也有。工业用；药用，可清热利尿、跌打损伤、补肝肾、祛风湿。

4. 柘属 Maclura Nuttall

乔木、小乔木、攀缘藤状灌木，有乳液。叶互生，全缘。花雌雄异株，均为球形头状花序，苞片锥形，披针形，盾形，具2个埋藏的黄色腺体。聚花果肉质；小核果卵圆形，果皮壳质，被肉质花被片包围。

南昆山1种。

1. 构棘(穿破石、葨芝)

Maclura cochinchinensis (Lour.) Corner [*Cudrania cochinchinensis* (Lour.) Kudo et Masamune]

直立或攀缘状灌木。叶革质，椭圆状披针形或长圆形，长

3～8 cm，全缘。花雌雄异株，均为具苞片的球形头状花序；苞片内面具2个黄色腺体；雄花序直径约4～10 mm；雌花序被微毛。聚合果肉质，直径2～5 cm，成熟时橙红色；核果卵圆形。花期4～5月；果期6～7月。

南昆山产于上坪、沙坑尾、下坪，生于村庄附近或荒野。分布于我国东南部至西南部的亚热带地区。东南亚。工业用、园林观赏、药用。

5. 桑属 Morus L.

落叶乔木或灌木。叶互生，边缘具锯齿，全缘至深裂，基生叶脉三至五出，侧脉羽状。花雌雄异株或同株，花序穗状，花被片4，覆瓦状排列。聚花果为多数包藏于内质花被片内的核果组成，外果皮肉质，内果皮壳质。种子近球形。

南昆山3种。

1. 雌花无花柱或具极短花柱。
   2. 聚花果短，2.5 mm左右 ·································· 1. 桑 M. alba
   2. 聚花果长，4～16 mm ························· 3. 长穗桑 M. wittiorum
1. 雌花具明显花柱 ···2. 鸡桑 M. australis

1. 桑

Morus alba L.

乔木或灌木。叶卵形或广卵形，长5～15 cm，边缘锯齿粗钝。花单性，腋生或生于芽鳞腋内，与叶同时生出；雄花序下垂，长2～3.5 cm；雌花序长1～2 cm。聚花果卵状椭圆形，长1～2.5 cm，成熟时红色或暗紫色。花期4～5月；果期5～8月。

南昆山产于下坪，生于村边、林缘。分布于我国各地。东亚、欧洲也有。工业用，材用，药用，果可食，叶为蚕饲料。

2. 鸡桑

Morus australis Poiret

落叶小乔木，树皮灰褐色。叶卵形，先端急尖或尾状，基部楔形或心形，边缘具粗锯齿，不分裂或3～5裂，表面粗糙，密生短刺毛，背面疏被粗毛。雄花序被柔毛，雄花绿色，具短梗，花被片卵形，花药黄色；雌花序球形，密被白色柔毛，雌花花被片长圆形，暗绿色。聚花果短椭圆形，成熟时红色或暗紫色。花期3～4月，果期4～5月。

南昆山产于中坪，生山地林中。分布于我国大部分地区。朝鲜、日本、斯里兰卡、不丹、尼泊尔及印度也有。

3. 长穗桑

Morus wittiorum Hand. -Mazz.

落叶乔木；树皮灰白色，幼枝亮褐色，皮孔明显。叶纸质，长圆形至宽椭圆形，两面无毛，基生叶脉三出。花雌雄异株，穗状花序具柄；雄花序腋生，总花梗短，花被片近圆形，绿色；雌花序长9～15 cm，总花梗长2～3 cm，雌花无梗，花被片黄绿色，覆瓦状排列。聚花果狭圆筒形，长10～16 cm，核果卵圆形。花期4～5月，果期5～6月。

南昆山产于上坪横岗岐，生于山脚沟边。分布于我国广东、广西、湖南、湖北、贵州。

169. 荨麻科Urticaceae

草本、亚灌木或灌木，稀乔木或攀缘藤本。叶互生或对生，单叶；托叶存在。花极小，单性，由团伞花序排成聚伞状、圆锥状、总状、伞房状、穗状、头状；雄花被片4～5，覆瓦状或镊合状排列；雌花被片5～9。果为瘦果。

南昆山10属，19种，2变种。

1. 雌蕊无花柱；柱头呈画笔头状；雌花花被片分生或基部合生。
  2. 叶对生，叶片两侧对称或近对称 ············ 8. 冷水花属Pilea
  2. 叶互生，二列，叶片两侧常偏斜。
    3. 瘦果有6～10条纵肋；雄花序大多数具花序托，稀为聚伞花序；雌花序具盘状花序托，边缘有总苞 ···················· ···················· 4. 楼梯草属 Elatostema
    3. 瘦果具小条状或小瘤状突起；雄花序聚伞状。
      4. 雌花序聚伞状，具总苞 ···················· 7. 赤车属Pellionia
      4. 雌花序头状，无总苞 ························ 10. 藤麻属Procris
1. 雌蕊有花柱；柱头有毛，一般不呈画笔头状；雌花花被常合生成管状。
  5. 柱头舌状或丝状。
    6. 雌花被在果时膜质，柱头舌状 ···················· ···················· 1. 舌柱麻属Archiboehmeria
    6. 雌花被在果时多少肉质，柱头丝状。
      7. 柱头果时宿存；瘦果果皮薄，无光泽 ···················· ···················· 2. 苎麻属Boehmeria
      7. 柱头花后脱落；瘦果果皮硬壳质，常有光泽。
        8. 叶脉侧出的一对不分枝，直达叶尖 ···················· ···················· 5. 糯米团属Gonostegia
        8. 叶脉侧出的一对在上部分枝，不达叶尖 ···················· ···················· 9. 雾水葛属Pouzolzia
  5. 柱头盾状或画笔头状。
    9. 柱头画笔头状，有一束长毛 ········ 3. 水麻属Debregeasia
    9. 柱头盾状 ···················· 6. 紫麻属Oreocnide

1. 舌柱麻属Archiboehmeria C. J. Chen

灌木，无刺毛。叶互生，具3出基脉，钟乳体细点状。花序雌雄同株，二歧聚伞状，成对腋生；苞片鳞片状。花单性或两性；雄花花被片镊合状排列；雄蕊5；退化雌蕊基部有短的雪白色细绵毛。雌花花被膜质，管状，子房被花被管所包裹。瘦果卵形，由宿存花被所包被，外果皮壳质，呈小坚果状。

南昆山1种。

1. 舌柱麻

Archiboehmeria atrata (Gagnep.) C. J. Chen

灌木。叶膜质或近膜质，卵形至披针形，先端尾状渐尖，有时脉和叶柄带红色，脉上疏生短毛，钟乳体点状，细小，具3基出脉。雄花序生下部叶腋，雌花序生上部叶腋，四至六回二歧聚伞状分枝。花单性，稀杂性；雄花花被片(4～)5，合生至中部。雌花花被合生成坛状，子房无柄；柱头舌状，瘦果卵形，外果皮壳质，淡绿色，有疣状突起。花期6～8月；果期8～10月。

南昆山产于石河奇观，生于疏林中较潮湿肥沃土上。分布于我国华南地区。越南北部也有。茎皮纤维为代麻原料和制人造棉的原料。

2. 苎麻属Boehmeria Jacq.

灌木、小乔木、亚灌木或多年生草本。叶互生或对生，边缘有齿，不分裂，基出脉3条；托叶分生，脱落。团伞花序腋生，排列成穗状花序或圆锥花序；苞片膜质；雄花花被片3～6，镊合状排列；雌花花被管状，顶端缢缩，有2～4个小齿。瘦果卵形，包于宿存花被中。

南昆山5种，2变种。

1. 叶互生；团伞花序组成圆锥花序 ···················· 6. 苎麻B. nivea
1. 叶对生，偶尔顶部叶互生；团伞花序组成穗状花序或圆锥花序。
  2. 叶顶端3（～5）裂，裂片有骤尖头；亚灌木或多年生草本。
    3. 叶边缘上部的牙齿比下部的长3～5倍 ···················· ···················· 3. 大叶苎麻B. japonica
    3. 叶边缘的牙齿近等大 ············ 7. 悬铃叶苎麻B. tricuspis
  2. 叶顶端不分裂，对生。
    4. 叶背面脉网稍明显
      5. 叶背无毛。
        6. 叶片狭卵形 ···················· 1. 海岛苎麻B. formosana
        6. 叶狭长，条状披针形 ···················· ···················· 2. 福州苎麻B. formosana var. stricta
      5. 叶背有疏伏毛，叶片卵形 ···· 4. 水苎麻B. macrophylla
    4. 叶背面脉网明显隆起 ···················· ················ 5. 糙叶水苎麻B. macrophylla var. scabrella

1. 海岛苎麻

Boehmeria formosana Hayata

多年生草本。叶对生或近对生，长8～21 cm，长圆状卵形，顶端尾状或长渐尖，基部钝或圆形，两面疏被短伏毛或近无毛，侧脉3～4对；叶柄长0.5～6 cm。穗状花序通常单性，雌雄异株，不分枝，长3.5～9 cm，有时雌雄同株，瘦果近球形，直径约1 mm，光滑。花期7～8月。

南昆山产于下坪，生于丘陵、低山或中山疏林下、灌丛中或沟边。分布于我国华南、华东及华中地区。日本也有。

2. 福州苎麻

Boehmeria formosana var. **stricta** (C. H. Wright) C. J. Chen

与原变种海岛苎麻的区别在于叶狭长，条状披针形，长9～17 cm，宽2～3.5 cm。

南昆山产于中坪、下坪村附近，生于山地水旁。分布于我国广东、福建、浙江和台湾。

3. 大叶苎麻

Boehmeria japonica Steud.

多年生草本。叶对生，叶片坚纸质，广卵形或近圆形，长7～16.5 cm，边缘疏生不整齐的粗锯齿，正面粗糙，生短糙伏毛，背面沿脉网生短柔毛。花单性，雌雄同株，穗状花序腋生。瘦果细小，长倒卵形，有白毛，多数聚集成球状。花期6月；果期9月。

南昆山产于石河奇观，生于丘陵或低山山地灌丛中、疏林中、田边或溪边。分布于我国华南、华中、华东及西南地区。日本也有。茎皮纤维可代麻，供纺织麻布用；叶供药用，可清热解毒、消肿，治疮疥，又可饲猪。

4. 水苎麻

Boehmeria macrophylla Hornem.

亚灌木或多年生草本。叶对生；叶片卵形，顶端长骤尖或渐尖，基部圆形或浅心形，稍偏斜，叶面稍粗糙，有短伏毛，叶背疏被短伏毛，脉网稍明显。穗状花序单生叶腋，雌雄异株或同株；雄花：花被片4，船状椭圆形，雄蕊4；雌花：花被纺锤形或椭圆形，外面上部有短毛。花期7～9月。

南昆山产于石河奇观，生于山谷林下或沟边。分布于我国广东、广西、云南和西藏。越南、缅甸、尼泊尔、印度也有。茎皮可做人造棉等。全草可作兽药，治牛软脚症等。

5. 糙叶水苎麻

Boehmeria macrophylla Hornem. var. **scabrella** (Roxb.) D. G. Long

与原变种的区别在于叶较小，正面粗糙，脉网下陷，呈泡状，背面脉网明显隆起；叶柄较短。穗状花序串珠状，不分枝或少分枝。

南昆山产保护区管理处院内，生于灌丛、田边、山谷沟边。分布于我国西南地区及广东。印度、尼泊尔也有。全草药用，治风湿疼、毒疮等症。

6. 苎麻

Boehmeria nivea (L.) Gaudich.

亚灌木或灌木，高0.5～1.5 m；茎上部与叶柄密被长硬毛。叶互生，卵圆形或宽卵形，长6～15 cm，叶背面被白色绵毛。托叶分生，钻状披针形。花单性同株，排成团伞花序，再组成腋生的圆锥花序，下垂；瘦果近球形。花期8～10月。

南昆山产于大坑尾，生于山谷林、草坡或路旁。分布于我国华南、华东、西南等地区。越南、老挝也有。麻纤维可织布；药用，根可利尿解热；嫩叶可作饲料；种子榨油制皂或食用。

7. 悬铃叶苎麻（八角麻）

Boehmeria tricuspis (Hance) Makino

亚灌木或多年生草本。叶对生，稀互生，纸质，扁五角形或扁圆卵形，茎上部叶常为卵形，长8～18 cm，边缘有粗牙齿，正面粗糙，有糙伏毛，背面密被短柔毛。穗状花序单生叶

腋，或同一植株的全为雌性，或茎上部的雌性，其下的为雄性。花期7～8月。

南昆山产于中坪至上坪3 km处，上坪竹坑嶂，生于低山山谷疏林下、沟边或田边。分布于我国华南、华东、西南、华北及西北地区。朝鲜、日本也有。茎皮纤维可纺纱织布；根、叶药用。

3. 水麻属 Debregeasia Gaudich.

灌木或小乔木。叶互生，具柄，边缘具细牙齿或细锯齿，基出3脉，背面被白色或灰白色毡毛，钟乳体点状。花单性，雌雄同株或异株，雄的团伞花簇常由10余朵花组成，雌的球形，多数花组成，花序二歧聚伞状分枝或二歧分枝，稀单生，成对生于叶腋。瘦果浆果状，常梨形或壶形；宿存花被增厚变肉质，贴生于果实而在柄处则离生。

南昆山1种。

1. 鳞片水麻

Debregeasia squamata King ex Hook. f.

落叶矮灌木，皮刺肉质，弯生。叶薄纸质，卵形或心形。花序雌雄同株，二至三回二歧分枝，团伞花簇由多数雌花和少数雄花组成，苞片三角状披针形，背面密被短柔毛。瘦果浆果状，橙红色，梨形，外果皮肉质，宿存花被薄膜质壶形。花期8～10月；果期10月至翌年1月。

南昆山产于上坪，生于溪谷两岸阴湿的灌丛中。分布于我国华南、华东及西南地区。越南、马来西亚也有。主治外伤出血，跌打伤痛。

4. 楼梯草属 Elatostema J. R. et G. Forst.

小灌木，亚灌木或草本。叶互生，在茎上排成二列，具短柄或无柄，两侧不对称，狭侧向上，宽侧向下，边缘具齿，稀全缘，具三出脉、半离基三出脉或羽状脉。花序雌雄同株或异株，雄花序有时分枝呈聚伞状，通常雄、雌花序均不分枝，具明显或不明显的花序托，有多数或少数花。瘦果狭卵球形或椭圆球形，稍扁，常有6～8条细纵肋，稀光滑或有小瘤状突起。

南昆山2种。

1. 雄花序苞片明显比雄花被片长……1. 华南楼梯草 E. balansae
1. 雄花序苞片与雄花被片近等长或稍短……2. 光叶楼梯草 E. laevissimum

1. 华南楼梯草

Elatostema balansae Gagn.

多年生草本，有时茎下部木质。叶无柄或有短柄；叶片草质，斜椭圆形至长圆形。花序雌雄异株；雄花序单生叶腋，有短梗，雄花多数；雌花序1～2个腋生，无梗或有极短梗。瘦果椭圆球形或椭圆状卵球形，约有8条纵肋。花期4～6月。

南昆山产于天堂顶，生于山谷林中或沟边阴湿地。分布于我国华南及西南地区。越南北部、泰国北部也有。

2. 光叶楼梯草

Elatostema laevissimum W. T. Wang

亚灌木，高1～2 m，多分枝；小枝长约25 cm，有时稍波状弯曲，无毛。叶无柄或具短柄；叶片草质，干后常变黑色，斜狭椭圆形，边缘在宽侧有6～12个齿。花序雌雄同株或异株；雄花序常簇生，有短梗，雄花四基数。花期秋季至翌年春季。

南昆山产于石河奇观，生于山谷阴湿处或林中。分布于我国华南及西南地区。

5. 糯米团属 Gonostegia Turcz.

多年生草本或亚灌木。叶对生，或植株上部的互生，下部的对生，基出脉3～5条；托叶分生或合生。团伞花序生于叶腋；雄花花被片3～5，镊合状排列，通常分生，长圆形；雌花花被管状，有2～4小齿，在果期有数条至12条纵肋，有时有纵翅。瘦果卵球形。

南昆山1种。

1. 糯米团

Gonostegia hirta (Bl. ex Hasskarl) Miq.

多年生草本。茎蔓生、铺地或渐升，长50～160 cm。叶对生；叶片草质或纸质，宽披针形至下披针形、狭卵形，长3～10 cm，宽1.2～2.8 cm，基出脉3～5条。团伞花序腋生；雄花花被片5，分生，倒披针形；雌花花被菱状狭卵形，顶端有2小齿。瘦果卵球形。花期5～9月。

南昆山产于中坪、大坑尾一带，生于丘陵或低山林中、灌丛、沟边草地。分布于我国华南、西南等地。广布亚洲热带和亚热带。茎皮纤维枝人造棉；全草药用，治消化不良等症。

6. 紫麻属 Oreocnide Miq.

灌木或乔木。叶互生，基出3脉或羽状脉，钟乳体点状。花单性，雌雄异株；花序二至四回二歧聚伞状分枝、二叉分枝，团伞花序生于枝顶，密集成头状；雄花花被片3～4，镊合状排列；雌花花被片合生成管状。瘦果的内果皮骨质，外果皮与花被贴生，多少肉质，花托肉质透明，盘状至壳斗状，果时常增大。

南昆山1种。

1. 紫麻

Oreocnide frutescens (Thunb.) Miq.

灌木，高1～3 m。小枝褐紫色或淡褐色。叶生于枝顶，草质，卵形、狭卵形，长3～15 cm，宽1.5～6 cm，正面疏生糙伏毛，背面被白色毡毛。花序生于上年生枝和老枝上，簇生，团伞花序；雄花花被片3，在下部合生；雌花无梗。瘦果卵球形。花期3～5月；果期6～10月。

南昆山产于中坪、下坪，生于山谷和林缘半阴湿处和石缝。分布于我国华南、华东及西南地区。中南半岛、日本也有。韧皮纤维是良好的代麻原料。

7. 赤车属 Pellionia Gaudich.

草本或灌木。叶互生，二列，两侧不相等，狭侧向上，宽侧向下，具3出脉；钟乳体纺锤形。花序雌雄同株或异株；雄花序聚伞状，雄花花被片4～5，在花蕾中呈覆瓦状排列；雌花序球状，花被片4～5，分生。瘦果小，卵形或椭圆形。

南昆山4种。

1. 叶具羽状脉……………………………………2. 华南赤车 P. grijsii
1. 叶具半离基三出脉。
   2. 茎无毛或有长约0.1 mm极短的毛…………3. 赤车 P. radicans
   2. 茎被长0.3～1 mm的毛。
      3. 叶顶端钝或圆形……………………1. 小叶赤车 P. brevifolia
      3. 叶顶端渐尖，骤尖或急尖………………4. 蔓赤车 P. scabra

1. 小叶赤车(短叶赤车)

Pellionia brevifolia Benth.

草本，茎匍匐。叶互生，有极短柄，成左右2列着生茎上，叶片卵形或狭椭圆形，偏斜，长2～5 cm，先端渐尖，基部为极偏斜的心形。花小，雌雄同株或异株；雄花序聚伞状、有梗，花被片5，倒卵形，具角，雄蕊5；雌花序稍成球状，无梗。花期6～8月。

南昆山产于上坪横岗岐、天堂顶，生于山地山谷林下、灌丛中阴湿处或溪边。分布于我国华南、华东、华中及西南地区。越南北部、朝鲜、日本也有。

2. 华南赤车

Pellionia grijsii Hance

多年生草本。茎高40～70 cm，不分枝。叶片草质，斜长椭圆形、斜长圆状倒披针形，长6～14 cm，宽2.4～5 cm，背面沿脉网有短糙毛。花序雌雄同株或异株；雄花有梗，花被片5，椭圆形；雌花花被片5，在果期稍增大。瘦果椭圆球形。花期冬季至翌年春季。

南昆山产于中坪、上坪，生于山谷林下、石上或沟边。分布于我国华南、华东及西南地区。

3. 赤车

Pellionia radicans (Sieb. et Zucc.) Wedd. [*P. radicans* (Sieb. et Zucc.) Wedd. f. *grandis* Gagnep.]

多年生草本。叶片草质，斜狭菱状卵形或披针形，较大，长达9 cm，宽达3.5 cm，半离基三出脉。花序通常雌雄异株；雄花序为稀疏的聚伞花序；雌花序通常有短梗，直径3～5 mm，有多数密集的花。瘦果近椭圆球形，有小瘤状突起。花期5～10月。

南昆山产于上坪至天堂顶，生于山谷林中阴处石上或溪边。分布于我国华南、华东及西南地区。越南也有。

4. 蔓赤车

Pellionia scabra Benth.

亚灌木，高50～100 cm，基部木质，常分枝，上部有开展的糙毛。叶片草质，斜菱状披针形或斜狭长圆形，长3.2～8.5 cm，宽1.3～3.2 cm。沿中脉和叶背面有短糙毛。花序雌雄异株；雄花为稀疏的聚伞状，长4.5 cm。瘦果近椭圆球形。花期春至夏季。

南昆山产于上坪竹坑嶂、中坪，生于山谷溪边或林中。分布于我国华南、西南、华东等地。越南、日本也有。

8. 冷水花属 Pilea Lindl.

草本或亚灌木。叶对生，具柄，叶片同对的近等大或基部等大，对称，边缘具齿，具三出脉。花雌雄同株或异株，花序单生或成对腋生，聚伞状、穗状、头状；花单性，稀杂性；雄花四基数或五基数，稀二基数；雌花通常三基数，有时五、四或二基数。瘦果卵形或近圆形。

南昆山2种。

1. 叶具三出脉；花序聚伞状或聚伞圆锥状 …………………………………………………………… 1. 湿生冷水花 P. aquarum
1. 叶具羽状脉；花序头状或近于头状 …………………………………………………………… 2. 小叶冷水花 P. microphylla

1. 湿生冷水花

Pilea aquarum Dunn

草本，具匍匐的根状茎；茎肉质，带红色，高10～30 cm。叶膜质，同对的近等大，宽椭圆形或卵状椭圆形，长1.5～6 cm，边缘下部以上有钝圆齿，基出脉3条。花雌雄异株；雄花序聚伞圆锥状，具梗；雌花序聚伞状，无梗，密集成簇生状。瘦果近圆形，双凸透镜状，表面有细疣点。花期3～5月；果期4～6月。

南昆山产于石河奇观，生于山沟水边阴湿处。分布于我国华南、华东及西南地区。

2. 小叶冷水花

Pilea microphylla (L.) Liebm.

纤细小草本，铺散或直立。茎肉质，多分枝，高3～

17 cm。叶很小，同对的不等大，倒卵形至匙形，长3～7 mm，宽1.5～3 mm。聚伞花序密集成头状，具梗；雄花具梗，花被片4；雌花更小，花被片3。瘦果卵形。花期夏秋季；果期秋季。

南昆山产于上坪至天堂顶途中，常生于路边石缝和墙上阴湿处。分布于我国华南、华东地区及台湾。园林观赏。

9. 雾水葛属 Pouzolzia Gaudich.

灌木、亚灌木或多年生草本。叶互生，边缘有齿或全缘，基出脉3条，钟乳体点状。团伞花序两性；雄花花被片3～5，镊合状排列；雌花花被管状，常卵形，顶端缢缩，有2～4个小齿。瘦果卵球形。

南昆山1种。

1. 雾水葛

Pouzolzia zeylanica (L.) Benn.

多年生草本，高12～40 cm，不分枝，枝上有短伏毛。叶全部对生，或茎顶部的对生；叶片草质，卵形或宽卵形，长1.2～3.8 cm，宽0.8～2.6 cm。团伞花序两性；雄花有短梗，花被片4；雌花花被椭圆形或近菱形，顶端有2小齿。瘦果卵球形。花期秋季。

南昆山产于下坪，生于平地草地上或田边，丘陵或低山的灌丛中或疏林、沟边。分布于我国华南、华东及西南地区。亚洲热带地区广布。

10. 藤麻属 Procris Comm. ex Juss.

多年生草本或亚灌木。叶二列，全缘或有浅齿，羽状脉，钟乳体条形，极小。雄花簇生，排列成聚伞花序；雌花序密集头状，雌花密集，花被片3～4。瘦果卵形或椭圆形。

南昆山1种。

1. 藤麻

Procris crenata C. B. Robinson

多年生草本。茎肉质，高30～80 cm，不分枝或分枝，无毛。叶生茎或分枝上部；叶片两侧少不对称，狭长圆形或长椭圆形，长8～20 cm，宽2.2～4.5 cm。雄花序生于雌花序之下，簇生；雌花序簇生，有短而粗的花序梗。瘦果褐色，狭卵形，扁。

南昆山产于上坪大坑尾一带、中坪，生于山地林中石上。分布于我国华南、西南及华东地区。中南半岛、东南亚也有。

170. 大麻科 Cannabaceae

直立或攀缘草本。单叶互生或对生，掌状分裂或不裂。花单性，雌雄异株，聚伞花序或集合为圆锥花序，花序腋生。瘦果为宿存花被所包；种子具肉质胚乳。

南昆山1属，1种。

1. 葎草属 Humulus L.

一年生或多年生草本，茎粗糙，具棱。叶对生，3～7裂。花单性，雌雄异株；雄花为圆锥花序式的总状花序；花被5裂，雄蕊5，在花芽时直立；雌花少数，为假柔荑花序。瘦果扁平。

南昆山1种。

1. 葎草

Humulus scandens (Lour.) Merr. [*H. japonicus* Sieb. et Zucc.]

一年生缠绕草本，茎、枝、叶柄具倒钩刺。叶纸质，肾状五角形，掌状5～7深裂。雄花圆锥花序，黄绿色；雌花序球果状，雌花苞片被白色绒毛，苞片纸质。瘦果成熟露出苞片。花期春夏；果期秋季。

南昆山产于佛坳，生于沟边、荒地、林缘。分布几遍全国各地。日本、越南也有。草药用，可清热解毒、凉血，治痢疾、肠炎、肺结核等症。

171. 冬青科Aquifoliaceae

常绿或落叶乔木或灌木。单叶，互生。花小，辐射对称，雌雄异株，腋生或顶生，成簇或排成聚伞花序、伞形花序、圆锥花序、总状花序；花萼4～6片，覆瓦状排列；花瓣覆瓦状排列。浆果状核果；种子胚乳丰富。

南昆山1属，19种，1变种。

1. 冬青属Ilex L.

常绿或落叶乔木或灌木。单叶，互生，具柄。花序为聚伞花序或伞形花序，单生于当年生枝条的叶腋内或簇生于二年生枝条的叶腋内；雌雄异株；花小，白色、粉色或紫红色；雄花花萼盘状，4～6裂，覆瓦状排列；雌花花萼4～8裂。浆果状核果，红色。

南昆山19种，1变种。

1. 落叶乔木或灌木。
  2. 果直径不及10 mm，宿存柱头盘。
    3. 雌花花梗及果梗纤细，长12～25 mm ……………………………… **1. 梅叶冬青I. asprella**
    3. 雌花花梗及果梗短于10 mm ……………………………… **18. 紫果冬青I. tsoi**
  2. 果直径10 mm以上，宿存柱头头状 ……………………………… **3. 沙坝冬青I. chapaensis**
1. 常绿乔木或灌木。
  4. 雌花序单生于叶腋内。
    5. 雄花序单生于当年生枝叶腋内。
      6. 叶片具圆齿、锯齿…… **10. 广东冬青I. kwangtungensis**
      6. 叶片全缘，或偶在叶顶端具齿。
        7. 叶披针形或狭长圆形，长9～16 cm ……………………………… **11. 剑叶冬青I. lancilimba**
        7. 叶非如上述情况，长不超过13 cm。
          8. 植株密被锈黄色短毛；花红色 ……………………………… **6. 黄毛冬青I. dasyphylla**
          8. 植株无毛；花白色 …………… **15. 铁冬青I. rotunda**
    5. 雄花序簇生于二年生枝叶腋内。
      9. 雄聚伞花序具1～3朵花；果球形。
        10. 分核具皱纹及洼点 ………**5. 密花冬青I. confertiflora**
        10. 分核平滑，背部具3条纹，无沟。
          11. 叶椭圆形，长圆形或卵状椭圆形 ……………………………… **16. 三花冬青I. triflora**
          11. 叶倒卵形或长圆状椭圆形，先端圆形或钝，绝不渐尖……… **17. 钝头冬青I. triflora var. kanehirai**
      9. 雄聚伞花序具1～7朵花；果扁球形 ……………………………… **20. 绿冬青I. viridis**
  4. 雌花序及雄花序均簇生于二年生枝的叶腋内。
    12. 雌花序的单个分枝具单花，分核4枚。
      13. 灌木 ……………………………… **4. 灰冬青I. cinerea**
      13. 乔木。
        14. 花梗无毛 ……………………………… **7. 榕叶冬青I. ficoidea**
        14. 花梗被毛 ……………………… **8. 台湾冬青I. formosana**
    12. 雌花序的单个分枝为伞形花序状或单花；分核6～7枚。
      15. 分核背部具3纵条纹及2沟 ……………………………… **14. 毛冬青I. pubescens**
      15. 分核平滑，或具条纹而无沟。
        16. 果梗长1～3 mm。
          17. 叶片革质或厚革质，倒卵形或倒卵状长圆形 ……………………………… **9. 青茶冬青I. hanceana**
          17. 叶片纸质或薄革质，长圆形或椭圆形 ……………………………… **12. 矮冬青I. lohfauensis**
        16. 果梗长8～20 mm。
          18. 果直径3～5 mm，宿存柱头薄盘状 ……………………………… **2. 黄杨冬青I. buxoides**
          18. 果直径5～8 mm，宿存柱头柱状或头状。
            19. 叶背面无腺点 ……………………………… **13. 谷木叶冬青I. memecylifolia**
            19. 叶背面具小腺点…… **19. 罗浮冬青I. tutcheri**

1. 梅叶冬青(岗梅根、秤星树)

Ilex asprella (Hook. et Arn.) Champ. ex Benth.

落叶灌木，高3 m。具长短枝和淡色皮孔。叶在长枝上互生，短枝上簇生，膜质，卵形或卵状椭圆形，长3～7 cm。花为伞形花序，白色；雄花2～3朵，簇生或单生叶腋，4或5数；雌花单生叶腋，无毛，4或6数。果黑色，球形。花期3月；果期4～10月。

南昆山产于花竹，生于山地疏林或路旁灌丛。分布于我国华南及华东地区。菲律宾也有。根、叶入药，可清热解毒、生津止渴、消肿散瘀。

2. 黄杨冬青

Ilex buxoides S. Y. Hu

常绿乔木。叶生于一至二年生枝上，叶片革质，椭圆形或倒卵状椭圆形，或近棱形。花序簇生于二年生枝的叶腋；雄花序簇的单个分枝为具3花的聚伞花序，稀单花；雌花未见。果序簇生于叶腋，个体分枝具单果，球形。花期4～5月；果期7～10月。

南昆山产于下坪石河奇观，生于山地密林或疏林中。分布于我国广东、广西、福建。

3. 沙坝冬青

Ilex chapaensis Merr.

落叶乔木，高达12 m。叶纸质或薄革质，卵状椭圆形或长圆状椭圆形，两面无毛。花白色；雄花序假簇生，花6～8基数；雌花单生于短枝顶鳞片内。果黑色，球形，基部具宿存的平展圆形花萼。花期4月；果期10～11月。

南昆山产于上坪、大坑尾，生于山地混交林中。分布于我国广东、广西、云南、贵州、福建。越南也有。

4. 灰冬青

Ilex cinerea Champion ex Bentham

常绿灌木；小枝褐色或灰色，具纵棱及槽，叶痕半圆形，稍凸起。叶片革质，长圆状倒披针形。花淡黄绿色，4基数；雄花为一至二回三歧式聚伞花序簇生，单个花序具3～9花，被短柔毛；雄蕊4，与花瓣等长或较短；。雌花花序的单个分枝具1花，苞片近圆形。果球形，成熟时红色，宿存柱头盘状，4裂；宿存花萼平展。花期3～4月，果期9～10月。

南昆山产于中坪，生于林下。分布于我国广东、香港和海南。越南也有。

5. 密花冬青

Ilex confertiflora Marr.

常绿小乔木，顶芽狭圆锥形，急尖，被微柔毛。叶片厚革质，长圆形或倒卵状长圆形。花淡黄色，4基数。雄花聚伞花序具3花，簇生于二年生枝的叶腋内，花瓣长圆形。雌花单花簇生于叶腋内，花瓣分离，椭圆形。果球形，宿存柱头长方形。花期4月，果期6～9月。

南昆山产于九重远眺、石河奇观，生于山坡林中或林缘。分布于我国华南地区。

6. 黄毛冬青(金毛冬青)

Ilex dasyphylla Merr.

常绿灌木或乔木；小枝、叶柄、叶片、花梗及花萼均密被锈黄色瘤基短硬毛。叶革质，卵形至卵状披针形，全缘或中部以上具稀疏小齿；主脉在叶面凹陷。聚伞花序单生于当年生枝叶腋内；花红色，4或5基数。果球形，成熟时红色。花期5月；果期8～12月。

南昆山产于天堂顶，生于林中或灌丛中。分布于我国广东、广西、江西、福建。

7. 榕叶冬青

Ilex ficoidea Hemsl.

常绿乔木，高达12 m。幼枝具纵棱，无毛。叶革质，两面无毛，主脉于叶面凹陷。雄花为1～3花的聚伞花序，雌花单花簇生于当年生枝叶腋内；花白色或淡绿色，芳香。果红色，近球形或球形。花期3～4月；果期8～11月。

南昆山产于横岗岐，下坪石河奇观，生于林中或林缘。分布于我国华南、西南、华东及华中地区。琉球群岛也有。

8. 台湾冬青

Ilex formosana Maxim

常绿乔木，高8～15 m；幼枝圆柱形，具纵棱沟，无毛。叶生于一至二年生枝上，叶片革质或近革质，椭圆形或长圆状披针形，长6～10 cm，宽2～3.5 cm。花序生于二年生枝的叶腋内，单性，花瓣4枚，白色。果近球形，成熟后红色。花期3～5月；果期7～11月。

南昆山产于上坪，生于山地林中。分布于我国华南及华东地区。

9. 青茶冬青

Ilex hanceana Maxim.

常绿灌木；当年生幼枝具纵棱及槽。叶片厚革质，倒卵形或倒卵状长圆形，全缘，主脉在叶面平坦或微凹，背面隆起，网状脉两面不明显；托叶三角形，急尖，宿存。雄花序由具2～3花的聚伞花序分枝簇生，具基生小苞片1或2枚；花4基数，白色；花冠辐状，花瓣卵形；雌花序由单花簇生，花萼与花冠同雄花。果球形，成熟后红色；宿存花萼平展，四角形，

4裂。花期5～6月，果期7～12月。

南昆山产于上坪，生于山坡灌木中。分布于我国广东、海南、香港和福建。

10. 广东冬青

Ilex kwangtungensis Merr.

常绿灌木或小乔木，高达9 m。小枝圆柱形。叶生于1～3年生枝上，革质，边缘稍反卷。聚伞花序单生于当年生枝的叶腋；雄花序为二至四二歧聚伞花序，雌花序具一至二回二歧式聚伞花序，具花3～7朵，花紫色或粉红色。果红色，椭圆形。花期6月；果期9～11月。

南昆山产于上坪、中坪，生于常绿阔叶林或灌木丛中。分布于我国华南、华东及西南地区。

11. 剑叶冬青

Ilex lancilimba Merr.

常绿灌木或小乔木，高3～10 m。树皮灰白色，平滑。叶生于一至二年生枝上，革质全缘。聚伞花序单生与当年生枝下部叶腋或鳞片内；总花梗及花梗被黄色短柔毛。果红色，椭圆形。花期3月；果期9～11月。

南昆山产于天堂顶，生于山谷林中或灌丛中。分布于我国广东、广西、福建。

12. 矮冬青

Ilex lohfauensis Merr.

常绿灌木或小乔木，高2～6 m。小枝圆柱形，密被短柔毛。叶生于1～3年生枝上，薄革质或纸质；托叶宿存，狭三角形。花簇生于二年生枝叶腋内；花粉红色。果红色，球形。花期6～7月；果期8～12月。

南昆山产于上坪，生于山地常绿阔叶林或灌丛中。分布于我国华中、华南及华东及贵州。

13. 谷木叶冬青

Ilex memecylifolia Champ. ex Benth.

常绿乔木，高达20 m。幼枝具纵棱，被短柔毛。叶生于一至二年生枝上，革质至厚革质。花簇生于二年生枝叶腋内；花白色，芳香，花冠辐状，花瓣长圆形。果红色，球形。花期3～4月；果期7～12月。

南昆山产于佛坳，生于山坡林中。分布于我国华南、福建、江西、贵州。

14. 毛冬青

Ilex pubescens Hook. et Arn.

常绿灌木，高达4 m。小枝近四棱形，具纵棱脊。叶膜质或纸质，密被长硬毛，椭圆形或长卵形。花序簇生于一至二年生枝的叶腋内；雄花为聚伞花序，雌花序的单个分枝具单花，稀具3花。果红色，球形。花期4～5月；果期8～11月。

南昆山产于上坪、中坪、沙坑尾等地，生于山坡常绿阔叶林中或林缘、灌丛、溪旁、路旁。分布于我国华南、华东、华中及西南地区。

15. 铁冬青

Ilex rotunda Thunb.

常绿乔木，高达20 m。当年生枝具纵棱，无毛。叶薄革质或纸质，卵形、倒卵形或椭圆形。聚伞花序或伞形花序，单生于当年生枝上；花白色。果红色，近球形或椭圆形。花期4月；果期8～12月。

南昆山产于中坪竹坑嶂、下坪石河奇观，生于沟边、山坡常绿阔叶林及林缘。分布于我国华南、西南、华中及华东地区。朝鲜、日本和越南北部也有。

16. 三花冬青

Ilex triflora Bl.

常绿灌木或乔木。幼枝近四棱形。叶生于一至三年生枝上，椭圆形，长圆形或卵状椭圆形，长2.5～10 cm，近革质，叶背具腺点。花单性，簇生于叶腋内，4基数，白色或浅红色；花萼盘状，具缘毛。果黑色，球形。花期5～7月；果期8～11月。

南昆山产于上坪村旁、三坑、天堂顶，生于山地林中。分布于我国华中、华东、西南及华南地区。南亚、东南亚也有。

17. 钝头冬青

Ilex triflora Bl. var. **kanehirai** (Yamamoto) S. Y. Fin

本变种与三花冬青的主要区别在于叶片倒卵形或长圆状椭圆形，先端圆形或钝，绝不渐尖。

南昆山产于天堂顶，生于山地林中、林缘或溪边灌木丛中。分布于我国华南及华东地区。

18. 紫果冬青

Ilex tsoi Merrill & Chun

落叶灌木；具长短枝。叶在长枝上互生，在短枝上，1～3枚簇生于枝顶端。叶片纸质，卵形或卵状椭圆形。雄花序：单花或2～3花簇生于当年长枝叶腋内或短枝的芽鳞腋内；花6基数，花萼盘状，6深裂；花冠辐状；雌花序：单生于短枝的芽鳞腋内；花萼与花冠同雄花。果球形，成熟时紫黑色，基部具星状、平展的宿存花萼，顶端具厚盘状或头状凸起的柱头。花期5～6月，果期6～8月。

南昆山产于天堂顶，生于林下。分布于我国华东及广东、广西、湖南、湖北、贵州、四川。

19. 罗浮冬青
Ilex tutcheri Merr.

常绿灌木或小乔木，高达4 m。幼枝圆柱形，具棱。叶厚革质，倒卵形或倒卵状椭圆形。花序簇生于2～3年生枝的叶腋内；雄花序簇的个体分枝为具3花的聚伞花序，花白色；雌花序及雌花未见。果红色球形。花期4～5月；果期7～12月。

南昆山产于下坪石河奇观，生于山坡林中。分布于我国广东、广西。

20. 绿冬青
Ilex viridis Champ. ex Benth

常绿灌木或小乔木，高1～5 m。幼枝近四棱形。叶生于1～2年生枝上，革质；叶背具不明显腺点。雄聚伞花序单生于当年生枝鳞片或叶腋内；雌花单生于当年生枝叶腋内，花白色，4基数，花萼4裂，花瓣4。果黑色，球形或扁球形。花期5月；果期10～11月。

南昆山产于下坪石河奇观、生于山地常绿阔叶林中。分布于我国华南、华东、华中和贵州。

173. 卫矛科 Celastraceae

常绿或落叶乔木、灌木或藤状灌木。单叶对生或互生。聚伞花序常组成圆锥状或总状；花两性或单性，杂性同株，4～5数；常具苞片；花萼宿存。多为蒴果；种子常有肉质假种皮。

南昆山3属，10种。

1. 心皮4～5 ······································ 2. 卫矛属Euonymus
1. 心皮2～3。
    2. 叶互生 ······································ 1. 南蛇藤属Celastrus
    2. 叶对生 ······································ 3. 假卫矛属Microtropis

1. 南蛇藤属 Celastrus L.

落叶或常绿藤状灌木，小枝多数具皮孔。叶互生。聚伞花序排成圆锥状或伞状；花小，单性，5数。蒴果常近球形；种子全被桔红色肉质假种皮所包。

南昆山4种。

1. 果1室，1种子；常绿 ······························ 2. 青江藤C. hindsii
1. 果3室，具3～6种子；落叶或常绿。
    2. 花序顶生及腋生；种子通常椭圆形 ······································ 4. 南蛇藤C. orbiculatus
    2. 花序通常明显腋生；种子一般为新月形或弓弯半环状。

3. 聚伞花序有花3朵；花序梗长2～5 mm……………………………………1. 过山枫C. aculeatus

3. 聚伞花序有花3～14朵；花序梗长5～20 mm……………………………………3. 圆叶南蛇藤C. kusanoi

1. 过山枫

Celastrus aculeatus Merr.

藤状灌木；幼枝、花梗与花序梗均被棕褐色短毛。冬芽圆锥状，基部芽鳞宿存。叶多椭圆形或长圆形，长5～10 cm。聚伞花序短，常具3花。蒴果近球形，宿萼明显增大；种子新月形或弯成半环状，密布小疣点。

南昆山产于中坪、十字水，生长于灌从或路边疏林中。分布于我国华南、华东、西南地区。

2. 青江藤

Celastrus hindsii Benth.

常绿藤状灌木；小枝紫色，具稀疏皮孔。叶长圆状窄椭圆形或椭圆状倒披针形，长7～14 cm。花淡绿色。蒴果近球形；种子1，宽椭圆形或近球形；假种皮橙红色。花期5～7月；果期7～10月。

南昆山产于中坪、上坪沙坑尾、天堂顶，生于灌丛或山地林中。分布于我国华南、华中、华东及西南地区。印度、越南及马来西亚也有。

3. 圆叶南蛇藤

Celastrus kusanoi Hayata.

落叶藤状小灌木。幼叶常被棕色短硬毛。叶宽椭圆形或圆形，长6～10 cm，具短小尖，叶背面叶脉基部被棕白色短毛。聚伞花序腋生和侧生，有3～7花。蒴果近球形，果皮具横皱纹；种子球形或稍近新月形，黑褐色。花期2～4月。

南昆山产于七星湖，生于山地边缘。分布于我国华南和台湾地区。根治喉痛、初期肺结核、跌打和骨折。

4. 南蛇藤

Celastrus orbiculatus Thunb.

藤本，小枝光滑无毛，灰棕色或棕褐色，具稀而不明显的皮孔。叶通常阔倒卵形，近圆形或长方椭圆形，长5～13 cm，宽3～9 cm，先端圆阔，具有小尖头或短渐尖。聚伞花序腋生，间有顶生。蒴果近球状；种子椭圆状稍扁，赤褐色。花期5～6月；果期7～10月。

南昆山产于上坪，生于山坡灌丛。分布几遍我国。朝鲜、日本也有。

2. 卫矛属 Euonymus L.

常绿灌木或小乔木；小枝常四棱形。叶对生。聚伞花序排成圆锥状，腋生；花两性，萼片和花瓣均4～5。蒴果；种子被肉质假种皮。

南昆山5种。

1. 果裂时果皮内层常突起成假轴；假种皮包围种子全部……………………………………2. 扶芳藤E. fortunei

1. 果裂时果皮内外层一般不分离，假种皮包围种子全部或部分。

2. 蒴果全体呈深裂状，仅基部连合……………………………………1. 百齿卫矛E. centidens

2. 蒴果上端呈浅裂至半裂状。

3. 叶边缘具圆齿或锯齿……………4. 疏花卫矛 E. laxiflorus
3. 叶全缘或仅叶片边缘上部有齿，下部全缘。
4. 果扁方形，长5～7 mm……3. 纤细卫矛E. gracillimus
4. 果三角状卵圆形，长8～17 mm……………………………………5. 中华卫矛E. nitidus

1. 百齿卫矛

Euonymus centidens Levl.

灌木，高达6 m；小枝方棱状，常有窄翅棱。叶纸质或近革质，窄长椭圆形或近长倒卵形，长3～10 cm，宽1.5～4 cm，先端长渐尖；近无柄或有短柄。聚伞花序1～3花，淡黄色。蒴果4深裂，假种皮黄红色，覆盖于种子向轴面的一半，末端窄缩成脊状。花期6月；果期9～10月。

南昆山产于七星湖，生长于山坡或密林中。分布于我国华南、西南、华东、华中地区。

2. 扶芳藤

Euonymus fortunei (Turcz.) Hand. -Mazz. (*E. hederaceus* Champ. ex Benth.)

常绿藤本灌木，高1至数m。小枝方棱不明显。小枝方棱不明显。叶薄革质，椭圆形、长方椭圆形或长倒卵形，长3.5～8 cm，宽1.5～4 cm，先端钝或急尖。聚伞花序3～4次分枝；花序梗长1.5～3 cm，花白绿色。蒴果粉红色，果皮光滑，近球状种子长方椭圆状，棕褐色，假种皮鲜红色，全包种子。花期6月；果期10月。

南昆山产于上坪天堂顶，生于山坡岩石旁。分布于我国华南、华东、华中、西南、西北等地区。

3. 纤细卫矛

Euonymus gracillimus Hemsl.

灌木至小乔木，高1至数m。小枝绿色，纤细，有4条细棱线。叶薄革质，有光泽，披针形，长3～7 cm，宽6～12 mm。聚伞花序1～3花，花瓣近圆形；雄蕊近无花丝。蒴果黄色，4裂至果实一半处，扁方形；种子每室1～2，宽阔略呈长方形，外被桔黄色假种皮。花期7～8月；果期11月。

南昆山产于上坪，生于山脚密林中。分布于我国广东、海南。

4. 疏花卫矛

Euonymus laxiflorus Champ. ex Benth.

灌木，高达4 m。叶纸质或近革质，卵状椭圆形，长5～12 cm。花紫色，5数；萼片边缘常具紫色短睫毛；雄蕊无花丝。蒴果倒圆锥形，熟时紫红色；种子长圆状，枣红色；假种皮橙红色，包被种子基部。花期3～6月；果期7～11月。

南昆山产于上坪、中坪一带，生于山上、山腰及路旁密林中。分布于我国华南、华中、华东及西南地区。全株入药，有活血、壮骨等功效。

5. 中华卫矛

Euonymus nitidus Benth.

常绿灌木或小乔木，高达5 m。叶革质，倒卵形，长4～13 cm。花白或黄绿色，4数；花瓣基部窄缩成短爪；雄蕊无花丝。蒴果三角状卵圆形；种子宽椭圆形，棕红色；假种皮橙黄色，全包种子。花期3～5月；果期6～10月。

南昆山产于上坪天堂顶，生于林内、山坡、路旁等较湿润处。分布于我国华南、华东、华中及西南地区。

3. 假卫矛属 Microtropis Wall. ex Meisn

常绿或落叶，灌木或小乔木。叶对生，全缘；无托叶。花小，两性，花部多为5数。蒴果具短尖或尖喙；种子1，无假种皮，种皮常稍肉质呈假种皮状。

南昆山1种。

1. 密花假卫矛

Microtropis gracilipes Merr. et Metc.

灌木，高达5 m。叶宽倒披针形或长椭圆形，长5～11 cm，主脉在两面凸起。密伞花序或团伞花序腋生或侧生；小花无梗，密集成头状。花5基数；萼片近肾圆形，宿存。蒴果宽椭圆形；种子椭圆形，种皮暗红色。

南昆山产于上坪至天堂顶一带，生于山谷林中湿地、溪旁或河畔。分布于我国华南、华中、华东及西南地区。

178. 翅子藤科 Hippocrateaceae

藤本，灌木或小乔木。单叶，常对生。花两性，辐射对称，簇生或为二歧聚伞花序；花5基数。蒴果或浆果；种子有时压扁状，具翅。

南昆山1属，1种。

1. 翅子藤属 Loeseneriella A. C. Smith

木质藤本；枝上具皮孔，节间略粗壮。叶纸质或近革质，具柄。聚伞花序腋生或生于小枝顶端；花基数5。蒴果，广展，压扁，沿中缝开裂；种了具膜质基生的翅。

南昆山1种。

1. 短柄翅子藤（程香仔树）

Loeseneriella concinna A. C. Smith

藤本；小枝纤细，具明显粗糙皮孔。叶纸质，长圆状椭圆形，长3～7 cm，叶缘具明显疏圆齿。聚伞花序腋生或顶生，花疏；花淡黄色，萼片三角形。蒴果倒卵状椭圆形；种子4颗。花期5～6月；果期10～12月。

南昆山产于七星湖，生于山谷林中。分布于我国广东和广西。

179. 茶茱萸科 Icacinaceae

乔木、灌木或藤本；具卷须。单叶，互生，全缘；无托叶。花辐射对称，排列成穗状、总状、圆锥或聚伞花序；花被片常4～5。果核果状，1室，具1枚种子。种子无假种皮。

南昆山1属，1种。

1. 定心藤属 Mappianthus Hand. -Mazz.

木质藤本，各部被糙伏毛；卷须与叶轮生。叶对生或近对生，全缘，革质。雌雄异株；聚伞花序；花单性，5数。核果长卵圆形，外果皮薄肉质，内果皮薄壳质，具下陷网纹和纵槽；种子无假种皮。

南昆山1种。

1. 定心藤（甜果藤）

Mappianthus iodoides Hand. -Mazz.

木质藤本；全株各部除老枝外均被黄褐色糙伏毛。叶长椭圆形或长圆形，长8～17 cm。花冠5裂。核果椭圆形，成熟时橙黄或橙红色，基部具宿存、微增大的萼片；种子1。花期4～8月，雌花较晚；果期6～12月。

南昆山产于中坪尾至中坪、上坪，生于疏林、灌丛及沟谷林中。分布于我国华南、西南及华东地区。越南北部也有。果味甜可食；根及藤可药用。

182. 铁青树科 Olacaceae

常绿或落叶乔木、灌木或藤本。单叶，互生，全缘；无托叶。花小，两性，稀杂性，排成腋生的聚伞花序，有时为总状或穗状花序状的聚伞花序，稀为伞形花序及圆锥花序；花萼筒小，杯状；花瓣3～6，离生或合生；子房上位，1～5室，胚珠1～4颗。核果或坚果，成熟时无增大的花萼筒包围或被增大成杯状、壶状的花萼筒半包围或全包围。

南昆山1属，1种。

1. 青皮木属 Schoepfia Schreber

小乔木或灌木。单叶互生。花排成腋生的蝎尾状或螺旋状聚伞花序，稀单生；花萼筒与子房贴生，顶端截平或有极小的裂齿，果时花萼筒增大；花冠4～6裂；雄蕊与花冠裂片同数；子房半埋在肉质的花盘中。核果有时坚果状，成熟时全部增大成壶状的花萼筒所包围。

南昆山1种。

1. 华南青皮木

Schoepfia chinensis Gardn. & Champ

落叶小乔木。树皮暗灰褐色；小枝干后黑褐色，有白色皮孔。叶纸质或坚纸质，长5～9 cm，宽2～4.5 cm，顶端渐尖、锐尖或钝尖，叶脉红色。花无梗，2～3朵，螺旋状聚伞花序，花冠管状，黄白色或淡红色。果椭圆状或长圆形，长0.7～1 cm。花叶同放。花期2～4月；果期4～6月。

南昆山产于下坪石河奇观、十字水，生于低海拔山谷、溪边林中。分布于我国华南、华中、西南、华东等地区。

183. 山柑科 Opiliaceae

常绿小乔木、灌木或木质藤本。叶互生，单叶，全缘；无托叶。花小，辐射对称，组成腋生或顶生的穗状、总状或聚伞花序；花被片或花瓣4～5数。核果；种子具丰富油质胚乳。

南昆山1属，1种。

1. 山柑藤属 Cansjera Juss.

直立或攀缘灌木。叶互生，具短柄。穗状花序，每花具1苞片；花两性；单花被，4～5数，具柔毛。核果椭圆状，中果皮肉质，内果皮薄；种子1。

南昆山1种。

1. 山柑藤

Cansjera rheedi J. F. Gmel.

攀缘状灌木，高达6 m；小枝、叶柄和花序均被淡黄色短绒毛。叶卵圆形或长圆状披针形，长4～10 cm，先端长渐尖。花被黄色。核果长椭圆形或椭圆形，顶端有小突尖，成熟时橙红色。花期10月至翌年1月；果期1～4月。

南昆山产于下坪，生于低海拔山地疏林或灌木中。具根寄生习性。分布于我国华南及西南地区。印度、东南亚也有。

185. 桑寄生科 Loranthaceae

半寄生性灌木或亚灌木；常寄生于木本植物茎枝。叶常对生，全缘；无托叶。总状、穗状、聚伞状或伞形花序；花两性；花被花瓣状，3～6(～8)。浆果，外果皮革质或肉质，中果皮具粘胶质；种子1，无种皮。

南昆山8属，13种。

1. 花两性，稀单性；有副萼；花被花瓣状。
  2. 每朵花具苞片1枚和小苞片2枚；子房2到多室 ………………………………………… 4. 鞘花属 Macrosolen
  2. 每朵花具苞片1枚；子房1室。
    3. 花冠无冠管，花瓣离生；花柱柱状 ………………………………………… 2. 离瓣寄生属 Helixanthera
    3. 花冠具冠管，冠管顶部分裂成裂片；花柱线状。
      4. 苞片大，轮生，呈总苞状 ………………………………………… 7. 大苞寄生属 Tolypanthus
      4. 苞片小，非总苞状。
        5. 花5基数；花冠辐射对称 ………………………………………… 1. 五蕊寄生属 Dendrophthoe
        5. 花4基数；花冠两侧对称。
          6. 花托或浆果的下半部或基部明显的变狭，果棒状、陀螺状或梨形 ………… 5. 梨果寄生属 Scurrula
          6. 花托或浆果的基部圆钝，果椭圆状或卵球形，稀近球形 ………………… 6. 钝果寄生属 Taxillus
1. 花单性；无副萼；花被萼片状。
  7. 花药2室，纵裂 ………………………… 3. 粟寄生属 Korthalsella
  7. 花药多室，孔裂 ………………………… 8. 槲寄生属 Viscum

1. 五蕊寄生属 Dendrophthoe Mart.

寄生性灌木。叶常互生或近对生。总状花序或穗状花序腋生；花两性，5数，具苞片1；副萼环状。浆果常卵球形；种子1。

南昆山1种。

1. 五蕊寄生（乌榄寄生）

Dendrophthoe pentandra (L.) Miq.

灌木，高达2 m；冬芽密被灰色星状毛。叶革质，多椭圆形或披针形，长5～13 cm。总状花序，初密被灰或白色星状毛，后渐稀疏；花5深裂，初青白色，后红黄色。果卵球形，红色。花果期12月至翌年6月。

南昆山产于石河奇观，生于山地常绿阔叶林中，寄生于其它树上。分布于我国广东、广西及云南。东南亚也有。全株入药，治痢疾、腰痛、虚劳。

2. 离瓣寄生属 Helixanthera Lour.

寄生性灌木。叶常对生或互生。总状花序或穗状花序，常腋生；花两性，4～5数，辐射对称，具苞片1。浆果顶端具宿存副萼；种子1。

南昆山1种。

1. 离瓣寄生（五瓣桑寄生）

Helixanthera parasitica Lour.

灌木，高1～1.5 m。叶对生，卵形或卵状披针形，长5～12 cm。总状花序；花5基数，红、淡红或淡黄色，被暗褐色或灰色乳头状毛。果椭圆状，红色，被乳头状毛。花期1～7月；果期5～8月。

南昆山产于天堂顶，生于山地常绿阔叶林中，寄生于其它树上。分布于我国华南、华东及西南地区。印度东北部、东南亚也有。茎、叶入药，有祛风湿等效。

3. 粟寄生属 Korthalsella Van Tiegh.

寄生性小灌木或亚灌木；茎通常扁平，相邻的节间排列在同一水平面上。叶退化成鳞片状，对生。聚伞花序，腋生；花单性，小，3数；花梗几无；苞片无；副萼无。浆果椭圆形或梨形，具宿萼；种子1。

南昆山1种。

1. 粟寄生

Korthalsella japonica (Thunb.) Engl.

亚灌木，高5～15 cm；小枝扁平，通常对生。叶退化呈鳞片状，成对合生呈环状。花淡绿色，有具节的毛围绕于基部。果椭圆形或梨形，淡黄色。花果期几全年。

南昆山产于横岗岐，生于常绿阔叶林中，寄生于壳斗科栎属、柯属或山茶科、樟科、桃金娘科、山矾科、木犀科等植物上。分布于我国华南、西南、华东及华中地区。非洲、亚洲和大洋洲也有。

4. 鞘花属 Macrosolen (Bl.) Bl.

寄生性灌木。叶对生，革质或薄革质。总状花序或伞形花序，每朵花具苞片1枚和小苞片2枚；花两性，6数。浆果球形或椭圆状，顶端具宿存副萼或花柱基；种子1，椭圆状。

南昆山1种。

1. 鞘花（枫木鞘花）

Macrosolen cochinchinensis (Lour.) Van Tiegh.

灌木，高0.5～1.3 m；小枝灰色，具皮孔。叶革质，阔椭圆形至披针形，长5～10 cm。总状花序，1～3个腋生或生于小枝已落叶腋部；花冠橙色。果近球形，橙色。花期2～6月；果期5～8月。

南昆山产于石河奇观，生于常绿阔叶林中，寄生于其它植物上。分布于我国华南、西南及华东地区。东南亚也有。全株药用，有清热、止咳等效。

5. 梨果寄生属 Scurrula L.

寄生性灌木；嫩枝、叶被毛。叶对生或近对生。总状花序，腋生；花4基数，两侧对称，每朵花具苞片1枚。浆果陀螺状、棒状或梨形；种子1。

南昆山1种。

1. 红花寄生（桑寄生、柏寄生）

Scurrula parasitica L.

灌木；嫩枝、幼叶密被锈色星状毛。叶对生或近对生，厚纸质，卵形或长卵形，长5～8 cm。总状花序1～2(～3)，各部被褐色毛；花红色，密集。果梨形，下部缢缩呈长柄状，红黄色。花果期10月至翌年1月。

南昆山产于石河奇观，生于山地常绿阔叶林中，寄生于其它植物上。分布于我国华南、华东、西南及华中地区。东南亚也有。全株入药，治风湿性关节炎、胃痛等症。

6. 钝果寄生属 Taxillus Tiegh.

寄生性灌木；嫩枝、叶通常被绒毛。叶对生或互生。伞形花序，腋生；花4～5数，两侧对称，每朵花具苞片1枚。浆果椭圆状或卵球形，基部圆钝，顶端具宿存副萼，外果皮具颗粒状体或小瘤体；种子1。

南昆山3种。

1. 花蕾顶部卵球形，花冠裂片匙形。
   2. 嫩叶被毛，成长叶两面无毛 ………… 1. 广寄生 T. chinensis
   2. 嫩叶密被叠生状星毛，成长叶背有绒毛 ……………………………… 2. 锈毛钝果寄生 T. levinei
1. 花蕾顶部椭圆状，花冠裂片披针形 … 3. 桑寄生 T. sutchuenensis

1. 广寄生（苦楝寄生、桑寄生）

Taxillus chinensis (Candolle) Danser

灌木，高0.5～1 m；嫩枝、幼叶和花密被锈色星状毛。叶对生或近对生，厚纸质，卵形或长卵形，长(2.5～)3～6 cm。伞形花序；花褐色，4裂。果椭圆状或近球形；果皮密生小瘤体，具疏毛，成熟果浅黄色。花果期4月至翌年1月。

南昆山产于下坪，生于低山常绿阔叶林中，寄生于其它植物上。分布于我国华南地区及福建南部。东南亚地区也有。全株入药，可治风湿痹痛、腰膝酸软、胎动、胎漏、高血压等。

2. 锈毛钝果寄生

Taxillus levinei (Merr.) H. S. Kiu

灌木；嫩枝、叶、花序和花均密被锈色；小枝灰褐色或暗褐色，无毛，具散生皮孔。叶互生或近对生，革质，卵形，长4～10 cm，宽2～3.5 cm，被绒毛。伞形花序，1～2个腋生或生于小枝已落叶腋部；花红色。果卵球形，黄色，果皮具颗粒状体，被星状毛。花期9～12月；果期翌年4～5月。

南昆山产于上坪村附近，生于海拔200～1200 m山地或山谷常绿阔叶林中，常寄生于油茶、樟树、板栗或壳斗科植物上。分布于我国西南、华南、华中、华东地区。

3. 桑寄生

Taxillus sutchuenensis (Lecomte) Danser

灌木，嫩枝、叶密被褐色或红褐色星状毛。叶近对生或互生，革质，卵形、长卵形或椭圆形，顶端圆钝，基部近圆形，正面无毛，背面被绒毛。总状花序，密集呈伞形，花序和花均密被褐色星状毛；花红色，花托椭圆状；副萼环状，具4齿；花冠花蕾时管状，稍弯，下半部膨胀，顶部椭圆状，裂片4枚，披针形，反折。果椭圆状，黄绿色，果皮具颗粒状体，被疏毛。花期6～8月。

南昆山产于上坪至天堂顶，生山地阔叶林中，寄生于桑树、梨树等植物上。分布于我国华南、华东、华中及西北地区。

7. 大苞寄生属 Tolypanthus (Blume) Reichb.

寄生性灌木。叶互生或对生，具叶柄。密簇聚伞花序，腋生，具花3～6朵；花两性，5数，辐射对称，具5棱，约与花冠等长，柱头头状。浆果椭圆状，外果皮革质，被疏毛，中果皮具粘胶质；种子1。

南昆山1种。

1. 大苞寄生

Tolypanthus maclurei(Merr.)Danser

灌木。幼枝、叶密被黄褐色或锈色星状毛，稍后毛全脱落。叶薄革质，互生或近对生，或3～4枚簇生于短枝上，长2.5～7 cm，宽1～3 cm。密簇聚伞花序，1～3个生于小枝已落叶腋部或腋生，具花3～5朵；花红色或橙色。果椭圆状，长8～10 mm，黄色，具星状毛。花期4～7月；果期8～10月。

南昆山产于中坪、上坪，生于山地、山谷或溪畔常绿阔叶林中，寄生于油茶、檵木、柿树、紫薇或杜鹃属、杜英属、冬青属等植物上。分布于我国华南、西南、华中等地区。

8. 槲寄生属 Viscum L.

寄生性灌木或亚灌木。茎、枝具明显的节，相邻的节互相垂直。叶对生。聚伞式花序，常具2枚苞片组成的舟形总苞。花单性，小，花被花萼状，4数。浆果，常具宿存花柱；种子1。

南昆山4种。

1. 聚伞花序具不定花芽，花在舟形组苞上排列成一行……………………3. 柄果槲寄生V. multinerve
1. 聚伞花序无不定花芽，具花3朵，中央一朵为雌花，侧生的为雄花，或仅具1朵雌花或雄花。
   2. 植株具叶片，叶卵形、倒卵形或长椭圆形……………………4. 瘤果槲寄生V. ovalifolium
   2. 成长植株仅具鳞片状叶。
      3. 茎近圆柱状或圆柱状……………………1. 棱枝槲寄生V. diospyrosicolum
      3. 茎、枝均明显地扁平……………………2. 枫香槲寄生V. liquidambaricolum

1. 棱枝槲寄生

Viscum diospyrosicolum Hayata

亚灌木，直立或悬垂，二或三歧分枝，具明显的节，茎基部的节间圆柱状，小枝的节间稍扁平。幼苗期叶2～3对，长圆形，成长植株具鳞片状叶。聚伞花序单一或有时簇生。果卵球形，成熟时黄色或橙色，果皮光滑。花果期5～12月。

南昆山产于上坪，常寄生于柿树、樟树、壳斗科植物上。分布于我国东南及西南各地区。全株供药用草药名“桐木寄生”，有化痰、止咳、治小孩支气管炎等效。

2. 枫香槲寄生（枫树寄生）

Viscum liquidambaricolum Hayata

灌木，高0.5～0.7 m；枝均扁平，交叉对生或二歧地分枝。叶退化呈鳞片状。聚伞花序，1～3腋生，具花1～3朵；花4基数。果椭圆形，成熟时橙红色或黄色。花果期4～12月。

南昆山产于丹枫寨，生于山地阔叶林中或常绿阔叶林中，寄生于枫香、油桐、柿树或壳斗科等多种植物上。分布于我国华南、西南、西北及华东地区。东南亚地区也有。全株入药，治风湿性关节疼痛、腰肌劳损。

3. 柄果槲寄生

Viscum multinerve (Hayata) Hayata

灌木；茎圆柱状，枝交叉对生或二歧地分枝。叶对生，薄革质，披针形或镰刀形，长4.5～7 cm，宽1～2 cm，顶端渐尖或近急尖。扇形聚伞花序，1～3个腋生或顶生。果黄绿色，长7～8 cm，上半部倒卵球形或近球形，下半部骤狭呈柄状，果皮平滑。花果期4～12月。

南昆山产于上坪，生于海拔200～1200 m山地常绿阔叶林中，寄生于锥栗属、柯属或樟树等植物上。分布于我国华南、西南、华东等地区。

4. 瘤果槲寄生（柚寄生）

Viscum ovalifolium Wall. et DC.

灌木，高约0.5 m。叶对生，革质，卵形、倒卵形或长椭圆形，长3～8.5 cm。聚伞花序；花被花萼状，4数。果近球形，果皮具小瘤体，成熟时淡黄色，果皮变平滑。花果期几全年。

南昆山产于上坪，寄生于柚树、黄皮、柿树、板栗、海桑等多种植物上。分布于我国广东、广西、云南南部。东南亚也有。枝、叶入药，有祛风、止咳、清热解毒等功效。

186. 檀香科 Santalaceae

草本或灌木，常为寄生或半寄生。单叶，互生或对生；无托叶。花小，辐射对称，集成各种花序；花被裂片3～4枚，内面雄蕊着生处有疏毛或舌状物。核果或小坚果；种子1，无种皮。

南昆山1属，1种。

1. 寄生藤属 Dendrotrophe Miq.

半寄生、木质藤本。嫩枝有纵棱。叶革质，互生，全缘。花小，腋生，簇生或集成聚伞花序或伞形花序；花被5～6裂。核果顶端冠以宿存花被裂片，外面粗糙或有疣瘤；种子有纵向的深槽。

南昆山1种。

1. 寄生藤（青公藤、左扭藤、鸡骨香藤）

Dendrotrophe varians (Bl.) Miq. [*D. frutescens* (Champ. ex Benth.) Danser]

木质藤本，常呈灌木状。枝幼时三棱形，扭曲。叶厚，倒卵形或宽椭圆形，长3～7 cm，基出脉3。花常单性，雌雄异株；花被5裂。核果卵圆形，带红色顶端有内拱形宿存花被，成熟时棕黄或红褐色。花期1～3月；果期6～8月。

南昆山产于花竹，生于山地灌丛中，常攀缘于树上。分布于我国华南、西南及华东地区。越南也有。全株供药用，有散血、消肿、止痛之功效，外敷治跌打刀伤。

189. 蛇菰科 Balanophoraceae

一年生或多年生肉质草本，无正常根，有吸盘，寄生；根茎表面常有疣瘤或星状皮孔。花序顶生，肉穗状或头状；花单性，雌雄同株(序)或异株(序)；雄花被片3～6(8～14)裂或无，雌花无被或花被与子房合生。坚果小。种子常与果皮贴生。

南昆山1属，4种。

1. 蛇菰属 Balanophora J. R. Forster & G. Forster

根茎分枝或不分枝。鳞苞片无柄。肉穗花序；雄花花被裂片3～6，同型偶异型；雌花无被，1室，宿存。坚果，外果皮脆骨质。

南昆山4种。

1. 花雌雄同株(序)……………………4. 杯茎蛇菰 B. subcupularis
1. 花雌雄异株(序)。
  2. 雄花4～6数，聚药雄蕊长大于宽，筒状至椭圆状，花药纵裂、斜裂或短裂……………………3. 疏花蛇菰 B. laxiflora
  2. 雄花3基数，聚药雄蕊宽大于长，常呈盘状，无总柄，花药横裂。
    3. 根茎表面呈脑状皱褶；花序近球形或卵状椭圆形；鳞苞片聚生于花茎基部呈总苞状……1. 红冬蛇菰 B. harlandii
    3. 根茎表面呈近脑状皱缩，有星芒状小皮孔；花序阔卵形或卵圆形；鳞苞片旋生于花茎上……………………………………2. 宜昌蛇菰 B. henryi

1. 红冬蛇菰
Balanophora harlandii J. D. Hooker

高2.5～9 cm；根茎苍褐色，扁球形或近球形；花茎淡红色。鳞苞片5～10枚，红色或淡红色，聚生于花茎基部，总苞状。花雌雄异株(序)；花序近球形或卵圆状椭圆形；雄花3基数；雌花子房黄色，常无子房柄，花柱丝状。花期9～10月。

南昆山产于上坪，生于荫蔽林较湿润的腐殖质土壤中。分布于我国华南地区及云南。

2. 宜昌蛇菰
Balanophora henryi Hemsl.

草本，高3～8 cm。根茎灰褐色，呈不规则的球形或扁球形，干时脆壳质；花茎长1～6 cm，红色或红黄色；鳞苞片约7枚，红色，旋生于花茎上。花雌雄异株(序)；聚药雄蕊有花药3枚；花梗初时不明显或很短，后渐伸长。花期9～12月。

南昆山产于七星湖，生于润湿的杂木林中。分布于我国华南、西南、华中及西北地区。

3. 疏花蛇菰
Balanophora laxiflora Hemsl.

草本，高10～20 cm，全株鲜红色至暗红色。根茎分枝，分枝近球形。花茎长5～10 cm；鳞苞片椭圆状长圆形，顶端钝，互生。花雌雄异株(序)；雄花序圆柱状；雄花近辐射对称，疏生于雄花序上。花期9～11月。

南昆山产于上坪天堂顶，生于密林中。分布于我国华南、西南、华中等地区。全株入药，治痔疮、虚劳出血和腰痛等症。

4. 杯茎蛇菰
Balanophora subcupularis Tam

草本，高3～8 cm；根茎淡黄褐色，直径1.5～3 cm，通常呈杯状，顶端的裂鞘5裂，裂片近圆形或三角形，边缘啮蚀状；花茎长1.5～3 cm，常被鳞苞片遮盖。花雌雄同株(序)；雄花着生于花序基部；近辐射对称；雌花子房卵圆形或近圆形。花期9～11月。

南昆山产于上坪，生于密林中。分布于我国华南、西南、华中、华东地区。

190. 鼠李科 Rhamnaceae

灌木、稀攀缘灌木或乔木。单叶互生或近对生，羽状脉或基生3～5出脉；托叶小或刺状。花小，两性，稀杂性或单性；花萼上部4～5裂；花瓣4～5。核果或蒴果，无翅或有翅。

南昆山6属，11种。

1. 叶具羽状脉或羽状网脉。
  2. 核果有长圆形翅……………………6. 翼核果属 Ventilago
  2. 核果无翅。
    3. 托叶钻状，宿存，稀脱落…………1. 勾儿茶属 Berchemia
    3. 托叶小，早落。
      4. 直立灌木或乔木；花具梗…………4. 鼠李属 Rhamnus
      4. 攀缘灌木；花无梗……………………5. 雀梅藤属 Sageretia
1. 叶具3～5基出脉。
  5. 花序轴果时膨大、扭曲，味甜可食………2. 枳椇属 Hovenia

5. 核果周围具平展的杯状或草帽状的翅……………………………………………………3. 马甲子属Paliurus

1. 勾儿茶属 Berchemia Neck. ex DC.

攀缘或披散灌木，稀小乔木；枝光滑，无刺。叶互生，具羽状脉；托叶钻状。花序顶生或腋生；花两性，具梗，5基数。核果。

南昆山3种。

1. 叶小；花数个或10余个排成顶生聚伞总状花序；萼片线形或狭披针状线形……………………3. 铁包金B. lineata
1. 叶大；花较多在枝端及上部叶腋排成聚伞总状花序；萼片卵状三角形。
   2. 叶背面被短柔毛……………1. 越南勾儿茶B. annanensis
   2. 叶两面无毛，或背面沿脉被短柔毛……………………………………………2. 多花勾儿茶B. floribunda

1. 越南勾儿茶

Berchemia annanensis Pitard

攀缘灌木；幼枝浅灰色或灰褐色，无毛。叶纸质，卵圆形或卵状椭圆形，长6.5～10 cm，宽3.5～6 cm，两面无毛，叶脉两面稍凸起。花黄绿色，无毛顶生宽聚伞圆锥花序。核果倒卵形或倒卵状椭圆形，基部有宿存的盘状花盘；果梗长2～3 mm，无毛。花期7～8月；果期翌年4～5月。

南昆山产于上坪，生于中海拔的山地灌丛或林中。分布于我国广东、广西。越南也有。

2. 多花勾儿茶（勾儿茶、老鼠屎、牛鼻屎）

Berchemia floribunda (Wall.) Brongn.

小枝黄色至棕色，光滑无毛。叶纸质，卵形或卵状椭圆形，长5～8 cm，宽3～5 cm。圆锥花序顶生或有时兼具腋生聚伞总状花序；花单生或2～3多簇生；花瓣倒卵形。核果椭圆形至长圆球形。花期8～10月；果期3～5月。

南昆山产于中坪尾至北坑、沙坑尾、上坪，生于山地沟旁、路旁和林缘灌丛中或疏林下。分布于我国黄河以南各地区。印度、不丹、尼泊尔和日本也有。根、叶入药，有化瘀止血、镇咳止痛功效。

3. 铁包金（老鼠耳）

Berchemia lineata (L.) DC.

多分枝，嫩枝密被短柔毛。叶椭圆形至长圆形，长1～2 cm，宽0.4～1.5 cm。聚伞总状花序顶生，或兼有腋生簇生花序；花萼钟状，5深裂；花瓣匙形。核果卵形或卵状长圆形。花期9～10月；果期11月。

南昆山产于佛坳，生于丘陵地、路旁灌丛或疏林下。分布于我国广东、广西、福建、台湾。印度、越南、巴基斯坦和日本也有。根、叶入药，可化瘀止血、镇咳止痛。

2. 枳椇属 Hovenia Thunb.

落叶乔木；无刺。叶互生，3基出脉。二歧聚伞花序顶生或腋生；花两性，5基数；子房上位。核果。

南昆山1种。

1. 枳椇（拐枣、鸡爪子、万字果）

Hovenia acerba Lindl.

乔木；嫩枝被棕色短茸毛。叶阔卵形或卵形，长8～15 cm，宽4～10 cm。聚伞圆锥形花序顶生兼腋生；花瓣椭圆形或圆形。果序轴肥厚；浆果状核果，近球形。花期5～6月；果期9～12月。

南昆山产于上坪、保护区管理处院内、中坪，生于村边疏林、旷地。分布于我国长江流域及其以南各地区。印度、中南半岛也有。材用；花序轴可食用。

3. 马甲子属 Paliurus Tourn. ex Mill.

灌木或小乔木；枝具托叶刺。单叶互生，具3基出脉。聚伞花序或聚伞圆锥花序顶生或腋生；花两性；5基数。核果杯状或草帽状。

南昆山1种。

1. 马甲子（白棘、棘盘子）

Paliurus ramosissimus (Lour.) Poir.

灌木，高达5 m；嫩枝被茸毛。叶圆形或卵圆形，长3～

6 cm，宽3～5 cm；具2托叶刺。聚伞花序腋生；花黄色；花瓣倒卵状匙形。核果杯状，周具3浅裂木质窄翅。种子棕红色。花期6～8月；果期9～10月。

南昆山产于下坪、七星湖，生于山地路旁或疏林下。分布于我国长江流域及其以南各地区。朝鲜、日本、越南也有。材用；作绿篱；药用，有消肿、止痛活血之效，根可治喉痛。

4. 鼠李属 Rhamnus L.

灌木或乔木。叶具羽状脉；托叶小、早落。花腋生，具梗，两性或单性；花萼4～5裂；花瓣4～5。核果浆果状，开裂或不开裂。

南昆山4种。

1. 枝具枝刺或枝端具钝刺；花4基数 ··1. 山绿柴 R. brachypoda
1. 枝无刺；花5基数。
  2. 小枝无皮孔；叶大小异型，交替互生。
    3. 叶背面被柔毛或绒毛 ···················· 2. 长叶冻绿 R. crenata
    3. 叶背面无毛 ································3. 长柄鼠李 R. longipes
  2. 小枝具明显皮孔；叶同型······ 4. 尼泊尔鼠李 R. napolensis

1. 山绿柴

Rhamnus brachypoda C. Y. Wu ex Y. L. Chen et P. K. Chou

灌木；具枝刺。叶纸质或薄革质，长圆形、倒卵形或卵状长圆形，长3～10 cm，宽1.5～4.5 cm。花单性，雌雄异株；4基数；花萼4中裂；花瓣钟状。核果倒卵形；种子有沟。花期5月；果期11月。

南昆山产于上坪，生于山坡、山谷和路旁灌丛或林下。分布于我国华南地区及福建、江西、湖南、浙江、贵州。

2. 长叶冻绿（黄药、山黄）

Rhamnus crenata Sieb. et Zucc.

落叶灌木；嫩枝密被锈色柔毛。叶互生或近对生，倒卵形、倒卵披针形或长圆形，长4～8 cm，宽2～4 cm；托叶钻形。聚伞花序腋生；花5基数，有梗；花萼5中裂；花瓣卵圆形。核果倒卵球形。花期5～8月；果期7～11月。

南昆山产于中坪、九重远眺，生于山地、阳处灌丛中或疏林下。分布于我国黄河以南各地。朝鲜、日本、东南亚也有。根、果实做染料；根、根皮入药外用治疥疮等。

3. 长柄鼠李

Rhamnus longipes Merrill & Chun

直立小乔木；幼枝和小枝紫褐色。叶近革质，椭圆形或长圆状披针形，边缘稍背卷，具疏细钝齿，两面无毛。花两性，二至数个排成腋生聚伞花序，萼片三角形，花瓣倒心形，长顶端圆形；雄蕊长于花瓣。核果球形或倒卵状球形，成熟时红紫色或黑色。花果6～8月。

南昆山产于中坪竹坑峰、上坪三坑，生于山地疏林。分布于我国华南地区及云南。越南也有。

4. 尼泊尔鼠李

Rhamnus napalensis (Wall.) Laws.

灌木，稀乔木；枝无刺，嫩枝被短柔毛；小枝具明显皮孔。叶厚革质，大小异型，交替互生。花序腋生或顶生；花单性，异株，5基数；花瓣卵形，基部具爪。核果倒卵球形。种子有沟。花期7月；果期9～12月。

南昆山产于石河奇观，生林中或灌丛中。分布于我国华南、华东、华中及西南地区。南亚、缅甸也有。叶可作染料、制纸；果实、叶入药，治疮疥。

5. 雀梅藤属 Sageretia Brongn.

灌木，或木质藤本，少为小乔木；无刺或具枝刺。叶互生，具羽状脉；托叶小，早落。花两性，5基数，无梗，稀有梗。核果浆果状。

南昆山2种。

1. 无枝刺；叶大，长6～12 cm，宽2.5～4 cm……………………………………………………………1. 亮叶雀梅藤 S. lucida
1. 具枝刺；叶小，长1～4 cm，宽0.7～2.5 cm……………………………………………………………2. 雀梅藤 S. thea

1. 亮叶雀梅藤

Sageretia lucida Merr.

攀缘灌木或木质藤本。叶互生，长圆形或长圆状披针形，长6～12 cm，宽2.5～4 cm。穗状花序腋生或顶生；花无梗；花萼5中裂；花瓣白色，兜状。核果椭圆状卵形。花期4～7月；果期11～12月。

南昆山产于上坪横岗岐，生于海拔300～800 m疏密林下。分布于我国广东、广西、福建。作绿篱；叶可作饮料用、药用；根入药；果可食。

2. 雀梅藤(酸味)

Sageretia thea (Osbeck) Johnst.

攀缘或披散灌木；具枝刺。叶圆形、椭圆形、卵状椭圆形或长圆形，长1～4 cm，宽0.7～2.5 cm。穗状圆锥花序或穗状花序顶生或腋生；花簇生或单生；花萼5深裂；花瓣白色，兜状匙形。核果近球形。花期10～11月；果期翌年3月。

南昆山产于下坪、佛坳，生于村边、路旁、沟旁或丘陵地灌丛中。分布于我国长江流域及以南各地区。印度、越南、朝鲜、日本也有。果实可食；树桩可作盆景。

6. 翼核果属 Ventilago Gaertn.

攀缘灌木。叶互生，具羽状网脉。花小，两性，具梗，5基数；数朵于叶腋簇生或成聚伞花序或圆锥花序顶生。核果球形，有翅。

南昆山1种。

1. 翼核果(血风根、青筋藤、扁果藤)

Ventilago leiocarpa Benth.

攀缘灌木；嫩枝被淡黄色短柔毛。叶互生，卵状披针形或卵状长圆形，长4~8 cm，宽2~4 cm。花单生或簇生于叶腋，或成聚伞花序；有梗；花萼5中裂；花瓣倒心形。核果近球形，翅长圆形。花期4~5月；果期6~7月。

南昆山产于上坪高盘头，生于山地路旁、水旁灌丛中或疏林下。分布于我国华南地区及台湾、云南、湖南。印度、缅甸、越南也有。根入药，有补气血、舒筋活络之功效。

191. 胡颓子科 Elaeagnaceae

直立灌木或藤本，有时为小乔木；具刺或无刺；被银灰色、棕色至锈色盾形鳞片或星状毛。单叶互生，有时对生或轮生。花腋生；花萼4裂，有香气。果为瘦果或坚果。

南昆山1属，4种。

1. 胡颓子属 Elaeagnus L.

灌木或藤本，稀乔木；枝具刺或无刺。单叶互生。花两性，有时杂性；单被，花萼花冠状，白色或淡黄色；雄蕊4。坚果核果状。

南昆山4种。

1. 枝通常具棘刺 ………………………………… 4. 胡颓子E. pungens
1. 枝无刺。
  2. 花淡褐色或淡黄褐色，花萼裂片长5~7 mm ……………………………… 3. 鸡柏紫藤E. loureirii
  2. 花淡白色，花萼裂片长2~4 mm。
    3. 萼筒明显四角形(角柱状) ………………………………………… 2. 角花胡颓子E. gonyanthes
    3. 萼筒杯状钟形，略具4 肋 …………… 1. 蔓胡颓子E. glabra

1. 蔓胡颓子

Elaeagnus glabra Thunb.

常绿蔓生或攀缘灌木，高达5 m；幼枝密被锈色鳞片。叶革质或薄革质，卵形或卵状椭圆形，长4~12 cm，宽2.5~5 cm，顶端渐尖或长渐尖、基部圆形。花淡白色，下垂；花梗锈色。果实矩圆形，稍有汁，成熟时红色。花期9~11月；果期次年4~5月。

南昆山产于上坪横岗岐，常生于海拔1000 m以下的向阳林中或林缘。分布于我国华南、华东、华中、西南地区。日本也有。果可食或酿酒；叶有收敛止泻、平喘止咳之效，根行气止痛，治风湿骨痛、跌打肿痛、肝炎、胃病；茎皮可代麻、造纸、造人造纤维板。

2. 角花胡颓子

Elaeagnus gonyanthes Benth.

直立或蔓生灌木；嫩枝密被深朱红色鳞片。叶纸质或近革质，椭圆形、狭椭圆形、倒卵形或菱状披针形，长4~14 cm，宽2~2.5 cm。花单生于叶腋或簇生于腋生短总梗上；白色或淡黄色，有香气。花期9~12月；果期1~4月。

南昆山产于上坪焦坑，生于丘陵灌丛、山地混交林、疏林和路边与溪旁灌丛中。分布于我国华南地区及湖南南部、云南。中南半岛也有。根、叶、果入药；果可食。

3. 鸡柏紫藤(罗氏胡颓子、灯吊子、吊钟子藤、鸡柏胡颓子)

Elaeagnus loureirii Champ.

常绿直立或攀缘灌木，或藤本；嫩枝密被深锈色鳞片。叶纸质，椭圆形、卵状椭圆形、倒卵状长圆形或线状长圆形，长4～13.5 cm，宽2～3.5 cm。花单生或2朵生于腋生短枝上；萼筒为钟形，深锈色。花期8～12月；果期3～4月。

南昆山产于天堂顶，生于丘陵及山地的林下、坑边、路旁等荫处或疏荫处。分布于我国华南地区及云南。

4. 胡颓子

Elaeagnus pungens Thunb.

直立或蔓生灌木，常具棘刺；嫩枝棕黄色。叶厚革质，椭圆形至线状椭圆形或倒卵状椭圆形，长5～12 cm，宽2～5 cm。花单生叶腋或2～5朵成短总状花序；萼绿白色或乳白色，萼筒漏斗状管形。花期9～12月；果期3～4月。

南昆山产于石河奇观，生于山地林缘、疏林和灌丛中。分布于我国华东、华中地区及广东。日本也有。果可生食、酿酒、熬糖；根入药，可祛风利湿、去瘀止血；叶入药，可止咳平喘。

193. 葡萄科 Vitaceae

攀缘木质藤本，稀草质藤本，具卷须，或直立灌木，无卷须。单叶、羽叶或掌状复叶，互生。花小，两性或杂性同株或异株，4～5基数；花瓣与花萼同数；雄蕊与花瓣对生。浆果。

南昆山7属，15种，3变种

1. 花瓣粘合，呈帽状脱落……6. 葡萄属Vitis
1. 花瓣分离，不呈帽状脱落。
  2. 花4基数。
    3. 单叶或掌状复叶……3. 白粉藤属Cissus
    3. 3～5小叶或鸟足状5～7小叶。
      4. 花柱短，柱头微扩大，不分裂……2. 乌蔹莓属Cayratia
      4. 花柱明显或不明显，柱头常4裂……5. 崖爬藤属Tetrastigma
  2. 花5基数。
    5. 卷须为4～7总状分枝；花序顶生或假顶生；果梗顶端增粗……4. 地锦属Parthenocissus
    5. 卷须多为二至三叉状分枝或不分枝；花序与叶对生；果梗不增粗。
      6. 花盘发达，5浅裂；花序为伞房状多歧聚伞花序……1. 蛇葡萄属Ampelopsis
      6. 花盘发育不明显；花序为典型的复二歧聚伞花序……7. 俞藤属Yua

1. 蛇葡萄属 Ampelopsis Michaux

卷须二至三叉分枝。单叶、羽叶或掌状复叶，互生。花5基数；伞房状多歧聚伞花序或复二歧聚伞花序。浆果球形。

南昆山4种，3变种。

1. 叶为单叶，叶片不裂或不同程度3～5裂，但不深裂至基部成全裂片。
  2. 叶片明显3～5裂……6. 牯岭蛇葡萄A. heterophylla var. kulingensis
  2. 叶片不裂或微3～5裂。
    3. 叶片常3～5浅裂，边缘有不规则圆齿，基部阔楔形或近截形……4. 异叶蛇葡萄A. heterophylla
    3. 叶片不裂，基部显著呈心形。
      4. 小枝、叶柄和叶片无毛或被极稀疏的短柔毛……5. 光叶蛇葡萄A. heterophylla var. hancei
      4. 小枝、叶柄、叶背面和花轴被锈色长柔毛……7. 锈毛蛇葡萄A. heterophylla var. vestita
1. 叶为掌状复叶或羽状复叶。
  5. 小枝、叶、叶柄和花序轴被长柔毛或短柔毛……1. 广东蛇葡萄A. cantoniensis
  5. 小枝、叶、叶柄和花序轴无毛。
    6. 叶干时两面不同色，上深下浅，小叶边缘全缘或有细锯齿……2. 羽叶蛇葡萄A. chaffanjoni
    6. 叶干时两面同色，小叶边缘有明显粗锯齿……3. 显齿蛇葡萄A. grossedentata

1. 广东蛇葡萄（田蒲茶、粤蛇葡萄）

Ampelopsis cantoniensis (Hook. et Arn.) Planch.

小枝圆柱形，有纵棱纹；卷须二叉分枝。叶为二回羽状复叶或小枝上部着生一回羽状复叶。伞房状多歧聚伞花序顶生或与叶对生；萼蝶形；花瓣5。浆果近球形。花期4～7；果期8～11月。

南昆山产于上坪、横坑，生于山谷林中或山坡灌丛。分布于我国华南、华东、西南、华中地区。

2. 羽叶蛇葡萄

Ampelopsis chaffanjoni (Lévl.) Rehd.

木质藤本；小枝圆柱形，无毛。叶为二回羽状复叶，基部一对小叶常为3小叶，小叶长椭圆形或卵椭圆形，长4～12 cm，宽2～6 cm，顶端渐尖，边缘有粗锯齿。花序为伞房状，顶生或与叶对生。果实微呈倒卵圆形，直径0.6～1 cm，有种子1～4颗；种子倒卵形。花期6～8月；果期7～10月。

南昆山产于横坑，生海拔1000 m以上的山谷或山坡林中。分布于我国华南、西北、华中、西南地区。

3. 显齿蛇葡萄

Ampelopsis grossedentata (Hand.-Mazz.) W. T. Wang

木质藤本；小枝圆柱形，有显著纵棱纹。叶为一至二回羽状复叶，2回羽状复叶者基部一对为3小叶，小叶卵圆形，长2～5 cm，宽1～2.5 cm，顶端急尖或渐尖，边缘每侧有锯齿。花序为伞房状多歧聚伞花序，与叶对生。果近球形，直径0.6～1 cm，有种子2～4颗；种子倒卵圆形。花期5～8月；果期8～12月。

南昆山产于中坪、下坪，生于沟谷林中或山坡灌丛。分布于我国华南、华中、西南地区。

4. 异叶蛇葡萄

Ampelopsis heterophylla (Thunb.) Sieb. et Zucc.

木质藤本。小枝圆柱形，有纵棱纹，被疏柔毛。叶为单叶，心形或卵形，3～5中裂，长3.5～14 cm，宽3～11 cm，顶端急尖，基部心形；花序梗长1～2.5 cm，被疏柔毛；花柱明显。果实近球形；种子长椭圆形。花期4～6月；果期7～10月。

南昆山产于石河奇观，生于海拔200 m以上的林缘。分布于我国华南、华东、华中、西南地区。日本也有。

5. 光叶蛇葡萄

Ampelopsis heterophylla (Thunb.) Sieb. et Zucc. var. **hancei** Planch.

本变种与原变种区别在于，小枝、叶柄和叶片无毛或被极稀疏的短柔毛。花期4～6月；果期8～10月。

南昆山产于天堂顶，生于海拔50～600 m山地林缘。分布于我国华南、华东、华中、西南地区。日本也有。

6. 牯岭蛇葡萄

Ampelopsis heterophylla (Thunb.) Sieb. et Zucc. var. **kulingensis** (Rehd.) C. L. Li

木质藤本。小枝圆柱形，具纵棱纹。卷须二至三叉分枝，相隔2节间断与叶对生。叶片呈五角形，上部侧角明显外倾。花序梗被疏柔毛；花蕾卵圆形；花基数5。果实近球形。花期5～7月；果期8～9月。

南昆山产于天堂顶，生于沟谷林下或山坡灌丛。分布于我国华南、华东、华中及西南地区。

7. 锈毛蛇葡萄

Ampelopsis heterophylla (Thunb.) Sieb. et Zucc. var. **vestita** Rehd.

本变种与原变种区别在于，小枝、叶柄、叶背面和花轴被锈色长柔毛，花梗、花萼和花瓣被锈色短柔毛。花期6～8月；果期9月至翌年1月。

南昆山产于上坪横岗岐，生山谷林中或山坡灌丛荫处。分布于我国华南、华东、华北、西南地区。尼泊尔、印度东北部卡西山区和缅甸也有。

2. 乌蔹莓属 Cayratia Juss.

木质藤本。卷须常二至三叉分枝，稀总状多分枝。叶为3小叶或鸟足状5小叶。伞房状多歧聚伞花序或复二歧聚伞花序；花4基数。浆果球形或近球形。

南昆山2种。

1. 花瓣顶端有小角；种子腹部两侧洼穴呈沟状……………………………………………………1. 角花乌蔹莓 C. corniculata
1. 花瓣顶端无小角；种子腹部两侧洼穴呈半月形……………………………………………………2. 乌蔹莓 C. japonica

1. 角花乌蔹莓

Cayratia corniculata (Hook.) Gagnep.

草质藤本；卷须二叉分枝。叶为鸟足状5小叶。复二歧聚伞花序腋生；萼蝶形；花瓣三角状卵圆形，顶端有小角。果实近球形。花期4～5月；果期7～9月。

南昆山产于上坪，生于山谷溪边疏林或山坡灌丛中。分布于我国广东、福建。块茎入药，可清热解毒、祛风化痰。

2. 乌蔹莓(五爪龙)

Cayratia japonica (Thunb.) Gagnep.

草质藤本；卷须二至三叉分枝。叶为鸟足状5小叶。复二歧聚伞花序腋生；萼蝶形；花瓣三角状卵圆形，顶端无小角。果实近球形。花期3～8月；果期8～11月。

南昆山产于中坪，生于山谷林中或山坡灌丛中。分布于我国华南、华中、华东、西南地区以及陕西、山东。东南亚、日本、印度、澳大利亚也有。全草入药，可凉血解毒、利尿消肿。

3. 白粉藤属 Cissus L.

木质或半木质藤本。卷须不分枝或二叉分枝。单叶或掌状复叶，互生。花4基数；复二歧聚伞花序或二级分枝集生成伞形。浆果肉质。

南昆山2种。

1. 叶缘锯齿较多，每侧有15～44个………1. 苦郎藤 C. assamica
1. 叶缘锯齿较少，每侧有5～12个………………2. 白粉藤 C. repens

1. 苦郎藤

Cissus assamica (Laws.) Craib

木质藤本；小枝圆柱形，有纵棱纹。叶阔心形，长5～7 cm，宽4～14 cm，顶端短尾尖或急尖，基部心形；托叶草质，卵圆形。花序与叶对生；花序梗长2～2.5 cm。果实倒卵圆形，成熟时紫黑色，有椭圆形种子1颗。花期5～6月；果期7～10月。

南昆山产于天堂顶，生于山谷溪边林中、林缘或山坡灌。分布于我国华南、华中、华东、西南地区。越南、柬埔寨、泰国和印度东北部也有分布。

2. 白粉藤

Cissus repens Lamk.

草质藤本；小枝圆柱形，有纵棱纹，常被白粉；卷须二叉分枝。叶心状卵圆形，基出脉3～5。花序顶生或与叶对生；萼杯形；花瓣卵状三角形。果实倒卵圆形。花期7～10月；果期11月至翌年5月。

南昆山产于七星湖，生于山谷疏林或山坡灌丛。分布于我国华南地区及贵州、云南。东南亚、澳大利亚也有。

4. 地锦属 Parthenocissus Planch.

木质藤本。卷须总状多分枝。叶为单叶、3小叶或掌状5小叶，互生。花5基数；圆锥状或伞房状疏散多歧聚伞花序。浆果球形。

南昆山1种。

1. 异叶地锦（异叶爬山虎、上树蛇）

Parthenocissus dalzielii Gagnep.

小枝圆柱形；卷须总状5～8分枝。两型叶，短枝着生3小叶，长枝着生较小单叶。多歧聚散花序假顶生于短枝顶端；萼蝶形；花瓣4。果实近球形。花期5～7月；果期7～11月。

南昆山产于石河奇观，生于山崖陡壁、山坡或山谷林中或灌丛岩石缝中。分布于我国华南、华东、华中、西南地区。观赏、绿化用。

5. 崖爬藤属 Tetrastigma (Miq.) Planch.

木质藤本；卷须不分枝或二叉分枝。叶通常为掌状3～5小叶或鸟足状5～7小叶，稀单叶。多歧聚伞花序或伞形、复伞形花序；花4基数；花柱明显或不明显，柱头常4裂。浆果。

南昆山2种。

1. 叶为3小叶……………………………… 1. 三叶崖爬藤 T. hemsleyanum
1. 叶为掌状5小叶……………………………………2. 扁担藤 T. planicaule

1. 三叶崖爬藤（三叶青）

Tetrastigma hemsleyanum Diels et Gilg

草质藤本；小枝纤细，有纵棱纹，无毛或被疏柔毛；卷须不分枝。叶为3小叶。花序腋生或假顶生；萼蝶形；花瓣卵圆形，顶端有外展小角。果实近球形。花期4～6月；果期8～11月。

南昆山产于上坪、横岗岐，生于山坡灌丛、山谷、溪边林下岩石缝中。分布于我国华南、华东、西南地区及湖北、湖南。全株入药，有活血散瘀、解毒、化瘀之功效。

2. 扁担藤

Tetrastigma planicaule (Hook.) Gagnep.

木质大藤本；茎扁压；小枝圆柱形或微扁，有纵棱纹；卷须不分枝。叶为掌状5小叶。花序腋生，稀与叶对生；萼浅碟状；花瓣顶端呈风帽状。果实近球形。花期4～6月；果期8～12月。

南昆山产于石河奇观，生于山谷林中或山坡岩石缝中。分布于我国华南、西南地区及福建。老挝、越南、印度和斯里兰卡也有。藤茎入药，可祛风湿。

6. 葡萄属 Vitis L.

木质藤本；有卷须。叶为单叶、掌状或羽状复叶；托叶常早落。聚伞圆锥花序；花5基数；花瓣粘合，呈帽状脱落。浆果肉质。

南昆山3种。

1. 叶卵圆形、阔卵形或三角状卵形，基部显著心形或深心形……………1. 小果葡萄 V. balanseana
1. 叶卵形、卵圆形、长椭圆形或卵披针形，基部微心形或近截形。
  2. 圆锥花序疏散，长4～12 cm……………2. 葛藟葡萄 V. flexuosa
  2. 圆锥花序狭窄，长2～6 cm……………3. 狭叶葡萄 V. tsoii

1. 小果葡萄（小果野葡萄）

Vitis balanseana Planch.

小枝圆柱形，有纵棱纹，嫩时被毛；卷须2叉分。叶心状卵圆形或阔卵形；基生脉5出。圆锥花序与叶对生；萼蝶形；花瓣粘合，呈帽状脱落。果实球形。花期2～8月；果期6～11月。

南昆山产于佛坳，生沟谷阳处，攀缘于乔灌木上。分布于我国华南地区。越南也有。藤、叶入药，可祛湿消肿。

2. 葛藟葡萄（蔓山葡萄）

Vitis flexuosa Thunb.

木质藤本。小枝圆柱形，嫩枝疏被蛛丝状绒毛。叶卵形、三角状卵形、卵圆形或卵椭圆形，长2.5～12 cm，宽2.3～10 cm，顶端急尖或渐尖，基部浅心形或近截形，边缘每侧有锯齿。圆锥花序疏散，与叶对生。果实球形，直径0.8～1 cm；种子倒卵椭圆形。花期3～5月；果期7～11月。

南昆山产于沙坑尾，生于海拔100～1200 m山坡或沟谷田边、草地、灌丛或林中。分布于我国华北、华东、华中、西南、华南地区。

3. 狭叶葡萄

Vitis tsoii Merr.

木质藤本。小枝圆柱形，有纵棱纹，密被短柔毛。叶卵披针形或三角状长卵形，长3.5～9 cm，宽1.5～4 cm，顶端渐尖。花杂性异株；圆锥花序狭窄。果实圆球形，成熟时紫黑色；种子倒卵椭圆形，顶端圆形。花期4～5月；果期6～9月。

南昆山产于中坪，生海拔300～700 m山坡林中或灌丛。分布于我国广东、广西、福建。

7. 俞藤属 Yua C. L. Li

木质藤本，树皮有皮孔，髓白色。叶互生，掌状5小叶。复二歧聚伞花序与叶对生，花两性。浆果圆球形，多肉质，味甜酸。种子呈梨形，腹面洼穴从基部向上达种子2/3处，背面种脐在种子中部。

南昆山1种。

1. 大果俞藤

Yua austro-orientalis (Metcalf) C. L. Li

木质藤本；小枝圆柱形，褐色或灰褐色，多皮孔。叶为掌状5小叶，叶片较厚，亚革质，倒卵披针形或倒卵椭圆形，长5～9 cm，宽2～4 cm，基部楔形。花序为复二歧聚伞花序，被白粉；花蕾长椭圆形。果实圆球形，直径1.5～2.5 cm，紫红色。种子梨形。花期5～7月；果期10～12月。

南昆山产于佛坳，生于山坡沟谷林中或林缘灌木丛，攀缘树上或铺散在岩边抑或山坡野地。分布于我国广东、广西、江西、福建。

194. 芸香科 Rutaceae

常绿或落叶乔木、灌木或草本。常有油点，无托叶。叶对生或互生，单叶或复叶。多为聚伞花序；花两性或单性，多辐射对称；萼片、花瓣4或5片。果为具革质果皮的浆果、蓇葖、蒴果、翅果、核果。

南昆山12属，22种，1变种。

1. 蓇葖果。
  2. 叶互生；茎枝有刺……………12. 花椒属 Zanthoxylum
  2. 叶对生；茎枝无刺。
    3. 花序顶生，或顶生和上部腋生；叶为奇数羽状复叶……………10. 四数花属 Tetradium
    3. 花序常腋生；叶掌状3小叶或单叶……………7. 蜜茱萸属 Melicope
1. 核果或浆果。
  4. 为木质攀缘灌木……………11. 飞龙掌血属 Toddalia

4. 不为木质攀缘灌木。
  5. 单小叶对生 ……………………………… 1. 山油柑属 Acronychia
  5. 不具单小叶或叶互生。
    6. 仅具单叶 ………………………………………… 9. 茵芋属 Skimmia
    6. 具复叶。
      7. 花单生或簇生 ……………………………… 5. 金橘属 Fortunella
      7. 花不单生。
        8. 叶腋有刺 ……………………………… 2. 酒饼簕属 Atalantia
        8. 叶腋无刺。
          9. 花蕾短筒状或椭圆形；花柱远比子房纤细且长，柱头增粗，头状 …… 8. 九里香属 Murraya
          9. 花蕾圆球形，稀阔卵形；花柱短而粗，比子房短，很少等长，柱头与花柱约等宽或稍宽。
            10. 茎枝有刺；单叶，单小叶，3小叶；浆果有汁胞 ……………………………… 3. 柑橘属 Citrus
            10. 茎枝无刺；羽状复叶；有粘液的浆果，无汁胞。
              11. 子房每室有悬垂的胚珠1颗；幼芽、嫩枝顶部或花芽通常被红色或褐锈色微柔毛 ……………………… 6. 山小桔属 Glycosmis
              11. 子房每室有并列或叠置的胚珠2颗；幼芽，嫩枝等各部无红或褐锈色微柔毛 ……………………………… 4. 黄皮属 Clausena

1. 山油柑属 Acronychia J. R. Forster et G. Forster

常绿乔木。叶对生，单小叶，全缘，有透明油点。聚伞圆锥花序；花淡黄白色，略芳香，单性或两性；萼片及花瓣均4片；雄蕊8枚；雌蕊由4个合生心皮组成。核果；种子褐黑色。

南昆山1种。

1. 山油柑(降真香)

Acronychia pedunculata (L.) Miq.

小乔木。叶互生，偶为不整齐对生；叶片椭圆形至长圆形；叶柄两端略增大。花两性，黄白色；萼片及花瓣均4片。果圆球形，淡黄色，半透明。花期4～8月；果期8～12月。

南昆山产于佛坳，生于较低丘陵坡地杂木林中。分布于我国华南、华东地区及云南。东南亚也有。根、叶、果入药，叶可行气止痛、活血去瘀。

2. 酒饼簕属 Atalantia Corrêa

小乔木或灌木。刺生于叶腋间。单叶或单小叶，全缘，有透明油点。花两性，簇生于叶腋或成总状花序；萼片及花瓣均为4～5片；雄蕊8或10枚。浆果球形或椭圆形，蓝黑色或红色；种子1～6粒。

南昆山1种。

1. 酒饼簕

Atalantia buxifolia (Poir.) Oliv. ex Benth.

灌木。枝条繁密，嫩枝绿色，老枝灰褐色。叶硬革质，卵形或倒卵形，长2～6 cm，宽1～5 cm，顶端圆钝并下凹。花白色，簇生于叶腋；萼片、花瓣各4片；雄蕊10枚。浆果球形或近椭圆形。花期5～12月；果期9～12月。

南昆山产于佛坳，常见于低海拔灌丛中。分布于我国华南及华东地区。根、叶入药，祛风散寒，行气止痛。木材坚实，可作雕刻材料。

3. 柑橘属 Citrus L.

小乔木。枝有刺，新枝扁而具棱。单身复叶，翼叶通常明显，单叶的仅1种(香橼。但香橼的杂交种常具翼叶)，密生有芳香气味的透明油点。花两性，单花腋生或数花簇生，或为少花的总状花序。柑果，种子甚多或经人工选育成为无籽，种皮平滑或有肋状棱，子叶及胚乳白或绿色。

南昆山4种，1变种。

1. 叶为单叶，无翼叶 ………… 3. 佛手 C. medica var. sarcodctylis
1. 单身复叶，翼叶甚狭窄或宽阔；果肉比果皮厚。
  2. 果径10 cm以上，可育种子常呈不定形的多面体 ……………………………………………………… 2. 柚 C. grandis
  2. 果径10 cm以内，可育种子的种皮圆滑，或有细肋纹。
    3. 果皮易剥离，子叶绿色 …………………… 4. 柑橘 C. reticulata
    3. 果皮难剥离，子叶乳白色。
      4. 果肉味酸，有时带苦味或特异气味 ……………………………………………… 1. 酸橙 C. aurantium
      4. 果肉味甜或酸甜适度，稀带苦味 ……… 5. 橙 C. sinensis

1. 酸橙*

Citrus aurantium L.

小乔木，枝叶密茂，刺多。叶色浓绿，质地颇厚，翼叶倒卵形，长1～3 cm，宽0.6～1.5 cm。总状花序有花少数，有时兼有腋生单花。果圆球形或扁圆形，果皮稍厚至甚厚，难剥离，橙黄至朱红色；种子多且大，常有肋状棱，子叶乳白色。花期4～5月；果期9～12月。

南昆山产于天堂顶，我国秦岭南坡以南各地有栽培，有时逸为半野生。食用、药用。

2. 柚*

Citrus grandis (L.) Osbeck.

小乔木，高5～10 m；小枝具棱，有长而硬的刺。叶阔卵形至椭圆形，边缘具明显的圆裂齿；翼叶倒圆锥形至狭三角状圆锥形。总状花序，花白色。果梨形或球形，果大，淡黄色或黄绿色。花期4～6月；果期9～12月。

南昆山产于上坪村，我国秦岭以南各地均有栽培。常见果树。

3. 佛手*

Citrus medica L. var. **sarcodctylis** (Noot.)Swingle

常绿灌木或小乔木，株高可达2～4 m。叶椭圆形，叶缘略具钝齿，叶腋有刺，冬至春季开花，花苞淡紫色，盛开时呈淡黄绿色；果实裂开时呈手掌状，富浓烈香气，果肉及种子已退化。花期4～10月；果期7～11月。

南昆山产于上坪村，我国各地普遍栽培。

4. 柑橘*

Citrus reticulata Blanco

小乔木；刺较少。单身复叶，翼叶通常狭窄，叶片披针形，椭圆形或阔卵形，大小变异较大，。花单生或2～3朵簇生；花萼不规则5～3浅裂；雄蕊20～25枚。果形通常扁圆形至近圆球形，果皮甚薄而光滑，淡黄色，朱红色或深红色，瓢囊7～14瓣。花期4～5月；果期10～12月。

南昆山产于大坑尾、高盘头，广泛栽培，很少半野生。

5. 橙*

Citrus sinensis (L.) Osbeck. .

乔木，枝少刺或近于无刺。叶通常比柚叶略小，翼叶狭长，叶片卵形或卵状椭圆形。花白色，很少背面带淡紫红色，总状花序有花少数。果圆球形，扁圆形或椭圆形，瓢囊9～12瓣，果心实或半充实，果肉淡黄、橙红或紫红色。花期3～5月，果期10～12月；迟熟品种至次年2～4月。

南昆山产于上坪村，于我国秦岭南坡以南各地广泛栽种。

4. 黄皮属Clausena Burm. f.

无刺灌木或乔木；各部常有油点。奇数羽状复叶，小叶两侧不对称。圆锥花序；花两性。浆果，有4～1种子；种皮膜质，棕色，油点多，胚茎被微柔毛。

南昆山1种。

1. 黄皮*

Clausena lansium (Lour.)Skeels

小乔木，高达12 m。叶有小叶5～11片，小叶卵形或卵状椭圆形，常一侧偏斜，长6～14 cm，宽3～6 cm。圆锥花序顶生。果圆形、椭圆形或阔卵形，长1.5～3 cm，宽1～2 cm，淡黄至暗黄色，果肉乳白色，半透明，有种子1～4粒。花期4～5月；果期7～8月。

栽培于下坪、七星湖，分布于我国华南地区。华中、西南有少量栽培。世界热带及亚热带地区间有引种。

5. 金橘属Fortunella Swingle

灌木或小乔木。叶腋常有刺。单小叶，翼叶通常明显。花两性，单生或数朵簇生于叶腋；花瓣5片，覆瓦状排列；雄蕊15～20枚。果圆球形或卵形，果皮肉质，油点明显；种子卵形。

南昆山2种。

1. 灌木，高2 m以下，叶柄长不超过1 cm………1. 山橘F. hindsii
1. 灌木至小乔木，高可达5 m，叶柄长1 cm以上……………………………………………………………………2. 金柑F. japonica

1. 山橘

Fortunella hindsii (Champ. ex Benth.) Swingle

灌木。枝条密集，刺短小。指状复叶；翼叶线状或明显；小叶片椭圆形或倒卵状椭圆形。花多单生；花萼4或5浅裂；花瓣5片。果圆球形或扁圆形，橙黄或朱红色，平滑。花期4～5月；果期10～12月。

南昆山产于上坪，生于疏林中。分布于我国华南、华东及华中地区。根入药，行气、化痰。

2. 金柑*

Fortunella japonica (Thunb.) Swingle

树高2～5 m，枝有刺。小叶卵状椭圆形或长圆状披针形，长4～8 cm，宽1.5～3.5 cm，顶端钝或短尖，基部宽楔形。花单朵或2～3朵簇生。果圆球形，横径1.5～2.5 cm，果皮橙黄至橙红色；种子2～5粒，卵形，端尖或钝。花期4～5月；果期11月至翌年2月。

南昆山产于上坪村，我国秦岭南坡以南各地栽种。

6. 山小橘属 Glycosmis Correa

灌木或小乔木。叶互生，单小叶或有小叶2～7片；小叶互生，油点多，常无毛。聚伞花序，常有少数花；花两性；萼片及花瓣常为5片；雄蕊10枚。浆果。

南昆山1种。

1. 山小桔

Glycosmis parviflora (Sims) Little

小乔木。小叶5片，偶3片，长圆形，长10～25 cm，宽3～7 cm，硬纸质，边缘有疏齿。圆锥花序，多花；花瓣白或淡黄色，油点多。果近圆球形，淡红色，多油点。花期7～10月；果期次年1～3月。

南昆山产于石河奇观，生于山坡或山沟杂木林中。分布于我国广东、云南。东南亚、印度也有。根、叶入药，有行气、消积、化痰、止咳的功效。

7. 蜜茱萸属 Melicope J. R. & G. Forst.

乔木或灌木。叶对生或互生，单小叶或三出叶，稀羽状复叶，透明油点多。花单性，聚伞花序腋生；萼片和花瓣各4片；花瓣镊合状排列；柱状头状，4浅裂。果熟时裂为4果瓣；种子细小。

南昆山1种。

1. 三桠苦

Melicope pteleifolia (Champ. ex Benth.) T. Hartley [*Evodia lepta* (Spreng.) Merr.]

小乔木，全株无毛。叶纸质，指状3小叶；小叶长椭圆形，两端尖，全缘，有香味。花序腋生，花小而多；萼片和花瓣均为4片；花瓣淡黄色。果椭圆形，茶褐色。花期4～5月；果期8～9月。

南昆山产于花竹、天堂顶，常见，生于山谷、山坡林中。分布于我国华南地区及云南。东南亚也有。根、叶、果入药，清热解毒。

8. 九里香属 Murraya Koenig ex L.

灌木或小乔木。奇数羽状复叶，小叶互生。聚伞花序顶生或兼有腋生；萼片及花瓣均为5片；雄蕊10或8枚。浆果椭圆形。

南昆山1种。

1. 九里香*

Murraya paniculata (L.) Jack.

小乔木。成长叶有小叶3～5，稀7；小叶卵形或卵状披针形，长3～9 cm，宽1.5～4 cm。花序腋生或顶生，常有花10朵以内；花瓣散生淡黄色半透明油点。果橙黄至朱红色，狭长椭圆形。花期4～9月，也有秋冬开花；果期9～12月。

上坪有栽培。分布于我国华南、华东及西南地区。东南亚也有。常作庭院绿篱、观赏。根、叶入药，通经络，行气血。

9. 茵芋属 Skimmia Thunb.

常绿灌木或小乔木。单叶互生，全缘，常聚生于枝的上部，密生透明油点。花序顶生；花单性或杂性，白或黄色；萼片、花瓣、雄蕊4或5个。核果红或蓝黑色。

南昆山1种。

1. 乔木茵芋

Skimmia arborescens Anders. ex Gamble

小乔木，高达8 m。叶纸质，多为椭圆形或长圆形，长5～18 cm，宽2～6 cm，两面无毛。花序顶生；花瓣5，长4～5 mm。果圆球形，蓝黑色。花期4～6月；果期7～9月。

南昆山产于上坪、横岗岐、中坪尾至中坪，生于丘陵山地林中。分布于我国广东、广西及贵州。缅甸及南亚也有。

10. 四数花属 Tetradium Lour.

乔木或灌木，奇数羽状复叶对生，叶柄基部常膨大，小叶片常有油点。一歧聚伞花序顶生，花单性，雌雄异株，萼片或花瓣均为5或4，花瓣镊合状排列。蓇葖果；种子圆珠形或卵珠形，蓝黑色，有光泽。

南昆山2种。

1. 萼片及花瓣均4片，稀兼有5片……………………………1. 楝叶吴茱萸 T. glabrifolium
1. 萼片及花瓣均5片，稀兼有4片……………………………2. 牛枓吴茱萸 T. trichotomum

1. 楝叶吴茱萸

Tetradium glabrifolium (Champ. ex Benth.) Hartley [*Evodia glabrifolia* (Champ. ex Benth.) C. C. Huang]

落叶乔木。奇数羽状复叶，对生；小叶5～11片，斜卵状披针形，基部歪斜，叶背灰绿色。聚伞圆锥花序顶生，花多；花萼和花瓣均为5片，花瓣白色。果淡紫红色。种子黑褐色。花期7～9月；果期10～12月。

南昆山产于佛坳，生于低海拔的常绿阔叶林中。分布于我国华南、华东地区及云南南部。根、果入药，驱风健胃、镇痛消肿。

2. 牛枓吴茱萸

Tetradium trichotomum Loureiro[*Evodia trichotoma* (Lour.) Pierre]

小乔木，树皮灰褐色或灰色，春梢暗紫红色。叶有小叶5～11片，叶轴基部的常为卵形，长6～15 cm，宽2.5～6 cm，顶部渐尖，基部短尖。花序顶生，花多；花瓣镊合状，白色。果鲜红至暗紫红色，干后暗褐色，有横皱纹，每分果瓣有1种子；种子暗褐色，近圆球形而腹面略平坦。花期6～7月；果期9～11月。

南昆山产于下坪，生于山地灌木丛或杂木林中较湿润地方。分布于我国华南及西南地区。越南、老挝、泰国北部也有。根及果作草药，可治多类痛症。

11. 飞龙掌血属 Toddalia A. Juss.

木质攀缘灌木。枝干多刺。指状3出复叶，互生，有透明油点。圆锥状花序或伞房状聚伞花序；花单性；萼片、花瓣及雄蕊均为4或5个。核果圆球形。

南昆山1种。

1. 飞龙掌血

Toddalia asiatica (L.) Lam.

攀缘灌木；茎枝及叶轴有锐刺。指状3出叶；小叶无柄，椭圆形或倒卵状椭圆形，长5～9 cm，宽2～4 cm。花白或淡黄色，雄花序为伞房状圆锥花序；雌花序为聚伞圆锥花序。果橙红或朱红色。花期几乎全年；果期秋冬季。

南昆山产于上坪，生于林中。分布于我国秦岭南坡以南。全株入药，活血散瘀、祛风除湿、散肿止痛。

12. 花椒属 Zanthoxylum L.

落叶乔木或常绿攀附灌木，有皮刺。叶互生，复叶，稀单小叶。花单性，聚伞花序排成各式花序式；花瓣白或淡黄色。蓇葖果紫红色，常有油点。

南昆山5种。

1. 中脉两面均有锐刺……………………5. 两面针Z. nitidum
1. 中脉两面没有锐刺。
  2. 藤本，叶有小叶13～31对……………6. 花椒簕Z. scandens
  2. 乔木。
    3. 花被片两轮排列，外轮萼片，内轮花瓣。
      4. 着生花序的小枝无刺且实心……………………3. 簕党花椒Z. avicennae
      4. 着生花序的小枝有刺且空心。
        5. 小叶背面有灰白色粉霜……………………1. 椿叶花椒Z. ailanthoides
        5. 小叶无灰白色粉霜……………………4. 大叶臭花椒Z. myriacanthum
    3. 花被片1轮排列，颜色相同……… 2. 竹叶花椒Z. armatum

1. 椿叶花椒

Zanthoxylum ailanthoides Sieb. et. Zucc.

落叶乔木；茎干有鼓钉状锐刺，花序轴及小枝顶部常散生短直刺，各部无毛。复叶有整齐对生11～27片小叶，狭长披针形或位于叶轴基部的近卵形。花序顶生，多花；萼片及花瓣均5片；花瓣淡黄白色。分果瓣淡红褐色，干后淡灰或棕灰色，顶端无芒尖，油点多，干后凹陷。花期8～9月，果期10～12月。

南昆山产于佛坳，生于林缘。分布于我国长江以南地区。树皮药用，有祛风活络之功效。

2. 竹叶花椒

Zanthoxylum armatum DC.

落叶小乔木，茎枝多锐刺。奇数羽状复叶互生；小叶3～9片对生，长3～12 cm，宽1～3 cm，翼叶明显，顶生叶最大。花序近腋生或生于侧枝之顶，小花20～30朵。果紫红色，有油点。花期4～5月；果期8～10月。

南昆山产于上坪、沙坑尾、下坪，生于低丘陵坡地灌丛中。分布于我国山东以南地区。亚洲东部、南部、东南部也有。根、茎、叶、果及种子入药，祛风散寒、行气止痛。

3. 簕欓花椒

Zanthoxylum avicennae (Lam.) DC.

落叶乔木。树干有鸡爪状刺。小叶11～21片，常对生，斜卵形、斜长方形或镰刀状，长2.5～7 cm，宽1～3 cm；叶轴常呈狭翼状。花序顶生，花多。果实淡紫红色。花期6～8月；果期10～12月。

南昆山产于佛坳、九重远眺，生于低海拔平地、坡地或谷地。分布于我国华南、华东地区及云南。东南亚也有。根、茎、叶、果及种子入药，祛风去湿、行气化痰、止痛。

4. 大叶臭花椒

Zanthoxylum myriacanthum Wall. ex Hook. f.

落叶乔木；茎干上有鼓钉状锐刺，花序轴及小枝顶部有劲直锐刺。小叶7～17片，对生，宽卵形、卵状椭圆形或长圆形，长10～20 cm，宽4～10 cm；叶上的油点多且大。花序顶生，花多；花瓣白色。果红褐色。花期6～8月；果期9～11月。

南昆山产于天堂顶，生于坡地林中。分布于我国华南、西南地区及福建。越南、缅甸、印度也有。根皮、树皮及嫩叶入药，祛风除湿、活血散瘀、消肿止痛。

5. 两面针

Zanthoxylum nitidum (Roxb.) DC.

木质攀缘藤本；茎、枝及叶轴均有弯钩锐刺。奇数羽状复叶互生；小叶5～11片，对生，硬革质，阔卵形或近圆形，长3～12 cm，宽1.5～6 cm；中脉两面均有锐刺。花序腋生；花单性，淡黄绿色；萼片和花瓣均为4片。果红褐色，顶端有短芒尖。花期3～4月；果期8～9月。

南昆山产于佛坳，生于低海拔的温热处。分布于我国华南、华东及西南地区。根、茎、叶、果皮均入药，活血散瘀、消肿止痛。

6. 花椒簕（藤花椒）

Zanthoxylum scandens Bl.

幼株直立灌木状，成年植株攀于它树上；枝干有短钩刺，叶轴上的刺较多。小叶5～25片，对生或互生，卵形、卵状椭圆形或斜长圆形，长4～10 cm，宽1.5～4 cm，多全缘。花序腋生或兼有顶生；花瓣淡黄绿色。果紫红色。花期3～5月；果期7～8月。

南昆山产于上坪竹坑嶂、中坪至上坪、佛坳、下坪，生于山坡灌丛或疏林下。分布于我国广东。东南亚也有。

195. 苦木科 Simaroubaceae

乔木或灌木；树皮常有苦味。常羽状复叶，互生或对生。总状、圆锥状或聚伞花序腋生；花辐射对称，单性、杂性或两性；花盘环状或杯状。果为翅果、核果或蒴果。

南昆山1属，1种。

1. 鸦胆子属 Brucea J. F. Mill.

灌木或小乔木。奇数羽状复叶；小叶3～15，卵形至披针形，基部稍偏斜。圆锥花序腋生，花单性，雌雄同株或异株；萼片4，基部联合；花瓣4。核果，坚硬，带肉质。

南昆山1种。

1. 鸦胆子(苦参子)
Brucea javanica (L.) Merr.

灌木；嫩枝、叶柄和花序均被黄色柔毛。奇数羽状复叶，有小叶3～15；小叶卵形或卵状披针形，两面均被柔毛。圆锥花序腋生，小花暗紫色。核果长卵形，成熟时灰黑色。花期夏季；果期8～10月。

南昆山产于佛坳，生于荒坡、灌丛中。分布于我国华南地区及台湾、福建、云南。种子药用，可清热解毒、治痢疾等。

196. 橄榄科 Burseraceae

乔木或灌木。奇数羽状复叶，互生，常集中于小枝上部。圆锥花序常腋生；花小，3～5数；花瓣3～6枚，与萼片互生。核果，外果皮肉质，内果皮骨质。

南昆山1属，2种。

1. 橄榄属 Canarium L.

常绿乔木。奇数羽状复叶螺旋状排列于枝顶。聚伞圆锥花序腋生，花3基数，单性，雌雄异株；萼杯状；花瓣3。核果椭圆形，外果皮肉质，核骨质。

南昆山2种。

1. 有托叶(常脱落，但痕迹可见)，外果皮厚……………………………………………………………… 1. 橄榄 C. album
1. 无托叶，外果皮较薄……………………………… 2. 乌榄 C. pimela

1. 橄榄(白榄)
Canarium album (Lour.) Raeusch.

高大乔木，树皮灰白色。托叶早落，小叶3～6对；中脉发达。花序腋生；雄花序为聚伞圆锥花序；雌花序为总状。果卵圆形至纺锤形；外果皮厚，熟时黄绿色。花期4～5月；果期10～12月。

南昆山产于下坪通往永汉途中，生于次生林中。分布于我国华南、西南地区及福建、台湾。越南、日本及马来半岛也有。为优良的行道树；果为岭南佳果之一，有生津止渴之功效。

2. 乌榄
Canarium pimela Leenh.

乔木。无托叶，小叶4～6对，顶端急渐尖；基部圆形或阔楔形，偏斜；网脉明显。花序腋生；雄花序多花，雌花序少花。果狭卵圆形，具长柄；外果皮较薄。花期4～5月；果期5～11月。

南昆山产于佛坳一带，生于次生林中。分布于我国华南及云南南部等地。越南、老挝、柬埔寨也有。果可制作凉果或榄角；根入药，可治风湿腰腿疼、手足麻木、胃痛、烫火伤。

197. 楝科 Meliaceae

乔木或灌木。叶为羽状复叶、互生；小叶对生或互生，基部稍偏斜。圆锥花序顶生或腋生；花两性或杂性异株，辐射对称，常5基数；花瓣4～5枚。果为蒴果、浆果或核果。

南昆山3属，2种，1变种。

1. 花药着生于雄蕊管顶部的边缘，全部突出……………………………………2. 麻楝属Chukrasia
1. 花药着生于雄蕊管内的上部，内藏。
   2. 小叶全缘，浆果……………………………1. 米仔兰属Aglaia
   2. 小叶通常有齿缺，核果……………………………3. 楝属Melia

1. 米仔兰属 Aglaia Lour.

乔木或灌木。叶为羽状复叶或3小叶，小叶全缘。圆锥花序腋生或顶生；小花球形，杂性异株；花瓣3～5，覆瓦状排列。果为浆果，果皮革质。

南昆山1种。

1. 小叶米仔兰*

Aglaia odorata Lour. var. **microphyllina** C. DC.

灌木至小乔木。奇数羽状复叶，叶轴和叶柄具狭翅，小叶对生，5～7片，狭长椭圆形或2倒披针状长椭圆形。圆锥花序腋生，花黄色，米粒大小，芳香；花瓣5。浆果卵形或近球形，熟时橙红色。花期5～12月；果期7月至翌年3月。

栽培于上坪，我国华南、西南等地常有栽培。东南亚各国也有。庭院观赏。

2. 麻楝属 Chukrasia A. Juss.

高大乔木；芽有鳞片，被粗毛。叶通常为偶数羽状复叶，小叶全缘。花两性，长圆形。果为木质蒴果，3室；种子每室多数，扁平，有薄而长的翅，无胚乳，子叶叶状，圆形，胚根突出。

南昆山1种。

1. 麻楝*

Chukrasia tabularis A. Juss.

乔木，高达25 m；老茎树皮纵裂，具苍白色的皮孔。叶通常为偶数羽状复叶，长30～50 cm，小叶10～16枚。圆锥花序顶生；花长约1.2～1.5 cm，有香味；花瓣黄色或略带紫色。蒴果灰黄色或褐色，近球形或椭圆形；种子扁平，有膜质的翅，连翅长1.2～2 cm。花期4～5月；果期7月至翌年1月。

南昆山栽培于十字水、下坪路旁。分布于我国广东、广西、云南和西藏。尼泊尔、印度、斯里兰卡、中南半岛和马来半岛也有。

3. 楝属 Melia L.

落叶乔木或灌木，小枝的叶痕和皮孔明显。叶互生，一至三回羽状复叶。圆锥花序腋生，由多个二歧聚伞花序组成；花瓣白色或紫色，5～6片，线状匙形。核果，外果皮近肉质，核骨质。

南昆山1种。

1. 楝（苦楝）

Melia azedarach L. (*M. toosendan* Siebold & Zuccarini)

落叶乔木，高达10 m。小叶对生，卵形、椭圆形至披针形。圆锥花序腋生，花瓣淡紫色，倒卵状匙形。核果球形至椭圆形。花期4～5月；果期10～12月。

南昆山产于上坪，生于旷野、次生林中。分布于我国黄河以南各地区。材用；观赏；药用，苦楝子制成油膏可治头癣；鲜叶作农药可灭钉螺。

198. 无患子科 Sapindaceae

乔木、灌木或藤本。羽状复叶或掌状复叶，互生。聚伞圆锥花序顶生或腋生；花小，常单性；雄花萼片4～6；花瓣4～6；雌花花被与雄花相同。蒴果不开裂，浆果状或核果状。

南昆山4属，4种。

1. 草质或木质藤本 ······························ 1. 倒地铃属Cardiopermum
1. 乔木或灌木。
  2. 果皮肉质，富含皂素 ························· 4. 无患子属Sapindus
  2. 外果皮革质（干时脆壳质）
    3. 外果皮有龟甲状裂纹，散生圆锥状小凸体 ·· 3. 荔枝属Litchi
    3. 外果皮光滑 ·································· 2. 龙眼属Dimocarpus

1. 倒地铃属 Cardiopermum L.

草质或木质藤本。二回三出或二回三裂复叶互生；小叶分裂或有齿缺，常有透明腺点。圆锥花序腋生，总花梗第一对分枝变态为卷须或刺状；花单性，雌雄同株或异株，两侧对称；花瓣4。蒴果膨胀，囊状，3室，果皮膜质或纸质，有脉纹。

南昆山1种。

1. 倒地铃（包袱草）

Cardiospermum halicacabum L.

草质藤本。二回三出复叶；小叶薄纸质，顶生小叶斜披针形或近菱形，顶端渐尖；侧生小叶卵形或长椭圆形，边缘具齿或羽状分裂。圆锥花序少花，卷须螺旋状；萼片4；花瓣乳白色。花期秋季；果期秋季至初冬。

南昆山产于佛坳，生于灌丛、路边和林缘。分布于全世界热带和亚热带地区。全株药用，有清热利水、凉血解毒和消肿等功效。

2. 龙眼属 Dimocarpus Linn.

乔木。偶数羽状复叶，互生；小叶对生或近对生，全缘。聚伞圆锥花序常阔大，顶生或近枝顶丛生；花单性，雌雄同株，辐射对称。果深裂为2或3果爿；种子近球形或椭圆形，种皮革质，平滑，种脐稍大，椭圆形。

南昆山1种。

1. 龙眼*

Dimocarpus longan Lour.

常绿乔木，具板根；小枝粗壮，被微柔毛，散生苍白色皮孔。叶连柄长15～30 cm或更长；小叶4～5对，薄革质，两侧常不对称，长6～15 cm，宽2.5～5 cm。花序大型，多分枝。果近球形，直径1.2～2.5 cm；种子茶褐色，光亮，全部被肉质的假种皮包裹。花期春夏间；果期夏季。

南昆山栽培于七星湖，我国西南部至东南部地区栽培很广，以福建最盛，广东次之。亚洲南部和东南部也常有栽培。

因其假种皮富含维生素和磷质，有益脾、健脑的作用；木材坚实，暗红褐色，耐水湿，是造船、家具的良材。

3. 荔枝属 Litchi Sonn.

乔木。偶数羽状复叶，互生，无托叶。聚伞圆锥花序顶生，被金黄色短绒毛；苞片和小苞片均小；花单性，雌雄同株，辐射对称。果深裂为2或3果爿，果皮革质（干时脆壳质），外面有龟甲状裂纹，散生圆锥状小凸体。

南昆山1种。

1. 荔枝*
Litchi chinensis Sonn.

常绿乔木；小枝圆柱状，褐红色，密生白色皮孔。叶连柄长10～25 cm或过之；小叶2或3对，薄革质或革质，长6～15 cm，宽2～4 cm，顶端骤尖或尾状短渐尖。果卵圆形至近球形，长2～3.5 cm，成熟时通常暗红色至鲜红色；种子全部被肉质假种皮包裹。花期春季；果期夏季。

七星湖有栽培，分布于我国西南部、南部和东南部地区，尤以广东和福建南部栽培最盛。亚洲东南部也有栽培。核入药为收敛止痛剂，治心气痛和小肠气痛。木材坚实，深红褐色，纹理雅致、耐腐，为上等木材。花多，富含蜜腺，是重要的蜜源植物。

4. 无患子属 Sapindus L.

乔木或灌木。偶数羽状复叶互生；小叶全缘，对生或互生。聚伞圆锥花序大型，分枝多，顶生或在小枝顶部丛生。果3深裂。

南昆山1种。

1. 无患子（木患子）
Sapindus saponaria Linnaeus

落叶乔木。小叶5～8对，长椭圆状披针形或稍呈镰形，基部楔形，稍不对称。圆锥形花序顶生；花小，辐射对称；花瓣5，披针形，具长爪。果橙黄色。花期春季；果期夏秋。

南昆山产于下坪至永汉途中，生于林中、路边和林缘，偶见。分布于我国华南、华东、华中及西南地区。日本、朝鲜、中南半岛、印度。根和果入药，有小毒，具有清热解毒之效能；果皮含皂素，可代肥皂。

198B. 伯乐树科 Bretschneideraceae

乔木。奇数羽状复叶互生，小叶对生，全缘，无托叶。总状花序直立、顶生，花两性，两侧对称；花萼阔钟状，5浅裂，花瓣5，覆瓦状排列，不相等。蒴果，3～5瓣裂，果瓣木质。

南昆山1属1种。

1. 伯乐树属 Bretschneidera Hemsl.

属的形态特征与科同。

南昆山1种。

1. 伯乐树（钟萼木）
Bretschneidera sinensis Hemsl.

乔木。树皮灰褐色，小枝皮孔明显。羽状复叶互生，小叶7～15，纸质或革质，狭椭圆形，全缘，叶背粉绿色或灰白色，有短柔毛。花序大型，总花梗、花梗和花萼外被棕色短绒毛；

花淡红色，花瓣阔匙形，顶端浑圆内面有红色纵条纹。果椭圆球形。花期3～9月；果期5月至翌年4月。

南昆山产于下坪石河奇观、中坪，生于林中。零星分布于我国华南、华中及西南省区。越南、缅甸、泰国也有。国家一级重点保护野生植物。

200. 槭树科 Aceraceae

乔木或灌木；冬芽具鳞片。单叶对生；无托叶。花序伞房状、穗状或聚伞状；花小；萼片5或4；花瓣绿色，4或5。翅果。

南昆山1属，3种。

1. 槭树属 Acer L.

乔木或灌木，落叶或常绿；冬芽具鳞片。叶对生。花序顶生；花小；花被片5或4。翅果以大小不等的角度叉开。

南昆山3种。

1. 落叶乔木。
   2. 叶不裂……………………………………1. 青榨槭 A. davidii
   2. 叶3～5裂………………………………3. 岭南槭 A. tutcheri
1. 常绿乔木；叶不分裂………………………2. 罗浮槭 A. fabri

1. 青榨槭

Acer davidii Frarich.

落叶乔木；树皮灰褐色，常蛇皮状纵裂。当年生枝紫绿色；多年生枝灰褐色。叶纸质，长圆卵形先端锐尖，基部近心形，边缘具不整齐的钝圆齿。花黄绿色，杂性，雄花与两性花同株，成下垂的总状花序，顶生于着叶的嫩枝；萼片5，椭圆形；花瓣5，倒卵形，先端圆形，与萼片等长。翅果嫩时淡绿色，成熟后黄褐色；翅展开成钝角或几成水平。花期4月，果期9月。

南昆山产于天堂顶，生山顶疏林中。分布于我国华南、华中、华东及西南等地区。马来西亚也有。

2. 罗浮槭（红翅槭）

Acer fabri Hance

常绿乔木。叶革质，披针形，长7～11 cm，全缘；叶具羽状脉，中脉在叶面凸出。伞房花序顶生；花杂性，萼片5，紫色；花瓣5，白色。翅果初时紫色，后变淡褐色，成钝角叉开。花期3～4月；果期5～10月。

南昆山产于石河奇观、九重远眺等地，生于疏林中。分布于我国华南、华中及西南地区。树形优美，为新优园林观赏植物。

3. 岭南槭

Acer tutcheri Duthie

落叶乔木；树皮光滑。叶纸质，3～5裂，长6～7 cm，宽8～11 cm，3裂，边缘有粗齿；叶柄长2～3 cm，无毛。圆锥花序顶生；花瓣4，淡黄白色。翅果黄褐色，成钝角叉开。花期春末；果期秋初。

南昆山产于中坪尾、石河奇观等地，生于疏林中或溪边。分布于我国华南及华中地区。树形优美，果实奇特，为新优园林观赏植物。

201. 清风藤科 Sabiaceae

乔木、灌木或攀缘状木质藤本。叶互生，单叶或奇数羽状复叶；无托叶。花两性或杂性异株；聚伞花序或圆锥花序，腋生或顶生；花被片5。核果。种子单生，无胚乳。

南昆山2属，7种，1变种。

1. 乔木或直立灌木；圆锥花序……………1. 泡花树属 Meliosma
1. 攀缘木质藤本；聚伞花序……………2. 清风藤属 Sabia

1. 泡花树属 Meliosma Bl.

乔木或直立灌木，常绿或落叶，通体被毛。叶为单叶或奇数羽状复叶，全缘或多少有锯齿。花小；组成顶生或腋生圆锥花序；两性或杂性异株；萼片4～5；花瓣5。核果小，中果皮肉质。

南昆山4种，1变种。

1. 叶背无毛，密被小鳞片……………5. 樟叶泡花树 M. squamulata
1. 叶背多少被毛或至少沿中脉及侧脉被毛。
  2. 花黄色……………3. 华南泡花树 M. laui
  2. 花白色。
    3. 叶中脉在叶面凸起或平。
      4. 叶倒披针形或披针形……………1. 香皮树 M. fordii
      4. 叶叶狭倒卵形……………2. 辛氏泡花树 M. fordii var. sinii
    3. 叶中脉在叶面凹下……………4. 笔罗子 M. rigida

1. 香皮树（过家见、过假麻、罗浮泡花树）

Meliosma fordii Hemsl.

乔木；小枝、叶柄、叶背及花序被褐色平状柔毛。单叶，近革质，倒披针形或披针形，长9～18(～25)cm；叶面中脉及侧脉在叶面凸起或平。圆锥花序；萼片4(～5)；花瓣白色。果近球形或扁球形。花期5～7月；果期8～9月。

南昆山产于上坪思茅坪、中坪，生于山地林间。分布于我国华南、华中及西南地区。中南半岛及泰国也有。药用，有滑肠功效，治便秘。

2. 辛氏泡花树

Meliosma fordii Hemsl. var. **sinii** (Diels) Y. W. Law

与原变种的区别在于幼枝、叶柄、叶背、花序均被广展长柔毛；叶狭倒卵形或狭椭圆形；圆锥花序狭尖塔形；花梗短，花枝顶端的近于无梗。

南昆山产于上坪，生于密林中。分布于我国广东、广西。

3. 华南泡花树

Meliosma laui Merr.

小乔木。小枝浅灰色，有浅纵沟。单叶，革质，椭圆形，长7～14（～22）cm，宽2.5～5.5（～9）cm，先端渐尖。圆锥花序顶生，长15～25 cm；花黄色，芳香。核果倒卵形或近球形，直径8～12 mm。花期3～4月；果期7～8月。

南昆山产于沙坑尾，生于600～800 m林中。分布于我国华南地区。越南也有。

4. 笔罗子

Meliosma rigida Sieb. et Zucc.

乔木。单叶，叶片革质，被锈色柔毛，倒披针形或狭倒卵形，长8～25 cm；中脉在叶面凹下。圆锥花序顶生；萼片4；花瓣白色。果球形。花期夏季；果期9～10月。

南昆山产于上坪，分布于我国华东、华中及西南地区。日本也有。木材可作把柄、担杆、手杖及薪炭用。

5. 樟叶泡花树（绿樟）

Meliosma squamulata Hance

常绿小乔木。单叶，叶片薄革质，叶背密背黄褐色、微小鳞片，椭圆形或卵形，长5～12 cm。圆锥花序；花白色；萼片5，有缘毛。核果球形。花期夏季；果期9月。

南昆山产于佛坳、中坪尾至中坪、上坪，生于山地。分布于我国华南、华东及西南地区。琉球群岛也有。材用。

2. 清风藤属 Sabia Colebr.

落叶或常绿攀缘木质藤本；冬芽小，小枝基部有芽鳞。单叶，全缘，边缘干膜质。聚伞花序；花小，两性；萼片5～4；花瓣5。核果。种子1～2颗，近肾形，种皮有斑点。

南昆山3种。

1. 叶背被毛；花瓣向上渐狭成披针形 …………………………………………………… 3. 尖叶清风藤 S. swinhoei
1. 叶背无毛；花瓣不向上渐狭成披针形。
    2. 花黄色，叶长4～7 cm，宽2～4 cm …………………………………………………… 1. 白背清风藤 S. discolor
    2. 花淡绿色，叶长7～15 cm，宽4～6 cm …………………………………………………… 2. 柠檬清风藤 S. limoniaceae

1. 白背清风藤（灰背清风藤）

Sabia discolor Dunn.

常绿攀缘木质藤本。叶纸质，卵形，长4～7 cm，叶面绿色，叶背苍白色，无毛。聚伞花序；花被片5；花瓣不向上渐狭成披针形。分果爿红色。花期3～4月；果期5～8月。

南昆山产于沙坑尾、七星湖，生于山地灌木林中。分布于我国华南、华东及华中地区。

2. 柠檬清风藤

Sabia limoniaceae Wall.

常绿攀缘木质藤本；嫩枝绿色，老枝褐色，具白蜡层。叶革质，椭圆形、长圆状椭圆形或卵状椭圆形，长7～15 cm，宽4～6 cm，先端短渐尖或急尖。聚伞花序有花2～4朵；花淡绿色，黄绿色或淡红色。分果爿近圆形或近肾形，长1～1.7 cm，红色。花期8～11月；果期翌年1～5月。

南昆山产于中坪，生于密林中。分布于我国广东、云南。

3. 尖叶清风藤

Sabia swinhoei Hemsl.

常绿攀缘木质藤本。叶革质，椭圆形，长5～12 cm。聚伞花序腋生；萼片5，外有不明显的红色腺点；花瓣5，浅绿色，向上渐狭成披针形。分果爿深蓝色。花期3～4月；果期7～9月。

南昆山产于上坪高盘头，生于溪边、山谷、山坡林间。分布于我国华南、华中及华东地区。

204. 省沽油科Staphyleaceae

乔木或灌木。叶对生，奇数羽状复叶，有锯齿。总状花序或聚伞花序；花两性或单性；花被片5。蒴果或蓇葖果、浆果。种子1至多颗，种皮骨质或脆壳质。

南昆山2属，3种，1变种。

1. 蓇葖果革质……………………………………1. 野鸦椿属Euscaphis
1. 浆果肉质或革质……………………………………2. 山香圆属Turpinia

1. 野鸦椿属Euscaphis Sieb et Zucc.

落叶灌木或小乔木。叶对生，有托叶，脱落，寄数羽状复叶，小叶革质，有细锯齿。圆锥花序顶生，花两性，花萼宿存，5裂，覆瓦状排列。具假种皮，白色，近革质。

南昆山1种。

1. 野鸦椿Euscaphis japonica (Thunb.)Kanitz.

落叶小乔木或灌木；枝叶揉碎后发出恶臭气味。叶对生，奇数羽状复叶，长(8～)12～32 cm，叶轴淡绿色，小叶5～9。圆锥花序顶生，花梗长达21 cm，花多，较密集，黄白色。蓇葖果长1～2 cm，种子近圆形，假种皮肉质，黑色，有光泽。花期5～6月；果期8～9月。

南昆山产于上坪、七星湖，生林缘。除西北各地外，全国均产，主产江南各地。日本、朝鲜也有。种子油可制皂，树皮提烤胶，根及干果入药，用于祛风除湿。

2. 山香圆属Turpinia Vent.

小乔木或灌木。叶对生，奇数羽状复叶或退化为单叶；小叶革质，对生，具柄。聚伞状圆锥花序；花小；两性；5基数。浆果，果皮肉质或革质，近球形。

南昆山2种，1变种。

1. 单叶对生，厚纸质；花白色……………1. 锐尖山香圆T. arguta
1. 羽状复叶，叶纸质或近革质；花瓣淡黄色。
   2. 叶长4～6 cm，花序松散……………………2. 山香圆T. montana
   2. 叶长5～7 cm，花序密集……………………………………………………………3. 光叶山香圆T. montana var. glaberrima

1. 锐尖山香圆(黄树、尖树)
Turpinia arguta (Lindl.) Seem.

落叶灌木。单叶对生，厚纸质，长椭圆形或椭圆状披针形，长7～22 cm。圆锥花序顶生；花白色。果近球形，绿色，成熟时红色，粗糙。花期4～5月；果期10～11月。

南昆山产于上坪、中坪尾至三坑，下坪石河奇观，生于山坡、山谷疏林中。分布于我国华南、华东、华中及西南地区。

2. 山香圆
Turpinia montana(Bl.)Kurz.

小乔木；枝和小枝圆柱形，灰白绿色。叶对生，羽状复叶，叶轴长约15 cm，叶5枚，对生，纸质。圆锥花序顶生，轴长达17 cm，花较多；花瓣5。果球形，紫红色，外果皮薄，2～3室，每室1种子。

南昆山产于上坪三坑、竹坑嶂、中坪佛坳，生于林缘。分布于我国华南及西南地区。中南半岛、印度尼西亚的爪哇和苏门答腊也有。

3. 光叶山香圆
Turpinia montana (Bl.) Kurz. var. **glaberrima** (Merr.) T. Z. Hsu

小乔木或灌木。奇数羽状复叶；小叶近革质，椭圆形，长5～7 cm，边缘有锯齿。圆锥状聚伞花序，花序密集；花瓣淡黄色。浆果近球形，绿色至紫褐色。花期8～10月；果期8～12月。

南昆山产于上坪、七星湖，生于山坡密林阴湿地。分布于我国华南及西南地区。中南半岛及印度尼西亚也有。

205. 漆树科 Anacardiaceae

乔木或灌木，韧皮部具裂生性树脂道。叶互生，掌状三小叶或奇数羽状复叶；无托叶或托叶不明显。花小；圆锥花序；两性或多为单性或杂性；花被片3～5。核果。

南昆山5属，7种，1变种。

1. 单叶全缘；心皮5、分离或只有1个……2. 杧果属Mangifera
1. 叶多为羽状复叶，少有掌状3小叶或单叶；心皮通常3～5，合生。
  2. 心皮通常4～5，子房4～5室(少有仅1室)……………………1. 南酸枣属Choerospondias
  2. 心皮3，子房1室。
    3. 花为单被花……………3. 黄连木属 Pistacia
    3. 花有花萼和花瓣。
      4. 圆锥花序顶生；果成熟后红色……4. 盐肤木属Rhus
      4. 圆锥花序腋生或顶生；果成熟后黄绿色……………………5. 漆树属Toxicodendron

1. 南酸枣属 Choerospondias Burtt et Hill

落叶乔木或大乔木。奇数羽状复叶互生；小叶对生，全缘。圆锥花序；花单性或杂性异株；花瓣5，覆瓦状排列；子房5室，花柱5枚。核果椭圆形。

南昆山1种。

1. 南酸枣(广枣、山枣、五眼睛果)
Choerospondias axillaris (Roxb.) Burtt et Hill

种的形态特征与属同。花期春季；果期夏末。

南昆山产于佛坳，生于疏林中。分布于我国华南、华东、华中及西南地区。印度、中南半岛及日本也有。树皮与叶可提栲胶；果可生食或酿酒，果核可作活性炭原料；茎皮纤维可作绳索；树皮和果入药，可消炎解毒、止血止痛，外用治大面积的水火烧烫伤。

2. 杧果属 Mangifera L.

常绿乔木。单叶互生，全缘，具柄。圆锥花序顶生，花小，杂性，4～5基数。核果多形，中果皮肉质或纤维质，果核木质；种子大，种皮薄。

南昆山1种。

1. 杧果*

Mangifera indica L.

常绿大乔木。叶薄革质，常集生枝顶，长12～30 cm，宽3.5～6.5 cm，先端渐尖、长渐尖或急尖，边缘皱波状。花小，杂性，黄色或淡黄色。核果大，肾形(栽培品种其形状和大小变化极大)，压扁，长5～10 cm，宽3～4.5 cm，成熟时黄色，中果皮肉质，肥厚，鲜黄色，味甜，果核坚硬。

佛坳附近有栽培。分布于我国华南、西南等地区。印度、孟加拉国、中南半岛和马来西亚也有。果核疏风止咳；叶和树皮可作黄色染料；木材坚硬，耐海水，宜作舟车或家具等。

3. 黄连木属 Pistacia Linn.

乔木或灌木，落叶或常绿，具树脂。叶互生，无托叶，奇数或偶数羽状复叶，稀单叶或3小叶；小叶全缘。总状花序或圆锥花序腋生；花小，雌雄异株。核果近球形，无毛，外果皮薄，内果皮骨质；种子压扁，种皮膜质。

南昆山1种。

1. 黄连木

Pistacia chinensis Bunge

落叶乔木。奇数羽状复叶互生，有小叶5～6对，叶轴具条纹。花单性异株，先花后叶，圆锥花序腋生。核果倒卵状球形，略压扁，径约5 mm，成熟时紫红色，干后具纵向细条纹，先端细尖。

南昆山产于上坪，林中偶见。分布于我国长江以南及华北、西北地区；菲律宾亦有分布。木材鲜黄色，可提黄色染料，材质坚硬致密，可供家具和细工用材；种子榨油可作润滑油或制皂。

4. 盐肤木属 Rhus (Tourn.) L.

落叶灌木或乔木。奇数羽状复叶，互生。圆锥花序；花小，多花；杂性或单性异株；花萼5裂；花瓣5，覆瓦状排列。核果球形，成熟时红色。种子1颗。

南昆山2种，1变种。

1. 小叶边缘具粗锯齿，叶片较大。
   2. 叶轴具宽的叶状翅……………………………1. 盐肤木 R. chinensis
   2. 叶轴无叶状翅……2. 滨盐麸木 R. chinensis var. roxburghii
1. 小叶全缘或稀有小锯齿，叶背被白色绢状微绒毛……………………………………………………………3. 白背漆 R. hypoleuca

1. 盐肤木(盐酸白、五倍子树)

Rhus chinensis Mill.

灌木或小乔木；树皮灰褐色；小枝、叶柄和花序均被毛。奇数羽状复叶；叶轴具翅；叶面暗绿色，叶背粉绿色，被白粉，小叶无柄。圆锥花序阔；萼片被柔毛；花瓣白色。核果小，扁球形，红色。花期夏末；果期秋季。

南昆山产于上坪村茅坪，生于灌丛或疏林中，常见。分布于我国中部、西南部和南部地区，东至台湾。广布亚洲南部及东部。树皮和叶富含丹宁，为重要的工业原料；又可入药，为收敛剂，可治火伤，止血，也可作某些生物碱中毒之解毒剂；木材致密，为细工用材。

2. 滨盐麸木

Rhus chinensis var. **roxburghii** (Candolle) Rehder

与原变种的区别仅在于叶轴无翅。

南昆山产于七星湖，生于沟边、林缘。分布于我国广东、广西、湖南、江西、云南、四川、贵州 台湾。

3. 白背漆（白背麸杨）

Rhus hypoleuca Champ. ex Benth.

小乔木。奇数羽状复叶有小叶4-8对，叶轴和叶柄被灰色微绒毛，无翅；小叶对生，纸质，卵状披针形或披针形，叶背密被白色绢状微绒毛。圆锥花序被灰黄色微绒毛，花小，白色；花瓣倒卵状长圆形。核果被白色长柔毛和红色腺毛。

南昆山产于天堂顶，生于山坡、旷野疏林中。分布于我国广东，湖南、福建、台湾。

5. 漆树属 Toxicodendron (Tourn.) Mill.

落叶乔木或灌木，具白色乳汁，干后变黑，有臭气。叶互生，奇数羽状复叶或掌状3小叶；小叶对生。聚伞圆锥状或聚伞总状花序腋生；花小；单性异株；花被片5。核果近球形或侧向压扁，具光泽。

南昆山2种。

1. 植物体各部无毛（稀花序被毛）……1. 野漆树 T. succedaneum
1. 小枝、叶轴、叶柄及花序均被毛 ………2. 木蜡树 T. sylvestre

1. 野漆树（痒漆树、大木漆）

Toxicodendron succedaneum (L.) Kuntze

落叶乔木或小乔木。奇数羽状复叶互生；小叶对生或近对生，坚纸质至薄革质，长圆状椭圆形，长5～16 cm，叶背具白粉。圆锥花序；花黄绿色，花瓣长圆形。核果大，外果皮薄，淡黄色。花期春季；果期10月。

南昆山各地常见，生于海拔300～1200 m的林中。分布于我国华北至长江以南各地。印度、中南半岛、朝鲜和日本也有。

2. 木蜡树（野毛漆，山漆树）

Toxicodendron sylvestre (Siebold & Zuccarini) Kuntze

落叶乔木或小乔木。奇数羽状复叶互生，有小叶3～6对，稀7对，叶轴和叶柄圆柱形，密被黄褐色绒毛；叶柄长4～8 cm；小叶对生。圆锥花序长8～15 cm；花黄色。核果极偏斜，压扁，外果皮薄，具光泽，中果皮蜡质，果核坚硬。

南昆山产于七星湖，生于海拔140～800 m的林中。分布于我国长江以南各地区；朝鲜和日本亦有分布。

206. 牛栓藤科 Connaraceae

灌木、小乔木或藤本。叶互生，奇数羽状复叶；小叶全缘；无托叶。花两性，总状花序或圆锥花序；花被片5。蓇葖果。种子大形，1颗，稀2颗，种皮厚，肉质假种皮。

南昆山1属，2种。

1. 红叶藤属 Rourea Aubl.

攀缘藤本、灌木或小乔木。奇数羽状复叶，小叶多对。圆锥花序；花两性，5数；萼片宿存，紧抱果基部。蓇葖果单生，无柄。种子1，全部或基部为肉质假种皮包围。

南昆山2种。

1. 小叶7～17片，长1.5～4 cm，宽0.5～2 cm ……………… 1. 小叶红叶藤 R. microphylla
1. 小叶3～7片，长3～12 cm，宽2～5 cm ……………… 2. 大叶红叶藤 R. minor

1. 小叶红叶藤（红叶藤、牛见愁）

Rourea microphylla (Hook. et Arn.) Planch.

攀缘灌木。奇数羽状复叶，小叶片坚纸质至近革质，卵形，长1.5～4 cm，基部偏斜。圆锥花序，丛生叶腋；花香；花瓣白色、淡黄色或淡红色。蓇葖果成熟时红色。花期3～9月；果期5月至翌年3月。

南昆山产于七星湖，生于山地林中或灌丛。分布于我国华南、华东及西南地区。越南、斯里兰卡、印度及印度尼西亚也有。茎皮可提胶，也作外敷药用。

2. 大叶红叶藤（瑶藤）

Rourea minor (Gaertn.) Leenh.

藤本或攀缘藤本。奇数羽状复叶；小叶片纸质，近圆形、卵圆形或披针形，长3～12 cm，全缘。圆锥花序腋生；花芳香；花瓣白色或黄色，长卵圆形。果实弯月形或椭圆形，深绿色。花期4～10月；果期5月至翌年3月。

南昆山产于佛坳，生于丘陵、山地林中或灌丛。分布于我国华南、华东及西南地区。越南、老挝、柬埔寨、斯里兰卡、印度及澳大利亚也有。

207. 胡桃科 Juglandaceae

落叶或半常绿乔木或小乔木，具树脂，有芳香，被橙黄色腺体。叶互生，稀对生，羽状复叶，有油脂并有香味。花单性，雌雄同株。核果或坚状果。

南昆山1属，2种。

1. 黄杞属 Engelhardia Leschen

乔木；芽无芽鳞，具柄；枝条髓部为实心。叶互生，偶数羽状复叶。花单性，柔荑花序；苞片3裂；花被片4。坚果，有膜质果翅，3裂。

南昆山2种。

1. 小枝灰白色；小叶1～2对 ……………… 1. 白皮黄杞 E. fenzelii
1. 小枝暗褐色；小叶3～5对 ……………… 2. 黄杞 E. roxburghiana

1. 白皮黄杞（广东黄杞、少叶黄杞）

Engelhardia fenzelii Merr.

乔木；嫩枝有铜色至金黄色鳞秕；小枝灰白色。叶长8～18 cm；小叶1～2对，近对生，椭圆形至长椭圆形，长6～9 cm，基部不对称，全缘。花序顶生。坚果，密被金黄色鳞秕。花期5～7月；果期9～10月。

南昆山产于上坪横坑，生于山地林中。分布于我国华南、华东及华中地区。

2. 黄杞(黑油换、黄泡木)

Engelhardia roxburghiana Wall.

半常绿乔木；嫩枝被黄褐色鳞秕，小枝暗褐色。偶数羽状复叶；小叶3～5对，长椭圆状披针形，长6～14 cm，基部歪斜。雌雄同株，圆锥花序；花被片4。果实坚果状，球形，密被鳞秕。花期5～6月；果期8～9月。

南昆山产于锅盖顶、上坪至天堂顶，生于林中。分布于我国华南、华东、西南及华中地区。印度、缅甸、泰国及越南也有。树皮可制棉；叶有毒，能制农药；木材为工业用材及制造家具。

209. 山茱萸科Cornaceae

落叶乔木或灌木。单叶互生，羽状脉。花两性或单性异株，为圆锥、聚伞、伞形或头状花序，有苞片或总苞片；花3～5数；花萼管状；花瓣白色。核果或浆果状核果。

南昆山2属，2种。

1. 圆锥花序；花单性……………………………… 1. 桃叶珊瑚属Aucuba
1. 头状花序；花两性…………………2. 四照花属Dendrobenthamia

1. 桃叶珊瑚属Aucuba Thunb.

常绿小乔木或灌木；枝、叶对生。叶厚革质至纸质，边缘有齿；叶柄较粗。圆锥花序或总状圆锥花序；花单性，雌雄异株；花数4；萼片小；花瓣紫红色、黄色至绿色。核果肉质。

南昆山1种。

1. 桃叶珊瑚

Aucuba chinensis Benth.

常绿小乔木或灌木；小枝二歧分枝。叶革质，椭圆形或阔椭圆形，长10～20 cm。圆锥花序顶生；花数4；花下具关节，被柔毛。核果，幼时绿色，成熟为鲜红色。花期1～2月；果期达翌年2月。

南昆山产于上坪、七星湖，生于林中。分布于我国华南及华东地区。越南也有。庭院观赏。

2. 四照花属Dendrobenthamia Hutch.

常绿或落叶小乔木或灌木。叶互生，亚革质或纸质，卵形、椭圆形或长圆披针形，具叶柄。头状花序顶生；花小，两性；总苞片白色。聚合状核果，球形或扁球形。

南昆山1种。

1. 香港四照花

Dendrobenthamia hongkongensis (Hemsl.) Hutch.

常绿乔木或灌木。叶对生，薄革质至厚革质，椭圆形至长椭圆形，长6.2～13 cm，老叶背面有褐色残点。头状花序球形；花小，有香味；总苞片4，白色。果序球形，成熟时黄色或红色。花期5～6月；果期11～12月。

南昆山产于天堂顶、高盘头，生于林中。分布于我国华南、华东、华中及西南地区。材用；果可食用。

210. 八角枫科 Alangiaceae

落叶乔木或灌木；枝圆柱形。单叶互生，基部不对称；无托叶。聚伞花序或伞形花序腋生；花淡白色，有香气；两性。核果椭圆形。种子1颗。

南昆山1属4种。

1. 八角枫属 Alangium Lam.

属的形态特征与科同。

南昆山4种。

1. 花较小，花瓣长1 cm以内。……2. 阔叶八角枫 A. faberi var. platyphyllum
1. 花较大，花瓣长1 cm以上。
  2. 雄蕊的药隔无毛……1. 八角枫 A. chinense
  2. 雄蕊的药隔有毛。
    3. 叶片近圆形或阔卵形，叶柄长2.5～4 cm……3. 毛八角枫 A. kurzii
    3. 叶片矩圆形，叶柄长1～1.5 cm……4. 广西八角枫 A. kwangsiense

1. 八角枫（华木瓜、水芒树）

Alangium chinense (Lour.) Harms

落叶乔木或灌木；小枝呈“之”形。叶纸质，近圆形、椭圆形或卵形，长13～19(～26)cm。聚伞花序腋生；花瓣初为白色，后为黄色。核果卵圆形。花期5～7月和9～10月；果期7～11月。

南昆山产于上坪，生于疏林或灌丛中。分布于我国华南、华东、华中、西南及西北地区。东南亚及非洲北部也有。

2. 阔叶八角枫

Alangium faberi Oliv. var. **platyphyllum** Chun et How.

本变种和原变种的区别在于叶较大，特别是较阔，通常宽6～8 cm，矩圆形或椭圆状卵形，基部不对称，显著地偏斜，截形或近心脏形。

南昆山产于七星湖，生于海拔400 m以下的疏林中。分布于我国广东、广西。根、叶药用，治风湿和跌打损伤。

3. 毛八角枫

Alangium kurzii Craib.

落叶小乔木；树皮深褐色，平滑；小枝近圆柱形。叶互生，纸质，近圆形或阔卵形，顶端长渐尖，基部倾斜，长12～14 cm，宽7～9 cm。聚伞花序有5～7花；花萼漏斗状。核果椭圆形或矩圆状椭圆形，长1.2～1.5 cm，幼时紫褐色，成熟后黑色，顶端有宿存的萼齿。花期5～6月；果期9月。

南昆山产于七星湖，分布于我国华南、华东、华中、西南地区。缅甸、越南、泰国、马来西亚、印度尼西亚和菲律宾也有分布。种子油工业用。

4. 广西八角枫

Alangium kwangsiense Melch.

落叶攀缘灌木，二年生枝有宿存的毛。叶纸质或膜质，基部倾斜，长8～17 cm，宽4～8 cm；叶柄长1～1.5 cm，有密的淡黄色硬毛和绒毛。聚伞花序腋生，短而纤细，具5～12花。核果椭圆形或阔椭圆形，长8～12 mm，宽5 mm，幼时淡绿色有疏柔毛，成熟时黑色，顶端具宿存的萼齿。花期5月；果期8月。

南昆山产于石河奇观、中坪、观音潭等地，生于海拔700 m以下的山地和密林中。分布于我国广东、广西。

212. 五加科Araliaceae

常绿或落叶乔木、灌木、藤本或多年生草本；枝或树干有大的髓心。单叶或复叶，互生或轮生；托叶与叶柄基部合生成鞘。花小，两性、杂性或单性异株；伞形花序。浆果或核果。

南昆山6属，12种，1变种。

1. 单叶。
   2. 乔木或灌木，幼时非靠气根攀附生长……………………2. 树参属Dendropanax
   2. 攀缘状灌木，幼时靠气根攀缘生长，大时直立……………………4. 常春藤属Hedera
1. 掌状或羽状复叶。
   3. 羽状复叶。
      4. 小枝有皮刺……………………1. 楤木属Aralia
      4. 小枝无皮刺……………………5. 幌伞枫属Heteropanax
   3. 掌状复叶。
      5. 小枝有皮刺……………………3. 五加属Eleutherococcus
      5. 小枝无皮刺……………………6. 鹅掌柴属Schefflera

1. 楤木属Aralia L.

乔木、灌木或多年生草本；通常有刺，稀无刺；髓心白色。羽状复叶；叶柄基部膨大，叶痕“V”形。花杂性，由伞形花序、头状花序、总状花序或穗状花序，再组成圆锥花序；花梗有关节；萼筒与子房合生，边缘波状或有萼齿；花瓣5～10，在花芽中镊合状排列或覆瓦状排列，通常离生。果球形或卵球形。

南昆山4种。

1. 叶两面具有稀疏的刺毛。
   2. 叶轴和花序轴的扁刺先端钩曲，无刺毛……………………1. 虎刺楤木A. armata
   2. 叶轴和花序轴的扁刺直，密生针状刺毛……………………4. 长刺楤木A. spinifolia
1. 叶两面具有柔毛。
   3. 树皮灰色，有皮刺；小叶厚纸质至薄纸质……………………2. 楤木A. chinensis
   3. 树皮灰白色，有纵纹；小叶革质……………………3. 黄毛楤木A. decaisneana

1. 虎刺楤木（广东楤木、小鸟不企）

Aralia armata (Wall.) Seem.

灌木或小乔木；幼干、小枝密生皮刺；叶轴、羽轴、伞梗疏生皮刺。三回羽状复叶；小叶纸质，长卵形，长4～11 cm，边缘有细锯齿，两面有刺毛。伞形花序组成圆锥花序。果球形。花期8～10月；果期9～11月。

南昆山产于上坪，生于林内或林缘。分布于我国华南、华中及西南地区。印度、马来西亚及缅甸也有。药用，有驱风、祛湿、消肿、散瘀之效，治关节炎、肝炎、肾炎、痢疾。

2. 楤木（鹊不踏）

Aralia chinensis L.

南小乔木；树皮灰色，有皮刺；小枝、伞梗、花梗密生黄棕色绒毛。二至三回羽状复叶；小叶厚纸质至薄纸质，边缘有齿，叶面粗糙，背面有柔毛。伞形花序组成圆锥花序。果球形，熟时黑色。花期7～9月；果期9～12月。

南昆山产于石河奇观，生于林内、林缘及灌丛中。分布于我国黄河以南至广东和广西北部、西南、东南各省。药用，有镇痛、消炎、祛风、行气、祛湿、活血之效，治胃炎、肾炎、风湿痛、外敷治刀伤。

3. 黄毛楤木（鸟不企、鹰不沾、老鸦怕）

Aralia decaisneana Hance

小乔木；树皮灰白色，有纵纹；小枝、叶、叶柄、花序密生黄棕色绒毛；小枝、叶轴、伞梗具皮刺。二回羽状复叶；小叶革质，卵形至长卵形，长7～14 cm，边缘有锯齿。伞形花序再组成圆锥花序。果球形，熟时黑色。花期10～11月；果期12月至翌年2月。

南昆山产于上坪，生于低山山谷或阳坡疏林。分布于我国南方各地。药用，有驱风、祛湿、消肿、散瘀之效，治关节炎、肝炎、肾炎、痢疾。

4. 长刺楤木

Aralia spinifolia Merr.

灌木；小枝灰白色，疏生多数或长或短的刺，并密生刺毛。叶大，长40～70 cm，二回羽状复叶，叶柄、叶轴和羽片轴密生或疏生刺和刺毛。圆锥花序大，长达35 cm，伞形花序直径约2.5 cm，有花多数；花瓣5，淡绿白色。果实卵球形，黑褐色，有5棱。花期8～10月；果期10～12月。

南昆山产于天堂顶，生于山坡或林缘阳光充足处。分布于我国华南、西南、华中地区。

2. 树参属 Dendropanax Decne. et Planch.

灌木或乔木；树干或枝无刺，无毛。单叶。花两性或杂性；复伞形花序；花梗无关节；萼筒全缘或5裂；花瓣5。果球形或长圆形。

南昆山2种。

1\. 果实长圆状球形，有5棱…………1. 树参 D. dentiger
1\. 果球形，无纵棱…………2. 变叶树参 D. proteus

1. 树参

Dendropanax dentiger (Harms)Merr.

乔木或灌木。叶片厚纸质或革质，叶形变异很大，长7～10 cm，宽1.5～4.5 cm，掌状2～3深裂或浅裂，稀5裂。伞形花序顶生，单生或2～5个聚生成复伞形花序，有花20朵以上。果实长圆状球形，有5棱，每棱又各有纵脊3条。花期8～10月；果期10～12月。

南昆山产于天堂顶，生于常绿阔叶林或灌丛中。分布于我国华南、华东、华中、西南地区。为本属分布最广的种。根、茎、叶治偏头痛、风湿痹痛等症。

2. 变叶树参(三层楼)

Dendropanax proteus (Champ. ex Benth.) Benth.

直立灌木。叶革质或纸质，无腺点；叶形变化大，不分裂叶椭圆形、椭圆状披针形至线状披针形，长2.5～12(～28)cm，分裂叶为倒三角形。果球形，无纵棱。花期8～9月；果期9～11月。

南昆山产于石河奇观，生于山谷、溪边、较潮湿的密林下或向阳山坡、路旁。分布于我国华南、华东及华中地区。药用，可祛风湿、通经络、散淤血、壮筋骨，治风湿痹痛、偏头痛及痈疖。

3. 五加属 Eleutherococcus Maxim.

直立或藤状灌木；小枝有皮刺。掌状复叶具3～5小叶。花两性或杂性；花瓣(4～)5片。果近球形或扁球形，有纵棱。

南昆山3种。

1. 伞形花序腋生或生于短枝顶端 ………… 1. 五加E. gracilistylus
1. 伞形花序顶生。
    2. 叶面有刚毛 ………………………… 2. 刚毛白簕E. setosus
    2. 叶面无毛………………………………… 3. 白勒花E. trifoliatus

1. 五加

Eleutherococcus gracilistylus (W. W. Sm) S. Y. Hu

灌木。枝灰棕色，软弱而下垂，蔓生状。叶有小叶5，稀3～4，在长枝上互生，在短枝上簇生；叶柄长3～8 cm。伞形花序单个稀2个腋生，或顶生在短枝上，直径约2 cm；花黄绿色。果实扁球形，黑色。花期4～8月；果期6～10月。

南昆山产于上坪，生于灌木丛林、林缘、山坡路旁和村落中。分布于我国华南、西南、华北、西北地区。根皮供药用，中药称“五加皮”，作祛风化湿药；又作强壮药，据称能强筋骨。“五加皮酒”即系五加根皮泡酒制成。

2. 刚毛白簕

Eleutherococcus setosus (H. L. Li) Y. R. Ling

藤状灌木，枝条披散。叶通常5小叶，少有3小叶，小叶片通常较长，先端长渐尖，正面脉上刚毛较多，边缘的锯齿有长刚毛。伞房花序顶生，具1～3朵花，花冠白色。果熟时黑色，压扁球形。花期6～10月，果期10～11月。

南昆山产于七星湖，生于林缘湿地。分布于我国广东、广西、云南、湖南、江西、福建。

2. 白簕花（三加皮、三叶五加）

Eleutherococcus trifoliatus (L.) S. Y. Hu [*Acanthopanax trifoliatus* (L.) Merr.]

藤状灌木；小枝有向下倒钩的刺。复叶具3小叶；叶纸质，卵形、长卵形，长4～8 cm，边缘有细或粗锯齿。总状花序或复伞形花序。果近球形，成熟时黑色。花期7～11月；果期9～12月。

南昆山产于佛坳、九重远眺，生于疏林、林缘、灌丛或路旁。分布于我国南方各地。南亚、东南亚及东亚也有。药用，有活血、行气、散淤、止痛、消炎之效，能治风湿、跌打、感冒、肠炎、尿路结石至疮疖等病。

4. 常春藤属 Hedera L.

攀缘状灌木，具气根。单叶；不育枝上的叶片通常有裂片或裂齿，花枝上常不分裂，无托叶。伞形花序单个顶生，或几个组成顶生短圆锥花序；苞片小；花梗无关节；花两性；花瓣5片。果球形。

南昆山1变种。

1. 常春藤（中华常春藤、三角藤）

Hedera nepalensis K. Koch. var. **sinensis** (Tobl.) Rehd.

大型攀缘灌木；茎灰棕色或棕褐色，幼时靠气根攀缘生长，大时茎直立；小枝、叶柄、伞梗、花萼具锈色鳞片。叶革质，有光泽，叶形变化大，长2～16 cm，三出脉。果熟时红色或橙黄色。花期9～11月；果期次年3～5月。

南昆山产于上坪，生于山坡稍荫处。分布于我国黄河流域以南、西藏（波密）以东至沿海各地区。越南也有。药用，有舒筋、散风、消肿、解热、发汗的作用，可治痈疽等肿毒，还可治血丝虫病。

5. 幌伞枫属 Heteropanax Seem.

乔木或灌木，无刺。大型二至五回羽状复叶；叶柄基部膨大；中轴和羽轴有膨大关节；小叶全缘；托叶与叶柄基部合生。花杂性；圆锥花序；萼筒5裂；花瓣5。果略扁，具2纵沟。

南昆山2种。

1. 果极扁，厚1～2 mm ········ 1. 短梗幌伞枫 H. brevipedicellatus
1. 果略扁，厚3～5 mm ································ 2. 幌伞枫 H. fragrans

1. 短梗幌伞枫

Heteropanax brevipedicellatus Li

小乔木；小枝、叶轴幼时被锈色绒毛。四至五回羽状复叶；小叶椭圆形或卵状椭圆形，长2～9 cm。圆锥花序分枝短，具锈色绒毛。果扁球形。花期11～12月；果期翌年1～2月。

南昆山产于上坪，生于疏林。分布于我国广东、广西、江西、福建。越南也有。根及树皮可治跌打、烫伤、疮毒等。

2. 幌伞枫

Heteropanax fragrans (Roxb.) Seem.

常绿乔木。叶大，三至五回羽状复叶，直径达50～100 cm；叶柄长15～30 cm。圆锥花序顶生，长30～40 cm，主轴及分枝密生锈色星状绒毛，后毛脱落；伞形花序头状，直径约1.2 cm；花淡黄白色，芳香。果实卵球形，略侧扁。花期10～12月；果期次年2～3月。

南昆山产于佛坳，生于林中。分布于我国华南、西南地区。印度、不丹、孟加拉国、缅甸和印度尼西亚亦有分布。根皮治烧伤、疖肿、蛇伤及风热感冒，髓心利尿。树冠圆整，可栽培作为庭园风景树。

6. 鹅掌柴属 Schefflera J. R. Forst. et Forst.

常绿乔木、灌木或藤状灌木；枝无刺。掌状复叶；托叶与叶柄合生成鞘状。伞形花序再组成圆锥花序或总状花序；花梗无关节；花瓣5(～11)。果球形或卵球形，常5(～11)棱。

南昆山1种。

1. 鹅掌柴（鸭脚木、鸭木树）

Schefflera heptaphylla (L.) Frodin [*S. octophylla* (Lour.) Harms]

乔木；小枝、叶、花序、花萼幼时密被星状短柔毛。复叶有小叶6～9(～11)片；小叶纸质至厚纸质，长椭圆形，长9～17 cm。伞形花序多枚组成圆锥花序。果球形，熟时黑色，有棱。花期11～12月；果期12月至次年2～3月。

南昆山各地常见，生于林中。分布于我国西南、华南及华东地区。印度、越南及日本也有。材用；根皮及叶药用，可治感冒、流感及其他炎症，浸酒服治跌打损伤，还可作兽药；为南方冬季蜜源植物。

213. 伞形科 Umbelliferae

一年生至多年生草本，直立或匍匐上升，含芳香挥发油类、树脂。茎有槽纹。叶互生或基生，复叶；叶柄基部扩大成鞘；托叶无或仅有一凸起。花小，两性或杂性；单或复伞形花序，花序基部有总苞。双悬果，外果皮内有油管。

南昆山9属，14种，1亚种。

1. 单叶，叶片肾形或圆心形；伞形花序单生；内果皮木质。
  2. 总苞片明显；花瓣覆瓦状排列 ………… 1. 积雪草属 Centella
  2. 总苞片无或小；花瓣镊合状排列 ………………………………………… 4. 天胡荽属 Hydrocotyle
1. 复叶，很少单叶；复伞形花序，很少单生或近总状以至头状；内果皮为薄壁细胞组织。
  3. 单叶，常呈掌状分裂至齿状缺刻；花序为单伞形花序或复伞形花序。
    4. 基生叶圆形、圆心脏形或心状五角形，掌状分裂 ………………………………………… 9 变豆菜属 Sanicula
    4. 基生叶长椭圆状卵形或披针形以至倒披针形，不分裂 ………………………………………… 3. 刺芹属 Eryngium
  3. 通常为复叶，极少单叶；复伞形花序，很少单伞形花序，伞辐多数而明显。
    5. 侧棱较背棱、中棱为宽，有翅；分生果的横剖面狭窄。
      6. 萼齿大，分生果背棱稍隆起，侧棱薄，宽翅状 ………………………………………… 6. 山芹属 Ostericum
      6. 萼齿无或不显；中棱和背棱丝线形稍突起，侧棱扩展成较厚的窄翅 ……………………… 7. 前胡属 Peucedanum

5. 次棱极为发达，通常扩展为翅，全缘或呈波状。

7. 棱槽内油管2～3，很少4……………8. 茴芹属 Pimpinella

7. 棱槽内油管1。

8. 伞形花序的伞梗长短参差不一，排列成总状花序……………2. 鸭儿芹属 Cryptotaenia

8. 花序为疏松的复伞形花序，花序顶生与侧生……………5. 水芹属 Oenanthe

1. 积雪草属 Centella L.

多年生草本，匍匐根状茎，节上生根。单叶具长柄，圆形、肾形或马蹄形，基部扩大为叶鞘；托叶缺。伞形花序；总苞明显；花瓣白色、黄色至紫红色，覆瓦状排列。悬果具5棱，具网纹。

南昆山1种。

1. 积雪草（崩大碗、钱凿口）
Centella asiatica (L.) Urban

多年生草本；茎细长，节上生根。叶数片丛生，圆形或肾形，直径2～6 cm，边缘具钝齿，基部心形。伞形花序，每一花序花3朵。果扁圆形，有网纹。花果期4～10月。

南昆山产于上坪、下坪，生于阴湿草地或水沟边。分布于我国华南、华东、中南及西南各地。亚洲热带地区、澳大利亚、非洲也有。药用，有祛风寒、清热、利尿及消肿等功效。

2. 鸭儿芹属 Cryptotaenia DC.

多年生草本，具簇生的根；茎直立，叉状分枝。三出复叶，膜质，卵状披针形；叶柄基部有鞘。复伞形花序或圆锥状；总苞和小苞缺；花瓣白色，基部不内弯。果线状长圆形，侧面扁平，每棱槽中有油管1～3。

南昆山1种。

1. 鸭儿芹（鸭脚板、三叶芹）
Cryptotaenia japonica Hassk.

多年生草本；茎叉状分枝。三出复叶，小叶无柄。圆锥状花序；小伞形花序有花2～4；花瓣白色或淡紫色。果线形至长圆形，两端窄，常弯曲。花期2～10月。

南昆山产于中坪、下坪石河奇观，生于林下、沟边、田边或沟谷草丛中。分布于我国长江以南各地。全草入药，可祛风止咳、活血散瘀；种子可以制皂和油漆。

3. 刺芹属 Eryngium L.

一年生或多年生草本；茎直立，无毛。叶革质；叶柄有鞘。头状花序；总苞1～5，边缘有针刺；花小，无或近无梗；花瓣白色、淡绿色或淡紫色。果卵形或球形，表面有凸起。

南昆山1种。

1. 刺芫荽（洋芫荽、假芫荽）
Eryngium foetidum L.

多年生直立草本，有特殊香气。基生叶革质，披针形或倒披针形，长8～20 cm；叶柄阔而扁平，边缘有刺状齿。头状花序；花小，白色或淡绿色。果极小，球形或卵形，有凸起。花果期4～12月。

南昆山产于上坪、中坪，生于林下、路旁、沟边等湿润处。分布于我国华南及西南地区。嫩叶可作调味料；全草入药，能疏风解热、行气消滞、治风寒感冒、跌打肿痛、蛇伤。

4. 天胡荽属 Hydrocotyle L.

多年生草本；茎细长。单叶膜质；叶柄细长，无叶鞘；托叶小。单伞形花序；总苞片无或很小；花瓣白色、淡绿色或淡黄色，镊合状排列。果心脏形，背棱和中棱明显。

南昆山3种。

1. 花簇生于枝条顶端……………………1. 红马蹄草H. nepalensis
1. 花单生于茎、枝各节或枝梢。
   2. 花序梗长于或近等长于叶柄………3. 肾叶天胡荽H. wilfordi
   2. 花序无梗或短于叶柄………………2. 天胡荽H. sibthorpioides

1. 红马蹄草（大样驳骨草）

Hydrocotyle nepalensis Hook.

多年生匍匐草本；节上生根。叶片膜质，圆肾形，直径2～5 cm，边缘有钝齿；托叶大，膜质。花序簇生在直立枝顶部，与叶对生；花小；萼齿缺；花瓣小，白色。果近圆形，嫩时有红色斑点。花果期几乎全年。

南昆山产于上坪，生于路旁湿地和溪边草丛中。分布于我国长江以南各地。印度、印度尼西亚及马来西亚也有。全株入药，有止血、止痛、散瘀消肿的功效；种子有清凉解热之功效，主治疥疮。

2. 天胡荽（细叶钱凿口、圆地炮）

Hydrocotyle sibthorpioides Lam.

多年生草本；茎细长，节上生根。叶薄，直径0.5～2 cm，裂片阔倒卵形，边缘有钝齿，叶面光亮；有小托叶。花序与叶对生，单生于节上；花序梗短于叶柄；花瓣卵形，绿白色，有腺点。果心形。花果期4～9月。

南昆山产于中坪至上坪3 km处，生于溪边湿地、林下。分布于我国长江以南各地。朝鲜、日本、印度及东南亚也有。药用，可清热解毒、消肿止痛、利尿散结、止咳祛痰。

3. 肾叶天胡荽（水雷公根、透骨草）

Hydrocotyle wilfordi Maxim.

多年生草本。叶圆肾形，直径3～6 cm，边缘具波状钝齿。伞形花序单生于节上，与叶对生；花序梗长过叶柄或等长；花小，无总苞。果密集成头状，圆形，嫩时有红色斑点。花果期5～9月。

南昆山产于上坪，生于山谷、溪边、岩石的湿润处或河边沙地上。分布于我国东南部及西南部。朝鲜、日本及越南北部也有。药用，可清热解毒、止咳、利尿、散结消肿等。

5. 水芹属 Oenanthe L.

二年生或多年生草本；根纺锤形或为成簇的须根；茎下部节上生根。叶一至三回羽状分裂。复伞形花序；花瓣白色。果圆卵形至长圆形，光滑，每棱槽中有油管1。

南昆山4种。

1. 果实背棱非木栓质，棱槽显著；叶裂片狭窄，线形……………………………………………………4. 西南水芹O. linearis
1. 果实背棱稍木栓质，棱槽不显著；叶裂片宽线形。
   2. 植株较粗壮；叶裂片大，长4～5 cm，宽2～3 cm；菱状卵形或椭圆形，顶端长渐尖，边缘有钝据齿……………………………3. 卵叶水芹O. javanica subsp. rosthornii
   2. 植株不粗壮；叶裂片小，长2.5～4 cm，宽1.5～2 cm，倒披针形、卵形或菱状披针形，顶端尖锐，稀有长渐尖，边缘有尖锐齿。

3. 茎多分枝；伞辐4～10，长0.5～1 cm ………………………………………………1. 少花水芹O. benghalensis

3. 茎分枝不多；伞辐6～16，长1～3 cm ………………………………………………2. 水芹O. javanica

1. 少花水芹（短幅水芹）

Oenanthe benghalensis Benth. et Hook. f.

多年生草本，全体无毛。茎自基部多分枝，有棱。叶片轮廓三角形，一至二回羽状分裂，长1.5～2 cm，宽约0.5 cm。复伞形花序顶生和侧生，花序梗通常与叶对生，长1～2 cm；花瓣白色，倒卵形。果实椭圆形或筒状长圆形，侧棱较背棱和中棱隆起，木栓质。花期5月；果期5～6月。

南昆山产于石河奇观，生于山坡林下溪边，沟旁及水旱田中。分布于我国广东、四川、云南各地。日本西南部沿海岛屿及印度也有。

2. 水芹（辣野菜）

Oenanthe javanica (Bl.) DC.

多年生草本；茎直立或基部匍匐，具分枝。叶一至二回羽状分裂；茎上部叶无柄。复伞形花序；总苞缺；花瓣白色。果椭圆形。花期6～7月；果期8～9。

南昆山产于花竹，生于湿地或水沟中。分布几遍全国。东亚、印度支那、印度尼西亚及俄罗斯也有。药用，有清热凉血、利尿消肿、止痛、止血及降压之功效。

3. 卵叶水芹

Oenanthe javanica (Bl.) subsp. **rosthornii** (Diels) F. T. Pu

多年生草本，粗壮。茎下部匍匐，上部直立，有棱，被柔毛。叶片轮廓为广三角形或卵形，长7～15 cm，宽8～12 cm。复伞形花序顶生和侧生，花序梗长16～20 cm；无总苞；花瓣白色，倒卵形。果实椭圆形或长圆形，侧棱较背棱和中棱隆起，木栓质，分生果横剖面半圆形。花期8～9月；果期10～11月。

南昆山产于中坪至上坪、思茅坪，生于山谷林下水沟旁草丛中。分布于我国华南、华中、西南地区。

4. 西南水芹（线叶芹菜）

Oenanthe linearis Wall. ex DC. (O. dielsii de Boiss.)

多年生草本，光滑无毛。叶有柄，柄长1～3 cm，基部有叶鞘，叶片轮廓呈广卵形或长三角形，二回羽状分裂。复伞形花序顶生和腋生，花序梗长2～10 cm，总苞片1或无；萼齿披针状卵形；花瓣白色。果实近四方状椭圆形或球形，侧棱较中棱和背棱隆起，背棱线形；。花果期5～10月。

南昆山产于中坪至上坪3 km处，生于山坡杂木林下溪边潮湿地。分布于我国华南、西南地区。尼泊尔、印度、越南、印度尼西亚也有。

6. 山芹属 Ostericum Hoffm.

二年生或多年生草本；茎直立中空，具细棱槽或棱角。叶羽状分裂。复伞形花序；花白色、绿色或黄白色。果实卵状长圆形，扁平，果皮薄膜质。

南昆山1种。

1. 隔山香（柠檬香碱草、野茴香）

Ostericum citriodorum (Hance) Yuan et Shan

多年生草本，全株光滑无毛；根近纺锤形，棕黄色；茎单生，圆柱形。叶羽状分裂，基部膨大呈鞘。复伞形花序；花白色；萼齿明显。果实椭圆形，金黄色，表皮细胞突起。花期6～8月；果期8～10月。

南昆山产于石河奇观，生于山坡灌木林下或林缘、草丛中。分布于我国华南、华中及华东地区。药用，有疏风清热、活血化瘀、行气止痛功能，还可治风热咳嗽、心绞痛、胃痛、疟疾、痢疾、经闭、白带、跌打损伤等。

7. 前胡属 Peucedanum L.

常多年生直立草本；根圆柱形或圆锥形；茎圆柱形，具细纵条纹，上部具叉状分枝。叶具柄，基部具叶鞘。复伞形花序顶生或侧生；花常白色，少粉红色和深紫色。果实椭圆形或长圆形，背部压扁。

南昆山1种。

1. 紫花前胡

Peucedanum decursivum (Miq.) Maxim.

多年生草本；根粗大，纺锤形，具数条棕黄色支根，有强烈香气；茎直立，紫色，上部叉状分枝。基生叶及茎下部叶三角状宽卵形，一至二回羽状全裂；茎上部叶简化成膨大的紫色叶鞘。复伞形花序，花苞紫色，宿存。花期8月。

南昆山产于石河奇观，生于林缘及坡地草丛中。分布于我国华南、华中、华东及西南地区。东亚及越南也有。根可入药，有止咳祛痰、健胃、镇痛、活血散风等功效，外用可消肿。

8. 茴芹属 Pimpinella L.

一年生、二年生或多年生草本。须根或有长圆锥形的主根。茎通常直立，稀匍匐，一般有分枝。叶柄长于或短于叶片；叶片不分裂、三出分裂、三出式羽状分裂或羽状分裂。复伞形花序顶生和侧生；花瓣白色，稀为淡红色或紫色。果实卵形、长卵形或卵球形。

南昆山1种。

1. 异叶茴芹

Pimpinella diversifolia DC.

多年生草本。通常为须根，稀为圆锥状根。叶异形，基生叶有长柄，包括叶鞘长2～13 cm；叶片三出分裂，裂片卵圆形，通常无总苞片，稀1～5，披针形；伞辐6～15（～30），小伞形花序有花6～20，幼果卵形，有毛，成熟的果实卵球形，花果期5～10月。

南昆山产于上坪思茅坪，生于山坡草丛中、沟边或林下。分布几遍全国。越南、巴基斯坦、印度、阿富汗、尼泊尔、日本也有。

9. 变豆菜属 Sanicula L.

二年生或多年生草本；有根状茎、块根或纤维状根；茎直立或倾卧而上伸。叶掌状分裂，裂片边缘有锯齿；叶柄基部有叶鞘。复伞形花序；萼齿小，不明显。果实椭圆状卵形或近球形，表面密生皮刺或瘤状突起。

南昆山2种。

1. 总苞片和茎生叶退化或细小；果实上的皮刺基部连成薄片或呈鸡冠状突起 ································ 1. 薄片变豆菜S. lamelligera
1. 总苞片和茎生叶发达；果实上的皮刺短或直，有时皮刺基部连成薄片 ······································2. 直刺变豆菜S. orthacantha

1. 薄片变豆菜(散血草、野芹菜)

Sanicula lamelligera Hance

多年生草本，无毛；茎直立。基生叶背面紫红色；茎生叶无或1～2。伞形花序；花白色或淡紫色。果长卵形或卵形，具皮刺。花果期4～11月。

南昆山产于上坪，生于山坡林下。分布于我国华南、华中及西南地区。药用，可治风寒感冒、咳嗽。

2. 直刺变豆菜

Sanicula orthacantha S. Moore

多年生草本。根茎短而粗壮，斜生。基生叶少至多数，圆心形或心状五角形，长2～7 cm，宽3.5～7 cm，掌状3全裂；叶柄长5～26 cm，细弱。花序通常2～3分枝；小伞形花序有花6～7，雄花5～6；花瓣白色、淡蓝色或紫红色。果实卵形，外面有直而短的皮刺。花果期4～9月。

南昆山产于上坪竹坑嶂，中坪尾至北坑、佛坳，生长山涧林下、路旁、沟谷及溪边等处。分布于我国华南、华东、华中、西南、西北地区。全草有清热解毒的功效，治麻疹后热毒未尽、耳热瘙痒、跌打损伤。

214. 桤叶木科 Clethraceae

灌木或乔木；嫩枝和嫩叶常有毛。单叶互生，常集生枝端。花两性，花序轴和花梗有星状毛，花瓣5，分离。蒴果，有宿存的花萼及花柱，室被开裂成3果瓣；种子多而小，无翅或有翅。

南昆山1属，1种。

1. 桤叶树属 Clethra (Gronov.) L.

属的形态特征与科同。

南昆山1种。

1. 云南桤叶树

Clethra delavayi Franchet

落叶灌木或乔木；小枝具棱纹。叶纸质，嫩时被星状毛，其后无毛，叶柄鲜红色。总状花序单一，苞片紫红色；花瓣5，白色或粉红色。蒴果近球形，下弯；种子黄褐色，扁平。花期7～8月；果期9～10月。

南昆山产于天堂顶，生于山坡疏林或密林中。分布于我国华南、华东及西南地区。

215. 杜鹃花科 Ericaceae

灌木或乔木；通常常绿，少有半常绿和落叶。叶革质，互生，全缘或锯齿，被各式毛或鳞片。花两性，单生或组成总状花序，顶生或腋生，具苞片，花瓣合生。蒴果或浆果；种子小，粒状或锯屑状。

南昆山4属，19种，1变种。

1. 宿存萼肉质……………………………………………… 2. 白珠树属Gaultheria
1. 宿存萼干枯。
2朔果室间开裂 ……………………………… 4. 杜鹃花属Rhododendron
2. 朔果室背开裂。
3. 花药背部或顶部有芒状附属物；花丝伸直……………………………………………………………………… 1. 吊钟花属Enkianthus
3. 花药无芒状附属物；花丝上部膝曲状……………………………………………………………………………3. 珍珠花属Lyonia

1. 吊钟花属Enkianthus Lour.

落叶或极少常绿灌木；枝常轮生。叶互生，常聚生枝顶。单花或为顶生、下垂的伞形花序，花冠钟状或坛状。果实直立或下弯，基部具苞片，蒴果椭圆形。

南昆山2种。

1. 叶全缘或上部具疏齿，边缘反卷；伞房花序…………………………………………………………………… 1. 吊钟花E. quinqueflorus
1. 叶有齿，边缘不反卷；伞形花序 ………………………………………………………………………… 2. 齿叶吊钟花E. serrulatus

1. 吊钟花(铃儿花)

Enkianthus quinqueflorus Lour.

灌木或小乔木。树皮灰黄色，多分枝。叶互生，革质，常密集于枝顶。花通常3～8(～13)朵组成伞房花序，具苞片；花萼5裂。蒴果椭圆形，淡黄色，长8～12 mm，具5棱，果梗直立。花期3～5月；果期5～7月。

南昆山产于天堂顶，生于山坡灌丛中。分布于我国华南、华中及西南地区。观赏花卉。

2. 齿叶吊钟花

Enkianthus serrulatus (Wils.) Schneid.

落叶灌木或小乔木。小枝无毛，芽鳞宿存。叶厚纸质，长6～8 cm，边缘具细锯齿，不反卷。伞形花序顶生，花萼绿色，花冠钟形。蒴果椭圆形，顶端有宿存花柱，5裂，种子具2膜质翅。花期4月；果期5～7月。

南昆山产于天堂顶，生于山坡。分布于我国华南、华东、华中及西南地区。观赏花卉。

2. 白珠树属Gaultheria Kalm ex Linn.

常绿灌木；茎直立或常卧地。叶具短柄，通常互生，具锯齿，稀全缘。花单生叶腋，或成顶生或腋生的总状花序，或为圆锥花序；花萼5深裂；花冠钟状或坛形，口部5裂。果为一浆果状、5爿裂的蒴果，包藏于花后膨大而成为肉质的萼内，室背开裂；种子多数，近圆球形。

南昆山1种。

1. 滇白珠

Gaultheria leucocarpa Bl. var. **crenulata** (Kurz) T. Z. Hsu

常绿灌木；枝条细长，具纵纹。叶卵状长圆形，革质，有香味，长7～9(～12) cm，宽2.5～3.5(～5) cm，先端尾状渐尖，尖尾长达2 cm。总状花序腋生，序轴长5～7(～11) cm，花10～15朵；花冠白绿色，钟形。浆果状蒴果球形，黑色，5裂；种子多数。花期5～6月；果期7～11月。

南昆山产于天堂顶，生于疏林山地。分布于我国长江流域及其以南各地区。

3. 珍珠花属 Lyonia Nutt.

常绿或落叶灌木，小枝有棱。叶互生，有短柄，全缘或有不明显锯齿。花腋生或顶生，有苞片，花萼裂至中部以下。蒴果近球形，有4～5棱，室被开裂；种子微小，多数。

南昆山1种。

1. 南烛（牛筋）

Lyonia ovalifolia (Wall.) Drude

半常绿或落叶灌木；幼嫩部分被毛，小枝灰白色。叶近革质，顶端短而渐尖，边全缘。总状或圆锥花序顶生或腋生，花冠白色。果为蒴果。花期5～6月；果期10～12月。

南昆山产于天堂顶，生于山顶疏林中。分布于我国西南及东南地区。观赏花卉。

4. 杜鹃花属 Rhododendron L.

灌木或乔木。植株无毛或被各式毛被或鳞片。叶常绿或落叶、半落叶，互生，全缘，稀有不明显小齿。花显著，通常组成顶生的伞形花序或伞形花序式总状花序。蒴果自顶部向下室间开裂为5瓣，少数为10果瓣；种子多数，细小。

南昆山16种。

1. 朔果长圆柱形，无腺点。
  2. 子房无毛，花萼裂片三角形或线形。
    3. 雄蕊伸出花冠外很长，花白色，有时蔷薇色……………………………………14. 长蕊杜鹃 R. stamineum
    3. 雄蕊等于或短于花冠。
      4. 花萼裂片三角形或不明显……………………………………10. 毛棉杜鹃 R. moulmainense
      4. 花萼裂片长线形或线状钻形……………………………………16. 凯里杜鹃 R. westlandii
  2. 子房有毛；花萼裂片线状钻形或齿状。
    5. 嫩枝和叶柄被刚毛状腺毛；花萼裂片线状钻形；花冠玫瑰红色……………………3. 太平杜鹃 R. championae
    5. 嫩枝或叶柄无毛；花萼裂片齿状；花冠淡紫色……………………………………2. 羊角杜鹃 R. cavaleriei
1. 朔果非长圆柱形。
  6. 植物体有腺体、腺毛或丛卷毛，无糙伏毛。
    7. 叶片边缘密生细刚毛状缘毛，正面密被细长刚毛，疏生鳞片，以后脱落，背面被短柔毛，密生鳞片……………………………………7. 北江杜鹃 R. levinei
    7. 叶片无毛或有时仅中脉被微柔毛。
      8. 花萼裂片无毛。
        9. 雄蕊5；蒴果圆锥状卵球形……12. 马银花 R. ovatum
        9. 雄蕊10；蒴果圆柱形……6. 鹿角杜鹃 R. latoucheae
      8. 花萼裂片边缘密被有腺头的缘毛。
        10. 叶椭圆状卵形或阔椭圆形；宿存花萼增大……………………………………1. 石壁杜鹃 R. bachii
        10. 叶倒披针形或倒卵状披针形；宿存花萼常反卷和皱缩……………………5. 白马银花 R. hongkongense
  6. 植物体有糙伏毛。
    11. 落叶。
      12. 小枝轮生……………………………………9. 满山红 R. mariesii
      12. 小枝散生或假轮生。
        13. 花冠淡紫色，花萼极不明显……………………………………4. 华丽杜鹃 R. farrerae
        13. 花冠鲜红色，花萼裂片明显…13. 映山红 R. simsii
    11. 常绿。
      14. 叶较大，长2.6～9 cm……………8. 岭南杜鹃 R. mariae
      14. 叶小，长0.5～2.5 cm。
        15. 叶近椭圆形；雄蕊比花柱长…15. 增城杜鹃 R. tsoi
        15. 叶长圆状倒披针形；雄蕊比花柱短或与花柱等长……………………11. 南昆山杜鹃 R. naamkwanense

1. 石壁杜鹃（腺萼马银花）

Rhododendron bachii Lévl.

常绿灌木；小枝被毛，叶散生，薄革质，卵形或卵状椭圆形，长3～5.5 cm，两面均无毛。花芽有鳞片，外被柔毛；花1

朵侧生于上部枝条叶腋；花冠淡紫色。蒴果卵球形。花期4～5月；果期6～10月。

南昆山产于佛坳，生于疏林内。分布于我国华东、华南及西南地区。园林观赏。

2. 羊角杜鹃(多花杜鹃)

Rhododendron cavaleriei Lévl.

常绿灌木，小枝无毛。叶革质，先端具短尖头，边缘微反卷，无毛。伞形花序生枝顶叶腋，有花10～15朵；花梗有毛；花冠白色至蔷薇色，具条纹。蒴果圆柱形，被毛。花期4～5月；果期6～11月。

南昆山产于上坪，生于疏林或密林中。分布于我国华南、华中及西南地区。园林观赏。

3. 太平杜鹃(腺毛杜鹃)

Rhododendron championiae Hook.

常绿灌木。叶厚纸质，长圆状披针形，长达17.5 cm；边缘密被长刚毛。伞形花序生枝顶叶腋，有花2～7朵，花冠白色或淡红色，5深裂。蒴果圆柱形，微弯曲，具6条纵沟。花期4～5月；果期5～11月。

南昆山产于天堂顶，生于山谷疏林内。分布于我国华南及华东地区。园林观赏。

4. 华丽杜鹃

Rhododendron farrerae Tate ex Sweet

落叶灌木，小枝假轮生，幼嫩部分被毛。叶近革质，网脉明显，两面老时无毛。花单生，淡紫红色，有紫红色斑。蒴果圆锥状卵圆形，果梗稍微弯曲。花期2～3月；果期9月。

南昆山产于天堂顶，生于山地。分布于我国华南及华中地区。园林观赏。

5. 白马银花(香港杜鹃)

Rhododendron hongkongense Hutch.

常绿灌木；幼枝密集，有毛，老枝无。叶革质，集生枝顶，椭圆形，长1.5～5 cm。花单生枝顶叶腋花芽内，枝端具花2～4朵；花萼5裂；花冠白色或淡紫，幅状。蒴果圆球形，有短柄腺体。花期3～4月；果期7～12月。

南昆山产于天堂顶，生于常绿阔叶林中。分布于我国广东、江西。园林观赏。

6. 鹿角杜鹃(岩杜鹃)

Rhododendron latoucheae Franch

常绿乔木或灌木。叶坚纸质，倒披针形或长圆状椭圆形。伞形花序生枝顶；花萼不明显；花冠狭漏斗形，白色。蒴果圆柱形，具纵肋，先端截形，花柱宿存。花期3～4月；果期7～10月。

南昆山产于天堂顶，生于杂木林内。分布于我国华南、华东、华中及西南地区。园林观赏。

7. 北江杜鹃(南岭杜鹃)

Rhododendron levinei Merr.

灌木或小乔木。叶片革质，椭圆形或椭圆状倒卵形，长4～8 cm，宽2～4 cm，顶端钝至宽圆，有时微凹。花序顶生，2～4花伞形着生；花梗长1～2 cm；花萼5深裂；花冠宽漏斗形，长5～8(～9) cm，白色，内有黄色斑，外面洁净。蒴果长圆形，长约2 cm，密被鳞片。花期3～4月；果期9～10月。

南昆山产于天堂顶，生于山地林中、林缘或灌丛。分布于我国华南、华中、西南地区。

8. 岭南杜鹃(紫花杜鹃)

Rhododendron mariae Hance

落叶灌木；枝有毛。叶革质，集生枝端，椭圆状披针形，长3～8 cm。伞形花序顶生，具花7～16朵；花萼极小；花冠狭漏斗状，丁香紫色。蒴果长卵形，密被红棕色糙伏毛。花期3～6月；果期7～11月。

南昆山产于天堂顶，生于山丘灌木丛中。分布于我国华南、西南及华东地区。园林观赏。

9. 满山红

Rhododendron mariesii Hemsl. et Wils.

落叶灌木。枝轮生，幼时被柔毛，成长时无毛。叶厚纸质，集生枝顶，边缘微反卷。花通常2朵顶生，出自同一顶生花芽。蒴果椭圆状卵球形，长6～9 mm，密被亮棕褐色柔毛。花期4～5月；果期6～11月。

南昆山产于天堂顶，生于山地稀疏灌丛。分布于我国华南、华中、华东、华北及西南地区。园林观赏。

10. 毛棉杜鹃

Rhododendron moulmainense Hook.

常绿灌木或小乔木，除花丝外全株无毛。叶革质，基部稍肿大。伞形花序近顶生，花冠淡紫色、粉红色或淡红白色，狭漏斗形。蒴果长柱形，稍弯曲，有6棱。花期4～5月，果期7～12月。

南昆山产于上坪、天堂顶、横岗岐，生于疏林或密林的边缘。分布于我国广东、广西、湖南、江西、福建、云南、四川及贵州。中南半岛、印度尼西亚也有。园林观赏。

11. 南昆山杜鹃

Rhododendron naamkwanense Merr.

常绿灌木，幼嫩部分被毛。叶革质，顶端急尖，两面被毛。伞形花序有花2～4朵，花冠狭漏斗形，紫红色。蒴果卵圆形，成熟时灰褐色。花期4～5月；果期10～11月。

南昆山产于石河奇观、十字水、花竹，生于湿润的石山灌丛。分布于我国华南地区。药用，可治慢性气管炎；园林观赏。

12. 马银花

Rhododendron ovatum (Lindl.) Planch. ex Maxim.

常绿灌木，小枝疏被具柄腺体和短柔毛。叶革质，无毛；叶柄具狭翅，被短柔毛。花单生枝顶叶腋；花冠紫色或粉红色，具粉红色斑点。蒴果密被短柔毛和疏腺体，被宿存的花萼所包围。花期4～5月；果期7～10月。

南昆山产于上坪竹坑嶂，生于灌丛中。分布于我国华南、华东及西南地区。药用，治白带下黄浊水；园林观赏。

13. 映山红（杜鹃）

Rhododendron simsii Planch.

落叶灌木，分枝多而细。叶革质，常集生于枝端，具细齿。叶正面深绿，背面淡白色，两面被毛。花2～3朵簇生枝顶；花冠玫瑰色，鲜红色。蒴果卵球形，长达1 cm，被毛，花萼宿存。花期4～5月；果期6～8月。

南昆山产于上坪高盘头、天堂顶，生于山地疏灌丛或松林下。分布于我国华南、华东及西南地区。园林观赏。

14. 长蕊杜鹃

Rhododendron stamineum Franchet

常绿灌木。叶常轮生枝顶，革质，长圆状披针形，两面无毛。花常3～5朵簇生枝顶叶腋；花冠白色，漏斗形，5深裂，裂片倒卵形或长圆状倒卵形，上方裂片内侧具黄色斑点，花冠管筒状；雄蕊10，伸出于花冠外很长；花柱超过雄蕊。蒴果圆柱形，具7条纵肋，无毛。花期4～5月，果期7～10月。

南昆山产于中坪尾至沙坑，生于林下。分布于我国广东、广西、湖南、江西、湖北、安徽、浙江、四川、贵州、云南和陕西。

15. 增城杜鹃（两广杜鹃）

Rhododendron tsoi Merr.

半常绿灌木。叶革质，常簇生枝顶端，椭圆形，长0.5～1.4 cm，两面被毛。伞形花序3～5朵；花冠狭漏斗形，蔷薇色。外面无毛，内被毛。蒴果长圆状卵球形，被毛。花期4～5月；果期6～8月。

南昆山产于下坪石河奇观，生于干旱的山地或疏林中。分布于我国广东、广西。园林观赏。

16. 凯里杜鹃

Rhododendron westlandii Hemsley (*R. kaliense* W. P. Fang & M. Y. He)

小乔木。叶革质，近轮生，长圆状披针形，先端锐尖，基部楔形，边缘微反卷，正面绿色，中脉微凹陷，背面淡白色，中脉凸出。5～6朵花组成伞房花序顶生，花冠白色或粉红色至玫瑰色。蒴果圆柱形，长9～10 cm，基部拱弯，近于直角，花萼宿存；裂片呈宽线形，无毛。花期4～5月；果期8～9月。

南昆山产于上坪、中坪，生于山坡疏林中，少见。分布于我国华南、福建、江西和贵州。

216. 越橘科 Vacciniaceae

灌木稀乔木。单叶互生，常绿或落叶。花两性，通常小型，腋生或顶生，组成总状花序，很少单生或成对着生；胚珠在每室通常多数，着生于中轴胎座上。浆果4～10室，顶端常有宿存的花萼裂片；种子小，少数或多数。

南昆山1属，6种。

1. 乌饭树属 Vaccinium L.

常绿或落叶灌木。叶全缘或锯齿。花通常为总状花序，苞片宿存或早落，花冠壶形。浆果顶端通常有宿存花萼，内有数颗或多颗种子。

南昆山6种。

1. 花序通常有宿存苞片，通常宿存，花药背部通常无距。
  2. 叶片较短宽，通常为椭圆形、菱状椭圆形或倒卵形…………………………………………………………………… 1. 乌饭树 V. bracteatum
  2. 叶片较长，披针形、披针状长圆形或披针状菱形。
    3. 全株无毛；叶片边缘仅上部有疏而浅的齿，下部全缘…………………………………………………… 5. 峦大越橘 V. randaiense
    3. 萼筒及花冠外密被短柔毛；叶缘全部有齿……………………………………………………… 6. 假镰叶乌饭树 V. subfalcatum
1. 花序无苞片或苞片早落，花药通常有短距。
  4. 植株各部分均不被毛………… 4. 江南越橘 V. mandarinorum
  4. 幼枝或叶柄、花序轴、花梗以至萼筒全部或部分被疏或密毛。
    5. 叶片较大，卵形、长卵状披针形至披针形；花药背部的距细长，药管长为药室的4倍………………………………………………………………… 3. 黄背越橘 V. iteophyllum
    5. 叶片较小，椭圆形或椭圆状披针形；花药背部的距很短，药管与药室等长或略长……………………………………………………………… 2. 广东乌饭树 V. guangdongense

1. 乌饭树（苍蝇树仔）

Vaccinium bracteatum Thunb.

常绿灌木或小乔木；枝光滑。叶纸质，边缘有疏细锯齿，两面无毛。总状花序顶生或腋生；花梗下弯，被毛；花冠白色，圆筒状壶形。浆果球形，成熟时深红色至紫黑色。花期5～6月；果期10～12月。

南昆山产于天堂顶，生于丛林中或山谷溪边。分布于我国华南、华中及西南地区。果可食，又可制果酱和酿酒。

2. 广东乌饭树

Vaccinium guangdongense Fang et Z. H. Pan

常绿乔木；幼枝紫绿色，略具棱。叶散生，叶片革质，椭圆形或椭圆状披针形，长3.5～4.2 cm，宽1.2～1.6 cm，顶端渐尖或锐尖。花未见。果序总状，顶生和腋生，长3.5～4.5 cm。果期6月以后。

南昆山产于天堂顶，生于山地密林中。分布于我国广东。

3. 黄背越橘

Vaccinium iteophyllum Hance

常绿灌木；幼枝被淡褐色至锈色短柔毛，后脱落。叶片革质，长卵状披针形至披针形，顶端渐尖至长渐尖，基部楔形至钝圆，边缘有疏浅锯齿，有时近全缘。总状花序生枝条下部和顶部叶腋，花梗密被淡褐色短柔毛或短绒毛；花冠白色，有时带淡红色，筒状或坛状，裂齿短小，三角形，直立或反折。浆果球形，被短柔毛。花期4～5月，果期6～8月。

南昆山产于上坪、花竹，生于山地路旁、疏林。分布于我国广东、广西、湖南、湖北、华东、西南等地。

4. 江南越橘

Vaccinium mandarinorum Diels

常绿灌木。叶片厚革质，卵形或长圆状披针形，顶端渐尖，基部楔形至钝圆，边缘有细锯齿。总状花序腋生和生枝顶叶腋，有多数花，萼齿三角形；花冠白色，筒状坛形，口部稍缢缩。浆果，熟时紫黑色。花期4～6月，果期6～10月。

南昆山产于天堂顶，生于山坡灌丛。分布于我国长江以南省区。

5. 峦大越橘

Vaccinium randaiense Hayata

常绿灌木。叶片革质，披针状菱形，顶端渐尖，基部宽楔形，边缘有锯齿，稀近全缘，两面无毛。总状花序腋生和顶生，有花10朵；花冠白色，管状。果序总状，序轴细长，略具棱，无毛；浆果球形，成熟后紫黑色，无毛。花期6～8月；果期8～11月。

南昆山产于中坪，生于山地路旁，疏林中。分布于我国广东、广西、湖南、贵州和台湾。日本也有。

6. 假镰叶乌饭树

Vaccinium subfalcatum Merr. ex Sleumer

常绿灌木，叶片薄革质，狭披针形或长椭圆状披针形，长4～11 cm，宽1～2 cm，边缘有锯齿。总状花序腋生和顶生，长4～6 cm。浆果球形，直径5～6 mm，成熟时紫黑色，被短柔毛。花期5月；果期10月。

南昆山产于上坪，生于灌丛中。分布于我国广东、广西。越南也有。

221. 柿树科 Ebenaceae

乔木或直立灌木；不具乳汁，少有枝刺。叶为单叶，互生，全缘，无托叶。花多半单生，通常雌雄异株，稀为杂性和两性，整齐；花萼、花冠均3～7裂。浆果多肉质；种子有薄种皮，胚直，胚乳丰富，软骨质。

南昆山1属，5种。

1. 柿树属 Diospyros L.

落叶或常绿乔木或灌木。叶互生或稀近对生，全缘。花单性，雌雄异株，稀杂性，组成腋生的聚伞花序或生于老枝上，雌花常单生。浆果肉质，基部通常有增大的宿存萼；种子较大，通常两侧压扁。

南昆山5种。

1. 小枝无毛，极少稍被毛。
    2. 宿存萼4浅裂，较小，直径6～8 mm……………………………………3. 罗浮柿 D. morrisiana
    2. 宿存萼4深裂。
        3. 果柄较短，长约5～10 mm……………… 4. 延平柿 D. tsangii
        3. 果柄较长，长1 cm以上……………………5. 岭南柿 D. tutcheri
1. 小枝或嫩枝通常明显被毛。
    4. 果直径最多达2 cm……………………………… 1. 乌材 D. eriantha
    4. 果直径2.5 cm以上……………………………………… 2. 柿 D. kaki

1. 乌材

Diospyros eriantha Champ. ex Benth.

常绿乔木或灌木；枝灰褐色，疏生纵裂皮孔。叶纸质，长圆状披针形，长5～12 cm。聚伞花序腋生，基部有苞片；花冠白色，高脚碟状。果卵形，先端有小尖头。花期7～8月；果期10月至翌年1～2月。

南昆山产于上坪，生于山地疏林、密林中。分布于我国华南地区。印度尼西亚、老挝、日本也有。未成熟果实可提取柿漆供涂雨具等，木材质硬。

2. 柿*

Diospyros kaki Thunb.

落叶大乔木；树皮沟纹较密，裂成长方块状。叶纸质，卵状椭圆形，常较大，长5～18 cm。花雌雄异株；聚伞花序腋生；花冠钟形，黄白色，外面或两面均有毛。果形多样，宿存萼在花后增大增厚。花期4～6月；果期7～11月。

南昆山各村落常见栽培，生于阳光充足和深厚、肥沃的土壤。分布于我国华南、华中、华东及西南地区。柿子可提取柿漆；药用止血通便，降血压等。

3. 罗浮柿

Diospyros morrisiana Hance

乔木或小乔木；树皮呈片状脱落。叶薄革质，长椭圆形，长5～10 cm；叶缘微背卷。雄花序小，腋生，下弯聚伞式花序；雌花腋生，单生。果球形，宿存萼近平展，近方形。花期5～6月；果期11月。

南昆山各地常见，生于林中。分布于我国华南、西南及华东地区。茎皮、果实入药，有消炎解毒，收敛功效。

4. 延平柿（油杯子）

Diospyros tsangii Merr.

灌木或小乔木。叶纸质，长圆形，长4～9 cm，叶背有柔毛。聚伞花序短小，生当年枝下部；雄花长约8 mm，雌花单生叶腋，比雄花大；花冠白色，4裂。果扁球形，嫩时绿色，熟时黄色。花期2～5月；果期8月。

南昆山产于上坪、中坪、下坪至花竹，生于灌木丛中或阔叶混交林。分布于我国华南地区。木材笔直，可作建筑用材。

5. 岭南柿

Diospyros tutcheri Dunn

小乔木；树皮粗糙。叶薄革质，椭圆形，长8～12 cm，边

缘微背卷。雄聚伞花序由3花组成，雌花单生于当年生枝下部的新叶叶腋；花冠两面被毛。果球形，宿存萼大。花期4～5月；果期8～10月。

南昆山产于中坪高盘头，生于山谷水边或疏林阴湿处。分布于我国广东、广西、湖南。材用。

222. 山榄科 Sapotaceae

乔木或灌木，有乳汁。单叶互生，近对生或对生，通常革质，全缘。花单生或通常数朵簇生于叶腋或老枝上，两性，辐射对称，花冠合瓣。果为浆果，有时核果状，果肉近果皮外有厚壁组织而成薄革质至骨质外皮；种子1至数颗，常褐色而光亮，胚乳有或无。

南昆山2属，2种。

1. 心皮各自分离，形成疏离的穗状聚合果……………………………1. 铁榄属Sinosideroxylon
1. 心皮合生或部分合生，果时完全合生……………………………2. 肉实树属Sarcosperma

1. 铁榄属 Sinosideroxylon (Engl.) Aubr.

乔木，稀灌木。叶互生，无托叶。花小，常簇生叶腋，有梗或近无梗；花萼常5裂，覆瓦状排列；花冠管状钟形或近钟形；子房常5室，很少2～4室，每室有1颗胚珠。浆果卵圆形或球形；种子1颗，很少2～5颗。

南昆山1种。

1. 铁榄

Sinosideroxylon wightianum (Hook. et Arn.) Aubrn.

乔木。叶幼时很薄，老时革质，椭圆形至披针形，长9～15 cm；中脉在表面稍突起。花数朵簇生于叶腋，花冠白色。浆果绿色，成熟后转深紫色，椭圆形。花期5～7月；果期8～10月。

南昆山产于佛坳、大坑尾，生于山地灌丛及混交林中。分布于我国华南及西南地区。可做建筑用材。

2. 肉实树属 Sarcosperma Hook. f.

乔木或灌木，具乳汁。单叶对生或近对生或有时互生；托叶小，早落；羽状脉，侧脉腋内常有腺孔。花小，单生或成簇状排列成腋生的总状或圆锥花序。果核果状，具白粉，果皮极薄。

南昆山1种。

1. 肉实树（水石梓）

Sarcosperma laurinum (Benth.) Hook. f.

乔木，高达20 m；树皮灰褐色，板根显著；小枝具棱，无毛。叶对生、轮生或互生，近革质；托叶钻形。总状或圆锥花序腋生；花冠绿色转淡黄色。核果长圆形，基部具宿萼。花期8～9月；果期12月至翌年1月。

南昆山产于七星湖，生于山谷或溪边林中。分布于我国华南及华东地区。材用。

223. 紫金牛科 Myrsinaceae

灌木、乔木或攀缘灌木，稀藤本或近草本。单叶互生，稀对生或近轮生，常具腺点或脉状腺条纹，无托叶。花序腋生或顶生；具苞片；花通常两性或杂性，稀单性，辐射对称。浆果核果状或蒴果状，外果皮肉质，内果皮坚脆；有种子1粒或多粒。

南昆山4属，24种。

1. 花萼基部或花梗上具1对小苞片；种子多数……………………………3. 杜茎山属Maesa
1. 花萼基部或花梗上无小苞片；种子1枚，通常为球形或新月状圆柱形。
  2. 花冠裂片螺旋状排列；柱头点尖；花两性……………………………1. 紫金牛属Ardisia
  2. 花冠裂片覆瓦状或镊合状排列；柱头各式；花杂性。
    3. 总状花序；通常为攀缘状灌木，稀藤本……………………………2. 酸藤子属Embelia
    3. 伞形花序或花簇生；常为灌木或小乔木……………………………4. 铁仔属Myrsine

1. 紫金牛属Ardisia Swartz

小乔木，灌木或亚灌木状草本。叶互生，稀对生或近轮生，常具腺点，全缘或具波状圆齿。圆锥花序顶生；花两性，常为5数，花冠深裂，具腺点，右旋螺旋状排列。浆果核果状，球形或扁球形，基部内凹，具坚脆的或近骨质的内果皮，常为红色。

南昆山15种。

1. 叶全缘或有不明显的弯缺，边缘无腺点或不明显……………………………15. 罗伞树A. quinquegona
1. 叶缘具各式圆齿，齿间具边缘腺点，无腺点者，边缘具锯齿或啮齿状细齿。
  2. 叶缘具锯齿或啮齿状细齿，齿间或齿尖无边缘腺点。
    3. 叶缘具锯齿，齿尖无边缘腺点。
      4. 萼片狭，披针形至线形，被长柔毛。
        5. 叶片基部楔形至近圆形，非心形……………………………14. 九节龙A. pusilla
        5. 叶片基部心形……………10. 心叶紫金牛 A. maclurei
      4. 萼片宽，卵形或三角状卵形。
        6. 叶背被鳞片，萼片三角状卵形……………………………3. 小紫金牛A. chinensis
        6. 叶无毛，萼片卵形……………8. 紫金牛 A. japonica
    3. 叶缘具啮齿状细齿，无边缘腺点……………………………6. 走马胎A. gigantifolia
  2. 叶缘具各式圆齿或锯齿，齿间或齿尖具边缘腺点。
    7. 花萼短，不超过花瓣长的1/2，萼片非披针形；植株被短毛或无毛。
      8. 叶膜质或坚纸质，若为坚纸质，叶片长不超过3.5 cm，宽不超过1.5 cm……………5. 百两金A. crispa
      8. 叶片革质或坚纸质，坚纸质者叶长3.5 cm以上，宽……………………………1.5 cm以上。
        9. 边缘脉远离叶缘……………9. 山血丹A. lindleyana
        9. 边缘脉仅靠边缘。
          10. 叶背有毛。
            11. 花瓣白色，花萼脱落……………………………1. 少年红A. alyxiaefolia
            11. 花瓣粉红色，花萼宿存……………2. 九管血A. brevicaulis
          10. 叶背无毛。
            12. 叶片短且宽，长7～10 cm，宽2～4 cm；萼片长圆状卵形……………4. 硃砂根A. crenata
            12. 叶片长且狭，长10～17 cm，宽1.5～2.5 cm；萼片卵形……………7. 大罗伞树A. hanceana
    7. 花萼长，常与花瓣等长或超过花瓣的1/2，通常为披针形；植株被长毛。
      13. 叶片两面密被锈色糙伏毛，毛基部隆起如瘤，侧脉不明显……………………………11. 虎舌红A. mamillata
      13. 叶片两面被柔毛，毛基部不隆起，侧脉明显。
        14. 叶片两面被疏柔毛，花萼无毛……………………………12. 光萼紫金牛 A. omissa
        14. 叶片两面被密柔毛，花萼有毛……………………………13. 莲座紫金牛A. primulaefolia

1. 少年红

Ardisia alyxiaefolia Tsiang ex C. Chen

小灌木，具匍匐茎；茎纤细，具细纵纹。叶片厚坚纸质至革质，卵形、披针形至长圆状披针形。亚伞形花序或伞房花序，稀复伞形花序，侧生，稀腋生，密被微柔毛；花瓣白色。果球形，直径约5 mm，红色，略肉质，具腺点。花期6～7月；果期10～12月。

南昆山产于天堂顶，生于山谷疏、密林下或坡地。分布于我国广东、广西、湖南、贵州。全株用于平喘止咳，亦用于治跌打损伤。

2. 九管血

Ardisia brevicaulis Diels

矮小灌木，具匍匐生根的根茎。叶片坚纸质，狭卵形或卵状披针形，近全缘，具不明显的边缘腺点。伞形花序生于侧生花枝顶端；花瓣粉红色，卵形。果球形，鲜红色，具腺点，宿存萼与果梗通常为紫红色。花期6～7月；果期10～12月。

南昆山产于天堂顶，生于密林下，阴湿的地方。分布于我国长江以南地区。全株入药，有祛风解毒之功；根有当归的作用，又因根横断面有血红色液汁渗出，故有“血党”之称。

3. 小紫金牛（石狮子、产后草）

Ardisia chinensis Benth.

亚灌木状矮灌木，具蔓生走茎；直立茎常丛生。叶坚纸质，倒卵形或椭圆形。亚伞形花序单生于叶腋；花梗具毛；花冠白色。果球形，直径约5 mm，由红变黑，无毛，无腺点。花期4～6月；果期10～12月。

南昆山产于佛坳，生于山谷，山地疏、密林下，阴湿的地方或溪旁。分布于我国华南及华东地区。全株药用，可活血散淤、解毒止血，治肺结核、咯血、呕血、跌打损伤，又治黄疸、睾丸炎、尿路感染、闭经等症。

4. 硃砂根（石青子、大罗伞）

Ardisia crenata Sims

灌木，茎无毛，除侧生特殊花枝外，无分枝。叶革质，有边缘腺点，长7～15 cm。伞形花序或聚伞花序花序着生于特殊花枝顶端，花瓣白色，盛开时反卷，近基部具乳头状突起。果球形，鲜红色，具腺点。花期5～6月；果期10～12月。

南昆山各地常见，生于疏、密林下阴湿的灌木丛中。分布于我国西藏东南部至台湾，湖北至海南等地区。根叶药用，可祛风散湿、散淤止痛、通经活络；果可食，亦可榨油，油可供制肥皂；亦为观赏植物。

5. 百两金

Ardisia crispa (Thunb.) A. DC.

灌木，具匍匐生根的根茎。叶膜质，椭圆状披针形，长1～12 cm，全缘或略波状，具明显边缘腺点。亚伞形花序着生于侧生特殊花枝顶端，花瓣白色或粉红色，卵形，具腺点。果球形，鲜红色，具腺点。花期5～6月；果期10～12月。

南昆山产于天堂顶，生于山谷、山坡、林下。分布于我国长江以南各地区。根叶药用，可清热利咽、舒筋活血，用于治咽喉痛、扁桃腺炎、肾炎水肿及跌打风湿等症，又用于治白浊、骨结核、痨伤咳血、痈疔、蛇咬伤等。

6. 走马胎

Ardisia gigantifolia Stapf

大灌木或亚灌木，具粗厚的匍匐生根的根茎。叶通常簇生于茎顶端，膜质，具疏腺点。亚伞形花序，花瓣白色或粉红色，卵形，具疏腺点。果球形，红色，无毛，具纵肋，多少具腺点。花期4～6月，有时2～3月；果期11～12月，有时2～6月。

南昆山产于七星湖，生于山间疏、密林下，阴湿的地方。分布于我国广东、广西、江西、云南、福建。越南北部亦有。为民间常用的跌打药，对恢复疲劳，活血、行血等方面有较好的功效，根茎及全株用于祛风补血、活血散瘀、消肿止痛，外敷治痈疖溃烂；亦作兽药。广东地区有："两脚打不开，就用走马胎"之称。

7. 大罗伞树（郎伞木）

Ardisia hanceana Mez

灌木，茎无毛，除侧生特殊花枝外，无分枝。叶坚纸质，边缘具圆齿，长9～15 cm。花序着生于侧生特殊花枝顶端，花瓣粉红色，无腺点。果球形，深红色，具腺点。花期6～7月；果期12月至翌年3～4月。

南昆山产于石河奇观，生于山谷、林中阳处、阴湿处或溪旁。分布于我国广东、广西、湖南、华东、安徽。根药用，治腰骨疼痛、跌打等症；叶用于拔疮毒。

8. 紫金牛

Ardisia japonica (Thunb) Blume

小灌木，具匍匐生根的根茎。叶近轮生，叶片坚纸质或近革质，椭圆形至椭圆状倒卵形，顶端急尖，基部楔形，边缘具细锯齿。亚伞形花序，腋生或生于近茎顶端的叶腋，有花3～5朵；花萼基部连合，萼片卵形；花瓣粉红色或白色，广卵形，具密腺点。果球形，鲜红色转黑色。花期5～6月，果期11～12月。

南昆山产于石河奇观，生于山间林下阴湿处。分布于我国陕西及长江流域以南各地区。全株及根供药用，治肺结核、咯血、咳嗽、慢性气管炎效果很好。

9. 山血丹（腺点紫金牛）

Ardisia lindleyana D. Dietr. [*A. punctata* Lindl.]

灌木或小灌木；茎叶幼时被毛。叶革质，近全缘或具微波状齿，边缘有腺点，反卷。亚伞形花序着生于侧生特殊花枝顶端，具少数退化叶或叶状苞片；花瓣白色，有腺点。果球形，深红色，具疏腺点。花期5～7月；果期10～12月。

南昆山产于上坪，生于山谷、山坡密林下，水旁和阴湿地方。分布于我国广东、广西、湖南及华东地区。根药用，可调经、通经、活血、祛风、止痛，亦作洗药。

10. 心叶紫金牛

Ardisia maclurei Merr.

小灌木，具匍匐茎。叶互生，叶片坚纸质，长圆状椭圆形或椭圆状倒卵形，顶端急尖或钝，基部心形，两面均被疏柔毛。亚伞形花序，近顶生，被锈色长柔毛，有花3～6朵，花萼仅基部连合，被锈色长柔毛，萼片披针形；花瓣淡紫色或红色，卵形，顶端渐尖。果球形，暗红色。花期5～6月，果期12月至翌年1月。

南昆山产于上坪横岗岐，生密林下石缝间阴湿处。分布于我国华南地区及贵州、台湾。

11. 虎舌红

Ardisia mamillata Hance

矮小灌木，具匍匐的木质根茎。叶互生或簇生于茎顶端，坚纸质，长7～14 cm，边缘腺点藏于毛中。伞形花序，单生于侧生特殊花枝顶端；花冠粉红色，具腺点。果球形，鲜红色，多数具腺点。花期6～7月；果期11月到翌年3月。

南昆山产于七星湖，生于山谷密林下阴湿处。分布于我国西南地区及广东、广西、湖南、福建。药用，可清热解毒、活血止血、去腐生肌，用于风湿跌打、外伤出血、小儿疳积、产后虚弱、月经不调，肺结核咳血、肝炎、胆囊炎等症；叶外敷可拔刺拔针、去疮毒等。

12. 光萼紫金牛

Ardisia omissa C. M. Hu

常绿亚灌木，茎无分枝。叶螺旋状着生，近莲座状，叶片长圆状椭圆形，纸质，两面疏被伏贴柔毛。复亚伞形花序腋生，有花2～4朵，花萼分裂至基部，裂片无毛；花冠淡红色。果圆球形，熟时由红转黑色。花期7月，果期11月至翌年4月。

南昆山产于天堂顶，生于密林下。分布于我国广东、广西。

13. 莲座紫金牛

Ardisia primulaefolia Gardn. et Champ.

矮小灌木或近草本；茎几无，被毛。叶互生或基生呈莲座状，叶坚纸质，边缘具不明显的疏浅圆齿。聚伞花序或亚伞形花序从莲座叶腋中抽出；花瓣粉红色，广卵形，具腺点。果球形，鲜红色，具疏腺点。花期6～7月；果期11～12月，有时延至4～5月。

南昆山产于七星湖，生于山坡密林下阴湿处。分布于我国广东、广西、江西、福建和云南。全株药用，可补血，治痨伤咳嗽、风湿、跌打等症；亦用于治疮疥和毛虫刺伤等。

14. 九节龙

Ardisia pusilla A. DC.

亚灌木状小灌木，蔓生，具匍匐茎。叶对生或近轮生，坚纸质。伞形花序，花瓣白色或带微红色，具腺点。果球形，红色，具腺点。花期5～7月；果期与花期相近。

南昆山产于七星湖，生于山间密林下，路旁、溪边阴湿处。分布于我国广东、广西、湖南、四川、贵州及华东地区。朝鲜、日本至菲律宾亦有。全草供药用，有消肿止痛的功效，用于治跌打损伤、月经不调、黄疸等；又治蛇咬伤。

15. 罗伞树（火炭树）

Ardisia quinquegona Bl.

灌木或灌木状小乔木；小枝有纵纹。叶坚纸质，长圆状披针形，全缘，无腺点。聚伞花序腋生，花瓣白色，具腺点。果扁球形，具钝5棱，无腺点。花期5～6月；果期12月或2～4月。

南昆山产于七星湖，生于山坡林下或林中溪边阴湿处。分布于我国广东、广西、云南、福建、台湾。全株入药，有消肿、清热解毒的作用，用于治跌打损伤；亦作兽用药；也是常用的好薪炭柴。

2. 酸藤子属 Embelia Burm. f.

攀缘灌木或藤本。单叶互生或二列或近轮生，具柄。花常单性，同株或异株，花萼基部相连，花瓣分离或仅基部合生。浆果状核果，光滑，有时具纵列或腺点，内果皮坚脆；种子近球形。

南昆山6种，1变种。

1. 叶全缘。
  2. 圆锥花序，长5～15 cm，顶生。
    3. 叶片薄，坚纸质，叶面平滑 ········ 3. 白花酸藤果E. ribes
    3. 叶片厚，革质，叶面常具皱纹 ·················· 4. 厚叶白花酸藤果E. ribes var. pachyphylla
  2. 总状、伞形或聚伞花序，长4 cm以下，腋生。
    4. 叶片长4 cm，宽2 cm以上；总状花序 ·················· 6. 长叶酸藤子E. undulata
    4. 叶片长1～4 cm，宽0.6～1.5 cm；伞形或聚伞花序。
      5. 小枝无毛；叶互生；花数4 ·············· 1. 酸藤子E. laeta
      5. 小枝被锈色长柔毛；叶二列；花数5 ·················· 2. 当归藤E. parviflora
1. 叶边缘具齿。
  6. 细脉网状，明显，隆起；花药背部具腺点 ·················· 5. 网脉酸藤子E. rudis
  6. 细脉不明显；花药背部通常无腺点 ·················· 7. 密齿酸藤子E. vestita

1. 酸藤子(甜酸叶)

Embelia laeta (L.) Mez

攀缘灌木或藤本，老枝具皮孔。叶坚纸质，倒卵形，全缘，无毛，无腺点。总状花序腋生或侧生，有苞片，花瓣白色或带黄色，分离。果球形，腺点不明显。花期12月至翌年3月；果期4～6月。

南昆山产于佛坳、九重远眺，生于山坡疏、密林下或开阔的草坡、灌丛中。分布于我国华南及西南地区。越南、老挝、泰国、柬埔寨均有。根、叶可散瘀止痛、收敛止泻，治跌打肿痛、肠炎腹泻、咽喉炎、胃酸少、痛经闭经等症；叶煎水亦作外科洗药；嫩尖和叶可生食，味酸；果亦可食，有强壮补血的功效；兽用根、叶治牛伤食腹胀、热病口渴。

2. 当归藤

Embelia parviflora Wall. ex A. DC.

攀缘灌木或藤本；老枝具皮孔，小枝常二列。叶二列，叶片坚纸质，卵形，全缘，多具缘毛。亚伞形花序或聚伞花序腋生，被毛；花瓣白色或粉红色，分离。果球形，暗红色，无毛。花期12月至翌年5月；果期5～7月。

南昆山产于上坪横坑，生于山间密林、林缘或灌木丛中。分布于我国华南、华东及西南地区。印度，缅甸至印度尼西亚亦有。根与老藤有当归的作用，治月经不调、白带、萎黄病、不孕症等病，亦用于腰腿酸痛、接骨、散瘀活血。

3. 白花酸藤果(牛皮蕊)

Embelia ribes Burm. f.

攀缘灌木或藤本，枝条无毛，老枝具明显皮孔。叶坚纸质，全缘，两面无毛，叶柄具窄翅。圆锥花序顶生；花瓣淡绿色或白色，分离。果球形或卵圆形，红色或深紫色，无毛，干时具皱纹或腺点。花期1～7月；果期5～12月。

南昆山产于上坪，生于林中、林缘灌木丛中或路边。分布于我国华南及西南地区。印度以东至印度尼西亚均有。根可药用，治急性肠胃炎、赤白痢、腹泻、刀枪伤、外伤出血等，亦有用于蛇咬伤；叶煎水可作外科洗药；果可食，味甜；嫩尖可生吃或作蔬菜，味酸。

4. 厚叶白花酸藤果

Embelia ribes Burm. f. var. **pachyphylla** Chun ex C. Y. Wu et C. Chen

与原变种的区别在小枝密被柔毛，叶片厚革质，叶面常具皱纹，背面被白粉，果较小。

南昆山产于七星湖，生灌木丛中。分布于我国广东、广西和云南。

5. 网脉酸藤子（老鸦果）

Embelia rudis Hand. -Mazz.

攀缘灌木；枝条密被皮孔。叶坚纸质，长卵圆形，叶柄具狭翅。总状花序腋生；花瓣分离，淡绿色或白色；雄蕊在雌花中退化。果球形，直径4～5 mm，宿存萼紧贴果实。花期10～12月；果期4～7月。

南昆山产于天堂顶，生于山坡灌木丛或林中，干燥和湿润溪边的地方。分布于我国华南、华东及西南地区。根、茎药用，有清凉解毒、滋阴补肾的作用，治经闭、月经不调、风湿等症。

6. 长叶酸藤子

Embelia undulata (Wall.) Mez

攀缘灌木或藤本；小枝有明显的皮孔，无毛。叶坚纸质，披针形，具边缘脉。总状花序，腋生或侧生于次年生无叶小枝上；花瓣浅绿或粉红，花4基数，有腺点。果球形，直径1～1.5 cm，红色，有纵肋多具腺点。花期6～8月；果期11月至翌年1月。

南昆山产于石河奇观，生于山谷、山坡林中。分布于我国华南及西南地区。果可食，亦有驱蛔虫的作用；全株入药，治产后腹痛、肾炎水肿、肠炎腹泻、跌打散瘀等。

7. 密齿酸藤子（多脉酸藤子）

Embelia vestita Roxb.

攀缘灌木或小乔木；小枝具皮孔。叶坚纸质，卵形，长5～11 cm。总状花序，腋生；花梗常与总轴成直角；花5基数，花萼基部联合，花冠分离，淡绿色或白色。果球形或略扁，红色，具腺点。花期10至翌年2月；果期11月至翌年3月。

南昆山产于天堂顶，生于山坡林下。分布于我国广东、云南等地。缅甸，印度亦有。果可生食，有驱蛔虫的作用。

3. 杜茎山属 Maesa Forsk.

灌木。叶全缘或具各式齿，常具脉状腺条纹或腺点。总状花序或呈圆锥花序，腋生，稀顶生或侧生（我国不产），花5基数，两性或杂性；花萼漏斗形，萼片镊合状排列；花冠白色或浅黄色，钟形至管状钟形。肉质浆果或干果，常具坚脆的中果皮（干果），宿存萼包果一半。

南昆山5种。

1. 叶片全缘或近全缘。
   2. 叶片椭圆形，长10 cm……1. 杜茎山M. japonica
   2. 叶片狭长圆状披针形，长20 cm……4. 柳叶杜茎山 M. salicifolia
1. 叶片具明显的齿。
   3. 叶背面无毛；小枝和花序无毛……5. 软弱杜茎山M. tenera
   3. 叶背面被毛或几无毛；小枝，花序被毛。
      4. 叶背面几无毛或有时被疏硬毛；叶柄无毛……2. 金珠柳M. montana
      4. 叶背面被长硬毛；叶柄被长硬毛或短柔毛……3. 鲫鱼胆M. perlarius

1. 杜茎山（白茅茶）

Maesa japonica (Thunb.) Moritzi ex Zoll.

灌木；小枝具细条纹，疏生皮孔。叶革质，椭圆形，长10 cm。总状花序腋生；苞片卵形，不到1 mm；花冠白色，长钟形，具明显的脉状腺条纹；柱头分裂。果球形，肉质，宿存萼包果顶端，具脉状腺条纹，花柱宿存。花期1～3月；果期10月或5月。

生南昆山产于石河奇观、上坪，杂林下，或路旁灌木丛中。分布于我国西南至台湾以南各地区。日本及越南北部亦有。果可食；全株药用，有祛风寒、消肿之功，还可治腰痛等症。

2. 金珠柳

Maesa montana A. CD

灌木或乔木；小枝圆柱形，老时具疏皮孔。叶片坚纸质，长7～14 cm，边缘具粗锯齿，齿尖具腺点。总状花序或圆锥花序，常于基部分枝，腋生。果球形或近椭圆形，多少具脉状腺条纹。花期2～4月；果期10～12月。

南昆山产于石河奇观，生于山间杂木林下。分布于我国西南各省至台湾以南地区。印度，缅甸至泰国均有。可做园林绿化，其嫩叶可代茶，又可作蓝色染料。

3. 鲫鱼胆（空心花）

Maesa perlarius (Lour.) Merr.

小灌木，分枝多。叶纸质，广椭圆状卵形，叶缘从中下部以上具粗锯齿。总状花序或圆锥花序腋生；花冠白色，钟形；柱头4裂。果球形，具脉状腺条纹，宿存萼达果中部略上，常冠以宿存花柱。花期3～4月；果期12月至翌年5月。

南昆山产于上坪、下坪，生于疏林或灌木丛中湿润处。分布于我国四川、贵州至台湾以南沿海各地区。越南、泰国亦有。全株供药用，有消肿去腐、生肌接骨的功效，用于跌打刀伤，亦用于疔疮、肺病。

4. 柳叶杜茎山

Maesa salicifolia Walker

直立灌木。叶片革质，狭长圆状披针形，顶端渐尖，基部钝，全缘，边缘强烈反卷，两面无毛。总状花序或小圆锥花序，腋生；苞片卵形，顶端急尖；花冠白色或淡黄色，管状或管状钟形。果球形或近卵圆形，宿存萼包果顶部。花期1～2月，果期9～11月。

南昆山产于天堂顶，生林下阴湿处。分布于我国广东。

5. 软弱杜茎山

Maesa tenera Mez

灌木，小枝无毛。叶片膜质或纸质，边缘具钝锯齿，背面脉隆起。总状花序至圆锥花序腋生；小苞片紧贴花萼基部；花冠白色，钟形。果球形或近圆形，具纵肋，宿存萼包果的中部略上。花期2月；果期8～9月。

南昆山产于佛坳，生于林缘开阔的地方。分布于我国广东。园林绿化。

4. 铁仔属 Myrsine L.

矮小灌木或小乔木。叶常具锯齿，无毛；叶柄通常下延至小枝上。伞形花序或花簇生，腋生，花瓣分离，具缘毛及腺点。浆果核果状，球形。

南昆山2种。

1. 花丝短或几无，柱头伸长；叶缘通常无齿……………………………1. 密花树M. seguinii
1. 花丝较长；柱头流苏状或扁平；叶缘具齿……………………………2. 光叶铁仔M. semiserrata

1. 密花树

Myrsine seguinii H. Léveillé [*Rapanea neriifolia* (Sieb. et Zucc.) Mez]

大灌木或小乔木，小枝无毛，具皱纹，有时有皮孔。叶革质，长圆状倒披针形，全缘。伞形花序或花簇生；苞片广卵形；花瓣白色或淡绿色，基部联合达全长的1/4。果球形，灰绿色或紫黑色，冠以宿存花柱基部。花期4～5月；果期10～12月。

南昆山产于上坪，生于混交林中或苔藓林中，亦见于林缘、路旁等灌木丛中。分布于我国华南、西南地区。缅甸、越南、日本亦有。根药用，可治膀胱结石；叶可敷外伤；木材坚硬，可作车杆车轴，又是较好的薪炭柴；树形优美，可做园林树种。

2. 光叶铁仔（匍匐铁仔）

Myrsine stolonifera (Koidz.) Walker

灌木；小枝无毛。叶坚纸质，椭圆状披针形，长6～8 cm，边缘具腺点，叶柄下延不明显。花冠基部联合成极短的管，雌蕊长。果球形，红色变成蓝黑色，无毛。花期4～6月；果期12月至翌年12月。

南昆山产于佛坳，生于疏、密林中潮湿的地方。分布于我国华南、华东及西南地区。皮、叶可提制栲胶。

224. 安息香科 Styracaceae

乔木或灌木，常有星状或鳞片毛。单叶，互生，无托叶。花两性，辐射对称；花萼合生；花冠裂片4～5；花丝合生。核果或蒴果，稀浆果，有宿存花萼。

南昆山4属，7种，1亚种。

1. 果实与宿存花萼分离或近基部稍合生。
   2. 种子两端有翅 ………………………………… 1. 赤扬叶属Alniphyllum
   2. 种子无翅………………………………………………4. 安息香属Styrax
1. 果实的一部分或大部分与宿存花萼合生。
   3. 果实成熟时室背3～4瓣开裂………2. 山茉莉属Huodendron
   3. 果实不开裂 ……………………………3. 木瓜红属Rehderodendron

1. 赤杨叶属 Alniphyllum Matsum.

落叶乔木。叶互生，边缘有锯齿，无托叶。总状花序或圆锥花序；花两性，花冠钟状，5深裂，花梗和花萼间有关节；雄蕊10枚，5长5短。蒴果长圆形，外果皮肉质，干后脱落，种子有翅。

南昆山1种。

1.赤杨叶（拟赤杨）

Alniphyllum fortunei (Hemsl.) Makino

乔木，树皮有不规则皱纹。叶纸质，倒卵状椭圆形，长8～18 cm，边缘有锯齿。总状花序或圆锥花序；花白色带微红。果长圆形或长椭圆形，熟时黑色，开裂；种子多。花期4～7月；果期8～10月。

南昆山产于中坪尾至沙坑、下坪石河奇观，生于林中。分布于我国华南、华中及西南地区。印度、越南和缅甸也有。为轻工木材，适于火柴工业，雕刻图章，轻巧的上等家具及各种板料、模型等用材，亦是放养白木耳的优良树种。

2. 山茉莉属 Huodendron Rehd.

乔木或灌木，冬芽裸露。叶互生，无托叶。圆锥花序，常伞房状排列；花小，两性，辐射对称。蒴果卵形，下部约2/3与萼管合生；种子多数，向两端延伸成流苏状的翅。

南昆山1亚种。

1. 岭南山茉莉

Huodendron biaristatum (W. W. Smith) Rehd. subsp. **parviflorum** (Merr.) C. Y. Tsang

灌木或小乔木；树皮灰褐色，粗糙；小枝无毛，老枝外表纵裂。叶椭圆形至椭圆状披针形，长5～10 cm；叶柄无毛。伞房状圆锥花序；花淡黄色，芳香。蒴果卵形，密被短绒毛；种子黄褐色。花期3～5月；果期8～10月。

南昆山产于上坪，生于山谷湿润林中。分布于我国广东、广西、云南、湖南和江西。

3. 木瓜红属 Rehderodendron Hu

落叶乔木；冬芽有数鳞片包裹。叶互生，有叶柄，边缘有锯齿。总状花序或圆锥花序，生于去年小枝的叶腋。果实有5～

10棱，宿存花萼几包围果实的全部；种子每室1颗，细长形。

南昆山1种。

1. 广东木瓜红

Rehderodendron kwangtungense Chun

乔木，小枝褐色或红褐色，有光泽，老枝灰褐色。叶纸质至革质，长圆状椭圆形或椭圆形，边缘有疏离锯齿。总状花序，有花6～8朵；花白色，先花后叶。果单生，长圆形、倒卵形或椭圆形，熟时褐色或灰褐色，有5～10棱，棱间平滑。花期3～4月；果期7～9月。

南昆山产于上坪、丹枫寨，生于密林中。分布于我国广东、广西、湖南和云南。可做园林观赏。

4. 安息香属Styrax L.

乔木或灌木。单叶，互生，有毛。花序顶生或腋生，花冠5裂；雄蕊10。核果肉质，干燥，不开裂或不规则3裂，基部有宿存花萼。

南昆山6种。

1. 花冠裂片边缘平坦，花蕾时覆瓦状排列。
  2. 叶背面密被星状绒毛……………6. 越南安息香S. tonkinensis
  2. 叶背面无毛或疏被星状柔毛。
    3. 花梗较长或等长于花………3. 大花安息香S. grandiflorus
    3. 花梗较短于花………………4. 芬芳安息香 S. odoratissimus
1. 花冠裂片边缘常狭内折，花蕾时镊合状排列。
  4. 叶背面密被星状柔毛………… 5. 栓叶安息香S. suberifolius
  4. 叶背面无毛或疏被星状柔毛。
    5. 乔木；多花，下部常2至多花聚生叶腋…………………………………………………………………………………… 1. 赛山梅S. confusus
    5. 灌木；有花3～5朵，下部常单花腋生2. 白花龙S. faberi

1. 赛山梅(猛骨子)

Styrax confusus Hemsl.

小乔木；树皮，平滑。叶革质，椭圆形，边缘有细锯齿，无毛。花2～3朵聚生或排成顶生总状花序；花冠裂片披针形。果近球形或倒卵形，被毛，果皮有皱纹。花期4～6月；果期9～12月。

南昆山产于中坪、沙坑，生于丘陵、山地疏林中。分布于我国华南及西南地区。可作材用；种子油供制润滑油、肥皂和油墨等。

2. 白花龙

Styrax faberi Perk.

灌木；分枝多。叶互生，纸质，椭圆形，边缘具细锯齿。总状花序顶生，有花3～5朵，下部常单花腋生；花白色，花冠裂片披针形，被毛。果近球形或倒卵形，被毛，果皮平滑。花期4～6月；果期8～10月。

南昆山产于七星湖，生于低山区和丘陵地灌丛中。分布于我国华南、华中及西南地区。种子油可供制肥皂和润滑油。

3. 大花安息香

Styrax grandiflorus Griff.

灌木或小乔木，树皮灰色；嫩枝近圆柱形。叶纸质，椭圆形，全缘或上部疏生锯齿，被毛。总状花序顶生；花序梗和小苞片密被柔毛；花白色。果实卵形，顶端具短尖头，密被毛，干时具皱纹，3瓣开裂。花期4～6月；果期8～10月。

南昆山产于天堂顶，生于疏林中。分布于我国广东、广西、云南、贵州、西藏和台湾。不丹、印度、缅甸和菲律宾也有。

4. 芬芳安息香

Styrax odoratissimus Champ.

小乔木，嫩枝疏被黄褐色星状短柔毛，成长后无毛。叶互生，薄革质至纸质，卵形或卵状椭圆形。总状或圆锥花序，顶生；花序梗、花梗和小苞片密被黄色星状绒毛；花萼膜质，杯状，顶端截形、波状或齿裂，外面密被黄色星状绒毛；花冠裂片白色，膜质，椭圆形或倒卵状椭圆形。果实近球形，顶端骤缩而具弯喙，密被灰黄色星状绒毛。花期3～4月，果期6～9月。

南昆山产于九重远眺，生于阴湿山谷、山坡疏林中。分布于我国华东地区及广东、广西、贵州、湖南、湖北。木材坚硬，可作建筑，船舶、车辆和家具等用材；种子油供制肥皂和机械润滑油。

5. 栓叶安息香(红皮树)

Styrax suberifolius Hook. et Arn.

小乔木，树皮红褐色或灰褐色。叶互生，革质，椭圆形，全缘，叶背有毛。总状花序或圆锥花序，顶生或腋生；花白色，花冠4～5裂。果卵状球形，密生柔毛，成熟时从顶端3瓣开裂，宿存萼包果实至一半。花期4～6月；果期8～10月。

南昆山产于上坪至天堂顶，生于山地、丘陵地常绿阔叶林中。分布于我国长江流域以南各地区；越南也有。木材坚硬，可供家具和器具用材 ；种子油可制肥皂和油漆；根、叶祛风除湿、理气止痛等。

6. 越南安息香

Styrax tonkinensis (Pierre) Craib. ex Hartw.

乔木，高6～30 m，树冠圆锥形，树皮具不规则纵裂纹。叶互生，纸质或薄革质，椭圆形至卵形，长5～18 cm。圆锥花序或渐缩小成总状花序，花序柄和花柄密被褐黄色星状毛；花白色，长可达2.5 cm，花萼杯状，花冠裂片远较冠筒长，被白色星状短柔毛。果近球形，直径1 cm左右。花期4～6月；果期8～10月。

南昆山产于天堂顶，生于山坡或山谷、疏林中或林缘。分布于我国华南及华中地区。越南也有。材质松软，可作火柴杆、家具及板材；种子油可供药用，治疥疮。

225. 山矾科 Symplocaceae

灌木或乔木。单叶，互生，通常具锯齿，无托叶。花辐射对称，两性，排成花序，很少单生，花冠分裂至基部或中部。核果，顶端具宿存萼裂片。

南昆山1属，14种。

1. 山矾属 Symplocos Jacq.

属的形态特征与科同。

南昆山14种。

1. 叶的中脉在叶面凸起；子房顶端的花盘有毛。
  2. 嫩枝无毛，具棱角；叶厚革质。
    3. 总状花序，核果长圆状卵形 ···· 5. 厚皮灰木 S. crassifolia
    3. 穗状花序，核果椭圆形 ··················· 10. 光亮山矾 S. lucida
  2. 嫩枝有毛，无棱角；叶纸质或薄革质。
    4. 嫩枝被短柔毛，叶背无毛，核果有明显纵棱 ·· 2. 薄叶山矾 S. anomala

4. 嫩枝和叶背密被紧贴的细毛，核果无纵棱……………………………………………………………14. 微毛山矾S. wikstroemiifolia
1. 叶片的中脉在叶面下凹或平坦；花盘无毛。
5. 花单生或集生总状花序、穗状花序、团伞花序；子房3室。
6. 核果狭卵形。
7. 芽无毛 ……………………12. 铁山矾S. pseudobarberina
7. 芽有毛。
8. 穗状花序 ………………………………6. 羊舌树S. glauca
8. 总状花序 …………………7. 海桐山矾S. heishanensis
6. 核果球形或圆柱形；花排成穗状花序或团状花序。
9. 核果球形；花序排列成穗状。
10. 叶片的中脉在叶面平坦 … 8. 光叶山矾 S. lancifolia
10. 叶片的中脉在叶面凹下。
11. 嫩枝、叶柄、叶背中脉及花序均被红褐色绒毛………………………………3. 越南山矾S. cochinchinensis
11. 嫩枝、叶柄、叶背中脉均无毛或仅花序轴被柔毛 ……………………………………9. 黄牛奶树S. laurina
9. 核果圆柱形，极少球形或椭圆状卵形；花排成团伞花序。
12. 叶边缘及叶柄两侧均具半透明的腺锯齿…………………………………………………………1. 腺柄山矾S. adenopus
12. 叶边缘全缘或有浅圆齿。
13. 叶厚革质；小枝较粗，髓心具横隔…………………………………………………………13. 老鼠矢S. stellaris
13. 叶纸质；小枝较细，髓心无横隔…………………………………………………………4. 密花山矾S. congesta
5. 花集成圆锥花序；子房2室……………11. 白檀S. paniculata

1. 腺柄山矾

Symplocos adenopus Hance

灌木或小乔木；小枝具棱。叶边缘及叶柄两侧均具半透明的腺锯齿；叶纸质，干后褐色，狭椭圆形或卵圆形，长8～16 cm。团伞花序腋生；苞片被柔毛；花冠白色，5深裂。核果圆柱形，顶端宿萼裂片无毛。花期11～12月；果期次年7～8月。

南昆山产于上坪、三坑、中坪、十字水，生于山地、路旁、山谷或疏林中。分布于我国广东、广西、湖南、福建、贵州、云南。种子油供工业用。

2. 薄叶山矾

Symplocos anomala Brand

小乔木或灌木；顶芽、嫩枝被褐色柔毛。叶薄革质，狭椭圆形、椭圆形或卵形，先端渐尖，基部楔形，全缘或具锐锯齿。总状花序腋生，被柔毛；花萼被微柔毛，5裂，裂片半圆形，与萼筒等长，有缘毛；花冠白色，5深裂几达基部。核果褐色，长圆形，被短柔毛，有明显的纵棱，顶端宿萼裂片直立或向内伏。花果期4～12月。

南昆山产于下坪，生于山地。分布于我国长江以南地区及台湾。印度尼西亚、日本、马来西亚、缅甸、泰国、越南也有。

3. 越南山矾

Symplocos cochinchinensis (Lour.) S. Moore

乔木；小枝粗壮，芽、嫩枝、叶柄、叶背中脉均被红褐色绒毛。叶纸质，椭圆形，长9～27 cm，叶被有柔毛。穗状花序长6～11 cm；花芳香，花冠白色或淡黄色，5深裂。核果圆球形，顶端宿萼裂片合成圆锥状。花期8～9月；果期10～11月。

南昆山产于高盘头，生于溪边、路旁，热带阔叶林中。分布于我国华南及西南地区。中南半岛、印度尼西亚、爪哇、印度也有。种子油供工业用。

4. 密花山矾

Symplocos congesta Benth.

常绿乔木或灌木，幼枝、芽均被褐色柔毛。叶纸质，两面无毛，椭圆形，通常全缘或很少疏生细尖锯齿。团状花序腋生于近枝端的叶腋；苞片被毛，有腺点；花冠白色，5深裂。核果熟时蓝紫色，多汁，圆柱形。花期8～11月；果期翌年1～2月。

南昆山产于下坪，生于密林中。分布于我国华南及西南地区。根药用，治跌打。

5. 厚皮灰木

Symplocos crassifolia Benth.

常绿乔木，幼枝灰白色，无毛。叶厚革质，椭圆形，全缘或有疏锯齿。总状花序被柔毛，不分枝；花冠白色，5深裂几达基部。核果黄白色，椭圆形。花期6～11月；果期12月至翌年5月。

南昆山产于上坪三坑、沙坑尾、中坪，生于山地、山顶溪边密林中。分布于我国华南地区。材用。

6. 羊舌树

Symplocos glauca (Thunb.) Koidz.

乔木，芽、嫩枝、花序均被毛，小枝褐色。叶常簇生于小枝上端，叶片狭椭圆形，全缘，叶背通常苍白色。穗状花序通常基部分枝，花蕾时呈团伞状。核果狭卵形，近顶端狭，宿萼裂片直立。花期4～8月；果期8～10月。

南昆山产于上坪至天堂顶途中，生于林间。分布于我国华南及西南地区。木材供建筑、家具、文具及板料用；树皮药用，治感冒。

7. 海桐山矾

Symplocos heishanensis Hayata

乔木，小枝黑色，芽被毛。叶革质，叶面有光泽，狭椭圆形，干后橄榄绿色。总状花序单生于叶腋，被细柔毛；花冠白色，5深裂至近基部。核果圆柱状狭卵形，基部稍偏斜，熟时紫黑色，顶端宿萼裂片直立；果柄粗壮，长1～2 mm。花期2～5月；果期6～9月。

南昆山产于天堂顶，生于林中。分布于我国华南、华东地区及云南、湖南。木材性质良好，供作车、船、家具及建筑板料等用材。

8. 光叶山矾

Symplocos lancifolia Sieb. et Zucc.

小乔木，小枝细长，黑褐色，无毛。叶纸质或近革质，卵形至阔披针形，长3～9 cm。穗状花序长1～4 cm；花冠淡黄色，5深裂。核果近球形，顶端宿存萼裂片直立。花期3～11月；果期6～12月。

南昆山产于天堂顶，生于林下。分布于我国华南、华东及西南地区。叶可作茶；根药用，治跌打。

9 黄牛奶树

Symplocos laurina (Retz.) Wall.

乔木，小枝无毛。叶革质，倒卵状圆形，长7～14 cm，有锯齿。穗状花序长3～6 cm；花序轴被毛，果时脱落；花冠白色5深裂几达基部。核果球形，顶端宿萼裂片直立。花期8～12月；果期翌年3～6月。

南昆山产于上坪飞鼠岩，生于石山上、密林中。分布于我国华南、华东及西南地区。木材可做板料、木尺；种子榨油做肥皂；树皮药用，治感冒。

10. 光亮山矾（叶萼山矾、四川山矾）

Symplocos lucida (Thunberg) Siebold & Zuccarini[*S. phyllocalyx* Clarke]

常绿小乔木，小枝黄绿色。叶革质，狭椭圆形、椭圆形或长圆状倒卵形，先端急尖或短渐尖，基部楔形，边缘具波状浅锯齿。穗状花序腋生，花序轴具短柔毛；苞片阔卵形，花萼裂片长圆形，背面无毛；花冠5深裂几达基部；雄蕊40～50枚，花盘有毛。核果椭圆形，顶端有直立的宿萼裂片，核骨质，不分开成3分核。花期3～4月；果期6～8月。

南昆山产于天堂顶，生于山地杂木林中。分布于我国广东、广西、福建、江西、湖南、湖北、浙江、安徽、陕西、四川、西藏、云南、贵州。南亚和东南亚国家也有。

11. 白檀

Symplocos paniculata (Thunb.) Miq.

落叶灌木或小乔木，嫩枝有毛，老枝无毛。叶膜质，阔卵圆形，长3～11 cm，边缘有齿。圆锥花序长5～8 cm；花冠白色，5深裂几达基部；花盘具5突起的腺点。核果熟时蓝色，卵状球形，稍偏斜，顶端宿萼裂片直立。花期4～6月；果期9～11月。

南昆山产于佛坳，生于山坡、路边、林中。分布于我国华南、西南、华中、华北及东北地区。叶药用；根皮和叶可制农药。

12. 铁山矾

Symplocos pseudobarberina Gontsch.

乔木，全株无毛，老枝被白蜡层。叶纸质，卵状椭圆形，边缘稀齿或全缘。总状花序，无毛；花冠白色，5深裂几达基部。核果绿色或黄色，长圆状卵形，长6～8 mm，顶端宿萼裂片向内倾斜或直立。花期10～11月；果期5月。

南昆山产于横坑，生于密林中。分布于我国华南地区及云南、湖南、福建；越南也有。材用。

13. 老鼠矢

Symplocos stellaris Brand

常绿乔木，小枝髓心中空，具横隔。叶厚革质，披针状椭圆形，长6～20 cm，通常全缘；叶柄有纵沟。团伞花序着生于二年生枝的叶痕上；花冠白色，5深裂。核果长卵状圆柱形，顶端宿萼裂片直立。花期4～5月；果期6月。

南昆山产于横坑顶，生于山地、路旁及疏林中。分布于我国长江以南地区及台湾。材用。

14. 微毛山矾
Symplocos wikstroemiifolia Hayata

灌木或乔木。叶纸质，椭圆形或阔倒披针形，长4～12 cm；叶基下延至叶柄。总状花序1～2 cm；花冠深裂；花柱短于花冠。核果卵圆形，熟时黑色或黑紫色，顶端宿萼裂片直立。花期3月；果期10月。

南昆山产于下坪，生于密林中。分布于我国华南、华东及西南地区。种子油可制肥皂。

228. 马钱科Loganiaceae

乔木、灌木、藤本或草本。单叶对生或轮生，稀互生，全缘或锯齿。花两性，辐射对称，常排成聚伞花序；花冠合瓣，4～5裂。蒴果、浆果或核果；种子小而扁平，有时具翅。

南昆山5属，7种。

1. 草本植物……………………………………4. 姬苗属Mitrasacme
1. 木本植物。
  2. 叶脉3～5基出；枝上常有螺旋状钩刺……………………………………5. 马钱属Strychnos
  2. 叶脉羽状；枝无刺。
    3. 灌木或乔木……………………………1. 醉鱼草属Buddleja
    3. 藤本植物。
      4. 浆果；种子无翅……………………2. 蓬莱葛属Gardneria
      4. 蒴果；种子围生不规则齿缺状膜质翅……………………………………3. 胡蔓藤属Gelsemium

1. 醉鱼草属 Buddleja L.

灌木或乔木。单叶对生，全缘或有锯齿；羽状脉；叶柄通常短。花冠管状或漏斗状，4裂。蒴果或呈浆果状；种子常有翅。

南昆山2种。

1. 常绿灌木；花冠白色……………………1. 驳骨丹B. asiatica
1. 落叶灌木；花冠紫色……………………2. 醉鱼草B. lindleyana

1. 驳骨丹
Buddleja asiatica Lour.

常绿灌木；嫩枝条四棱形，老枝条圆柱形。叶膜质，披针状，长7～18 cm。总状花序窄而长，由多个小聚伞花序组成；花冠白色，管状。蒴果椭圆形；种子小，有翅。花期1～10月；果期3～12月。

南昆山产于上坪三坑、横岗岐、天堂顶，生于低海拔灌木林中。分布于我国长江以南地区。东南亚地区也有。根和叶供药用，有驱风化湿、行气活络之功效；花芳香，可提取芳香油。

2. 醉鱼草
Buddleja lindleyana Fort.

落叶灌木。叶对生，萌芽枝条上的叶为互生或近轮生，叶片膜质，披针形，长3～11 cm。穗状聚伞花序顶生；花紫色，芳香；花萼钟状。果序穗状；蒴果长圆形，无毛，有鳞片，基部常有宿存花萼。花期4～10月；果期8月至翌年4月。

南昆山产于石河奇观，生于山地路旁、河边灌木丛中或林缘。分布于我国长江以南各地区。日本也有。全株有小毒，可使活鱼麻醉；花、叶、根入药，有祛风除湿等功效。

2. 蓬莱葛属 Gardneria Wall.

常绿木质藤本；单叶对生，全缘，羽状脉；托叶退化成一条线痕。花单生或组成聚伞花序，腋生；花冠辐状，4～5深裂。浆果球形；种子稍扁平。

南昆山1种。

1. 蓬莱葛

Gardneria multiflora Makino

常绿藤本；枝圆柱状，无毛。叶椭圆形，长5～13 cm。二至三歧聚伞花序，腋生；花黄色，花冠5深裂，裂片披针形。浆果球状，成熟时红色；种子圆球形，黑色。花期3～7月；果期7～11月。

南昆山产于中坪、天堂顶，生于山坡灌木丛中。分布于我国秦岭淮河以南，南岭以北地区；日本和朝鲜也有。根、叶供药用，有祛风活血之效。

3. 胡蔓藤属 Gelsemium Juss.

常绿木质藤本。叶对生或有时轮生，全缘，羽状脉；托叶退化成一线痕介于两叶柄间。花冠漏斗状，5裂，芳香。蒴果；种子多数，围以不规则齿缺状膜质翅。

南昆山1种。

1. 大茶药（断肠草、胡蔓藤）

Gelsemium elegans (Gardn. et Champ.) Benth.

木质藤本。叶卵状披针形，长5～12 cm。花密集，组成顶生和腋生的三歧聚伞花序；花冠黄色，漏斗状。蒴果椭圆形；种子肾形，围以不规则齿裂的膜质翅。花期5～11月；果期7月至翌年3月。

南昆山产于佛坳、天堂顶，生于路旁灌木丛或潮湿肥沃疏林下。分布于我国华南、华东、湖南、贵州、云南等省区；亚洲东南部也有。供药用，有消肿止痛、拔毒杀虫之效；作中兽医草药，对猪、牛、羊有驱虫功效；亦可作农药，防治水稻螟虫。

4. 姬苗属 Mitrasacme Labill.

一年生或多年生纤细草本。叶在茎上对生或在茎基部莲座式轮生。花单生或多朵组成不规则伞形花序；花萼钟状；花冠白色，钟状或高脚碟状，喉部常带黄色且被毛，裂片4。蒴果顶部2裂；种子小，卵形或球形。

南昆山1种。

1. 水田白（小姬苗）

Mitrasacme pygmaea R. Br.

一年生草本。叶对生，在茎基部簇生，卵形，长4～12 mm。花冠白色，钟状，喉部内散生髯毛。蒴果，一半被宿存花萼所包；种子具小疣点。花期6～7月；果期7～10月。

南昆山产于七星湖，生于向阳旷野草地上。分布于我国华南、华东地区及湖南、云南等。东亚、东南亚至澳大利亚也有。药用，全株可治咳嗽。

5. 马钱属Strychnos L.

灌木、乔木或木质藤本；枝上常有螺旋状钩或直钩。叶对生，全缘，具基出脉3～5条，少数为羽状脉。聚伞花序，顶生或腋生；花冠高脚碟状或辐状，裂片4～5。浆果球状；种子扁平。

南昆山2种。

1. 叶卵状圆形……………………………1. 牛眼马钱S. angustiflora
1. 叶长圆状椭圆形……………………2. 三脉马钱S. cathayensis

1. 牛眼马钱(牛眼珠)

Strychnos angustiflora Benth.

木质藤本；小枝常变态成卷曲的钩，老枝上有时变为硬刺。叶革质，卵状圆形长3～8 cm，基出脉3～5条。三歧聚伞花序顶生；花冠白色，花冠管与裂片等长。浆果球形，熟时橙黄色。花期4～6月；果期7～12月。

南昆山产于七星湖，生山地疏林下或灌木丛中。分布于我国华南及福建、云南。越南、泰国和菲律宾也有。种子、树皮、嫩叶有毒，药用，能消肿毒；可作兽药，治跌打损伤。

2. 三脉马钱(牛目椒)

Strychnos cathayensis Merr.

木质藤本；小枝常变态成为成对的螺旋状曲钩。叶近革质，长圆状椭圆形，长6～12 cm，基出脉3条。聚伞花序顶生或腋生；花冠白色，花冠管较裂片长。浆果球形。花期4～6月；果期6～12月。

南昆山产于天堂顶，生山地疏林下或山坡灌丛中。分布于我国华南地区及台湾、云南。越南也有。种子和根有解热、止血作用；果实可作农药，毒杀鼠类等。

229. 木犀科Oleaceae

乔木、直立或攀缘状灌木。叶对生，稀互生或轮生。花辐射对称，两性，稀单性或杂性；花萼4裂；花冠4裂；雄蕊2枚，花药2室；子房上位，2室。果为核果、浆果、蒴果、翅果。

南昆山4属，11种，1变种。

1. 单翅果；奇数羽状复叶，小叶7～9(～11)对 ……………………………………………………………………… 1. 梣属Fraxinus
1. 核果或浆果；单叶或指状三出复叶。
    2. 果常孪生……………………………………2. 素馨属Jasminum
    2. 果单生。
        3. 浆果……………………………………3. 女贞属Ligustrum
        3. 核果……………………………………4. 木犀属Osmanthus

1. 梣属Fraxinus L.

落叶乔木；嫩枝在上下节间交互呈两侧扁平状。叶对生，奇数羽状复叶；小叶边缘有锯齿。圆锥花序顶生或腋生于枝端；花冠白色至淡黄色。单翅果，翅生于果顶端；种子卵状长圆形，扁平。

南昆山1种。

1. 苦枥木

Fraxinus insularis Hemsl.

落叶大乔木；树皮灰色，平滑。奇数羽状复叶，长10～20 cm，小叶3～7对，近革质，卵状披针形或椭圆状披针形，长5～12 cm。圆锥花序顶生或侧生于当年小枝顶端，花多数；花冠白色。翅果线状匙形；坚果近扁平。花期4～5月；果期7～9月。

南昆山产于七星湖，偶见于山地、河谷等处。分布于我国长江以南，台湾至西南各地区。日本也有。

2. 素馨属Jasminum L.

灌木。单叶、三出复叶或为奇数羽状复叶，常对生，全缘。花两性；芳香；花冠白色或黄色，高脚碟状，裂片4～10。浆果常孪生，果成熟时呈黑色或蓝黑色。

南昆山4种。

1. 单叶。
  2. 叶具羽状脉 ………………………………… 1. 扭肚藤 J. elongatum
  2. 叶具基出脉3或5条 ……………… 3. 厚叶素馨 J. pentaneurum
1. 指状复叶。
  3. 顶生小叶与侧生小叶近等大 ……… 2. 清香藤 J. lanceolaria
  3. 顶生小叶比侧生小叶大约1倍…………… 4. 华素馨 J. sinense

1. 扭肚藤

Jasminum elongatum (Bergius) Willd.

攀缘状灌木。单叶，对生，纸质，长2.5～7 cm。聚伞花序常生于侧枝顶部；花微香；花冠白。果卵状长圆形，熟时黑色。花期4～12月；果期8月至翌年3月。

南昆山产于上坪，生于山地灌丛中、混交林及沙地。分于华南地区及云南。越南、缅甸至喜马拉雅山一带也有。叶可治疗外伤出血、骨折；亦可栽植供庭院观赏。

2. 清香藤（光清香藤）

Jasminum lanceolaria Roxb. [*J. lanceolarium* Roxb.]

攀缘状灌木。叶对生或近对生，指状三出复叶；小叶革质，顶生小叶与侧生小叶近等大。复聚伞花序常排列呈圆锥状；花芳香；花冠白色。浆果椭圆形，熟时由茶红色变为黑色。花期4～10月；果期8月至翌年4月。

南昆山产于上坪、中坪、下坪，生于山谷密林或水边湿润地方。分布于我国长江流域以南地区以及台湾、陕西、甘肃。印度、缅甸、越南等国也有。茎入药，有祛风去湿、活血止痛之效。

3. 厚叶素馨

Jasminum pentaneurum Hand. -Mazz.

攀缘状灌木；小枝黄褐色，枝中空。单叶，对生，革质，阔卵形，长5～10 cm，叶面具腺点；基出脉5条。聚伞花序密集似头状；花芳香；花冠白色，裂片常6～9。果椭圆形，熟时黑色。花期8月至翌年2月；果期2～5月。

南昆山产于下坪石河奇观，生于灌木或混交林中。分布于我国华南地区。越南也有。植株药用可治口腔炎。

4. 华素馨（华清香藤）

Jasminum sinense Hemsl.

攀缘状灌木。叶对生，指状三出复叶；小叶纸质，不等大，顶生的长3～10 cm，侧生的长1.5～4.5 cm。聚伞花序常呈圆锥状排列；花芳香；花冠白色，花冠管细长，裂片5。果长圆形，熟时黑色。花期6～10月；果期9月至翌年5月。

南昆山产于天堂顶，生于山坡或路边灌丛中。分布于我国华东、华南、西南等地区。

3. 女贞属 Ligustrum L.

灌木或小乔木。单叶对生，全缘，羽状脉。聚伞花序常生于小枝顶端；花两性；花萼先端不规则齿裂或4齿裂，或有时截平；花冠白色。浆果具1～4颗种子。

南昆山2种，1变种。

1. 果非球形……………………………………1. 华女贞 L. lianum
1. 果近球形。
  2. 幼枝、花序轴和叶柄被短柔毛，圆锥花序顶生或腋生……………………………………………………2. 小蜡 L. sinense
  2. 幼枝、花序轴和叶柄密被锈色或黄棕色柔毛，花序腋生……………………………3. 光萼小蜡 L. sinense var. myrianthum

1. 华女贞

Ligustrum lianum Hsu

灌木至小乔木；树皮灰色；枝通常具四钝棱。叶薄革质，椭圆形，长4～13 cm，叶背面具小腺点。圆锥花序顶生。果椭圆形，熟时黑褐色。花期4～6月；果期7月至翌年4月。

南昆山产于下坪，生于山谷密林、山坡或旷野灌丛中。分布于我国华南、华东地区及湖南、贵州。用作绿篱。

2. 小蜡（山指甲）

Ligustrum sinense Lour.

灌木或小乔木。叶纸质，卵形，长2～7 cm，两面疏被短茸毛，无腺点。圆锥花序顶生或腋生；花冠白色，裂片先端钝，外反。核果近球形。花期3～6月；果期9～12月。

南昆山产于下坪，生于溪边、路边密林中。分布于我国华南、西南、中南、华东各省。越南、马来西亚也有。果实可酿酒；种子榨油供制肥皂；树皮和叶入药，具清热降火等功效，治吐血、牙痛、口疮、咽喉痛等；各地普遍栽培作绿篱。

3. 光萼小蜡

Ligustrum sinense Lour. var. **myrianthum** (Diels) Hofk.

落叶灌木或小乔木。叶片革质，长圆状椭圆形至披针形，正面疏被短柔毛，背面密被锈色或黄棕色柔毛。圆锥花序腋生，基部常无叶。果近球形。花期5～6月；果期9～12月。

南昆山产于下坪，生于山坡、山谷、溪边的密林、疏林或灌丛中。分布于我国华中、西南地区及广东、广西、福建、陕西、甘肃。果实可酿酒；种子榨油供制肥皂；树皮和叶入药，具清热降火等功效，治吐血、牙痛、口疮、咽喉痛等；亦可作绿篱。

4. 木犀属 Osmanthus Lour.

常绿灌木或小乔木。单叶对生，革质。聚伞花序簇生于叶腋，或再组成腋生或顶生的短小圆锥花序；花两性或单性；花萼先端4裂；花冠白色、黄色或橙红色。核果，内果皮骨质；种子常1颗。

南昆山4种。

1. 聚伞花序簇生于叶腋……………………………1. 桂花 O. fragrans
1. 聚伞花序组成短小圆锥花序，腋生或顶生。
  2. 树皮呈片状剥落………………………………4. 小木犀 O. minor
  2. 树皮不剥落。
    3. 叶全缘，边缘反卷………………2. 厚边木犀 O. marginatus
    3. 叶全缘或上部具微波状小齿，边缘不反卷……………………………………………3. 牛矢果 O. matsumuranus

1. 桂花

Osmanthus fragrans Lour.

常绿乔木或灌木；树皮灰褐色。叶片革质，长椭圆形，全缘或通常上半部具细锯齿。聚伞花序簇生于叶腋，或近于帚状；花冠黄白色、淡黄色、黄色或桔红色。果歪斜，椭圆形，呈紫黑色。花期9～10月上旬；果期翌年3月。

下坪有栽培。原产于我国西南地区。花为名贵香料，并作食品香料。

2. 厚边木犀（月桂）

Osmanthus marginatus (Champ. ex Benth.) Hemsl.

常绿灌木或乔木。叶厚革质，椭圆形，长5～15 cm，全缘，反卷。聚伞花序组成短小圆锥花序，腋生，稀顶生；花单性，雌雄异株；花冠淡黄色或淡黄绿色。核果，熟时黑色，内果皮厚而坚硬。花期5～6月；果期9～12月。

南昆山产于上坪、中坪，生于山谷溪边、路旁密林中。分布于我国华南、华东、西南等；日本南部也有。庭院观赏。

3. 牛矢果

Osmanthus matsumuranus Hayata

常绿灌木或乔木；树皮淡灰色，粗糙。叶厚纸质，倒披针形，边全缘或上部具微波状小齿，长5～15 cm。聚伞花序组成短小圆锥花序；花单性，雌雄异株，芳香；花冠绿白色或淡黄绿色。核果，熟时紫黑色或蓝黑色，表面有棱6～8条。花期5～6月；果期11～12月。

南昆山产于天堂顶，生于山坡密林或灌丛中。分布于我国华南、华东、西南等地；越南、印度也有。

4. 小木犀（小叶月桂）

Osmanthus minor P. S. Green

常绿灌木或小乔木；树皮呈片状剥落。叶片革质，狭椭圆形，全缘。花序腋生，为短小而纤细的圆锥花序；花冠白色。果成熟时黑色，椭圆形或略呈倒卵形。花期5～6月；果期10～11月。

南昆山产于上坪村附近，生于山谷杂木林和山坡、山地疏林中。分布于我国华东地区及广东、广西。

230. 夹竹桃科 Apocynaceae

乔木、灌木或多年生草本，有乳状汁液或水液。单叶对生或轮生。花两性；萼5裂，稀4裂；花冠合瓣，5裂，稀4裂，花冠筒喉部常有副花冠或鳞片状附属体；雄蕊5；子房上位。浆果、核果、蒴果或蓇葖果。

南昆山8属，10种。

1. 花冠裂片常向左覆盖。
  2. 果为浆果……………………………………3. 山橙属Melodinus
  2. 果为核果或蓇葖果。
    3. 藤状灌木；核果连成链珠状………………1. 链珠藤属Alyxia
    3. 直立灌木；核果单生或合生………5. 萝芙木属Rauvolfia
1. 花冠裂片常向右覆盖。
  4. 花药从花冠喉部伸出……………………………4. 帘子藤属Pottsia
  4. 花药内藏而不伸出花冠喉部。
    5. 花冠喉部有副花冠……………………6. 羊角拗属Strophanthus
    5. 花冠喉部无副花冠。
      6. 花冠近钟状…………………………………8. 水壶藤属Urceola
      6. 花冠高脚碟状。
        7. 花盘顶端5浅裂…………………………2. 鳝藤属Anodendron
        7. 花盘5深裂…………………………7. 络石属Trachelospermum

1. 链珠藤属 Alyxia Banks ex R. Br.

藤状灌木，有乳状汁液。叶对生或3～4片轮生。花小；总状式聚伞花序，具小苞片；花冠高脚碟状，喉部无鳞片，向左覆盖。核果卵形，常连结成串珠状。

南昆山1种。

1. 链珠藤（鸡骨香）

Alyxia sinensis Champ. ex Benth.

藤状灌木。叶革质，对生或三枚轮生，卵圆形，长1.5～

3.5 cm，边缘反卷。聚伞花序腋生或近顶生；花冠由淡红色变为白色。核果，2～3颗组成链珠状。花期4～9月；果期5～11月。

南昆山产于上坪、中坪竹坑峰、生于矮林灌木丛中。分布于我国华南、华中及华东地区。根药用，有解热镇痛、消痈解毒作用。

2. 鳝藤属 Anodendron A. DC.

藤状灌木，有乳状汁液。叶对生，羽状脉；侧脉通常呈皱纹。聚伞花序顶生或生于上枝的叶腋内；花萼内面基部有腺点；花冠高脚碟状，向右覆盖；花丝极短。蓇葖果双生，叉开；种子有喙。

南昆山1种。

1. 鳝藤（铁骨藤）

Anodendron affine (Hook. et Arn.) Druce

攀缘灌木，有乳汁；枝土灰色。叶长圆状披针形，长3～10 cm。聚伞花序总状式，顶生，小苞片甚多；花冠白色或黄绿色，花冠筒喉部被疏柔毛，裂片镰刀状披针形。蓇葖果，基部膨大，向上渐尖；种了黑色，顶端具长种毛。花期11月至翌年4月；果期翌年6～8月。

南昆山产于上坪南坑、中坪，生于丘陵疏林下。分布于我国华南、华中及华东地区。日本也有。作庭院绿篱。

3. 山橙属 Melodinus J. R. et G. Forst.

攀缘藤本，具乳汁。叶对生，羽状脉。花冠高脚碟状，向左覆盖，花冠喉部有5～10枚鳞片状副花冠。浆果球状，肉质；种子无毛。

南昆山2种。

1. 嫩叶被短柔毛；浆果椭圆形……………… 1. 尖山橙 M. fusiformis
1. 叶无毛；浆果球形……………………………… 2. 山橙 M. suaveolens

1. 尖山橙

Melodinus fusiformis Champ. et Benth.

木质藤本，幼枝、嫩叶、叶柄及花序被短柔毛。叶近革质，椭圆形或长圆形，长4.5～12 cm，基部楔形。聚伞花序顶生，着花6～12朵；花冠白色，裂片卵形或倒披针形；雄蕊着生于冠筒下部。浆果椭圆形，熟时橙黄色，顶端短尖，基部圆或钝。花期4～9月；果期6月至翌年3月。

南昆山产于上坪天堂顶、中坪横岗岐、下坪石河奇观，生于灌丛、疏林下或山谷水沟边。分布于我国华南地区。全株药用，主治风湿性心脏病。

2. 山橙（马骝藤）

Melodinus suaveolens (Hance) Champ. ex Benth.

攀缘木质藤本。叶近革质，卵形，长5～10 cm。聚伞花序顶生和腋生；花冠白色；副花冠成5裂伸出花筒外。浆果球形，熟时橙红色。花期5～11月；果期8月至翌年1月。

南昆山产于石河奇观，生于丘陵山地或石壁上。分布于我国广东、广西。果实药用，治疝气，腹痛等；藤皮纤维可编制麻绳、麻袋。

4. 帘子藤属 Pottsia Hook. et Arn.

木质藤本，具乳汁。叶对生。圆锥状聚伞花序三至五歧，顶生或腋生；花萼内面基部有腺体；花冠高脚碟状，无副花冠，向右覆盖。蓇葖果双生，线状长圆形；种子无喙，顶端具白色种毛。

南昆山1种。

1. 帘子藤

Pottsia laxiflora (Bl.) Kuntze

常绿攀缘灌木。叶薄纸质，卵形，长6～12 cm。总状式的聚伞花序腋生和顶生；花冠紫红色或粉红色。蓇葖果双生，线状长圆形；种子线状长圆形，顶端具种毛。花期4～8月；果期8～12月。

南昆山产于中坪，生于疏林、山谷密林或灌木丛中。分布于我国华南、华东、西南等地区。印度、越南也有。乳汁可治风湿病；根和茎浸酒服治腰骨酸痛；根可治贫血。

5. 萝芙木属 Rauvolfia L.

直立灌木或乔木，具乳汁。叶对生或5叶轮生，薄膜质，叶腋内或叶腋间有腺体。二歧聚伞花序，有时成伞形式或伞房式；花冠高脚碟状，向左覆盖。核果2个合生或离生。

南昆山1种。

1. 萝芙木

Rauvolfia verticillata (Lour.) Baill.

直立常绿灌木，茎下部枝条有圆形淡黄色皮孔，上部枝条有棱。单叶对生或3～4叶轮生，长椭圆状披针形，全缘或微波状，长4～16 cm。聚伞花序顶生，花萼5深裂，花冠高脚碟形，白色，花冠筒内被柔毛；雄蕊5，着生于花冠筒中部；心皮2，离生。核果卵圆形或椭圆形，成熟后紫黑色。花期3～12月；果期5月至翌春。

南昆山产于石河奇观，生于溪边、树旁肥沃土地。分布于我国华南、西南及台湾等省区。根、叶药用，可治高血压、高热症、胆囊炎、蛇咬伤等；为"降压灵"的原料。

6. 羊角拗属 Strophanthus DC.

小乔木或灌木。叶对生，羽状脉。聚伞花序顶生；花冠漏斗状，向右覆盖，顶部延长成长带状，向外弯垂，冠簷喉部具副花冠。蓇葖果叉生，长圆形，木质；种子顶端有细长喙。

南昆山1种。

1. 羊角拗

Strophanthus divaricatus (Lour.) Hook. et Arn.

灌木，小枝棕褐色，密被灰白色圆形皮孔。叶椭圆状长圆形，长3～10 cm。聚伞花序顶生，通常着花3朵；花黄色，裂片顶端延长成一长尾，裂片内面基部和冠筒喉部有紫红色斑纹。蓇葖果广叉生，木质；种子上部渐狭而延长成喙，喙上轮生种毛。花期3～7月；果期6月至翌年2月。

南昆山产于中坪花竹，生于丘陵路旁疏林中。分布于我国华南、西南等地区。全株有毒，民间用枝、叶作杀虫药。

7. 络石属 Trachelospermum Lem.

木质藤本，具乳汁。叶对生，具羽状脉。花序聚伞状，有时呈聚伞圆锥状；花白色或紫色；萼内面基部有腺体；花冠高脚碟状，喉部缢缩，向右覆盖。蓇葖果双生，长圆披针形；种子顶端具白色种毛。

南昆山2种。

1. 雄蕊着生于花冠筒基部或近基部 ………………………… 1. 短柱络石 T. brevistylum

1. 雄蕊着生于花冠筒中部、喉部或近喉部 ………………………… 2. 络石 T. jasminoides

1. 短柱络石

Trachelospermum brevistylum Hand. -Mazz.

木质藤本，具乳汁，全株无毛。叶薄纸质，狭椭圆形至椭圆状长圆形。花序顶生及腋生；花白色。果蓇葖叉生，线状披针形，向顶端渐尖。花期4～7月，果期8～12月。

南昆山产于天堂顶，生于山地空旷疏林中，缠绕于树上或石上。分布于我国广东、广西、湖南、四川、贵州、福建和安徽等省。园林绿化。

2. 络石(白花藤)

Trachelospermum jasminoides (Lindl.) Lem.

常绿木质藤本。叶革质，椭圆形，长2～10 cm。二歧聚伞花序，腋生或顶生；花冠白色。蓇葖果叉生，线状披针形；种子线形，顶端具种毛。花期3～7月；果期7～12月。

南昆山产于观音潭、石河奇观，生于沟谷、路旁杂木林中，常攀缘于石壁及树上。我国大部分地区有分布。根、茎、叶、果实供药用，可用来治关节炎、肌肉痹痛、跌打损伤、产后腹痛等；也可治血吸虫腹水病；茎皮可制绳索、造纸及人造棉；花芳香，可提取“络石浸膏”。

8. 水壶藤属 Urceola Roxb.

粗壮藤本，具乳汁。叶对生。花萼内面基部有腺体；花冠不对称，花冠近钟状，无副花冠，向右覆盖。蓇葖双生，或1个不发育，基部膨大，顶部喙状；种子顶端具种毛。

南昆山1种。

1. 酸叶胶藤

Urceola rosea (Hook. & Arn.) D. J. Middleton [*Ecdysanthera rosea* Hook. et Arn.]

木质大藤本，具乳汁。叶纸质，阔椭圆形，长3～7 cm，叶背被白粉。聚伞花序圆锥状，顶生；花小，粉红色。蓇葖2枚，叉开成近一直线，有明显斑点；种子长圆形。花期4～12月；果期7月至翌年1月。

南昆山产于上坪横岗岐，生于水沟旁较湿润的地方或山地杂木林中。分布于我国长江以南至台湾。越南、印度尼西亚也有。全株供药用，治跌打瘀肿、风湿骨痛、疔疮、喉痛和眼肿等。

231. 萝藦科 Asclepiadaceae

多年生草本、藤本、直立或藤状灌木，具乳汁；地下茎有时为块茎。叶对生或轮生，单叶，全缘。聚伞花序；花两性，整齐；花萼深5裂；花冠5裂，喉部有时有鳞片或柔毛。蓇葖2个；种子顶端具种毛。

南昆山10属，10种。

1. 肉质植物。
    2. 植株具乳汁 ···································· 3. 眼树莲属 Dischidia
    2. 植株无乳汁 ···································· 5. 球兰属 Hoya
1. 非肉质植物。
    3. 蓇葖果常被茸毛 ···························· 9. 弓果藤属 Toxocarpus
    3. 蓇葖果光滑。
        4. 花粉块下垂。
            5. 副花冠具5个小叶状 ···················· 1. 马利筋属 Asclepias
            5. 副花冠杯状 ···························· 2. 鹅绒藤属 Cynanchum
        4. 花粉块直立或平展。
            6. 花粉块平展 ···························· 10. 娃儿藤属 Tylophora
            6. 花粉块直立。
                7. 茎缠绕 ································ 4. 匙羹藤属 Gymnema
                7. 茎直立。
                    8. 草本 ································ 8. 石萝藦属 Pentasachme
                    8. 藤状灌木。
                        9. 副花冠背部加厚，裂片通常钻状 ···································· 7. 牛奶菜属 Marsdenia
                        9. 副花冠背部扁平，裂片细小或无 ···································· 6. 黑鳗藤属 Jasminanthes

1. 马利筋属 Asclepias L.

多年生草本。叶对生或轮生，具柄，羽状脉。聚伞花序伞形状，顶生或腋生；花萼5深裂，内面基部有腺体5～10个；花冠辐射状，5深裂，镊合状排列，裂片反折；副花冠5片，贴生于合蕊冠上。蓇葖披针形，端部渐尖，种子顶端具白色绢质种毛。

南昆山1种。

1. 马利筋

Asclepias curassavica Linn.

多年生灌木状直立草本。叶膜质，披针形至椭圆状披针形，顶端短渐尖或急尖，基部楔形而下延至叶柄。聚伞花序顶生或腋生，着花10～20朵；花萼裂片披针形，被柔毛；花冠紫红色，裂片长圆形，反折；副花冠生于合蕊冠上，5裂，黄色，匙形，有柄，内有舌状片。蓇葖披针形，两端渐尖；种子卵圆形，顶端具白色绢质种毛。花期几乎全年，果期8～12月。

南昆山产于上坪，逸为野生。分布于我国广东、广西、湖南、江西、福建、贵州、四川、云南和台湾。原产拉丁美洲的西印度群岛。

2. 鹅绒藤属 Cynanchum L.

灌木或多年生草本；具乳汁。叶对生，稀轮生。聚伞花序多数呈伞形状；花色多种；副花冠5裂。蓇葖果平滑；种子顶端有种毛。

南昆山1种。

1. 刺瓜

Cynanchum corymbosum Wight

多年生草质藤本。叶对生，薄纸质，卵形，长约6.5 cm。伞房状或总状聚伞花序腋外生，着花约20朵；花冠绿白色；副花冠大。蓇葖果纺锤形，具软的弯刺。花期5～10月；果期8月至翌年春季。

南昆山产于天堂顶，生于河边灌木丛及疏林潮湿地方。分布于我国华南、西南各地区。印度、缅甸、老挝也有。全株可催乳解毒，治神经衰弱等。

3. 眼树莲属 Dischidia R. Br.

藤本，具乳汁；茎叶均肉质。叶对生。聚伞花序腋生，小形；花冠坛状，喉部紧缩；副花冠5裂。蓇葖果双生或单生；种子顶端具种毛。

南昆山1种。

1. 眼树莲（瓜子藤）

Dischidia chinensis Champ. ex Benth.

藤本，全株含有乳汁，节上生根。叶肉质，卵状椭圆形，长约1.5 cm。聚伞花序腋生，小形；花小，花冠黄白色，喉部被柔毛。花期4～5月；果期5～6月。

南昆山产于佛坳，生于山地潮湿杂木林中，攀附在树上或石上。分布于我国广东、广西。全株药用，治肺燥咳血、疮疖肿毒等。

4. 匙羹藤属 Gymnema R. Br.

木质藤本或藤状灌木，具乳汁。叶对生，羽状脉。聚伞花序伞形状，腋生；花冠近辐状或钟状。蓇葖果双生，种子顶端具种毛。

南昆山1种。

1. 匙羹藤

Gymnema sylvestre (Retz.) Schult.

木质藤本，具乳汁。叶倒卵形，长3～8 cm。聚伞花序伞形状，腋生；花小，绿白色，花冠钟状；副花冠裂片厚而成硬条带。蓇葖果，基部膨大，顶端渐尖。花期5～9月；果期10月至翌年1月。

南昆山产于上坪天堂顶，生于山坡林或灌木丛中。分布于我国广东、广西、云南、福建、浙江和台湾等省。印度、越南、印度尼西亚、澳大利亚和热带非洲也有。全株可入药，治风湿痹痛等；外用治痔疮、消肿、枪弹创伤等。

5. 球兰属 Hoya R. Br.

攀缘灌木或亚灌木。叶对生，常肉质。花冠肉质，辐状；副花冠5裂。果细长，顶端渐尖；种子顶端具种毛。

南昆山1种。

1. 球兰（蜡兰）

Hoya carnosa (L. f.) R. Br.

攀缘灌木，节上生气生根。叶肉质，卵形，长3.5～12 cm。花小，白色似浸以蜡质，聚生成花球。果条形。花期4～6月；果期7～8月。

南昆山产于天堂顶，附生于树上或石上。分布于我国华南及西南地区。园林观赏；全株药用，治关节肿痛等。

6. 黑鳗藤属 Jasminanthes Bl.

藤状灌木，具乳汁。叶对生，具柄，羽状脉。聚伞花序伞形状，一至二歧，腋生；花冠高脚碟状或近漏斗状，花冠筒圆筒状。蓇葖粗厚，钝头或渐尖；种子顶端具白色绢质种毛。

南昆山1种。

1. 黑鳗藤

Jasminanthes mucronata (Blanco) Stevens & P. T. Li

藤状灌木。叶纸质，卵圆状长圆形。聚伞花序假伞形状，腋生或腋外生；花冠白色，含紫色液汁。蓇葖长披针形，渐尖，无毛。花期5～6月；果期9～10月。

南昆山产于下坪蕉坑口，上坪，生于山地疏密林中，攀缘于大树上。分布于我国广东、广西、湖南、华东、四川、贵州等省。园林观赏植物。

7. 牛奶菜属 Marsdenia R. Br.

攀缘灌木，稀直立灌木或半灌木。叶对生。聚伞花序伞形状；花冠钟状、坛状或高脚碟状，裂片狭窄或宽阔，向右覆盖。蓇葖披针形或匕首状；种子顶端具白色绢质的种毛。

南昆山1种。

1. 牛奶菜

Marsdenia sinensis Hemsl.

粗壮木质藤本，全株被绒毛。叶卵圆状心形。伞形状聚伞花序腋生；花冠白色或淡黄色，内面被绒毛。蓇葖纺锤状，向两端渐尖，外果皮被黄色绒毛；种子卵圆形，扁平。花期夏季；果期秋季。

南昆山产于中坪，生于山谷疏林中。分布于我国广东、广西、华中、华东和四川等省。全株供药用，民间用作壮筋骨，治跌打，利肠健胃。

8. 石萝藦属 Pentasachme Wall. ex Wight

多年生直立草本。叶对生，狭披针形，羽状脉。伞形式聚伞花序，腋生；花冠近钟状或辐状；副花冠5裂。蓇葖果双生，种子顶端具种毛。

南昆山1种。

1. 石萝藦（凤尾草）

Pentasachme caudatum Wall. ex Wight [*P. championii* Benth.]

多年生直立草本。叶膜质，狭披针形，长4～16 cm。伞形状聚伞花序腋生；花白色。蓇葖双生，圆柱状披针形。花期4～10月；果期7月至翌年4月。

南昆山产于石河奇观，生于石缝、林谷、溪边。分布于我国南部和西南部；越南也有。全株可药用，治肝炎等。

9. 弓果藤属 Toxocarpus Wight et Arn.

攀缘灌木。叶对生。伞形状聚伞花序，腋生；花冠辐状；副花冠5裂。蓇葖果常被茸毛；种子顶端有种毛。

南昆山1种。

1. 弓果藤

Toxocarpus wightianus Hook. et Ann.

柔弱攀缘灌木。叶对生，近革质，椭圆形，长2.5～5 cm。二歧聚伞花序腋生；花冠淡黄色。蓇葖果叉生，狭披针形，被绣色毛；种子顶端具种毛。花期6～8月；果期10月至翌年1月。

南昆山产于佛坳、下坪，生于低丘陵山地。分布于我国华南及西南地区；印度、越南也有。全株药用，作兽医药；去瘀止痛，外敷跌打；消肿解毒，外敷治疗疮痛肿毒等。

10. 娃儿藤属 Tylophora R. Br.

缠绕或攀缘灌木。叶对生。伞形或短总状式的聚伞花序，腋生；总花梗常曲折；花冠辐状；副花冠肉质，5裂。蓇葖果双生或单个；种子顶端具种毛。

南昆山1种。

1. 娃儿藤

Tylophora ovata (Lindl.) Hook. ex Steud.

攀缘灌木，根具香味。叶卵形，长2.5～6 cm。聚伞花序伞房状，丛生于叶腋；花小，花冠淡黄色或黄绿色。果圆柱状披针形；种子卵形。花期4～8月；果期8～12月。

南昆山产于七星湖，生于杂木林中。分布于我国华南、西南；印度、缅甸、越南也有。根及全株可药用，能祛风、止咳等；亦可治风湿病等。

231A. 杠柳科 Periplocaceae

多年生草本、直立或攀缘灌木，具乳汁；常有肉质或木质块茎。叶对生。聚伞花序顶生或腋生；花两性；萼5裂；合瓣花冠5裂；副花冠5裂；雄蕊5。蓇葖果双生(或1个不发育)；种子扁平，常有薄边，顶端具种毛。

南昆山1属，1种。

1. 白叶藤属 Cryptolepis R. Br.

攀缘木质藤本或灌木，具乳汁。叶对生。花冠高脚碟状；副花冠裂片线形、卵形或鳞片状。蓇葖果2个叉生；种子具种毛。

南昆山1种。

1. 白叶藤

Cryptolepis sinensis (Lour.) Merr.

木质藤本；小枝常红褐色。叶长圆形，长1.5～6 cm，正面

深绿色，背面苍白色。花冠淡黄色，冠片线状披针形；副花冠卵形。蓇葖果长披针形；种子具种毛。花期4～9月；果期6月至翌年2月。

南昆山产于七星湖，生于丘陵山地灌木丛中。分布于我国华南及西南地区。印度、越南、马来西亚也有。叶、茎、乳汁具毒；全株可药用，治毒蛇咬伤。

232. 茜草科 Rubiaceae

乔木、灌木或草本。单叶对生，稀轮生；托叶生叶柄间，稀生叶柄内，偶退化为叶柄间的横线。聚伞花序复合成各式花序；花萼和花冠顶部常4～5裂；子房常下位，稀下位或半下位，常2室。果为蒴果、浆果、核果。

南昆山32属，68种，2亚种，3变种。

1. 花多数，组成圆球形头状花序，总花梗顶端膨大成球形。
  2. 木质藤本……31. 钩藤属Uncaria
  2. 乔木或灌木。
    3. 叶3片轮生，很少兼有2叶对生……8. 风箱树属Cephalanthus
    3. 叶对生。
      4. 顶芽不显著，由托叶疏松包裹；头状花序1个，很少数个……1. 水团花属Adina
      4. 顶芽显著，金字塔形或圆锥形；头状花序通常7个以上……25. 槽裂木属Pertusadina
1. 花序与上述不同，总花梗顶端不膨大。
  5. 花冠裂片镊合状排列。
    6. 种子有翅……12. 绣球茜属Dunnia
    6. 种子无翅。
      7. 子房每室有胚珠2至多数；果实通常每室有2至多颗种子。
        8. 果成熟时开裂。
          9. 花4基数……16. 耳草属Hedyotis
          9. 花5基数，很少6数。
            10. 果成熟时室背开裂为4果瓣……29. 螺序草属Spiradiclis
            10. 果成熟时室背开裂为2果瓣……22. 蛇根草属Ophiorrhiza
        8. 果成熟时不开裂。
          11. 花序上有些花的萼裂片中有1枚或几枚变态为叶状，白色而宿存……20. 玉叶金花属Mussaenda
          11. 花序上的萼裂片均正常，绝不变态成叶状，亦非白色……21. 腺萼木属Mycetia
      7. 子房每室有胚珠1；果实每室有1颗种子。
        12. 果为一合心皮果……19. 巴戟天属Morinda
        12. 果为非合心皮果。
          13. 萼檐截平或近截平。
            14. 灌木……6. 鱼骨木属Canthium
            14. 草本。
              15. 果干燥，常被毛……13. 拉拉藤属Galium
              15. 果肉质，常无毛……27. 茜草属Rubia
          13. 萼檐裂片明显，通常4～5片，有时2或6片。
            16. 草本。
              17. 花多朵簇生或组成聚伞花序，直立或近直立草……5. 丰花草属Borreria
              17. 花单生，匍匐草本……15. 爱地草属Geophila
            16. 乔木、灌木或藤本。
              18. 藤本；枝叶揉之有臭气……23. 鸡矢藤属Paederia
              18. 乔木或直立灌木。
                19. 花冠管延长，常弯曲……9. 弯管花属Chasalia
                19. 花冠管不弯曲。
                  20. 枝叶揉之有臭气……28. 白马骨属Serissa
                  20. 枝叶揉之无臭气。
                    21. 花或花序腋生……18. 粗叶木属Lasianthus
                    21. 花序顶生，很少兼有腋生……26. 九节属Psychotria
  5. 花冠裂片旋转状排列或覆瓦状排列。
    22. 花冠裂片旋转状排列。
      23. 子房每室有2至多数胚珠。
        24. 子房1室……14. 栀子属Gardenia
        24. 子房2室。
          25. 有刺灌木或乔木…7. 山石榴属Catunaregam
          25. 无刺灌木、乔木或木质藤本。
            26. 胚珠和种子沉没于肉质胎座中。
              27. 子房每室有胚珠4颗以上……2. 茜树属Aidia
              27. 子房每室有胚珠2颗……3. 白香楠属Alleizettella
            26. 胚珠和种子均裸露，不沉没于肉质胎座中。
              28. 花单性，雌雄异株……11. 狗骨柴属Diplospora
              28. 花两性……30. 乌口树属Tarenna
      23. 子房每室有1颗胚珠；果实每室或分核中有1颗种子。
        29. 花柱不伸出或稍伸出花冠裂片……17. 龙船花属Ixora
        29. 花柱伸出部分远超出花冠裂片……24. 大沙叶属Pavetta
    22. 花冠裂片覆瓦状排列。
      30. 木质藤本……10. 流苏子属Coptosapelta
      30. 灌木或乔木。
        31. 果每室有1颗种子；花序腋生……4. 毛茶属 Antirhea
        31. 果每室有多颗种子；花序顶生……32. 水锦树属Wendlandia

1. 水团花属 Adina Salisb.

灌木或乔木。叶对生；托叶窄三角形，常宿存。球形头状花序顶生或腋生；花5基数；花萼管相互分离；花冠高脚碟状至漏斗状；子房2室，胚珠多数。蒴果；种子卵球状至三角形，扁平。

南昆山1种。

1. 水团花(水杨梅)

Adina pilulifera (Lam.) Franch. ex Drake

常绿灌木至小乔木。叶对生，厚纸质，椭圆形至椭圆状披针形，长4～12 cm。头状花序腋生；花冠白色。小蒴果楔形；种子长圆形，两端有狭翅。花期6～9月；果期7～12月。

南昆山产于上坪尾、高盘头、中坪、石河奇观，生于山谷疏林下或旷野路旁、溪边水畔。分布于我国长江以南各地区。日本、越南也有。全株可治家畜瘢痧热症；木材供雕刻用；根系发达，是良好的固堤植物。

2. 茜树属 Aidia Lour.

无刺灌木或乔木。叶对生；托叶在叶柄间，离生或基部合生。聚伞花序腋生或与叶对生；花冠高脚碟状，裂片5(～4)。子房2室，胚珠每室多颗。浆果球形；种子多数。

南昆山2种。

1. 花序腋生……………………………………………1. 香楠A. canthioides
1. 花序与叶对生或生于无叶的节上……………………………………………2. 茜树A. cochinchinensis

1. 香楠(光叶山黄皮)

Aidia canthioides (Champ. ex Benth.) Masamune.

灌木或乔木；枝无毛。叶纸质，对生，长圆状椭圆形、长圆状披针形；托叶阔三角形。聚伞花序有花数朵至十余朵，腋生；花白色或黄白色。浆果球形，种子有棱。花期4～6月；果期5月至翌年2月。

南昆山产于佛坳、九重远眺，生于山坡、山谷溪边。分布于我国华南地区及福建、台湾、云南。日本和越南也有。

2. 茜树(越南水黄皮)

Aidia cochinchinensis Lour.

灌木或乔木。叶革质或纸质，对生，椭圆状长圆形；托叶披针形。聚伞花序与叶对生或生于无叶的节上，多花；花黄色或白色，有时红色。浆果球形；种子多数。花期3～6月；果期5月至翌年2月。

南昆山产于上坪、沙坑尾、横坑、下坪，生于丘陵、山坡或林中。分布于我国华南、华东、西南等地区。日本南部、亚洲南部和东南部至大洋洲也有。

3. 白香楠属 Alleizettella Pitard

灌木。叶对生；托叶在叶柄间，基部合生。聚伞花序生于侧生短枝的顶端或老枝的节上；花5基数；子房2室，每室有胚珠2颗。浆果球形；种子每室1～2(3)颗。

南昆山1种。

1. 白果香楠

Alleizettella leucocarpa (Champ. ex Benth.) Tirveng

灌木；小枝被锈色毛。叶纸质或薄革质，对生，长圆状倒卵形、长圆形或披针形；托叶三角形。聚伞花序；花冠白色，高脚碟状，裂片5。浆果球形，淡黄白色；种子2～4颗。花期4～6月；果期6月至翌年2月。

南昆山产于上坪三坑、沙坑尾、天堂顶、横岗岐、中坪、竹坑峰，常见，生于山坡或山谷溪边林中。分布于我国华南地区及福建；越南也有。

4. 毛茶属 Antirhea Comm. ex Juss.

乔木或灌木。叶对生，托叶脱落。二歧蝎尾状聚伞花序腋生；花冠漏斗形，顶端4或5深裂。核果细小；种子圆柱形。

南昆山1种。

1. 毛茶

Antirhea chinensis (Champ. ex Benth.) Forbes et Hemsl.

直立灌木，高1～2 m。叶纸质，长圆形，长3～9 cm，边全缘，叶面无毛或被疏柔毛；托叶三角形。聚伞花序腋生；花冠顶端4裂，被灰色绢毛。核果长圆形，具棱；种子圆柱形。花期4月；果期10～11月。

南昆山产于佛坳，生林下或灌木丛中。分布于我国广东、香港及海南。

5. 丰花草属 Borreria G. Mey

草本或亚灌木；茎和枝常四棱柱形。叶对生；托叶与叶柄合生而成一截头状的鞘。花微小，数朵簇生或排成聚伞花序腋生或顶生；子房2室，每室胚珠1颗。蒴果；种子腹面有槽。

南昆山3种。

1. 果较小，长2 mm……………………………………3. 丰花草 B. stricta
1. 果较大，长3～5 mm。
    2. 叶革质，长圆形或匙形，长1～3 mm……………………………………………………………1. 糙叶丰花草 B. articularis
    2. 叶椭圆形或卵状长圆形，长2～7.5 cm……………………………………………………2. 阔叶丰花草 B. latifolia

1. 糙叶丰花草

Borreria articularis (L. f.) F. N. Williams

平卧草本，被粗毛；枝四棱柱形。叶革质，长圆形或匙形，长1～3 mm。花4～6朵聚生于托叶鞘内；花冠淡红色或白色，漏斗形。蒴果椭圆形；种子近椭圆形。花、果期5～10月。

南昆山产于佛坳，生于空旷沙地上。分布于我国华南地区及福建、台湾。东南亚也有。

2. 阔叶丰花草

Borreria latifolia (Aubl.) K. Schum.

粗壮草本，被毛。叶椭圆形或卵状长圆形，长2～7.5 cm，顶端短尖或钝；托叶膜质，被粗毛，具数条长于鞘的刺毛。花数朵丛生于托叶鞘内，无梗；花冠漏斗形，浅紫色，罕白色。蒴果椭圆形；种子近椭圆形。花、果期5～10月。

南昆山产于下坪，生于旷地或草地。原产南美洲，在华南已逸为野生。

3. 丰花草

Spermacoce pusilla wall.

纤细草本；茎单生，四棱柱形，粗糙。叶革质，线状长圆形，长2.5～5 cm，两面粗糙；托叶具数条浅红色长于鞘的刺毛。花多朵丛生成球状生于托叶鞘内，无梗；花冠近漏斗形，白色。蒴果长圆形或近倒卵形，长2 mm；种子狭长圆形。花、果期10～12月。

南昆山产于佛坳，生于旷地或草地。分布于我国华南、西南地区及台湾；广布亚洲和非洲的热带地区。

6. 鱼骨木属 Canthium Lam.

灌木或乔木，具刺或无刺。叶对生，具短柄；托叶生在叶柄间，三角形，基部合生。花漏斗形或近球形。核果近球形；种子长圆形。

南昆山2种。

1. 植株无刺……………………………………………… 1. 鱼骨木C. dicoccum
1. 植株具刺……………………………………………… 2. 猪肚木C. horridum

1. 鱼骨木

Canthium dicoccum (Gaertn.) Merr.

无刺灌木至中等乔木；小枝初时呈压扁形或四棱柱形，后变圆柱形。叶革质，卵形、椭圆形。聚伞花序；花冠绿白色或淡黄色，顶端5裂。核果倒卵形或倒卵状椭圆形。花期1～8月；果期6～11月。

南昆山产于上坪，生于疏林或灌丛中。分布于我国华南地区及云南、西藏。南亚、东南亚及澳大利亚也有。本种作木材用，适宜为工业用材和艺术雕刻品。

2. 猪肚木

Canthium horridum Bl.

灌木，茎具对生刺；小枝被土黄色柔毛。叶纸质，卵形，椭圆形或长卵形，长2～5 cm，叶柄和托叶短小。花冠白色。核果卵形。花期4～6月；果期8～11月。

南昆山产于上坪，生于疏林中。分布于我国华南及云南。印度至亚洲东南部也有。木材适合作雕刻；果可食；根可作利尿剂。

7. 山石榴属 Catunaregam Wolf

灌木或小乔木，常具刺。叶对生或簇生于侧生短枝上；托叶生叶柄间，常脱落。花小或中等大，单生或2～3朵簇生于侧生短枝顶部；花冠钟状。浆果大，球形、椭圆形或卵球形；种子多数，椭圆形或肾形。

南昆山1种。

1. 山石榴（山蒲桃）

Catunaregam spinosa (Thunb.) Tirveng

有刺灌木或小乔木。叶倒卵形或长圆状倒卵形，稀卵形至匙形，长1.8～11.5 cm。花单生或2～3朵簇生短枝顶部；花冠白色或淡黄色，钟状。浆果球形。花期3～6月；果期5月至翌年1月。

南昆山产于下坪，生于林中或灌丛中。分布于我国华南地区及台湾、云南。非洲南部及亚洲热带地区。木材可作农具、手杖和雕刻用；根利尿、祛风湿，治跌打腹痛，叶可止血。

8. 风箱树属 **Cephalanthus** Linn.

灌木或乔木。叶轮生或对生。头状花序顶生或腋生；花冠高脚碟状至漏斗状，花冠裂片在芽内近覆瓦状排列。果序球形，由不开裂的坚果组成。

南昆山1种。

1. 风箱树

Cephalanthus tetrandrus (Roxb.) Ridsd. et Bakh. f.

落叶灌木或小乔木；嫩枝近四棱柱形，老枝圆柱形。叶对生或轮生，近革质，卵形至卵状披针形。头状花序，顶生或腋生；花冠白色，裂片长圆形。果序直径10～20 mm；坚果，顶部有宿存萼檐；种子褐色，具翅状苍白色假种皮。花期7～9月；果期8～9月。

南昆山产于下坪，生于略阴蔽的水沟旁或溪畔。分布于我国华南、华东地区及湖南。印度、孟加拉国、缅甸、泰国、老挝和越南北部也有。木材做担杆和农具；根和花序药用，可治感冒发热、咽喉肿痛、肠炎腹泻等。

9. 弯管花属 **Chassalia** Comm. ex Poir.

灌木或小乔木。叶对生或三片轮生；托叶生叶柄间，全缘或2裂，分离或合生成鞘。花序各式，由聚伞花序组成；花冠管延长，常弯曲。核果稍肉质；种子扁圆形。

南昆山1种。

1. 弯管花 **Chassalia curviflora** Thwaites

直立小灌木。叶膜质，长圆状椭圆形或倒披针形，全缘。聚伞花序多花，顶生；花近无梗，3型。核果扁球形，平滑或分核间有浅槽。花期4～7月。

南昆山产于上坪思茅坪，生于低海拔林中湿地上。分布于我国华南及云南、西藏。中南半岛和印度东北部和安达曼、不丹、斯里兰卡、孟加拉国、马来西亚、加里曼丹等地也有。

10. 流苏子属 **Coptosapelta** Korth.

木质藤本，小枝圆柱形。叶对生；托叶小，三角形或披针形。花单生于叶腋或为顶生的圆锥状聚伞花序；花基数5；子房2室，每室有胚珠多数。蒴果近球形；种子小，多数。

南昆山1种。

1. 流苏子

Coptosapelta diffusa (Champ. ex Benth.) Van Steenis

藤本或攀缘灌木；枝多数，圆柱形，节明显。叶坚纸质至革质，卵形、卵状长圆形至披针形。花单生于叶腋，常对生；花冠白色或黄色。蒴果稍扁球形，中间有一浅沟；种子多数，近圆形。花期5～7月；果期5～12月。

南昆山产于上坪、中坪，生于山地或丘陵的林中或灌丛中。分布于我国华南、华东、西南等地。日本琉球群岛也有。根辛辣，可治皮炎。

11. 狗骨柴属 **Diplospora** DC.

灌木或小乔木。叶交互对生；托叶具短鞘和稍长的芒。聚伞花序腋生和对生，多花，密集；花小，4或5数；花冠高脚碟状，白色、淡绿或淡黄色。核果小，近球形或椭圆球形；种子具角，半球形、球形。

南昆山1种。

1. 狗骨柴(三萼木)

Diplospora dubia (Lindl.) Masam

灌木或乔木。叶革质，稀厚纸质，卵状长圆形、椭圆形或披针形，长4～19.5 cm。聚伞花序腋生；花冠白色或黄色。浆果近球形；种子4～8颗，近卵形。花期4～8月；果期5月至翌年2月。

南昆山产于上坪、横岗岐、中坪竹坑峰，生于灌丛或林中。分布于我国华南、华东、湖南、四川、云南。日本、越南也有。器具及雕刻细工用材；根入药，可治黄疸病。

12. 绣球茜属Dunnia Tutch.

灌木，枝较粗。叶对生；托叶着生在叶柄间，三角形。花4～5基数，组成顶生伞房状的聚伞花序；花白色，子房2室，每室具胚珠多数。蒴果近球形；种子多数，小，扁平，有翅。

南昆山1种。

1. 绣球茜草

Dunnia sinensis Tutch.

灌木，节间较短。叶纸质或革质，披针形或倒披针形；托叶卵形或三角形，宿存。花序有疏短柔毛；花冠黄色。蒴果近球形；种子多数，周围有膜质的阔翅。花、果期4～11月。

南昆山产于佛坳、老鹰嘴、一线天，生于山谷溪边灌丛中或林中。广东特有种。

13. 拉拉藤属Galium L.

一年或多年生草本，茎纤细。叶3至多枚轮生，稀对生；托叶叶状。聚伞花序腋生或顶生，花小，常4数，稀3或5数；花冠辐状，稀钟状或短漏斗状。坚果小，革质或近肉质；种子背面凸，腹面具沟纹。

南昆山1变种。

1. 拉拉藤

Galium aparine L. var. **echinospermum** (Wallr.) Cuf.

蔓生或攀缘状草本；茎四棱。叶纸质或近膜质，6～8片轮生，带状倒披针形或长圆状倒披针形，长1～5.5 cm。聚伞花序腋生或顶生，花小，4数；花冠辐射，裂片基部合生，白色或黄绿色。果干燥，密被钩毛。花期3～7月；果期4～11月。

南昆山产于佛坳、九重远眺，生于山坡、旷野、沟边、河滩、林缘、草地。除海南及南海诸岛外，全国各地均有分布。世界也广布。全草药用，清热解毒，消肿止痛，利尿，散瘀；治淋浊、尿血、跌打损伤、肠痈、疖肿、中耳炎等。

14. 栀子属Gardenia Ellis

灌木，稀乔木，无刺或稀具刺。叶对生，稀3片轮生；托叶生叶柄内。花大，腋生或顶生，单生、簇生或很少组成伞房状的聚伞花序；子房1室或假2室，胚珠多数。浆果常大；种子多数，常与胎座胶结成一球状体。

南昆山2种。

1. 栀子(水横枝)

Gardenia jasminoides Ellis

灌木，无刺或稀具刺。叶革质，稀纸质，形状多样，常为长圆状披针形、倒卵形或椭圆形，长3～25 cm；托叶膜质。花常单朵顶生；花冠高脚碟状，白色或乳黄色。果卵形或近球形；种子多数，近圆形。花期3～8月；果期5～12月。

南昆山产于中坪、上坪，生于旷野、山坡、灌丛或林中。分布于我国华南、华中、华东、西南及华北地区。东亚、南亚、东南亚、太平洋岛屿、美洲北部也有。园林观赏；果药用，清热利尿、泻火、凉血和散瘀，叶、花和根亦可入药；果可提取色素，作染料等。

2. 狭叶栀子

Gardenia stenophylla Merr.

灌木，小枝纤弱。叶薄革质，狭披针形或线状披针形。花单生于叶腋或小枝顶部，芳香；花冠白色，高脚碟状。果长圆形，有纵棱或有时棱不明显，成熟时黄色或橙红色，顶部有增大的宿存萼裂片。花期4～8月；果期5月至翌年1月。

南昆山产于上坪、下坪石河奇观，生于山谷、溪边林中、灌丛或旷野河边。分布于我国华南、安徽、浙江。越南也有。果实和根供药用，有凉血、泻火、清热解毒的效用；植株外形多姿，花美丽，可作盆景栽植。

15. 爱地草属 Geophila D. Don

多年生草本。叶对生，具长柄；托叶生叶柄间，卵形。花小，单生或数朵排成顶生和腋生的伞形花序，着生于总花梗的顶端；子房2室，每室有1颗胚珠。核果肉质。

南昆山1种。

1. 爱地草

Geophila herbacea (Jacq.) K. Schum.

多年生纤弱草本。叶膜质，心状圆形至近圆形；叶脉掌状；托叶阔卵形。花单生或2～3朵排成通常顶生的伞形花序。核果球形，红色。花期7～9月；果期9～12月。

南昆山产于天堂顶，生于林缘、路旁等较潮湿地方。分布于我国华南及云南。广布全球热带。

16. 耳草属 Hedyotis L.

草本或灌木，直立、披散或藤状；茎四棱柱状或圆柱状。叶对生，稀轮生或簇生；托叶生于叶柄间。花序顶生或腋生，常为圆锥状、头状、伞形或伞房状聚伞花序；花萼裂片常4；花冠管状、漏斗状或辐状，裂片4(5)；子房2室，每室胚珠多数。果膜质或脆壳质。

南昆山14种，1变种。

1. 果不开裂或仅顶部开裂。
    2. 果不开裂。
        3. 花1～3朵丛生于叶腋…………6. 金毛耳草 H. chrysotricha
        3. 花多数，10朵以上丛生于叶腋内。
            4. 嫩枝近方柱形，密被短硬毛……2. 耳草 H. auricularia

4. 小枝有明显的纵槽，内被长柔毛…………………………………………………………3. 细叶亚婆潮H. auricularia var. mina

2. 果迟迟开裂或仅顶部开裂。

5. 果无毛……………………………14. 纤花耳草H. tenelliflora

5. 果被毛……………………………15. 粗叶耳草H. verticillata

1. 果室间开裂或室背开裂。

6. 果室间开裂为两个果片。

7. 果顶部隆起……………………10. 牛白藤H. hedyotidea

7. 果顶部不隆起。

8. 茎和枝具翅或方柱形。

9. 花序顶生…………………7. 拟金草H. consanguinea

9. 花序腋生或生于腋生的小枝上。

10. 植物被短硬毛或粗糙。

11. 花萼、花冠外面和花梗均无毛，干后不变黄褐色…………………1. 清远耳草H. assimilis

11. 花萼、花冠外面和花梗均被短硬毛，干后变黄褐色……………12. 粗毛耳草H. mellii

10. 植物光滑无毛…………11. 疏花耳草H. matthewii

8. 茎和枝嫩时微呈方柱形，老枝圆柱形。

12. 果长圆形或椭圆形……5. 剑叶耳草H. caudatifolia

12. 果球形。

13. 托叶全缘…………4. 广州耳草H. cantoniensis

13. 托叶有齿‥13. 南昆山耳草H.nankunshanensis

6. 果室背开裂，罕有不开裂。

14. 花具纤细的花梗……………8. 伞房花耳草H. corymbosa

14. 花无梗，罕有具极短而粗的花梗…………………………………………………9. 白花蛇舌草H. diffusa

1. 清远耳草

Hedyotis assimilis Tutch.

直立分枝草本；枝方柱形。叶对生，纸质，披针形。聚伞花序圆锥式排列，腋生和顶生；花冠深裂，裂片披针形。蒴果椭圆形，连宿存萼檐裂片长约3 mm。花期4～5月。

南昆山产于上坪尾，生于杂木林内或沟谷两旁的斜坡上。广东特有种。

2. 耳草

Hedyotis auricularia L.

多年生，近直立草本。叶近革质，披针形至椭圆形，长2.3～8 cm。花4基数，密集成头状花序，腋生；花冠白色。果球形，熟时不开裂；种子具小窝孔，每室2～6粒。花果期3～12月。

南昆山产于上坪，生于草地或灌丛。分布于我国华南及西南地区。南亚、东南亚及澳大利亚也有。全草入药，有清热解毒、散瘀消肿之效。

3. 细叶亚婆潮

Hedyotis auricularia var. **mina** W. C. Ko

本变种和原变种的区别是小枝有明显的纵槽纹，槽内被长柔毛；叶卵形，长1.2～3 cm，宽4～8 mm，顶端短尖，基部阔楔形或近圆形；侧脉每边2～3条。花期几乎全年。

南昆山产于中坪，生于山地湿润处。分布于我国华南地区。

4. 广州耳草

Hedyotis cantoniensis How ex Ko

直立亚灌木。叶对生，薄革质，卵形或长圆状椭圆形；托叶三角形，全缘。聚伞花序排成狭而短的圆锥花序，花4基数。蒴果球形；种子多数，具棱。花期4～8月；果期6～11月。

南昆山产于下坪至石河奇观途中、中坪尾至北坑，生于丛林下较干燥的沙质土壤或悬崖石壁上。广东特有种。

5. 剑叶耳草

Hedyotis caudatifolia Merr. et Metcalf. [*H. hui* Diels.]

直立灌木。叶对生，纸质或薄革质，披针形；托叶卵状三角形，全缘或具腺点小齿。花序顶生或生上部叶腋，三歧分枝，圆锥形；花冠魄白色或浅红色，具香气。蒴果长圆形或近椭圆形，无毛；种子数颗。花期5～6月。

南昆山产于上坪、中坪，生于丛林下比较干旱的沙质土壤上或悬崖石壁上。分布于我国广东、广西、福建、江西、浙江、湖南等省。全株入药，有驱风、止血、止咳之效。

6. 金毛耳草

Hedyotis chrysotricha (Palib.) Merr.

多年生披散草本，基部木质，被金黄色硬毛。叶对生，薄纸质，阔披针形、椭圆形或卵形。聚伞花序腋生，有花1～3朵，被金黄色疏柔毛，近无梗；花冠白色或紫色，漏斗形。

果近球形，直径约2 mm，被扩展硬毛，宿存萼檐裂片长1～1.5 mm。花果期几乎全年。

南昆山产于上坪，生于山谷杂木林下或山坡灌木丛中。分布于我国广东、广西、华东、贵州、云南等。

7. 拟金草

Hedyotis consanguinea Hance

直立草本，无毛；茎和枝具翅或方柱形。叶对生，纸质，披针形或长卵形，长2～3 cm；托叶长卵形，边缘具疏离小腺齿。花序顶生或生于上部叶腋，由聚伞花序排成圆锥花序式或总状花序式。蒴果椭圆形；种子细小，每室多数。花、果期6～8月。

南昆山产于石河奇观、七星湖，生于草地或水沟旁，少见。分布于我国华南地区。

8. 伞房花耳草

Hedyotis corymbosa (L.) Lam.

一年生柔弱草本，披散，无毛或稍被毛。叶膜质或纸质，线形或线状披针形，长0.8～2 cm。花具纤细的花梗，4数，常2～4朵伞房花序式排列，腋生；花冠白色或淡红色。蒴果球形；种子光滑，每室10粒以上。花、果期4～11月。

南昆山产于七星湖，生田野或湿润草地。分布于我国华南、福建、浙江、贵州和四川等省。热带亚洲、非洲、美洲也有。全草入药，具清热解毒、利尿消肿和活血止痛之功效。

9. 白花蛇舌草

Hedyotis diffusa Willd

一年生柔弱草本。叶膜质，线形，稀线状披针形；侧脉不明显；叶柄无。花无梗，4数，单生或双生叶腋；花冠白色，长3.5～4 mm，裂片略长于冠筒。蒴果近球形，微扁；种子具窝孔，每室约10粒。花期3～9月。

南昆山产于上坪尾，生于田边、旷地。分布于我国西南至东南部地区。亚洲的热带和亚热带地区广布。全草入药，内服治肿瘤、蛇咬伤、小儿疳积，外用治泡疮、跌打刀伤等。

10. 牛白藤

Hedyotis hedyotidea (DC.) Merr.

藤状灌木，嫩枝被毛。叶对生，纸质或膜质，长卵形或近长圆形，长3～10.5 cm。伞形头状花序腋生或顶生；花4基数；花冠白色，裂片与冠筒近等长。蒴果近球形，顶部隆起；种子具棱，每室多数。花、果期4～12月。

南昆山产于上坪，生于山坡、林中或灌丛中。分布于我国广东、广西、云南、贵州、福建和台湾等省。越南也有。药用，治风湿、感冒咳嗽和皮肤湿疹等。

11. 疏花耳草
Hedyotis matthewii Dunn

直立分枝草本，除花冠外，全株无毛。叶对生，具短梗，纸质，顶端长渐尖，基部短尖或楔形；托叶卵状三角形，边缘具小腺齿或深裂，顶端通常3裂。二歧分枝的聚伞花序顶生和腋生；花白色带紫色，小苞片线状披针形；萼管陀螺形或倒卵形，萼檐裂片披针形，短尖；花冠圆筒形，顶端外反，里面被长绒毛。蒴果近椭圆形。花期7～11月。

南昆山产于上坪沙坑尾、横岗岐、中坪，生于山地密林下或灌丛中，特产广东。

12. 粗毛耳草
Hedyotis mellii Putch

直立粗壮草本；茎和枝近方柱形。叶对生，纸质，卵状披针形。花序顶生和腋生，为聚伞花序，排成圆锥花序式；花冠长6～7 mm，冠管短，长2～2.5 mm。蒴果椭圆形，疏被短硬毛，成熟时开裂为两个果爿，果爿腹部直裂；种子数粒，具棱，黑色。花期6～11月；果期8～11月。

南昆山产于上坪，南昆山产于七星湖，生于山地丛林或山坡上。分布于我国广东、广西、福建、江西和湖南等省。

13. 南昆山耳草
Hedyotis nankunshanensis R. -J. Wang & S. -J. Deng

灌木，无毛；幼茎细弱且空心。叶对生，薄革质，卵形或长圆状椭圆形，全缘，顶部有细小腺齿；托叶三角形，有齿。多歧聚伞花序，顶生或在小枝上部腋生；总花梗细且空心；花冠白色。蒴果椭球形至球形，花萼宿存；种子小，深棕色至黑色。花期6～8月；果期7～12月。

南昆山产于中坪，生于路旁坡地。南昆山特有种。

14. 纤花耳草

Hedyotis tenelliflora Bl.

一年生柔弱草本，无毛。叶对生，薄革质，线形或线状披针形，长2～4 cm，边缘背卷。花4基数，1～3朵簇生叶腋内；花冠白色，漏斗形。蒴果近卵形，无毛；种子每室多数。花果期4～12月。

南昆山产于中坪，生于山谷两旁坡地或田埂上，常见。分布于我国华南地区及江西、浙江和云南等省。印度、越南、马来西亚和菲律宾也有。药效类似白花蛇舌草。

15. 粗叶耳草

Hedyotis verticillata (L.) Lam.

一年生披散草本；枝常平卧，上部方形，下部近圆柱形，被短硬毛。叶对生，纸质或薄革质，椭圆形或披针形。团伞花序腋生；花冠白色，近漏斗形。蒴果卵形，被硬毛；种子每室多数，具棱。花果期3～11月。

南昆山产于中坪，生于草丛或路旁和疏林下。分布于我国华南地区及云南、贵州、浙江等省。印度、尼泊尔、越南、马来西亚和印度尼西亚也有。全草清热解毒、消肿止痛。

17. 龙船花属 Ixora L.

常绿灌木，小枝圆柱形或具棱。叶常对生，稀3枚轮生；托叶生叶柄间，宿存或脱落。伞房状或三歧分枝式聚伞花序顶生，稠密或疏散；花萼裂片4(～5)，宿存；花冠高脚碟形，芽时旋转状排列；子房2室，每室胚珠1个。核果球形或略压扁，有2纵槽，革质或肉质，小核2。

南昆山1种。

1. 龙船花

Ixora chinensis Lam.

灌木，嫩枝深褐色。叶纸质或稍厚，长圆状披针形或长圆状倒披针形，长6～13 cm；托叶长5～9 mm。稠密聚伞花序顶生，三歧分枝；花4基数，花冠红色或黄红色。果近球形。花期5～7月；果期9～10月。

南昆山产于上坪，生于山地灌丛中和疏林下。分布于我国广东、广西、福建、香港等地。印度、马来西亚、印度尼西亚也有。园林观赏；全株入药，能散瘀止血。

18. 粗叶木属 Lasianthus Jack

灌木，常有臭气。叶对生，二行排列，叶片纸质或革质；托叶生于叶柄间。花小，数朵至多朵簇生叶腋；子房3～9室，每室1颗胚珠。核果小，成熟时常为蓝色。

南昆山6种，1变种。

1. 叶基偏斜，心形至浅心形…………1. 斜基粗叶木 L. attenuatus
1. 叶基正整或近正整。
    2. 花簇生于腋生总花梗上…………7. 小花粗叶木 L. micranthus
    2. 花2至多朵生于叶腋，无总花梗或总花梗极短。
        3. 花萼裂片6。
            4. 侧脉每边7～8条…………3. 焕镛粗叶木 L. chunii
            4. 侧脉每边9～14条…………2. 粗叶木 L. chinensis
        3. 花萼裂片5。

5. 毛伸展 ……………………………………4. 罗浮粗叶木L. fordii
5. 毛帖伏。
6. 叶背面中脉上有毛，叶片长圆形……………………………………………………5. 日本粗叶木L. japonicus
6. 叶背面中脉上无毛，叶片披针形……………………………6. 榄绿粗叶木L. japonicus var. lancilimbus

1. 斜基粗叶木

Lasianthus attenuatus Jack

小灌木。叶片纸质，椭圆状卵形或长圆状卵形，顶端骤然渐尖，基部心形，两侧明显不对称，全缘。花无梗，数朵簇生于叶腋；苞片和小苞片多数，钻状披针形或线形，萼管近杯状，裂片5，三角状披针形；花冠白色，近漏斗形，裂片5，近卵形，里面被密毛。核果近球形，成熟时蓝色，被硬毛。花期秋季。

南昆山产于横岗岐、天堂顶，生于密林中或林缘。分布于我国广东、香港、广西、福建、台湾和云南。印度、孟加拉国、尼泊尔、中南半岛、日本和菲律宾也有。

2. 粗叶木

Lasianthus chinensis (Champ. ex Benth.) Benth.

灌木。叶薄革质或厚纸质，长圆形或长圆状披针形；托叶三角形。花3～5朵簇生叶腋；花冠常白色；花萼裂片6；子房6室。核果近卵球形，成熟时蓝色，常有6个分核。花期5月；果期9～10月。

南昆山产于天堂顶，生于林缘、林下。分布于我国广东、香港、广西、福建、台湾、云南。越南、泰国也有。

3. 焕镛粗叶木

Lasianthus chunii Lo

灌木。叶厚纸质或近革质，披针形、长圆状披针形或近圆形，全缘。花近无梗或有短梗，常2～4朵簇生叶腋；花冠白色或微染红色。核果扁球形，长约5 mm，被短硬毛，成熟时黑色。花期4月；果期6～7月。

南昆山产于上坪、中坪尾至沙坑，生于林地，阴暗潮湿地。分布于我国广东、广西、江西、福建和湖南。

4. 罗浮粗叶木

Lasianthus fordii Hance

灌木。叶具等叶性，纸质，长圆状披针形或长圆状卵形，叶背面脉上被伸展的硬毛；托叶小，近三角形。花数朵至多朵簇生叶腋；花冠白色。核果近球形，有4～5分核。花期春季；果期秋季。

南昆山产于石河奇观，生于林缘或疏林。分布于我国广东、香港、福建、台湾、四川。

5. 日本粗叶木(污毛粗叶木)

Lasianthus japonicus Miq.

灌木。叶近革质或纸质，长圆形或披针状长圆形，长9～15 cm，叶背面脉上被帖伏的硬毛；托叶小，被硬毛。花2～3朵簇生叶腋；花冠白色。核果近球形，内含5个分核。花期4～5月；果期6～10月。

南昆山产于天堂顶、中坪，生于林下。分布于我国华南地区及湖南、湖北、四川和贵州。日本也有。

6. 榄绿粗叶木

Lasianthus japonicus Miq. var. **lancilimbus** (Merr.) Lo

灌木。叶披针形，正面无毛或近无毛，背面脉上被贴伏的硬毛，中脉上无毛；。花无梗，常2～3朵簇生在一腋生、很短的总梗上，有时无总梗；花冠白色，管状漏斗形，长8～10 mm。核果球形，径约5 mm。花期5～8月；果期9～10月。

南昆山产于上坪飞鼠岩、横岗岐、中坪竹坑峰石灰写字，生于林下。分布于我国广东、广西、湖南、湖北、四川、贵州、云南和华东。

7. 小花粗叶木

Lasianthus micranthus Hook. f.

灌木；枝纤细，除嫩部被短柔毛外，无毛。叶纸质，披针形或圆状披针形。花近无梗，数朵或有时多朵簇生于腋生总梗上；花冠白色，外面上部被稀疏硬毛。核果近球形，近无毛，通常有5分核。花期8～10月，果期翌年4～5月。

南昆山产于天堂顶，常生于林缘或疏林中。分布于我国华南地区及福建、台湾、四川、云南、西藏。印度东北部和越南北部也有。

19. 巴戟天属 Morinda L.

藤本、藤状灌木、直立灌木或小乔木。叶常对生，稀3片轮生；托叶生叶柄内或叶柄间。花聚合成头状花序；花3～4、4～5或5～7基数；花冠白色，漏斗状、高脚碟状或钟状；子房2～4室，每室胚珠1。聚花核果卵形。

南昆山2种，1亚种。

1. 嫩枝有毛，叶多少有毛或局部有毛。
    2. 叶长圆形…………………………………… 1. 巴戟天 M. officinalis
    2. 叶倒卵形至线状披针形…………………… 2. 鸡眼藤 M. parvifolia
1. 除花序梗被微毛、叶柄有时有不明显短粗毛外，枝和叶两面光滑无毛………… 3. 羊角藤 M. umbellata subsp. obovata

1. 巴戟天

Morinda officinalis How

藤本；肉质根不定位肠状缢缩。叶纸质，长圆形，全缘；托叶3～5 mm。花序3～7伞形排列具花4～10朵；花冠白色，近钟状。聚花核果扁球形或近球形；种子三棱形。花期5～7月；果熟期10～11月。

南昆山产于横坑，生于山地林下，常攀于灌木或树干上。分布于我国华南地区。中南半岛也有。著名中药“巴戟天”的原植物。

2. 鸡眼藤

Morinda parvifolia Bartl.

藤本，嫩枝密被毛。叶纸质，形状变化大，倒卵形、倒披针形或近披针形，长2～7 cm；托叶筒状。2～9个头状花序于枝顶伞状排列；花4～5基数。聚花核果近球形，熟时橙红色。花期4～7月；果期7～8月。

南昆山产于佛坳、九重远眺，生于平原路旁、沟边等灌丛中或平卧于裸地上。分布于我国华南地区及江西、福建、台湾。越南、菲律宾也有。全株药用，有清热利湿、化痰止咳等药效。

3. 羊角藤

Morinda umbellata L. subsp. **obovata** Y. Z. Ruan

藤本，无毛，枝通常暗褐色。叶薄革质或膜质，形状多样，无毛；托叶干膜质。花序顶生，伞房花序式排列；花冠白色，顶部4裂几及基部。聚合果扁球形或近肾形。花期5～8月。

南昆山产于中坪至上坪、天堂顶，攀缘于山地林下、溪旁、路旁等疏阴或密阴的灌木上。分布于我国华南、华东地区及湖南。全株入药，有止咳、清热之效。

20. 玉叶金花属 Mussaenda L.

乔木、灌木或缠绕藤本。叶多对生，稀3枚轮生；托叶生叶柄间。聚伞花序顶生；花5基数，花萼管长圆形或陀螺形，萼裂片成花瓣状；花冠红色、黄色或稀为白色，高脚碟状，子房2室，胚珠多数。浆果肉质，常椭圆形。

南昆山4种。

1. 正常的萼裂片近叶状，披针形 ················2. 䅟花 M. esquirolii
1. 正常的萼裂片决非叶状，为线形或三角形。
   2. 正常的萼裂片在开花时与花萼管近等长或较短 ··1. 楠藤 M. erosa
   2. 正常的萼裂片在开花时比花萼管长。
      3. 萼裂片比萼管长，但不超过2倍 ··3. 广东白纸扇 M. kwangtungensis
      3. 萼裂片的长度为花萼管的2倍或2倍以上 ···4. 玉叶金花 M. pubescens

1. 楠藤

Mussaenda erosa Champ. ex Benth.

攀缘灌木。叶对生，纸质，长圆形、卵形；托叶三角形，2深裂。伞房状多歧聚伞花序顶生，花疏生；花冠橙黄色；萼裂片在开花时与花萼管近等长或较短。浆果近球形或阔椭圆形。花期4～7月；果期9～12月。

南昆山产于佛坳，常攀缘于疏林乔木树冠上。分布于我国华南及云南、四川、贵州、福建和台湾。中南半岛和琉球群岛也有。茎、叶和果均入药，有清热消炎功效、可治疥疮积热。

2. 䅟花

Mussaenda esquirolii Levl.

直立或攀缘灌木。叶对生，薄纸质，广卵形或广椭圆形。聚伞花序顶生，有花序梗，花疏散；花冠黄色，花冠管长1.4 cm，花冠裂片卵形，有短尖头。浆果近球形，直径约1 cm。花期5～7月；果期7～10月。

南昆山产于中坪、上坪，生于山地疏林下或路边。分布于我国广东、广西、贵州、湖南、湖北、四川和华东。植物含胶液，可粘鸟，故称粘鸟胶。

3. 广东白纸扇 Mussaenda kwangtungensis Li

攀缘灌木。叶对生，薄纸质，披针状椭圆形。聚伞花序顶生，略分枝，紧密，总花梗长约5 mm，被短柔毛；花冠黄色，花冠裂片卵形，渐尖。花期5～9月。

南昆山产于下坪至中坪途中，生于山地丛林中，常攀缘于林冠上。广东特有种。

4. 玉叶金花（白纸扇）

Mussaenda pubescens Ait. f.

攀缘灌木，嫩枝被贴伏短毛。叶膜质或薄纸质，长圆形或卵状披针形，长3～8 cm；托叶三角形，2深裂。聚伞花序顶生，密花；花叶白色；花冠黄色；萼裂片在开花时比花萼管长。浆果近球形。花果期5～10月。

南昆山产于上坪、中坪，生于灌丛、溪谷、山坡或村旁。分布于我国华南、华东地区及湖南。茎叶味甘、性凉，有清凉消暑、清热疏风的功效，供药用或晒干代茶饮用。

21. 腺萼木属 Mycetia Reinw.

小灌木。叶对生，常一大一小，具叶柄；托叶常大而叶状。聚伞花序顶生或有时腋生；花常二型，为花柱异长花，有梗；苞片常大而叶状，常有腺体；小苞片较小；萼管半球状、陀螺状或球状，萼檐4～6裂；花冠黄色或白色。果肉质，浆果状。

南昆山1种。

1. 华腺萼木

Mycetia sinensis (Hemsl.) Craib.

灌木或亚灌木；嫩枝被毛。叶近膜质，长圆状披针形或长圆形。聚伞花序顶生，有花多朵；花冠白色，狭管状，裂片近卵形。果近球形，成熟时白色。花期7～8月；果期9～11月。

南昆山产于中坪、下坪石河奇观，生于密林下的沟溪边或林中路旁。分布于我国华南地区及湖南、江西、福建、云南。

22. 蛇根草属 Ophiorrhiza L.

多年生草本，匍匐或近直立。叶对生；叶纸质，全缘；托叶生叶柄间。聚伞花序顶生；花常二型；花冠小近管状。子房2室，每室有多数胚珠。蒴果僧帽状或倒心状；种子多数，小而有角。

南昆山3种。

1. 小苞片明显存在，且于结果时宿存。
  2. 叶常长圆状椭圆形……1. 广州蛇根草 O. cantoniensis
  2. 叶通常卵形……2. 日本蛇根草 O. japonica
1. 无小苞片，或小苞片很小且很快脱落……3. 短小蛇根草 O. pumila

1. 广州蛇根草

Ophiorrhiza cantoniensis Hance

草本或亚灌木；茎基部匐地，节上生根。叶纸质，常长圆状椭圆形。花序顶生，圆锥花序或伞房花序，极多花；花冠白色或微红。蒴果僧帽状，种子很多。花期冬春；果期春夏。

南昆山产于石河奇观、上坪，生于密林下、沟谷边。分布于我国华南地区及云南、贵州、四川。

2. 日本蛇根草

Ophiorrhiza japonica Bl.

草本，茎下部匐地生根，上部直立。叶片纸质，卵形，椭圆状卵形或披针形。花序顶生，有花多朵；花二型，花柱异长；花冠白色或粉白色，近漏斗状，长1～1.3 cm。蒴果近僧帽状。花期冬春；果期春夏。

南昆山产于上坪竹坑嶂、横岗岐、三坑、中坪竹坑峰、生于常绿阔叶林下的沟谷沃土上。分布于我国华中、华东、西南地区及广东、广西。日本、越南也有。

3. 短小蛇根草

Ophiorrhiza pumila Champ. ex Benth.

矮小草本，高约10 cm；茎和分枝稍肉质。叶纸质，卵形、披针形。花序顶生，多花；花一型；花冠白色，近管状，长5～6 mm。蒴果倒心形。花期早春。

南昆山产于下坪至石河奇观途中、中坪，生于林下沟溪边或湿地上阴处。分布于我国华南及华东地区。越南也有。根和叶有消肿、解毒之效。

23. 鸡矢藤属 Paederia L.

柔弱缠绕灌木或藤本，揉之发出强烈臭味，茎圆柱形。叶对生；托叶生叶柄内，脱落。圆锥状聚伞花序顶生和腋生，花4～5数，花冠漏斗形或管状；子房2室，每室胚珠1个。果球形或扁球形。

南昆山2种，1变种。

1. 果宽椭圆形……1. 臭鸡矢藤 P. foetida
1. 果球形。
  2. 小枝无毛或近无毛……2. 鸡矢藤 P. scandens
  2. 小枝被柔毛或绒毛……3. 毛鸡矢藤 P. scandens var. tomentosa

1. 臭鸡矢藤

Paederia foetida L.

藤状灌木，无毛或被柔毛。叶对生，膜质，卵形或披针形；托叶卵状披针形。圆锥花序腋生和顶生，长6～18 cm；花冠蓝色。果阔椭圆形。花期5～6月。

南昆山产于下坪，生于低海拔的疏林内。分布于我国广东、福建等省。越南和印度也有。

2. 鸡矢藤

Paederia scandens (Lour.) Merr.

藤本。叶对生，纸质，形状变化很大，卵形、卵状长圆形至披针形，长4～9 cm；托叶小。圆锥状聚伞花序腋生和顶生；花5基数，花冠淡紫色。果球形。花期5～7月；果期10～12月。

南昆山产于下坪、中坪，生于山坡、林中、林缘、沟谷边灌丛中或缠绕在灌木上。分布于我国长江流域及其以南各地区。日本、印度至印度尼西亚也有。药用，内服主治风湿筋骨痛、跌打损伤、肝胆胃肠绞痛、黄疸型肝炎等，外用治皮炎、湿疹和疮疡肿毒等。

3. 毛鸡矢藤

Paederia scandens (Lour.) Merr. var. **tomentosa** (Bl.) Aand. -Mazz.

本种与原变种的区别是：本种小枝被柔毛或绒毛；叶正面被柔毛或无毛，背面被小绒毛或近无毛。花序常被小柔毛；花冠外面有海绵状白毛。花期夏、秋。

南昆山产于下坪，生于疏林或灌丛中。分布于我国华南、江西、云南等省。

24. 大沙叶属 Pavetta L.

灌木，稀乔木。叶对生，稀轮生；托叶生叶腋。伞房状聚伞花序有托叶状的苞片；花基数4(5)；花冠红色或白色，高脚碟形；子房2室，每室胚珠1(2)。浆果球形，具2颗种子。

南昆山2种。

1. 叶背被疏长毛 ………………………………………… 1. 大沙叶 P. arenosa
1. 叶背近无毛或沿中脉上和脉腋内被短柔毛 ……………………………… 2. 香港大沙叶 P. hongkongensis

1. 大沙叶

Pavetta arenosa Lour.

灌木，小枝无毛。叶对生，膜质，长圆形至倒卵状长圆形；托叶阔卵状三角形，正面无毛，背面疏被毛。花序顶生；花具芳香气味；萼管卵形；花冠白色。浆果球形。花期4～5月；果期6～8月。

南昆山产于佛坳，生于低海拔疏林内。分布于我国广东、海南。越南也有。

2. 香港大沙叶

Pavetta hongkongensis Bremek.

灌木或小乔木。叶对生，膜质，长圆形至椭圆状倒卵形，长7～15 cm；托叶阔三角形。伞房状聚伞花序生侧枝顶部，多花；花4基数，花冠白色。果球形。花期3～4月；果期6～12月。

南昆山产于天堂顶，生于灌木丛中。分布于我国华南及云南。菲律宾也有。全株入药，可清热解毒、活血去瘀。

25. 槽裂木属 Pertusadina Ridsd.

乔木或灌木；树干常有纵沟槽；顶芽圆锥形。叶对生；托叶窄三角形。头状花序腋生，稀为顶生；花冠高脚碟状至窄漏斗形，花冠裂片在芽内镊合状。果序的小蒴果疏松；小蒴果有硬的内果皮，宿存萼裂片留附在蒴果中轴上；种子卵圆状三角形，两侧略压扁，略具翅。

南昆山1种。

1. 海南槽裂木

Pertusadina hainanensis (How) Ridsd.

乔木或灌木。叶厚纸质，椭圆形至椭圆状长圆形，全缘，稀顶端有凹缺，无毛。头状花序，花序梗单一，不分枝，或有时二歧状分枝；花冠黄色，芳香，高脚碟状。果序直径4～6 mm；小蒴果长1.5～2.5 mm，被稀疏的短柔毛。花期6～7月；果期9～2月。

南昆山产于上坪，生于密林中。分布于我国华南地区及福建、浙江、湖南。木材供造船、桥梁、木桩、枕木和车轴等用。

26. 九节属 Psychotria L.

直立灌木或小乔木。叶常对生；托叶生叶柄内。伞房状或圆锥状聚伞花序顶生，稀为腋生的花束或头状花序；花小，两性，花冠漏斗形、管形或近钟形，裂片5(4，6)；子房2室，每室胚珠1个。浆果或核果平滑或具纵棱。

南昆山4种。

1. 攀缘或匍匐藤本 …………………………… 3. 蔓九节P. serpens
1. 直立灌木或乔木。
    2. 叶被毛或仅在背面脉腋内有毛 ……………… 1. 九节P. asiatica
    2. 叶无毛或稀在背面脉上有微柔毛。
        3. 叶侧脉4～8对，不明显或在叶背面稍明显 …………………… 2. 溪边九节P. fluviatilis
        3. 叶侧脉通常较多、较粗，明显或凸起 …………………… 4. 假九节P. tutcheri

1. 九节(山大刀)

Psychotria asiatica L.

灌木或小乔木。叶纸质或革质，长圆形、椭圆状长圆形，长5～24 cm；托叶顶部全缘，易脱落。伞房状或圆锥状聚伞花序常顶生；花冠白色。核果球形或宽椭圆形。花、果期全年。

南昆山产于佛坳、上坪，生于旷地、灌丛或林中。分布于我国华南、华东及西南地区。日本、南亚、东南亚也有。嫩枝、叶、根药用，可清热解毒、消肿拔毒、祛风除湿，治扁桃体炎、白喉、疮疡肿毒、风湿疼痛、跌打损伤、感冒发热、咽喉肿痛、胃痛、痢疾、痔疮等。

2. 溪边九节

Psychotria fluviatilis Chun ex W. C. Chen

灌木。叶对生，纸质或薄革质，倒披针形或椭圆形，全缘。聚伞花序顶生或腋生；花冠白色，管状，外面无毛。果长圆形或近球形，红色，无毛，具棱，顶部有宿存萼；果柄纤细；种子2颗，背面凸，具棱，腹面平坦。花期4～10月；果期8～12月。

南昆山产于上坪飞鼠岩，生于山谷溪边林中。分布于我国广东、广西。

3. 蔓九节

Psychotria serpens L.

攀缘或匍匐藤本，嫩枝稍扁。叶纸质或革质，形状变化很大，常卵形、倒卵形、椭圆形或披针形；托叶小，易脱落。伞房状聚伞花序顶生；花5基数，花冠白色。果球形或椭圆形。花期4～7月；果期全年。

南昆山产于上坪思茅坪，生于平地、丘陵、山地、山谷水旁的灌丛或林中。分布于我国华南及华东地区。东亚、东南亚也有。全株药用，能舒筋活络、壮筋骨、祛风止痛、凉血消肿；治风湿痹痛、坐骨神经痛、痈疮肿毒、咽喉肿痛。

4. 假九节

Psychotria tutcheri Dunn

直立灌木。叶对生，纸质或薄革质，长圆状披针形；托叶卵状三角形或披针形，顶部2裂。伞房花序式的聚伞花序，顶生或腋生；花冠白色或绿白色。核果球形，成熟时红色。花期4～7月；果期6～12月。

南昆山产于中坪，生于山坡、山谷溪边灌丛或林中。分布于我国华南地区及云南。越南也有。

27. 茜草属 Rubia L.

直立或攀缘草本；茎延长，有直棱或翅。叶通常4～6片或多片轮生。花小，通常两性，聚伞花序腋生或顶生。花冠辐状或近钟状；雄蕊5或有时4；花盘小，肿胀；子房2室或有时退化为1室；胚珠每室1颗。果2裂，肉质浆果状。

南昆山1种。

1. 金剑草

Rubia alata Wall.

草质攀缘藤本，茎4棱或4翅，棱上多少有倒生皮刺。叶4片轮生，线形、披针状线形。花序腋生或顶生，花冠稍肉质，白色或淡黄色。浆果成熟时黑色，球形或双球形。花期夏初至秋初；果期秋冬。

南昆山产于上坪尾竹坑峰、下坪，生于山坡林缘或灌丛中。分布于我国长江流域及其以南地区。

28. 白马骨属 Serissa Comm. ex A. L. Jussieu

分枝多的灌木，无毛或小枝被微柔毛，揉之发出臭气。叶对生，近无柄，通常聚生于短小枝上，近革质，卵形。花腋生或顶生，单朵或多朵丛生，无梗；花冠漏斗形。果为球形的核果。

南昆山1种。

1. 六月雪

Serissa japonica (Thunb.) Thunb.

小灌木，有臭气。叶革质，卵形至倒披针形，全缘，无毛；叶柄短。花单生或数朵丛生于小枝顶部或腋生；花冠淡红色或白色。花期4～10月；果期6～11月。

南昆山产于天堂顶，生于溪边或丘陵杂木林内。分布于我国华南、华东地区及四川、云南。日本、越南也有。

29. 螺序草属 Spiradiclis Bl.

草本，很少亚灌木状。叶对生，有时莲座状，同一节上的叶稍不等大或近等大。聚伞花序顶生或有时腋生，蝎尾状或圆锥状；花两性，花冠钟状至漏斗状。蒴果，成熟时室背室间均开裂为4果瓣；种子多数，小而有棱角。

南昆山1种。

1. 广东螺序草

Spiradiclis guangdongensis Lo

多枝匍匐草本。叶纸质，心状圆形至阔卵形，基部微心形至阔楔尖，边缘有缘毛。花序顶生或有时腋生，有花1～3朵，总梗短；花二型，花柱异长，长柱花；花冠白色，狭漏斗状。蒴果球状倒圆锥形，成熟时室背开裂成2果瓣，果瓣复2裂；种子多数，小而有棱角，褐色。花期早春。

南昆山产于上坪竹坑嶂、横岗岐、中坪竹坑峰石灰写字，生于密林下或林缘。我国特有种，分布于我国广东、广西。

30. 乌口树属 Tarenna Gaertn

灌木或乔木。叶对生；托叶生叶柄间，常脱落。聚伞花序顶生，常为伞房状；萼管顶部5裂；花冠漏斗状或高脚碟状，顶部5(4)裂；子房2室，每室胚珠多数。浆果肉质或革质，每室1至多数种子，种子平凸或凹陷。

南昆山3种。

1. 种子1～2颗；子房每室胚珠1颗…………………………………………1. 假桂乌口树 T. attenuata

1. 种子少至多数；子房每室有胚珠2至多数。

  2. 花冠裂片与冠筒近等长或稍长…………………………………………2. 白花乌口树 T. mollissima

2. 花冠裂片比冠管短………………3. 多籽乌口树 T. polysperma

1. 假桂乌口树（达仑木、乌口树）

Tarenna attenuata (Voigt) Hutchins

灌木或乔木。叶纸质或薄革质，倒披针形、倒卵形或长圆状倒卵形。伞房状聚伞花序顶生；花冠白色或淡黄色，裂片外翻，裂片长约为冠筒2倍。浆果近球形；种子1～2颗。花期4～12月；果期5月至翌年1月。

南昆山产于上坪横岗岐，生于林中或灌丛。分布于我国华南地区及云南。印度、越南、柬埔寨也有。全株药用，祛风消肿、散瘀止痛，治跌打扭伤，风湿痛、脓肿和胃肠绞痛。

2. 白花乌口树（白花苦灯树、毛乌口树、毛达伦木）

Tarenna mollissima (Hook. et Arn.) Rob.

灌木或小乔木。叶纸质，披针形或长圆状披针形。伞房状聚伞花序顶生；花冠白色，裂片4(5)，外翻，裂片与冠筒近等长或稍长；胚珠每室多数。果近球形；种子7～30。花期5～11月；果期5至翌年2月。

南昆山产于上坪、中坪，生于林中或灌丛。分布于我国华南、华东及西南地区。越南也有。根和叶入药，可清热解毒、消肿止痛，治肺结核咯血、感冒发热、咳嗽、热性胃痛、急性扁桃体炎等。

3. 多籽乌口树

Tarenna polysperma Chun et How

灌木或乔木，小枝无毛。叶革质，长圆状披针形或椭圆形；托叶三角状钻形，脱落。伞房状的聚伞花序顶生，有6～10朵花；花冠白色，裂片比冠管短。浆果球形。花期3～4月；果期5～10月。

南昆山产于上坪、锅盖顶，生于山地林中。特产于广东中部。

31. 钩藤属 Uncaria Schreber

攀缘状灌木。叶对生；托叶在叶柄间，全缘或2裂。花聚合成头状花序，腋生或顶生；花被5裂；子房纺锤形，2室，每室胚珠多数。蒴果延长，形状不一；种子多数。

南昆山2种。

1. 嫩枝被粗毛或硬毛………………………………1. 毛钩藤 U. hirsuta
1. 嫩枝无毛……………………………………………2. 钩藤 U. rhynchophylla

1. 毛钩藤

Uncaria hirsuta Havil.

木质藤本，嫩枝方柱形或圆柱形，被粗毛。叶革质，卵状披针形或长椭圆形，背面被长粗毛；托叶全缘或有缺刻。头状花序顶生于侧枝上；花5基数；子房2室，胚珠多数。蒴果小；种子多数。花、果期1～12月。

南昆山产于佛坳，生于山谷林下溪畔或灌丛中。分布于我国广东、广西、贵州、福建、台湾。

2. 钩藤

Uncaria rhynchophylla (Miq.) Miq. ex Havil.

藤本，嫩枝方柱形或略有4棱角，无毛。叶纸质，椭圆形；托叶狭三角形，深2裂达全长2/3。头状花序单生叶腋。果序直径10～12 mm；小蒴果长5～6 mm，被短柔毛，宿存萼裂片近三角形，长1 mm，星状辐射。花、果期5～12月。

南昆山产于上坪，生于山谷溪边的疏林或灌丛中。分布于我国华南地区及福建、湖南、湖北、江西、贵州。日本也有。藤茎为著名中药，可清血平肝、息风定惊。

32. 水锦树属 Wendlandia Bartl. ex DC.

灌木或乔木。单叶对生；托叶生叶柄间，三角形或近三角形。花小，聚伞花序排列成顶生、稠密、多花的圆锥花序式；子房2(~3)室，胚珠多数。蒴果小，球形；种子扁，种皮膜质，有网纹。

南昆山1种，1亚种。

1. 叶较宽，宽椭圆形、长圆形、卵形……1. 水锦树 W. uvariifolia
1. 叶较狭，长圆形或长圆状披针形……2. 中华水锦树 W. uvariifolia subsp. chinensis

1. 水锦树
Wendlandia uvariifolia Hance

灌木或乔木；小枝被锈色硬毛。叶纸质，宽椭圆形、长圆形、卵形；托叶宿存，有硬毛。圆锥状聚伞花序顶生；花小，花冠漏斗状，白色。蒴果小。花期1~5月；果期4~10月。

南昆山产千佛坳，生于山地林中、林缘或溪边。分布于我国华南及台湾、贵州、云南；越南也有。叶和根有活血散瘀之效。

2. 中华水锦树
Wendlandia uvariifolia Hance subsp. **chinensis** (Merr.) Cowan

本亚种与原亚种不同的是叶通常较狭，常为长圆形或长圆状披针形，叶背面被柔毛。花期3~4月；果期4~7月。

南昆山产于天堂顶，生于山坡、山谷溪边、丘陵的林中或灌丛中。分布于我国华南地区。

233. 忍冬科 Caprifoliaceae

灌木、乔木或藤本，稀草本。单叶或羽状复叶，叶对生。花两性，多为聚伞或圆锥花序；花冠合瓣，整齐或二唇形；雄蕊5或4，着生于花冠筒上。浆果、核果、很少蒴果；种子具丰富胚乳。

南昆山3属，12种，2变种。

1. 非核果；花冠两侧对称，花柱细长；种子多数……1. 忍冬属 Lonicera
1. 浆果状核果；花冠辐射对称，花柱极短；种子1~5。
  2. 奇数羽状复叶；核果具2~5核……2. 接骨木属 Sambucus
  2. 单叶；核果具1核……3. 荚蒾属 Viburnum

1. 忍冬属 Lonicera L.

灌木或藤本，稀小乔木。单叶，多对生，稀轮生，常全缘，稀波状或浅裂，无托叶。花常成对腋生，每双花有苞片和小苞片各一对；花5基数，花冠整齐或唇形。浆果红色、蓝黑色或黑色。

南昆山5种。

1. 叶或至少幼叶背面被毡毛，毛之间无空隙……5. 皱叶忍冬 L. rhytidophylla
1. 叶背面无毛或被疏或密的糙毛、短柔毛或短糙毛，但不密集成毡毛，毛之间有空隙。
  2. 萼筒密被短柔毛……1. 华南忍冬 L. confusa
  2. 萼筒无毛。
    3. 叶背面有橘黄色或红色的蘑菇状腺体……2. 菰腺忍冬 L. hypoglauca
    3. 叶背面无腺体，若有腺体，亦非蘑菇状(在放大镜下可看见)。
      4. 植物体几乎完全无毛……3. 长花忍冬 L. longiflora
      4. 幼枝除密被短柔毛外，还有开展的黄褐色长糙毛，毛长2 mm以上……4. 大花忍冬 L. macrantha

1. 华南忍冬(水忍冬)
Lonicera confusa Candolle

半常绿藤本；全株大部分密被灰黄色卷曲短柔毛。叶纸质，卵形至卵状矩圆形，基部圆形、截形或带心形。双花腋生或于小枝或侧生短枝顶集合成具2～4节的短总状花序；萼筒被短糙毛；花冠白色，后变黄色，唇形，唇瓣略短于筒。果实黑色，椭圆形。花期4～5月，果熟期10月。

南昆山产于佛坳、九重远眺，生于丘陵地的山坡、杂木林和灌丛中。分布于我国华南和云南。越南和尼泊尔也有。

2. 菰腺忍冬（红腺忍冬）

Lonicera hypoglauca Miq.

藤本，嫩枝、叶柄及总花梗均密被稍弯曲的黄褐色短柔毛和糙毛。叶纸质，卵形至椭圆状卵形，长6～9 cm，两侧稍不等。总状花序；苞片线状披针形；花白色，后变黄色；花冠二唇形。果近球形，熟时黑色，具白粉。花期4～5月；果熟期10～11月。

南昆山产于中坪、下坪，生于疏林灌丛中。分布于我国长江流域及以南各地区。日本也有。

3. 长花忍冬

Lonicera longiflora (Lindl.) DC.

藤本。叶纸质或薄革质，卵状矩圆形至矩圆状披针形，长5～8 cm；背面脉均显著凸起呈网格状。双花常集生于小枝顶呈疏散总状花序；花冠白色，后变黄色，唇形，唇瓣长约为筒的1/2。果实成熟时白色。花期3～6月；果熟期10月。

南昆山产于上坪，生于疏林内或山地旁向阳处。分布于我国广东南部、海南和云南。

4. 大花忍冬

Lonicera macrantha (D. Don) Spreng

半常绿藤本。叶卵形或长圆状披针形，长5～10 cm。花微香，双花腋生，伞房状花序；花冠白色，后变黄色，唇形。果实黑色，圆形或椭圆形。花期4～5月；果熟期7～8月。

南昆山产于上坪高盘头、中坪十字水，生于山谷和山坡林中或灌丛中。分布于我国华南、华东及西南地区。尼泊尔、不丹、印度北部至缅甸和越南也有。

5. 皱叶忍冬

Lonicera rhytidophylla Hand. -Mazz.

常绿藤本；嫩枝密被黄褐色茸毛状短糙毛。叶革质，椭圆形、卵形或卵状长圆形，长3～10 cm。伞房状圆锥花序；苞片线状披针形；花白色，后变黄色；萼管卵圆形；萼齿钻形；花冠二唇形。果椭圆形，成熟时蓝黑色。花期6～7月；果熟期10～11月。

南昆山产于中坪，生于灌丛中。分布于我国广东、广西、江西、福建、湖南。花供药用，清热解毒，为中药“金银花”来源之一。

2. 接骨木属Sambucus L.

落叶灌木或小乔木，稀草本；小枝粗，髓心大。奇数羽状复叶，对生，小叶具锯齿。复聚伞或圆锥花序，顶生；花整齐、5基数；花柱极短，柱头2～3裂。浆果状核果；小核3～5。

南昆山1种。

1. 接骨草

Sambucus chinensis Lindl.

高大草本或半灌木；茎有棱条，髓部白色。羽状复叶的托叶叶状或有时退化成蓝色腺体；小叶2～3对，互生或对生，狭卵形，长6～13 cm。复伞形花序顶生；花冠白色。果实红色，近圆形。花期4～5月；果熟期8～9月。

产于南昆山与增城大封门交界处，生于山坡、林下、沟边和草丛中。分布于我国长江以南地区。日本也有。药用，可治跌打损伤，有祛风湿、通经活血、解毒消炎之功效。

3. 荚迷属Viburnum L.

灌木或小乔木，常被星状毛。单叶，对生，稀轮生。花小，聚伞花序，集生成伞房状或圆锥花序，花辐射对称，5基数；子房1室；花柱极短，柱头浅裂。核果椭圆形，稀近球形；种子1。

南昆山6种，2变种。

1. 圆锥花序；果核常浑圆或稍扁，仅具1条上宽下窄的深腹沟 …………………………………………… 5. 珊瑚树V. odoratissimum
1. 伞形状聚伞花序；果核通常压扁，常有1至数条背沟和腹沟。
  2. 冬芽裸露…6. 大果鳞斑荚蒾V. punctatum var. lepidotulum
  2. 冬芽不裸露。
    3. 冬芽有1对鳞片 ……………………… 4. 淡黄荚蒾V. lutescens
    3. 冬芽有2对鳞片。
      4. 幼枝四方形。
        5. 幼枝、叶柄和花序无毛或散生少数簇状短毛；果核背面凸起，腹面明显凹陷 ……………………………………………………………………… 7. 常绿荚蒾V. sempervirens
        5. 幼枝、叶柄和花序均密被簇状短毛；果核背面略凸起，腹面略呈鹅毛扇状弯拱而不明显凹陷 ……………… …8. 毛常绿荚蒾V. sempervirens var. trichophorum
      4. 幼枝圆柱状，纵有棱角亦不为四方形。
        6. 叶背面在放大镜下有黄色或近无色的透亮腺点，或有时腺点呈鳞片状，更或为不明显的暗色 ……………… ………………………………………………… 2. 荚蒾V. dilatatum
        6. 叶背面无腺点。
          7. 叶卵状披针形或卵状椭圆形，顶端常长渐尖，有8-12对侧脉 ……………………… 1. 粤赣荚蒾V. dalzielii
          7. 叶形通常不如上述，有5-9对侧脉 ……………………… ………………………………………… 3. 南方荚蒾V. fordiae

1. 粤赣荚蒾

Viburnum dalzielii W. W. Smith

灌木；当年小枝连同叶柄、花序、萼及花冠外面均密被黄褐色刚毛状或小刚毛状簇状毛。叶纸质或厚纸质，卵状披针形或卵状椭圆形。复伞形式聚伞花序，花有香味；花冠白色，辐状。果实红色；核卵形，有2条浅背沟和3条浅腹沟。花期5月；果熟期11月。

南昆山产于上坪大坑尾一带，中坪，生于山坡灌丛或山谷林中。分布于我国广东和江西。

2. 荚蒾

Viburnum dilatatum Thunb.

落叶灌木，当年小枝连同芽、叶柄和花序均密被土黄色或

黄绿色开展的小刚毛状粗毛及簇状短毛。叶纸质，宽倒卵形，边缘有牙齿状锯齿。复伞形式聚伞花序稠密；花冠白色，辐射状。果实红色，椭圆状卵圆形；核扁，卵形，有3条浅腹沟和2条浅背沟。花期5～6月;果熟期9～11月。

南昆山产于中坪横场顶，生于山坡或山谷疏林下，林缘及山脚灌丛中。分布于我国华中、华东、西南地区及广东、广西、河北、陕西。日本和朝鲜也有分布。韧皮纤维可制绳和人造棉；种子可制肥皂和润滑油；果可食，亦可酿酒。

3. 南方荚蒾

Viburnum fordiae Hance

灌木或小乔木；幼枝、芽、叶柄、花序、萼和花冠外面均被黄褐色绒毛。叶纸质至厚纸质，宽卵形或菱状卵形，长4～7 cm。聚伞花序顶生；花冠白色，辐状。果实红色，卵圆形。花期4～5月；果熟期10～11月。

南昆山产于上坪、中坪竹坑峰、花竹工区，生于山谷溪涧旁疏林、山坡灌丛中。分布于我国华南、华中、华东及西南地区。

4. 淡黄荚蒾

Viburnum lutescens Bl.

常绿灌木。叶近革质，阔椭圆形、长圆形或倒卵状长圆形，长7～15 cm，具粗大钝锯齿。聚伞花序排成复伞形花序式；花芳香；苞片和小苞片小，钻形；萼管倒圆锥形；萼齿三角状卵形；花冠辐状。果阔椭圆形，熟时由红变黑。花期2～4月；果熟期8～12月。

南昆山产于上坪，生于山谷林中或河边湿地上。分布于我国华南地区及福建。中南半岛、马来半岛及印度尼西亚也有。

5. 珊瑚树（早禾树）

Viburnum odoratissimum Ker-Gawl.

常绿乔木。小枝灰色。叶革质，椭圆形或长圆状倒卵形，长7～20 cm；边缘上部有浅波状锯齿或近全缘。圆锥花序顶生或生于短枝上；花具芳香，白色。果红色，后变黑色，卵圆形。花期4～5月；果熟期7～9月。

南昆山产于中坪至中坪尾，生于山谷密林中及溪旁蔽荫处。分布于我国华南地区及福建、湖南。优良绿化树种；木材可供细木工用；根和叶入药，治跌打损伤和骨折。

6. 大果鳞斑荚蒾

Viburnum punctatum Ham. var. **lepidotulum**(Merr. et Chun)Hsu

为鳞斑荚蒾的一个变种，花和果实都比较大，花冠直径约8 mm，裂片长约3 mm，果实长14～15（～18）mm，直径约10 mm。

南昆山产于中坪，生于山谷杂木林中。分布于我国华南地区。

7. 常绿荚迷（坚荚树、冬红果）

Viburnum sempervirens K. Koch

常绿灌木。叶革质，椭圆形至椭圆状卵形，长4～12 cm，叶柄红紫色。复伞形式聚伞花序顶生；花冠白色，辐状。果实红色，卵圆形。花期5月；果熟期10～12月。

南昆山产于上坪，生于山谷林中、溪涧旁或丘陵地灌丛中。分布于我国广东、广西和江西。

8. 毛常绿荚蒾

Viburnum sempervirens K. Kock. var. **trichophorum** Hand. -Mazz.

幼枝、叶柄和花序均密被簇状短毛，有时还夹杂简单长毛。叶顶端具较明显的锯齿，侧脉5～6对。果实较大，核长约7 mm，直径约6 mm，背面略凸起，腹面略呈鹅毛扇状弯拱而不明显凹陷。

南昆山产于上坪沙坑尾、中坪，生于山谷密林或疏林中。分布于我国华东地区及广东、广西、湖南。

235. 败酱科 Valerianaceae

二年生或多年生草本；根茎常有陈腐气味、浓烈香气或强烈松脂气味；茎常中空。叶对生或基生，一回奇数羽状分裂；无托叶。(顶生密集或开展的)伞房花序、复伞花序或圆锥花序顶生，具总苞片；花小，两性；花冠钟状或狭漏斗形，黄色、白色、粉红色或淡紫色。瘦果，顶端具宿存萼齿，呈翅果状；种子1。

南昆山1属，1种。

1. 败酱属 Patrinia Juss.

多年生直立草本，稀二年生；地下根茎有强烈腐臭味。基生叶丛生，茎生叶对生，常一回或二回奇数羽状分裂或全裂，或不分裂，边缘常具粗锯齿，稀全缘。花序为二歧聚伞花序组成的伞房花序或圆锥花序，具叶状总苞片；花小，萼齿5；花冠钟形或漏斗状，黄色至白色。瘦果；种子1。

南昆山1种。

1. 攀倒甑(苦斋菜、白花败酱)

Patrinia villosa (Thunb.) Juss.

多年生草本，地下根状茎长而横走。基生叶丛生，叶卵形或卵状披针形，长4～10 cm；茎生叶对生。顶生圆锥花序或伞房花序；花冠钟形，白色，裂片不等形。瘦果倒卵形，与宿存增大苞片贴生。花期8～10月；果熟期9～11月。

南昆山产于中坪，生于山地林下、林缘或灌丛中、草丛中。分布于我国华南、华中、华东及西南地区。全草药用，根茎可消炎利尿；嫩苗作蔬菜食用，也作猪饲料用。

238. 菊科 Compositae

草本或灌木，稀为乔木。叶互生或对生，稀轮生，单叶、羽裂或羽状复叶。花单一或多数成头状花序，头状花序单一或多数；合瓣花，花冠管状、筒状或唇状。瘦果。

南昆山42属，70种，1变种。

1. 植物无乳汁；头状花序至少中央为管状花。
  2. 头状花序无真正的舌状花(*Bidens*有时具舌状花)。
    3. 头状花序具两性花或同时具雌花和两性花，瘦果无具钩刺的总苞。
      4. 头状花序全为同形的两性管状花。
        5. 叶互生。
          6. 头状花序多花。
            7. 总苞苞片覆瓦状排列成2或多轮。
              8. 叶羽状深裂，冠毛全部或部分羽毛状 ……………… **11. 蓟属 Cirsium**
              8. 叶全缘或有锯刺；冠毛非羽毛状 ……………… **39. 斑鸠菊属 Vernonia**
            7. 总苞苞片10～15枚，排列成1轮。
              9. 多年生草本；花柱伸出花冠外，分枝顶端有长附器 ……………… **26. 三七草属 Gynura**
              9. 一年生草本；花柱与花冠等长，分枝顶端有短附器。
                10. 总苞基部具小外苞片；花橘黄色 ……………… **13. 野茼蒿属 Crassocephalum**
                10. 总苞基部无小外苞片；花紫红色 ……………… **19. 一点红属 Emilia**
          6. 头状花序具花5朵以内。
            11. 花序基部无叶状苞片 …… **4. 兔耳风属 Ainsliaea**
            11. 花序基部具叶状苞片 ……………… **18. 地胆草属 Elephantopus**
        5. 叶对生。
          12. 花托有鳞片状托片，刚毛芒刺状 ……………… **7. 鬼针草属 Bidens**
          12. 花托无托片和托毛。
            13. 花药上端截形，无附片；总苞片外层苞片大

部分合生……………2. 下田菊属Adenostemma
13. 花药上端尖，有附片；总苞片基部不结合。
14. 冠毛膜片状，5枚……………………………………3. 藿香蓟属Ageratum
14. 冠毛多数，刚毛状……………………………………21. 泽兰属Eupatorium
4. 头状花序外围为细管状或毛管状或舌状的雌花，中央为管状两性花。
15. 冠毛多数，毛状或刚毛状。
16. 植物体被白色绵毛……24. 鼠麹草属Gnaphalium
16. 植物体无白色绵毛。
17. 花药基部钝。
18. 总苞片1层…………20. 菊芹属Erechtites
18. 总苞片2～4层。
19. 瘦果两端缩小，无肋……………………………12. 白酒草属Conyza
19. 瘦果顶端平截，短软骨质环明显……………………………25. 田基黄属Grangea
17. 花药基部渐尖或具芒尖的尾。
20. 茎生叶基部下延成翅……………………………30. 六棱菊属Laggera
20. 茎生叶基部不下延成翅……………………………8. 艾纳香属Blumea
15. 刚毛不存在或极短，成撕裂状。
21. 头状花序单生。
22. 总苞苞片2层以上……9. 天名精属Carpesium
22. 总苞苞片1～2层。
23. 叶二至三回羽状全裂……………………………35. 裸柱菊属Soliva
23. 叶全缘或有锯齿。
24. 外围雌花多层，细管状……………………………10. 石胡荽属Centipeda
24. 外围雌花1层，舌状……………………………1. 金纽扣属Acmella
21. 头状花序排成伞房状、穗状或圆锥状花序。
25. 总苞片3～4层…………………5. 蒿属Artemisia
25. 总苞片2层……15. 鱼眼草属Dichrocephala
3. 头状花序单性；瘦果包藏在具钩刺的囊状总苞内………………………………………41. 苍耳属Xanthium
2. 头状花序有舌状花(*Bidens*有时无舌状花)。
26. 叶对生，稀在茎上部互生。
27. 头状花序直径1.5 cm以上；舌片长大多1 cm以上……………………………………40. 蟛蜞菊属Wedelia
27. 头状花序直径通常不逾1 cm；舌片长不足1 cm。
28. 头状花序簇生于叶腋，五梗或近于无梗……………………………………37. 金腰箭属Synedrella
28. 头状花序具梗，单生或排成各式花序。
29. 外层总苞片线状匙形，被具柄头状腺毛……………………………33. 豨莶属Siegesbeckia
29. 外层总苞片非线状匙形，无腺毛。
30. 冠毛多数，羽毛状……………………………38. 羽芒菊属Tridax
30. 冠毛无或2～3枚，膜片状或细芒状。
31. 叶近于无柄；舌状花2层，多数，无冠毛……………………17. 鳢肠属Eclipta
31. 叶具柄；舌状花白色1层，4～5朵；冠毛膜片状……………………………………23. 牛膝菊属Galinsoga
26. 叶互生或基生。
32. 冠毛无或极短。
33. 花序托平或稍凸起；冠毛无……………………………………14. 菊属Dendranthema
33. 花序托凸起或圆锥形；冠毛极短……………………………………29. 马兰属Kalimeris
32. 冠毛多数。
34. 舌状花白色或蓝紫色。
35. 瘦果长圆形或倒卵圆形………6. 紫菀属Aster
35. 瘦果圆柱形…………16. 东风菜属Doellingeria
34. 舌状花非白色或蓝紫色。
36. 总苞苞片数轮，覆瓦状排列。
37. 花药基部钝……34. 一枝黄花属Solidago
37. 花药基部非钝形。
38. 花药基部非戟形……………………………22. 大吴风草属Farfugium
38. 花药基部戟形……27. 旋覆花属Inula
36. 总苞苞片1轮或在基部另有几个小苞片……………………………………32. 千里光属Senecio
1. 植物有乳汁。
39. 瘦果无喙。
40. 冠毛多层，细密柔软，相互交错；头状花序有80个以上的小花…………………………36. 苦苣菜属Sonchus
40. 冠毛1～2层，坚挺，不相互交错；头状花序有较少小花……………………………………42. 黄鹌菜属Youngia
39. 瘦果有喙。
41. 瘦果有粗短的喙；基生叶花期枯落……………………………………31. 翅果菊属Pterocypsela
41. 瘦果有丝状长喙，基生叶花期存活……………………………………28. 小苦荬菜属Ixeridium

1. 金纽扣属 Acmella Persoon

一年或多年生草本。叶对生，有锯齿或全缘。头状花序单生于茎、枝顶或上部叶腋；总苞片1～2层；花黄色或白色，花冠舌状。瘦果长圆形，黑褐色。

南昆山1种。

1. 金纽扣

Acmella paniculata (Wallich ex Candolle) R. K. Jansen

一年生草本，高15～70 cm，分枝多，带紫红色。叶卵形、宽卵形或椭圆形，两面无毛或近无毛。头状花序单生或圆锥状排列；总苞片2层；花黄色，雌花舌状，两性花花冠管状。瘦果长圆形，顶端具芒。花果期4～11月。

南昆山产于七星湖，生于田边、沟边、溪旁潮湿地、荒地、路旁及林缘。分布于我国广东、广西、云南及台湾。南亚、东南亚及日本也有。全草药用，可解毒、消炎、消肿、祛风除湿等。

2. 下田菊属 Adenostemma J. R. Forst. et G. Forst.

一年生草本。叶对生。头状花序在假轴分枝的顶端排成伞房状或伞房状圆锥花序；总苞钟状或半球形，总苞片2层；花两性；花冠白色，4或5裂。瘦果常有3～5棱；冠毛3～5个。

南昆山1种。

1. 下田菊

Adenostemma lavenia (L.) Kuntze

一年生草本，高30～100 cm。叶膜质，中段叶矩圆状披针形，长4～12 cm，上部和下部叶渐小，长0.5～4 cm；叶缘具锯齿。头状花序在枝端排列成伞房或伞房圆锥花序；总苞半球形，苞片2层；小花两性，筒状，花冠白色。瘦果倒披针形；冠毛约4枚。花果期8～10月。

南昆山产于中坪，生于林下阴湿处。分布于我国长江流域以南及沿海和西南地区。世界温带、热带地区广布。全草药用，可治疗脚气。

3. 藿香蓟属 Ageratum L.

一年生或多年生草本或灌木。叶片对生或上部叶互生。头状花序在茎枝顶排列成伞房状或圆锥状花序；总苞钟状，总苞片2或3层；小花管状，顶部5裂。瘦果具5纵棱；冠毛5枚。

南昆山1种。

1. 胜红蓟（藿香蓟、咸虾花）

Ageratum conyzoides L.

一年生草本，高50～100 cm，全株具香气。叶卵形，长4～13 cm，叶缘具钝圆锯齿。头状花序在茎或分枝顶端排列为伞房花序；花淡紫色或浅蓝色。瘦果长椭圆形；冠毛5枚。花果期全年。

南昆山产于上坪、雀坑。生于荒坡、路旁、林缘。分布于我国长江流域以南地区。原产中南美洲，逸为野生，现非洲、南亚及东南亚也有。全草药用，清热解毒，消肿止血。

4. 兔耳风属 Ainsliaea DC.

多年生草本。叶多基生，或长于茎中段，全缘或裂片。头状花序在茎顶常排列为总状、穗状或圆锥状花序；总苞圆柱形，总苞片多层。瘦果倒披针形；冠毛羽毛状。

南昆山3种。

1. 叶呈莲座状聚生于茎基部。
   2. 头状花序在茎顶组成穗状花序 ··· 1. 杏香兔耳风A. fragrans
   2. 头状花序组成顶生的圆锥花序 ·····3. 莲沱兔儿风A. ramosa
1. 叶呈轮生状聚生于茎的中部··············2. 纤枝兔儿风A. gracilis

1. 杏香兔耳风
Ainsliaea fragrans Champ. ex Benth.

多年生草本，高35～60 cm；全株被褐色毛。叶卵状矩圆形，长3～10 cm；全缘或稍呈波状。头状花序总状排列；总苞片数层；花筒状，白色。瘦果倒披针状矩圆形，密被毛；冠毛褐色。花期11～12月。

南昆山产于天堂顶，生于林下、沟边。分布于我国华南、华东及华中地区。全草药用，有清热解毒、利尿、散结等功效，治肺病吐血、跌打损伤等。

2. 纤枝兔儿风
Ainsliaea gracilis Franch.

多年生草本。叶聚生于茎的中下部，呈轮生状，叶片薄纸质，卵形或卵状披针形，顶端短尖至渐尖，尖端中脉延伸具一刺芒状尖头，基部心形或近心形，略下延；基出脉3条。头状花序具花3朵，组成总状花序式排列于茎顶；花两性，花冠管状，檐部5深裂。瘦果近纺锤形。花期9～11月。

南昆山产于石河奇观、观音潭，生于涧旁石缝中，分布于我国广东、广西、湖南、江西、湖北、贵州、四川。

3. 莲沱兔儿风
Ainsliaea ramosa Hemsley

多年生草本；茎直立，除花序外不分枝，基部密被深褐色长柔毛。基生叶密集呈莲座状，叶片厚，硬纸质，卵形、卵状长圆形，两面被长柔毛；茎生叶少，无柄或具短柄，卵状披针形，茎顶部的叶苞片状。圆锥花序于茎顶复聚集，花序轴和头状花序梗密被锈色柔毛；总苞圆筒形；两性花；花冠管状。瘦果纺锤形，干时棕栗色，具10纵棱，被短柔毛。花果期5～11月。

南昆山产于上坪天堂顶，生山边干旱处。分布于我国广东、广西、贵州、四川和湖北。

5. 蒿属 Artemisia L.

一、二年生草本或多年生草本，少数为亚灌木或小灌木；常具强烈香味。叶全缘至多回羽裂。头状花序在茎或分枝上排成穗状花序，或穗状花序式的总状花序或复头状花序；总苞片3或4层；边花雌性，花冠2或4裂，心花两性，花冠5裂。瘦果冠毛不明显或无。

南昆山5种。

1. 中央花两性，结实，子房明显。
   2. 全株几无明显的腺毛或粘毛。
      3. 头状花序球形，叶小裂片狭线形 ······ 1. 黄花蒿A. annua
      3. 头状花序卵形，叶小裂片宽线形 ·······3. 五月艾A. indica
   2. 全株有明显腺毛或粘毛。
      4. 叶厚纸质，茎中部叶不分裂或先端浅裂···2. 奇蒿A. anomala
      4. 叶薄纸质，茎中部叶羽状分裂 ······ 5. 白苞蒿A. lactiflora
1. 中央花两性，但不育，退化子房细小或无···4. 牡蒿A. japonica

1. 黄花蒿
Artemisia annua L.

一年生草本，高100～200 cm；具强烈的香气。茎下部叶宽卵形或三角状卵形，三回羽状深裂；中部叶二回羽状深裂。头状花序在分枝上排成总状或复总状花序，总苞片3～4层；花深黄色。瘦果椭圆状卵形。花果期8～11月。

南昆山产于佛坳，生于荒坡、路旁、林缘。分布遍及全国。广布欧洲、亚洲的温带、寒温带及亚洲热带地区，向南延伸分布到地中海及非洲北部。全草可药用，清热解暑。

2. 奇蒿(珍珠蒿)

Artemisia anomala S. Moore

多年生草本，高80～150 cm。叶片卵形或长卵形；边缘具细锯齿。头状花序在小枝上排列成密穗状花序，并在茎上端组成圆锥花序；雌花4～6朵，花冠狭管状；两性花6～8朵，花冠管状。瘦果倒卵形或长圆状倒卵形。花果期6～11月。

南昆山产于下坪至永汉途中，生于林缘、路边、沟边及荒坡。分布于我国华南、华东、华中及西南地区。越南。全草可药用，民间称“刘寄奴”，有活血通经、清热解毒、消炎止痛之效，可治疗肠胃及妇科疾患，还可代茶泡饮。

3. 五月艾

Artemisia indica Willd.

半灌木状草本，高80～150 cm。叶形多变，羽状深裂。头状花序卵形，具短梗及小苞叶，直立，花后斜展或下垂；雌花4～8朵，花冠狭管状，檐部紫红色；两性花8～12朵，花冠管状，檐部紫色。瘦果长圆形。花果期8～10月。

南昆山各地常见，多生于低海拔地区路旁、林缘。分布几遍全国。亚洲南温带至热带地区广布。有清热、解毒、止血、消炎等作用。嫩苗作菜蔬或腌制酱菜。

4. 牡蒿

Artemisia japonica Thunb.

多年生草本，高50～130 cm；植株有香气。叶簇生茎顶，倒卵形或宽匙形。头状花序在分枝上通常排列成穗状花序的总状花序，并在茎上组成圆锥花序；总苞3～4层；雌花3～8朵，花冠狭圆锥形；两性花5～10朵，花冠管状。瘦果倒卵形。花果期7～10月。

南昆山产于佛坳，生于林缘、旷野、山坡、路旁等。分布于我国华南、华东、华中西南及西北地区。东亚、南亚、东南亚及俄罗斯远东地区也有。全草药用，有清热、解毒、去湿、止血、消炎、散瘀之效；亦可做蔬菜及饲料。

5. 白苞蒿

Artemisia lactiflora Wall. ex DC.

多年生草本。叶薄纸质或纸质，叶形多变，羽状全裂。头状花序长圆形，在分枝的小枝上数枚或10余枚排成密穗状花序，雌花3～6朵，花冠狭管状；两性花4～10朵，花冠管状。瘦果倒卵形或倒卵状长圆形。花果期8～11月。

南昆山产于上坪，生于林下、林缘、灌丛边缘。分布于我国秦岭以南地区。越南、老挝、柬埔寨、新加坡、印度（东部）、印度尼西亚也有分布。全草入药，有清热、解毒、止咳、消炎、活血、散瘀、通经等作用，用于治肝、肾疾病。

6. 紫菀属 Aster L.

多年生草本、亚灌木或灌木。叶互生。头状花序伞房状或圆锥伞房状排列，或单生；总苞片2至多层；雌花花冠舌状，白色、浅红色、紫色或蓝色；两性花花冠管状，黄色或顶端紫褐色。瘦果长圆形或倒卵形；冠毛白色或红褐色。

南昆山3种。

1. 一年生草本，全株无毛；头状花序直径7～10 mm……………………………………………………3. 钻形紫菀 A. subulatus
1. 多年生草本，全株被毛；头状花序直径15 mm以上。
   2. 总苞片3层……………………………1. 三脉紫菀 A. ageratoides
   2. 总苞片4～7层………………………2. 白舌紫菀 A. baccharoides

1. 三脉紫菀（三褶脉紫菀）
Aster ageratoides Turcz.

多年生草本，高40～110 cm。下部叶花期枯萎；中部叶椭圆形或长圆状披针形，边缘有锯齿；上部叶渐小。头状花序排成伞房或圆锥伞房状；总苞半球形，总苞片3层；舌状花十余个，紫色、浅红色或白色；管状花黄色。瘦果倒卵状长圆形；冠毛浅红褐色或白色。花果期7～12月。

南昆山产于上坪，生于路旁、草地。分布于我国东北、北部、东部、南部至西部、西南；东亚也有。全草可药用，治风热感冒等。

2. 白舌紫菀
Aster baccharoides (Benth.) Steetz

木质草本或亚灌木。下部叶匙状长圆形；中部叶长圆形或长圆状披针形；上部叶渐小。头状花序排成顶生圆锥伞房状，

或在短枝上单生；总苞倒锥状，总苞片4～7层；舌状花约十余个，白色；管状花长6 mm。瘦果狭长圆形；冠毛白色。花期7～10月；果期8～11月。

生于路旁、草地。分布于我国华南、华中及华东地区。

3. 钻形紫菀

Aster subulatus Michx.

一年生高大草本，高30～150 cm。叶披针形，无柄。头状花序小排成圆锥状；总苞钟状，总苞片3～4层；舌状花淡红色；管状花多数。瘦果密被短毛；冠毛较花冠长。花果期9～11月。

南昆山产于七星湖，生于草坡、路旁。分布于我国华南、西南、华中及华东地区。原产北美，逸为野生，现广布世界温暖地区。

7. 鬼针草属 Bidens L.

一年生或多年生直立草本。叶对生。头状花序顶生或排成不规则伞房状圆锥花序丛；总苞钟状或半球形，苞片1～2层；花杂性，外围一层为舌状花，或无舌状花而全为筒状花，常白色或黄色；盘花筒状，两性可育。瘦果扁平或具四棱；冠毛刚毛状或芒刺状。

南昆山3种，1变种。

1. 头状花序直径达4.2 cm……………………1. 白花鬼针草 B. alba
1. 头状花序直径小于2 cm。
    2. 叶常3出复叶……………………2. 金盏银盘 B. biternata
    2. 叶常二至三回羽状复叶。
        3. 头状花序无舌状花……………………3. 鬼针草 B. pilosa
        3. 头状花序有舌状花……………………4. 三叶鬼针草 B. pilosa var. radiata

1. 白花鬼针草

Bidens alba (L.) DC.

一年生草本，高50～150 cm。叶对生；茎下部叶为一回羽状复叶，小叶常3枚；茎上部叶常为单叶，不分裂。头状花序排成顶生疏伞房状花序；总苞片2层；边缘舌状花5～8，白色；中央管状花26～80，黄色。瘦果条形，顶端有2条芒刺。花期6～11月。

南昆山产于佛坳，生于路边荒地。原产热带美洲，逸为野生，现广布热带地区。

2. 金盏银盘

Bidens biternata (Lour.) Merr. et Sherff

一年生草本，高30～150 cm。叶为一回羽状复叶，顶生小叶卵形至长圆状卵形或卵状披针形，侧生小叶1～2对，卵形或卵状长圆形。花序头状；舌状花常3～5朵，淡黄色；盘状花筒状。瘦果条形，顶端有3～4条芒刺。

南昆山产于上坪，生于路旁、村边及荒地中。分布于我国华南、华东、华中、西南及河北、山西、辽宁等地。朝鲜、日本、东南亚各国及非洲、大洋洲也有。全草药用，有清热解毒、活血散瘀之效；主治感冒发热、咽喉肿痛、肠炎等。

3. 鬼针草

Bidens pilosa L.

一年生草本，高30～100 cm。叶对生，三出复叶，小叶常2～3；茎上部叶渐小，3裂或不裂。头状花序排成顶生疏伞房状花序；总苞片2层，条状匙形；小花管状。瘦果条形，顶端有3～4条芒刺。花期6～11月。

南昆山产于上坪横坑，生于路边、荒地中。分布于我国华南、西南、华东、华中地区。亚洲和美洲热带和亚热带地区也有。全草药用，功效同金盏银盘。

4. 三叶鬼针草

Bidens pilosa L. var. **radiata** Sch. -Bip.

本变种与原种（鬼针草）的主要区别为本种头状花序外围有舌状花5～7朵，舌片白色，椭圆状倒卵形，长5～8 cm，宽3.5～5 mm；顶端钝或有缺刻。

南昆山产于佛坳，生于路边、荒地中。分布于我国华南、西南、华东、华中地区。亚洲和美洲热带和亚热带地区也有。全草药用，功效同金盏银盘。

8. 艾纳香属 Blumea DC.

一年生、多年生草本或亚灌木或藤本，高大粗壮，常被毛。单叶互生。总苞片2～4层，外层最短，覆瓦状排列；头状花序盘状；边花雌性；心花两性。瘦果圆柱或纺锤形，常10条纵棱；冠毛白色、淡红色或黄褐色。

南昆山6种。

1. 外层总苞片矩圆状卵形……………………4. 东风草 B. megacephala
1. 外层总苞片披针形或线形。
   2. 冠毛污黄色……………………………1. 台北艾纳香 B. formosana
   2. 冠毛白色。
      3. 叶片不分裂。
         4. 花托无毛……………………………………5. 柔毛艾纳香 B. mollis
         4. 花托被毛…………………………6. 长圆叶艾纳香 B. oblongifolia
      3. 叶琴状分裂或羽状全裂。
         5. 叶片两面被白色丝状绒毛……………2. 见霜黄 B. lacera
         5. 叶片正面被糙毛，背面被疏柔毛…………………………………………………………………………3. 六耳铃 B. laciniata

1. 台北艾纳香

Blumea formosana Kitam.

草本，根簇生，有时多少肉质，茎直立。基部叶常比中部的叶小；中部叶近无柄，纸质或薄纸质，狭或宽倒卵状长圆形。头状花序少至多数，排列成顶生的圆锥花序；花黄色；雌花多数，花冠细管状。瘦果圆柱形，有10条棱，被白色腺状粗毛，冠毛污黄色或黄白色，糙毛状。花期8～11月。

南昆山产于佛坳，生于低山山坡、草丛、溪边或疏林下。分布于我国华东地区及广东、广西、湖南。

2. 见霜黄

Blumea lacera (Burm. f.) DC.

草本，高18～100 cm。下部叶倒卵形或倒卵状长圆形，上部叶倒卵状长圆形或长椭圆形。头状花序排成腋生和顶生的圆锥花序；总苞圆柱形，总苞片约4层；花黄色；雌花多数，花冠细管状；两性花15个，花冠管状。瘦果圆柱状纺锤形；冠毛白色。花期2～6月。

南昆山产于七星湖，生于草地、路旁或田边。分布于我国华南、西南及华东地区。非洲东南部、亚洲东南部及澳大利亚北部也有。

3. 六耳铃

Blumea laciniata (Roxb.) DC.

粗壮草本，高50～150 cm。叶片倒卵状长圆形或倒卵形，下半部琴状分裂，叶缘具粗齿。头状花序排成顶生圆锥花序；总苞圆柱形至钟形，总苞片5～6层；花黄色；雌花花冠细管状；两性花花冠管状。瘦果圆柱形；冠毛白色。花期10月至翌年5月。

南昆山产于下坪，生于田畦、草地、山坡及河边。分布于我国华南、西南及华东地区。南亚、东南亚及所罗门群岛、夏威夷也有。

4. 东风草

Blumea megacephala (Randeria) C. C. Chang et Y. Q. Tseng

攀缘状草质藤本，长1～3 m。叶卵形、卵状长圆形或长椭圆形，长7～10 cm。头状花序常1～7个在腋生小枝顶排成总状或近伞房状花序，再排成大型具叶的圆锥花序；总苞半球形，总苞片5～6层；花黄色；雌花多数，细管状；两性花管状。瘦果圆柱形；冠毛白色。花期8～12月。

南昆山产于上坪、中坪，生于林缘或灌丛。分布于我国华南、西南、华中及华东地区。越南北部。

5. 柔毛艾纳香

Blumea mollis (D. Don) Merr.

直立草本，高60～90 cm，茎被开展的白色长柔毛。叶片倒卵形，基部楔状渐狭，顶端圆钝，边缘有不规则的密细齿，两面被绢状长柔毛。头状花序多数，通常3～5个簇生，密集成聚伞状花序，再排成大圆锥花序。花紫红色或花冠下半部淡白色。瘦果圆柱形。花期几乎全年。

南昆山产于下坪，生于田野或空旷草地。分布于我国广东、广西、湖南、江西、浙江、台湾、云南、四川及贵州等省。南亚、非洲及大洋洲也有。

多年生草本，高0.5～1.5 m。基部叶花期凋萎；中部叶长圆形或狭椭圆状长圆形；上部叶渐小，长圆状披针形或长圆形。头状花序排成顶生开展的疏圆锥花序；总苞球状钟形，总苞片约4层；花黄色；雌花多数，花冠细管状；两性花花冠管状。瘦果圆柱形；冠毛白色。花期8月至翌年4月。

南昆山产于增城大封门至佛坳的路上，生于路旁、田边、草地或山谷溪流边。分布于我国华南及华东地区。

9. 天名精属 Carpesium L.

多年生草本。叶互生。头状花序顶生或腋生；总苞盘状、钟状或半球形，苞片约3层；花黄色；外围雌花花冠筒状；盘花两性。瘦果长椭圆形，先端短喙状；无冠毛。

南昆山2种。

1. 头状花序排成穗状 ························· 1. 天名精C. abrotanoides
1. 头状花序单生茎端及枝端 ················· 2. 金挖耳C. divaricatum

1. 天名精
Carpesium abrotanoides L.

多年生粗壮草本，高50～100 cm。叶片广椭圆形或长椭圆形，长8～16 cm。头状花序排成穗状，总苞钟球状，苞片3层，花黄色，雌花狭筒状，两性花筒状。瘦果长约3.5 mm。花期7～9月；果期10～11月。

南昆山产于下坪，生于村旁、路边、溪边及林缘。分布于我国华南、华东、华中、西南地区及河北、陕西等。东亚、南亚、东南亚、伊朗及俄罗斯高加索地区也有。果实，为中药杀虫方中的重要药物，主治蛔虫病、蛲虫病、绦虫病、虫积腹痛；全草也供药用，清热解毒、祛痰止血，主治咽喉肿痛、扁桃体炎、支气管炎；外用治创伤出血、疔疮肿毒、蛇虫咬伤；果实含挥发油。

6. 长圆叶艾纳香
Blumea oblongifolia Kitam.

2. 金挖耳

Carpesium divaricatum Sieb. et Zucc.

多年生草本，茎直立，被白色柔毛。基叶于开花前凋萎，下部叶卵形或卵状长圆形，基部圆形或稍呈心形。头状花序单生茎端及枝端；雌花狭筒状，两性花筒状。瘦果长3～3.5 mm。花期7～10月；果期10～11月。

南昆山产于中坪至中坪尾，生于路旁及山坡灌丛中。分布于我国华南、华东、华中、西南及东北地区。日本、朝鲜也有分布。主治感冒发热、咽喉肿痛、牙痛、蛔虫腹痛、急性肠炎、痢疾、尿道感染、淋巴结结核；外用治疮疖肿毒、乳腺炎、带状疱疹、毒蛇咬伤。

10. 石胡荽属 Centipeda Lour.

一年生匍匐状草本。叶互生，楔状倒卵形。头状花序单生叶腋；总苞半球形，总苞片2层；边花雌性，花冠细管状；盘花两性，花冠宽管状。瘦果4棱形；无冠毛。

南昆山1种。

1. 石胡荽

Centipeda minima (L.) A. Br. et Asch.

一年生小草本，高5～20 cm。叶互生，楔状倒披针形，边缘有锯齿。头状花序单生叶腋；总苞半球形，总苞片2层；边花雌性，花冠细管状；盘花两性，花冠细管状。瘦果椭圆形，无冠毛。花果期6～10月。

南昆山产于下坪、七星湖，生于路旁、荒野及阴湿地。分布于我国华南、华中、西南、华东、华北及东北地区。朝鲜、日本、印度、马来西亚及大洋洲也有。全草可药用，中药中称“鹅不食草”，能通窍散寒、祛风利湿，散瘀消肿，主治鼻炎、跌打损伤等症。

11. 蓟属 Cirsium Mill.

一年生、二年生或多年生草本。叶互生，叶锯齿缘或羽裂，多刺。头状花序排成顶生的伞房花序、伞房圆锥花序、总状花序或集成复头状花序；总苞卵形、卵圆状、钟状或球形，总苞片多层。小花红色、红紫色。瘦果常有纵条纹；冠毛多层。

南昆山1种。

1. 蓟（大蓟）

Cirsium japonicum Fisch. ex DC.

多年生草本，高30～150 cm。基生叶有柄，矩圆形或披针状长椭圆形；中部叶无柄，羽状深裂。头状花序单生；总苞片多层；花紫红色。瘦果长椭圆形；冠毛暗灰色。花果期4～11月。

南昆山产于天堂顶，生于草丛、路旁。分布于我国华南、华中、华东及西南地区。日本及朝鲜也有。

12. 白酒草属 Conyza Less.

一年生、二年生或多年生草本，稀为灌木。叶互生。头状花序呈伞房状或圆锥状排列；总苞2～4层；外围雌花多数；中央两性花少数，花冠管状。瘦果长圆形；冠毛污白色或变红色。

南昆山4种。

1. 雌花花冠丝状，无舌片……………………………3. 白酒草 C. japonica
1. 雌花花冠舌状，通常具小舌片。
    2. 植株绿色，被疏长硬毛，头状花序小，径3～4 mm……………………………………………………………2. 小蓬草 C. canadensis
    2. 植株灰绿色，被贴生短毛或疏长毛，花序较大，直径5～10 mm。
        3. 茎较细，冠毛红褐色………………1. 香丝草 C. bonariensis
        3. 茎粗壮，冠毛黄褐色………4. 苏门白酒草 C. sumatrensis

1. 香丝草

Conyza bonariensis (L.) Cronquist

多年生草本，植株高30～60 cm。下部叶倒披针形或长圆披针形，中部和上部叶狭披针形或线形。头状花序在茎顶排成总状或总状圆锥花序；总苞椭圆形状卵形，总苞片2～3层；雌花多层，白色；两性花淡黄色。瘦果线状披针形，冠毛淡红褐色。花期5～10月。

南昆山产于上坪，生于荒地、田边、路旁。分布于我国中部、东部、南部至西南部。原产南美洲，现广泛分布热带及亚热带地区。全草可药用，治感冒、疟疾、急性关节炎及外伤出血等症。

2. 小蓬草

Conyza canadensis (L.) Cronquist

一年生草本，茎高10～150 cm，茎被粗毛。基部叶花期凋萎；下部叶倒披针形；中部和上部叶较小，线状披针形或线形。头状花序排列成顶生多分枝的圆锥花序；总苞近圆柱形，总苞片2～3层；雌花舌状，白色；两性花管状，淡黄色。瘦果线状披针形；冠毛污白色。花期5～9月。

南昆山产于上坪，生于旷野、荒地、田边或路旁。原产北美洲。我国南北各地区逸为野生。

3. 白酒草（假蓬）

Conyza japonica Less.

一年生或二年生草本，茎直立；全株被毛。叶呈莲座状，基部叶倒卵形或匙形；较下部叶有长柄，叶片长圆形或椭圆状长圆形；中部叶疏生，倒披针状长圆形或长圆状披针形，无柄。头状花序较多数，通常在茎及枝端密集成球状或伞房状；花全部结实，黄色，外围的雌花极多数，花冠丝状。瘦果长圆形，黄色，扁压；冠毛污白色或稍红色，糙毛状。花期5～9月。

南昆山产于上坪横坑，生于山谷田边、山坡草地或林缘。分布于我国华东、西南地区及广东、广西、湖南。阿富汗、印度、缅甸、泰国、马来西亚、日本也有。根或全草药用，治小儿肺炎、肋膜炎、喉炎、角膜炎等症。

4. 苏门白酒草

Conyza sumatrensis (Retz.) Walker

一年生或二年生直立草本，高80～150 cm，茎被较密灰白色上弯糙短毛。叶密集，顶端尖，基部渐狭成柄，中部和上部叶渐小，狭披针形，两面被密糙短毛。头状花序多数，在茎枝端排列成大而长的圆锥花序，花冠淡黄色。瘦果线状披针形，冠毛1层，初时白色，后变黄褐色。花期5～10月。

南昆山产于佛坳，常生于山坡草地、旷野、路旁，是一种常见的杂草。原产南美洲，现在热带和亚热带地区广泛分布。我国华南、华东及西南地区有分布。

13. 野茼蒿属 Crassocephalum Moench

一年生或多年生草本。叶互生。头状花序盘状或辐射状；小花管状，两性；总苞片1层；花冠细管状。瘦果狭圆柱形；冠毛白色。

南昆山1种。

1. 革命菜(野茼蒿)

Crassocephalum crepidioides (Benth.) S. Moore

直立草本，高20～100 cm。叶互生，矩圆状椭圆形，边缘有锯齿或基部羽状分裂。头状花序在茎顶端排成伞房状；总苞钟形，总苞片1层；小花管状，两性，花冠红褐色或橙红色。瘦果狭圆柱形，赤红色；冠毛白色。花期7～12月。

南昆山产于佛坳、上坪，生于荒地、路旁、林下及水沟边。分布于我国华南、华中及西南地区。泰国、东南亚及非洲也有。全草可药用，有健脾、消肿之功效，治消化不良、脾虚浮肿等症；嫩叶可作野菜食用。

14. 菊属 Dendranthema (DC.) Des Moul.

多年生草本。叶常羽状深裂或浅裂，稀为全缘。头状花序单生或排列成松散的伞房花序；总苞4～5层；边花舌状，黄色、白色或红色；管状花黄色。瘦果倒卵形，无冠毛。

南昆山1种。

1. 野菊(野黄菊)

Dendranthema indicum (L.) Des Moul.

多年生草本，高28～100 cm。叶卵形、长卵形或椭圆状卵形，羽状半裂或浅裂。头花生于茎枝顶端，排列为伞房圆锥花序；总苞片5层；舌状花黄色。瘦果1.5～1.8 mm。花期6～11月。

南昆山产于上坪三坑，生于山坡草地、灌丛、河边水湿地、田边及路旁。广布华南、西南、华中、华北及东北地区。印度、日本、朝鲜、俄罗斯。全草可药用，可清热解毒，防治流行性脑脊髓膜炎，预防流行性感冒、感冒，治疗高血压、肝炎、痢疾等；植株浸泡液能消灭蚊虫幼虫及蝇蛆。

15. 鱼眼草属 Dichrocephala DC.

一年生或多年生直立草本。叶互生，叶锯齿缘或琴状羽裂。头状花序顶生，圆锥状或总状排列；总苞1或2层；边花雌性，白色或黄色；心花两性。瘦果倒披针形或长椭圆形；冠毛无或易脱落。

南昆山1种。

1. 鱼眼菊(鱼眼草)

Dichrocephala integrifolia (L. f.) Kuntze

一年生草本，高达50 cm。叶卵形、椭圆形或披针形。头状花序生枝顶，排成疏松的伞房状圆锥花序；总苞片1～2层；边花雌性；中央花两性，黄色。瘦果倒披针形，无冠毛；或两性花瘦果有1～2条极短的冠毛。花期全年。

南昆山产于中坪尾至北坑，生于旷野、荒地上。分布于我国长江以南各地区。可药用，消炎止泻，治疗小儿消化不良。

16. 东风菜属 Doellingeria Nees

1. 短冠东风菜

Doellingeria marchandii (Levl.) Ling

根状茎粗壮，茎直立。下部叶叶片心形；中部叶稍小，宽卵形，基部近截形；上部叶小，卵形。头状花序径2.5～4 cm，排成疏散的圆锥状伞房花序；舌状花10余个，舌片白色，矩圆状条形；管状花长6～7 mm，有条状披针形深裂片。瘦果倒卵形或长椭圆形，被粗伏毛；冠毛褐色，有少数不等长的糙毛。花期8～9月；果期9～10月。

南昆山产于上坪横坑，生于山谷，水边，田间，路旁。分布于我国西南地区及广东、广西、江西、湖北、浙江。

17. 鳢肠属 Eclipta L.

一年生或多年生直立草本，茎被粗毛。叶对生。头状花序顶生于茎顶及叶腋；总苞钟状，苞片2层；花白色；边花舌状；中央花两性，花冠管状。瘦果三角形或扁四角形。

南昆山1种。

1. 鳢肠

Eclipta prostrata (L.) L.

一年生草本，高达60 cm。叶片长圆状披针形，长3～10 cm，两面密被糙毛。头状花序具2～4 cm的细花序梗；总苞球状钟形，排成2层；外围雌花2层，舌状；中央两性花花冠管状，白色。瘦果暗褐色；无冠毛。花期6～9月。

南昆山产于上坪，生于河边、田边及路旁。分布于我国各地；世界热带及亚热带地区广泛分布。全草可药用，全草入药，有凉血、消肿、强壮之功效。

18. 地胆草属 Elephantopus L.

多年生草本，全株被毛。叶互生，具羽状脉。头状花序密集成团球状复头状花序，在茎和枝端单生或排列为伞房状；总苞圆柱形或长圆形，总苞片2层；花全部两性，花冠管状。瘦果长圆形；冠毛1层，具5条硬刚毛。

南昆山2种。

1. 叶大部分基生，花淡紫色或淡红色 ········· 1. 地胆草 E. scaber
1. 叶片散生茎上，花白色 ············· 2. 白花地胆草 E. tomentosus

1. 地胆草(地胆头、磨地胆)

Elephantopus scaber L.

多年生草本，高30～60 cm。基生叶倒披针形至长椭圆形，被粗毛，茎叶少数或无。头状花序在茎或枝端排列为复头状花序；花粉红色或紫红色。瘦果长圆状线形，冠毛污白色。花期7～11月。

南昆山产于石河奇观、七星湖，生于开旷山坡、路旁、或山谷林缘。分布于我国华东地区及广东、广西、湖南、贵州，云南。北半球热带地区广泛分布。全草入药，可治感冒、菌痢、胃肠炎、扁桃体炎、咽喉炎、肾炎水肿、结膜炎、疖肿等症。

2. 白花地胆草

Elephantopus tomentosus L.

多年生草本，高0.8～1 m。下部叶长圆状倒卵形，基部渐狭成具翅的柄；上部叶椭圆形，近无柄。头状花序生于茎枝顶端排成复头状花序；总苞长圆形；花4个，花冠白色，漏斗状。瘦果长圆状线形，冠毛污白色。花果期8月至翌年5月。

南昆山产于七星湖，生于山坡旷野、路旁或灌丛。分布于我国广东、福建及台湾沿海地区。世界热带地区广布。全草可药用，用途同地胆草，但功效不及前种。

19. 一点红属 Emilia Cass.

一年生或多年生草本。叶互生，常基生；叶缘羽裂。头状花序单生或数个排列成疏伞房状；总苞筒状，总苞片1层；小花全部管状，两性，黄色或粉红色。瘦果5棱；冠毛白色。

南昆山2种。

1. 下部叶不分裂；瘦果无毛……… 1. 小一点红 E. prenanthoidea
1. 下部叶琴状分裂；瘦果被毛……………… 2. 一点红 E. sonchifolia

1. 小一点红(耳挖草、细红背叶)

Emilia prenanthoidea DC.

一年生草本，高30～90 cm。基部叶小，倒卵形；中部叶长圆形，无柄，抱茎；上部叶小线状披针形。头状花序在茎枝端排成疏伞房状；总苞圆柱形，总苞片10枚；花红色或紫红色。瘦果圆柱形；冠毛白色。花果期5～10月。

南昆山产于中坪，生于山坡路旁、疏林或林中潮湿处。分布于我国广东、广西、福建、浙江、贵州、云南。印度至中南半岛也有。

2. 一点红

Emilia sonchifolia (L.) DC.

一年生草本，高25～40 cm。茎下部叶卵形，琴状分裂；上部叶小，常抱茎。头状花序在枝端排列为伞房状；总苞圆柱形，总苞片1层；花粉红色或紫色。瘦果圆柱形；冠毛白色。花果期7～10月。

南昆山产于上坪，生于荒地、田埂、路旁。分布于我国西南、华中、华东地区及广东、海南。亚洲热带、亚热带及非洲广布。

20. 菊芹属 Erechtites Raf.

一年生或多年生草本。单叶互生。头状花序顶生，排成圆锥状。总苞圆柱形，总苞片1层；外围2至多列雌花；中央盘花两性。瘦果线形或长椭圆形；冠毛发丝状。

南昆山1种。

1. 败酱叶菊芹

Erechtites valerianifolia (Wolf.) DC.

一年生草本，茎直立，高50～100 cm。叶具长柄，长椭圆形，羽状浅裂或深裂。头状花序顶生，圆锥状排列；花冠紫色带黄色。瘦果圆柱形；冠毛淡红色。花期5月。

南昆山产于中坪，生于田边、路旁。分布于我国广东、台湾。原产南美洲，逸为野生。

21. 泽兰属 Eupatorium L.

多年生草本、半灌木或灌木。叶对生或轮生，单叶或三裂叶。头状花序在茎枝顶端排成复伞房状或圆锥状花序；总苞多层，覆瓦状排列；花紫色，红色或白色，花冠钟状。瘦果具5棱，冠毛刚毛状。

南昆山4种。

1. 一年生草本，花蓝色……………………………1. 假臭草E. catarium
1. 多年生草本，花白色或淡红色。
  2. 头状花序钟状，瘦果无毛。
    3. 叶不分裂，基部圆形，无柄………2. 华泽兰E. chinense
    3. 叶分裂，基部楔形，有叶柄……3. 白头婆 E. japonicum
  2. 叶片两面被绒毛，边缘有粗大锯齿…………………………………………………………………………4. 飞机草E. odoratum

1. 假臭草

Eupatorium catarium Veldkamp. [*Praxelis clematidea* R. M. King et H. Robinson]

一年生草本，高30～100 cm。叶对生，卵圆形至菱形，具腺点；边缘齿状，先端急尖，基部圆楔形，叶具三脉。头状花序生于茎、枝端，总苞钟形，小花25～30，蓝紫色。瘦果黑色，具白色冠毛。花果期全年。

南昆山产于下坪，生于荒地、路边。分布于我国广东南部、香港及福建。原产南美，现散布于东半球热带地区。

2. 华泽兰(白头翁)

Eupatorium chinense L.

多年生草本，高70～100 cm，或小灌木或半灌木状，高2～2.5 m；全株多分枝。叶对生；茎生叶卵形，长4.5～10 cm，羽状脉3～7对，叶缘有圆锯齿。头状花序多数在茎顶及枝端排列成大型疏散的复伞房花序；总苞钟状，总苞片3层；花白色、粉色或红色。瘦果椭圆状，有5棱。花果期6～11月。

南昆山产于上坪，生于山谷、山坡林缘、林下或灌丛。分布于我国南方地区。全草有毒，以叶为甚，但可外敷痈肿疮疖，毒蛇咬伤；消肿止痛。

3. 白头婆(泽兰)

Eupatorium japonicum Thunb.

多年生直立草本，茎淡紫红色，被白色皱波状短柔毛。叶对生，中部叶椭圆形，基部宽或狭楔形，顶端渐尖，羽状脉。头状花序在茎顶或枝端排成紧密的伞房花序，总苞钟状，含5个小花；花白色或带红紫色或粉红色，花冠外面有较稠密的黄色腺点。瘦果淡黑褐色，椭圆状；冠毛白色。花果期6～11月。

南昆山产于增城大封门至佛坳一带，生山坡灌丛中。分布于我国东部至西南地区。日本、朝鲜广布。全草药用，性凉，消热消炎。

4. 飞机草

Eupatorium odoratum L.

多年生草本，根茎粗壮，横走；茎直立，苍白色。叶对生，卵形、三角形或卵状三角形，基出三脉。头状花序多数或少数在茎顶或枝端排成伞房状或复伞房状花序；花白色或粉红色，花冠长5 mm。瘦果黑褐色，长4 mm，5棱，无腺点，沿棱有稀疏的白色贴紧的顺向短柔毛。花果期4～12月。

南昆山产于佛坳，生低海拔的丘陵地、灌丛中及稀树草原上，但多见于干燥地、森林破坏迹地、垦荒地、路旁、住宅及田间。原产美洲，第二次世界大战期间曾引入我国海南，然后再到广东和云南。全草微辛温；叶含香豆素，有杀蚂蝗之效。

22. 大吴风草属 Farfugium Lindl.

多年生草本；根茎粗壮。叶基生，莲座状，被密毛；叶片肾形，叶脉掌状。头状花序辐射状；总苞片2层，覆瓦状排列；舌状花黄色；管状花多数，冠毛白色。瘦果圆柱形，被成行短毛。

南昆山1种。

1. 大吴风草

Farfugium japonicum (L. f.) Kitam.

种的形态特征与属同。花果期8月至翌年3月。

南昆山产于天堂顶，生于低海拔林下，山谷及草丛。分布于我国华中、华东地区及广东、广西。日本。根含千里光酸，主治咳嗽、咯血、便血、月经不调、跌打损伤、乳腺炎。

23. 牛膝菊属 Galinsoga Ruiz et Pav.

一年生草本。叶对生。头状花序顶生或腋生，排列为伞房花序；雌花舌状，白色；盘花两性，黄色。瘦果有棱，倒卵圆状三角形；冠毛膜质，偶无冠毛。

南昆山1种。

1. 牛膝菊

Galinsoga parviflora Cav.

一年生草本，高10～80 cm。叶对生，卵状披针形，疏齿缘，具短柄。总苞半球形，总苞片1～2层；舌状花4～5个，白色；管状花黄色。瘦果3～5棱；冠毛白色。花果期7～10月。

南昆山产于七星湖，生于林下、河谷、荒野、河边、田间、溪边、路旁。分布于我国华南及西南地区。原产南美洲，逸为野生。全草可药用，有止血、消炎之功效，对外伤出血、扁桃体炎、咽喉炎、急性黄胆肝炎也有一定的疗效。

24. 鼠麴草属 Gnaphalium L.

一年生或多年生草本，全株密被绵毛。叶互生，全缘。头状花序顶生或腋生，常排列成聚伞花序或圆锥状伞房花序；总苞卵状或钟状，总苞片2～4层；花黄色或淡黄色；雌花花冠丝状；两性花花冠管状。瘦果卵形；冠毛白色。

南昆山3种。

1. 头状花序排列成多头的穗状花序……………………………………3. 匙叶鼠麴草 G. pensylvanicum
1. 头状花序在茎枝顶端排列成伞房花序。
   2. 总苞钟形，总苞片2～3层；冠毛粗糙，污白色……………………………………1. 鼠麴草 G. affine
   2. 总苞球形，总苞片4层；冠毛绢毛状，粗糙，污黄色……………………………………2. 秋鼠麴草 G. hypoleucum

1. 鼠麴草

Gnaphalium affine D. Don

一年生草本，高10～40 cm，全株被白色厚绵毛。叶匙状倒披针形或倒卵状匙形，长5～7 cm。头状花序在枝顶密集成伞房花序；总苞钟形，总苞片2～3层；花黄色至淡黄色；雌花花冠细管状；两性花管状。瘦果倒卵形或倒卵状圆柱形；冠毛污白色。花期1～4月及8～11月。

南昆山产于上坪、中坪，生于湿润草地上，以稻田最为常见。分布于我国华南、华东、华中、华北、西北及西南地区。东亚、东南亚及南亚也有。茎叶入药，为镇咳、祛痰、治气喘及支气管炎，内服还有降血压疗效。

2. 秋鼠麴草

Gnaphalium hypoleucum DC.

粗壮草本。头状花序多数，在枝端密集成伞房花序；花黄色；雌花多数，花冠丝状，两性花较少数，花冠管状。冠毛绢毛状，粗糙，污黄色，易脱落，长3～4 mm，基部分离。花期8～12月。

南昆山产于七星湖，生于空旷沙土地或山地路旁。分布于我国华南、台湾、华东、华中、西北及西南各地区。日本、朝鲜、菲律宾、印度尼西亚、中南半岛及印度也有。

3. 匙叶鼠麴草

Gnaphalium pensylvanicum Willd.

一年生草本，高10～50 cm，全株被灰白色的毛。叶倒卵状长圆形或匙状长圆形。头状花序数个簇生，再排成顶生或腋生的穗状花序；总苞卵形，总苞片2层；雌花花冠丝状；两性花花冠管状。瘦果长圆形；冠毛污白色。花期12月至翌年6月。

南昆山产于七星湖，常生于耕地上。分布于我国华南、华东、华中至西南地区。美洲南部、非洲南部、澳大利亚及亚洲热带地区。

25. 田基黄属 Grangea Adans.

一年生或多年生草本。叶互生。头状花序常顶生或与叶对生；总苞片2～3层，草质；花冠全部管状；花药基部钝。瘦果扁，顶端平截。

南昆山1种。

1. 田基黄

Grangea maderaspatana (L.)Poir.

一年生草本，高10～30 cm；茎纤细，常有铺展分枝。叶倒卵形、披针形或倒匙形，两面被短柔毛，棕黄色小腺点。头状花序单生茎顶或枝端；总苞片2～3层；小花花冠外被棕黄色小腺点，雌花花冠线形黄色。瘦果扁，边缘加厚，被棕黄色小腺点。花果期3～8月。

南昆山产于下坪、七星湖，生于干燥荒地、河边沙滩、水旁向阳处和疏林、灌丛中。分布于我国华南地区及云南南部。南亚、东南亚及西非。

26. 三七草属 Gynura Cass.

多年生草本。叶互生，常羽状分裂。头状花序盘状，单生或数个排列成伞房状；总苞钟状或圆柱形，总苞片1层；花冠黄色或橙黄色。瘦果圆柱形；冠毛白色。

南昆山2种。

1. 茎下部匍匐……………………………… 1. 紫背三七 G. bicolor
1. 茎直立或基部斜升……………………… 2. 白子菜 G. divaricata

1. 紫背三七(红凤菜)*

Gynura bicolor (Roxb. ex Willd.) DC.

多年生草本，全株无毛。叶具柄或近无柄，叶片倒卵形或倒披针形，稀长圆状披针形，边缘有不规则的波状齿或小尖齿。头状花序多数直径10 mm，在茎、枝端排列成疏伞房状；小花橙黄色至红色，花冠明显伸出总苞。瘦果圆柱形，淡褐色，长约4 mm，无毛；冠毛丰富，白色，绢毛状，易脱落。花果期5～10月。

南昆山各地有栽培。分布于我国广东、广西、台湾、云南、贵州、四川。印度、尼泊尔、不丹、缅甸、日本也有。

2. 白子菜

Gynura divaricata (L.) DC.

多年生草本，高30～60 cm。叶卵形、椭圆形或倒披针形，侧脉3～5对。头状花序常2～5个在茎或枝顶排成伞房状圆锥花序；总苞钟状，总苞片1层；小花橙黄色。瘦果圆柱形；冠毛白色。花果期8～10月。

南昆山产于上坪，生于山坡草地、荒坡及田边湿润处。分布于我国华南地区及云南。越南也有。

27. 旋覆花属 Inula L.

多年生稀一或二年生草本，或亚灌木。叶互生。头状花序伞房状或圆锥状排列，雌雄同株；外缘雌花，花冠舌状，黄色稀白色；中央两性花，花冠管状，黄色；总苞半球形、倒卵形或宽钟状，苞片多层。瘦果近圆柱形。

南昆山1种。

1. 羊耳菊(白牛胆)

Inula cappa (Buch. -Ham.) DC.

亚灌木，高70～200 cm，全株被污白色或浅褐色绢状茸毛。叶长圆形。头状花序倒卵圆形，在茎和枝端排成聚伞圆锥花序；总苞近钟形，总苞片约5层；边缘小花舌片状；中央小花管状。瘦果长圆柱形，被白色绢毛。花期6～10月；果期8～12月。

南昆山产于中坪，生于荒地、灌丛或草地。分布于我国华南、华东及西南地区。东南亚及南亚也有。

28. 小苦荬菜属 Ixeridium Cass.

一年生或多年生草本。叶多基生。头状花序顶生，排列为伞房状；总苞圆柱状或钟状，总苞片2～3层；舌状小花黄色，白色或略带紫色。瘦果纺锤形，具长喙；冠毛白色。

南昆山1种。

1. 细叶苦荬菜

Ixeridium gracile (DC.) Shih（*Ixeris gracilis* (Candolle) Stebbins.）

多年生草本；根状茎极短，茎直立，上部伞房花序状分枝或自基部分枝，全株无毛。基生叶长椭圆形；茎生叶少数，狭披针形，边缘全缘。头状花序多数在茎枝顶端排成伞房花序或伞房圆锥花序；总苞极小，圆柱状；总苞片2层。瘦果褐色，长圆锥状；冠毛褐色或淡黄色，微糙毛状。花果期3～10月。

南昆山产于中坪花竹工区，生于山坡或山谷林缘、林下、田间、荒地或草甸。分布于我国华中、华东、西南地区及广东、广西、陕西、甘肃。尼泊尔、不丹、印度西北部和缅甸也有。

29. 马兰属 Kalimeris Cass.

多年生草本。叶互生。头状花序单生于枝端或疏散伞房状排列；外围雌花，花冠舌状，白色或紫色；中央两性花；总苞半球形，总苞片2～3层。瘦果稍扁，倒卵圆形。

南昆山1种。

1. 马兰

Kalimeris indica (L.) Sch. Bip.

茎直立，高30～70 cm。茎生叶倒披针形或倒卵状矩圆形，长3～6 cm，基部渐狭成具翅的长柄，边缘具锯齿；上部叶小，全缘。头状花序单生于枝端并排列为疏伞房状；舌状花1层，15～20个，舌片浅紫色。瘦果倒卵状矩圆形，褐色；冠毛弱小易脱落。花期5～9月；果期8～10月。

南昆山产于七星湖，生于林缘、草丛或路旁。分布于我国华南、西南、华东、华中及东北地区。亚洲南部和东部也有。

30. 六棱菊属 Laggera Sch. Bip.

一年或多年生草本。叶互生，叶基下延至茎，被毛。头状花序在茎、枝顶端排列成圆锥花序或腋生；总苞钟状，多层成覆瓦状排列，苞片向外开展或稍反卷；外围雌花多层；中央两性花略少；全部花冠黄色或玫瑰色。瘦果圆柱形；冠毛白色。

南昆山1种。

1. 六棱菊

Laggera alata (D. Don) Sch. Bip. ex Oliv.

多年生草本，高40～100 cm。叶互生，椭圆形或匙状长圆形。头状花序排列成圆锥状，腋生；总苞近钟形，总苞片约6层；花黄色，杂性；雌花丝状；两性花筒状。瘦果圆柱形；冠毛白色。花期10月至翌年2月。

南昆山产于佛坳，生于旷野、路旁。分布于我国东部、东南部至西南部，北至安徽及湖北。非洲东部、南亚及东南亚也有。

31. 翅果菊属 Pterocypsela C. Shih

一年生或多年生草本。叶分裂或不裂。头状花序在茎枝顶排列成伞房花序、圆锥花序或总状圆锥花序；总苞卵形，总苞片4～5层；舌状小花黄色。瘦果倒卵形、椭圆形或长椭圆形；冠毛白色。

南昆山1种。

1. 翅果菊（山莴苣）

Pterocypsela indica (L.) C. Shih

一年生或二年生草本，高40～200 cm。茎叶线形或长椭圆形，边缘具疏齿。头状花序沿茎枝顶端排列成圆锥花序或总状圆锥花序；总苞片4层；舌状小花黄色。瘦果椭圆形；冠毛2层。花果期4～11月。

南昆山产于佛坳，生于山谷、山坡林缘、林下水沟边。分布几遍全国。俄罗斯远东地区、日本、菲律宾、印度尼西亚及印度也有。

32. 千里光属 Senecio L.

一年生或多年生草本，亚灌木、灌木或为小乔木。叶常互生，形态变化大。头状花序排列成顶生的复伞状花序或圆锥聚伞花序；总苞半球形，钟状或圆柱形，总苞片5～22；舌状花有或无，黄色；管状花3至多数，黄色。瘦果圆柱形；冠毛毛状。

南昆山1种。

1. 千里光

Senecio scandens Buch. -Ham. ex D. Don

多年生攀缘草本。叶片卵状披针形至长三角形，边缘近全缘。头状花序排成顶生复聚伞圆锥花序；总苞圆柱状钟形，总苞片12～13；舌状花8～10朵，黄色；管状花多数，均为黄色。瘦果圆柱形；冠毛白色。花期8月至翌年4月。

南昆山各地常见，生于林中、灌丛中、岩石上或溪边。分布于我国华南、华中、华东、西南地区及陕西、西藏。南亚、东南亚、日本也有。全草可药用，治疗皮炎、黄疸性肝炎、疟疾、咽喉肿痛、毒蛇咬伤等。

33. 豨莶属 Siegesbeckia L.

一年生草本。单叶对生。头状花序排列成疏散的圆锥花序；外围为雌性花，舌状；中央为两性花，管状。总苞钟形或半球形，总苞片2层。瘦果倒卵状四棱形，无冠毛。

南昆山1种。

1. 豨莶

Siegesbeckia orientalis L.

一年生草本，高20～100 cm。中部叶具长柄，卵圆形或卵状披针形，具不规则钝齿缘。头状花序聚生枝端，排列成具叶的圆锥花序；总苞阔钟状，总苞片2层；花黄色；雌花舌状；两性花管状，上部钟状。瘦果倒卵圆形，有4棱。花期4～9月；果期6～11月。

南昆山产于上坪，生于山野、灌丛、林缘及林下，也常见于耕地中。分布于我国华南、华东、华中、西南及西北地区。欧洲、俄罗斯高加索地区、东亚、东南亚及北美也有。

34. 一枝黄花属 Solidago L.

多年生草本。叶互生。头状花序多数，在茎上排列成总状、圆锥状、伞房状或复头状花序；总苞钟状，苞片3或4层；雌花舌状，黄色，稀为白色；心花两性。瘦果近圆柱形；冠毛细刚毛状，2层。

南昆山1种。

1. 一枝黄花

Solidago decurrens Lour.

多年生草本，高35～100 cm。茎直立，通常细弱，单生或少数簇生。中部茎叶椭圆形，长椭圆形、卵形或宽披针形，长2～5 cm。头状花序较小，在茎上部排列为总状花序或伞房圆锥状花序；总苞片4～6层；舌状花舌片椭圆形。花果期4～11月。

南昆山产于七星湖，生于阔叶林缘或林下。分布于我国长江以南地区。全草可药用，疏风解毒、退热行血、消肿止痛；主治毒蛇咬，家畜误食易引起中毒。

35. 裸柱菊属 Soliva Ruiz et Pav.

一年生低矮草本。叶互生，常羽状全裂。头状花序，边花雌性，无花冠；盘花两性，花冠管状；总苞半球形，总苞片2层。雌花瘦果扁平，边缘有翅；无冠毛。

南昆山1种。

1. 裸柱菊
Soliva anthemifolia (Juss.) R. Br.

一年生矮小草本，茎平卧。叶互生，二至三回羽状分裂。头状花序生于茎基部；总苞片2层；边缘雌花多数，无花冠；中央两性花少数，花冠管状，黄色。瘦果倒披针形，有厚翅。花果期全年。

南昆山产于七星湖、下坪，生于荒野、田野。分布于我国广东、台湾、福建、江西。原产南美洲。大洋洲也有，逸为野生。

36. 苦苣菜属 Sonchus L.

一、二年生至多年生草本。叶互生，常抱茎。总苞卵形或钟形，覆瓦状排列，总苞片3～5层；舌状小花黄色。瘦果卵形至线形，具10～20道棱；冠毛白色。

南昆山2种。

1. 一年生草本，无匍匐的根状茎；叶羽状分裂…………………………………………………1. 苦苣菜 S. oleraceus
1. 多年生草本，具匍匐的根状茎；叶不分裂…………………………………………………2. 苣荬菜 S. arvensis

1. 苦苣菜
Sonchus oleraceus L.

一年生或二年生草本，高20～100 cm。叶长椭圆形，羽状深裂；下部叶柄基部有翅，中上部叶无柄。头状花序在茎端排列成伞房状；总苞钟形，总苞片2～3层；舌状花两性，黄色。瘦果长椭圆状倒卵形；冠毛白色。花果期5～12月。

南昆山产于上坪，生于山坡、林下、林缘。分布几遍全国。世界各地广布。

2. 苣荬菜

Sonchus arvensis L.

多年生草本，高30～150 cm。茎下部叶片倒披针形或长椭圆形，羽状裂；茎上部叶披针形。头状花序在茎枝顶端排列成伞房状花序；总苞钟状，总苞片3层；舌状小花少数，黄色。瘦果长椭圆形，具5道纵棱；冠毛白色。花果期1～9月。

南昆山产于上坪，生于山坡草地、林间草地、潮湿近水旁。分布于我国华南、华中、西南、西北地区及福建。几遍全球分布。

37. 金腰箭属 Synedrella Gaertn.

一年生草本。叶对生，边缘有不整齐的齿刻。头状花序腋生或顶生；总苞卵形或长圆形，总苞片数个；外围雌花1至数层，花冠舌状，黄色；中央两性花管状。瘦果长椭圆形；冠毛刚刺状。

南昆山1种。

1. 金腰箭

Synedrella nodiflora (L.) Gaertn.

一年生草本，高50～100 cm。叶长椭圆形至卵形。头状花序常2～7个簇生于叶腋；小花黄色；总苞卵形或长圆形，苞片数个；雌花舌状；两性花花冠管状。雌花瘦果倒卵状长圆形；两性花瘦果倒锥形或倒卵状圆柱形。花期6～10月。

南昆山产于上坪，生于旷野、耕地、路旁及宅旁。分布于我国东南至西南地区。原产美洲，现广布世界热带和亚热带地区。

38. 羽芒菊属 Tridax L.

一或二年生草本。叶常为基生，或兼具有基生及对生叶。头状花序单生于柄上；总包片1～5层；舌状花雌性，淡黄色；盘花管状，两性。瘦果倒圆锥形或圆柱形，冠毛羽毛状。

南昆山1种。

1. 羽芒菊

Tridax procumbens L.

多年生草本，高15～40 cm。叶对生，卵形或披针形，边缘粗锯齿缘或羽状裂。头状花序单生枝顶；总苞钟状；边花舌状，雌性；盘花筒状，两性。瘦果密被毛；冠毛羽毛状。花期11月至翌年3月。

南昆山产于上坪，生于旷野、荒地、路旁阳处。分布于我国南部。原产美洲热带；越南及印度也有。

39. 斑鸠菊属 Vernonia Schreb.

生长型、叶形及头花之排列均极多变。叶互生。头状花序排列成圆锥状，伞房状或总状；总苞钟状或近于球状，苞片多层覆瓦状排列，外层苞片最短；小花花冠5裂，白色、粉红色、紫色或蓝色，少为黄色。瘦果有棱或呈角柱形；冠毛1或2层。

南昆山4种。

1. 草本。
   2. 瘦果冠毛2层，头状花序直径约6 mm……………………………… 1. 夜香牛 V. cinerea
   2. 瘦果冠毛1层，头状花序直径约8～10 mm……………………………… 3. 咸虾花 V. patula
1. 木本。
   3. 攀缘灌木或藤本，叶片侧脉5～7对……………………………… 2. 毒根斑鸠菊 V. cumingiana
   3. 直立灌木或小乔木，叶片侧脉7～9对……………………………… 4. 茄叶斑鸠菊 V. solanifolia

1. 夜香牛

Vernonia cinerea (L.) Less.

一年生或多年生草本；茎高20～100 cm。下部和中部叶具柄，菱状卵形；上部叶渐尖，狭长圆状披针形或针形；叶向上渐变小变细。头状花序多数，在花茎枝端排列成伞房状圆锥花序；总苞钟状，总苞片4层；花淡红紫色，花冠管状。瘦果圆柱形；冠毛白色。花果期全年。

南昆山产于中坪，生于山坡旷野、荒地、田边、路旁。分布于我国华南、华东、华中及西南地区。南亚、东南亚及非洲地区也有。全草可药用，治感冒发热、神经衰弱、失眠、痢疾、跌打扭伤、蛇伤、乳腺炎等。

2. 毒根斑鸠菊

Vernonia cumingiana Benth.

攀缘灌木或藤本，长3～12 m；枝圆柱形，被褐色绒毛。叶卵状长圆形。头状花序具18～21个花，在枝端或上部叶腋排列成顶生或腋生疏圆锥花序；总苞卵状球形或钟状，总苞片5层；花淡红或淡红紫色。瘦果近圆柱形；冠毛红色或红褐色。花果期10月至翌年4月。

南昆山产于天堂顶，生于河边、山谷阴处灌丛或疏林中，常攀缘于树上。分布于我国华南、西南及华东地区。东南亚也有。全株有毒，误服引起腹痛、腹泻、头昏、眼花乃至精神失常；干根或茎藤可药用。

3. 咸虾花（大叶咸虾花）

Vernonia patula (Dryand.) Merr.

一年生草本，茎高30～90 cm，直立，多分枝。中部叶卵椭圆形或近圆形。头状花序通常2～3个生于枝顶端或排列成分枝宽的圆锥状或伞房状；总苞扁球形，总苞片4～5层；具75～100个管状小花，紫红色；冠毛白色。花期7月至翌年5月。

南昆山产于佛坳、上坪，生于荒坡旷野、田边、路旁。分布于我国华南、华东及西南地区。东南亚地区也有。全草可药用，发表散寒，清热止泻；治急性肠胃炎、风热感冒、头痛、疟疾等症。

4. 茄叶斑鸠菊

Vernonia solanifolia Benth.

直立灌木或小乔木，高8～12 m；枝开展或有时攀缘，被黄褐色绒毛。叶具柄，卵形或卵状长圆形，长6～16 cm，顶端钝或短尖，全缘或具疏钝齿，侧脉7～9对。头状花序小，在枝顶排列成具叶宽达20 cm的复伞房花序；花冠管状，粉红色或淡紫色。瘦果4～5棱，近圆柱状；冠毛淡黄色。花期11月至翌年4月。

南昆山产于天堂顶，生于河边、山谷阴处灌丛或疏林中。分布于我国华南及西南地区。南亚及东南亚也有。全草入药，发表散寒，清热止泻；治急性肠胃炎、风热感冒、头痛等。

40. 蟛蜞菊属 Sphagneticola

草本或灌木。叶对生，常被粗毛。头状花序单生或2～3个同出于叶腋或枝端；总苞钟形或半球形，总苞片2层；外围雌花1层，黄色；中央两性花较多，黄色。瘦果形态多变，常有翼。无冠毛或退化为1～3个冠毛环。

南昆山3种。

1. 叶三裂……………………………………2. 三裂叶蟛蜞菊 W. trilobata
1. 叶不裂。
   2. 叶边缘有1～3对疏齿刻或全缘，叶柄不明显或无……………………………………………………………… 1. 蟛蜞菊 W. chinensis
   2. 叶边缘有多数锯齿，具长柄 ……… 2. 山蟛蜞菊 W. wallichii

1. 蟛蜞菊

Wedelia chinensis (Osbeck) Merr.

多年生匍匐草本。叶椭圆形、长圆形或线形，长3～7 cm，全缘或具1～3对疏齿。头状花序单生枝顶或叶腋；总苞钟形，总苞片2层；舌状花1层，黄色；管状花黄色，花冠近钟形。瘦果顶端缩收而浑圆；具冠毛环。花期4～6月。

南昆山产于天堂顶，生于疏林或斜坡草地。分布于我国华南及西南；亚洲热带、非洲、美洲和澳大利亚。

2. 三裂叶蟛蜞菊 *

Wedelia trilobata (Linn.) Hitch.

多年生草本。茎平卧，无毛或被短柔毛，节上生根，叶对生，多汁，椭圆形至披针形，通常3裂，裂片三角形，具疏齿，先端急尖，基部楔形，无毛或散生短柔毛，有时粗糙。头状花序腋生具长梗，苞片披针形，长10～15 mm，具缘毛；舌状花4～8，黄色，先端具3～4齿，能育；盘花多数，黄色。瘦果棍棒状，具角，长约5 mm，黑色。花期几全年，但以夏至秋季为盛。

下坪有栽培，适应性强，能在不同土质生长，耐旱且耐湿。几遍全国。

3. 山蟛蜞菊

Wedelia wallichii Less.

直立草本。叶片卵形或卵状披针形，近基出三脉；上部叶小，披针形，有短柄。头状花序较小，通常单生于叶腋和茎顶；舌状花1层，黄色，舌片长圆形；管状花向上端渐扩大，檐部5裂，裂片长圆形，顶端钝，被疏短毛。瘦果倒卵状三棱形，略扁；冠毛2～3个，短刺芒状，生于冠毛环上。花期4～10月。

南昆山产于石河奇观，生于溪边、路旁或山区沟谷中，常见。广布于华南至西南省区。印度、中南半岛也有。本种有毒，猪、牛、羊和家兔误食能致死。

41. 苍耳属 Xanthium L.

一年生粗壮草本。叶互生，全缘或多少分裂。头状花序单性，雌雄同株；在叶腋单生或密集成穗状；雄头状花序着生于茎枝上端，总苞宽半球形，总苞片1～2层；雌头状花序单生或密集于茎枝的下部，无花冠。瘦果2，无冠毛。

南昆山1种。

1. 苍耳（痴头婆）

Xanthium sibiricum Patrin ex Widder

一年生草本，高20～90 cm。叶三角状卵形或心形，近全缘或有3～5不明显浅裂，叶脉被糙毛。雄性头状花序球形，有多数雄花，花冠钟形；雌性头状花序椭圆形，总苞片2层。瘦果2，倒卵形。花期7～8月；果期9～10月。

南昆山产于下坪、七星湖，生于荒野路边、田边。分布于我国华南、西南、华北、西北及东北地区。俄罗斯、伊朗、印度、朝鲜及日本也有。种子可榨油；果实可药用。

42. 黄鹌菜属 Youngia Cass.

一、二年生至多年生草本。叶羽状分裂或不分裂。头状花序在茎枝顶端沿茎排成总状花序、伞房花序或圆锥状伞房花序；总苞圆柱状或钟状，总苞片3～4层；舌状小花两性，黄色。瘦果纺锤形，具10～20条棱；冠毛白色。

南昆山2种。

1. 叶基部耳状扩大抱茎……………………1. 抱茎黄鹌菜 Y. denticulata
1. 叶基部不抱茎……………………………………2. 黄鹌菜 Y. japonica

1. 抱茎黄鹌菜(黄瓜菜)

Youngia denticulata (Houtt.) Kitam. [*Paraixeris denticulata* (Houtt.) Nakai]

草本，高30～120 cm。叶不分裂，基部耳状扩大抱茎，两面无毛。头状花序多数，在枝顶成伞房花序或伞房圆锥状花序，含15枚舌状小花；总苞片2层；舌状小花黄色。瘦果褐色或黑褐色；冠毛白色，糙毛状。花果期5～11月。

南昆山产于七星湖，生于山坡林下、田边、岩石上或岩石缝隙中。分布几遍全国。俄罗斯远东地区、蒙古、朝鲜、日本也有。

2. 黄鹌菜

Youngia japonica (L.) DC.

一年生草本，高10～100 cm。基生叶莲座状，倒披针形，琴状羽状分裂；常无茎生叶或极少有1～2枚茎生叶。头状花序在茎枝顶端排成伞房花序；总苞圆柱状，总苞片4层；舌状小花黄色。瘦果纺锤形，具11～13道纵棱；冠毛白色。花果期4～10月。

南昆山产于上坪横坑，生于山坡、山谷、山沟林缘、林下。除东北、西北地外广布全国。朝鲜、日本、东南亚也有。

239. 龙胆科 Gentianaceae

一年生或多年生陆生草本。茎直立、斜升或缠绕。单叶，稀复叶，常对生，全缘，无托叶。聚伞花序或复聚伞花序；花两性，辐射对称，通常4～5数。蒴果常2瓣开裂；种子小，多数。

南昆山3属4种。

1. 直立或斜升草本。
    2. 花萼筒形，深裂……………………………1. 穿心草属 Canscora
    2. 花萼筒形或钟形，浅裂…………………2. 龙胆属 Gentiana
1. 缠绕草本……………………………………3. 双蝴蝶属 Tripterospermum

1. 穿心草属 Canscora Lam.

一年生草本。叶对生。复聚伞花序呈假二叉状分枝，或聚伞花序顶生及腋生；花常4～5数。蒴果内藏，2裂；种子多而扁平，近圆形，表面具网纹。

南昆山1种。

1. 罗星草

Canscora andrographioides Griffith ex C. B. Clarke

一年生草本，高20～40 cm。茎直立，四棱形，多分枝。叶无柄，卵状披针形，长1～5 cm。复聚伞花序呈假二叉分枝或聚伞花序顶生及腋生；花冠白色，冠筒筒状，裂片平展，十字形。蒴果内藏，膜质，矩圆形；种子小，扁压，黄褐色。花果期9～10月。

南昆山产于上坪、天堂顶、北面山，生于山谷、林下、田地中。分布于我国华南及西南地区。

2. 龙胆属 Gentiana Linnaeus

一年生或多年生草本。茎直立或斜生，四棱柱形。叶常对生，全缘。复聚伞花序、聚伞花序或单花，花4～5数，花萼筒形或钟形。蒴果2裂；种子多而微小。

南昆山1种。

1. 华南龙胆

Gentiana loureirii Griseb.

多年生草本，高3～8 cm。根略肉质粗壮。茎丛生直立。基生叶莲座状排列，叶狭椭圆形，长15～30 mm；茎生叶对生，椭圆形，长5～7 mm。花单生于小枝顶端；花萼钟状；花冠紫色，漏斗状。蒴果倒卵状，具宽翅。花果期2～9月。

南昆山产于天堂顶，生于山坡路旁或林下。分布于我国华南、华中及华东地区。越南也有。全株入药，有清热利尿、消炎解毒之效。

3. 双蝴蝶属 Tripterospermum Bl.

多年生缠绕草本。叶对生。聚伞花序或单生；花5基数；花冠钟状，花冠裂片间有褶。浆果或蒴果，2瓣开裂；种子多数，三棱形。

南昆山2种。

1. 蒴果椭圆形，种子扁平，具宽翅 ………… 1. 双蝴蝶 T. chinense
1. 浆果近球形，种子椭圆形，无翅 …… 2. 香港双蝴蝶 T. nienkui

1. 双蝴蝶

Tripterospermum chinense (Migo) H. Smith

多年生缠绕草本。基生叶2对，着生于茎基部，紧贴地面，密集呈双蝴蝶状；茎生叶卵状披针形，叶脉3条，全缘。聚伞花序2～4朵，腋生；花萼钟形，萼裂片线状披针形，短于萼筒或等长；花冠蓝紫色或淡紫色，钟形。蒴果椭圆形；种子淡褐色，近圆形，具盘状双翅。花果期10～12月。

南昆山产于上坪、天堂顶，生山坡林缘或灌木丛中，分布于我国华东地区及广东、广西。

2. 香港双蝴蝶

Tripterospermum nienkui (Marq.) C. J. Wu

多年生缠绕草本。根状茎短，地上茎缠绕，具细条棱。叶卵形，长3～9 cm，边缘微波浪状。花单生或2～3朵组成聚伞花序；花冠紫色、蓝色或绿紫色，狭钟状。浆果内藏，近球形；种子椭圆形或卵形。花果期9月至翌年1月。

南昆山产于上坪、天堂顶，生于山坡疏林或山谷林缘。分布于我国华南、华中及华东地区。全株入药，有清热解毒、养阴润肺之效。

239A. 睡菜科 Menyanthaceae

多年生或一年生草本，水生或沼生。叶常互生，单叶或具3小叶的复叶；无托叶。花基数4或5，常两性，辐射对称；花冠辐状或钟状，裂片覆瓦状排列。蒴果，种子有时具翅。

南昆山1属1种。

1. 荇菜属 Nymphoides Seguier

多年生浮水或沼生草本。单叶互生，卵形或近圆形。花数4或5，两性，常簇生于节处，黄色或白色。蒴果卵形或椭球形，不开裂。种子表面平滑。

南昆山1种。

1. 水皮莲

Nymphoides cristata (Roxb.) Kuntze

多年生浮生草本。茎圆柱形，不分枝。叶近革质，近圆形，长3～10 cm，全缘，背面密被腺体。花多数，簇生于节处；花冠白色，基部黄色。蒴果近球形，不开裂。种子黄色，近球形。花果期9月。

南昆山产于石河奇观，生于浅水塘中。分布于我国华南、华中、华东及西南地区。印度也有。水生观赏。

240. 报春花科 Primulaceae

多年生或一年生草本，稀亚灌木。叶互生、对生或轮生，或全部基生。花单生或组成总状花序、圆锥花序或伞形花序；花两性，辐射对称。蒴果，瓣裂、盖裂或不规则开裂。

南昆山1属2种。

1. 珍珠菜属 Lysimachia L.

直立或匍匐草本，常具腺点。叶对生、互生或轮生，全缘。单花腋生或组成顶生总状花序；花冠黄色或白色，稀带紫红色。蒴果近球形，瓣裂或不开裂。

南昆山2种。

1. 无地下茎……………………………… 1. 延叶珍珠菜L. decurrens
1. 地下茎横走，红色……………………………… 2. 星宿菜L. fortunei

1. 延叶珍珠菜

Lysimachia decurrens Forst. f.

茎粗壮，高40～90 cm，钝四棱形。叶互生或近对生，椭圆形，长6～12 cm，两面具黑色腺点。总状花序顶生；萼裂片有黑色腺条；花冠白色或带紫红色，具褐色腺点。蒴果褐色。花果期3～7月。

南昆山产于下坪，生于村边旷地及疏林下。分布于我国华南、华中、华东及西南地区。日本、东南亚及中南半岛。全草入药，有消肿止痛之效，治跌打、疔毒等。

2. 星宿菜

Lysimachia fortunei Maxim.

地下茎横走，紫红色；茎直立，基部带紫红色。叶互生，椭圆状披针形至椭圆形，长5～11 cm，两面具褐色腺点。总状花序；萼裂片与花冠背面均具黑色腺点；花冠白色，裂片倒卵形。朔果褐色。花果期6～11月。

南昆山产于上坪横坑，生于路旁、田埂或溪边草丛中。分布于我国华南、华中、华东、西南地区及陕西。朝鲜、日本也有。民间常用草药，有清热利湿、活血调经等功效。

242. 车前草科 Plantaginaceae

一年生或多年生草本，稀亚灌木。单叶常基生，叶柄基部常呈鞘状。头状或穗状花序生于花莛上；花小，常两性，稀杂性或单性；辐射对称。蒴果周裂，稀为坚果；种子一至多数。

南昆山1属2种。

1. 车前草属 Plantago L.

一年生或多年生草本。叶常基生，叶柄基部常扩大成鞘状。花小，常两性，穗状或头状花序生于花莛上。蒴果膜质；种子二至多数，近球形或压扁。

南昆山2种。

1. 叶宽卵形至宽椭圆形；花具短梗……………… 1. 车前P. asiatica
1. 叶阔卵形或近圆形；花无梗……………………… 2. 大车前P. major

1. 车前

Plantago asiatica L.

二年生或多年生草本。叶基生呈莲座状，宽卵形至宽椭圆形，长4～12 cm。穗状花序；花具短梗；花冠白色，裂片狭三角形。蒴果纺锤状卵形、卵球形或圆锥状卵形，于基部上方周裂。种子黑褐色至黑色。花期4～8月；果期6～9月。

南昆山产于七星湖、下坪，生于草地、沟边、田边、路旁或村边空旷处。分布几遍全国。亚洲与俄罗斯(远东)广布。药用，具祛痰、镇咳、平喘等作用。

2. 大车前

Plantago major L.

多年生草本，具短而厚的根状茎。叶基生呈莲座状，阔卵形或近圆形，长5～12 cm。穗状花序；花小而密集；苞片绿色；花冠裂片披针形至狭卵形。蒴果椭圆形，中部周裂；种子8～16颗，黑褐色。花果期夏秋。

南昆山产于下坪、中坪，生于路边或荒地。分布几遍全国。欧洲及亚洲广布。药用，有利尿、镇咳作用。

243. 桔梗科 Campanulaceae

直立或缠绕草本，稀小灌木或小乔木，常具乳汁。单叶常互生。花两性；辐射对称或两侧对称；单生或排成各种花序；花冠管状或钟状，5裂。蒴果开裂或浆果，顶冠以宿萼；种子多数，具胚乳。

南昆山3属，4种。

1. 浆果，顶端平截形……………………1. 金钱豹属Campanumoea
1. 朔果，顶端圆柱状渐尖。
   2. 蒴果裂片与花萼裂片对生………………2. 桔梗属 Platycodon
   2. 蒴果裂片与花萼裂片互生………3. 蓝花参属Wahlenbergia

1. 金钱豹属 Campanumoea Bl.

多年生直立或缠绕草本；根膨大。叶多对生。花单生或排成聚伞花序；花冠阔钟形。浆果，近球形，顶端平；种子多数。

南昆山2种。

1. 藤本……………………………………………1. 大花金钱豹C. javanica
1. 直立或披散草本……………………………2. 桃叶金钱豹C. lancifolia

1. 大花金钱豹（土党参）
Campanumoea javanica Bl.

攀缘或缠绕、草质藤本；根肥厚。茎多分枝。叶常对生，心形，长3～11 cm，边缘具疏锯齿。花单朵腋生；花冠淡绿色，内面紫色，钟状。浆果紫红色。花期8～10月。

南昆山产于上坪，生于山地灌丛。分布于我国华南及西南地区。不丹至印度尼西亚也有。果甜，可食；根有清热、镇静之效。

2. 桃叶金钱豹（长叶轮钟草）
Campanumoea lancifolia (Roxb.) Merr.

直立或披散草本；茎中空，分枝多而长。叶对生，长卵形或卵状披针形，长6～13 cm，边缘具齿。单花腋生或顶生或组成聚伞花序；花冠白色或淡红色，钟形。浆果紫黑色，近球形，顶端平。花期7～10月。

南昆山产于上坪三坑、大坑尾，生于林中、灌丛或林缘草地。分布于我国华南、华中、华东及西南地区。亚洲东南部也有。根能益气补虚，祛瘀止痛。

2. 桔梗属 Platycodon A. DC.

多年生草本。茎直立。叶轮生至互生。花萼5裂；花冠宽漏斗状钟形，5裂；雄蕊5枚，离生，无花盘；子房半下位，5室，柱头5裂。蒴果在顶端室背5裂，裂片带着隔膜。种子多数，黑色，一端斜截，一端急尖。

南昆山1种。

1. 桔梗
Platycodon grandiflorus (Jacq.) A. DC.

单种属，特征与属同。花果期7～9月。

南昆山产于天堂顶，生于阳处灌草丛中。分布几遍全国。朝鲜、日本、苏俄罗斯南部也有。根药用，有止咳、祛痰、消炎等效。

3. 蓝花参属 Wahlenbergia Schrad. ex Roth

一年生或多年生草本，稀亚灌木。叶常互生，螺旋排列。圆锥花序顶生或腋生；花冠钟形，常3～5浅裂，花紫色、蓝色或白色。蒴果；种子多数，椭圆形。

南昆山1种。

1. 蓝花参
Wahlenbergia marginata (Thunb.) A. DC.

多年生直立或披散草本，有白色乳汁；茎基部多分枝。叶互生，线形至长圆形，长1～5 cm。单花顶生或组成聚伞花序；花冠钟状，蓝色、粉红色、白色或紫堇色。蒴果倒圆锥形；种子长圆形。花果期2～5月。

南昆山产于下坪、七星湖，生于田边、路边或荒地、山坡或沟边。分布于我国长江流域以南地区。亚洲热带、亚热带地区及澳大利亚。根药用，治小儿疳积、痰积和高血压等症。

244. 半边莲科 Lobeliaceae

一年生或多年生草本灌木，稀乔木；常具乳汁，多有剧毒。单叶，常互生。花单生或排成总状花序或圆锥花序；花两性；两侧对称；5数。浆果或蒴果，开裂；种子小。

南昆山2属，5种。

1. 果为蒴果……………………………………1. 半边莲属 Lobelia
1. 果为浆果……………………………………2. 铜锤玉带属 Pratia

1. 半边莲属 Lobelia L.

一年生或多年生草本或亚灌木，稀呈乔木状。叶互生。花两性，稀单性，单生或排成总状花序或圆锥花序；两侧对称。蒴果顶端2裂。种子长圆状或三棱状。

南昆山4种。

1. 粗壮草本，一般高在60 cm以上……3. 线萼山梗菜 L. melliana
1. 矮小草本，高一般不逾50 cm。
  2. 花冠所有裂片平展在下方，呈一个平面……………………………………2. 半边莲 L. chinensis
  2. 花冠二唇形。
    3. 全株被疏毛，花冠紫色、淡紫色或白色……………………………………4. 卵叶半边莲 L. zeylanica
    3. 全株无毛，花冠淡蓝色………1. 短柄半边莲 L. alsinoides

1. 短柄半边莲
Lobelia alsinoides Lam

一年生草本；茎较强壮具角棱。叶螺旋状排列，近圆形或阔卵形，两面粗糙；叶柄短，长1～3 mm。花单生于叶状苞片腋间，呈稀疏的总状花序式；花冠淡蓝色。蒴果矩圆状。种子三棱状，暗棕色。几乎全年开花结果。

南昆山产于七星湖，生于水田、水沟边或林间潮湿草地。

分布于我国华南、华东、西南等地区。南亚、中南半岛至东南亚也有分布。

2. 半边莲

Lobelia chinensis Lour.

多年生匍匐或上升草本，节上生根。叶互生，线形至披针形。花单生于分枝的上部叶腋；花冠粉红色或淡紫色。蒴果倒锥形；种子椭圆形，棕色。花果期5～10月。

南昆山产于上坪，生于水田边、沟边及湿地上。分布于我国长江中下游以南各省。亚洲东部至东南部也有。全株入药，有利尿消肿、清热解毒之效。

3. 线萼山梗菜（东南山梗菜）

Lobelia melliana E. Wimm.

多年生草本，茎禾杆色。叶螺旋状排列，镰状卵形至镰状披针形，长6～15 cm；有短柄或近无柄。总状花序生主茎和分枝顶端；花冠淡红色。蒴果近球形，上举。种子矩圆状，稍压扁，表面有蜂窝状纹饰。花果期8～10月。

南昆山产于中坪至中坪尾、上坪大坑尾一带，生于沟谷、道路旁、水沟边或林中潮湿地。分布于我国华南、华中及华东部分地区。全草入药，有微毒，有宣肺化痰、清热解毒、利尿消肿的功效，可作利尿、催吐、泻下剂之用，也治毒蛇咬伤。

4. 卵叶半边莲（疏毛半边莲）

Lobelia zeylanica L.

一年生匍匐草本；茎具棱；全株被疏毛。叶螺旋排列，卵形，长1.5～4 cm。花单生叶腋；花萼钟形，被短柔毛；花冠紫色或白色，二唇形。蒴果倒圆锥形至长圆形；种子三棱形，红褐色。花果期几乎全年。

南昆山产于七星湖，生于水田边、沟边及湿地上。分布于我国华东、华南及西南地区。东亚至东南亚也有。

2. 铜锤玉带属 Pratia Gaudich.

一年生或多年生草本；茎平卧，节上生根。叶互生。花单生叶腋，稀排成总状花序。浆果或不开裂干果；种子多数，扁球形、椭圆形或不规则方形。

南昆山1种。

1. 铜锤玉带草

Pratia nummularia (Lam.) A. Br. et Aschers.

多年生草本，有白色乳汁。茎匍匐，被柔毛。叶互生，卵形或心形。花单生于叶腋；花冠紫红色、淡紫色、绿色或黄白色。浆果紫红色，椭圆状球形；种子多数，近球形。花果期全年。

南昆山产于上坪飞鼠岩，生于田边、路旁、草坡或疏林中湿地。分布于我国华南、华东及西南地区。印度、缅甸至巴布新几内亚也有。全草入药，有祛风利湿、活血散瘀的作用。

249. 紫草科 Boraginaceae

多为草本，少为灌木或乔木，植株多有硬毛。单叶，多互生，全缘或有锯齿，不具托叶。多为聚伞花序或镰状聚伞花序；花两性，具5个基部至中部合生的萼片；雄蕊5。核果；种子1～4。

南昆山5属，7种。

1. 木本。
  2. 叶缘常皱波状 ··· 2. 破布木属 Cordia
  2. 叶缘具整齐锯齿 ······································ 4. 厚壳树属 Ehretia
1. 多为草本。
  3. 花排列于花序轴一侧 ······················ 5. 天芥菜属 Heliotropium
  3. 花非排列于花序轴一侧。
    4. 小坚果有锚状刺或翅 ··············· 3. 琉璃草属 Cynoglossum
    4. 小坚果无锚状刺 ················· 1. 斑种草属 Bothriospermum

1. 斑种草属 Bothriospermum Bge.

一年生或二年生小草本，被伏毛。叶互生，叶形多样。花小，蓝色或白色，排列为镰状聚伞花序；花萼5裂，裂片披针形；花冠辐状；雄蕊5，着生花冠筒部；子房4裂。小坚果4。

南昆山1种。

1. 柔弱斑种草

Bothriospermum zeylanicum (J. Jacquin) Druce (*B. tenellum* (Hornem.) Fisch. et Mey.

一年生草本；茎细弱，多分枝，被糙伏毛。叶椭圆形，长1～2.5 cm，基部宽楔形，正背两面被毛。花序柔弱，长10～20 cm；花梗短，长1～2 mm；花冠蓝色，基部直径1 mm。小坚果肾形，腹面具环状凹陷。花果期2～10月。

南昆山产于中坪，生于路边。分布于我国大部分地区。喜马拉雅至日本。全草有微毒，可止咳。

2. 破布木属 Cordia L.

乔木或灌木。叶多互生，全缘或具锯齿。聚伞花序；花两性；花萼筒状或钟状；花冠钟状或漏斗状，通常5裂；子房4室，无毛。核果球形，1～4种子。

南昆山1种。

1. 破布木

Cordia dichotoma Forst. f.

乔木。叶卵形或椭圆形，长6～13 cm，边缘通常微波状，两面被短毛；叶柄细弱，长2～5 cm。聚伞花序生于侧枝先端，呈伞房状；花二型，无梗；花萼钟状，5裂，长5～6 mm；花冠白色。核果近球形。花期2～4月；果期6～8月。

南昆山产于佛坳，生于山坡疏林中。分布于我国华南及西南地区。东南亚国家也有。果实可榨油；入药，有祛痰利尿之效。

3. 琉璃草属 Cynoglossum L.

多年生草本。单叶，全缘。镰状聚伞花序顶生及腋生；花梗果期下弯或增长；花萼5裂，果期增大；花冠多为蓝色，钟状、筒状或漏斗状，5裂；雄蕊5；子房4裂。小坚果4，球形。

南昆山2种。

1. 叶两面密生短伏毛；花冠喉部附属物梯形 ······································ 2. 琉璃草 C. zeylanicum
1. 叶正面密生硬毛，背面密生柔毛；花冠喉部附属物半月形 ······ ······························· 1. 小花琉璃草 C. lanceolatum

1. 小花琉璃草

Cynoglossum lanceolatum Forssk.

多年生草本；茎直立，密生硬毛。基生叶长圆状披针形，茎生叶披针形。花序顶生及腋生；花萼长1～1.5 mm，裂片卵形，外面被密毛；花冠淡蓝色，钟状。小坚果卵球形。花果期4～9月。

南昆山产于上坪、中坪，生于山坡、丘陵和路边。分布于我国华南、华东、西南及西北地区。喜马拉雅及中南半岛也有。全草入药，可活血。

2. 琉璃草

Cynoglossum zeylanicum(Vahl.)Brand

直立草本。茎密被伏黄褐色糙伏毛。基生叶及茎下部叶具柄，长圆形或长圆状披针形；茎上部叶无柄，被密伏的伏毛。花序顶生及腋生；花冠蓝色，漏斗状，喉部有5个梯形附属物。小坚果卵球形，密生锚状刺。花果期5～10月。

南昆山产于上坪，生林间草地、向阳山坡及路边。分布于我国华南、华东、西南、西北及华北部分地区。亚洲广布。根叶供药用，可治疮疖痈肿、跌打损伤、毒蛇咬伤及黄胆、痢疾、尿痛及肺结核咳嗽。

4. 厚壳树属 Ehretia L.

乔木或灌木。叶互生，全缘或具锯齿。聚伞花序呈伞房状；花萼小，5裂；花冠筒状，白色或淡黄色，5裂；子房圆球形，2室。核果近球形，多为黄色，无毛。

南昆山2种。

1. 树皮条裂；叶缘具整齐的锯齿…………1. 厚壳树E. acuminata
1. 树皮片状剥落；叶全缘………………2. 长花厚壳树E. longiflora

1. 厚壳树

Ehretia acuminata R. Br.

落叶乔木；树皮黑灰色，条裂。叶椭圆形，长5～13 cm，边缘有整齐的锯齿。聚伞花序圆锥状，长8～15 cm；花多数，芳香；花萼长1.5～2 mm；花冠钟状，白色。核果黄色，直径3～4 mm；核具皱折，成熟时分裂。

南昆山产于佛坳、鹰嘴石，生于山谷。分布于我国华南、华中、华东等地区。日本、越南等国也有。可作行道树；树皮作染料。

2. 长花厚壳树

Ehretia longiflora Champ. ex Benth.

乔木。叶椭圆形，长8～12 cm，全缘，无毛。聚伞花序生侧枝顶端，呈伞房状，宽3～6 cm；花萼长1.5～2 mm，无毛；花冠白色，筒状钟形，长10～11 mm。核果黄色，核具棱，分裂。花期4月；果期6～7月。

南昆山产于中坪、十字水，生于山林中。分布于我国华南、西南部分省区。越南也有。嫩叶可代茶用。

5. 天芥菜属 Heliotropium L.

草本，稀为半灌木，被柔毛。叶多为互生。花小形，集为顶生的镰状聚伞花序，稀腋生；花萼5裂；花冠圆筒形或漏斗形，多白色，被毛；雄蕊5；子房4裂。核果，开裂。

南昆山1种。

1. 大尾摇

Heliotropium indicum L.

一年生草本；茎直立，粗壮。叶互生，卵形，长3～9 cm，叶缘微波状，两面均被毛，叶脉明显。镰状聚伞花序长5～15 cm，不分枝；花排列于花序轴的一侧；花冠浅蓝色，高脚碟状。核果具肋棱，深2裂。花果期4～10月。

南昆山产于七星湖，生于荒草地。分布于我国华南、华东及西南地区。世界热带及亚热带地区广布。全草或根入药，有清凉解毒、排脓止疼之效。

250. 茄科 Solanaceae

一至多年生草本、灌木或小乔木。单叶或羽状复叶，多互生。花单生或排成聚伞花序，顶生或腋生；花冠合瓣，常5裂。浆果或蒴果；种子圆盘形或肾形；种皮常有凹点。

南昆山3属，6种，1变种。

1. 花萼在花后显著增大而包围果实 ··············· 2. 酸浆属Physalis
1. 花萼在花后不显著增大，通常托于果实基部，罕包围果实。
   2. 花单生或数朵簇生 ··························· 1. 红丝线属Lycianthes
   2. 花排成各式聚伞花序，极少单生 ···············3. 茄属Solanum

1. 红丝线属 Lycianthes (Dunal) Hassl.

灌木、亚灌木或草本，小枝具毛。叶常一大一小假双生，全缘。花1～7朵簇生叶腋，无花序柄；花冠辐状或星状，5裂；雄蕊5。浆果球状，多汁；种子外具网纹。

南昆山1种，1变种。

1. 直立草本至亚灌木，茎不匍匐 ··················· 1. 红丝线L. biflora
1. 匍匐状草本，节上生不定根·····································
   ····················· 2. 茎根红丝线L. lysimachioides var. caulorhiza

1. 红丝线(十萼茄)

Lycianthes biflora (Lour.) Bitter [*Solanum biflorum* Lour.]

一年或二年生直立草本至亚灌木。叶单生或大小2叶假双生，全缘。花白色或淡紫色，5深裂。浆果球形，熟时红色；种子具网纹。花期5～8月；果期7～11月。

南昆山产于七星湖，生于村旁、路旁或林下土壤肥沃潮湿处。分布于我国华南、华中、华东及西南地区。印度经中南半岛至日本也分布。药用，有清热解毒之效。

2. 茎根红丝线

Lycianthes lysimachioides (Wall.) Bitter var. **caulorhiza** (Dunal) Bitter

多年生草本，植株密被膜质透明具节的单毛。叶假双生，卵形，椭圆形至卵状披针形，两面及叶柄均密被膜质具节的单毛；大叶片长3～5 cm。花序无柄，仅1朵花着生于叶腋内；花白色至粉红色。

南昆山产于天堂顶，生于林下或溪旁。分布于我国华南、西南等地区。印度尼西亚的爪哇也有分布。

2. 酸浆属 Physalis L.

一年或多年生草本。单叶互生或2叶双生于枝一侧。花单生叶腋或枝腋；花冠辐状或辐状钟形。浆果球形；种子有网纹。

南昆山1种。

1. 苦蘵

Physalis angulata L. [*P. esquirolii* Levl. et Vaniot.]

一年生草本。叶片卵形至卵形椭圆形。花单生叶腋；花冠淡黄色。浆果藏于薄纸质的宿萼内，球形；种子圆盘状。花果期5～12月。

南昆山产于上坪，生于山谷、村旁等土壤肥沃湿润地方。分布于我国东部至西南部地区。东南亚、日本、澳大利亚和美洲也有。药用，有清热、利尿的功效。

3. 茄属 Solanum L.

草本、灌木或小乔木。单叶互生或假双生，全缘或分裂。花两性，数朵成聚伞花序；花冠辐状、星状或漏斗状。浆果球形至椭圆形；种子扁平，表面具网状凹穴。

南昆山4种。

1. 植株无刺。
   2. 粗壮木本······························· 4. 假烟叶树S. verbascifolium
   2. 草本。
      3. 直立草本 ······························ 1. 少花龙葵S. americanum
      3. 草质藤本 ·· 2. 白英S. lyratum
1. 植株有刺·· 3. 水茄S. torvum

1. 少花龙葵

Solanum americanum Miller [*S. photeinocarpum* Nakamura et Odashima]

草本；茎披散，具棱。叶薄，膜质，卵状椭圆形、椭圆形或卵状披针形。花序腋外生，花1～6朵，近伞形；花冠白色，膜质。浆果球形，黑色；种子扁，近卵形。花果期几乎全年。

南昆山产于上坪，生于路旁、溪边等阴湿处。分布于我国华南、华中、华东地区。药用，可散瘀消肿、清热解毒。

2. 白英（千年不烂心）

Solanum lyratum Thunb.（*S. cathayanum* C. Y. Wu et S. C. Huang）

草质藤本。叶互生，多数为琴形，长3～6 cm，基部常3～5深裂，裂片全缘。聚伞花序顶生或腋外生，疏花；花冠蓝紫色或白色，浆果球状，成熟时红黑色；种子近盘状，扁平。花期夏秋；果熟期秋末。

南昆山产于上坪，生于山谷草地或路旁、田边。分布于我国华南、华中、西南、华东、西北等地区。日本、朝鲜、中南半岛也有分布。全草入药，可治小儿惊风；果实能治风火牙痛。

3. 水茄

Solanum torvum Swartz

灌木；枝被星状毛和黄色皮刺。叶单生或双生，卵形至椭圆形。伞房花序腋外生；花冠白色。浆果球形，黄色；种子盘状。花果期几乎全年。

南昆山产于下坪、石河奇观，生于潮湿处。分布于我国华南、西南及华东地区。广布亚洲和美洲热带地区。药用，有散瘀、消肿之功效。

4. 假烟叶树

Solanum verbascifolium L.

灌木或小乔木。叶片大而厚，卵状长圆形。圆锥状二歧聚伞花序顶生；花冠白色。浆果球状，具宿萼，黄褐色；种子扁平。花果期几乎全年。

南昆山产于七星湖，生于灌丛或疏林下。分布于我国华南、西南及华东地区。亚洲、大洋洲和南美洲热带地区广布。药用，可治疖肿、湿疹、皮炎等。

251. 旋花科Convolvulaceae

草本、亚灌木或灌木；茎缠绕，具乳汁。叶互生，螺旋排列，全缘，3浅裂、掌状或羽状裂，或退化成鳞片。花单生于叶腋，或组成腋生聚伞、总状或圆锥花序；花冠漏斗状、钟状、高脚碟状或坛状。蒴果或浆果。

南昆山4属，7种。

1. 无叶片寄生植物，茎白色至褐色 ………… 1. 菟丝子属Cuscuta
1. 具正常叶片的非寄生草本或藤本。
  2. 花柱2枚，分离或合生至中部以上 …2. 土丁桂属Evolvulus
  2. 花柱1枚。
    3. 花冠常黄色，纵带常具5条暗色的脉 ………………………………………………… 4. 鱼黄草属Merremia
    3. 花冠白色、红色、蓝紫色，极少黄色；纵带仅具2条脉 ……………………………………… 3. 番薯属Ipomoea

1. 菟丝子属Cuscuta L.

寄生草本；茎肉质，缠绕或攀缘于寄主植物上。无叶片，仅具疏生鳞片。花排成穗状、总状或簇生成聚伞花序；花冠钟状或管状，裂片4～5。蒴果近球形或卵形；种子1～4颗。

南昆山2种。

1. 蒴果仅下半部被宿存花冠包围，成熟时不规则开裂 ……………………………………… 1. 南方菟丝子C. australis
1. 蒴果全为宿存的花冠所包围，成熟时整齐周裂 ……………………………………… 2. 菟丝子C. chinensis

1. 南方菟丝子

Cuscuta australis R. Br.

一年生寄生草本。茎缠绕，纤细，金黄色。无叶。花簇生成小伞形或小团伞花序，总花序梗近无；苞片鳞片状；花冠乳白色或淡黄色，杯状。蒴果扁球形，下半部为宿存花冠所包。

南昆山产于七星湖，寄生于田边、路旁的豆科、菊科、马鞭草科等植被上。全国广泛分布。亚洲中、南、东部，向南经马来西亚，印度尼西亚以至大洋洲也有分布。种子药用，有补肝肾、益精壮阳，止泻的功能。

2. 菟丝子

Cuscuta chinensis Lam.

一年生草本；茎纤细，黄色。花白色，簇生成聚伞或团伞花序；苞片鳞片状；萼片5，三角形；花冠裂片卵状三角形；蒴果近球形。花果期7～11月。

南昆山产于佛坳，生于山地路旁或灌丛中。分布于我国大部分地区。亚洲西部、东南部至南部有分布。种子为中药“菟丝子”，有补肝肾、益精壮阳，止泻的功能。

2. 土丁桂属Evolvulus L.

一年或多年生草本，亚灌木或灌木。叶全缘。聚伞花序腋生或排成穗状或头状花序顶生；花冠辐状、漏斗状或高脚碟状。蒴果球形或卵形；种子1～4颗。

南昆山1种。

1. 土丁桂

Evolvulus alsinoides (L.) L.

多年生草本；茎斜举或平卧，被柔毛。叶长圆形、椭圆形或近卵形。聚伞花序腋生；花冠辐状，白色、浅蓝色或淡紫色。蒴果球形，无毛，4瓣裂；种子黑色。花果期2～11月。

南昆山产于佛坳、九重远眺，生于林下或草地、干草原。分布于我国长江以南各地区。广布亚洲东南部和南部，非洲东部热带地区。药用，有散瘀止痛、清湿热之功效。

3. 番薯属 Ipomoea L.

草本或灌木；茎多缠绕，有时平卧、直立或漂浮。叶全缘、浅裂或掌状裂。花单生或组成腋生聚伞花序或伞形头状花序；花冠漏斗状或钟状。蒴果近球形或卵形，4瓣裂；种子4颗或较少。

南昆山3种。

1. 叶5～7掌状裂。
   2. 叶5～7掌状全裂，呈复叶状；老茎常有小瘤体……………………1. 五爪金龙 I. cairica
   2. 叶5～7掌状深裂，老茎平滑…………3. 七爪龙 I. mauritiana
1. 叶全缘，阔卵形至近圆形……………………………………2. 牵牛 I. nil

1. 五爪金龙

Ipomoea cairica (L.) Sweet

多年生草本，全株无毛；茎缠绕，常有小瘤体。叶掌状全裂，轮廓卵形或圆形，长和宽3～9 cm，裂片5。聚伞花序腋生，有花1至多朵；花冠淡紫色，漏斗状。蒴果近球形；种子密被褐色毛。花期几全年。

南昆山产于下坪，生于稍湿润的菜园篱笆或水沟旁灌丛中。分布于我国南部各地区。非洲和亚洲热带地区广布。根有清热解毒之效，外敷可治热毒疮。

2. 牵牛

Ipomoea nil (Linnaeus) Roth (Pharbitis nil (L.) Choisy)

草质藤本，全株均被倒向的硬毛或柔毛。叶阔卵形至近圆形。聚伞花序腋生；花冠漏斗状，浅蓝色或紫红色。蒴果卵圆形；种子4～6颗，黑色。花期9～11月。

南昆山产于下坪，生于灌丛或荒地上。除东北、西北干旱地区外，我国各省均有分布。广布世界热带和温带地区。药用，有利尿逐痰功效。

3. 七爪龙

Ipomoea mauritiana Jacquin [*I. digitata* L.]

多年生藤本；具块根；茎缠绕。叶掌状5～7分裂，裂片披针形或狭卵形。聚伞花序腋生；花冠粉红色或紫红色，钟状。蒴果卵形，4瓣裂；种子仅上部棱角上密被易脱落的绵毛。花期5～10月。

南昆山产于七星湖，生于潮湿的疏林或灌丛中。分布于我国华南、华东及西南地区。广布亚洲东南部和太平洋群岛。

4. 鱼黄草属 Merremia Dennst. ex Endlicher

草本或灌木。叶全缘、3浅裂或掌状裂。花单朵腋生或排成聚伞或二歧聚伞花序；花冠钟状或漏斗状，黄色。蒴果4瓣或不规则开裂；种子1～4颗。

南昆山1种。

1. 篱栏网（鱼黄草）

Merremia hederacea (Burm. f.) Hall. f.

草质藤本。叶卵形，全缘或具疏齿，有时3裂。二歧聚伞花序腋生；花冠黄色，钟状，纵带具5脉。蒴果扁球形或圆锥形；种子被短柔毛。花果期10月至翌年3月。

南昆山产于下坪，生于菜园篱笆、荒草地或水沟草丛中。分布于我国华南、华中及西南地区。广布亚洲南部至东南部和非洲及大洋洲热带。药用，可治疮疥。

252. 玄参科Scrophulariaceae

草本，少为灌木或乔木。单叶对生或互生。花单生或腋生或顶生的总状、穗状、聚伞状或圆锥状花序；花萼5裂；花冠合瓣。果为蒴果；种子细小，种皮光滑，有时具翅、棱或网状脉纹。

南昆山11属，24种，1变种。

1. 乔木、直立或藤状灌木，嫩枝和叶被星状毛。
  2. 乔木；花组成聚伞花序；花梗上无苞片……………………………………6. 泡桐属Paulownia
  2. 直立或藤状灌木；花1～2朵腋生；花梗中部具2苞片………………………………2. 来江藤属Brandisia
1. 草本，枝和叶无星状毛。
  3. 叶缘无齿……………………………………9. 独脚金属Striga
  3. 叶缘有齿。
    4. 叶背有疏或密的凹陷腺点。
      5. 花萼裂片等大或后方1枚较大……………………………………3. 石龙尾属Limnophila
      5. 花萼裂片不等大……………………1. 毛麝香属Adenosma
    4. 叶背无凹陷腺点。
      6. 花萼钟状或漏斗状……………………5. 通泉草属Mazus
      6. 花萼管状或深裂至基部。
        7. 花萼具翅或棱，顶端浅齿裂····10. 蝴蝶草属Torenia
        7. 花萼无翅或棱，如有，则中至深裂。
          8. 花排成密集的穗状花序或总状花序或单生；雄蕊2……………………………………11. 婆婆纳属Veronica
          8. 花1～5朵腋生或排成疏散的总状花序；雄蕊4。
            9. 花1～5朵簇生叶腋；花冠辐状，檐部非唇形……………………………………7. 野甘草属Scoparia
            9. 花单生叶腋或排成总状花序；花冠具长冠管，檐部二唇形。
              10. 花萼管粗短，具5棱……4. 母草属Lindernia
              10. 花萼管细长，具10条棱……………………………………8. 阴行草属Siphonostegia

1. 毛麝香属Adenosma R. Br.

直立或匍匐草本。叶对生，边缘有齿，被腺点。花单生叶腋或排成总状、穗状或头状花序；冠管柱形。蒴果卵形或椭圆形，顶端具喙；种子小而多数，表面有网纹。

南昆山2种。

1. 花单生叶腋或集成疏散的顶生总状花序……………………………………1. 毛麝香A. glutinosum
1. 花密集成顶生的头状或圆柱状的穗状花序……………………………………2. 球花毛麝香A. indianum

1. 毛麝香

Adenosma glutinosum (L.) Druce

直立草本，茎圆柱形或上部稍呈四棱形。叶对生或上部互生，叶片披针状卵形至宽卵形。花单生叶腋或在枝顶排成疏散、具苞叶的总状花序；花冠紫色或蓝紫色，二唇形。蒴果卵形，顶端具喙；种子表面具网纹。花果期7～10月。

南昆山产于中坪、上坪，生于林下阴湿处。分布于我国华南及华东地区。广布东南亚和大洋洲。药用，有祛风止痛、消肿散瘀等功效。

2. 球花毛麝香

Adenosma indianum Lour.) Merr.

一年生草本。叶片卵形至长椭圆形，长15～45 mm。穗状花序球形或圆柱形，花冠淡蓝紫色至深蓝色，蒴果长卵珠形，有2条纵沟。种子多数，黄色，有网纹。花果期9～11月。

南昆山产于上坪，生于干燥山坡、溪旁、荒地等处。分布于我国华南地区及云南等。南亚，东南亚也有分布。全草药用。

2. 来江藤属Brandisia Hook. f. et Thoms.

直立或攀缘状灌木，有时寄生。叶对生或近对生。花1～2朵生于叶腋或数朵聚生或排成总状花序；花冠二唇形。蒴果室背开裂；种子线形，具延长膜质翅。

南昆山1种。

1. 岭南来江藤

Brandisia swinglei Merr.

直立或藤状灌木，嫩枝密被灰色星状茸毛。叶卵形或卵状长圆形。花1～2朵腋生；花冠黄色。蒴果扁球形；种子具翅。花期6～10月；果期9～11月。

南昆山产于上坪、中坪，生于疏林、路旁或灌丛中。分布于我国广东、广西、湖南。庭园观赏。

3. 石龙尾属 Limnophila R. Br.

湿生或水生草本。叶对生或轮生，叶背被腺点。花单生叶腋或排成顶生或腋生的总状、穗状或团伞花序；花冠管近柱状或漏斗状。蒴果卵形或长圆形，外被宿萼；种子小，多数。

南昆山3种。

1. 茎无毛或仅有不明显疏短毛。
   2. 花排成总状花序或单生叶腋，有苞片，宿萼具多凸起脉纹 ………………………… 1. 紫苏草 L. aromatica
   2. 花排成头状花序，无苞片；宿萼具5条凸起脉纹 ………………………… 2. 大叶石龙尾 L. rugosa
1. 老茎（或气生茎）被长柔毛或短柔毛 ………………………… 3. 石龙尾 L. sessiliflora

1. 紫苏草

Limnophila aromatica (Lam.) Merr.

直立或下部卧地草本；茎无毛，有零散腺点。叶对生或3片轮生，无柄，卵状披针形至线状披针形。花单生叶腋或排成腋生或顶生的总状花序；花冠白色或淡红色。蒴果卵球形，藏于宿萼内。花果期3～9月。

南昆山产于上坪村，生于湿地中。分布于我国华南及华东地区。日本、南亚至澳大利亚也有。庭园观赏。

2. 大叶石龙尾

Limnophila rugosa (Roth) Merr.

草本；茎一至多条丛生，具横走根茎。叶对生卵形至菱状卵形。头状花序腋生；花冠紫色、蓝色或粉红色。蒴果卵球形；宿萼具5条凸起纵脉。花果期9～11月。

南昆山产于石河奇观，生于湿地。分布于我国东南部至西南部各地区。中南半岛、菲律宾和日本也有。药用，有消肿、解毒和镇咳等功效。

3. 石龙尾

Limnophila sessiliflora (Vahl) Bl.

陆生或水生草本，茎细长。叶轮生，气生叶椭圆状披针形，沉水叶羽状全裂。花单生叶腋；花冠二唇形，紫色、粉红色或蓝紫色。蒴果近球形，为宿萼包围。花果期7～11月。

南昆山产于七星湖，生于湿地或水中。分布于我国南部和北部地区。东南亚、日本、朝鲜也有。药用，有解毒消肿功效。

4. 母草属 Lindernia All.

直立、倾卧或匍匐草本。叶对生，具羽状或掌状脉。花单生、对生于叶腋或排成顶生总状花序，或密集成伞状；花冠二唇形。蒴果球形、长圆形、卵形或柱形。

南昆山5种。

1. 嫩茎被伸展柔毛 ……………………………………………4. 红骨草L. mollis
1. 嫩茎无毛或近无毛。
2. 花萼5浅裂至中裂，有时略呈二唇形；果椭圆形 ……………………………………………………………………………3. 母草L. crustacea
2. 花萼5深裂至近基部；果柱形、球形或卵形。
3. 叶卵形或三角状卵形……………………1. 长蒴母草L. anagallis
3. 叶椭圆形、长圆形至线状长圆形。
4. 叶缘具细锯齿或近全缘；花梗长约8 mm……………………………………………………………………………2. 泥花草L. antipoda
4. 叶缘具尖齿或有芒锯齿；花梗长约4 mm……………………………………………………………………………5. 旱田草L. ruellioides

1. 长蒴母草

Lindernia anagallis (Burm. f.) Pennell

一年生草本。叶阔卵形至长卵形。花单生叶腋；花冠紫蓝色、浅紫色或白色。蒴果近柱形；种子多，卵球形。花果期4～11月。

南昆山产于七星湖，生于潮湿处。分布于我国华南、华中、华东及西南地区。广布亚洲热带和亚热带地区。药用，有利尿、止咳、消炎等功效。

2. 泥花草

Lindernia antipoda (L.) Alston

草本。叶长圆形或线状倒披针形。花数朵排成顶生总状花序；花冠淡紫色、淡蓝紫色或白色，二唇形。蒴果柱形。种子为不规则三棱状卵形。花果期4～10月。

南昆山产于七星湖、丹枫寨，生于湿地。分布于我国长江以南各地区。东南亚和中南半岛也有。药用，可消肿去毒。

3. 母草

Lindernia crustacea (L.) F. Muell

直立或铺散草本。叶阔卵形或卵形。花单生叶腋或排成顶生短总状花序；花冠淡紫色、浅蓝色。蒴果椭圆形或倒卵形，种子细小而多。花果期全年。

南昆山产于七星湖，生于阴湿地。分布于我国长江以南各省。广布亚洲热带和亚热带地区。药用，有清热解毒、利湿和止痢等功效。

4. 红骨草

Lindernia mollis (Benth.) Wettstein [*L. montana* (Bl.) Koord.]

匍匐草本；茎密被白色绢毛。叶卵状披针形、卵圆形或卵形，密被毛。花排成顶生短总状花序，常兼单生叶腋或仅有腋生花；花冠淡红色或紫红色，二唇形。蒴果狭卵圆形。种子有格状瘤点。花果期7～11月。

南昆山产于中坪，生于田边、荒地、山地疏林或草丛中。分布于我国华南、西南及华东地区。东南亚也有。药用，可治跌打损伤。

5. 旱田草

Lindernia ruellioides (Colsm.) Pennell

草本，直立或具长而卧地生根的分枝。叶椭圆形、卵状长圆形或圆形，羽状脉。花2～10朵排成顶生总状花序；花冠淡紫色或蓝紫色，二唇形。蒴果柱形。种子椭圆形。花果期5～11月。

南昆山产于中坪，生于田边、山地树林下或草丛中。分布于我国长江以南地区及西藏。东南亚也有。药用，用于治红痢、蛇伤和疮疥等。

5. 通泉草属 Mazus Lour.

一年生草本。基生叶密集，排成莲座状，茎生叶疏散，对生或互生。花排成顶生总状花序；花冠二唇形。蒴果藏于宿萼内，球形或扁球形，室背开裂。种子小，极多数。

南昆山1种。

1. 通泉草

Mazus pumilus (Burm. f.) Steenis [*M. japonicus* (Thunb.) Kuntze]

一年生草本，直立或斜升。基生叶排成莲座状，茎生叶倒卵状匙形。花3～10朵排成顶生总状花序；花冠淡紫色或蓝紫色。蒴果藏于宿萼。种子黄色。花果期4～11月。

南昆山产于七星湖，生于田边、河边、路边和草地。分布于我国南北各地。印度、中南半岛、日本、朝鲜、俄罗斯也有。药用，能清热解毒。

6. 泡桐属 Paulownia Sieb. et Zucc.

落叶或半落叶乔木；幼枝密被毛。单叶对生，少3叶轮生，全缘或3～5裂。花3～5朵排成聚伞花序；花冠漏斗状钟形或管状漏斗形。蒴果室背开裂，果皮木质；种子有膜质翅。

南昆山1种，1变种。

1. 花序宽大成圆锥形；花冠浅紫色至蓝紫色…………………………………………………………………1. 台湾泡桐P. kawakamii
1. 花序较狭而成金字塔形，狭圆锥形或圆柱形；花冠白色或浅紫色……………………2. 白花泡桐P. tomentosa var. tsinlingensis

1. 台湾泡桐

Paulownia kawakamii Ito

小乔木，树冠伞形，主干矮。叶片心脏形，两面均有粘毛，叶面常有腺。花序枝的侧枝发达而几与中央主枝等势或稍短；花冠近钟形，浅紫色至蓝紫色。蒴果卵圆形；种子长圆形，连翅长3～4 mm。花期4～5月；果期8～9月。

南昆山产于石河奇观，生于山坡灌丛、疏林及荒地。分布于我国华南、华中、华东等地区。材用。

2. 白花泡桐

Paulownia tomentosa var. **tsinlingensis** (Pai) Gong Tong [*P. fortunei* (Seem.) Hemsl.]

落叶乔木；嫩枝密被星状茸毛。叶对生，少3片轮生。花冠管状漏斗形，白色或浅紫色。蒴果木质，长圆形；种子具膜质翅，翅上密具辐射状线条。花期4～5月；果期8～10月。

南昆山产于上坪沙坑，生于疏林内。分布于我国长江以南各省。越南、老挝也有。材用。

7. 野甘草属 Scoparia L.

多分枝草本或亚灌木。叶对生或轮生，全缘或有齿，两面有下陷或稍凸起的腺点。花1～5朵生于叶腋；花冠白色，辐状。蒴果球形或卵球形；种子倒卵形，种皮蜂窝状。

南昆山1种。

1. 野甘草

Scoparia dulcis L.

直立草本；枝有棱或有狭翅。叶对生或3片轮生，菱状卵形至菱状披针形，疏具下陷或稍凸起的紫色腺点。花1～5朵腋生；花冠白色，4裂。蒴果卵形至球形。花期4～8月；果期5～10月。

南昆山产于下坪、七星湖，生于湿地。分布于我国南岭以南各地。药用，可清热解毒。

8. 阴行草属 Siphonostegia Benth.

一年生高大草本，直立，密被短毛或腺毛。叶对生，或上部的为假对生，全部为茎出，全缘。总状花序生于茎枝顶端；花对生，疏稀。蒴果黑色，卵状长椭圆形，被包于宿存的萼管内；种子多数，长卵圆形。

南昆山1种。

1. 阴行草

Siphonostegia chinensis Benth.

一年生草本；茎多单条，中空。叶对生，全部为茎出。花对生于茎枝上部，或有时假对生，构成疏稀的总状花序；花冠上唇红紫色，下唇黄色。蒴果被包于宿存的萼内；种子多数，黑色，长卵圆形。花期6～8月。

南昆山产于上坪飞鼠岩，生于山坡与草地中。我国广布。东亚也有。

9. 独脚金属 Striga Lour.

直立草本，常寄生。叶下部对生，上部互生，线形，或退化为鳞片。花单生叶腋或集成顶生穗状花序；花冠高脚碟状，二唇形。蒴果卵状长圆形；种子卵形或长圆形，种皮有网纹。

南昆山1种。

1. 独脚金

Striga asiatica (L.) Kuntze

一年生直立小草本。叶基部近对生，狭披针形，其余互生，钻状线形。花单生叶腋或兼排成顶生穗状花序；花冠高脚碟状，黄色、淡黄色或红色。蒴果卵形。

南昆山产于上坪，生于草地、田边和旱庄稼地，寄生于其它植物根上。分布于我国长江以南各地区。亚洲热带和亚热带地区广布。药用，治小儿疳积。

10. 蝴蝶草属 Torenia L.

草本。叶对生，边缘有齿。花排成顶生总状花序或单生叶腋和枝顶；花冠筒状，檐部二唇形。蒴果长圆形，藏于宿萼；种子表面具网纹。

南昆山6种。

1. 花萼具翅，翅宽超过1 mm。
   2. 伞形花序或单生。
      3. 花冠超出萼齿部分4～10 mm……1. 长叶蝴蝶草 T. asiatica
      3. 花冠超出萼齿部分11～21 mm· 4. 单色蝴蝶草 T. concolor
   2. 总状花序……………………………………6. 紫斑蝴蝶草 T. fordii
1. 花萼具棱或狭翅，翅宽不超过1 mm。
   4. 全株密被硬毛 …………………… 2. 毛叶蝴蝶草 T. benthamiana
   4. 全株疏被柔毛。
      5. 花序顶端的一朵花不发育，通常成二岐状……………………………………………………………3. 二花蝴蝶草 T. biniflora
      5. 花序顶端的1朵花发育，不成二岐状 ……………………………………………………………………5. 黄花蝴蝶草 T. flava

1. 长叶蝴蝶草

Torenia asiatica Linn.

匍匐或多少直立草本。叶片三角状卵形、长卵形或卵圆形，长1.5～3.2 cm。花单朵腋生或顶生，抑或排列成伞形花序；花冠超出萼齿的部分长4～10 mm，紫红色或蓝紫色。花果期5月至翌年1月。

南昆山产于中坪，生于山坡、路旁或阴湿处。分布于我国华南、华中、华东、西南等地区。

2. 毛叶蝴蝶草

Torenia benthamiana Hance

多年生匍匐草本，全株密被白色硬毛。叶对生，叶片卵形或卵心形，两面密被硬毛，先端钝，基部楔形。伞形花序通常有花3朵；萼筒狭长，萼齿略成二唇形；花冠紫红色或淡蓝紫色抑或白而略带红色，上唇矩圆形，先端浅二裂；下唇3枚裂片均近圆形，中裂稍大；前方一对花丝各具1枚丝状附属物。蒴果长椭圆形。花果期8月至翌年5月。

南昆山产于天堂顶，生于溪旁阴湿处。分布于我国广东、广西、台湾及福建南部。

3. 二花蝴蝶草

Torenia biniflora Chin et Hong

一年生匍匐草本。叶卵形或狭卵形，长2～4 cm，边缘具粗齿。腋生花序通常具2花，顶生花序可因二歧分枝而具4～6花；苞片钻形；花萼筒状，外面被短柔毛，萼齿5；花冠黄色，稀白色而微带蓝色；雄蕊 4，前方1对花丝各具棒状附属体1；花柱顶端扩大，2裂。蒴果椭圆柱形。花果期6～10月。

南昆山产于天堂顶，生于密林下或路旁阴湿处。分布于我国华南地区。

4. 单色蝴蝶草

Torenia concolor Lindl.

匍匐草本；茎四棱形，节上生根。叶卵形、三角卵形或心形。花单朵腋生或顶生；花冠蓝色或深紫色。花果期5～11月。

南昆山产于七星湖，生于田边、河边、草地、路边和灌丛中。分布于我国华南、华东及西南地区。药用，有清热利湿、散瘀止痛、止咳的功效。

5. 黄花蝴蝶草

Torenia flava Buch. -Ham.

直立草本，全株疏被柔毛。叶片卵形或椭圆形，先端钝，基部楔形。总状花序顶生，萼狭筒状，具5枚凸起的棱，被柔毛，萼齿5枚，狭披针形，花冠筒上端红紫色，下端暗黄色；花冠裂片4枚，黄色，后方一枚稍大，全缘或微凹。蒴果狭长椭圆形。花果期6～11月。

南昆山产于天堂顶，生于林下溪旁湿处。分布于我国广东、广西、台湾等省。印度，缅甸，越南，老挝，柬埔寨，马来西亚及印度尼西亚也有分布。

6. 紫斑蝴蝶草

Torenia fordii Hook. f.

直立草本，全株被柔毛。叶片宽卵形至卵状三角形，边缘具三角状急尖的粗锯齿，先端略尖。总状花序顶生；萼倒卵状纺锤形，具5翅，翅宽彼此不等，萼齿2枚，卵状三角形；花冠黄色，上唇浅裂或微凹；下唇3裂片几相等，先端钝圆，两侧裂片先端蓝色，中裂片先端橙黄色；前方一对花丝各具1枚齿状附属物。蒴果圆柱状，两侧扁。花果期7～10月。

南昆山产于天堂顶，生于山边，溪旁或疏林下。分布于我国广东、江西、湖南、福建等省。

11. 婆婆纳属 Veronica L.

一年或二年生草本、亚灌木或多年生草本。叶对生。花单生或排成顶生、腋生总状或穗状花序；花冠近辐状，裂片4。蒴果侧扁，两面各有一槽；种子每室多颗。

南昆山2种。

1. 花梗明显长于苞片 ························· 1. 阿拉伯婆婆纳 V. persica
1. 花梗比苞片略短 ·· 2. 婆婆纳 V. polita

1. 阿拉伯婆婆纳

Veronica persica Poir.

多分枝铺散草本。叶2～4对，具短柄，卵形或圆形，基部浅心形，平截或浑圆，边缘具钝齿，两面疏生柔毛。总状花序很长；苞片互生，与叶同形且几乎等大；花冠蓝色、紫色或蓝紫色，裂片卵形至圆形，喉部疏被毛；雄蕊短于花冠。蒴果肾形，被腺毛，成熟后几乎无毛。花期3～5月。

南昆山产于佛坳，生于路边及荒野，为归化的杂草，原产于亚洲西部及欧洲。分布于我国华南、华东、华中地区及贵州、云南、西藏东部及新疆。

2. 婆婆纳

Veronica polita Fries [*V. didyma* Tenore]

平卧草本，茎纤弱。下部叶对生，上部叶互生，卵圆形或卵形。花单生叶腋；花冠淡紫色、蓝色或白色，辐状，裂片4，圆形或卵形。蒴果近肾形，顶端凹陷。花果期3～10月。

南昆山产于上坪，生于疏林下或荒地。分布于我国南部和北部地区。广布欧亚大陆北部。食用。

253. 列当科 Orobanchaceae

寄生草本，以吸根寄生于其他植物根上；茎分枝或不分枝。叶鳞片状，螺旋状。花在茎顶簇生或排成总状或穗状花序；花冠二唇形，裂片覆瓦状排列。蒴果室背开裂；种子细小，种皮具各式纹饰。

南昆山1属，1种。

1. 野菰属 Aeginetia L.

草本，寄生于其他植物根上。叶退化成鳞片状。花单生苞腋，在茎顶排成总状花序；花冠管状或钟状，裂片5。蒴果2瓣裂，种皮具网纹。

南昆山1种。

1. 野菰

Aeginetia indica L.

一年生寄生草本；茎短，具金黄色条纹。叶鳞片状，肉质，红色，卵状披针形。花单生苞腋；花冠白带紫色或蓝紫色，有黏液。蒴果卵形；种皮具网纹。花果期8～10月。

南昆山产于中坪、天堂顶，生于林下或草丛中。分布于我国长江流域及以南地区。药用，有消肿、除热、止咳之功效。

254. 狸藻科 Lentibulariaceae

陆生或水生食虫草本；茎短或纤细，具真叶或无真叶而有茎的变态叶器。两性花单生或排成总状花序；花冠檐部二唇形。蒴果2～4瓣裂或不规则裂；种皮具网纹。

南昆山1属，2种。

1. 狸藻属 Utricularia L.

食虫草本，陆生、水生、沼生和附生。叶莲座状，基生或互生。捕虫囊生于叶和匍匐枝上，卵球形。花单生或组成总状花序；花冠二唇形。蒴果球形或卵形。

南昆山2种。

1. 小苞片短于苞片；花萼两唇顶端钝形 ········ 1. 挖耳草 U. bifida
1. 小苞片长于苞片；花萼上唇顶端渐尖 ··· 2. 圆叶挖耳草 U. striatula

1. 挖耳草

Utricularia bifida L.

陆生小草本；花茎直立，具匍匐枝。叶器生于匍匐枝上，线形或线状倒披针形，全缘。捕虫囊生于叶上，花时消失。花数朵排成总状花序；花冠二唇形，黄色。蒴果包于宿萼，椭圆球形。花果期6～12月。

南昆山产于七星湖，生于湿地。分布于我国南部和北地地区。东南亚、日本和澳大利亚也有。

2. 圆叶挖耳草

Utricularia striatula J. Smith

陆生小草本，匍匐枝丝状。叶簇生成莲座状和散生于匍匐枝上，倒卵形、圆形或肾形，具细长的假叶柄，具二叉分枝的脉。捕虫囊散生于匍匐枝上。花序直立；花冠白色、粉红色或淡紫色，喉部具黄斑，二唇形。蒴果斜倒卵球形，果皮膜质，室背开裂。种子少数，梨形或倒卵球形。花期6～10月；果期7～11月。

南昆山产于石河奇观，生于潮湿的岩石的苔藓丛中。分布于我国华南、华中、华东、西南的部分地区。中南半岛、东南亚、南亚、马来半岛、非洲也有。

256. 苦苣苔科Gesneriaceae

多年生草本、亚灌木、灌木或木质藤本，有时附生。叶对生、互生或根生，全缘或有齿缺。花序腋生、顶生或生于花莛上；花两性，通常左右对称；花冠辐状或钟状，近等5裂或二唇形。浆果或蒴果；种子纺锤形或卵形，平滑。

南昆山5属，7种，1变种。

1\. 果皮肉质，不开裂……………5. 线柱苣苔属Rhynchotechum
1\. 果实为开裂的蒴果。
  2\. 能育雄蕊4……………………………4. 马铃苣苔属Oreocharis
  2\. 能育雄蕊2。
    3\. 后方2雄蕊能育……………………3. 后蕊苣苔属 Opithandra
    3\. 前方2雄蕊能育。
      4\. 柱头1，不分裂或2裂……………1. 唇柱苣苔属Chirita
      4\. 柱头2，等大……………2. 双片苣苔属 Didymostigma

1. 唇柱苣苔属Chirita Buch. -Ham. ex D. Don

一年生或多年生草本。单叶，稀为羽状复叶，对生或簇生，稀互生，具羽状脉。聚伞花序腋生；花冠紫色、蓝色或白色。蒴果线形，室背开裂；种子椭圆形，有纵纹。

南昆山3种。

1\. 一年生草本；叶对生，狭卵形或椭圆形……………………………………1. 光萼唇柱苣苔C. anachoreta
1\. 多年生草本；叶基生，椭圆状卵形或近椭圆形。
  2\. 子房1室……………………………2. 蚂蝗七C. fimbrisepala
  2\. 子房中轴胎座，2室……………………3. 唇柱苣苔C. sinensis

1. 光萼唇柱苣苔

Chirita anachoreta Hance

一年生草本。叶对生，薄草质，狭卵形或椭圆形，长3～13 cm。花序腋生；苞片对生；花萼外面无毛；花冠白色或淡紫色。蒴果无毛。种子褐色，纺锤形。花期7～9月，果期8～11月。

南昆山产于中坪、上坪、天堂顶，生于山谷林中石上和溪边石上。分布于我国广东、广西、湖南、台湾、云南。亚洲中南半岛也有。庭园观赏。

2. 蚂蝗七

Chirita fimbrisepala Hand-Mazz.

多年生草本，全株几被柔毛。叶均基生；叶片草质，两侧不对称，顶端急尖或微钝，基部斜宽楔形或截形，边缘有小或粗牙齿。聚伞花序1～4(～7)条，有花2～5朵；苞片狭卵形至狭三角形；花萼5裂至基部；花冠淡紫色或紫色，筒细漏斗状。蒴果线形，种子纺锤形。花果期3～5月。

南昆山产于天堂顶，生于山地林中石上或石崖上。分布于我国华南、华中及西南部分地区。根状茎治小儿疳积、胃痛、跌打损伤。

3. 唇柱苣苔

Chirita sinensis Lindl.

多年生草本；具粗根状茎。叶基生，草质或纸质，椭圆状卵形或近椭圆形。花序1～2条，每花序有1～8朵花；苞片2枚，对生；花萼5裂达基部；花冠白色或带淡紫色。蒴果线形，被柔毛。

南昆山产于上坪横岗岐，生于山地林中、石崖上或山谷溪边。分布于我国广东、香港等地。庭园观赏。

2. 双片苣苔属 Didymostigma W. T. Wang

一年至多年生生草本，具茎。叶对生，卵形。聚伞花序腋生；花冠淡紫色，筒细漏斗状，檐部二唇形。种子椭圆形，多少光滑。

南昆山1种。

1. 双片苣苔(钝片苣苔)

Didymostigma obtusum (Clarke) W. T. Wang

茎渐升或近直立，长12～20 cm，被毛。叶对生，草质，卵形，羽状脉明显。长2～10 cm，基部稍斜，两面被毛，背面常带紫红色。花序腋生；花冠淡紫色或白色，长3.6～5.2 cm，筒细漏斗形。蒴果长4～8 cm；种子椭圆形。花期6～10月。

南昆山各地常见，生山谷林中或溪边阴处。分布于我国华南地区。观赏。

3. 后蕊苣苔属 Opithandra B. L. Burtt

多年生草本，叶基生。聚伞花序腋生，有一至数多花；苞片2枚，对生，花萼5裂或深达基部。花冠粉红色至紫色，漏斗状筒形，少近高脚碟状，檐部二唇形，上唇2裂，下唇3裂，比筒部短；能育雄蕊2枚，内藏，退化雄蕊1～3枚；花盘环状或杯状，子房线形，1室，柱头2，不分裂。蒴果线形，室背2瓣状开裂。

南昆山1种。

1. 小花后蕊苣苔

Opithandra acaulis (Merr.) B. L. Burtt

多年生草本，叶基生，约6枚，叶片纸质，卵形至狭卵形，顶端急尖或微钝，基部宽楔形或圆形，边缘有小锯齿。花

序1～3，每花序有花3～7朵，花序梗长7～9 cm，花梗长2～7 cm，苞片2，花萼5裂至基部花冠粉红色，筒状，不肿胀；檐部5裂，上唇2深裂，下唇3裂达中部。可育雄蕊2枚，退化雄蕊3枚，柱头1，子房近线形。

南昆山产于上坪飞鼠岩，生于路边湿润岩石上，少见。特产广东。

4. 马铃苣苔属 Oreocharis Benth.

多年生草本；根状茎粗而短。叶基生。聚伞花序腋生，有一至数花；花冠钟状、钟状细筒形或筒形。蒴果倒披针状长圆形或长圆形；种子卵圆形。

南昆山1变种。

1. 石上莲

Oreocharis benthamii Clarke var. **reticulata** Dunn

多年生草本；根状茎粗而短。叶厚，椭圆形或卵形，边缘有小齿，叶脉上密被黄褐色绵毛，叶脉背面隆起，结成网状；花冠紫色。蒴果线形或线状长圆形。花期8月；果期10月。

南昆山产于上坪、天堂顶，生于山地岩石上。分布于我国广东、广西。药用，治刀伤出血。

5. 线柱苣苔属 Rhynchotechum Bl

亚灌木。叶对生，稀互生，长圆形或椭圆形。聚伞花序腋生，二至四回分枝；花萼钟状，花冠钟状粗筒形。浆果近球形，白色；种子椭圆形，光滑。

南昆山2种。

1. 叶倒披针形或长椭圆形…………1. 椭圆线柱苣苔 R. ellipticum
1. 叶多为椭圆形，稀倒卵形…2. 冠萼线柱苣苔 R. formosanum

1. 椭圆线柱苣苔

Rhynchotechum ellipticum (Wall. ex D. Dietr.) A. DC. [*R. obovatum* (Griff.) Burtt]

亚灌木。叶对生，叶片纸质，倒披针形或长椭圆形。聚伞花序1～2生叶腋；花冠白色或带粉红色。浆果白色，宽卵球形。花期6～10月。

南昆山产于中坪、上坪，生于山林中或湿地。分布于我国华南、华东及西南地区。东南亚也有。庭园观赏。

2. 冠萼线柱苣苔

Rhynchotechum formosanum Hatusima

亚灌木；茎顶部密被黄褐色柔毛。叶纸质，常椭圆形，长13～26 cm。聚伞花序成对腋生；花序梗和苞片密被褐色柔毛；萼片外面具褐色柔毛；花冠无毛。浆果近球形，白色。花期7月。

南昆山产于上坪，生于山谷密林或沟边。分布于我国华南及云南、台湾。庭院观赏。

259. 爵床科 Acanthaceae

多为草本、灌木或藤本。叶多对生，无托叶，稀羽裂。花两性，总状、穗状或聚伞花序，或不成花序；苞片通常大，偶色鲜艳；花萼多5裂或4裂；花冠合瓣，高脚碟形、漏斗形或钟形；雄蕊4或2，常为2强。蒴果，室背开裂为2果爿；种子扁或透镜形。

南昆山9属，11种。

1. 蒴果的胎座上无珠柄钩 ························ 8. 叉柱花属 Staurogyne
1. 蒴果的胎座上有珠柄钩。
  2. 花冠裂片旋转状排列。
    3. 冠檐极不等大的5裂，显然二唇形 ························ 5. 水蓑衣属 Hygrophila
    3. 冠檐近等大的5裂，整齐或稍呈二唇形 ························ 9. 马蓝属 Strobilanthes
  2. 花冠裂片双盖覆瓦状排列或覆瓦状排列。
    4. 花冠5裂，裂片近相等。
      5. 雄蕊4 ························ 1. 白接骨属 Asystasiella
      5. 发育雄蕊2 ························ 3. 钟花草属 Codonacanthus
    4. 花冠显著为二唇形。
      6. 聚伞花序下部苞片2～4枚总苞状 ························ 4. 狗肝菜属 Dicliptera
      6. 花序下部苞片不为总苞状。
        7. 苞片有白色膜质边缘 ························ 7. 孩儿草属 Rungia
        7. 苞片无膜质边缘。
          8. 花萼裂片5 ························ 2. 叉序草属 Chingiacanthus
          8. 花萼裂片4 ························ 6. 爵床属 Justicia

1. 白接骨属 Asystasiella Lindau

草本或灌木，叶对生。总状花序或圆锥花序，顶生；花无梗，单生；花萼5裂至基部，裂片等大；花冠管极狭长，在喉部突然张开，一面膨胀，冠檐5裂，裂片近相等，开展，芽时覆瓦状排列；雄蕊4，着生于花冠喉部，2强，内藏，花丝基部成对连合，花柱头状。蒴果棍棒状，基部收缩成实心柄状；种子4，圆形，多皱纹。

南昆山1种。

1. 白接骨

Asystasiella neesiana (Wall.) Lindau

草本，茎略呈四棱形。叶卵形至椭圆状矩圆形，顶端尖至渐尖，边缘微波状至具浅齿，基部下延成柄，叶片纸质，侧脉两面凸起，疏被微毛。总状花序顶生，花单生或对生；苞片2，微小；花萼裂片5，主花轴和花萼被有柄腺毛；花冠淡紫红色，漏斗状，外疏生腺毛，花冠筒细长，裂片5，略不等；雄蕊2强，着生于花冠喉部。蒴果上部具4粒种子，下部实心细长似柄。

南昆山产于石河奇观、观音潭，生于林下或溪边。分布于我国长江以南地区。叶和根状茎入药，止血。

2. 叉序草属 Chingiacanthus Hand. -Mazz.

草本或灌木；茎上部四棱形。叶对生，卵形，椭圆形，或披针形，密布灰色横列短小的钟乳体。花序顶生，有时腋生上部叶腋。花盘近扁平或杯状。蒴果长圆形，棍棒状。种子每室2粒，近圆形，两侧呈压扁状，表面有多数小凸点。

南昆山1种

1. 叉序草

Chingiacanthus patulus Hand. –Mazz.

草本。叶片卵形至卵状椭圆形，长3.5～11 cm。花序顶生或腋生上部叶腋，通常为聚伞花序；花冠粉红色或白色。蒴果长12～14 mm，下部实心而短柄，上部具4粒种子。种子有粗糙不规则脊皱褶，常有小而急尖的凸起。

南昆山产于下坪，生山坡阔叶林下或溪边阴湿地。分布于我国华南、华中、西南等地区。不丹也有。

3. 钟花草属 Codonacanthus Nees

草本。叶对生，全缘。花小，成总状、圆锥花序；花在花序上互生，相对一侧只具苞片；苞片、小苞片钻形；花萼5深裂；花冠钟形，顶端5裂；发育雄蕊2；不育雄蕊2，棒状。蒴果。

南昆山1种。

1. 钟花草

Codonacanthus pauciflorus Nees

纤细草本。叶片薄纸质，椭圆状卵形或狭披针形，一般长6～9 cm，宽2～4.5 cm。花疏；花冠白色或淡紫色。蒴果下部实心似短柄。花果期8月至翌年4月。

南昆山产于下坪石河奇观，生于密林下或潮湿山谷。分布于我国华南、华东及西南地区。孟加拉国、印度及越南也有。

4. 狗肝菜属 Dicliptera Juss.

草本。叶对生，常全缘或具明显的浅波状。头状花序组成聚伞形或圆锥形，多腋生；总苞片2，叶状，对生，内有花数朵，常仅1朵发育；花萼5深裂，花冠二唇形，粉红色；雄蕊2。蒴果卵形；种子近圆形。

南昆山1种。

1. 狗肝菜

Dicliptera chinensis (L.) Juss.

草本；茎具6条钝棱或浅沟，节常膨大膝曲状。叶卵状椭圆形，长2～7 cm，宽1.5～3.5 cm，纸质，深绿色，近无毛。聚伞花序；花冠淡紫红色，上唇有紫红色斑点。蒴果被柔毛，具种子4粒。

南昆山产于下坪，生于疏林下、溪边、路旁。分布于我国华南、华东及西南地区。孟加拉国、印度东北部及中南半岛也有。清热解毒，生津利尿。

5. 水蓑衣属 Hygrophila R. Br.

灌木或草本。叶对生，全缘或具不明显小齿。花二至多朵簇生叶腋；花萼5裂；花冠二唇形；2强雄蕊。蒴果圆筒状或长圆形；种子被紧贴长白毛。

南昆山1种。

1. 水蓑衣（墨菜）

Hygrophila ringens (L.) R. Br. ex Spreng

草本。茎四棱形。叶近无柄，纸质，长椭圆形、披针形、线形，长4～11.5 cm，宽0.8～1.5 cm，两面被白色长硬毛。花簇生叶腋；苞片披针形，小苞片线形；花冠淡紫色或粉红色，长1～1.2 cm。蒴果干时淡褐色。花期秋季。

南昆山产于上坪村附近，生于潮湿处。分布于我国华南、华中、华东及西南地区。亚洲东南部至东部也有。

6. 爵床属 Justicia Linnaeus

草本。叶对生。穗状花序顶生；苞片交互对生，每苞片中有花1朵；花冠短，二唇形；雄蕊2。蒴果小，基部具坚实的柄状结构；种子每室2粒。

南昆山1种。

1. 爵床

Justicia procumbens Linnaeus

草本。叶椭圆形至椭圆状长圆形，长1.5～3.5 cm，宽1.3～2 cm，两面常被短硬毛。穗状花序顶生或生上部叶腋；苞片披针形；花冠粉红色。蒴果；种子表面有瘤状皱纹。

南昆山产于中坪、上坪，生于山坡林间草丛中。分布于我国秦岭以南地区。亚洲南部至澳大利亚也有。全草入药，治腰背痛、创伤。

7. 孩儿草属 Rungia Nees

直立或披散草本。叶对生，全缘。穗状花序，花密；苞片常4列，仅2列有花；花萼深5裂；花冠二唇形；雄蕊2。蒴果长圆形或卵形；种子近圆形。

南昆山1种。

1. 孩儿草

Rungia pectinata (L.) Nees

一年生纤细草本。叶薄纸质，长约4 cm，两面被紧贴疏柔毛。穗状花序密花；苞片4列，仅2列有花；花冠淡蓝色或白色。蒴果无毛；种子扁圆形。花期早春。

南昆山产于七星湖，生于草地上。分布于我国华南地区及云南。印度、斯里兰卡、泰国、中南半岛也有。全草入药，能去积、除滞、清热。

8. 叉柱花属 Staurogyne Wall.

草本，常单茎。叶对生或有时上部互生，通常有叶柄；叶常全缘。花序总状或穗状；花冠管短，喉部狭，近钟形；雄蕊4，2强。蒴果延长，先端急尖或稍钝。种子球形，种皮有小凹点。

南昆山1种。

1. 弯花叉柱花

Staurogyne chapaensis Benoist

草本；茎缩短。叶对生丛生，成莲座状；叶长2.5～14.5 cm，宽2～6 cm，基部心形。总状花序顶生成腋生；花冠淡蓝紫色，管檐5裂，裂片近相等。

南昆山产于天堂顶，生林下。分布于我国广东、广西、云南东南部。越南北部也有。

9. 马蓝属 Strobilanthes Bl.

多年生草本、亚灌木、灌木，有时可为小乔木状。多为一次性结实植物。茎幼时常四棱形。叶对生。穗状花序；花冠多为淡蓝紫色，少数为黄色、粉红色或白色；雄蕊常4，少数为5或2。蒴果；种子被柔毛或长柔毛。

南昆山3种。

1. 枝条不呈"之"字形曲折。
   2. 穗状花序长 ………………………………………… 1. 板蓝 S. cusia
   2. 穗状花序短而紧密 ………………… 3. 四子马蓝 S. tetrasperma
1. 枝条呈"之"字形曲折 ……………………… 2. 曲枝马蓝 S. dalzielii

1. 板蓝（马蓝）

Strobilanthes cusia (Nees) Kuntze [*Baphicacanthus cusia* (Nees) Bremek.]

多年生一次性结实草本；嫩枝、花序被锈色毛。叶纸质，椭圆形或卵形，长10～20(～25)cm，宽4～9 cm。穗状花序；花冠淡蓝紫、玫瑰红或白色；2强雄蕊。蒴果棒状。花期11月，果期12月至翌年2月。

南昆山产于上坪，生于潮湿处。分布于我国华南、华东及西南地区。南亚、中南半岛也有。根、叶入药，清热解毒、凉血消肿。

2. 曲枝马蓝（曲枝假蓝）

Strobilanthes dalzielii (W. W. Smith) Benoist [*Pteroptychia dalzielii* (W. W. Smith) H. S. Lo]

直立草本或小灌木，枝条细，呈“之”字形曲折。上部叶几无柄，卵形或卵状披针形。穗状花序顶生或腋生，有花2～4朵；花萼深裂至基部，裂片近线形；花冠蓝紫色，二唇形，冠管下部圆柱形，冠檐裂片圆。蒴果线状长圆形，顶端急尖；种子卵形。花期11月，花果期10月至翌年1月。

南昆山产于上坪，生林下潮湿处。分布于我国华南地区及湖南、江西、台湾、贵州、云南。老挝、泰国和越南也有。

3. 四子马蓝

Strobilanthes tetrasperma (Champ. ex Benth.) Druce [*Championella tetrasperma* (Champ. ex Benth.) Bremek.]

直立或匍匐草本；茎细瘦。叶纸质，卵形或椭圆形，长2～7 cm，宽1～2.5 cm。穗状花序短而紧密，常仅有花数朵；花冠淡红或淡紫色；2强雄蕊。蒴果。花期秋季。

南昆山产于天堂顶，生于密林中。分布于我国华南、华东及西南地区。越南北部也有。

263. 马鞭草科 Verbenaceae

多为灌木或乔木。叶多对生，单叶或掌状复叶，无托叶。聚伞、总状、穗状、伞房状聚伞或圆锥花序；花两性，多左右对称；花萼宿存，花冠顶部二唇形或不相等的4～5裂；雄蕊4。核果、蒴果或浆果状核果；种子通常无胚乳。

南昆山6属，24种，2变种，1变型。

1. 掌状复叶……………………………………6. 牡荆属 Vitex
1. 单叶。
  2. 蒴果……………………………………2. 莸属 Caryopteris
  2. 非蒴果。
    3. 果熟后4裂……………………………5. 马鞭草属 Verbena
    3. 果熟后2裂或不裂。
      4. 花序生于枝端……………………………4. 豆腐柴属 Premna
      4. 花序腋生或顶生。
        5. 花冠顶端4裂……………………………1. 紫珠属 Callicarpa
        5. 花冠顶端5裂……………………………3. 大青属 Clerodendrum

1. 紫珠属 Callicarpa L.

多为直立灌木。叶对生，偶三叶轮生，通常被毛和腺点。聚伞花序腋生；花冠紫色、红色或白色，顶端4裂；雄蕊4。果实为核果或浆果状，熟时紫色、红色或白色；种子小长圆形。

南昆山12种，1变种，1变型。

1. 植物体被钩状小糙毛；聚伞花序简单，通常有花3朵；花序梗纤细如丝状……………………12. 钩毛紫珠 C. peichieniana
1. 植物体被分枝毛、星状毛或单毛，稀近无毛；聚伞花序通常2至多次分歧，花通常多数，花序梗粗壮至细弱，但不纤细如丝状。
  2. 花萼管状，深4裂至中部以下；果实几完全为花萼所包藏……………………8. 枇杷叶紫珠 C. kochiana
  2. 花萼杯状或钟状，在中部以上具深浅裂；果实裸露于花萼外。
    3. 花丝通常长于花冠，多至花冠的2倍或更长；药室纵裂；花冠紫色至红色，稀白色。
      4. 聚伞花序宽不过4 cm，通常2～5次分歧。
        5. 叶片基部楔形、钝或圆形，中部以上渐狭。
          6. 叶片或花通常有黄色腺点，或因脱落而下陷成小窝状。
            7. 花萼无毛；叶片背面无毛，稀少仅脉上疏生星状毛……………………4. 白棠子树 C. dichotoma
            7. 花萼有毛；叶片背面被疏密不等的星状毛。
              8. 子房无毛；花序梗长于叶柄2倍或更多……………………5. 杜虹花 C. formosana
              8. 子房有毛；花序梗短于或近等长于叶柄……………………6. 毛叶老鸦糊 C. giraldii var. subcanescens
          6. 叶片或花有粒状红色或暗红色腺点，不脱落或脱落后不下陷……………………1. 紫珠 C. bodinieri
        5. 叶片基部心形或近耳形，中部以上最宽。
          9. 花序梗长2 cm以上。
            10. 萼齿尖锐；叶柄长0.5～0.8 cm……………………10. 长柄紫珠 C. longipes
            10. 萼齿钝三角形；叶柄极短或近柄……………………13. 红紫珠 C. rubella
          9. 花序梗长不超过1.5 cm……………………14. 钝齿红紫珠 C. rubella f. crenata
      4. 聚伞花序通常宽4～9 cm，5次以上分歧。
        11. 叶全缘；乔木或攀缘灌木……………………7. 全缘叶紫珠 C. integerrima
        11. 叶边缘有锯齿或小齿；灌木，稀少为小乔木……………………11. 大叶紫珠 C. macrophylla

3. 花丝通常短于花冠；药室顶端先开裂；花冠白色，稀少紫色或红色。

12. 叶片及花的各部分密生红色或暗红色腺点……………………………………3. 华紫珠 C. cathavana

12. 叶片及花的各部分有黄色腺点或无腺点。

13. 叶片背面全部或至少在中脉上被星状毛……………………………………2. 短柄紫珠 C. brevipes

13. 叶片背面无毛或近无毛……………………………………9. 广东紫珠 C. kwangtungensis

1. 紫珠

Callicarpa bodinieri Lévl.

灌木；小枝、叶柄和花序均被粗糠状星状毛。叶片卵状长椭圆形至椭圆形，长7～18 cm，边缘有细锯齿，两面密生暗红色或红色细粒状腺点。聚伞花序；花冠紫色。果实球形，熟时紫色。花期6～7月；果期8～11月。

南昆山产于天堂顶，生于林中、林缘及灌丛中。分布于我国华南、华中、华东、华北、西南等地区。越南也有。根或全株入药，能通经和血；治月经不调、虚劳、白带、产后血气痛、感冒风寒；调麻油外用，治缠蛇丹毒。

2. 短柄紫珠

Callicarpa brevipes (Benth.) Hance

灌木。嫩枝、花序梗被黄褐色毛。叶片披针形或狭披针形，长9～24 cm，宽1.5～4 cm。聚伞花序；花萼杯状，有腺点；花冠白色。果实小。花期4～6月；果期7～10月。

南昆山产于上坪、佛坳、石河奇观，生于山坡林下。分布于我国广东、广西、浙江。越南也有。庭园观赏。

3. 华紫珠

Callicarpa cathavana H. T. Chang

灌木；幼嫩稍有星状毛，老后脱落。叶片椭圆形或卵形，长4～8 cm，两面有显著的红色腺点。聚伞花序细弱；花萼杯状，具星状毛和红色腺点；花冠紫色。果实球形，紫色。花期5～7月；果期8～11月。

南昆山产于中坪，生于山坡、谷地的丛林中。分布于我国华南、华中、华东、河南、云南等地区。庭园观赏。

4. 白棠子树

Callicarpa dichotoma (Lour.) K. Koch

小灌木。叶倒卵形或披针形，长2～6 cm，宽1～3 cm，背面密生细小黄色腺点。聚伞花序生叶腋上方；花冠紫色。果实球形，紫色。花期5～6月；果期7～11月。

南昆山产于七星湖，生于低山丘陵灌丛中。分布于我国华南、华中、华东、华北地区及贵州。日本、越南也有。全株入药，散瘀止痛。

5. 杜虹花

Callicarpa formosana Rolfe

灌木，小枝、叶柄和花序均密被灰黄色星状毛和分枝毛。叶片卵状椭圆形或椭圆形，顶端渐尖，基部钝或浑圆，边缘有细锯齿，表面被短硬毛，背面被灰黄色星状毛和细小黄色腺点。聚伞花序宽3～4 cm，通常4～5次分歧；苞片细小；花萼杯状；花冠紫色或淡紫色，无毛，裂片钝圆。果实近球形，紫色。花期5～7月；果期8～11月。

南昆山产于中坪、花竹，生山坡和溪边的林中或灌丛中。分布于我国华南、华东及西南地区。菲律宾也有。叶入药，有散瘀消肿、止血镇痛的效用，治咳血、吐血、鼻出血、创伤出血等。

6. 毛叶老鸦糊

Callicarpa giraldii Hesse ex Rehd. var. **subcanescens** Rehder

灌木；小枝、叶背面及花的各部分均密被灰白色星状柔毛。叶片纸质，宽卵形至椭圆形，长10～17 cm。聚伞花序；花冠紫色。果实球形，初时疏被星状毛，熟时无毛，紫色。花期5～6月；果期7～10月。

南昆山产于中坪至上坪3公里处，生于林下或林边。分布于我国华南、华中、华东、西南等地。

7. 全缘叶紫珠

Callicarpa integerrima Champ.

藤本或蔓性灌木。小枝棕褐色；嫩枝、叶柄和花序密生黄褐色茸毛。叶片宽卵形、卵形或椭圆形，长7～15 cm，宽4～9 cm，背面密生灰黄色厚茸毛。聚伞花序；花冠紫色；雄蕊长过花冠的2倍。果实近球形，紫色。花期6～7月；果期8～11月。

南昆山产于上坪、中坪，生于山坡或谷地林中。分布于我国华南及华东地区。

8. 枇杷叶紫珠（劳莱氏紫珠）

Callicarpa kochiana Makino

灌木。小枝、叶柄、叶背与花序密生黄褐色茸毛。叶片长12～22 cm，宽4～8 cm。聚伞花序；花萼管状；花冠淡红色或紫红色。果实球形，几全部包藏于宿存的花萼内。花期7～8月；果期9～12月。

南昆山产于中坪尾至北坑、上坪，生于山坡或谷地溪旁林中和灌丛中。分布于我国华南、华中及华东地区。越南也有。

9. 广东紫珠

Callicarpa kwangtungensis Chun

灌木。叶片狭椭圆状披针形或披针形，长15～26 cm。聚伞花序；花冠白色或带紫红色。果实球形。花期6～7月；果期8～10月。

南昆山产于中坪，生于山坡林中或灌丛中。分布于我国华南、华中、华东、西南等地区。

10. 长柄紫珠

Callicarpa longipes Dunn

灌木。叶片倒卵状椭圆形至倒卵状披针形，长6～13 cm，边缘具三角状的粗锯齿。花冠红色。果实球形，紫红色。花期6～7月；果期8～12月。

南昆山产于上坪、大坑尾一带，生于山坡灌丛或疏林中。分布于我国华南、华中、华东等地区。

11. 大叶紫珠

Callicarpa macrophylla Vahl

灌木；小枝近四方形，密生灰白色粗糠状分枝茸毛。叶片长椭圆形、卵状椭圆形或长椭圆状披针形，长10～23 cm，背面密生灰白色分枝茸毛。聚伞花序；花冠紫色。果实球形，有腺点和微毛。花期4～7月；果期7～12月。

南昆山产于佛坳，生于疏林下和灌丛中。分布于我国华南、西南等地区。南亚、东南亚、中南半岛、马来半岛也有分布。

12. 钩毛紫珠

Callicarpa peichieniana Chun et S. L. Chen

灌木；小枝圆柱形，细弱，密被钩状小糙毛和黄色腺点。叶菱状卵形或卵状椭圆形，长2.5～6 cm。聚伞花序；苞片线形；花冠紫红色，被细毛和黄色腺点。果实球形，熟时紫红色。花期6～7月；果期8～11月。

南昆山产于上坪、中坪，生于林中或林边。分布于我国华南、华中等地区。

13. 红紫珠

Callicarpa rubella Lindl.

灌木。小枝、花序被黄褐色星状毛并杂有腺毛。叶片倒卵形或倒卵状椭圆形，长10～14(～21)cm，宽4～8(～10)cm，背面被星状毛并杂有腺毛和单毛，有黄色腺点。聚伞花序；花冠紫红色、黄绿色或白色。果实紫红色。花期5～7月；果期7～11月。

南昆山产于中坪、下坪，生于山坡、河谷的林中或灌丛中。分布于我国华南、华东及西南地区。南亚、东南亚也有。叶可止血、接骨。

14. 钝齿红紫珠

Callicarpa rubella Lindl. f. **crenata** Pei

该种与红紫珠原变种的区别是：本种叶形较小，花序梗较短，小枝、叶片和花序均被多细胞的单毛和腺毛。花期6～7

月；果期7～12月。

南昆山产于中坪、下坪，生于山坡、谷地、溪边的林中或灌丛中。分布于我国华南、华中、华东、西南等地区。越南也有分布。根或全株有清热止血、消肿止痛之效。

2. 莸属 **Caryopteris** Bunge

多为灌木。单叶对生，常具黄色腺点。伞房状或圆锥状聚伞花序；萼宿存，钟状，常5裂；花冠常5裂，二唇形；雄蕊4。蒴果小，常球形，熟后分裂成4个果瓣。

南昆山1种。

1. 兰香草（山薄荷）

Caryopteris incana (Thunb.) Miq.

小灌木。叶片厚纸质，披针形、卵形或长圆形，长1.5～9 cm，宽0.8～4 cm。聚伞花序紧密；花萼杯状；花冠淡紫色或淡蓝色，二唇形，下唇中裂片边缘流苏状；雄蕊4。蒴果倒卵状球形，被粗毛，果瓣有宽翅。花果期6～10月。

南昆山产于佛坳，生于较干旱的山坡、路旁或林边。分布于我国华南、华东及华中地区。日本、朝鲜也有。

3. 大青属 **Clerodendrum** L.

落叶或半常绿，多为灌木或小乔木。单叶对生，稀3～5叶轮生。聚伞花序或组成伞房状或圆锥状花序；花冠高脚碟形或漏斗形，顶端常5裂。雄蕊4；子房4室，花柱线形。核果浆果状。

南昆山6种。

1. 聚伞花序密集成头状……………………1. 灰毛大青C. canescens
1. 聚伞花序不集成头状。
    2. 花有桔香味。
        3. 叶片薄纸质；花冠管长2～3 cm……………………………………………………5. 广东大青C. kwangtungense
        3. 叶片革质或厚纸质；花冠管长约1 cm……………………………………………………2. 大青C. cyrtophyllum
    2. 花无桔香味。
        4. 花萼紫红色且膨大似灯笼……3. 白花灯笼C. fortunatum
        4. 花萼不呈紫红色或不膨大似灯笼。
            5. 花萼、花冠均红色……………………4. 赪桐C. japonicum
            5. 花萼、花冠不同时呈红色……6. 尖齿臭茉莉C. lindleyi

1. 灰毛大青（六灯笼）

Clerodendrum canescens Wall.

灌木。叶片多为心形或阔卵形，长6～18 cm，宽4～15 cm，两面均有柔毛。聚伞花序密集成头状；花萼由绿变红，钟状；花冠白色或淡红色，外有腺毛或柔毛；雄蕊4。核果近球形，熟时深蓝色或黑色。花果期4～10月。

南昆山产于下坪，生于山坡路边或疏林中。分布于我国华南、华中、华东及西南地区。印度、越南北部也有。全株入药，退热止痛。

2. 大青（路边青）

Clerodendrum cyrtophyllum Turcz.

灌木或小乔木。叶片纸质，椭圆形、卵状椭圆形、长圆形或长圆状披针形，长6～20 cm，宽3～9 cm，常全缘。伞房状聚伞花序；花小，有桔香味；花冠白色；雄蕊4。果实球形或倒卵形，熟时蓝紫色，为红色的宿萼所托。花果期6月至翌年2月。

南昆山产于上坪，生于山地林下或溪谷旁。分布于我国华南、华中、华东及西南地区。朝鲜、越南和马来西亚也有。根、叶清热解毒、凉血利尿。

3. 白花灯笼（鬼灯笼）

Clerodendrum fortunatum L.

灌木。叶纸质，一般长椭圆形或倒卵状披针形，长5～17.5 cm，宽1.5～5 cm，全缘或波状。聚伞花序腋生，花3～9朵；花萼紫红色，膨大似灯笼；花冠淡红色或白色稍带紫。核果近球形，熟时深蓝色。花果期6～11月。

南昆山产于上坪、中坪，生于丘陵、山坡、路边、村旁和旷野。分布于我国华南地区及江西南部。根或全株入药，清热解毒、止咳镇痛。

4. 赪桐（荷包花）

Clerodendrum japonicum (Thunb.) Sweet

灌木。小枝四棱形。叶片圆心形，长8～35 cm，宽6～27 cm。由二歧聚伞花序组成的圆锥状聚伞花序顶生；花萼红色；花冠红色，稀白色。果实椭圆状球形，绿色或蓝黑色。花果期5～11月。

南昆山产于七星湖，生于平原、山谷、溪边或疏林中。分布于我国华南、华东及西南地区。南亚、中南半岛、马来西亚及日本也有。全株入药，祛风利湿、消肿散瘀。

5. 广东大青

Clerodendrum kwangtungense Hand. -Mazz.

灌木。叶片卵形或长圆形，长6～18 cm。伞房状聚伞花序生于枝顶叶腋；花冠白色，外面疏被短绒毛和腺点。核果球形，绿色，宿萼增大。花果期8～11月。

南昆山产于七星湖，生于林中或林缘。分布于我国华南、华中、西南等地区。叶果可食，根治脚软、风湿。

6. 尖齿臭茉莉（臭茉莉）

Clerodendrum lindleyi Decne. ex Planch.

灌木。叶片纸质，宽卵形或心形，叶缘有锯齿。伞房状聚伞花序紧密，顶生；花萼钟状；花冠紫红色或淡红色；雄蕊和花柱伸出花冠外。核果近球形，熟时蓝黑色，被紫红色的宿萼所包。

南昆山产于下坪，生于山坡、沟边、杂木林或路边。分布于我国华南、华中、华东及西南地区。根、叶或全株入药，调经、消炎、止痛。

4. 豆腐柴属 Premna L.

乔木或灌木。单叶对生，无托叶。花序生于枝端，常由聚伞花序组成伞房花序、圆锥花序等；花冠略呈二唇形；2强雄蕊。核果球形、倒卵球形或倒卵状长圆形；种子长圆形。

南昆山1种。

1. 臭黄荆

Premna ligustroides Hemsl.

灌木。叶片卵状披针形至披针形，长1.5～8 cm，背面有紫红色腺点；有短柄或近无柄。聚伞花序组成顶生圆锥花序；花冠黄色。核果倒卵球形，顶端有黄色腺点。花果期5～7月。

南昆山产于上坪，生于山坡林中或林缘。分布于我国华南、华中、西南等地。根、叶、种子入药，能除风湿，清邪热，治痢疾、痔疮、脱肛、牙痛等症。

5. 马鞭草属 Verbena L.

一年生、多年生草本或亚灌木。叶多对生。花常排成顶生穗状花序；花蓝色或淡红色；花萼膜质，管状，具5棱；雄蕊4，上下各2。果熟后4裂。

南昆山1种。

1. 马鞭草（风须草）

Verbena officinalis L.

多年生草本。茎四方形。叶对生，卵圆形至倒卵形或长圆状披针形，长2～8 cm，宽1～5 cm；基生叶常有粗锯齿和缺刻；茎生叶多3深裂，两面均有硬毛。穗状花序，细弱；花冠淡蓝至蓝色，裂片5。果长圆形，熟时4裂。花期6～8月；果期7～10月。

南昆山产于上坪、中坪，生于路边山坡、溪边或林旁。分布于我国华南、华东、华中、西南及西北地区。全草入药，凉血散瘀、清热解毒。

6. 牡荆属 Vitex L.

乔木或灌木。叶对生，掌状复叶，小叶3～8，稀单叶。聚伞花序组成近穗状、圆锥状、伞房状花序；花冠二唇形，淡黄、淡蓝紫、浅蓝或白色；雄蕊4，2长2短或近等长。果实球形、卵形至倒卵形。

南昆山3种，1变种。

1. 常三出复叶……………………………………4. 蔓荆 V. trifolia
1. 掌状复叶，小叶5或3～5。
  2. 花冠淡黄色……………………………3. 山牡荆 V. quinata
  2. 花冠淡紫色。
    3. 小叶多全缘……………………………1. 黄荆 V. negundo
    3. 小叶具粗锯齿………2. 牡荆 V. negundo var. cannabifolia

1. 黄荆

Vitex negundo L.

落叶灌木或小乔木。小枝四棱形。小枝、叶背、花序梗密被灰白色绒毛。掌状复叶，小叶5，少有3；小叶片长圆状披针形至披针形，多全缘。聚伞花序排成圆锥状，顶生；花冠淡紫色，二唇形。核果近球形。花期4～6月；果期7～10月。

南昆山产于上坪，生于山坡路旁或灌丛中。主要分布于我国长江以南地区。东南亚、玻利维亚及非洲东部也有。茎叶治久痢；种子或镇静；根可驱蛲虫。

2. 牡荆

Vitex negundo L. var. **cannabifolia** (Sieb. et Zucc.) Hand. -Mazz.

落叶灌木或小乔木。小枝四棱形。叶对生，掌状复叶，小叶5，少有3；小叶片披针形或椭圆状披针形，具粗锯齿，常被柔毛。圆锥花序顶生；花冠淡紫色，外面密生细毛。果实近球形，黑色。花期6～7月；果期8～11月。

南昆山产于下坪，生于山坡路边灌丛中。主要分布于我国华南、华中及西南地区。日本也有。用途同黄荆。

3. 山牡荆

Vitex quinata (Lour.) Will.

常绿乔木。小枝四棱形。掌状复叶，对生，3～5小叶，常全缘；小叶片倒卵形至倒卵状椭圆形，常全缘，表面常有灰白色小窝点，背面有金黄色腺点。聚伞花序对生于轴上，圆锥状，顶生；花冠淡黄色，二唇形。核果球形或倒卵形，熟后黑色。花期5～7月；果期8～9月。

南昆山产于佛坳，生于山坡林中。分布于我国华南、华中、华东及西南地区。日本、印度及东南亚也有。材用。

4. 蔓荆（水稔子）

Vitex trifolia L.

落叶灌木，有香味。小枝四棱形，密生细柔毛。常三出复叶；小叶片卵形、倒卵形或倒卵状长圆形，背面密被灰白色绒毛。圆锥花序顶生；花序梗密被灰白色绒毛；花冠淡紫色或蓝紫色，二唇形。核果近圆形熟时黑色，果萼宿存。花期7月；果期9～11月。

南昆山产于石河奇观，生于河滩、疏林及村庄附近。分布于我国华南地区及台湾、云南。印度、澳大利亚及东南亚也有。果实入药，治感冒、风湿骨痛等；茎叶可提取芳香油。

264. 唇形科 Labiatae

常为多年生至一年生草本、半灌木或灌木。茎常具四棱及沟槽。多单叶对生。轮伞花序常组成总状、圆锥状、穗状的复合花序；通常花两性，两侧对称，二唇形；2强雄蕊。果实常裂为4枚小坚果。

南昆山21属，33种，2变种。

1. 叶3～10枚轮生……………………………… **4. 水蜡烛属 Dysophylla**
1. 叶对生。
  2. 叶常带紫色或紫黑色…………………………… **17. 紫苏属 Perilla**
  2. 叶不带紫色或紫黑色。
    3. 叶3～5裂，下部叶近掌状分裂，上部叶渐狭……………………………………… **9. 益母草属 Leonurus**
    3. 上下部叶同形。
      4. 叶背面有明显凹陷腺点……………… **13. 石荠宁属 Mosla**
      4. 叶背面无腺点或腺点不明显。
        5. 基本花序为聚伞花序……………… **8. 香茶菜属 Isodon**
        5. 基本花序不为聚伞花序。
          6. 花序腋生或生于茎基……………………………… **7. 锥花属 Gomphostemma**
          6. 花序不生于茎基。
            7. 草本且轮伞花序组成总状花序或穗状花序。
              8. 轮伞花序排列成总状花序……………………………… **12. 凉粉草属 Mesona**
              8. 轮伞花序朵花密集，排列成穗状花序……………………………… **14. 龙船草属 Nosema**
            7. 草本、半灌木或灌木，或轮伞花序不组成总状花序。
              9. 花冠不呈二唇形。
                10. 花冠仅具单唇……**21. 香科科属 Teucrium**
                10. 花冠漏斗形……………**11. 薄荷属 Mentha**
              9. 花冠二唇形或近二唇形。
                11. 花小且花冠近二唇形……………………………… **18. 刺蕊草属 Pogostemon**
                11. 花冠二唇形。
                  12. 叶为单叶或羽状复叶……………………………… **19. 鼠尾草属 Salvia**
                  12. 叶全为单叶。
                    13. 基本花序不一定为轮伞花序……………………… **20. 黄芩属 Scutellaria**
                    13. 基本花序为轮伞花序。
                      14. 草本或半灌木。
                        15. 小坚果倒卵球形至长圆状三棱形……………………………… **16. 假糙苏属 Paraphlomis**
                        15. 小坚果卵珠形，三棱状……………… **10. 绣球防风属 Leucas**
                      14. 草本。
                        16. 圆锥状轮伞花序……………… **3. 风轮菜属 Clinopodium**
                        16. 穗状轮伞花序。
                          17. 花萼外面生腺点。
                            18. 上唇近相等4裂，稀有3裂……………… **15. 罗勒属 Ocimum**
                            18. 上唇直立，几不裂……**5. 香薷属 Elsholtzia**
                          17. 花萼外面无腺点。
                            19. 轮伞花序2至多花。
                              20. 叶菱形，具齿……………… **1. 筋骨草属 Ajuga**
                              20. 叶圆形，先端钝……………… **6. 活血丹属 Glechoma**
                            19. 轮伞花序多花……………… **2. 广防风属 Anisomeles**

1. 筋骨草属 Ajuga L.

一年生、二年生或常为多年生草本。茎四棱形。单叶对生，常纸质。轮伞花序二至多花，组成穗状花序；花两性；花冠二唇形，多为紫色至蓝色；2强雄蕊。小坚果多为倒卵状三棱形。

南昆山2种。

1. 花冠不具深色条纹 ························ 1. 金疮小草A. decumbens
1. 花冠具深色条纹 ···························· 2. 紫背金盘A. nipponensis

1. 金疮小草(筋骨草)
Ajuga decumbens Thunb.

一年或二年生草本。茎被白色长柔毛或绵状长柔毛。叶片薄纸质，匙形或倒卵状披针形，长3～6 cm，宽1.5～2.5 cm，两面被疏毛。轮伞花序多花，排成穗状花序；花冠多淡蓝色或淡红紫色。坚果。花期3～7月；果期5～11月。

南昆山产于上坪竹坑嶂，生于溪边、路旁或湿润的草坡上。分布于我国长江以南地区。朝鲜、日本也有。全草入药，消炎、止血。

2. 紫背金盘
Ajuga nipponensis Makino

一年或二年生草本。茎四棱形。茎生叶片纸质，阔椭圆形或卵状椭圆形，长2～4.5 cm，宽1.5～2.5 cm；下部茎叶背常带紫色。穗状轮伞花序多花；花冠多为淡蓝色或蓝紫色，具深色条纹。小坚果卵状三棱形。在我国东部花期4～6月；果期5～7月。

南昆山产于上坪，生于田边、矮草地湿润处、林内及向阳坡地。分布于我国华南、华中、华东及西南地区。日本、朝鲜也有。全草入药，可内服外用，消炎、镇痛散血。

2. 广防风属 Anisomeles R. Br.

直立粗壮草本。叶具齿。长穗状轮伞花序多花；苞片线形，细小；花冠二唇形；2强雄蕊。小坚果近圆球形，黑色，具光泽。

南昆山1种。

1. 广防风(防风草)
Anisomeles indica (L.) Kuntze

直立粗壮草本。茎四棱形，具浅槽，密被白色贴生短柔毛。叶阔卵圆形，长4～9 cm，宽2.5～6.5 cm，草质，叶下有极密的白色短绒毛。穗状轮伞花序生于枝顶，多花；花冠淡紫色。小坚果黑色。花期8～9月；果期9～11月。

南昆山产于佛坳，生于林缘或路旁荒地上。分布于我国华南、华东、华中及西南地区。印度、东南亚也有。全草入药，疏风散热、除湿止痛。

3. 风轮菜属 Clinopodium L.

多年生草本。叶具齿。圆锥状轮伞花序；花萼二唇形；花冠二唇形，紫红、淡红或白色；雄蕊4，偶仅2；子房4裂，无毛。小坚果极小，卵球形或近球形，褐色，无毛。

南昆山1种。

1. 瘦风轮菜

Clinopodium gracile (Benth.) Matsum.

纤细草本。茎多，柔弱，四棱形，具槽，被短柔毛。最基部的叶圆卵形，细小；其余的叶多卵形，较大，长1.2～3.4 cm，宽1～2.4 cm，薄纸质。轮伞花序分离，或成短总状花序，疏花；花冠白色至紫红色；雄蕊4，前对能育。小坚果卵球形，褐色，光滑。花果期6～10月。

南昆山产于中坪叉坑，生于路旁、沟边、旷地、林缘或灌丛中。分布于我国华南、华中、华东、华中、西南地区及陕西南部。印度、缅甸、东南亚及日本也有。全草入药，消炎镇痛。

4. 水蜡烛属 Dysophylla Blume

草本植物。茎具通气组织。叶3～10枚轮生，近无毛。穗状轮伞花序多花，生于枝顶；花极小，花冠顶端4裂。小坚果近球形，光滑。

南昆山1种。

1. 水虎尾（边氏水珍珠菜）

Dysophylla stellata (Lour.) Benth.

一年生直立草本。叶4～8枚轮生，线形，长2～7 cm，宽1.5～4 mm，无毛。穗状花序花极密集；花冠紫红色；雄蕊4。小坚果倒卵形，极小，棕褐色，光滑。花果期几全年。

南昆山产于七星湖，生于稻田中或水边。分布于我国华南、华东及云南。东南亚、印度、日本、马来西亚等也有。

5. 香薷属 Elsholtzia Willd.

草本，半灌木或灌木。叶对生，卵形、长圆状披针形或线状披针形，边缘具锯齿、圆齿或钝齿。轮伞花序组成穗状或球状花序；花冠小，白、淡黄、黄、淡紫、玫瑰红至玫瑰红紫色。小坚果卵珠形或长圆形，褐色，具瘤状突起或光滑。

南昆山1种。

1. 紫花香薷

Elsholtzia argyi Lévl.

草本。茎具槽，紫色，槽内被疏生或密集的白色短柔毛。叶卵形至阔卵形，长2～6 cm。穗状花序由具8花的轮伞花序组成；花冠玫瑰红紫色。小坚果长圆形，深棕色，外面具细微疣状凸起。花果期9～11月。

南昆山产于中坪至上坪途中，生于山坡灌丛中，林下，溪旁及河边草地。分布于我国华南、华中、华东、西南等地。日本也有。

6. 活血丹属 Glechoma Linn.

多年生草本，具匍匐茎，逐节生根及分枝。叶对生，具长柄；叶片圆形、心脏形或肾形，薄纸质，基部心形，边缘具圆齿或粗齿。轮伞花序2～6花，花两性，花萼管状或钟状，近喉部微弯，成不明显的二唇，上唇3齿，略长，下唇2齿，较短。花冠管状，冠檐二唇形，上唇直立，顶端微凹或2裂，下唇平展，3裂，中裂片最大，2侧裂片较小。雄蕊4，花丝纤细，无毛。花柱纤细，先端近相等2裂。小坚果长圆状卵形，深褐色，光滑或有小凹点。

南昆山1种。

1. 活血丹

Glechoma longituba (Nakai) Kupr

多年生匍匐草本。叶草质，叶片心形或近肾形，基部心形，边缘具圆齿。轮伞花序通常2花；苞片及小苞片线形，被缘毛。花萼管状，外面被长柔毛，齿5。花冠淡蓝、蓝至紫色，冠檐二唇形。上唇2裂，裂片近肾形，下唇3裂，中裂片最大，肾形，先端凹入，两侧裂片长圆形。成熟小坚果深褐色，长圆状卵形。花期4～5月，果期5～6月。

生于林缘、疏林下、草地中、溪边等阴湿处。分布除西北外几遍全国。俄罗斯、朝鲜也有分布。民间用全草治膀胱结石或尿路结石。

7. 锥花属 Gomphostemma Benth.

多年生草本或灌木。茎四棱形，具槽。叶大，宽卵形至倒披针形，两面有毛，常具齿。花序各式，腋生或生于茎基；花冠二唇形，紫红、黄至白色；花萼钟形或管形；雄蕊4。小坚果倒卵形或卵形，核果状。

南昆山1种。

1. 中华锥花

Gomphostemma chinense Oliv.

草本。叶椭圆形至卵状椭圆形，长4～13 cm，宽2～7 cm，草质，背面灰白色，被绒毛。聚伞花序单生或组成圆锥花序，生于茎基，四至多花；花冠浅黄至白色，二唇形。小坚果倒卵状三棱形，褐色。花期7～8月；果期10～12月。

南昆山产于中坪、上坪，生于山谷湿地密林下。分布于我国华南及华东地区。越南北部也有。

8. 香茶菜属 Isodon (Schrad. ex Benth.) Spach

灌木、半灌木或多年生草本。叶具齿。聚伞花序三至多花，常排成总状或圆锥状花序；花冠二唇形；2强雄蕊；花盘环状。小坚果近圆球形、卵球形或长圆状三棱形。

南昆山3种。

1. 花序尖塔形……2. 线纹香茶菜 I. lophanthoides
1. 花序不呈尖塔形。
   2. 花冠白、蓝白或紫色，上唇带紫蓝色……1. 香茶菜 I. amethystoides
   2. 花冠紫色……3. 溪黄草 I. serra

1. 香茶菜

Isodon amethystoides (Benth.) H. Hara [*Rabdosia amethystoides* (Benth.) Hara]

多年生直立草本。茎四棱形，具槽，密被毛。叶卵状圆形、卵形至披针形，长0.8～11 cm，宽0.7～3.5 cm，草质。圆锥状聚伞花序顶生，多花；花冠白、蓝白或紫色，上唇带紫蓝色，二唇形。小坚果卵形，黄栗色。花期6～10月；果期9～11月。

南昆山产于下坪、七星湖，生于林下或草丛中的湿润处。分布于我国华南、华中及华东地区。全草入药，治闭经、跌打损伤；根入药，治蛇伤。

2. 线纹香茶菜

Isodon lophanthoides (Buch.-Ham. ex D. Don) H. Hara

多年生柔弱草本。茎叶卵形、阔卵形或长圆状卵形，长1.5～8.8 cm。圆锥花序顶生及侧生，由聚伞花序组；花冠白色或粉红色，具紫色斑点，冠檐外面被稀疏小黄色腺点。花果期8～12月。

南昆山产于天堂顶，生于沼泽地上或林下潮湿处。分布于我国华南、华中、华东、西南等地区。印度、不丹也有。全草入药，治急性黄疸型肝炎、急性胆囊炎、咽喉炎、妇科病、瘤型麻风，可解草乌中毒。

3. 溪黄草

Isodon serra (Maxim.) Kudô

多年生草本；根茎肥大，粗壮，有时呈疙瘩状。茎叶对生，卵圆形或卵圆状披针形或披针形，长3.5～10 cm。圆锥花序生于茎及分枝顶上；花冠紫色。成熟小坚果阔卵圆形，具腺点及白色髯毛。花果期8～9月。

南昆山产于七星湖，生于山坡、路旁、田边、溪旁、河岸等地。我国广布。俄罗斯远东地区、朝鲜也有。全草入药，治急性肝炎、急性胆囊炎、跌打瘀肿等症。

9. 益母草属 Leonurus L.

直立草本。叶3～5裂，下部叶近掌状分裂，上部叶渐狭。穗状轮伞花序腋生，多花；花冠二唇形，白、粉红至淡紫色；雄蕊4。小坚果锐三棱形。

南昆山1种。

1. 益母草

Leonurus japonicus Houttuyn. [*L. artemisia* (Lour.) S. Y. Hu]

一年或二年生草本。茎钝四棱形。茎下部叶卵形，掌状3裂，长2.5～6 cm，宽1.5～4 cm；中部叶菱形，常3裂；最上部的苞片线形或线状披针形。穗状轮伞花序腋生，8～15花；花冠粉红至淡紫色，二唇形。小坚果长圆状三棱形，淡褐色，光滑。花期多为6～9月；果期9～10月。

南昆山产于中坪、花竹、上坪，生于中低海拔荒地。分布于我国各地。世界广泛分布。全草入药，调经止血。

10. 绣球防风属 Leucas R. Br.

草本或半灌木，通常具毛被，稀无毛。轮伞花序，疏离，等大，或于枝条顶端紧缩而变小；花冠通常白色，稀黄色、紫色、浅棕色或甚至红色。小坚果卵珠形，三棱状，基部截平。

南昆山1种。

1. 疏毛白绒草

Leucas mollissima Wall. var. **chinensis** Benth.

直立草本；茎纤细，扭曲，多分枝。叶卵圆形，长1.5～4 cm，背面淡绿色，被疏毛。轮伞花序腋生，分布于枝条中部至上部，球状；花萼管状，萼齿5长5短；花冠白色、淡黄至粉红色；小坚果卵珠状三棱形，黑褐色。花期5～10月，花后见果。

南昆山产于佛坳，生于干燥的向阳生境。分布于我国长江以南各地区。日本也有。全草入药，研成粉末，冲开水服，有驱寒发表之功，外用又可以洗疮毒。

11. 薄荷属 Mentha Linn.

芳香多年生或稀为一年生草本。叶具柄或无柄，上部茎叶靠近花序者大都无柄或近无柄，叶片边缘具牙齿、锯齿或圆齿。轮伞花序通常为多花密集。花冠漏斗形，大都近于整齐或稍不整齐。小坚果卵形，干燥，无毛或稍具瘤。

南昆山2种。

1. 具叶柄；轮伞花序腋生……………………… 1. 薄荷M. canadensis
1. 叶无柄或近于无柄；轮伞花序顶生………2. 留兰香M. spicata

1. 薄荷

Mentha canadensis Linn. (*M. haplocalyx* Briq.)

多年生草本。茎直立，锐四棱形，具四槽。叶片长圆状披针形至披针形，长3～5(7)cm。轮伞花序腋生，轮廓球形；花冠淡紫。小坚果卵珠形，黄褐色，具小腺窝。花期7～9月；果期10月。

南昆山产于天堂顶，生于水旁潮湿地。我国南北各地分布。热带亚洲、东亚、俄罗斯远东地区及北美洲(南达墨西哥)也有。幼嫩茎尖可作菜食，全草又可入药，治感冒发热喉痛、头痛、目赤痛、皮肤风疹搔痒、麻疹不透等症，此外对痈、疽、疥、癣、漆疮亦有效。

2. 留兰香

Mentha spicata Linn.

多年生草本。茎直立，绿色，钝四棱形。叶无柄或近于无柄，卵状长圆形或长圆状披针形，长3～7 cm。轮伞花序生于茎及分枝顶端。花冠淡紫色，冠檐裂片近等大。花期7～9月。

上坪有栽培。我国华南、华东、西南、华北(河北)、西北(新疆)等地有栽培或逸为野生。原产南欧、加那利群岛、马德拉群岛、俄罗斯。

12. 凉粉草属 Mesona Bl.

直立或匍匐草本。叶具齿。轮伞花序多数，组成总状花序；花冠白或淡红色，冠筒极短，喉部极扩大；二唇形；雄蕊4。小坚果长圆形或卵圆形，黑色。

南昆山1种。

1. 凉粉草(仙人伴)

Mesona chinensis Benth.

草本。茎四棱形。叶狭卵圆形至阔卵圆形或近圆形，长2～5 cm，宽0.8～2.8 cm，纸质或近膜质，常两面有毛。轮伞花序多数，组成顶生的总状花序；花冠白或淡红色，二唇形；雄蕊4。小坚果长圆形，黑色。花果期7～10月。

南昆山产于上坪三坑，生于水沟边及干沙地草丛中。分布于我国华南及华东地区。可制凉粉，生津解暑。

13. 石荠苧属 Mosla Buch. -Ham. ex Maxim.

一年生草本，揉之有强烈香味。叶具齿，背面有明显凹陷腺点。轮伞花序2花，组成顶生的总状花序，花梗明显；花萼钟形；花冠白色、粉红色至紫红色；雄蕊4，后对能育。小坚果近球形。

南昆山3种。

1. 苞片较宽，卵状披针形至圆形；花萼具近相等的5齿 ………………………………………… 1. 石香薷 M. chinensis
1. 苞片狭小，卵状披针形，花萼二唇形。
  2. 花冠淡紫色 ………………………… 2. 小鱼仙草 M. dianthera
  2. 花冠粉红色 ………………………… 3. 石荠苧 M. scabra

1. 石香薷

Mosla chinensis Maxim.

直立草本，茎被白色疏柔毛，自基部多分枝。叶线状长圆形至线状披针形，两面均被疏短柔毛及棕色凹陷腺点。总状花序头状；苞片覆瓦状排列，全缘；花萼钟形，外面被白色绵毛及腺体；花冠紫红色、淡红色至白色。小坚果球形，灰褐色。花期6～9月，果期7～11月。

南昆山产于上坪，生于疏林灌丛中。分布于我国华南、华中、华东地区及贵州、四川。越南也有。

2. 小鱼仙草（香花草）

Mosla dianthera (Buch. -Ham.) Maxim.

一年生草本。茎四棱形，具浅槽。叶多为卵状披针形或菱状披针形，长1.2～3.5 cm，宽0.5～1.8 cm，纸质，背面灰白色。总状花序生于枝端；花冠淡紫色，二唇形。小坚果近球形，灰褐色。花果期5～11月。

南昆山产于中坪、十字水，生于山坡、路旁或水边。分布于我国华南、华东、华中、西南地区及陕西。南亚、东南亚及日本也有。全草入药，发汗、消炎、利水、止血。

3. 石荠苎

Mosla scabra (Thunb.) C. Y. Wu et H. W. Li

一年生草本。茎四棱形，具细条纹，密被短柔毛。叶卵形或卵状披针形，长1.5～3.5 cm，宽0. 9～1.7 cm，背面灰白色。总状花序生于枝端；花冠二唇形，粉红色。小坚果球形，黄褐色。花期5～11月；果期9～11月。

南昆山产于石河奇观，生于山坡、路旁或灌丛下。分布于我国华南、华东、华中及西北地区。越南北部、日本也有。全草可杀虫，根治疮毒。

14. 龙船草属 Nosema Prain

草本。叶对生或轮生，全缘或具细锯齿。轮伞花序多花密集，彼此靠近排列成头状或穗状花序；苞片通常比轮伞花序短；花梗短。花萼卵圆形，具10脉，二唇形，上唇宽大，全缘，有时两边各具极不明显的1个小齿，长圆形，下唇全缘，近圆形。花冠筒短，喉部扩大，冠檐二唇形，上唇宽大，先端短3裂，下唇全缘，长圆形，凹陷成舟状。雄蕊4，外伸，花丝分离，后对基部具齿状附属器，花药1室。小坚果长圆形或卵圆形，光滑。

南昆山1种。

1. 龙船草

Nosema cochinchinensis (Lour.) Merr.

直立草本，全株密被长柔毛。叶长圆形，基部圆形、钝至楔形，边缘具不明显的细锯齿，叶脉明显；叶柄短。轮伞花序多花密集，彼此靠近排列成穗状或头状花序；苞片宽卵圆形；花梗短。花萼上唇宽大，全缘或两边具极不明显的1个小齿，长圆形，下唇全缘，微小。花冠蓝色、紫色或淡红色，冠檐二唇形，上唇宽大，先端短3裂，下唇狭长，舟状。雄蕊4，外伸。小坚果长圆形，黑褐色，光滑。花期10月至翌年2月。

南昆山产于天堂顶，生于山坡、路旁或山谷等处。分布于我国华南地区。东南亚也有分布。花入药，可清肝火，散郁结，治痈肿疤毒、目赤肿痛、瘰疬。

15. 罗勒属 Ocimum L.

草本，半灌木或灌木，极芳香。叶具柄，具齿。轮伞花序通常6花，极稀近10花，多数排列成具梗的穗状或总状花序；花通常白色，花冠筒稍短于花萼或稀伸出花萼，冠檐二唇形，上唇近相等4裂，稀3裂。雄蕊4，伸出；花盘具齿；花柱先端2浅裂，裂片近等大。小坚果卵珠形或近球形。

南昆山1种。

1. 罗勒（荆芥）

Ocimum basilicum L.

一年生草本。茎直立，钝四棱形，上部微具槽，基部无毛，上部被倒向微柔毛，绿色，常染有红色，多分枝。叶卵圆形至卵圆状长圆形，长2.5～5 cm，边缘具不规则齿，背面具腺点。总状花序顶生；花冠淡紫色。小坚果卵珠形。花期通常7～9月；果期9～12月。

南昆山产于上坪，生于房前屋后的荒地上。我国南部各地区有逸为野生的。非洲至亚洲温暖地带也有。含芳香油，用于香料、茶饮，有祛风、芳香、健胃及发汗作用。全草入药，治胃痛、消化不良、肠炎腹泻、小儿发热、肾脏炎、蛇咬伤及皮炎等。

16. 假糙苏属 Paraphlomis Prain

草本或半灌木。叶膜质、薄纸质、坚纸质至近革质，具齿。轮伞花序多花至少花，偶成聚伞花序；花冠二唇形。小坚果倒卵球形至长圆状三棱形。

南昆山1变种。

1. 狭叶假糙苏

Paraphlomis javanica (Bl.) Prain var. **angustifolia** C. Y. Wu et H. W. Li ex C. L. Xiang, E. D. Liu & H. Peng

草本。茎单生，钝四棱形，具槽。叶卵圆状披针形至狭长披针形，具极不显著的细圆齿。轮伞花序多花；萼齿尖明显针状，具细刚毛；花冠二唇形；雄蕊4；花盘环状或杯状。小坚果倒卵球状三棱形。

南昆山产于上坪横坑、中坪，生于林下。分布于我国华南地区及福建、湖南和西南。越南也有。

17. 紫苏属 Perilla L.

一年生草本，有香味。茎四棱形，具槽。叶常带紫色或紫黑色，具齿。轮伞花序2花，组成总状花序；花小，花冠近二唇形，白色至紫红色；雄蕊4；花盘环状。小坚果近球形。

南昆山1变种。

1. 野生紫苏（紫禾草）

Perilla frutescens var. **purpurascens** (Hayata) H. W. Li [*P. frutescens* (L.) Britt. var. *acuta* (Thunb.) Kudo]

一年生直立草本。茎绿色或紫色，被短疏柔毛。叶卵形，长4.5～7.5 cm，宽2.8～5 cm，两面绿色或紫色，均被疏柔毛。花冠近二唇形，白色至紫红色。小坚果土黄色。

南昆山产于上坪三坑、大坑尾，生于山地路旁、村边荒地。分布于我国华南、华中、华东、西南及西北地区。日本也有。可入药及食用。

18. 刺蕊草属 Pogostemon Desf.

草本或半灌木。叶对生，具齿缺。轮伞花序组成穗状、总状或圆锥状花序；花小，花冠近二唇形；雄蕊4。小坚果卵球形或球形，光滑。

南昆山3种。

1. 总状花序单一，间断穗状……………1. 水珍珠菜 P. auricularius
1. 穗状花序组成圆锥花序。
   1. 半灌木；花冠淡紫色……………2. 短穗刺蕊草 P. championii
   1. 草本；花冠淡红色……………2. 长苞刺蕊草 P. chinensis

1. 水珍珠菜

Pogostemon auricularius (Linnaeus) Hasskarl

一年生草本，茎基部平卧，多分枝，具槽，密被黄色平展长硬毛。叶长圆形或卵状长圆形，基部圆形或浅心形，边缘有整齐锯齿，两面被黄色糙硬毛。穗状花序长6～18 cm，花期先端尾状渐尖；苞片卵状披针形；花萼钟形，萼齿5，短三角形；花冠淡紫色至白色；雄蕊4，花盘环状。小坚果近球形。花果期4～11月。

南昆山产于中坪，生于路旁、水旁。分布于我国广东、广西、福建、江西、台湾及云南。东南亚至南亚也有。全草入药，治小儿惊风。

2. 短穗刺蕊草
Pogostemon championii Prain

半灌木。茎及枝纤细，具明显而钝的四棱。叶如分枝一样交互对生，膜质，卵状披针形。轮伞花序组成具梗的卵状圆柱形穗状花序，花冠淡紫色。小坚果宽卵珠形、光滑。

南昆山产于上坪村附近，生于路旁、山谷溪旁。分布于我国广东。

3. 长苞刺蕊草
Pogostemon chinensis C. Y. Wu et Y. C. Huang

直立草本。茎具粗伏毛，节稍膨大。叶卵圆形，长5～10(～13) cm，宽2～6(～7) cm，边缘具重锯齿，纸质或近膜质，被毛；侧脉3对。穗状轮伞花序顶生或腋生；花梗密被粗伏毛；花萼近筒状，花冠淡红色。花期7～11月。

南昆山产于中坪，生于路旁、山谷溪旁及草地上。分布于我国广东、广西及云南。

19. 鼠尾草属 Salvia L.

草本、半灌木或灌木。单叶或羽状复叶。轮伞花序二至多花，组成穗状、总状或圆锥状花序；花冠二唇形；雄蕊4，仅2枚能育；子房4全裂。小坚果卵状三棱形或长圆状三棱形，光滑。

南昆山3种。

1. 单叶……………………………………………… 3. 荔枝草 S. plebeia
1. 羽状复叶。
   2. 三回或四回羽状复叶；花冠黄色……………………………………………… 1. 蕨叶鼠尾草 S. filicifolia
   2. 一回或二回羽状复叶；花冠淡红、淡紫、淡蓝至白色……………………………………………… 2. 鼠尾草 S. japonica

1. 蕨叶鼠尾草
Salvia filicifolia Merr.

多年生草本。叶为三回或四回羽状复叶。轮伞花序6～10花，组成顶生及腋生具梗的总状花序，顶生者基部常具侧生较短的总状花序。花冠黄色。小坚果椭圆形，褐色。花期5～9月。

南昆山产于上坪村，生于石边或沙地。分布于我国广东、湖南。

2. 鼠尾草
Salvia japonica Thunb.

一年生草本。茎钝四棱形，具沟。茎下部叶为二回羽状复叶，上部为一回羽状复叶，具齿，草质。轮伞花序2～6花，组成总状、圆锥状花序，顶生；花冠淡红、淡紫、淡蓝至白色，二唇形；能育雄蕊2。小坚果椭圆形，褐色。花期6～9月。

南昆山产于上坪、中坪，生于山坡、路旁、荫蔽草丛。分布于我国华南、华中及华东地区。日本也有。

3. 荔枝草（雪见草）
Salvia plebeia R. Br.

一年生或二年生草本。茎粗壮，被灰白色疏柔毛。单叶，叶片椭圆状卵圆形或椭圆状披针形，长2～6 cm，宽0.8～2.5 cm。轮伞花序6花，在枝端集成总状或圆锥状花序；花冠淡红色、淡紫色、紫色、蓝紫色至蓝色，二唇形。小坚果倒卵圆形，光滑。花期4～5月；果期6～7月。

南昆山产于佛坳，生于路旁、沟边、田野潮湿处。除新疆、青海、甘肃及西藏外，几遍全国。东亚、南亚、东南亚至大洋洲也有。全草入药，消炎止痛、利水消肿等。

20. 黄芩属 Scutellaria L.

草本或半灌木。茎生叶常具齿。总状或穗状花序腋生、对生或上部有时互生；花冠二唇形；2强雄蕊。小坚果扁球形或卵圆形。

南昆山4种。

1. 花腋生或排成腋生总状花序；苞片与茎叶近同形等大或稍小。
  2. 茎无毛或在序轴上部疏被紧贴的小毛；叶具短柄或近无柄……1. 半枝莲 S. barbata
  2. 茎密被小硬毛；叶具柄……4. 南粤黄岑 S. wongkei
1. 花组成顶生总状花序；苞片异于茎叶，且较茎叶小很多。
  3. 茎被微柔毛；花较小，花冠长1.4～1.8 cm……2. 韩信草 S. indica
  3. 茎被分节长柔毛；花较大，花冠长1.8～2.5 cm……3. 偏花黄芩 S. tayloriana

1. 半枝莲(狭叶韩信草)

Scutellaria barbata D. Don

直立草本。茎四棱形。叶片三角状卵圆形或卵圆状披针形，长1.3～3.2 cm，宽0.5～1(1.4)cm。花单生于茎或分枝上部的叶腋内；花冠紫蓝色，二唇形。小坚果褐色，扁球形。花果期4～7月。

南昆山产于中坪尾至水坑、上坪，生于水田边、溪边或湿润草地。分布于我国华南、华中、华东及西南地区。南亚、东南亚及东亚也有。全草入药，可内服外用，消炎止血、祛痱。

2. 韩信草(大力草)

Scutellaria indica L.

多年生草本。茎四棱形，常带暗紫色。叶草质至近坚纸质，卵圆形至椭圆形，长1.5～2.6 cm，宽1.2～2.3 cm，两面有毛。花对生，于枝端成总状花序；花冠蓝紫色，二唇形，下唇具深紫色斑点；2强雄蕊。小坚果熟时栗色或暗褐色，卵形。花果期2～6月。

南昆山产于佛坳、上坪，生于山地或丘陵地、疏林下、路旁空地及草地。分布于我国华南、华中、华东及西南地区。东亚、东南亚及印度也有。全草入药，散血消肿、祛风强筋骨。

3. 偏花黄芩

Scutellaria tayloriana Dunn

多年生草本。茎四棱形，被白色柔毛。叶通常仅有3～4对，交互对生，坚纸质，椭圆形或宽卵状椭圆形，长4.5～5.5 cm，宽3.8～4.5 cm，两面有白毛。花对生，于茎顶排成背腹向的总状花序；花冠淡紫色至蓝紫色，二唇形；2强雄蕊。小坚果。花期3～5月。

南昆山产于天堂顶，生于林下灌丛或旷地。分布于我国华南地区及湖南、贵州。根入药，止血、止咳。

4. 南粤黄芩Scutellaria wongkei Dunn

多年生草本，茎近木质。叶片坚纸质，卵圆形，长0. 9～2.2 cm。花腋生于小分枝叶腋中；花冠淡蓝色。花盘扁圆形，前方微膨大。花果期6月。

南昆山产于上坪、中坪，生于草地上。分布于我国广东。

21. 香科科属 Teucrium L.

草本或半灌木。单叶对生，心形、卵圆形、长圆形至披针形，具羽状脉。轮伞花序2～3花，于枝上部成假穗状花序；花冠仅具单唇；雄蕊4；子房球形，顶端十字形浅裂。小坚果倒卵形。

南昆山2种。

1. 花冠筒明显伸出萼外，小坚果具网纹 ………………………………………………………… 1. 铁轴草 T. quadrifarium
1. 花冠筒稍超出萼外，小坚果无网纹 …… 2. 血见愁 T. viscidum

1. 铁轴草
Teucrium quadrifarium Buch. -Ham. ex D. Don

直立半灌木。茎近圆柱形，密被金黄色长柔毛。叶片长圆状卵圆形，先端钝或急尖，基部近心形、截平或圆形。假穗状花序由密集或有时较疏松的具2花的轮伞花序所组成。花萼钟形，被长柔毛，萼齿5，呈二唇形，上唇3齿，中齿极发达。花冠淡红色，冠筒长为花冠长1/3，稍伸出于萼外。小坚果倒卵状近圆形。花期7～9月。

南昆山产于佛坳，生于山地阳坡或路旁。分布于我国广东、广西、福建、湖南、江西、贵州和云南。印度尼西亚、泰国、缅甸、印度至尼泊尔也有。民间用全草治劳伤水肿，根治肚胀、泻痢，叶用于止血，治刀枪伤。

2. 血见愁（山藿香）
Teucrium viscidum Bl.

多年生草本。叶片卵圆形至卵状长圆形，长3～10 cm，近无毛。轮伞花序2花，于枝上部成假穗状花序；花冠白色、淡红色或淡紫色。小坚果扁球形，黄棕色。花期于广东、云南南部6～11月。

南昆山产于中坪，生于山地林下湿润处。分布于我国华南、华东及西南地区。东亚、南亚、东南亚也有。全草入药，凉血解毒、去瘀生新。

266. 水鳖科 Hydrocharitaceae

一年生或多年生、淡水或咸水、沉水或浮水草本。茎短，直立。叶基生或茎生；茎生叶对生、互生或轮生，叶形大小多变。佛焰苞合生，常具肋或翅；先端多为2裂，其内含一至数朵花。花辐射对称；单性，具退化雌蕊或雄蕊。浆果或蒴果；种子多数。

南昆山1属，1种。

1. 黑藻属 Hydrilla Rich.

直立沉水草本。茎纤细，圆柱状，多分枝。叶3～8片轮生，线形、披针形或长椭圆形。花单性，腋生，雌雄异株或同株；雄佛焰苞近球形，雌佛焰苞管状，苞内仅具1花。萼片3，白色或绿色，卵形或倒卵形；花瓣3，与萼片互生，白色或淡紫色，匙形，通常较萼片狭而长；果圆柱形或线形；种子长圆形。

南昆山1种。

1. 黑藻
Hydrilla verticillata (L. f.) Royle

多年生沉水草本。叶3～8枚轮生，线形或长条形，常具紫红色或黑色小斑点，先端锐尖，边缘锯齿明显。花单性，雌雄同株或异株；雄佛焰苞近球形，表面具明显的纵棱纹，顶端具刺凸；雄花萼片3，白色；花瓣3，反折开展，白色或粉红色；雄蕊3；雌佛焰苞管状；苞内雌花1朵。果实圆柱形，表面常有2～9个刺状凸起。植物以休眠芽繁殖为主。花果期5～10月。

南昆山产于石河奇观，生于池塘、水沟中。除西北外，全国大部分地区分布。

280. 鸭跖草科 Commelinaceae

一年生或多年生草本。茎有明显的节和节间。叶互生，有明显的叶鞘；叶鞘开口或闭合。花多两性，辐射对称，成顶生或腋生的聚伞花序或圆锥花序；花被片3，分离。果实多为室背开裂的蒴果，稀为浆果状而不裂；种子具网纹、小孔或平滑。

南昆山5属，12种。

1. 花序密集成头状，自叶鞘基部穿鞘而出……………………1. 穿鞘花属Amischotolype
1. 花序不穿透叶鞘，亦不成无总梗的头状花序，有的具穿鞘而出的侧枝。
  2. 果浆果状而不裂，花序顶生……………………5. 杜若属 Pollia
  2. 果为开裂蒴果，花序顶生或否。
    3. 圆锥花序顶生，扫帚状……………………3. 聚花草属Floscopa
    3. 花序顶生或否，不成扫帚状。
      4. 总苞片佛焰苞状……………………2. 鸭跖草属Commelina
      4. 总苞片有或无，有则不为佛焰苞状，平展或成鞘状……………………4. 水竹叶属Murdannia

1. 穿鞘花属 Amischotolype Hassk.

多年生草本。根状茎不分枝。叶阔，椭圆形；叶鞘宿存。伞房状或圆锥状聚伞花序组成头状花序；无总花梗；花被3，分离，近辐射对称。蒴果三棱状球形或三棱状卵形，3爿裂；种子柱状三棱形，多皱，具网状纹饰。

南昆山1种。

1. 穿鞘花

Amischotolype hispida (Less. et A. Rich.) D. Y. Hong

多年生粗壮草本。茎直立。叶鞘密生褐黄色细长硬毛；叶片椭圆形，顶端尾状。头状花序大，常有花数十朵；萼片舟状；花瓣长圆形，稍短于萼片。蒴果卵状三棱形，近顶端疏被细硬毛；种子多皱。花期7~8月；果期9月。

南昆山产于上坪至天堂顶途中，生于林下及山谷溪边。分布于我国华南、华东及西南以及西藏墨脱。日本琉球群岛、东南亚和巴布亚新几内亚也有。观叶植物。可盆栽布置窗台、几架。

2. 鸭跖草属 Commelina L.

一年生或多年生草本。茎上升或匍匐生根，多分枝。叶两列。蝎尾状聚伞花序藏于佛焰苞状总苞片内；花两侧对称，具小花梗；花瓣3枚，离生，蓝色；能育雄蕊3枚。蒴果藏于总苞片内；种子褐色或黑色，具网纹或近于平滑。

南昆山4种。

1. 佛焰苞下缘连合，呈漏斗状或风帽状。
  2. 蒴果3爿裂，每室种子2颗；具叶柄……………………1. 饭包草C. bengalensis
  2. 蒴果3爿或2爿裂，每室种子1颗；叶无柄……………………4. 大苞鸭跖草C. paludosa
1. 佛焰苞边缘分离，基部心形或浑圆。
  3. 蒴果2室，总苞片心形……………………2. 鸭跖草C. communis
  3. 蒴果3室，总苞片卵状披针形……………………3. 节节草C. diffusa

1. 饭包草(竹叶菜)

Commelina bengalensis L.

多年生披散草本。茎大部分匍匐，节上生根。叶柄明显；叶片卵形，近无毛；叶鞘口有疏长睫毛。总苞片漏斗状，与叶对生。花序梗细长，具不育花1~3朵；花瓣蓝色，圆形。蒴果椭圆状；种子多皱且有不规则网纹，黑色。花期夏秋。

南昆山产于上坪，生于湿地上。分布于我国华南、华东、华中、西南地区及河北、陕西。广布亚洲及非洲热带、亚热带地区。药用，清热解毒、消肿利尿。

2. 鸭跖草

Commelina communis L.

一年生披散草本。茎匍匐生根，多分枝。叶披针形至卵状披针形。总苞片佛焰苞状，与叶对生，折叠状，展开呈心形，边缘具硬毛；花瓣深蓝色。蒴果椭圆形；种子棕黄色，有不规则窝孔。花期夏季。

南昆山产于上坪、中坪，生于湿地、田边。分布于我国华南、华东地区。东南亚、东亚、北美也有。药用，清热解毒、消肿利湿。

3. 节节草

Commelina diffusa N. L. Burman

一年生披散草本，茎匍匐生根，多分枝。叶披针形或长圆形；叶鞘上有红色小斑点。聚伞花序蝎尾状，单生于上部叶腋；花瓣蓝色或前方一片白色。蒴果长圆状三棱形；种子黑色，卵球形。花果期5～9月。

南昆山产于石河奇观、七星湖，生于林下阴湿处。分布于我国华南、华东及西南地区。世界热带亚热带地区广布。药用，清热解毒。

4. 大苞鸭跖草

Commelina paludosa Bl.

多年生粗壮草本。茎常直立，有时基部节上生根。叶披针形至卵状披针形；叶无柄。总苞片漏斗状；聚伞花序蝎尾状；花梗短；花瓣蓝色，匙形或倒卵圆形。蒴果卵状三棱形；种子具细网纹。花期8～10月；果期10月至翌年4月。

南昆山产于上坪，生于林下及山谷溪边。分布于我国华南、西南及华东地区。尼泊尔、印度至印度尼西亚也有。观叶植物，适合室内栽培，可布置窗台、几架。

3. 聚花草属 Floscopa Lour.

多年生草本。叶互生。聚伞花序多个，组成单圆锥花序或复圆锥花序，圆锥花序顶生或腋生；花辐射对称；花被片分离，萼片舟状，花瓣倒卵状椭圆形。蒴果果皮壳质，光滑具光泽；种子半球状或半椭圆状，具棱或小疣体。

南昆山1种。

1. 聚花草

Floscopa scandens Lour.

多年生草本。根状茎极长，节上密生须根，不分枝。叶椭圆形至披针形，有鳞片状突起；叶无柄或有带翅的短柄。复圆锥花序扫帚状；花梗极短；花瓣蓝色或紫色，倒卵形。蒴果卵圆状；种子半椭圆状，灰蓝色。花果期7～11月。

南昆山产于佛坳，中坪，生于水边、山沟边草地及林中。分布于我国华南、华中、华东及西南地区。亚洲热带及大洋洲热带广布。全草药用，苦凉，有清热解毒、利尿消肿之效。

4. 水竹叶属 Murdannia Royle

多年生草本。根纤维状或块状。茎匍匐或上升。带状叶互生或基生莲座状。蝎尾状聚伞花序单生或复出而组成圆锥花序；花辐射对称；萼片3枚，浅舟状；花瓣3枚，分离；能育雄蕊3枚。蒴果2～3爿裂；种子具各式纹饰。

南昆山3种。

1. 主茎正常发育；花梗纤细而直 ……2. 裸花水竹叶 M. nudiflora
1. 主茎退化；花梗弯曲或直立。
  2. 叶密集成莲座状，可育茎上的叶较短 …………………………………………… 1. 牛轭草 M. loriformis
  2. 叶丛生，禾叶状，可育茎下部的叶较长 …………………………………………… 3. 细竹篙草 M. simplex

1. 牛轭草

Murdannia loriformis (Hassk.) Rolla Rao et Kammathy

多年生草本。主茎不发达，有莲座状叶丛，叶片禾叶状或剑形。蝎尾状聚伞花序单支顶生或有2～3支集成圆锥花序；萼片卵状椭圆形，浅舟状；花瓣紫红色或蓝色。蒴果卵圆状三棱形；种子黄棕色。花果期5～10月。

南昆山产于七星湖，生于低海拔处山谷溪边林下或山坡草地。分布于我国华南、华中、华东及西南地区。广布亚洲热带地区。

2. 裸花水竹叶

Murdannia nudiflora (L.) Brenan

多年生草本。根须状，纤细。叶茎生，禾叶状或披针形。聚伞花序蝎尾状数个，顶生成圆锥花序；总花梗细长，达4 cm；花梗细而直；花瓣紫色。蒴果卵圆状三棱形；种子黄棕色，有深窝孔。花果期6～10月。

南昆山产于七星湖，生于低海拔的水边潮湿处。分布于我国华南、华中、华东及西南地区。中南半岛、南亚、日本、太平洋岛屿及印度洋岛屿也有。药用，全草和烧酒捣烂，外敷可治疮疖红肿。

3. 细竹篙草

Murdannia simplex (Vahl) Brenan

多年生草本；全株近无毛；主茎不育，短缩；可育茎由主茎基部发出，直立。主茎上的叶丛生，禾叶状；可育茎的叶2～3枚。聚伞花序蝎尾状，顶生成狭圆锥花序；花在花蕾时下垂，花后上升；花瓣紫色。蒴果卵圆状三棱；种子褐黑色。花期4～9月。

南昆山产于七星湖，生于湿润沼地。分布于我国华南、西南地区。印度、印度尼西亚及非洲也有。

5. 杜若属 Pollia Thunb.

多年生草本。茎近于直立，通常不分枝。圆锥花序顶生；蝎尾状花序有花数朵；花辐射对称；萼片3枚，分离，椭圆形，稍呈舟状，常宿存；花瓣3枚，分离，卵圆形，有时具短爪。果实不裂，浆果状，果皮薄而稍有光泽，黑色或蓝黑色；种子稍扁而多角形。

南昆山3种。

1. 雄蕊6枚全育，仅个别个体有1～2枚雄蕊退化 …………………………………………… 1. 杜若 P. japonica
1. 能育雄蕊3枚，后方3枚不育。
  2. 花序远远超出上部叶子，常分枝由数个圆锥花序组成；叶背面常相当密地被细柔毛，无柄或仅有带翅的柄 …………………………………………… 2. 长花枝杜若 P. secundiflora
  2. 花序与上部叶子近等长或稍稍伸出，通常无分枝；叶背面无毛或近无毛，具明显而长2～4 cm的叶柄 …………………………………………… 3. 长柄杜若 P. siamensis

1. 杜若

Pollia japonica Thunb.

多年生草本。茎直立或上升，不分枝，被短柔毛。叶长椭圆形，近无毛，正面粗糙；叶鞘无毛。聚伞花序蝎尾状并成轮排列，不成轮的集成圆锥花序；花瓣白色，倒卵状匙形。果球状，果皮黑色；种子灰色带紫色。花期7～9月；果期9～10月。

南昆山产于上坪，生于山谷林下。分布于我国华南、华中、华东及西南地区。日本、朝鲜也有。药用，治蛇、虫咬伤及腰痛。

2. 长花枝杜若
Pollia secundiflora (Bl.) Bakh. f.

多年生草本。茎直立，高大，疏被白色柔毛。叶椭圆形，无柄，正面具瘤状突起，背面密生细柔毛；叶鞘密被柔毛。花序长长地超出叶子；聚伞花序蝎尾状；花瓣白色，倒卵形。果熟时黑色。花期4月。

南昆山产于天堂顶，生于山谷密林下。分布于我国华南、华中及西南地区。南亚和东南亚也有。

3. 长柄杜若
Pollia siamensis (Craib) Faden ex D. Y. Hong

多年生草本。除花序轴外全体无毛或近无毛。茎直立或上升。叶椭圆形至长卵形；叶柄明显。聚伞花序蝎尾状；花瓣白色，卵状椭圆形，舟状浅凹。果熟时黑色，圆球状。花期4～8月；果期8月以后。

南昆山产于上坪，生于山谷林下或湿润沙土上。分布于我国华南地区及云南。东南亚也有。可作地被植物。

285. 谷精草科 Eriocaulaceae

一年生或多年生草本。叶狭窄，螺旋着生于茎上，基部成鞘状，叶质薄常半透明，具方格状的“膜孔”。头状花序向心开放；花莛细长无分枝，稍扭转；单性花小，无柄或有短柄，辐射对称或两侧对称。蒴果小，果皮薄，室背开裂；种子椭圆形，棕红色或黄色。

南昆山1属，2种。

1. 谷精草属 Eriocaulon L.

沼泽生，稀水生草本。茎短，稀伸长。叶丛生狭窄，膜质，常有“膜孔”。头状花序；花单性，混生；花被通常两轮，有时花瓣退化；未退化的花瓣常具黑色腺体。蒴果膜质，室背开裂；种子常椭圆形，橙红色或黄色。

南昆山2种。

1. 雌花花萼合生成佛焰苞状，顶端3裂 …………………………………… 1. 谷精草 E. buergerianum
1. 雌花萼片离生，2或3数 ………… 2. 华南谷精草 E. sexangulare

1. 谷精草（连萼谷精草、珍珠草）
Eriocaulon buergerianum Körn.

草本。叶线形，丛生，半透明，具横格。花葶长达25 cm，扭转；花序禾秆色，熟时近球形；总花托有密柔毛；花冠顶端有黑色腺体和白短毛。种子矩圆状，表面具横格和T字形突起。花果期7～12月。

南昆山产于七星湖，生于稻田、水边。分布于我国华南、华东、华中及西南地区。日本也有。全草入药，用于风热头痛及肝热眼病。

2. 华南谷精草（谷精草、谷精珠、大叶谷精草）
Eriocaulon sexangulare L.

大型草本。叶线形丛生，叶质较厚，对光能见横格。花莛长达60 cm；总苞片倒卵形，禾秆色，平展，硬膜质，背面有白短毛，边缘无毛；雄花花萼佛焰苞状，花药黑色。种子表面具横格和T字形毛。花果期夏秋至冬季。

南昆山产于七星湖，生于水坑、池塘、稻田。分布于我国华南及华东地区。南亚、东南亚也有。花序入药，有清热祛风、清肝明目的功效，用以治疗各种眼疾。

287. 芭蕉科 Musaceae

多年生草本。具根茎，叶鞘包裹形成的假茎，基部有时膨大成坛状。叶通常较大，螺旋排列或两行排列，由叶片、叶柄及叶鞘组成；叶脉羽状。聚散花序顶生或腋生；花两性或单性，两侧对称；苞片螺旋排列成佛焰苞状。浆果或为室背或室间开裂的蒴果，或革质不开裂；种子坚硬。

南昆山1属，1种。

1. 芭蕉属 Musa L.

多年生丛生草本，具根茎。假茎基部不膨大或稍膨大。叶大型，叶片长圆形，叶柄伸长，且在下部增大成抱茎的叶鞘。花序顶生；花单性或两性，雄花生于花序轴上部苞片内，雌花和两性花生于下部苞片内。肉质浆果不开裂。

南昆山1种。

1. 野蕉

Musa balbisiana Colla

假茎丛生，株高约6 m。叶长约3 m，卵圆状长圆形，基部耳形，两侧不对称，叶面绿色，微被蜡粉。花序下垂，雌花苞片脱落，雄花及中性花苞片宿存。浆果倒卵形，灰绿色，成熟时有棱角；种子扁球形，褐色，具疣。花期夏秋。

南昆山产于七星湖，生于沟谷坡地的湿润常绿林中。分布于我国广东、广西、云南西部。亚洲南部、东南部均有。假茎可作猪饲料，叶鞘纤维做麻类代用品。

289. 兰花蕉科 Lowiaceae

多年生草本，具极短的根状茎。叶基生，二列，叶片披针形或长圆形，具明显的方格状网脉；叶柄长，基部具鞘。花两性，两侧对称，排成聚伞花序或单生，由根状茎生出，具宿存的鞘状苞片，每一苞片内有花1～2朵；花萼3，披针形，近相等；花瓣3，中央的1枚大型而有色彩，具柄或无，平展或折叠，侧生的2片很小，顶端常具芒状尖头；雄蕊5枚；子房下位，顶端延伸呈柄状，3室，胚珠多数。蒴果3室，室背开裂；种子具3裂的假种皮。

南昆山1属，1种。

1. 兰花蕉属 Orchidantha N. E. Brown

属的特征同科。

南昆山1种。

1. 兰花蕉

Orchidantha chinensis T. L. Wu

多年生草本。叶2列，基生，叶片椭圆状披针形，顶端渐尖，基部楔形，稍下延。花单生，自根茎生出，苞片长圆形，花大，紫色，萼片长圆状披针形；唇瓣线形，先端渐尖，具小尖头，中部稍收缩；侧生的2枚花瓣长圆形；雄蕊5枚，柱头3枚。蒴果球形，熟时紫黑色。花期3～6月；果期7～10月。

南昆山产于上坪，生于山谷湿润处。分布于我国广东、广西。药用，根状茎可治斑疹不退，烦热，咽喉肿痛。

290. 姜科 Zingiberaceae

多年生草本，具香气。通常具匍匐或块状的根状茎，地上茎常不分枝，基部通常具鞘。叶茎生或基生，常二行排列，少数螺旋状排列，常为披针形或椭圆形；有叶舌。花两性，常二侧对称，具苞片，成穗状、总状或圆锥花序；花萼筒状，花冠具管。蒴果浆果状；种子具假种皮。

南昆山5属，13种。

1. 叶螺旋排列，叶鞘闭合；植物体地上部分无香味 ……………………………… 3. 闭鞘姜属Costus
1. 叶两行排列，叶鞘上部张开；植物体全部有香。
  2. 侧生退化雄蕊小或无(在姜属侧生退化雄蕊与唇瓣相连)。
    3. 花序顶生 …………… 1. 山姜属Alpinia
    3. 花序生于单独由根茎发出的花莛上 ……… 5. 姜属Zingiber
  2. 侧生退化雄蕊大，花瓣状，与唇瓣分离。
    4. 花药基部无距 …………… 2. 大苞姜属Caulokaempferia
    4. 花药基部有距 …………… 4. 姜黄属 Curcuma

1. 山姜属 Alpinia Roxb.

多年生草本。具根状茎，地上茎发达。叶片长圆形或披针形。花序顶生；总苞片佛焰苞状；侧生退化雄蕊常与唇瓣基部合生。蒴果肉质或干燥；种子多数，有假种皮。

南昆山5种。

1. 花无苞片或小苞片，若有亦极微小。
  2. 叶两面被毛 …………… 1. 山姜A. japonica
  2. 叶两面无毛 …………… 2. 箭秆风A. jianganfeng
1. 花有苞片和小苞片或仅有小苞片。
  3. 圆锥花序，花序狭窄；花较小 ……3. 华山姜A. oblongifolia
  3. 总状或穗状花序。
    4. 总状花序自叶鞘间抽出；叶两面均无毛 …………………………… 4. 花叶山姜A. pumila
    4. 穗状花序顶生；叶缘及先端被绒毛 …………………………… 5. 密苞山姜A stachyodes

1. 山姜

Alpinia japonica (Thunb.) Miq.

株高35～70 cm，具横生、分枝的根茎。叶2～5，两面，特别是叶背被短柔毛。总状花序顶生；花常2朵聚生，花被片被毛。果球形或椭圆形，被短柔毛，熟时橙红色；种子多角形，有樟脑味。花期4～8月；果期7～12月。

南昆山产于上坪，生于林下阴湿处。分布于我国华南、华中、华东及西南地区。日本也有。花粉红色，花序美丽，果实橙红色，花、果均具观赏价值。药用，果实有开胃消食、行气和中、止痛安胎功效；根茎能理气止痛、祛湿消肿、活血通络。

2. 箭秆风

Alpinia jianganfeng T. L. Wu

株高1 m。叶披针形或线状披针形，仅顶端边缘有小刺毛。穗状花序直立，花序轴被绒毛；花3朵簇生；唇瓣倒卵形，皱波状，2裂。蒴果球形，被短柔毛，萼管宿存。花期4～6月；果期6～11月。

南昆山产于佛坳，生于林下阴湿处。分布于我国广东、广西、湖南、江西、西南地区。药用，治风湿痹通。

3. 华山姜

Alpinia oblongifolia Hayata

株高约1 m。叶披针形或卵状披针形，无毛，顶端渐尖或尾尖。狭圆锥花序分枝短；花萼管状，顶端3齿；唇瓣卵形，白色，有2条红色条纹。蒴果红色球形。花期5～7月；果期6～12月。

南昆山产于上坪，生于林下。分布于我国华南、华中、华东及西南地区。老挝、越南也有。株型优美，花色高洁，适宜布置庭园。叶鞘纤维可制人造棉。根茎可供药用，能温中暖胃，散寒止痛。又可提芳香油，作调香原料。

4. 花叶山姜

Alpinia pumila Hook. f.

无地上茎，根茎平卧。叶茎生，2～3叶一丛；叶面绿色，叶脉处色较深，余较浅，叶背浅绿；叶鞘红色；叶舌短2裂。总状花序由叶鞘中抽出；花成对生长；萼片紫红色；花冠白色。果球形，顶端有花被残迹。花期4～6月；果期6～11月。

南昆山产于上坪，生于山谷阴湿处。分布于我国广东、广西、湖南及云南。多丛植于庭园墙隅、山石旁或溪流边。

5. 密苞山姜

Alpinia stachyodes Hance

株高1～1.5 m。叶椭圆状披针形，边缘及先端密被绒毛；叶舌2裂。穗状花序顶生；苞片密集，密被绒毛，果时宿存；

花芳香；花萼筒状，具齿；唇瓣菱状卵形或不明显3裂。果球形，顶端有宿萼。花果期6～8月。

南昆山产于上坪，生于山谷密林荫处。分布于我国广东、广西、江西、云南、贵州等省。花姿雅致，可种于山石边、流水旁、墙角和疏林下供观赏。

2. 大苞姜属 Caulokaempferia K. Larsen

多年生草本。地上茎明显。叶茎生，无柄或短柄；叶舌小，2裂。花序顶生，苞片明显，内有花1～4朵；花萼管状，通常2～3齿裂；花冠管狭长，裂片3枚；侧生退化雄蕊花瓣状；唇瓣大，近圆形，全缘或2裂，略内凹。果为蒴果。

南昆山1种。

1. 黄花大苞姜

Caulokaempferia coenobialis (Hance) K. Larsen

细弱、丛生草本。叶披针形，顶端长尾状渐尖，质薄，无毛；叶舌圆形，膜质。花序顶生，苞片2～3枚，内有花1～2朵；花冠黄色，裂片披针形。果卵状长圆形，顶端有宿萼。花期4～7月；果期8月。

南昆山产于佛坳、鹰嘴石，生于山地林下阴湿处。分布于我国广东、广西。药用，全草可治蛇伤。

3. 闭鞘姜属 Costus L.

多年生草本。根茎块状、平卧，地上茎发达且旋扭。叶螺旋状排列，长圆形至披针形；叶鞘封闭。穗状花序密生多花，球果状；苞片覆瓦状排列，内有花1～2朵。蒴果木质，室被开裂；种子黑色，具白色撕裂状假种皮。

南昆山1种。

1. 闭鞘姜

Costus speciosus (Koen.) Smith

高1～3 m，基部近木质，顶部常分枝，旋卷。叶长圆形或披针形，叶背密被绢毛。穗状花序顶生；苞片红色革质，被短毛；雄蕊花瓣状，正面被短柔毛，白色，基部橙黄。蒴果稍木质，红色；种子黑亮。花期7～9月；果期9～11月。

南昆山产于上坪，生于疏林、山谷阴湿地、路边草丛、荒坡、水沟边。分布于我国广东、广西、云南、台湾等地。热带亚洲广布。花色洁白，清雅秀丽，茎干挺立，姿态优雅，为良好的耐阴植物。根茎入药，可消炎利尿、散瘀消肿。

4. 姜黄属 Curcuma L.

多年生草本。有肉质、芳香的根茎；地上茎极短或缺。叶大型，常基生。穗状花序具密集的苞片，呈球果状；苞片大，宿存，内有花2～多朵。蒴果球形，藏于苞片内，3瓣裂，果皮膜质；种子有假种皮。

南昆山2种。

1. 叶鞘棕色或绿色；根茎黄色；不具种子……………………………………………1. 郁金 C. aromatica
1. 叶鞘基部淡褐色；根茎白色；具种子……………………………………………2. 南昆山莪术 C. nankunshanensis

1. 郁金

Curcuma aromatica Salisb.

株高约1 m。根茎黄色，芳香；根端膨大呈纺锤状。叶基生，长圆形，叶背被短柔毛；叶柄约与叶片等长。穗状花序圆柱形；有花的苞片淡绿色，卵形，上部无花的苞片较狭，长圆形，白色而带粉红；唇瓣黄色，倒卵形，顶微两裂。花期4～6月。

南昆山产于上坪，生于林缘。分布于我国东南部至西南部地区。东南亚各地也有。花形漂亮，是盆栽和切花的好材料；也可栽植于庭园内，十分优雅别致。根茎入药，有行气解郁，破瘀、通经、止痛的功用。块茎还可提取黄色食用染料。

2. 南昆山莪术

Curcuma nankunshanensis N. Liu, X. B. Ye & J. Chen

株高0.8～1.2 m。根状茎倒锥状，多分枝；侧根茎发达。叶片宽披针形至披针形；叶鞘褐色；叶舌显眼，具短柔毛。花序梗长约15 cm；可育苞片绿色；不育苞片下部白色，顶端深紫红色。蒴果近球形。花期4～6月；果期7月～10月。

南昆山产于中坪，生林下。南昆山特有种，新优观赏植物。

5. 姜属 Zingiber Mill.

多年生草本。根茎块状，平生，分枝，具芳香；地上茎直立。叶两列，披针形至椭圆形。穗状花序球果状；总花梗被鳞片状鞘。蒴果开裂，种皮薄；种子黑色，被假种皮。

南昆山3种。

1. 总花梗直立、粗壮，长10～30 cm………3. 红球姜 Z. zerumbet
1. 总花梗无或短，通常不超过10 cm，如较长则较柔弱。
   2. 花淡黄色，唇瓣卵形……………………………1. 襄荷 Z. mioga
   2. 花紫色，唇瓣倒卵形…………………………2. 阳荷 Z. striolatum

1. 蘘荷

Zingiber mioga (Thunb.) Rosc.

多年生草本，株高50～100 cm。根茎淡黄色。叶面无毛，叶背无毛或被稀疏长柔毛。穗状花序椭圆形；苞片覆瓦状排列，椭圆形，红绿色，具紫脉。果倒卵形，3裂，果皮里面鲜红色；种子黑色，假种皮白色。花期8～10月。

南昆山产于天堂顶，生于山谷阴湿处。分布于我国华东、华中地区及广东、广西。日本也有。园林观赏，宜片栽点缀花园、草坪、路边及山坡。药用，可活血调经，镇咳祛痰，消肿解毒。

2. 阳荷

Zingiber striolatum Diels

株高1～1.5 m。根茎白色，微有芳香味。叶披针形或椭圆状披针形；叶舌2裂，膜质，具褐色条纹。花序近卵形；花冠管白色，有紫褐色条纹。蒴果3裂，内果皮红色；种子黑色，被白色假种皮。花期7～9月；果期9～11月。

南昆山产于天堂顶，生于林荫下和溪边。分布于我国华南、西南及华中地区。花色清雅，花期较长，是良好的观花植物。宜栽于花园、草坪及路边。药用，功能同蘘荷。

3. 红球姜(球姜)

Zingiber zerumbet (L.) Roscoe ex Smith

根茎块状，内部淡黄色。叶披针形至长圆状披针形。总花梗被5～7枚鳞片状鞘；花序球果状；苞片覆瓦状排列，边缘膜质，被小柔毛，内有粘液。蒴果椭圆形；种子黑色。花期7～9月；果期10月。

南昆山产于天堂顶，生于林下阴湿处。分布于我国广东、广西、云南、台湾。亚洲热带地区广布。适合庭院美化；也是优美的插花材料。药用，根茎可祛风解毒；嫩茎叶可当蔬菜。

292. 竹芋科 Marantaceae

多年生草本。有根茎或块茎。叶大，具平行羽脉，有叶枕，有叶鞘。花两性，不对称，成穗状、总状或疏散的圆锥状花序，顶生；萼片3，分离；花冠管裂片3。蒴果或浆果，种子坚硬，有胚乳和假种皮。

南昆山1属，1种。

1. 柊叶属 Phrynium Willd.

多年生草本。根茎匍匐。叶基生，长圆形，具长柄及鞘。穗状花序头状；苞片内有二至多朵花；萼片3，狭长；花冠管裂片3，长圆形，近相等。果球形，果皮坚硬；假种皮薄膜质。

南昆山1种。

1. 柊叶

Phrynium rheedei Suresh et Nicolson [*Phrynium capitatum* Willd.]

株高约1 m。根茎块状。叶数片基生，1片茎生；叶柄长达60 cm；叶枕无毛。头状花序无柄，苞片紫红色，开花时裂成纤维状。果具3棱，梨形，栗色，光亮，外果皮质硬；种子具浅槽痕及小疣凸。花期5～7月。

南昆山产于七星湖，生于林中阴湿处。分布于我国广东、广西、福建、云南南部。亚洲南部广布。药用。根茎治肝肿大，痢疾，赤尿；叶清热利尿。

293. 百合科 Liliaceae

多年生草本。常具根状茎、块茎或鳞茎。叶基生或茎生，常具弧形平行脉，极少具网状脉。花两性，常辐射对称；花被片常6，常花冠状；子房上位，3室(稀2、4、5室)；每室具一至多数倒生胚珠。蒴果或浆果，稀坚果；种子具丰富胚乳，胚小。

南昆山15属，23 种。

1. 植株具鳞茎。
  2. 常为圆锥花序；花药肾形……………………15. 藜芦属 Veratrum
  2. 花单生或排成总状花序，但不为圆锥花序；花药非肾形……………………9. 百合属Lilium
1. 植株具根状茎，不具鳞茎。
  3. 叶顶端卷曲或具卷须。
    4. 花被有副花冠，雄蕊声誉副花冠上……………………6. 竹根七属Disporopsis
    4. 花被无副花冠，雄蕊贴生于花被筒上……………………13. 黄精属Polygonatum
  3. 叶顶端不卷曲，也不具卷须。
    5. 叶退化为鳞片……………………1. 天门冬属Asparagus
    5. 叶不退化为鳞片。
      6. 果实在未成熟前，已不整齐开裂，成熟种子为小核果状。
        7. 花被具有副花冠；叶脉折扇状，有明显的横支脉……………………12. 球子草属Peliosanthes
        7. 花被不具副花冠；叶脉常不为折扇状，极少具横支脉。
          8. 花近直立；子房上位……………………10. 山麦冬属 Liriope
          8. 花多少俯垂，子房半下位……………………11. 沿阶草属Ophiopogon
      6. 果为浆果或蒴果，成熟前不开裂；成熟种子不为小核果状。
        9. 叶多枚，基生或近基生，茎极短，茎叶不发达。
          10. 花被片不等大；花梗基部无苞片……………………3. 白丝草属Chionographis
          10. 花被片等大或内轮三片较大；花梗基部常有苞片。
            11. 花单朵，坛状，直接从根茎抽出；花梗或总花梗很短，使花接近地面……………………2. 蜘蛛抱蛋属Aspidistra
            11. 花排成种种花序，常从叶丛中抽出，高举于地面之上。
              12. 花大，花被近漏斗状，全长5 cm以上……………………8. 萱草属 Hemerocallis
              12. 花较小，花被长不及3 cm……………………4. 吊兰属Chlorophytum
        9. 叶茎生，无基生叶。

13. 带状或条形，边缘和叶背中脉具锯齿……………………………………………………5. 山菅属Dianella
13. 叶互生，椭圆形、卵形或披针形，如为带状或条形，则边缘和叶背中脉不具锯齿。
14. 花或花序腋生，无顶生……………………………………………………7. 万寿竹属Disporum
14. 花或花序顶生于茎或枝条末端，有时兼有顶生和腋生……………………14. 油点草属Tricyrtis

1. 天门冬属 Asparagus L.

多年生草本或亚灌木。直立或攀缘，根状茎粗厚，根稍肉质，有时有纺锤状块根。小枝近叶状，扁平、锐三棱形或近圆柱形，有棱槽，常多枚成簇。叶鳞片状，基部多少延伸成距或刺。花小，每1～4朵腋生或多朵排成总状或伞形花序；子房3室，每室2至多枚胚珠。浆果球形。

南昆山1种。

1. 天门冬

Asparagus cochinchinensis (Lour.) Merr. [*A. lucidus* Lindl.]

攀缘植物。根在中部或近末端成纺锤状膨大。茎平滑，分枝具棱或狭翅。叶状枝通常每3枚成簇，扁平或呈锐三棱形；茎上的鳞片状叶基部延伸为硬刺。浆果成熟时红色；具1种子。花期5～6月；果期8～10月。

南昆山产于下坪，生于山坡、路旁、疏林下、山谷或荒地上。分布几遍全国。东亚、老挝及越南也有。枝叶浓密，叶色翠绿，适合园林观赏。块根药用，可滋阴润燥、清火止咳之功效。

2. 蜘蛛抱蛋属 Aspidistra Ker-Gawl.

多年生常绿草本。根状茎横走，节上有复瓦状鳞片，有较粗的纤维根。叶从根状茎抽出，单生或2～4片簇生。花单生于从根状茎上长出的总花梗顶端；；花被钟状或坛状，紫色或淡紫色。子房上位，3～4室，每室具胚珠2颗至多颗。浆果球形。

南昆山4种。

1. 叶单生，各叶着生点有明显的距离，形状种种，但决不为带形。
2. 叶宽8～11 cm……………………………………1. 蜘蛛抱蛋A. elatior
2. 叶宽3～8 cm。
3. 花莛1～5 cm，苞片3～5；花被片上部6～8裂，裂片矩圆状三角形；基部宽2～4 mm………2. 爬地蜈蚣A. lurida
3. 花莛5～6 cm，苞片5～6；花被片上部8浅裂，裂片卵状三角形；基部宽5～8 mm……………………………………4. 南昆山蜘蛛抱蛋A. nankunshanensis
1. 叶2～4枚簇生，带形……………3. 小花蜘蛛抱蛋A. minutiflora

1. 蜘蛛抱蛋

Aspidistra elatior Bl.

根状茎粗壮，匍匐，具密节。叶单生于根状茎的节上，披针形、矩圆状披针形至近椭圆形，宽8～11 cm，纵脉每侧4～5条；叶柄明显、粗壮。花单生于花莛顶端，花被钟状，肉质。花期2～5月。

南昆山产于石河奇观，生于林阴处。全国各地均有栽培。原产日本。耐阴性强，叶片挺拔、一柄一叶，飘逸潇洒。适宜在庭园的疏林下种植或盆栽观赏；叶为高级的插花良材。

2. 爬地蜈蚣(九龙盘)

Aspidistra lurida Ker. -Gawl.

根状茎圆柱形，具节和鳞片。叶单生，两面绿色，有时具黄白色斑点；叶柄明显。总花梗长2.5～5 cm；苞片3～6枚；花被近钟状，花被筒内面褐紫色；花柱无关节；柱头盾状膨大，圆形，边缘波状浅裂，裂片边缘不向上反卷。

南昆山产于中坪，生于山坡林下或沟旁。分布于我国华南、华东、华中及西南地区。根状茎药用，可活血祛瘀，接骨止痛。

3. 小花蜘蛛抱蛋

Aspidistra minutiflora Stapf.

根状茎匍匐，节密。叶2～3片簇生，带形或带状倒披针形，长26～65 cm，宽1～2.5 cm，基部渐狭成不明显的柄。花小，紫红色或青紫红色；花被坛状，青带紫色，具紫色细点。花期7～10月。

南昆山产于天堂顶，生于林中路旁及山腰上或石壁上。分布于我国广东、广西及贵州。株型优美，四季翠绿，适宜作林阴下地被、花境、庭园阴处丛植或盆栽供室内观赏。根状茎药用，可正气、壮筋骨。

4. 南昆山蜘蛛抱蛋

Aspidistra nankunshanensis Yan Liu & C. R. Lin

根状茎匍匐，节密，覆盖鳞片。叶单生；叶柄硬直；叶片常椭圆状披针形至披针形，深绿色，边缘全缘。花序梗直立或倾斜，紫红色；花单生；花被钟状。果近球形，具瘤。花期4～5月；果期3月至翌年4月。

南昆山产于石河奇观，南昆山特有种。生于海拔350～450 m林中的河谷下。新优观赏植物。

3. 白丝草属 Chionographis Maxim.

多年生草本；根状茎粗短。叶基生，近莲座状，矩圆形、披针形或椭圆形。花莛从叶丛中央抽出，穗状花序，无苞片；花两侧对称；子房球形，3室，每室2枚胚珠。蒴果室背开裂；种子近梭形，一边有短尾。

南昆山1种。

1. 中国白丝草

Chionographis chinensis K. Krause

叶椭圆形至矩圆状披针形，边缘皱波状，叶柄长1～6 cm。穗状花序，花多，花芬香，白色至淡黄色。蒴果狭倒卵形；种子多数，下端有尾。花期4～5月，果期6月。

南昆山产于天堂顶，生于山坡或路旁潮湿处。分布于我国广东、广西、湖南、福建。观赏植物。

4. 吊兰属 Chlorophytum Ker-Gawl.

根状茎粗短或稍长；根常稍肥厚或块状。叶基生，通常长条形、条状披针形至披针形，较少更宽，无柄或有柄。花常白色，单生或几朵簇生于一枚苞片内，排成总状或圆锥花序；花梗具关节；花被片6，离生；子房顶端浅3裂。蒴果锐三棱形，室背开裂；种子扁平，黑色。

南昆山1种。

1. 三角草(小花吊兰)

Chlorophytum laxum R. Br.

叶近两列着生，禾叶状，常弧曲，长10～20 cm，宽3～5 mm。花莛从叶腋抽出，常2～3个；花单生或成对着生，绿白色，很小；花被片长约2 mm。蒴果三棱状扁球形。花果期10月至翌年4月。

南昆山产于上坪横坑，生于山坡荫蔽处或岩石边。分布于我国广东。非洲和亚洲的热带、亚热带地区广布。常作耐阴地被植物。可用于治毒蛇咬伤，跌打肿痛。

5. 山菅属 Dianella Lam.

多年生常绿草本。根状茎通常分枝。叶近基生或茎生，2列，狭长而坚挺，中脉在背面隆起。花常排成顶生的圆锥花序，花梗上端有关节；花小，花被片离生；子房3室，每室有4～8枚胚珠。浆果常蓝色；种子数颗，黑色。

南昆山1种。

1. 山菅兰

Dianella ensifolia (L.) DC.

多年生常绿草本，植株高可达1～2 m。根状茎圆柱状，横走。叶狭条状披针形，套迭或抱茎。顶生圆锥花序；花常多朵生于侧枝上端，绿白色、淡黄色至青紫色。浆果近球形，深蓝色；种子5～6枚。花果期3～8月。

南昆山各地常见，生于林下、山坡或草丛中。分布于我国华南、华东、西南和江西南部。亚洲热带地区至非洲的马达加斯加岛也有。有毒植物。根状茎可作灭鼠药，也可入药，调醋外敷可治痈疮脓肿、癣、淋巴结炎等症。

6. 竹根七属 Disporopsis Hance

多年生草本；根状茎横走，肉质，圆柱状或连珠状。茎直立，无毛。叶互生，具弧形脉，叶柄短，常下延。花两性，单朵或数朵簇生于叶腋；花梗在顶端具关节；花被片下部合生成筒，上部离生；近花被筒口部具副花冠，副花冠裂片6，与花被裂片对生或互生；雄蕊6，与花被裂片对生；花丝极短，生于副花冠裂片先端凹缺上或位于两裂片之间；花柱短，具头状柱头。浆果。

南昆山1种。

1. 竹根七

Disporopsis fuscopicta Hance

多年生草本，根状茎连珠状。叶纸质，互生，具柄，卵形、椭圆形或矩圆状披针形，先端渐尖，基部钝、宽楔形或稍心形，两面无毛。花1～2朵生于叶腋，白色，内带紫色，稍俯垂；花被钟形，花被筒长约为花被的2/5，口部不缢缩，裂片近矩圆形；副花冠裂片膜质，与花被裂片互生，卵状披针形，先端通常2～3齿或二浅裂。浆果近球形。花期4～5月，果期11月。

南昆山产于上坪，生于林下阴湿处。分布于我国华南及西南地区。

7. 万寿竹属 Disporum Salisb.

多年生直立草本。根状茎短，有时有匍匐茎；纤维根常多少肉质。茎下部各节具鞘，上部常分枝。叶互生，有3～7脉；叶柄短或无。花1或数朵成顶生的伞形花序；无苞片；花被狭钟形或近筒状，常稍俯垂；花被片6，离生。浆果常近球形，熟时黑色；种子近球形，具点状皱纹。

南昆山3种。

1. 2～10朵花排成伞形花序着生于茎和分枝顶端。
   2. 叶纸质，披针形至狭椭圆状披针形 ………………………………………………………… 1. 万寿竹 D. cantoniense
   2. 叶近革质，长圆形 …………… 2. 横脉万寿竹 D. trabeculatum
1. 1～3朵花生于茎和分枝顶端 ……… 3. 少花万寿竹 D. uniflorum

1. 万寿竹

Disporum cantoniense (Lour.) Merr.

多年生直立草本。叶纸质，披针形至狭椭圆状披针形，先端渐尖至长渐尖，基部近圆形，有明显的3～7脉，叶柄短。伞形花序有花3～10朵，着生在与上部叶对生的短枝顶端；花紫色；花被片斜出，倒披针形。浆果球形。花期5～7月，果期8～10月。

南昆山产于沙坑尾、飞鼠岩，中坪，生灌丛中或林下。分布于我国广东、广西、湖南、湖北、福建、台湾、安徽、贵州、云南、四川、陕西及西藏。不丹、尼泊尔、印度和泰国也有。根状茎供药用，有益气补肾、润肺止咳之效。

2. 横脉万寿竹

Disporum trabeculatum Gagnepain

多年生草本，茎丛生。叶互生，全缘，近革质，长圆形，先端骤尖成2 cm的尖尾；主脉3条，脉间具细密的横脉。花序无柄，伞形花序有花2～6朵，生茎和分枝顶端；花白色，花被片6，长圆形。浆果近球形，熟时蓝黑色。花期3～7月，果期8～12月。

南昆山产于上坪横坑，生山地林中。分布于我国广东、广西、贵州和云南。

3. 少花万寿竹

Disporum uniflorum Baker ex S. Moore

多年生草本。根状茎肉质，横出；根簇生。茎直立，上部具叉状分枝。叶纸质，披针形、卵状长椭圆形至宽椭圆形；叶柄极短。1～3朵花顶生，花黄色或白色；花被片倒卵状披针形，基部有短距。浆果椭圆形或球形。花期3～6月；果期6～11月。

南昆山产于天堂顶，生于林下或灌木丛中。分布于我国华南、华中、华东、西南地区及河北、陕西。朝鲜和日本也有。根状茎药用，可益气补肾、润肺止咳。

8. 萱草属 Hemerocallis L.

多年生草本，根状茎很短。叶基生，两列，带状。花莛从叶中央抽出，圆锥花序；花梗较短，花近漏斗状，下部具花被管；花被裂片6，明显长于花被管；子房3室。蒴果钝三棱状椭圆形或倒卵形，表面常略具横皱纹，室背开裂；种子黑色有棱角。

南昆山1种。

1. 萱草

Hemerocallis fulva (L.) L.

多年生宿根草本。根先端膨大成纺锤形。叶基生，条形，排成2列，长40～40 cm。花葶高60～100 cm；螺旋状聚伞花序，有花6～12朵或更多；花冠漏斗形，橘红色或橘黄色；内轮花被片中部有褐色的粉斑，边缘波状皱褶。蒴果。花期6～8月；果期8～9月。

南昆山产于中坪、上坪，生于山坡路旁或溪边草丛中。分布于我国南部。欧洲南部及日本也有。花大色艳，花期长，为优良的庭院花卉，适用于花坛、花境、林间草地和坡地丛植，也可作切花材料。

9. 百合属 Lilium L.

多年生草本。鳞茎卵形或近球形，鳞片多数，肉质，白色，稀黄色。茎圆柱形。叶散生。花单生或排成总状花序；苞片叶状，较小；花常鲜艳，有时有香气；花被片6，2轮，离生。蒴果矩圆形，室背开裂；种子多数，扁平，周围有翅。

南昆山2种。

1. 花喇叭形，花被片先端外弯，雄蕊上部向上弯……………………………………………………………………1. 野百合 L. brownii
1. 花不为喇叭形；花被片反卷；雄蕊上端常向外张开……………………………………………………………………2. 卷丹 L. tigrinum

1. 野百合

Lilium brownii F. E. Brown ex Miellez

多年生草本。鳞茎球形；鳞片卵状披针形。叶散生，披针形、窄披针形至条形，全缘。花单生或2～3朵排成顶生的伞形花序；花大，芳香，喇叭形，乳白色，外面稍紫红色。蒴果矩圆形，具6棱；种子多数。花期5～6月；果期9～10月。

南昆山产于天堂顶、中坪，生于山坡、灌丛、路边、溪旁或石缝中。分布于我国华南、华中、华东、西南及西北地区。园林观赏；也可做育种材料；鳞茎食用或药用，可清心安神。

2. 卷丹*

Lilium tigrinum Ker Gawler

多年生草本。鳞茎近宽球形，鳞片宽卵形，白色。茎带紫色条纹，具白色绵毛。叶散生，矩圆状披针形，上部叶腋有珠芽。花3～6朵或更多；花梗紫色，有白色绵毛；花下垂，花被片披针形，反卷，橙红色，有紫黑色斑点；雄蕊四面张开；花丝长，淡红色，柱头3裂。蒴果狭长卵形。花期7～8月，果期9～10月。

南昆山产于下坪、七星湖，栽培于林下路边。分布于我国广西、湖南、湖北、江西、江苏、浙江、安徽、四川、青海、西藏、甘肃、陕西、山西、河南、河北、山东和吉林等省。日本、朝鲜也有。鳞茎富含淀粉，食药两用；花含芳香油，可作香料。

10. 山麦冬属 Liriope Lour.

多年生草本。根状茎很短；根细长，近末端呈纺锤状膨大。茎很短。叶基生成丛，禾叶状。花莛生于叶丛中央，直立，总状花序具多花；花小，几朵簇生于苞片腋内；花淡紫色或白色。果实在发育早期外果皮即开裂，露出种子；种子浆果状，球形或椭圆形，早期绿色，成熟后常呈暗蓝色。

南昆山1种。

1. 山麦冬（麦门冬）

Liriope spicata (Thunb.) Lour.

根稍粗，多分枝，近末端成长圆形或纺锤形肉质小块根；根状茎短，木质，具地下走茎。叶长25～65 cm，边缘具细齿。总状花序，具多花；花3～5朵簇生于苞片腋内，淡紫色或淡蓝色。种子近球形。花期5～7月；果期8～10月。

南昆山产于石河奇观、上坪，生于山坡、山谷林下、路旁或湿地。分布于我国华北以南地区。越南、日本也有。可作地被植物或花境、花坛镶边材料。小块根药用，可滋阴生津、清心除烦功能。

11. 沿阶草属 Ophiopogon Ker-Gawl.

多年生草本。根近末端膨大成小块根；根状茎常很短，有的具细长地下匍匐茎。茎直立或匍匐，常为叶鞘所包裹，有的会生根。叶基生。总状花序生于叶丛中；花单生或2～7朵簇生于苞片腋内；花被片6，分离，两轮排列。果实在发育早期外果皮即破裂而露出种子；种子浆果状，成熟后常呈暗蓝色。

南昆山3种。

1. 地上茎极短，不明显。
   2. 具横生而细长的地下走茎……………………1. 麦冬 O. japonicus
   2. 植物不具横生而细长的地下走茎……………………………………………………2. 广东沿阶草 O. reversus
1. 地上茎明显……………………………………3. 狭叶沿阶草 O. stenophyllus

1. 麦冬

Ophiopogon japonicus (L. f.) Ker-Gawl.

叶基生，禾叶状，长10～50 cm，具3～7条脉，边缘具细锯齿。花莛比叶短得多，总状花序具几朵至十几朵花；花单生或成对着生于苞片腋内；花被片常稍下垂而不展开，披针形，白色或淡紫色。种子球形。花期5～8月；果期8～9月。

南昆山产于石河奇观，生于林下或溪旁。分布于我国广东、广西、福建、台湾、浙江、江苏、江西、湖南、湖北、四川、云南、贵州、安徽、河南、陕西及河北。日本、越南、印度也有分布。本种小块根是中药麦冬，有生津解渴、润肺止咳之效。

2. 广东沿阶草（高节沿阶草）

Ophiopogon reversus C. C. Huang

多年生常绿宿根草本。无走茎，茎很短。叶基生成丛，禾叶状，具7～9条脉。总状花序具几朵至十几朵花；花淡紫色带白绿色。种子球形或近椭圆形。花期9～10月；果期12至翌年3月。

南昆山产于下坪，生于山坡疏密林下、山谷阴湿处、水旁。分布于我国广东、海南。为优良的地被植物，也可点缀山石、步阶、路旁或花坛镶边或盆栽观赏。

3. 狭叶沿阶草

Ophiopogon stenophyllus (Merr.) L. Rodrig.

根粗，木质，坚硬，密被白色根毛。茎短或中等长，形如根状茎。叶丛生，禾叶状，草质，基部具灰白色膜质的鞘，边缘具细锯齿，叶柄不明显。总状花序，常多花；花1～2朵生于苞片叶内，白色或淡紫色。种子椭圆形，花期7～9月；果期10～11月。

南昆山产于横坑、中坪，生于山坡密林下潮湿处。分布于我国广东、广西、云南东南部和江西南部。

12. 球子草属 Peliosanthes Andr.

多年生草本；茎匍匐状。叶2～5枚，基生或簇生于茎上，披针形或条形；叶柄长，基部通常有膜质鞘。总状花序通常短于叶片；花单生或2～5朵簇生于一枚苞片腋内；花梗顶端具关节；花被片下部合生成筒，上部离生；子房3室，每室具1～5个胚珠。蒴果；种子小核果状，椭圆形或近圆形。

南昆山1种。

1. 大盖球子草

Peliosanthes macrostegia Hance

多年生草本。根状茎短。叶基生，2～5枚，披针状狭椭圆形；弧形纵脉5～9条。总状花序长9～25 cm，每一苞片内着生一朵花；苞片膜质；花紫色；子房每室有3～4胚珠。种子近圆形，种皮肉质，蓝绿色。花期4～6月；果期7～9月。

南昆山产于石河奇观、上坪高盘头，生于灌木丛中和竹林下阴湿处。分布于我国华南、西南地区及台湾、湖南。叶色翠绿，花色淡雅，为良好的草本花卉及观叶植物，适合庭园半阴处种植。

13. 黄精属 Polygonatum Mill.

具根状茎草本。茎不分枝，基部具膜质的鞘，直立。叶全缘。花生叶腋间，通常集生成伞形、伞房或总状花序；花被片6；子房3室，每室有2～6颗胚珠。浆果近球形。具几颗至10余颗种子。

南昆山1种。

1. 多花黄精

Polygonatum cyrtonema Hua

多年生草本。根状茎肥厚，通常结节状或珠状。叶互生，椭圆形、卵状披针形至矩圆状披针形，先端尖至渐尖。伞形花序；花被黄绿色。浆果球形，成熟时紫黑色。花期5～6月；果期8～10月。

南昆山产于横坑，生于林下、灌丛中或山坡阴处。分布于我国长江以南地区。

14. 油点草属 Tricyrtis Wall.

多年生草本；根状茎短或稍长，横走。茎直立，圆柱形。叶互生，卵形、矩圆形至椭圆形，抱茎。花单生或簇生，排成顶生和生于上部叶腋的二歧聚伞花序；花被片6，离生，绿白色、黄绿色或淡紫色。子房3室，胚珠多数。蒴果直立或点垂，狭矩圆形，具三棱；种子小而扁，卵形至圆形。

南昆山1种。

1. 油点草

Tricyrtis macropoda Miq.

草本，植株高可达1 m。茎上部疏生或密生短的糙毛。叶卵状椭圆形、矩圆形至矩圆状披针形。二歧聚伞花序顶生或生于上部叶腋；花被片绿白色或白色。蒴果直立。花果期6～10月。

南昆山产于上坪，生于山地林下、草丛中或岩石缝隙中。分布于我国华东、华中地区及广东、广西、贵州东南部。日本也有。为良好的草本花卉。

15. 藜芦属 Veratrum L.

多年生直立草本。根状茎粗短；茎圆柱形，基部为叶鞘所包，基部残存叶鞘常分裂成纤维状。叶互生，椭圆形或线形，全缘。花被片6，离生，宿存；花绿白色或暗紫色，排成顶生的圆锥花序；子房上位。蒴果，椭圆形或卵圆形；种子扁平，种皮薄，周围具膜质翅。

南昆山1种。

1. 牯岭藜芦

Veratrum schindleri Loes.

植株高约1 m。茎柔弱。叶基生兼茎生，椭圆形至带状，基部收狭为柄并抱茎，两面无毛。花多数，排成圆锥花序；苞片卵状披针形；花被片6，分离，淡黄绿色、绿白色或褐色，基部无柄，全缘。蒴果直立；种子扁平。花果期8～10月。

南昆山产于上坪、天堂顶，生于山坡林下阴湿处。分布于我国华中、华东地区及广东、广西。药用，根外用，治跌打、风湿肿痛、牙痛。

295. 延龄草科 Trilliaceae

多年生草本；根状茎短而厚，肉质。茎单生，直立，基部有少许短叶鞘，不分枝。叶4至多枚，轮生于茎顶部，披针形至椭圆形。花两性，辐射对称，单1至数朵顶生；外轮花被片通常较阔，萼状；内轮花被片花瓣状或线形；子房上位，1至多室。蒴果或浆果状蒴果。

南昆山1属，1种。

1. 重楼属 Paris L.

多年生草本；根状茎肉质，圆柱状，生有环节。茎直立，不分枝，基部具1～3枚膜质鞘。叶通常4至多数，轮生于茎顶端，排成一轮。花单生于叶轮中央；花被片离生，外轮花被片常叶状，绿色；子房4～10室。蒴果或浆果状蒴果，具10余颗至几十颗种子。

南昆山1种。

1. 华重楼

Paris polyphylla Sm. var. **chinensis** (Franch.) Hara

直立草本；根状茎粗厚，密生多数环节和须根；茎常带紫红色。叶常5～8枚轮生，倒卵状披针形或矩圆状披针形。外轮花被片绿色，(3～)4～6枚；内轮花被片狭条形，中部以上变宽。蒴果紫色；种子多数。花期5～7月；果期8～10月。

南昆山产于沙坑尾、中坪，生于林下。分布于我国华南、华东、华中及西南地区。清热解毒、消肿止痛、凉肝定惊，用于疔疮痈肿、咽喉肿痛、毒蛇咬伤、跌扑伤痛、惊风抽搐。亦可盆栽观赏。

296. 雨久花科 Pontederiaceae

水生草本，具根状茎或匍匐茎。叶常2列；叶片宽线形、披针形，浮水、沉水或露出水面。总状、穗状或聚伞圆锥花序顶生，花被片6枚，花瓣状，蓝色至白色；子房上位，3室。蒴果，室背开裂，或小坚果。种子卵球形，具纵肋。

南昆山1属，1种。

1. 雨久花属 Monochoria Presl

多年生沼泽或水生草本。茎直立或斜上。叶基生或单生于茎枝上，具长柄；叶片形状多变化，具弧状脉。花序排列成总状或近伞形状花序，从最上部的叶鞘内抽出；花白色、淡紫色或蓝色。子房3室，胚珠多颗。蒴果室背开裂成3瓣。种子小，多数。

南昆山1种。

1. 鸭舌草

Monochoria vaginalis (Burm. f.) Presl ex Kunth

水生草本；根状茎极短，具柔软须根。茎直立或斜上。叶基生和茎生；叶片形状和大小变化较大，宽卵形、长卵形至披针形。总状花序从叶柄中部抽出；花通常3～5朵，蓝色，花被片卵状披针形或长圆形。蒴果卵形至长圆形；种子多数，椭圆形。花期8～9月；果期9～10月。

南昆山产于七星湖，生于稻田、沟旁等水湿处。分布于我国南北各地区。日本、马来西亚、菲律宾及南亚也有分布。清热解毒。用于肠炎、痢疾、咽喉肿痛、牙龈脓肿，外用治虫蛇咬伤、疮疖。亦可做猪饲料。

297. 菝葜科 Smilacaceae

攀缘，稀直立灌木。茎枝有刺或无刺。叶互生，具3～7条主脉和网状细脉；叶柄两侧常有翅状鞘，有卷须或无。花单性异株，稀两性，排成伞形花序或伞形花序组成复花序；花被裂片6，2裂而分离；子房上位，2～3室，每室胚珠1～2枚；浆果。

南昆山2属，9种，1变种。

1. 茎无刺，叶柄有或无卷须……………1. 肖菝葜属 Heterosmilax
1. 茎有刺，叶鞘上方常有1对卷须……………2. 菝葜属 Smilax

1. 肖菝葜属 Heterosmilax Kunth

攀缘灌木，无刺。叶纸质，有3～5主脉和网状支脉；叶柄有或无卷须，在上部有一脱落点，因而叶片脱落时总是带着一段短的叶柄。伞形花序生于叶腋或鳞片腋内。雌雄异株，花被片3枚，合生成花被筒；子房3室，每室2胚珠。浆果球形，种子1～3颗。

南昆山2种。

1. 花丝全部合生成一柱状体……………1. 合丝肖菝葜 G. gaudichaudiana
1. 花丝约一半合生成柱状体……………2. 肖菝葜 G. japonica

1. 合丝肖菝葜

Heterosmilax gaudichaudiana (Kunth) Maxim.

攀缘灌木。小枝有钝棱。叶纸质至革质，近心形或卵形、稀卵状披针形，长6～20 cm，宽4～11 cm；叶柄长约13 cm；主脉5～7条。伞形花序有花20～50朵，生于叶腋或生于褐色的苞片内；雄蕊几达花被筒口，花丝全部合生成一柱状体，花药长为花丝的1/3～1/4。浆果球形而稍扁。花期6～8月；果期7～11月。

南昆山产于上坪，生于山坡、路旁阳处。分布于我国华南地区及福建。越南也有。

2. 肖菝葜

Heterosmilax japonica Kunth

攀缘灌木，全株无毛。叶纸质，卵状披针形或近心形，主脉5～7条，支脉网状，两面明显。伞形花序有20～50朵花，生于叶腋或生于褐色的苞片内。雄花：花被筒矩圆形或狭倒卵形；雄蕊3枚，花丝约一半合生成柱；雌花：花被筒卵形，具3枚退化雄蕊，子房卵形，柱头3裂。浆果球形而稍扁，熟时黑色。花期6～8月；果期7～11月。

南昆山产于七星湖，生路边杂木林下，分布于我国广东、湖南、江西、福建、安徽、浙江、台湾、四川、云南、陕西及甘肃。

2. 菝葜属 Smilax L.

攀缘或直立小灌木；常有坚硬的根状茎；枝圆柱形或有时四棱形，常有刺。叶互生，掌状脉；叶鞘上方常有1对卷须。伞形花序腋生或再组成圆锥花序或穗状花序；花被片6，离生；子房3室，每室具胚珠1～2颗。浆果通常球形；种子1～3颗。

南昆山7种，1变种。

1. 茎中空……………8. 牛尾菜 S. riparia
1. 茎实心。
  2. 茎与枝条常具刺。
    3. 果较大，直径6～15 mm，熟时红色，有粉霜……………1. 菝葜 S. china
    3. 果较小，直径5～7 mm，熟时暗红色……………3. 小果菝葜 S. davidiana
  2. 茎和枝条光滑，无刺或稀具疏刺。
    4. 具大的根状茎……………4. 土茯苓 S. glabra
    4. 无大的根状茎。
      5. 枝条有时稍带四棱形，不具细条纹……2. 筐条菝葜 S. corbularia
      5. 枝条圆柱形，具细条纹。
        6. 叶通常纸质，表面常无光泽；总花梗通常短于叶柄。
          7. 伞形花序单个腋生………5. 马甲菝葜 S. lanceifolia

7. 伞形花序通常2个生于总花梗……………………………………7. 大果菝葜 S. megacarpa

6. 叶通常革质，表面有光泽；总花梗一般长于叶柄，较少稍短于叶柄………………………………………………………6. 暗色菝葜 S. lanceifolia var. opaca

1. 菝葜

Smilax china L.

攀缘灌木，根状茎坚硬。茎与枝条常具刺。叶薄革质或纸质，圆形或卵形，长3～10 cm，叶背淡绿色或苍白色；具鞘，有卷须。花绿黄色，数朵排成伞形花序。浆果球形，直径6～15 mm，熟时红色，有粉霜。花期2～5月；果期9～11月。

南昆山产于中坪，生于灌丛、山坡等处。分布于我国长江流域以南各地区。东南亚也有。祛风利湿、解毒消痈。主风湿痹痛、淋浊、泄泻、痈肿疮毒、顽癣、烧烫伤。有发汗、驱风、利尿及治淋病、消渴症的功用。叶捣烂外敷治恶疮。

2. 筐条菝葜

Smilax corbularia Kunth

攀缘灌木。茎长3～9 m，枝条有时稍带四棱形，无刺。叶革质，卵状矩圆形、卵形至狭椭圆形，背面苍白色，主脉5条，网脉在正面明显。伞形花序腋生，具10～20朵花；花绿黄色，花被片直立，不展开。浆果熟时暗红色。花期5～7月；果期12月。

南昆山产于七星湖，生于林下或灌丛中。分布于我国广东、广西和云南。越南和缅甸也有分布。

3. 小果菝葜

Smilax davidiana A. DC.

攀缘灌木，具粗短的根状茎。茎长1～2 m，少数可达4 m，具疏刺。叶坚纸质，干后红褐色，通常椭圆形；鞘耳状，明显比叶柄宽。伞形花序生于叶尚幼嫩的小枝上，具几朵至10余朵花，花绿黄色。浆果直径5～7 mm，熟时暗红色。花期3～4月；果期10～11月。

南昆山产于中坪，生于林下、灌丛中或山坡、路边阴处。分布于我国华南及华东地区。越南、老挝、泰国也有。

4. 土茯苓(光叶菝葜)

Smilax glabra Roxb.

攀缘灌木。根状茎块状。地上茎与枝条光滑，无刺。叶革质至薄革质，椭圆状披针形至狭卵状披针形，叶背有时苍白色，掌状脉5条。伞形花序腋生，有花10余朵。浆果球形，具粉霜，成熟时紫黑色。花期7～11月；果期11月至翌年4月。

南昆山产于上坪横岗岐、中坪、下坪，生于林下或灌丛中。分布于我国长江流域以南各地区。越南、泰国、印度也有。粗厚的根状茎入药，性甘平，利湿热解毒，健脾胃。且富含淀粉，可酿酒。

5. 马甲菝葜

Smilax lanceifolia Roxb.

攀缘灌木。茎长1～2 m，枝条具细条纹，无刺或少有具疏刺。叶通常纸质，卵状矩圆形、狭椭圆形至披针形，长6～17 cm，宽2～8 cm，表面无光泽或稍有光泽，干后暗绿色，有时稍变淡黑色；叶柄约占全长的1/4～1/5，具狭鞘，一般有卷须，脱落点位于近中部。伞形花序通常单个生于叶腋，具几十朵花。浆果直径6～7 mm，有1～2颗种子。花期10月至翌年3月；果期10月。

南昆山产于七星湖，生于林下、灌丛中或山坡阴处。分布于我国华南、华中及西南地区。南亚、东南亚及中南半岛也有。

6. 暗色菝葜

Smilax lanceifolia Roxb. var. **opaca** A. DC.

攀缘灌木。枝条具细条纹，无刺，稀具疏刺。叶通常革质，表面有光泽，长6～17 cm，常有卷须。伞形花序单生叶腋，花黄绿色；总花梗一般长于叶柄，较少稍短于叶柄。浆果球形，熟时黑色。花期9～11月；果期11月至翌年4月。

南昆山产于大坑尾、竹坑嶂、中坪，生于林下或灌丛中。分布于我国华南、华东及西南地区。中南半岛至印度尼西亚也有。

7. 大果菝葜

Smilax megacarpa A. de Candolle

攀缘灌木，枝条通常无刺。叶纸质，卵形或椭圆形，先端近微凸，基部圆形至截形，有卷须。圆锥花序通常具2个伞形花序，着生点上方有一枚与叶柄相对的鳞片。浆果熟时深红色。花期10～12月；果期5～6月。

南昆山产于上坪，生于林中或灌丛下。分布于我国广东、广西及云南。越南、老挝、马来西亚和印度尼西亚也有。

8. 牛尾菜

Smilax riparia A. DC.

多年生草质藤本。茎长1～2 m，中空，有少量髓，干后凹瘪并具槽。叶形状变化大，长7～15 cm，宽2.5～11 cm，背面绿色；叶柄中部以下有卷须。伞形花序总花梗较纤细；小苞片长1～2 cm，在花期一般不脱落；雌花比雄花略小，不具或具钻形退化雄蕊。浆果直径7～9 mm。花期6～7月；果期10月。

南昆山产于七星湖，生于林下、灌丛、山沟或山坡草丛中。我国大部分地区有分布。东亚和菲律宾也有。根状茎药用，祛风活络，祛痰止咳。用于风湿性关节炎、筋骨疼痛、跌打损伤、腰肌劳损、支气管炎、肺结核咳嗽咯血等。

302. 天南星科 Araceae

草本植物，具块茎或伸长的根茎。叶单生或少数，常基生，二列或螺旋状排列。叶片大都具网状脉。花小，常具臭味；肉穗花序有佛焰苞；花两性或单性；花被存在时为2轮，花被片2～3枚。子房上位或陷入到肉穗花序轴内。浆果，种子一至多数。

南昆山10属，12种。

1. 浮水植物……8. 大薸属Pistia
1. 陆生植物。
  2. 肉穗花序上部无附属器。
    3. 花无花被……6. 麒麟叶属Epipremnum
    3. 花有花被。
      4. 直立或匍匐草本；无叶柄……1. 菖蒲属Acorus
      4. 攀缘藤本；有叶柄……9. 石柑属Pothos
  2. 肉穗花序有顶生附属器。
    5. 花、叶不同期……3. 磨芋属 Amorphophallus
    5. 花、叶同期。
      6. 雄蕊合生成1体。
        7. 子房不完全的2室，胚珠多数……5. 芋属Colocasia
        7. 子房1室，胚珠少数……2. 海芋属Alocasia
      6. 雄蕊分离。
        8. 佛焰苞喉部闭合……7. 半夏属Pinellia
        8. 佛焰苞喉部张开。
          9. 叶柄具长鞘……4. 天南星属Arisaema
          9. 叶柄不具长鞘……10. 犁头尖属Typhonium

1. 菖蒲属 Acorus L.

多年生常绿草本。根茎匍匐，肉质，分枝。叶二列，基生而嵌列状，形如鸢尾，无柄，箭形，具叶鞘。佛焰苞叶状，箭形，直立，宿存。花序生于当年生叶腋；肉穗花序圆锥形或纤细几成鼠尾状；花密，自下而上开放。浆果长圆形，红色。

南昆山2种。

1. 叶片窄小，宽不及6 mm……1. 金钱蒲A. gramineus
1. 叶片较宽，宽7～13 mm……2. 石菖蒲A. tatarinowii

1. 金钱蒲

Acorus gramineus Soland.

本种与石菖蒲不同之处主要在叶片质地较厚，较窄小，宽不及6 mm，香气浓郁，叶状佛焰苞长仅为肉穗花序的1～2倍。

南昆山产于中坪尾至北坑，生于山涧石隙中。分布于我国华南、华中及西南地区。根茎入药，味辛，性温。化湿开胃、开窍豁痰、醒神益智。主治脘痞不饥，噤口下痢，神昏癫痫，健忘耳聋。

2. 石菖蒲

Acorus tatarinowii Schott

多年生草本。根茎芳香，外部淡褐色，根肉质，具多数须根。叶无柄，叶片薄，线形，基部对折，中部以上叶片宽7～13 mm。叶状佛焰苞长13～25 cm，为肉穗花序长的2～5倍或更长；肉穗花序圆柱状；花白色。成熟果序长7～8 cm，成熟时黄绿色或黄白色。花果期2～6月。

南昆山产于下坪石河奇观、上坪，生于湿地或溪旁石上。分布于我国黄河以南各地区。印度东北部至泰国北部也有分布。根茎入药，能开窍化痰，辟秽杀虫。

2. 海芋属 Alocasia (Schott) G. Don

多年生草本。茎粗厚、短缩。叶具长柄，下部多少具长鞘；叶片幼时常盾状，成年植株的多为箭状心形，边缘全缘或浅波状。佛焰苞管部卵形或长圆形，席卷，宿存，果期逐渐不整齐地撕裂。肉穗花序短于佛焰苞，粗厚、圆柱形、直立。浆果，椭圆形，倒圆锥状椭圆形或近球形，红色。

南昆山1种。

1. 海芋（尖尾野芋头、野山芋）

Alocasia macrorrhiza (L.) Schott

直立草本。根茎粗，圆柱形，有节，常生不定芽条。叶柄粗大；叶片革质，极宽，箭状卵形；侧脉每边9～12条。花序

柄2～3丛生，圆柱形。佛焰苞管部席卷成长圆状卵形或卵形；檐部舟状，长圆形。浆果亮红色，短卵状。花期4～7月。

南昆山产于上坪高盘头，生于疏林下、溪旁、路边或灌丛中。分布于我国南部各地区。南亚及东南亚也有。园林观赏；根茎为健胃药，对腹痛、霍乱、疝气等有良效。

3. 磨芋属 Amorphophallus Bl.

多年生草本。块茎常扁球形，叶1；叶片通常3全裂，裂片羽状分裂或二次羽状分裂。花序1，具长柄。佛焰苞卵形或长圆形，基部漏斗形或钟形，席卷，内面常具多疣或线形凸起；肉穗花序直立。花单性，无花被。浆果。

南昆山1种。

1. 南蛇棒

Amorphophallus dunnii Tutcher

块茎扁球形，密生分枝肉质根。鳞叶多数，线形，膜质，内面的长10 cm；叶片3全裂，小裂片互生。花序柄长23～60 cm；佛焰苞绿色、浅绿白色，长卵形或椭圆形；肉穗花序短于佛焰苞，长8～19 cm；雄花序长1.4～4.5 cm；雌花序长1.5～3 cm。浆果蓝色；种子黑色。花期3～4月；果期7～8月。

南昆山产于七星湖，生于林下或灌丛中。分布于我国广东、广西、湖南及云南东南部。

4. 天南星属 Arisaema Mart.

多年生草本，具块茎。叶柄多少具长鞘，常与花序柄具同样的斑纹；叶片鸟足状或放射状分裂，3浅裂、3全裂或3深裂，卵形、卵状披针形。佛焰苞管部席卷，圆筒形或喉部开阔，喉部边缘有时具宽耳；肉穗花序单性或两性。浆果倒卵圆形；种子球状卵圆形，具锥尖。

南昆山1种。

1. 心叶天南星

Arisaema cordatum N. E. Brown

纤弱草本。块茎球形，直径1～1.5 cm。鳞叶2～3枚，膜质，内面的长5 cm，长渐尖。叶1，叶柄纤细，长10～30 cm；叶片鸟足状分裂，裂片(5～)7枚，膜质，长圆形，淡绿色，发亮，长7～10 cm，宽1.5～3 cm；侧脉均较细弱。花序柄短，纤细，长仅2～4.5 cm。佛焰管部狭漏斗形，喉部边缘具圆形宽耳；肉穗花序单性。花期4月。

南昆山产于上坪高盘头，生于林下。分布于我国广东及沿海岛屿、广西。

5. 芋属 Colocasia

多年生草本，具块茎、根茎或直立的茎。叶柄延长，下部鞘状；叶片盾状着生，卵状心形或箭状心形，后裂片浑圆，联合部分短或达1/2，稀完全合生。佛焰苞管部短，为檐部长的1/2～1/5；肉穗花序短于佛焰苞；花单性，无花被；能育雄花为合生雄蕊；雌花心皮3～4，子房1室，胚珠多数或少数。浆果。

南昆山1种。

1. 野芋

Colocasia antiquorum Schott

湿生草本。块茎球形，有多数须根；匍匐茎常从块茎基部外伸，长或短，具小球茎。叶柄肥厚，直立，长可达1.2 m；叶片薄革质，表面略发亮，盾状卵形，基部心形，长达50 cm以上。佛焰苞苍黄色，长15～25 cm。肉穗花序短于佛焰苞：雌花序与不育雄花序等长。子房具极短的花柱。

南昆山产于七星湖、下坪，生于林下阴湿处。分布于我国江南地区。清热解毒，散瘀消肿。主治痈疮肿毒、乳痈、颈淋巴结炎、痔疮、疥癣、跌打损伤、虫蛇咬伤。

6. 麒麟叶属 Epipremnum Schott

藤本，常攀缘于石上或树上。叶大，全缘或羽状分裂，沿中肋两侧常有小孔，叶柄具鞘，上端具关节。花序柄粗壮，佛焰苞卵形，多少渐尖。肉穗花序无柄，全部具花。花常两性，或稀下部为雌花，极稀单性，无花被。浆果小，种子肾形。

南昆山1种。

1. 麒麟叶(百宿蕉、上树龙)

Epipremnum pinnatum (L.) Engl.

攀缘藤本。茎圆柱形，粗壮；根平伸，与茎或枝垂直。叶片薄革质，幼叶狭披针形或披针状长圆形；成熟植株的叶宽长圆形，长40 cm，宽25 cm，叶片或裂片无穿孔。佛焰苞长渐尖，外面绿色，内面黄色；花单性，肉穗花序无梗，圆柱形。种子肾形。花期4～5月。

南昆山产于七星湖，附生于林中的大树上或岩壁上。分布于我国华南、华东地区和云南。南亚及东南亚、太平洋诸岛和大洋洲也有。株型奇特，可供观赏。茎、叶入药，消肿止痛，治跌打损伤、风湿关节痛、痈肿疮毒。

7. 半夏属 Pinellia Tenore

多年生草本，具块茎。叶和花序同时抽出。叶片全缘、3

裂或鸟足状分裂。花序柄单生；佛焰苞宿存，管部席卷，喉部几乎闭合；肉穗花序下部雌花序与佛焰苞合生达隔膜，单侧着花，附属器延长的线状圆锥形；花单性，无花被。浆果长圆状卵形。

南昆山1种。

1. 滴水珠

Pinellia cordata N. E. Brown

块茎球形、卵球形至长圆形，密生多数须根。叶1枚。幼株叶片心状长圆形；多年生植株叶片心形、心状三角形、心状长圆形或心状戟形，先端长渐尖，有时成尾状，基部心形，长6～25 cm。佛焰苞绿色，淡黄带紫色或青紫色；肉穗花序；附属器青绿色。花期3～6月；果8～9月成熟。

南昆山产于石河奇观，生于林下溪旁、潮湿草地、岩石边、岩隙中或岩壁上。分布于我国华南、华东、华中及贵州，为我国特有。块茎入药，有小毒，能解毒止痛、散结消肿，主治毒蛇咬伤、胃痛、腰痛、漆疮、过敏性皮炎；外用治痈疮肿毒、跌打损伤等。

8. 大薸属 Pistia L.

水生草本，漂浮。茎节间十分短缩。叶螺旋状排列，初为圆形或倒卵形，沉于水中，后为倒卵状楔形；叶鞘托叶状，几从叶的基部与叶分离，极薄，干膜质。佛焰苞叶状，白色；肉穗花序短于佛焰苞。花单性，无花被。浆果小，卵圆形。

南昆山1种。

1. 大薸

Pistia stratiotes L.

水生漂浮草本。有长而悬垂的根，须根羽状，密集。叶簇生成莲座状。叶片依其发育阶段的不同而形状各异，有倒三角形、倒卵形等，长1.3～10 cm，宽1.5～6 cm，先端截头状或浑圆，基部厚，两面被毛，基部尤为浓密；叶脉扇状伸展，背面明显隆起成折皱状。佛焰苞白色，外被茸毛。花期5～11月。

南昆山产于七星湖，生于河沟、池塘。分布于我国长江以南地区。世界热带及亚热带地区广布。园林观赏；全株作猪饲料；入药外敷治无名肿毒，煮水可洗汗瘢、血热作痒、跌打肿痛。

9. 石柑属 Pothos L.

藤本。下部的枝条具根，上部的披散。芽腋生或穿通叶鞘而为腋下生。叶柄具宽翅，平展，上端呈耳状，侧脉全部基出；叶片线状披针形、椭圆形。花序柄腋生或腋下生。佛焰苞卵形，肉穗花序具长梗，球形、卵形。浆果椭圆状，红色，有种子1～3颗。

南昆山2种。

1. 叶柄远短于叶片 ······························ 1. 石柑子 P. chinensis
1. 叶柄远长于叶片 ······························ 2. 百足藤 P. repens

1. 石柑子

Pothos chinensis (Raf.) Merr.

附生藤本，匍匐于石上或缠绕于树上。茎亚木质，节上常束生气生根。叶片纸质，椭圆形，披针状卵形至披针状长圆形，长6～8 cm，宽2.5～3.5 cm；叶柄倒卵状长圆形至长楔形，长1～4 cm。花序腋生；佛焰苞卵状；肉穗花序短，椭圆形。浆果黄绿色至红色，卵形或长圆形。花果期四季。

南昆山产于下坪石河奇观，常匍匐于岩石上或附生于树干上。分布于我国长江以南地区。东南亚也有分布。园林观赏。全株入药，能清热、解毒。

2. 百足藤

Pothos repens (Lour.) Druce

附生藤本，长1～20 m。分枝细，营养枝具棱，常曲折，节上具气生根；花枝多披散或下垂。叶片披针形，向上渐狭，长3～4 cm；叶柄长可达13～15 cm。佛焰苞绿色，线状披针形，锐尖，具长尖头；肉穗花序黄绿色；花密，花被片黄绿色。浆果卵形，熟时焰红色，长约1 cm。花期3～4月；果期5～7月。

南昆山产于石河奇观，附生于林内石上及树干上。分布于我国广东南部及沿海、广西南部、云南东南部。越南北部也有。茎叶供药用，能祛湿凉血、止痛接骨，治跌打、疮毒。

10. 犁头尖属 Typhonium Schott

多年生草本。块茎小。叶多数，和花序柄同时出现；叶片箭状戟形或3～5浅裂，3裂或鸟足状分裂；叶柄稍长。佛焰苞管部席卷；肉穗花序两性，雌花序短，与雄花序之间有一段较长的间隔；花单性，无花被。浆果卵圆形，种子1～2颗，球形；胚乳丰富，胚具轴。

南昆山1种。

1. 犁头尖

Typhonium blumei Nicols. & Sivadasan [*T. divaricatum* (L.) Decne.]

多年生草本，块茎球形或头状，褐色，具环节。叶基生，叶片戟状三角形或心状戟形，长7～10 cm，宽7～9 cm。花序柄单1，从叶腋抽出，圆柱形，直立。佛焰苞暗紫色，顶端长尾状。肉穗花序长达10 cm，上部有暗紫色长圆状附属体。花期5～7月。

南昆山产于上坪，生于旷野、草地。分布于我国华南、华东、华中及西南地区。印度、东南亚、日本也有分布。块茎入药。有毒。能解毒消肿、散结、止血，主治毒蛇咬伤，痈疖肿毒、血管瘤、淋巴结结核、跌打损伤、外伤出血。

305. 香蒲科 Typhaceae

多年生沼生、水生或湿生草本。根状茎横走。地上茎直立，粗壮或细弱。叶二列，互生；鞘状叶很短，基生，先端尖；条形叶直立，或斜上，全缘；叶鞘长，边缘膜质，抱茎，或松散。花单性，雌雄同株，花序穗状。果实纺锤形、椭圆形。

南昆山1属，1种。

1. 香蒲属 Typha L.

属的形态特征与科同。

南昆山1种。

1. 狭叶香蒲(水烛)

Typha angustifolia L.

多年生，水生或沼生草本，具匍匐茎。叶线形，长54～120 cm，上部扁平，背面下部稍隆起，腹面具槽；叶鞘抱茎，具膜质边缘。雌花序和雄花序分离；雌花序圆柱形，深褐色或红褐色；雄花序较细。小坚果长椭圆形，长约1.5 mm，具褐色斑点。花果期6～9月。

南昆山产于七星湖，生于河流、池塘浅水处或湿地中。分布几遍全国。亚洲、欧洲、美洲及大洋洲广布。

306. 石蒜科 Amaryllidaceae

草本。鳞茎或地下茎。叶基生。花两性，辐射对称，单生或多朵于花茎之顶排成伞形花序。花被花瓣状，子房上位或下位，3室，胚珠常极多数。果为蒴果或肉质不开裂。

南昆山3属，2种，1变种。

1. 花莛从鳞茎基部长出……………………………………1. 葱属Allium
1. 花莛从鳞茎顶端长出。
    2. 蒴果近球形，不规则开裂……………………2. 文殊兰属Crinum
    2. 蒴果通常具三棱，室背开裂……………………3. 石蒜属Lycoris

1. 葱属 Allium L.

多年生草本，绝大部分的种具特殊的葱蒜气味；具根状茎或根状茎不甚明显；地下部分的肥厚叶鞘形成鳞茎，鳞茎形态多样，从圆柱状直到球状。叶形多样，从扁平的狭条形到卵圆形，从实心到空心的圆柱状。花莛从鳞茎基部长出，伞形花序生于花莛的顶端，开放前为一闭合的总苞所包，开放时总苞单侧开裂或2至数裂。蒴果室背开裂。种子黑色，多棱形或近球状。

南昆山1种。

1. 宽叶韭(观音菜)

Allium hookeri Thwaites

鳞茎圆柱状，具粗壮的根；鳞茎外皮白色，膜质，不破裂。叶条形至宽条形，稀为倒披针状条形，比花莛短或近等长，具明显的中脉。花莛侧生，圆柱状，或略呈三棱柱状，高

20～60 cm，下部被叶鞘。花白色，星芒状开展；花被片等长，披针形至条形。花、果期8～19月。

特色蔬菜，南昆山广泛栽培。分布于我国四川、云南和西藏。斯里兰卡、不丹和印度也有。

2. 文殊兰属 Crinum L.

多年生草本。具鳞茎。叶基生，带状或剑形，常宽大。花茎实心，无叶；伞形花序顶生，有花数朵，罕有1朵；总苞片2枚，大而宽；有或无花梗；花被辐射对称或稍两侧对称，高脚碟状或漏斗状；花被管长，圆筒状。蒴果近球形，不规则开裂；种子大，圆形或有棱角。

南昆山1变种。

1. 文殊兰

Crinum asiaticum L. var. **sinicum** (Roxb. ex Herb.) Baker

多年生粗壮草本。鳞茎长圆柱形。叶多数，螺旋状排列，带状披针形。花茎从叶丛中伸出，直立，与叶近等长；伞形花序有花10～24朵；花芳香，花被高脚碟状；子房纺锤形。蒴果近球形；种子常1枚。花期7～8月。

南昆山产于上坪，生于山地草丛中。分布于我国华南及华东地区。园林观赏。鳞茎和叶可药用，有微毒，有行血散瘀、消肿止痛的功能。

3. 石蒜属 Lycoris Herb.

多年生草本。鳞茎近球形或卵形。叶于花前或花后抽出，带状。花茎单一，直立，实心；顶生伞形花序有花4～8朵，花白色、乳白色、奶黄色、金黄色、粉红色至鲜红色；花被漏斗状，上部6裂，基部合生成筒状。蒴果通常具三棱，室背开裂；种子近球形，黑色。

南昆山1种。

1. 石蒜

Lycoris radiata (L'Hérit.) Herb.

鳞茎近球形，直径1～3 cm。秋季出叶，叶狭带状，长15 cm，深绿色，中间有粉绿色带。花茎高约30 cm；总苞片2枚，披针形；伞房花序有花4～7朵，花鲜红色；花被裂片狭倒披针形，强度皱缩和反卷，花被筒绿色。花期8～9月；果期10月。

南昆山产于下坪石河奇观，生于阴湿山坡和溪沟边的石缝处。分布于我国华南、华东、华中及西南地区。日本也有分布。花朵明亮秀丽，非常美丽，可成片种植于庭院，也可盆栽、水养、切花等。

307. 鸢尾科 Iridaceae

多年生、稀一年生草本。地下部分通常具根状茎、球茎或鳞茎。叶多基生，少为互生，条形、剑形或为丝状，基部成鞘状，互相套迭，具平行脉。花两性，色泽鲜艳美丽，辐射对称，少为左右对称，单生、数朵簇生或多花排列成总状、穗状、聚伞及圆锥花序。蒴果，成熟时室背开裂；种子多数，半圆形或为不规则的多面体，常有附属物或小翅。

南昆山1属，1种。

1. 射干属 Belamcanda Adans.

多年生直立草本。根状茎为不规则的块状。茎直立，实心。叶剑形，扁平，互生，嵌迭状2列。二歧状伞房花序顶生；苞片小，膜质；花橙红色；花被管甚短，花被裂片6，2轮排列，外轮的略宽大；雄蕊3；花柱圆柱形，柱头3浅裂，子房下位，3室，中轴胎座，胚珠多数。蒴果倒卵形，黄绿色，成熟时3瓣裂。

南昆山1种。

1. 射干

Belamcanda chinensis (L.) Redouté

多年生草本。根状茎为不规则的块状，斜伸，黄色或黄褐色；须根多数，带黄色。茎高1～1.5 m，实心。叶互生，嵌迭状排列，剑形，长20～60 cm，宽2～4 cm，基部鞘状抱茎，顶端渐尖，无中脉。花序顶生，叉状分枝，每分枝的顶端聚生有数朵花。花橙红色，散生紫褐色的斑点，直径4～5 cm。蒴果倒卵形或长椭圆形。花期6～8月；果期7～9月。

南昆山产于上坪、天堂顶，生于林缘或山坡草地。分布几遍全国。朝鲜、日本、印度、越南、俄罗斯也有。根状茎药用，味苦、性寒、微毒。能清热解毒、散结消炎、消肿止痛、止咳化痰，用于治疗扁桃腺炎及腰痛等症。

311. 薯蓣科 Dioscoreaceae

缠绕藤本，常有肉质块状根茎。茎左旋或右旋，被毛、具刺或无。叶互生或对生，阔而具柄；单叶或指状3～7小叶。花小，单性，排成穗状花序或圆锥花序。子房下位，3室，每室有胚珠2颗。果实为蒴果、浆果或翅果，蒴果三棱形，种子有翅或无，有胚乳。

南昆山1属，7种，1变种。

1. 薯蓣属 Dioscorea L.

缠绕藤本。具块茎或根状茎。单叶或掌状复叶，互生，有时中部以上对生，基出脉3～9，侧脉网状。花单性，多雌雄异株，排成穗状花序或圆锥花序；花被片6枚。蒴果三棱形，每棱翅状，成熟后顶端开裂；种子有膜质翅。

南昆山7种，1变种。

1. 叶为单叶。
  2. 叶全为对生 ……………… 1. 大青薯 D. benthamii
  2. 叶互生或对生。
    3. 叶全部互生；茎左旋 ……………… 2. 黄独 D. bulbifera
    3. 叶下部互生，中上部对生；茎右旋。
      4. 叶片革质；块茎断面新鲜时红色，干后紫黑色 ……………… 3. 薯莨 D. cirrhosa
      4. 叶片纸质；块茎断面白色。
        5. 叶片宽阔，卵形 ……………… 8. 褐苞薯蓣 D. persimilis
        5. 叶片窄长，线形至线状披针形。
          6. 叶片基部常为圆形，叶背常有白粉 ……………… 7. 柳叶薯蓣 D. lineari-cordata
          6. 叶片基部常为心形至箭形，叶背无白粉。
            7. 叶片变异大，通常为三角状披针形，下部的为宽卵心形 ……………… 5. 日本薯蓣 D. japonica
            7. 叶片较狭长为线形、披针状线形至披针形 ……………… 6. 细叶日本薯蓣 D. japonica var. oldhamii
1. 叶为掌状复叶 ……………… 4. 白薯莨 D. hispida

1. 大青薯

Dioscorea benthamii Prain et Burkill

藤本。叶片纸质，通常对生，卵状披针形至长圆形或倒卵状长圆形，长2～7 cm；雌雄异株。雄花序为穗状花序；花序轴明显地呈“之”字状曲折；雄蕊6。雌花序为穗状花序，退化雄蕊6。蒴果不反折，三棱状扁圆形。花期5～6月；果期7～9月。

南昆山产于上坪，生于山地、山坡、山谷、水边、路旁的灌丛中。分布于我国华南及华东地区。

2. 黄独（零余薯）

Dioscorea bulbifera L.

缠绕草质藤本。块茎单生，逐年由前年的块茎顶端增大，球形或圆锥形，少分裂；茎圆柱形，左旋。叶互生，心状卵形。花单生，花被裂片披针形，直立。蒴果反折下弯，矩圆形，有翅；种子深褐色，扁卵形。花期7～10月；果期8～11月。

南昆山产于上坪，生于次生林中或路旁。分布于我国华南、华东、西南及华北地区。东亚、印度、缅甸、大洋洲和非洲也有。块茎药用，主治甲状腺肿大、咽喉肿痛、吐血、百日咳等症。

3. 薯莨

Dioscorea cirrhosa Lour.

藤本。块茎形状多变，块茎断面新鲜时红色，干后紫黑色。茎右旋，下部有刺。单叶，在茎下部互生，中部以上对生；叶片长椭圆状卵形至卵圆形。穗状花序。蒴果近三棱状扁圆形；种子四周有膜质翅。花期4～6月；果期7月至翌年1月。

南昆山产于中坪尾至北坑、上坪，生于次生林中。分布于我国华南、华东、西南地区及湖南。越南也有。可作染料或酿酒。块茎药用，性味苦、微酸、涩、微寒，有活血、止血、补血、理气、止痛、收敛、止痢、解毒、消肿之效。

4. 光叶薯蓣

Dioscorea glabra Roxb.

缠绕草质藤本。根状茎短粗，由此生出多个长圆柱状块茎。茎无毛，右旋，基部有刺。单叶，在茎下部的互生，中部以上的对生；叶片通常为卵形。穗状花序。蒴果不反折，三棱状扁圆形。花期9～12月；果期12至翌年1月。

南昆山产于七星湖，生于山坡、路边、沟旁的常绿阔叶林下或灌丛中。分布于我国广东、广西、福建、云南。印度、中南半岛至印度尼西亚也有。块茎入药，有通经活络、止血止痢、调经等作用。

5. 日本薯蓣

Dioscorea japonica Thunb.

缠绕草质藤本。块茎长圆柱形，垂直生长。茎绿色，有时带淡紫红色，右旋。单叶，在茎下部的互生，中部以上的对生；叶片纸质，变异大，通常为三角状披针形，有时茎上部的为线状披针形至披针形，下部的为宽卵心形。蒴果不反折，三棱状扁圆形或三棱状圆形。花期5～10月；果期7～11月。

南昆山产于下坪石河奇观，喜生于向阳山坡、山谷、溪沟边、路旁的杂木林下或草丛中。分布于我国华东、华中地区及广东、广西。日本、朝鲜也有。块茎入药，为强壮健胃药；也供食用。

6. 细叶日本薯蓣

Dioscorea japonica Thunb. var. **oldhamii** Uline ex R. Knuth

本变种与原变种的区别，除了叶片较狭长为线形、披针状线形至披针形，基部近截形、心形至戟形外。花期6月；果期9月。

南昆山产于上坪，野生于山谷、溪边、路旁的灌丛中。分布于我国广东、广西、台湾等省区。

7. 柳叶薯蓣

Dioscorea lineari-cordata Prain et Burkill

缠绕草质藤本。块茎长圆柱形，垂直生长，外皮干时淡土黄色或棕黄色，断面白色。茎较细纤，无毛，右旋。单叶，在茎下部的互生，中部以上的对生；叶片纸质，线状披针形至披针形或线形。蒴果不反折，三棱状扁圆形；种子着生于每室中轴中部，四周有膜质翅。花期6月；果期7月。

南昆山产于七星湖，生于山坡灌丛或疏林中。分布于我国广东、广西、湖南。

8. 褐苞薯蓣

Dioscorea persimilis Prain et Burkill

藤本。块茎长圆柱形，垂直生长，外皮棕黄色，块茎断面新鲜时白色。茎右旋，常有4～8条棱。单叶，茎下部的互生，中上部的对生；叶纸质，卵形、三角形至长椭圆状卵形；叶腋内有珠芽。蒴果三棱状扁圆形，种子四周有膜质翅。

南昆山产于下坪石河奇观、七星湖，生于山坡、路旁或灌丛中。分布于我国华南、西南地区及湖南。越南也有。块茎入药，补脾止泻、补肺敛气，用治脾虚久泻及久咳等。

314. 棕榈科 Palmaceae

乔木、灌木或藤本，茎干通常不分枝，单生或丛生。叶常聚生在茎顶，羽状或掌状分裂。花两性或单性，通常辐射对称，雌雄同株或异株，组成多数分枝的肉穗花序，常腋生。子房常上位，1～3室。果为浆果、核果或坚果；种子常1个。

南昆山1属，2种。

1. 省藤属 Calamus L.

攀缘藤本或藤状灌木。叶鞘通常为圆筒形，常具刺；叶柄基部常膨大呈囊状凸起；叶轴具刺，顶端延伸为带爪状刺的纤鞭或不具纤鞭；叶羽状全裂，羽片单片或数片成组着生于叶轴两侧，线形、披针形、剑形、卵形或椭圆形。雌雄异株，花序顶端常延伸成纤鞭或尾状附尾物；雄花序通常为三回分枝。果球形或卵形；种子常1颗，表面平滑或具洼点。

南昆山2种。

1. 叶鞘无刺或少刺；果球形，鳞片淡黄色 ………………………………………… 1. 杖藤 C. rhabdocladus
1. 叶鞘有棕色鳞秕和褐色长刺；果卵圆形或椭圆形 ………………………………… 2. 毛鳞省藤 C. thysanolepis

1. 杖藤（华南省藤）

Calamus rhabdocladus Burret

攀缘藤本，丛生。叶羽状全裂，长1.2～1.8 m，顶端不具纤鞭；羽片整齐排列，线形，具刚毛，边缘具短刺毛；叶轴和叶柄具稀疏的钩刺；叶鞘具纤鞭，无刺或少刺。肉穗花序纤鞭状。果球形，黄白色；种子为不整齐的球形。花、果期5～6月。

南昆山产于下坪、上坪，生于林中。分布于我国华南地区及福建。越南也有。藤茎可编织藤器。

2. 毛鳞省藤

Calamus thysanolepis Hance

几无茎，丛生，高2～3 m。叶羽状全裂，羽片多数，两面黄绿色，每2～6片成组聚生于叶轴两侧，剑形。叶轴背面具稍短的单生的爪状刺；叶鞘有棕色鳞秕和褐色长刺。果被梗状，果卵圆形或椭圆形。种子椭圆形。花期6～7月；果期9～10月。

南昆山产于上坪、中坪，生于林中或林缘。分布于我国广东、福建、浙江等省。

315. 露兜树科 Pandanaceae

常绿乔木，灌木或攀缘藤本，稀为草本。茎多呈假二叉式分枝，偶呈扭曲状，常具气根。叶狭长，呈带状，硬革质，3～4 列或螺旋状排列，聚生于枝顶；叶缘和背面脊状凸起的中脉上有锐刺；叶脉平行。花单性，雌雄异株；花序腋生或顶生，呈穗状、头状或圆锥状，有时呈肉穗状。果实为卵球形或圆柱状聚花果，或为浆果状。

南昆山1属，2种。

1. 露兜树属 Pandanus L. f.

常绿乔木或灌木。茎常具气根。叶常聚生于枝顶；叶片革质，狭长呈带状，边缘及背面沿中脉具锐刺，无柄，具鞘。花单性，雌雄异株，无花被；花序穗状、头状或圆锥状，具佛焰苞；雄花多数；雌花无退化雄蕊，心皮1至多数；子房上位，1至多室，每室具1胚珠。聚花果圆球形或椭圆形。

南昆山2种。

1. 草本；茎短，不分枝……………………1. 露兜草 P. austrosinensis
1. 乔木状；常于茎端二歧分枝……………2. 分叉露兜 P. furcatus

1. 露兜草

Pandanus austrosinensis T. L. Wu

多年生常绿草本。地下茎横卧，分枝，生有许多不定根，地上茎短，不分枝。叶近革质，带状，先端渐尖成三棱形、具细齿的鞭状尾尖，基部折叠，边缘具向上的钩状锐刺，背面中脉隆起，疏生弯刺。聚花果椭圆状圆柱形或近圆球形，由多达250余个核果组成，成熟核果的果皮变为纤维，核果倒圆锥状，宿存柱头刺状，向上斜钩。花期4～5月。

南昆山产于上坪，生于林中、溪边或路旁。分布于我国华南地区。

2. 分叉露兜

Pandanus furcatus Roxb.

常绿乔木，高7～12 m。常于茎端二歧分枝，具粗壮气根。叶聚生茎顶；叶片革质，带状，长1～4 m，宽3～10 cm。雌雄异株，雄花序复穗状，金黄色，圆柱状；雌花序头状，具多数佛焰苞。聚花果椭圆形，红棕色；核果或核果束骨质，顶端突出部分呈金字塔形，1～2室，宿存柱头呈二歧刺状。花期8月。

南昆山产于七星湖，生于林下。分布于我国华南及西南地区。中南半岛也有。叶可编席、制蓑衣。根供药用，可治炎症。

318. 仙茅科 Hypoxidaceae

草本。有块状根或球茎；叶常基生，有明显纵脉。花两性或单性，辐射对称，常黄色，单生或排成稠密的头状花序；花被管长或缺，6裂；雄蕊6；子房下位，3室，每室有胚珠多颗。蒴果或肉质浆果，一环裂或纵裂。

南昆山2属，3种。

1. 果为浆果……………………………………1. 仙茅属 Curculigo
1. 果为蒴果……………………………………2. 小金梅草属 Hypoxis

1. 仙茅属 Curculigo Gaertn.

多年生草本，通常具块状根茎。叶基生，数枚，通常披针形，具折扇状脉。花茎生叶腋；花两性，常黄色，单生或多数排成总状、穗状、头状花序；花被裂片6，近一式，展开；雄蕊6，着生于花被裂片基部；花柱圆柱形，较纤细，柱头3裂；子房下位，通常被毛。浆果。种子小，表面常有纵凸纹。

南昆山2种。

1. 叶长圆形或长圆状披针形，较宽，宽5～14 cm……………………1. 大叶仙茅 C. capitulata
1. 叶线形、线状披针形，较窄，宽0.5～2.5 cm……………………2. 仙茅 C. orchioides

1. 大叶仙茅

Curculigo capitulata (Lour.) Kuntze

多年生常绿粗壮草本。根状茎粗短，具细长的走茎。叶4～10枚，宽5～14 cm，长圆形或长圆状披针形，具8～10对折扇状平行脉。花茎生叶腋；总状花序缩短成头状，球形或近卵形，具多数排列密集的花；花黄色。浆果球形，白色；种子多数，倒卵形。花期5～9月；果期8～10月。

南昆山产于七星湖、沙坑尾，生于林中、草地或荒坡上。分布于我国华南、华东、西南等地区。亚洲东南部、日本也有。根茎药用，有利尿排石、消炎镇痛的功效；园林观赏。

2. 仙茅

Curculigo orchioides Gaertn.

根状茎近圆柱形，粗厚，直生，长可达10 cm。叶较窄，宽0.5～2.5 cm，线形、线状披针形，两面散生疏柔毛或无毛。花茎甚短，长6～7 cm，大部分藏于鞘状叶柄基部之内，亦被毛；总状花序多少呈伞房状，常具4～6朵花；花黄色。浆果近纺锤状，顶端有长喙。花果期4～9月。

南昆山产于天堂顶，生于林中、草地或荒坡上。分布于我国华南、华东及西南地区。东南亚各国至日本也有。根状茎久服益精补髓。

2. 小金梅草属 Hypoxis L.

多年生草本。具块茎或近球形的根状茎。基生叶3～20枚，狭长，无柄。花茎纤细，短于叶；花一至数朵，单生或呈顶生的近伞形花序、总状花序；无花被管，花被片6，宿存；雄蕊着生于花被片基部，花丝短，花药近基着；子房下位，3室，花柱较短，柱头3裂。蒴果。

南昆山1种。

1. 小金梅草

Hypoxis aurea Lour.

多年生矮小草本。根状茎肉质，球形或长圆形，内面白色，外面包有老叶柄的纤维残迹。叶基生，狭线形，基部膜质，有黄褐色疏长毛。花茎纤细，高2.5～10 cm或更高；花序有花1～2朵，有淡褐色疏长毛；花黄色。蒴果棒状，成熟时3瓣开裂；种子多数，近球形，表面具瘤状突起。

南昆山产于天堂顶，多生于山野荒地。分布于我国华南、华东、华中及西南地区。东南亚及日本也有。全草入药，具温肾壮阳、补气的功效，可治肾虚腰痛、疝气痛。

321. 蒟蒻薯科 Taccaceae

多年生草本。具圆柱形或球形的根状茎或块茎。叶全部基生，有柄，基部有鞘；叶片全缘或各式分裂。花两性，辐射对称，排成伞形花序，生在长的花莛上；总苞片(2～) 4～6 (～12) 枚，排成2列；具与子房合生的花被管，花被裂片6，花瓣状，排成2轮；雄蕊6；子房下位；花柱短，柱头3；胚珠多数，倒生。果为浆果或3瓣裂的蒴果；种子多数。

南昆山1属，1种。

1. 裂果薯属 Schizocapsa Hance

多年生草本。具圆柱形或球形的根状茎或块茎。叶全部基生，全缘或羽状分裂至掌状分裂；叶脉羽状或掌状。伞形花序顶生，总苞片2～6(～12)，小苞片线形或缺；花被钟状，上部6裂，裂片近相等或不相等，宿存或脱落；子房下位，1室或不完全的3室，侧膜胎座3，柱头3瓣裂，常反折而覆盖花柱。果为浆果；种子多数。

南昆山1种。

1. 裂果薯

Schizocapsa plantaginea Hance

多年生草本，高20～30 cm。根状茎粗短，常弯曲。叶片狭椭圆形，基部下延，沿叶柄两侧成狭翅；叶柄基部有鞘。花莛长6～13 cm；总苞片4；小苞片线形；伞形花序有花8～15(～20)朵。蒴果近倒卵形，3瓣裂；种子多数，半月形、长圆形或为不规则长圆形，有条纹。花果期4～11月。

南昆山产于上坪，生于水边、山谷、林下、路边、田边潮湿地方。分布于我国广东、广西、湖南、江西、贵州、云南。泰国、越南、老挝也有。根状茎入药，凉血止痛、散瘀消肿、去腐生新；用于慢性胃脘痛胀、咽喉痛、风热咳喘、痄腮、牙痛等；外治跌打损伤、疮疡肿毒、毒蛇咬伤。叶用于无名肿毒。

322. 田葱科 Philydraceae

多年生草本。根状茎短，具簇生根。叶基生或茎生，叶线形，扁平，基生叶二列，茎生叶互生。花序为单或复穗状花序，花生于苞腋内，两侧对称，花被片4枚，黄色或白色；子房上位，3室，中轴胎座。蒴果室背开裂，种子狭梨形或圆柱形。

南昆山1属，1种。

1. 田葱属 Philydrum Banks et Sol. ex Gaertn.

多年生直立粗壮草本，茎直立，被少量丝状毛。叶剑形，二列。穗状花序顶生；花两性，黄色，两侧对称，无花梗；花被外轮2片离生，内轮的在基部多少连合；花粉粒为四分体，子房上位，1室，具侧膜胎座，胚珠多数。蒴果三角状长圆形。种子呈花瓶状。

南昆山1种。

1. 田葱
Philydrum lanuginosum Banks et Sol. ex Gaertn.

多年生直立草本，主轴短，具纤维状须根。叶二列剑形，顶端渐狭，海绵质柔软，长约60 cm。穗状花序顶生，密被白色绵毛；花黄色，两性，无梗。蒴果三角状长圆形，密被白色绵毛；柱头头状，具长乳突。种子多数，暗红色，花瓶状。花期6～12月。

南昆山产于七星湖，生于水田、池塘或沟谷。分布于我国华南地区及福建、台湾。亚洲南部至澳大利亚也有。清热化湿、解毒，主治水肿、热痹、疮疡肿毒、疥癣、脚气等。

323. 水玉簪科 Burmanniaceae

一年生或多年生腐生草本，少数是能自营的绿色植物。单叶，茎生或基生，全缘，或通常退化成红色、黄色或白色的鳞片状。花两性，辐射对称或两侧对称，单生或簇生于茎顶，或为穗状、总状或二歧蝎尾状聚伞花序；花被基部连合呈管状，具翅。蒴果；种子多数而小，具膜质外种皮。

南昆山1属，1种。

1. 水玉簪属 Burmannia L.

一年生或多年生腐生草本。花单生或数朵簇生于茎顶呈头状，或排成二歧蝎尾状聚伞花序；花被裂片通常6；雄蕊3，花药隔宽，顶端常有2个鸡冠状附属体。蒴果冠以宿存、干萎的花被，常具3棱或3翅，不规则开裂。

南昆山1种。

1. 三品一枝花
Burmannia coelestis D. Don

一年生纤细草本。基生叶少数，线形或披针形，茎生叶2～4片，紧贴茎上，线形。花单生或少数簇生于茎顶；翅蓝色或紫色；花被裂片微黄，外轮的卵形，顶端具小尖头；药隔顶部有2个叉开的鸡冠状突起，基部有距。蒴果倒卵形，横裂。花期10～11月。

南昆山产于天堂顶，生于林缘湿地上。分布于我国广东、广西、贵州、云南、江西、浙江等省。亚洲热带地区广布。

326. 兰科 Orchidaceae

地生、附生、少为攀缘藤本；具根状茎或假鳞茎。叶基生或茎生。花莛顶生或侧生；总状或圆锥花序，两性；花被片6；唇瓣特化；雌雄蕊器官融合成蕊柱；具花粉团。通常为蒴果，较少呈荚果状，具极多种子。

南昆山26属，47种，1变种。

1. 地生、半附生或附生草本；根状茎不明显或罕有细长而横走，具稍肉质而被毛的纤维根 ····· 17. 兜兰属 Paphiopedilum
1. 地生或附生草本(少数腐生)；蒴果。
  2. 茎丛生，有时呈竹茎、竹鞭状 ········· 8. 石斛属 Dendrobium
  2. 茎单生，分枝或不分枝。
    3. 具匍匐伸长的根状茎，无假鳞茎。
      4. 唇瓣凹陷成囊状。
        5. 唇瓣基部有囊状的距；先端三角状·································· 5. 隔距兰属 Cleisostoma
        5. 唇瓣凹陷成囊状，囊内多有毛·································· 12. 斑叶兰属 Goodyera

4. 唇瓣不为上述特征。
6. 唇瓣先端不骤然扩大……10. 钳唇兰属Erythrodes
6. 唇瓣先端骤然扩大并2裂，裂片向两侧伸展。
7. 唇瓣中部常具有流苏裂条或齿缺……1. 开唇兰属Anoectochilus
7. 唇瓣不具流苏裂条或齿缺。
8. 叶暗红色，具金红色条纹；唇瓣与蕊柱多少扭转……15. 血叶兰属Ludisia
8. 叶非暗红色，无上述条纹；唇瓣与蕊柱不扭转……26. 线柱兰属 Zeuxine
3. 具块茎、肉质根或膨大的假鳞茎或根状茎。
9. 地下具块茎或肉质根。
10. 具指状肉质块根；花序螺旋状排列……24. 绶草属Spiranthes
10. 不具指状肉质块根；花序非螺旋状排列。
11. 唇瓣舌状，多不裂……22. 舌唇兰属Platanthera
11. 唇瓣多3裂。
12. 花常较大而疏散。
13. 距多显著(罕囊状或无距)……13. 玉凤花属Habenaria
13. 具长距，距比子房长很多……18. 白蝶兰属Pecteilis
12. 花常小而密集；距常很短，囊状或圆球状，罕圆筒状……19. 阔蕊兰属Peristylus
9. 无块茎或肉质根，具膨大的假鳞茎或根状茎。
14. 叶竹叶状；根状茎膨大，貌似假鳞茎……2. 竹叶兰属Arundina
14. 叶非竹叶状；假鳞茎粗大或包藏于叶。
15. 假鳞茎多包藏于叶基；叶多带状……7. 兰属Cymbidium
15. 假鳞茎多明显；叶非带状。
16. 多地生；叶纸质，折扇状。
17. 叶单生……25. 带唇兰属Tainia
17. 叶2枚以上(或无叶)。
18. 假鳞茎扁球形；唇瓣中裂片具爪，并具附属物……23. 苞舌兰属Spathoglottis
18 假鳞茎非扁球形；唇瓣中裂片无爪和附属物。
19. 假鳞茎圆球状或块茎状；药帽上暗色突起……11. 美冠兰属Eulophia
19. 假鳞茎非球状或块茎状；药帽无暗色突起。
20. 植株较高大；叶非基生；假鳞茎在地上很明显……20. 鹤顶兰属Phaius
20. 植株较小；叶基生；假鳞茎在地下或略露出地面……4. 虾脊兰属Calanthe
16. 多附生；若地生，则叶草质或膜质，非折扇状。
21. 唇瓣肉质，比花瓣小……3. 石豆兰属Bulbophyllum
21. 唇瓣明显比花瓣、萼片大。
22. 根状茎常不明显。
23. 蕊柱较长，向前弓曲……14. 羊耳蒜属Liparis
23. 蕊柱一般很短，直立……16. 沼兰属Soland
22. 根状茎常显著；唇瓣多3裂。
24. 根状茎不具鳞片状鞘……9. 毛兰属Eria
24. 根状茎常粗壮，并被鳞片状鞘。
25. 花瓣与萼片近等宽；唇瓣基部凹陷成囊状……21. 石仙桃属Pholidota
25. 花瓣较萼片窄很多；唇瓣非囊状……6. 贝母兰属Coelogyne

1. 开唇兰属Anoectochilus Bl.

地生。根状茎伸长，匍匐，肉质。茎直立，圆柱形。叶互生，常具杂色网脉。总状花序顶生，花瓣与中萼片靠合呈兜状，唇瓣前部常扩大成2裂，中部具爪，两侧具多条流苏或全缘，具距或囊。花果期8～12月。

南昆山1种。

1. 金线兰(花叶开唇兰)

Anoectochilus roxburghii (Wall.) Lindl.

株高8～18 cm。根状茎匍匐，具节，节上生根。茎具2～4片叶。叶卵形，长1～3.5 cm，正面暗紫色，具金红色脉纹。总状花序具2～6花，萼片淡红褐色，被毛，花瓣白色，唇瓣在上方，"Y"字形，具6～8条流苏。花果期8～12月。

南昆山产丁天堂顶，生于林下或沟谷阴湿处。分布于我国长江以南地区。东南亚、喜马拉雅至日本也有。

2. 竹叶兰属Arundina Bl.

地生，具粗壮的根状茎。茎直立，常数个簇生。叶二列，禾叶状。花序顶生，具少数花；花大；萼片相似；花瓣明显宽于萼片；唇瓣3裂，基部无距；花粉团8个。

南昆山1种。

1. 竹叶兰

Arundina graminifolia (D. Don) Hochr (*A. chinensis* Blume)

植株高40～80 cm；地下根状茎在茎基部呈卵球形膨大。茎直立，数个丛生，细竹秆状。叶线状披针形，薄革质。花序长2～8 cm，2～10朵花；花多粉红色，直径4 cm；唇盘上有3～5条褶片。蒴果近长圆形，长约3 cm。花果期9～11月。

南昆山产于中坪、下坪，生于向阳沟边。分布于我国长江以南地区。东南亚也有。

3. 石豆兰属 Bulbophyllum Thou.

附生。根状茎匍匐，具或不具假鳞茎。叶通常1枚，少2～3枚。单花或多朵组成为近伞状花序；花小至中等大；萼片近相等或侧萼片很长；花瓣比萼片小；唇瓣肉质；具蕊柱足；花粉团蜡质，4个。

南昆山4种。

1. 叶革质。
  2. 花单朵……………………………… 1. 芳香石豆兰B. ambrosia
  2. 总状花序。
    3. 花序具 2～7朵花 ……… 2. 广东石豆兰B. kwangtungense
    3. 花序密生10余朵花 ……… 4. 密花石豆兰B. odoratissimum
1. 叶薄革质，狭长圆形或倒卵状披针形 ……………………………………………… 3. 齿瓣石豆兰B. levinei

1. 芳香石豆兰

Bulbophyllum ambrosia (Hance) Schlt.

根状茎上相距3～9 cm生1个假鳞茎。假鳞茎圆柱形，长2～6 cm，顶生1枚叶。叶革质，长圆形，长3.5～13 cm，先端钝。花莛出自假鳞茎基部，1～3个，顶生1朵花；淡黄色带紫色；萼片具5脉；唇瓣红色，具1～2条褶片。花期通常2～5月。

南昆山产于天堂顶，生于石头或树干上。分布于我国西南及华南地区。越南也有。

2. 广东石豆兰

Bulbophyllum kwangtungense Schltr

根状茎上每隔2～7 cm生1个假鳞茎。根生于有假鳞茎的节上。假鳞茎直立，圆柱形，长1～2.5 cm，顶生1枚叶，幼时被膜质鞘。叶革质，长圆形，长2.5 cm，顶端圆钝并稍凹入。花莛1个，总状花序缩短呈伞状，2～7朵花；花白色至淡黄色，萼片离生，披针形，唇瓣肉质。花期5～8月。

南昆山产于中坪、竹坑嶂，生于石头上。分布于我国华南地区及云南、贵州。

3. 齿瓣石豆兰

Bulbophyllum levinei Schltr.

根状茎纤细，匍匐生根。假鳞茎在根状茎上聚生，近圆柱形或瓶状，长5～10 mm，顶生1枚叶。叶薄革质，狭长圆形或倒卵状披针形，长3～4 cm，边缘稍波状，正面中肋常凹陷。花莛从假鳞茎基部发出，总状花序缩短呈伞状，常具2～6朵花；花膜质，白色带紫；中萼片卵状披针形，花瓣靠合于萼片，卵状披针形，唇瓣近肉质花期5～8月。

南昆山产于天堂顶，生于海拔800 m的山地林中树干上或沟谷岩石上。分布于我国华南、香港及华东地区。

4. 密花石豆兰

Bulbophyllum odoratissimum (J. E. Smith) Lindl.

根状茎粗2～4 mm，分枝，在每相距4～8 cm处生1个假鳞茎。根成束，分枝，出自生有假鳞茎的节上。叶革质，长圆形，先端钝并且稍凹入，基部收窄，近无柄。花莛淡黄绿色，从假鳞茎基部发出，1～2个；总状花序缩短呈伞状，密生10余朵花；花苞片膜质，卵状披针形，淡白色；萼片离生，质地较厚，披针形；中萼片凹，卵形或卵状披针形；花瓣质地较薄，白色，近卵形或椭圆形；唇瓣橘红色，肉质，舌形。花期4～8月。

南昆山产于天堂顶，生于林中树干上或山谷岩石上。分布于我国华南及西南地区。东南亚和中南半岛也有。

4. 虾脊兰属 Calanthe R. Br.

地生草本。假鳞茎通常粗短。叶少数，常较大，花期通常尚未展开或少数有全部展开的。总状花序具少数至多数花；花小至中等大；萼片近相似，花瓣较小，唇瓣大，基部与蕊柱翅合生而形成管；花粉团蜡质，8个。

南昆山4种。

1. 花紫红色或玫瑰色；唇瓣中裂先端浅二裂……………………………4. 长距虾脊兰 C. sylvatica
1. 花白色、黄绿色或淡黄色；唇瓣中裂片深二裂。
    2. 唇瓣基部具短爪；侧裂片基部不合生于蕊柱翅的外侧边缘……………………2. 乐昌虾脊兰 C. lechangensis
    2. 唇瓣基部无爪；侧裂片基部不同程度地和生育蕊柱翅的外侧边缘。
        3. 唇瓣侧裂片的整个基部或大部分和生育蕊柱翅的外侧边缘……………………3. 南昆虾脊兰 C. nankunensis
        3. 唇瓣侧裂片的基部仅部分与蕊柱翅的外侧边缘合生……………………1. 钩距虾脊兰 C. graciliflora

1. 钩距虾脊兰

Calanthe graciliflora Hayata

根状茎不明显。假茎常5～18 cm。叶3～4枚，在花期尚未完全展开，椭圆形，长可达33 cm，宽可达10 cm，基部收狭长达10 cm的柄，两面无毛。总状花序疏生多花，萼片和花被背面褐色，内面淡黄色，唇瓣浅白色，3裂，唇盘上具4个褐色斑点和3条龙骨状脊；距圆筒状，常钩曲。花期3～5月。

南昆山产于上坪横坑，生于林下。分布于我国华南及西南地区。

2. 乐昌虾脊兰

Calanthe lechangensis Z. H. Tsi et T. Tang

根状茎不明显。假茎长9～20 cm。叶在花期尚未完全展开，宽椭圆形，长约20～30 cm，宽约10 cm，边缘稍波状，叶柄细长，约14～32 cm。花莛从叶腋发出，不高出叶层；总状花序长3～4 cm，疏生4～5朵花；花浅红色，唇瓣倒卵状圆形，基部具爪，与整个蕊柱翅合生，3裂，侧裂片很小，中裂片宽卵状楔形。距圆筒状伸直。花期3～4月。

南昆山产于上坪、下坪石河奇观，生林缘。仅分布于我国广东北部。

3. 南昆虾脊兰

Calanthe nankunensis Z. H. Tsi

假鳞茎粗短，近球形，最上端的1枚鞘最长。叶在花期尚未展开，椭圆形，基部收狭为柄，边缘波状；花莛从假茎上端的叶间抽出，远高出叶层之外，长达55 cm，密被短毛；总状花序疏生6～7朵花；花苞片宿存，狭披针形；花梗和子房长16 mm；子房粗约1 mm，被短毛；花白色；中萼片长圆形；唇盘具3条脊突花粉团狭卵球形，长约1.5 mm；粘盘狭长圆形，长约1 mm。花期4月。

南昆山产于上坪，生于山谷溪边。南昆山特有种。

4. 长距虾脊兰

Calanthe sylvatica (Thouars) Lindley (*C. masuca* Lindl.)

植株高达80 cm，无明显的根状茎。假鳞茎狭圆锥形；叶在花期全部展开，椭圆形至倒卵形，基部收狭为柄，边缘全缘；花莛从叶丛中抽出，直立；总状花序疏生数朵花，其下具数枚苞片状叶；花苞片宿存，披针形；花淡紫色，唇瓣常变成橘黄色；花瓣倒卵形或宽长圆形；唇瓣基部与整个蕊柱翅合生，3裂；唇盘基部具3列不等长的黄色鸡冠状的小瘤；花期4～9月。

南昆山产于中坪尾至北坑、上坪，生于山坡林下或山谷河边等阴湿处。分布于我国台湾、香港、华南及西南地区。东南亚、马来半岛、中南半岛、非洲南部也有。

5. 隔距兰属 Cleisostoma Bl.

附生。茎直立或下垂。叶质地厚，二列，扁平或圆柱形。总状花序或圆锥花序侧生，具多数花；花小，肉质，唇瓣基部具囊状距，3裂；距内具纵隔膜；花粉团蜡质，4个。

南昆山1变种。

1. 广东隔距兰

Cleisostoma simondii (Gognep.) Seidenf. var. **guangdongense** Z. H. Tsi

植株通常上举。茎细圆柱形，长约30 cm，节间长约2 cm。叶二列互生，肉质，深绿色，细圆柱形，长约10 cm。花序侧生，比叶长；总状花序距多花；花近肉质，黄绿色带紫红色脉纹，萼片、花瓣反折，唇瓣3裂，中裂片三角形浅黄白色，距内壁上方的胼胝体为中央凹陷的四边形。

南昆山产于中坪，生于树干。分布于我国华南地区及福建。

6 贝母兰属 Coelogyne Lindl.

附生。根状茎具多节。假鳞茎粗厚，顶生1～2叶。叶质地较厚。花莛生于假鳞茎顶端，具多枚二列套叠颖片；总状花序具数朵花；花较大，常白色或绿黄色，唇瓣多有斑纹；花粉团4个。

南昆山1种。

1. 流苏贝母兰

Coelogyne fimbriata Lindl.

根状茎匍匐。假鳞茎相距2～6 cm，近圆柱形，长2～4.5 cm，顶生2叶。叶长圆形，长4～10 cm，急端急尖。花莛生假鳞茎顶端，基部具套叠鞘，总状花序1～2花；花苞片早落；花淡黄色，唇瓣上有红褐色斑纹；花期8～10月。

南昆山产于上坪天堂顶、下坪，生于岩石或树干上。分布于我国华南及西南地区。中南半岛也有。

7. 兰属 Cymbidium Sw.

附生或地生。叶数枚，带状，有关节。花莛多发自假鳞茎基部；总状花序具数花；花较大；萼片与花瓣离生；唇瓣3裂，有2条纵褶片，花粉团2对。

南昆山4种。

1. 假鳞茎狭卵球状 ······ 3. 寒兰 C. kanran
1. 假鳞茎卵球形，叶带形；花色多样。
  2. 叶坚纸质，先端钝；花密集，无香气 ······ 2. 多花兰 C. floribundum
  2. 叶薄革质，先端尖；花常有香气。
    3. 叶较窄；花序短于叶；果长5～6 cm ······ 1. 建兰 C. ensifolium
    3. 叶较宽；花序长于叶；果长6～7 cm ······ 4. 墨兰 C. sinense

1. 建兰

Cymbidium ensifolium (L.) Sw.

地生。假鳞茎卵球形包藏于叶基之内。叶2～6枚，带形，长30～60 cm，顶端尖。花莛从假鳞茎基部发出，直立，一般短于叶；总状花序具3～13朵花；花常有香气，通常浅黄绿色而具紫斑。蒴果狭椭圆形，长5～6 cm。花期6～10月。

南昆山产于上坪、下坪，生于疏林下、灌丛中、山谷旁或草丛中。分布于我国长江以南各地。东南亚、南亚及东亚也有。

2. 多花兰

Cymbidium floribundum Lindl.

附生。假鳞茎稍压扁。叶5～6枚，带形，坚纸质，长22～50 cm，先端钝。花莛常外弯，10～40朵花；密集，无香气；萼片与花瓣常为红褐色，唇瓣白色有紫红色斑，2褶片黄色；花粉团2个，三角形。蒴果近长圆形，长3～4 cm。花期4～8月。

南昆山产于天堂顶，多生于岩石缝中。分布于我国华南、华中及西南地区。

3. 寒兰

Cymbidium kanran Makino

地生。假鳞茎狭卵球形。叶3～5（～7）枚，薄革质，前部边缘常有细齿；花莛发自假鳞茎基部，直立；总状花序疏生5～12朵花；花苞片狭披针形；花常淡黄绿色；唇瓣淡黄色，常有浓烈香气；花瓣常为狭卵形或卵状披针形；唇瓣近卵形，不明显的3裂；唇盘上2条纵褶片从基部延伸至中裂片基部；花粉团4个，成2对，宽卵形。蒴果狭椭圆形，长约4.5 cm。花期8～12月。

南昆山产于天堂顶，生于林下、溪谷旁或稍荫蔽、湿润、多石之土壤上。分布于我国华南、华东、西南地区及台湾。东南亚也有。

4. 墨兰

Cymbidium sinense (Jackson ex Andr.) Willd

地生。假鳞茎卵球形。叶3～5枚，带形，近薄革质，长45～110 cm。花莛从假鳞茎基部发出，粗壮，略长于叶；总状花序具多花；花的色泽变化较大，常为暗紫色具浅色唇瓣，具较浓的香气。蒴果狭椭圆形，长6～7 cm。花期10月至翌年3月。

南昆山产于下坪，生于林下。分布于我国华南及西南地区。南亚、中南半岛也有。

8. 石斛属 Dendrobium Sw.

附生草本。茎丛生，直立或下垂，圆柱形或扁三棱形，具少数或多数节，有时膨大成种种形状。叶互生，扁平，圆柱状或两侧压扁，基部有关节和通常具抱茎的鞘。总状花序或有时伞形花序，具少数至多数花；花小至大，通常开展；萼片近相似，离生；侧萼片与唇瓣基部共同形成萼囊；唇瓣着生于蕊柱足末端；花粉团蜡质，4 个。

南昆山2种。

1. 叶革质，近顶生；总状花序密生许多花……………………………………………………1. 密花石斛 D. densiflorum
1. 叶纸质，互生；花每束1～2朵侧生……………………………………………………2. 美花石斛 D. loddigesii

1. 密花石斛

Dendrobium densiflorum Lindl.

茎粗壮，通常棒状或纺锤形，长25～40 cm；叶常3～4枚，近顶生，革质，长圆状披针形，长8～17 cm；总状花序从去年或2年生具叶的茎上端发出，下垂，密生许多花；花梗和子房白绿色，长2～2.5 cm；萼片和花瓣淡黄色花瓣近圆形，长1.5～2 cm，基部收狭为短爪，中部以上边缘具啮齿；唇瓣金黄色，圆状菱形，长1.7～2.2 cm；花期4～5月。

南昆山产于天堂顶，生于海拔420～1000 m的常绿阔叶林中树干上或山谷岩石上。分布于我国华南及西南地区。东南亚、南亚和中南半岛也有。

2. 美花石斛

Dendrobium loddigesii Rolfe

茎细圆柱形，具多节；干后金黄色。叶纸质，二列，互生，舌形或长圆状披针形，通常长2～4 cm。花白色或紫红色，每束1～2朵侧生；花苞片膜质，卵形；萼囊近球形，长约5 mm；唇瓣近圆形，直径1.7～2 cm，正面中央金黄色，周边淡紫红色，边缘具短流苏，两面密布短柔毛。花期4～5月。

南昆山产于天堂顶，生于山地林中树干上。分布于我国华南及西南地区。东南亚也有。

9. 毛兰属 Eria Lindl.

附生。茎常膨大成假鳞茎。叶一至数枚，通常生于假鳞茎顶端。花序侧生或顶生，常排列成总状，多被绵毛；花通常较小；萼片背面与子房被绒毛或无毛；唇瓣无距，常3裂；花粉团8个。

南昆山3种。

1. 植株较大，假鳞茎长于1 cm。
    2. 植株干后不变黑色，假鳞茎粗短……1. 半柱毛兰 E. corneri
    2. 植株干后变黑色，假鳞茎细长……2. 足茎毛兰E. coronaria
1. 植株很小，假鳞茎紧靠，长不超过1 cm……3. 小毛兰E. sinica

1. 半柱毛兰

Eria corneri Rchb. f.

植株无毛；假鳞茎卵状长圆形，四棱，长2～5 cm，顶生2～3叶。叶椭圆状披针形，干时两面具灰白色小疣点，长15～45 cm。花序1个，具10余朵花；花淡黄色；唇瓣卵形，3裂，具3条波状褶片。蒴果倒卵状圆柱状，长1.5 cm。花果期8～12月。

南昆山产于中坪、上坪，生于林中树干或石壁上。分布于我国华南及西南地区。东南亚也有。

2. 足茎毛兰

Eria coronaria (Lindl.) Rchb. f.

多年生草本，全株无毛。圆柱状假鳞茎密集着生。叶2枚着生于假鳞茎顶端，1大1小，长椭圆形或倒卵状椭圆形，无柄。花序自两叶片之间发出，具2～6朵花，上部常弯曲，基部具1枚鞘状物；花苞片通常披针形或线形；花白色，唇瓣上有紫色斑纹；中萼片椭圆状披针形；花瓣长圆状披针形，与中萼片近等长。蒴果倒卵状圆柱形。花期5～6月。

南昆山产于石河奇观，生于林中树干上或岩石上。分布于我国华南及云南和西藏。尼泊尔、不丹、印度和泰国也有。

3. 小毛兰

Eria sinica (Lindl.) Lindl.

矮小草本；假鳞茎密集着生，近球形或扁球形，顶端具

2～3叶。叶倒披针形，先端圆钝。花序生于假鳞茎顶端叶的内侧，具1～2朵花；花小，白色或淡黄色；中萼片卵状披针形，先端钝；侧萼片卵状三角形，稍偏斜，与蕊柱足合生成萼囊；花瓣披针形，唇瓣近椭圆形，不裂，先端钝。花期10～11月。

南昆山产于上坪，生于林中，常与苔藓混生在石上或树干上。分布于我国广东、香港和海南。

10. 钳唇兰属 Erythrodes Bl.

地生。根状茎匍匐，肉质，节上生根。叶互生于茎。总状花序顶生，多数密生的花；花较小；萼片背面有毛；侧萼片张开；唇瓣基部具距；花粉团2个，粒粉质。

南昆山1种。

1. 钳唇兰

Erythrodes blumei (Lindl.) Schltr.

植株高18～60 cm。根状茎伸长。茎直立，下部具3～6叶。叶片卵形，有时稍歪斜，长4.5～10 cm，3条明显主脉。总状花序顶生，密生多花；萼片红褐色，被毛，花瓣与中萼片靠合成盔状，唇瓣基部具距。花期4～5月。

南昆山产于九重远眺、佛坳，生于林下。分布于我国华南及西南地区。中南半岛及印度也有。

11. 美冠兰属 Eulophia R. Br. ex Lindl.

地生。假鳞茎球茎状，具数节。叶数枚，基生。花莛从假鳞茎侧面节上发出，直立；总状花序，极少为单花；唇瓣通常3裂，唇盘上常有褶片，药帽上常有2个暗色突起；花粉团2个。

南昆山1种。

1. 美冠兰

Eulophia graminea Lindl.

假鳞茎卵球形，绿色，上部有数节。叶3～5枚，花凋萎后出现，线状披针形，长13～35 cm。花莛从假鳞茎一侧节上发出；总状花序直立；花橄榄绿色，唇瓣白色而具淡紫红色褶片。蒴果下垂，椭圆形，长2.5～3 cm。花果期3～6月。

南昆山产于中坪，生于草地。分布于我国华南及西南地区。喜马拉雅、中南半岛也有。

12. 斑叶兰属 Goodyera R. Br.

地生。根状茎匍匐，节上生根。叶互生，正面常具杂色的斑纹。花序顶生，总状；花常偏向一侧；萼片背面常被毛，中萼片与花瓣粘合呈兜状；唇瓣基部凹陷呈囊状，囊内常有毛；花粉团2个，粒粉质。

南昆山2种。

1. 根状茎伸长；具4～6枚叶；花常偏向一侧……………………………………1. 多叶斑叶兰 G. foliosa
1. 根状茎短粗；具6～8枚叶；花不偏向一侧……………………………………2. 高斑叶兰 G. procera

1. 多叶斑叶兰

Goodyera foliosa (Lindl.)Benth.

植株高15～25 cm。根状茎伸长，具节。茎直立，长9～17 cm，绿色，具4～6枚叶；叶疏生于茎上或集生于茎的上半部，叶片卵形至长圆形，偏斜，长2.5～7 cm，先端急尖，基部楔形或圆形，具柄；花茎直立，长6～8 cm，被毛；总状花序具几朵至多朵密生而常偏向一侧的花，花序梗极短或长，无或具几枚鞘状苞片；花中等大，半张开，白带粉红色、白带淡绿色或近白色；花瓣斜菱形，长5～8 mm，先端钝，基部收狭，具爪，具1脉；唇瓣长6～8 mm；花期7～9月。

南昆山产于上坪飞鼠岩，生于林下或沟谷阴湿处。分布于我国华南、西南、华东地区及台湾。中南亚、南亚和中南半岛也有。

2. 高斑叶兰

Goodyera procera (Ker～Gawl.) Hook.

根状茎短粗，具节。茎直立，无毛，具6～8枚叶。叶片长圆形，长7～15 cm，正面无斑纹。花茎长12～50 cm；总状花序具多数密生的小花，似穗状；花白色带淡绿，芳香，不偏向一侧；萼片无毛；唇瓣基部凹陷囊状，内面有腺毛。花期4～5月。

南昆山产于上坪横岗岐，生于林下沟边。分布于我国华南及西南地区。喜马拉雅至日本也有。

13. 玉凤花属 Habenaria Willd.

地生。具肉质块茎。叶散生或集生于茎的中部。总状花序或穗状花序，顶生，具多花；中萼片常与花瓣靠合呈兜状；唇瓣3裂，具长距；花粉团2个，粒粉质。

南昆山2种。

1. 花白色，唇瓣3裂 ………………………… 1. 鹅毛玉凤花H. dentata
1. 花橙红色，唇瓣4裂 ……………… 2. 橙黄玉凤花H. rhodocheila

1. 鹅毛玉凤花

Habenaria dentata (Sw.) Schltr.

地下具肉质块茎。茎粗壮，3～5枚叶分散于茎，叶上具数枚苞片状小叶。叶片长圆形至长椭圆形，长5～15 cm，边缘灰白。总状花序具多花；花白色，较大，萼片和花瓣边缘具缘毛；唇瓣宽倒卵形，3裂；距长达4 cm。花期8～10月。

南昆山产于佛坳，生林下灌丛。分布于我国华南、华中及西南地区。喜马拉雅至日本也有。

2. 橙黄玉凤花

Habenaria rhodocheila Hance

植株高8～35 cm。块茎长圆形。茎粗壮，下部具4～6枚叶，向上具1～3枚苞片状小叶。叶片线状披针形，长10～15 cm。总状花序具2～10朵花，花茎无毛；花中等大，萼片和花瓣绿色，唇瓣橙黄色至红色，4裂；距细圆筒状，下垂，长2～3 cm。蒴果纺锤形，长约1.5 cm。花期7～8月；果期9～10月。

南昆山产于中坪、上坪横坑，生于林缘潮湿石壁或土墙上。常见分布于我国华南及西南地区。广布于东南亚国家。

14. 羊耳蒜属 Liparis L. C. Rich.

地生或附生。茎有时膨大或具假鳞茎。叶基生或顶生于假鳞茎上。总状花序顶生于假鳞茎上。萼片和花瓣常翻卷，花瓣较萼片狭窄很多，唇瓣常3裂，基部多具胼胝体；花粉团4，蜡质。

南昆山5种。

1. 附生。
   2. 假鳞茎卵形；叶长椭圆状披针形……………………1. 镰翅羊耳蒜 L. bootanensis
   2. 假鳞茎圆柱状。
      3. 叶片椭圆形……………………3. 紫花羊耳蒜 L. nigra
      3. 叶片狭长披针形……………………5. 长茎羊耳蒜 L. viridiflora
1. 地生。
   4. 假鳞茎圆柱状；叶卵状椭圆形……………2. 见血青 L. nervosa
   4. 假鳞茎基部明显膨大；叶狭椭圆形……………………4. 香花羊耳蒜 L. odorata

1. 镰翅羊耳蒜

Liparis bootanensis Griff.

附生。假鳞茎卵形，密集。叶长椭圆状披针形，长8～22 cm。花莛顶生，具狭翅；总状花序具数朵花；花通常黄绿色；唇瓣前缘常有不规则细齿；蕊柱上部两侧各有1翅。蒴果倒卵状椭圆形，长8～10 mm。花期8～10月；果期3～5月。

南昆山产于上坪竹坑、中坪，生于阴湿石壁。分布于我国华南、华中及西南地区。东南亚也有。

2. 见血青

Liparis nervosa (Thunb. ex A. Murray) Lindl.

地生。茎圆柱状，长2～10 cm。叶2～5枚，卵形至卵状椭圆形，长5～16 cm。总状花序多朵花；花紫色；唇瓣先端截形并微凹，基部具2个胼胝体。蒴果倒卵状长圆形，长1.5 cm。花期2～7月；果期10月。

南昆山产于中坪、十字水，生于林下、溪谷旁、草丛阴处或岩石覆土上。分布于我国华南、华东、西南地区及湖南。广布全世界热带亚热带。

3. 紫花羊耳蒜

Liparis nigra Seidenf.

地生，较高大。假鳞茎圆柱状，肥厚，肉质，有数节，长8～20 cm；叶3～6枚，椭圆形、卵状椭圆形或卵状长圆形，膜质或草质，常稍斜歪，长9～17 cm；花莛生于茎顶端，长18～45 cm；总状花序长6～16 cm，具数朵至20余朵花；花深紫红色，较大；花瓣线形或狭线形，长1.6～1.8 cm；唇瓣倒卵状椭圆形或宽倒卵状长圆形，长1～1.5 cm；蒴果倒卵状长圆形；花期2～5月；果期11月。

南昆山产于天堂顶，生于林下或阴湿的岩石或地上。分布于我国华南及西南地区。东南亚也有。

4. 香花羊耳蒜

Liparis odorata (Willd.) Lindl.

地生。假鳞茎近卵形，长1.3～2.2 cm，外被白色的薄膜质鞘。叶2～3枚，狭椭圆形，长6～17 cm，全缘。花莛长14～40 cm，总状花序疏生数朵花；花绿褐色；唇瓣倒卵状长圆形，上部边缘有细齿，近基部有2个三角形的胼胝体；蕊柱两侧有狭翅，向上翅渐宽。蒴果倒卵状长圆形，长1～1.5 cm。花期4～7月；果期10月。

南昆山产于上坪，生于林下或山坡草丛中。分布于我国华南、华中、华东及西南地区。南亚、东南亚也有。

5. 长茎羊耳蒜

Liparis viridiflora (Bl.) Lindl.

附生。假鳞茎密集，细圆柱状，顶生2叶。叶狭长披针形，长8～25 cm。花莛顶生，外弯，与叶等长或稍短，总状花序具多数小花；花绿白色，密集，唇瓣无胼胝体。花期9～12月；果期翌年1～4月。

南昆山产于上坪至天堂顶途中，生于山谷阴处的树上或岩石上。分布于我国华南、台湾及西南地区。热带亚洲广布。

15. 血叶兰属 Ludisia A. Rich.

地生兰。根状茎伸长，匍匐，肉质，具节，节上生根。叶互生，黑绿色具金红色的脉，具柄。总状花序顶生；花较小，唇瓣扭转，顶部扩大成横长方形，基部具浅囊，囊内具2枚胼胝体；花粉团2个，粒粉质。

南昆山1种。

1. 血叶兰

Ludisia discolor (Ker～Gaul.) A. Rich.

植株高10～25 cm。根状茎伸长，具节。叶卵形，肉质，长约5 cm，正面黑绿色，具5条金红色有光泽的脉。总状花序顶生，具10余朵花，花白色或带淡红色，中萼片于花瓣粘合呈兜状，唇瓣上部扭转，顶部扩大成横长方形，基部囊内具2枚胼胝体。花期2～4月。

南昆山产于石河奇观，生于林中岩石上。分布于我国华南及云南地区。东南亚各国广布。

16. 沼兰属 Malaxis Soland. ex Sw.

地生，较少为半附生或附生草本，通常具多节的肉质茎或假鳞茎。叶通常2～8枚，近基生或茎生。花莛顶生，通常直立，无翅或罕具狭翅。总状花序具数朵或数十朵花；花苞片宿存；萼片离生；花瓣丝状或线形，明显比萼片狭窄；唇瓣通常位于上方，不裂或2～3裂；花粉团4个，成2对，蜡质，无明显的花粉团柄和粘盘，仅在基部粘合。蒴果较小，椭圆形至球形。

南昆山1种。

1. 阔叶沼兰

Malaxis latifolia J. E. Smith

地生或半附生草本；肉质茎圆柱形，具数节；叶通常4～5枚，斜立，斜卵状椭圆形，先端渐尖或长渐尖，基部收狭成柄；花莛长15～60 cm，直立，具很狭的翅；总状花序具十余朵花；花苞片狭披针形；花紫红色至绿黄色；花瓣线形，长2.5～3.2 mm，先端钝；唇瓣近宽卵形，凹陷；蒴果倒卵状椭圆形，直立；花期5～8月，果期8～12月。

南昆山产于上坪，生于林下、灌丛中或溪谷旁荫蔽处的岩石上。分布于我国华南、华东、西南地区及台湾。分布东南亚、中南半岛、马来半岛、新几内亚岛和澳大利亚。

17. 兜兰属 Paphiopedilum Pfitz.

地生、半附生或附生草本；根状茎不明显或罕有细长而横走，具稍肉质而被毛的纤维根。茎短，包藏于二列的叶基内。叶基生，数枚至多枚，二列，对折；叶片带形、狭长圆形或狭椭圆形。花莛具单花或较少有数花或多花；花大而艳丽；中萼片一般较大，常直立，边缘有时向后卷；花瓣形状变化较大；唇瓣深囊状，球形、椭圆形至倒盔状；花粉粉质或带黏性，但不粘合成花粉团块。果实为蒴果。

南昆山1种。

1. 紫纹兜兰

Pahiopedilum purpuratum Pfitz.

地生或半附生。叶基生，二列，3～8枚；叶片狭椭圆形，先端近急尖并有2～3个小齿；花莛直立，顶端生1花，长12～23 cm，紫色；花苞片边缘具长缘毛；花梗和子房长3～6 cm，密被短柔毛；花直径7～8 cm，花瓣近长圆形，长3.5～5 cm，宽1～1.6 cm，边缘有缘毛；唇瓣倒盔状；囊近宽长圆状卵形，末端略变狭，长2～3 cm，宽2.5～2.8 cm，囊口极宽阔，两侧各具1个直立的耳，两耳前方的边缘不内折；花期10月至翌年1月。

南昆山产于上坪横坑，生于林下腐殖质丰富多石之地或溪谷旁苔藓砾石丛生之地或岩石上。分布于我国华南、西南地区及香港。越南也有。

18. 白蝶兰属 Pecteilis Rafin.

地生草本。块茎长圆形、椭圆形或近球形，肉质，不裂，颈部具几条细长根。茎直立，基部具鞘，其上具叶，叶向上渐变小成苞片状。叶3至数枚，互生。总状花序顶生，具1至数朵花；花苞片叶状，较大；花通常颇大，倒置(唇瓣位于下方)；唇瓣3裂；具长距，距比子房长很多；蕊柱短；

南昆山1种。

1. 龙头兰(白蝶兰)

Pecteilis susannae (L.) Rafin.

植株高45～120 cm。块茎长圆形，长4～6 cm，直径1.5～2.5 cm，肉质。茎直立。叶着生至花序基部；总状花序具2～5朵花，长6～15 cm；花苞片叶状；花大，白色，芳香；花瓣线状披针形，甚狭小，长约1 cm或更短；唇瓣3裂，长2.5～3 cm；距下垂，长6～10 cm，较粗，直径3～5 mm，为子房长的2～3倍。花期7～9月。

南昆山产于中坪至中坪尾，生于山坡林下、沟边或草坡。分布于我国华南、华东及西南地区。东南亚、马来半岛也有。

19. 阔蕊兰属 Peristylus Bl.

地生。地下具肉质块茎。叶散生或集生与茎上。总状花序顶生，具多花；花小，绿色或白色。中萼片与花瓣靠合成盔状，唇瓣3深裂，具距。花粉团2个，粒粉质。

南昆山2种。

1. 唇瓣的侧裂片与中裂片呈90° 角，较中裂片长 ………………………………………… 1. 长须阔蕊兰 P. calcaratus
1. 唇瓣的侧裂片与中裂片小于45° ，较中裂片短 ………………………………………… 2. 撕唇阔蕊兰 P. lacertiferus

1. 长须阔蕊兰

Peristylus calcaratus (Rolfe) S. Y. Hu

块茎长圆形或椭圆形。近基部具3～4枚集生的叶；叶片椭圆状披针形，先端渐尖，急尖或钝；总状花序具多数密生或疏生的花，圆柱状；花苞片卵状披针形，先端渐尖；花小，淡黄绿色；萼片长圆形，先端钝，具1脉；花瓣直立伸展，斜卵状长圆形；唇瓣基部与花瓣的基部合生，3深裂。花期7～10月。

南昆山产于中坪，生于山坡草地或林下。分布于我国华南、华东及西南地区。中南半岛也有分布。

小草本，高18～45 cm。叶常2～3枚，集生，叶片长圆状披针形，先端急尖，基部收狭成抱茎的鞘。总状花序具多数密生的花，圆柱状；花苞片直立伸展，披针形，先端渐尖；花小，绿白色或白色；萼片卵形，凹陷呈舟状，先端急尖，具1脉；中萼片直立；侧萼片较狭，伸展；花瓣卵形，直立，与中萼片靠合。花期7～10月。

南昆山产于佛坳，生于山坡林下或草地向阳处。分布于我国华南地区及福建、台湾、四川、云南。印度、缅甸、中南半岛、马来西亚、菲律宾、印度尼西亚和日本也有。

20. 鹤顶兰属 Phaius Lour.

地生。具假鳞茎；假鳞茎具节。叶数片，大型，折扇状。花茎发自假鳞茎基部，侧生或顶生。花大而鲜艳，萼片与花瓣相似，唇瓣基部收狭；花粉团8个。

南昆山2种。

1. 花鲜黄，唇瓣白色 ································· 1. 黄花鹤顶兰P. flavus
1. 花背面白色，内面暗褐色 ···················· 2. 鹤顶兰P. tankervilleae

2. 撕唇阔蕊兰

Peristylus lacertiferus (Lindl.) J. J. Smith

1. 黄花鹤顶兰

Phaius flavus (Bl.) Lindl.

地生。植株高达1.4 m。假鳞茎卵状圆锥形，长5～6 cm，具节；顶生4～6叶；叶长椭圆形，长25 cm以上；花莛自假鳞茎节上或基部发出，粗壮；总状花序，具多花；花鲜黄，唇瓣白色，前端红色，皱褶；距长1 cm。

南昆山产于上坪横坑，生于山坡灌丛中。分布于我国华南及西南地区。

2. 鹤顶兰

Phaius tankervilleae (Banks ex L'Herit.) Bl.

植株高大。假鳞茎圆锥形，长约6 cm，被鞘。叶2～6枚，长圆状披针形，长达70 cm，基部收狭成20 cm的柄。花莛从假鳞茎基部发出，长达1 m；总状花序具多花；苞片大；花大，美丽，背面白色，内面暗褐色，直径7～10 cm，唇瓣背面白色带茄紫色，内面茄紫色带白色条纹。花期3～6月。

南昆山产于上坪，生林下灌丛中。分布于我国华南及西南地区。广布于亚洲热带和亚热带地区及大洋洲。

21. 石仙桃属 Pholidota Lindl. ex Hook.

附生。具匍匐根状茎。假鳞茎顶生1～2叶。花序生顶端，与幼叶同时生长；总状花序，常具二列的花和显著的苞片；唇瓣无距，一般不裂；花粉团4个，蜡质。

南昆山1种。

1. 石仙桃

Pholidota chinensis Lindl.

根状茎粗壮。假鳞茎狭卵状长圆形，顶生2枚叶；叶倒卵状椭圆形，长5～22 cm，具3条明显脉。总状花序具多花，花序轴左右曲折；苞片长圆形，多少对折，宿存；花白色带淡黄色，唇瓣略3裂。蒴果倒卵状椭圆形，长1.5～3 cm。花期4～5月；果期9月至翌年1月。

南昆山产于下坪石河奇观、大坑尾、思茅坪、上坪，生于林中树干或石上。分布于我国华南及西南地区。中南半岛也有。

22. 舌唇兰属 Platanthera L. C. Rich.

地生。地下具肉质根状茎。茎具1至数枚叶。叶互生，椭圆形。总状花序顶生，具多数花；花大小不一，常白色或黄绿色；唇瓣线形或舌形，肉质，多数具长距；花粉团2个，粒粉质，棒状。

南昆山2种。

1\. 花瓣较中萼片长，先端向外张开，不与中萼片靠合呈兜状……………………………………… 1. 尾瓣舌唇兰 P. mandarinorum

1\. 花瓣较中萼片短或等长，且与中萼片靠合呈兜状…………………………………………………… 2. 小舌唇兰 P. minor

1. 尾瓣舌唇兰

Platanthera mandarinorum H. G. Reichenbach

根状茎指状或膨大呈纺锤形，肉质，茎直立。叶有大小叶，大叶片椭圆形、长圆形，向上伸展，基部成抱茎的鞘。总状花序具7～20余朵较疏生的花，花苞片披针形，花黄绿色；中萼片宽卵形至心形，凹陷，先端钝或圆钝，基部具3脉；侧萼片反折，偏斜，长圆状披针形至宽披针形；花瓣淡黄色；唇瓣淡黄色，下垂，披针形至舌状披针形。花期4～6月。

南昆山产于下坪，生于湿地。分布于我国华中、华东地区及广东、广西、云南、贵州等省。朝鲜和日本也有。

2. 小舌唇兰

Platanthera minor (Miq.) Rchb. f.

地下具椭圆肉质块茎。茎下部具1～2大叶；大叶椭圆形，长6～15 cm；总状花序具多数花；长10～18 cm；花黄绿色；花瓣直立，斜卵形，与中萼片靠合呈兜状，侧萼片反折；距细筒状，稍向前弧曲，长12～18 mm。花期5～7月。

南昆山产于花竹、十字水、中坪，生于山坡林下或草丛中。分布于我国华南、华中及西南地区。朝鲜、日本也有。

23. 苞舌兰属Spathoglottis Bl.

地生。无根状茎，具卵球形假鳞茎，顶生1～5枚叶。叶狭长，具折扇状脉。花莛生于假鳞茎基部；总状花序疏生少数花；花瓣与萼片相似；唇瓣无距，3裂；蕊柱细长；花粉团8个，蜡质。

南昆山1种。

1. 苞舌兰

Spathoglottis pubescens Lindl.

假鳞茎扁球形，粗1～2.5 cm，被革质鳞片状鞘，顶生1～3枚叶。叶带状。花莛密布柔毛；总状花序疏生2～8朵花；花梗和子房密布柔毛；花黄色；萼片椭圆形；唇瓣3裂；侧裂片直立；中裂片倒卵状楔形；唇盘上具3条纵向的龙骨脊。花期7～10月。

南昆山产于天堂顶，生于林缘。分布于我国华南及西南地区。印度、中南半岛也有。

24. 绶草属Spiranthes L. C. Rich.

地生。根指状，肉质，簇生。叶基生，椭圆形。总状花序顶生，具多数密生的小花，似穗状，多少呈螺旋状扭转；花小，不完全展开；花粉团2个，粒粉质。

南昆山1种。

1. 绶草

Spiranthes sinensis (Pers.) Ames

根数条，指状，簇生于茎基部。茎基部生2～5枚叶。叶片宽线形，长3～10 cm。花茎直立，长10～25 cm；总状花序具多数密生的花，长4～10 cm，呈螺旋状扭转；花小，紫红色至白色；萼片下部靠合。花期7～8月。

南昆山产于佛坳，生于林下潮湿沟边。分布几遍全国。亚洲及澳大利亚也有。

25. 带唇兰属 Tainia Bl.

地生。假鳞茎肉质，卵球形至长圆柱形，顶生1枚叶。叶大，纸质，折扇状，具长柄。花莛侧生于假鳞茎基部；总状花序数朵花；萼片和花瓣相似；唇瓣上面具脊突或褶片；花粉团8个，蜡质。

南昆山2种。

1. 假鳞茎圆柱状，唇瓣3裂 …………………………… 1. 带唇兰T. dunnii
1. 假鳞茎卵球形，唇瓣不裂 …· 2. 香港带唇兰T. hongkongensis

1. 带唇兰
Tainia dunnii Rolfe

假鳞茎暗紫色，圆柱形，顶生1枚叶。叶狭长圆形；叶柄长2～6 cm，具3条脉。花莛直立，纤细，长30～60 cm；总状花序；花黄褐色或棕紫色；萼片狭长圆状披针形，具3条脉；唇瓣前部3裂；具3条褶片。花期通常3～4月。

南昆山产于佛坳，生于阔叶林下。分布于我国华南及西南地区。

2. 香港带唇兰(香港安兰)
Tainia hongkongensis Rolfe

假鳞茎卵球形，顶生1枚叶。叶长椭圆形；叶柄长13～16 cm。花莛出自假鳞茎的基部；总状花序疏生数朵花；花黄绿色带紫褐色斑点和条纹；唇瓣白色带黄绿色条纹，倒卵形，不裂；唇盘具3条狭的褶片。花期4～5月。

南昆山产于九重远眺，生于阔叶林下。分布于我国华南地区及福建。越南也有。

26. 线柱兰属 Zeuxine Lindl.

地生。根状茎匍匐，肉质，节上生根。叶互生，下部叶花期常下垂。总状花序顶生；花小，几乎不张开；唇瓣凹陷呈囊状，前部扩大，2裂；囊内两侧各具1枚胼胝体；花粉团2个，粒粉质。

南昆山1种。

1. 线柱兰
Zeuxine strateumatica (L.) Schltr.

植株高约20 cm。根状茎短，匍匐。具多枚叶；叶淡褐色，线形，有时均成苞片状。总状花序具几朵至多花，花序轴无毛或有毛；花苞片红褐色，长于花；花小，白色；唇瓣肉质，淡黄色。蒴果椭圆形，长约6 mm。花期春天至夏天。

南昆山产于石河奇观，生于林下或草丛中。分布于我国华南及西南地区。日本及东南亚也有。

327. 灯心草科Juncaceae

一年或多年生草本。茎多丛生，表面具纵沟棱，内有髓心。叶基生，线形。花序圆锥状、头状，顶生、腋生；具1～2枚苞片，花小型，两性，花被片6，雄蕊6；子房上位。蒴果常开裂；种子卵球形。

南昆山1属，3种，1亚种。

1. 灯心草属Juncus L.

草本，根状茎横走。茎直立，圆柱形，具纵沟。叶基生和茎生；扁平或圆柱形。复聚伞花序或头状花序，顶生或假侧生；花被淡绿色或褐色。蒴果三棱状卵形或长圆形，具小尖头。

南昆山3种，1亚种。

1. 聚伞花序假侧生，叶退化成刺芒状。
   2. 花被片线状披针形；蒴果长圆形 ········· 1. 灯心草J. effusus
   2. 花被片卵状披针形，蒴果卵形 ··· 4. 野灯心草J. setchuensis
1. 头状花序排成顶生复聚伞花序，叶圆柱状或线形。
   3. 叶线形······································ 2. 笄石菖J. prismatocarpus
   3. 叶圆柱状·· ·······3. 圆柱叶灯心草J. prismatocarpus subsp. teretifolius

1. 灯心草

Juncus effusus L.

多年生草本，根状茎粗壮横走。茎丛生，直立，圆柱形，叶退化为刺芒状。聚伞花序假侧生，含多花；花淡绿色，被片线状披针形。蒴果长圆形，黄褐色；种子卵状长圆形。花果期4～9月。

南昆山产于七星湖，生沟边、路旁。分布几遍全国。全世界温暖地区广布。髓心可用做烛芯，入药有利尿、镇静作用。

2. 笄石菖（江南灯心草）

Juncus prismatocarpus R. Br.

具根状茎。茎丛生，直立或平卧，圆柱形或稍扁，下部节上生不定根。叶基生和茎生，短于花序，线形，通常扁平。5～30个头状花序排成顶生复聚伞花序；花被片线状披针形。蒴果三棱状圆锥形，褐色。花果期3～8月。

南昆山产于下坪，生沟边。分布于我国华南、华东、华中、西南等地区。东南亚、日本及大洋洲也有。

3. 圆柱叶灯心草

Juncus prismatocarpus R. Br. subsp. **teretifolius** K. F. Wu

本亚种与原亚种的区别在于叶圆柱形，有时干后稍压扁，具明显的完全横隔膜，单管；植株常较高大。

南昆山产于七星湖，生于林下、沟边。分布于我国华南及西南地区。

4. 野灯心草

Juncus setchuensis Buchenau ex Diels

多年生草本。直立茎丛生，圆柱形，有深纵沟。叶全部为低出叶，呈鞘状或鳞片状，包围在茎的基部；叶片退化为刺芒状。聚伞花序假侧生；花多朵排列紧密或疏散；总苞片生于顶端，圆柱形，似茎的延伸，顶端尖锐；小苞片2枚，三角状卵形，膜质；花淡绿色；花被片卵状披针形，顶端锐尖，边缘宽膜质，内轮与外轮者等长。蒴果卵形，顶端钝，成熟时黄褐色至棕褐色。种子斜倒卵形。花期5～7月；果期6～9月。

南昆山产于沙坑尾，生于沼泽地中。分布于我国华东、西南地区及广东、广西。

331. 莎草科 Cyperaceae

多年生草本，稀一年生；多数具根状茎少有兼具块茎。大多数具有三棱状的秆。叶基生或秆生，一般具闭合的叶鞘和狭长的叶片。花序多样；小穗单生，簇生或排列成穗状或头状。果实为小坚果，三棱形或球形。

南昆山17属，69种，1变种，1亚种。

1. 花单性，雌花有先出叶，绝大多数先出叶在边缘合生成果囊，很少完全离生……1. 薹草属Carex
1. 花两性或单性，而无先出叶所形成的果囊。
  2. 花两性。
    3. 鳞片不为螺旋状而为两行排列；下位刚毛缺如。
      4. 小穗轴具关节；鳞片宿存于小穗轴上，常与小穗轴一齐脱落或很少从小穗轴上脱落。
        5. 柱头3；小坚果三棱形，面向小穗轴……13. 砖子苗属Mariscus
        5. 柱头2；小坚果双凸状，棱向小穗轴……10. 水蜈蚣属Kyllinga
      4. 小穗轴连续，基部亦无关节，小穗不脱落；鳞片从基部向顶端脱落。
        6. 柱头3；小坚果三棱形……2. 莎草属Cyperus
        6. 柱头2；小坚果双凸状、平凸状或凹凸状。
          7. 小坚果背腹压扁，面向小穗轴……9. 水莎草属Juncellus
          7. 小坚果两侧压扁，棱向小穗轴……14. 扁莎属Pycreus
    3. 鳞片螺旋状排列；下位刚毛存在或因减退趋向缺如。
      8. 小穗多半有许多两性花。
        9. 花柱基部不膨大，其与坚果连接处界限不分明。
          10. 下位刚毛内轮和外轮全为刚毛状，少有缺如……16. 藨草属Scirpus
          10. 内轮的下位刚毛为花瓣状，外轮仍为刚毛状……6. 芙兰草属Fuirena
        9. 花柱基部膨大，其他小坚果连接处一般界限分明。
          11. 下位刚毛3～8条，有时缺如；花柱基一般呈僧帽状，宿存于小坚果，叶缺，小穗单生……4. 荸荠属Eleocharis
          11. 下位刚毛缺如；花柱基部膨大；叶一般存在，小穗多数，稀1个；花柱基脱落……5. 飘拂草属Fimbristylis
      8. 小穗只有很少几朵小花；两性花在小穗顶部或中部。
        12. 柱头2；小坚果双凸状，顶端有明显的喙；无匍匐根状茎……15. 刺子莞Rhynchospora
        12. 柱头3；小坚果长圆状卵形、三棱形或圆筒状，多数无明显的喙；一般具匍匐根茎。
          13. 叶圆柱状；具下位鳞片……11. 鳞籽莎属Lepidosperma
          13. 叶扁平；无下位刚毛……7. 黑莎草属Gahnia
  2. 花单性，极少数两性。
    14. 穗状花序单生或2至多数组成各种各样花序，小坚果下无盘。
      15. 小穗具2片鳞片，仅有1朵两性花……12. 湖瓜草属Lipocarpha
      15. 小穗具2至多片鳞片，有3至多朵单性花……8. 割鸡芒属Hypolytrum
    14. 小穗少数至多数组成圆锥花序，少数为间断的穗状或小簇状；小坚果下具盘。
      16. 圆锥花序……17. 珍珠茅属Scleria
      16. 聚伞花序……3. 裂颖茅属Diplacrum

1. 薹草属 Carex L.

多年生草本，具地下根状茎。秆丛生或散生，中生或侧生，三棱形，基部常具无叶片的鞘。叶基生或兼具秆生叶，基部常具鞘。苞片叶状；花单性，单朵雄雌花分别构成1个支小穗。小坚果三棱状或平凸状。

南昆山20种，1变种。

1. 小穗单生……15. 松叶薹草C. rara
1. 小穗多个。
  2. 小穗两性，通常排列成复花序。
    3. 秆侧生；秆生叶呈佛焰苞状；苞片亦为佛焰苞状。
      4. 雌花部分2～7朵花。
        5. 叶两面光滑，花柱基部不增粗……17. 花莛薹草C. scaposa
        5. 叶背密被短粗毛，花柱基部增粗……18. 糙叶花莛薹草C. scaposa var. hirsuta
      4. 雌花部分3～10朵花。
        6. 果囊椭圆形，三棱形……1. 大叶薹草C. adrienii
        6. 果囊卵形……10. 刘氏薹草C. liouana
    3. 秆中生；秆生叶发达；苞片叶状。

7. 果囊长于鳞片1倍多……8. 长囊薹草C. harlandii
7. 果囊等长或稍长于鳞片。
8. 果囊淡白色，花柱基部增粗…4. 十字薹草C. cruciata
8. 果囊淡褐色，花柱基部不增粗……6. 蕨状薹草C. filicina
2. 小穗单性或两性兼有。
9. 顶生小穗雄性，侧生小穗雌性。
10. 柱头2个……13. 镜子薹草C. phacota
10. 柱头3个。
11. 果囊顶端具短喙。
12. 果囊直立。
13. 果囊宽卵形或倒卵形，平凸状……7. 穹隆薹草C. gibba
13. 果囊卵状纺锤形，三棱形……19. 三穗薹草C. tristachya
12. 果囊不直立。
14. 花柱基部膨大……9. 香港薹草C. ligata
14. 花柱基部不膨大……11. 斑点果薹草C. maculata
11. 果囊顶端具长喙。
15. 果囊短于鳞片。
16. 果囊被短硬毛……12. 条穗薹草C. nemostachys
16. 果囊平滑无毛……16. 垂果薹草C. recurvisaccus
15. 果囊长于鳞片，被短柔毛。
17. 雌花鳞片顶端具尖芒。
18. 秆存在……3. 中华薹草C. chinensis
18. 秆极短……14. 根花薹草C. radiciflora
17. 雌花鳞片顶端截形，宽楔形……20. 截鳞薹草C. truncatigluma
9. 小穗两性。
19. 果囊倒卵形……2. 浆果薹草C. baccans
19. 果囊三棱形。
20. 果囊顶端具短喙……5. 隐穗薹草C. cryptostachys
20. 果囊顶端具长喙……21. 三念草 C. tsiangii

1. 大叶薹草(广东薹草)

Carex adrienii E. G. Camus

秆丛生，三棱形，密被短粗毛；叶基生与秆生，叶片狭椭圆形，全缘，背面密被短粗毛，正面无毛；秆生叶退化呈佛焰苞状；圆锥花序复出，具2～6个支花序；支花序近伞房状，雄雌顺序，雄花部分长于雌花部分，具10余朵雄花；雌花部分具3～10朵稍密生的花；果囊椭圆形，三棱形；小坚果卵形，三棱形，熟时褐色。花果期5～6月。

南昆山产于上坪横坑，生于常绿阔叶林下、水旁或阴湿地。分布于我国广东、广西、福建、湖南、四川、云南。越南、老挝也有。

2. 浆果薹草(山稗子)

Carex baccans Nees

多年生草本。成株根状茎粗壮，丛生，木质。三棱柱形茎。秆中部以下具叶，基部叶鞘呈纤维状分裂，红褐色；叶线形。圆锥花序长5～6 cm；苞片长于花序，叶状，具苞鞘；小穗极多，圆柱形，两性，红褐色，边缘白色，膜质，具芒尖；果囊倒卵形，熟时血红色。小坚果椭圆形。

南昆山产于上坪至天堂顶的路上、大坑尾一带，生于河边。分布于我国华南、西南地区及台湾。日本、菲律宾、越南、马来西亚、印度也有。根状茎及种子供药用，可通经、止血、祛风湿。

3. 中华薹草

Carex chinensis Retz.

根状茎短，斜生，木质。秆丛生，钝三棱形，基部具老叶鞘。叶革质，长于秆。苞片短叶状，具长鞘；小穗4～5个，远离，顶生1个雄穗，侧生雌穗；果囊长于鳞片，被短柔毛，顶端具长喙。小坚果包于果囊中。花果期4～6月。

南昆山产于上坪横坑，生于山谷荫处、溪边岩石。分布于我国华南、华中、华东及西南地区。

4. 十字薹草

Carex cruciata Wahl.

根状茎木质，具匍匐枝。秆丛生，三棱形，平滑。叶基生或秆生，边缘具短刺毛。苞片叶状，基部具长鞘。圆锥花序复出，小穗极多数，两性。果囊淡白色。小坚果卵状椭圆形，三棱形，花柱基部增粗。花果期5～11月。

南昆山产于大坑尾，生于林边或沟边草地。分布于我国华南、华东及西南地区。

5. 隐穗薹草

Carex cryptostachys Brongn.

根状茎，木质。秆侧生，扁三棱形，花莛状。叶长于秆，两面平滑，边缘粗糙，革质。苞片刚毛状；小穗长圆形或圆柱形；果囊微三棱状，顶端具短喙。小坚果三棱状菱形，花柱基部宿存。冬天开花，次年春季结果。

南昆山产于天堂顶，生于密林下湿处、溪边。分布于我国华南及西南地区。

6. 蕨状薹草

Carex filicina Nees

根状茎粗壮，木质。秆密集丛生，高40～90 cm，无毛。叶长于秆，基部具紫红色纤维状宿存叶鞘。苞片叶状，具长鞘；圆锥花序复出，支圆锥花序4～8个，单生；小穗多数，两性，雌雄顺序，长圆形，雄花3～7朵；雌花2～16朵；果囊淡褐色。小坚果椭圆形，三棱形，成熟时黄褐色。花果期5～11月。

南昆山产于天堂顶，生林下。分布于我国长江以南地区。印度、尼泊尔、越南也有。

7. 穹隆薹草

Carex gibba Wahlenberg

木质根状茎短。三棱形秆直立，丛生，基部具褐色、纤维状分裂的老叶鞘。叶长于或等长于秆。苞片叶状，长于花序。小穗卵形或长圆形花密生；穗状花序上部小穗较接近，下部小穗远离，基部1枚小穗有分枝；雌花鳞片圆卵形或倒卵状圆形，两侧白色膜质，中间绿色，具3脉，向顶端延伸成芒。果囊长于鳞片，宽卵形或倒卵形，平凸状，淡绿色，平滑，无脉，边缘具翅。小坚果紧包于果囊中，圆卵形，平凸状。花果期4～8月。

南昆山产于天堂顶，生于山坡草地或林下。分布于我国华东地区及广东、广西、四川、贵州、西北及东北部分省区。日本和朝鲜也有。

8. 长囊薹草

Carex harlandii Boott

根状茎粗短，木质。秆侧生，高30～90 cm，三棱形。不育叶长于秆，基部对折，革质；苞片叶状，长于花序，具鞘；小穗3～4个，彼此远离，顶端1个雄性；侧生小穗大部分为雌花，顶端有少数雄花；雌花鳞片卵状，向顶端延伸成粗糙的芒。果囊长于鳞片1倍多，纸质；小坚果紧包于果囊中，菱状椭圆形，中部棱边缢缩，下部棱面凹陷，基部具柄，弯曲；花果期4～7月。

南昆山产于天堂顶，生于林下和灌木丛中、溪边湿地或岩石上。分布于我国广东、广西、江西、福建、浙江、湖北。

9. 香港薹草

Carex ligata Boott

根状茎短。秆侧生，钝三棱形，平滑，基部叶鞘暗褐色，撕裂成纤维状。叶长于秆；苞片短叶状，鞘紫色；小穗1～4个，远离，顶生小穗雄性，侧生小穗雌性；雄花鳞片长圆形，紫色，具白色膜质边缘；雌花鳞片倒卵状长圆形，黄绿色；果囊长于鳞片，菱状纺锤形，三棱形，膜质；小坚果紧包于果囊中，顶端具一白色短圆柱状的喙。花果期2～3月。

南昆山产于中坪尾至北坑，上坪横江岐，生于林下阴处。分布于我国广东、福建、安徽。

10. 刘氏薹草

Carex liouana F. T. Wang et T. Tang

根状茎木质。秆丛生，侧生，三棱形；叶基生和秆生；基生叶数枚丛生，叶片带形或带状倒披针形；秆生叶退化成佛焰苞状，黄褐色。圆锥花序复出，具3～5个支花序；支花序近伞房状，轮廓为三角状卵形，单生或双生，小穗10余个；雄花部分轮廓为圆形或长圆形；雌花部分具3～10余朵花；果囊卵形，纸质，淡褐色，顶端收缩为喙，喙口斜截形；小坚果卵形，成熟时褐色；花果期5～6月。

南昆山产于天堂顶，生于林下。分布于我国华南及华东地区。

11. 斑点果薹草

Carex maculata Boott

根状茎木质。秆丛生，三棱形，平滑，基部具少数淡黄褐色无叶片的鞘。叶通常短于秆，具鞘。苞片叶状，长于花序；小穗3～4个；果囊斜展，膜质，具3～5条脉，密生紫红色乳头状突起，基部渐狭成楔形，顶端骤缩成很短的喙，喙口近截形或微缺；小坚果宽倒卵形或宽椭圆形，淡黄褐色，基部急缩成短柄，顶端具弯的短尖。

南昆山产于上坪竹坑嶂，生于山谷沟边湿地、林下湿地、山脚路边草地。分布于我国华南、西南、华东地区及台湾。印度、印度尼西亚和斯里兰卡也有。

12. 条穗薹草

Carex nemostachys Steud.

根状茎粗短，有时有匍匐状根出苗。秆高40～90 cm，三棱形，基部具黄褐色纤维状叶鞘。叶短于秆，下部折合，上部平展。下部苞片叶状，上部的刚毛状，无鞘。小穗5～8个，聚生于秆顶端，顶生小穗雄性，线形，其余小穗为雌小穗，长圆柱状；雌雄花鳞片披针形，顶端具芒；果囊短于鳞片，被短硬毛，顶端具长喙。小坚果三棱形。花果期9～12月。

南昆山产于中坪、上坪三坑，生林下。分布于我国华南、西南及西北地区。印度、日本、柬埔寨也有。

13. 镜子薹草

Carex phacota Spreng.

根状茎短。秆丛生，锐三棱形，基部叶鞘网状，黄褐色。叶与秆近等长，平张，边缘反卷。苞片下部叶状，上部刚毛状，无鞘；小穗3～5个，顶生1雄性，侧生小穗雌性。小坚果近圆形或宽卵形。花果期3～5月。

南昆山产于中坪，生于沟边草丛中、水边或路边潮湿处。分布于我国华南、华东及西南地区。

14. 根花薹草

Carex radiciflora Dunn

根状茎木质，坚硬；秆极短。叶平张，上部边缘微粗糙，先端渐尖，基部具紫褐色分裂成纤维状的老叶鞘。苞片鞘状，其下有3枚小叶将整个小穗包裹成束。小穗3～6个，基生，彼此极靠近，顶生小穗雄性；其余雌性；花密生，具小穗柄。雄花鳞片卵形，顶端钝或圆形；雌花鳞片卵形，顶端钝，具短尖，淡绿褐色。果囊长于鳞片两倍多，卵状披针形，褐色，革质，微被毛。小坚果紧包于果囊中，深紫黑色。果期4～5月。

南昆山产于天堂顶，生于林下。分布于我国广东、广西、福建及云南。

15. 松叶薹草

Carex rara Boott

根状茎短缩。秆密丛；叶短于至稍长于秆，基部叶鞘撕裂成纤维状，灰褐色；小穗1个，顶生，雄雌顺序，雄花部分显著，线形，具5～17朵雄花；雌花部分长圆形至短圆柱形，具6～18朵密生的雌花；果囊成熟时水平展开，宽卵形至椭圆状卵形，上部渐狭成短喙，喙口近平截；小坚果较紧包于果囊中，椭圆形至卵形；花果期4～5月。

南昆山产于天堂顶，生于林下、林缘、山溪旁、阴湿草地。分布于我国华南、西南、华北及华东地区。东南亚及南亚也有。

16. 垂果薹草

Carex recurvisaccus T. Koyama

根状茎木质，具多数较粗的须根。秆疏丛生，锐三棱形，基部具多数叶。叶长于秆，正面两条侧脉明显，具常开裂叶鞘。苞片叶状，较小穗长得多；穗通常6个，顶端1～2个小穗为雄小穗；其余为雌小穗；雄花鳞片狭披针形；雌花鳞片披针形或狭卵形，顶端渐狭成芒。果囊卵状长圆形，膜质，成熟时近黑褐色。小坚果包于果囊内，倒卵形。花果期2～3月。

南昆山产于天堂顶，生于湿地。分布于我国广东及云南。南昆山为模式标本产地。

17. 花莛薹草

Carex scaposa C. B. Clarke

根状茎匍匐，粗壮，木质。秆侧生，三棱形。叶基生和秆生，基生叶丛生，狭椭圆形至椭圆状带状，秆生叶退化成佛焰苞状。苞片与秆生叶同型，但顶端具线形苞叶；圆锥花序复出，具3支或数枚花序。小坚果椭圆形，三棱形，成熟时褐色；柱头3个。花果期5～11月。

南昆山产于天堂顶，生于常绿阔叶林下、水旁、山坡荫处等。分布于我国华南、华东及西南地区。

18. 糙叶花莛薹草

Carex scaposa var. **hirsuta** P. C. Li

与花莛薹草的区别为叶背面密被短粗毛，花柱基部稍增粗。

南昆山产于中坪，生于疏林下或山谷阴湿处。分布于我国广东、湖南和四川。

19. 三穗薹草

Carex tristachya Thunb.

根状茎短。秆丛生，高20～45 cm，钝三棱形，基部叶鞘暗褐色，碎裂成纤维状。叶短于或近等长于秆，边缘粗糙；苞片叶状，长于小穗，具鞘；小穗4～6个，上部接近，排成帚状；侧生小穗雌性，圆柱形，花稍密生；果囊长于鳞片，直立，卵状纺锤形，膜质，绿色，上部渐狭成喙；小坚果紧包于果囊中，卵形，淡褐色，顶端缢缩成环状；花果期3～5月。

南昆山产于石河奇观、七星湖，生于山坡路边、林下潮湿处。分布于我国华南及华东地区。朝鲜、日本也有。

20. 截鳞薹草

Carex truncatigluma C. B. Clarke

根状茎外被暗褐色撕裂的纤维。秆侧生，三棱形，纤细。叶长于秆，两面均粗糙，草质。苞片短叶状，具鞘；小穗4～6个，顶生小穗雄性，狭圆柱形；侧生小穗雌性，长圆柱形。雄花鳞片长圆形，淡黄褐色；雌花鳞片宽倒卵形，深黄色。果囊长于鳞片，纺锤形被短柔毛，具多条脉。小坚果紧密地包于果囊中，纺锤形。花果期3～5月。

南昆山产于天堂顶，生于山腰，干旱坡地。分布于我国华南、华东及西南地区。越南和马来半岛也有。

21. 三念草

Carex tsiangii Wang et Tang

秆丛生，侧生，三棱形，基部具褐色的叶鞘。叶基生和秆生；基生叶长于秆，数枚一束；叶片禾叶状，平张；秆生叶退化呈佛焰苞状，褐色；苞片佛焰苞状，与秆生叶近同型；圆锥花序复出，具3～6个支花序；支花序近伞房状，轮廓为宽卵形；果囊椭圆形，纸质，褐色，无毛，上部收缩成长喙，喙与囊体近等长，喙口微具2齿；小坚果椭圆形或宽椭圆形；果期4月。

南昆山产于下坪蕉坑口，生于山坡灌丛中。分布于我国广东、香港。

2. 莎草属 Cyperus L.

一年生或多年生草本，秆直立，丛生或散生，粗壮或细弱，仅具基生叶。叶具鞘。长侧枝聚伞花序简单或复出，基部具叶状苞片数枚；小穗轴宿存，通常具翅。小坚果三棱形。

南昆山8种，1亚种。

1. 小穗排列在辐射枝所延长的花序轴上呈穗状花序。
  2. 鳞片基部边缘延长成小穗轴的翅；花柱通常长或中等长，少数为短的。
    3. 穗状花序轮廓为圆筒形，具极多数小穗……………………………………5. 迭穗莎草 C. imbricatus
    3. 穗状花序轮廓为宽卵形、陀螺形，很少为圆柱状，小穗数目较少。
      4. 具长匍匐根状茎和块茎；鳞片或多或少紧密地覆瓦状排列……………………8. 香附子 C. rotundus
      4. 具短根状茎或具根出苗，无长匍匐根状茎和块茎；鳞片疏松排列……………9. 四棱穗莎草 C. tenuiculmis
  2. 小穗轴上无翅，或仅具很狭的白色半透明的边，花柱短。
    5. 多年生草本，具长匍匐根状茎；鳞片凹，没龙骨状突起，顶端圆钝，边缘常内卷………7. 毛轴莎草 C. pilosus
    5. 一年生草本，无匍匐根状茎；具须根；鳞片背面具龙骨状突起，顶端具短尖，边缘不内卷。
      6. 穗状花序轴短缩；小穗排列紧密，近似头状；小坚果约为鳞片的1/2…………………2. 扁穗莎草 C. compressus
      6. 穗状花序轴延长；小穗稀疏排列；小坚果几与鳞片等长……………………6. 碎米莎草 C. iria
1. 小穗指状排列或成簇地着生于极短的花序轴上。
  7. 一年生草本，无匍匐根状茎；秆通常具叶……………………………3. 异型莎草 C. difformis
  7. 多年生草本，根状茎短缩；秆基部很少具叶，有时只有叶鞘无叶片。
    8. 苞片20枚，较花序长约2倍……………………1. 风车草 C. alternifolius subsp. flabelliformis
    8. 苞片2枚，常较花序短…………………4. 畦畔莎草 C. haspan

1. 风车草

Cyperus alternifolius L. subsp. **flabelliformis** (Rottb.) Kkenth.

多年生湿生草本。高40～150 cm，丛生。茎秆粗壮，三棱形，无分枝；叶退化成鞘状，包裹茎的基部。总苞片叶状，长而窄，约20枚，近于等长，成螺旋状排列在茎秆的顶部，向四面开展如伞状；聚伞花序，花小，淡紫色。小坚果椭圆形、扁三棱形，长2～2.5 mm。花期7月。

下坪有栽培，生池塘、沼泽中。我国各地广泛栽培。原产马达加斯加。

2. 扁穗莎草

Cyperus compressus L.

丛生草本，须根。秆稍纤细，锐三棱形，基生叶多。叶短于秆；叶鞘紫褐色。苞片叶状，长于花序；穗状花序近于头状；小穗排列紧密，斜展，近四棱形。小坚果倒卵形，表面有细点。花果期7～12月。

南昆山产于七星湖，生于田野、草坡地。分布于我国华南、华中及华东地区。日本、印度、越南也有。

3. 异型莎草

Cyperus difformis L.

一年生草本。秆丛生，扁三棱形。叶短于秆，叶鞘褐色。苞片2枚，叶状，长于花序；长侧枝聚散花序简单；小穗密聚，披针形或线形。小坚果倒卵状椭圆形，淡黄色。花果期7～10月。

南昆山产于七星湖，生于稻田中或水边潮湿处。分布几遍全国。非洲、中美洲也有。

4. 畦畔莎草

Cyperus haspan L.

多年生草本，根状茎短缩，有时为一年生草本多具须根。秆丛生或散生。叶短于秆，有时仅有叶鞘无叶片。叶状苞片2枚；小穗通常3～6枚呈指状排列。小坚果宽倒卵形，具疣状小突起。花果期几遍全年。

南昆山产于七星湖，生于水田或浅水塘等地。分布于我国华南及西南地区。日本、越南、非洲也有。

5. 迭穗莎草

Cyperus imbricatus Retz.

根状茎短，具许多须根。秆粗壮，钝三棱形，基部为叶鞘所包，具少数叶。叶短于秆。叶状苞片3～5枚，较花序长；小穗多列，斜展，小穗轴具白色透明的狭翅。小坚果倒卵状或椭圆形，平滑。花果期9～10月。

南昆山产于七星湖，生于浅水塘或阴湿的地方。分布于我国广东、台湾。东亚、南亚、非洲及美洲也有。

6. 碎米莎草

Cyperus iria L.

一年生草本，无根状茎，具须根。秆丛生，细弱或粗壮，扁三棱形，基部具少数叶。叶状苞片3～5枚，长侧枝聚散花序复出；小穗轴上近于无翅；鳞片排列疏松，膜质顶端微缺。小坚果倒卵形，与鳞片等长。花果期6～10月。

南昆山产于中坪至上坪一带，生于田间、山坡、路旁阴湿处。分布几遍全国。

7. 毛轴莎草

Cyperus pilosus Vahl

匍匐根状茎细长。秆散生，粗壮，锐三棱形。叶短于秆，平张，边缘粗糙。穗状花序卵形或长圆形；小穗轴上具很狭的白色透明的边；鳞片宽卵形。小坚果宽椭圆形或倒卵形，成熟时黑色。花果期8～11月。

南昆山产于下坪石河奇观至七星湖，生于水田边、河边潮湿处。分布于我国华南、华东及西南地区。日本、越南、南亚、喜马拉雅山脉及澳洲也有。

8. 香附子

Cyperus rotundus L.

匍匐根状茎长，具椭圆形块茎。秆稍细弱，锐三棱形，基部呈块茎状。叶较多，短于秆，鞘常裂成纤维状。苞片2～3枚；小穗轴具较宽的、透明的白色翅；鳞片膜质。小坚果长圆状倒卵形。花果期5～11月。

南昆山产于佛坳，生于山坡荒草地中。分布于我国华南、华东、西南、西北及华北地区。世界广布。块茎可作健胃药。

9. 四棱穗莎草

Cyperus tenuiculmis Boeblr. [*C. zollingeri* Steud.]

根状茎短，木质。秆疏丛生，细长，锐三棱形，基部稍膨大，呈块茎状。叶较少，短于秆；外缘外卷。苞片通常3枚，少2枚，叶状；穗状花序轮廓为倒卵形，小穗排列疏松。小坚果椭圆形。花果期5～11月。

南昆山产于九重远眺，生于山坡、空旷的草地上。分布于我国华南及西南地区。尼泊尔、日本、澳洲也有。

3. 裂颖茅属 Diplacrum R. Br.

一年生柔弱草本，须根较纤细。叶秆生，线形，具鞘。聚伞花序短缩成头状，从叶鞘中抽出，花单性，雌雄异穗。小坚果球形，表面具纵肋或网纹，有时顶部有毛，具下位盘。

南昆山1种。

1. 裂颖茅

Diplacrum caricinum R. Br.

无根状茎，须根紫色，秆丛生，高10～40 cm，三棱形。叶披针形，长1～2.5 cm，无毛，纸质，中脉和边缘具小锯齿；叶鞘三棱形，向上扩大。聚伞花序生于节上；小苞片披针形，顶端渐尖，绿色；雄小穗无柄，鳞片白色透明；雌小穗具柄，浅黄色，具紫红色斑点。小坚果球形，顶端具短凸尖，浅褐色。花期秋冬季。

南昆山产于佛坳，生于丘陵山地。分布于我国华南地区。东南亚和南亚也有。

4. 荸荠属 Eleocharis R. Br.

多年生或一年生草本。根状茎不发育或很短，通常具匍匐根状茎。秆丛生或单生，除基部外裸露。叶经减退后一般只留叶鞘无叶片。苞片缺如；小穗1个，顶生。小坚果倒卵形，三棱形或双突状。

南昆山3种。

1. 小穗长圆状卵形；秆细弱；叶鞘口平或微斜……………………3. 龙师草 E. tetraquetra
1. 小穗圆柱状，秆一般粗壮，有时有节；叶鞘口斜。
    2. 花柱基的基部有很明显的领状环……………1. 荸荠 E. dulcis
    2. 花柱基的基部无领状的环……2. 野荸荠 E. plantagineiformis

1. 荸荠

Eleocharis dulcis (Burm. f.) Trin. ex Henschel

匍匐根状茎细长，马蹄形块茎生于根状茎顶端。秆圆柱状，丛生，直立，灰绿色。叶缺如，仅在秆基存膜质叶鞘。小穗顶生，圆柱状。小坚果宽倒卵形，双凸状，顶端不溢缩。花果期5～10月。

南昆山产于七星湖，生于湿地。分布几遍全国。朝鲜、越南、日本及印度也有。

2. 野荸荠

Eleocharis plantagineiformis T. Tang et F. T. Wang

有长的匍匐根状茎。秆多数，丛生，直立，圆柱状，有横隔膜。叶缺如，叶鞘膜质。小穗圆柱状，微绿色，顶端钝。小坚果宽倒卵形，黄色，平滑。花果期夏秋季。

生于池塘边和水田中。分布于我国广东、福建。

3. 龙师草

Eleocharis tetraquetra Nees

匍匐根状茎有或无。秆多数，丛生，锐四棱柱状，直立。叶缺如，叶鞘膜质。小穗长圆状卵形；小穗基部的3片鳞片内无花；柱头3。小坚果倒卵形或宽倒卵形，微扁三棱形。花果期9～11月。

南昆山产于七星湖，生于水塘边或沟旁水边。分布于我国华南、华中及华东地区。日本也有。

5. 飘拂草属 Fimbristylis Vahl

一年生或多年生草本，根状茎有或无，很少有匍匐根状茎。秆丛生或不丛生，较细。叶通常基生，有时无叶。花序顶生，小穗单生或簇生。小坚果倒卵状、三棱形或双凸状。

南昆山11种。

1. 小穗圆柱状；全部鳞片螺旋状排列。
  2. 小穗1个罕2个，顶生；苞片鳞片状。
    3. 秆近圆柱形……………………………8. 垂穗飘拂草F. nutans
    3. 秆扁三棱形……………………9. 少穗飘拂草F. schoenoides
  2. 小穗2至多数；苞片非鳞片状。
    4. 柱头3，少有2个；花柱不扁，顶部无毛。
      5. 秆部下面的鞘具叶。
        6. 鳞片有5～7条脉，背面具龙骨状突起；叶鞘不扁，背面不为龙骨状突起…… 10. 西南飘拂草F. thomsonii
        6. 鳞片有1条脉，背面具锐龙骨状突起；叶鞘扁，背面具龙骨状突起…………2. 扁鞘飘拂草F. complanata
      5. 秆下部具1～3个无叶片的鞘，鞘管状或侧扁…………………………………………………6. 水虱草F. miliacea
    4. 柱头2；花柱扁，上部具缘毛。
      7. 小穗由于鳞片具龙骨状突起而具棱角。
        8. 花柱基部有疏的长柔毛覆盖于坚果顶部；小坚果近于平滑………………………………11. 畦畔飘拂草F. velata
        8. 花柱基部无毛覆盖于坚果顶部……………………………………………………1. 夏飘拂草F. aestivalis
      7. 小穗无棱角，一般大得多；叶线形，略短于秆或与秆等长；长侧枝聚散花序复出…………………………………………………3. 两歧飘拂草F. dichotoma
1. 小穗或多或少扁，下部鳞片2列。
  9. 鳞片无毛，也无微突起的细点；叶长5～15 cm…………………………………………………5. 暗褐飘拂草F. fusca
  9. 鳞片有毛或有微突起的细点。
    10. 小坚果较大，长1～1.2 mm；小穗常2至多个簇生…………………………………………7. 褐鳞飘拂草F. nigrobrunnea
    10. 小坚果较小，长0.7～0. 9 mm；小穗单生…………………………………………4. 知风飘拂草F. eragrostis

1. 夏飘拂草

Fimbristylis aestivalis (Retz.) Vahl.

无根状茎。秆密丛生，纤细，扁三棱形，平滑，基部具少数叶。叶丝状，短于秆，边缘稍内卷，两面被疏柔毛，叶鞘短。苞片3～5枚，丝状，被硬毛；鳞片稍密螺旋状排列。小坚果倒卵形。花果期5～8月。

南昆山产于七星湖，生于荒草地、沼地以及稻田中。分布于我国华南、华东及西南地区。日本、印度、尼泊尔及澳洲也有。

2. 扁鞘飘拂草

Fimbristylis complanata (Retz) Link

根状茎或长或短，直伸，有时近横生。秆丛生，扁三棱形或四棱形。叶厚纸质，上部边缘具细齿，叶鞘膜质，两侧扁。苞片2～4枚，较花序短得多；小穗单生。小坚果倒卵形，钝三棱形，有横长圆形网纹。花果期7～10月。

南昆山产于石河奇观，生于山谷潮湿处、草地、小溪旁。分布于我国华南、华东及西南地区。印度、马来西亚、东南亚、日本、朝鲜也有。

3. 两歧飘拂草

Fimbristylis dichotoma (L.) Vahl

秆丛生，无毛或被疏柔毛。叶线形，略短秆或与秆等长；鞘革质。苞片3～4枚；小穗单生于辐射枝顶端，卵形、椭圆形。小坚果宽倒卵形，双凸状，具7～9显著纵肋，具网纹。花果期7～10月。

南昆山产于七星湖，生于稻田或空旷草地上。分布几遍全国。印度、澳洲、非洲也有。

4. 知风飘拂草

Fimbristylis eragrostis (Nees) Hance

无根状茎。秆丛生，基部有少数根生叶。叶略似镰刀状，边缘粗糙；鞘革质。苞片2～4枚；花柱三棱形，基部膨大，柱头3。小坚果倒宽卵形，三棱形，白色或稍带棕色，有疣状突起。花果期6～9月。

南昆山产于天堂顶，生于山坡草丛中。分布于我国华南地区。

5. 暗褐飘拂草

Fimbristylis fusca (Nees) Benth.

秆丛生，具根生叶。叶线形，长15～35 cm，两面被毛。苞片2～4枚，基部甚宽；小穗披针形；有花鳞片厚革质，有时边缘膜质。小坚果倒卵形，三棱形，几无柄，淡棕色或白色，有疣状突起。花果期6～9月。

南昆山产于天堂顶，生于山顶、坡地、田中。分布于我国华南及华中地区。印度、泰国、越南也有。

6. 水虱草(日照飘拂草)

Fimbristylis miliacea (L.) Vahl

无根状茎。秆丛生，扁四棱形，具纵槽，基部包着1～3个无叶片的鞘；鞘侧扁。叶剑状，边上有稀疏细齿。苞片刚毛状2～4枚，具锈色、膜质的边；小穗单生辐射枝顶端。小坚果倒卵形、钝三棱形。花果期夏秋季。

南昆山产于下坪石河奇观，七星湖，生于潮湿草地上。分布于我国华南、华中、华东及西南地区。南亚、东南亚、东亚及澳洲也有。

7. 褐鳞飘拂草

Fimbristylis nigrobrunnea Thw.

根状茎短。秆丛生，稍粗糙，基部有根生叶。叶线形，边缘粗糙，顶端斜裂。苞片叶状或鳞状，2～4枚；长侧枝聚散花序简单；小穗常2～4个簇生；鳞片皮纸质，舟状。小坚果倒卵形，扁三棱形，白色。花果期4～7月。

南昆山产于七星湖，生于沼地或河流边沿。分布于我国华南地区及云南。印度也有。

8. 垂穗飘拂草

Fimbristylis nutans (Retz.) Vahl

根状茎极短或无。秆密丛生，近圆柱形，具纵沟，基部具叶鞘无叶片。无苞片，长侧枝花序减退成仅一个小穗；小穗顶生，稍俯垂；鳞片疏螺旋状排列；花柱长而扁平，柱头2。小坚果圆倒卵形，双凸状。花果期秋季。

南昆山产于七星湖，生于潮湿草地上。分布于我国广东、海南及台湾。越南、缅甸、印度及澳洲也有。

9. 少穗飘拂草

Fimbristylis schoenoides (Retz.) Vahl

根状茎极短，具须根。秆丛生，细长，平滑，具纵槽，基部具叶；叶短于稈，两边常内卷，上部边缘具小刺；长侧枝聚伞花序减退，仅具1～2(～3)小穗；小穗无柄或具柄，具多数花；小坚果圆倒卵形或近于圆形，双凸状，具短柄，黄白色，表面具六角形网纹；花期8～9月；果期10～11月。

南昆山产于下坪石河奇观，生长在溪旁、荒地、沟边、路旁、水田边等低洼潮湿处。分布于我国华南、华东、西南地区及台湾。东南亚及澳洲北部也有。

10. 西南飘拂草

Fimbristylis thomsonii Boecklr.

根状茎短。秆丛生，扁钝三棱形，具沟槽，基部生多数叶。鞘褐色，顶端截形。叶状苞片2～3枚，较花序短得多；小穗单生；鳞片凹，卵形。小坚果倒卵形、钝三棱形，黄白色或黄色。花果期5～6月。

南昆山产于佛坳，生于草坡上。分布于我国华南地区及台湾、云南。印度、缅甸、越南及老挝也有。

11. 畦畔飘拂草

Fimbristylis velata R. Br. [*F. squarrosa* Vahl]

一年生草本，无根状茎。秆密丛生，纤细，矮小，基部具少数叶。叶短于秆，极细，两面被毛；鞘密被长柔毛。苞片3～5枚，丝状；鳞片稍松，背面具3条脉。小坚果倒卵形，双凸状，表面几平滑。花果期9月。

南昆山产于下坪，生于潮湿草地。分布于我国华南、西南及华北地区。

6. 芙兰草属 Fuirena Rottb.

一年生或多年生草本；植物体通常被毛。秆丛生或近丛生。叶狭长；鞘具膜质叶舌。长侧枝聚散花序简单或复出，顶生和侧生兼有；小穗聚生成圆簇。小坚果三棱形，平滑或具纹理。

南昆山1种。

1. 芙兰草

Fuirena umbellata Rottb.

根状茎短，秆近丛生，近五棱形，具槽，基部膨大成长圆状卵形的球茎；秆生叶平张，有5条脉，叶面被短硬毛。苞片叶状；长侧枝聚散花序梗被白绒毛，伸出鞘外。小坚果倒卵形，三棱形。花果期6～11月。

南昆山产于七星湖，生于湿地、河边等处。分布于我国华南地区及台湾。印度、越南、印度尼西亚也有。

7. 黑莎草属 Gahnia J. R. &. G. Forst.

多年生草本，匍匐根状茎坚硬。秆高而粗壮，少有较细的，圆柱状，有节，具叶。叶席卷成圆柱状或线形。圆锥花序硕大而松散或紧缩呈穗状；鳞片最上部的2～3片为异形。小坚果卵球形、近纺锤形，骨质，成熟时常有光泽。

南昆山2种。

1. 圆锥花序宽而疏松，分枝外倾或下弯；小坚果成熟后红褐色 ……………………………………………… 1. 散穗黑莎草G. baniensis
1. 圆锥花序狭而紧，分枝直立而能紧贴花序轴；小坚果成熟后黑色……………………………………………2. 黑莎草G. tristis

1. 散穗黑莎草

Gahnia baniensis Benl

多年生草本。茎粗壮，圆柱状，有节。叶纸质，边缘内卷，叶鞘闭合。叶状苞片下部具长鞘，上部渐短；复圆锥花序宽阔而疏散。小苞片刚毛状。小坚果狭长圆形、三棱形。花果期4～10月。

南昆山产于上坪至天堂顶路上，生于潮湿的丘陵、山地向阳处。分布于我国广东、海南。日本、中南半岛、印度尼西亚、澳大利亚也有。

2. 黑莎草

Gahnia tristis Nees

丛生，须根粗，具根状茎。秆粗壮，圆柱状，空心，有节。叶基生和秆生，具鞘，红棕色，叶片狭长。苞片具长鞘；圆锥花序紧缩成穗状；小坚果倒卵状长圆形，未熟时白色，熟时黑色。花果期3～12月。

南昆山产于中坪、沙坑尾，生于干燥的荒山坡或山脚灌木丛中。分布于我国华南地区及福建、湖南。日本也有。

8. 割鸡芒属 Hypolytrum L. C. Rich.

多年生草本，具匍匐根状茎。植株分营养苗和繁殖苗或二者不分。基生叶两行排列，互相鞘紧抱，近革质，具三脉。苞片叶状；鳞片螺旋状覆瓦式排列；小鳞片舟状，对生，膜质。小坚果双凸状，骨质，平滑或具皱纹。

南昆山1种。

1. 割鸡芒

Hypolytrum nemorum (Vahl.) Spreng

根状茎粗短，木质，被红褐色鳞片。茎中生，三棱形。叶片线形，上部边缘和背部凸起的中脉均具细锯齿。叶状苞片3～5枚，生于花序轴各轮分枝；穗状花序单生或2、3个聚生。小坚果近球形，扁双凸状。花果期夏季。

南昆山产于上坪，生于林下、山谷两旁潮湿处。分布于我国广东、广西、云南。亚洲和非洲的热带地区广布。

9. 水莎草属 Juncellus (Griseb.) C. B. Clarke

一年生或多年生草本，根状茎有或无。秆丛生或散生，基部具叶。苞片叶状；长侧枝聚散花序简单或复出；小穗排列成穗状或头状；鳞片2列，后期渐向顶端脱落。小坚果背腹压扁向小穗轴，双凸状、平凸状或凹凸状。

南昆山1种。

1. 水莎草

Juncellus serotinus (Rottb.) C. B. Clarke

多年生草本，散生。叶基部折合；叶状苞片常3枚；复出长侧枝聚伞花序具4～7个第一次辐射枝；辐射枝向外展开，每一辐射枝上具1～3个穗状花序，每一穗状花序具5～17个小穗；花序轴被疏的短硬毛；小穗排列稍松，近于平展，具10～34朵花；小穗轴具白色透明的翅；小坚果椭圆形或倒卵形，平凸状，棕色，具突起的细点。花果期7～10月。

南昆山产于七星湖，生于浅水中、水边沙土上。分布几遍全国。朝鲜、日本、喜马拉雅山西北部以及欧洲中部、地中海地区也有。

10. 水蜈蚣属 Kyllinga Rottb.

通常为多年生草本，匍匐根状茎有或无。秆丛生或散生，纤细，基部具叶。苞片叶状，展开；穗状花序1～3个，头状，无总花梗；小穗密集，压扁；鳞片2列，宿存于小穗轴上。小坚果扁双凸状，棱向小穗轴。

南昆山3种。

1. 穗状花序通常1个，少2～3个。
   2. 鳞片背面的龙骨突起无翅……1. 短叶水蜈蚣K. brevifolia
   2. 鳞片背面的龙骨突起具翅……2. 单穗水蜈蚣K. monocephala
1. 穗状花序通常3个，少1个或4～5个……3. 三头水蜈蚣K. triceps

1. 短叶水蜈蚣

Kyllinga brevifolia Rottb.

根状茎长而匍匐，外被膜质、褐色的鳞片，具多数节间。秆成列的散生，扁三棱形，具4～5个圆筒状叶鞘。叶柔弱，上部边缘和背面中肋上具细刺。叶状苞片3枚；穗状花序单个，球形或卵球形。小坚果扁双凸状。花果期5～9月。

南昆山产于中坪，生于山坡荒地、路旁草丛中。分布于我国华南、华中及西南地区。非洲西部也有。

2. 单穗水蜈蚣

Kyllinga monocephala Rottb.

多年生草本，具匍匐根状茎。秆散生或疏丛生，扁锐三棱形，基部不膨大。叶通常短于秆，边缘具疏锯齿。苞片3～4枚，斜展；穗状花序1个，具极多数小穗；鳞片与小穗等长，具锈色斑点。小坚果长圆形。花果期5～8月。

南昆山产于石河奇观，生于山坡林下、沟边、田边近水处。分布于我国华南地区及云南。东南亚、印度、太平洋群岛、中美洲及南美洲也有。

3. 三头水蜈蚣

Kyllinga triceps Rottb.

根状茎短。秆丛生，细弱，扁三棱形，基部呈鳞茎状膨大。叶短于秆，边缘具疏刺。叶状苞片2～3枚，极展开，后期常向下反折；穗状花序3个，排列紧密，居中者大，侧生者稍小；小穗排列极紧密；鳞片膜质，顶端具直的短尖。小坚果长圆形，扁平凹状。花果期夏秋季。

南昆山产于七星湖，生于田边潮湿地。分布于我国广东及云南。非洲、喜马拉雅山区、印度、缅甸和大洋洲也有。

11. 鳞籽莎属 Lepidosperma Labill.

多年生草本，丛生，匍匐根状茎粗壮，刚硬，无毛。秆圆柱状，直立，粗壮。叶基生，有叶鞘，叶片圆柱状。圆锥花序具多数小穗，小穗密聚。小坚果三棱形，平滑，基部通常为硬化的鳞片所包。

南昆山1种。

1. 鳞籽莎

Lepidosperma chinense Nees

多年生草本，具匍匐根状茎和须根。秆丛生，圆柱状，基部被枯萎的叶鞘。叶鞘紫黑色，叶舌不明显。叶圆柱状，基生。苞片具鞘；圆锥花序紧缩成穗状。小坚果椭圆形，褐黄色。花果期7～12月，有时5月抽穗。

南昆山产于上坪、天堂顶，生于山边、山谷疏荫下。分布于我国广东、湖南、福建。马来西亚也有。

12. 湖瓜草属 Lipocarpha R. Br.

一年生或多年生草本，叶基生，叶片平张。苞片叶状，穗状花序2～5个簇生呈头状，少有1单生；小穗具2片小鳞片和1朵两性花。小坚果三棱形，双凸状或平凹状，顶端无喙。

南昆山1种。

1. 华湖瓜草

Lipocarpha chinensis (Osbeck) J. Kern

丛生矮小草本，无根状茎。秆纤细，扁，具槽，微被毛。叶基生，最下面的鞘无叶片，正面的鞘具叶片；叶片纸质，狭线形。苞片无鞘；穗状花序簇生，小穗具2片小鳞片和1朵两性花。小坚果小，微弯。花果期6～10月。

南昆山产于七星湖，生于湿地内，分布几遍全国。东亚、东南亚、印度及澳大利亚也有。

13. 砖子苗属Mariscus Vahl

根状茎有或无。秆通常丛生。叶通常基生，少数秆生。苞片多枚，长侧枝聚散花序简单或复出；小穗一般较小，多数，轴基部上面具关节；鳞片2列，通常宿存于小穗轴上。小坚果三棱形。

南昆山1种。

1. 砖子苗

Mariscus umbellatus Vahl

根状茎短。秆疏丛生，锐三棱形，平滑，基部膨大，具稍多叶。叶下部常折合，边缘不粗糙；叶鞘褐色。苞片5～8片，通常长于花序，斜展；小穗平展或稍俯垂；小穗轴具宽翅。小坚果狭长圆形。花果期4～10月。

南昆山产于中坪，生于山坡阳处、路旁草地。分布于我国华南地区及福建、台湾、四川、云南。非洲、尼泊尔、马来西亚、日本也有。

14. 扁莎属Pycreus P. Beauv.

一年生或多年生草本，根状茎有或无。秆多丛生，基部具叶。苞片叶状，长侧枝聚伞花序单生或复出，辐射枝长短不等；小穗轴延续，基部亦无关节，宿存；最下面1～2个鳞片内无花。小坚果两侧压扁，双凸状。

南昆山4种。

1. 鳞片两侧具宽槽；小坚果肿胀的双凸状；简单长侧枝聚散花序具3～5个辐射枝，小穗辐射展开，卵形……………………4. 红鳞扁莎P. sanguinolentus
1. 鳞片两侧不具宽槽；小坚果倒卵形或长圆形。
   2. 鳞片顶端截形或微缺，具外弯的短尖……………………3. 矮扁莎P. pumilus
   2. 鳞片顶端钝或急尖，既无缺刻亦无外弯的短尖。
      3. 鳞片疏松排列；小穗密聚呈球形……………………1. 球穗扁莎P. globosus
      3. 鳞片密覆瓦状排列；小穗线形……………………2. 多枝扁莎P. polystachyus

1. 球穗扁莎

Pycreus globosus (All.) Reichb.

根状茎短，具须根。秆丛生，细弱，钝三棱形，一面具沟。叶少，短于秆；叶鞘长。苞片2～4枚，细长；小穗密聚于辐射枝上端呈球形，小穗轴近四棱形；鳞片稍疏松排列。小坚果倒卵形，顶端有短尖。花果期6～11月。

南昆山产于中坪，生于田边、沟旁潮湿处。分布几遍全国。非洲南部、中亚细亚、印度也有。

2. 多枝扁莎

Pycreus polystachyus (Rottb.) P. Beauv.

根状茎短，具许多须根。秆密丛生，扁三棱形，坚挺。叶短于秆，平张，稍硬。苞片4～6枚，长于花序；小穗排列紧密，近于直立，线形；鳞片密覆瓦状排列，背面具3条脉。小坚果近长圆形。花果期5～10月。

南昆山产于七星湖，生于稻田旁、山谷阴湿的沙土上。分布于我国华南、福建、台湾。日本、朝鲜和东南亚、中东、欧洲也有。

3. 矮扁莎

Pycreus pumilus (L.) Domin

一年生草本，具须根。秆丛生，扁三棱形。叶少，折合或平张。苞片3～5枚长于花序；小穗长圆形；小穗轴无翅；鳞片顶端截形，背面具明显龙骨状突起。小坚果倒卵形或长圆形，密被微突起细点。花果期8～11月。

南昆山产于七星湖，生于田野稍阴湿处。分布于我国广东、福建、江西等省。

4. 红鳞扁莎

Pycreus sanguinolentus (Vahl) Nees

根为须根。秆密丛生，扁三棱形。叶鞘多，常短于秆，边缘具白色透明的细刺。苞片3～4枚，近于平展；简单长侧枝聚散花序具3～5个辐射枝；小穗辐射展开；小穗轴直，四棱形，无翅。小坚果双凸状。花果期7～12月。

南昆山产于七星湖，生于山谷、田边、河边或浅水处。分布几遍全国。地中海、中亚、非洲、东南亚及日本也有。

15. 刺子莞属 Rhynchospora Vahl

多年生草本，丛生。秆三棱状或圆柱形。叶基生或秆生，扁平，有合生的鞘。苞片叶状，具鞘；圆锥花序或头状花序；鳞片紧包。小坚果扁，具各种花纹或刺状突起，顶部具宿存而膨大的花柱基部。

南昆山2种。

1. 圆锥状花序……………………………………1. 中华刺子莞 R. chinensis
1. 头状花序……………………………………………2. 刺子莞 R. rubra

1. 中华刺子莞

Rhynchospora chinensis Nees et Mey

多年生草本。秆直立，丛生，纤细，高25～60 cm，三棱柱形。叶基生和秆生，狭条形。苞片叶状，狭条形，下部具鞘，上部无鞘；长侧枝聚伞花序排成圆锥状；小穗2～9簇生，褐色；鳞片7～8，顶端短尖或急尖。小坚果椭圆状倒卵形，双凸状，表面具皱纹。

南昆山产于佛坳，生于丘陵湿地。分布于我国华南及华东地区。非洲、印度、日本也有。

2. 刺子莞

Rhynchospora rubra (Lour.) Makino.

根状茎极短。秆丛生，直立，圆柱状，基部不具无叶片的鞘。叶基生，叶片狭长，三棱形，较粗糙。苞片4～10枚；头状花序顶生；小穗钻状披针形；鳞片背面隆起中脉。小坚果倒卵形，双凸状。花果期5～11月。

南昆山产于佛坳，生于边坡湿地。分布于我国长江以南等地区。亚洲、非洲及大洋洲广布。

16. 藨草属 Scirpus L.

草本，丛生或散生，根状茎有或无，有时具匍匐根状茎或块茎。秆三棱形，稀圆柱状，有节或无节。叶扁平。苞片为秆的延长，呈鳞片状或叶状；聚伞花序顶生或组成圆锥花序，很少只有一个顶生的小穗。小坚果三棱状或双凸状。

南昆山4种。

1. 蝎尾状聚伞花序小…………3. 类头状花序藨草 S. subcapitatus
1. 长侧枝聚伞花序或聚成头状。
    2. 小穗下部的鳞片几乎无花；下位刚毛有密刺……………………………………………………………………1. 萤蔺 S. juncoides
    2. 小穗上所有鳞片全有花；下位刚毛只有很稀疏的刺。
        3. 小坚果长0.6～0.8 mm………………2. 百球藨草 S. rosthornii
        3. 小坚果长0.75～1 mm……………4. 百穗藨草 S. ternatanus

1. 萤蔺

Scirpus juncoides Roxb.

丛生，根状茎短，具许多须根。秆稍坚挺，圆柱状；鞘的开口处为斜截形，无叶片。苞片1枚，为秆的延长，假侧生；鳞片顶端骤缩成短尖，具1条中肋。小坚果倒卵形，平凹状。花果期8～11月。

南昆山产于上坪，生于水田边、池塘边、溪边、沼泽中。除西藏、甘肃、内蒙古外，全国各地区均有分布。

2. 百球藨草

Scirpus rosthornii Diels

根状茎短。秆粗壮，坚硬，三棱形，有节，节间长，具秆生叶。叶较坚挺，秆上部的叶高出花序；叶鞘具突起的横脉。苞片3～5枚；小穗无柄，卵形或椭圆形；鳞片宽卵形。小坚果椭圆形或近圆形。花果期5～9月。

南昆山产于天堂顶，生于林中、林缘。分布于我国华南、华东及西南地区。

3. 类头状花序藨草

Scirpus subcapitatus Thw.

根状茎短，密丛生。秆细长，高20～90 cm，近于圆柱形，平滑；苞片鳞片状，长3～7 mm，顶端具较长的短尖；蝎尾状聚伞花序小，具2～4(～6)小穗；小穗卵形或披针形，具几朵至十几朵花；小坚果长圆形或长圆状倒卵形，稜明显隆起，长约2 mm，黄褐色。花果期3～6月。

南昆山产于石河奇观，生长林边湿地、山溪旁、山坡路旁湿地上或灌木丛中。分布于我国华南、华东及西南地区。日本及其琉球群岛、菲律宾、马来半岛、加里曼丹岛也有。

4. 百穗藨草

Scirpus ternatanus Reinw. ex Miq.

秆粗壮，三棱形，有节，具秆生叶。叶坚硬，革质，扁平，边缘稍粗糙。叶状苞片5～6枚，长侧枝聚伞花序复出或多次复出；小穗无柄，4～6个聚合为头状着生于辐射枝顶端。小坚果椭圆形。花果期7～8月。

南昆山产于上坪横江岐，生于水塘边、沼泽地或湖边。分布于我国华南、华东及西南地区。东亚至东南亚也有。

17. 珍珠茅属Scleria Bergius

一年生或多年生草本，根状茎有或无。秆直立，三棱形，具秆生叶和基生叶。叶线形，常具3条较粗糙的脉，具鞘。圆锥花序顶生，复出；小苞片通常刚毛状。小坚果球形，钝三棱形，骨质，通常具3裂或全缘的下位盘。

南昆山5种。

1. 无根状茎或根状茎不发达，植株一般矮小……………………1. 二花珍珠茅S. biflora
1. 具根状茎，植株高大，粗状。
   2. 鳞片具锈色条纹，叶鞘无翅……………………4. 紫花珍珠茅S. purpurascens
   2. 鳞片褐色或红褐色，叶鞘具明显的翅。
      3. 叶舌为舌状，长4～12 cm，无毛……………………2. 缘毛珍珠茅S. ciliaris
      3. 叶舌不为舌状，呈半圆形或近圆形，小于4 cm，具髯毛。
         4. 小坚果的下位盘具3深裂，裂片披针形三角形，顶端急尖……………………3. 珍珠茅 S. levis
         4. 小坚果的下位盘具3浅裂，裂片扁平半圆形，顶端圆钝……………………5. 高秆珍珠茅S. terrestris

1. 二花珍珠茅

Scleria biflora Roxb.

根状茎粗而短或不发达，具须根。秆丛生，纤细。叶秆生，线形，向顶端渐狭，纸质，边缘粗糙；叶鞘在秆基部的无毛，几无翅。苞片具鞘，鞘口密被褐色微柔毛。小坚果近球形，顶端具白色短尖。花果期7～10月。

南昆山产于佛坳，生于山坡路旁、荒地、稻田。分布于我国华南、华东及西南地区。印度、越南及马来西亚也有。

2. 缘毛珍珠茅

Scleria ciliaris Nees [*S. chinensis* Kunth.]

根状茎木质，被紫色或褐紫色的鳞片叶。茎近丛生，粗壮，锐三棱柱形。叶线形，位于茎上部密集。苞片较圆锥花序长，小穗通常2～4个聚生。小坚果近球形或卵形，边缘具不规则网纹。花果期夏季。

南昆山产于上坪至天堂顶途中，生于山谷、山坡、疏林下。分布于我国广东、海南。马来西亚、越南、澳洲热带地区也有。

3. 珍珠茅

Scleria levis Retz. [*S. herbecarpa* Nees]

根状茎短粗，木质，念珠状，被红色的鳞片叶。秆丛生或散生。叶线形；叶鞘纸质，无毛。苞片叶状，具鞘；圆锥花序单生；鳞片下部具3、4片被龙骨状凸起。小坚果球形或卵形；基盘三角形。花果期夏秋季。

南昆山产于佛坳，生于山坡草地、疏林等地。分布于我国华南、华东及西南地区。

4. 紫花珍珠茅(圆稈珍珠茅)

Scleria purpurascens Steud

植株粗壮。秆近圆柱状，高可达1 m以上。叶线形，薄革质；叶鞘紧抱稈；叶舌半圆形。圆锥花序由顶生，支圆锥花序呈金字塔状，花序轴常被微柔毛；小苞片刚毛状，基部有耳；鳞片膜质，具锈色条纹；小坚果近球形，钝三棱形，顶端具短尖，白色。花果期3～9月。

南昆山产于上坪横江岐，下坪蕉坑口，生山坡、山沟或山旁林中。分布于我国广东、海南。

5. 高秆珍珠茅

Scleria terrestris (L.) Fass. [*S. elata* Thw.]

匍匐根状茎木质，被深紫色鳞片。秆散生，无毛。叶线形；叶鞘纸质，无翅。圆锥花序由顶生和1～3个侧生枝圆锥花序组成；小穗单生，单性；鳞片有时具锈色短柔毛。小坚果球形或近卵形。花果期5～10月。

南昆山产于上坪三坑、中坪，生于田边、路旁。分布于我国华南及西南地区。印度、泰国等地也有。

332. 禾本科 Gramineae

草本，少数为灌木或乔木状。茎圆柱形，有时稍扁平；节明显，节间通常中空。单叶，二列排列，具叶鞘，叶片与叶鞘间通常具叶舌。花序由多数小穗聚合而成，小穗再聚集为穗状或总状花序，或由穗状或总状花序再聚集成指状、总状或圆锥排列的复合花序；每一小穗在其基部通常具2颖片(外颖和内颖)，包着一至多数小花；每一小花由2苞片(内稃和外稃)所包；花被退化为鳞被；雄蕊通常3，稀1、2或6；子房上位，花柱2或3，柱头羽状。颖果，通常为宿存的内稃及外稃所包。

本科通常分为竹亚科Bambusoideae和禾亚科Agrostidoideae。

332A. 竹亚科 Bambusoideae

植物体木质化，乔木或灌木状。地下茎发达，木质化。叶二型，茎生叶单生于节上(称为箨)，具箨鞘和无明显中脉的箨片，无柄，营养叶二行排列，互生于枝的中末级节上，叶片中脉显著，叶柄基部具关节。花常无柄，组成小穗，再由它们组合成各种复合花序。花期不固定，相隔较长。

南昆山6属，11种。

1. 地下茎为合轴型。
  2. 箨片通常直立，但亦有外展乃至向外翻折……………………………………1. 簕竹属Bambusa
  2. 箨片先端边缘常内卷，腹面被刺毛……………………………………6. 思劳竹属Schizostachyum
1. 地下茎非合轴型。
  3. 地下茎为单轴型。
    4. 杆节间在有分枝的一侧具沟槽……3. 大节竹属Indosasa
    4. 杆节间在分枝的一侧扁平或具浅纵沟……………4. 刚竹属Phyllostachys
  3. 地下茎为复轴型。
    5. 竿上每节仅生1枝……………………2. 箬竹属Indocalamus
    5. 竿上每节生1～3枝，上部节生枝更多……………………………………5. 矢竹属Pseudosasa

1. 簕竹属 Bambusa Retz. corr. Schreber

灌木或乔木状竹类，地下茎合轴型。竿丛生。节间圆筒形。竿箨早落或迟落，稀有近宿存。叶片顶端渐尖，基部多为楔形。小穗含2至多朵小花，顶端1或2朵小花常不孕。颖1～3片，或有时缺。外稃宽而具多脉；内稃具2脊；鳞被2或3，常于边缘被纤毛。颖果通常圆柱状，顶部被毛，对向内稃的一面具腹沟槽(种脐)；果皮稍厚，在顶端与种子分离。笋期夏秋两季。

南昆山1种。

1. 粉单竹

Bambusa chungii McClure

秆高(3)5～10(18) m，直径3～5(7)cm；节间幼时被白色蜡粉，无毛；箨片淡黄绿色，强烈外翻，脱落性，卵状披针形；叶片质地较厚，披针形乃至线状披针形；花枝极细长，无叶，通常每节仅生1或2枚假小穗，含4或5朵小花；成熟颖果呈卵形，长8～9 mm，深棕色，腹面有沟槽。

南昆山产于七星湖，生于河沟边。分布于我国华南地区。竹材韧性强，节间长，节平，适合劈篾编织精巧竹器，绞制竹绳等，是两广主要篾用竹种，亦是造纸业的上等原料。竹丛疏密适中，挺秀优姿，宜作为庭园绿化之用。

2. 箬竹属 Indocalamus Nakai

灌木状。地下茎复轴型。秆箨宿存。叶片大型，具多条次脉和小横脉。花序总状或圆锥状，小穗含数朵小花；颖2(3)，鳞被3，雄蕊3，花柱2。颖果。笋期春夏季，稀秋季。

南昆山2种。

1. 箨片长三角形至卵状披针形；叶边缘全缘；叶耳镰形…………………………………………………………1. 箬叶竹I. longiauritus
1. 箨片窄披针形；叶片边缘具细锯齿；无叶耳……………………………………………………………2. 箬竹I. tessellatus

1. 箬叶竹(长耳箬)

Indocalamus longiauritus Hand. -Mazz.

秆高1～3 m，节较平，节下被淡褐色毯毛状毛环。箨片直立，长三角形至卵状披针形。叶片大，长10～35 cm，宽2～5 cm，背面具微毛。圆锥花序细长，小穗含4～6朵小花。颖果长椭圆形。笋期4～5月；花期5～7月。

南昆山产于上坪横坑，生于路边、疏林下或林缘。分布于我国华南、华中、华东及西南地区。秆可作竹筷或毛笔杆，竹叶作粽叶等。

2. 箬竹(篃竹)

Indocalamus tessellatus (Munro) P. C. Keng

秆高约2 m，秆节间长约25 cm，节较平坦。箨鞘长于节间，无毛；箨片窄披针形。叶鞘紧密抱秆，叶片宽披针形或长圆状披针形，边缘具细锯齿。圆锥花序，小穗绿色带紫，含5～6朵小花。笋期4～5月；花期6～7月。

南昆山产于天堂顶，生于路边、疏林下或林缘。分布于我国华南及华东地区。叶可作包装材料。

3. 大节竹属 Indosasa McClure

竹类。地下茎单轴型。秆直立；节间在有分枝之一侧具沟槽。箨鞘脱落性，革质或薄革质；箨片大，呈三角形或三角状披针形。叶片通常较大，小横脉明显，呈方格状。小穗含多朵小花，下部1～4朵有时不孕。外稃形大而宽，具多脉；内稃较窄，与其外稃等长或稍短，背部具2脊；鳞被3。颖果卵状椭圆形，顶端具宿存的花柱基部而成一喙。笋期春季至夏初。

南昆山2种。

1. 叶片带状披针形；每枝具3或4枚单生的假小穗…………………………………………………………1. 浦竹仔I. hispida
1. 叶片椭圆状披针形；假小穗单生或2枚着生于具花小枝之各节……………………………………2. 摆竹I. shibataeoides

1. 浦竹仔

Indosasa hispida McClure

秆高2～3 m，幼时表面被有小刺毛；节下方有白粉。叶片呈带状披针形或披针形，长9～23 cm，宽1.5～2.8 cm。花枝生于具叶小枝的下部各节或无叶小枝上方，每枝具3或4枚单生的假小穗；小穗含小花4～7朵；小穗轴节间长5～6 mm，略扁，密被毛；颖2片，表面密被淡黄色柔毛；花期3～4月。

南昆山产于七星湖，生于路旁干燥地。分布于我国广东中部。

2. 摆竹

Indosasa shibataeoides McClure

秆高达15 m，直径10 cm；节下方显具白粉；笋多为淡橘红色或淡紫红色。箨片三角形或三角状披针形，基部常向内收窄，绿色，具明显紫色脉纹。叶片椭圆状披针形，长8～22 cm，宽1.5～3.5 cm，两面无毛，下表面呈粉绿色。小穗含小花6～8朵。笋期4月，花期6～7月。

南昆山产于中坪十字水，多生于常绿阔叶林内，组成第二层林木，耐阴性强，阳光下栽培则常生长不良。分布于我国广东、广西及湖南。

4. 刚竹属 Phyllostachys Sieb. et Zucc.

乔木或灌木状。地下茎为单轴散生，偶复轴混生。秆箨早落。末级小枝具2～7叶，常2或3叶；叶片披针形至带状披针形。花枝具纸质佛焰苞。颖0～1(～3)，鳞被3，雄蕊3，柱头3。颖果长椭圆形。笋期3～6月。

南昆山2种。

1. 竹秆较高大，高达20 m；秆中及下部的箨鞘背部具有大小不

等的斑点；箨片初时直立，以后外翻…………1. 毛竹 P. edulis

1. 竹竿较细小，高达10 m；竿中及下部的箨鞘背部无斑点；箨片直立，平整……………………………………………2. 筱竹 P. nidularia

1. 毛竹

Phyllostachys edulis (Carrière) J. Houzeau

竿高达20 m；幼竿密被细柔毛及厚白粉；节间自基部向上逐节延长。箨鞘背面黄褐色或紫褐色，具黑褐色斑点及密生棕色刺毛；箨片短，长三角形至披针形，初时直立，以后外翻。叶片薄小，披针形。花枝穗状，佛焰苞10片以上；小穗仅1朵小花。颖果长椭圆形。笋期4月；花期5～8月。

南昆山常见栽培。分布于我国秦岭以南各省。材用；笋可食用。

2. 筱竹(花竹)

Phyllostachys nidularia Munro

竿高达10 m；幼竿被白粉；节间长达30 cm。箨鞘薄革质，背面绿色，无斑点，上部有白粉及乳白色纵条纹，中、下部则常为紫色条纹，基部密被淡褐色刺毛；箨片宽三角形至三角形，直立。叶片带状披针形。花枝呈紧密头状，佛焰苞1～6片，小穗含2～5朵小花。笋期4～5月；花期4～8月。

南昆山产于七星湖，生于疏林中或灌丛中。分布于我国华南、华中及西北地区。

5. 矢竹属 Pseudosasa Makino ex Nakai

地下茎复轴型。竿箨宿存或迟落。叶片长披针形，小横脉显著。花序呈总状或圆锥状，小穗具线形柄，含2～10朵花；颖片2，鳞被3，雄蕊3～5枚，花柱1。颖果具长腹沟。

南昆山3种。

1. 叶有叶耳，也有繸毛；叶片有次脉5～9对。
    2. 叶耳宽镰刀形或半月形，边缘被长　毛；小穗含4～9朵小花………………………………………………1. 托竹 P. cantorii
    2. 叶耳繸毛稍发达或无；小穗含小花2或3朵……………………………………………………3. 少花茶竿竹 P. pallidiflora
1. 叶无叶耳，鞘口有挺直的长　毛；叶片有次脉3～5对…………………………………………………………2. 篲竹 P. hindsii

1. 托竹

Pseudosasa cantorii (Munro) P. C. Keng ex S. L. Chen et al.

灌木型竹。竿高2～4 m，粗5～10 mm，节间圆筒形，光滑无毛。竿箨宿存，箨鞘背面疏生短刺毛；箨耳镰刀形；箨片直立，紫色，披针形。具叶小枝长10～20 cm，具5～10枚叶；叶鞘背面被长硬毛；叶耳宽镰刀形或半月形，边缘被长　毛；叶片狭披针形至长圆状披针形，长10～20 cm。圆锥状或总状花序，着生侧生叶枝的顶端；小穗含4～9朵小花。笋期3月；花期春末夏初。

南昆山产于天堂顶，多生于丘陵和山坡常受干扰的林下。分布于我国华南、华东地区及香港。观赏及材用。

2. 篲竹(笛竹、四季竹)

Pseudosasa hindsii (Munro) S. L. Chen et G. Y. Sheng ex T. G. Liang

竿高3～5 m，深绿色；节间长20～30 cm，上部节间被微柔毛。箨片革质，宽卵状披针形。叶耳无；叶片线状披针形或狭长椭圆形，一侧边缘具刺锯齿。小穗含4～16朵小花；子房三棱形。笋期5～6月；花期7～8月。

南昆山产于天堂顶，分布于我国华南地区及福建、台湾。观赏及材用。

3. 少花茶竿竹

Pseudosasa pallidiflora (McClure) S. L. Chen

竿直立，高达1 m；节间无毛，节下方具细绵毛或短绒毛；箨片小，早落；叶片披针形或椭圆状披针形，长达15 cm，下表面常具微小刺毛，上表面无毛；圆锥花序生于具叶分枝的侧枝上，花序细长，分枝开展，其可有小穗10枚，小穗柄和花序轴密被微毛；小穗含小花2或3朵，排列疏松；成熟果实未见。笋期4月；花期4月。

南昆山产于佛坳，生于低海拔的山坡。分布于我国广东。模式标本采自南昆山。

6. 葸劳竹属 Schizostachyum Nees

乔木状或灌木状竹类；地下茎合轴型。节上部起初被毛，后渐变为无毛而具疣状突起，节下方常有宽度不等的一圈白粉环。箨鞘背面具硅质，被白色或棕黄色毛；箨叶先端边缘常内卷，腹面被刺毛。叶鞘常具纵肋；叶片幼时下表面具小横脉。假小穗数枚着生花枝各节；孕性小花缺颖。颖果纺锤形，光滑，先端具宿存花柱。

南昆山1种。

1. 苗竹仔

Schizostachyum dumetorum (Hance ex Walpers) Munro

灌木状竹类。竿细弱，尾梢下垂或攀缘状；节间长约60 cm，近基部无毛，其余部分具硅质且被白色毛，节下方有一圈贴生棕色刺毛和白粉。箨鞘早落；鞘口具淡棕色毛；箨叶腹面被毛。小枝具叶5～7枚；披针形叶片上表面被毛。假小穗无毛，纺锤形；内外稃新鲜时均带紫色。果纺锤形，长10～13 cm，无毛，顶端具喙。

南昆山产于上坪横坑，生于低地丛林中。分布于我国广东中部及南部。庭院观赏；地下茎可入药。

332B. 禾亚科 Agrostidoideae

一年或多年生草本，稀灌木或乔木。根多为须根。茎多为直立，也有匍匐茎或藤状；一般明显具节和节间，节间中空，常为圆筒形。叶在节上单生，有时密集于秆的基部，互生，成两列，由叶鞘、叶舌及叶片组成。花序为由小穗组成的圆锥花序，穗状花序或总状花序，单生，指状着生，或沿一主轴排列，通常顶生，有时总状花序基部有一个佛焰苞，再由此等具佛焰苞的花序组成有叶的假圆锥花序；小穗由苞片组成。果实多为颖果。

南昆山62属，112种，5变种。

1. 小穗含多花至1花，常两侧压扁；小穗轴大都延伸至最上小花的内稃之后而呈细柄状或刚毛状。
  2. 小穗仅1花结实，颖退化或仅在小穗柄间留有痕迹。
    3. 不孕花的外稃2枚……………………………………**44. 稻属Oryza**
    3. 不孕花无外稃……………………………………**35. 李氏禾属Leersia**
  2. 小穗有结实花2至多数，2颖或其中1枚通常明显。
    4. 成熟花的外稃有3或1脉，稀为5脉。
      5. 小穗2至数花，常呈圆柱形或稍两侧压扁。
        6. 小穗1花；外稃顶生三叉的芒或3芒……………………………………**4. 三芒草属Aristida**
        6. 小穗2至数花；外稃无芒或有1不分叉的芒。
          7. 外稃结果时变硬，脉不明显而颖有7条以上的脉；小型草本……………………**25. 鹧鸪草属Eriachne**
          7. 外稃3～5脉；大型或中型草本。
            8. 小穗微小；叶舌无纤毛……………………………………**59. 棕叶芦属Thysanolaena**
            8. 小穗中型或大型；叶舌有纤毛或为一圈纤毛所代替。
              9. 外稃无毛，基盘延长而有长丝状毛……………………………………**48. 芦苇属Phragmites**
              9. 外稃仅在边脉上有柔毛；基盘有较短的毛……………………………………**42. 类芦属Neyraudia**
      5. 小穗1至多花，通常明显两侧压扁，稀可背腹压扁。
        10. 小穗(2)3至多数结实小花。
          11. 小穗背部圆形至两侧压扁；种子表面通常无皱纹及明显的腹沟。
            12. 圆锥花序………………**23. 画眉草属Eragrostis**
            12. 穗状花序，以多数生于主秆或分枝的顶端而成开展的圆锥花序……………………………………**36. 千金子属Leptochloa**
          11. 小穗背部明显两侧压扁；种子表面有皱纹及明显的腹沟。
            13. 穗状花序有顶生小穗；外稃无芒……………………………………**22. 穇属Eleusine**
            13. 穗状花序无顶生小穗；外稃先端有小尖头或短芒………… **19. 龙爪茅属Dactyloctenium**
        10. 小穗仅1(2)结实小花。
          14. 小穗无柄或近无柄，排列于穗轴的一侧形成穗状花序或穗形总状花序。
            15. 外稃明显有芒……………**12. 虎尾草属Chloris**
            15. 外稃无芒 ………………… **17. 狗牙根属Cynodon**
          14. 小穗有柄，如无柄或近无柄则不排列于穗轴的一侧。
            16. 小穗仅含1结实小花。
              17. 穗状花序或穗形总状花序，或小穗成簇生于花序主轴上 …… **62. 结缕草属Zoysia**
              17. 圆锥花序开展或收缩。
                18. 外稃无芒，基盘无毛；囊果……………………………**56. 鼠尾粟属Sporobolus**
                18. 外稃通常有芒，基盘有毛；颖果……………………………**28. 耳稃草属Garnotia**
            16. 小穗含1～2花，均结实或第一小花为雄性，第二小花两性。
              19. 小穗1花，自小穗柄关节处整个脱落……………………… **55. 稗荩属Sphaerocaryum**
              19. 小穗2花，脱节于颖之上。
                20. 颖宿存，长约为小穗一半；第一小花两性 ……**14. 小丽草属Coelachne**
                20. 颖迟缓脱落，等长或稍短于小穗；第一小花雄性，稀两性……………………………………**33. 柳叶箬属Isachne**
    4. 成熟花的外稃有5至多脉。
      21. 小穗通常仅含1花，外稃有5脉或更少……………………………………**2. 看麦娘属Alopecurus**

21. 小穗含2至多花，如为1花时则外稃有5脉以上。
22. 第二颖通常短于第一小花；芒如存在时则直，不扭转。
23. 小穗有柄，脱节于颖之上……………………………………11. 假淡竹叶属Centotheca
23. 小穗近于无柄，整个脱落……………………………………37. 淡竹叶属Lophatherum
22. 第二颖大都等长或长于第一小花；小穗长不及1 cm；子房无毛；颖果不具腹沟……………………………………60. 三毛草属Trisetum
1. 小穗含2花，背腹扁或为圆筒形，稀可两侧压扁；小穗轴从不延伸。
24. 第二花的外稃及内稃通常质地坚韧而无芒(野古草属有芒除外)。
25. 小穗多少两侧压扁，第二颖与第一外稃或仅有第一外稃的先端有芒或小尖头。
26. 小穗成对或稀单性，脱节于颖上……………………………………6. 野古草属Arundinella
26. 小穗单生于花序上，脱节于颖下……………………………………38. 糖蜜草属Melinis
25. 小穗通常背腹压扁，无芒，很少颖与第一外稃先端有芒。
27. 花序中无不育的小枝，其穗轴也不延伸至最上端小穗的后方。
28. 小穗排列成开展或紧缩的圆锥花序。
29. 圆锥花序常紧缩呈穗状；小穗柄短，于顶端呈盘状……………52. 囊颖草属Sacciolepis
29. 圆锥花序通常开展；小穗柄多少有些延伸。
30. 小穗明显两侧压扁……………………………………18. 弓果黍属Cyrtococcum
30. 小穗背腹压扁。
31. 第二颖长约为小穗长度1/2……………………………………45. 露籽草属Ottochloa
31. 第二颖等长或稍短于小穗……………………………………46. 黍属Panicum
28. 小穗排列于穗轴的一侧成穗形总状花序，而后再作指状排列，或排列于一延伸的主轴上。
32. 第二外稃为骨质或革质，通常有狭窄内卷的边缘。
33. 颖或外稃先端有芒。
34. 小穗自颖上生芒，而以第一颖的芒最长………43. 求米草属Oplismenus
34. 小穗自第一外稃上生芒或芒状小尖头，而颖则无芒或几无芒……………………………………21. 稗属Echinochloa
33. 颖及第一外稃均无芒。
35. 第一颖显著存在。
36. 小穗阔椭圆形，先端通常钝形，向轴而生……………………………………9. 臂形草属Brachiaria
36. 小穗平凸形，先端具短尖头，离轴而生……………………………………61. 尾稃草属Urochloa
35. 第一颖通常无(雀稗属有时例外)或很微小。
37. 小穗基部有一杯状或珠状的基盘……………26. 野黍属Eriochloa
37. 小穗基部无上述基盘。
38. 第二外稃的背部为离轴性，即在远轴的一方……………………7. 地毯草属Axonopus
38. 第二外稃的背部为向轴性，即在近轴的一方……………………47. 雀稗属Paspalum
32. 第二外稃膜质或软骨质而有弹性，通常有扁平质薄的边缘以覆盖其内稃。
39. 第二外稃为厚纸质，先端延伸成芒或小尖头…………1. 毛颖草属Alloteropsis
39. 第二外稃软骨质，先端尖或钝……………………………………20. 马唐属Digitaria
27. 花序中有不孕小枝所形成的刚毛，或其穗轴延伸至最上端的小穗后方成1尖头或刚毛。
40. 穗轴宽扁或其中肋仅于着生小穗的一面隆起；小穗显著排列在穗轴的一侧……………………………………57. 钝叶草属Stenotaphrum
40. 穗轴细长或较短缩以至仅有花序的主轴；小穗多少排列在穗轴的一侧，或着生于主轴上……………………………………54. 狗尾草属Setaria
24. 第二花的外稃及内稃均为膜质或透明膜质，于其顶端或顶端裂齿间伸出一芒。
41. 小穗为单性，雌雄小穗分别位于不同的花序上或同一花序的不同部位……………………………………15. 薏苡属Coix
41. 小穗为两性，或结实小穗与不孕小穗同时混生于穗轴上。
42. 成熟小穗均可成熟且同形，或每对中有柄小穗可成熟，并具长芒，无柄小穗至少在总状花序的基部为不孕而无芒。
43. 无柄小穗的第一颖通常有狭窄的先端以及内折的边缘。
44. 穗轴延伸而无关节。
45. 小穗常有芒，形成一开展的圆锥花序……………………………………40. 芒属Miscanthus
45. 小穗无芒，形成紧缩狭窄而呈穗状的圆锥花序……………32. 白茅属Imperata
44. 穗轴有关节。
46. 总状花序以多数作圆锥状排列而有延长的主轴…………51. 甘蔗属Saccharum
46. 总状花序以1至多条呈指状排列或簇生于一缩短的主轴上。
47. 秆蔓生，叶片披针……………………………………39. 莠竹属Microstegium
47. 秆通常直立，叶片细长；多年生；第二颖无芒………27. 金茅属Eulalia
43. 无柄小穗的第一颖通常有宽广而呈截平形的先端以及扁平或内卷的边缘。
48. 成对小穗同形且均可成熟……………………………………

……………………49. 金发草属Pogonatherum

48. 成对小穗异形，或有柄小穗退化，无柄小穗不孕。

42. 成熟小穗并非均可成熟，其大小、形状和具芒的情况可不相同，其中无柄小穗结实，有柄者则常退化而不孕。

49. 穗轴节间与小穗柄粗短，呈三棱形，圆筒形或较宽扁而顶端膨大。

50. 无柄小穗含2小花，其第二外稃2裂且于裂片间生芒。

51. 总状花序2枚聚生……………………………………………34. 鸭嘴草属Ischaemum

51. 总状花序单生于主干及分枝顶端………………………………………3. 水蔗草属Apluda

50. 无柄小穗含1或2花，其第二外稃无芒。

52. 有柄小穗发育良好；穗轴坚韧……………………………………30. 牛鞭草属Hemarthria

52. 有柄小穗多少有些退化；穗轴质脆。

53. 总状花序呈圆柱形；无柄小穗陷于肥厚穗轴的各凹穴中。

54. 无柄小穗以2枚并生于穗轴各节………41. 毛俭草属Mnesithea

54. 无柄小穗单独生于穗轴各节。

55. 有柄小穗为雄性或中性………50. 筒轴茅属Rottboellia

55. 有柄小穗完全退化。

53. 总状花序有背腹之分或压扁；无柄小穗不陷于穗轴中。

56. 无柄小穗几为球形，其第一颖表面有蜂窝状的花纹…………………………29. 球穗草属Hackelochloa

56. 无柄小穗扁平，其第一颖表面无蜂窝状的花纹…………………………24. 蜈蚣草属Eremochloa

49. 穗轴节间与小穗柄通常细长，有时其上端变粗。

57. 无柄小穗第二外稃之芒于稃体基部着生…………………………………………5. 荩草属Arthraxon

57. 无柄小穗第二外稃之芒并非于稃体基部着生。

58. 总状花序呈圆锥状排列，若呈指状排列则穗轴节间及小穗柄边缘变厚而在中部具纵沟。

59. 无柄小穗第二外稃发育正常……………………13. 金须茅属Chrysopogon

59. 无柄小穗第二外稃退化呈柄状。

60. 总状花序多节，成指状以至圆锥状排列………………………………8. 孔颖草属Bothriochloa

60. 总状花序具5节或1节，成圆锥状排列……………………………10. 细柄草属Capillipedium

58. 总状花序成对或单独1枚，稀可呈指状排列。

61. 结实小穗背部压扁或近于细长形。

62. 总状花序双生或呈指状排列，稀单生……………………………………16. 香茅属Cymbopogon

62. 总状花序单生于主杆或分枝的顶端……………………………………53. 裂稃草属Schizachyrium

61. 结实小穗圆筒形。

63. 总状花序自狭长的鞘状苞内伸出，下部3～10对…………………………31. 黄茅属Heteropogon

63. 总状花序位于舟状的佛焰苞内或微伸出苞外，下部小穗存在时仅2对……58. 菅属Themeda

1. 毛颖草属 Alloteropsis J. S. Presl ex Presl

多年生草本。秆丛生，直立或下部横卧地面。叶片扁平或卷折。总状花序数枚呈指状着生或在短总轴上近轮生；穗轴三棱形；小穗孪生或簇生于穗轴之一侧，卵形或椭圆形；第一颖比小穗短，先端急尖或渐尖；第二颖与小穗等长，边缘密生纤毛。颖果椭圆状长圆形。

南昆山1种。

1. 毛颖草

Alloteropsis semialata (R. Br.) Hitchc.

多年生草本，具短根状茎。秆丛生，节密生髭毛。叶鞘宿存，密生白色柔毛；叶片长线形，内卷，正面被疣柔毛，背面无毛。总状花序3～4枚；第二颖边缘或其翼上有纤毛。花果期2～8月。

南昆山产于佛坳，生于旷野。分布于我国华南及西南地区。东南亚、大洋洲也有。秆供编织。

2. 看麦娘属 Alopecurus L.

一年或多年生草本。植株通常无毛。秆直立，丛生或单生。叶片扁平，线形，较柔软。圆锥花序圆柱形、长圆形或卵球形。小穗两侧压扁，含1两性小花，脱节于颖之下；颖近等长，具3脉。

南昆山1种。

1. 看麦娘

Alopecurus aequalis Sobol.

一年生草本。秆常丛生，节处常膝曲上升。叶鞘光滑，上部者短于节间，顶节者常膨大；叶舌膜质；叶片扁平，质薄。圆锥花序圆柱形，灰绿色；小穗椭圆形或卵状长圆形；颖膜质，具3脉。花果期4～8月。

南昆山产于七星湖，生于田野、湿地、沼泽、林缘。我国大部分地区均有分布。广布北半球温带。

3. 水蔗草属 Apluda L.

多年生草本。秆基部匍匐生根，上部直立或蔓生，多分枝，常攀缘。叶片扁平，基部渐狭而呈柄状；叶舌膜质。花序顶生，圆锥状，由多数总状花序组成，每一总状花序具柄及1舟形总苞。颖果卵形。

南昆山1种。

1. 水蔗草（假雀草、竹子草、糯米草）

Apluda mutica L.

多年生草本；具坚硬根头及根茎，须根粗壮。秆常斜卧并于节上生不定根；节间上段有白粉。叶片扁平，两面无毛或沿侧脉疏生白色糙毛。圆锥花序先端弯垂，由许多总状花序组成；总苞佛焰苞状。颖果熟时腊黄色，卵形。花果期夏秋季。

南昆山产于七星湖，生于水湿地。分布于我国华南及西南地区。印度、日本、菲律宾也有。嫩时可作饲料；根可治毒蛇咬伤。

4. 三芒草属 Aristida L.

一年或多年生草本。秆常分枝。叶片线形，通常狭窄，扁平或包卷。圆锥花序顶生；小穗含1小花，线形；外稃席卷或内卷，具不甚明显的3脉，成熟后质地变硬，先端具3芒。颖果圆柱形或长圆形。

南昆山2种。

1. 叶鞘紧密抱茎，长于节间…………………1. 华三芒草 A. chinensis
1. 叶鞘松弛抱茎，短于节间…………………2. 黄草毛 A. cumingiana

1. 华三芒草

Aristida chinensis Munro

多年生草本；须根细而坚韧。秆纤细丛生，高30～60 cm，无毛。叶鞘光滑；叶舌短小具纤毛；叶片长10～20 cm，宽1～1.5 mm。圆锥花序长为全植株的1/3或1/2；外稃顶端具三芒，侧芒较短或与主芒等长。花果期4～12月。

南昆山产于佛坳，多生于山坡草地。分布于我国华南及华东地区。中南半岛也有。

2. 黄草毛

Aristida cumingiana Trin. et Rupr.

多年生草本；须根细而柔软。秆细无毛，具分枝。叶片卷折如线形，柔软，正面披毛，背面无毛。圆锥花序疏松；小穗绿色或紫色；侧芒长为主芒的1/2。花果期夏秋季。

南昆山产于佛坳，生于山坡草地。分布于我国华东及华南地区。印度、菲律宾也有。

5. 荩草属 Arthraxon Beauv.

多年生或一年生草本。秆纤细，下部匍匐生根。叶片披针形，基部心形，抱茎。总状花序伞房状在秆顶常成指状排列；小穗成对生于总状花序轴的各节，1有柄，1无柄。颖果细长而近线形。

南昆山1种。

1. 荩草（绿竹）

Arthraxon hispidus (Thunb.) Makino

一年生草本；叶鞘、叶舌、叶片下部具有疣毛或纤毛。秆细无毛，基部倾斜或平卧并于节上生根。叶片卵状披针形，基部心形抱茎。总状花序2～10枚呈指状排列；穗轴节间无毛；小穗成对生于各节。颖果长圆形，与稃体等长。花果期9～11月。

南昆山产于七星湖，生于草坡或阴湿地。分布于我国各地。全球温暖地区广布。可做牧草；茎叶药用治久咳；汁液可作黄色染料。

6. 野古草属 Arundinella Raddi

多年生或一年生草本。叶舌膜质，具纤毛；叶片线形至披针形。圆锥花序开展或紧缩成穗状；小穗孪生，稀单生，具长短不等的柄，常带紫色，含2小花。颖果长卵形至长椭圆形。

南昆山2种。

1. 第二外稃顶端芒的两侧无侧刺；小穗柄的顶端不具白色长刺毛……………………………………………1. 石芒草 A. nepalensis
1. 第二外稃顶端芒的两侧各具1侧刺；穗顶端具白色长刺毛……

……………………………………………………2. 刺芒野古草A. setosa

1. 石芒草(石珍芒、石清草、硬骨草)

Arundinella nepalensis Trin.

多年生草本；根茎具鳞片。秆无毛，下部坚硬，高90～190 cm；节淡灰色，披柔毛，节间上段常具白粉。叶片线状披针形，无毛或具短疣毛及白色柔毛。圆锥花序稍收缩，主轴具纵棱；颖无毛。颖果棕褐色，长卵形。花果期9～11月。

南昆山产于佛坳，生于山坡草丛中。分布于我国华南及西南地区。热带东南亚、大洋洲也有。秆叶可供造纸。

2. 刺芒野古草

Arundinella setosa Trin.

多年生草本。秆单生或丛生，质硬无毛；节淡褐色，无毛或具短柔毛。叶片长10～35 cm，宽4～7 mm，常两面无毛，有时具疣毛。圆锥花序疏展；小穗灰绿带深紫色，基部疏生刺毛。颖果褐色，长卵形。花果期8～12月。

南昆山产于佛坳，生于山坡草地或灌丛中。分布于我国华南、华东及西南地区。亚洲热带和亚热带也有。秆叶可作纤维原料。

7. 地毯草属 Axonopus Beauv.

多年生草本，稀为一年生。秆丛生或匍匐。叶片扁平或卷折，先端钝圆或略尖。穗形总状花序细弱；小穗长圆形，单生，近无柄，互生或成两行排列于穗轴一侧，具1～2小花；第一颖和第一内稃缺；鳞被2。种脐点状。

南昆山1种。

1. 地毯草

Axonopus compressus (Sw.) Beauv.

多年生草本，具长匍匐枝。秆压扁，高8～60 cm，节密生灰白色柔毛。叶鞘基部相互跨覆，近鞘口处常疏生毛；叶片近基部边缘疏生纤毛。总状花序2～5枚，最长两枚成对而生；鳞片2，折叠，具细脉纹。

南昆山产于上坪，生于荒野、路旁较潮湿处。分布于我国华南地区及台湾、云南。原产热带美洲，全球热带、亚热带地区广泛引种栽培，已逸为野生。可作草坪绿化植物；也可作牧草。

8. 孔颖草属 Bothriochloa Kuntze

多年生草本。秆实心，常分枝。叶片线形或披针形，叶舌膜质。总状花序指状或亚指状排列于茎顶，有时为圆锥花序；每总状花序具无柄小穗8枚以上。颖果长圆形。

南昆山3种。

1. 无柄小穗第一颖背部有下陷的小圆孔……3. 孔颖草B. pertusa
1. 无柄小穗第一颖背部无下陷的小圆孔。
   2. 花序主轴长，总状花序呈圆锥状排列于主轴上……………………………………………………1. 臭根子草B. bladhii
   2. 花序主轴短，总状花序呈指状排列成伞房状……………………………………………………2. 白羊草B. ischaemum

1. 臭根子草

Bothriochloa bladhii (Retz.) S. T. Blake [*B. glabra* (Roxb.) A. Camus]

多年生草本；须根粗壮。秆一侧有凹沟；多节，节披白色短髯毛或无毛。叶片线形，两面疏生疣毛或背面无毛，边缘粗糙。圆锥花序每节具1～3枚总状花序；总状花序轴节间与小穗柄两侧具丝状纤毛。花果期7～10月。

南昆山产于佛坳，生于路旁及山坡草地。分布于我国华南、华东、华中及西南地区。亚洲热带地区至大洋洲也有。

2. 白羊草

Bothriochloa ischaemum (L.) Keng

多年生草本。秆丛生，具3至多节，节上无毛或具白色髯毛。叶鞘无毛，基部相互跨覆，短于节间；叶片两面疏生柔毛或背面无毛；总状花序纤细，灰绿色或带紫褐色；总状花序轴节间与小穗柄两侧具白色丝状毛。花果期秋季。

南昆山产于天堂顶，生于山坡草地和荒地。分布几遍全国。亚热带和温带地区广布。茎叶可作牧草；根可制刷子。

3. 孔颖草

Bothriochloa pertusa (L.) A. Camus

多年生草本。秆直立或基部膝曲而倾斜，具多节，下部节常分枝，节上有白色髯毛。叶片两面疏生疣毛或背面无毛，边缘软骨质。总状花序轴节上有丝状毛，无柄小穗第一颖中部有小凹穴。花果期7～10月。

南昆山产于天堂顶，生于山坡草丛中。分布于我国广东、云南。印度也有。

9. 臂形草属 Brachiaria Griseb.

一年生或多年生草本。叶片扁平。圆锥花序顶生，由2至数枚总状花序组成；每总状花序具无柄小穗8枚以上。颖果长圆形。

南昆山2种。

1. 圆锥花序的分枝长3～4 cm；小穗长圆形，秃净，长3.5～4 mm……………………………………1. 四生臂形草B. subquadripara
1. 圆锥花序的分枝长1～2 cm；小穗卵形，被柔毛，长2.5 mm……………………………………………………2. 毛臂形草B. villosa

1. 四生臂形草
Brachiaria subquadripara (Trin.) Hitchc.

一年生草本，高20～60 cm；植物体无毛或疏生毛。秆纤细，下部平卧地面，节上生根，节膨大有柔毛，节间具狭槽。叶片边缘增厚而粗糙，常呈微波状。圆锥花序由3～6枚总状花序组成；小穗长圆形。花果期9～11月。

南昆山产于上坪，生于草地或沙地。分布于我国华南及华东地区。亚洲热带和大洋洲也有。

2. 毛臂形草
Brachiaria villosa (Lam.) A. Camus

一年生草本；全体密生柔毛。秆高10～20 cm，基部倾斜。叶鞘和叶舌均具毛；叶片卵状披针形，边缘波状皱折。圆锥花序由4～8枚总状花序组成；主轴与穗轴密生柔毛；小穗卵形。花果期7～10月。

南昆山产于上坪，生于田野或山坡草地。分布于我国华南及华东等地区。亚洲东南部也有。

10. 细柄草属 Capillipedium Stapf

一年或多年生草本。秆实心，常丛生。叶舌膜质，具纤毛。圆锥花序具有伸长的主轴，其上着生短的总状花序；小穗孪生，一无柄，另一有柄。颖果长圆形。

南昆山2种。

1. 圆锥花序较稠密；叶片基部很收窄而成渐尖状……………………………………………………1. 硬秆子草 C. assimile
1. 圆锥花序较疏散；叶片基部不甚收窄……………………………………………………2. 细柄草 C. parviflorum

1. 硬秆子草（竹枝细柄草）
Capillipedium assimile (Steud.) A. Camus

多年生亚灌木状草本。秆坚硬似小竹，高约2～3 m，多分枝。叶片披针形，常有白粉，基部渐狭窄。圆锥花序分枝簇生，再分小枝；穗轴节间与小穗柄均纤细并具有纵沟，生有纤毛。花果期8～12月。

南昆山产于佛坳，生于山坡草地。分布于我国华南、华东、华中及西南地区。东南亚、大洋洲也有。

2. 细柄草（吊丝草、硬骨草）
Capillipedium parviflorum (R. Br.) Stapf

多年生簇生草本。秆高30～100 cm，不分枝或有直立贴生的分枝。叶片线形，两面无毛或被糙毛。圆锥花序分枝簇生，具一至二回小枝，枝腋间具细柔毛；穗轴节间与小穗柄均纤细有纵沟，有毛。花果期8～12月。

南昆山产于天堂顶，生于山坡草地。广布华南、华东、华中及西南地区。印度、缅甸、大洋洲也有。

11. 假淡竹叶属 Centotheca Desv.

多年生草本。秆直立。叶片宽披针形，常有小横脉。圆锥花序顶生；小穗两侧压扁，含小花2至数朵，上部者常退化，稀最下部1枚小花也退化；小穗轴无毛，迟缓脱落于颖之上及各小花之间。颖果与内、外稃分离。

南昆山1种。

1. 假淡竹叶（酸模芒）
Centotheca lappacea (L.) Desv.

多年生草本。秆具4～7节。叶鞘平滑，一侧边缘具纤毛；叶片长椭圆状披针形，正面疏生硬毛。圆锥花序分枝斜升或开展，小穗柄被微毛。颖果椭圆形。花果期6～10月。

南昆山产于石河奇观，生于林下、林缘和山谷荫蔽处。分布于我国华南、华东及西南地区。印度、泰国、马来西亚和非洲、大洋洲也有。

12. 虎尾草属 Chloris Sw.

一年或多年生草本。具根状茎或匍匐茎。叶鞘常于背部成脊；叶舌膜质，有纤毛。花序为少数至多数穗状花序呈指状簇生于秆顶；小穗常含2～4小花，交互成两行排列于穗轴一侧。

颖果长圆柱形。

南昆山1种。

1. 虎尾草(狼尾花、刷子头、棒锤草)

Chloris virgata Sw.

多年生草本；具横走的根茎，全株密被卷曲柔毛。茎直立，高20～100 cm。叶互生或近对生，长圆状披针形或线形，近无柄。总状花序顶生，花密集，常转向一侧；花冠白色。蒴果球形，直径2.5～4 mm。花期5～8月；果期8～10月。

南昆山产于天堂顶，生于草甸、山坡路旁。分布几遍全国。朝鲜、日本也有。

13. 金须茅属 Chrysopogon Trin.

多年生草本。须根坚韧。叶片线形。圆锥花序顶生，由仅具1～2节的总状花序组成；总状花序常仅有3枚小穗，稀具5枚小穗。颖果线形。

南昆山1种。

1. 竹节草(粘人草)

Chrysopogon aciculatus (Retz.) Trin.

多年生草本；有根状茎及匍匐茎。秆基部常膝曲，直立部分高20～50 cm。叶披针形，两面无毛或基部疏生柔毛，边缘具小刺毛而粗糙，秆生叶短小。圆锥花序紫褐色，分枝细弱。花果期6～10月。

南昆山产于石河奇观，生于向阳贫瘠的山坡草地或荒野。分布于我国华南、华东及西南地区。亚洲热带地区、大洋洲也有。为较好的保持水土的地被植物。

14. 小丽草属 Coelachne R. Br.

一年或多年生草本。秆直立或匍匐。叶片线形或披针形。圆锥花序狭窄或稍开展，小穗含2花，小穗轴在两朵小花之间具有明显而纤细的节间，且脱节于颖之上；雄蕊2～3枚；花柱2，分离，柱头帚状。颖果卵状椭圆形。

南昆山1种。

1. 小丽草

Coelachne simpliciuscula (Wight et Arn. ex Steud.) Munro ex Benth.

一年生草本。秆纤细，基部有时伏卧地面，并于节处生根。叶片柔软，披针形。圆锥花序；小穗3～7枚着生于穗轴和缩短的分枝上；小穗淡绿色或微带紫色；雄蕊3枚；花柱2。花果期9～12月。

南昆山产于七星湖，生于潮湿的山谷或溪旁草丛中。分布于我国华南及西南地区。东南亚也有。

15. 薏苡属 Coix L.

一年或多年生草本。秆直立，常实心。叶片扁平宽大。总状花序腋生成束，常具较长的总梗；小穗单性，雌雄小穗位于同一花序的不同部位。颖果大，近圆球形。

南昆山1种。

1. 薏苡(川谷、菩提子)

Coix lacryma-jobi L.

一年生草本；须根黄白色，海绵质。秆丛生，高1～2 m，节多分枝。叶扁平宽大，边缘粗糙；中脉粗厚，在背面隆起。总状花序腋生成束，具长梗。颖果小，常不饱满。花果期6～12月。

南昆山产于七星湖，生于山谷、溪涧。分布于我国华南、华东及西北地区。热带、亚热带及美洲广布。种子清热利尿，也可用于工艺品。

16. 香茅属 Cymbopogon Spreng.

多年生草本。叶片线形，有芳香气味。成对总状花序具有共同的总花梗，且着生于1舟形佛焰苞中，再组成复合或稍单纯而带叶的伪圆锥花序；小穗成对着生。颖果长圆状披针形。

南昆山2种。

1. 佛焰苞黄色或成熟时带红棕色；下部总状花序基部稍肿大增厚……1. 青香茅 C. mekongensis
1. 佛焰苞红褐色；总状花序成熟时叉开并向下反折……2. 扭鞘香茅 C. tortilis

1. 青香茅

Cymbopogon mekongensis A. Camus

多年生草本；揉之有香气。秆直立，丛生，具多数节，常被白粉。叶片线形，边缘粗糙。伪圆锥花序狭窄；佛焰苞黄色或成熟时带红棕色；总状花序轴节间长约 1.5 mm，边缘具白色柔毛。花果期7～9月。

南昆山产于上坪，生于干旱草地上。分布于我国华南、西南及我国沿海地区。东非、中南半岛印度等地也有。常作香水原料；也可作牛羊牧草。

2. 扭鞘香茅（野香茅、括花草）

Cymbopogon tortilis (Presl) A. Camus [*C. hamatulus* (Nees ex Hook. et Arn.) A. Camus]

多年生草本；揉之具香味。秆直立，高50～110 cm。叶鞘无毛，基生者枯老后向外反卷，内面红棕色；叶片线形，扁平，无毛，边缘粗糙。伪圆锥花序具少数上举分枝；佛焰苞红褐色；总状花序成熟时叉开并向下反折。花果期7～10月。

南昆山产于佛坳，生于草坡地。分布于我国华南及华东地区。太平洋岛屿、越南、菲律宾也有。

17. 狗牙根属 Cynodon Rich.

多年生草本；具根状茎或匍匐茎。秆常纤细。叶舌短或仅具一轮纤毛；叶片常较短而扁平。穗状花序2至数枚指状着生于秆顶；小穗两侧压扁，常含1～2小花。颖果长圆柱形或稍两侧压扁。

南昆山1种。

1. 狗牙根

Cynodon dactylon (L.) Pers.

多年生草本；具根茎或匍匐茎。秆细而坚韧，节上常生不定根，光滑无毛，有时两侧压扁。叶鞘无毛或有疏柔毛；叶舌为一轮纤毛；叶片两面无毛。穗状花序3～6枚；小穗灰绿色或紫色。颖果长圆柱形。花果期5～10月。

南昆山产于佛坳，生于道旁河岸、荒地山坡。分布于我国黄河以南各地区。全世界温暖地区均有。为优良固堤保土植物；根茎、叶可作饲料；全草可入药，有清血解热、生肌之效。

18. 弓果黍属 Cyrtococcum Stapf

一年生或多年生草本。秆下部常平卧地面，节上生根，上部直立。叶片线状披针形至披针形。圆锥花序开展或紧缩；小穗两侧压扁，斜卵形或半卵形，含2小花，成熟后整个脱落。

南昆山1种，1变种。

1. 圆锥花序长不超过 15 cm，宽不超过 6 cm ………… 1. 弓果黍 C. patens
1. 圆锥花序长达 30 cm，宽达 15 cm ………… 2. 散穗弓果黍 C. patens var. latifolium

1. 弓果黍

Cyrtococcum patens (L.) A. Camus.

一年生草本。秆纤细，花枝高15～30 cm。叶鞘常短于节间；叶片线状披针形，两面贴生短毛，边缘稍粗糙，近基部边缘有毛。圆锥花序分枝细，腋内无毛；小穗柄长于小穗。花果期9月至翌年2月。

南昆山产于上坪横坑，生于杂木林或旱地较阴湿处。分布于我国华南、华东、华中及西南地区。印度也有。

2. 散穗弓果黍

Cyrtococcum patens var. **latifolium** (Honda) Ohwi [*C. accrescens* (Trin.) Stapf]

一年生草本。秆较纤细。叶舌顶端近圆形，无毛；叶片线状椭圆形，宽大而薄，两面近无毛，脉间具小横脉，近基部边缘被长纤毛。圆锥花序大而开展，分枝纤细；小穗柄远长于小穗。花果期5～12月。

南昆山产于上坪，生于山地或丘陵林下。分布于我国华南、华东及西南地区。印度至马来西亚、日本也有。

19. 龙爪茅属 Dactyloctenium Willd.

一年或多年生草本。秆丛生或有匍匐茎，常多少压扁。叶片线形，扁平；叶舌膜质，上缘截平，常有纤毛。穗状花序由数枚穗状花序指状排列于秆顶而成；小穗含数小花，椭圆形至卵形，两侧压扁，覆瓦状紧密地排列于穗之一侧。囊果球形、椭圆形、圆柱形或扁；种子表面具皱纹，为质薄而游离的果皮所包。

南昆山1种。

1. 龙爪茅

Dactyloctenium aegyptium (L.) Willd.

一年生草本。秆直立或基部平卧，并于节上生根及分枝。叶鞘边缘、叶舌均具纤毛；叶片扁平，两面被疣基毛。穗状花序2～7个指状排列于秆顶。囊果球形；种子有皱纹。花果期5～10月。

南昆山产于佛坳，生于山坡或草地。分布于我国华南、华东及华中地区。全世界热带及亚热带地区均有。秆叶可作饲料。

20. 马唐属 Digitaria Hall.

一年或多年生草本。秆直立或基部横卧地面，节上生根。叶片线形或线状披针形，质地常柔嫩，扁平。总状花序2至多数作指状排列或散生于延伸的中轴上，稀单生及再具次级小分枝；小穗含1个两性花，背腹压扁。颖果长圆状椭圆形。

南昆山5种。

1. 小穗三枚簇生，卵圆形。
  2. 多年生；植株具长匍匐茎；总状花序2～3枚……………………3. 长花马唐 D. longiflora
  2. 一年生；秆直立；总状花序4～8枚……………………5. 紫马唐 D. violascens
1. 小穗孪生，披针形。
  3. 第一颖微小，三角形；第二颖长为小穗的1/3～2/3。
    4. 小穗长约2.5 mm；第一外稃具近等距的7脉……………………2. 亨利马唐 D. henryi
    4. 小穗长约3～3.5 mm；第一外稃中脉两侧的脉距较宽。
      5. 小穗披针形，第一外稃正面具5脉……………………1. 升马唐 D. ciliaris
      5. 小穗窄披针形，第一外稃正面具3脉……………………4. 红尾翎 D. radicosa

1. 升马唐（纤毛马唐）

Digitaria ciliaris (Retz.) Koel.

一年生草本。秆基部横卧地面，节生根和分枝。叶鞘短于节间，具柔毛；叶片线形或披针形，正面散生柔毛，边缘稍厚，微粗糙。总状花序5～8枚，呈指状排列于茎顶。花果期5～10月。

南昆山产于佛坳，生于路旁、荒野。分布几遍全国。世界的热带、亚热带地区广泛分布。

2. 亨利马唐

Digitaria henryi Rendle

一年生草本。秆较纤细，基部侧卧地面，节上生根，具分枝。叶鞘、叶舌无毛；叶片狭披针形，无毛或散生糙毛。总状花序3～9枚，呈指状排列；穗轴扁平狭窄。颖果长约1.5 mm，为其宽的2倍。花果期夏秋季。

南昆山产于九重远眺，生于山坡草地。分布于我国华南及华东地区。越南也有。

3. 长花马唐

Digitaria longiflora (Retz.) Pers.

多年生草本；具长匍匐茎，节处生根及分枝。秆直立部分高10～40 cm，纤细，无毛。叶鞘具毛或无毛，短于节间；叶片线形，无毛或基部有疣柔毛。总状花序2～3枚，直立或开展；穗轴边缘具翼。花果期4～10月。

南昆山产于七星湖，生于田边草地。分布于我国华南、华东及西南地区。东半球热带、亚热带、印度至俄罗斯南部均有。秆叶可作饲料。

4. 红尾翎（小马唐）

Digitaria radicosa (Presl) Miq.

一年生草本。秆匍匐地面，下部节生根，直立部分高30～50 cm，叶鞘无毛至密生或散生柔毛；叶片较小，披针形，背面及顶端微粗糙，无毛或贴生短毛，下部有少数疣柔毛。总状花序2～3枚；穗轴具翼，无毛。花果期夏秋季。

南昆山产于上坪，生于丘陵、路边、湿润草地上。分布于我国华南、华东及西南地区。东半球热带至大洋洲均有。

5. 紫马唐（五指草）

Digitaria violascens Link

一年生直立草本。秆疏丛生，基部倾斜，具分枝，无毛。叶鞘短于节间，无毛或生柔毛；叶片线状披针形，质地较软，扁平，粗糙，无毛或基部生柔毛。总状花序长5～10 cm；穗轴边缘微粗糙。花果期7～12月。

南昆山产于佛坳，生于山坡草地、荒野。分布于我国长江流域以南各地。东南亚、大洋洲、美洲及亚洲的热带地区皆有。可作饲料。

21. 稗属 Echinochloa Beauv.

一年或多年生草本。穗形总状花序沿着主轴排列为圆锥花序，单一或具小分枝；小穗含1或2小花，近无柄，孪生或簇生，均偏生于穗轴的一侧，常排成四行。

南昆山4种，1变种。

1. 圆锥花序柔软，下垂或点头；叶片上下表皮细胞结构不相似
  2. 花序分枝上再具小枝……………………4. 孔雀稗 E. cruspavonis
  2. 花序分枝上不具小枝……………………5. 旱稗 E. hispidula
1. 圆锥花序直立或稍点头；叶片上下表皮细胞结构近相似。
  3. 圆锥花序开展，花序分枝常具小枝，小穗长超过3 mm……………………2. 稗 E. crusgalli
  3. 圆锥花序狭窄，其分枝不再具分枝，小穗长不超过3 mm。
    4. 花序轴上无疣基长刚毛，小穗阔卵形或卵形，顶端急尖或无芒……………………1. 光头芒 E. colona
    4. 花序轴上密生疣基长刚毛，小穗卵状椭圆形，顶端渐尖而具短芒……………………3. 短芒稗 E. crusgalli var. breviseta

1. 光头芒（光头稗、芒稷、扒草）

Echinochloa colona (L.) Link.

一年生草本。秆直立，高10～60 cm。叶鞘压扁而背部具脊，无毛；叶片扁平，线形，无毛，边缘稍粗糙。圆锥花序狭窄，主轴具棱，棱边粗糙；花序分枝排列稀疏。花果期夏秋季。

南昆山产于七星湖，生于田野、路边湿润地上。分布几遍全国。全世界温暖地区广布。可作饲料。

2. 稗(稗子、扁扁草)

Echinochloa crusgalli (L.) Beauv. [*E. hispidula* (Retz.) Nees]

一年生草本。秆光滑无毛，基部倾斜或膝曲。叶鞘疏松裹秆，无毛；叶舌缺；叶片线形扁平，边缘粗糙，无毛。圆锥花序近尖塔形，长6～20 cm；主轴具棱，粗糙或具长刺毛。花果期夏秋季。

南昆山产于七星湖，生于沼泽地、沟边、水稻田中。分布几遍全国。全世界温暖地区广布。

3. 短芒稗

Echinochloa crusgalli var. **breviseta** (Döll) Podpéra

本变种与原变种的主要区别在于：圆锥花序较狭窄，长6～10 cm；小穗卵形，脉上疏被短硬毛，顶端具小尖头或具短芒，芒长不超过0.5 cm。

南昆山产于七星湖，生于沼泽地、沟边、水稻田中。分布于我国华南、华东、华中及西南地区。南亚及非洲也有。

4. 孔雀稗

Echinochloa cruspavonis (Kunth) Schult.

一年生草本。秆粗壮，基部倾斜而节上生根。叶舌缺，叶片扁平，线形，两面无毛，边缘增厚而粗糙。圆锥花序下垂，花序分枝上再具小枝；小穗带紫色。颖果椭圆形。花果期夏秋季。

南昆山产于七星湖，生于沼泽地或水沟边。分布丁我国华南、华东及西南地区。全世界热带地区广布。

5. 旱稗

Echinochloa hispidula (Retz.) Nees

一年生草本，秆高40～90 cm。叶鞘平滑无毛；叶舌缺；叶片扁平，线形。圆锥花序狭窄，分枝上不具小枝，有时中部轮生；第一小花通常中性，外稃草质，具7脉，内稃薄膜质，第二外稃革质，坚硬，边缘包卷同质的内稃。花果期7～10月。

南昆山产于七星湖，生于田野水湿处。分布于我国华南、华东、华中、西南及华北地区。朝鲜、日本、印度也有分布。

22. 穇属 Eleusine Gaertn.

一年或多年生草本。秆簇生或具匍匐茎。叶片扁平或卷折。穗状花序常数枚成指状或近指状排列于秆顶，稀单一顶生；小穗含数小花，两侧压扁，成两行呈覆瓦状紧密地排列于穗轴一侧。囊果果皮膜质透明，游离，宽椭圆形。

南昆山1种。

1. 牛筋草(蟋蟀草)

Eleusine indica (L.) Gaertn.

一年生草本；根系极发达。秆丛生，基部倾斜。叶鞘两侧压扁而具脊；叶片平展，线形，无毛或正面被疣基柔毛。穗状花序2～7个指状着生于秆顶；颖及内稃具脊。囊果卵形，具明显波状皱纹。花果期6～10月。

南昆山产于上坪、下坪，生于荒芜之地及路旁。分布于我国南北各地区。全世界温带和热带地区广布。为优良保土植物；全株可作饲料；全草煎水服，可防治乙型脑炎。

23. 画眉草属 Eragrostis Wolf

一年生或多年生草本。秆常丛生。叶片线形。圆锥花序；小穗两侧压扁，含数个至多数小花，小花疏松或紧密地排列成覆瓦状；小穗轴延续不折断或在成熟时自上而下逐节断落。颖果与稃体分离，球形或压扁。

南昆山10种。

1. 小穗节间自上而下逐节断落，即每一节间和小花同时脱落。
  2. 内稃脊上有长纤毛；花序分枝腋间有长柔毛；小穗柄和小枝上有腺点……8. 鲫鱼草 E. tenella
  2. 内稃脊上无长纤毛，或略有短纤毛；花序分枝腋间无柔毛；小穗柄和小枝上无腺点……3. 乱草 E. japonica
1. 小穗节间不断落，即每一节间和小花不同时脱落。
  3. 一年生草本。
    4. 每一小花的外稃与内稃(自下而上)同时脱落……9. 牛虱草 E. unioloides
    4. 每一小花的外稃与内稃不同时脱落……6. 画眉草 E. pilosa
  3. 多年生草本。
    5. 每一小花的外稃与内稃(自下而上)同时脱落……1. 鼠妇草 E. atrovirens
    5. 每一小花的外稃与内稃不同时脱落。
      6. 圆锥花序紧缩成穗状……4. 华南画眉草 E. nevinii
      6. 圆锥花序不紧缩成穗状。
        7. 小枝和小穗柄具腺体……2. 知风草 E. ferruginea
        7. 小枝和小穗柄不具腺体。
          8. 花序分枝较短而坚硬，基部密生小穗……10. 长画眉草 E. brownii
          8. 花序分枝较长而细软，基部裸露不生小穗。
            9. 内稃宿存……5. 宿根画眉草 E. perennans
            9. 内稃脱落……7. 多毛知风草 E. pilosissima

1. 鼠妇草（卡氏画眉草）

Eragrostis atrovirens (Desf.) Trin. ex Steud.

多年生草本。秆直立，基部稍膝曲。叶鞘光滑，鞘口有毛；叶片长4～7 cm，宽2～3 cm，正面粗糙，近基部疏生长毛。圆锥花序，每节有一个分枝；小穗窄矩形，深灰色或灰绿色。颖果长约1 mm。

南昆山产于石河奇观，生于路旁或溪边。分布于我国华南及西南地区。亚洲热带和亚热带地区均有。

2. 知风草

Eragrostis ferruginea (Thunb.) Beauv.

多年生草本。秆丛生或单生，高30～110 cm，粗壮。叶鞘两侧极压扁，基部相互跨覆，无毛，叶鞘主脉上有腺点；叶舌退化为一圈短毛；上部叶片超出花序之上。圆锥花序大而开展，分枝节密；小枝、小穗柄中部或偏上有一腺体。颖果棕红色。花果期8～12月。

南昆山产于佛坳，生于路边、山坡草地。分布于我国南北各地。朝鲜、日本、东南亚也有。可作保土植物；可作饲料；全草入药，可舒筋散瘀。

3. 乱草（碎米知风草）

Eragrostis japonica (Thunb.) Trin.

一年生草本。秆直立或膝曲丛生，具3～4节。叶鞘比节间长，无毛；叶片平展，光滑无毛。圆锥花序长圆形，整个花序长超过植株一半以上，分枝纤细，簇生或轮生；小穗有4～8小花，成熟后紫色。颖果棕红色，透明，卵圆形。花果期6～11月。

南昆山产于石河奇观，生于田野或荫蔽之处。分布于我国华南及华东地区。东半球热带地区广布。可作牧草；全草入药，可清热凉血。

4. 华南画眉草

Eragrostis nevinii Hance

多年生草本。秆簇生，直立或基部稍膝曲。叶鞘具长柔毛；叶舌为一圈短毛；叶片线形，两面均有毛。圆锥花序紧缩成穗状，每节分枝数不定；小穗含4～14小花，黄色或略带紫色。颖果褐色透明。花果期4～10月。

南昆山产于天堂顶，生于荒地或山坡上。分布于我国华南及华东地区。

5. 宿根画眉草

Eragrostis perennans Keng

多年生草本。秆直立而坚硬，具2～3节。叶鞘圆筒形，鞘口密生长柔毛；叶片平展，质硬，无毛，正面较粗糙。圆锥花序开展，每节分枝一个，腋间疏生柔毛；小穗黄色带紫色。颖果棕褐色，椭圆形，微扁。花果期夏秋季。

南昆山产于石河奇观，生于田野路边以及上坡草地。分布于我国华南、华东及西南地区。东南亚地区也有。

6. 画眉草

Eragrostis pilosa (L.) Beauv.

一年生草本。秆丛生，直立或基部膝曲，常4节，光滑。叶鞘扁压，鞘口有长柔毛；叶舌为一圈纤毛；叶片线形扁平，无毛。圆锥花序开展，分枝单生，簇生或轮生，腋间有长柔毛。颖果长圆形。花果期8～11月。

南昆山产于下坪，生于荒芜田野草地上。分布于我国各地。全球温暖地区广布。为优良饲料；药用治跌打损伤。

7. 多毛知风草

Eragrostis pilosissima Link

多年生草本。秆丛生，高30～40 cm，直立，纤细而坚硬。叶鞘密生长柔毛；叶舌为一圈短毛；叶片多内卷，两面密生长柔毛。圆锥花序稀疏，每节多为一个分枝，二回分枝少，腋间无毛；小穗黄色。花果期8月。

南昆山产于佛坳，生于干燥山坡草地。分布于我国华南、华东及华中地区。东南亚也有。

8. 鲫鱼草

Eragrostis tenella (L.) Beauv. ex Roem. et Schult.

一年生草本。秆直立或基部膝曲，具3～4节，常有分枝。叶片线形或线状披针形，叶面微糙，叶背平滑。圆锥花序开展，长圆形；分枝斜升或多少有些平展，单生或簇生，具显著纵条纹，粗糙，腋间有白柔毛；小穗及小穗柄上常有黄色腺点。颖果浅棕色，多少有些透明，椭圆形。花果期6月至翌年1月。

南昆山产于天堂顶，生于路边或山坡草丛。分布于我国华南、华东及华中地区。广布于东半球热带地区，并引入美洲。

9. 牛虱草

Eragrostis unioloides (Retz.) Nees. ex Steud.

一年生草本。秆直立或下部膝曲，具匍匐枝，常3～5节，高20～60 cm。叶鞘松裹茎，无毛，鞘口具毛；叶片平展，近披针形，正面疏生长毛，背面光滑。圆锥花序开展，每节一个分枝，腋间无毛；小穗含紫色小花10～20朵。颖果椭圆形。花果期8～10月。

南昆山产于天堂顶，生于荒山、草地或路旁。分布于我国华南、华东、华中及西南地区。亚洲和非洲的热带广布。

10. 长画眉草

Eragrostis brownii Nees et Mey.

多年生。秆纤细，丛生；叶片常集生于基部，线形，内卷或平展；圆锥花序开展或紧缩，分枝较粗短，基部密生小穗；小穗铅绿色或暗棕色，长椭圆形，含7至多数小花。颖果黄褐色，透明，长约0.5毫米。春季抽穗。

南昆山产于下坪，生荒地或路旁。分布于我国华南、华东及西南地区。东南亚、大洋洲各地也有。

24. 蜈蚣草属 Eremochloa Büse

多年生草本。叶大都集聚于秆基部；叶片线形。总状花序单生于秆顶，背腹压扁；穗轴迟缓脱落，节间呈棒状；无柄小穗扁平，常覆瓦状排列于穗轴之一侧，基盘截形，有时底部中央有1瘤状物。颖果长圆形。

南昆山2种。

1. 无匍匐茎；第一颖顶端无翼，边缘具长而明显的刚毛……………………………………………………………………… 1. 蜈蚣草 E. ciliaris
1. 有匍匐茎；第一颖顶端每边具翼，边缘具不明显的短齿……………………………………………………………… 2. 假俭草 E. ophiuroides

1. 蜈蚣草(百足草)

Eremochloa ciliaris (L.) Merr.

多年生草本。秆密丛生，纤细直立，高40～60 cm。叶鞘压扁，鞘口具纤毛。总状花序单生，常弓曲，花序总梗及其轴间被微柔毛。颖果长圆形。花果期夏秋季。

南昆山产于佛坳，生于山坡、路旁草丛中。分布于我国华南、华东及西南地区。印度、缅甸及中南半岛也有。可作牧草。

2. 假俭草(爬根草)

Eremochloa ophiuroides (Munro) Hack.

多年生草本；具强壮的匍匐茎。秆斜升，高约20 cm。叶鞘压扁，跨生，鞘口具短毛；叶片条形，顶端钝，无毛，顶生叶退化。总状花序顶生，稍弓曲，压扁，花序轴节间具短毛。花果期夏秋季。

南昆山产于下坪至永汉途中，生于潮湿草地及河岸、路旁。分布于我国华南、华东及华中地区。中南半岛也有。可供放牧、铺建草皮及保土固堤之用。

25. 鹧鸪草属 Eriachne R. Br.

多年生草本。叶片纵卷如针状。圆锥花序顶生；小穗含2两性小花，小穗轴极短，脱节于颖之上及2小花之间；雌蕊具分离花柱和帚刷状柱头。

南昆山1种。

1. 鹧鸪草

Eriachne pallescens R. Br.

多年生草本；须根较粗而坚韧。秆直立，丛生，较细而坚硬，无毛，5～8节，基部可分枝。叶鞘圆筒形，鞘口或边缘具短毛；叶舌硬而短，具毛；叶片质硬，多卷成针状，被疣毛。圆锥花序稀疏开展，分枝纤细无毛；小穗含2紫色小花。颖果长圆形。花果期5～10月。

南昆山产于佛坳，生于干燥山坡、林下和潮湿草地上。分布于我国华南、华东及华中地区。东南亚、大洋州也有。可作为饲料；干花序可扎扫帚。

26. 野黍属 Eriochloa Kunth.

一年生或多年生草本。秆直立，常分枝。叶片扁平。圆锥花序顶生，由2至多数总状花序沿主轴着生而成。小穗含2花，单生或孪生，稀簇生，覆瓦状排列于穗轴一侧。

南昆山1种。

1. 高野黍

Eriochloa procera (Retz.) Hubb.

一年生草本。秆丛生，直立，具分枝，节被微毛。叶鞘具脊，无毛；叶舌为一圈白色纤毛；叶片线形，无毛，干时卷折。圆锥花序由数枚总状花序组成；总状花序直立或斜举。花果期夏秋季。

南昆山产于石河奇观，生于荒沙地上。分布于我国广东南部及台湾。东半球热带地区广布。秆叶为良好牧草。

27. 金茅属 Eulalia Kunth

多年生、稀一年生草本。秆直立。叶片线形或线状披针形。总状花序数枚呈指状排列于秆顶，穗轴被毛，成熟后节间常易逐节断落；小穗孪生，一有柄，另一无柄，均为同形两性。颖果长椭圆形。

南昆山1种。

1. 金茅（假青茅）

Eulalia speciosa (Debeaux) Kuntze

多年生草本。秆通常无毛或紧接花序下部分有白色柔毛，节常被白粉。植株基部的叶鞘密生棕黄色绒毛；叶片质硬，扁平或边缘内卷。总状花序5～8枚，淡黄棕色至棕色；花序轴边缘具白色或淡黄色纤毛。花果期8～11月。

南昆山产于佛坳，生于山坡草地。分布于我国华南、华东、华中及西南地区。朝鲜与印度也有。

28. 耳稃草属 Garnotia Brongn.

多年生或一年生草本。叶片扁平或内卷，常被疣基长柔毛。圆锥花序，小穗含1小花，具不等长的小穗柄；颖几等长；外稃无毛。

南昆山2种。

1. 两颖具长芒，芒长3～5 mm……1. 三芒耳稃草 G. acutigluma
1. 两颖无芒……2. 耳稃草 G. patula

1. 三芒耳稃草（三芒葛氏草）

Garnotia acutigluma (Steud.) Ohwi [*G. triseta* Hitchc.]

多年生草本。秆高达60 cm，光滑，节具柔毛。叶鞘茎部具一圈微毛；叶片线形，长达20 cm。圆锥花序狭窄，长达20 cm；小穗狭披针形，长3～5 mm，基部具一圈短毛；颖近相等，披针形，先端具细长芒，长3～5 mm；外稃等长于颖，先端具芒长8～15 mm，内稃稍短于外稃，耳以上至顶被软柔毛；鳞被2。花果期9～10月。

南昆山产于天堂顶，生于山坡潮湿处。分布于我国广东、广西。

2. 耳稃草（散穗葛氏草）

Garnotia patula (Munro) Benth.

多年生草本。秆丛生，直立，高达130 cm。叶舌长0.2～0.5 mm；叶片线形至线状披针形，扁平，长15～60 cm。圆锥花序长15～40 cm；小穗狭披针形，长4～4.5 mm；两颖等长或第一颖稍短；外稃与颖等长，内稃稍短于外稃。花果期8～12月。

南昆山产于石河奇观，生于林下、山谷、湿润的田野路旁。分布于我国华南及华东地区。中南半岛也有。

29. 球穗草属 Hackelochloa Kuntze

一年生草本。秆直立。叶片扁平，线形或线状披针形。总状花序串球形，顶生或腋生；小穗孪生；无柄小穗呈球形，两性，第一颖背面具蜂窝状浅穴，第二颖紧贴于序轴节间而一同嵌入第一颖腹面的凹口中；有柄小穗卵形，雄性或中性，雄蕊3。颖果阔椭圆形。

南昆山1种。

1. 球穗草

Hackelochloa granularis (L.) Kuntze

一年生草本。秆高达100 cm。叶鞘被疣基糙毛；叶片线状披针形，长5～15 cm，两面被疣基毛。总状花序下部常藏于顶生叶鞘中；有柄小穗与无柄小穗分别交互排列于序轴一侧而成两行；无柄小穗半球形，直径约1 mm，有柄小穗卵形，长1.5～2 mm。花果期自夏季至初冬。

南昆山产于上坪，生于路边草丛、山坡。分布于我国华南、华东、西南等地。全球热带广布。

30. 牛鞭草属 Hemarthria R. Br.

多年生草本。秆直立丛生或铺散斜升。叶片扁平，线形。总状花序圆柱形而稍扁，单独顶生或数枚成束腋生；小穗孪生；无柄小穗嵌生于总状花序轴凹穴中；仅含1两性小花，无芒；雄蕊3。颖果卵圆形或长圆形。

南昆山1种。

1. 扁穗牛鞭草

Hemarthria compressa (L. f.) R. Br.

多年生草本，具横走的根茎。秆直立部分高40 cm。叶片线形，长达10 cm，两面无毛。总状花序长5～10 mm；无柄小穗陷入总状花序轴凹穴中，长4～5 mm；第一颖等长于小穗，第二颖略短于第一颖，完全与总状花序的凹穴轴愈合；第一小花仅存外稃，第二小花两性，内稃长约为外稃的2/3；有柄小穗披针形，等长或稍长于无柄小穗。颖果长卵形，长约2 mm。花果期夏秋季。

南昆山产于七星湖，生于田边、路旁湿润处。分布于我国广东、广西、云南。亚洲热带地区广布。

31. 黄茅属 Heteropogon Pers.

一年生或多年生草本。秆粗壮，丛生。叶鞘常因压扁而具脊；叶片扁平，线形。总状花序穗形，单生于主秆或分枝顶端，小穗对覆瓦状着生于花序轴各节；无柄小穗近圆柱形，两性或雌性，有芒，每小穗含2小花；鳞被2；雄蕊0～3，花柱2。颖果近圆柱形。

南昆山1种。

1. 黄茅

Heteropogon contortus (L.) Beauv. ex Roem. et Schult.

多年生丛生草本。秆高达100 cm，基部膝曲，上部直立，光滑无毛。叶片线形，长10～20 cm，两面粗糙或基部疏生柔毛。总状花序单生于主枝或分枝顶，常3～7 cm；花序基部3～12小穗对，同性，上部7～12对，异性；无柄小穗线形，有柄小穗长圆状披针形。花果期4～12月。

南昆山产于佛坳，生于山坡草地。分布于我国华南、华东、华中、西南及西北地区。世界温暖地区广布。嫩叶作饲料；秆供造纸、编织；根、秆、花入药清凉。

32. 白茅属 Imperata Cirillo

多年生草本，具发达多节的长根状茎。叶片多数基生，线形。圆锥花序顶生，紧缩呈穗状；小穗含1两性小花，基部围以丝状柔毛，两颖近相等，披针形；鳞被缺；雄蕊2枚或1枚。颖果椭圆形。

南昆山2种。

1. 秆具1～3节，节无毛 ································ 1. 白茅 I. cylindrica
1. 秆具2～4节，节具白柔毛 ···························· 2. 丝茅 I. koenigii

1. 白茅

Imperata cylindrica (L.) Raeuschel

多年生草本。秆高达80 cm，具1～3节，节无毛。叶鞘聚生于秆基，甚长于其节间；分蘖叶片长约20 cm，秆生叶片长1～3 cm，窄线形，被白粉。圆锥花序长20 cm，宽3 cm；小穗长4.5～6 mm，基盘具长12～16 mm的丝状柔毛；雄蕊2枚；柱头2，花柱基部多少连合。颖果椭圆形，长约1 mm。花果期4～6月。

南昆山产于佛坳、上坪，生于荒坡、路旁。分布几遍全国。中亚、欧洲、非洲也有。

2. 丝茅

Imperata koenigii (Retz.) Beauv.

多年生草本，具横走多节被鳞片的长根状茎，秆直立。圆锥花序穗状，长6～15 cm，宽1～2 cm，分枝短缩而密集；小穗柄顶端膨大成棒状，无毛或疏生丝状柔毛，小穗披针形；两颖几相等，膜质或下部质地较厚；雄蕊2枚，花药黄色，长2～3 mm；柱头2枚，紫黑色，自小穗顶端伸出；颖果椭圆形，花果期5～8月。

南昆山产于下坪，生于田坎、堤岸和路边。分布于我国华南、华中、华东及西南等地。广布于东半球和温暖地区。根状茎含果糖、葡萄糖等，味甜可食，入药为利尿剂、清凉剂；茅花可止血。

33. 柳叶箬属 Isachne R. Br.

多年生或一年生草本。叶片扁平。圆锥花序顶生，疏散；小穗卵圆形或卵状球形，含2小花，均为两性或第一小花雄性，第二小花雌性。颖果椭圆形或近球形。

南昆山1种。

1. 柳叶箬

Isachne globosa (Thunb.) Kuntze.

多年生草本。秆丛生，高达60 cm，节上无毛。叶鞘短于节间；叶片披针形，长3～10 cm。圆锥花序卵圆形，长3～11 cm；小穗椭圆状球形，长2～2.5 cm。颖果近球形。花果期夏秋季。

南昆山产于上坪，生于低海拔缓坡、稻田中。分布于我国华南、华东、华中、西南、华北及东北地区。东亚、太平洋诸岛、大洋洲也有。

34. 鸭嘴草属 Ischaemum L.

一年生或多年生草本，有时具根茎或匍匐茎。叶片披针形至线形。总状花序孪生；小穗孪生，一有柄，另一无柄，各含2小花；第一颖长圆形或披针形，顶端常扁平呈鸭嘴状，第二颖舟形；第一小花雄性或中性，第二小花两性，外稃顶端2齿裂；鳞被2；雄蕊3。颖果长圆形。

南昆山3种。

1. 无柄小穗第一颖不具横皱纹。
   2. 有柄小穗具细直芒……………………1. 有芒鸭嘴草I. aristatum
   2. 有柄小穗具膝曲的芒……………………3. 细毛鸭嘴草I. ciliare
1. 无柄小穗第一颖具深横皱纹…………2. 粗毛鸭嘴草I. barbatum

1. 有芒鸭嘴草

Ischaemum aristatum L.

多年生草本。秆直立或下部斜升，高达80 cm。叶鞘疏生疣基毛；叶片线状披针形，长可达18 cm。总状花序相互贴生成圆柱形，长4～6 cm；无柄小穗披针形，长7～8 mm；第一颖上部5～7脉，第二颖等长于第一颖；第一小花雄性稍短于颖，第二小花两性；雄蕊3；花柱分离。花果期夏秋季。

南昆山产于上坪，生于山坡路旁。分布于我国华南、华东、华中及西南地区。印度、中南半岛及东南亚也有。

2. 粗毛鸭嘴草（芒穗鸭嘴草、瘤鸭嘴草）

Ischaemum barbatum Retz.

多年生草本。秆直立质硬，节上被髯毛。叶鞘被柔毛，老时脱落；叶片基部收缩成短病状，边缘粗糙。总状花序孪生于秆顶，紧贴成圆柱状；花序轴节间三棱柱形，外棱和小穗柄外侧有纤毛。颖果卵形，胚长达颖果的1/3。花果期夏秋季。

南昆山丘陵山地常见。生于山坡草地。分布于我国华南、华东、华中、西南及华北地区。南亚至东南亚各国也有。幼嫩时可作饲料；须根可作扫帚。

3. 细毛鸭嘴草（纤毛鸭嘴草）

Ischaemum ciliare Retz. [*I. indicum* (Houtt.) Merr.]

多年生草本。秆直立或基部平卧至斜升，直立部分高达50 cm，节上密被白色髯毛。叶鞘疏生疣毛；叶舌长1 mm，上缘撕裂状；叶片线形，长达12 cm，两面被疏毛。总状花序2～4枚孪生于秆顶；无柄小穗第一颖长4～5 mm，先端具2齿。有柄小穗具膝曲芒。花果期夏秋季。

南昆山产于佛坳，生于山坡草丛、路旁、旷野草地。分布于我国华南、华东及西南地区。印度、中南半岛、东南亚也有。

35. 李氏禾属 Leersia Soland. ex Swartz

多年生、水生或湿生沼泽草本。具长匍匐茎或根状茎；秆具多节，下部伏卧地面或漂浮水面，上部直立或倾斜。叶鞘常短于其节间；叶片线状披针形。圆锥花序顶生；小穗含1小花，无芒；两颖完全退化；鳞被2；雄蕊6或1～3枚。颖果长圆形。

南昆山1种。

1. 李氏禾

Leersia hexandra Swartz

多年生草本。具发达匍匐茎和细瘦根状茎；秆直立部分高达50 cm，节部膨大且密生倒生微毛；叶鞘短于节间；叶舌长1～2 mm，基部两侧下延与叶鞘边缘相愈合成鞘边；叶片披针形，长5～10 cm。圆锥花序长5～10 cm；小穗长3.5～4 mm。颖果长约2.5 mm。花果期6～8月。

南昆山产于七星湖，生于河沟、田边湿地。分布于我国华南、福建及台湾。全球热带地区广布。

36. 千金子属 Leptochloa Beauv.

一年生或多年生草本。叶片线形。圆锥花序由多数细弱穗形的总状花序组成；小穗含2至数小花；颖不等长，具1脉，无芒；外稃具3脉，脉之下具短毛，内稃与外稃等长或稍短，具2脊。

南昆山2种。

1. 叶鞘及叶片均无毛；小穗长2～4 mm…… 1. 千金子 L. chinensis
1. 叶鞘及叶片均具疣基长柔毛；小穗长1～2 mm………………………………2. 虮子草 L. panicea

1. 千金子

Leptochloa chinensis (L.) Nees

一年生草本。秆直立，基部膝曲或倾斜，高达90 cm，光滑无毛。叶鞘无毛，多短于节间；叶片两面微粗糙或背面平滑，常5～25 cm，宽2～6 mm。圆锥花序长10～30 cm；小穗长2～4 mm，含3～7小花；第一颖长1～1.5 mm，第二颖长1.2～1.8 mm。颖果长圆球形，长约1 mm。花果期8～11月。

南昆山产于七星湖，生于潮湿之地。分布几遍全国。东南亚有分布。

2. 虮子草

Leptochloa panicea (Retz.) Ohwi

一年生草本。秆细弱，高达60 cm。叶鞘疏生有疣基的柔毛；叶舌长2 mm；叶片长6～18 cm，宽3～6 mm，无毛或疏生疣毛。圆锥花序长10～30 cm；小穗灰绿色或带紫色，长1～2 mm，含2～4小花；第一颖长约1 mm，第二颖长约1.4 mm。颖果圆球形，长约0.5 mm。花果期7～10月。

南昆山产于石河奇观，生于田野或路边。分布于我国华南、华东、华中、西南及西北地区。全球热带和亚热带地区广布。

37. 淡竹叶属 Lophatherum Brongn

多年生草本。秆直立，半滑。叶鞘长于其节间，边缘生纤毛；叶片披针形，具明显小横脉。圆锥花序由数枚穗状花序组成；小穗圆柱形，含数小花，第一小花两性，其它均为中性小花；两颖不相等，均短于第一小花；内稃较其外稃窄小。雄蕊2枚。

南昆山1种。

1. 淡竹叶

Lophatherum gracile Brongn.

多年生草本，具木质根。秆直立，高达80 cm。叶鞘平滑或外侧边缘具纤毛；叶舌长0.5～1 mm；叶片披针形，长6～20 cm。圆锥花序长12～25 cm；小穗线状披针形，长7～12 mm；第一颖长3～4.5 mm，第二颖长4.5～5 mm；第一外稃长 5～6.5 mm；雄蕊2枚。颖果长椭圆形。花果期6～10月。

南昆山产于上坪，生于山坡、林下、林缘、路旁。分布于我国华南、华东、华中及西南地区。东亚至南亚也有。叶入药，可清凉解热。

38. 糖蜜草属 Melinis Beauv.

一年生或多年生草本。秆簇生，基部常匍匐。叶片通常线形，扁平。圆锥花序；小穗椭圆形或长圆形，多少两侧压扁，脱节于颖下，含2小花；第一颖微小或无；第二颖与小穗等长，薄膜质至纸质，具5～9脉，顶端急尖、微凹或2裂，有芒或无芒；第一小花雄性或中性，外稃与第二颖近等长，具3～7脉；第二小花两侧压扁，膜质至薄骨质，易脱落。

南昆山1种。

1. 红毛草

Melinis repens (Willd.) Zizka [*Rhynchelytrum repens* (Willd.) Hubb.]

多年生直立草本，高达1 m。叶鞘多短于节间；叶片线形，长达20 cm。圆锥花序长10～15 cm；小穗长约5 mm，常被粉红色绢毛；第一颖长约为小穗的1/5；第一外稃具2脊。花果期6～11月。

南昆山产于佛坳，生于路边、荒坡。原产南非，我国华南及台湾广布。

39. 莠竹属 Microstegium Nees

多年生蔓性草本。秆多节，下部着土后易生根，具分枝。叶片披针形。总状花序数枚至多数呈指状排列，稀为单生；小穗两性，孪生，一有柄，另一无柄；两颖等长于小穗；第一小花雄性，第一外稃常缺，第二外稃微小，顶端2裂或全缘；鳞被2。颖果长圆形。

南昆山2种。

1. 小穗第一颖背部无毛，边缘有纤毛；第二外稃具稍曲折芒……………………………………………………1. 刚莠竹M. ciliatum
1. 小穗第一颖背面沿脉具刺毛；第二外稃具扭转膝曲芒……………………………………………………2. 蔓生莠竹M. fasciculatum

1. 刚莠竹

Microstegium ciliatum (Trin.) A. Camus.

多年生蔓生草本。秆高1 m以上，下部节上生根。叶鞘长于或上部短于其节间；叶舌长1～2 mm；叶片披针形或线状披针形，长10～20 cm。总状花序长6～10 cm，轴节间长2.5～4 mm；无柄小穗披针形，长约3.2 mm；雄蕊3枚。颖果长圆形，长1.5～2 mm。花果期9～12月。

南昆山产于上坪，生于阴坡林缘、沟边湿地。分布于我国华南、华东、华中及西南地区。亚洲热带地区广布。

2. 蔓生莠竹

Microstegium fasciculatum (L.) Henrard [*M. vagans* (Nees ex Steud.) A. Camus]

多年生草本。秆高1 m，多节。叶片长12～15 cm，宽5～8 mm，顶端丝状渐尖；不具柄；两面无毛。总状花序3～5枚，长约6 cm，轴节间稍短于小穗的1/3；无柄小穗长圆形，长3.5～4 mm；第一小花雄性，第二外稃微小，2裂，第二内稃顶端钝或具3齿，长为其外稃的2倍；雄蕊3。花果期8～10月。

南昆山产于石河奇观，生于低海拔林缘、林下阴湿地。分布于我国广东、海南及云南。亚洲热带也有。

40. 芒属 Miscanthus Anderss.

多年生高大草本。秆粗壮，中空。叶片扁平宽大。顶生圆锥花序大型；小穗含一两性花，两颖近相等，第一外稃内空，第二外稃顶端2裂，内稃微小；鳞被2，雄蕊3枚；花柱2。颖果长圆形。

南昆山2种。

1. 圆锥花序大型，分枝多，主轴延伸达花序的2/3以上，长于其总状花序分枝……………………………1. 五节芒M. floridulus
1. 圆锥花序稍小，分枝少，主轴延伸至花序中部以下，短于其总状花序分枝……………………………………2. 芒M. sinensis

1. 五节芒

Miscanthus floridulus (Lab.) Warb. ex K. Schum. et Laut.

多年生草本。秆高大似竹，高达4 m，无毛，节下具白粉。叶鞘无毛，长于或上部稍短于其节间；叶舌长1～2 mm；叶片披针状线形，长25～60 cm，中脉粗壮隆起，两面无毛，或正面基部有柔毛。圆锥花序大型，长30～50 cm，主轴延伸达花序的2/3以上；小穗卵状披针形，长3～3.5 mm，黄色。花果期5～10月。

南昆山产于七星湖，生于低海拔撂荒地与丘陵潮湿谷地和山坡或草地。分布于我国华南及华东地区。东南亚太平洋诸岛至波利尼西亚也有。幼叶作饲料，秆作造纸原料；根状茎入药利尿。

2. 芒

Miscanthus sinensis Anderss.

多年生苇状草本。秆高达2 m，无毛或在花序以下疏生柔毛。叶鞘无毛，长于其节间；叶片线形，长20～50 cm，背面疏生柔毛及被白粉。圆锥花序直立，长15～40 cm，主轴延伸至花序的中部以下；小穗披针形，长4.5～5 mm，第二内稃长约为其外稃的1/2；雄蕊3枚。颖果长圆形。花果期7～12月。

南昆山产于佛坳，生于低海拔山地、路旁、荒坡等处。分布于我国华南、华东、华中及西南等地区。朝鲜、日本也有。秆可作造纸原料。

41. 毛俭草属 Mnesithea Kunth

多年生高大草本。秆直立，丛生。叶片扁平。总状花序圆柱状，单生于枝顶；序轴每节间的凹穴中并生3枚小穗，易逐节脱落；无柄小穗2枚，同形，同性；第一小花仅存外稃或具内稃，第二小花两性；雄蕊3；有柄小穗退化而仅存棒形小穗柄，位于无柄小穗间。

南昆山1种。

1. 毛俭草

Mnesithea mollicoma (Hance) A. Camus

多年生草本。秆直立，高达1.5 m。叶舌长约1 mm；叶片扁平，线状披针形，两面密被毛。总状花序圆柱形，单生于秆顶，长5～10 cm，基部周围生短柔毛；每节间的凹穴中并生2枚无柄、1枚有柄小穗；第一小花常退化，第二小花两性，内、外稃等长；雄蕊3。花果期秋季。

南昆山产于佛坳，生于草地和灌丛中。分布于我国华南地区。

42. 类芦属 Neyraudia Hook. f.

多年生草本，具根状茎，秆具多数节。叶鞘颈部常具柔毛；叶舌密生柔毛。圆锥花序大型稠密；小穗3～8花，第一小花两性或不孕，第二小花正常发育；外稃披针形，内稃狭窄，稍短于外稃。

南昆山1种。

1. 类芦(假芦)

Neyraudia reynaudiana (Kunth) Keng ex Hithc.

多年生草本，秆直立，高达3 m。叶鞘无毛；叶舌密生柔毛；叶片长30～60 cm，宽5～10 mm。花序长30～60 cm；小穗长6～8 mm，含5～8小花，第一外稃不孕，无毛；外稃长约4 mm，内稃短于外稃。花果期8～12月。

南昆山产于佛坳，生于林缘、河边、路旁、山坡草地。分布于我国华南、华东、华中及西南地区。亚洲热带地区广布。庭园观赏。

43. 求米草属 Oplismenus Beauv.

一年生或多年生草本。叶片扁平，卵形至披针形，稀线状披针形。圆锥花序，小穗卵形或卵状披针形，含2小花；颖近等长；第一小花中性，外稃等长于小穗，内稃存在或缺，第二小花两性；花柱基部分离；种脐椭圆形。

南昆山1种，2变种。

1. 花序轴、穗轴、叶鞘及叶片无毛，或被微毛或仅叶鞘口缘具毛……1. 竹叶草 O. compositus
1. 花序轴、穗轴、叶鞘及叶片密被长柔毛、长硬毛或疣基毛。
    2. 叶片长3～10 cm，宽5～18 mm……2. 中间竹叶草 O. compositus var. intermedius
    2. 叶片长10～20 cm，宽20～30 mm……3. 大叶竹叶草 O. compositus var. owatarii

1. 竹叶草

Oplismenus compositus (L.) Beauv.

一年生草本。秆基部平卧地面，上升部分高达80 cm。叶片披针形至卵状披针形，常3~8 cm，近无毛或边缘疏生纤毛。圆锥花序长5~15 cm；小穗长约3 mm；颖近等长，长约为小穗1/2~2/3；第一小花外稃与小穗等长，内稃狭小或缺，第二外稃长约2.5 mm。花果期9~11月。

南昆山产于上坪，生于疏林下阴湿处。分布于我国华南、华东及西南地区。东半球热带地区广布。

2. 中间竹叶草(中间型竹叶草)

Oplismenus compositus var. **intermedius** (Honda) Ohwi

一年生草本。秆纤细，节着地生根。叶鞘密被疣基硬毛，边缘被纤毛；叶片披针形至卵状披针形，基部斜心形。花序轴及穗轴被长毛；小穗孪生，稀上部者单生；两颖均具5脉；第一外稃顶端具小尖头，7~9脉。

南昆山产于石河奇观，生于疏林下阴湿地。分布于我国华南、华东及西南等地区。日本也有。

3. 大叶竹叶草

Oplismenus compositus var. **owatarii** (Honda) Ohwi

多年生草本。秆纤细，上升部分高达80 cm。叶鞘、叶片、花序轴密生长柔毛或疣基毛；叶片披针形，长10~20 cm。小穗长约4 mm，第一颖的芒长约8 mm，具5脉，第二颖长约1 mm的芒，具5~7脉。

南昆山产于石河奇观，生于疏林阴湿处。分布于我国华南、西南地区及台湾等。日本、泰国也有。

44. 稻属 Oryza L.

一年生或多年生草本。秆直立，丛生。叶鞘无毛；叶片线状，宽大。顶生圆锥花序常下垂；小穗含一两性小花，其下附有2枚退化外稃；颖退化；孕性外稃具小疣点或细毛，顶端有长芒或尖头；鳞被2；雄蕊6枚；柱头2。颖果长圆形。

南昆山1种。

1. 野稻

Oryza rufipogon Griff.

多年生水生草本。秆高约1.5 m，下部海绵质或于节上生根。叶鞘圆筒形，无毛；叶片线形，长达40 cm。圆锥花序长约20 cm；小穗长8~9 mm，基部具2枚微小半圆形的退化颖片；第一和第二外稃退化呈鳞片状，长约2.5 mm，孕性外稃长7~8 mm；芒着生于外稃顶端并具一明显关节，长5~40 mm。花果期4~11月。

南昆山产于七星湖，生于池塘或湿地。分布于我国华南、华东及西南地区。热带亚洲广布。

45. 露籽草属 Ottochloa Dandy

多年生草本。秆蔓生。叶片披针形。圆锥花序顶生；每小穗有2小花；颖长约为小穗的1/2，具3~5脉，第一小花不育，外稃与小穗等长，有7~9脉；第二小花发育。

南昆山1种。

1. 露籽草(奥图草)

Ottochloa nodosa (Kunth) Dandy

多年生蔓生草本。叶鞘短于节间，叶舌长约0.3 mm；叶片披针形，长4~11 cm。圆锥花序长10~15 cm；小穗长2.8~3.2 mm，第一颖长约为小穗的1/2，第二颖长约为小穗1/2~2/3，第一外稃约与小穗等长，第一内稃缺，第二外稃与小穗近等长。花果期7~9月。

南昆山产于石河奇观，生于疏林或林缘。分布于我国华南、华东及西南地区。东南亚也有。

46. 黍属 Panicum L.

一年生或多年生草本。秆直立或基部膝曲或匍匐。叶片线形至卵状披针形，通常扁平。圆锥花序顶生，小穗具柄，含2小花；第一内稃存在或退化甚至缺；鳞被2。

南昆山4种。

1. 第二小花(谷粒)具横皱或乳突。
    2. 第二小花(谷粒)具乳突 ………………… 1. 短叶黍 P. brevifolium
    2. 第二小花(谷粒)具横皱 ………………… 2. 大黍 P. maximum
1. 第二小花(谷粒)平滑。
    3. 鳞被膜质，具3~5脉 ………………… 3. 心叶稷 P. notatum
    3. 鳞被纸质，多脉 ………………… 4. 铺地黍 P. repens

1. 短叶黍

Panicum brevifolium L.

一年生草本。秆基部常俯卧地面，高达50 cm。叶鞘短于节间；叶片卵形或卵状披针形，长2~6 cm。圆锥花序卵形，长5~15 cm；小穗椭圆形，长2 mm；第一颖稍短于小穗，第二颖与小穗等长；鳞被片长约0.28 mm。花果期5~12月。

南昆山产于石河奇观，生于阴湿地或林缘。分布于我国华南、华东及西南地区。亚洲热带地区广布。

2. 大黍(羊草)

Panicum maximum Jacq.

多年生，簇生高大草本；根茎肥壮。秆直立，节上密生柔毛。叶鞘疏生疣基毛；叶舌顶端被长毛；叶片硬，正面近基部有毛，边缘粗糙。圆锥花序大而开展，分枝纤细，下部的轮生，腋内疏生柔毛；小穗长圆形，无毛；第一颖卵圆形，3脉；第二颖椭圆形，5脉，第一外稃与之同形等长，具5脉；第二外稃与其内稃表面均具横皱纹。花果期8～10月。

南昆山产于佛坳，生于林缘、路边或草坡地。广东及台湾等地栽培，已逸为野生。原产非洲热带地区。可作饲料。

3. 心叶稷

Panicum notatum Retz.

多年生草本。秆高达120 cm。叶舌极短，为一圈毛；叶片披针形，长5～12 cm。圆锥花序长10～23 cm；小穗椭圆形，长2.3～2.5 mm；第一颖几与小穗等长；第一外稃与第二颖同形，其内稃缺。花果期5～11月。

南昆山产于上坪，生于林缘。分布于我国华南、华东及西南地区。菲律宾、印度尼西亚也有。

4. 铺地黍

Panicum repens L.

多年生草本。秆直立，高达100 cm。叶片线形，长5～25 cm；叶舌极短。圆锥花序长5～20 cm；小穗长圆形，长约3 mm，无毛；第一颖长约为小穗的1/4，第二颖与小穗近等长。花果期6～11月。

南昆山产于石河奇观，生于溪边及潮湿之处。分布于我国东南部。世界热带和亚热带广布。

47. 雀稗属 Paspalum L.

多年生或一年生草本。叶片线形或狭披针形，扁平或卷折。穗形总状花序；小穗含一成熟小花，几无柄或具短柄，第一颖通常缺如，稀存在；第一小花中性，内稃缺；鳞被2；雄蕊3。胚长为颖果的1/2；种脐点状。

南昆山5种，1变种。

1. 小穗边缘或顶端具长1～2 mm的丝状柔毛。
  2. 总状花序长6～12 cm，小穗长1.5～1.8 mm……………………………………………………1. 两耳草 P. conjugatum
  2. 总状花序长3～5 cm，小穗长3～3.5 mm……………………………………………………2. 双穗雀稗 P. distichum
1. 小穗无毛，有时被微毛，但不具丝状柔毛。
  3. 小穗被微毛或小穗柄具长柔毛。
    4. 第二颖与第一外稃具5脉…………3. 台湾雀稗 P. hirsutum
    4. 第二颖与第一外稃具3脉………4. 长叶雀稗 P. longifolium
  3. 小穗与小穗柄均无毛。
    5. 第二颖与第一外稃具5～7脉……………………………………………………5. 鸭乸草 P. scrobiculatum
    5. 第二颖与第一外稃均为3脉……………………………………………………6. 圆果雀稗 P. scrobiculatum var. orbiculare

1. 两耳草

Paspalum conjugatum Berg.

多年生草本。具长达1 m的匍匐茎，秆直立部分高达

60 cm。叶鞘无毛或上部边缘及鞘口具柔毛；叶舌极短；叶片披针状线形，长5～20 cm，无毛或边缘具疣状柔毛。总状花序2枚，长6～12 cm；小穗卵形，长1.5～1.8 mm。颖果长约1.2 mm；胚长为颖果长的1/3。花果期5～9月。

南昆山产于佛坳、上坪，生于田野、林缘、潮湿草地。分布于我国华南、西南地区及台湾。全世界热带及温暖地区均有分布。

2. 双穗雀稗

Paspalum distichum L. [*P. paspaloides* (Michx.) Scribn.]

多年生草本。匍匐茎横走长达1 m，直立部分高达40 cm。叶舌长2～3 mm；叶片披针形，长5～15 cm，无毛。总状花序2枚对生，长2～6 cm；小穗倒卵状长圆形，长约3 mm，第一颖退化或微小；第二外稃等长于小穗。花果期5～9月。

南昆山产于佛坳，生于路旁。分布于我国华南、西南、华东、华中地区及台湾。全世界热带、亚热带地区均有分布。曾作为牧草引种，现成为恶性杂草。

3. 台湾雀稗

Paspalum hirsutum Retzius [*P. formosanum* Honda]

多年生草本。秆丛生，高达40 cm，节与花序下部具柔毛。叶鞘短于节间，被柔毛；叶舌长约2 mm；叶片披针形，长5～10 cm，两面生柔毛。总状花序2～4枚，长2～3 cm；小穗椭圆状圆形，长约2 mm，成两行排列于具翼穗轴之一侧；第二颖具3～5脉，第一外稃等长于小穗。花果期5～10月。

南昆山产于上坪横岗岐，生于山坡、草地。分布于我国广东、广西及台湾。亚洲热带地区。

4. 长叶雀稗

Paspalum longifolium Roxb.

多年生草本。秆直立，丛生，高达120 cm。叶鞘长于其节间，边缘生疣基长柔毛；叶舌长1～2 mm；叶片长10～20 cm，宽5～10 mm，无毛。总状花序长5～8 cm；小穗柄孪生，小穗成4行排列于穗轴一侧，宽倒卵形，长约2 mm。花果期7～10月。

南昆山产于七星湖，生于潮湿山坡、田边。分布于我国华南及云南、台湾。印度、马来西亚至大洋洲、日本也有。

5. 鸭乸草

Paspalum scrobiculatum L.

多年生或一年生草本。秆高达150 cm。叶舌长0.5～1 mm；叶片披针形或线状披针形，长10～20 cm。总状花序2～8枚，长3～10 cm；小穗圆形至宽椭圆形，长2.5 mm；第一颖缺，第二外稃等长于小穗。花果期5～9月。

南昆山产于七星湖，生于路旁草地或低海拔湿地。分布于我国华南、西南地区及台湾等。世界热带地区有分布。

6. 圆果雀稗

Paspalum scrobiculatum var. **orbiculare** (Forst.) Hackel [*P. orbiculare* Forst.]

多年生草本。秆直立，丛生，高达90 cm。叶鞘长于其节间，无毛，鞘口有少数长柔毛；叶片长披针形至线形，长10～20 cm。总状花序长3～8 cm；小穗椭圆形或倒卵形，长2～2.3 mm，单生于穗轴一侧，成两行；第二颖于第一外稃等长，具3脉，第二外稃等长于小穗。花果期6～11月。

南昆山产于七星湖，生于低海拔荒坡、草地、路旁、田间等地。分布于我国华南、西南、华东、华中地区及台湾等。亚洲东南部至大洋洲广布。

48. 芦苇属 Phragmites Adans.

多年生沼生草本。叶鞘常无毛；叶片披针形，多无毛。小穗3～7小花，小穗轴节间短而无毛；第一外稃通常不孕，外稃狭披针形，内稃狭小，甚短于其外稃。

南昆山1种。

1. 水芦（卡开芦）

Phragmites karka (Retz.) Trin. ex Steud.

多年生草本。根状茎节间长1～2 cm；茎高4～6 m。叶片扁平宽广，长达50 cm。圆锥花序长50 cm；小穗柄长5 mm；小穗长8～11 mm，含4～6小花；第一外稃长6～9 mm；基盘细长，疏生长约5 mm的丝状柔毛。花果期8～12月。

南昆山产于七星湖，生于江河湖边或溪旁湿地。分布于我国华南、华东及西南地区。亚洲热带、非洲及大洋洲广布。

49. 金发草属 Pogonatherum Beauv.

多年生簇生草本，多分枝。叶片扁平，狭窄。穗状花序单生于秆顶；小穗近圆柱形，有1～2小花，有柄者为中性或雄性，稀两性，无柄者为两性；第二颖与第一颖等长或稍长，具芒；不孕小花的外稃约与第二颖等长，无芒。

南昆山2种。

1. 植株高在30 cm以下；具雄蕊1枚…………1. 金丝草P. crinitum
1. 植株高30～60 cm；具雄蕊2枚…………2. 金发草P. paniceum

1. 金丝草

Pogonatherum crinitum (Thunb.) Kunth.

多年生簇生草本，高达30 cm。叶片披针形，长2～4 cm。穗状花序单生于主秆和分枝的顶端，长1.5～3 cm；小穗成对，一具柄，另一无柄；第二颖较第一颖稍长，2齿裂，具芒，长10～15 mm；不孕小花的内稃缺。花果期夏秋季。

南昆山产于佛坳，生于阴湿斜坡、墙脚、岩缝或堤岸边。分布于我国华南、华中、华东及西南地区。印度至日本、马来西亚也有。入药，有凉血散热之效。

2. 金发草

Pogonatherum paniceum (Lam.) Hack.

多年生草本。秆硬似竹，基部具被密毛的鳞片，高达60 cm。叶鞘短于节间；叶舌长约0.4 mm；叶片线形，长1.5～5.5 cm。总状花序稍弯曲，乳黄色；无柄小穗长2.5～3 mm；第一颖稍短于第二颖，第二颖与小穗等长，近先端边缘处被流苏状纤毛；第一小花雄性，外稃稍短于第一颖，无芒，具1脉，内稃等长或稍短于外稃，具2脉；第二小花两性，内稃与外稃等长。花果期4～10月。

南昆山产于佛坳，生于低海拔山坡、草地、路边、溪旁草地的干旱向阳处。分布于我国华南、西南及华中地区。印度、马来西亚至大洋洲也有。

50. 筒轴茅属 Rottboellia L. f.

一年生或多年生粗壮草本。秆直立，高达2 m，基部常有支柱根。叶片较宽。总状花序圆柱形；小穗孪生，有柄小穗的柄与总状花序轴节间愈合，常雄性或甚退化；无柄小穗两性，嵌生于总状花序轴节间的凹穴中；雄蕊3；花柱分离。

南昆山1种。

1. 筒轴茅

Rottboellia cochinchinensis (Lour.) Clayton [*R. exaltata* L. f.]

一年生粗壮草本。须根粗壮，常具支柱根。秆直立，高达2 m。叶鞘具硬刺毛或变无毛；叶片线形，长达50 cm，无毛或正面疏生短柔毛。总状花序粗壮，直立，无柄小穗嵌入凹穴中；第一小花雄性，常短于第二小花的。颖果长圆状卵形。花果期秋季。

南昆山产于下坪，生于田野、路旁杂草丛中。分布于我国华南、华东及西南地区。亚洲热带、非洲及大洋洲广布。

51. 甘蔗属 Saccharum L.

多年生草本。秆高大粗壮，常实心，具多节，基部数节有气生根。叶舌发达；叶片线形宽大，中脉粗壮。顶生圆锥花序大型，由多数总状花序组成；小穗孪生，一无柄，另一有柄；两颖近等长；基盘多具长于其小穗的丝状柔毛；第一外稃内空，第二外稃窄线形，顶端无芒；雄蕊3枚。

南昆山1种。

1. 斑茅

Saccharum arundinaceum Retz.

多年生高大丛生草本。秆粗壮，高2～6 m，直径1～2 cm，具多数节，无毛。叶鞘长于其节间，基部或上部边缘和鞘口具柔毛；叶片宽大，线状披针形，长1～2 m，边缘锯齿状粗糙。圆锥花序大型，长30～80 cm，宽5～10 cm；小穗狭披针形，长3.5～4 mm，基盘具长约1 mm的短柔毛。颖果长圆形，长约3 mm。花果期8～12月。

南昆山产于七星湖，生于荒坡、溪涧草地。分布于我国华南、华东、华中、西南及西北地区。亚洲热带地区广布。嫩叶作饲料；秆编织或造纸。

52. 囊颖草属Sacciolepis Nash

一年生或多年生草本。秆直立或基部膝曲。叶片较狭窄。圆锥花序紧缩成穗状，小穗一侧偏斜，小花2，第一小花雄性或中性，第二小花两性。

南昆山1种。

1. 囊颖草

Sacciolepis indica (L.) Chase

一年生草本，常丛生。秆基部常膝曲，高达1 m。叶片线形，长5～20 cm。圆锥花序紧缩成圆筒状，长1～16 cm或更长；小穗卵状披针形；第一颖为小穗长的1/3～2/3，第二颖与小穗等长；第一外稃等长于第二颖，第一内稃退化或短小，第二外稃长约为小穗的1/2。颖果椭圆形。花果期7～11月。

南昆山产于七星湖，生于湿地或淡水中。分布于我国华南、华东、华中及西南地区。印度至日本、大洋洲也有。

53. 裂稃草属Schizachyrium Nees

一年生或多年生草本。秆直立或平卧。叶片线形或线状长圆形。总状花序单生，顶生或腋生，基部有鞘状总苞；小穗成对生于各节，一具柄，另一无柄，无柄小穗具髯毛，2小花，第一小花退化，仅存一外稃，第一颖无芒，第一外稃具纤毛，第二外稃深2裂，裂齿间具1膝曲的芒，内稃缺或细小，鳞被2，雄蕊3；颖果狭线形。有柄小穗退化，仅存一颖，具芒。

南昆山1种。

1. 裂稃草

Schizachyrium brevifolium (Swartz) Nees ex Buse

一年生草本。秆高达70 cm。叶鞘短于节间，无毛，具1脊；叶片线形或长圆形，长1.5～4 cm，无毛。总状花序长0.5～2 cm；总状花序轴节间无毛，顶端常具2齿；无柄小穗线状披针形，长约3 mm，基盘具短髯毛，第一颖顶端2齿裂；第二外稃短于第一颖1/3，2深裂几达基部，裂片线形，齿间芒长约1 cm。颖果线形，长约2.5 mm。花果期7～12月。

南昆山产于石河奇观，生于山坡、林下、草地。分布几遍全国。广布世界温暖地区。

54. 狗尾草属Setaria Beauv.

一年生或多年生草本。叶片线形、披针形或长披针形。圆锥花序，小穗含1～2小花；颖不等长，第二颖与第一外稃等长或较短，第二外稃等长或稍长或短于第一外稃；鳞被2；雄蕊3。颖果椭圆状球形；胚长约为颖果的1/3～2/5。

南昆山5种。

1. 圆锥花序疏松呈塔形或线形；部分小穗下有刚毛1枚。
    2. 叶片纺锤状宽披针形，宽2～7 cm……………………2. 棕叶狗尾草S. palmifolia
    2. 叶片线状披针形，宽0.5～3 cm…… 3. 皱叶狗尾草S. plicata
1. 圆锥花序紧缩呈圆柱状；每小穗下有刚毛数枚或多数。
    3. 花序主轴上每个小枝具3枚以上的成熟小穗……………………5. 狗尾草S. viridis
    3. 花序主轴上每个小枝具1枚成熟小穗。
        4. 小穗长2～2.5 mm，第一小花常中性……………………1. 莠狗尾草S. geniculata
        4. 小穗长3～4 mm，第一小花常具雄蕊……………………4. 金色狗尾草S. pumila

1. 莠狗尾草

Setaria geniculata (Lam.) Beauv.

多年生草本，丛生。秆直立或基部膝曲，高达90 cm。叶片常卷折呈线形，长5～30 cm。圆锥花序稠密呈圆柱状，长2～7 cm；小穗椭圆形，长2～2.5 mm；第一颖长为小穗1/3，具3脉，第二颖长为小穗的1/2，具5脉；第一外稃与小穗等长或略短，内稃明显窄于或略短于第二小花，第二小花两性。花果期2～11月。

南昆山产于七星湖，生于低海拔山坡、旷野或路边的干燥或湿地。分布于我国华南、西南、华中及华东地区。世界热带、亚热带地区广布。作牲畜饲料；全草入药，有清热利湿之效。

2. 棕叶狗尾草

Setaria palmifolia (König) Stapf

多年生草本。秆高达2 m。叶片纺锤状宽披针形，长20～59 cm，宽2～7 cm。圆锥花序呈狭窄的塔形，长20～59 cm；小穗卵状披针形，长2.5～4 mm，部分小穗有1枚刚毛；第一颖长为小穗的1/3～1/2，第二颖长为小穗的1/2～3/4或略短于小穗。颖果卵状披针形，长2～3 mm，成熟时往往不带颖片脱落。花果期8～12月。

南昆山产于丹枫寨，生于山坡或谷地林下阴湿处。分布于我国华南、华东、华中及西南地区。原产非洲，现广布亚洲热带和亚热带、大洋洲、美洲。颖果含丰富淀粉，可供食用；根入药，治脱肛、子宫脱垂。

3. 皱叶狗尾草

Setaria plicata (Lam.) T. Cooke

多年生草本。秆直立或基部倾斜，高达 1.3 m，无毛或疏生毛；节和叶鞘与叶片交接处常具白色短毛。叶片椭圆状披针形或线状披针形，长4～43 cm。圆锥花序狭长圆形或线形，长15～33 cm；小穗卵状披针形，长3～4 mm，部分小穗有1枚刚毛；第一颖长为小穗的1/4～1/3，第二颖长为小穗的3/4～1/2；第一小花第二外稃具明显的细横皱纹；鳞被2。颖果狭长卵形。花果期6～10月。

南昆山产于石河奇观，生于林下、沟谷阴湿或路边草丛中。分布于我国华南、华东、华中及西南地区。热带亚洲及日本也有。

4. 金色狗尾草

Setaria pumila (L.) Beauv.

一年生草本，单生或丛生。秆直立或基部膝曲，高达90 cm，光滑无毛。叶片线状披针形或狭披针形，长5～40 cm。圆锥花序紧密呈圆柱状或狭圆锥状，长3～17 cm，主轴的一个分支仅具一个发育的小穗，第一颖宽卵形，长为小穗的1/3～1/2，第二颖长为小穗的1/2～2/3；第一小花雄性或中性，第一外稃与小穗等长或微短，内稃等长于第二小花，第二小花两性，等长于第一外稃。花果期6～10月。

南昆山产于上坪，生于林边、山坡、路边和园地等处。分布于我国各地。欧亚大陆的温暖地带也有。可作牧草。

5. 狗尾草

Setaria viridis (L.) Beauv.

一年生草本。秆直立或基部膝曲，高达1 m。叶片长三角状狭披针形或线状披针形，长4～30 cm。圆锥花序紧密呈圆柱状，长2～15 cm；小穗长2～2.5 mm，2～5个簇生于主轴或更多着生于短小枝上；第一颖长约为小穗的1/3，具3脉，第二颖几与小穗等长，具5～7脉。颖果为灰白色。花果期5～10月。

南昆山产于上坪，生于荒野、路旁。分布几遍全国。原产欧亚大陆的温带和暖温带地区，现广布全世界温带和亚热带地区。可作饲料；入药治痈瘀、面癣；小穗可提炼糠醛。

55. 稗荩属Sphaerocaryum Nees ex Hook. f.

一年生矮小草本。叶片卵状心形。圆锥花序；小穗小，卵圆形，含1小花；第一颖较短，无脉，第二颖等长或稍短于小穗，具1脉；外稃具1脉，内稃等长于外稃；雄蕊3枚。颖果卵圆形，与稃体分离。

南昆山1种。

1. 稗荩

Sphaerocaryum malaccense (Trin.) Pilger

一年生草本。茎下部横卧地面，上部高达30 cm。叶鞘短于节间；叶片卵状心形，长1～1.5 cm。圆锥花序卵形，长2～3 cm；小穗含1小花，长约1 mm，第一颖长约为小穗的2/3，第二颖与小穗等长或稍短；外稃与小穗等长。颖果卵圆形，长约0.7 mm。花果期秋季。

南昆山产于天堂顶，生于较高山地灌丛或草甸。分布于我国华南、华东及云南等地。亚洲热带地区广布。

56. 鼠尾粟属Sporobolus R. Br.

一年生或多年生草本。叶舌极短，纤毛状；叶片狭披针形或线形。圆锥花序；小穗含1小花，两性，近圆柱形或两侧压扁；外稃与小穗等长，内稃与外稃等长。囊果成熟后裸露；果皮与种子分离。

南昆山1种。

1. 鼠尾粟

Sporobolus fertilis (Steud.) Clayton

多年生草本。秆直立，高达1.2 m。叶片通常内卷，少数扁平，长15～65 cm，宽2～5 mm。圆锥花序长7～44 cm，宽0.5～1.2 cm；小穗长1.7～2 mm；第一颖小，长约0.5 mm，具1脉；外稃等长于小穗。囊果成熟后红褐色，明显短于外稃和内稃，长1～1.2 mm。花果期3～12月。

南昆山产于石河奇观，生于田野路边、山坡草地、山谷湿处、林下。分布于我国华南、华东、华中、西南及西北等地区。亚洲东部和南部及俄罗斯也有。

57. 钝叶草属Stenotaphrum Trin.

多年生草本。具匍匐枝。叶片宽而扁平。穗状圆锥花序，穗状花序嵌生于主轴一侧的凹穴内，穗轴顶端延伸于顶生小穗之上而成一小尖头；小穗卵状披针形至披针形，于穗轴一侧互生；颖不等长；第一小花中性或雄性；第一外稃与第二颖近等长或较长。

南昆山1种。

1. 钝叶草

Stenotaphrum helferi Munro ex Hook. f.

多年生草本。秆下部匍匐。叶鞘常长于节间，无毛；叶舌极短，顶端具白色纤毛；叶片带状，常5～17 cm，两面无毛。花序主轴扁平呈叶状，具翼，常10～15 cm；穗状花序嵌生于主轴的凹穴内，长7～18 mm；小穗卵状披针形，长4～4.5 mm；第一颖长为小穗的1/2～2/3，第二颖约与小穗等长；第一外稃与小穗等长，内稃略短于外稃。花果期秋季。

南昆山产于佛坳，生于湿润草地、林缘或疏林。分布于我国广东及云南等。亚洲热带地区也有。秆叶为优良牧草。

58. 菅属Themeda Forssk.

多年生或一年生草本。秆近圆形，实心。叶鞘近缘及鞘口常散生瘤基刚毛；叶片线形。总状花序单生或数枚镰状聚生成簇，再组成扇状花束，花簇或花束下有叶状佛焰苞，再形成硕大伪圆锥花序；每总状花序由7～17小穗组成；总苞状小穗常同为披针形，有1～2小花或退化仅剩外稃；鳞被2；雄蕊0～3。颖果线状倒卵形。

南昆山3种。

1. 总状花序由7枚小穗组成，总苞状小穗着生在同一水平面 ······ 2. 黄背草T. triandra
1. 总状花序由7枚以上小穗组成，总苞状小穗着生于不同水平面。
   2. 两性小穗具完全发育的芒 ······ 1. 苞子草T. caudata
   2. 两性小穗具不完全的芒或几无芒 ······ 3. 菅T. villosa

1. 苞子草

Themeda caudata (Nees) A. Camus

多年生簇生草本。秆高达3 m，光滑。叶鞘在秆基部套叠；叶舌长约1 mm；叶片线形，长20～80 cm，背面疏生柔毛。大型伪圆锥花序多回复出，由带佛焰苞的总状花序组成；总状花序由9～11小穗组成，总苞状小穗线状披针形，长1.2～1.5 cm，第一颖背部无毛；无柄小穗长9～11 mm；第一外稃边缘具睫毛或流苏状，第二外稃退化为芒基。颖果长圆形。花果期7～12月。

南昆山产于佛坳，生于山坡草丛、林缘等处。分布于我国华南、华东及西南地区。亚洲热带、亚热带广布。

2. 黄背草

Themeda triandra Forssk. [*T. japonica* (Willd.) Tanaka]

多年生草本。秆高达60 cm。叶鞘具瘤基柔毛；叶片线形，长10～30 cm，基部具瘤基毛。伪圆锥花序狭窄，长20～30 cm，由具线形佛焰苞的总状花序组成，佛焰苞长约3 cm；总状花序长约1.5 cm，由7小穗组成；有柄小穗长约9 mm，无柄小穗长约8 mm；第二外稃具长约4 cm的芒，一至二回膝曲。花果期6～9月。

南昆山产于佛坳，生于林缘草地。分布于我国广东及西藏。旧大陆热带至暖温带广布。

3. 菅

Themeda villosa (Poir.) A. Camus.

多年生草本。秆多簇生，高达2 m以上。叶鞘无毛；叶片线形，长达1 m。多回复出的大型伪圆锥花序，由具佛焰苞的总状花序组成，长达1 m；总状花序长2～3 cm；总苞状2对小穗披针形，不着生在同一水平上；第一颖长10～15 mm，第二颖长8 mm，上部边缘具纤毛；外稃长7～8 mm，边缘具睫毛；无柄小穗第二小花外稃主脉延伸成1小尖头或至仅具芒柱的短芒。花果期8月至翌年1月。

南昆山产于天堂顶，生于灌丛、草地、林缘。分布于我国华南、华东、华中及西南地区。亚洲热带、亚热带也有。

59. 棕叶芦属 Thysanolaena Nees

多年生高大草本。秆直立，丛生。叶片宽广，披针形，具短柄。顶生圆锥花序，大型；小穗微小，含2小花，第一花不孕，第二花两性；第一外稃与小穗等长，内稃缺。颖果小，与内外稃分离。

南昆山1种。

1. 棕叶芦（莽草、粽叶草）

Thysanolaena latifolia (Roxb. ex Horn.) Honda [*T. maxima* (Roxb.) Kuntze]

多年生丛生草本。秆高2～3 m，直立，不分枝。叶舌长1～2 mm；叶片披针形，长20～50 cm，具短柄。圆锥花序大型，柔软，长达50 cm；小穗长1.5～1.8 mm，柄长2 mm，具节；第一花仅具外稃，约等长于小穗，内稃短小。颖果长圆形。一年有两次花果期，春夏或秋季。

南昆山产于佛坳，生于山坡、山谷林下或灌丛中。分布于我国华南、华东及西南地区。亚洲热带地区广布。园林观赏；秆作篱笆或造纸；叶可作裹粽材料；花序可制作扫帚。

60. 三毛草属 Trisetum Pers.

多年生草本，丛生或单生。叶片狭窄而扁平。圆锥花序，小穗2～3小花，稀4～5小花；颖宿存，不等长，第一颖较第二颖短；外稃披针形，自背部1/2以上生芒，内稃等长或短于外稃；鳞被2，长圆形或披针形。

南昆山1种。

1. 三毛草

Trisetum bifidum (Thunb.) Ohwi

多年生草本。秆直立或基部膝曲，光滑无毛，高达1 m；具2～5节。叶鞘无毛，短于节间；叶舌长0.5～2 mm；叶片扁平，长5～15 cm，宽3～6 mm，常无毛。圆锥花序长圆形，黄绿色或褐绿色，长10～25 cm；小穗含2～3小花；小穗轴节间被白色或浅褐色短毛。花期4～6月。

南昆山产于佛坳，生于山坡路旁、林荫处、沟边。分布于我国华南、华东、华中、西南及西北等地。朝鲜和日本也有。

61. 尾稃草属 Urochloa Beauv.

一年生或多年生草本。叶片平展。圆锥花序；小穗孪生或单生，成两行排列于穗轴一侧，有1～2小花；第一颖短小，离轴而生，第二颖与小穗等长；第二外稃顶端具小尖头；鳞被2；花柱基分离。

南昆山1种。

1. 尾稃草

Urochloa reptans (L.) Stapf

一年生草本。秆下部横卧地面，节处生根，直立部分高达50 cm。叶鞘短于节间，无毛，边缘一侧密生纤毛；叶舌极短小，具长约1 mm纤毛；叶片卵状披针形，长2～6 cm，基部被疏疣基毛，边缘粗糙呈波浪状皱折。圆锥花序由3～6枚总状花序组成，总状花序长0.5～4 cm；小穗卵状椭圆形；第一颖长约0.5 mm，第二颖与小穗等长；第一外稃与第二颖同形，第二外稃椭圆形，顶端具小尖头。

南昆山产于七星湖，生于草地或田野中。全球热带地区广布。

62. 结缕草属 Zoysia Willd.

多年生草本；具根状茎或匍匐枝。叶片内卷而狭窄。总状花序穗形；小穗两侧压扁，通常只含1两性花，稀为单性者；内稃退化。颖果卵圆形，与稃体分离。

南昆山1种。

1. 细叶结缕草（天鹅绒草）

Zoysia pacifica (Goudswaard) M. Hotta et S. Kuroki

多年生草本。秆高达10 cm。叶鞘无毛；叶舌长约0.3 mm。小穗披针形，长约3 mm；外稃与第二颖近等长，内稃退化；花柱2，柱头帚状。花果期8～12月。

南昆山产于七星湖，生于山坡或河边草地上。分布于我国南部地区。热带亚洲有分布。铺建草坪的优良禾草。

中文名索引

D

E

F

G

H

K

L

P

Q

R

T

W

X

Z

拉丁文索引

A

D

E

F

G

H

I

N

O

P

Q

R

S

T

参考文献

陈策. 1981. 南昆山的森林类型及其演替[J]. 广东林业科技, 04: 16–20+22.

陈琼, 陈忠正, 陆瑞琼, 等. 2012. 南昆山毛叶茶花色苷提取优化工艺研究[J]. 食品工业科技, 22: 309–311.

陈章和, 李鸣光, 吕小红, 等. 1983. 广东南昆山自然保护区森林群落[J]. 生态科学, 01: 18–29.

黄智明. 1988. 广东南昆山野生花卉资源考察(一)——娇艳秀丽的杜鹃花[J]. 广东园林, 02: 30–32.

黄智明. 1988. 广东南昆山野生园林植物资源(二)——种类丰富的兰科植物[J]. 广东园林, 03: 28–30.

黄智明. 1990. 南昆山野生花卉种质资源考察(三)——芳香家族木兰科[J]. 广东园林, 01: 25–27.

黄智明. 1991. 广东南昆山野生花卉资源(四)——种类丰富的兰科植物续报[J]. 广东园林, 03: 14–16.

李斌, 尹逸, 周英. 等. 2003. 南昆山毛叶茶和云南大叶种的RAPD分子标记研究[J]. 茶业科学, 23(2): 146–150.

林媚珍, 卓正大. 1996. 广东南昆山植物区系的基本特征[J]. 华南师范大学学报: 自然科学版, (2): 74–79.

乔琦, 邢福武, 陈红锋, 等. 2010. 广东省南昆山伯乐树群落特征及其保护策略[J]. 西北植物学报, 30(2): 0377–0384.

许涵, 庄雪影, 黄久香, 等. 2007. 广东省南昆山观光木种群结构及分布格局[J]. 华南农业大学学报, 28(2): 73–77.

杨晓丽, 邢福武, 陈树钢, 等. 2013. 广东省南昆山自然保护区厚叶木莲的群落特征研究[J]. 热带亚热带植物学报, 21(4): 356–364.

叶向斌, 陈娟, 刘念. 2008. 中国姜黄属一新种—南昆山莪术[J], 热带亚热带植物学报, 16(5): 472–476.

张宏达. 1981. 山茶属植物的系统研究[J]. 中山大学学报, 20(1): 122–123.

邹永东, 党利, 陈红锋, 等. 2008. 广东省南昆山药用植物资源研究[J]. 中国野生植物资源, 05: 19–22.

Deng Shu-Jun and Wang Rui-Jiang, 2012. Hedyotis nankunshanensis sp. Nov. (Rubiaceae) from Guangdong, China. Nordic Journal of Botany, 30: 302-307.

Lin Chun-Rui, Meng Tao, Gao Qi et al. 2013. Aspidistra nankunshanensis (Asparagaceae), a new species from Guangdong, China. Ann. Bot. Fennici, 50: 123-126.

Zeng Qing-Wen & Law Yuh-Wu. 2004. Manglietia longipedunculata (Magnoliaceae), a new species from Guangong, China. Ann. Bot. Fennici, 41: 151-154.